UG NX 11中文版

从入门到精通

钟日铭 著

人民邮电出版社
北京

图书在版编目（CIP）数据

UG NX 11中文版从入门到精通 / 钟日铭著. -- 北京：人民邮电出版社，2017.4
ISBN 978-7-115-44799-9

Ⅰ. ①U… Ⅱ. ①钟… Ⅲ. ①计算机辅助设计－应用软件 Ⅳ. ①TP391.72

中国版本图书馆CIP数据核字(2017)第042157号

内 容 提 要

UG NX（即 Siemens NX，简称 NX）是值得推荐的产品工程解决方案，它为用户的产品设计及加工过程提供了数字化造型和验证手段。

本书结合众多典型范例，循序渐进地介绍 NX 11 中文版的软件功能和实战应用知识。全书共分 12 章，涉及的主要内容包括：初识 NX 11、二维草图、三维实体设计基础、标准成形特征设计、特征的操作和编辑、在模型空间中应用 3D 曲线、曲面片体设计、同步建模、NX 装配设计、工程制图、NX 标准化与定制和钣金件设计。

本书结构清晰、内容丰富、通俗易懂、应用性强，特别适合从事机械设计、模具设计、工业设计、产品造型与结构设计等工作的专业技术人员阅读，也可作为 UG NX 的综合培训教材使用。

◆ 著　　　　钟日铭
　责任编辑　李永涛
　责任印制　彭志环
◆ 人民邮电出版社出版发行　　北京市丰台区成寿寺路 11 号
　邮编　100164　　电子邮件　315@ptpress.com.cn
　网址　http://www.ptpress.com.cn
　北京圣夫亚美印刷有限公司印刷
◆ 开本：787×1092　1/16
　印张：44.25
　字数：1104 千字　　　　2017 年 4 月第 1 版
　印数：1 – 2 500 册　　　2017 年 4 月北京第 1 次印刷

定价：99.00 元（附光盘）

读者服务热线：(010)81055410　印装质量热线：(010)81055316
反盗版热线：(010)81055315

前　言

UG NX（即 Siemens NX，简称 NX）是新一代数字化产品开发系统，其系列软件在机械设计与制造、模具、家电、玩具、电子、汽车、造船和工业造型等行业应用得很广泛。当前较新版本为 NX 11。

目前市面上关于 NX 系列的图书很多，学习者要想在众多的图书中挑选一本适合自己的实用性强的学习用书还真不容易。有不少学习者都有这样的困惑：学习 NX 很长时间后，却似乎感觉还没有入门，不能够将它有效地应用到实际的设计工作中。造成这种困惑的一个重要原因是：在学习 NX 时，过多地注重了软件的功能，而忽略了实战操作的锻炼和设计经验的积累。事实上，一本好的 NX 教程，除了要介绍基本的软件功能之外，还要结合典型实例和设计经验来介绍应用知识与使用技巧等，并兼顾设计思路和实战性。鉴于此，笔者根据多年的一线设计经验，编写了结合软件功能和实际应用的《UG NX 9 中文版从入门到精通》《UG NX 10 中文版从入门到精通》及其升级版的《UG NX 11 中文版从入门到精通》。

一、本书内容及知识结构

本书内容全面、易学、实用性强。全书共分 12 章，各章的主要内容说明如下。

- 第 1 章：主要介绍 NX 11 概述及界面、基本操作、系统参数设置、视图布局、工程图层设置及编辑等。
- 第 2 章：详细地介绍建立和编辑二维草图的方法与技巧。
- 第 3 章：深入浅出地介绍 NX 11 的三维设计基础。
- 第 4 章：系统而详细地介绍常见标准成形特征设计。
- 第 5 章：主要介绍特征的操作和编辑。
- 第 6 章：介绍在模型空间创建各类 3D 曲线的实用知识。
- 第 7 章：重点介绍 NX 11 曲面设计的基础与进阶知识。
- 第 8 章：主要介绍同步建模知识。
- 第 9 章：深入浅出地介绍 NX 装配设计。
- 第 10 章：介绍 NX 工程制图的入门与实战应用知识。
- 第 11 章：介绍 NX 11 标准化与定制的实用知识。
- 第 12 章：结合范例，深入浅出地介绍钣金件设计的基础与实用知识。

二、本书特点及阅读注意事项

本书结构严谨、实例丰富、重点突出、步骤详尽、应用性强，将软件操作与理论基础有机结合，兼顾设计思路和设计技巧，是一本很好的 NX 11 从入门到精通类的应用教程和学习宝典。本书知识点与范例巧妙结合，旨在引导读者快速步入专业设计工程师的行业，帮助用户解决工程设计中的实际问题。

在阅读本书时，配合书中实例进行上机操作，学习效果更佳。

本书配一张 DVD 光盘，内含各章的配套素材文件、参考模型文件和精选的操作视频文件，以辅助学习。

三、光盘简要使用说明

书中配套素材文件、参考模型文件均放在光盘根目录下的“DATA\CH#”(#代表章号)文件夹里。

提供的操作视频文件位于光盘根目录下的“操作视频”文件夹里。操作视频文件采用通用的视频格式，可以在大多数播放器中播放，如可以在 Windows Media Player、暴风影音等较新版本的播放器中播放。在播放时，可以调整显示器的分辨率以获得较佳的效果。在遇到播放问题时，可以认真查阅光盘里附带的 readme.txt 文档来寻求技术支持。

随书光盘仅供学习之用，请勿擅自将其用于其他商业活动。

四、技术支持及答疑等

欢迎读者通过电子邮箱等联系方式，提出技术咨询或批评。如果在阅读本书时遇到什么问题，可以通过 dreamcax@qq.com 或 sunsheep79@163.com 与笔者取得联系，另外，也可以通过用于技术支持的 QQ（3043185686）或设计梦网（www.dreamcax.com）与笔者联系并进行技术答疑与交流。

本书主要由钟日铭编著，另外，肖秋连、钟观龙、庞祖英、钟日梅、钟春雄、刘晓云、肖世鹏、肖宝玉、陈忠、肖秋引、陈景真、张翌聚、朱晓溪、肖钊颖、陈忠钰、肖君秀、陈小敏、王世荣、陈小菊等人也参与了编写工作，他们在资料整理、视频录制和技术支持等方面做了大量、细致的工作，在此一并向他们表示感谢。

书中如有疏漏之处，请广大读者和同行不吝赐教。

天道酬勤，熟能生巧，以此与读者共勉。

钟日铭

2016 年 11 月

目 录

第1章 初识 NX 11

本章导读

Siemens NX（俗称 UG NX）是新一代数字化产品开发系统，其系列软件被广泛应用于机械设计与制造、模具、家电、玩具、电子、汽车、造船和工业造型等行业。Siemens NX 11（即 UG NX 11，为叙述方便，本书简称 NX 11）是目前较新的版本。

本章主要介绍 NX 11 应用简介及操作界面、基本操作、系统参数设置、视图布局、图层设置及编辑等。

1.1 NX 11 应用简介及操作界面

本节介绍 NX 11 特点和 NX 11 操作界面。

1.1.1 NX 11 应用简介

西门子 NX 软件是集成产品设计、工程与制造于一体的解决方案，能够帮助客户改善产品质量，提高产品交付速度和效率。具体而言，NX 提供先进的概念设计、三维建模、文档编制解决方案，能够进行结构、运动、热、流体和多物理应用的多学科仿真，并附带涵盖工装、加工及质量检测的零部件制造解决方案，因而能使客户在一个集成的产品开发环境中做出更明智的决策，设计、仿真并制造出更好的产品。

NX 11 设计解决方案可通过新增的功能和增强的功能加速并简化计算机辅助设计（CAD），而且，这些功能涉及到从概念设计到详细工程及文档记录的整个过程。最新版本 NX 推出汇聚建模、快速制造功能，并增强注释、草稿、文档及呈现（展示）。NX 11 的激活工作区围绕这些项打造，在 NX 内提供对 PLM 功能的无缝访问。

下面是 NX 11 在设计方面的一些新的应用特点（主要摘自 Siemens PLM Software 官方网站关于 NX 11 的介绍内容）。

- 用面体加速建模: NX 11 中的 Convergent Modeling 推出处理面、表面和实心体的创新方法。扫描的 3D 数据和拓扑优化结果转换过程不再耗时；Convergent Modeling 减少容易出错并且成本高昂的返工，同时对复杂不规则形状（如 3D 打印）支持新制造技术。
- 用 3D 打印扩展设计可能: NX 11 为客户带来最强 3D 打印支持，客户可以利用传统技术无法制造的设计。在 NX 11 建模设计环境中，使用“菜单”按钮 菜单(M) / “文件” / “3D 打印” 命令直接从设计进入打印，或者使用利用扫描数据和拓扑优化的新工作流。NX 的 3D 打印与 Windows 10 结合，使用

3MF 文件格式用于附加制造。3MF 在一个存档中包含完整的模型信息，成为行业标准。

- 将传统 2D 图纸快速转换为智能 3D 模型：借助转换为 PMI 功能，NX 11 帮助客户用 PMI 更快发挥基于模型的定义优势。许多公司追求 PMI 的优势，如增加下游使用，更好地质量控制，更快访问关键产品信息，但大量传统 2D 图纸难以实施 PMI。现在设计人员无需在 3D 模型上重新创建信息，可以使用 NX 11 的“转换为 PMI”功能，将图纸视图和对象自动转换为模型视图和 PMI 对象。
- 更高效的草稿和文档：改进功能和全新工具集让 NX 11 的草稿和文档更强大。使用新的图纸比较工具集识别图纸变化，显著缩短图纸检查时间和消除制造错误。客户还可以在图纸上显示多个组件布置，在 NX 草稿中编辑这些图纸以提供更多产品信息。使用智能轻量视图发挥多现成处理功能，节约处理大组件视图的宝贵时间。NX 11 还加入更多设置，支持多种草稿标准，简化符合标准图纸的创建。
- 利用 Iray+实现照片般渲染效果：通过照片般呈现，客户可以在设计过程早期作出关于产品美观、功能和材料的决策，此时成本低。NX 11 的全新 Lightworks Iray+呈现引擎在 Ray Traced Studio 完全集成环境中提供渐进光线跟踪。从标准配备的大型材料和场景库中选择，在动态显示中创建照片般产品图像。全新 Lightworks Iray+引擎采用多线程，发挥现代微处理器和图形处理单元（GPU）的优势，如果客户需要更快结果，可以使用其他计算机辅助呈现。

在生产制造方面， NX 11 推出了强大的新功能用于推动数字加工车间发展，包括计算机辅助制造（CAM）、混合添加制造、车间连接、检查编程、生产布局设计和加工设计。例如以下几个方面。

- 新的机器人加工和突破性混合添加制造功能让客户以更好的性能生产新设计，同时节约大量时间和成本。
- 强大的特定于行业的 CAM 软件功能专为显著提高整体制造生产力而设计，用于模具加工、生产加工和复杂零件加工。例如，现在客户的工具路径创建速度提升了 60%，可以生产出具有高质量表面的零件。
- NX CMM 11 现在可以驱动 Renishaw PH20 探头，利用“头接触”实施高速检查方法。由于只移动探头而不是整个 CMM 结构，这些新探头允许更快以更高准确度和可重复性采集测量点。此技术的速度提高使得测量点采集速度提高了 3 倍。
- NX 11 Tooling Design 提高设计模具和渐进模具的生产力。现在客户可以在 NX 中交互处理物料清单（BOM）。要加快加工设计流程，客户可以将标准组件从库拖放到 NX 加工组件中。最新模拟功能让客户可以准确可视化额外加工组件的运动，从而减少生产中成本高昂的错误。

在模拟方面，NX 11 的 Simcenter 3D 现在支持 Siemens 用于预测产品性能的全部模拟功能。客户将获得 NX CAE 的所有功能，包括声音、运动轮胎模型、高级报告编写等新功能。Simcenter 3D 为 3D CAE 提供统一可扩展开放环境，并具有设计、1D 模拟、测试和数据管理连接，可以加速模拟过程。

1.1.2 NX 11 操作界面

以 Windows 10 操作系统为例，要启动 NX 11.0，需要在电脑视窗上双击“NX 11.0 快捷方式”图标，或者在电脑视窗左下角单击“开始”按钮并从打开的菜单中选择“所有应用”/“Siemens NX 11.0”/“NX 11.0”命令，系统弹出图 1-1 所示的 NX 11 启动界面。

图1-1　NX 11 的启动界面

该 NX 11 启动界面显示片刻后消失，接着系统弹出图 1-2 所示的 NX 11 初始操作界面（也称初始运行界面）。在初始操作界面的窗口中，可以查看一些基本概念、交互说明或开始使用信息等，这对初学者是很有帮助的。在初始操作界面中，使用鼠标指针在窗口左部选择要查看的选项（这些选项包括“模板”“部件”“应用模块”“资源条”“命令查找器”“对话框”“显示模式”“选择”“视图操控”“定制”“快捷方式”和“帮助”），则在窗口中的右部区域会显示鼠标指针所指选项的介绍信息。

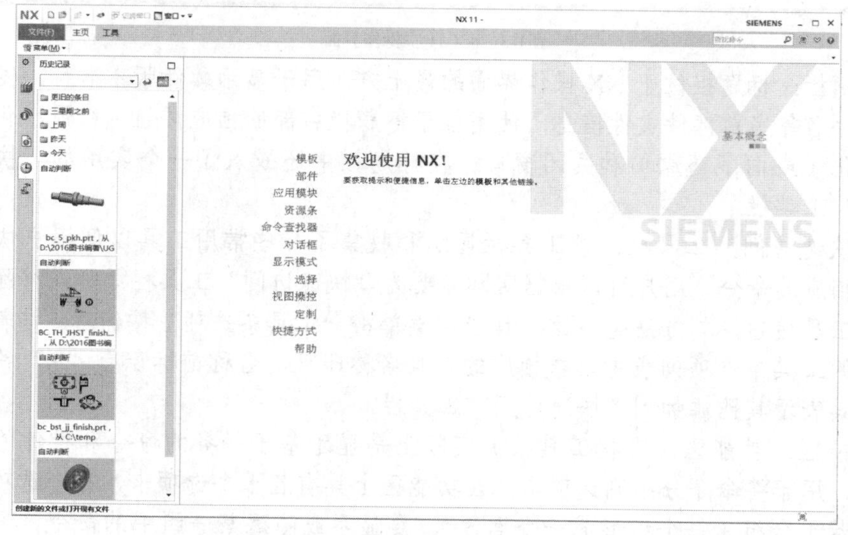

图1-2　NX 11 的初始操作界面

如果在“快速访问”工具栏中单击“新建”按钮，或者按“Ctrl+N”快捷键，则弹出“新建”对话框，从中指定所需的模板和文件名称等，单击“确定”按钮，从而进入主操作界面进行设计工作。图 1-3 所示为从事三维建模设计的一个主操作界面，该操作界面主要由标题栏、“快速访问”工具栏、功能区、资源板、绘图区域、状态栏和上边框条（包含 “菜单”按钮 菜单(M)、“选择”组、“视图”组和“实用工具”组，“选择”组又称选择条，“视图”组亦可称“视图”工具栏，同样地，“实用工具”组亦称“实用工具”工具栏）等部分组成，简要说明如下。

图1-3　NX 11 主操作界面

- 标题栏：标题栏位于 NX 操作界面的最上方，用于显示软件版本名称、图标、文件名等当前部件文件信息；使用位于标题栏右部的相应按钮可以最小化、最大化（或向下还原）和关闭窗口。在标题栏中还嵌入了一个实用的“快速访问”工具栏。
- “快速访问”工具栏：该工具栏显示和收集了一些常用工具以便用户快速访问相应的命令。用户可以根据实际需要为“快速访问”工具栏添加或移除相关的工具按钮，其方法是在该工具栏右端单击“工具条选项”按钮，接着从打开的工具条选项列表中单击相应的工具名称即可，名称前标识有“✔”符号的工具表示其已添加到“快速访问”工具栏。
- 功能区：功能区（带状工具条）实际上是显示基于任务的命令和控件的选项板，用于将命令分组到选项卡。在功能区上具有若干个选项卡，每个选项卡包含若干个组（每个组形成一个面板）。要显示或隐藏某一组中的命令，可以单击该组右下角的“工具条选项”箭头；而在功能区的空白区域右击可决定要启

用某个选项卡。功能区中的“文件”选项卡用于显示“打开”和“打印”等常用命令，还可用于访问应用模块、用户默认设置、用户首选项及定制选项。“主页”选项卡用于显示当前应用模块的常用命令。

- 模式显示按钮：在功能区的右上部位提供几个显示模式按钮，用于在标准模式和全屏模式之间切换。“最小化功能区”按钮用于最小化功能区以显示选项卡名称，即折叠功能区。最小化功能区后，要访问工具命令，可以单击某一选项卡或按“Alt”键以显示当前的活动选项卡，接着使用鼠标滚轮可以在功能区各选项卡之间滚动。“展开功能区”按钮用于展开显示功能区（带状工具条）以显示选项卡内容。“全屏显示”按钮用于进入或退出全屏模式。在全屏模式下，NX 将折叠标题栏、功能区（带状工具条）、上边框条和资源条以最大化屏幕显示。要在全屏模式下展开功能区（带状工具条），可以使用屏幕顶部的手柄条。
- 资源板：资源板包括一个资源条和相应的显示列表框，资源条上的选项工具主要包括“装配导航器”、“约束导航器”、“部件导航器”、“重用库”、“HD3D 工具”、“Web 浏览器”、“历史记录”、“Process Studio”、“加工向导”和“角色”。在资源板的资源条上单击相应的按钮（选项工具），即可将相应的资源信息显示在资源板列表框中。另外，在资源板的历史记录中可以快速地找到近期打开过的已存部件文件。
- 绘图区域：绘图区域有时也被称为“模型窗口”或“图形窗口”，它是 NX 的主要工作视图区域，所有的操作（创建、显示和修改部件）和结果都在这个区域中得以实现和体现。
- 上边框条：上边框条默认由“菜单”按钮、“选择”组（选择条）和“视图”工具栏等组成。其中，选择条主要用于设置选择选项，在进行选择操作时巧用“选择条”工具栏是很实用的；“菜单”按钮菜单(M)用于打开传统的主菜单，NX 中的基本设置和命令都可以通过传统主菜单来找到。
- 状态栏：状态栏包括提示行和状态行，如图 1-4 所示。提示行主要用于显示当前操作的相关信息，如提示操作的具体步骤，并引导用户来选择；状态行主要用于显示操作的执行情况。

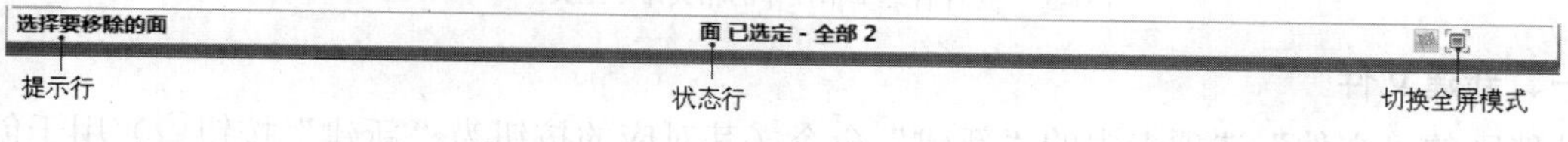

图1-4 状态栏

1.2 基本操作

本节介绍的 NX 11 基本操作包括文件管理基本操作、视图基本操作、模型显示基本操作、选择对象基本操作。

1.2.1 文件管理基本操作

在 NX 11 中，常用的文件管理基本操作包括新建文件、打开文件、保存文件、关闭文件、文件导入与导出、退出 NX 等。文件管理基本操作的命令位于功能区的“文件”选项卡中，用户也可以通过单击“菜单”按钮 菜单(M) 并从“文件”菜单中选择文件管理基本操作的命令，如图 1-5 所示。

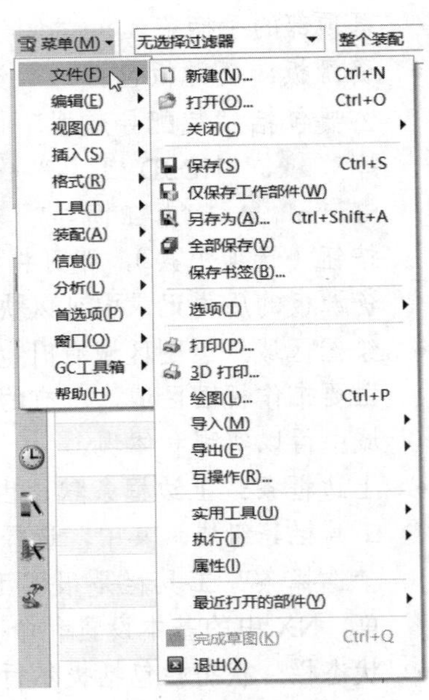

（a）功能区的“文件”选项卡　　　　（b）传统主菜单的“文件”菜单

图1-5　文件管理基本操作的相关命令工具

一、新建文件

功能区的“文件”选项卡中的“新建”命令（其对应的按钮为“新建”按钮）用于创建一个新的设定类型的文件。下面以创建模型部件文件为例介绍新建文件的一般操作步骤。

1 在功能区的“文件”选项卡中选择“新建”命令，或者在“快速访问”工具栏中单击“新建”按钮，或者按“Ctrl+N”快捷键，系统弹出图 1-6 所示的“新建”对话框。该对话框具有 10 个选项卡，分别用于创建关于模型（部件）设计、图纸图样设计、仿真、加工、检测、机电概念设计和船舶结构等方面的文件。用户可以根据需要选择其中一个选项卡来设置新建的文件，在这里以选用“模型”选项卡为例，说明如何创建一个部件文件。

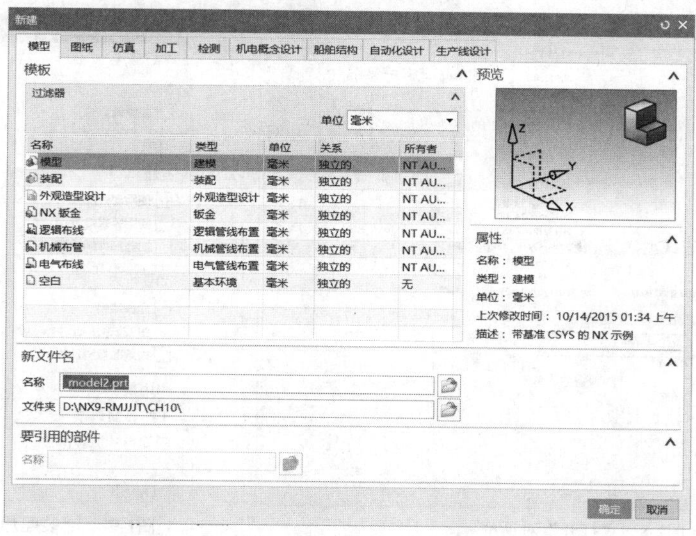

图1-6 “新建”对话框

2 切换到“模型”选项卡，从“模板”选项组的“单位”下拉列表框中选择单位选项（如选择“毫米”单位选项），接着在模板列表框中选择所需要的模板。

3 在“新文件名”选项组的“名称”文本框中输入新文件的名称或接受默认名称。在“文件夹”框中指定新文件的存放目录。如果单击位于“文件夹”框右侧的按钮，则弹出图 1-7 所示的“选择目录”对话框，利用此对话框浏览并选择所需的目录，或者在选定目录的情况下单击“创建新文件夹”按钮来创建所需的目标目录，指定目标目录后在“选择目录”对话框中单击“确定”按钮。

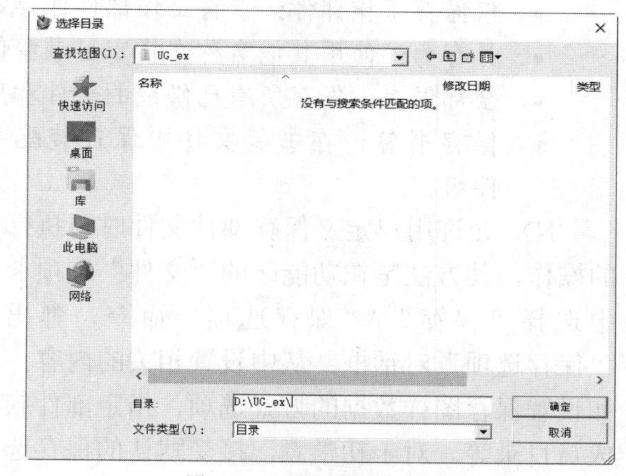

图1-7 “选择目录”对话框

4 在“新建”对话框中设置好相关的内容后，单击“确定”按钮，从而创建一个新文件。

二、打开文件

要打开现有的一个文件，则可以在功能区的“文件”选项卡中选择“打开”命令，或者在“快速访问”工具栏中单击“打开”按钮，或者按“Ctrl+O”快捷键，系统弹出图 1-8 所示的“打开”对话框，利用该对话框设定所需的文件类型，浏览目录并选择要打开的文件，需要时可设置预览选定的文件及设置是否加载设定内容等。如果在“打开”对话框中单击“选项”按钮，则可以利用弹出的图 1-9 所示的“装配加载选项”对话框来设置装配加载选项。从指定目录范围中选择要打开的文件后，单击“OK”按钮即可。

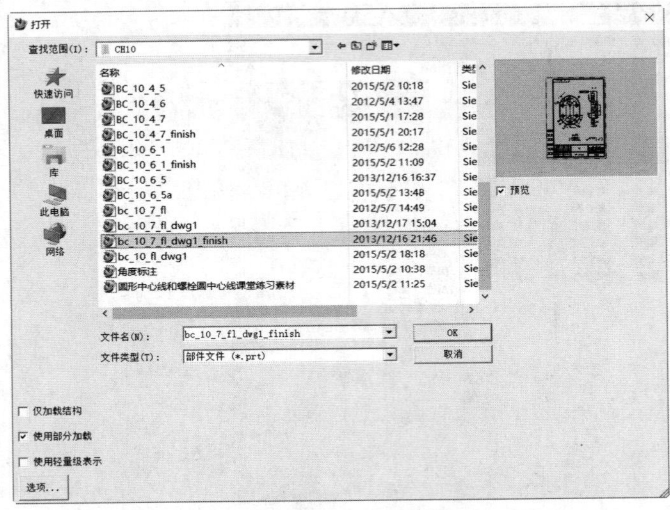

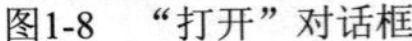
图1-8　“打开”对话框

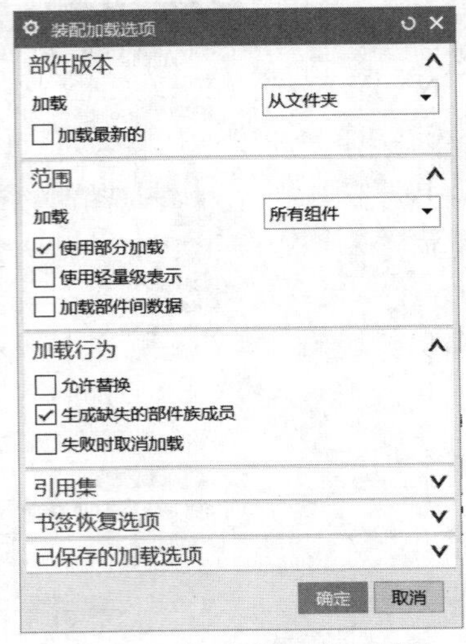

图1-9　“装配加载选项”对话框

三、保存文件

NX 主要提供了以下多种保存操作的命令。

- 保存：保存工作部件和任何已修改的组件。该命令的快捷键为“Ctrl+S”。
- 仅保存工作部件：仅将工作部件保存起来。
- 另存为：使用其他名称在指定目录中保存当前工作部件。
- 全部保存：保存所有已修改的部件和所有的顶层装配部件。
- 保存书签：在书签文件中保存装配关联，包括组件可见性、加载选项和组件组。

NX 允许用户定义保存部件文件时要执行的操作，其方法是在功能区的“文件”选项卡中选择“保存”/“保存选项”命令，弹出“保存选项”对话框，从中设置相关的内容，如设置保存图样数据的方式选项，指定部件族成员目录等。对于初学者，接受默认的保存选项就可以了。

四、关闭文件

在功能区的“文件”选项卡中包含一个“关闭”级联菜单，其中提供了用于不同方式关闭文件的命令，如图 1-10 所示。用户可以根据实际情况选用一种关闭命令，例如，从功能区的“文件”选项卡中选择“关闭”/“另存并关闭”命令，可以用其他名称保存工作部件并关闭工作部件。

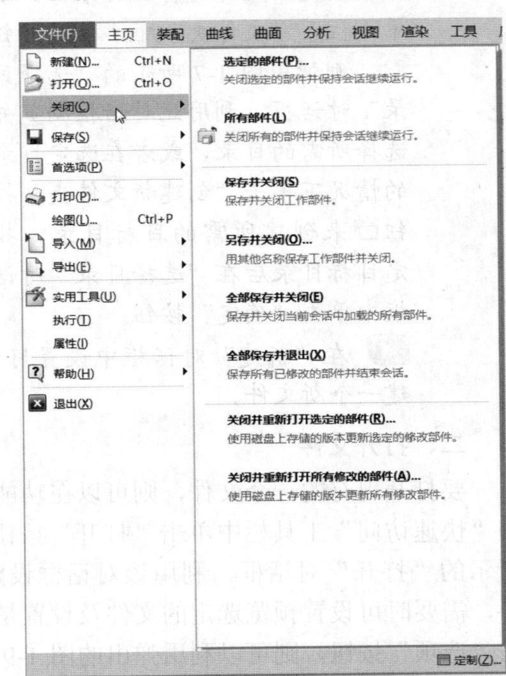

图1-10　功能区的“文件”选项卡中的“关闭”级联菜单

此外，单击当前图形窗口对应的“关闭”按钮✕，也可以关闭当前活动工作部件。

五、文件导出与导入

NX 11 提供强大的数据交换接口，可以与其他一些设计软件共享数据，以便充分发挥各自设计软件的优势。在 NX 11 中，可以将其自身的模型数据转换为多种数据格式文件，以便被其他设计软件调用，也可以读取来自其他一些设计软件所生成的特定类型的数据文件，这就需要分别用到传统主菜单，即图 1-11（a）所示的“文件”/“导出”级联菜单和图 1-11（b）所示的“文件”/“导入”级联菜单（注意“菜单”按钮用于调用传统主菜单）。也可使用功能区的“文件”选项卡的“导出”级联菜单和“导入”级联菜单。

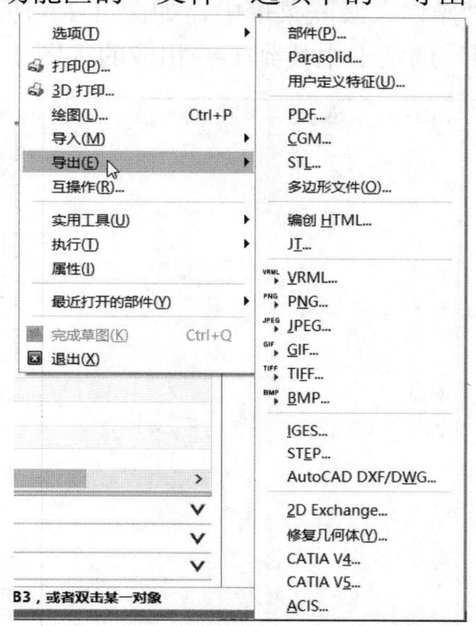

（a）可导出的数据类型

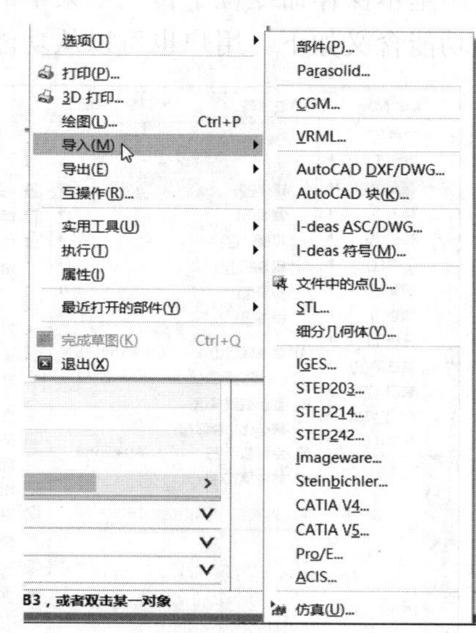

（b）可导入的数据类型

图1-11　文件导出与导入的菜单命令

六、退出 NX 11

修改一个文件后，若想要退出 NX 11 作业，那么可以在功能区的“文件”选项卡中选择“退出”命令，或者直接在屏幕右上角单击标题栏中的“关闭”按钮✕，系统弹出图 1-12 所示的“退出”对话框，提示文件已经修改并询问在退出之前是否保存文件。此时，用户可以在“退出”对话框中单击“是-保存并退出”按钮来保存文件并退出 NX 11 系统，或者单击“否-退出”按钮以不保存文件并直接退出 NX 11 系统。如果单击“取消”按钮则取消退出 NX 11 系统的命令操作。

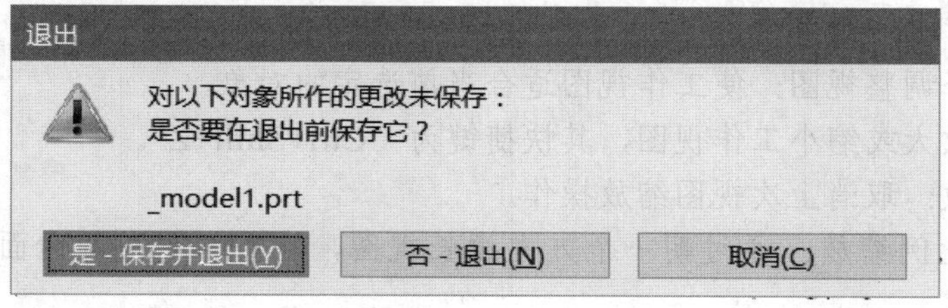

图1-12　“退出”对话框

1.2.2　视图基本操作

使用 NX 11 进行部件设计，离不开操控工作视图方位。本小节介绍的内容包括视图基本操作的命令、使用鼠标操控工作视图方位、确定视图方向（使用预定义视图方向）、使用快捷键和使用视图三重轴。

一、视图基本操作命令

视图基本操作命令位于传统主菜单的“视图”/“操作”级联菜单中，如图 1-13 所示，它们的功能含义如下。用户也可以从功能区的“视图”选项卡中找到一些相应的视图工具。

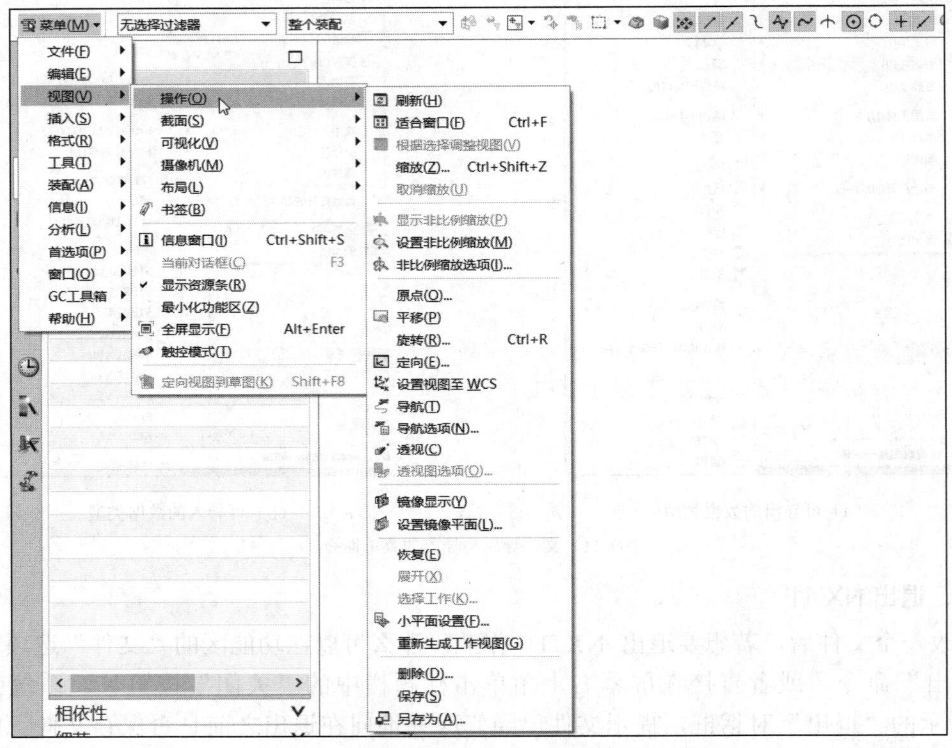

图1-13　传统主菜单的“视图”/“操作”级联菜单

- 刷新：重画图形窗口中的所有视图，如为了擦除临时显示的对象。
- 适合窗口：调整工作视图的中心和比例，以显示所有对象，其快捷键为“Ctrl+F”。
- 根据选择调整视图：使工作视图适合当前选定的对象。
- 缩放：放大或缩小工作视图，其快捷键为“Ctrl+Shift+Z”。
- 取消缩放：取消上次视图缩放操作。
- 显示非比例缩放：通过朝一个方向拉长视图，在基本平坦的曲面上强调显示小波伏。
- 设置非比例缩放：定义非比例缩放的宽高比。
- 非比例缩放选项：重新定义非比例缩放的方法、锚点中心及灵敏度。

- 原点：更改工作视图的中心。
- 平移：执行此命令时，按住鼠标左键并拖动鼠标可平移视图。
- 旋转：使用鼠标绕特定的轴旋转视图，或将其旋转至特定的视图方位。
- 定向：将工作视图定向到指定的坐标系。
- 设置视图至 WCS：将工作视图定向到 WCS 的 XC-YC 平面。
- 导航：将工作视图更改为透视投影并虚拟地在视图中将用户置为“观察者”，然后使用鼠标在模型的各种空间角度周围和之间移动观察者。
- 导航选项：控制观察者位置的操控并可以选择定义一条路径，使观察者可以沿着该路径在视图中移动。
- 透视：将工作视图从平行投影更改为透视投影。
- 透视图选项：控制透视图中从摄像机到目标的距离等。
- 镜像显示：通过用某个平面对对称模型的一半进行镜像操作来创建镜像图像。
- 设置镜像平面：重新定义用于“镜像显示”选项的镜像平面。
- 恢复：将工作视图恢复为上次视图操作之前的方位和比例。
- 展开：展开工作视图亦使用整个图形窗口。
- 选择工作：在布局中将工作视图更改为另一个视图。
- 小平面设置：调整用于生成小平面以显示在图形窗口中的公差。
- 重新生成工作视图：重新生成工作视图以移除临时显示的对象并更新任何已修改的几何体的显示。
- 删除：删除用户定义的视图。
- 保存：保存工作视图的方位和参数。
- 另存为：用其他名称保存工作视图。

二、使用鼠标操控工作视图方位

在实际工作中，巧妙地使用鼠标可以快捷地进行一些视图操作，如表 1-1 所示。

表 1-1　　使用鼠标进行的一些视图操作

序号	视图操作	具体操作说明	备注
1	旋转模型视图	在图形窗口中，按住鼠标中键（MB2）的同时拖动鼠标，可以旋转模型视图	如果要围绕模型上某一位置旋转，那么可先在该位置按住鼠标中键（MB2）一会儿，然后开始拖动鼠标
2	平移模型视图	在图形窗口中，按住鼠标中键和右键（MB2+MB3）的同时拖动鼠标，可以平移模型视图	也可以按住“Shift”键和鼠标中键（MB2）的同时拖动鼠标来实现
3	缩放模型视图	在图形窗口中，按住鼠标左键和中键（MB1+MB2）的同时拖动鼠标，可以缩放模型视图	也可以使用鼠标滚轮，或者按住“Ctrl”键和鼠标中键（MB2）的同时拖动鼠标

三、确定视图方向（使用预定义视图方位）

可以使用预定义的视图方位。若要恢复正交视图或其他预定义命名视图，那么可在图形窗口的空白区域中单击鼠标右键，接着从弹出的快捷菜单中选择“定向视图”命令以展开“定向视图”级联菜单，如图 1-14 所示，然后从中选择一个视图选项即可。用户也可以在

功能区的“视图”选项卡的“方位”面板中选择相应的定向视图图标选项，如图 1-15 所示。从上边框条中的“视图”组（“视图”工具栏）中也可以选择相应的定向视图图标选项。

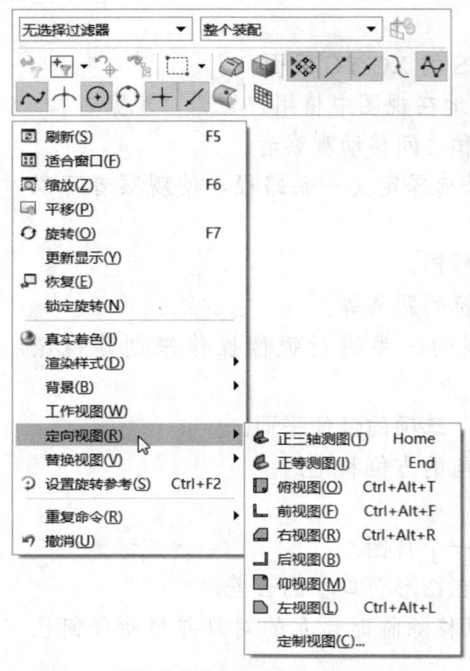

图1-14　快捷菜单中的“定向视图”级联菜单

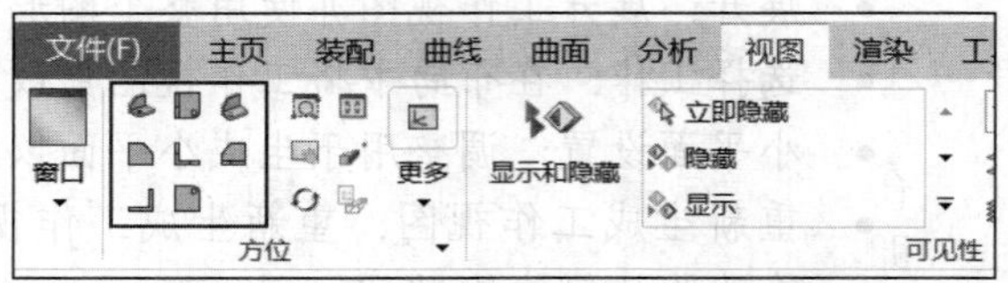

图1-15　在“视图”选项卡中定向视图

四、使用快捷键

表 1-2 列出了用于快速切换视图方位的几组快捷键。

表 1-2　　改变视图方位的快捷键

序号	快捷键	对应功能或操作结果
1	Home	改变当前视图到正三测视图（Trimetric）
2	End	改变当前视图到正等测视图（Isometric）
3	Ctrl+Alt+T	改变当前视图到俯视图，即定向工作视图以便与俯视图（TOP）对齐
4	Ctrl+Alt+F	改变当前视图到前视图，即定向工作视图以便与前视图（FRONT）对齐
5	Ctrl+Alt+R	改变当前视图到右视图，即定向工作视图以便与右视图（RIGHT）对齐
6	Ctrl+Alt+L	改变当前视图到左视图，即定向工作视图以便与左视图（LEFT）对齐
7	F8	改变当前视图到选择的平面、基准平面或与当前视图方位最接近的平面视图（俯视图、前视图、右视图、后视图、仰视图、左视图等）

五、使用视图三重轴

视图三重轴显示在图形窗口的左下角位置处，它是表示模型绝对坐标系方位的可视指示器，如图 1-16 所示。

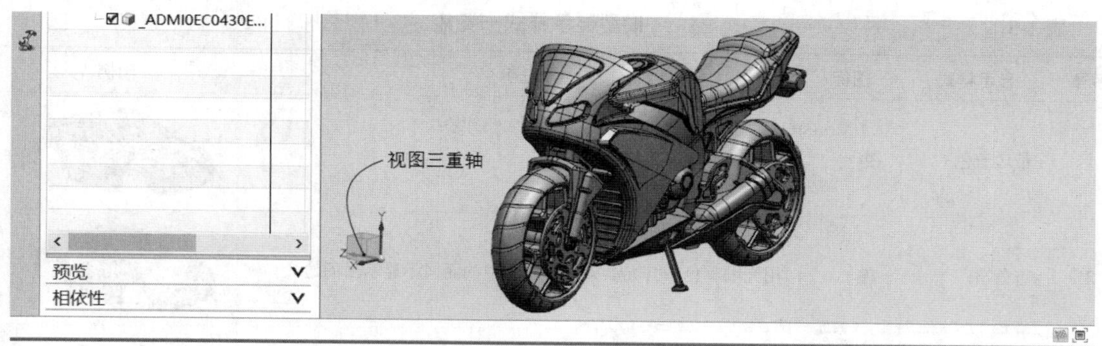

图1-16 视图三重轴

使用视图三重轴的方法比较简单，例如，单击视图三重轴中的一个轴，则会锁定该轴，接着使用鼠标中键拖曳视图时将限制只能绕该轴旋转。在视图三重轴附近出现的角度框显示了视图绕锁定轴旋转的角度，用户也可以在该角度框中输入角度值来精确地绕锁定轴旋转视图。

按“Esc”键或单击视图三重轴原点手柄可返回到正常旋转状态。

1.2.3 模型显示基本操作

在三维产品设计过程中，为了查看模型的整体显示效果，有时会改变当前模型的渲染样式（即显示样式），这可以在上边框条的“视图”组（即“视图”工具栏）的显示样式下拉列表中进行设置，或者在功能区的“视图”选项卡的“样式”面板中设置，如图 1-17（a）所示。当然也可以在图形窗口的空白区域中单击鼠标右键，并从弹出的快捷菜单中打开“渲染样式”级联菜单，如图 1-17（b）所示，然后从中选择一个渲染样式选项即可。

可用的模型显示样式如表 1-3 所示。

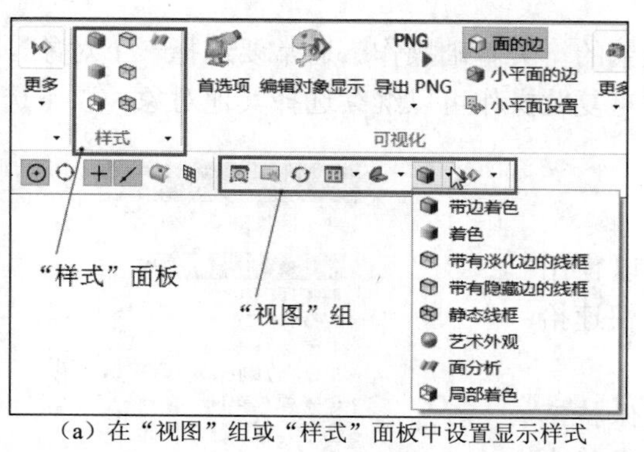

（a）在“视图”组或“样式”面板中设置显示样式

无选择过滤器
仅在工作部件内
刷新(S) F5
适合窗口(F)
缩放(Z) F6
平移(P)
旋转(O) F7
更新显示(Y)
恢复(E)
锁定旋转(N)
真实着色(I)
渲染样式(D)
背景(B)
工作视图(W)
定向视图(R)
替换视图(V)
设置旋转参考(S) Ctrl+F2
重复命令(R)
撤消(U)
带边着色(A)
着色(S)
带有淡化边的线框(D)
带有隐藏边的线框(H)
静态线框(W)
艺术外观(T)
面分析(F)
局部着色(P)

（b）快捷菜单中的“渲染样式”级联菜单

图1-17 设置模型显示样式（渲染样式）

表 1-3　　模型显示样式一览表

序号	显示样式	图标	说明	图例
1	带边着色		着色渲染面并显示面的边	
2	着色		用光顺着色和打光渲染工作视图中的面（不显示面的边）	
3	带有淡化边的线框		对不可见的边缘线用淡化的浅色细实线来显示，其他可见的线（含轮廓线）则用相对粗的设定颜色的实线显示	
4	带有隐藏边的线框		对不可见的边缘线进行隐藏，而可见的轮廓边以线框形式显示	
5	静态线框		系统将显示当前图形对象的所有边缘线和轮廓线，而不管这些边线是否可见	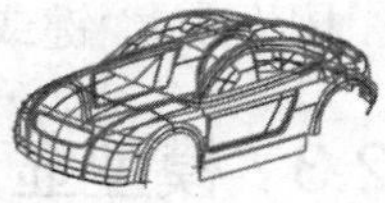
6	艺术外观		根据指派的基本材料、纹理和光源实际渲染工作视图中的面，使得模型显示效果更接近于真实	
7	面分析		用曲面分析数据渲染工作视图中的分析曲面，即用不同的颜色、线条、图案等方式显示指定表面上各处的变形、曲率半径等情况，可通过“编辑对象显示”对话框（选择“编辑”/“对象显示”命令并选择对象后可打开“编辑对象显示”对话框）来设置着色面的颜色	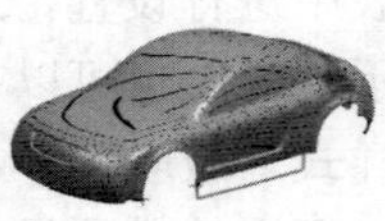
8	局部着色		用光顺着色和打光渲染工作视图中的局部着色面（可通过“编辑对象显示”对话框来设置局部着色面的颜色，并注意启用局部着色模式），而其他表面用线框形式显示	

1.2.4　选择对象基本操作

在进行模型设计时，对象选择操作是较为频繁的一类基础操作。通常要选择一个对象，将鼠标指针移至该对象上并单击鼠标左键即可。重复此操作可以继续选择其他对象。以下选择方法需要用户认真掌握。

一、使用“快速拾取”对话框

当碰到多个对象相距很近的情况时，则可以使用“快速拾取”对话框来选择所需的对象。使用“快速拾取”对话框选择对象的方法步骤如下。

图1-18　“快速拾取”对话框

1 将鼠标指针置于要选择的对象上保持不动，待鼠标指针旁出现 3 个点时，单击鼠标左键，打开“快速拾取”对话框，如图 1-18 所

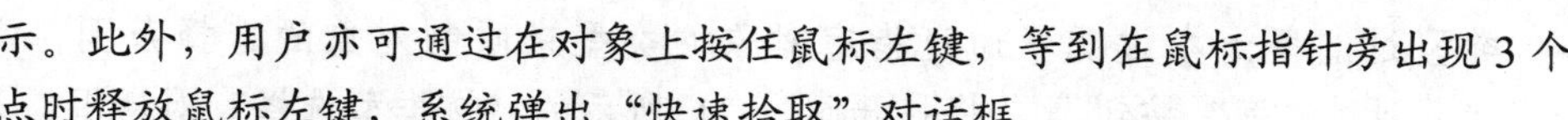
示。此外，用户亦可通过在对象上按住鼠标左键，等到在鼠标指针旁出现 3 个点时释放鼠标左键，系统弹出“快速拾取”对话框。

2 在“快速拾取”对话框的列表中列出鼠标指针下的多个对象，从该列表中指向某个对象使其高亮显示，然后单击即可选择。

二、使用选择条和迷你选择条

选择条（即“选择条”工具栏）为用户提供了各种选择工具及选项，如图 1-19（a）所示。其中，利用“类型”下拉列表框（也称类型过滤器）过滤选择至特定对象类型，如曲线、曲线特征、草图、特征、实体、片体、基准、面、边和点等；利用“范围”下拉列表框设置过滤对象，按照模型的设定范围去选择，如设置选择范围为“整个装配”“在工作部件和组件内”或“仅在工作部件内”。

可以设置在图形窗口中单击鼠标右键时使用迷你选择条，如图 1-19（b）所示，使用此迷你选择条可以快速访问选择过滤器设置。

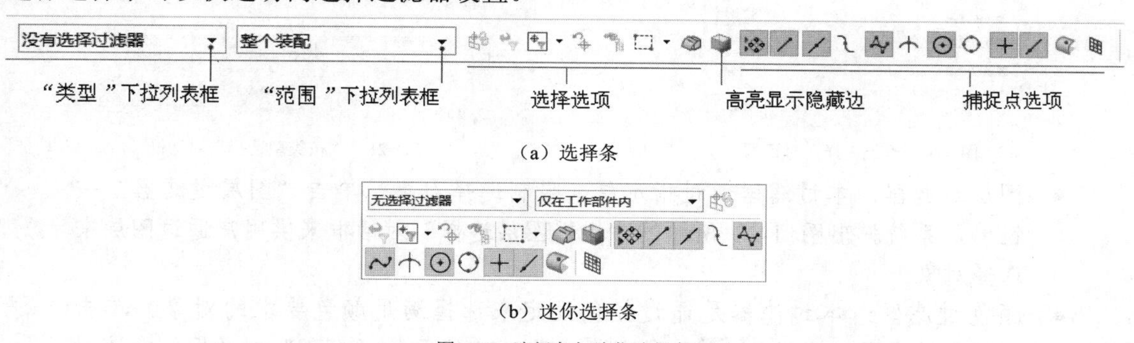

（a）选择条

（b）迷你选择条

图1-19　选择条与迷你选择条

三、使用类选择器

在一些复杂建模工作中，使用鼠标直接选择对象会较为麻烦，此时可以使用 NX 提供的类选择器来快速辅助选择对象。下面以执行“对象显示”操作为例进行介绍，在其操作过程中应用到了类选择过滤器。

在上边框条中单击“菜单”按钮 菜单(M) 以打开主菜单，接着选择“编辑”/“对象显示”命令，系统弹出图 1-20 所示的“类选择”对话框（即类选择过滤器）。使用“类选择”对话框提供的如下类选择功能来选择所需的对象。

(1)　对象类选择。

对象类选择是使用“对象”选项组中的工具选择对象，例如，在“对象”选项组中单击“选择对象”按钮，接着在绘图区域中选择一个或多个对象，需要时可以单击“反选”按钮以使得刚刚被选以外的其他对象被选择。如果单击“全选”按钮，则选择绘图区中的所有有效对象。注意结合使用过滤器可以缩小选择范围，减少误选择操作。

(2)　其他常规选择方法。

在“其他选择方法”选项组中可以根据名称来选择对象。

(3)　过滤器类选择。

用过滤器类选择方式，可以在选择对象的时候过滤掉一部分不相关的对象，从而大大地方便了整个选择过程。在“过滤器”选项组中提供了以下 5 种过滤器类控制功能。

- 类型过滤器：本过滤器通过指定对象的类型来限制对象的选择范围。单击“类型过滤器”按钮，将打开图 1-21 所示的“按类型选择”对话框，利用此对话框可以对曲线、面、实体等类型进行限制，有些类型还可以通过单击“细节过滤”按钮来对细节类型进行下一步的控制。

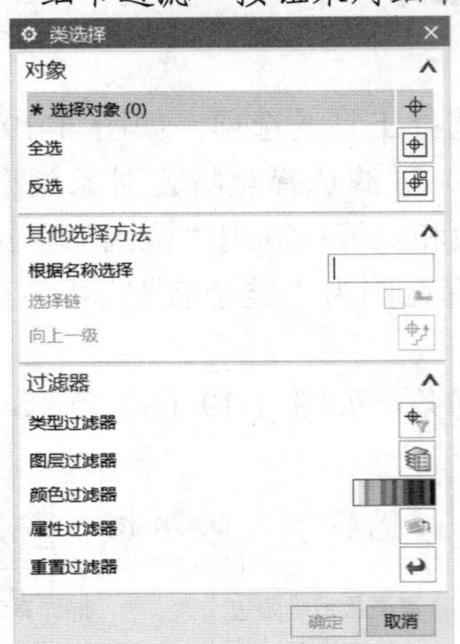

图1-20　“类选择”对话框

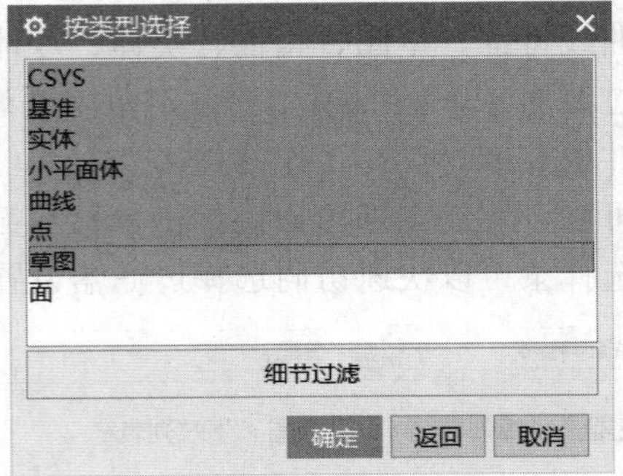

图1-21　“按类型选择”对话框

- 图层过滤器：本过滤器通过指定层来限制选择对象。单击“图层过滤器”按钮，系统弹出图 1-22 所示的“根据图层选择”对话框来供用户通过图层来选择对象。
- 颜色过滤器：本过滤器是通过颜色设定来选择满足颜色要求的对象。单击“颜色过滤器”按钮，系统弹出图 1-23 所示的“颜色”对话框，在该对话框中选定颜色，单击“确定”按钮，接着框选整个模型以选择要编辑的对象，则颜色相同的对象将会被选中。

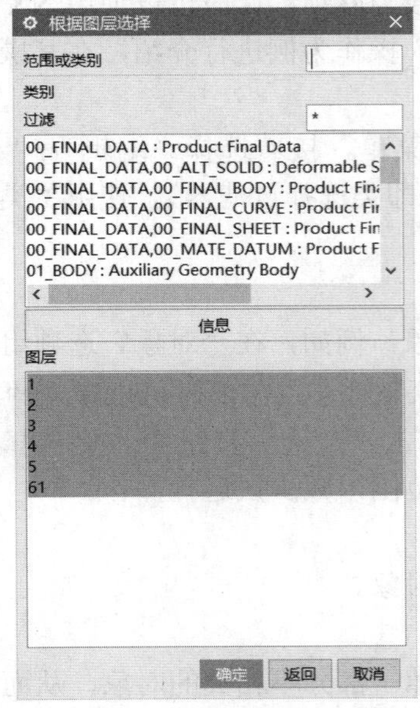

图1-22　“根据图层选择”对话框

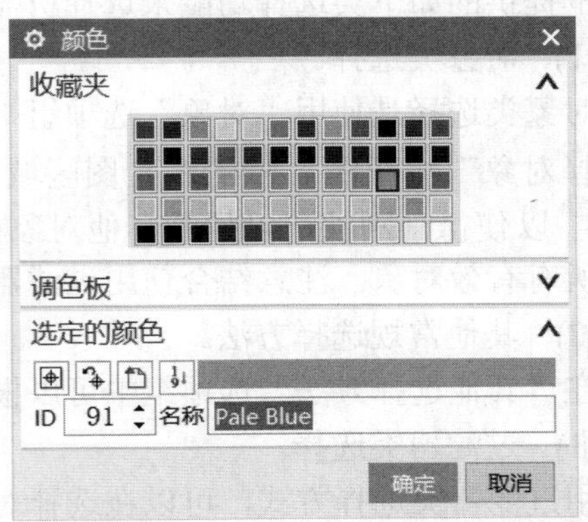

图1-23　“颜色”对话框

- 属性过滤器：单击“属性过滤器”按钮，弹出图 1-24 所示的“按属性选择”对话框，通过该对话框设置属性以过滤选择对象。
- 重置过滤器：单击“重置过滤器”按钮，可以重新设置过滤器类型。

使用“类选择”对话框辅助选择好对象后单击“确定”按钮，系统弹出图 1-25 所示的“编辑对象显示”对话框，从中可修改选定对象的图层、颜色、线型、宽度、透明度、着色和分析显示状态等。

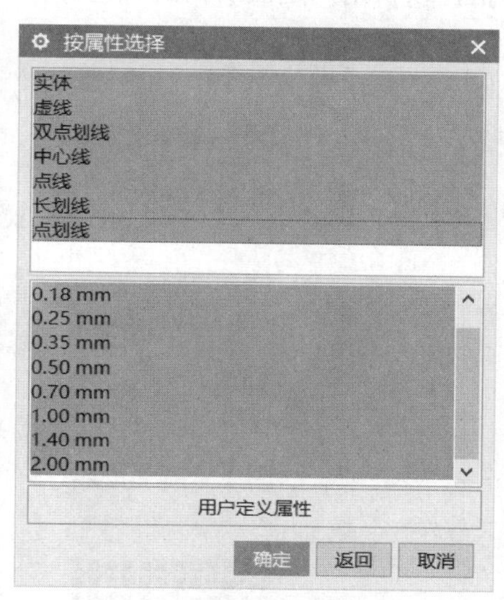

图1-24 “按属性选择”对话框

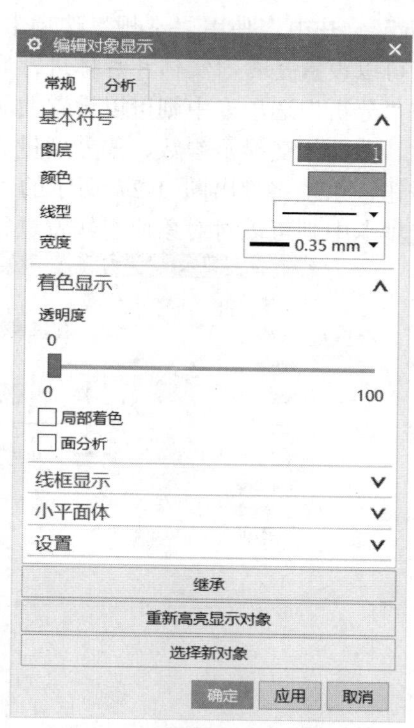

图1-25 “编辑对象显示”对话框

四、取消选择对象

如果选择了一个并不需要的对象，在这种情况下可通过按“Shift”键的同时并单击该选定对象来取消选择它。在未打开任何对话框时，要取消选择图形窗口中的所有已选对象，那么可以按“Esc”键来清除当前选择。

1.3 系统配置基础

NX 11 允许用户对系统基本参数进行个性化定制，使绘图环境更适合自己和所在的设计团队。本节将介绍 NX 首选项设置、用户默认设置和个性化屏幕定制等系统配置基础知识。

1.3.1 NX 首选项设置

用户可以使用“菜单”/“首选项”级联菜单中的相关命令（也可在“文件”功能区选项卡的“首选项”组中选择相应命令）来修改系统默认的一些基本参数设置，如新对象参数、用户界面参数、资源板首选项、对象选择行为、图形窗口可视化特性、部件颜色特性、

图形窗口背景特性、可视化性能参数等。下面有选择性地介绍一些改变系统参数首选项设置的方法，而其他的系统参数首选项设置方法也基本相似。

一、设置新对象的首选项

要设置新对象的首选项，如图层、颜色和线型等，则可以在模型模式中选择“菜单”/“首选项”/“对象”命令，弹出“对象首选项”对话框，此对话框具有 3 个选项卡，如图 1-26 所示。其中，使用“常规”选项卡可以设置工作图层、对象类型、对象颜色、线型和线宽，可以设置是否对实体和片体进行局部着色、面分析，还可以更改对象的特定透明度参数；在“分析”选项卡中则可以设置曲面连续性显示参数、截面分析显示参数、曲线分析显示参数、曲面相交显示参数、偏差度量显示参数和高亮线显示参数等，若在其中单击相关的颜色按钮，系统将弹出图 1-27 所示的“颜色”对话框，以供用户定制所需的颜色；在“线宽”选项卡中则可以对对象原有线宽进行转换。

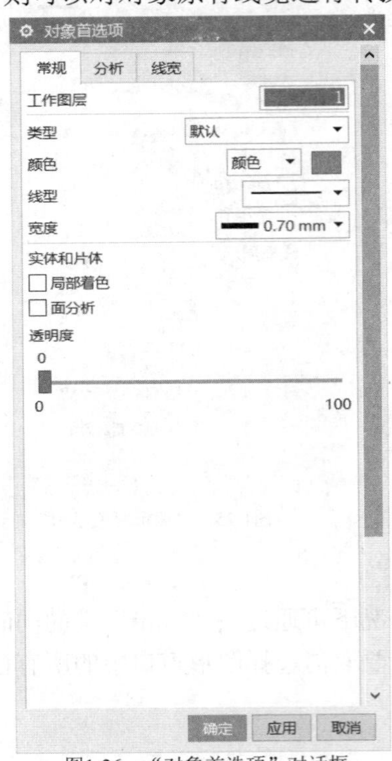

图1-26　“对象首选项”对话框

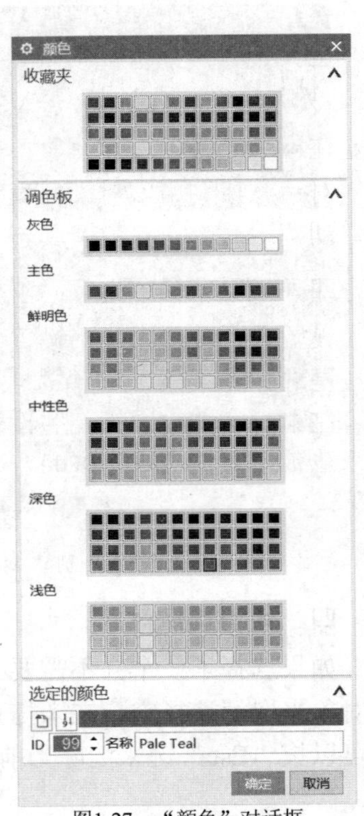

图1-27　“颜色”对话框

二、设置用户界面首选项

设置用户界面首选项是指设置用户界面和操作记录录制行为，并加载用户工具。

选择“菜单”/“首选项”/“用户界面”命令，弹出图 1-28 所示的“用户界面首选项”对话框。在该对话框的左窗格中，选择要设置的用户界面类别，包括“布局”“主题”“资源条”“触控”“角色”“选项”和“工具”等类别，然后在对话框的右部区域中进行相应设置即可。

例如，在“用户界面首选项”对话框的左窗格中选择“布局”类别，接着在右部区域可以进行图 1-29 所示的设置，设置内容有功能区选项、提示行/状态行位置等。

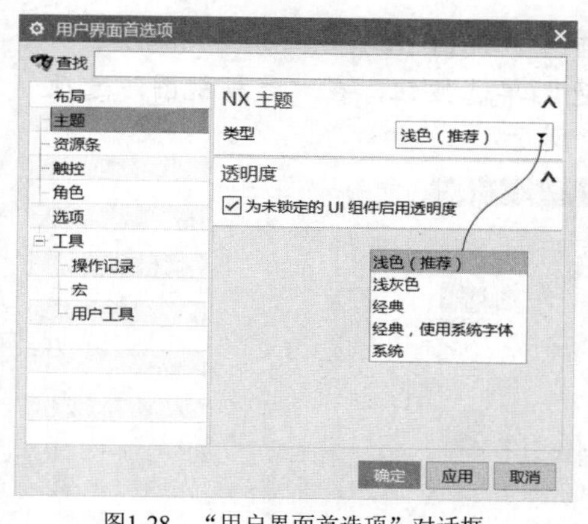

图1-28　“用户界面首选项”对话框

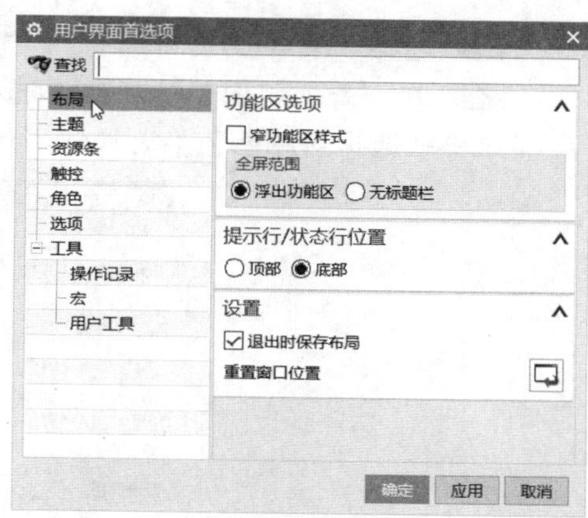

图1-29　“布局”选项卡

三、设置选择首选项

设置选择首选项是指设置对象选择行为，如高亮显示、快速拾取延迟及选择球大小。方法是在模型模式中选择“菜单”/“首选项”/“选择”命令，弹出图 1-30 所示的“选择首选项”对话框，利用该对话框设置多选时的鼠标手势和选择规则，设置高亮显示选项，指定是否启动延迟时快速拾取及其延迟时间，设定光标选择半径大小、成链公差和方法选项。

四、设置背景首选项

设置背景首选项是指设置图形窗口的背景特性，如颜色和渐变效果。设置背景首选项的方法是选择“菜单”/“首选项”/“背景”命令，弹出图 1-31 所示的“编辑背景”对话框，接着在该对话框中进行相关设置即可。例如，在进行三维模型设计时想要将渐变效果的绘图窗口背景更改为单一白色的背景，那么可以按照以下的步骤进行设置操作。

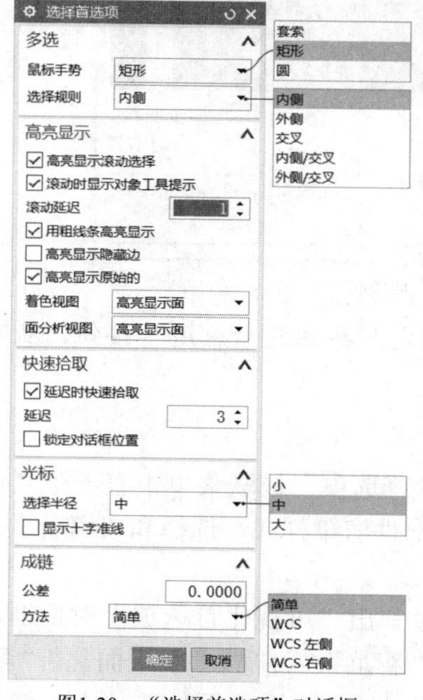

图1-30　“选择首选项”对话框

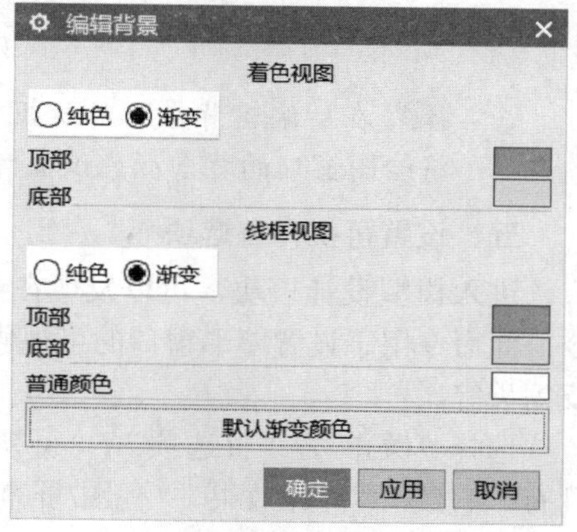

图1-31　“编辑背景”对话框

1 选择“菜单”/“首选项”/“背景”命令，弹出“编辑背景”对话框。

2 在“着色视图”选项组中选择“纯色”单选按钮，在“线框视图”选项组中也选择“纯色”单选按钮，如图 1-32 所示。

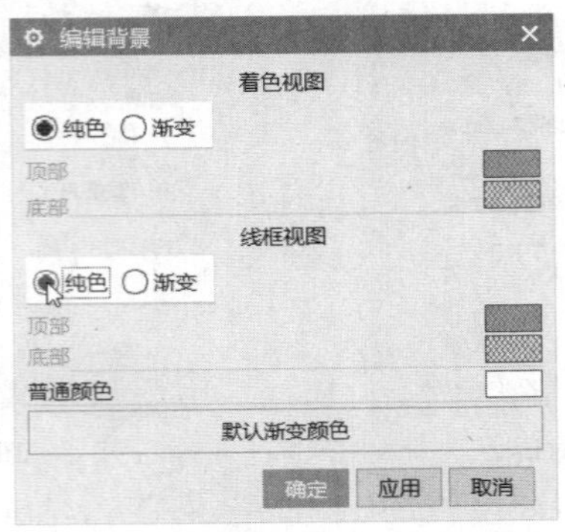

图1-32　编辑背景操作

3 在“编辑背景”对话框中单击“普通颜色”右侧的颜色框，系统弹出“颜色”对话框，从中选择白色（或设置相应的颜色参数），如图 1-33 所示，然后单击“确定”按钮。

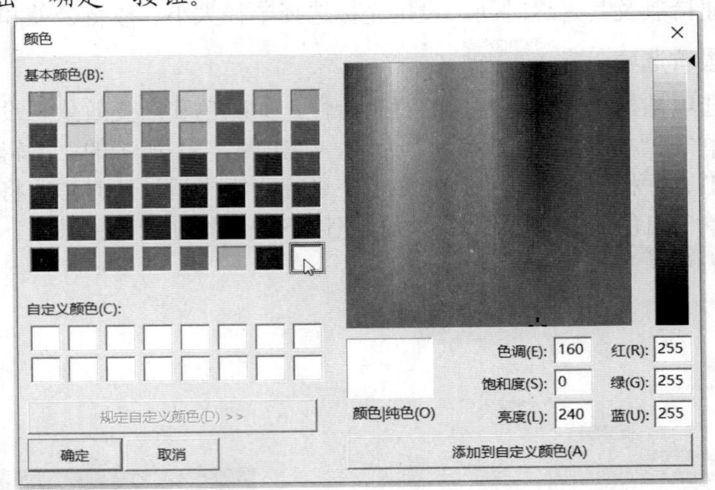

图1-33　“颜色”对话框

4 在“编辑背景”对话框中单击“确定”按钮或“应用”按钮，从而完成将绘图窗口的背景颜色设置为单一白色。

五、设置可视化首选项

进入模型设计模块，可以发现在“菜单”/“首选项”级联菜单中有一个“可视化”命令，此命令用于设置图形窗口的可视化特性，如部件渲染样式、选择和取消着重颜色及直线反锯齿等。

选择“菜单”/“首选项”/“可视化”命令，弹出“可视化首选项”对话框，该对话框具有“直线”“特殊效果”“视图/屏幕”“手柄”“着重”“可视”“小平面化”“颜色/字体”和“名称/边界”选项卡标签，单击不同的标签便可以切换到不同的选项卡，然后设置相关

的可视化参数即可。例如，切换到“可视”选项卡，可以选择视图，定制其常规显示设置，包括部件设置（如设置部件渲染样式、着色边颜色、隐藏边样式、光亮度，以及相应的会话设置）和边显示设置，如图 1-34 所示；切换到“颜色/字体”选项卡，可以为部件设置预选几何体、选择几何体、隐藏几何体、注意几何体的颜色等，如图 1-35 所示。

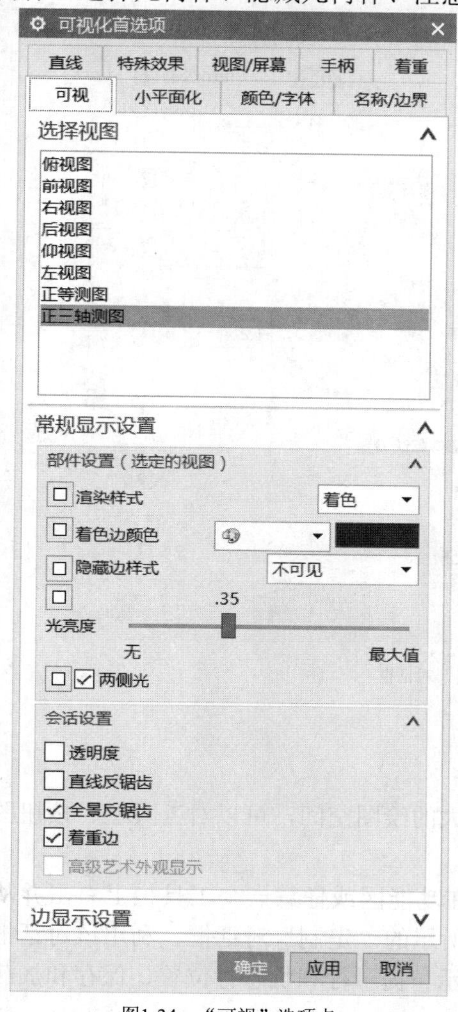

图1-34 “可视”选项卡

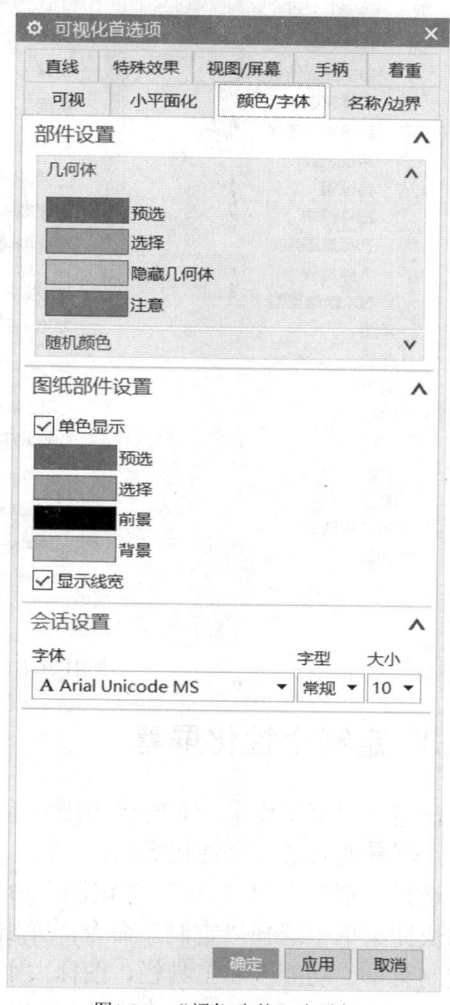

图1-35 “颜色/字体”选项卡

1.3.2 用户默认设置

在功能区的“文件”选项卡中选择“实用工具”/“用户默认设置”命令，弹出图 1-36 所示的“用户默认设置”对话框，在此对话框左侧的树形列表中选择要设置的参数类型，则在右侧区域显示相应的设置选项。利用该“用户默认设置”对话框，可以在站点、组和用户级别控制众多命令、对话框的初始设置和参数，包括更改建模基本环境所使用的单位制等。

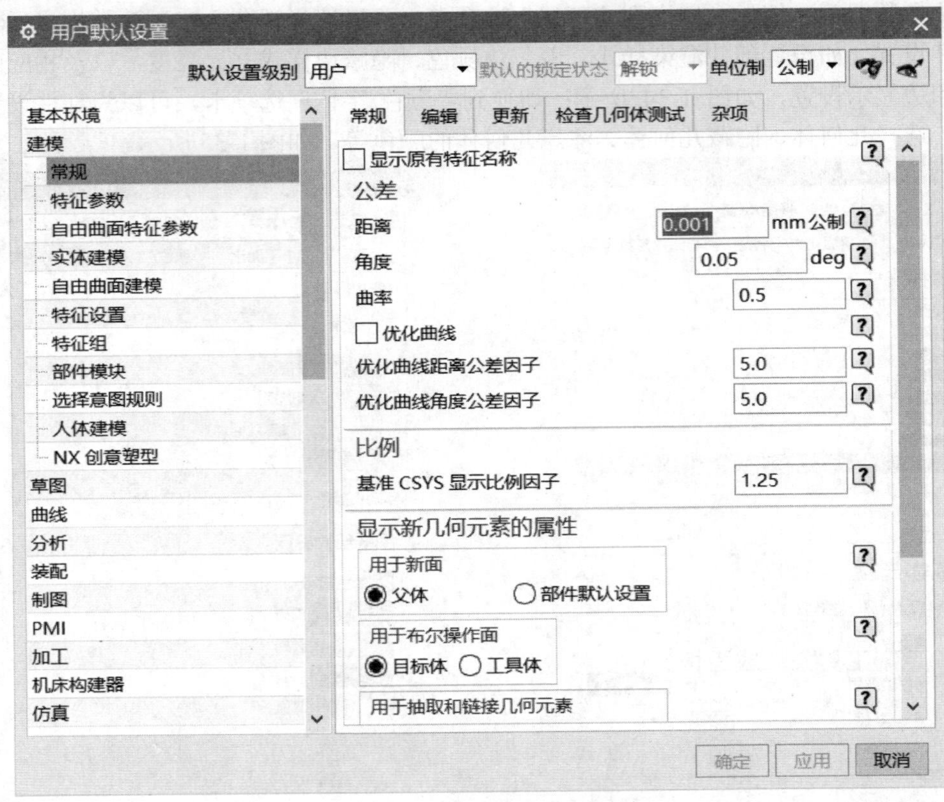

图1-36　“用户默认设置”对话框

1.3.3　定制个性化屏幕

在实际建模工作中，有时候考虑到要获得足够大的绘图空间，可以对工具栏、按钮图标大小等屏幕要素进行个性化定制。

选择“菜单”/“工具”/“定制”命令，或者在功能区或任意一个工具栏上右击并从弹出的快捷菜单中选择“定制”命令，弹出图 1-37 所示的“定制”对话框，利用该对话框可以定制菜单、功能区和工具栏、图标大小、屏幕提示、提示行和状态行位置、保存和加载角色等。在这里主要就如下几个细节定制进行介绍。

一、控制功能区选项卡或工具条的显示

在“定制”对话框的“选项卡/条”选项卡中（见图 1-38），从“选项卡/条”列表框中选中或清除相应功能区选项卡或工具条名称前方的复选框，则可以设置显示或隐藏该选项卡或工具条，即控制指定对象在工作界面上的显示。用户可以在“选项卡/条”选项卡中单击“新建”按钮来新建用户自定义的功能区选项卡，并可以通过单击“将定制工具条添加到功能区”按钮来将定制工具条添加到指定功能区。

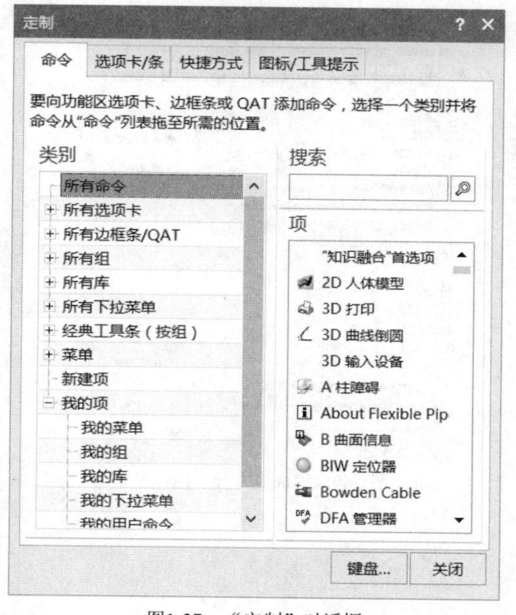

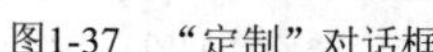
图1-37 "定制"对话框

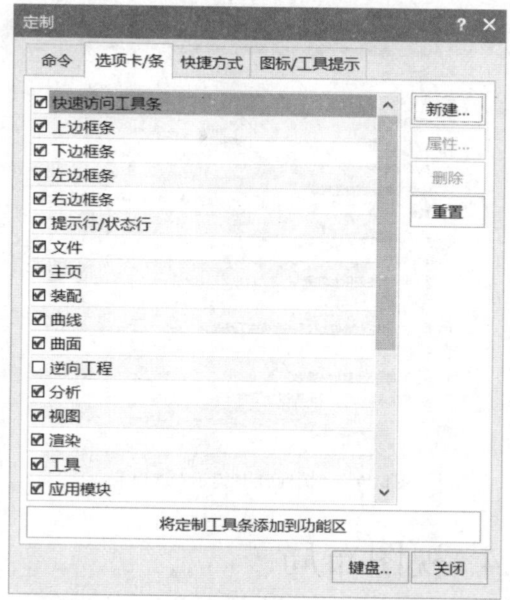

图1-38 "选项卡/条"选项卡

二、定制工具条（或面板）中的按钮和菜单命令

在 NX 操作环境中，除了显示或隐藏当前模块所需的功能区选项卡、工具条以外，还可以根据个人需要使用"定制"对话框来定制工具条（或面板）中的按钮和菜单中的命令。

在"定制"对话框中切换到"命令"选项卡，此时可以在"类别"列表框中选择一个类别或子类别，则在右侧的"命令"下拉列表框中显示该类别或子类别下的命令，从中选择要定制的命令，然后将它拖放到屏幕中指定工具条（或面板）的预定位置处释放，即可完成将它添加到指定工具条（或面板）中。如果要移除工具栏（或面板）中的某个按钮命令，那么可以在打开"定制"对话框的情况下，将该按钮命令从工具栏（或面板）中拖出即可，或者使用鼠标在工具栏（或面板）中右击该按钮命令并从弹出的快捷菜单中选择"删除"命令。

将选定命令添加到指定的菜单中，或者从菜单中移除选定的命令，它们的操作方法也和上述操作方法类似，在此不再赘述。

三、定制图标大小和工具提示

在"定制"对话框中切换到"图标/工具提示"选项卡，如图 1-39 所示，接着在"图标大小"选项组中可以对功能区、窄功能区、上/下边框条、左/右边框条、快捷工具条/圆盘（推断式）工具条、菜单、资源条选项卡、对话框的图标大小进行设置，还可以设置是否在库中始终使用大图标；在"工具提示"选项组中设置是否在功能区和菜单上显示符号标注工具提示、是否在功能区上显示快捷键、是否在对话框选项上显示圆形符号工具提示等。

四、定制快捷方式

在"定制"对话框中切换到"快捷方式"选项卡，如图 1-40 所示，指定类型，允许在图形窗口中或导航器中选择对象以定制其快捷工具条或圆盘（推断式）工具条等。

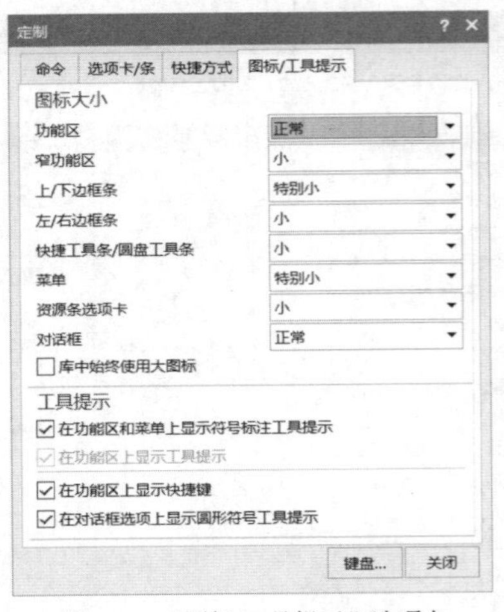

图1-39　“图标/工具提示”选项卡

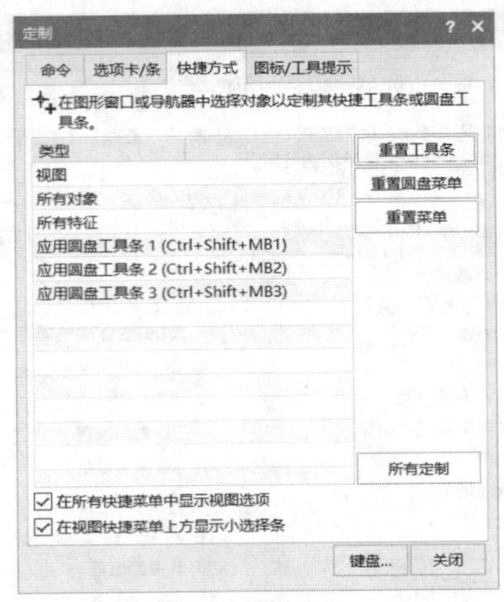

图1-40　“快捷方式”选项卡

1.4　视图布局

在三维产品设计过程中，有时候会同时用到一个模型对象的多个视图以更直观地从多角度观察模型对象，如图 1-41 所示。NX 11 为用户提供了实用的视图布局功能，用户在创建所需的视图布局后，可以保存视图布局，可以在以后需要时再次打开此视图布局，可以修改和删除视图布局等。

图1-41　同时显示多个视图

在功能区的“视图”选项卡中打开“方位”面板上的“更多”库列表，在“视图布局”选项组中可以看到视图布局的相关命令，这些视图布局按钮命令的功能说明如表 1-4 所示。

表 1-4　视图布局设置的相关按钮命令

序号	图标	对应的菜单命令	功能简要说明
1		“视图”/“布局”/“新建”	以 6 种布局模式之一创建包含至多 9 个视图的布局
2		“视图”/“布局”/“打开”	调用 5 个默认布局中的任何一个或任何先前创建的布局
3		“视图”/“布局”/“适合所有视图”	调整所有视图的中心和比例以在每个视图的边界之内显示所有对象
4		“视图”/“布局”/“更新显示”	更新显示以反映旋转或比例更改
5		“视图”/“布局”/“重新生成”	重新生成布局中的每个视图，移除临时显示的对象并更新已修改的几何体的显示
6		“视图”/“布局”/“替换视图”	替换布局中的视图
7		“视图”/“布局”/“删除”	删除用户定义的任何不活动的布局
8		“视图”/“布局”/“保存”	保存当前布局布置
9		“视图”/“布局”/“另存为”	用其他名称保存当前布局

下面简要地介绍视图布局的 3 种常见操作。

1.4.1 新建视图布局

要新建视图布局，则可以按照以下的操作方法和步骤来进行。

1. 在功能区中打开“视图”选项卡，从“方位”面板中单击“更多”按钮并从“视图布局”选项组中单击“新建布局”按钮，系统弹出图 1-42 所示的“新建布局”对话框。此时系统提示选择新布局中的视图。

2. 指定视图布局名称。在“名称”文本框中输入新建视图布局的名称，或者接受系统默认的新视图布局名称。默认的新视图布局名称是以“LAY#”形式来命名的，#为从 1 开始的序号，后面的序号依次加 1 递增。

3. 选择系统提供的视图布局模式。在“布置”下拉列表框中可供选择的默认布局模式有 6 种，如图 1-43 所示。从“布置”下拉列表框中选择所需要的一种布局模式，如选择 L2 视图布局模式。

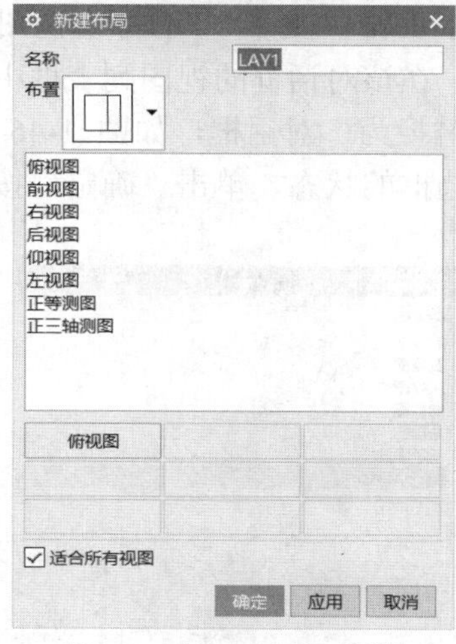

图1-42　“新建布局”对话框

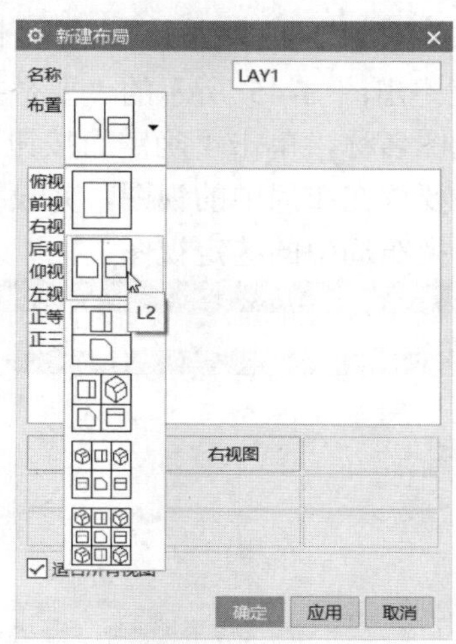

图1-43　选择视图布局模式

4 修改视图布局。当用户在“布置”下拉列表框中选择一个系统预定义的命名视图布置模式后，可以根据需要修改该视图布局。例如，选择 L2 视图布局模式后，想把右视图改为正等测视图，那么可以在“新建布局”对话框中单击“右视图”小方格按钮，接着在视图列表框中选择“正等测图”，此时“正等测图”字样显示在视图列表框下面的小方格按钮中，如图 1-44 所示，此时表明已经将右视图更改为正等测视图了。

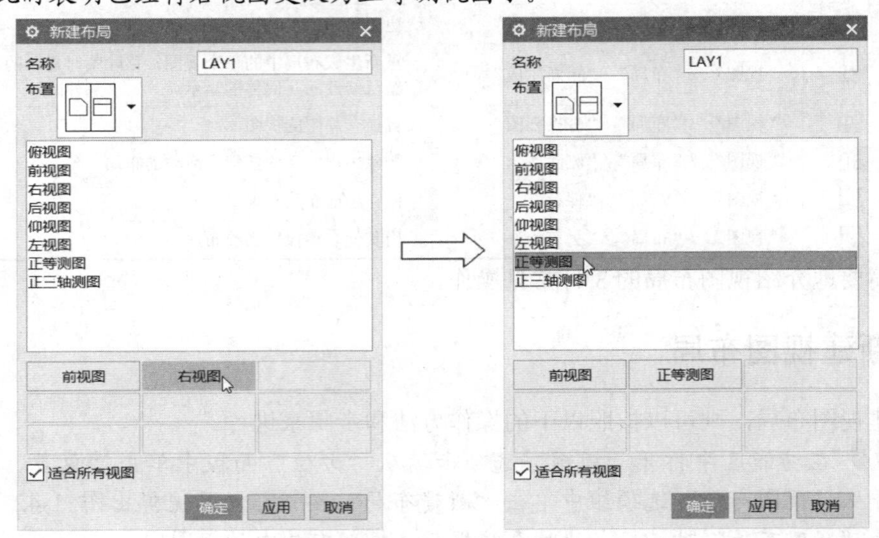

图1-44　修改视图布局示例

5 在“新建布局”对话框中单击“确定”按钮或“应用”按钮，从而生成新建的视图布局。

1.4.2 替换布局中的视图

新建命名的视图布局后，如果不满意，还可以替换布局中的视图。要替换布局中的视图，那么在功能区的“视图”选项卡的“方位”面板中单击“更多”/“替换视图”按钮，系统弹出图 1-45 所示的“要替换的视图”对话框，在该对话框的视图列表框中选择要替换的视图名称，单击“确定”按钮，系统弹出“视图替换为”对话框，如图 1-46 所示，从中选择要放在布局中的视图，并设置“充满视图”复选框的状态，单击“确定”按钮，即可完成替换布局中的选定视图。

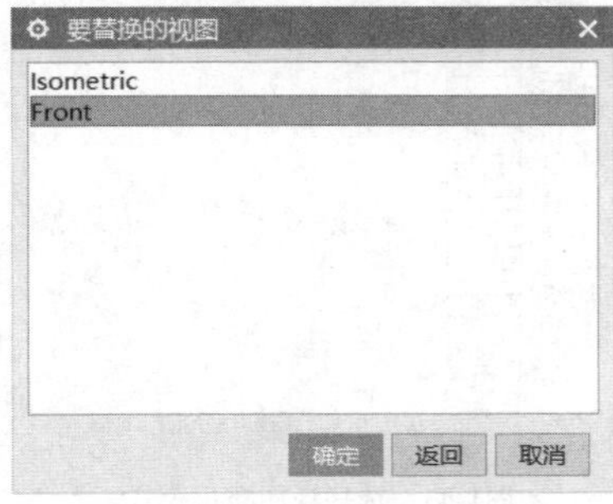

图1-45　“要替换的视图”对话框

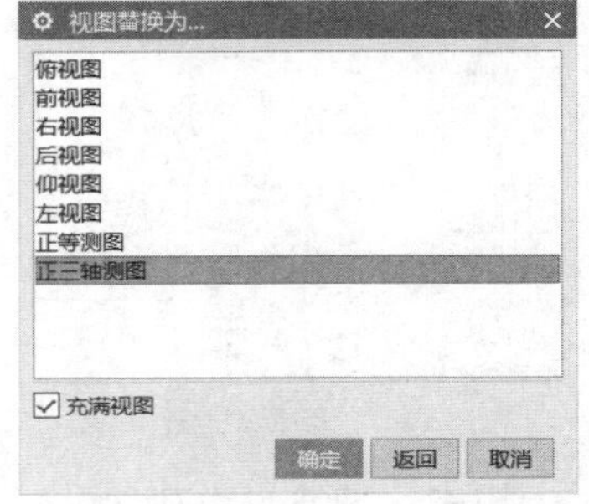

图1-46　“视图替换为”对话框

1.4.3 删除视图布局

创建好视图布局之后，如果用户不再使用它，那么可以将该视图布局删除，注意只能够删除用户定义的不活动的视图布局。

要删除用户定义的不活动的某一个视图布局，则在功能区的“视图”选项卡的“方位”面板中单击“更多”/“删除布局”按钮，系统弹出图 1-47 所示的“删除布局”对话框，在该对话框的视图列表框中选择要删除的布局，确定后即可将该布局删除。如果要删除的视图布局正在使用，或者没有用户定义的视图布局可删除，那么单击“删除布局”按钮时，系统将弹出一个“警告”对话框来提醒用户，如图 1-48 所示。

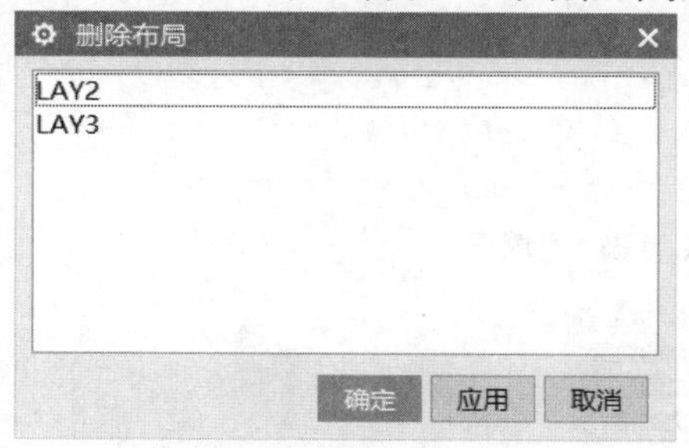

图1-47 “删除布局”对话框

图1-48 “警告”对话框

1.5 图层设置及编辑

同其他一些主流设计软件一样，NX 也有图层的应用概念。所谓的图层（可简称为“层”）实际上是为了方便对模型的管理而设置的一类对象分类方法，用户可以为每个图层设置不同的属性（包括可见性、工作图层、可选择性等）。任何对象都可以根据设计需要放在任何一个图层中，需要注意的是，图层的主要应用原则是为了方便模型对象的管理。

NX 的图层状态分为 4 种，即工作图层、可选层、仅可见层和不可见层。

在一个 NX 部件的所有图层中，只能有一个图层作为当前工作图层。工作图层是对象创建在其中的层，它总是可见与可选的。当创建一个新部件时，层 1 是默认的工作图层（默认有 256 层）。用户可以根据设计情况来改变工作图层，并可以设置所选的图层为可见层。当改变工作图层时，先前的工作图层自动成为可选层。

要执行图层设置操作，则可选择“菜单”/“格式”/“图层设置”命令，或者在功能区的“视图”选项卡的“可见性”面板中单击“图层设置”按钮，又或者按“Ctrl+L”快捷键，弹出图 1-49 所示的“图层设置”对话框，通过该对话框可以查找来自对象的图层，设置工作图层、可见和不可见图层，并可以定义图层中的类别名称等。“图层设置”对话框中各主要选项的含义及设置方法如下。

- “工作图层”文本框：在“工作图层”选项组的“工作图层”文本框中可输入需要设置为当前图层的层号。在该文本框中输入所需的工作图层层号后，系统会将该图层设置为当前的工作图层。
- “按范围/类别选择图层”文本框：该文本框主要用来输入范围或图层种类的名称以便进行筛选操作。当输入种类的名称并按“Enter”键后，系统会自动

将所有属于该种类的图层选中，并自动改变其状态。

- “类别过滤器”下拉列表框：当选中“类别显示”复选框时，“类别过滤器”下拉列表框可用。“类别过滤器”下拉列表框中默认的“*”符号表示接受所有的图层的类别，而位于“类别过滤器”下拉列表框下方的“图层/状态”列表框用于显示设定类别下的图层名称及相关属性描述（如可见性、对象数等）。

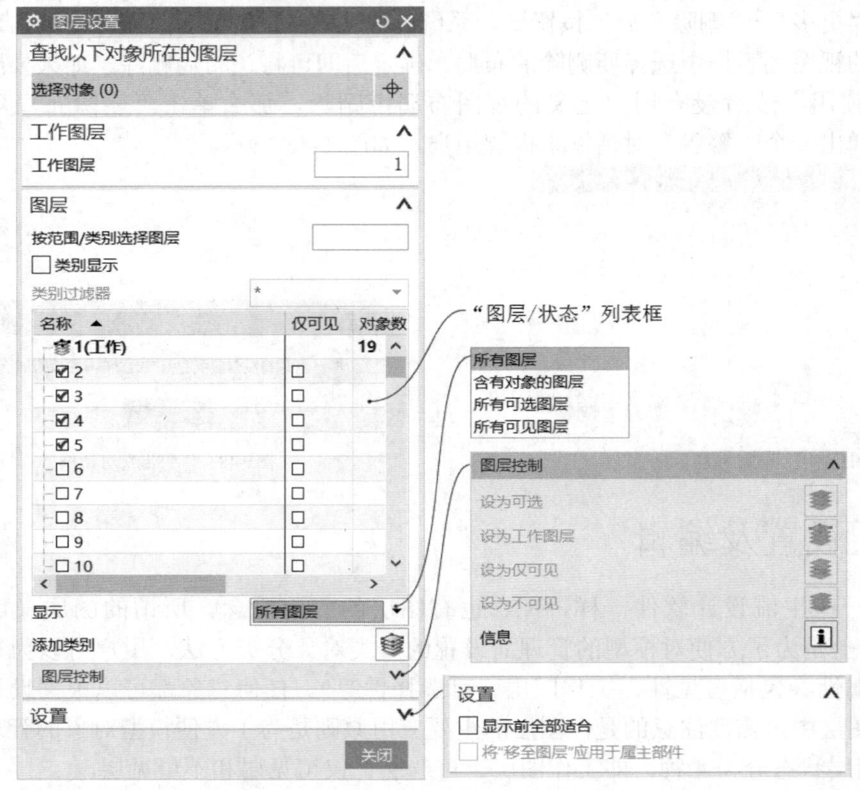

图1-49　“图层设置”对话框

- “显示”下拉列表框：用于进一步控制“图层/状态”列表框中设定类别的图层的显示范围，可供选择的选项有“所有图层”“含有对象的图层”“所有可选图层”和“所有可见图层”。
- “图层控制”选项组：在“图层/状态”列表框中选择一个图层后，可在该选项组中单击相应按钮来将所选图层设置为可选的、工作图层、仅可见的或不可见的。

另外，在“菜单”/“格式”菜单中还提供了表 1-5 所示的图层编辑命令，在功能区“视图”选项卡的“可见性”面板中也可找到对应的按钮。

表 1-5　　图层编辑命令的功能含义

序号	命令	按钮图标	功能简要说明
1	“视图中可见图层”		设置视图中的可见和不可见图层
2	“图层类别”		创建命名的图层组
3	“移动至图层”		将对象从一个图层移动到另一个图层
4	“复制至图层”		将对象从一个图层复制到另一个图层

1.6 NX 11 基础入门范例

本节介绍一个 NX 11 的基础入门范例，目的是让读者通过该范例的学习来加深理解、掌握本章所学的一些基础知识。

本范例具体的操作如下。

1 启动 NX 11 后，在“快速访问”工具栏中单击“打开”按钮，或者按“Ctrl+O”快捷键，系统弹出“打开”对话框。通过“打开”对话框浏览并选择本章配套的“\DATA\CH1\BC_F1_ZHFL.PRT”文件，然后在“打开”对话框中单击“OK”按钮，打开的模型效果如图 1-50 所示。

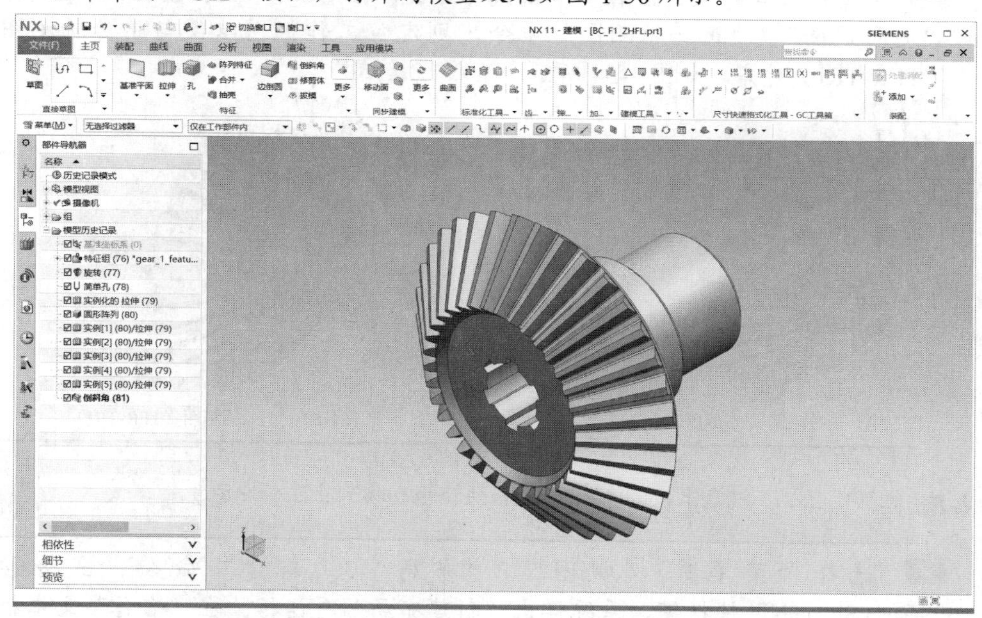

图1-50　打开模型文件

2 将鼠标指针置于绘图窗口中，按住鼠标中键的同时移动鼠标，将模型视图翻转成图 1-51 所示的视图效果来显示。

3 选择“菜单”/“视图”/“操作”/“缩放”命令，或者按“Ctrl+Shift+Z”快捷键，系统弹出图 1-52 所示的“缩放视图”对话框，单击“缩小 10%”按钮，接着再单击“缩小一半”按钮，注意观察视图缩放的效果，然后单击“确定”按钮。

图1-51　翻转模型视图显示

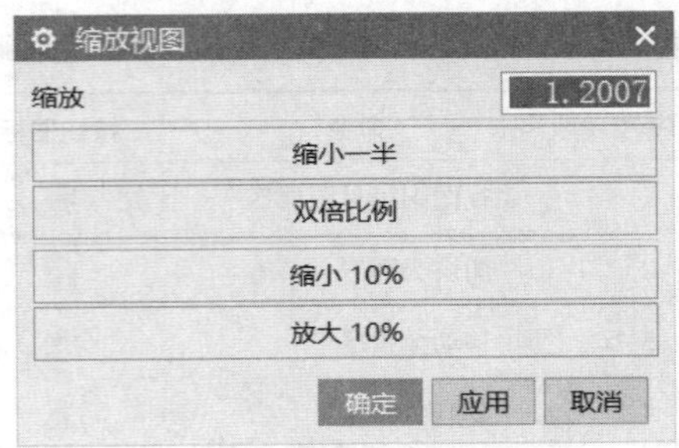

图1-52　“缩放视图”对话框

4 在图形窗口中，按住鼠标中键和右键的同时拖动鼠标，练习平移模型视图。

5 在图形窗口的空白区域中单击鼠标右键，接着从弹出的快捷菜单中选择“定向视图”/“正等测图”命令，则定位工作视图以便与正等测视图（TFR-ISO）对齐，模型显示效果如图 1-53 所示。

用户也可直接在键盘上按“End”键来快捷地切换到正等测视图。

6 在图形窗口的空白区域中单击鼠标右键，接着从弹出的快捷菜单中选择“定向视图”/“正三轴测图”命令，则定位工作视图以便与正三轴测图（TFR-TRI）对齐，如图 1-54 所示。

图1-53　正等测图（TFR-ISO）

图1-54　正三轴测图（TFR-TRI）

也可以直接在键盘上按“Home”键来快捷地切换到正三轴测图。

7 选择“菜单”/“视图”/“布局”/“新建”命令，或者按“Ctrl+Shift+N”快捷键，系统弹出“新建布局”对话框。在“名称”文本框中输入“BC_LAY1”，选择布局模式选项为“L2”，选中“适合所有视图”复选框，如图 1-55 所示，然后在“新建布局”对话框中单击“确定”按钮，结果如图 1-56 所示。

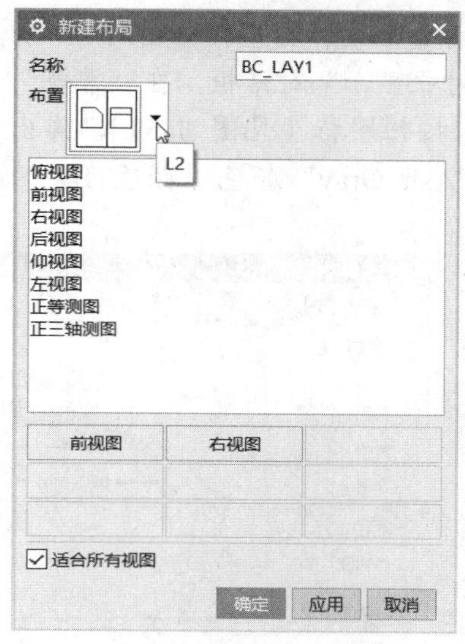

图1-55　新建布局

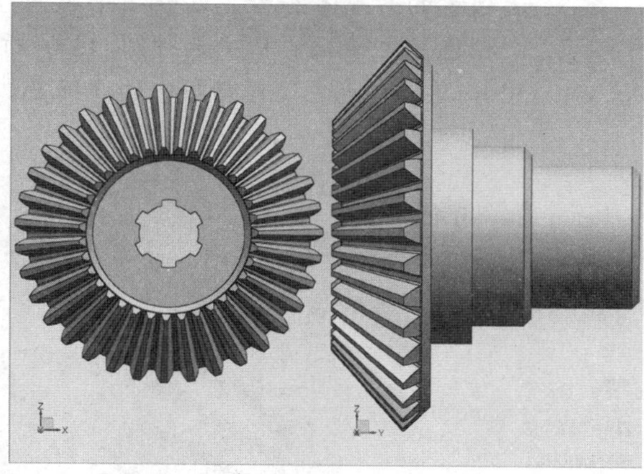

图1-56　新建布局的结果

8 在“快速访问”工具栏中单击“撤销”按钮，或者按快捷键“Ctrl+Z”，从而撤销上次操作，在本例中就是撤销上次的新建布局操作。

9 在上边框条中单击“菜单”按钮 菜单(M)，接着从“首选项”菜单中选择“背景”命令，弹出“编辑背景”对话框，进行图1-57所示的编辑操作，即在“着色视图”选项组中选择“纯色”单选按钮，在“线框视图”选项组中选择“纯色”单选按钮，单击“普通颜色”对应的颜色按钮，弹出“颜色”对话框，选择白色，然后在“颜色”对话框中单击“确定”按钮。最后在“编辑背景”对话框中单击“确定”按钮，从而将绘图窗口的背景设置为白色。

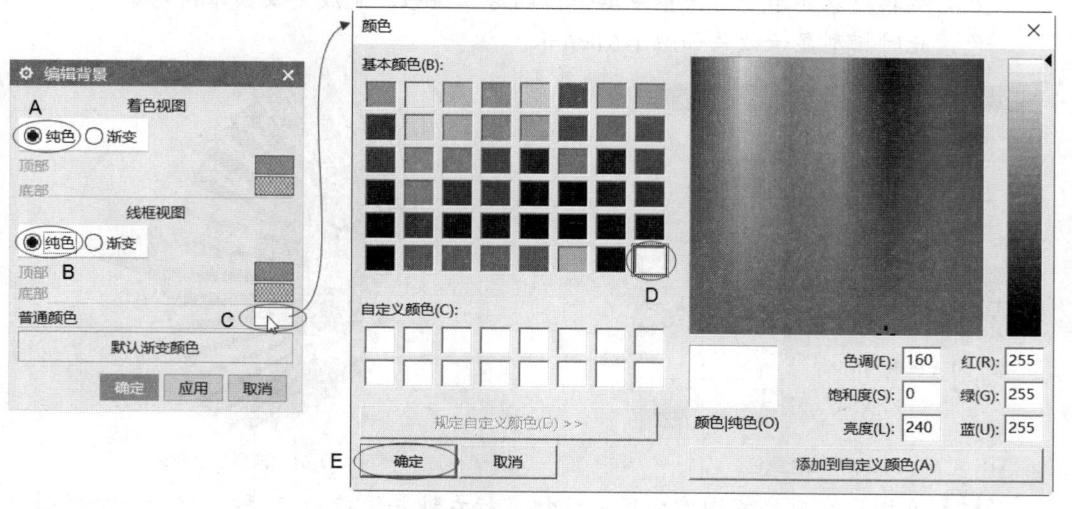

图1-57　编辑背景

10 更改圆锥齿轮零件的外观颜色。

选择“菜单”/“编辑”/“对象显示”命令，系统弹出“类选项”对话框，在

“对象”选项组中单击“全选”按钮，以选择整个实体模型，如图 1-58 所示，接着单击“确定”按钮。系统弹出“编辑对象显示”对话框，在“常规”选项卡的“基本符号”选项组中单击“颜色”按钮图标（见图 1-59），弹出“颜色”对话框，从中选择图 1-60 所示的“Ash Gray”颜色（颜色 ID 为 50），单击“颜色”对话框中的“确定”按钮。

图1-58　通过“类选择”对话框选择对象

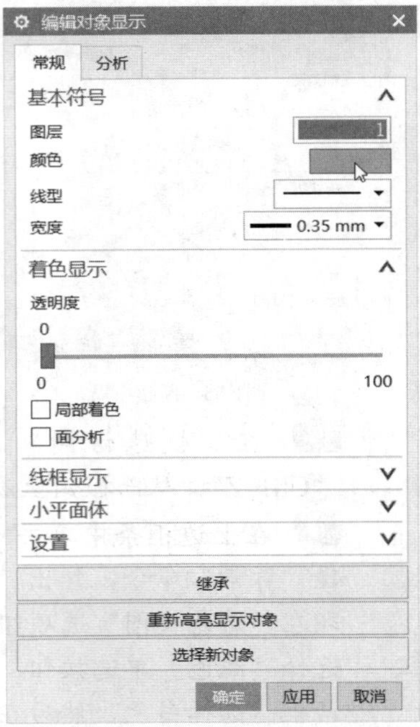

图1-59　“编辑对象显示”对话框

在“编辑对象显示”对话框中单击“确定”按钮，完成更改圆锥齿轮零件的颜色，此时模型显示效果如图 1-61 所示。

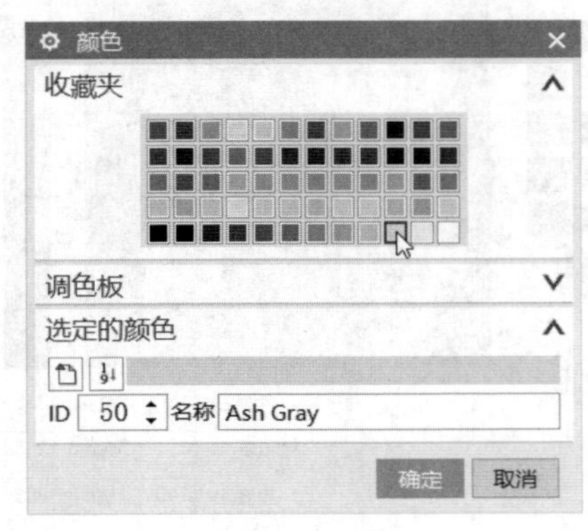

图1-60　选择颜色

图1-61　模型显示效果

11 在图形窗口的视图空白区域处按鼠标右键并保持约 1 秒，打开一个视图辐射式菜单（或称“视图辐射式命令列表”），保持按住鼠标右键的情况下将鼠标十字瞄准器移至“带有淡化边的线框”按钮处，如图 1-62 所示，此时释放鼠标右键即可选择此按钮选项，则圆锥齿轮零件以带有淡化边的线框显示，

效果如图 1-63 所示。

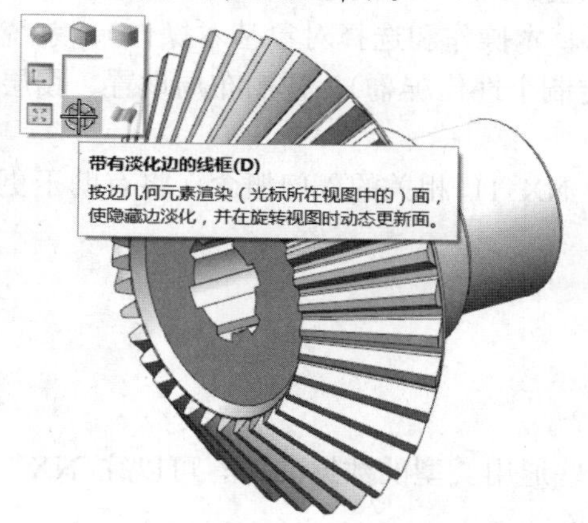

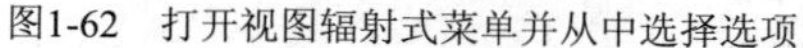

图1-62 打开视图辐射式菜单并从中选择选项

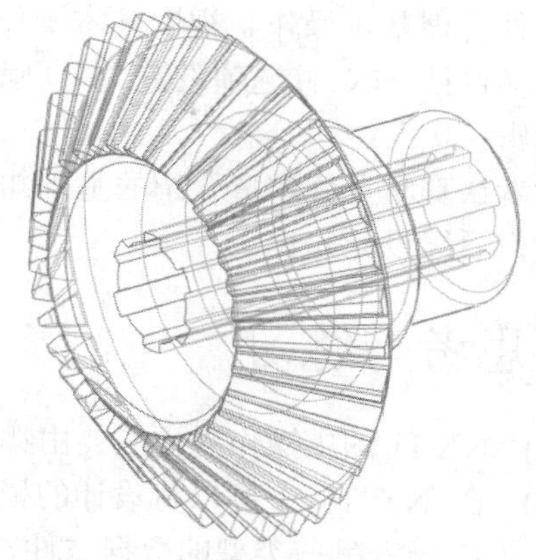

图1-63 带有淡化边的线框显示

12 在上边框条的“视图”工具栏中的“渲染样式”下拉列表框中选择“带边着色”选项，如图 1-64 所示，则圆锥齿轮零件以“带边着色”渲染样式显示。

13 按“F8”键，改变当前视图到与当前视图方位最接近的平面视图，视图效果如图 1-65 所示。接着再按“End”键，视图改变方向到正等测视图。

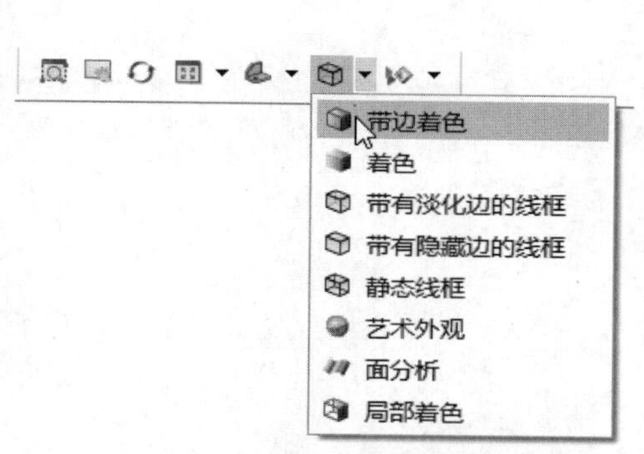

图1-64 选择“带边着色”的渲染显示样式

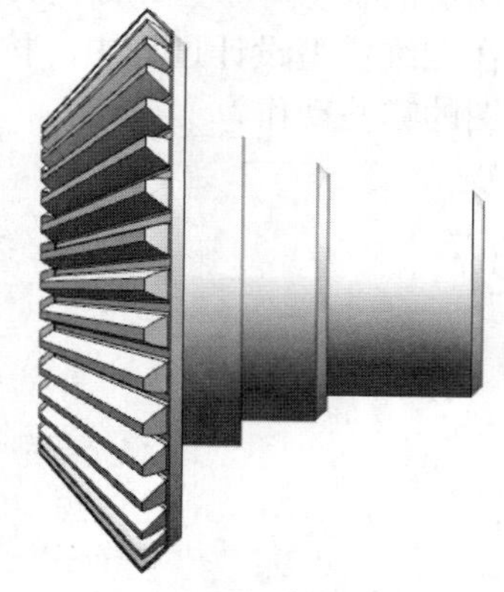

图1-65 切换到与当前视图方位最接近的平面视图

14 在“快速访问”工具栏中单击“保存”按钮，或者选择“菜单”/“文件”/“保存”命令，保存已经修改的工作部件。

15 单击当前模型窗口对应的“关闭”按钮✕（默认位于功能区右侧），关闭文件。

1.7 本章小结

NX 11 套件系统集成了出色的 CAD、CAM、CAE 和 PDM 等功能，它为用户提供了全方位的产品设计解决方案，支持产品开发的整个过程。NX 11 的应用范围很广泛，包括工业设计和造型、包装设计、机械设计、机电系统设计、机械仿真、机电仿真、工装模具和夹具设计、机械加工、工程流程管理、检测编程、机电一体化概念设计等。

本章主要介绍 NX 11 的一些入门基础知识，包括 NX 11 概述及界面、基本操作（例如，文件管理基本操作、视图基本操作、模型显示基本操作和选择对象基本操作）、系统配置基础（包括 NX 首选项设置、用户默认设置和定制个性化屏幕）、视图布局设置、图层设置及编辑。

读者认真掌握好本章介绍的基础知识，并了解 NX 11 相关的入门概念，将有助于更系统地学习后续设计知识。

1.8 思考与练习

(1) NX 11 的主操作界面主要由哪些要素构成？

(2) 在 NX 11 中可以将设计的模型导出为哪些通用类型的数据文件？可以往 NX 11 导入哪些类型的数据文件？

(3) 使用鼠标如何进行视图的平移、旋转和缩放操作？

(4) 什么是视图三重轴？如何使用视图三重轴来辅助调整视图方位？可以举例说明。

(5) 如何理解视图布局？可以举例来辅助介绍，可涉及新建视图布局和删除视图布局的操作。

(6) 图层的状态有哪些？如何设置图层的可见性？

(7) 在三维模型设计过程中，按键盘上的“End”“Home”或“F8”键可以实现视图的哪些动作？

第2章 二维草图

本章导读

三维建模离不开二维草图设计，可以说二维草图设计是三维建模的一个重要基础。在 NX 11 中，草图功能是非常强大的。当在模型中需要草图时，可以先建立设计意图，接着使用相关的二维草图工具绘制和编辑初步的草图，然后按照设计意图约束草图，如添加几何约束和尺寸约束等。

本章详细介绍建立和编辑二维草图的方法与技巧，内容包括草图概述、草图工作平面、草图曲线、草图编辑与操作、草图约束、草图分组、定向视图到草图和定向视图到模型等。

2.1 草图概述

草图概述内容包括草图基本概念、草图首选项设置、任务环境中的草图和直接草图。

2.1.1 草图基本概念

草图是位于特定平面或路径上的 2D 曲线和点的已命名集合，它是三维实体建模的一个重要基础，事实上很多特征建模都离不开草图。

NX 11 提供了强大而实用的草图功能。用户使用这些草图功能可以比较快速地在指定平面上绘制出所需的二维基本图形，并根据设计意图对它们进行编辑操作，以及建立尺寸约束和几何约束，从而精确地定义草图的形状和位置关系。创建合适的草图后，可以通过拉伸、旋转、扫掠等方式对草图进行操作来生成实体造型特征。另外，可以利用多草图作为片体的生成轮廓，还可以将草图用作规律曲线控制模型或特征的形状等。从草图开始创建的特征与草图是相关联的，当草图对象被编辑修改时，其关联的特征也随之发生相应的修改更新。这在需要反复修改的零件设计中是非常有用的。草图的建立好坏可能在某种程度上会决定模型修改的难易程度。

在 NX 11 中，建立草图有两种模式：一种是直接草图模式；另一种则是草图任务环境模式。前者是在当前应用模块中创建草图，使用直接草图工具来添加曲线、尺寸、约束等；后者则是进入草图任务环境中创建或编辑草图。在实际设计工作中，应该根据具体的设计需求来采用最适合的草图模式。

2.1.2 草图首选项设置

当在模型中需要绘制草图时，通常要先明确设计意图，必要时可检查和设置草图首选

项，即设置控制草图生成器任务环境的行为和草图对象显示的首选项。要设置草图首选项，则在上边框条中选择“菜单”/ “首选项”/“草图”命令，打开“草图首选项”对话框，该对话框具有“草图设置”选项卡、“会话设置”选项卡和“部件设置”选项卡，这 3 个选项卡的功能含义说明如下。

一、“草图设置”选项卡

“草图设置”选项卡用于为新草图指定样式设置，如图 2-1（a）所示。例如，为新草图设定尺寸标签的选项为“表达式”“名称”或“值”，定制屏幕上的文本高度和约束符号大小，设置是否创建自动判断约束、是否连续自动标注尺寸和是否显示对象名称等。

二、“会话设置”选项卡

切换到“会话设置”选项卡时，系统在状态栏中出现“指定草图设置”的提示信息，此时可以设置图 2-1（b）所示的相关参数和选项。

其中，对齐角（捕捉角）参数指定垂直线和水平线的默认捕捉角公差，如果一条直线相对于水平或垂直参考线的夹角小于或等于设定的捕捉角参数值，那么该线将自动地被捕捉到水平或垂直位置。另外，以下两个复选框的功能含义需要用户重点了解。

- “显示自由度箭头”复选框：此复选框用于控制自由度箭头的显示。系统在初始状态下默认选中此复选框。如果取消选中此复选框，则关闭自由度箭头的显示。
- “更改视图方位”复选框：选中此复选框时，当草图放弃激活时，显示激活草图的视图将返回到它原来的方位；如果取消选中此复选框，则当草图放弃激活时，视图将不会返回到它原来的方位。

三、“部件设置”选项卡

“部件设置”选项卡用于设定草图对象的颜色设置，如图 2-1（c）所示。

（a）“草图样式”选项卡　　（b）“会话设置”选项卡　　（c）“部件设置”选项卡

图2-1　“草图首选项”对话框

在“草图首选项”对话框的相应选项卡中设置好相关参数和选项后，单击“确定”按钮或“应用”按钮，完成草图参数预设置。

2.1.3 草图任务环境

NX 11 提供传统的具有独立界面的草图任务环境，该环境集中了各种草图工具。在草图任务环境中工作，可以很方便地控制草图的建立选项，以及控制关联模型的更新行为。通常要在二维方位中建立新草图时，或者编辑某特征的内部草图时，可选择草图任务环境绘制和编辑草图。

一、进入草图任务环境

要创建草图并进入草图任务环境，可在上边框条中选择“菜单”/“插入”/“在任务环境中绘制草图”命令，系统弹出“创建草图”对话框，利用该对话框指定草图类型、草图平面、草图方向和草图原点等后单击“确定”按钮，便可进入草图任务环境，此时在功能区的“主页”选项卡中提供有“草图”面板、“曲线”面板和“约束”面板，各面板包含各组所属的工具，如图 2-2 所示。

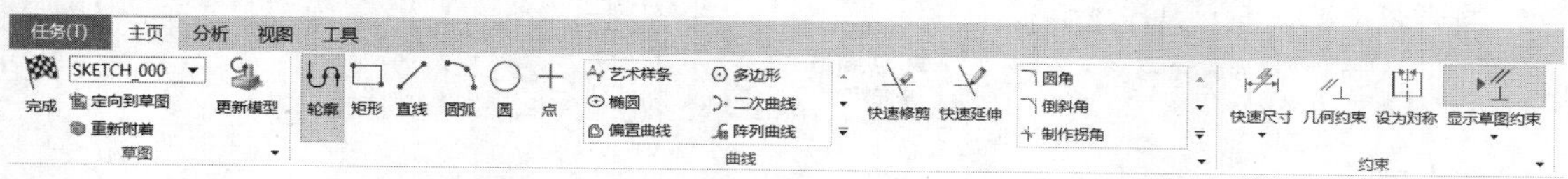

图2-2　进入草图任务环境时功能区“主页”选项卡提供的工具

二、命名草图

新创建的草图对象会被赋予一个有数字后缀的默认名称，如“SKETCH_000”“SKETCH_001”等，该草图名显示在“草图”面板的“草图名”下拉列表框中和部件导航区中，如图 2-3 所示。其中，使用“草图”面板的“草图名”下拉列表框可以定义草图的名称或激活一个现有的草图（通过从列表中选择）。要在草图任务环境中定义草图的名称（命名草图），那么可以在“草图”面板中清除“草图名”下拉列表框中的内容，如图 2-4 所示，接着输入新名称并按“Enter”键即可。

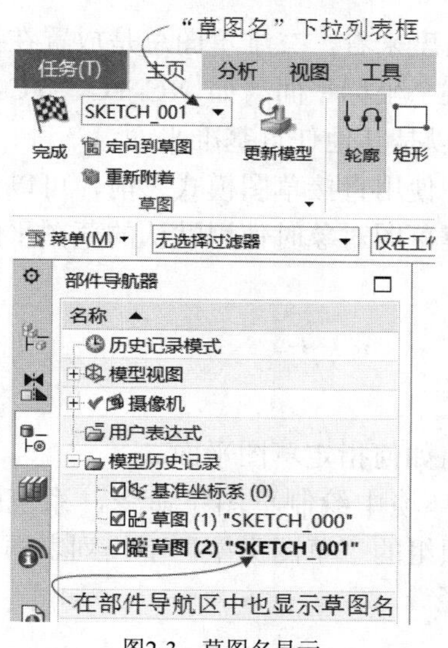

图2-3　草图名显示

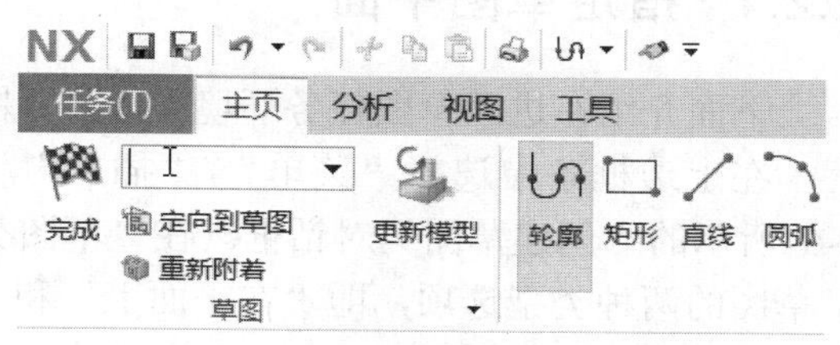

图2-4　清除“草图名”下拉列表框

三、退出草图任务环境

在草图任务环境中使用相应的草图工具绘制好所需的草图之后，在“草图”面板中单击“完成草图”按钮，即可退出草图任务环境。

2.1.4 直接草图

在 NX 11 建模环境的功能区“主页”选项卡提供了图 2-5 所示的“直接草图”面板。使用此面板中的命令按钮可以创建平面上的草图，而无须进入草图任务环境中。当使用此面板中的命令按钮创建点或曲线时，系统将建立一个草图并将其激活，此时新草图出现在部件导航器中的模型历史树中。指定的第一点（可在屏幕位置、点、曲线、表面、平面、边、指定平面、指定基准坐标系上定义第一点）将定义草图平面、方向和原点。

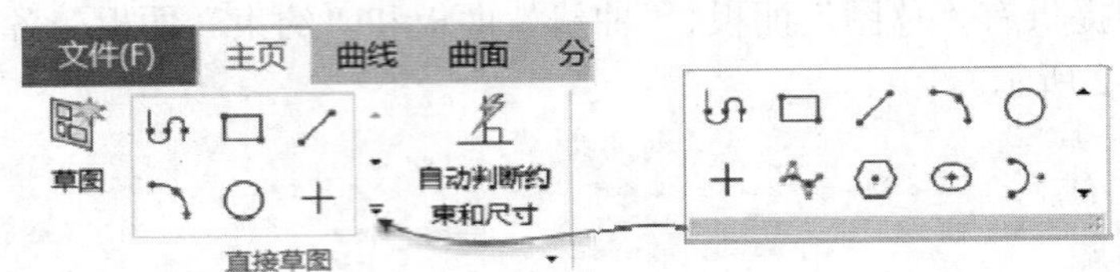

图2-5　“直接草图”面板

直接草图只需进行少量的鼠标单击操作，便可以快速、方便地绘制和编辑草图。通常，当要在当前模型方位中创建新草图时，或实时查看草图改变对模型的影响时，或编辑有限数的下游特征草图时，可选择直接草图模式进行草图绘制。

要退出直接草图模式，可单击“完成草图”按钮。

在 NX 11 中，大多数场合使用直接草图效率更高些。

2.2 草图工作平面

草图平面指用来附着二维草图对象的平面，换个角度来看，二维草图总是放置在某一个平面上，这个平面就是草图平面。草图平面既可以是某个坐标平面（如 XC-YC、YC-ZC 或 XC-ZC），也可以是实体模型上的某一个平整面，还可以是其他任意基准平面。

在进入草图任务环境中创建草图对象之前，或者在使用直接草图模式之前，可以先指定最终的草图平面。然而，在实际操作中，也可以在创建草图对象时使用默认的草图平面，待建立好所需草图对象后再重新附着草图平面。

2.2.1 指定草图平面

下面介绍在进入草图任务环境中创建草图对象之前如何指定草图平面。

在上边框条中选择“菜单”/“插入”/“在任务环境中绘制草图”命令，系统弹出图 2-6 所示的“创建草图”对话框。在“草图类型”选项组的“草图类型”下拉列表框中提供了草图的两种类型选项，即“在平面上”和“基于路径”。

知识点拨：在该“草图类型”下拉列表框中若选择“显示快捷方式”选项，则设置将草图类型选项以快捷键（图标）的形式来显示，如图 2-7 所示；使用同样的方法可以设置隐藏快捷键（图标）。

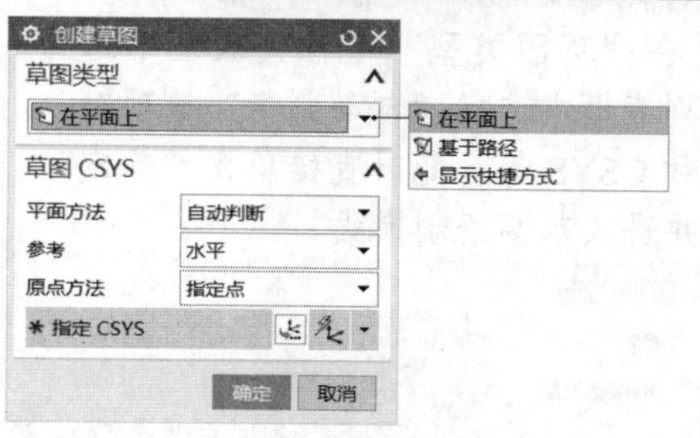

图2-6 “创建草图”对话框

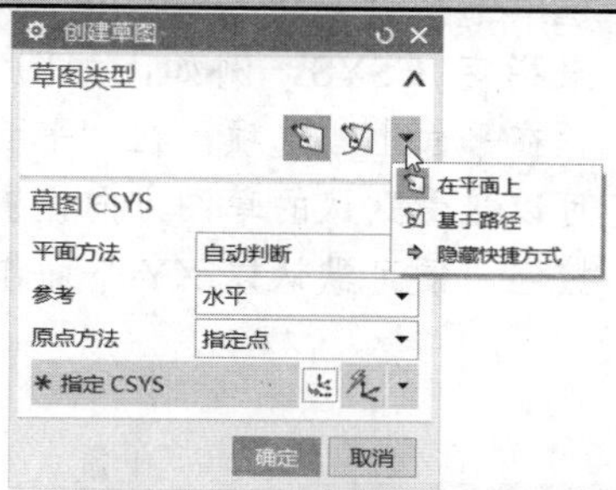

图2-7 设置草图类型选项以快捷键显示

一、在平面上

系统初始默认的草图类型选项为“在平面上”。选择此草图类型选项时，可从“平面方法”下拉列表框中选择“自动判断”选项或“新平面”选项，如图 2-8 所示。这两个平面方法选项的功能含义如下。

- 新平面：选择该平面方法选项时，将通过定义一个新平面作为草图平面，而定义新平面的工具有很多种，用户可以从“指定平面”的下拉列表框中选择所需的一种工具来指定新平面，如图 2-9 所示。另外，用户也可以在“草图平面”选项组中单击“平面构造器”按钮，并利用弹出的图 2-10 所示的“平面”对话框来定义新平面作为草图平面。在选择“新平面”平面方法时，除了需要定义草图平面之外，还需要定义草图方向和草图原点。草图方向参考可以为“水平”或“竖直”，可以使用“指定矢量”下拉列表框的选项来辅助指定矢量（见图 2-11），也可以单击“矢量对话框”按钮，利用打开的“矢量”对话框（见图 2-12）来指定矢量。原点方法有“使用工作部件原点”和“指定点”两种。

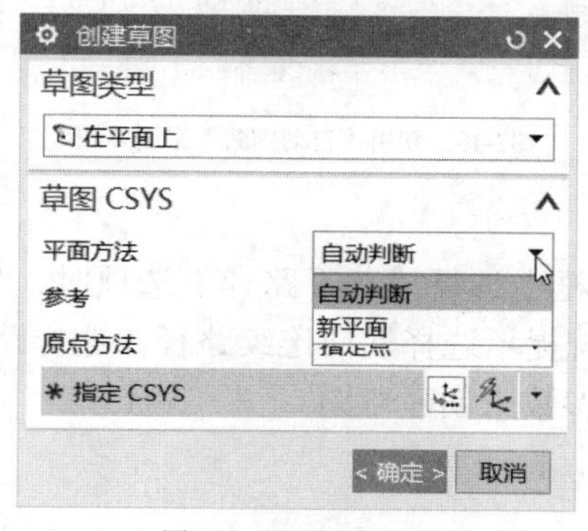

图2-8 平面方法选项

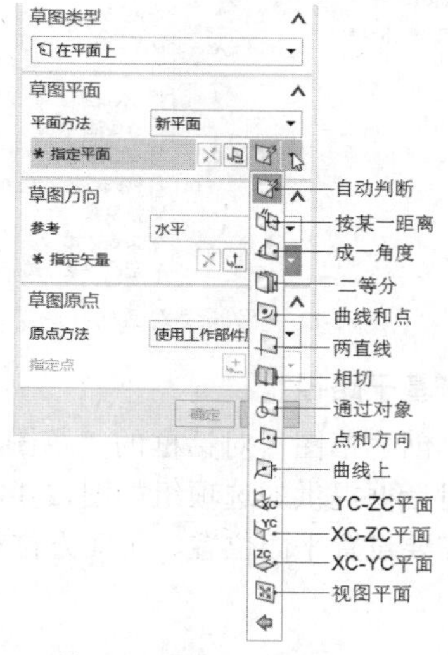

图2-9 用于指定新平面的工具

- 自动判断：选择该平面方法选项时，可以通过选择平的面或平面等来自动判断草图平面，可以采用默认的草图 CSYS，也可以从“指定 CSYS”下拉列表框中选择“自动判断”、“平面、X 轴、点”或“平面、Y 轴、点”来指定 CSYS。例如，如图 2-13 所示，在“草图类型”下拉列表框中选择“在平面上”选项，在“平面方法”下拉列表框中选择“自动判断”选项时，可以接受默认的草图方向设置、原点设置和 CSYS 等，此时直接单击“确定”按钮，便可默认以 XY 平面作为草图平面并进入草图绘制模式。

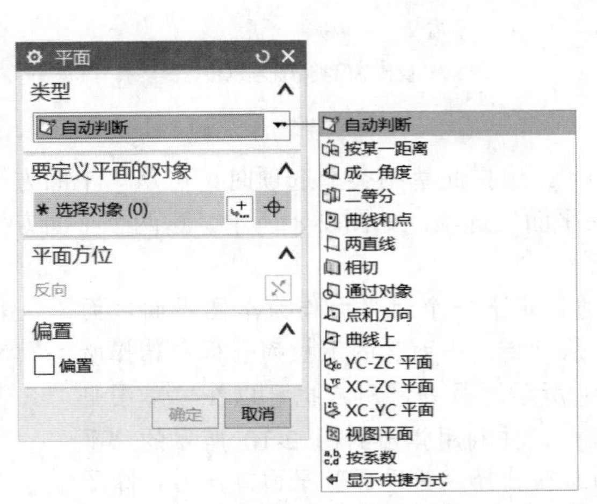

图2-10　“平面”对话框

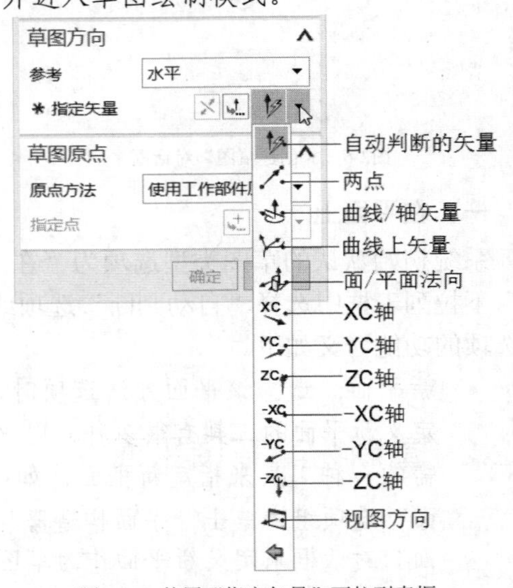

图2-11　使用“指定矢量”下拉列表框

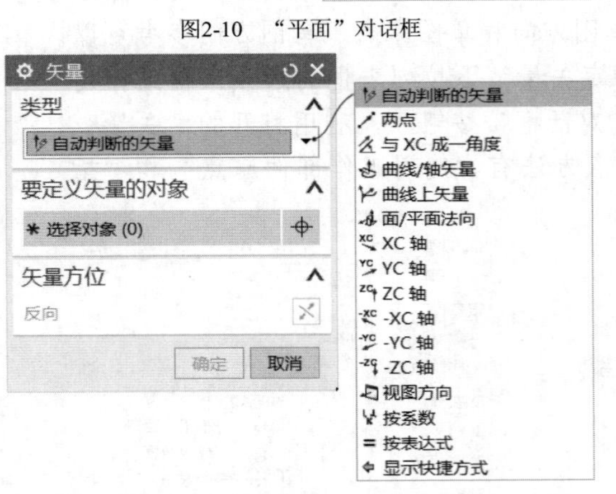

图2-12　“矢量”对话框

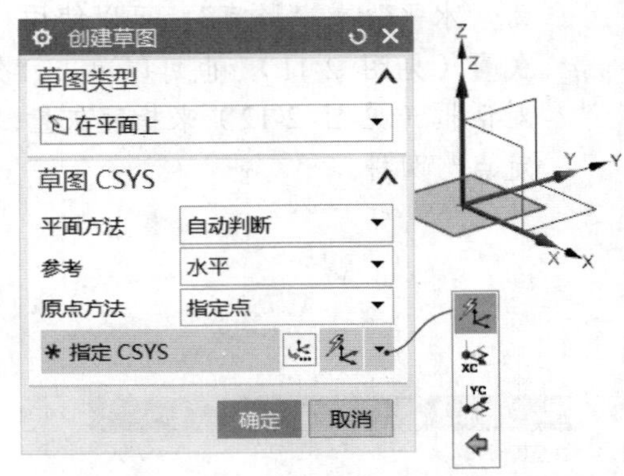

图2-13　使用“自动判断”平面方法

二、基于路径

在“创建草图”对话框的“草图类型”下拉列表框中选择“基于路径”选项时，“创建草图”对话框提供的选项组如图 2-14 所示，同时系统提示选择切向连续路径。选择路径轨迹后，需要设置平面位置、平面方位和草图方向这些参数来创建草图。

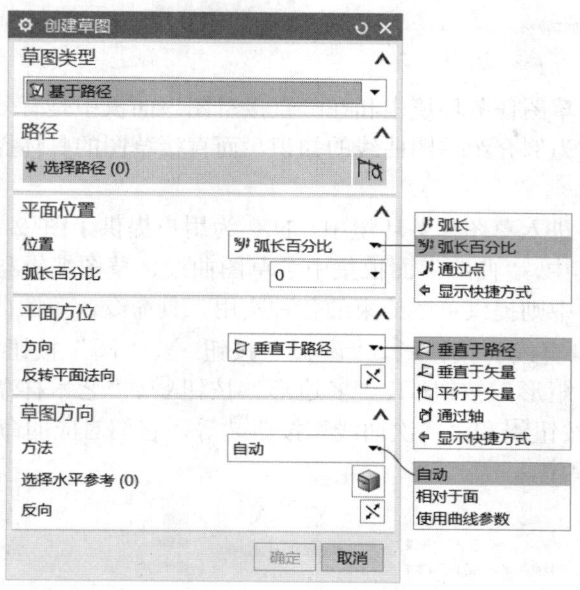

图2-14 “创建草图”对话框

2.2.2 重新附着草图平面

可以根据设计需要来为草图重新指定草图平面，这给设计者带来了很大的设计自由。

在草图任务环境中，倘若要修改该草图的附着平面，那么可以在“草图”面板中单击“重新附着”按钮，或者选择“菜单”/“工具”/“重新附着草图”命令，系统弹出图2-15所示的“重新附着草图”对话框，利用该对话框将草图重新附着到另一个平的面、基准平面或路径，或者更改草图方位。

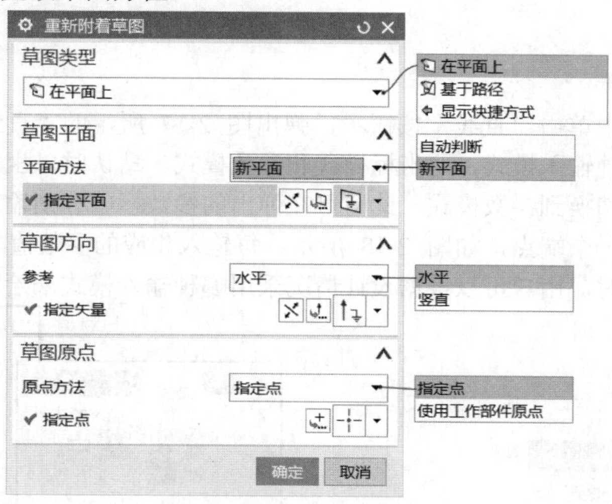

图2-15 “重新附着草图”对话框

在直接草图模式下也可以更改该直接草图的附着平面，这需要选择“菜单”/“工具”/“重新附着草图”命令。

2.3　草图曲线

草图曲线的命令在草图任务环境中和在“直接草图”面板中是有效的。本章主要以在草图任务环境中草图曲线为例介绍草图曲线的知识，而直接草图的具体操作将在本章的草图综合范例二里面介绍。

在指定草图平面并进入草图任务环境中，NX 为用户提供了图 2-16 所示的“曲线”面板和“约束”面板，其中，“曲线”面板集中了草图曲线、草图编辑与操作的各种实用工具命令，而“约束”面板中则提供草图约束的各种实用工具命令。草图曲线的工具按钮主要包括“轮廓”按钮、“直线”按钮、“圆弧”按钮、“圆”按钮、“圆角”按钮、“倒斜角”按钮、“矩形”按钮、“多边形”按钮、“艺术样条”按钮、“拟合曲线”按钮、“椭圆”按钮和“二次曲线”按钮等，它们对应的命令位于“菜单”/“插入”/“曲线”级联菜单中。

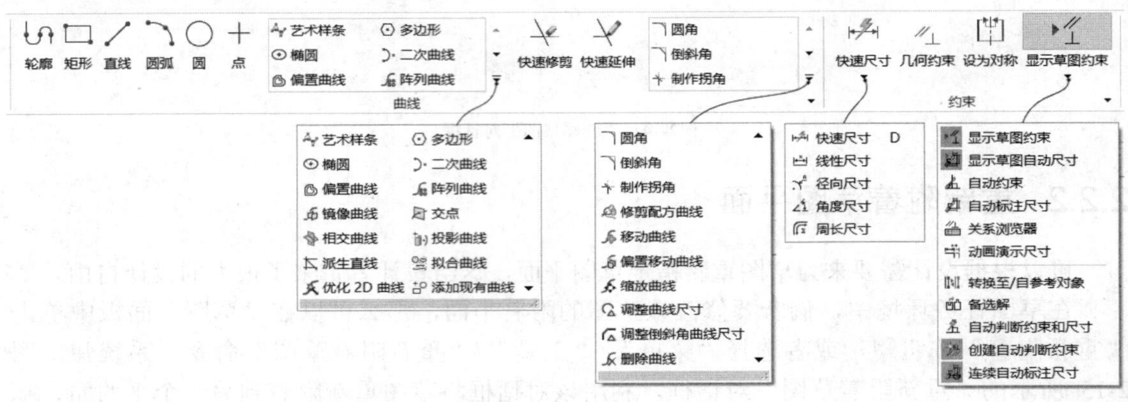

图2-16　“曲线”面板和“约束”面板

2.3.1　绘制直线

在“曲线”面板中单击“直线”按钮，弹出图 2-17 所示的“直线”对话框，该对话框提供绘制直线的两种输入模式，即坐标模式和参数模式。默认时以坐标模式输入直线的第 1 点，接着系统自动切换到参数模式，此时可在弹出的参数栏中分别输入长度值和角度值来间接地确定直线的另一个端点，如图 2-18 所示，每输入相应的参数值时可按“Enter”键确认。在实际绘制直线时，用户可以根据设计情况采用哪种输入模式来绘制直线。

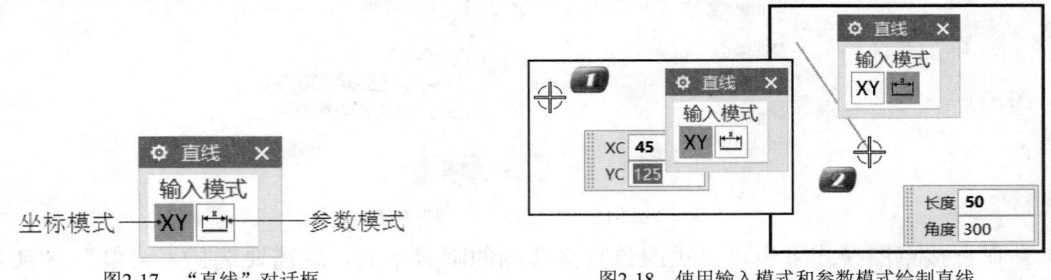

图2-17　“直线”对话框

图2-18　使用输入模式和参数模式绘制直线

2.3.2 绘制圆弧

在“曲线”面板中单击“圆弧”按钮，弹出图 2-19 所示的“圆弧”对话框，该对话框具有“圆弧方法”选项组和“输入模式”选项组。在“圆弧方法”选项组中提供了绘制圆弧的两个方法按钮，即“三点定圆弧”按钮和“中心和端点定圆弧”按钮；在“输入模式”选项组也提供有“坐标模式”按钮XY和“参数模式”按钮。采用两种圆弧方法绘制相应圆弧的典型示例如图 2-20 所示。

图2-19 “圆弧”对话框

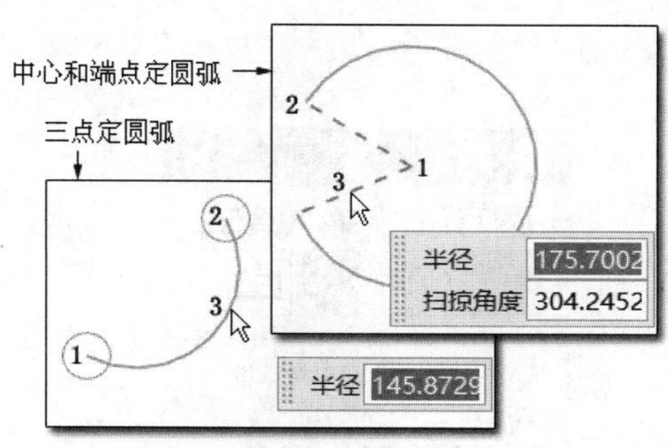

图2-20 绘制圆弧的典型示例

2.3.3 绘制轮廓

在“曲线”面板中单击“轮廓”按钮，弹出图 2-21 所示的“轮廓”对话框，该对话框除了提供两种输入模式之外，还提供了两种对象类型按钮，即“直线”按钮和“圆弧”按钮，可以以线串的方式创建一系列连接的直线、圆弧，上一条曲线的终点成为下一条曲线的起点。在绘制该轮廓线串的过程中，可以在坐标模式和参数模式之间自由切换。绘制轮廓线串的示例如图 2-22 所示，该轮廓线串由相关的直线和圆弧连接构成。

图2-21 “轮廓”对话框

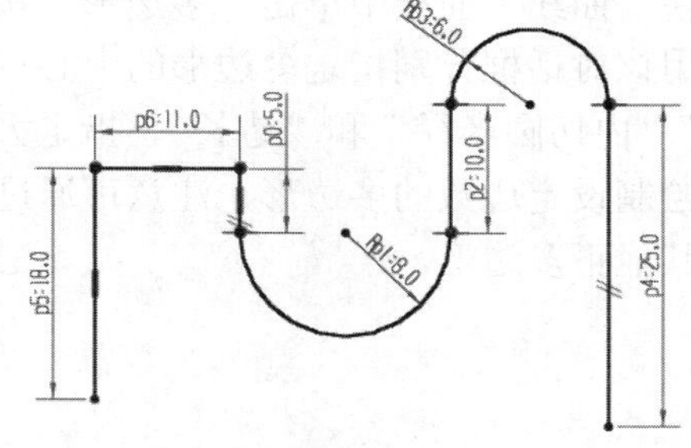

图2-22 绘制轮廓线串的示例

2.3.4 绘制圆

在“曲线”面板中单击“圆”按钮，弹出图 2-23 所示的“圆”对话框，该对话框提供“圆方法”选项组和“输入模式”选项组。在“圆方法”选项组中提供了绘制圆的两个方法按钮，即“圆心和直径定圆”按钮和“三点定圆”按钮；在“输入模式”选项组提供有“坐标模式”按钮XY和“参数模式”按钮。由用户根据设计情况选择其中一种圆方法并结合相应的输入模式来完成圆绘制。

例如，单击“圆”按钮后，在“圆”对话框中默认选中“圆心和直径定圆”按钮，输入模式为“坐标模式”按钮，输入 XC 值为 180 并按“Enter”键确认，输入 YC 值为 200 并按“Enter”键确认，此时输入模式自动切换为参数模式，在“直径”框中输入直径值并按“Enter”键确认，如图 2-24 所示，从而通过指定圆心和直径来绘制一个圆，此时可以使用鼠标指针继续指定圆心来绘制相同直径的圆。

图2-23　“圆”对话框

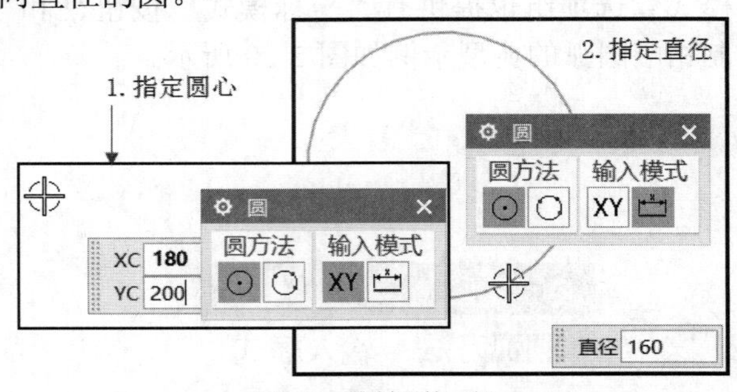

图2-24　绘制圆的示例

2.3.5　绘制矩形

在“曲线”面板中单击“矩形”按钮，弹出图 2-25 所示的“矩形”对话框，从该对话框中可以看出创建矩形的方法有 3 种，即“按 2 点”、“按 3 点”和“从中心”，用户选用其中一种方法来创建矩形即可。另外，输入模式同样有“坐标模式”按钮和“参数模式”按钮两种。

2.3.6　绘制多边形

在“曲线”面板中单击“多边形”按钮，弹出图 2-26 所示的“多边形”对话框，接着利用该对话框分别指定多边形的中心点、边数和大小，其中指定大小选项可以为“外接圆半径”“内切圆半径”和“边长”。指定大小选项后，可在相应的参数框中输入所需的参数值完成绘制设定边数的多边形，注意可通过确保选中相应参数的复选框以锁定该参数值来继续创建其他正多边形。

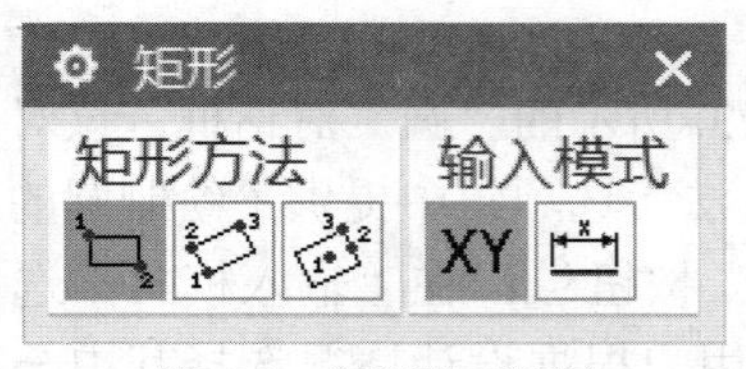

图2-25　“矩形”对话框

图2-26　“多边形”对话框

例如，在图 2-27 所示的绘制多边形示例中，使用鼠标指针在绘图区域中指定一点作为正多边形的中心点后，在“多边形”对话框的“边”选项组中设置边数为 8，接着在“大小”选项组的“大小”下拉列表框中选择“内切圆半径”选项，在“半径”框中输入内切圆半径为 120 并按“Enter”键确认，接着设置旋转角度值为 220（角度单位为 deg），如图 2-27 所示，确认角度值后即可完成绘制一个设定参数的正八边形。

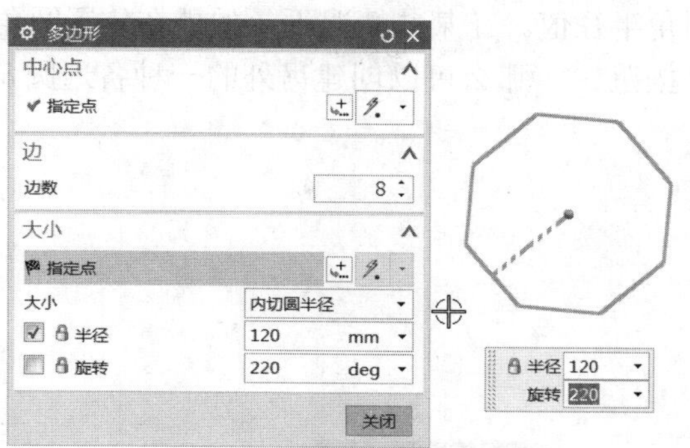

图2-27　示例：绘制多边形

2.3.7　绘制椭圆

在“曲线”面板中单击“椭圆”按钮⊙，弹出图 2-28 所示的“椭圆”对话框，利用此对话框可通过指定中心点和尺寸来创建椭圆，椭圆的尺寸包括大半径、小半径和旋转角度等。如果要创建一段椭圆弧，那么需要在“限制”选项组中取消选中“封闭”复选框，接着分别设定起始角和终止角等参数，如图 2-29 所示，然后单击“应用”按钮或“确定”按钮。

图2-28　“椭圆”对话框

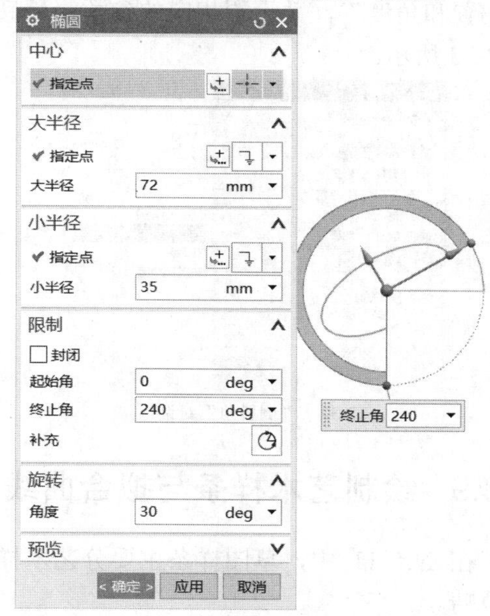

图2-29　创建一段椭圆弧

2.3.8　绘制圆角与倒斜角

使用“圆角”按钮⌝，可以在两条或三条曲线间建立圆角。单击“圆角”按钮⌝时，系统弹出图 2-30 所示的“圆角”对话框，接着在“圆角方法”选项组中单击“修剪”按钮⌝或“取消修剪”按钮⌝，然后选择图元对象放置圆角，可在出现的“半径”文本框中输

入圆角半径值。在某些情况下，如果在放置圆角之前在“选项”选项组中单击“创建备选圆角”按钮，那么可以创建另外的一种备选圆角，如图 2-31 所示。

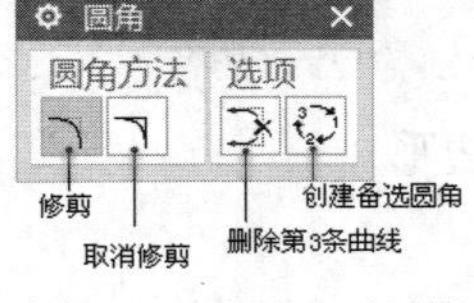

图2-30　“圆角”对话框

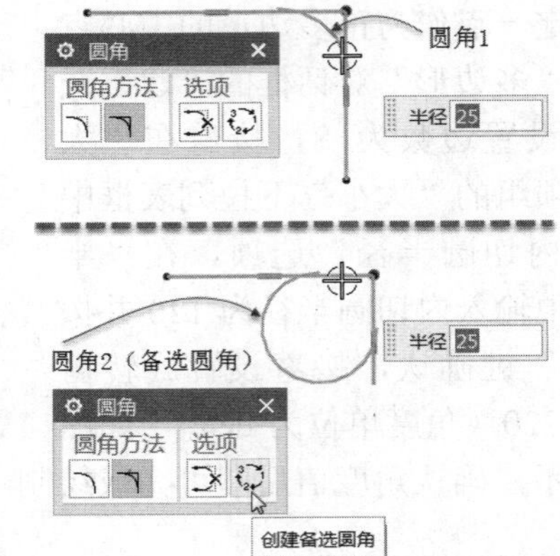

图2-31　示例：在两条曲线间创建圆角及备选圆角

使用“倒斜角”按钮，可以对两条草图线之间的尖角进行倒斜角，其操作步骤为：单击“倒斜角”按钮以弹出图 2-32 所示的“倒斜角”对话框，接着选择要创建斜角线的两条曲线，并在“要倒斜角的曲线”选项组中设置“修剪输入曲线”复选框的状态，然后在“偏置”选项组中选择倒斜角的方式选项（可供选择的方法选项包括“对称”“非对称”和“偏置和角度”），并设置相应的参数，最后确定倒斜角位置即可。创建倒斜角的典型示例如图 2-33 所示。

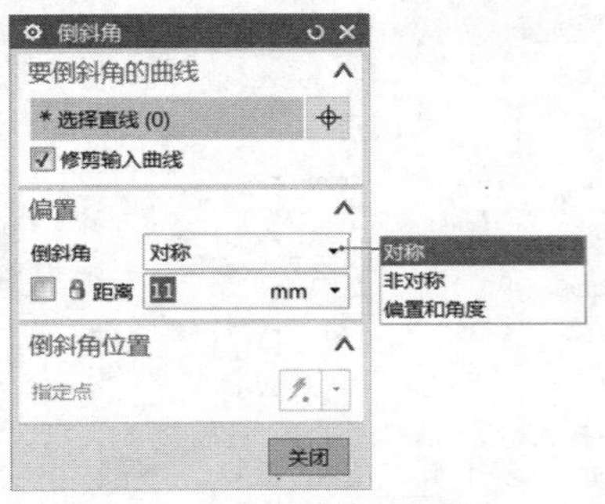

图2-32　“倒斜角”对话框

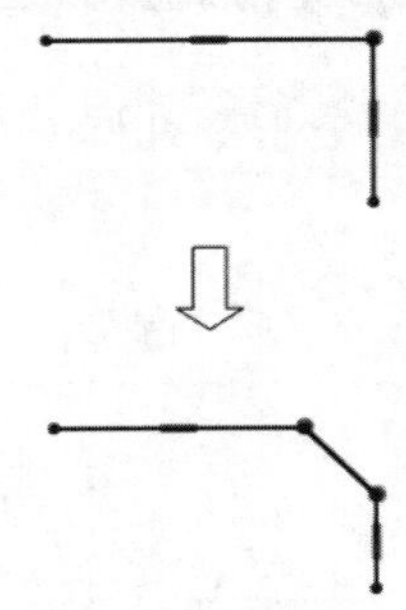

图2-33　创建倒斜角

2.3.9　绘制艺术样条与拟合曲线

在 NX 11 中，草图样条主要分艺术样条与拟合样条，其中拟合样条属于“拟合曲线”的范畴。

一、艺术样条

在“曲线”面板中单击“艺术样条”按钮，弹出图 2-34 所示的“艺术样条”对话框，利用此对话框可以通过指定、拖曳定义点或极点，并在定义点上指定斜率或曲率约束，动态地建立或编辑样条。如果要创建封闭形式的艺术样条，那么可在“艺术样条”对话框的“参数化”选项组中选中“封闭”复选框。

绘制艺术样条曲线的示例如图 2-35 所示，在该示例中，选择类型选项为“通过点”，在绘图区域中依次指定点 1、点 2、点 3、点 4 和点 5 来创建通过这些点的样条曲线。

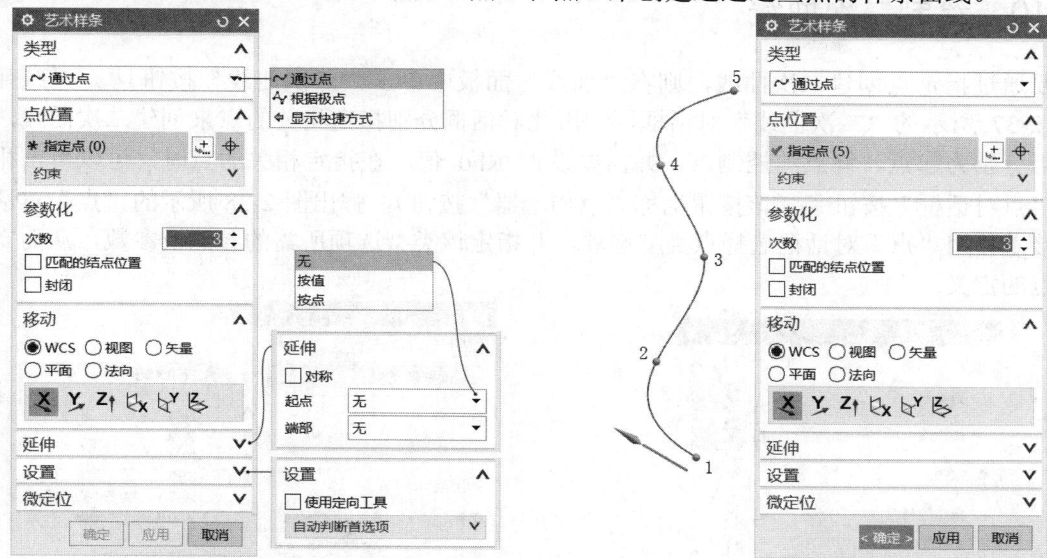

图2-34 “艺术样条”对话框　　图2-35 绘制艺术样条的示例

二、拟合曲线

可以创建拟合到指定数据点的样条、直线、圆或椭圆。在“曲线”面板中单击“拟合曲线”按钮，弹出图 2-36 所示的“拟合曲线”对话框，在该对话框中设置拟合曲线的类型和相应的拟合参数等，并在系统提示下进行数据点的选择操作，然后单击“应用”按钮或“确定”按钮，从而通过与指定的数据点拟合来创建相应曲线。

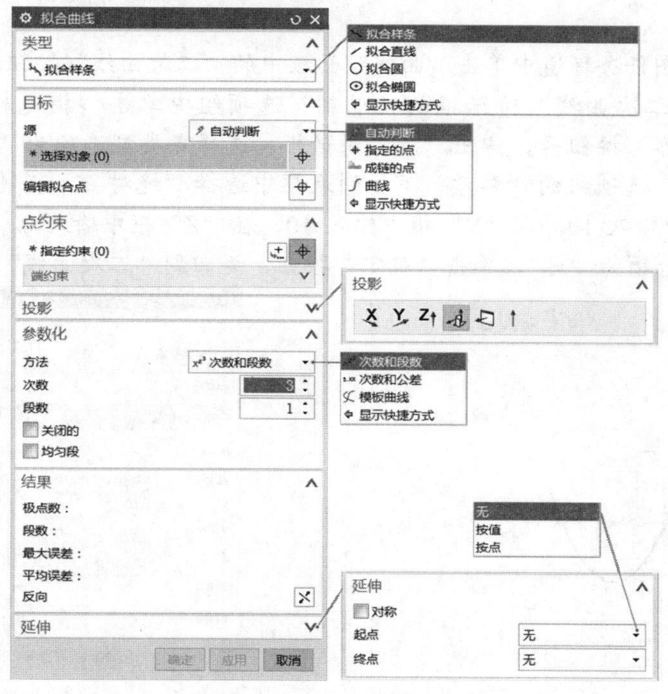

图2-36 “拟合曲线”对话框

2.3.10　绘制二次曲线

要通过指定点创建二次曲线，则在“曲线”面板中单击“二次曲线”按钮，系统弹出图 2-37 所示的“二次曲线”对话框，利用此对话框分别指定相关的点来创建二次曲线，这些点分别为起点、终点和控制点，并需要设置 Rho 值。在指定相关的点时，可以单击相应的“点对话框”按钮（该按钮也称“点构造器”按钮），弹出图 2-38 所示的“点”对话框，接着使用“点”对话框选择点类型选项，并指定该类型选项所需的参照及参数，从而完成该点的定义。

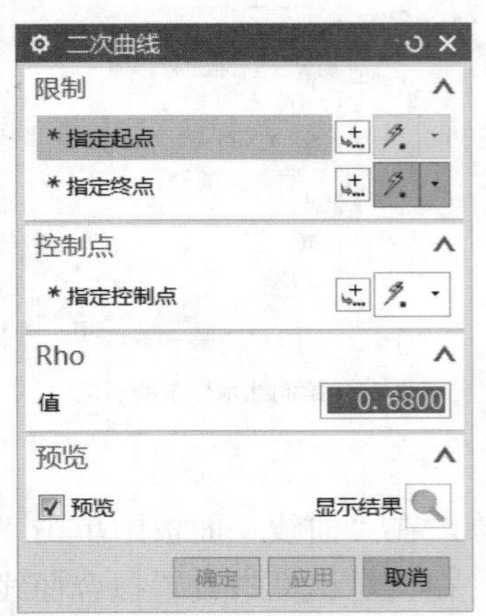

图2-37　“二次曲线”对话框

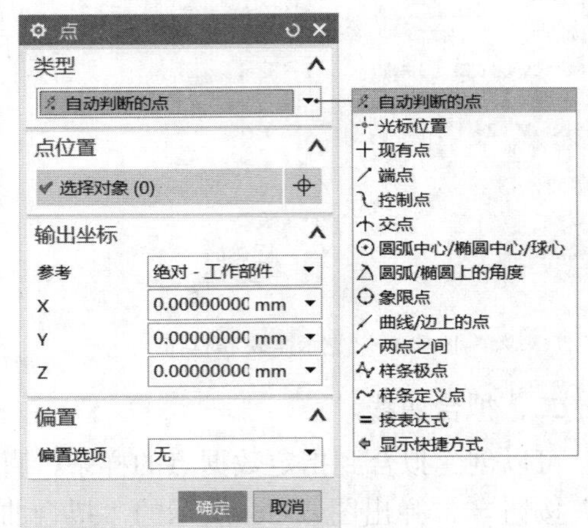

图2-38　“点”对话框

例如，要在草图任务环境中创建图 2-39 所示的二次曲线，那么可以按照以下的方法来进行。

1. 在草图任务环境中单击“曲线”面板中的“二次曲线”按钮。
2. 在“二次曲线”对话框的“限制”选项组中单击“指定起点”右侧的“点构造器”按钮，弹出“点”对话框。选择点类型选项为“光标位置”，在“坐标”选项组的“参考”下拉列表框中选择“绝对-工作部件”选项，在“X”框中输入 10，在“Y”框中输入 10，在“Z”框中输入 0，如图 2-40 所示，偏置选项为“无”，单击“确定”按钮，返回到“二次曲线”对话框。

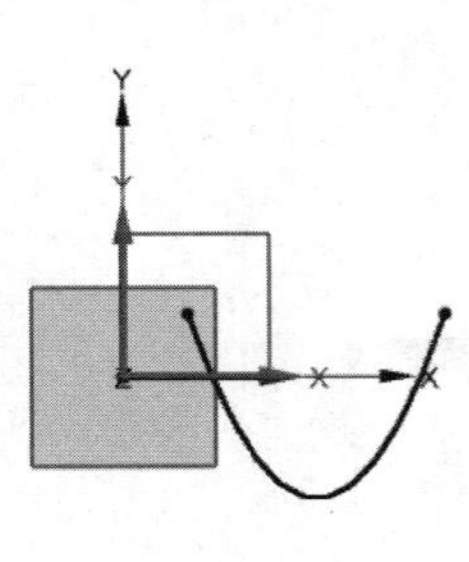

图2-39　要创建的二次曲线

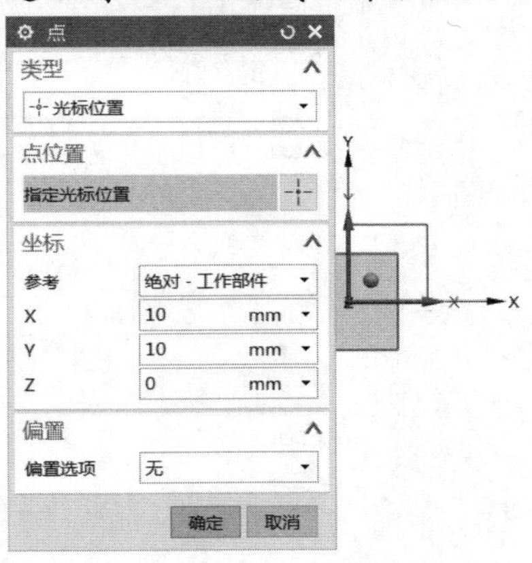

图2-40　设置起点位置坐标

3 在“限制”选项组中单击“指定终点”右侧的“点构造器”按钮，弹出“点”对话框。选择点类型选项为“光标位置”，在“坐标”选项组的“参考”下拉列表框中选择“绝对-工作部件”选项，在“X”框中输入 50，在“Y”框中输入 10，在“Z”框中输入 0，单击“确定”按钮，返回到“二次曲线”对话框。

4 在“控制点”选项组中单击“点构造器”按钮，弹出“点”对话框。在“坐标”选项组的“参考”下拉列表框中选择“绝对-工作部件”选项，在“X”框中输入 30，在“Y”框中输入−49，在“Z”框中输入 0，单击“确定”按钮，返回到“二次曲线”对话框。

5 在“Rho”选项组的“值”文本框中输入 0.5。

6 在“二次曲线”对话框中单击“确定”按钮，从而完成该二次曲线的创建。

2.4 草图编辑与操作技术

绘制好相关的基本曲线后，可以对曲线执行编辑操作命令，如“快速修剪”“快速延伸”“制作拐角”“派生直线”“偏置曲线”“阵列曲线”“镜像曲线”“交点”和“添加现有曲线”等。其中，“偏置曲线”“阵列曲线”“镜像曲线”“交点”和“添加现有曲线”命令用于创建来自曲线集的曲线。

本节介绍草图中一些常见的编辑与操作技术。

2.4.1 快速修剪

利用“快速修剪”按钮，可以以任意方向将曲线修剪至最近的交点或选定的边界。

单击“快速修剪”按钮，系统弹出图 2-41 所示的“快速修剪”对话框，此时系统提示选择要修剪的曲线。将鼠标指针置于曲线上可以预览修剪，选择要修剪的曲线即可完成该曲线的快捷修剪操作，如图 2-42 所示。注意在“设置”选项组中默认选中“修剪至延伸线”复选框。必要时可以指定边界曲线。

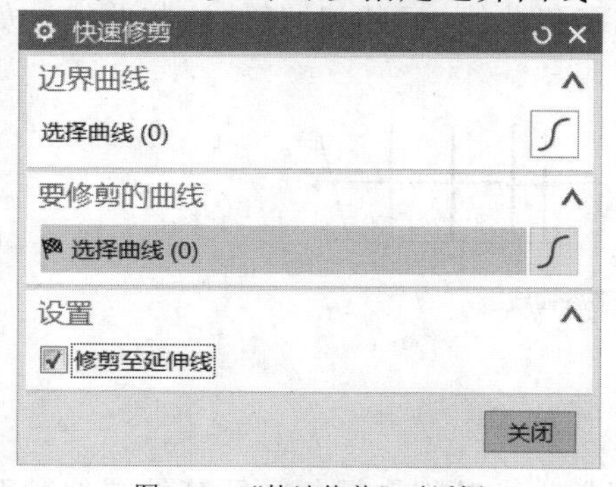

图2-41 “快速修剪”对话框

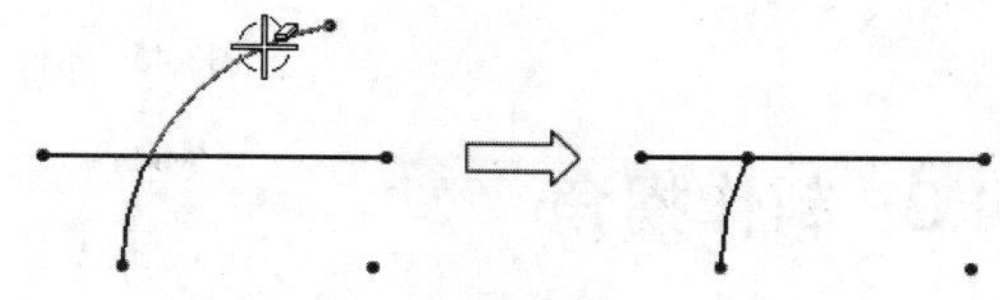

图2-42 示例：预览与修剪曲线

当打开“快速修剪”对话框并使“要修剪的曲线”按钮处于当前活动状态时，在绘图区域按住鼠标左键并拖曳鼠标指针滑过多条曲线，可同时修剪这些曲线，示例如图 2-43 所示。

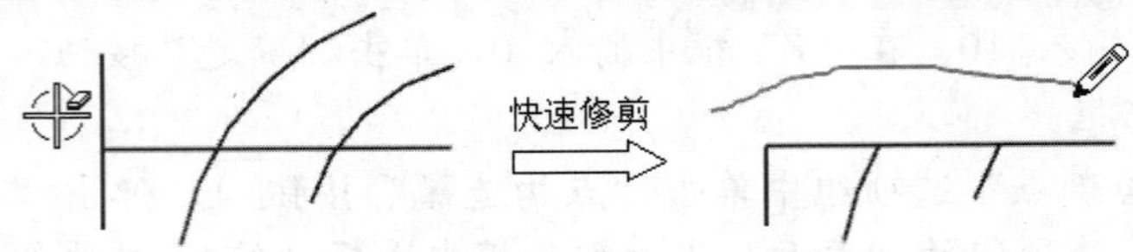

图2-43　示例：修剪多条曲线

2.4.2　快速延伸

利用“快速延伸”按钮，可以将曲线延伸至另一邻近曲线或选定的边界，即延伸曲线到与另一条曲线的物理或虚拟交点。

快速延伸的操作方法和快速修剪的操作方法类似。单击“快速延伸”按钮，系统弹出图 2-44 所示的“快速延伸”对话框，系统提示选择要延伸的曲线，此时将鼠标指针置于要延伸的曲线上可以预览延伸，单击要延伸的曲线即可延伸曲线至与另一条曲线的物理或虚拟交点，如图 2-45 所示。必要时可以指定边界曲线，以及根据需要设置是否延伸至延伸线。

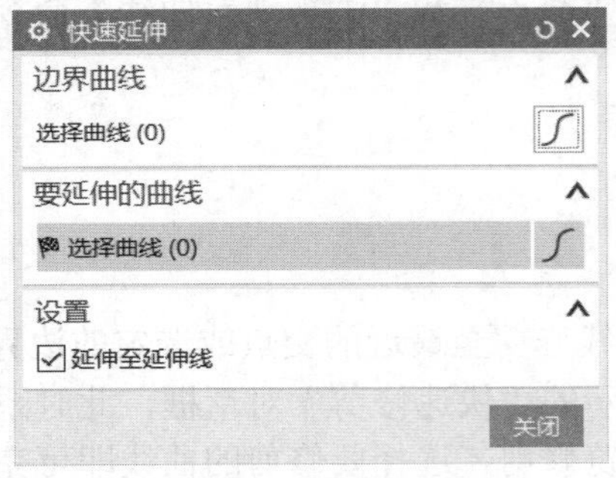

图2-44　“快速延伸”对话框

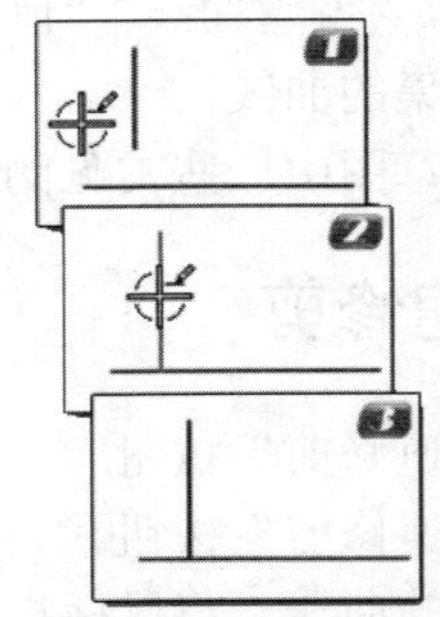

图2-45　示例：快速延伸

另外，当打开“快速延伸”对话框并使“要延伸的曲线”按钮处于当前活动状态时，在绘图区域按住鼠标左键并拖曳鼠标指针滑过多条曲线，可同时延伸这些曲线，如图 2-46 所示。

图2-46　示例：同时延伸多条曲线

2.4.3　制作拐角

利用“制作拐角”按钮，可以延伸或修剪两条曲线以制作拐角，即延伸或修剪两条输入曲线到共同交点。

制作拐角的操作步骤很简单，即单击“制作拐角”按钮，弹出图 2-47 所示的“制作拐角”对话框，接着选择要保持区域上的第一条曲线以制作拐角，以及选择要保持区域上靠近拐角的第二条曲线。制作拐角的示例如图 2-48 所示。

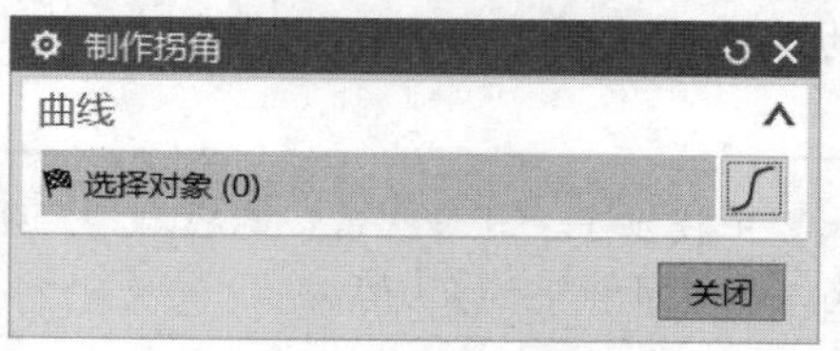

图2-47 “制作拐角”对话框

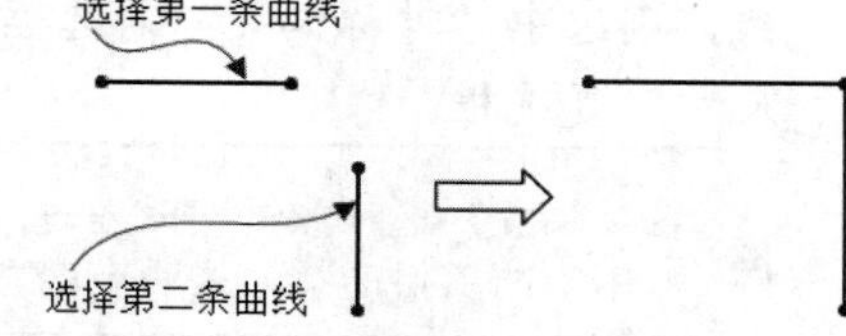

图2-48 示例：制作拐角

也可以在单击“制作拐角”按钮后，按住鼠标左键并拖曳鼠标指针滑过相关曲线来建立拐角。

“制作拐角”工具命令适用于直线、圆弧、开口的二次圆锥曲线与开口样条。在选择要制作拐角的曲线时，系统会自动延伸或修剪至它们的交点以创建拐角。

2.4.4 偏置曲线

可以通过偏置位于草图平面上的曲线链或边缘来创建新曲线。要在草图任务环境中建立草图偏置曲线，则可以按照如下的方法来进行。

1 在“曲线”面板中单击“偏置曲线”按钮，或者选择“菜单”/“插入”/“来自曲线集的曲线”/“偏置曲线”命令，系统弹出图 2-49 所示的“偏置曲线”对话框。

2 选择要偏置的曲线或边缘。

3 此时在图形窗口中会出现一个临时矢量显示偏置的正方向，如图 2-50 所示。如果要反转偏置方向，则在“偏置”选项组中单击“反向”按钮。

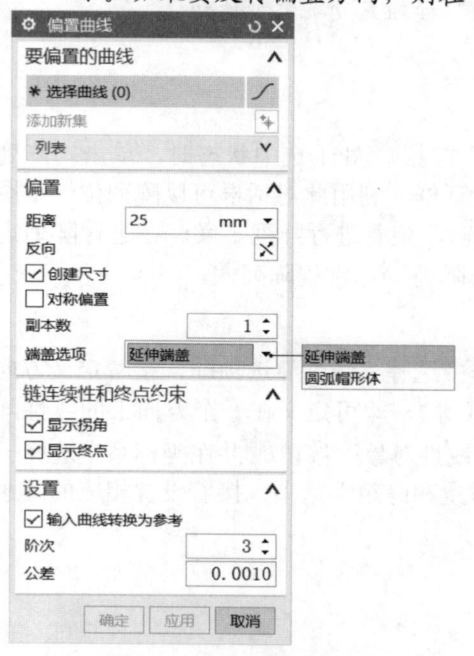

图2-49 “偏置曲线”对话框

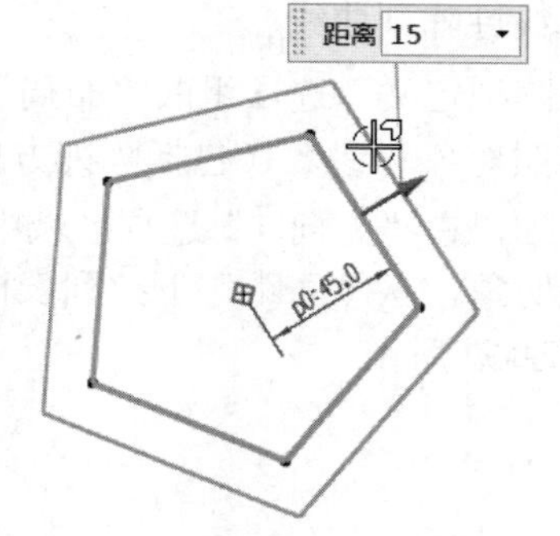

图2-50 选择要偏置的曲线时显示矢量正方向

4 在“偏置”选项组中定义偏置参数，如距离、副本数、端盖选项（如“延伸端盖”或“圆弧帽形体”）等。如果要在基础曲线链两侧均创建偏置曲线，则选中“对称偏置”复选框。如果要为偏置曲线创建尺寸，则选中“创建尺寸”复选框。

在“偏置”选项组的“端盖选项”下拉列表框中提供了“延伸端盖”选项和“圆弧帽形体”选项供选择，这两个端盖选项的功能含义及图例如表 2-1 所示。

表 2-1 关于偏置曲线的两个端盖选项

序号	端盖选项	功能含义	图例
1	“延伸端盖”	通过在它们的自然方向延伸曲线到一个物理交点去闭合偏置链	
2	“圆弧帽形体”	构建一个圆角相切于每个偏置曲线的端点，圆角弧的半径等于偏置距离	

5 在“链连续性和终点约束”选项组中定义偏距链开口端被显示的方式，包括是否显示拐角和终点。

6 在“设置”选项组中设置是否将输入曲线转换为参考，以及定义曲线阶次、公差参数。

7 在“偏置曲线”对话框中单击“应用”按钮或“确定”按钮。

2.4.5 阵列曲线

在草图任务环境中确保“创建自动判断约束”按钮处于选中状态时，单击“阵列曲线”按钮，弹出图 2-51 所示的“阵列曲线”对话框，利用此对话框可以阵列位于草图平面上的曲线链，需要先选择要阵列的对象（曲线链），接着进行阵列定义。在进行阵列定义时，可用的阵列布局类型主要有线性阵列、圆形阵列和常规阵列。

一、线性阵列曲线

在“阵列定义”选项组的“布局”下拉列表框中选择“线性”选项，接着定义方向 1 的线性参照对象和参数（包括阵列方向、间距方式等），即可定义在一个方向上的线性阵列曲线。例如，在“方向 1”选项区域中单击“选择线性对象”按钮并在坐标系中选择 x 轴作为线性对象，从“间距”下拉列表框中选择“数量和跨距”选项，接着设置相应的间距参数，如图 2-52 所示。

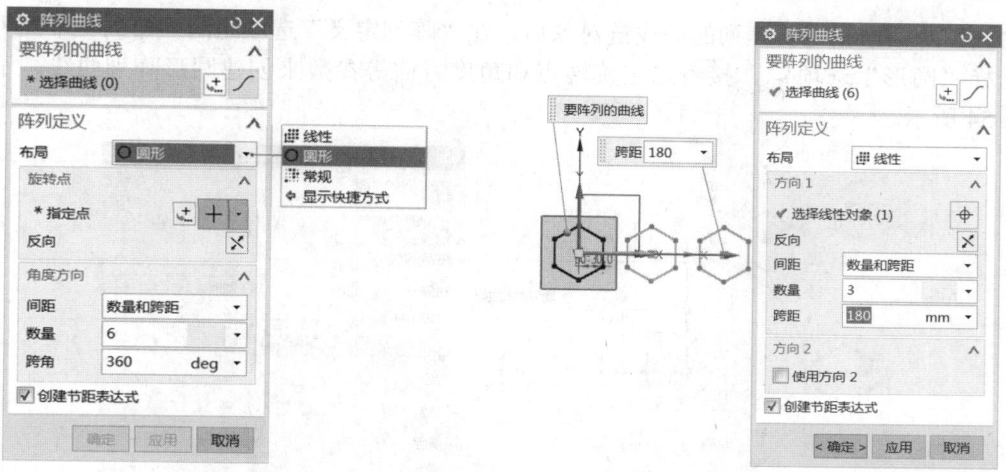

图2-51 “阵列曲线”对话框

图2-52 定义方向 1 上的阵列曲线

知识点拨 在“间距”下拉列表框中提供了 3 个间距方式选项，即“数量和节距”“数量和跨距”和“节距和跨距”。“节距”用于设置相邻曲线间的间距，而“跨距”则用于设置所选曲线与阵列中最后一个曲线之间的距离。

如果要在两个方向上创建线性阵列曲线，那么需要在“方向 2”选项区域选中“使用方向 2”复选框，然后指定方向 2 的线性参照对象和相关的参数，如图 2-53 所示。

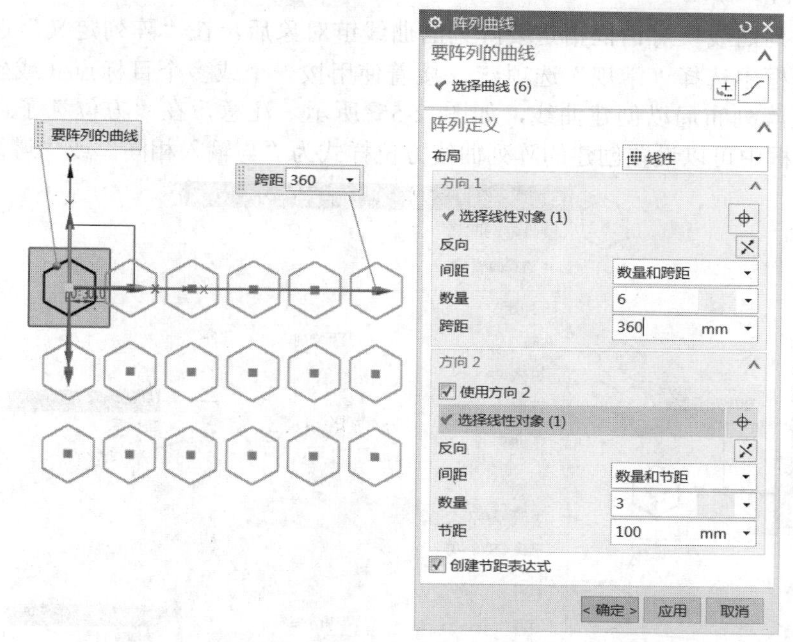

图2-53 在两个方向上创建线性阵列曲线

“创建节距表达式”复选框用于设置创建阵列数量和间距的表达式，其表达式名为“Pattern_p#”。

二、圆形阵列曲线

圆形阵列曲线是指使用旋转点和可选的径向间距参数定义布局来创建的曲线。利用“阵

列曲线”对话框指定要阵列的曲线链对象后，在“阵列定义”选项组的“布局”下拉列表框中选择“圆形”选项，接着指定旋转点和角度方向等参数来创建圆形阵列曲线，示例如图 2-54 所示。

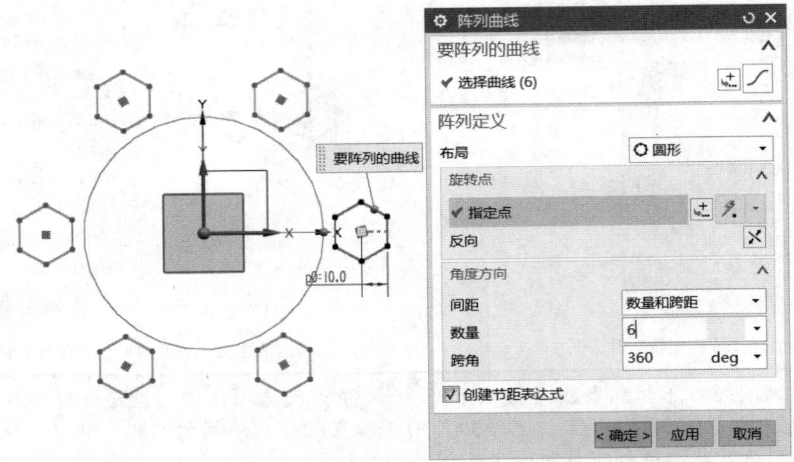

图2-54　创建圆形阵列曲线

三、常规阵列曲线

利用“阵列曲线”对话框指定要阵列的曲线链对象后，在“阵列定义”选项组的“布局”下拉列表框中选择“常规”选项，接着使用按一个或多个目标点（或坐标系）定义的位置来定义阵列布局以创建曲线，如图 2-55 所示。注意，在“方位”子选项组的“方位”下拉列表框中可以设置创建的阵列曲线方位样式为“与输入相同”或“遵循阵列”。

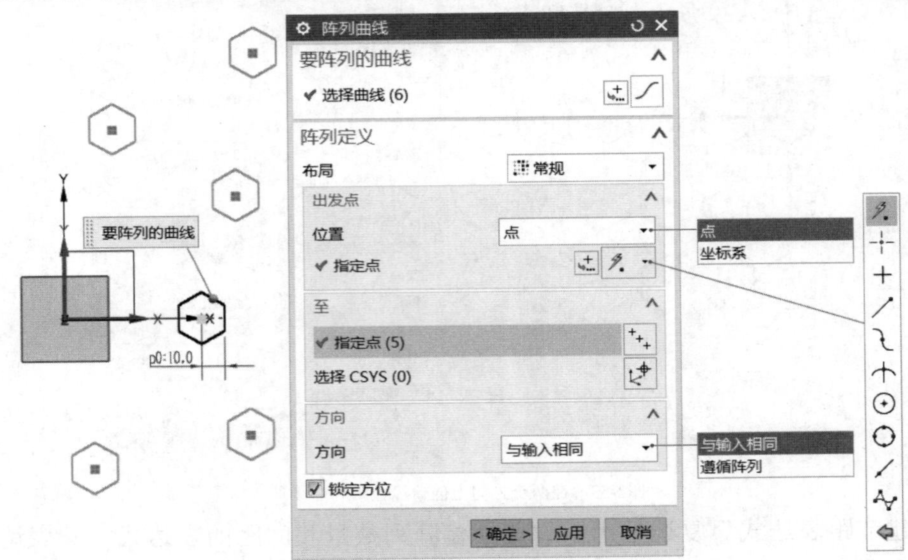

图2-55　创建常规阵列曲线

需要注意的是：当禁用“创建自动判断约束”（即在“约束”面板中单击取消选中“创建自动判断约束”按钮）时，NX 还将提供额外的阵列布局选项，如“多边形”、“螺

旋式”、“沿”和“参考”等。

2.4.6 镜像草图曲线

在草图任务环境中利用“镜像曲线”按钮，可以创建草图曲线的镜像备份图样。镜像曲线的操作步骤简述如下。

1 单击“镜像曲线”按钮，将弹出图 2-56 所示的“镜像曲线”对话框。

2 选择要镜像的曲线链对象。

3 选择好曲线对象后，单击鼠标中键前进到下一步，即切换到选择中心线的状态。用户也可以在“中心线”选项组中单击“选择中心线”按钮以进入到选择中心线的状态。此时，在图形窗口中选择一条直线、坐标轴或直边等作为镜像中心线。

4 在“设置”选项组中设置“中心线转换为参考”复选框和“显示终点”复选框的状态。如果选中“中心线转换为参考”复选框，则转换用作镜像中心线的草图线为参考线。

5 在“镜像曲线”对话框中单击“应用”按钮或“确定”按钮。

镜像草图曲线的典型示例如图 2-57 所示。

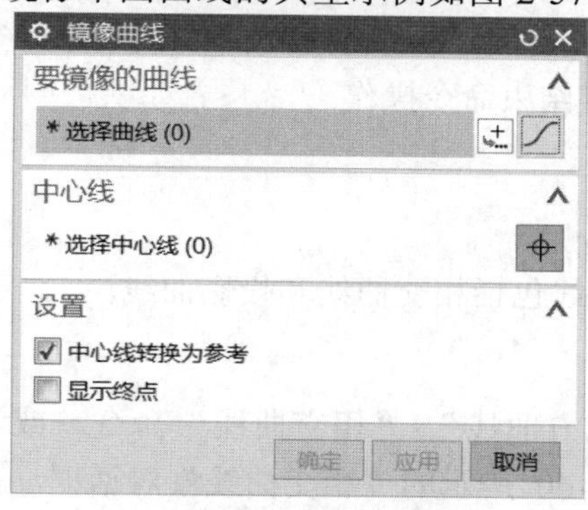

图2-56 “镜像曲线”对话框

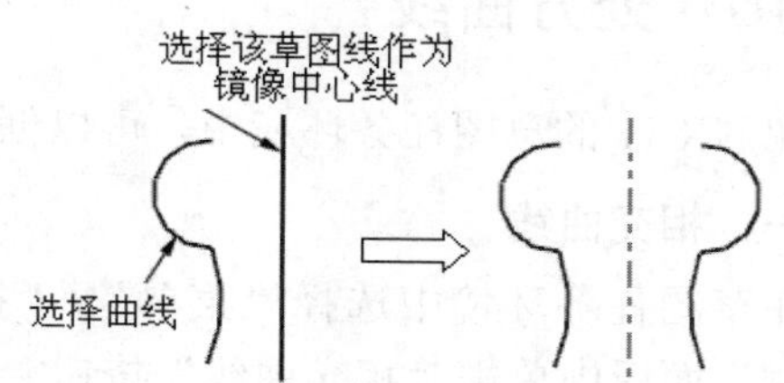

图2-57 镜像草图曲线的典型示例

2.4.7 交点

在草图任务环境中，选择“菜单”/“插入”/“来自曲线集的曲线”/“交点”命令，或者在“曲线”面板中单击“交点”按钮，弹出图 2-58 所示的“交点”对话框，接着选择与草图平面要相交的曲线，以在所选曲线和草图平面之间创建一个交点，具有多个可能结果时可根据需要切换循环解。

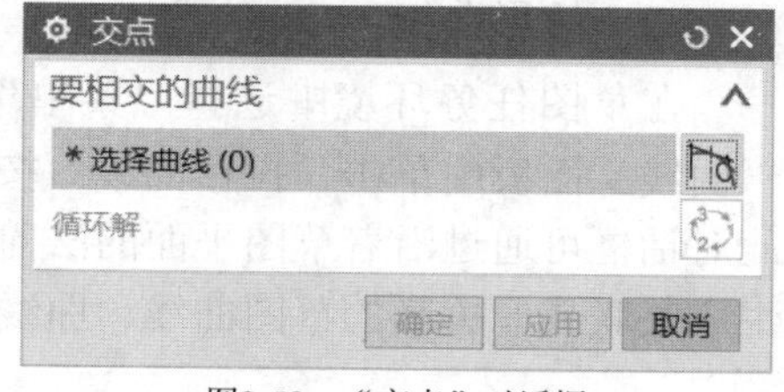

图2-58 “交点”对话框

2.4.8 添加现有曲线

在草图任务环境中，选择“菜单”/“插入”/“来自曲线集的曲线”/“现有曲线”命令，或者在“曲线”面板中单击“添加现有曲线”按钮，可以将现有的共面曲线和点添加到草图中。注意不能添加关联的已有曲线到一个草图，在这种情况下可以利用“投影曲线”命令代替。

另外，在建模环境下，也可以在功能区的“主页”选项卡的“直接草图”面板中单击“草图”按钮并指定草图平面后，再单击“添加现有曲线”按钮来将已有的、非相关的曲线（这些曲线需要和草图平面共面）添加到草图中。

2.4.9 派生曲线

使用“派生曲线”功能（“派生曲线”按钮），可以在两条平行直线中间创建一条与它们平行的直线，或者在两条不平行直线之间创建一条平分线，如图 2-59 所示。

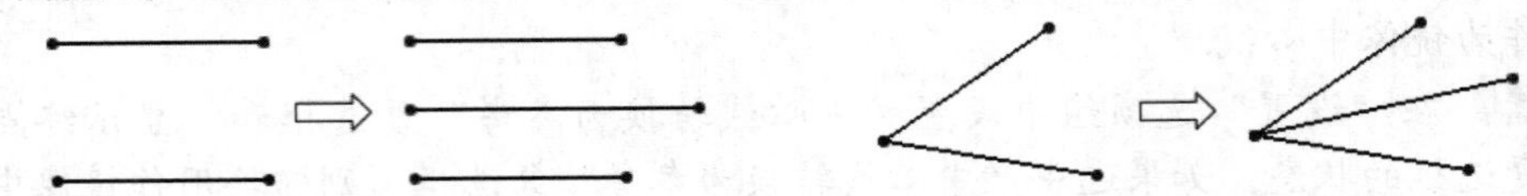

（a）在两条平行直线中间创建一条与它们平行的直线　（b）在两条不平行直线之间创建一条平分线

图2-59　创建常规阵列曲线

创建派生曲线的方法较为简单，即单击“派生曲线”按钮后，选择第一条参考直线，接着选择第二条参考直线或指定平行直线，然后指定角平分线长度（针对两条不平行直线）或中线长度（针对两条平行直线），单击鼠标中键结束命令操作。

2.4.10 处方曲线

在 NX 11 的草图任务环境中，可以创建的处方曲线包括相交曲线和投影曲线。

一、相交曲线

在草图任务环境中选择“菜单”/“插入”/“配方曲线”/“相交曲线”命令，或者在“曲线”面板中单击“相交曲线”按钮，打开图 2-60 所示的“相交曲线”对话框，接着选择要与草图平面相交的面，并在“设置”选项组中设置是否忽略孔和是否连结曲线，以及设置曲线拟合选项、距离公差和角度公差，可以进行循环解切换，最后单击“应用”按钮或“确定”按钮，即可在所选面和草图平面之间创建相交曲线。

二、投影曲线

在草图任务环境中选择“菜单”/“插入”/“配方曲线”/“投影曲线”命令，或者在“曲线”面板中单击“投影曲线”按钮，打开图 2-61 所示的“投影曲线”对话框，利用此对话框可通过沿着草图平面的法向将草图外部对象（曲线、边或点）投影到草图上，从而生成关联或非关联的草图曲线、曲线串或点。

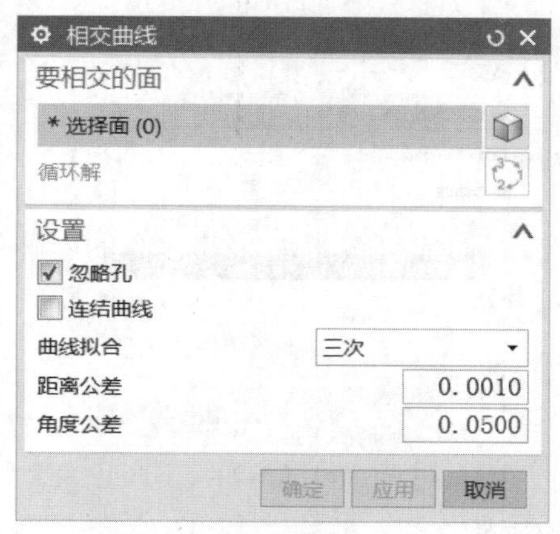

图2-60 “相交曲线”对话框

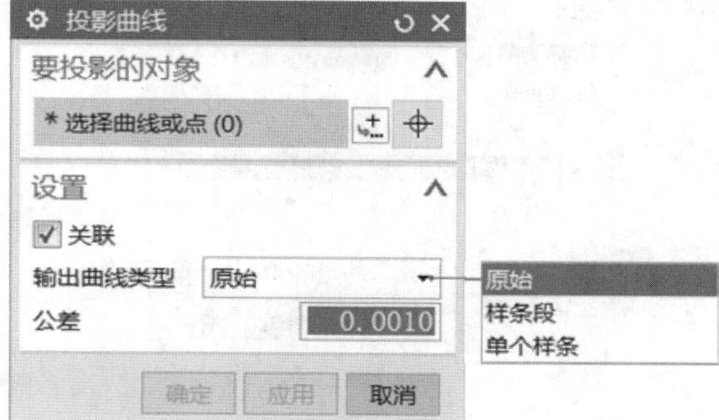

图2-61 “投影曲线”对话框

用于投影的对象包括基本曲线、面或体的边、其他草图曲线和点，而输出曲线类型有如下 3 种。

- 原始：使用原来的几何类型建立投影曲线。
- 样条段：生成的投影曲线由样条曲线段组成。
- 单个样条：生成的投影曲线用单段样条曲线表示。

2.4.11 编辑定义截面曲线

在编辑草图时，可以使用“菜单”/“编辑”/“编辑定义截面”命令，来添加对象（曲线、边和面）或将对象从已被用于定义特征的截面中移除。这些截面线的更改将会影响到下游的特征。

可以设置在草图任务环境的“曲线”面板中显示“编辑定义截面”按钮，其设置方法是在该面板右下角单击“曲线”下三角按钮，接着选择“编辑定义截面”命令即可。其他工具命令的添加或移除操作方法也类似。

“编辑定义截面”按钮仅在草图任务环境中可用。如果不存在基于截面的特征，或者截面并不仅仅依赖于当前草图，那么在草图任务环境中单击“编辑定义截面”按钮时，系统将弹出一个对话框来提示用户。

编辑完已被定义特征的截面草图后在退出草图任务环境之前单击“编辑定义截面”按钮，系统弹出图 2-62（a）所示的“编辑定义截面”对话框。此时可以反向截面曲线的起点方向以及重新指定原始曲线；若要添加对象到定义线串，只要选中对象即可；若要从定义线串中移除对象，则在选中对象时按“Shift”键即可。注意不能简单地删除定义实体模型特征的草图对象，因为这会涉及父/子依赖关系，根据基于草图的特征在创建时轮廓选择意图的不同，在“编辑定义截面”对话框的列表中列出的截面会分几种状态，例如，状态符号“✔”表示截面无需重新映射，状态符号“✖”表示截面有问题（如自相交、缺少截面线串等），状态符号“?”表示截面需要重新映射（见图 2-62（b），此时可单击“替换助理”按钮重新映射原始线串到新线串）。

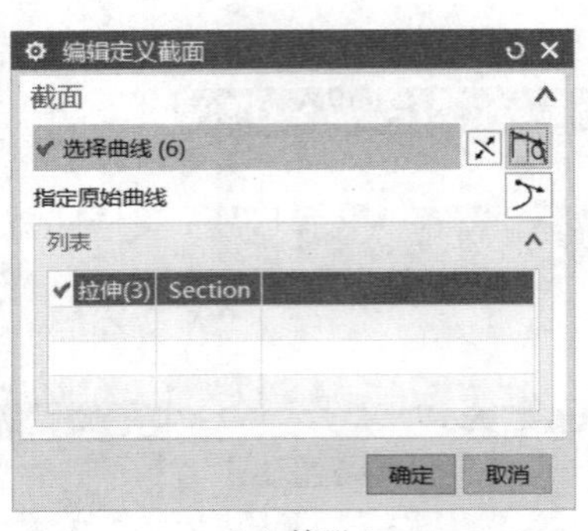

（a）情形 1

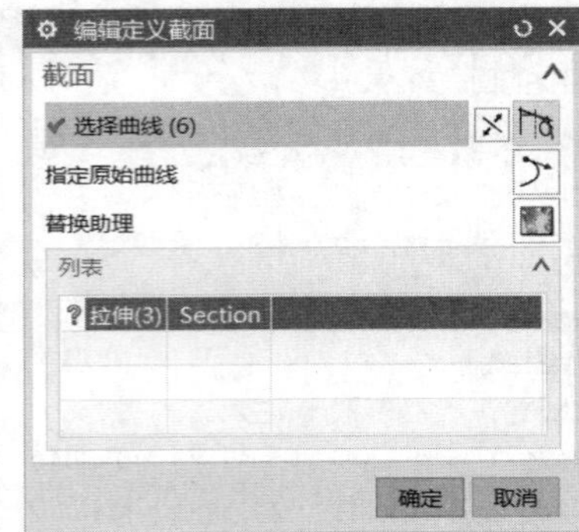

（b）情形 2

图2-62　“编辑定义截面”对话框

2.4.12　复制、移动、编辑草图对象

复制、移动、编辑草图对象的常规操作如表 2-2 所示。

表 2-2　　　　复制、移动、编辑草图对象的常规操作

序号	操作方法	操作目的/结果
1	使用鼠标拖动曲线、点或尺寸	调整曲线、点或尺寸的位置
2	按住“Shift”键的同时拖动曲线或点	在捕捉时竖直或水平移动曲线或点
3	按住“Shift+Alt”键的同时拖动曲线或点	不捕捉时竖直或水平移动曲线或点
4	按住“Ctrl”键的同时，拖动曲线或点	复制曲线或点
5	按住“Ctrl+Shift”键的同时，拖动曲线或点	在捕捉时竖直或水平复制曲线或点
6	按住“Ctil+Shift+Alt”键的同时，拖动曲线或点	不捕捉时竖直或水平复制曲线或点
7	双击草图对象	编辑草图对象
8	右键单击对象	选择命令

如果所在的另一个命令要求进行选择，则必须先退出该命令，才能执行上述表 2-2 中的这些操作。要退出命令，可按“Esc”键。

另外，在草图任务环境下的“曲线”面板中，还提供有“移动曲线”按钮、“偏置移动曲线”按钮、“调整曲线大小”按钮、“修剪配方曲线”按钮、“调整倒斜角曲线大小”按钮、“缩放曲线”按钮和“删除曲线”按钮等。其中，“移动曲线”按钮用于移动一组曲线并调整相邻曲线以适应；“偏置移动曲线”按钮用于按指定的偏置距离移动一组曲线，并调整相邻曲线以适应；“调整曲线大小”按钮用于通过更改半径或直径调整一组曲线的大小，并调整相邻曲线以适应；“修剪配方曲线”按钮用于相关地修剪配方（投影或相交）曲线到选定的边界；“调整倒斜角曲线大小”按钮用于通过更改偏置，调整一个或多个同步倒斜角的大小；“缩放曲线”按钮用于缩放一组曲线并调整相邻曲线以适应；“删除曲线”按钮用于删除一组曲线并调整相邻曲线以适应。

2.5 草图约束

在草图中，可将几何关系及尺寸关系作为约束（即草图约束分为几何约束和尺寸约束两类），以全面捕捉设计意图。在草图绘制过程中，可以设置推断约束与尺寸（即自动判断约束和尺寸），还可以手动添加几何约束和尺寸约束来充分捕捉设计意图，允许自动约束与自动标注尺寸。通常在草图中先按照设计意图添加充分的几何约束，再添加某些尺寸约束，例如会频繁更改的尺寸。注意完全约束的草图可以确保设计更改过程中始终能够找到有效解，而 NX 11 也允许未完全约束的草图用于后续特征的创建。

2.5.1 自动判断约束和尺寸

推断约束与尺寸也称“自动判断约束与尺寸”。用户可以根据草图要求，事先在草图任务环境中设置好自动判断约束和尺寸选项，其方法是在“约束”面板中单击“自动判断约束和尺寸”按钮，弹出图 2-63 所示的“自动判断约束和尺寸”对话框，从中控制所选的约束或尺寸在曲线构建过程中被自动判断。

如图 2-64 所示，当“约束”面板中的“创建自动判断约束”按钮处于被选中的状态时，则表示在曲线构造过程中启用自动判断约束；当“连续自动标注尺寸”按钮处于被选中的状态时，则表示在曲线构造过程中启用自动标注尺寸。

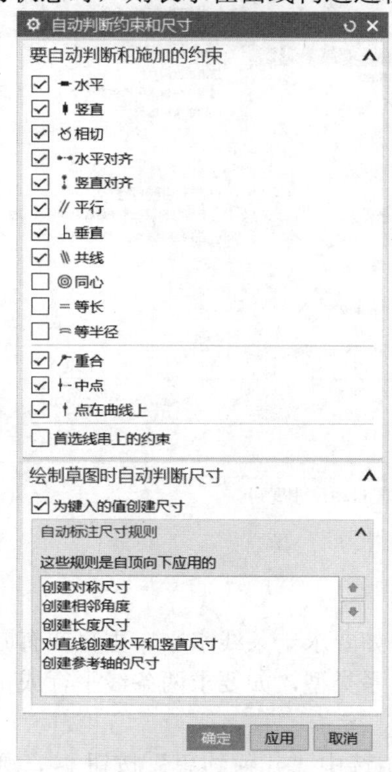

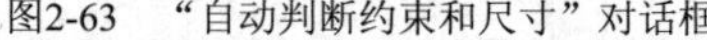
图2-63 “自动判断约束和尺寸”对话框

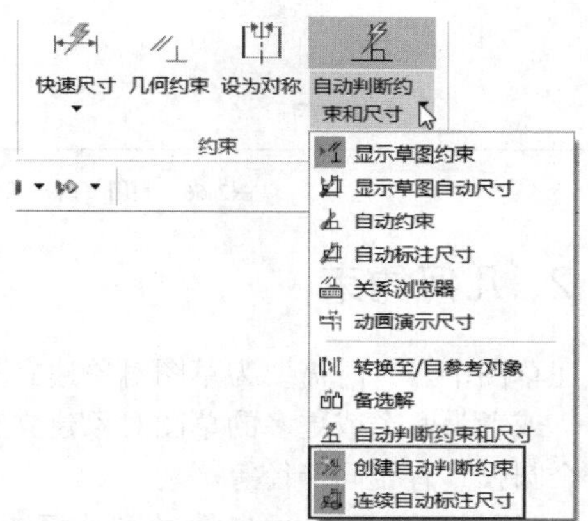

图2-64 设置启用自动判断约束和尺寸

在图 2-65 所示的草图中，其显示的约束和尺寸均是在绘制轮廓线时自动判断的约束和尺寸。注意如果添加与自动尺寸冲突的约束，则自动尺寸被删除。需要注意的是，由用户输

入并确认的尺寸将以表达式的形式来显示，如 p0=50。

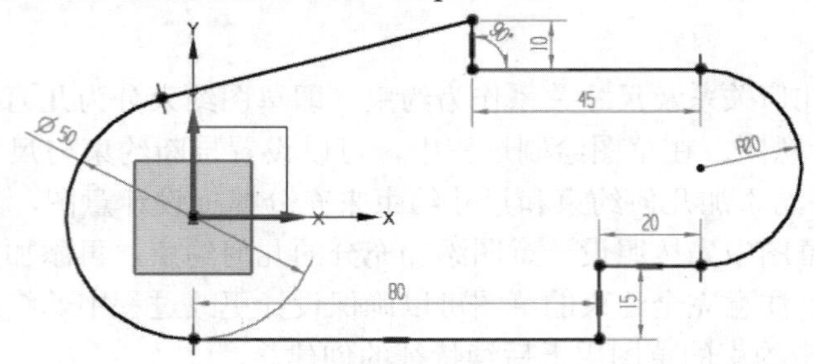

图2-65　示例：自动判断约束和自动标注尺寸

启用“连续自动标注尺寸”命令时，每次操作后系统利用自动尺寸规则添加尺寸以充分约束激活草图，包括对父基准坐标系的定位尺寸。而自动尺寸规则，用户可以在“自动判断约束和尺寸”对话框中进行设置，也可以在建模环境的功能区中选择“文件”/“实用工具”/“用户默认设置”命令，弹出“用户默认设置”对话框，接着在左窗格列表中选择“草图”/“自动判断约束和尺寸”，并在右侧区域切换到“尺寸”选项卡，然后进行自动标注尺寸规则设置即可，如图 2-66 所示。

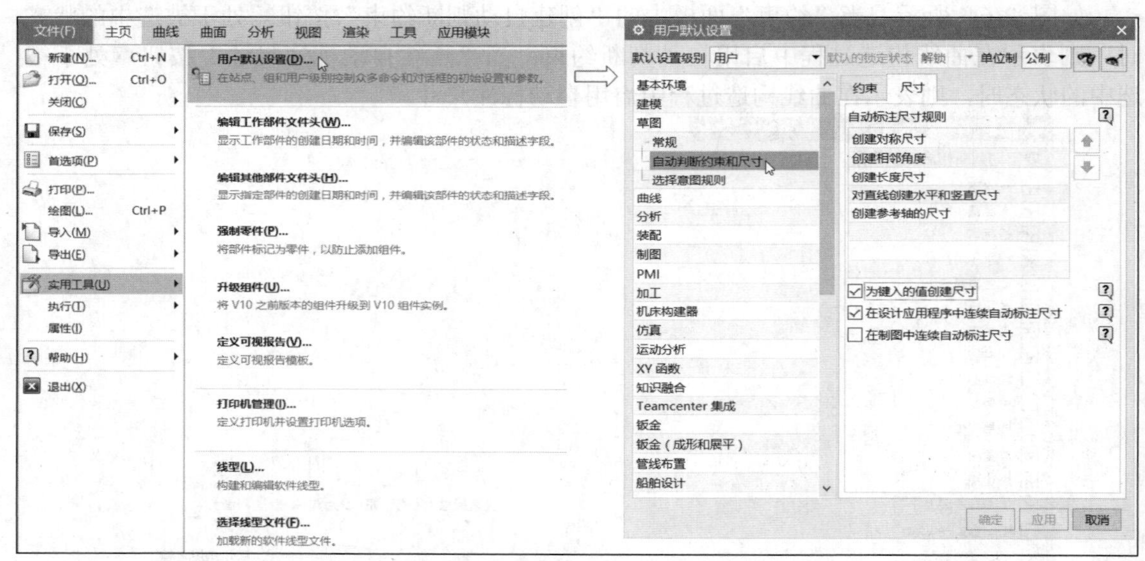

图2-66　利用“用户默认设置”对话框设置自动尺寸规则

2.5.2　几何约束

在草图中，有时需要为草图对象建立其几何特性，如要求一条线水平、垂直或有固定长度等，或者为两个或更多的草图对象建立它们之间的关系类型，如要求两条线平行或正交，若干个圆弧具有相同半径等。

如果要将几何约束添加到草图几何图形中，则单击选中“几何约束”按钮 ，弹出图 2-67 所示的“几何约束”对话框。在该对话框的“设置”选项组中设置将要启用的约束（见图 2-68），要启用的约束图标按钮则在该对话框的“约束”选项组的约束列表中列出，在“要约束的几何体”选项组中设置是否启动“自动选择递进”功能。在“几何约束”对话框的“约束”列表中单击所需的约束图标按钮，接着选择要约束的对象，以及选择要约束到的对象（如果需要的话，此时要注意相应的“要约束到的对象”按钮⊕处于选中状态），则将所选的几何约束添加到草图几何图形中。

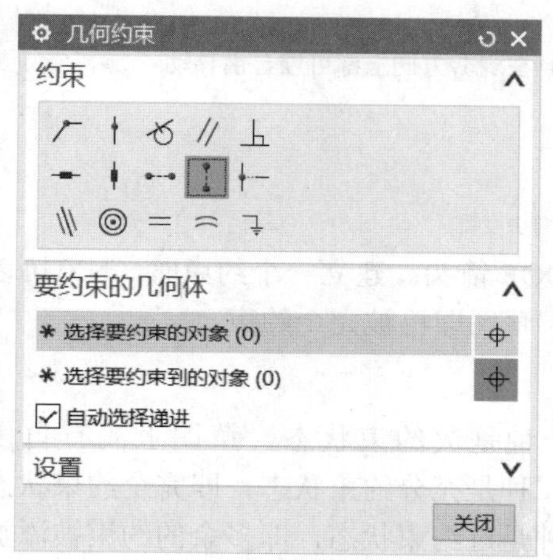

图2-67 “几何约束”对话框

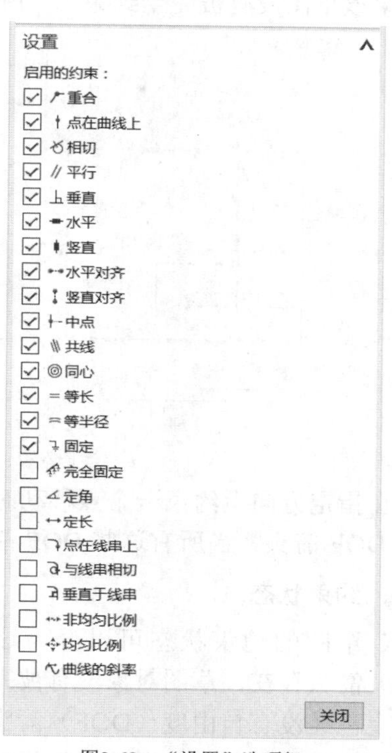

图2-68 “设置”选项组

例如，进入草图任务环境，在启用创建自动判断约束的情况下单击“矩形”按钮□，在绘图区域中绘制一个矩形，再单击选中“几何约束”按钮，弹出“几何约束”对话框，从“约束”选项组的约束列表中单击“相等”按钮═，并在“设置”选项组中选中“自动选择递进”复选框，接着分别在绘图区域中单击矩形的一条长边和一条宽边，从而使矩形的该长边和宽边长度相等，最后在“几何约束”对话框中单击“关闭”按钮，此约束前后如图 2-69 所示。

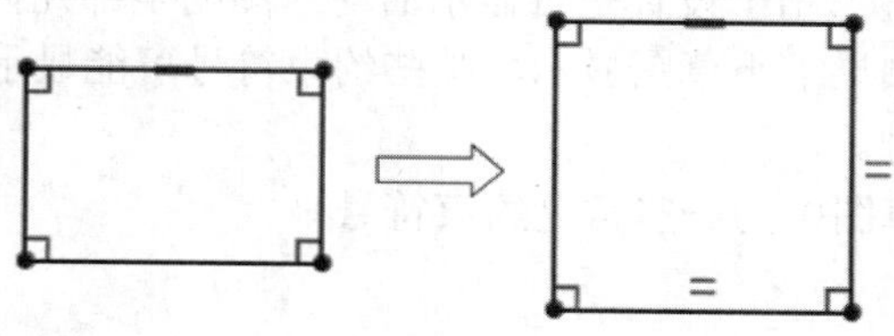

图2-69 添加相等几何约束条件

有关几何约束的基本知识点还包括如下几个方面。

一、自由度（DOF）箭头

在 NX 草图中有个“自由度（DOF）箭头”的概念需要用户去理解。自由度（DOF）箭

头主要用于为用户提供关于草图曲线的约束状态的可视反馈，如自由度（DOF）箭头标记草图上可以自由移动的点。自由度有 3 种典型类型，即定位自由度、旋转自由度和径向自由度。在进行几何约束或尺寸约束操作时，在草图中会在相关位置处显示自由度（DOF）箭头（如果该草图没有被完全约束）。在图 2-70 所示的示例中显示定位约束，注意其中的自由度箭头。

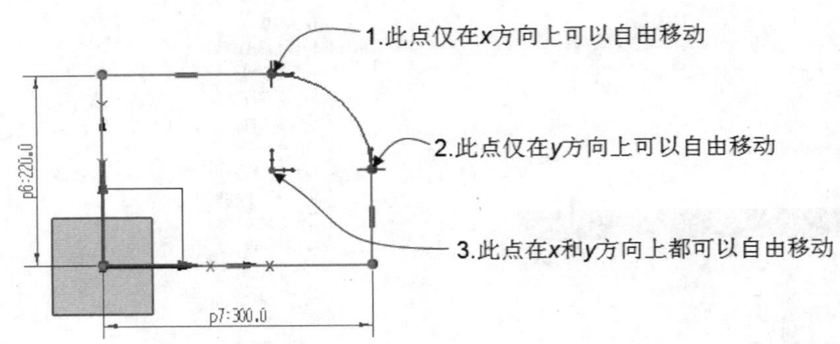

图2-70　定位约束及显示的自由度箭头

当在指定方向上约束一个点移动时，NX 移除 DOF 箭头。建立一个约束时，NX 可以移除多个 DOF 箭头。当所有这些 DOF 箭头都消失时，草图即已被完全约束。

二、约束状态

NX 草图的约束状态可以分为这 3 种：第一种是欠约束状态，草图上尚有自由度（DOF）箭头存在，草图对象没有被完全约束；第二种是充分约束状态，即完全约束状态，在草图上已经没有自由度（DOF）箭头存在；第三种是过约束状态，即多余的约束被添加，此时几何图形及与其相关联的任何尺寸变成红色。NX 允许欠约束草图参与拉伸、旋转、自由形状扫描等。

三、约束冲突

约束也会相互冲突。默认情况下，冲突的约束及冲突中的相关几何图形变为品红色。NX 在上一次解算中显示草图。

四、显示约束符号

“显示草图约束”按钮用于设置是否显示活动草图的全部几何约束。

当显示约束符号时，如果缩小草图显示，某些约束符号可能显示不出来，而放大视图显示便可以看到这些约束符号。

读者应该要熟知 NX 草图中的一些常见约束符号。

五、关系浏览器

使用“约束”面板中的“关系浏览器”按钮，可以查询草图对象并报告其关联约束、尺寸及外部引用。

单击“关系浏览器”按钮，系统弹出图 2-71 所示的“草图关系浏览器”对话框，下面介绍该对话框中各主要选项及按钮的功能含义。

- “要浏览的对象”选项组：该选项组用来设置要浏览的对象的范围，范围可

以为“活动草图中的所有对象”“单个对象”或“多个对象”，而在“顶级节点对象”子选项组中设置在“浏览器”选项组的对象列表中显示对象的顶级节点是曲线还是约束。

- “浏览器”选项组：在该选项组的列表中显示指定范围的对象的关系信息，包括其关联的约束、尺寸和外部引用等。
- “设置”选项组：在该选项组中设置是否显示要浏览对象的自由度。

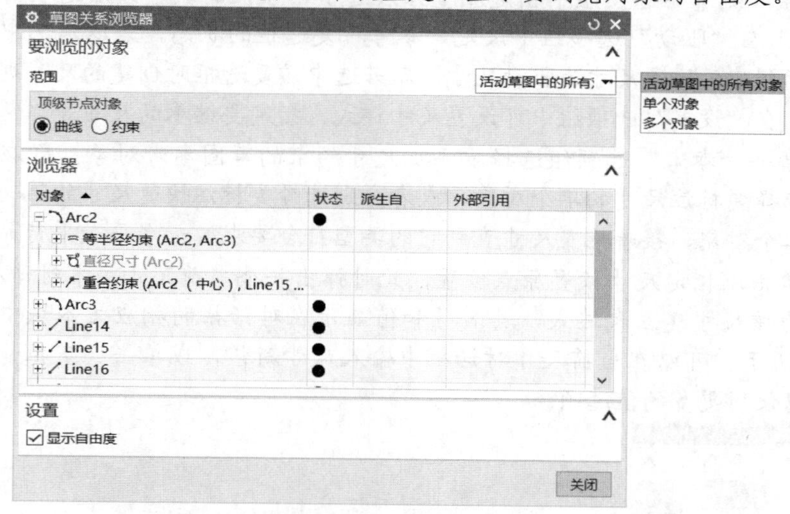

图2-71　“草图关系浏览器”窗口

2.5.3 尺寸约束

尺寸约束在草图中同样是很重要的，利用它可以创建草图对象的自身尺寸，建立草图中两对象之间的尺寸关系，约束草图曲线与其他特征间的关系等。尺寸约束也称为“驱动尺寸”。

在“约束”面板中提供了关于多种尺寸约束类型的按钮，如图 2-72（a）所示，用户也可以通过在草图任务环境下的“菜单”/“插入”/“尺寸”级联菜单中选择尺寸约束类型命令，如图 2-72（b）所示。所述的尺寸约束类型包括“快速尺寸”“线性尺寸”“径向尺寸”“角度尺寸”和“周长尺寸”。

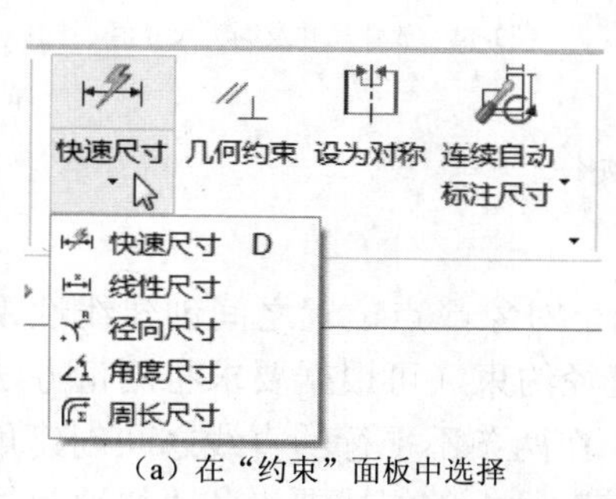

（a）在“约束”面板中选择

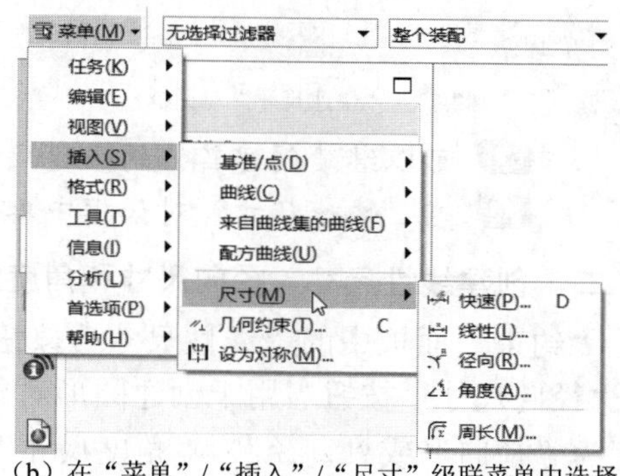

（b）在“菜单”/“插入”/“尺寸”级联菜单中选择

图2-72　选择尺寸约束类型

一、创建快速尺寸

创建快速尺寸是指基于选定的对象和光标的位置自动判断尺寸类型来创建尺寸约束。使用此方法创建尺寸约束最为常用。

1 在“约束”面板中单击“快速尺寸”按钮，系统弹出图 2-73 所示的“快速尺寸”对话框。

2 在“测量”选项组中指定测量方法选项，默认的测量方法选项为“自动判断”；在“驱动”选项组中设定“参考”复选框的状态，若取消选中该复选框时则创建的快速尺寸为驱动尺寸，而若选中该复选框时创建的尺寸则为参考尺寸；在“设置”选项组中可设置尺寸样式、指定要继承的尺寸等。

3 结合“参考”选项组选择要添加尺寸约束的草图参考对象。即在图形窗口中选择要标注尺寸的单个对象，或者分别选择要标注快速尺寸的第一个对象和第二个对象，接着拖曳尺寸直到它的类型符合要求，如水平或平行等。

4 单击以指定尺寸放置原点位置，此时弹出一个当前尺寸文本对话栏，NX 自动为该尺寸建立表达式，其名称和值显示在对话栏的相应文本域中，如图 2-74 所示。可以在当前尺寸对话栏中输入尺寸新值，或单击“下拉箭头”按钮以使用更多的值选项。

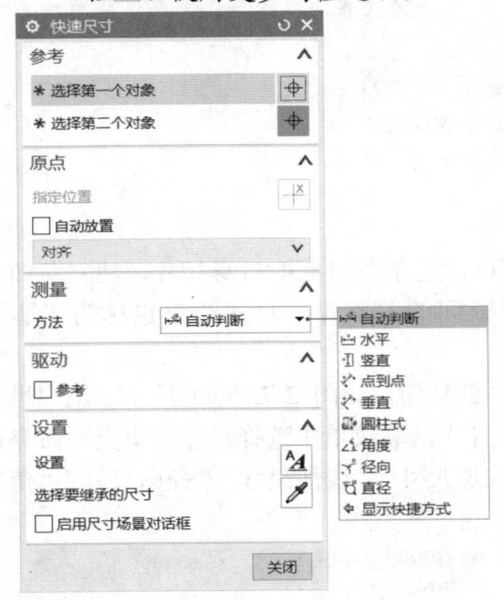

图2-73　“快速尺寸”对话框

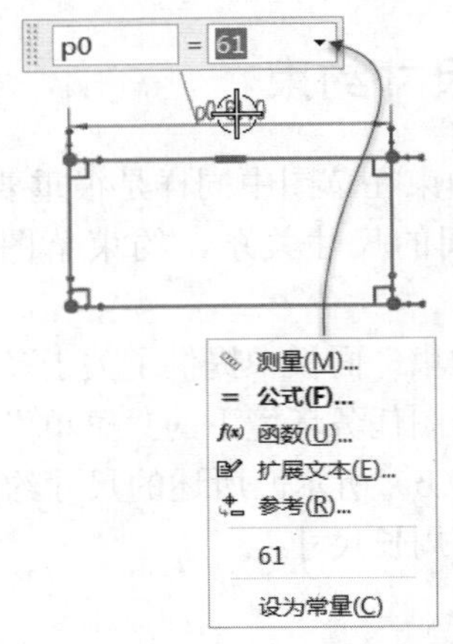

图2-74　放置尺寸及编辑尺寸值

5 可以继续创建其他的快速尺寸。

6 在“快速尺寸”对话框中单击“关闭”按钮。

二、创建线性尺寸、径向尺寸和角度尺寸

“约束”面板中的“线性尺寸”按钮用于在两个对象或点位置之间创建线性距离约束，“径向尺寸”按钮用于创建圆形对象的半径或直径约束（可根据要求将测量方法选项设置为“径向”或“直径”），“角度尺寸”按钮用于在两条不平行的直线之间创建角度尺寸。单击这些按钮之一，将弹出相应的一个对话框，该对话框的组成要素和“快速尺寸”对

话框的组成要素基本一致，其设置和操作方法也类似，在此不再赘述。

在图 2-75 所示的图例中创建有线性尺寸、径向尺寸和角度尺寸，图中 A 和 B 为线性尺寸，C 和 D 为径向尺寸（其中 C 为半径尺寸，D 为直径尺寸），E 为角度尺寸。

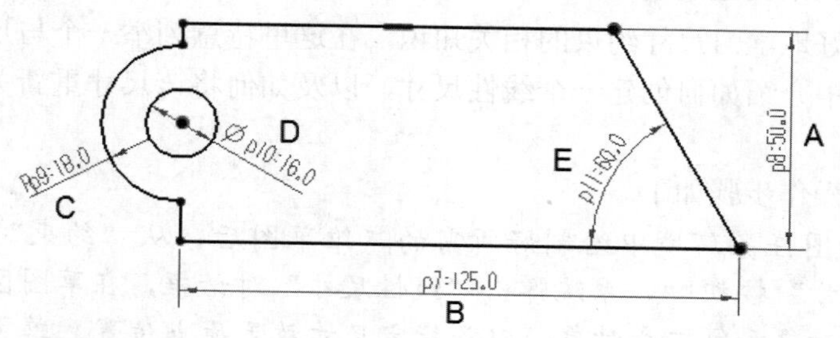

图2-75　线性尺寸、径向尺寸和角度尺寸示例

三、编辑尺寸

要编辑常规的尺寸，可以在图形窗口中双击该尺寸，此时弹出属于该尺寸的对话框和一个屏显文本栏，在对话框和屏显文本栏中都可以编辑该尺寸的参数名称与其值。

下面以修改一个直径尺寸值为例。在图形窗口中双击要编辑的一个直径尺寸，系统弹出“径向尺寸（半径尺寸）”对话框和一个屏显文本栏，将直径尺寸值由 20 更改为 50，在对话框的“驱动”选项组中确保选择“移除表达式，测试几何体”单选按钮，如图 2-76 所示，然后单击“关闭”按钮，则得到修改直径尺寸值后的图形效果如图 2-77 所示。

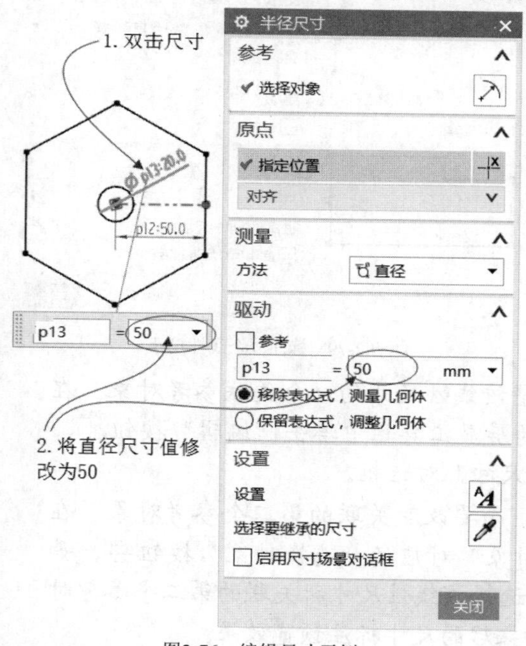

图2-76　编辑尺寸示例

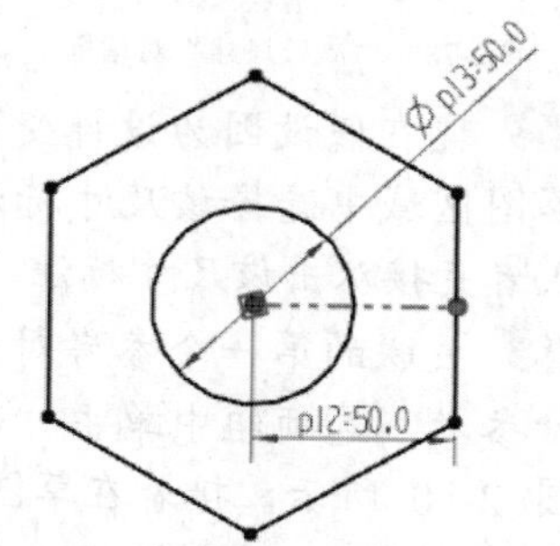

图2-77　修改直径尺寸值后的图形效果

四、创建周长尺寸

在草图中可以创建周长尺寸约束以控制选定直线和圆弧的集体长度。在“约束”面板中单击“周长尺寸”按钮，弹出图 2-78 所示的“周长尺寸”对话框，接着选择组成周长的

曲线，则其周长尺寸值显示在“尺寸”选项组的“距离”文本框中，然后单击“确定”按钮即可。

五、创建尺寸约束典型范例

为了让读者更好地学习尺寸约束的相关知识，在这里特意列举一个与尺寸约束相关的典型范例，在该范例中介绍如何创建一个线性尺寸，以及如何将该尺寸重新关联到新的几何对象上。

该范例的具体操作步骤如下。

1 在草图任务环境中绘制好所需的二维草图后，从“约束”面板中单击“线性尺寸”按钮，系统弹出“线性尺寸”对话框，在草图区域中分别选择第一个对象和第二个对象，以及指定尺寸放置原点位置，单击“关闭”按钮，从而创建一个线性尺寸，如图 2-79 所示。

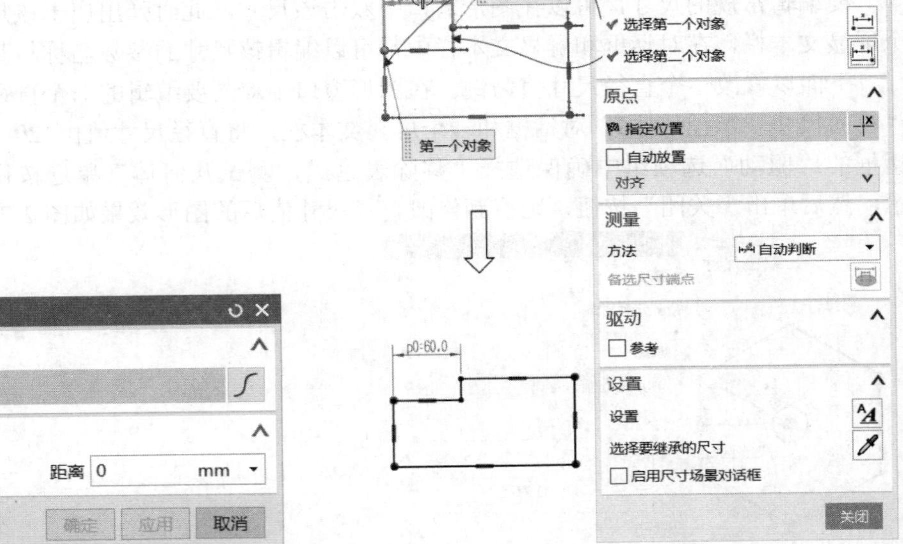

图2-78　“周长尺寸”对话框

图2-79　标注一个线性尺寸

2 现在假设因为设计变更，需要调整该线性尺寸的一个关联参考对象。在草图区域中选择该尺寸标注并从出现的屏显工具栏中单击“编辑”按钮，或者直接双击该尺寸标注，弹出“线性尺寸”对话框。

3 关联的第一个参考对象保持不变，而要改变关联的第二个参考对象。在“参考”选项组中单击“选择第二个对象”对应的“选择对象”按钮，如图 2-80 所示，接着在草图区域中重新选择该线性尺寸新关联的第二个参考对象，此时可以看到编辑尺寸关联参考对象后的尺寸标注预览效果。

4 “线性尺寸”对话框中的其他选项和设置保持不变，然后单击“关闭”按钮，结果如图 2-81 所示。

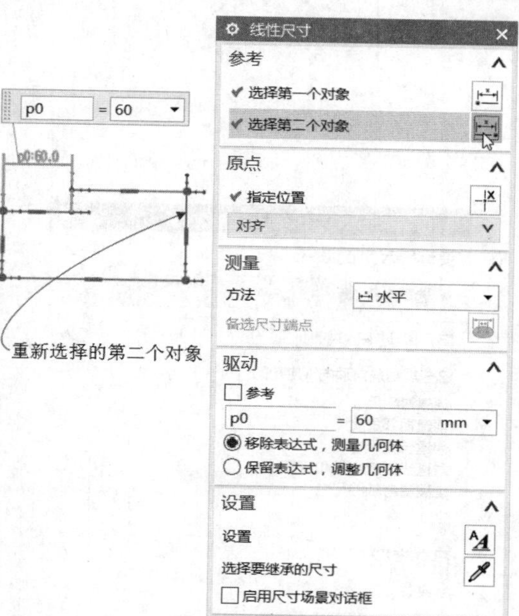

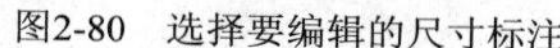
图2-80　选择要编辑的尺寸标注

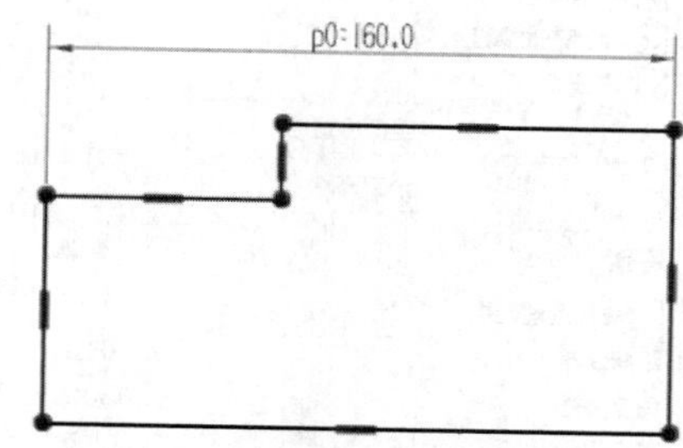

图2-81　重新指定要附着的对象 2

2.5.4 自动约束

使用“自动约束”命令可以设置 NX 自动应用到草图的几何约束的类型，NX 将分析指定草图中的几何体并在适当的位置处应用选定约束。自动约束的操作方法是在“约束”面板中单击“自动约束”按钮，弹出图 2-82 所示的“自动约束”对话框，单击“选择曲线”按钮以选择要自动约束的曲线，在“要应用的约束”选项组中设置 NX 将自动作用到目标体可能处的几何约束类型，在“设置”选项组中设置是否应用远程约束，以及设置距离公差和角度公差，然后单击“应用”按钮或“确定”按钮。

当选中“应用远程约束”复选框时，NX 将自动地在两条不接触但落在当前距离公差内的曲线间建立约束，注意按照要求设置距离公差。

“自动约束”命令在将几何体添加到活动的草图时比较有用，尤其在几何体是由其他 CAD 系统导入的时候特别有用。

2.5.5 自动标注尺寸

可以根据设置的一组规则在曲线上自动创建尺寸。自动标注尺寸的一般方法步骤是：在草图任务环境的“约束”面板中单击“自动标注尺寸”按钮，弹出图 2-83 所示的“自动标注尺寸”对话框，接着在“自动标注尺寸规则”选项组中规定尺寸规则的顺序（这些规则是自顶向下应用的），在“要标注尺寸的曲线”选项组中激活“选择对象”按钮来选择所需的曲线和点，最后单击“应用”按钮或“确定”按钮即可。

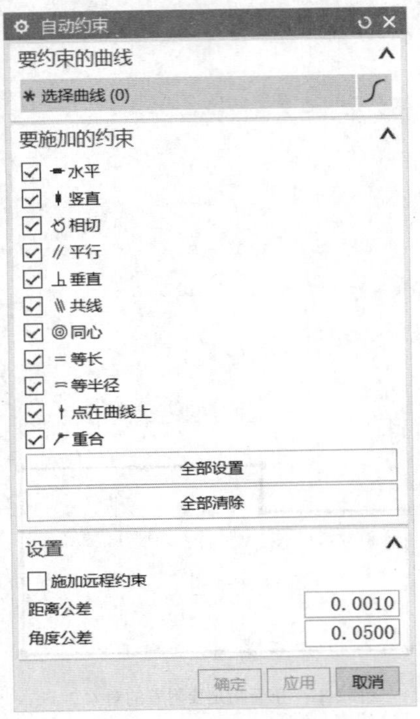

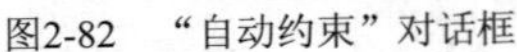

图2-82　“自动约束”对话框

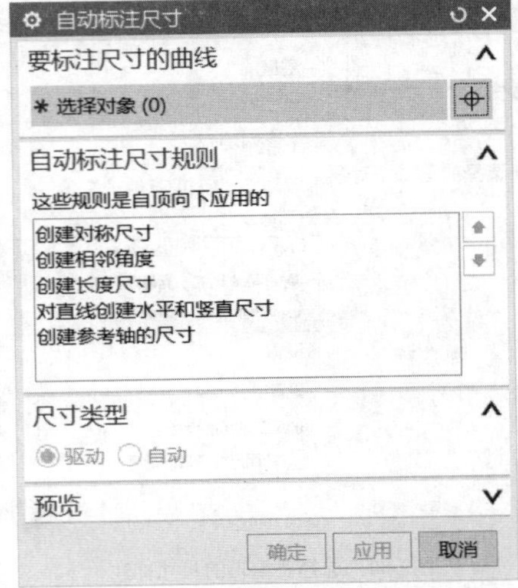

图2-83　“自动标注尺寸”对话框

下面以一个典型范例详细地介绍如何使用自动尺寸规则在草图中的所有曲线上自动地建立尺寸。

1 在“快速访问”工具栏中单击“打开”按钮，接着通过弹出来的“打开”对话框选择本书配套光盘中的“\DATA\CH2\BC_2_ZDCC.PRT”文件，单击“OK”按钮。

2 在部件导航器中右击位于模型历史记录下的“草图 (1) "SKETCH_000"”，弹出图 2-84 所示的右键快捷菜单，从该快捷菜单中选择“可回滚编辑”命令，回滚到草图任务环境中。

3 在“约束”面板中单击“自动标注尺寸”按钮，系统弹出“自动标准尺寸”对话框。

4 选择所有要建立尺寸的曲线，如图 2-85 所示。

5 在“自动标注尺寸规则”选项组的列表框中调整各类自动尺寸规则的顺序，调整好的顺序如图 2-86 所示，即调整顶部规则为“创建对称尺寸标注”，接着依次是“创建相邻角度”“创建参考轴的尺寸标注”“创建长度尺寸标注”“对直线创建水平和竖直尺寸标注”。要调整某自动尺寸规则的顺序，则先在列表框中选择它，接着按“上移”按钮或“下移”按钮来调整其顺序即可。

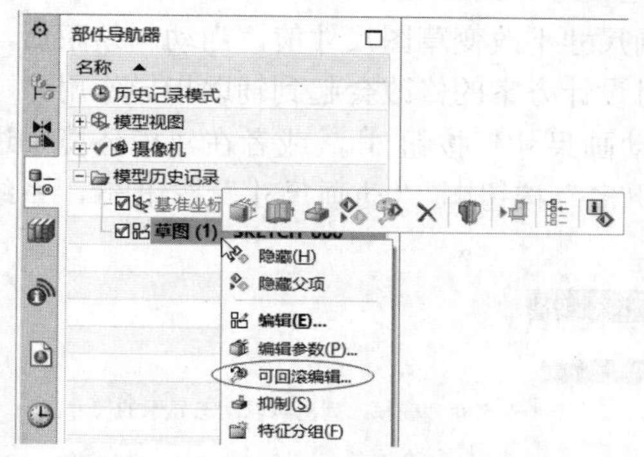

图2-84　右击草图并选择“可回滚编辑”命令

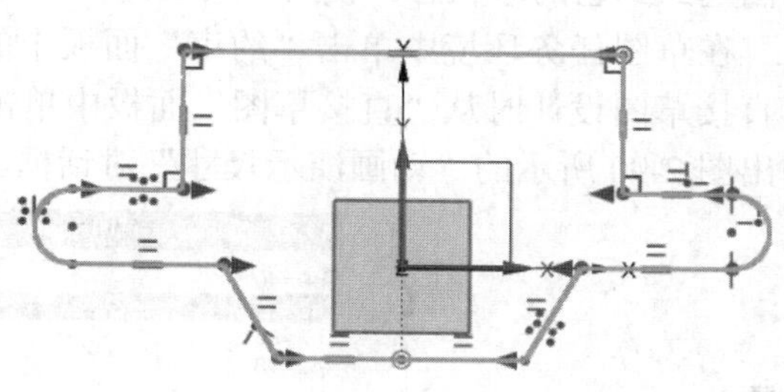

图2-85　选择曲线

6 在“自动标注尺寸”对话框中单击“应用”按钮建立自动标注尺寸，如图 2-87 所示，然后关闭“自动标注尺寸”对话框。

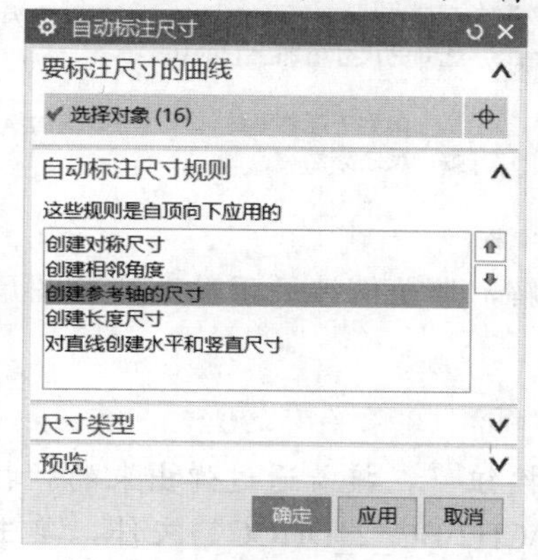

图2-86　按顺序分类自动尺寸规则

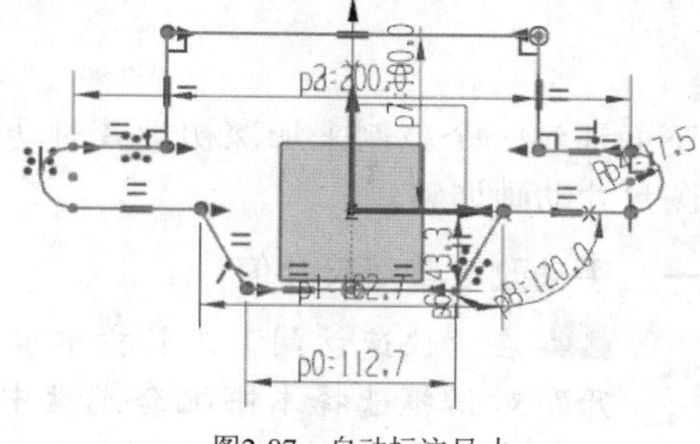

图2-87　自动标注尺寸

7 使用鼠标拖曳的方式调整各自动尺寸的放置位置，参考结果如图 2-88 所示。最后单击“完成”按钮，如图 2-89 所示。

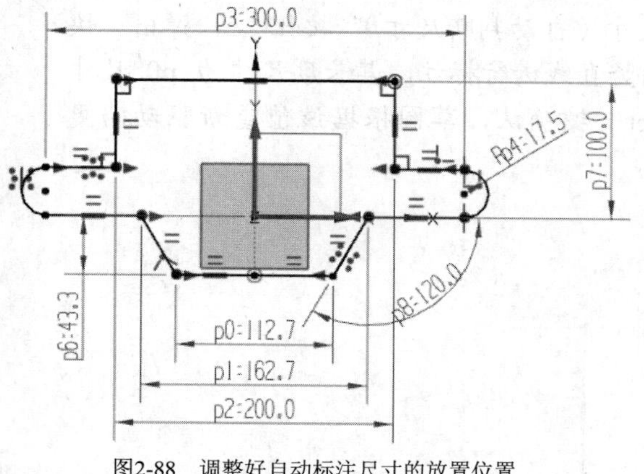

图2-88　调整好自动标注尺寸的放置位置

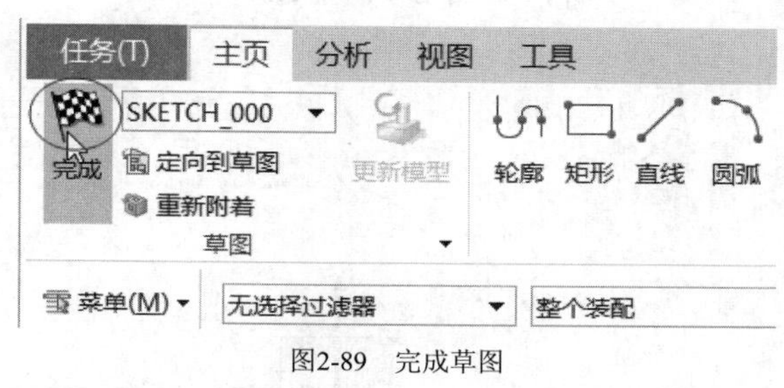

图2-89　完成草图

2.5.6　动画尺寸

“动画演示尺寸”（即“动画尺寸”）命令用于在指定的范围内更改给出的尺寸，并动态

显示（动画）它对草图的影响。与拖曳不同，动画尺寸不改变草图尺寸值，当动画结束后，草图返回到它的原状态。使用“动画尺寸”命令对设计方案的修改会起到辅助指导作用。

在草图任务环境中单击“约束”面板中的“动画尺寸”按钮，或者在建模环境中进行直接草图设计时从“直接草图”面板中单击“更多”按钮/“动画尺寸”按钮，系统弹出图 2-90 所示的“动画演示尺寸”对话框。

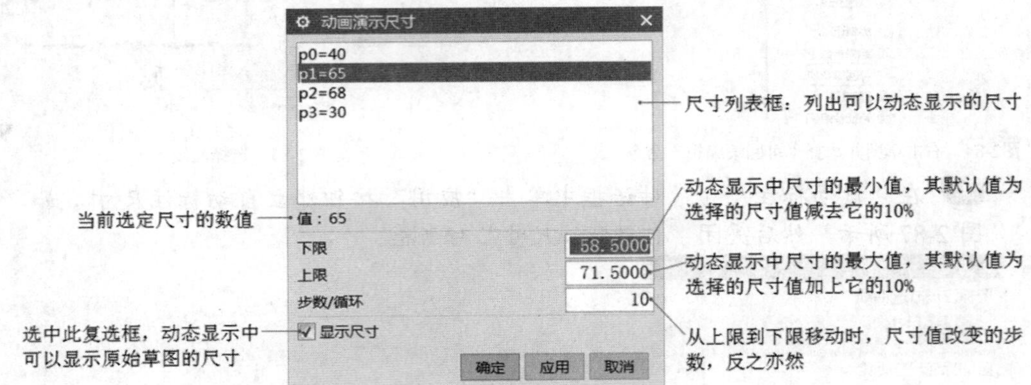

图2-90　“动画演示尺寸”对话框

下面通过一个范例来加深初学者对动画尺寸的理解，该范例涉及手动改变草图尺寸值和草图尺寸动画调整。

一、手动改变草图尺寸值

1 在“快速访问”工具栏中单击“打开”按钮，接着通过弹出来的“打开”对话框选择本书配套光盘中的“\DATA\CH2\BC_2_DHCC”文件，单击“OK”按钮。

2 在部件导航器中右击“草图（1）"SKETCH_000"”，弹出一个快捷菜单，接着从该快捷菜单中选择“可回滚编辑”命令，回滚到草图任务环境中。

3 在“约束”面板中单击“快速尺寸（自动判断尺寸）”按钮，弹出“快速尺寸”对话框，选择轮廓线右侧的竖直线进行标注，其长度尺寸为 p0 尺寸值的一半，输入“p0/2”后按“Enter”键确认，草图根据该值重新驱动而更新，如图 2-91 所示。

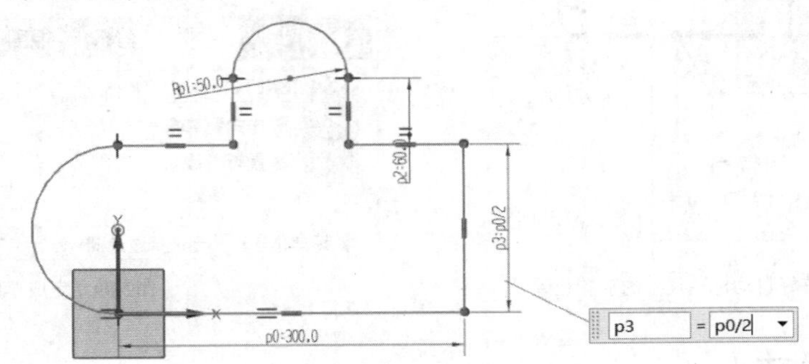

图2-91　手动改变一个尺寸

4 在“曲线”面板中单击“圆”按钮，在图 2-92 所示的位置处创建一个

圆，注意先不在圆心处产生相应的水平对齐约束和垂直对齐约束。接着在“约束”面板中单击“快速尺寸”按钮，标注圆的直径尺寸并将其直径值设置为“p3/2”，如图 2-93 所示。在“快速尺寸”对话框中单击“关闭”按钮。

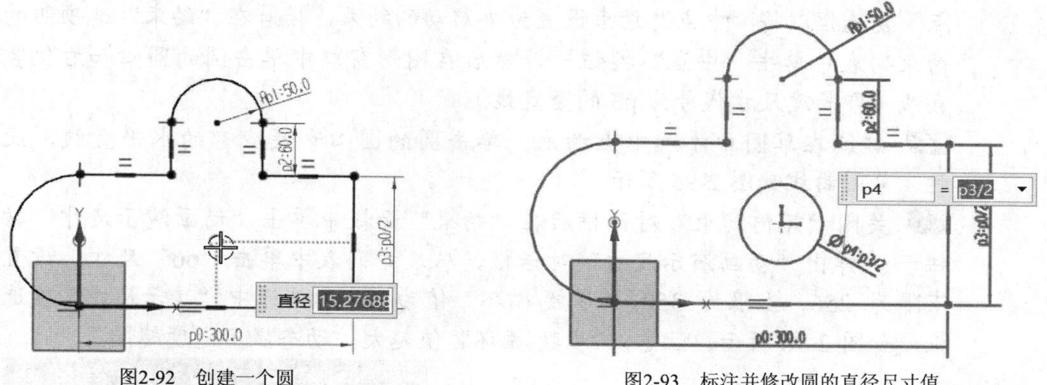

图2-92 创建一个圆　　图2-93 标注并修改圆的直径尺寸值

5 在草图区域中双击 p0 尺寸，弹出“线性尺寸”对话框和一个屏显尺寸栏，将该尺寸值修改为 230 或其他有效值，并观察部件草图的变化，如图 2-94 所示，注意哪些曲线发生变化。

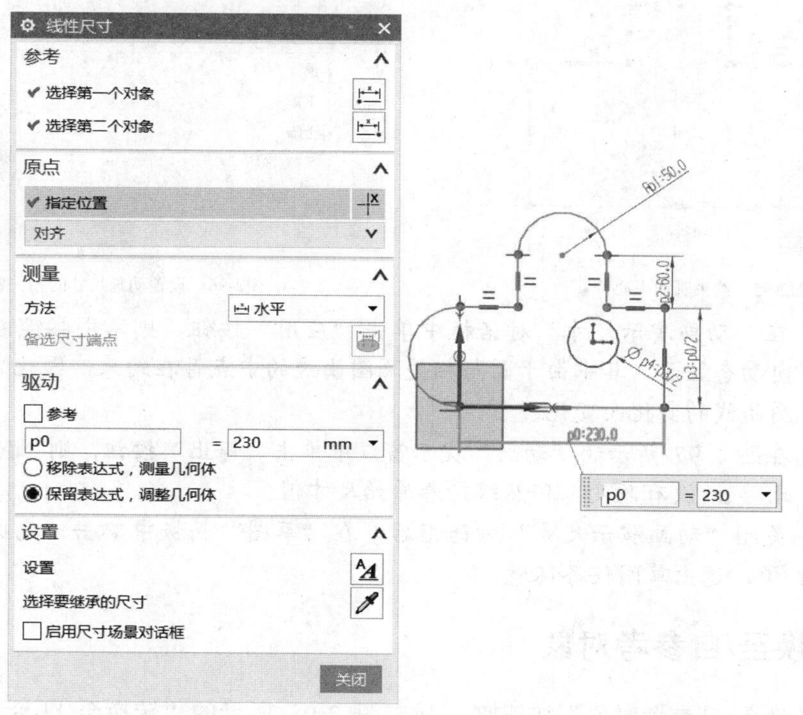

图2-94 观察部件草图变化

6 在“线性尺寸”对话框中单击“关闭”按钮。

7 在“快速访问”工具栏中单击“撤消”按钮（其快捷键为“Ctrl+Z”），从而撤销上一步的草图尺寸编辑。

二、使用动画尺寸来测试草图约束

1 在"约束"面板中单击选中"几何约束"按钮，打开"几何约束"对话框。确保在"设置"选项组中选中"自动选择递进"复选框，以及选中"中点"复选框以将"中点"约束设置为要启动的约束，接着在"约束"选项组的约束列表中单击"中点"按钮，然后在图形窗口中单击圆的圆心和右侧竖直线（即长度尺寸代号为 p3 的竖直线）。

2 继续在草图中添加中点约束。单击圆的圆心和最底部的水平直线，此时，草图曲线如图 2-95 所示。

3 关闭"几何约束"对话框后在"约束"面板中单击"动画演示尺寸"按钮，弹出"动画演示尺寸"对话框，从尺寸列表中单击"p0"尺寸，设置下限为 256，上限为 350，"步数/循环"值为 5，取消选中"显示尺寸"复选框，如图 2-96 所示。注意，"步数/循环"值越大，动态显示速度越慢。

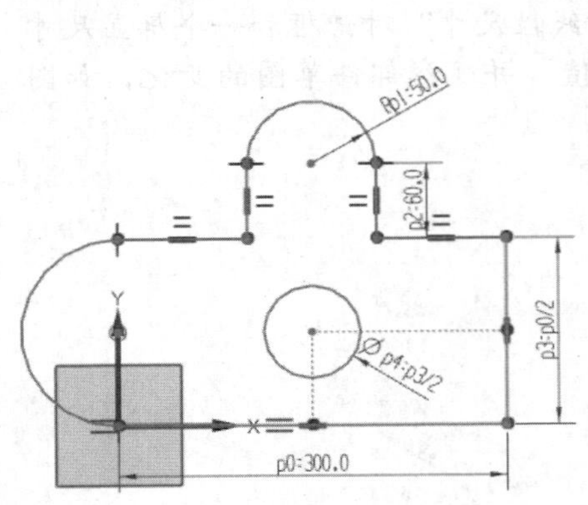

图2-95　约束圆的中心位置

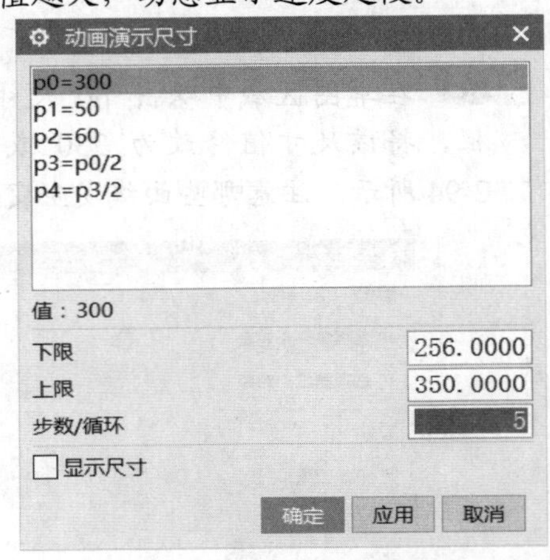

图2-96　设置动画尺寸的相关参数

4 在"动画演示尺寸"对话框中单击"应用"按钮，则草图按照在设置的范围内动态显示，其中由于圆与相关草图曲线的中点存在约束，因此它也会随着草图曲线的变化而变化。

5 在图 2-97 所示的"动画"提示窗口中单击"停止"按钮，则 NX 停止动画，此时 p0 没有改变，仍然维持着原始尺寸值。

6 关闭"动画演示尺寸"对话框后，在"草图"面板中单击"完成草图"按钮，退出草图任务环境。

2.5.7　转换至/自参考对象

单击"转换至/自参考对象"按钮，弹出图 2-98 所示的"转换至/自参考对象"对话框，利用此对话框可以将草图曲线或草图尺寸从活动转换为参考，反之亦然。

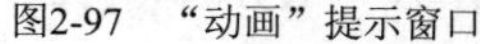
图2-97 “动画”提示窗口

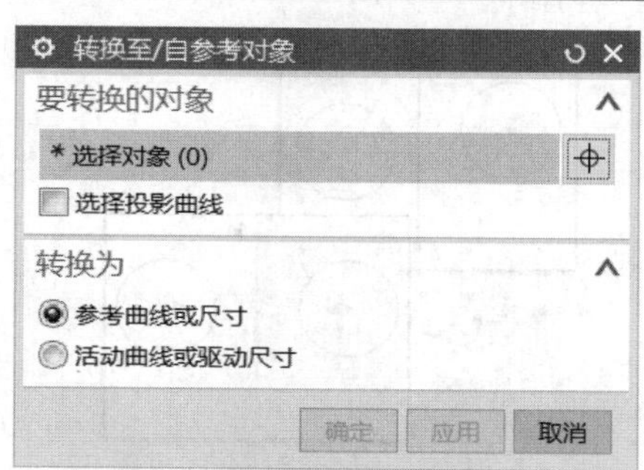

图2-98 “转换至/自参考对象”对话框

需要注意的是，下游命名（如拉伸、旋转等）不使用参考曲线，并且参考尺寸不控制草图几何图形。通常参考曲线和参考尺寸只是起到草图辅助绘制作用。

2.5.8 备选解

在某些情况下，为草图几何图形添加一个约束时可能存在着多个解的可能，此时可以使用“备选解”功能从一个不需要的解切换到另一个所需的解。

例如，假设将一条水平直线与一个圆设置为相切约束，如图 2-99 所示，而设计意图却是要求相切圆位于水平直线的下方，在这种情况下单击“备选解”按钮，弹出图 2-100 所示的“备选解”对话框，系统提示选择具有相切约束的线性尺寸或几何体，使用鼠标选择水平直线，即可切换显示到另一个备选解，如图 2-101 所示，然后单击“关闭”按钮。

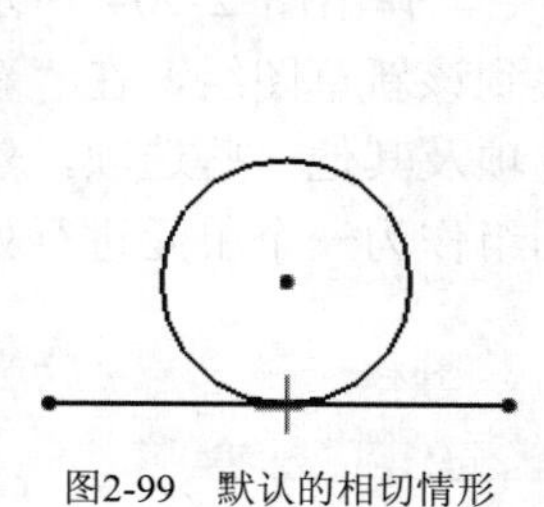
图2-99 默认的相切情形

图2-100 “备选解”对话框

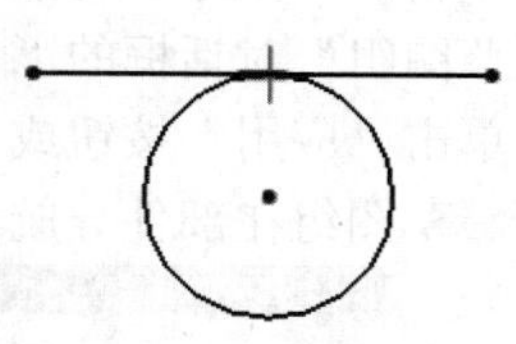
图2-101 切换解

2.5.9 设为对称

利用“设为对称”按钮，可以将两个点或曲线约束为相对于草图上的对称线对称。设为对称约束的典型示例如图 2-102 所示，其操作步骤为先单击“设为对称”按钮，弹出图 2-103 所示的“设为对称”对话框，接着选择竖直线左侧的圆心定义主对象，选择竖直线右侧的圆心作为次对象，在“对称中心线”选项组中确保选中“设为参考”复选框以设置将所选对称线转换为参考线，然后选择竖直线作为对称中心线，并单击“关闭”按钮即可。

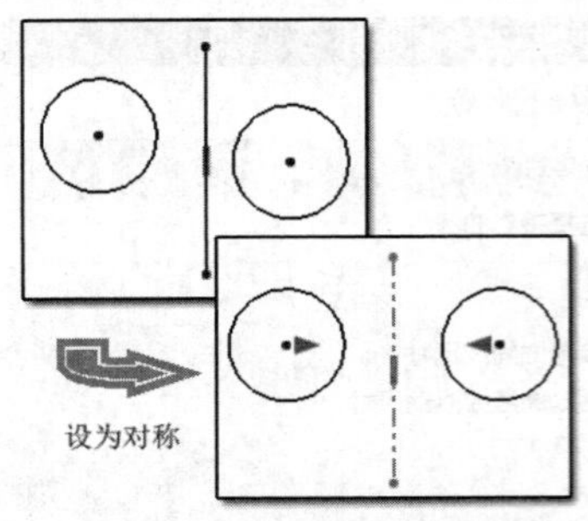

图2-102　设为对称的约束操作示例

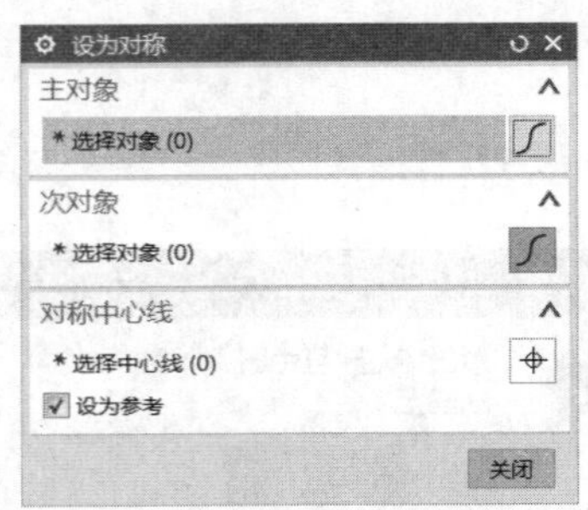

图2-103　“设为对称”对话框

2.6　草图分组

草图绘制过程中，可以根据设计需要对草图曲线进行分组，以便于管理几何图形和尺寸。在庞大或复杂的草图中，草图组尤其有用，例如，可以设置一个草图组用于主动收集新创建的几何图形和尺寸，可以一次性将对象颜色指派给组内所有成员，还可以在单个草图中如同对一个对象一样进行操作来打开或关闭组的可见性。

草图分组的命令位于“菜单”/“格式”/“组”级联菜单中，主要包括“新建草图组”“新建活动草图组”“从组中移除”和“取消分组”命令。

2.6.1　新建草图组

在草图模式下选择“菜单”/“格式”/“组”/“新建草图组”命令，弹出图 2-104 所示的“新建草图组”对话框，接着选择要分组的对象，所选对象被收集到该新草图组，在“新建草图组”对话框的“设置”选项组中设置草图组的名称、组内容选项及其他一些选项，然后单击“应用”按钮或“确定”按钮，以后在单个草图中可以将草图组作为一个单元进行处理。草图组在部件导航器中的显示如图 2-105 所示。

图2-104　“新建草图组”对话框

图2-105　草图组在部件导航器中的显示

2.6.2　新建活动草图组

“新建活动草图组”命令用于创建一个新的活动草图组，随后创建的草图对象均放在该组中。

2.6.3 从组中移除

可以从草图组中移除选定的对象，其方法是选择“菜单”/“格式”/“组”/“从组中移除”命令，弹出图 2-106 所示的“从组中移除”对话框，接着选择要从组中移除的对象，单击“应用”按钮或“确定”按钮即可。

2.6.4 取消分组

取消分组是指从组中移除所有对象并删除该组。取消分组的操作步骤比较简单，即先选择“菜单”/“格式”/“组”/“取消分组”命令，弹出图 2-107 所示的“取消分组”对话框，接着选择要取消分组的组，然后单击“应用”按钮或“确定”按钮即可。

图2-106　“从组中移除”对话框

图2-107　“取消分组”对话框

2.7 定向视图到模型和定向视图到草图

在草图任务环境中，用户可以根据设计意图进行定向视图的操作，如定向视图到模型，以后又可以重新定向视图到草图，在两种视图状态下都可以进行草图绘制和编辑等。

在草图任务环境中选择“菜单”/“视图”/“定向视图到模型”命令（对应的按钮为“定向到模型”按钮），可以将视图定向至进入草图任务环境之前显示的建模视图，如图 2-108（a）所示；而选择“菜单”/“视图”/“定向视图到草图”命令（对应的按钮为“定向到草图”按钮），则将视图定向至草图平面，如图 2-108（b）所示。

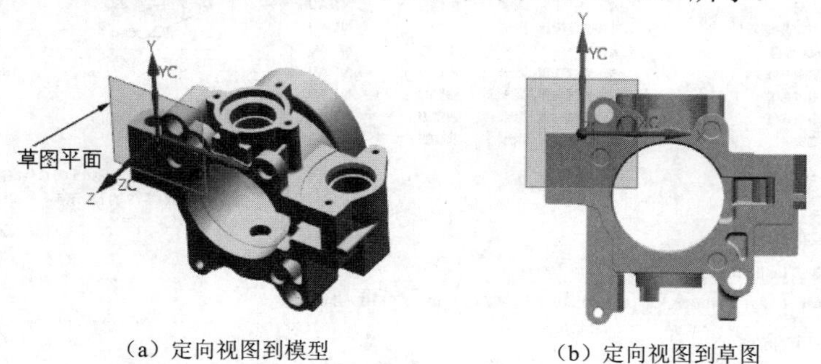

（a）定向视图到模型　　（b）定向视图到草图

图2-108　在草图任务环境中定向视图

2.8 本章综合设计范例

本节介绍两个草图综合范例，第一个综合范例是进入草图任务环境中绘制草图，而第二

个综合范例则是关于直接草图。

2.8.1　综合范例一：在草图任务环境中绘制草图

本综合范例要完成的草图效果如图 2-109 所示。在该综合范例中，读者要掌握如何在草图任务环境中使用各种草图工具来绘制基本图形，并对基本图形进行编辑操作，以及对草图曲线进行几何约束和尺寸约束。

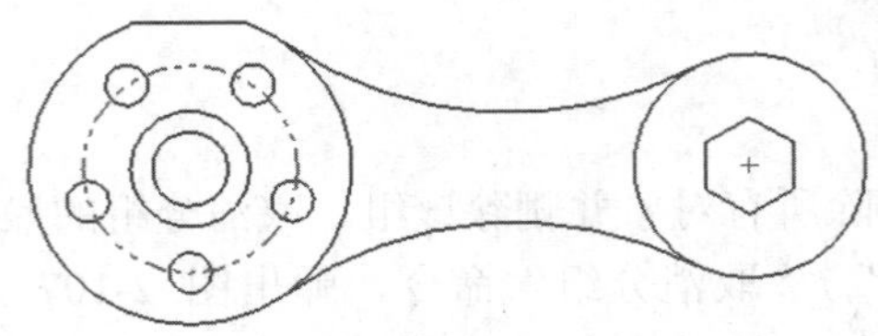

图2-109　范例完成的零件草图

本综合范例具体的操作如下。

一、新建部件文件并进入草图任务环境

1 在“快速访问”工具栏中单击“新建”按钮，或者按“Ctrl+N”快捷键，系统弹出“新建”对话框。

2 在“模型”选项卡的“模板”列表框中选择“名称”为“模型”的模板，单位为“毫米”，在“新文件名”选项组的“名称”文本框中输入“bc_2_f1.prt”，并自行指定要保存到的文件夹，如图 2-110 所示，然后单击“确定”按钮。

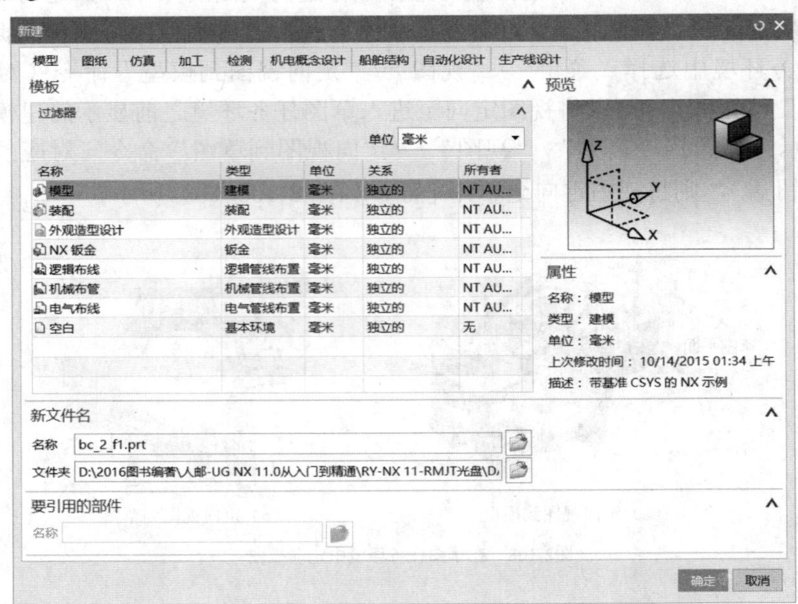

图2-110　新建部件模型文件

3 选择“菜单”/“插入”/“在任务环境中绘制草图”命令，系统弹出“创建草图”对话框，在“草图类型”选项组的“草图类型”下拉列表框中选择

"在平面上"，从"草图 CSYS"选项组的"平面方法"下拉列表框中选择"自动判断"选项，其它选择默认设置，如图 2-111 所示，单击"确定"按钮，进入草图任务环境。

二、设置自动判断的约束和尺寸

1 在功能区"主页"选项卡的"约束"面板中单击"自动判断约束和尺寸"按钮，弹出"自动判断约束和尺寸"对话框。

2 在"要自动判断和施加的约束"选项组中确保选中"水平""竖直""相切""水平对齐""竖直对齐""平行""垂直""共线""同心"这些复选框，在"由捕捉点识别的约束"选项组中确保选中"点在曲线上""重合""中点"复选框，在"绘制草图时自动判断尺寸"选项组中取消选中"为键入的值创建尺寸"复选框，接受默认的自动标注尺寸规则，如图 2-112 所示。

图2-111　创建草图

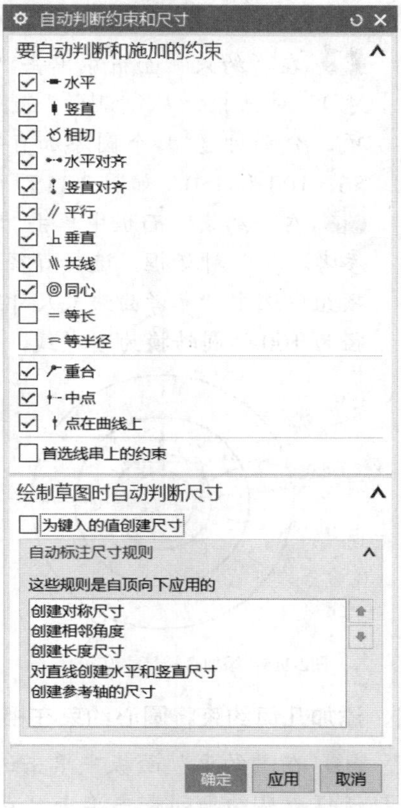

自动判断约束和尺寸
要自动判断和施加的约束
水平
竖直
相切
水平对齐
竖直对齐
平行
垂直
共线
同心
等长
等半径
重合
中点
点在曲线上
首选线串上的约束
绘制草图时自动判断尺寸
为键入的值创建尺寸
自动标注尺寸规则
这些规则是自顶向下应用的
创建对称尺寸
创建相邻角度
创建长度尺寸
对直线创建水平和竖直尺寸
创建参考轴的尺寸
确定　应用　取消

图2-112　设置自动判断约束和自动尺寸

3 在"自动判断约束和尺寸"对话框中单击"确定"按钮。

4 在"约束"面板中取消选中"连续自动标注尺寸"按钮，而确保选中"创建自动判断约束"按钮，如图 2-113 所示。另外，可设置显示草图约束。

三、绘制若干个圆，标注它们的直径尺寸等

1 在功能区的"主页"选项卡的"曲线"面板中单击"圆"按钮○，以原

点为圆心分别绘制 4 个圆，如图 2-114 所示。

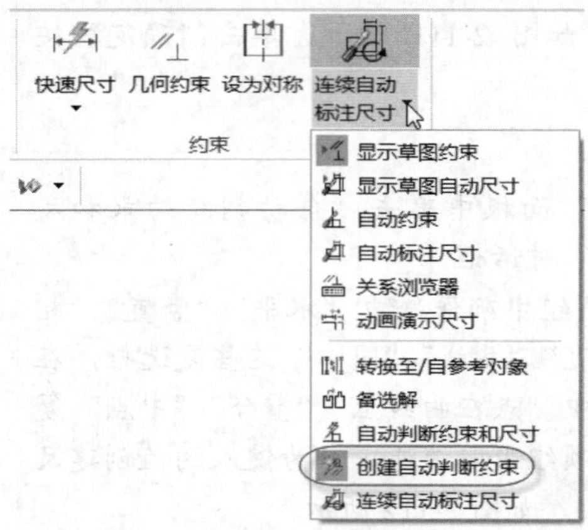

图2-113　设置只启用自动判断约束

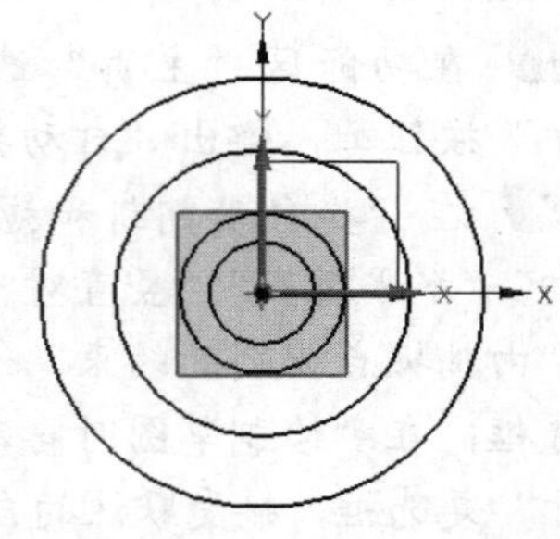

图2-114　绘制 4 个圆

2 在“约束”面板中单击“径向尺寸”按钮，弹出“径向尺寸（半径尺寸）”对话框，从“测量”选项组的“方法”下拉列表框中选择“直径”选项，分别对这 4 个圆添加直径尺寸约束，它们的直径从小到大分别为 36、56、100 和 150，如图 2-115 所示。

3 在“约束”面板中单击“转换至/自参考对象”按钮，弹出“转换至/自参考对象”对话框，选择直径为 100 的圆，如图 2-116 所示。在“转换为”选项组中选中“参考曲线或尺寸”单选按钮，然后单击“确定”按钮，从而将直径为 100 的圆转换为参考线，效果如图 2-117 所示。

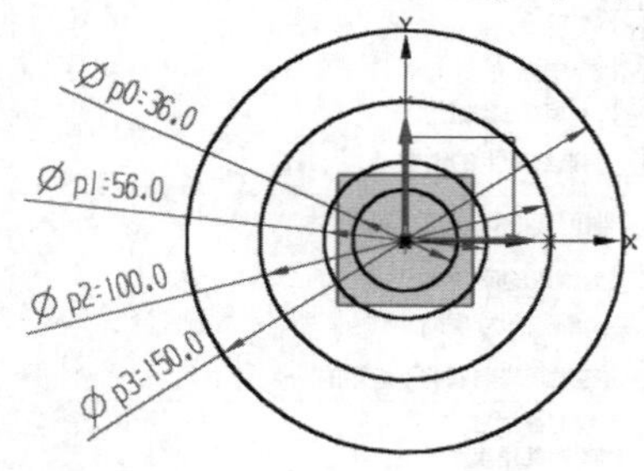

图2-115　添加直径尺寸约束

图2-116　选择要转换为参考线的圆

四、添加几何约束将圆心约束在相应坐标轴上

1 在“约束”面板中单击选中“几何约束”按钮，弹出“几何约束”对话框，从约束列表中单击“点在曲线上”按钮，接着依次选择圆心（可使用“快速选取”对话框来选择）和 x 坐标轴。

2 确保在“约束”对话框的约束列表中选中“点在曲线上”按钮，再选择该圆心，以及选择 y 坐标轴，然后单击“关闭”按钮。

五、绘制均布的 5 个圆

1 在“曲线”面板中单击“圆”按钮，借助从原点开始的帮助线来对齐捕捉到一个交点作为圆心，该交点为帮助线（帮助线指示对齐到曲线的控制

点，包括直线端点、中点及弧中心和圆的中心点）与圆形参考线对齐所形成的交点（即参考圆的下象限点），绘制一个直径为20的小圆，如图2-118所示。

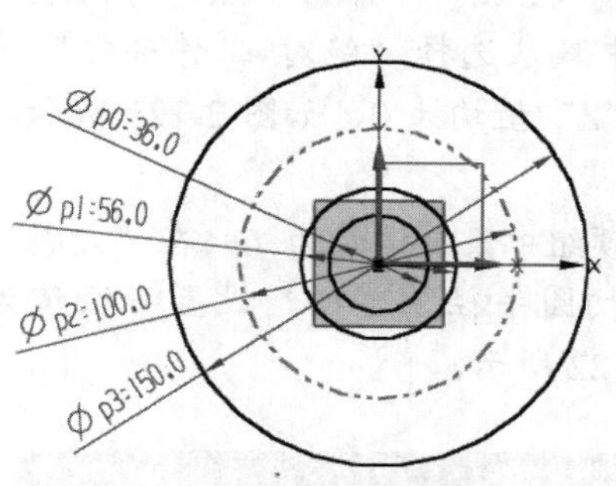

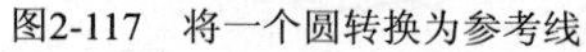
图2-117　将一个圆转换为参考线

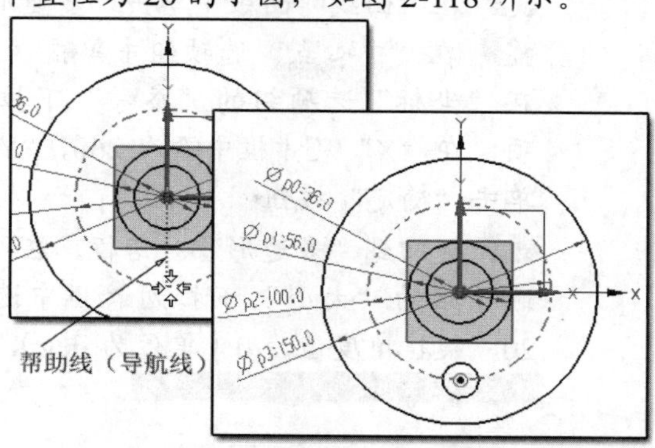

图2-118　绘制一个圆

2 在“曲线”面板中单击“阵列曲线”按钮，弹出“阵列曲线”对话框。

3 选择刚绘制完的小圆作为要阵列的对象，接着在“阵列定义”选项组的“布局”下拉列表框中选择“圆形”选项，接着从“旋转点”下拉列表框中选择“圆弧中心/椭圆中心/球心”图标选项⊙，如图2-119所示，系统提示选择要取其中心点的圆弧、椭圆或球，在本例中选择圆形参考线。

4 在“角度方向”子选项区域的“间距”下拉列表框中选择“数量和跨距”选项，设置数量为5，跨角为360deg，默认选中“创建节距表达式”复选框。

5 在“阵列曲线”对话框中单击“确定”按钮，阵列曲线的结果如图2-120所示。

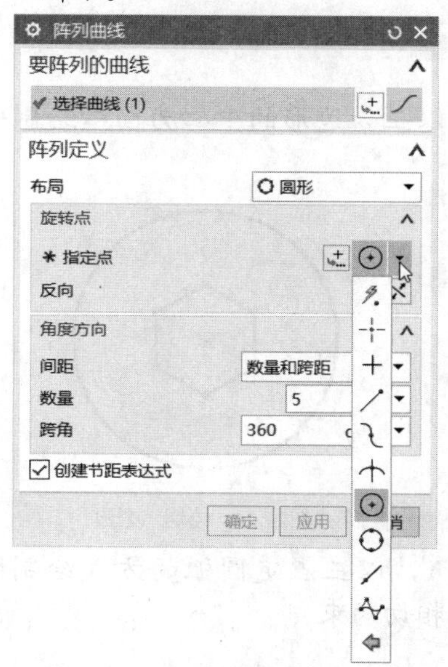

图2-119　指定旋转点选项

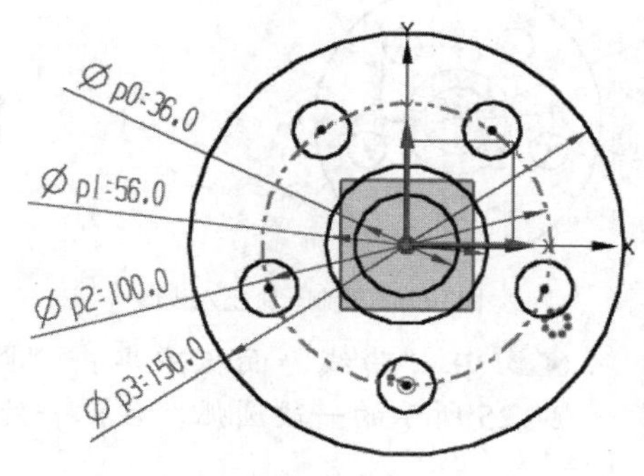

图2-120　阵列曲线的结果

六、绘制一个正六边形

1 在“曲线”面板中单击“多边形”按钮，弹出“多边形”对话框。

2 在“中心点”选项组中单击“点构造器”按钮，弹出“点”对话框，在“坐标”选项组的“参考”下拉列表框中默认选择“绝对-工作部件”选项，在“X”尺寸框中输入 260，“Y”值和“Z”值均为 0，如图 2-121 所示，单击“确定”按钮。

3 返回到“多边形”对话框，在“边”选项组中设置边数为 6，在“大小”选项组的“大小”下拉列表框中选择“内切圆半径”选项，设置半径值为 20，旋转角度值为 0（单位为 deg），如图 2-122 所示。

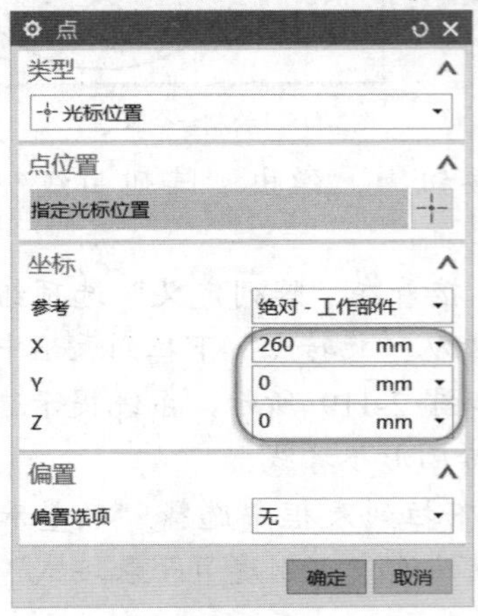

图2-121　设置点绝对坐标值

图2-122　设置多边形的边数和大小参数

4 在“多边形”对话框中单击“关闭”按钮。完成创建的正六边形如图 2-123 所示。

七、绘制一个圆和两段圆弧

1 在“曲线”面板中单击“圆”按钮，以正六边形的中心为圆心绘制一个圆，直径暂时自定，如图 2-124 所示。

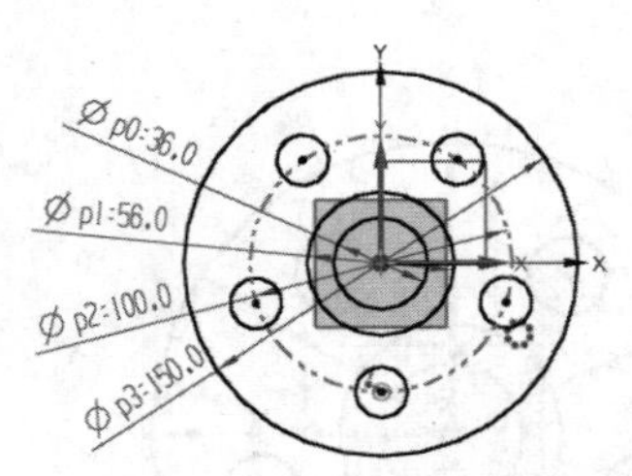

图2-123　绘制一个正六边形

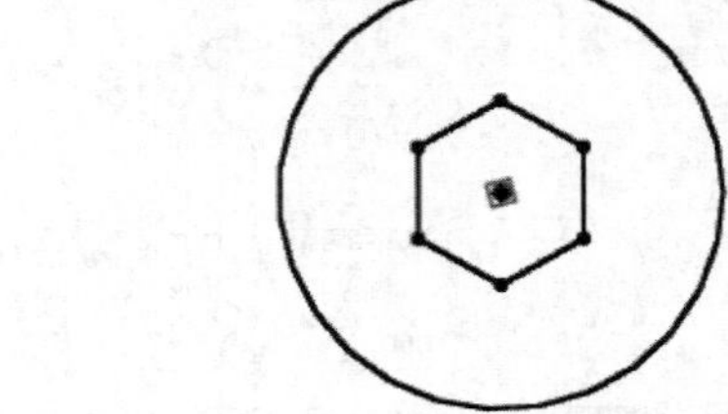

图2-124　绘制一个圆

2 在“曲线”面板中单击“圆弧”按钮，以三点定圆弧的方式绘制图 2-125 所示的一段圆弧，注意一处自动判断为相切约束。

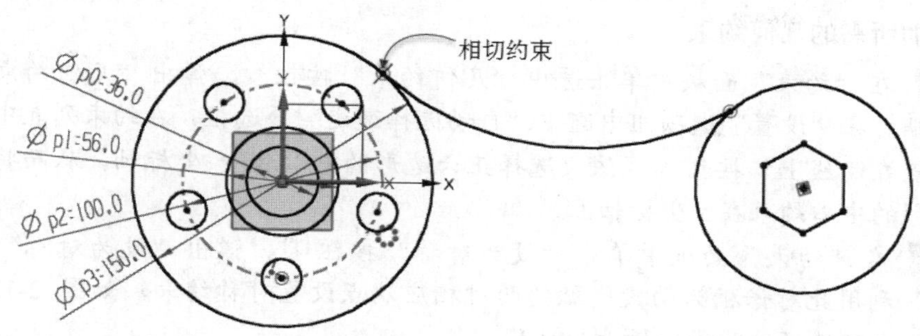

图2-125　绘制一段圆弧

3 在“曲线”面板中单击“镜像曲线”按钮，弹出“镜像曲线”对话框。选择刚绘制的一段圆弧作为要镜像的原曲线，在“镜像曲线”对话框的“中心线”选项组中单击“选择中心线”按钮，在草图区域中单击 x 基准轴作为镜像中心线，并在“设置”选项组中确保选中“中心线转换为参考”复选框，然后单击“确定”按钮，通过镜像曲线操作得到另一段圆弧，结果如图 2-126 所示。

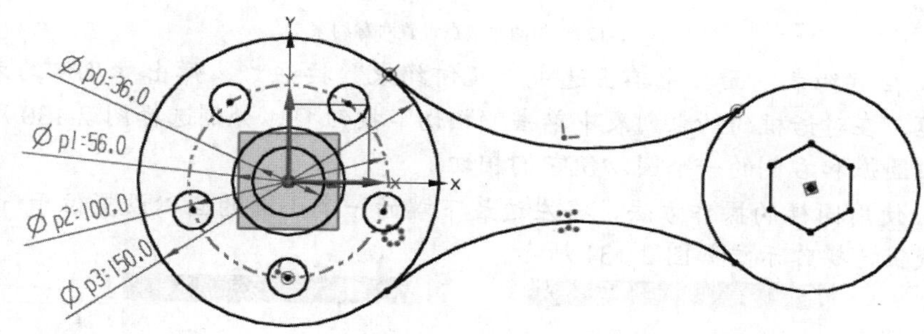

图2-126　镜像曲线

八、绘制一段直线并修剪草图

1 在“曲线”面板中单击“直线”按钮，绘制图 2-127 所示的一段线段。

2 在“曲线”面板中单击“快速修剪”按钮，系统弹出“快速修剪”对话框，选择要修剪的曲线段，将图形修剪成图 2-128 所示的形状。

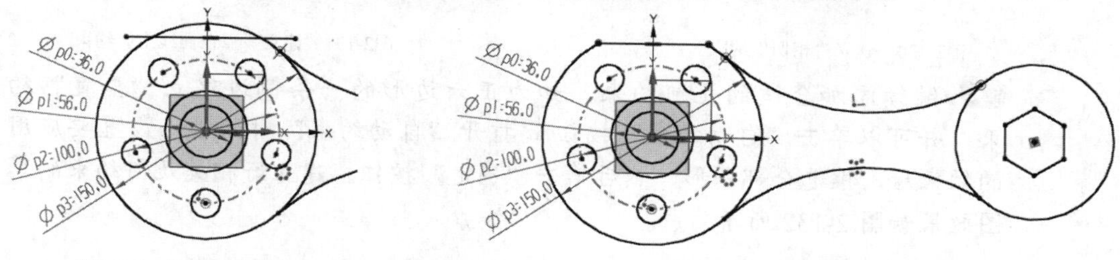

图2-127　绘制一段线段　　图2-128　快速修剪效果

3 在“快速修剪”对话框中单击“关闭”按钮。

九、添加所需的几何约束

1 在“约束”面板中单击选中“几何约束”按钮，弹出“几何约束”对话框，在“设置”选项组中选中“自动选择递进”复选框，在约束列表中单击“点在曲线上”按钮，依次选择正六边形的中心和 x 坐标轴，从而将正六边形的中心约束在 x 坐标轴上。

2 在“约束”面板中单击“设为对称”按钮，弹出“设为对称”对话框。利用此对话框为两段圆弧的两对相应端点设置对称约束，如图 2-129 所示。亦可选择这两段圆弧设为对称。

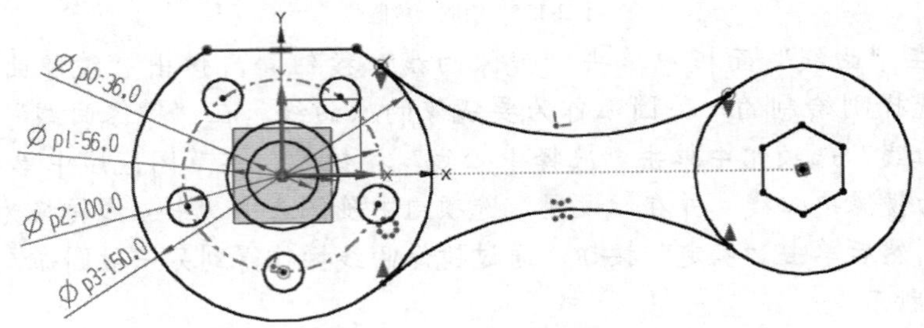

图2-129　为两对端点设置对称约束

3 在“约束”面板中单击选中“几何约束”按钮，弹出“几何约束”对话框，在对话框的约束列表中单击“相切”按钮，分别选择图 2-130 所示的一段圆弧和右侧的一个圆以使它们相切。

4 使用同样的操作方法，将左边最下端的一个小圆的圆心设置位于 y 坐标轴线上，操作示意如图 2-131 所示。

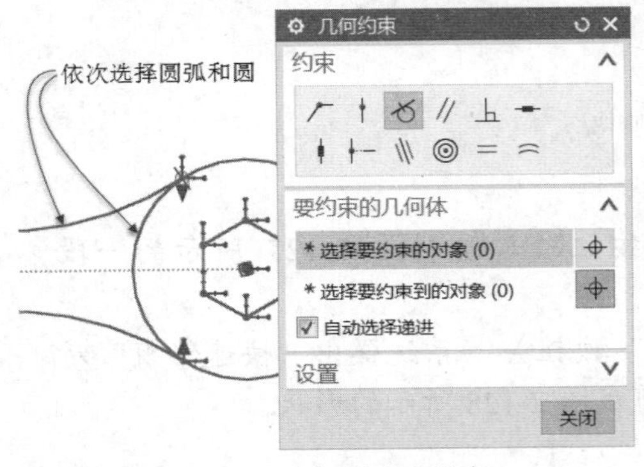

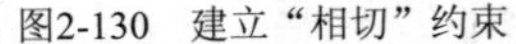

图2-130　建立“相切”约束

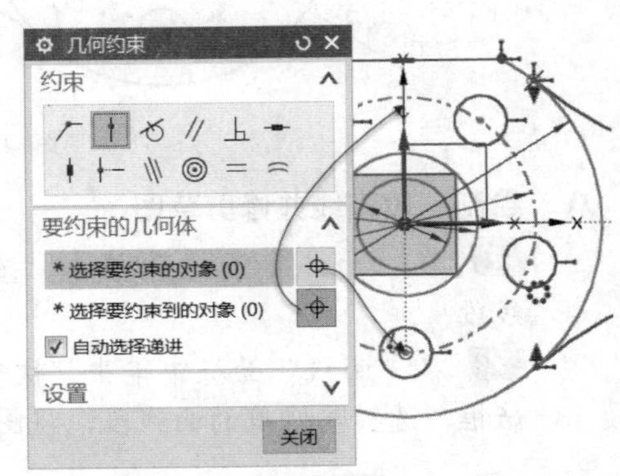

图2-131　建立“点在曲线上”约束

5 继续添加合适的几何约束，如为正六边形的一条侧边建立“垂直”约束。并可以单击“自动约束”按钮打开“自动约束”对话框，设置要应用的约束后，框选全部图形，然后单击“确定”按钮。建立好相关几何约束的草图效果如图 2-132 所示。

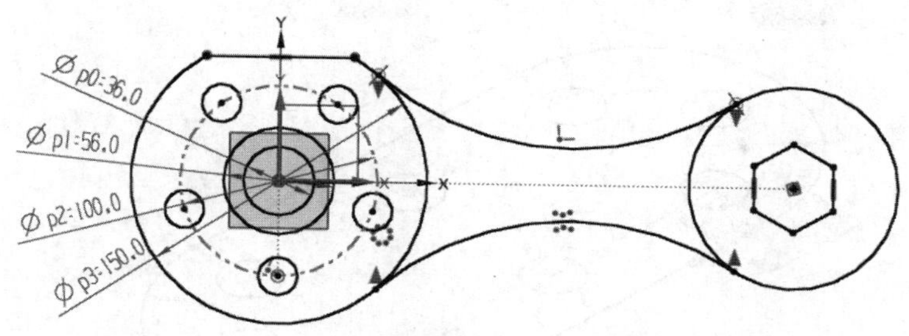

图2-132　建立好相关几何约束的草图效果

十、创建尺寸约束

1 在“约束”面板中单击“快速尺寸”按钮。

2 在草图中创建所需的尺寸标注并适当修改尺寸值，完成效果如图 2-133 所示。

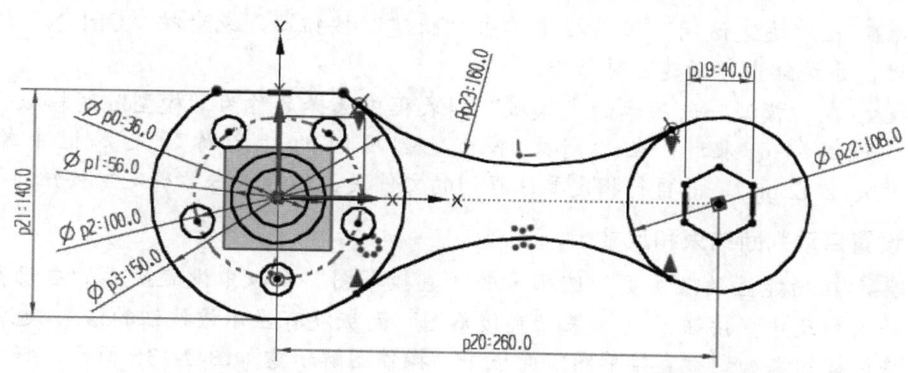

图2-133　添加相关的尺寸约束

十一、完成草图并保存文件

1 在“草图”面板中单击“完成草图”按钮，完成草图并退出草图任务环境。

2 在“快速访问”工具栏中单击“保存”按钮，或者按“Ctrl+S”快捷键保存文件。

2.8.2 综合范例二：直接草图

本综合范例在建模环境下采用直接草图模式来完成图 2-134 所示的草图。直接草图只需进行少量的鼠标单击操作，便可以快速、方便地绘制和编辑草图。

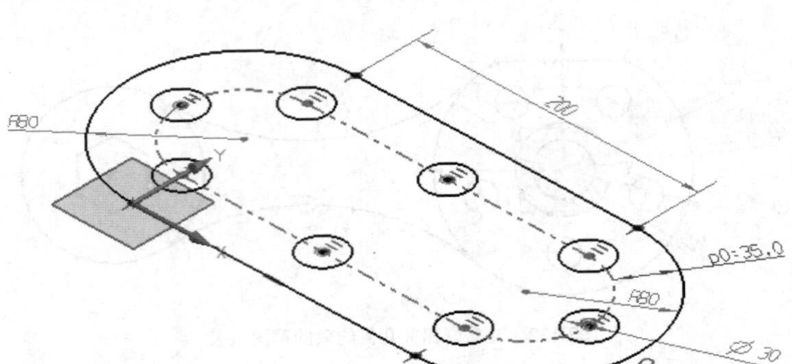

图2-134　范例完成的草图

本综合范例具体的操作步骤如下。

一、新建部件文件

1 在“快速访问”工具栏中单击“新建”按钮，或者按“Ctrl+N”快捷键，系统弹出“新建”对话框。

2 在“模型”选项卡的“模板”列表框中选择名称为“模型”的模板，单位设为“毫米”，在“新文件名”选项组的“名称”文本框中输入“bc_2_f2.prt”，并自行指定要保存到的文件夹，然后单击“确定”按钮。

二、设置自动判断约束和尺寸

1 在功能区的“主页”选项卡的“直接草图”面板中设置显示“自动判断约束和尺寸”按钮（如果“直接草图”面板没有显示该按钮的话），也就是将该按钮添加到“直接草图”面板中，操作图解示意如图 2-135 所示。将“自动判断约束和尺寸”按钮设置显示在“直接草图”面板上之后，单击“自动判断约束和尺寸”按钮，系统弹出“自动判断约束和尺寸”对话框。

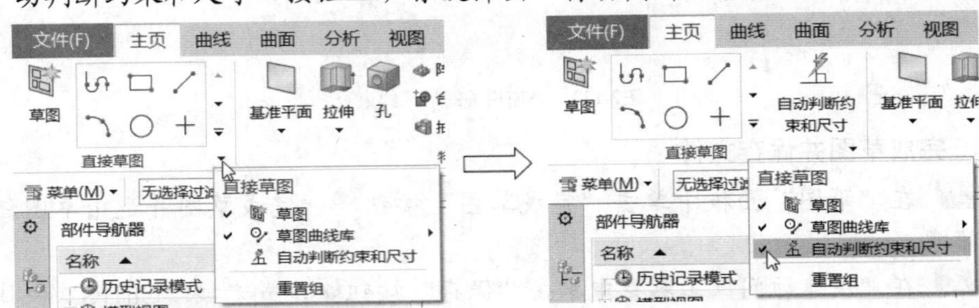

图2-135　在“直接草图”面板中调出“自动判断约束和尺寸”按钮

2 在“自动判断约束和尺寸”对话框中设置要自动判断和应用的约束，以及设置由捕捉点识别的约束和绘制草图时自动判断尺寸的规则，并选中“为键入的值创建尺寸”复选框，如图 2-136 所示。

3 在“自动判断约束和尺寸”对话框中单击“确定”按钮。

三、指定草图平面并启用“创建自动判断约束”和“连续自动标注尺寸”模式

1 在“直接草图”面板中单击“草图”按钮，弹出“创建草图”对话

框，从“草图类型”下拉列表框中选择“在平面上”选项，平面方法为“自动判断”，如图2-137所示，然后单击“确定”按钮。

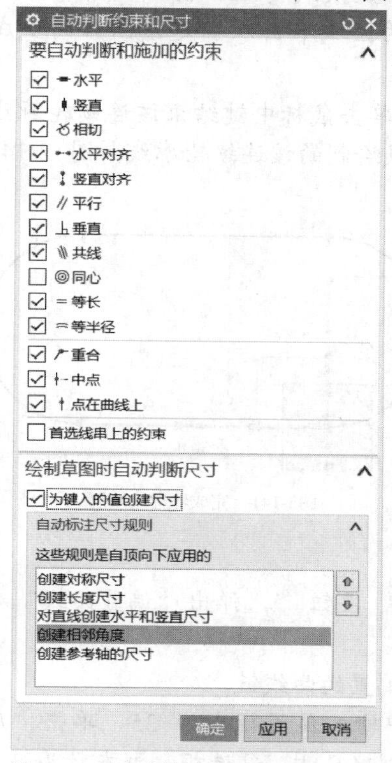

图2-136　“自动判断约束和尺寸”对话框

图2-137　指定草图平面

此时，“直接草图”面板提供更多可用的草图工具。

2 在“直接草图”面板中确保“创建自动判断约束”按钮和“连续自动标注尺寸”按钮处于被选中的状态，以启用创建自动判断约束和连续自动标注尺寸。

四、绘制轮廓线

1 在“直接草图”面板中单击“轮廓线”按钮以选中它，弹出图2-138所示的“轮廓”对话框。

2 在“对象类型”选项组中单击“直线”按钮，选择坐标系原点作为线段的起点，在“长度”文本框中输入“200”并按“Enter”键，如图2-139所示，接着在“角度”文本框中输入“0”并按“Enter”键确认。

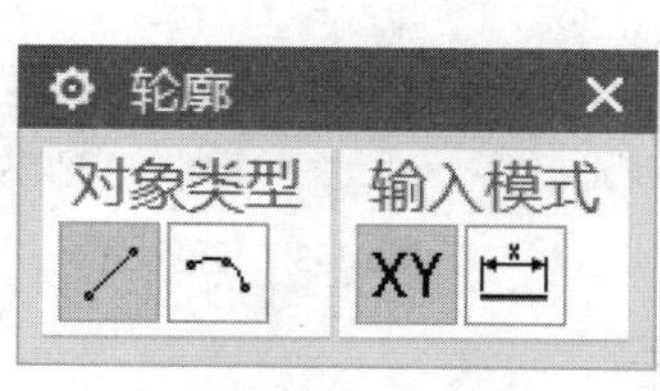

图2-138　“轮廓”对话框

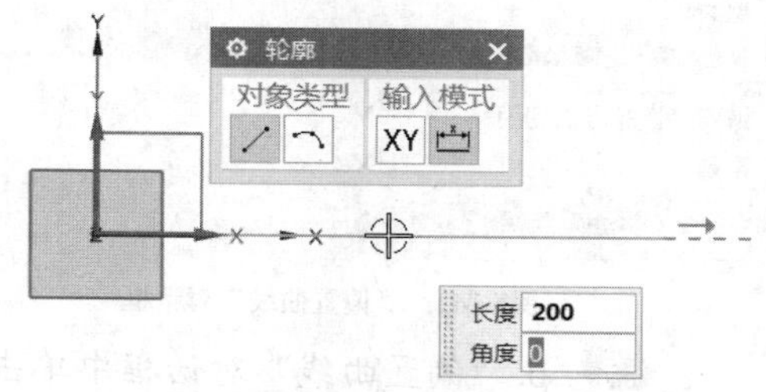

图2-139　绘制轮廓线的第一段

3 在“轮廓”对话框的“对象类型”选项组中单击“圆弧”按钮，在“输入模式”选项组中默认参数模式为“参数模式”。输入圆弧半径为80，扫描角度为180，并在图2-140所示的区域单击以确定该圆弧的生成位置。

4 使用同样的方法，绘制其他段轮廓线，单击鼠标中键结束该连续轮廓线的创建操作，接着关闭“轮廓”对话框。完成绘制的该连续轮廓线如图2-141所示。

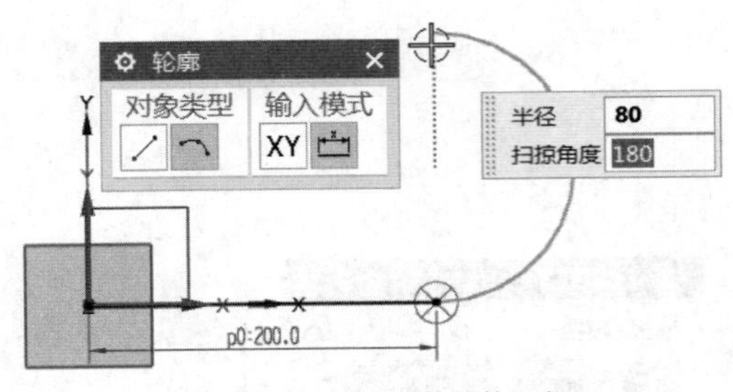

图2-140　绘制轮廓线的第二段

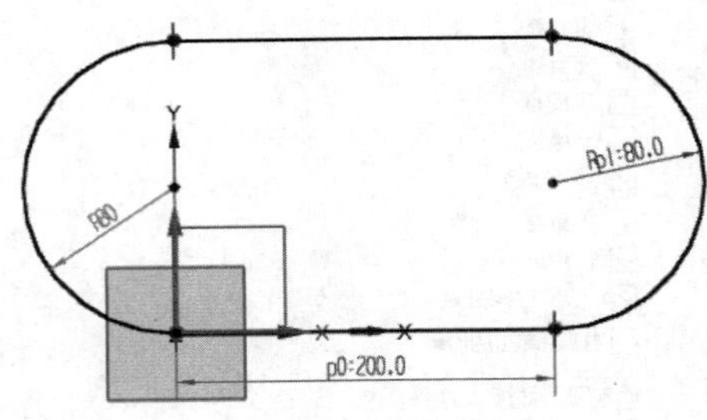

图2-141　完成轮廓线绘制

五、创建偏置曲线

1 在“直接草图”面板中单击“偏置曲线”按钮，弹出“偏置曲线”对话框。

2 选择上步骤所创建的整个轮廓线作为要偏置的曲线链。

3 在“偏置”选项组的“距离”文本框中输入偏置距离为35，单击“反向”按钮以设置向内侧偏置，确保勾选“创建尺寸”复选框，副本数为1，端盖选项为“圆弧帽形体”，如图2-142所示。

4 在“链连续性和终点约束”选项组和“设置”选项组中分别设置图2-143所示的选项和参数。

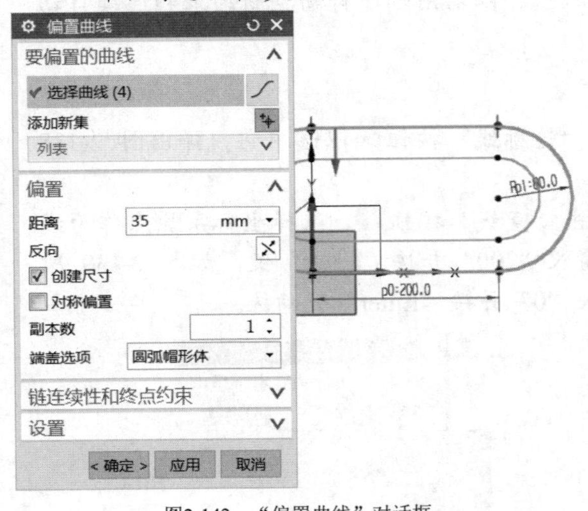

图2-142　“偏置曲线”对话框

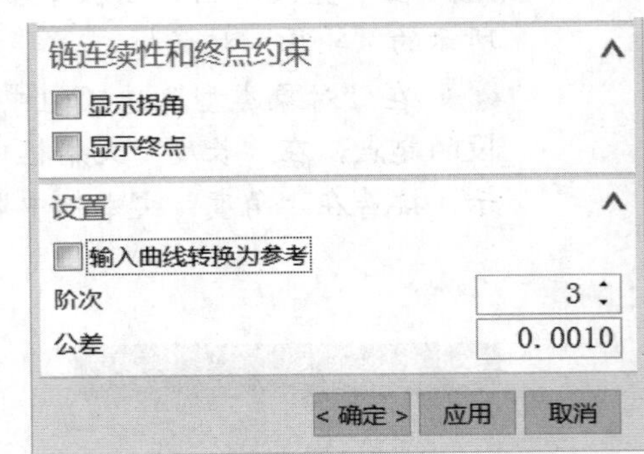

图2-143　其他设置

5 在“偏置曲线”对话框中单击“确定”按钮。

六、将刚创建的曲线转换为参考线

1 在“直接草图”面板中单击“更多”按钮以查找到并单击“转换至/自参考对象”按钮，弹出“转换至/自参考对象”对话框。

2 依次单击偏置得到的各分段曲线（共 4 段），接着在“转换为”选项组中选中“参考曲线或尺寸”单选按钮，如图 2-144 所示。

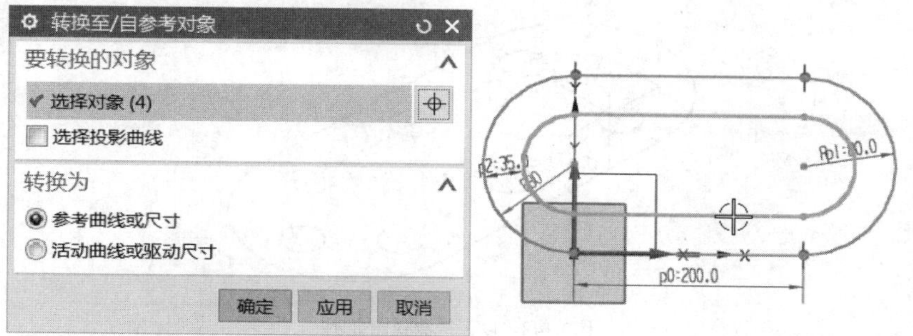

图2-144 将所选曲线转换为参考线

3 在“转换至/自参考对象”对话框中单击“确定”按钮，结果如图 2-145 所示。

七、绘制 8 个小圆

1 在“直接草图”面板中单击“圆”按钮，弹出“圆”对话框。

2 以“圆心和直径定圆”方式，分别绘制图 2-146 所示的 8 个小圆，这些圆的直径相等，直径值均为 Ø30。在绘制过程中，用户也可以调整视图方位，例如，将鼠标置于图形区域，按住鼠标中键并拖动鼠标来获得舒适的“立体”视角。如果要重新将定向视图到草图，那么按“Shift+F8”快捷键即可。

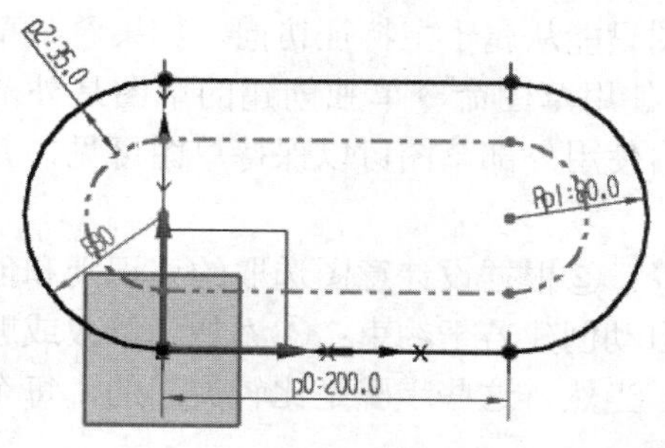

图2-145 转换为参考线操作的结果

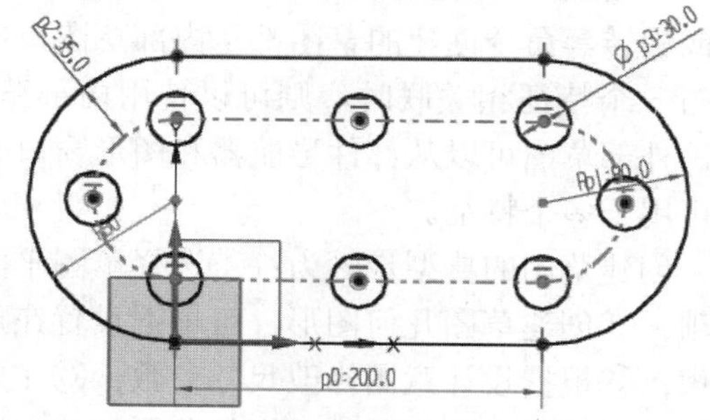

图2-146 绘制 8 个直径一样的圆

在“直接草图”面板中单击“圆”按钮后，为了快速选择到相应的中点（圆弧中点或线段中点）、曲线端点作为圆心，可以巧妙地利用位于图形区域上方的“选择条”工具栏，在该“选择条”工具栏中尽量只设置选中“端点”图标选项和“中点”图标选项等少数点捕捉工具，如图 2-147 所示，这样可减少误选择操作。

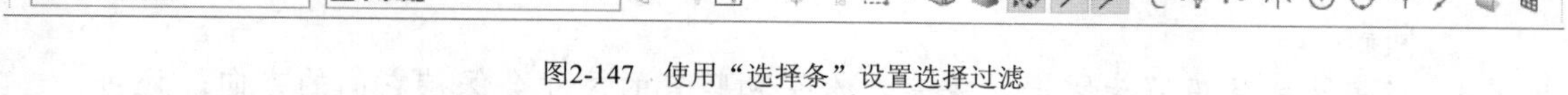

无选择过滤器 整个装配

图2-147 使用“选择条”设置选择过滤

3 单击鼠标中键结束圆的绘制命令。

八、完成草图并保存文件

1 在"直接草图"面板中单击"完成草图"按钮，或者按"Ctrl+Q"快捷键以完成草图。此时，按"End"键将视图快速调整到正等测视图状态，显示效果如图 2-148 所示。可以在部件导航器中通过右键快捷菜单命令将基准坐标系隐藏起来。

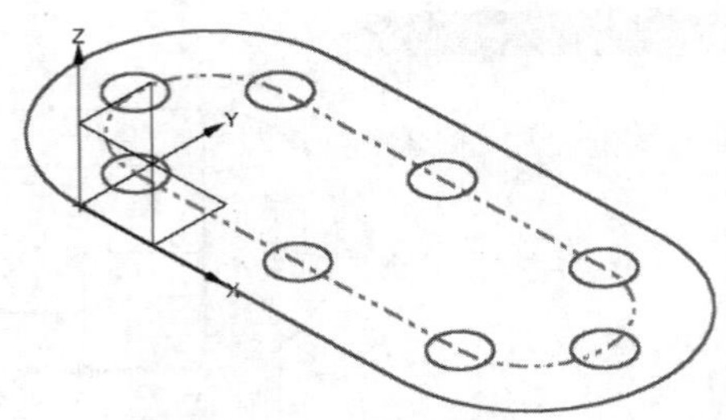

图2-148　以正等测视图显示

2 在"快速访问"工具栏中单击"保存"按钮，或者按"Ctrl+S"快捷键保存文件。

2.9　本章小结

草图是位于特定平面或路径上的 2D 曲线和点的已命名几何，它可用于创建设计轮廓或典型截面，可通过拉伸、扫掠或旋转草图到实体或片体以创建详细部件特征，可用于创建有成百上千个草图曲线的大型 2D 概念布局，还可用于创建构造几何体（如运动路径或间隙圆弧），而不仅是定义某个部件特征。

在这里，有必要提出一个概念，即草图有内部草图和外部草图之分。根据变化扫掠、拉伸或旋转等命令创建的草图都是内部草图，内部草图只能从属于主特征访问。如果希望草图仅与一个特征相关联时，则可以使用内部草图。而使用草图命令单独创建的草图是外部草图，外部草图可以从部件导航器和图形窗口中访问，使用外部草图可以保持草图可见，并使其可用于多个特征。

创建草图的典型步骤为：①选择草图平面或路径；②根据设计意图选取约束识别和创建选项；③创建草图几何图形，可根据设置在草图中自动创建若干约束；④添加、修改或删除约束；⑤根据设计意图修改尺寸参数；⑥完成草图。当然，这些步骤是比较灵活的，每个用户要总结出适合自己操作习惯的草图创建方法和步骤。

尽管不需要完全约束草图以用于后续的特征，但在实际设计工作中，最好还是根据设计意图来使草图完全约束，因为完全约束的草图可以确保设计更改过程中始终能够找到解。用户需要掌握以下有关如何约束草图及草图过约束时的处理技巧。

- 可将自动和驱动尺寸及约束结合使用，以完全约束草图。
- 一旦碰到过约束或冲突的约束状态，应立即删除一些尺寸或约束，以解决问题。
- 当表达式值设置为零时，垂直、水平和竖直的尺寸会保持它们的方向。还可以为这 3 种尺寸类型输入负值，以产生与使用"备选解"命令相同的结果。避

免其他尺寸类型为零尺寸。使用零尺寸会导致相对其他曲线位置不明确的问题。零尺寸在更改为非零尺寸时，会引起意外的结果。

- 用直线而不是线性样条来建立线性草图段的模型。尽管它们从几何角度看上去是相同的，但是直线和线性样条在草图计算时是不同的。
- 也可用参考曲线帮助约束对象。用“转换至/自参考对象”命令根据草图曲线创建参考曲线。

读者在本章中学习的草图知识包括草图概述（草图基本概念、草图首选项设置、草图任务环境、直接草图）、草图工作平面、草图曲线、草图编辑与操作技术、草图约束、草图分组、定向视图到模型和定向视图到草图。在草图综合范例一节中，读者学习到两个综合范例，一个是在草图任务环境中绘制草图的范例，另一个是直接草图的范例。

2.10 思考与练习

(1) 在 NX 11 中，建立草图有哪两种模式？这两种模式分别适合应用在哪些情况下？

(2) 使用什么命令可绘制由直线和圆弧组合而成的图形？

(3) 草图分组主要有什么用途？

(4) 请总结创建草图的典型步骤。

(5) 请分别解释欠约束、充分约束（即完全约束）和过约束这 3 种约束状态的特点。

(6) 什么是动画尺寸？

(7) 如何设置自动判断约束和尺寸，以及如何启用自动判断约束和连续自动标注尺寸？

(8) 上机操作：在草图任务环境中绘制图 2-149 所示的草图。

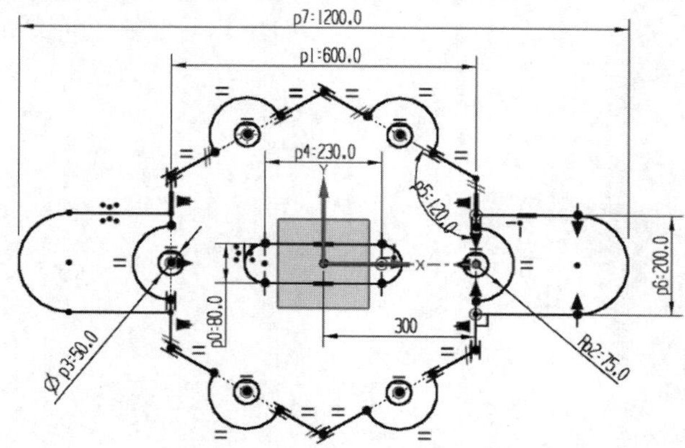

图2-149 在草图任务环境中绘制草图练习

(9) 上机操作：在建模环境中使用“直接草图”面板中的工具命令绘制图 2-150 所示的草图。

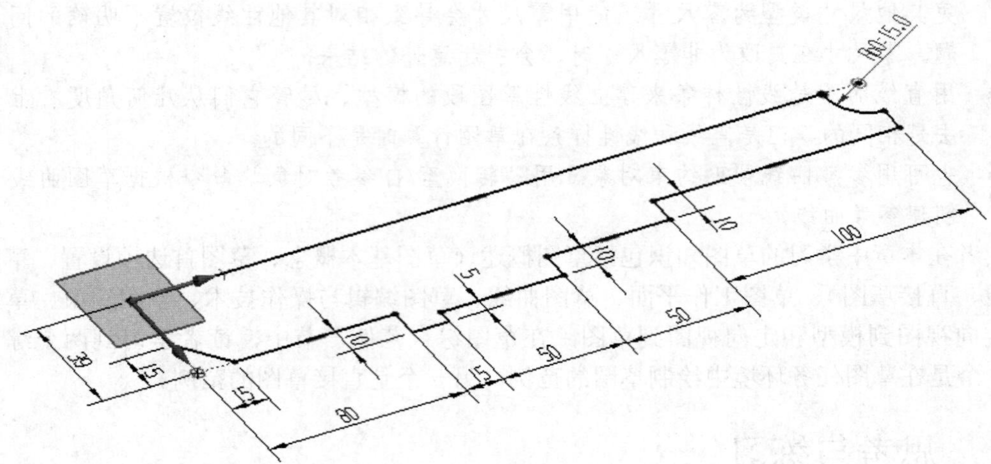

图2-150　使用直接草图绘制

第3章 三维实体设计基础

本章导读

三维实体设计在现代产品设计中具有举足轻重的地位。在 NX 11 中，用户可以使用相关实体建模功能来完成三维实体模型的设计，包括造型与结构。

本章将深入浅出地介绍 NX 11 的三维设计基础，主要内容包括实体建模概述、基准特征、体素特征、拉伸特征、回转特征、扫掠特征和布尔运算。学习好本章的三维实体设计基础知识，有助于更好地学习后面的建模知识。

3.1 实体建模概述

NX 11 的实体建模功能是非常强大而灵活的，用户可以在 NX 11 中创建出各类复杂产品的三维实体造型与结构，并且可以对创建的实体模型进行渲染和修饰，如着色和消隐，还可以对三维模型进行相应的分析、仿真模拟等。

在 NX 11 中，无论设计单独部件还是设计装配中的部件，设计时所遵循的基本建模流程都是类似的，即在新建文件后，定义建模策略，接着创建用于定位建模特征的基准（基准坐标系和基准平面等），以及根据建模策略创建特征，可以从拉伸、回转（也称“旋转”）或扫掠等设计特征开始定义基本形状（这些特征通常使用草图定义截面），然后继续添加其他特征以设计模型，最后添加边倒圆、倒斜角和拔模等细节特征，从而完成模型设计。这是特征建模的典型思路。在定义建模策略时，要根据设计目的，决定最终部件是实体还是片体（曲面），实体提供体积和质量的明确定义，而片体则没有质量等物理特性，不过片体可以用作实体模型的修剪工具等。通常大多数模型首选实体。

创建实体的方法很多，例如，拉伸、旋转或扫掠草图可以创建具有复杂几何体的实体关联特征，使用体素也可以创建一些简单的几何实体（如长方体、圆柱体、球体和圆锥体等），可以在实体特征上创建更多特定的特征（如孔和键槽），可以对几何体进行布尔组合操作（求交、求差和求和），并设计模型的实体精细结构（如边缘倒角、倒圆、面倒圆、拔模和偏置等），总之创建和编辑实体特征的方法很灵活。

在 NX 11 中，复合建模包括基于特征的参数化设计、传统的显式建模和独特的同步建模。有关独特的能够处理任何几何模型的同步建模技术，将在后面的章节中专门介绍。

另外，需要读者了解 NX 11 的两种建模模式：“历史记录”模式和“无历史记录”模式。对于采用 NX 11 以往的版本（不含 NX 11）建立的模型文件，用户可以在部件导航器顶部定义建模模式，如图 3-1 所示，也可以在“菜单”/“插入”/“同步建模”级联菜单中决定是否采用“历史记录”模式（选择“历史记录模式”命令或“无历史记录模式”命

令），还可以在功能区的“主页”选项卡的“同步建模”面板中单击“历史记录模式”按钮或“无历史记录模式”按钮。但在采用 NX 11 新建的模型文件中，默认只能使用历史记录模式，而系统不提供转换为无历史记录模式的命令途径。

- “历史记录”模式：该模式利用显示在部件导航器中的有次序的特征线性树来建立与编辑模型，使用该模式对创新产品中的部件设计是非常有用的。如果预计到参数发生更改，则使用“历史记录”模式来对部件进行建模工作，这是针对高度工程化部件使用的传统模式，也是在 NX 中进行设计的主要模式。在“历史记录”模式下工作，创建特征时系统会保持它们之间的参数关联，如在创建草图并拉伸它时，系统会保持从草图到拉伸特征的关联。图 3-2 展示了某轴零件的建模方式是基于历史的模式（“历史记录”模式），它是相关参数化模型。

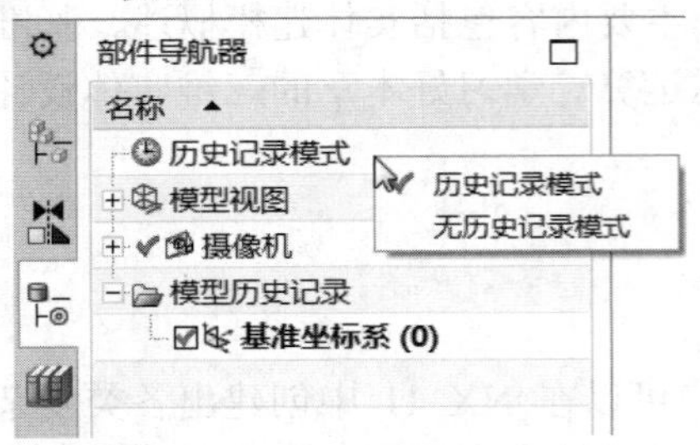

图3-1　右击可定义建模方式

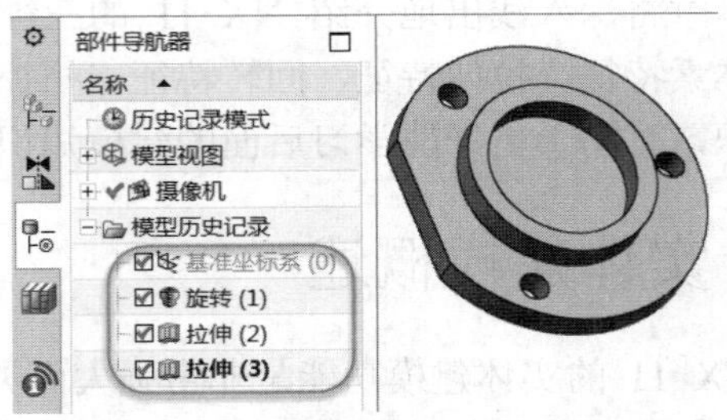

图3-2　基于历史的建模方式（“历史记录”模式）

- “无历史记录”模式：该模式提供一种没有线性历史的设计方法，仅强调修改模型的当前状态，并用同步关系维护存在于模型中的几何条件，特征操作历史将不被存储。如果模型设计不知道可能会发生哪些类型的更改，如概念设计，则可以使用“无历史记录”模式，此模式常与同步建模命令结合使用。在 NX 11 中，新建的文件已经取消了“无历史记录”模式。要想模型变为无参模型（没有具体建模参数的模型），可以使用“移除参数”命令。

为了使读者更好地学习本章知识，下面列出特征建模中所涉及的一些通用术语（见表 3-1）和一般概念（见表 3-2）。

表 3-1　　NX 特征建模的一些通用术语

序号	基本术语	定义说明
1	特征	指所有的实体、体和体素
2	体	面和边的集合，包括实体和片体
3	实体	“封闭”后围成体的面和边的集合，具有体积和质量等物理特性
4	体素	一个基本解析形状的实体对象，在本质上可分析的，可用来作为实体建模的初始形状，体素命令包括“长方体”“圆柱体”“圆锥”和“球”
5	片体	是一个厚度为零的体（曲面），由未“封闭”而围成体的面和边的集合组成
6	面	体的外表区域，通过边的线串与其他面分开
7	截面曲线	拉伸、回转、扫掠的曲线，以便创建体
8	引导曲线	有助于定义扫掠操作的路径的曲线

表 3-2　NX 特征建模常见的一般概念

序号	一般概念主题	概念说明
1	对象选择	所有“特征”选项都要求选择对象，在选择对象时可巧妙地使用选择条的相应规则来选择对象，确保正确的设计意图
2	定义点	包括原点、限制点、起点和端点在内的所有点都可使用点构造器进行定义
3	定义矢量	所有方向、参考和目标矢量都可使用矢量构造器进行定义
4	目标实体	在其上创建新特征的实体：如果只显示一个实体，则系统会为用户选中目标实体；否则，就必须将所需的实体选择作为目标实体
5	布尔运算	布尔运算包括“求和（合并）”“求差（减去）”和“求交（相交）”，其中“求和”用于将新特征与目标实体连结，新的实体将包含目标实体和新特征的组合体；“求差”用于从目标实体中移除新特征；“求交”用于由新特征和目标实体的相交材料来创建新实体
		创建体素和相关设计特征（包括拉伸、回转和扫掠特征）时，必须选择这两种方法之一：创建新的目标实体或对现有目标实体执行布尔运算
6	撤销	每次一步，退回到以前的状态；“撤销”命令位于“菜单”/“编辑”菜单中、“快速访问”工具栏中，以及右键弹出式菜单中

3.2 基准特征

基准特征为建模提供定位和参照作用。基准特征包括基准平面、基准轴、基准坐标系、基准平面栅格和点与点集。

3.2.1 基准平面

基准平面是非常有用的，例如用来作为草图平面，为其他特征提供定位参照等。在实际设计中，可以根据建模策略来创建所需的新基准平面。

创建新基准平面的方法较为简单，即在功能区的“主页”选项卡的“特征”面板中单击“基准平面”按钮，或者选择“菜单”/“插入”/“基准/点”/“基准平面”命令，系统弹出图 3-3 所示的“基准平面”对话框，接着从“类型”选项组的“类型”下拉列表框中选择所需的类型选项，并根据所选类型选项来选择相应的参照对象并设置相应的参数，然后单击“确定”按钮或“应用”按钮即可。

3.2.2 基准轴

创建基准轴的方法如下。

在功能区的“主页”选项卡的“特征”面板中单击“基准轴”按钮，或者选择“菜单”/“插入”/“基准/点”/“基准轴”命令，系统弹出图 3-4 所示的“基准轴”对话框，接着从“类型”选项组的“类型”下拉列表框中选择所需的类型选项（可供选择的类型选项有“自动判断”“交点”“曲线/面轴”“曲线上矢量”“XC 轴”“YC 轴”“ZC 轴”“点和方向”和“两点”），并根据所选的类型选项指定相应的参照对象及参数，然后定义轴方位和设置是否关联，最后单击“确定”按钮或“应用”按钮。

图3-3　“基准平面”对话框

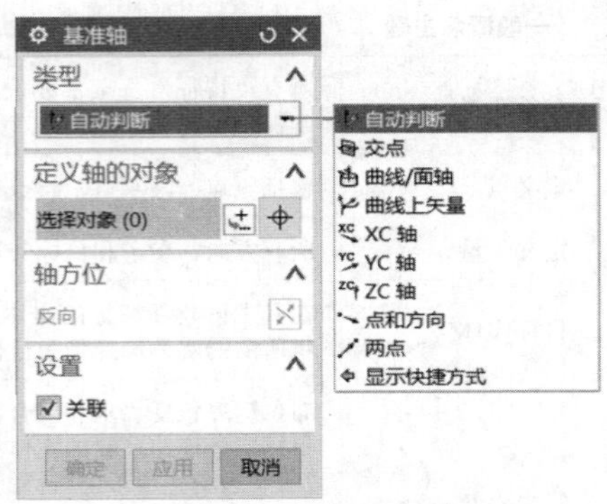

图3-4　“基准轴”对话框

3.2.3 基准坐标系

要创建基准坐标系，则在功能区的“主页”选项卡的“特征”面板中单击“基准 CSYS”按钮，或者在单击“菜单”按钮后选择“插入”/“基准/点”/“基准 CSYS”命令，系统弹出图 3-5 所示的“基准坐标系”对话框，接着在“类型”选项组的“类型”下拉列表框中选择一个类型选项（可供选择的类型选项包括“动态”“自动判断”“原点，X 点，Y 点”“X 轴，Y 轴，原点”“Z 轴，X 轴，原点”“Z 轴，Y 轴，原点”“平面、X 轴、点”“平面、Y 轴、点”“三平面”“绝对 CSYS”“当前视图的 CSYS”和“偏置 CSYS”），紧接着选择相应的参照并设置相应的参数，然后在“基准坐标系”对话框中单击“确定”按钮或“应用”按钮。

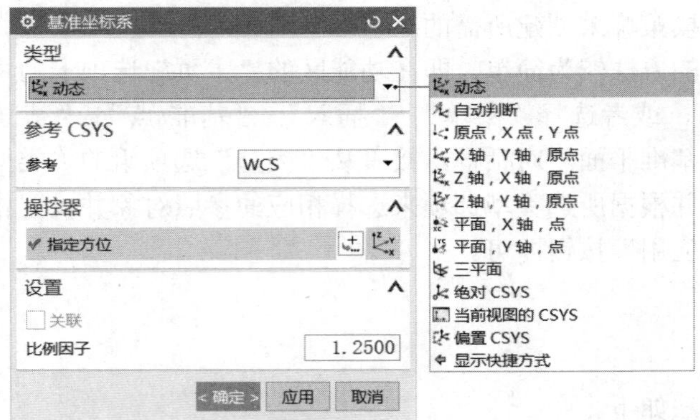

图3-5　“基准坐标系”对话框

3.2.4 基准平面栅格

“菜单”/“插入”/“基准/点”下拉菜单中的“基准平面栅格”命令（对应的工具按钮为）主要用于基于选定的基准平面创建有界栅格，其操作步骤是选择“菜单”/“插入”/“基准/点”/“基准平面栅格”命令，系统弹出图 3-6 所示的“基准平面栅格”对话框，接着在系统提示下选择基准平面栅格，并在“基准平面栅格”对话框中设置相应的参数和选项，然后单击“确定”按钮，即可基于选定的基准平面创建有界栅格。

图3-6 “基准平面栅格”对话框

创建基准平面栅格的典型示例如图 3-7 所示，选择所需的基准平面后，分别设置线间距、线条属性、设置选项和建模设置选项等。

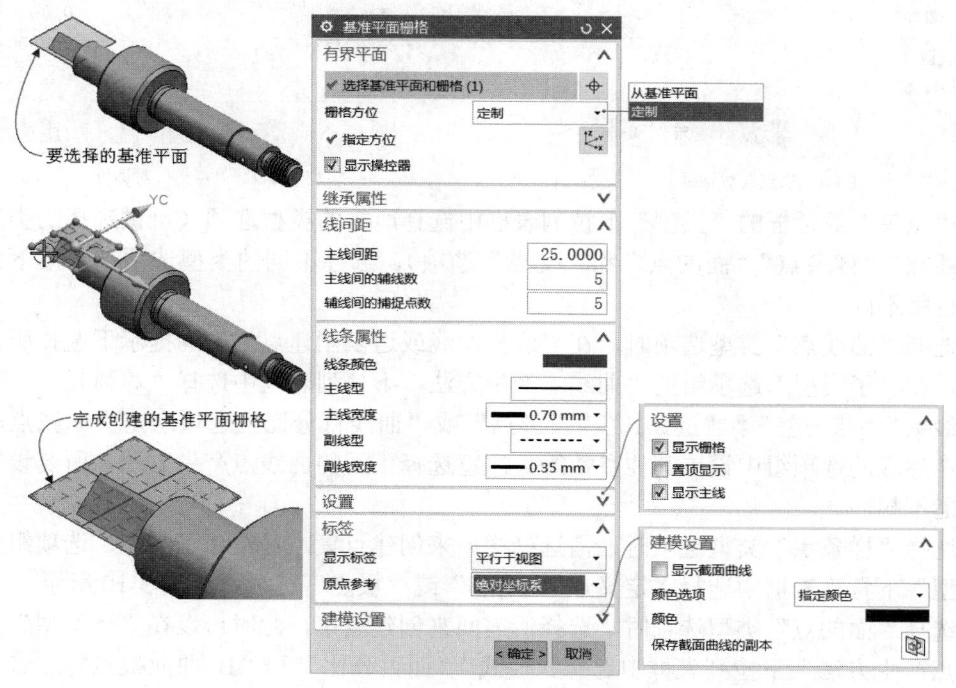

图3-7 示例：创建基准平面栅格

3.2.5 点与点集

在“特征”面板中单击“点”按钮＋，或者选择“菜单”/“插入”/“基准/点”/

“点”命令，系统弹出图 3-8 所示的“点”对话框，利用该对话框来创建所需的基准点。

在“特征”面板中单击“点集”按钮，系统弹出图 3-9 所示的“点集”对话框，利用该对话框可使用现有几何体创建点集。

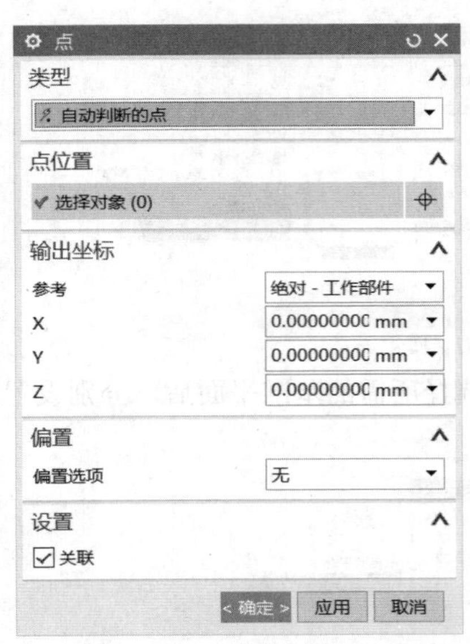

图3-8 “点”对话框

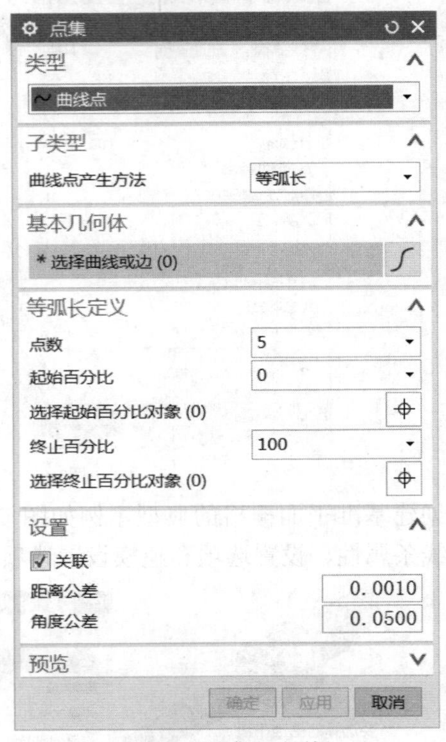

图3-9 “点集”对话框

在“点集”对话框的“类型”下拉列表框中选择所需的类型选项（可供选择的类型选项有“曲线点”“样条点”“面的点”和“交点”选项）。选择不同的类型选项，则接下去设置的内容也将不同。

当选择“曲线点”类型选项时，在“选择曲线或边以创建点集”的提示下选择所需的曲线或边，在“子类型”选项组的“曲线点产生方法”下拉列表框中选择“等弧长”“等参数”“几何级数”“弦公差”“增量弧长”“投影点”或“曲线百分比”选项来定义曲线点产生方法，并在相应的选项组中设置其他参数等。注意选择不同的曲线点产生方法，所要设置的参数也可能不相同。

当选择“样条点”类型选项时，需选择样条来创建点集，并在“子类型”选项组的“样条点类型”下拉列表框中选择“定义点”“结点”或“极点”选项，如图 3-10 所示。

当选择“面的点”类型选项时，选择所需面来创建点集，此时可以在“子类型”选项组的“面点产生方法”下拉列表框中选择“模式”“面百分比”和“B 曲面极点”三者之一，如图 3-11 所示。

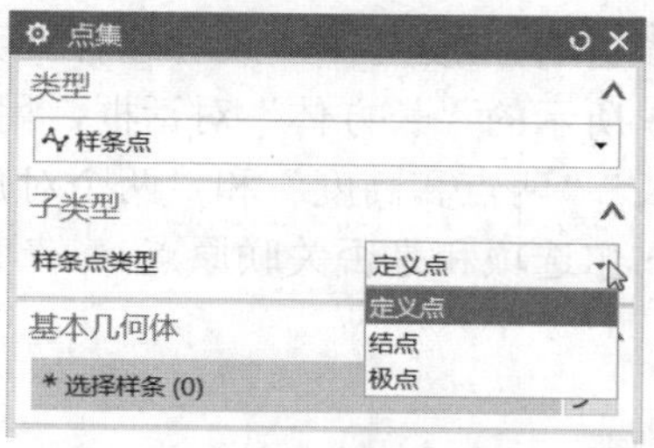

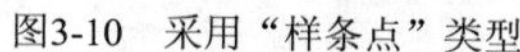
图3-10 采用“样条点”类型

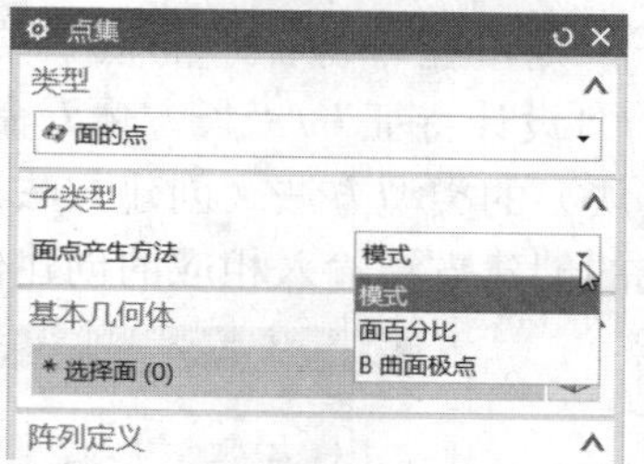

图3-11 采用“面的点”类型

当选择“交点”类型选项时，需要选择要相交的曲线、面或平面等来创建点集。

在指定边线上创建点集的示例如图 3-12 所示，执行“点集”命令打开“点集”对话框，从“类型”下拉列表框中选择“曲线点”选项，从“子类型”选项组的“曲线点产生方法”下拉列表框中选择“等参数”选项，选择所需的边线，接着在“等参数定义”选项组中设置点数为 6，起始百分比为 20%，终止百分比为 100%，然后单击“确定”按钮，则在所选的边线上创建具有 6 个点的点集。

图3-12 示例：选择边线创建点集

3.3 体素特征

体素特征是基本的几何解析形状，包括长方体、圆柱体、圆锥和球体，它们可关联到创建它们时用于定位它们的点、矢量和曲线对象。体素特征的创建比较简单，首先选择要创建的体素类型（长方体、圆柱、圆锥或球体），接着选择创建方法，并输入创建值即可。

3.3.1 长方体

可以通过指定它的方向、尺寸和位置来创建长方体这一类体素实体特征。要创建长方体

体素特征，则可在“特征”面板中单击“更多”/“长方体”按钮，或者选择“菜单”/“插入”/“设计特征”/“长方体”命令，弹出图 3-13 所示的“长方体”对话框，用于创建长方体（块）的类型方法（创建方法）有“原点和边长”“两点和高度”和“两个对角点”，根据所选的创建方法输入相应的创建值，必要时设置布尔选项和是否关联原点。

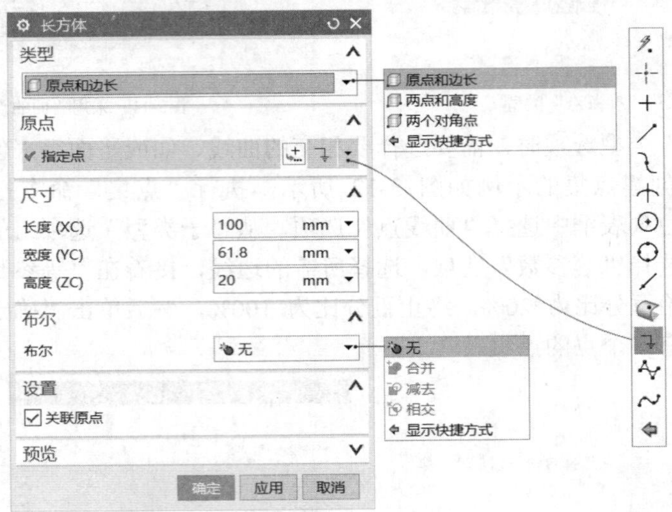

图3-13　“长方体”对话框

一、原点和边长

在“类型”下拉列表框中选择“原点和边长”选项时，将利用指定的原点和 3 个尺寸（长度、宽度和高度）来创建一个长方体块，如图 3-14 所示。

二、两点和高度

在“类型”下拉列表框中选择“两点和高度”选项时，将利用一个高度和两个处于基准平面上的对角拐点建立一个长方体块，如图 3-15 所示，图中指定原点和从原点出发的点（XC,YC）即为指定所在平面上的对角拐点。

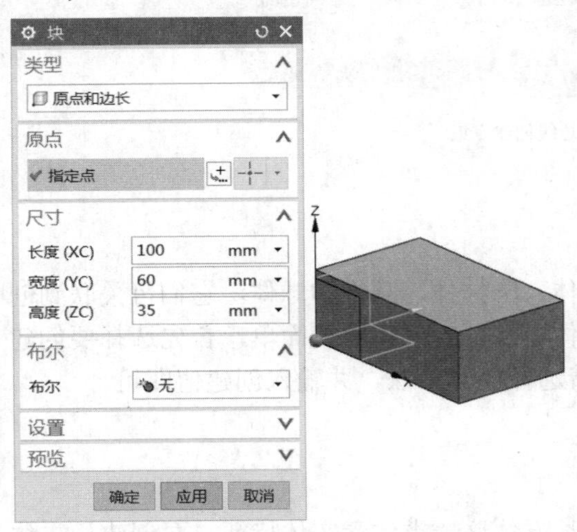

图3-14　使用“原点和边长”方法创建块

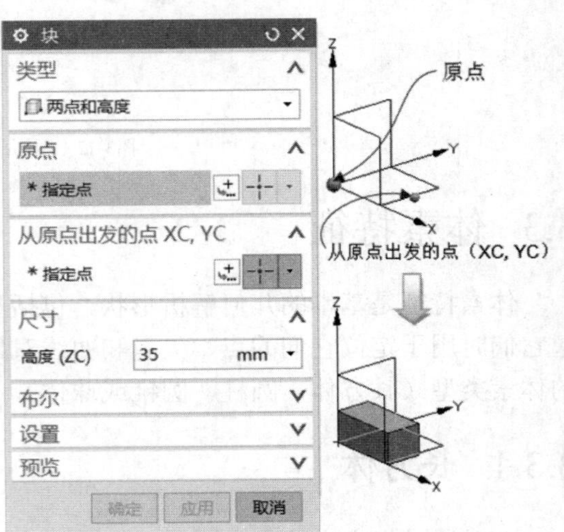

图3-15　使用“两点和高度”方法创建块

三、两个对角点

在“类型”下拉列表框中选择“两个对角点”选项时，将利用 3D 对角线点作为相对拐角顶点建立一个长方体块。使用“两个对角点”创建方法创建长方体（块）的典型图解示例如图 3-16 所示。在“块”对话框的“设置”选项组中可以通过“关联原点和偏置”复选框来设置是否关联原点和偏置。

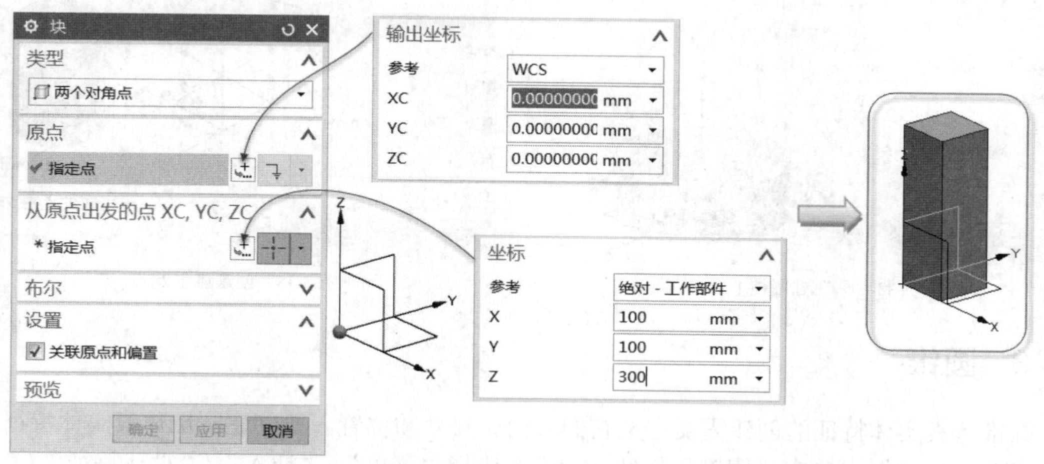

图3-16 图解示例：使用“两个对角点”方法创建块

3.3.2 圆柱体

圆柱体也是一个基本的体素特征，用户可以通过规定它的方向、尺寸和位置来完成创建它。要创建圆柱体体素特征，则可以在“特征”面板中单击“圆柱”按钮，或者选择“菜单”/“插入”/“设计特征”/“圆柱体”命令，弹出“圆柱”对话框，接着从“类型”下拉列表框中选择“轴、直径和高度”选项或“圆弧和高度”选项，并根据所选类型选项指定相应的参照和尺寸等，然后单击“应用”按钮或“确定”按钮，便可创建一个圆柱体体素特征。

圆柱体体素特征的两种创建方法（类型选项）的功能含义如下。

一、轴、直径和高度

此创建方法是指利用一个方向矢量、一个直径值和高度值创建一个圆柱体，创建示例如图 3-17 所示。其中，使用“圆柱”对话框中的“轴”选项组来定义方向矢量和：单击“矢量构造器”按钮，可利用弹出的“矢量”对话框来指定矢量；也可从位于“矢量构造器”按钮右侧的下拉列表框中选择所要的矢量类型，然后选择该矢量类型所支持的对象；若单击“反向”按钮，则反转圆柱轴的方向；单击“点构造器”按钮并利用弹出的“点”对话框来为圆柱规定一个原点，或者从位于“点构造器”按钮右侧的下拉列表框中选择所要的点类型，然后选择该点类型所支持的对象，从而为圆柱定义矢量原点。

二、圆弧和高度

此创建方法是指利用一个圆弧和一个高度创建一个圆柱，如图 3-18 所示。

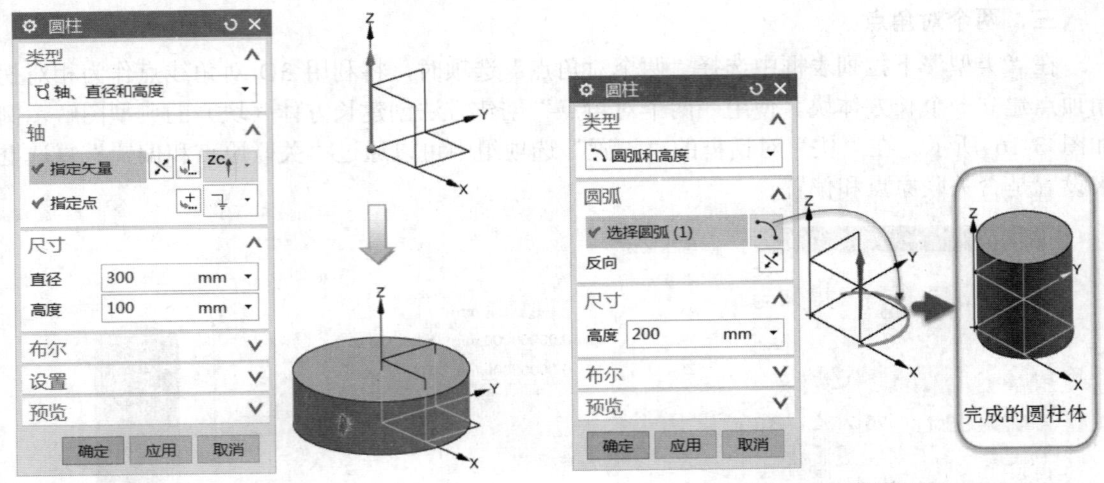

图3-17　创建圆柱 1　　图3-18　创建圆柱 2

3.3.3　圆锥

圆锥体素实体特征的创建需要定义它的方向、尺寸和位置。要创建圆锥体素实体特征，则在“特征”面板中单击“圆锥”按钮，或者选择“菜单”/“插入”/“设计特征”/“圆锥”命令，弹出图 3-19 所示的“圆锥”对话框，从“类型”下拉列表框中选择所要的一种类型选项（创建方法），接着为该类型选项指定相应的尺寸参数或参照等即可。创建圆锥的各类型选项（创建方法）的功能含义如下。

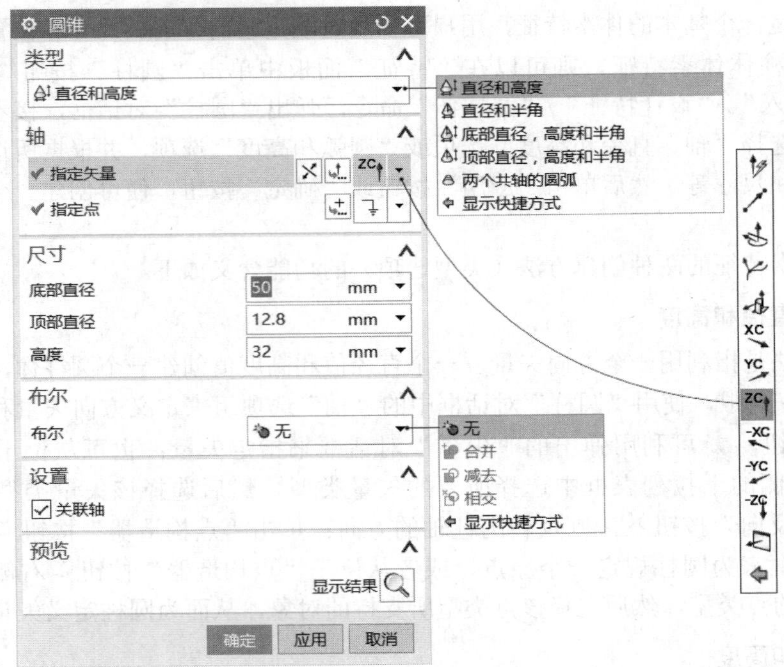

图3-19　“圆锥”对话框

一、直径和高度

选择此类型选项时，将通过指定原点和圆锥轴的方向、圆锥的底部直径、顶部直径和高度来创建一个圆锥。

二、直径和半角

选择此类型选项时，将利用原点和圆锥轴的方向、圆锥的底部直径和顶部直径、一个半角（半角值的范围为 1° ～89° ）来创建一个圆弧。

三、底部直径，高度和半角

选择此类型选项时，将利用原点和圆锥轴的方向、圆锥的底部直径、圆锥的高度值及一个半角（半角值的范围为 1° ～89° ，但具体可用的值取决于底部直径，因为它与圆锥的高度值有关）创建一个圆锥。系统利用圆锥的底部直径、高度值和半角得到圆锥的顶部直径。

四、顶部直径，高度和半角

选择此类型选项时，需要定义原点和圆锥轴的方向，以及指定圆锥的顶部直径、圆锥的高度值和一个半角（半角值的范围为 1° ～89° ，但具体可用的值取决于顶部直径，因为它与圆锥的高度值有关）来建立一个圆锥。

五、两个共轴的圆弧

选择此类型选项时，通过指定底部圆弧（底部圆弧也称基圆弧）和顶圆弧建立一个圆锥，圆锥轴经过底部圆弧的中心并法向于底部圆弧。

图 3-20 所示为圆锥类的体素实体特征。

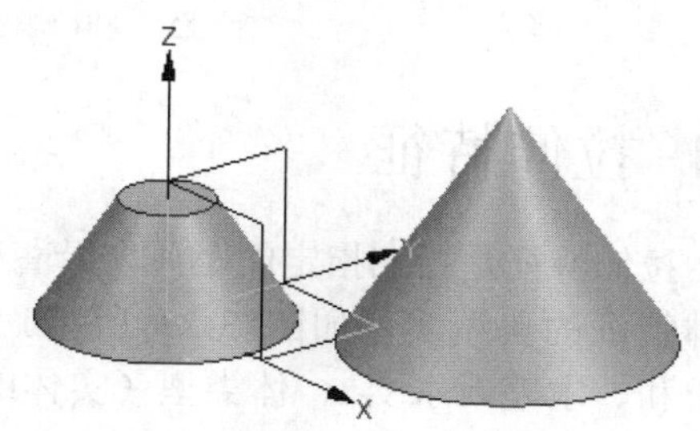

图3-20　示例：圆锥类的体素实体特征

3.3.4　球体

球体也是常见的体素特征，它的创建方法是在“特征”面板中单击“球”按钮，或者选择“菜单”/“插入”/“设计特征”/“球”命令，弹出图 3-21 所示的“球”对话框，接着从“类型”下拉列表框中选择类型选项，并为该类型选项定义所需的参数，并设置布尔选项和是否关联中心点。

球体体素特征的创建方法类型选项有以下两种。

图3-21　“球”对话框

一、中心点和直径

选择此创建方法类型选项时，将利用指定的中心点和直径尺寸来创建球体。

二、圆弧

选择此创建方法类型选项时，将利用选择的圆弧来建立球体，圆弧不必是整圆。所选的圆弧定义了球中心和直径。图 3-22 所示为使用“圆弧”创建方法来建立球体的典型示例。

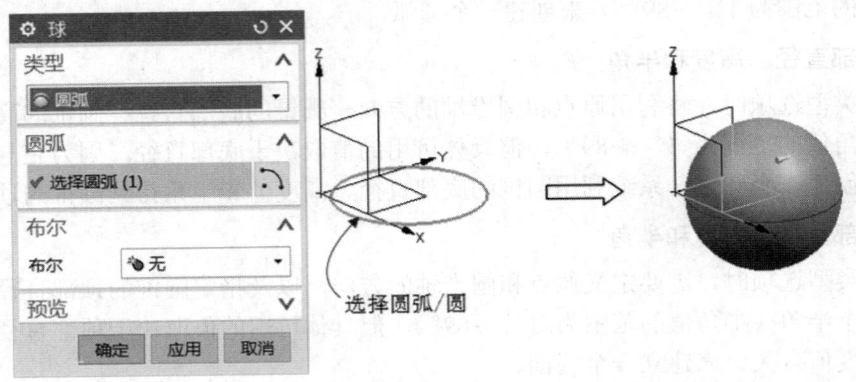

图3-22　使用“圆弧”创建方法来建立球体的典型示例

3.4　拉伸特征

拉伸特征是指在指定的距离内沿着一个线性方向拉伸截面线串而生成的特征。创建拉伸实体特征的典型实例如图 3-23 所示。在创建拉伸特征过程中，有时还需要注意布尔选项（求和、求差或求交）、体类型（实体或片体）和拔模的设置等。有关布尔选项的详细知识将在本章的 3.7 节中介绍。

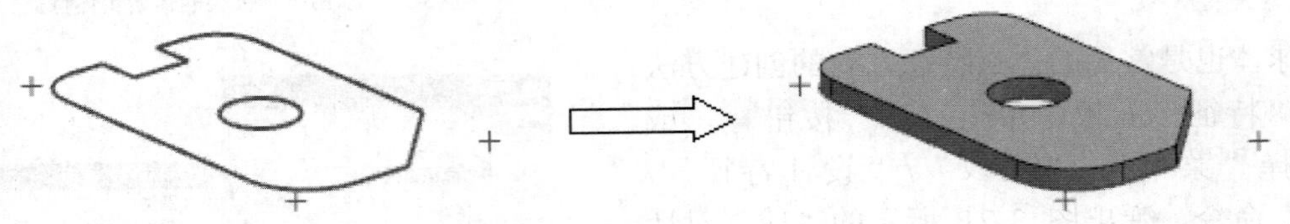

图3-23　拉伸实例

创建简单拉伸实体特征的操作步骤如下。

1. 在功能区的“主页”选项卡的“特征”面板中单击“拉伸”按钮，或者选择“菜单”/“插入”/“设计特征”/“拉伸”命令，弹出图 3-24 所示的“拉伸”对话框。

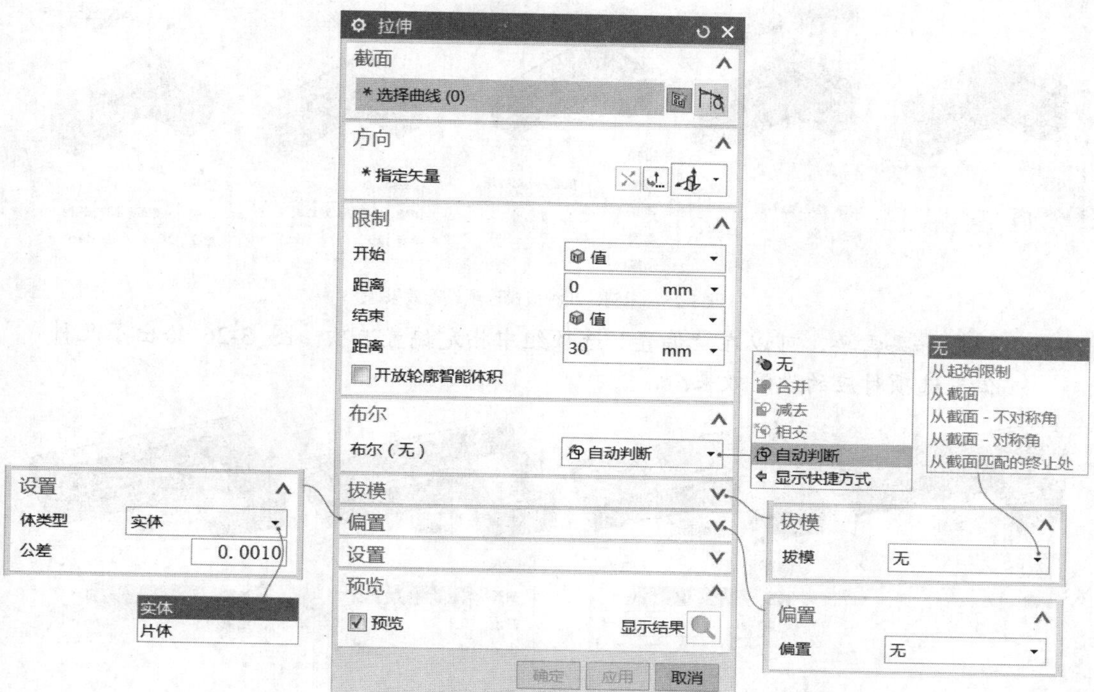

图3-24 “拉伸”对话框

2 此时，“截面”选项组中的“曲线”按钮处于被选中的状态，系统提示选择要草绘的平面，或选择截面几何图形。在提示下选择草图、曲线或边缘作为截面，亦可选择平的面来绘制草图。此外，用户可以单击“绘制截面”按钮，并利用弹出的“创建草图”对话框来指定草图平面，绘制其内部草图。

3 使用“方向”选项组来指定拉伸方向。拉伸的默认方向为截面所在平面的法向。

4 使用“限制”选项组来设置拉伸限制条件，如开始距离值和结束距离值。也可以在图形窗口中通过拖曳手柄的方式来获得拉伸距离。

5 在“布尔”选项组的“布尔”下拉列表框中选择布尔选项。如果是建立一个新实体，那么可以选择布尔选项为“无”；如果是建立一个与已存实体的组合特征，那么可选择其他布尔选项，如“减去（求差）”“合并（求和）”或“相交（求交）”。

6 必要时，可以在“拔模”选项组的“拔模”下拉列表框中选择一个合适的拔模选项并设置相应的拔模参照和参数。图 3-25 给出了几种拔模选项设置效果。初始默认的拔模选项为“无”。

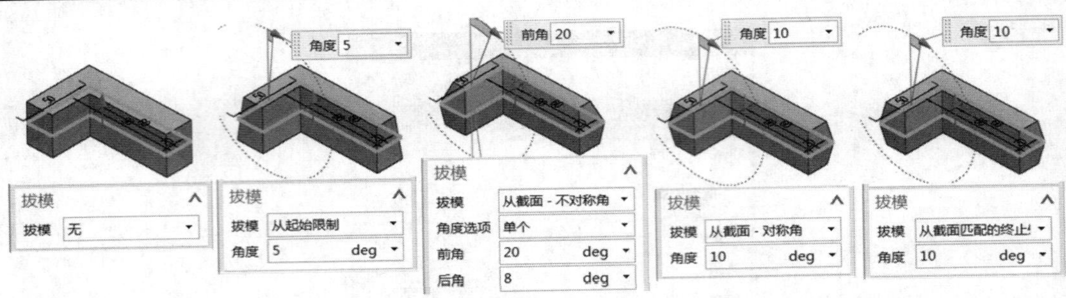

图3-25　图例：几种拔模选项设置效果

7 如果需要，可以在“偏置”选项组中指定偏置选项。图 3-26 给出了几种偏置选项对应的设置效果。

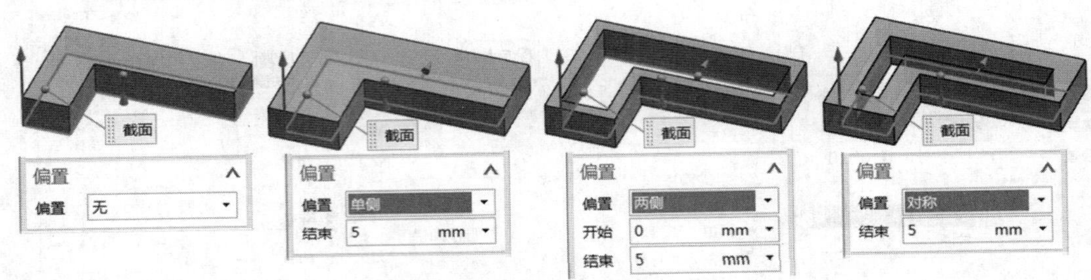

图3-26　图例：几种偏置选项设置效果

8 在“设置”选项组的“体类型”下拉列表框中根据设计要求选择“实体”或“片体”选项，并设置模型公差值。选择“实体”选项时，将使用闭合截面创建实体特征。

9 在“拉伸”对话框中单击“应用”按钮或“确定”按钮，从而创建一个拉伸特征。

请看以下的一个拉伸操作实例。

一、拉伸已有草图来生成拉伸实体

1 在“快速访问”工具栏中单击“打开”按钮，弹出“打开”对话框，选择本书配套的“\DATA\CH3\BC_3_4_EXTRUDE.prt”文件，单击“OK”按钮，如图 3-27 所示，并启动建模应用。

2 在功能区的“主页”选项卡的“特征”面板中单击“拉伸”按钮，或者单击“菜单”按钮后选择“插入”/“设计特征”/“拉伸”命令，弹出“拉伸”对话框。

3 选择已有的草图曲线。在实际操作中，有时为了便于选择所需的曲线，可以在选择条的“曲线规则”下拉列表框中指定曲线规则，如在本例中可选择“特征曲线”命令，如图 3-28 所示，然后在图形窗口中单击所要的草图。注意：默认的曲线规则选项为“自动判断曲线”。

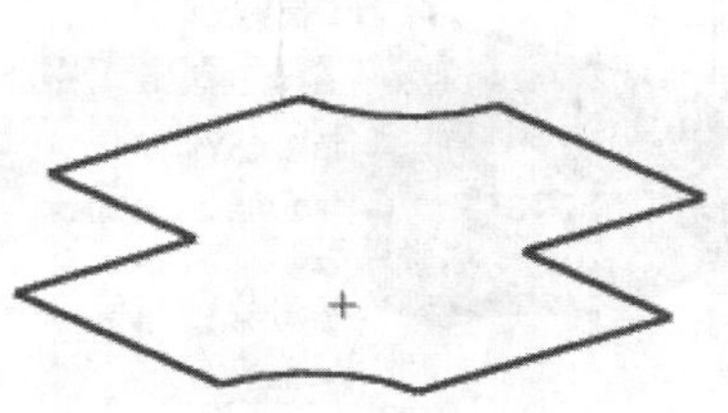

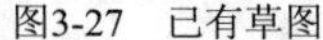
图3-27　已有草图

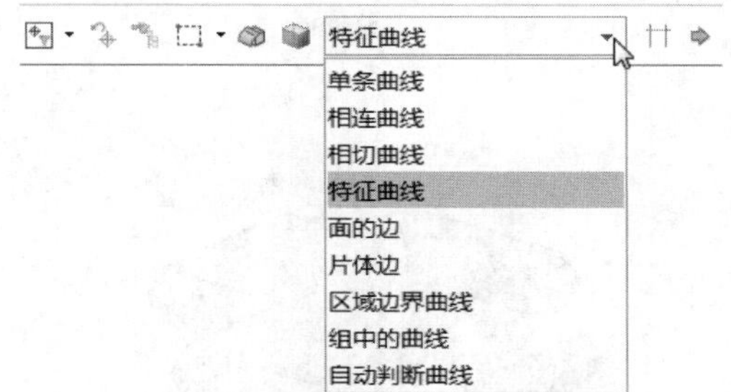

图3-28　使用“曲线规则”选项来帮助选择所需的曲线

4 从“方向”选项组的“指定矢量”下拉列表框中选择“面/平面法向”图标，默认选择截面曲线以定义草图平面法向为拉伸方向，接着在“限制”选项组的“结束”下拉列表框中选择“对称值”选项，并在“距离”文本框中设置距离值为 5，“布尔”选项组的“布尔”下拉列表框中默认选项为“自动判断”，如图 3-29 所示。

5 在“拔模”选项组的“拔模”下拉列表框中选择“从截面-对称角”选项，并在“角度”文本框中输入拔模角度为 20（单位为 deg），如图 3-30 所示。

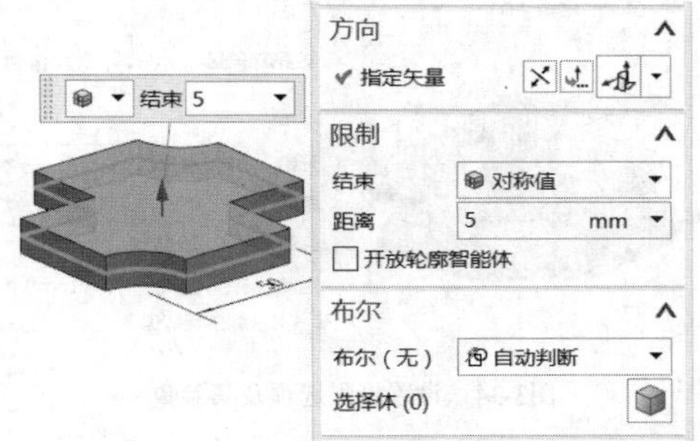

图3-29　设置限制条件及距离等

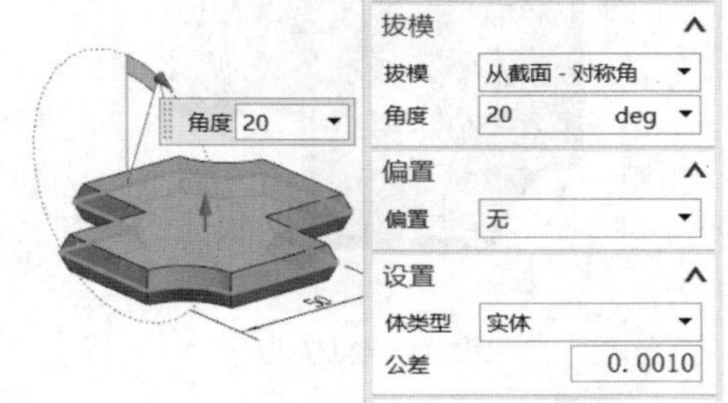

图3-30　设置拔模选项等

6 在“偏置”选项组的“偏置”下拉列表框中选择“无”选项，在“设置”选项组中默认体类型为“实体”，并接受默认的公差值。

7 在“拉伸”对话框中单击“确定”按钮，创建的一个拉伸实体特征如图 3-31 所示。

二、建立内部草图来进行拉伸操作

1 在“特征”面板中单击“拉伸”按钮，或者在单击“菜单”按钮后选择“插入”/“设计特征”/“拉伸”命令，弹出“拉伸”对话框。

2 在“截面”选项组中单击“绘制截面”按钮，弹出“创建草图”对话框，从“草图类型”下拉列表框中选择“在平面上”选项，在“平面方法”下拉列表框中选择“自动判断”选项，单击实体的上平面，单击的大概位置如图 3-32 所示，然后单击“确定”按钮。

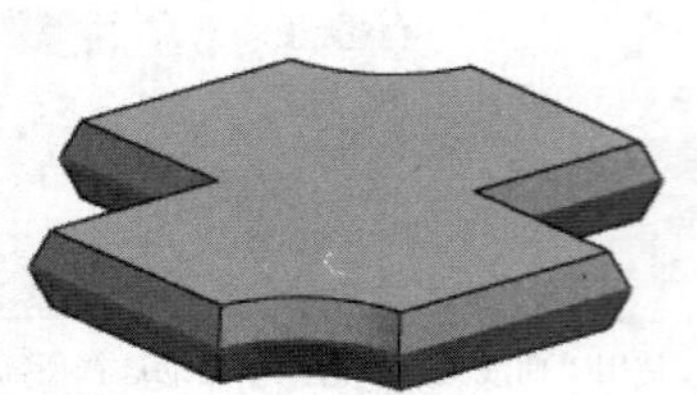

图3-31　创建一个拉伸实体特征

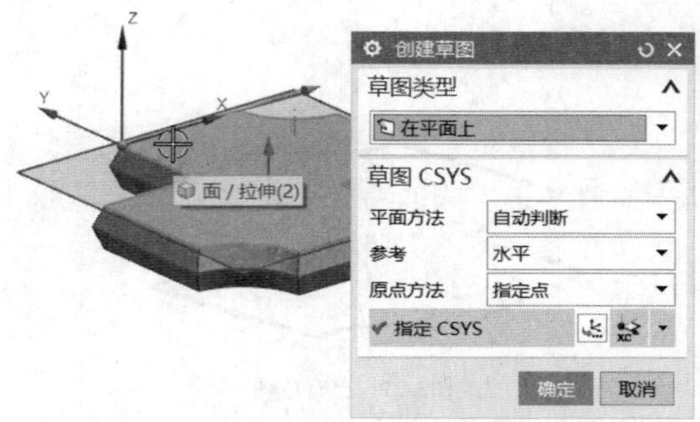

图3-32　指定草图平面

绘制图 3-33 所示的两个圆，单击“完成草图”按钮。

❸ 默认拉伸方向，在“限制”选项组中设置开始选项为“值”，开始距离值为 0mm，结束选项为“值”，结束距离值为 10mm，如图 3-34 所示。

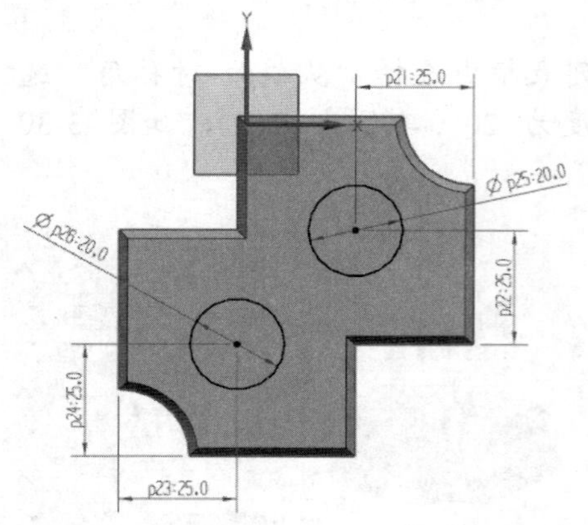

图3-33　绘制草图

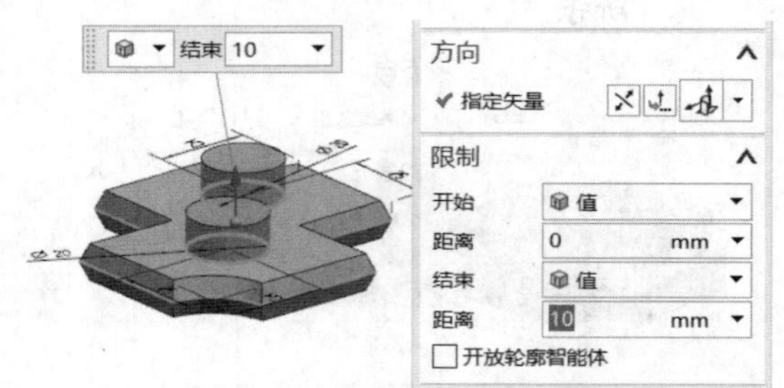

图3-34　设置极限选项及其参数

❹ 在“布尔”选项组的“布尔”下拉列表框中选择“合并（求和）”选项，在“拔模”选项组的“拔模”下拉列表框中选择“无”选项，在“偏置”选项组的“偏置”下拉列表框中选择“无”选项，在“设置”选项组的“体类型”下拉列表框中选择“实体”选项，如图 3-35 所示。

❺ 在“拉伸”对话框中单击“确定”按钮，创建的拉伸组合体如图 3-36 所示。

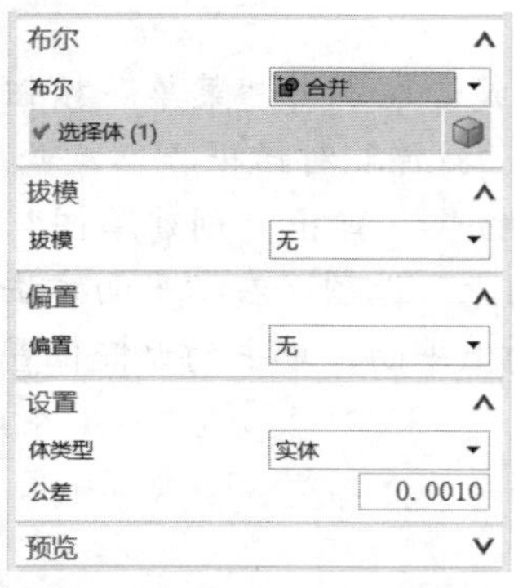

图3-35　设置布尔、拔模、偏置等

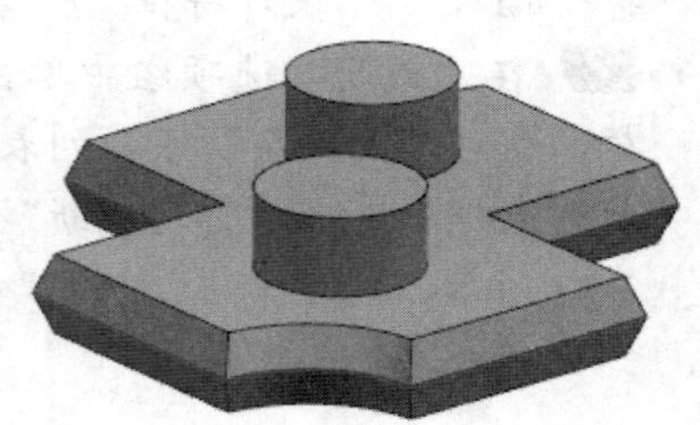

图3-36　创建的拉伸组合体

3.5 旋转特征

旋转特征也称回转特征，它是通过绕指定轴旋转曲线、草图、面或一个面的边缘截面跨过非零角度来形成的特征。创建回转特征的方法步骤和创建拉伸特征的方法步骤类似。要创建回转特征，则在“特征”面板中单击“旋转”按钮，或者单击“菜单”按钮后选择“插入”/“设计特征”/“旋转”命令，弹出图 3-37 所示的“旋转”对话框，利用此对话框分别定义截面、轴、极限参数、布尔选项、偏置选项等。

旋转特征的创建示例如图 3-38 所示，在该创建旋转特征的示例中需要定义一个草图截面、旋转轴位置与方向、起始旋转角和终止旋转角。

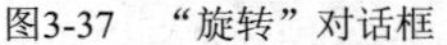
图3-37 “旋转”对话框

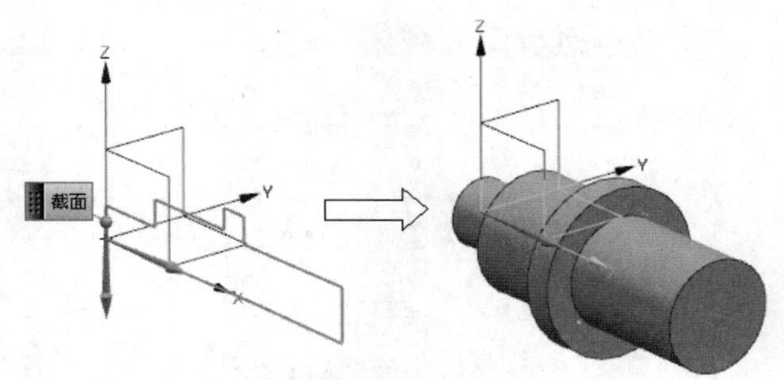

图3-38 示例：创建旋转特征

下面介绍一个创建旋转实体特征的范例。

1. 在一个空的新模型部件文件中，单击“特征”面板中的“旋转”按钮，或者单击“菜单”按钮后选择“插入”/“设计特征”/“旋转”命令，弹出“旋转”对话框。
2. 在“旋转”对话框的“截面”选项组中单击“绘制截面”按钮，弹出“创建草图”对话框，从“草图类型”选项组的“类型”下拉列表框中选择“在平面上”选项，在“草图 CSYS”选项组的“平面方法”下拉列表框中选择“自动判断”选项，如图 3-39 所示，然后直接单击“确定”按钮，进入内部草图环境。
3. 绘制图 3-40 所示的草图截面，单击“完成草图”按钮。
4. 在“轴”选项组的“指定矢量”下拉列表框中选择“XC 轴”图标选项，接着单击“点构造器”按钮，弹出“点”对话框，在“坐标”选项组中设置图 3-41 所示的绝对坐标值，然后单击“确定”按钮。

5 在“限制”选项组的“开始”下拉列表框中选择“值”选项，指定开始角度为 90deg，在“结束”下拉列表框中选择“值”选项，并指定结束角度为-180deg，如图 3-42 所示。

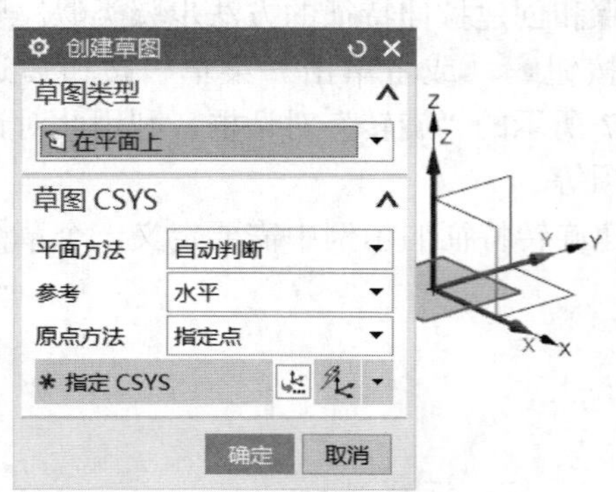

图3-39　指定草图平面

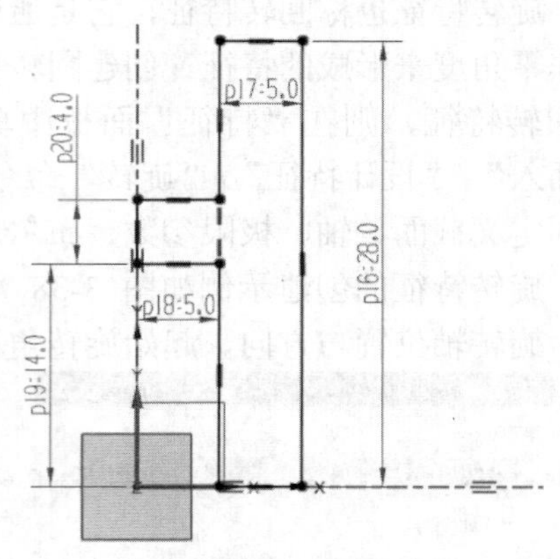

图3-40　绘制内部草图

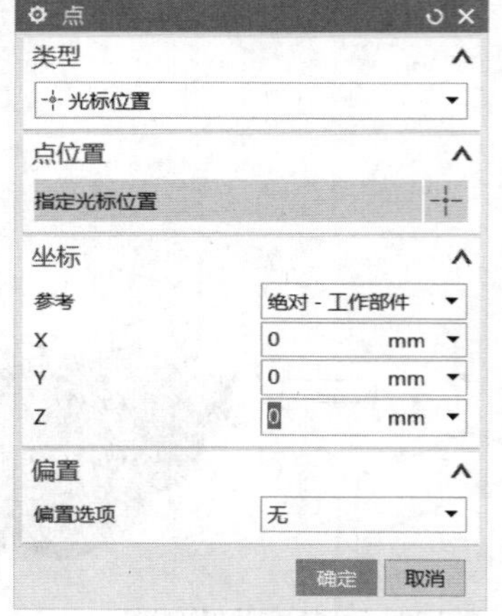

图3-41　“点”对话框

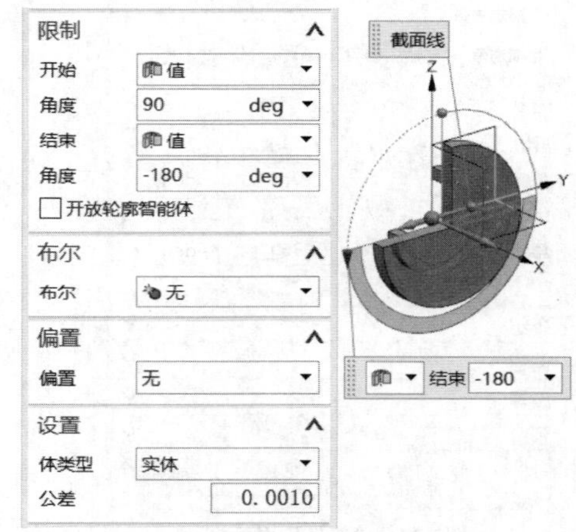

图3-42　设置旋转开始角度和结束角度

6 在“布尔”选项组中设置布尔选项为“无”，在“偏置”选项组中设置偏置选项为“无”，在“设置”选项组中设置体类型为“实体”，接受默认的公差设置。

7 在“旋转”对话框中单击“确定”按钮，创建的旋转实体特征如图 3-43 所示（图中已经隐藏了基准坐标系）。

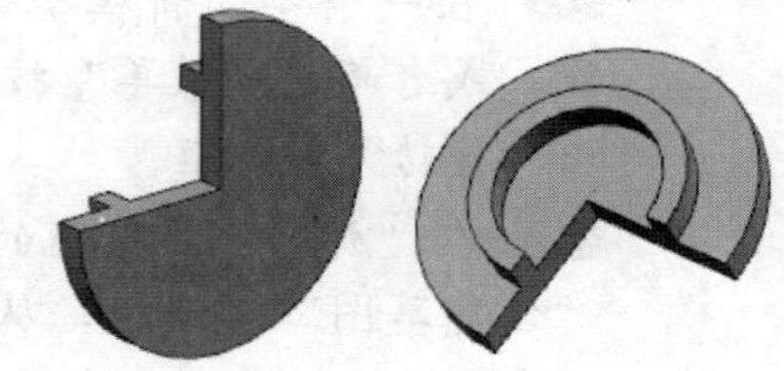
图3-43　创建的旋转实体特征

3.6　几类扫掠特征

NX 11 建模模块提供了“扫掠”“沿引导线扫掠”“变化扫掠”和“管道”这 4 个扫掠操作命令。本节介绍这 4 个扫掠操作命令的应用。需要用户注意的是，严格来说，也可以把拉伸特征和旋转特征看作一类特殊的由矢量驱动的扫掠特征。

3.6.1 基本扫掠

在建模模块中使用“菜单”/“插入”/“扫掠”/“扫掠”命令（该命令对应的“扫掠”按钮位于“特征”面板或“曲面”面板中），可以通过沿着一条或多条（如 2 条或 3 条，注意最多 3 条）引导线串扫掠一个或多个截面来创建实体或片体。在使用“扫掠”命令时可以通过沿着引导曲线对齐截面线串以控制扫掠体的形状，可以控制截面沿引导线串扫掠时的方位，可以缩放扫掠体，可以使用脊线串使曲面上的等参数曲线变均匀。

创建基本扫掠实体特征的典型示例如图 3-44 所示。下面以该沿一条引导线串扫掠截面线串为例介绍其操作步骤。

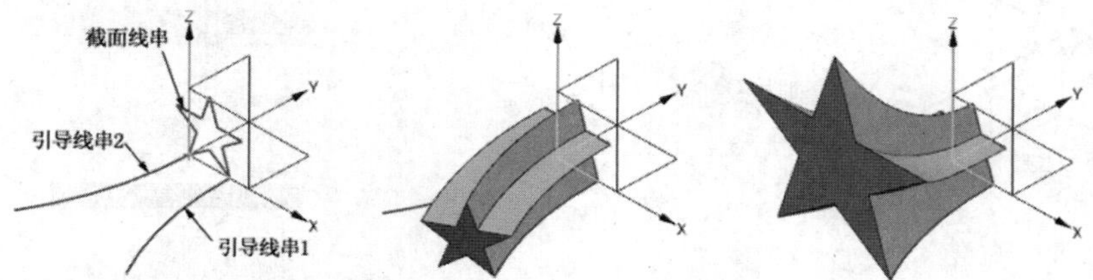

（a）截面线串与引导线串　（b）沿一条引导线串扫掠截面线串　（c）沿两条引导线串扫掠截面线串

图3-44　创建基本扫掠特征

1. 打开本书配套的“\DATA\CH3\BC_3_6_1.prt”文件。
2. 在功能区的“主页”选项卡的“特征”面板中单击“更多”/“扫掠”按钮，弹出图 3-45 所示的“扫掠”对话框。
3. 在位于图形窗口上方的选择条的“曲线规则”下拉列表框中选择“相连曲线”选项，接着在图形窗口中单击五角星形状中的任意一段曲线以选择整个五角星曲线，如图 3-46 所示。

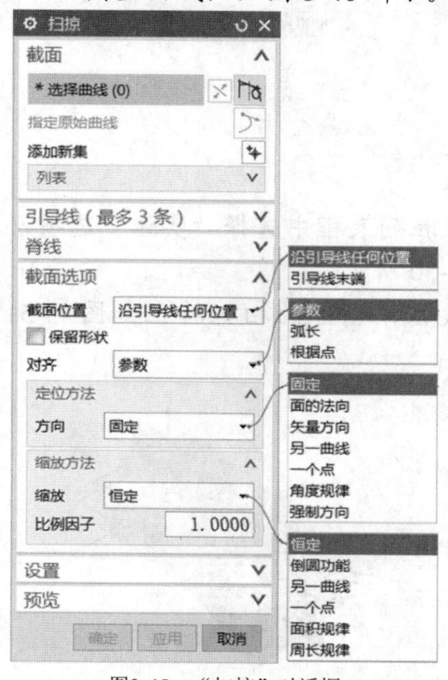

图3-45　“扫掠”对话框

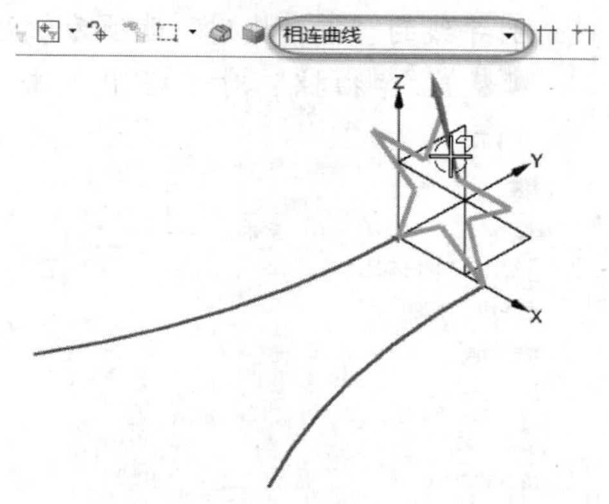

图3-46　选择截面曲线

4 在“扫掠”对话框的“引导线（最多 3 条）”选项组中单击“选择引导线”按钮，在选择条的“曲线规则”下拉列表框中选择“单条曲线”选项，在图形窗口中选择图 3-47 所示的一条引导线。

如果要继续选择其他一条引导线，则可以在选择一条引导线后单击鼠标中键，然后再选择所需的一条曲线即可。也可以单击“单击新集”按钮并接着选择另外的一条引导线。所选的引导线将在“引导线（最多 3 条）”选项组的“列表”框中列出，如果选择了不需要的引导线，那么可在该列表中选择该引导线，然后单击“移除”按钮即可从列表中移除该引导线，如图 3-48 所示。

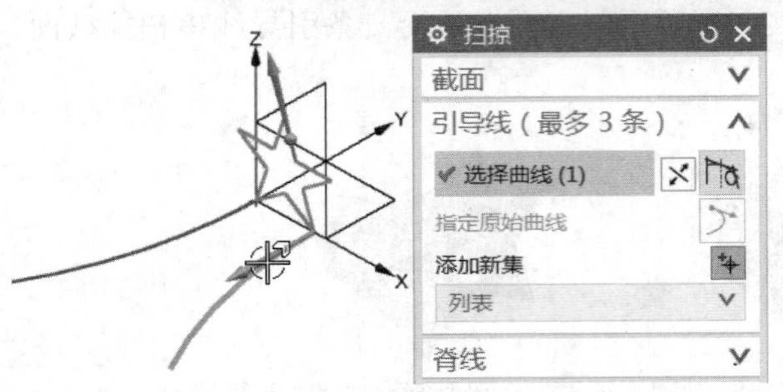

图3-47　选择一条引导线

图3-48　从列表中移除选定的引导线

5 在“截面选项”选项组中设置图 3-49 所示的截面选项及相应的参数。

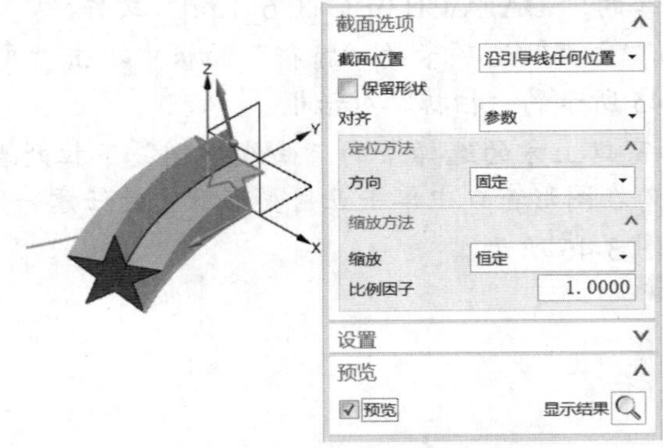

图3-49　设置截面选项

6 展开“设置”选项组，从“体类型”下拉列表框中选择“实体”选项，引导线的“重新构建”选项为“无”，如图 3-50 所示。

7 在“扫掠”对话框中单击“确定”按钮，创建的扫掠特征如图 3-51 所示。

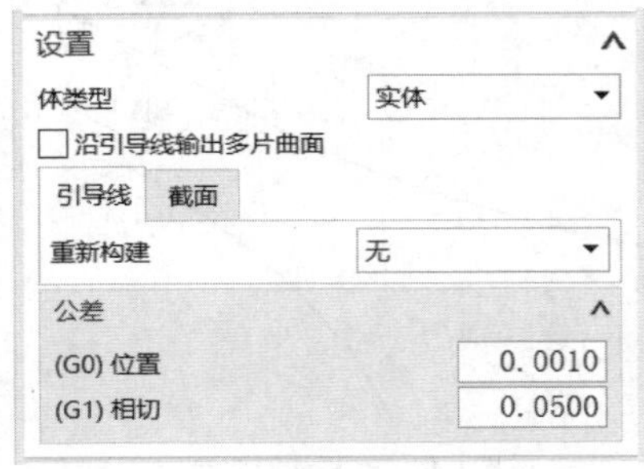

图3-50　设置体类型为“实体”

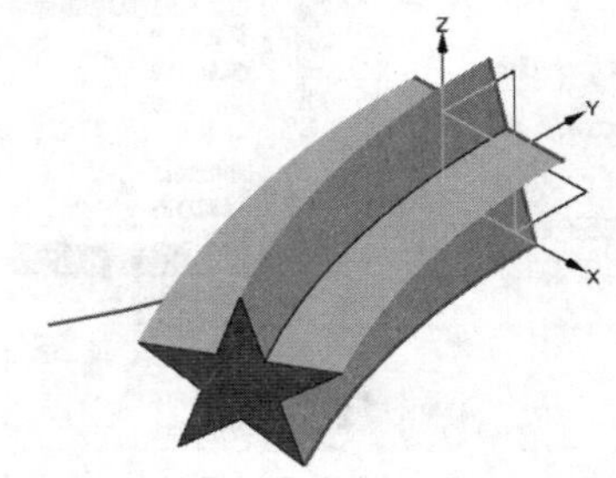

图3-51　创建的扫掠特征

3.6.2 沿引导线扫掠

在建模模块中使用“沿引导线扫掠”命令可以通过沿着一条引导线（引导对象）扫掠一个截面来创建体（实体或片体），如图 3-52 所示。如果截面曲线远离引导曲线，则可能不能得到所希望的结果。

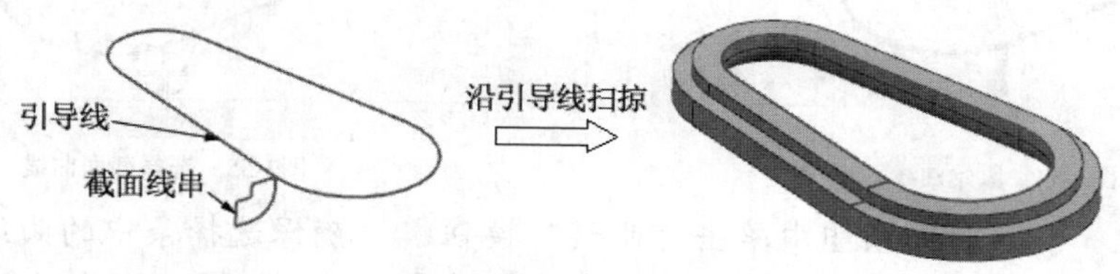

图3-52 示例：沿引导线扫掠

选择“菜单”/“插入”/“扫掠”/“沿引导线扫掠”命令，或者在功能区的“主页”选项卡的“特征”面板中单击“更多”/“沿引导线扫掠”按钮，弹出图 3-53 所示的“沿引导线扫掠”对话框。

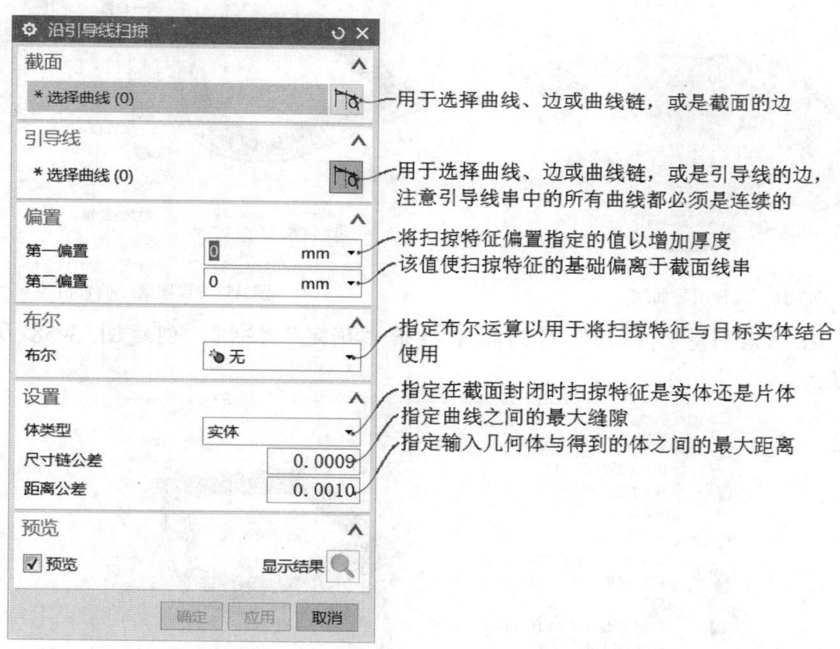

图3-53 “沿引导线扫掠”对话框

下面通过一个简单范例介绍如何建立沿引导线扫掠特征。

1 在“快速访问”工具栏中单击“打开”按钮，弹出“打开”对话框，选择本书配套的“\DATA\CH3\BC_3_6_2.prt”文件，单击“OK”按钮，该文件中已有曲线如图 3-54 所示。

2 在功能区的“主页”选项卡的“特征”面板中单击“更多”/“沿引导线扫掠”按钮，弹出“沿引导线扫掠”对话框。

3 此时，“沿引导线扫掠”对话框的“截面”选项组中的“曲线”按钮处

于被选中的状态，将选择条的曲线规则选项设置为“相切曲线”，在图形窗口中单击图 3-55 所示的相切曲线作为截面曲线。

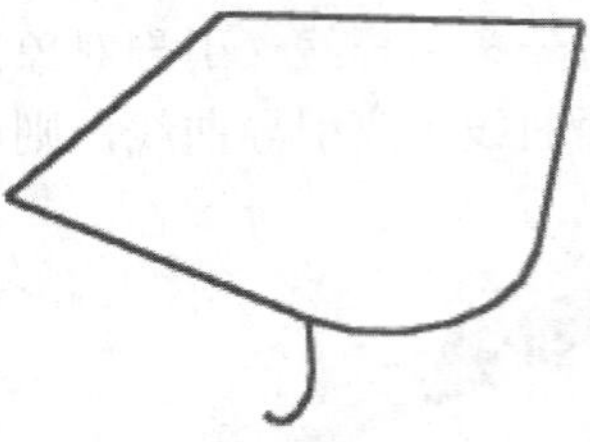

图3-54　原始曲线

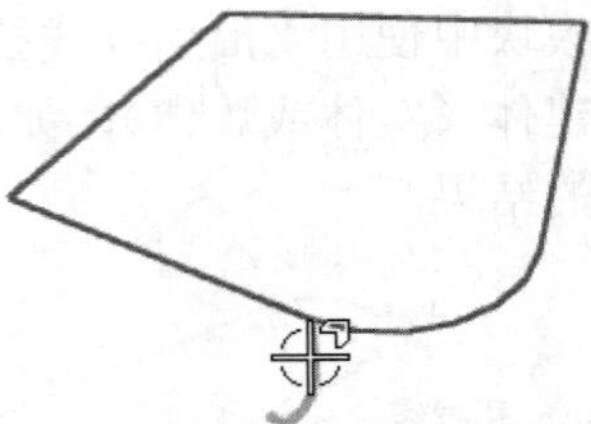

图3-55　选择截面曲线

4 在“引导”选项组中单击“曲线”按钮，确保选择条中的曲线规则选项为“相连曲线”，接着在图形窗口中选择引导曲线，如图 3-56 所示。

5 在“偏置”选项组的“第一偏置”框中设置该偏置值为 3.8，而第二偏置值为 0，如图 3-57 所示。

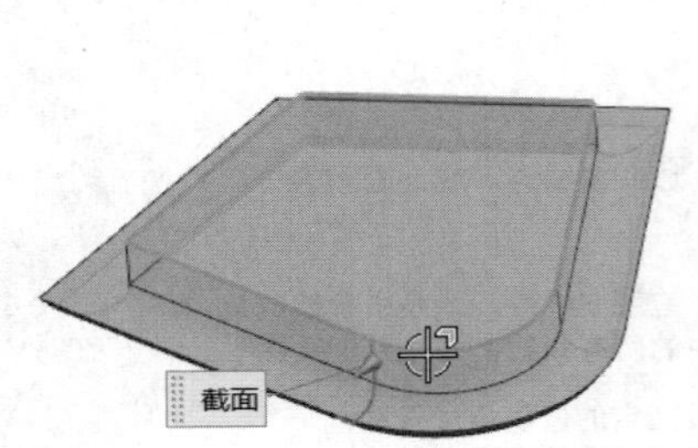

图3-56　选择引导曲线

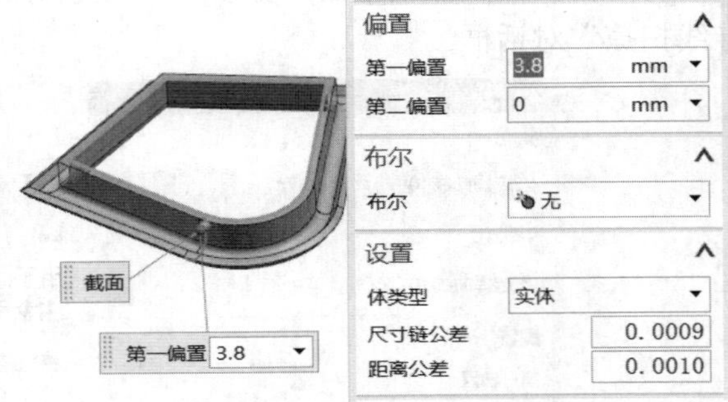

图3-57　设置第一偏置值等

6 在“沿引导线扫掠”对话框中单击“确定”按钮，创建图 3-58 所示的特征。

图3-58　创建沿引导线扫掠特征

如果要选择多个截面、多个引导对象或是要控制扫掠的插值、比例及方位，则使用“菜单”/“插入”/“扫掠”/“扫掠”命令（对应的工具按钮为“扫掠”按钮）。

3.6.3　变化扫掠

在建模模块中使用“变化扫掠”命令（该命令对应的“变化扫掠”按钮位于“特征”面板或“曲面”面板中），可以通过沿路径扫掠横截面（截面的形状沿该路径变化）来创建体（实体或片体）。

图 3-59 所示的实体模型可以通过使用“变化的扫掠”命令来完成，其具体的操作步骤如下。

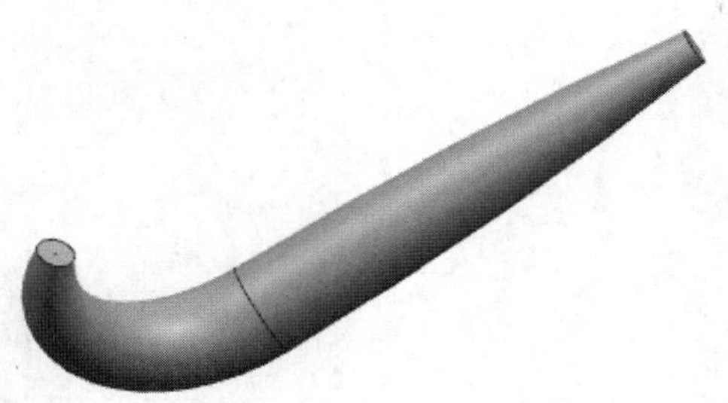

图3-59　示例：变化扫掠

1 在“快速访问”工具栏中单击“打开”按钮，弹出“打开”对话框，选择本书配套的“\DATA\CH3\BC_3_6_3.prt”文件，单击“OK”按钮，该文件中已有的特征曲线如图 3-60 所示。接着在功能区的“主页”选项卡的“特征”面板中单击“更多”/“变化扫掠”按钮，系统弹出“变化扫掠”对话框。

2 系统提示选择截面几何图形。在“变化扫掠”对话框的“截面线”选项组中单击“绘制截面”按钮，弹出“创建草图”对话框，在圆弧端附近单击选择已有的特征曲线作为扫掠路径，接着在“创建草图”对话框的“平面位置”选项组的“位置”下拉列表框中选择“弧长百分比”选项，在“弧长百分比”文本框中输入 0，在“平面方位”选项组的“方向”下拉列表框中默认选择“垂直于路径”，草图方向选项采用默认的自动设置，如图 3-61 所示。

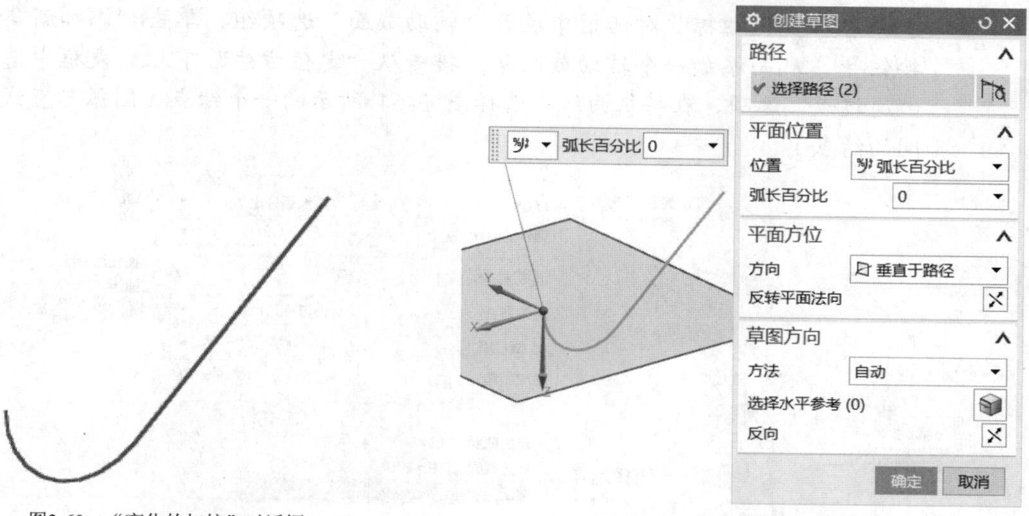

图3-60　“变化的扫掠”对话框　　图3-61　“创建草图”对话框

3 在“创建草图”对话框中单击“确定”按钮。

4 绘制图 3-62 所示的一个圆，该圆的直径为 39mm（需要为该圆创建直径尺寸）。在“草图”面板中单击“完成草图”按钮。

5 此时，“变化扫掠”对话框和特征预览如图 3-63 所示，注意在“设置”选项组中勾选“显示草图尺寸”复选框和“尽可能合并面”复选框，体类型为“实体”。

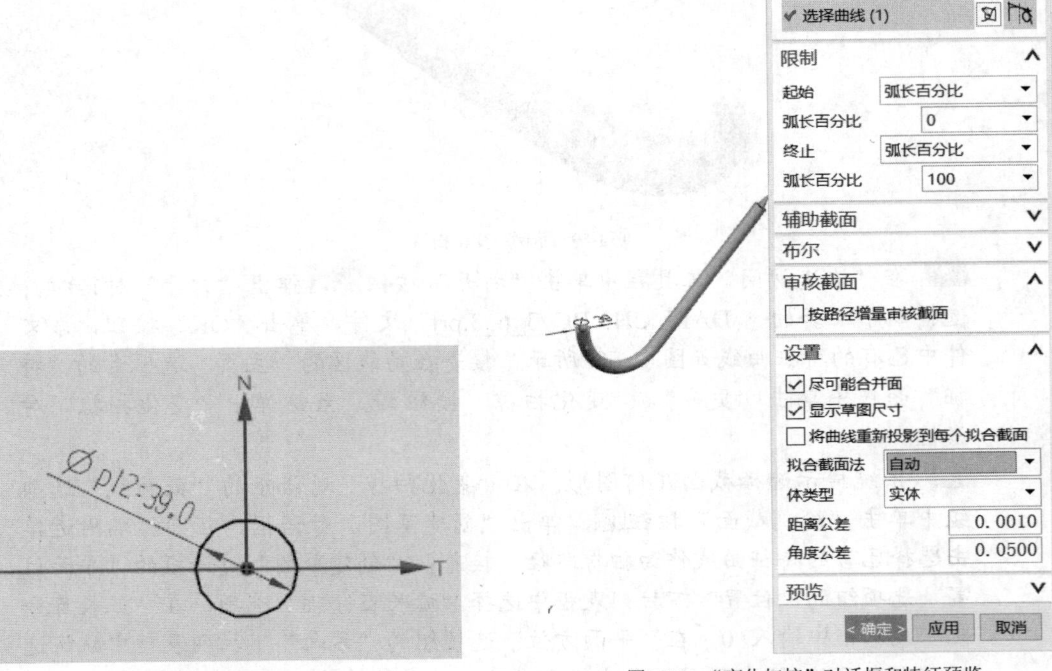

图3-62　绘制一个圆　　　　图3-63　“变化扫掠”对话框和特征预览

6 在“变化扫掠”对话框中展开“辅助截面”选项组，单击“添加新集”按钮，从而添加一个辅助截面集，接着从“定位方法”下拉列表框中选择“通过点”选项，在特征曲线中选择图 3-64 所示的一个结点（圆弧与直线段间的结点）。

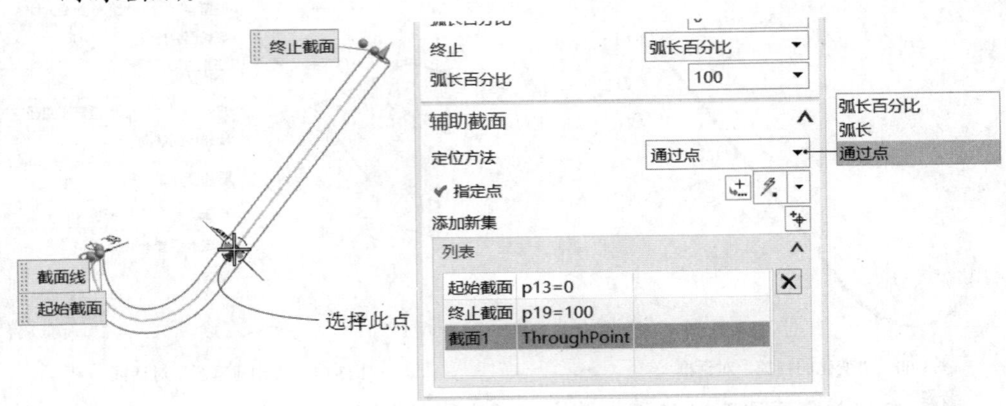

图3-64　采用“通过点”定位方法

7 在“辅助截面”选项组的截面列表中选择“截面 1”，或者在绘图区域中单击中间截面的标签“截面 1”（标签形式为“截面#”），此时在图形窗口中显

示该截面的草图尺寸，接着单击该截面要修改的尺寸，如图 3-65 所示。在屏显编辑栏中单击“启动公式编辑器”按钮▾，并从弹出的下拉菜单中选择“设为常量”命令，然后将该尺寸修改为 100mm，如图 3-66 所示。

8 在“变化扫掠”对话框中单击“确定”按钮，得到的扫掠实体效果如图 3-67 所示。

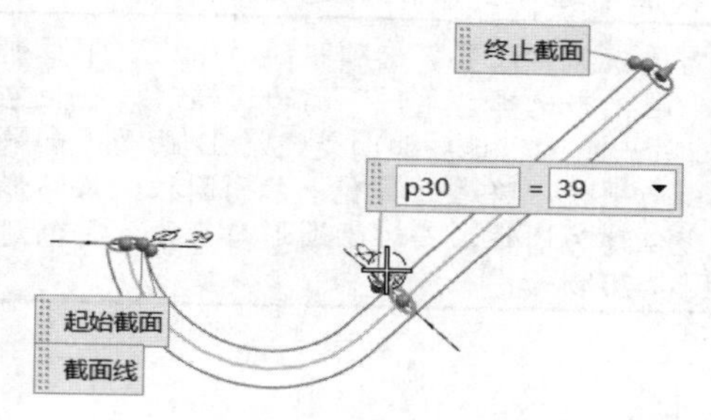

图3-65 单击要修改的截面尺寸

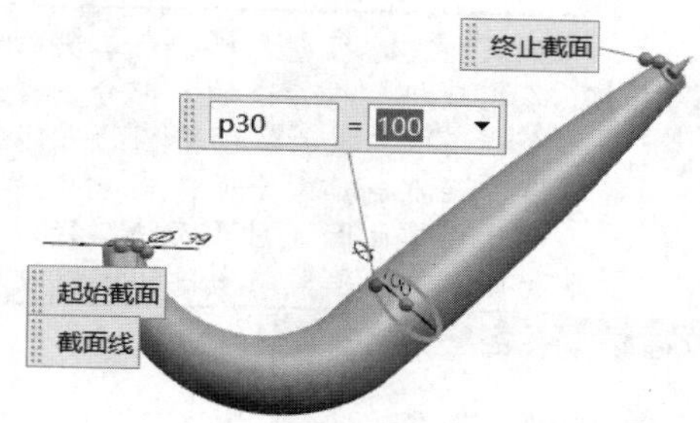

图3-66 修改该截面尺寸

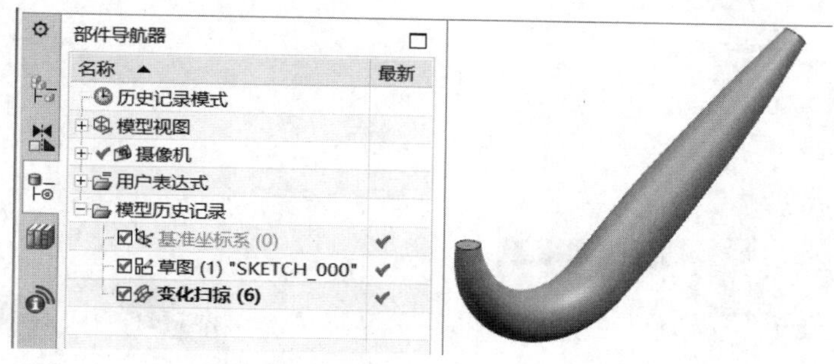

图3-67 实体效果

3.6.4 管道

在建模模块中使用“管道”命令，可以通过沿着中心线路径（具有外径及内径选项）扫掠圆形横截面来创建单个实体。通常使用此命令来创建线束、线扎、电缆或管道组件等。

创建管道特征的典型示例如图 3-68 所示。该典型示例（本书提供的原始练习文件为“\DATA\CH3\BC_3_6_4.prt”）的操作步骤如下。

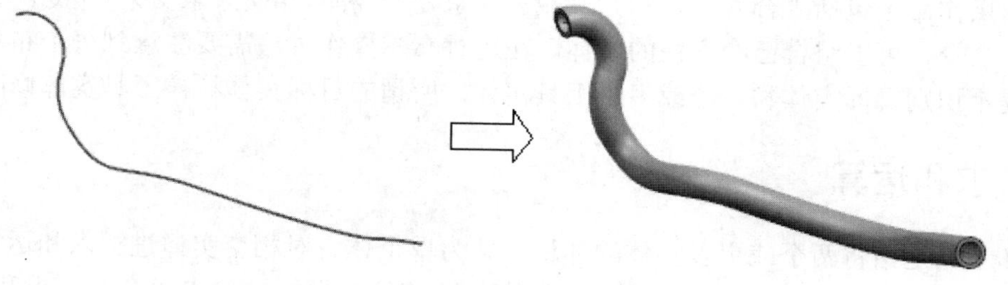

图3-68 示例：创建管道特征

1 在功能区的“主页”选项卡的“特征”面板中单击“更多”/“管道”按钮，系统弹出图 3-69 所示的“管道”对话框。

2 在“管道”对话框的“路径”选项组中，“选择曲线”按钮处于被选中活动状态。选择已有的曲线链作为管道中心线路径。

3 在“横截面”选项组中设置外径为 22mm，内径为 16mm。

4 在“布尔”选项组设置布尔选项。在本例中，布尔选项为“无”。

5 在“设置”选项组的“输出”下拉列表框中选择“单段”选项。

知识点拨：如果所选路径包含样条或二次曲线，那么需要使用“设置”选项组的“输出”下拉列表框来指定将管道的一部分创建为单段或多段。当选择“单段”输出选项时，则为包含样条或二次曲线的路径的一部分创建相应的一个面，这些曲面是光滑 B 曲面，如果有内径则创建两个面；当选择“多段”输出选项时，将逼近具有一系列圆柱面及环形面的管道曲面（对于直线路径段，将把管道创建为圆柱，而对于圆形路径段，将创建为圆环）。单段与多段的模型效果对比如图 3-70 所示。

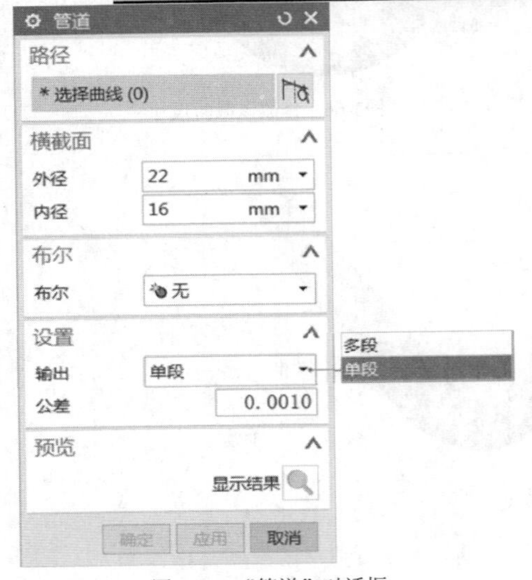

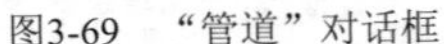

图3-69　“管道”对话框

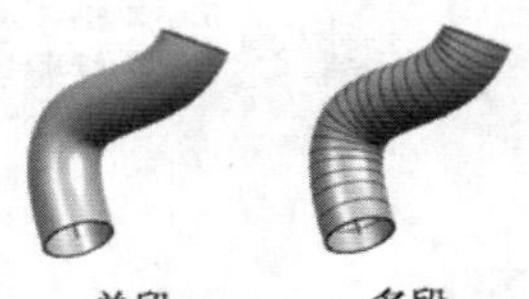

图3-70　单段与多段效果

6 在“预览”选项组中单击“显示结果”按钮，则在图形窗口中显示结果，满意后单击“确定”按钮，从而完成本例操作。

3.7 布尔操作命令

布尔操作命令包括“合并（求和）”“减去（求差）”和“相交（求交）”命令。使用这些布尔操作命令，可以组合已经存在的实体。在进行布尔操作时，需要注意到每个布尔操作选项都将提示识别目标实体和一个或多个工具实体，所谓的目标实体将被工具实体修改。

3.7.1 求和运算

求和运算是指将两个或更多实体的体积合并为单个体。对相交实体进行求和运算的方法步骤比较简单，即在功能区的“主页”选项卡的“特征”面板中单击“合并（求和）”按钮，或者单击“菜单”按钮后选择“插入”/“组合”/“合并”命令，系统弹出图 3-71 所示的“合并”对话框，接着在提示下分别指定一个目标体和若干工具体（工具体也称“刀具体”，工具体可以为多个），并在“设置”选项组中设置“保存目标”复选框和“保存工具”

复选框的状态，然后单击“确定”按钮即可完成求和操作。如果勾选“保存目标”复选框，则完成求和运算操作后目标体仍将保留；如果勾选“保存工具”复选框，则完成求和运算操作后工具体仍将保留。

3.7.2 求差运算

求差运算是指从一个实体的体积中减去另一个，即用工具体去减目标体，目标体和工具体之间存在相交部分。对实体进行求差运算的操作步骤也比较简单，即在“特征”面板中单击“求差（减去）”按钮，或者在单击“菜单”按钮后选择“插入”/“组合”/“减去”命令，系统弹出图 3-72 所示的“求差”对话框，选择一个实体作为目标体，接着选择所需的单独实体作为工具体，并在“设置”选项组中设置“保存目标”和“保存工具”这两个复选框的状态等，然后单击“确定”按钮或“应用”按钮即可完成求差操作。

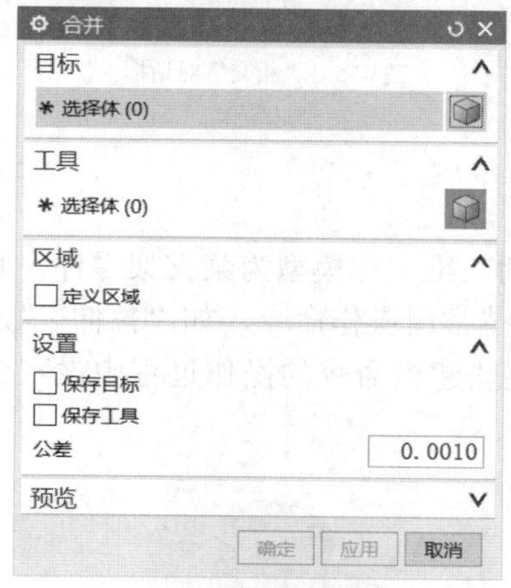

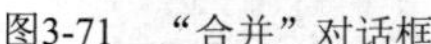

图3-71　“合并”对话框

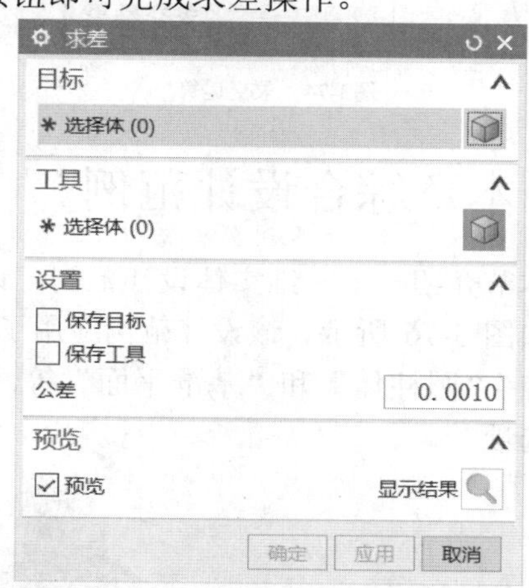

图3-72　“求差”对话框

求差运算操作的典型示例如图 3-73 所示，图中对两个体素实体特征进行求差运算操作，其中块作为目标体，圆柱体作为工具体（刀具体），均设置不保存目标体和工具体。

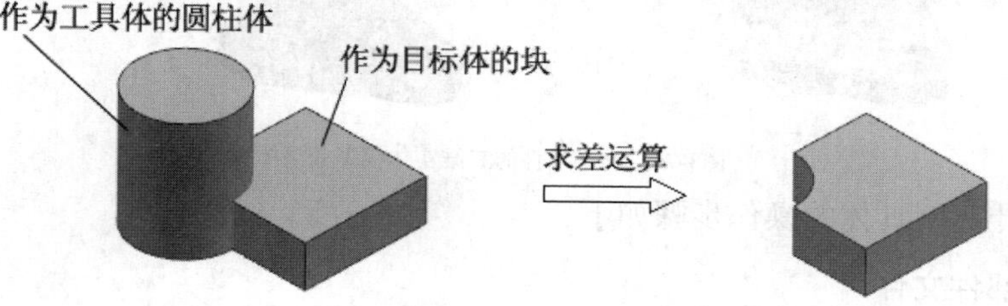

图3-73　典型示例：求差运算

3.7.3 求交运算

求交运算操作是指创建一个体，它包含两个不同的体共享的体积，也就是说求交运算是求两个相交体的公共部分，如图 3-74 所示。

对独立实体进行求交运算的操作步骤为：在“特征”面板中单击“求交（相交）”按钮，或者单击“菜单”按钮后选择“插入”/“组合”/“相交”命令，弹出图 3-75 所示的

“相交”对话框，接着指定目标体和工具体，并在“设置”选项组中设置“保存目标”和“保存工具”这两个复选框的状态等，然后单击“确定”按钮或“应用”按钮即可完成求交操作。

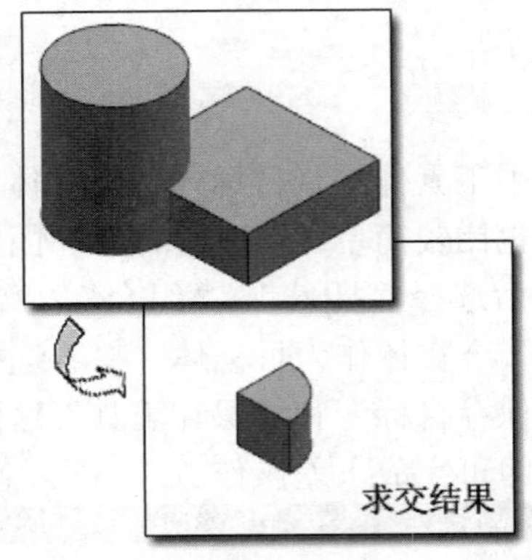

图3-74　求交运算

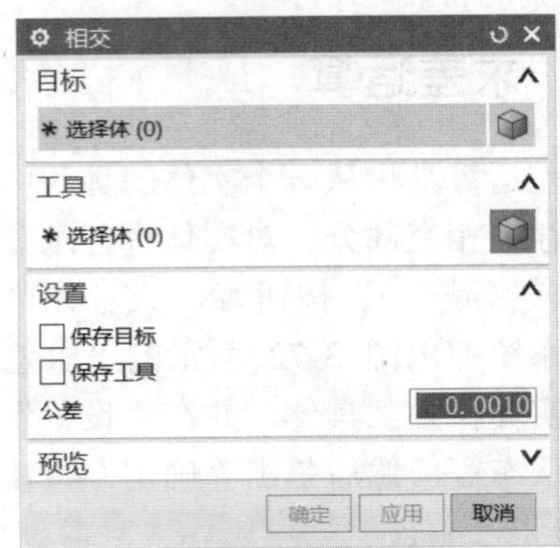

图3-75　“相交”对话框

3.8　本章综合设计范例

本节介绍一个三维实体设计范例，该范例要完成的三维实体模型为某支架零件，其完成效果如图 3-76 所示。该设计范例应用了本章所学的一些常用操作命令，如“拉伸”“沿引导线扫掠”“圆柱体”和“基准平面”等，注意在执行某些建模命令的操作过程中设置合适的布尔选项。

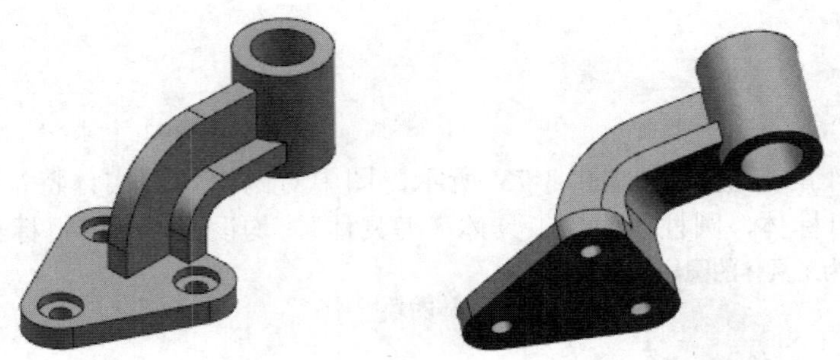

图3-76　支架零件的三维实体模型效果

本综合设计范例具体的操作步骤如下。

一、新建部件文件

1 在“快速访问”工具栏中单击“新建”按钮，或者按“Ctrl+N”快捷键，系统弹出“新建”对话框。

2 在“模型”选项卡的“模板”列表框中选择“名称”为“模型”的模板，单位设为“毫米”，在“新文件名”选项组的“名称”文本框中输入“bc_3_r.prt”，并自行指定要保存到的文件夹，然后单击“确定”按钮。

二、创建拉伸实体特征

1 在“特征”面板中单击“拉伸”按钮，或者单击“菜单”按钮后选择

“插入”/“设计特征”/“拉伸”命令，弹出“拉伸”对话框。

2 在“截面”选项组中单击“绘制截面”按钮，弹出“创建草图”对话框。在“创建草图”对话框的“草图类型”下拉列表框中选择“在平面上”选项，在“平面方法”下拉列表框中选择“自动判断”选项，自动判断XY平面作为草图平面，如图3-77所示，然后单击“确定”按钮，进入内部草图环境。

3 绘制图3-78所示的拉伸截面，单击“完成草图”按钮。

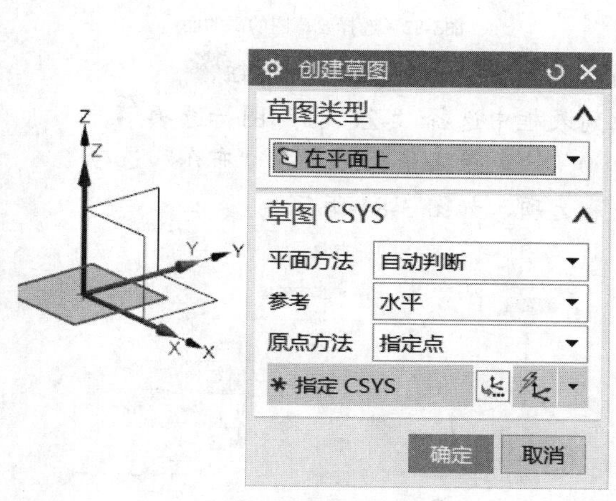

图3-77 “创建草图”对话框

图3-78 草绘拉伸截面

4 默认方向矢量（以草图平面法向为例），并在“限制”选项组中分别设置开始距离值为0，结束距离值为8，如图3-79所示。

5 在“布尔”选项组、“拔模”选项组、“偏置”选项组和“设置”选项组中进行图3-80所示的设置。

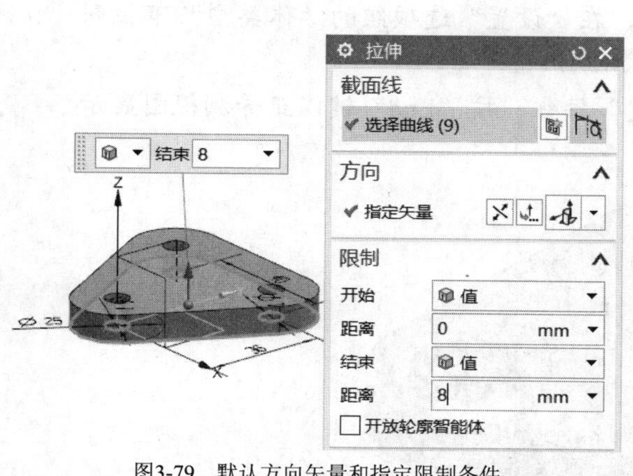

图3-79 默认方向矢量和指定限制条件

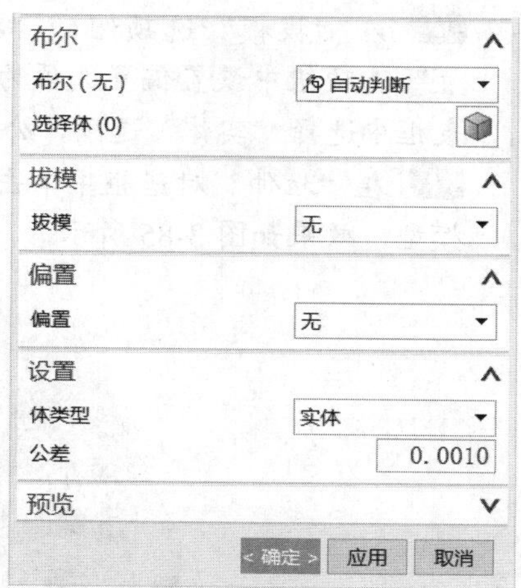

图3-80 其他设置

6 在“拉伸”对话框中单击“应用”按钮，创建图3-81所示的拉伸实体特征。

三、以拉伸的方式切除材料

1 在实体模型中单击图 3-82 所示的平的实体面（注意单击位置），从而进入内部草图环境中。

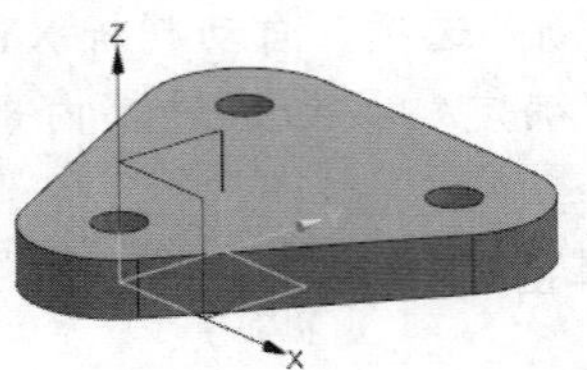

图3-81　创建拉伸实体特征

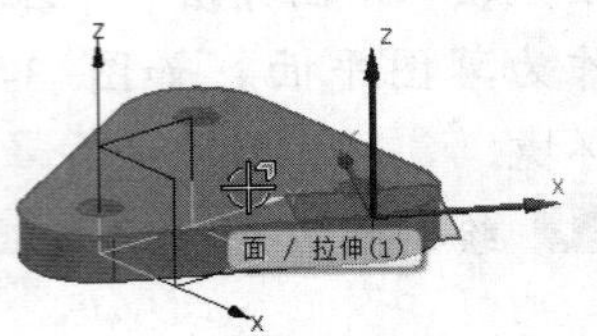

图3-82　选择要草图的平的面

2 绘制图 3-83 所示的 3 个直径相等的圆，单击“完成草图”按钮。

3 在“方向”选项组的“矢量”下拉列表框中选择“-ZC 轴”图标选项，在“限制”选项组中设置开始距离值为 0，结束距离值为 3，在“布尔”选项组的“布尔”下拉列表框中选择“减去”选项，如图 3-84 所示。

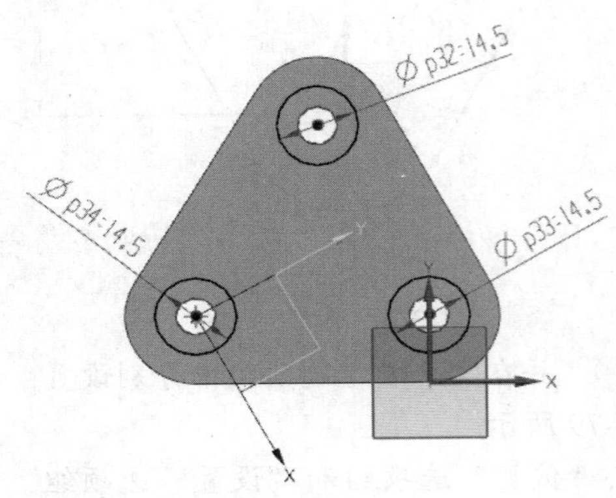

图3-83　绘制 3 个圆

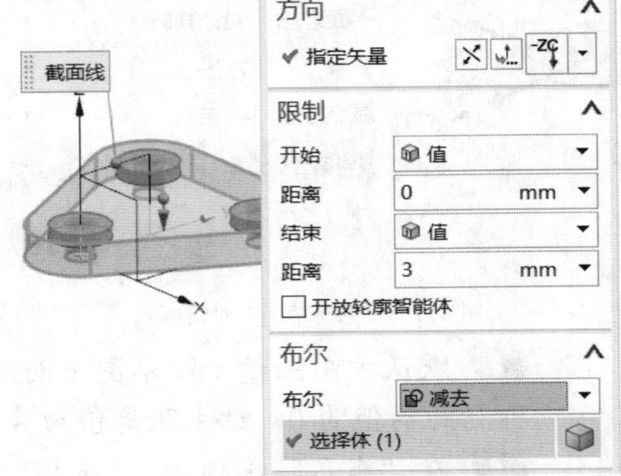

图3-84　指定方向矢量、极限条件和布尔选项

4 在“拔模”选项组的“拔模”下拉列表框中选择“无”选项，在“偏置”选项组中设置偏置选项为“无”，在“设置”选项组的“体类型”下拉列表框中选择“实体”选项，公差值采用默认值。

5 在“拉伸”对话框中单击“确定”按钮。按“End”键以正等测视图显示模型，效果如图 3-85 所示。

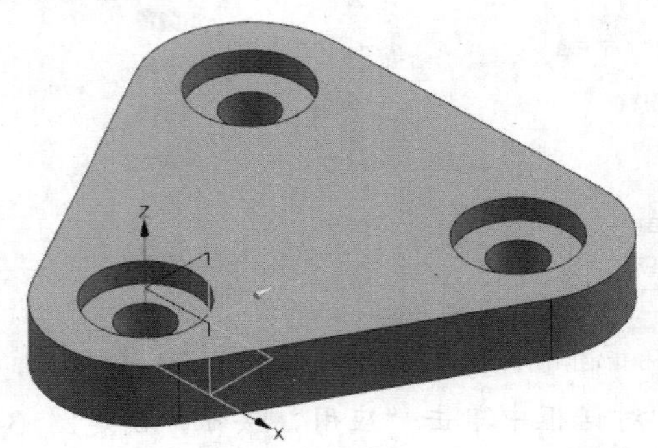

图3-85　完成拉伸求差操作

四、创建两个草图特征

1 如果当前模型中没有显示默认基准坐标系，那么在部件导航器的模型历史记录下右击“基准坐标系”特征标识，并从弹出的快捷菜单中选择“显示”命令，从而在图形窗口中显示该基准坐标系。

2 在上边框条中选择“菜单”/“插入”/“在任务环境中绘制草图”命令，弹出“创建草图”对话框，从“草图类型”下拉列表框中选择“在平面上”选项，在“草图 CSYS”选项组的“平面方法”下拉列表框中选择“自动判断”选项，在图形窗口中单击基准坐标系中的图 3-86 所示的一个坐标平面（YZ 平面），然后单击“确定”按钮。

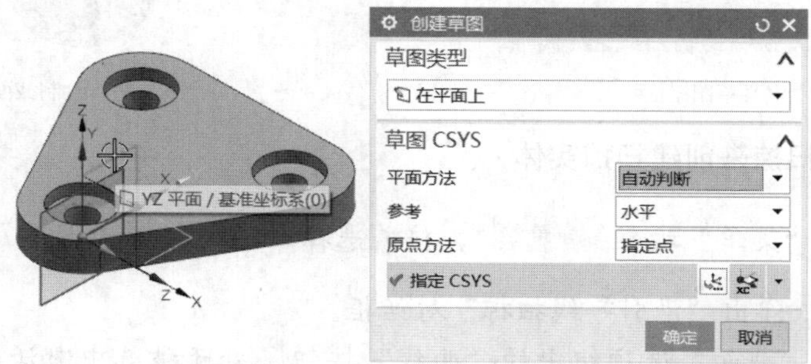

图3-86　在基准坐标系中选择所需的一个坐标平面

3 绘制图 3-87 所示的草图，然后单击“完成草图”按钮，从而完成第一个曲线草图。

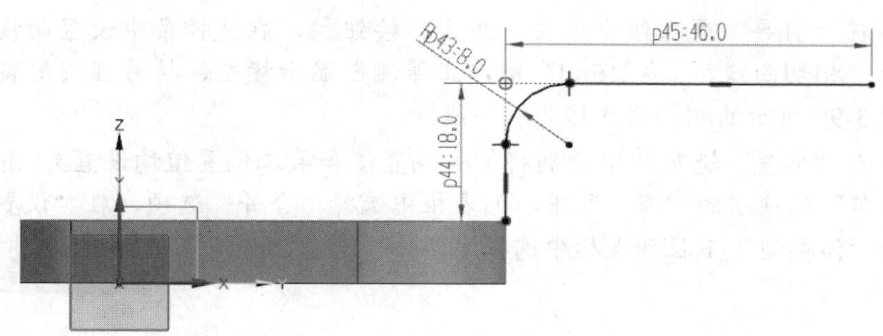

图3-87　绘制草图

4 在功能区切换至“主页”选项卡，从“直接草图”面板中单击“草图”按钮，弹出“创建草图”对话框，从“草图类型”下拉列表框中选择“在平面上”选项，在 “平面方法”下拉列表框中选择“新平面”选项，在图形窗口中单击图 3-88 所示的平整上实体面，并指定相应的草图方向等，然后单击“确定”按钮。

5 在“直接草图”面板中单击“轮廓”按钮，绘制图 3-89 所示的一个截面草图。

6 在“直接草图”面板中单击“完成草图”按钮。

图3-88　定义草图平面

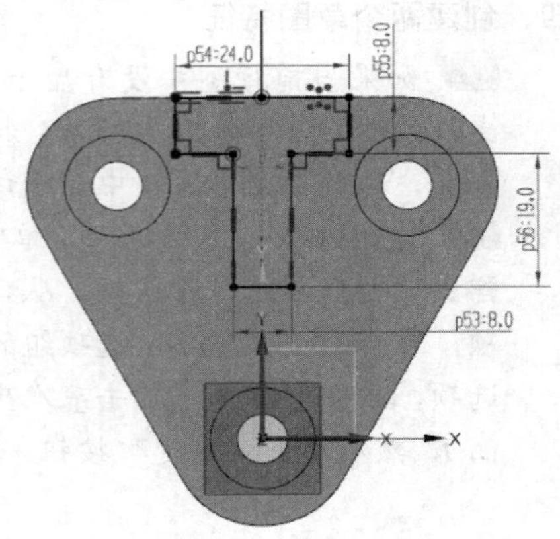

图3-89　绘制截面草图

五、沿引导线扫掠来创建扫掠实体

1. 单击“菜单”按钮菜单(M)，接着选择“插入”/“扫掠”/“沿引导线扫掠”命令，弹出“沿引导线扫掠”对话框。

2. 确保“截面”选项组中的“曲线”按钮处于被选中激活的状态，在位于图形窗口上方的选择条的“曲线规则”下拉列表框中选择“相连曲线”选项，接着在图形窗口中单击“T”字形的截面草图，从而将该整个截面草图作为扫掠截面。

3. 在“引导”选项组中单击“曲线”按钮，在选择条中设置曲线规则选项为“相切曲线”，按“End”键以正等测图显示模型，接着在图形窗口中选择图 3-90 所示的相切曲线作为引导线。

4. 在“偏置”选项组中分别将第一偏置值和第二偏置值均设置为 0mm，在“布尔”选项组的“布尔”下拉列表框中选择“合并”选项，在“设置”选项组的“体类型”下拉列表框中选择“实体”选项，如图 3-91 所示。

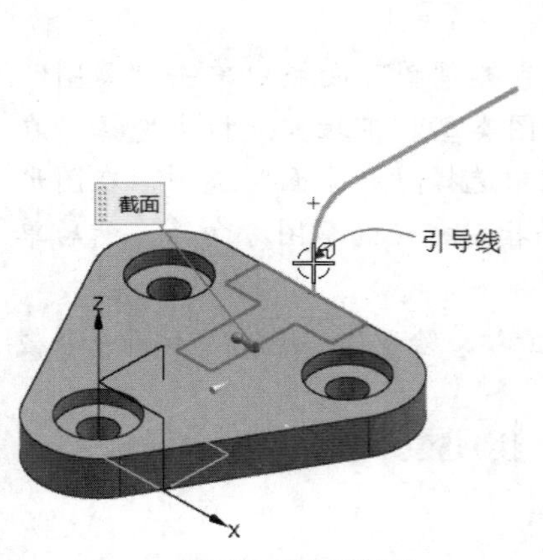

图3-90　指定引导线

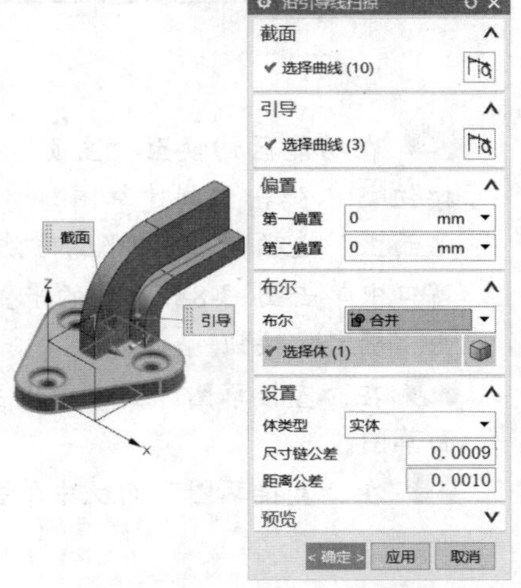

图3-91　设置引导线扫掠的相关参数和选项

5 预览满意后，在“沿引导线扫掠”对话框中单击“确定”按钮，从而完成沿引导线扫掠特征。

六、创建基准平面

1 在“特征”面板中单击“基准平面”按钮，或者在单击“菜单”按钮后选择“插入”/“基准/点”/“基准平面”命令，系统弹出“基准平面”对话框。

2 在“类型”选项组的下拉列表框中选择“按某一距离”选项，在图形窗口中选择XY基准平面，设置偏置距离为20mm，如图3-92所示。

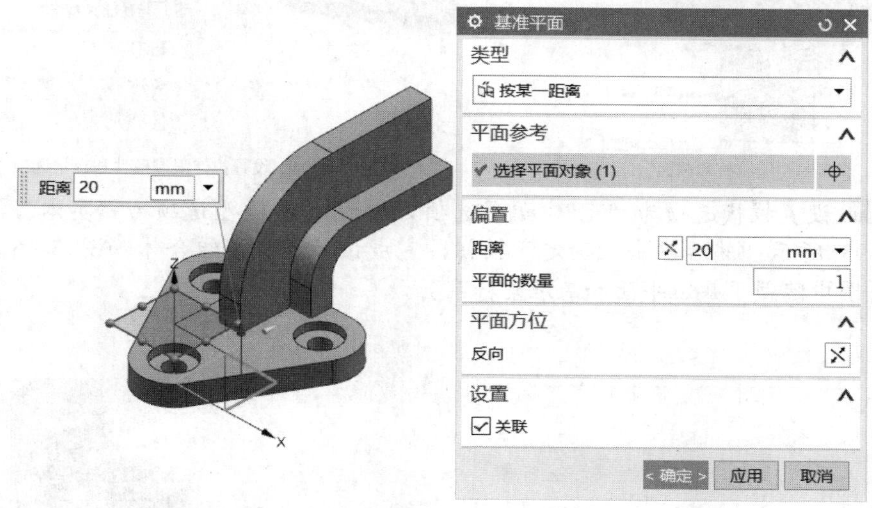

图3-92　创建基准平面操作

3 在“基准平面”对话框中单击“确定”按钮。

七、创建拉伸实体特征

1 在“特征”面板中单击“拉伸”按钮，系统弹出“拉伸”对话框。

2 在“截面”选项组中单击“绘制截面”按钮，弹出“创建草图”对话框。在“创建草图”对话框的“草图类型”下拉列表框中选择“在平面上”选项，在“平面方法”下拉列表框中选择“自动判断”选项，在图形窗口中选择前面刚创建的新基准平面，然后单击“确定”按钮，进入内部草图环境。

3 单击“圆”按钮○，绘制图3-93所示的一个圆作为拉伸截面，单击“完成草图”按钮。

4 在“方向”选项组的“矢量”下拉列表框中选择“ZC轴”图标选项。

5 在“限制”选项组中设置开始距离值为0，结束距离值为40mm；在“布尔”选项组的“布尔”下拉列表框中选择“合并”选项，如图3-94所示。

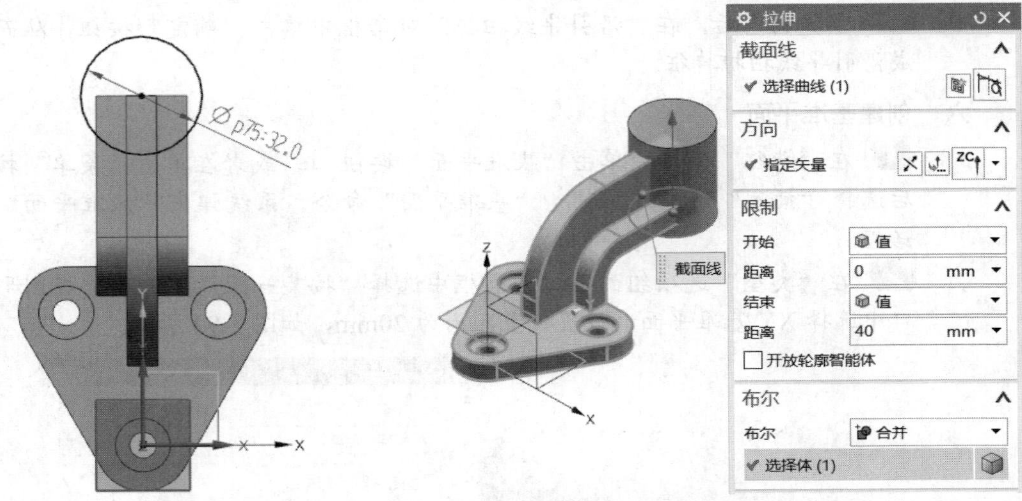

图3-93　绘制拉伸截面　　　　图3-94　设置拉伸限制条件和布尔选项

6 设置拔模选项为“无”，偏置选项为“无”，体类型选项为“实体”，如图 3-95 所示。然后单击“确定”按钮，完成该拉伸实体组合体如图 3-96 所示（图中隐藏了基准平面和基准坐标系）。

图3-95　设置拔模、偏置和体类型选项等

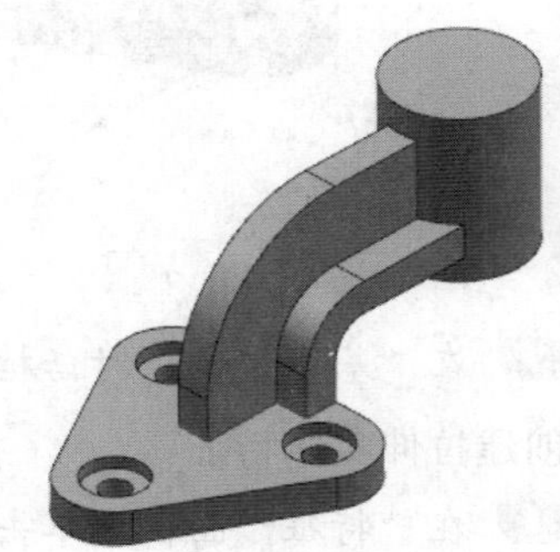

图3-96　创建拉伸实体特征

八、创建圆柱体并求差以构建圆柱形的通孔

1 在“特征”面板中单击“更多”/“圆柱”按钮，或者选择“菜单”/“插入”/“设计特征”/“圆柱体”命令，弹出“圆柱”对话框。

2 在“圆柱”对话框的“类型”选项组的下拉列表框中选择“轴、直径和高度”选项。

3 在“轴”选项组的“指定点”下拉列表框中选择“自动判断的点”图标选项，并确保在选择条中使“圆弧中心”按钮处于被选中的状态，接着在图形窗口中选择图 3-97 所示的圆以获取其圆心位置来定义圆柱轴原点。另外，如果在“轴”选项组的“矢量”下拉列表框中的默认图标选项为“ZC 轴”ZC，则单击“反向”按钮。

4 在“尺寸”选项组中设置直径为 20mm，高度为 50mm，如图 3-98 所示。

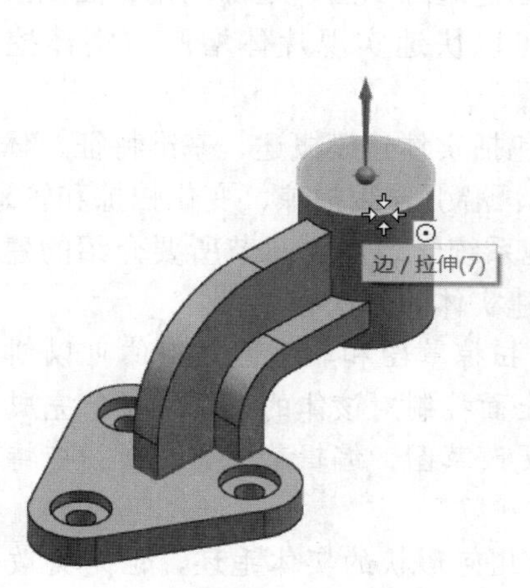

图3-97　选择一个圆心位置

图3-98　设置圆柱尺寸参数

5 在“布尔”选项组的“布尔”下拉列表框中选择“减去”选项，在“设置”选项组中确保选中“关联轴”复选框，如图3-99所示。

6 在“圆柱”对话框中单击“确定”按钮，效果如图3-100所示。

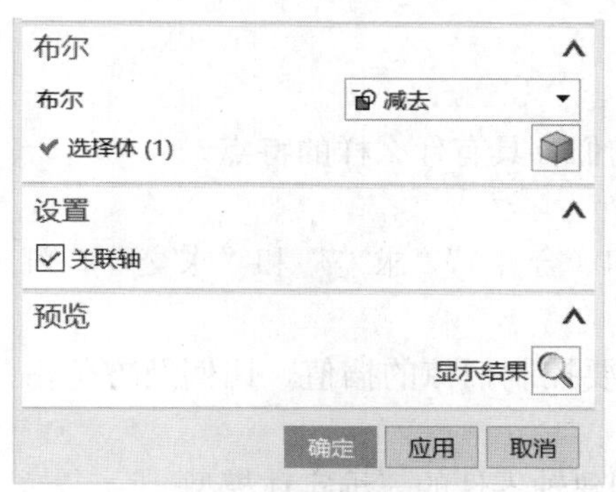

图3-99　设置布尔选项等

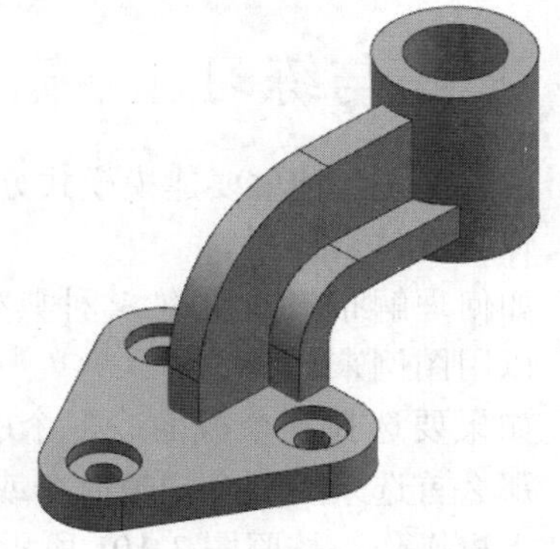

图3-100　完成圆柱求差操作

九、隐藏草图并保存文件

1 在部件导航器的模型历史记录中设置隐藏两个草图特征。

2 在“快速访问”工具栏中单击“保存”按钮，或者按“Ctrl+S”快捷键保存文件。

3.9　本章小结

在UG NX 11的建模模块中，用户可以交互地创建与编辑复杂、逼真的三维实体模型。通常，实体建模过程包括这些基本环节：①创建模型的实体毛坯（实体毛坯分两种典型情况，一种是由草图特征扫掠生成，另一种由体素特征形成）；②创建模型的实体粗略结构（在实体毛坯上创建各种类型的孔、型腔、凸台等特征以仿真在实体毛坯上移除或添加材料的加工，布尔运算也可仿真在实体毛坯上移除或添加材料的加工）；③创建模型的实体精细

结构（使用 NX 提供的细节特征功能，可以在实体上创建边缘倒圆、边缘倒角、面倒圆、拔模与体拔模等特征，使用 NX 偏置与比例功能还可以快速实现片体增厚与实体挖空的设计）。

本章主要介绍三维实体设计基础知识，主要内容包括实体建模概述、基准特征、体素特征、拉伸特征、旋转特征、典型扫掠特征（基本扫掠、沿引导线扫掠、变化扫掠和管道）、布尔操作命令。认真学习好本章知识，有助于更好地系统学习后面章节所要介绍的建模知识。在学习本章知识的过程中，特别注意如下几点创建实体的方法和思路。

- 扫掠草图和非草图几何体以创建关联特征。扫掠草图和非草图几何体可以创建具有复杂几何体的实体。这一方法还可以全面控制对该体的编辑过程。完成编辑过程的方法是：更改扫掠创建参数，或更改草图。编辑草图会更新扫掠特征，以便与草图相匹配。
- 创建体素特征可快速获得一些具有简单基本几何形状的实体毛坯，但是更改体素会比较困难，因为有时不能采用参数对体素进行编辑。如果不需要考虑对模型的编辑过程，那么可以使用体素来进行设计。然而在很多时候，由草图创建模型（如拉伸、旋转、其他各类扫掠）通常会更为有利，表现为模型修改会比较方便，并且可以有效把控设计意图。

3.10　思考与练习

(1) NX 11 的两种主要建模模式分别指什么？它们各具有什么样的特点？

(2) 什么是体素特征？

(3) 如何理解布尔操作的 3 种典型方式："求和（合并）""求差"和"求交"？可以用图例来辅助说明。

(4) 如果要选择多个截面、多个引导对象或是要控制扫掠的插值、比例及方位，那么首选采用哪个扫掠命令或工具？

(5) 上机操作：按照图 3-101 所示的尺寸图来创建轴零件的三维实体模型。

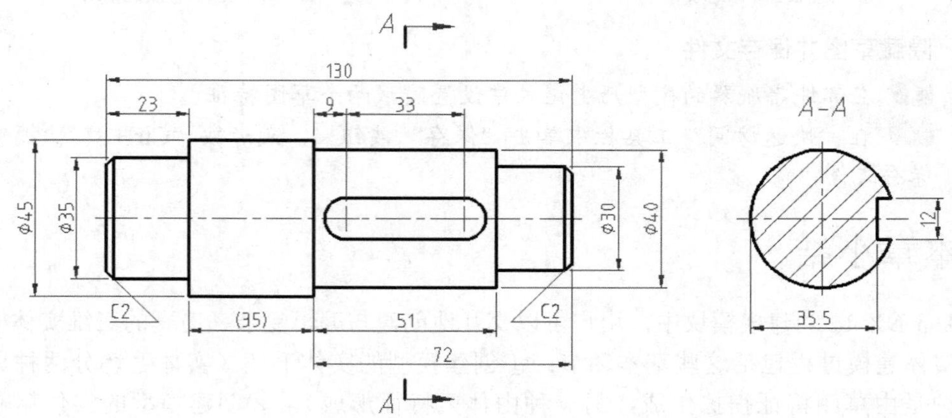

图3-101　某轴零件的尺寸图

(6) 上机操作：创建图 3-102 所示的三维实体模型，具体尺寸由读者根据效果图自

行确定。

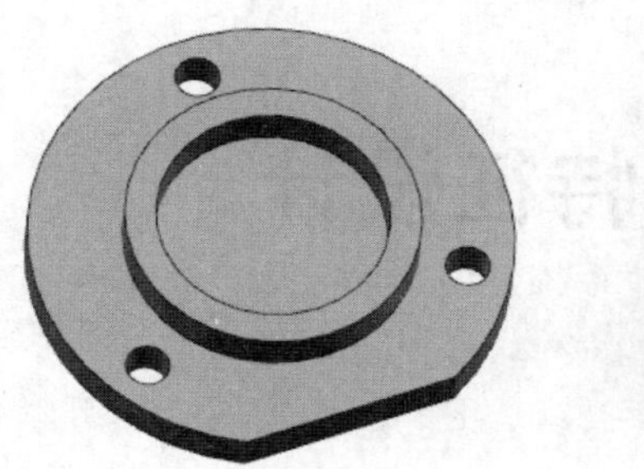
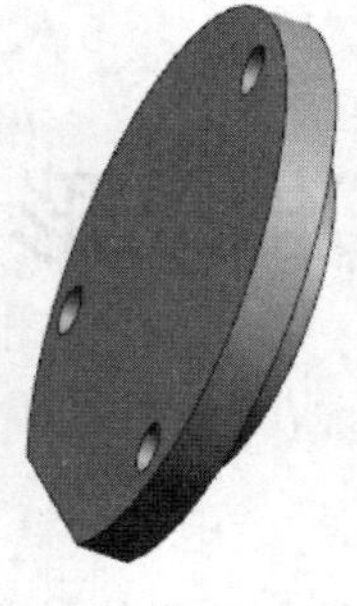
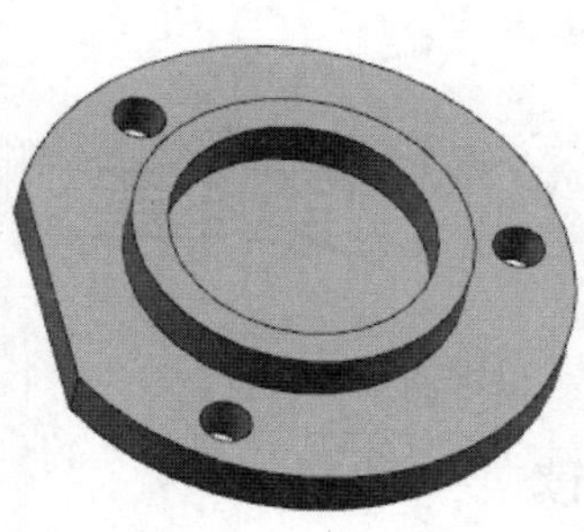

图3-102　三维实体模型练习

(7) 课外研习：在功能区的“主页”选项卡的“特征”面板中，从“基准/点”下拉菜单中发现还有一个“光栅图像”按钮，单击此按钮可以将光栅图像导入到模型来辅助设计，请自行研习该按钮的应用方法，并了解光栅图像的要求。

第4章 标准成形特征设计

本章导读

NX 11 提供了一些用于创建具有预定义形状的标准成形特征的工具命令，包括“孔”“凸台”“键槽”“开槽”“腔体”“垫块”“凸起”“螺纹”和“三角形加强筋”等。

本章将系统而详细地介绍这些标准成形特征设计。

4.1 标准成形特征设计概述

在实体建模的过程中，可以根据设计要求使用 NX 11 的一些设计特征功能来在实体毛坯上创建各种类型的孔、凸台、型腔、键槽、开槽、垫块、凸起、螺纹和三角形加强筋等特征。本书将这一类诸如孔、凸台、型腔、键槽、开槽、垫块、凸起、螺纹和加强筋等特征统称为标准成形特征，它们具有预定义的形状。

标准成形特征的设计除了需要设置形状尺寸参数之外，还需要指定安放表面和定位尺寸等。

4.1.1 标准成形特征的安放表面

所有具有预定义形状的标准成形特征都需要一个安放表面。对于开槽（沟槽）而言，它的安放面必须是圆锥面或圆柱面；而对于其他标准成型特征而言，其安放面多为平面（大多数的安放面必须为平面）。标准成形特征将法向于安放面建立。注意平的安放面将为要创建的特征定义其特征坐标系的 *xy* 平面，通常将所述特征坐标系的 *xc* 轴作为水平参考。

通常选择已有实体的表面或基准面作为安放面，在某些时候也可以创建新的基准平面来作为安放面。

4.1.2 标准成形特征的定位

在创建某些具有预定义形状的标准成形特征的过程中，可以进行相关的定位操作以获得该特征相关性。所谓的定位是指提供合理的尺寸约束去相对已有曲线、实体几何体、基准面和基准轴定义标准成形特征。例如，在创建腔体特征时，系统会弹出图 4-1 所示的“定位”对话框，该对话框提供了共 9 种定位约束按钮，从中单击所需的定位约束按钮进行定位测量操作，所有测量均

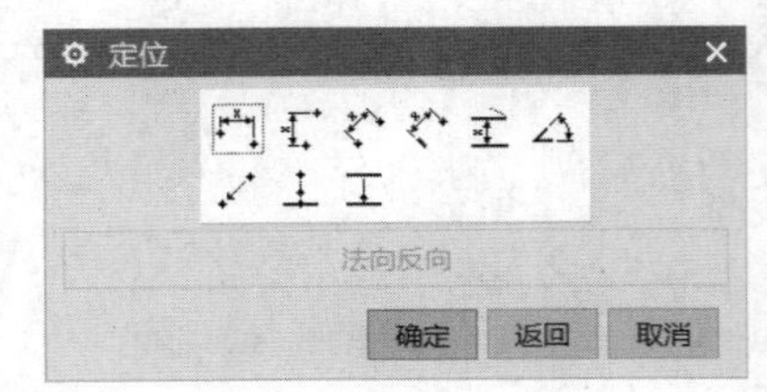

图4-1 “定位”对话框

取自两个点或两个对象之间，其中第一个点或第一个对象是在目标实体上，第二个则是在工具实体上。所述目标实体是指布尔操作作用到其上的实体（如孔、键槽、腔体、开槽将从其上减去的实体，或凸台、凸垫将与其求和的实体），所述工具实体则是指当前操作中正被定义特征的实体。

下面以表格的形式介绍上述“定位”对话框中提供的定位约束按钮的功能含义，如表4-1所示。

表 4-1　　定位约束按钮的功能含义

序号	按钮	类型名称	功能含义
1		水平	沿首先选择的水平参考（水平参考用于确定特征坐标系的 x 方向）测量两点之间的距离
2		竖直	正交于水平参考测量并定义两点之间的距离
3		平行	指定两点之间的最短距离，即用两点连线距离来定位
4		垂直	指定线性边缘、基准面或轴和点间的最短距离，常在凸台、圆形腔的定位中使用
5		按一定距离平行	指定线性边缘与平行的另一线性边缘、基准面或轴约束在给定距离上，主要用于键槽、矩形腔和凸垫
6		成角度	在给定角度上的两条线性边缘间建立定位约束
7		点落在点上	指定两点间的距离为零，主要用于对准圆柱或圆锥特征的弧中心
8		点落在线上	指定边缘、基准平面或轴和点间的距离为零
9		线落在线上	指定成形特征体的一边落在目标实体一边处，即两者距离为零

4.2 孔特征

孔特征是较为常用的一类成形特征，孔特征的类型包括常规孔（简单、沉头、埋头或锥形的形式）、钻形孔、螺钉间隙孔（简单、沉头、埋头形式）、螺纹孔和孔系列（在零件或装配中的一系列多种形式、多个目标体、排成行的孔）。

要向部件或装配中的一个或多个实体添加孔，那么在“特征”面板中单击“孔”按钮，或者选择“菜单”/“插入”/“设计特征”/“孔”命令，系统弹出图 4-2 所示的“孔”对话框，接着利用此对话框分别指定孔类型、位置、方向、形状和尺寸（或规格）等，然后单击“确定”按钮或“应用”按钮。

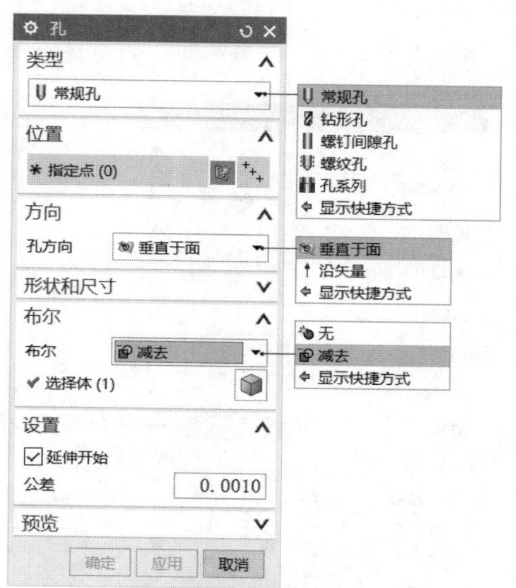

图4-2　“孔”对话框

一、孔类型

在“孔”对话框的“类型”选项组的下拉列表框中选择所需的孔类型选项，如“常规孔”“钻形孔”“螺钉间隙孔”“螺纹孔”或“孔系列”。

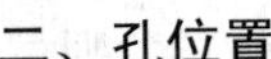

二、孔位置

可以在一个非平面的曲面上创建孔特征，可以通过指定多个安放点建立多孔特征，还可以利用草图规定孔特征的位置。

在“位置”选项组中单击“绘制截面”按钮，弹出“创建草图”对话框，用指定安放表面与方向建立草图点以定义孔特征的放置中心点。如果单击“点”按钮，则选择已存点去定义孔特征的中心（可以使用捕咬点与选择意图选项辅助选择已存点或特征点）。

三、方向

“方向”选项组用于定义孔方向。可以选择“垂直于面”选项或“沿矢量”选项定义孔方向，“垂直于面”选项用于沿离每个指定点最近的面的法向反向定义孔方向，“沿矢量”选项用于沿指定矢量定义孔方向。

四、形状和尺寸

选择不同的孔类型，那么需要定义的形状和尺寸参数也不同。

例如，当在“类型”下拉列表框中选择“常规孔”选项时，“形状和尺寸”选项组如图 4-3 所示，从“形状（成形）”下拉列表框中选择“简单孔”“沉头”“埋头”或“锥孔”选项，并在“尺寸”子选项组中设置所选成形选项所对应的尺寸参数；当在“类型”下拉列表框中选择“钻形孔”选项时，其“形状和尺寸”选项组提供的参数明显与常规孔的形状尺寸参数不同，如图 4-4 所示。而螺钉间隙孔和螺纹孔要设置的形状尺寸参数也将不同，如图 4-5 所示。另外，当在“类型”下拉列表框中选择“孔系列”选项时，“孔”对话框将提供图 4-6 所示的“规格”选项组，由用户使用相应的选项卡来分别定义起始、中间和端点处的形状和尺寸参数。

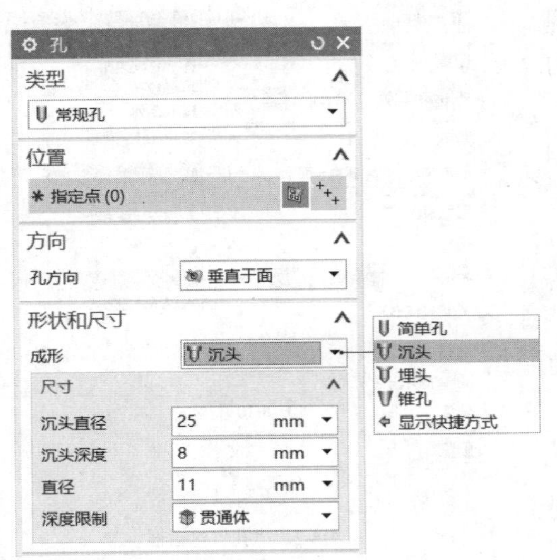

图4-3　常规孔的形状和尺寸参数设置

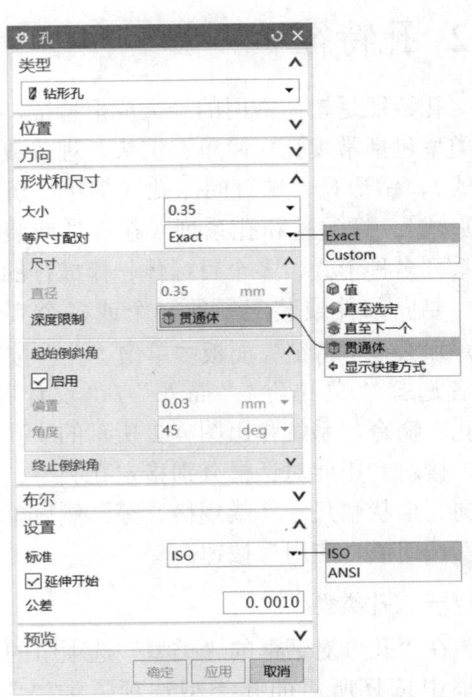

图4-4　钻形孔的形状和尺寸参数设置

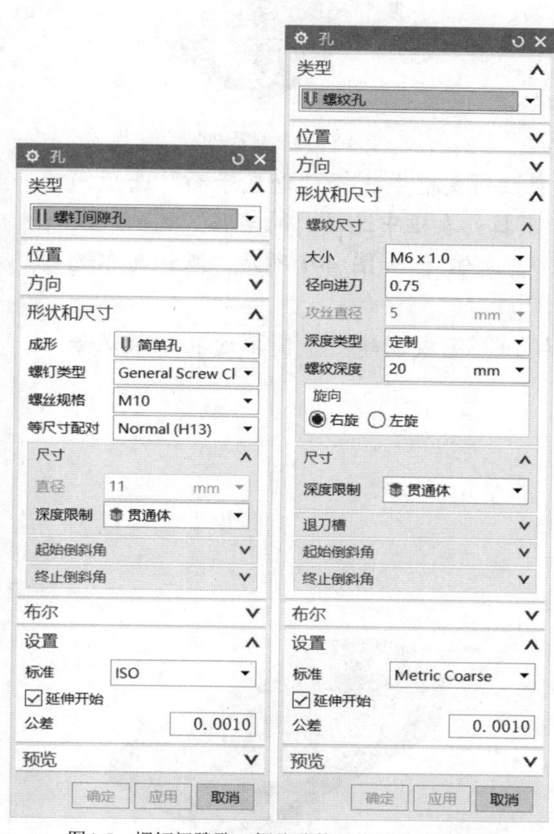

图4-5　螺钉间隙孔、螺纹孔的形状尺寸参数设置

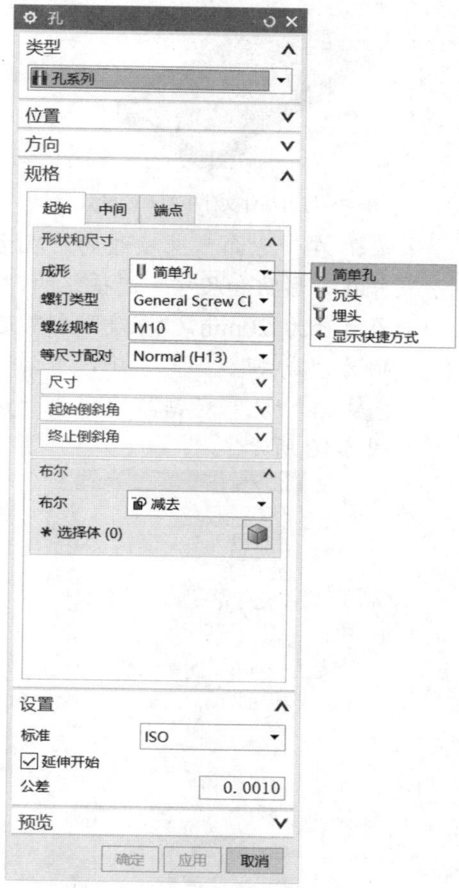

图4-6　孔系列的规格设置

五、布尔选项及其他设置

指定布尔操作类型（可选项）。默认的布尔选项为“求差”。在“设置”选项组中还可以指定标准类型和公差参数等。

下面列举一个创建孔特征的练习范例（以常规孔特征为例）。

1 在“快速访问”工具栏中单击“打开”按钮，弹出“打开”对话框，选择本书配套的“\DATA\CH4\bc_4_2_ktz.prt”部件文件，单击“OK”按钮，如图 4-7 所示。

2 在“特征”面板中单击“孔”按钮，或者选择“菜单”/“插入”/“设计特征”/“孔”命令，系统弹出“孔”对话框。

3 在“类型”选项组的“类型”下拉列表框中选择“常规孔”选项。

4 在选择条上确保选中“圆弧中心”按钮⊙，以允许选择圆弧或椭圆的中心点。在图形窗口中选择圆柱形拉伸体顶部圆弧中心，如图 4-8 所示。

图4-7　练习部件文件中的原始模型

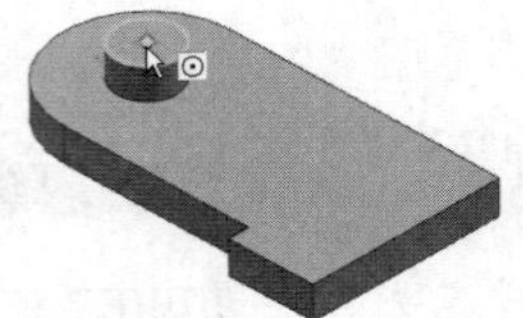

图4-8　选择圆弧中心

5 在“方向”选项组的“孔方向”下拉列表框中选择“垂直于面”选项，并在“形状和尺寸”选项组的“成形”下拉列表框中选择“简单孔”选项，设置直径为 20mm，“深度限制”选项为“贯通体”，如图 4-9 所示，默认布尔选项为“减去”。

6 在“孔”对话框中单击“应用”按钮，完成创建一个简单通孔，效果如图 4-10 所示。

图4-9　设置简单孔的尺寸参数等

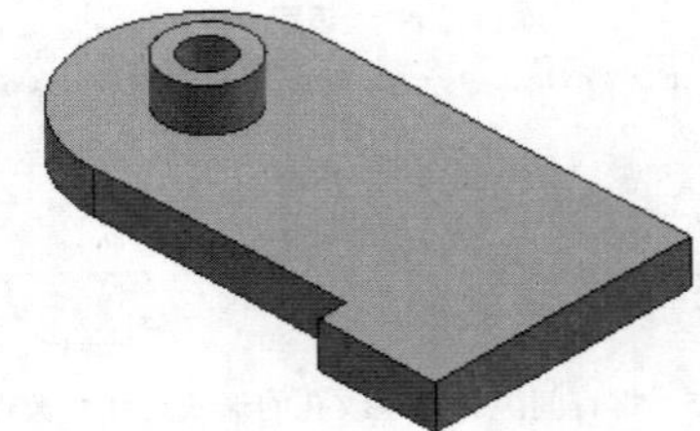

图4-10　创建一个简单通孔

7 “孔”对话框仍然处于打开状态，此时在图 4-11 所示的近似位置处选择顶表面。

8 进入草绘环境，并弹出“草图点”对话框，确保点类型为“自动判断的点”，在图形窗口中单击第二个草图点的相应位置，如图 4-12 所示。

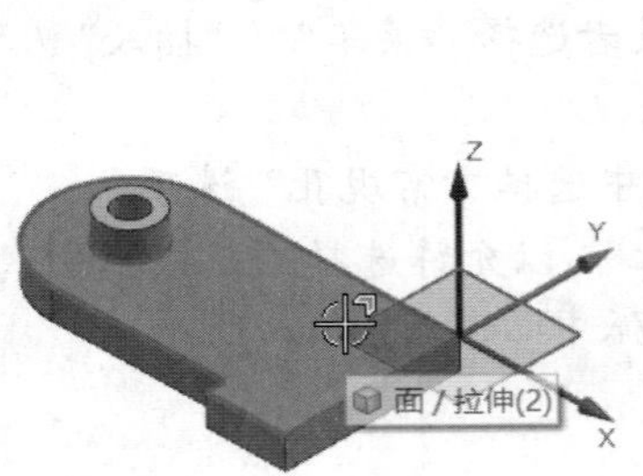

图4-11　选择顶表面

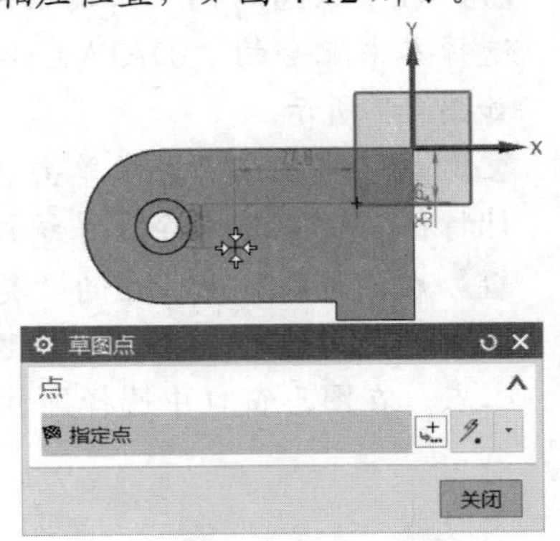

图4-12　选择第二个草图点

在“草图点”对话框中单击“关闭”按钮。添加和修改点位置的尺寸约束，如图 4-13 所示，然后单击“完成草图”按钮。

9 在“形状和尺寸”选项组的“成形”下拉列表框中选择“沉头”选项，设置沉头直径为 30，沉头深度为 5，直径为 15，“深度限制”选项为“贯通体”，如图 4-14 所示。

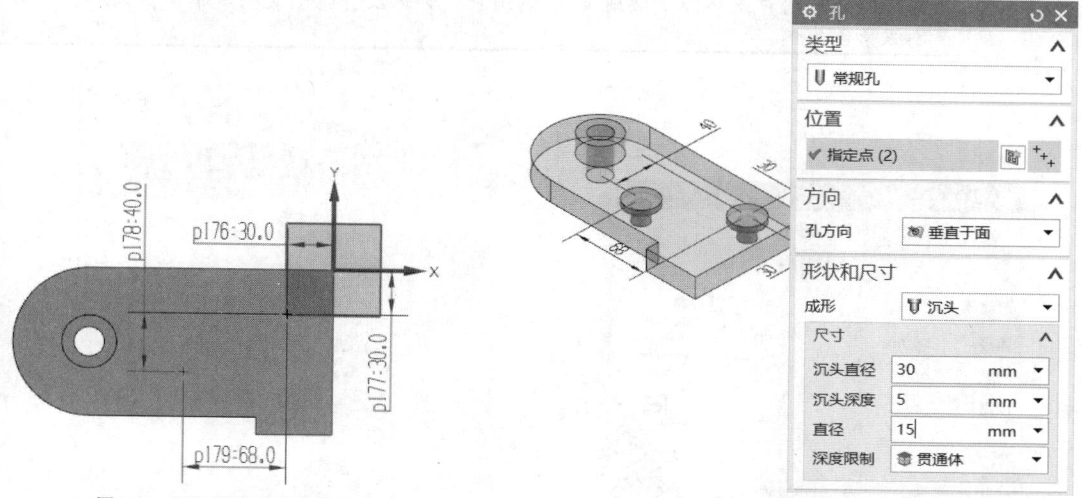

图4-13　添加和修改尺寸约束

图4-14　设置形状和尺寸参数

10 确保布尔选项为“减去”，单击“确定”按钮，完成一次创建两个沉头孔，如图 4-15 所示。

读者可以在该范例模型中继续练习创建其他孔特征。

4.3 凸台特征

使用“凸台”功能可以在实体模型的平面上添加一个具有设定高度的圆柱形状凸台，它的侧面可以是直的，也可以是具有拔模角度的（即具有锥角的），如图 4-16 所示。

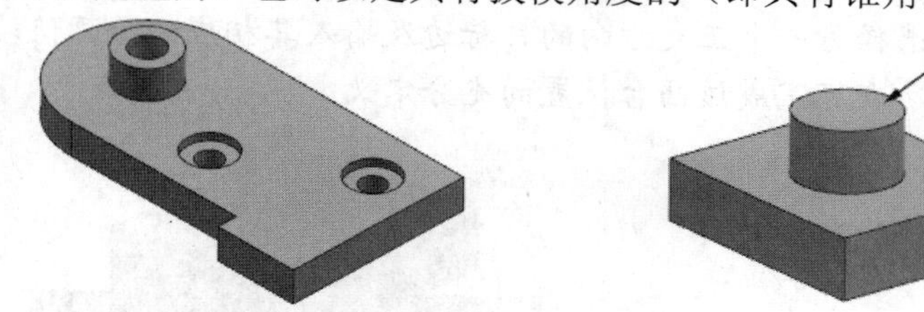

图4-15　创建两个沉头孔

图4-16　示例：凸台特征

创建凸台特征的操作步骤如下。

1 在“特征”面板中单击“更多”/“凸台”按钮，或者选择“菜单”/“插入”/“设计特征”/“凸台”命令，系统弹出图 4-17 所示的“凸台”对话框。

如果用户在“特征”面板的“更多”列表中或相关菜单中找不到“凸台”等一些标准成形特征的创建命令，那么可以通过命令定制的方式将相关标准成形特征的创建命令添加进来。当然，更快捷高效的方法是使用“角色”功能，其方法是在资源板中单击“角色”标签，接着从“内容”节点下选择“高级”角色以加载高级角色，如图 6-18 所示，高级角色提供了一组更广泛的工具，支持简单和高级任务，此时界面上提供的工具命令全面。而基本功能角色只是提供了完成简单任务所需要的全部工具，适合新用户或不经常使用 NX 的用户。如果没有特别说明，本书以使用（加载）高级角色为例。

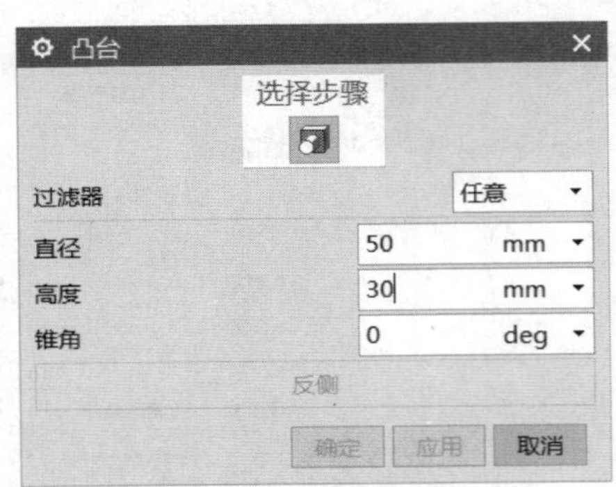

图4-17　“凸台”对话框

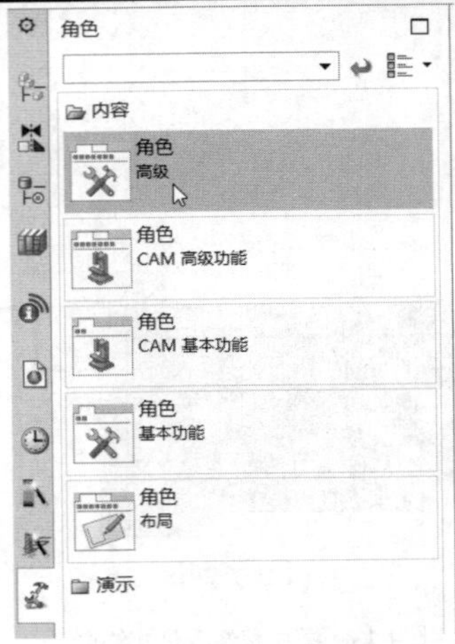

图4-18　加载高级角色

2 选择凸台特征的平整放置面。

3 在“凸台”对话框中设置凸台直径、高度和锥角参数等，然后单击“确定”按钮。

4 系统弹出图 4-19 所示的“定位”对话框，用定位尺寸对凸台进行定位，确定后即可完成凸台特征。例如，在“定位”对话框中单击“垂直”按钮，在目标实体上选择图 4-20 所示的目标边，接着在“定位”对话框的当前表达式的右框中输入距离值，单击“应用”按钮，从而完成一个定位尺寸的建立。使用同样的方法再选择另一个正交方向的目标边及输入其相应的距离值，最后单击“确定”按钮，即可完成该凸台位置的充分定义。

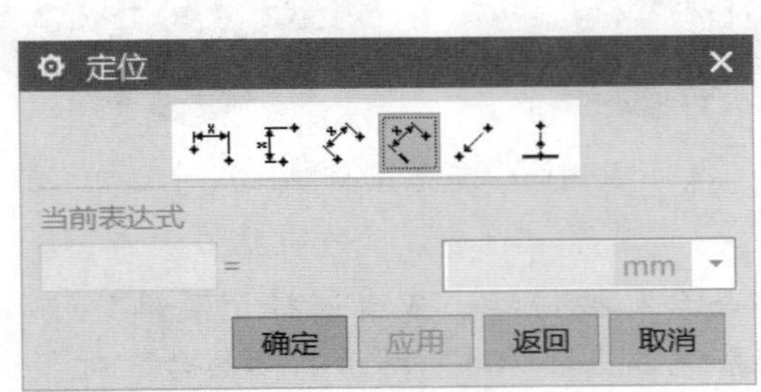

图4-19　“定位”对话框

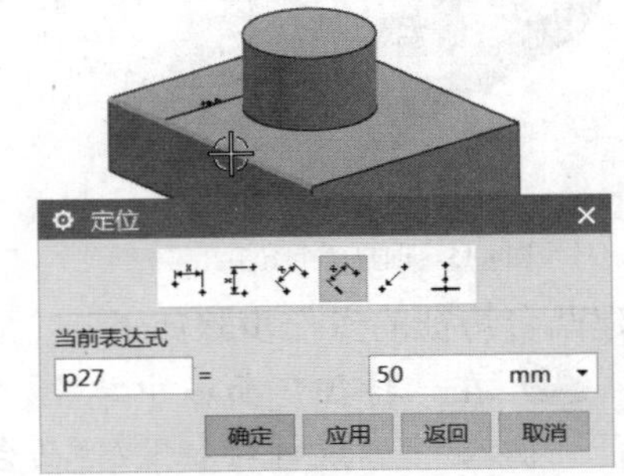

图4-20　创建定位尺寸对凸台进行定位

凸台特征创建好之后，如果要编辑凸台特征的参数，那么可以右击凸台特征并从弹出的快捷菜单中选择“编辑参数”命令，打开“编辑参数”对话框，从中可单击“特征对话框”

按钮和“重新附着”按钮来进行相应参数的编辑操作，如图 4-21 所示。

如果要编辑凸台特征的位置，那么可以右击凸台特征并从弹出的快捷菜单中选择“编辑位置”命令，弹出“编辑位置”对话框，从中可进行添加尺寸、编辑尺寸值和删除尺寸操作，如图 4-22 所示。

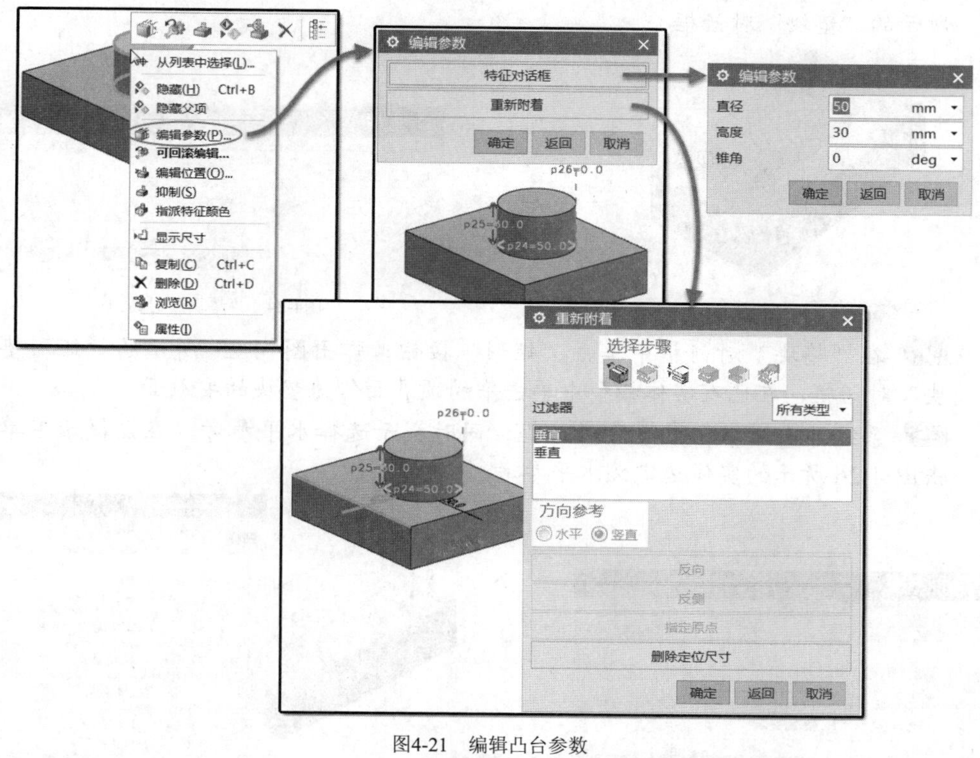

图4-21　编辑凸台参数

图4-22　“编辑位置”对话框

4.4　垫块特征

使用“垫块”功能可以在已存在实体上创建一个矩形垫块或常规垫块。所谓的矩形垫块，其形状为矩形，并且必须安放在平的表面上；而常规垫块则可以为任何形状，可以被安放在任意形状的表面上。

4.4.1　矩形垫块

可以按照设定的长度、宽度和高度来定义垫块，在拐角处还可以设置特定的半径和锥

角。矩形垫块的示例如图 4-23 所示，下面以该矩形垫块为例（其配套的练习文件为“\DATA\CH4\bc_4_4a_jxdk.prt”）介绍其创建步骤。

1 在功能区的“主页”选项卡的“特征”面板中单击“更多”/“垫块”按钮，或者选择“菜单”/“插入”/“设计特征”/“垫块”命令，弹出图 4-24 所示的“垫块”对话框。

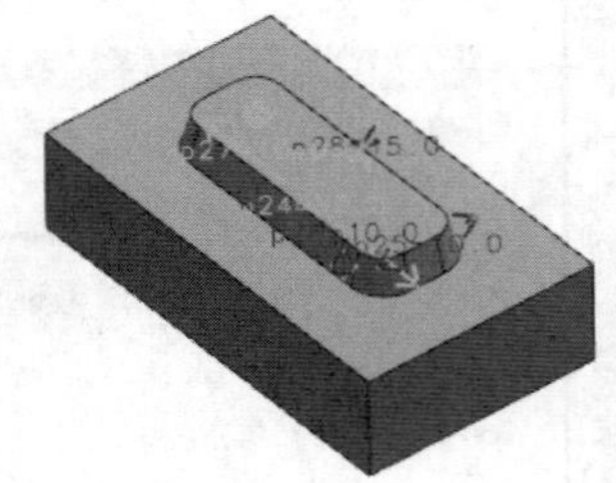

图4-23　矩形垫块示例

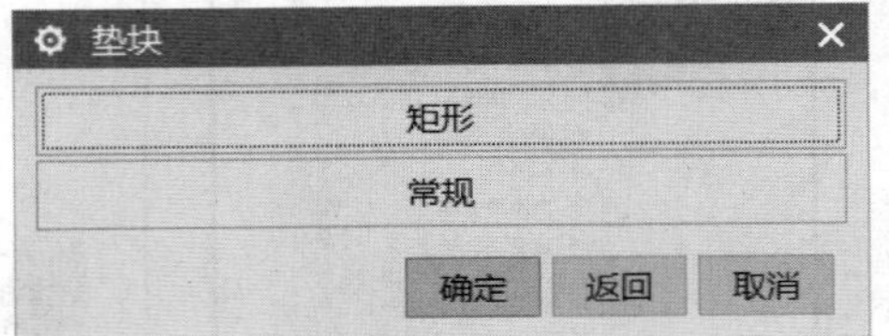

图4-24　“垫块”对话框

2 在“垫块”对话框中单击“矩形”按钮，弹出图 4-25 所示的“矩形垫块”对话框，在已有实体模型中单击平的顶表面作为垫块的安放面。

3 系统弹出“水平参考”对话框，同时提示选择水平参考，在该提示下单击图 4-26 所示的实体边定义水平参考。

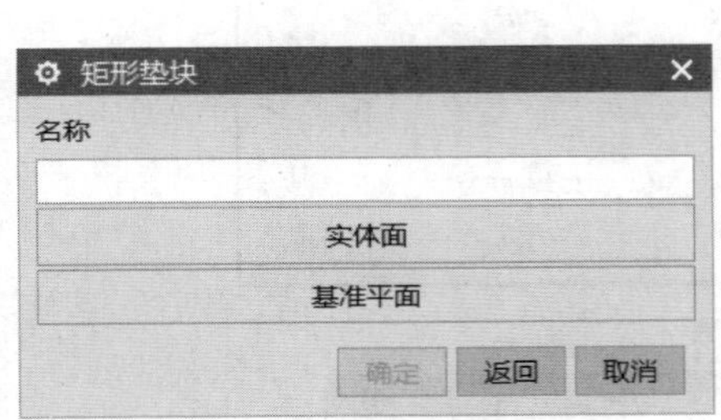

图4-25　“矩形垫块”对话框

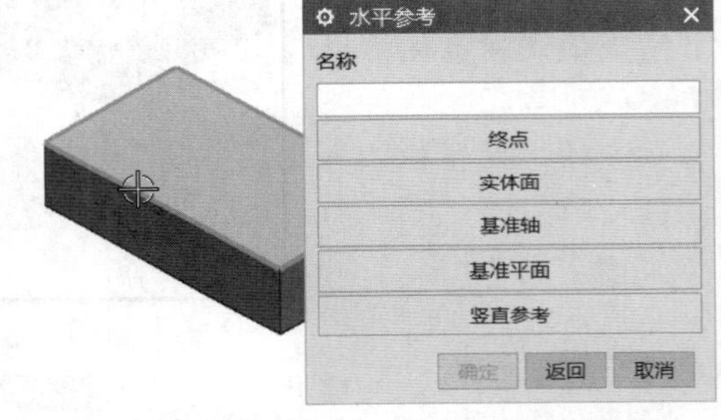

图4-26　“水平参考”对话框与指定水平参考

4 “矩形垫块”对话框变为图 4-27 所示的结果，从中设置矩形垫块的长度为 80mm，宽度为 30mm，高度为 10mm，拐角半径为 10mm，以及锥角为 15deg，然后单击“确定”按钮。注意长度参数是沿着水平参考方向（x 方向）测量的。

5 系统弹出“定位”对话框，使用该对话框提供的定位工具来添加合适的定位尺寸完全定义矩形垫块的位置。

在本例中，单击“定位”对话框中的“垂直”按钮，接着在目标实体上选择目标边/基准，并在提示下选择工具边，如图 4-28 所示，然后在弹出的“创建表达式”对话框中将目标边和工具边之间的距离尺寸值设置为 19mm，单击“确定”按钮。

使用同样的方法，再次单击“定位”对话框中的“垂直”按钮，分别指定图 4-29 所示的目标边和工具边（为了选择便于选择所需的工具边，可以选择“静态线框”来定义模型显示），并在弹出的“创建表达式”对话框的尺寸框内输入该垂直距离尺寸为 60mm，然后单击“确定”按钮。

6 返回到“定位”对话框，单击“定位”对话框中的“确定”按钮，从而完成该矩形垫块的创建。

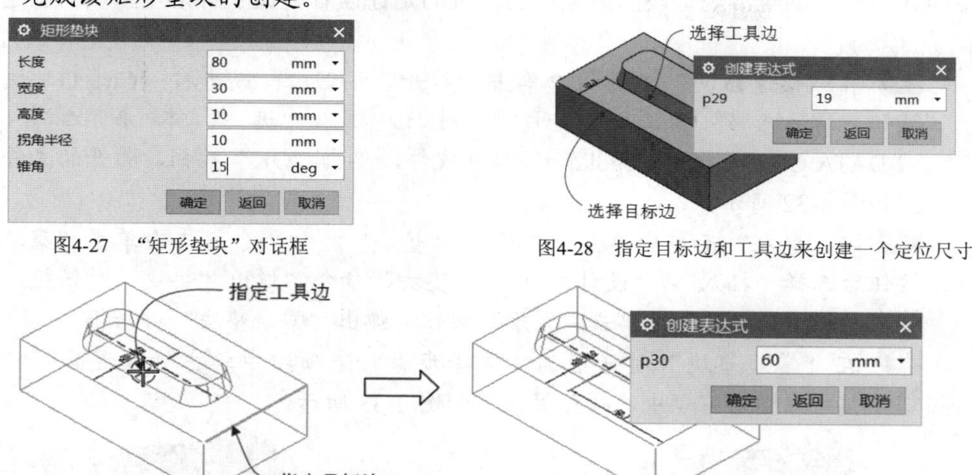

矩形垫块
长度
80
mm
宽度
30
mm
高度
10
mm
拐角半径
10
mm
锥角
15
deg
确定
返回
取消

图4-27 “矩形垫块”对话框

选择工具边
创建表达式
p29
19
mm
确定
返回
取消
选择目标边

图4-28 指定目标边和工具边来创建一个定位尺寸

指定工具边
指定目标边
创建表达式
p30
60
mm
确定
返回
取消

图4-29 创建第 2 个垂直距离定位尺寸

4.4.2 常规垫块

常规垫块（也称常规凸垫）的创建要灵活且复杂一些，常规垫块的示例如图 4-30 所示。要创建常规垫块，则需要在“垫块”对话框中单击“常规”按钮，弹出图 4-31 所示的“常规垫块”对话框，该对话框提供的选择步骤依次为“放置面”“放置面轮廓”“顶面”“顶部轮廓曲线”“目标体”“放置面轮廓投影矢量”“顶面平移矢量”“顶部轮廓投影矢量”“放置面上的对准点”和“顶部对齐点”，有些步骤是可选的。注意要定义常规垫块的形状，必须指定垫块放置面和顶面的轮廓，其放置面可以是平的面或自由曲面，而不像矩形垫块那样严格来说是一个平的面。

常规凸垫
放置半径
顶面
放置面
顶面半径

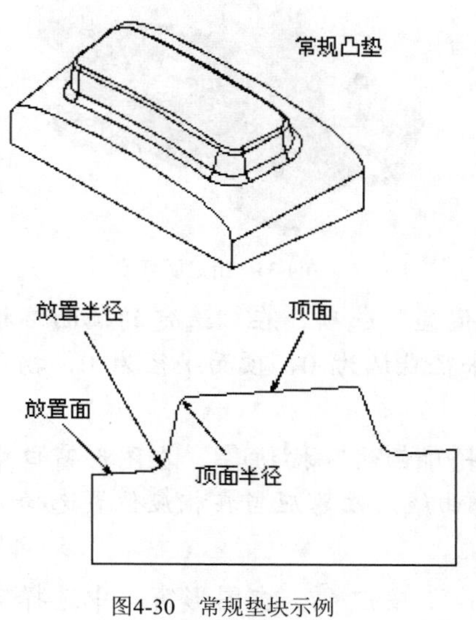

图4-30 常规垫块示例

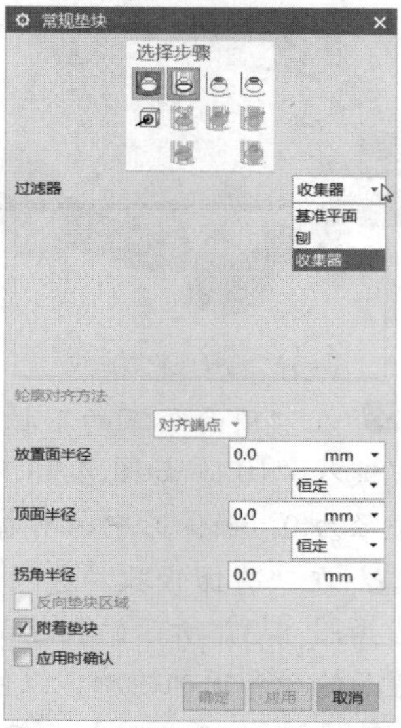

常规垫块
选择步骤
过滤器
收集器
基准平面
刨
收集器
轮廓对齐方法
对齐端点
放置面半径
0.0
mm
恒定
顶面半径
0.0
mm
恒定
拐角半径
0.0
mm
反向垫块区域
附着垫块
应用时确认
确定
应用
取消

图4-31 “常规垫块”对话框

下面介绍一个创建常规垫块的典型示例，目的是让读者大概了解常规垫块的创建步骤和方法。

1 在“快速访问”工具栏中单击“打开”按钮，或者按“Ctrl+O”快捷键，系统弹出“打开”对话框，选择本书配套的“\DATA\CH4\bc_4_4b_cgdk.prt”部件文件，单击“OK”按钮，打开的文件模型如图 4-32 所示。

2 在“特征”面板中单击“更多”/“垫块”按钮，或者在单击“菜单”按钮后选择“插入”/“设计特征”/“垫块”命令，弹出“垫块”对话框，接着在“垫块”对话框中单击“常规”按钮，弹出“常规垫块”对话框。

3 在“常规垫块”对话框的“选择步骤”选项组中单击“放置面”按钮，接着在图形窗口中选择放置面，如图 4-33 所示。

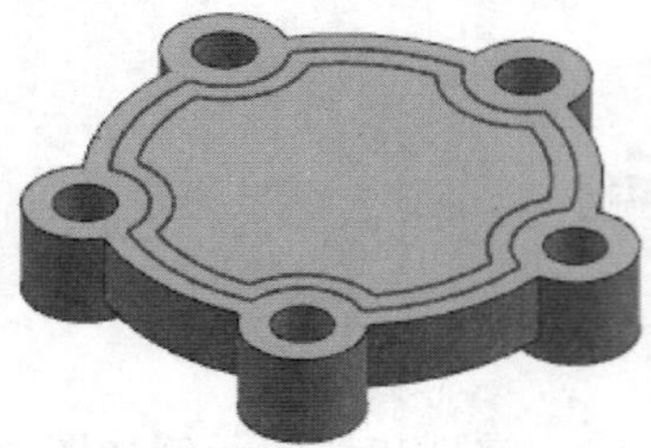

图4-32　打开的原始素材

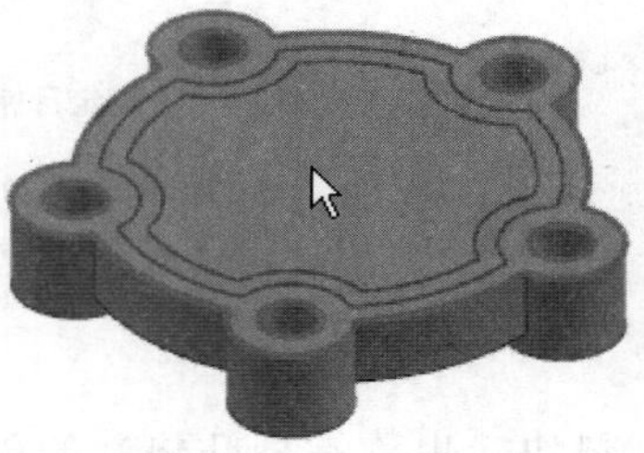

图4-33　选择放置面

4 在“选择步骤”选项组中单击“选择面轮廓”按钮，在选择条的“曲线规则”下拉列表框中选择“相连曲线”选项，在图形窗口中选择放置面轮廓曲线，如图 4-34 所示。

5 在“选择步骤”选项组中单击“顶面”按钮，在图形窗口中选择图 4-35 所示的实体面作为顶面。

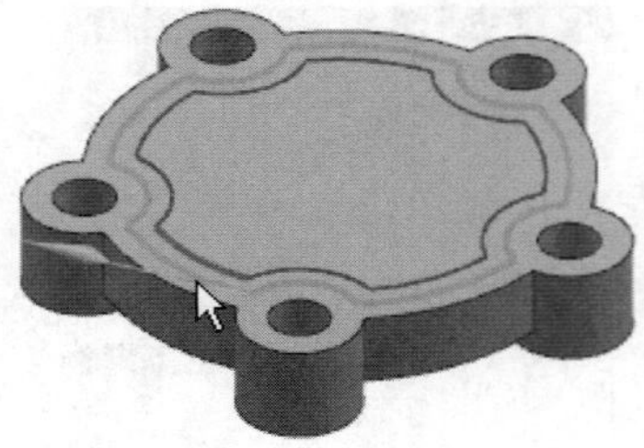

图4-34　选择面轮廓曲线

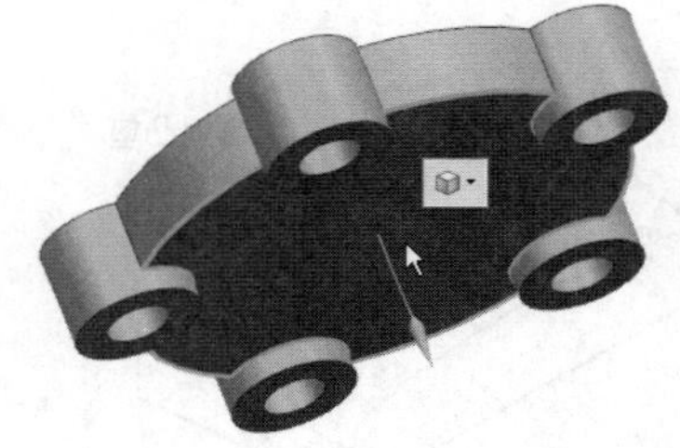

图4-35　指定顶面

6 在“顶面”下的下拉列表框中选择“偏置”选项，在“选定的顶面”框中键入“10”，如图 4-36 所示，而放置面半径默认为 0，顶面半径为 0，拐角半径为 0，确保选中“附着垫块”复选框。

7 在“选择步骤”选项组中单击“顶部轮廓曲线”按钮，在图形窗口中选择图 4-37 所示的相连曲线作为顶部轮廓曲线。注意应当在相应位置选择放置面轮廓和顶部轮廓，以便获得最佳结果。

8 在“选择步骤”选项组中单击“目标体”按钮，在图形窗口中选择实体，如图 4-38 所示。

9 在“常规垫块”对话框中单击“确定”按钮，再次在该对话框中单击“确定”按钮（一共在该对话框中单击“确定”按钮两次）。翻转模型视图视角，可以看到创建的常规垫块如图 4-39 所示。

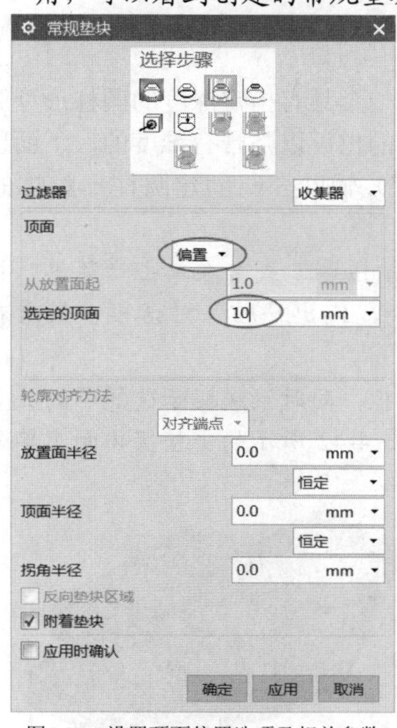

图4-36　设置顶面偏置选项及相关参数

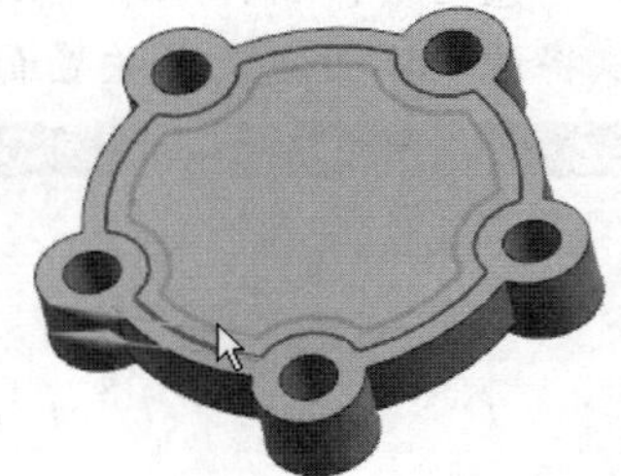

图4-37　选择顶部轮廓曲线

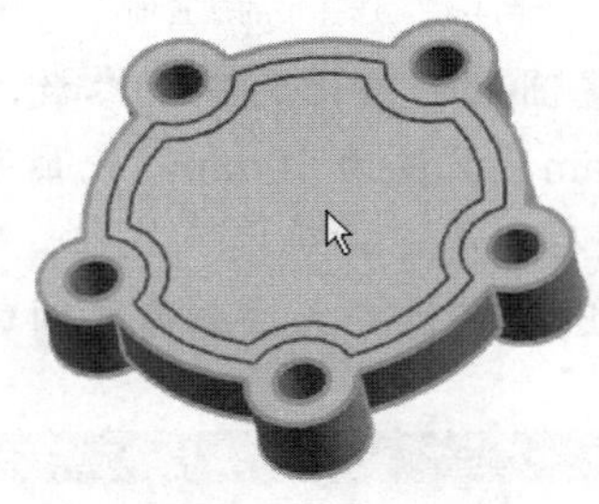

图4-38　选择目标体

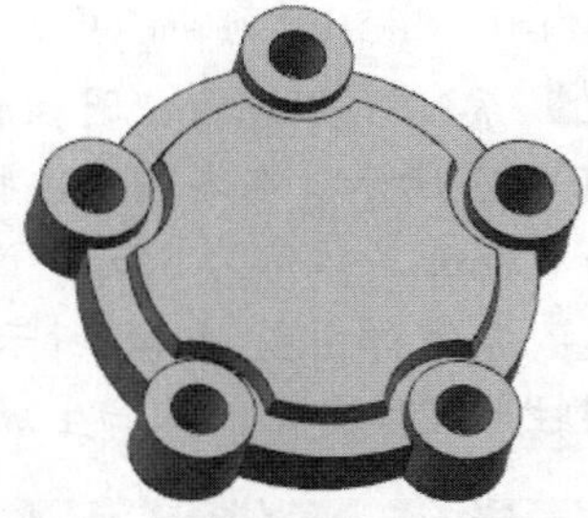

图4-39　创建的常规垫块

10 在“垫块”对话框中单击“关闭”按钮☒。

4.5 腔体特征

在实体上创建腔体特征实际上就是用设定参数的腔体形状在实体上移除材料。腔体特征主要分为 3 种类型，即圆柱形腔体、矩形腔体和常规腔体。

要创建腔体特征，则在“特征”面板中单击“更多”/“腔”按钮，或者在单击“菜单”按钮后选择“插入”/“设计特征”/“腔”命令，弹

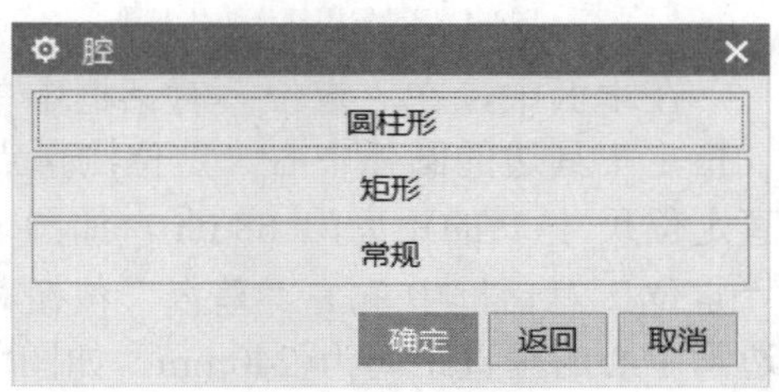

图4-40　“腔”对话框

出图 4-40 所示的"腔"对话框，该对话框提供了用于创建 3 种类型的腔体特征的按钮："圆柱形"按钮、"矩形"按钮和"常规"按钮。

4.5.1 圆柱形腔体

在"腔"对话框中单击"圆柱形"按钮，可以定义一个具有指定深度的圆柱形型腔，其底面可以具有倒圆也可以不具有倒圆，其侧壁可以是直的也可以是带有锥度的。下面以一个范例（配套的练习文件为"\DATA\CH4\bc_4_5_qt.prt"）辅助介绍创建圆柱形腔体的操作步骤。

1 在"特征"面板中单击"更多"/"腔"按钮，或者在单击"菜单"按钮后选择"插入"/"设计特征"/"腔"命令，弹出"腔"对话框，接着在"腔"对话框中单击"圆柱形"按钮。

2 系统弹出图 4-41 所示的"圆柱腔"对话框，同时系统提示选择平的放置面（包括实体面、基准平面）。在本例中，在图 4-42 所示的平整实体面上单击以将该实体面定义为放置面。

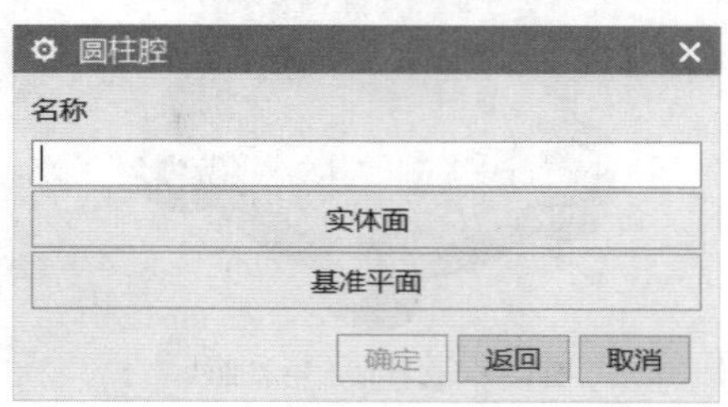

图4-41　"圆柱腔"对话框（1）

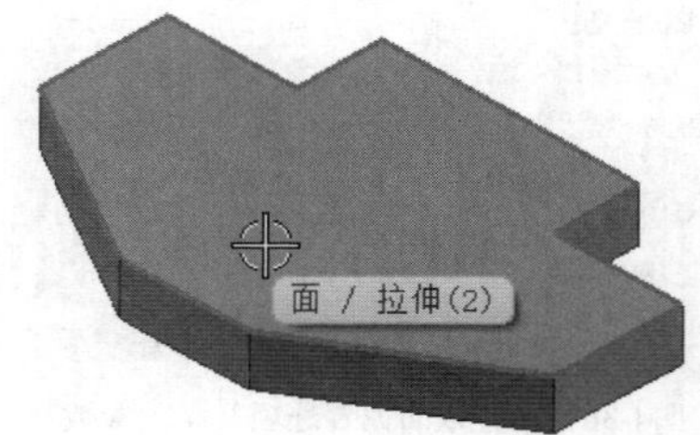

图4-42　选择平的放置面

3 系统弹出新的"圆柱腔"对话框，从中设置圆柱形腔体的各项参数，如图 4-43 所示。在本例中，将腔体直径设置为 50mm，深度为 10mm，底面半径为 6.8mm，锥角为 5deg。设置好圆柱形腔体参数后，单击"确定"按钮。

4 系统弹出图 4-44 所示的"定位"对话框。选择定位方式按钮为要创建的圆柱形腔体定位，从而生成圆柱形腔体特征。

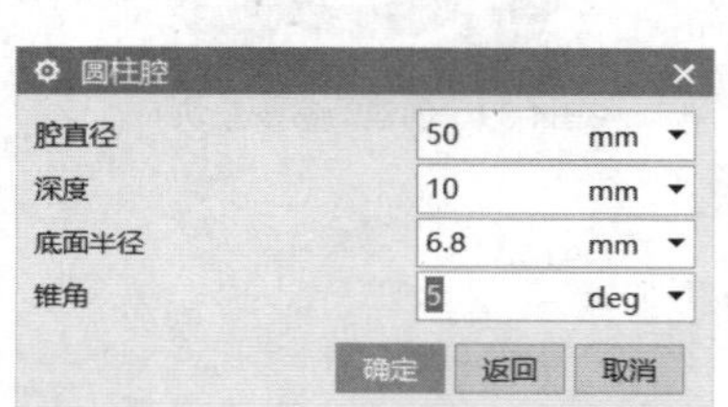

图4-43　设置圆柱形腔体参数

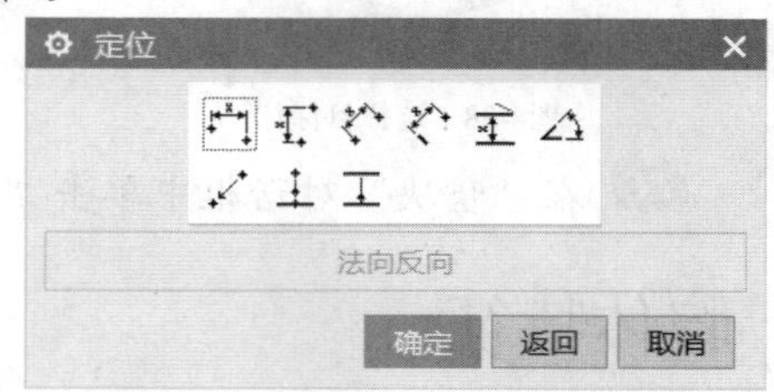

图4-44　"定位"对话框

在本例中，在"定位"对话框中单击"垂直"按钮，接着分别选择目标边和工具边（指定工具边的圆弧中心为定位测量点），并在"创建表达式"对话框的尺寸框中设置该垂直定位尺寸 1 的距离为 68mm，如图 4-45 所示，单击"确定"按钮。使用同样的方法，在"定位"对话框中单击"垂直"按钮，分别指定目标边和工具边，并设置目标边到工具边圆中心的垂直距离为 240mm，如图 4-46 所示，单击"创建表达式"对话框中的"确定"按钮，创建的圆柱形腔体如图 4-47 所示。

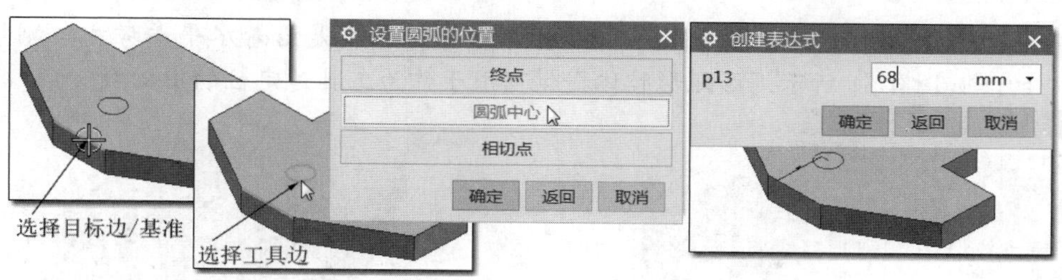

图4-45　创建定位尺寸 1

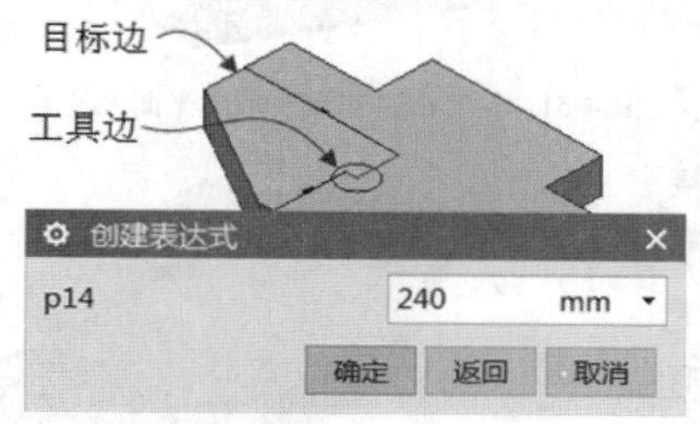

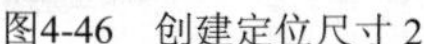

图4-46　创建定位尺寸 2

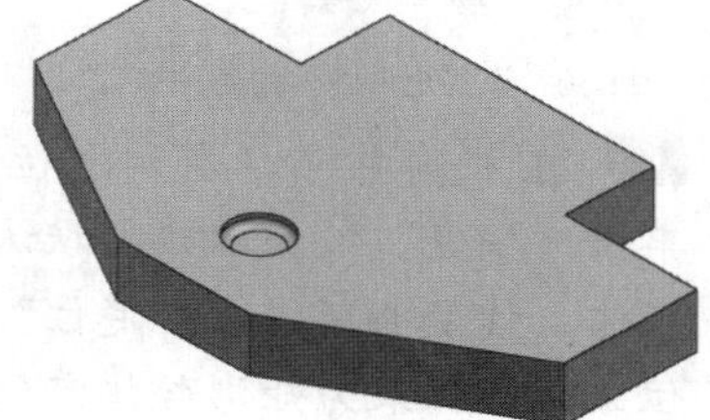

图4-47　圆柱形腔体

4.5.2　矩形腔体

在“腔”对话框中单击“矩形”按钮，可以定义一个具有指定长度、宽度和深度的矩形型腔，在其拐角和底面可带有指定半径的倒圆，其侧壁可以是直的或拔锥的。

创建矩形腔体和创建圆柱形腔体的操作步骤类似，不同之处是矩形腔体还需要指定水平参考。下面介绍创建矩形腔体的一个简单操作范例。

1 在“特征”面板中单击“更多”/“腔”按钮，或者在单击“菜单”按钮后选择“插入”/“设计特征”/“腔”命令，弹出“腔”对话框，接着在“腔”对话框中单击“矩形”按钮。

2 系统弹出图 4-48 所示的“矩形腔体”对话框，同时系统提示选择平的放置面，此时在模型中选择平的放置面。

3 系统弹出“水平参考”对话框，利用该对话框辅助指定水平参考，如图 4-49 所示。

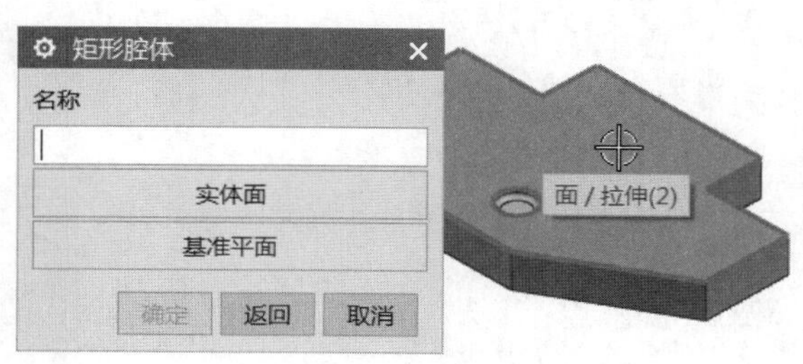

图4-48　选择平的放置面

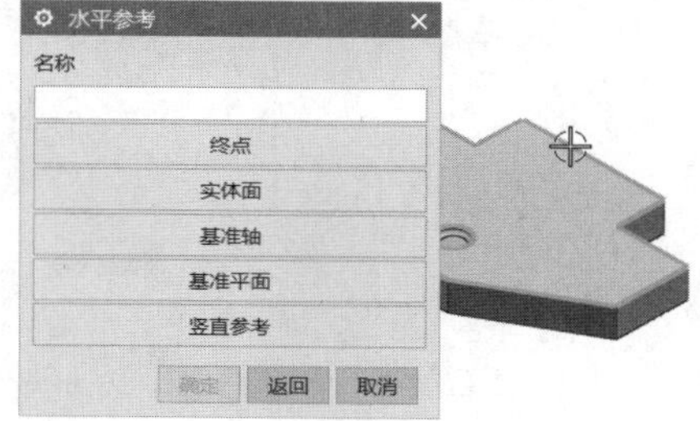

图4-49　选择水平参考

4 在弹出的新“矩形腔体”对话框中设置矩形腔体的各项参数，如图 4-50 所示。注意拐角半径必须大于或等于底面半径。

5 设置好矩形腔体的各项参数后，单击“确定”按钮。矩形腔体出现在选

择放置平面时单击的位置处，并且矩形腔体的长度是沿着水平参考方向测量的，如图 4-51 所示。该矩形腔体提供可用于作为工具边定位的中心线。

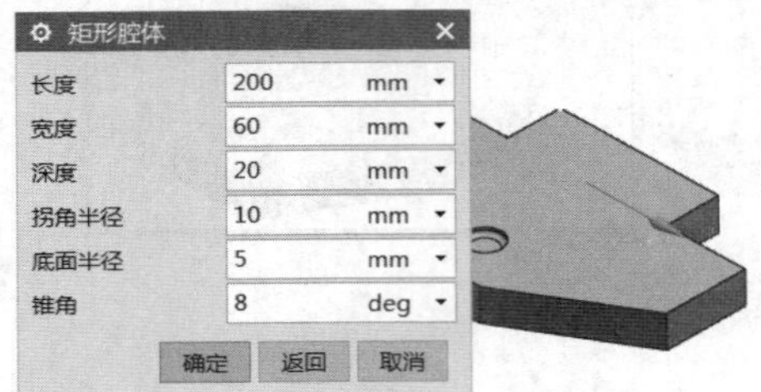

图4-50 设置矩形腔体的各项参数

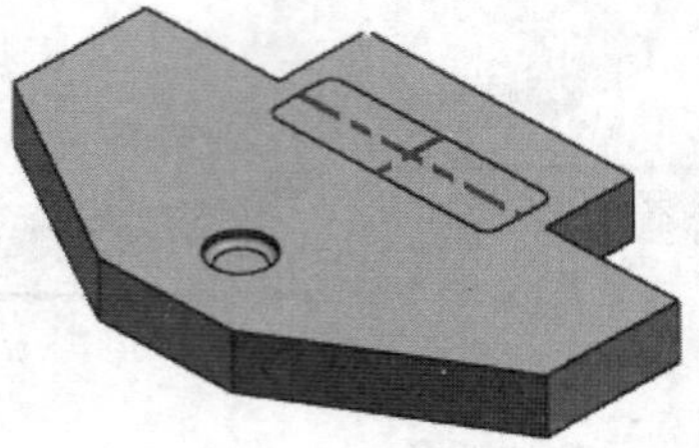

图4-51 矩形腔体出现在放置平面上

6 在本例中可以在“定位”对话框中直接单击“确定”按钮以接受默认位置来完成矩形腔体。读者也可以在“定位”对话框中选择定位方式按钮来为矩形腔体定位，最后完成矩形腔体的参考效果如图 4-52 所示。

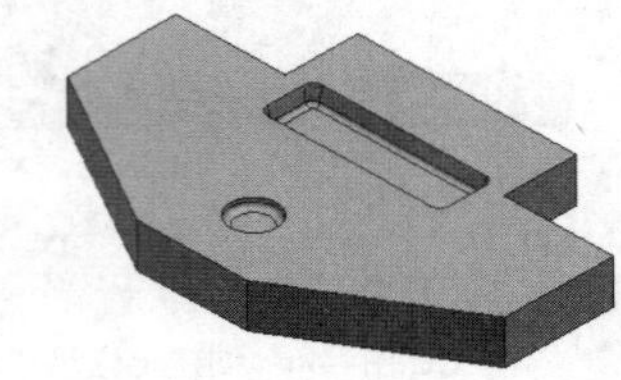

图4-52 创建矩形腔体

4.5.3 常规腔体

常规腔体是一个比圆柱形腔体和矩形腔体更具灵活性的腔体。要创建常规腔体，则在“腔”对话框中单击“常规”按钮，打开图 4-53 所示的“常规腔”对话框。“常规腔”对话框中的选择步骤按钮及其他选项与 4.4.2 小节介绍的“常规垫块”对话框基本一致，可以说常规腔体的创建方法和常规垫块的创建方法基本相同，但创建结果不同，常规腔体是去除材料，而常规垫块则是添加材料。

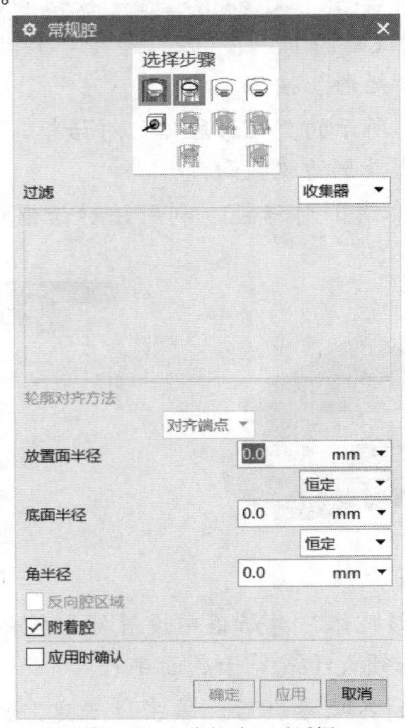

图4-53 “常规腔”对话框

4.6 键槽特征

使用“键槽”功能可以在实体中以直槽形状添加一条通槽（即以键槽特定的形状去除一定材料来形成），使其通过实体或位于实体内部。要创建键槽特征，则可以按照如下简述的方法步骤来进行操作。

1 在“特征”面板中单击“更多”/“键槽”按钮，或者在单击“菜单”按钮后选择“插入”/“设计特征”/“键槽”命令，打开图 4-54 所示的“键槽”对话框。

2 在“键槽”对话框中指定键槽类型，可供选择的键槽类型包括“矩形槽”“球形端槽”“U 形槽”“T 型键槽”和“燕尾槽”。注意根据设计要求是否选中“通槽”复选框。

3 选择键槽的放置平面（可以选择平的实体面，也可以选择所需的基准平面），并选择键槽的水平参考。如果要创建的键槽为通槽形式（即在步骤2中选中“通过槽”复选框，以设置要创建一个完全通过两个选定面的键槽），则还需要根据提示信息来指定贯通面（如起始贯通面和终止贯通面）。

4 在弹出的对话框中设置键槽的参数，然后单击“确定”按钮。

5 利用弹出的“定位”对话框选择定位方式来进行键槽的定位操作，从而完成键槽的创建。

下面介绍各键槽类型的特点及所需的参数。

一、矩形槽

矩形槽是一种较为常见的键槽，它是沿底部创建的具有锐边的键槽，如图 4-55 所示。矩形槽的必要参数如下。

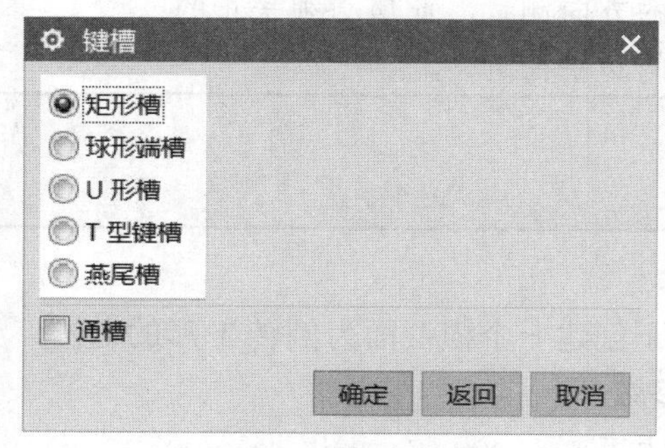

图4-54 “键槽”对话框

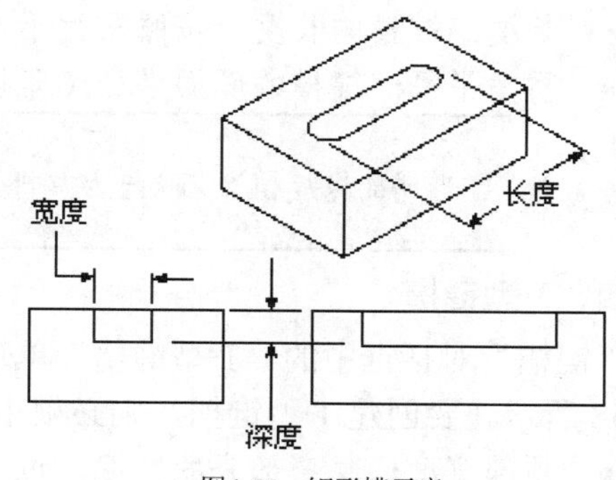

图4-55 矩形槽示意

- 宽度：形成键槽的工具的宽度。
- 深度：键槽的深度，按照与键槽轴相反的方向测量，是指原点到键槽底面的距离，此值必须是正的。
- 长度：键槽的长度，按照平行于水平参考方向测量，此值必须是正的。

二、球形端槽

“键槽”对话框中的“球形端槽”单选按钮用于创建具有球体底面和拐角的键槽，如图 4-56 所示，创建该类型的键槽必须指定以下参数。

- 球直径：键槽的宽度（即刀具的直径）。
- 深度：键槽的深度，按照与键槽轴相反的方向测量，是指原点到键槽底面的距离，此值必须是正的。
- 长度：键槽的长度，按照平行于水平参考的方向测量。此值必须是正的。

球形端槽的深度值必须大于球半径（球直径的一半）。

三、U 形槽

“键槽”对话框中的“U 形槽”单选按钮用于创建一个 U 形键槽，此类键槽具有圆角和底面半径，如图 4-57 所示。在创建 U 形槽的过程中，必须指定以下参数。

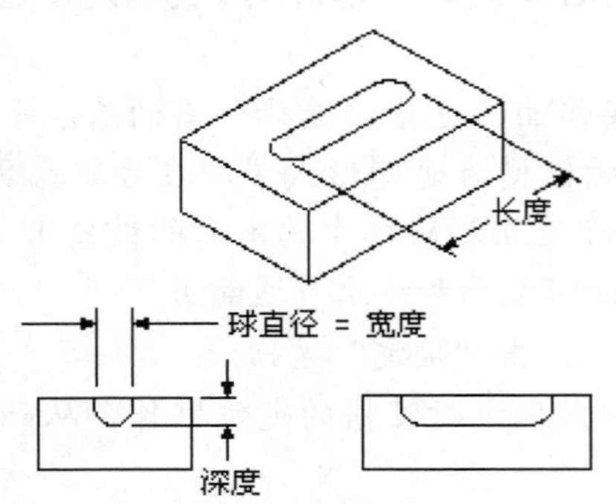

图4-56　球形端槽示意

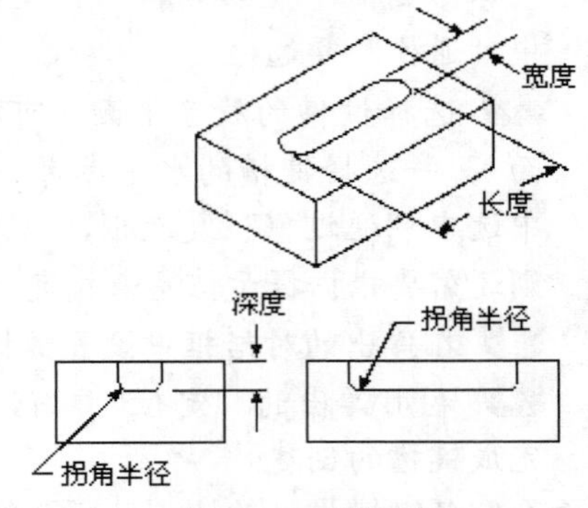

图4-57　U 形槽示意

- 宽度：键槽的宽度（即切削刀具的直径）。
- 深度：键槽的深度，按照与键槽轴相反的方向测量，是指原点到键槽底面的距离，此值必须是正的。
- 长度：键槽的长度，按照平行于水平参考的方向测量，此值必须是正的。
- 拐角半径：键槽的底面半径（即切削刀具的边半径）。

U 形槽的深度值必须大于拐角半径值。

四、T 型键槽

“键槽”对话框中的“T 型键槽”单选按钮用于创建一个横截面为倒转 T 形的键槽，如图 4-58 所示。要创建 T 型键槽，则必须指定以下参数。

- 顶部宽度：狭窄部分的宽度，位于键槽的上方。
- 底部宽度：较宽部分的宽度，位于键槽的下方。
- 顶部深度：键槽顶部的深度，按键槽轴的反方向测量，是指键槽原点到测量底部深度值时的顶部的距离。
- 底部深度：键槽底部的深度，按刀轴的反方向测量，是指测量顶部深度值时的底部到键槽底部的距离。

五、燕尾槽

“键槽”对话框中的“燕尾槽”单选按钮用于创建一个“燕尾”形状的键槽，此类键槽

具有尖角和斜壁，如图 4-59 所示。要创建燕尾槽，则必须指定以下参数。

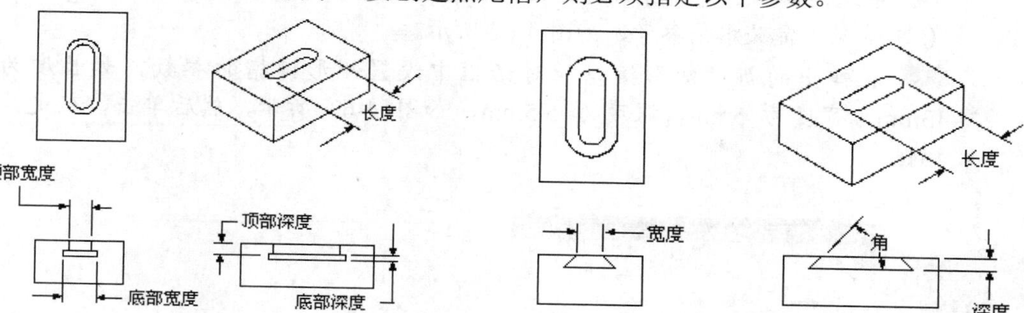

图4-58　T 型键槽示意

图4-59　燕尾槽示意

- 宽度：在实体的面上键槽的开口宽度，按垂直于键槽刀轨的方向测量，其中心位于键槽原点。
- 深度：键槽的深度，按刀轴的反方向测量，是指原点到键槽底部的距离。
- 角度：键槽底面与侧壁的夹角。

下面介绍创建键槽的一个典型操作范例，该典型操作范例使用的配套部件文件为“\DATA\CH4\bc_4_6_jctz.prt”。

1 打开配套部件文件后，在功能区的“主页”选项卡的“特征”面板中单击“更多”/“键槽”按钮，或者单击“菜单”按钮后选择“插入”/“设计特征”/“键槽”命令，弹出“键槽”对话框。

2 在“键槽”对话框中确保清除“通槽”复选框（即不选中“通槽”复选框），单击“矩形槽”单选按钮。

3 确定键槽类型后，系统弹出一个用于定义平面放置面的“矩形键槽”对话框，在图形窗口中选择图 4-60 所示的基准平面作为新矩形键槽的放置面。接着在弹出的对话框中单击“翻转默认侧”按钮，以使默认侧箭头指向 *zc* 轴正方向，如图 4-61 所示。

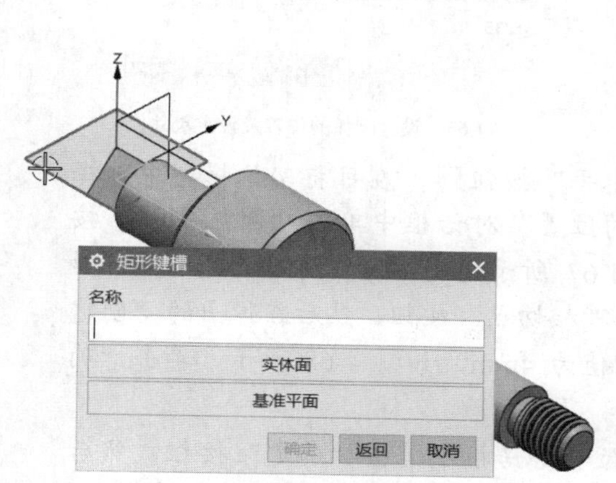

图4-60　选择基准平面作为键槽的放置面

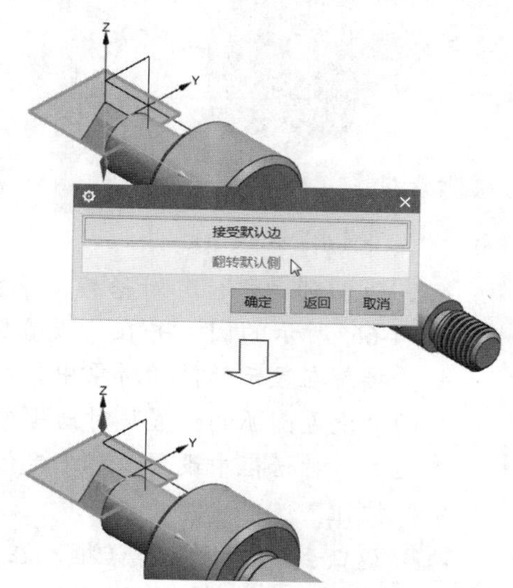

图4-61　反向默认侧

4 系统弹出“水平参考”对话框，在图形窗口中选择基准坐标系中的 *X* 轴（即 *xc* 轴）定义水平参考，如图 4-62 所示。

5 在弹出的新“矩形键槽”对话框中设置矩形键槽的参数，如长度为 13mm，宽度为 5mm，深度为 5.5mm，如图 4-63 所示，然后单击“确定”按钮。

图4-62　选择水平参考

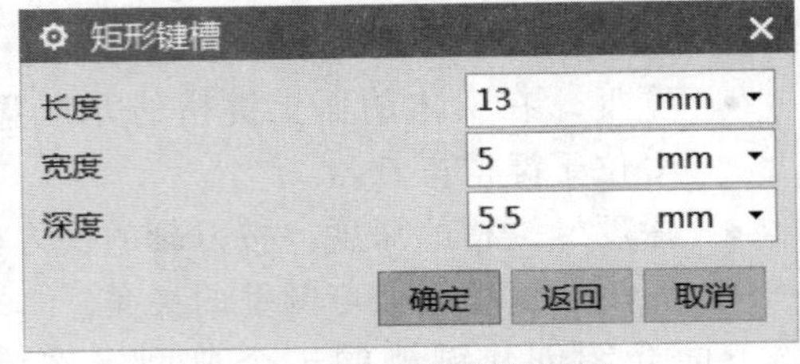

图4-63　设置矩形键槽的参数

6 在弹出的“定位”对话框中单击“垂直”按钮，在模型中单击 *xc-zc* 坐标平面作为目标基准或单击 *xc* 轴作为目标边，接着在键槽中选择图 4-64 所示的一条圆弧边作为工具边，在弹出的“设置圆弧的位置”对话框中单击“圆弧中心”按钮，并在“创建表达式”对话框的尺寸框中设置该垂直定位尺寸值为 0，如图 4-65 所示，然后单击“确定”按钮。

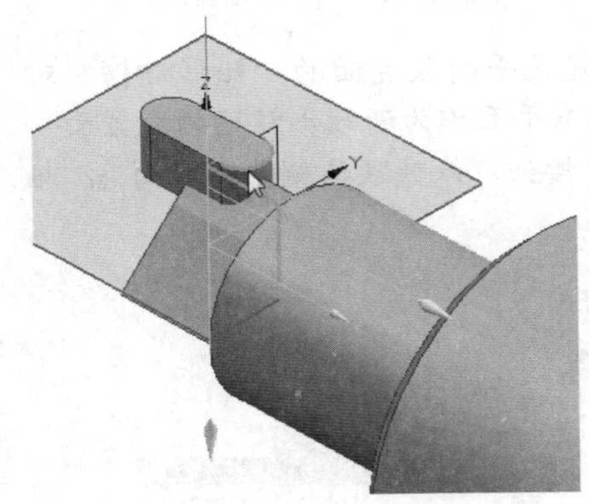

图4-64　指定工具边

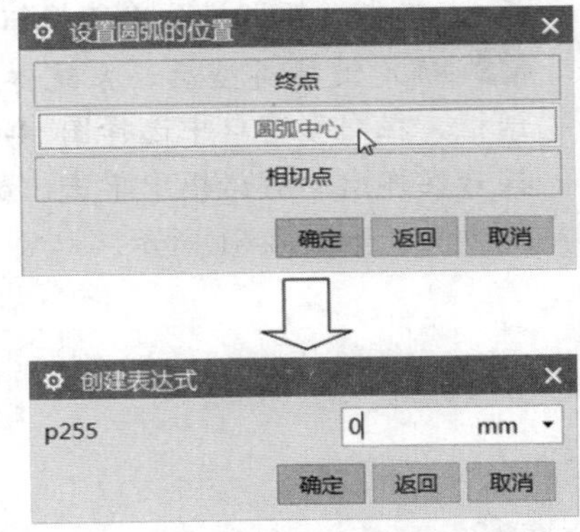

图4-65　设置圆弧的位置及设定尺寸值

7 返回到“定位”对话框，单击“水平”按钮，在目标实体模型中选择图 4-66 所示的圆，并在“设置圆弧的位置”对话框中单击“圆弧中心”按钮。接着在显示的键槽对象中单击图 4-67 所示的圆弧边作为刀具边，并在弹出的“设置圆弧的位置”对话框中单击“相切点”按钮，然后在弹出的“创建表达式”对话框中设置该水平定位尺寸值为 4mm，如图 4-68 所示，单击“确定”按钮。

8 返回到“定位”对话框，在“定位”对话框中单击“确定”按钮，然后在“矩形键槽”对话框中单击“关闭”按钮以关闭“矩形键槽”对话框，

创建的矩形键槽如图 4-69 所示。

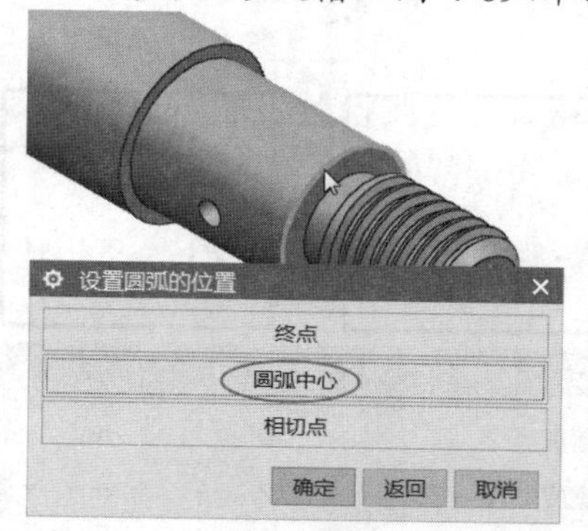

图4-66　选择目标对象及设置其圆弧的位置

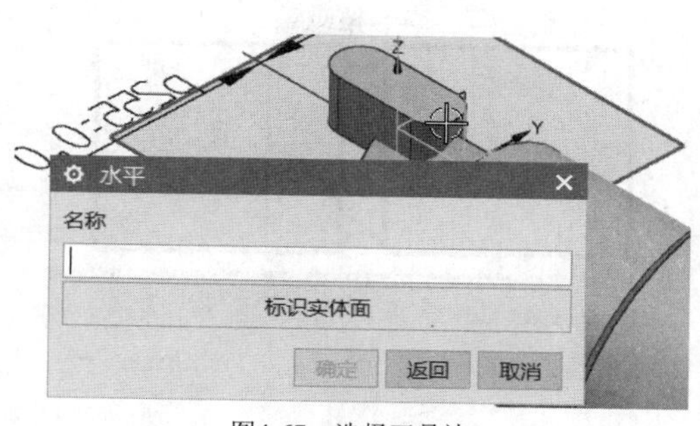

图4-67　选择刀具边

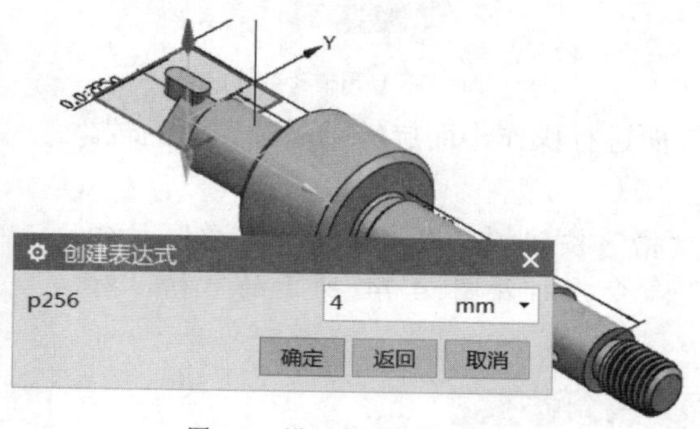

图4-68　设置水平定位尺寸值

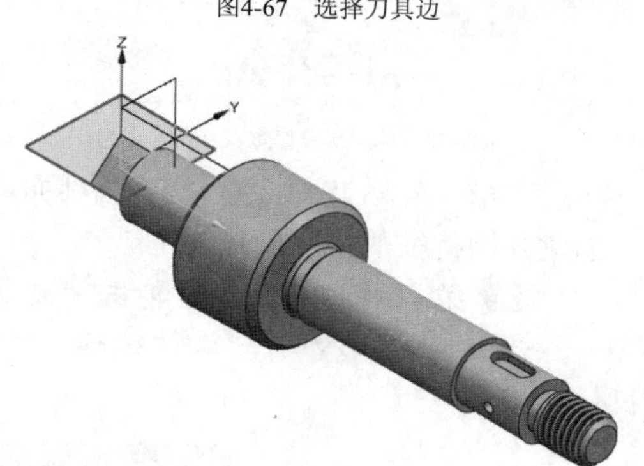

图4-69　完成创建矩形键槽

4.7 开槽特征

使用“槽”功能（也称“开槽”功能）可以在实体上创建一个类似于车削加工形成的环形槽，这就是所谓的开槽特征，如图 4-70 所示。开槽特征分为以下 3 种类型的槽。

- 矩形槽：角均为尖角的槽，其截面为矩形。矩形槽需要定义的参数包括槽直径和宽度，如图 4-71 所示。

图4-70　开槽示例

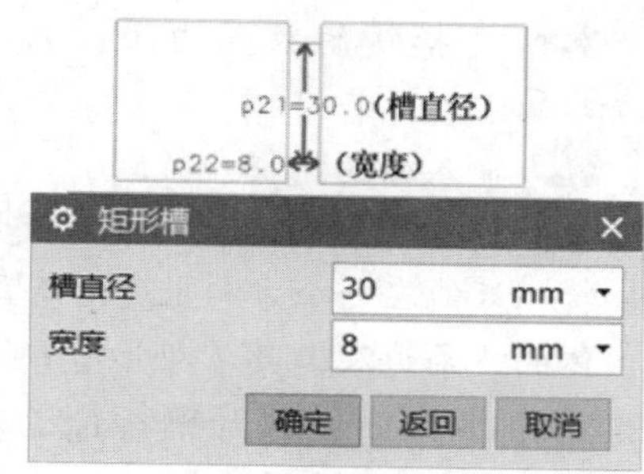

图4-71　矩形槽参数及实例

- 球形端槽：底部为球体的槽，该类型的槽有两个参数，即槽直径和球直径，如图 4-72 所示。
- U 形槽：拐角使用半径的槽，其截面为 U 形，该类型的槽有槽直径、宽度和

拐角半径这 3 个参数，如图 4-73 所示。

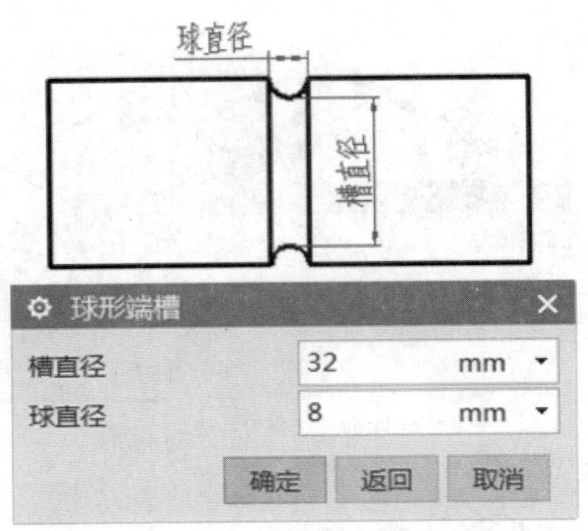

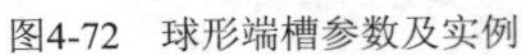

图4-72　球形端槽参数及实例

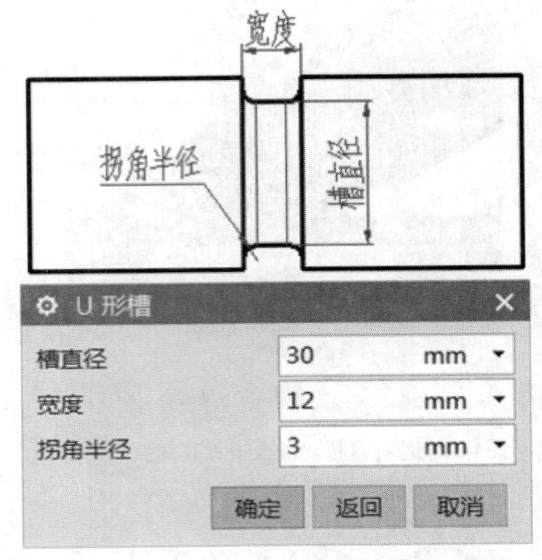

图4-73　U 形槽及实例

注意“槽（开槽）”命令只能对圆柱面或圆锥面进行操作，而旋转轴是选定面的轴。创建开槽特征的步骤简述如下。

1 在“特征”面板中单击“更多”/“槽”按钮，或者单击“菜单”按钮并选择“插入”/“设计特征”/“槽”命令，打开图 4-74 所示的“槽”对话框。

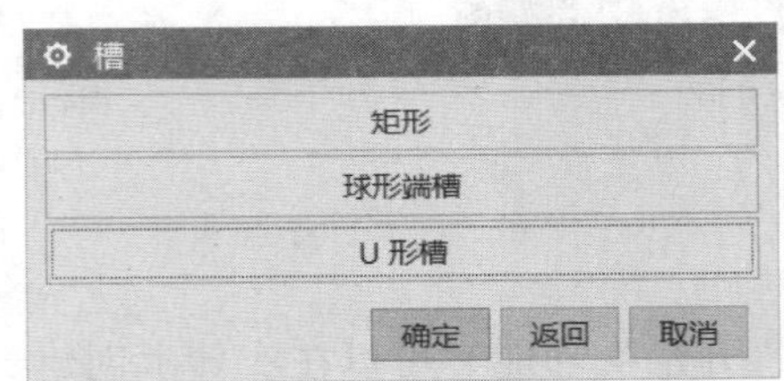

图4-74　“槽”对话框

2 在“槽”对话框中单击“矩形”按钮、“球形端槽”按钮或“U 形槽”按钮以指定槽的类型。

3 选择槽的放置曲面。只能选择圆柱曲面或圆锥曲面来作为槽的放置曲面。

4 输入槽的特征参数。

5 定位开槽特征。开槽的定位和其他一些成形特征的定位稍有不同，开槽特征只能在一个方向上（沿着目标实体的轴）定位槽，这需要通过选择目标实体的一条边及工具（即开槽）的边或中心线来定位槽。

下面详细地介绍创建开槽特征的一个典型操作范例，该典型操作范例的源文件为“\DATA\CH4\bc_4_7_kctz.prt”。

1 在“特征”面板中单击“更多”/“槽”按钮，或者单击“菜单”按钮并选择“插入”/“设计特征”/“槽”命令，弹出“槽”对话框。

2 在“槽”对话框中单击“U 形槽”按钮。

3 系统提示选择放置面。在模型中单击图 4-75 所示的圆柱面作为槽放置面。

4 系统弹出“U 形槽”对话框，从中设置槽直径、宽度和拐角半径，如图 4-76 所示，然后单击“确定”按钮。

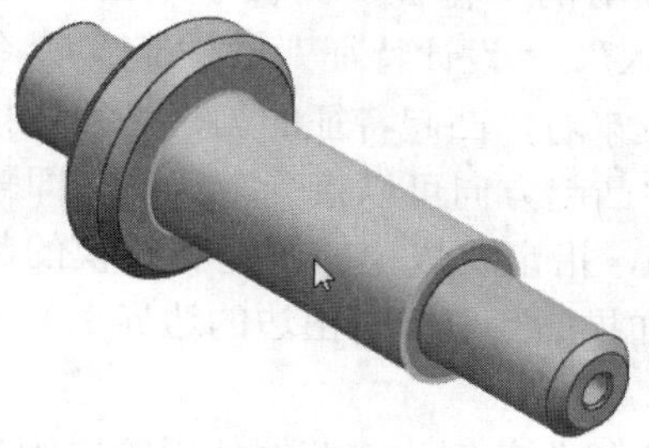

图4-75　选择放置面

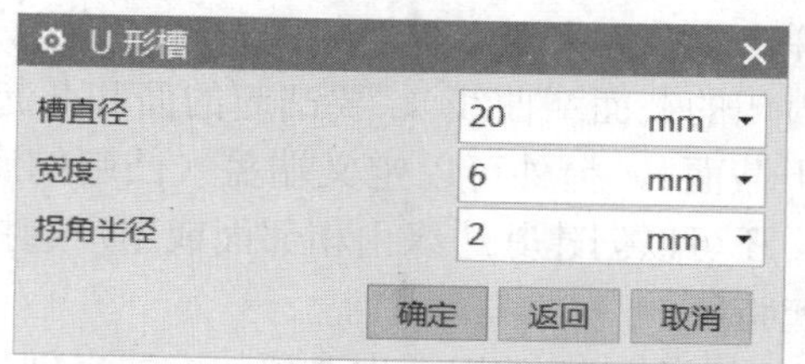

图4-76　设置 U 形槽参数

5 此时，系统提示选择目标边或单击“确定”按钮接受初始位置。在本例中单击轴零件中的一条圆形边作为目标边，如图 4-77 所示。指定目标边后，系统提示选择刀具边（刀具边也称工具边），在该提示下单击图 4-78 所示的边作为刀具边，然后在弹出的“创建表达式”对话框中设置该定位尺寸值为 0，如图 4-79 所示，最后单击“创建表达式”对话框中的“确定”按钮。

6 在弹出的“U 形槽”对话框中单击“关闭”按钮以关闭“U 形槽”对话框，创建的 U 形槽如图 4-80 所示。

图4-77　选择目标边

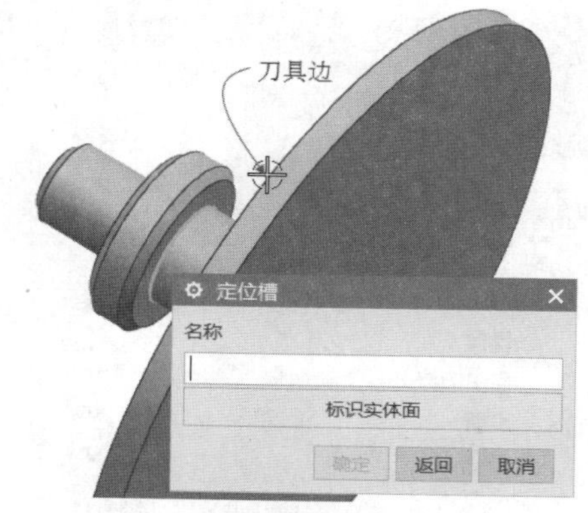

图4-78　选择刀具边

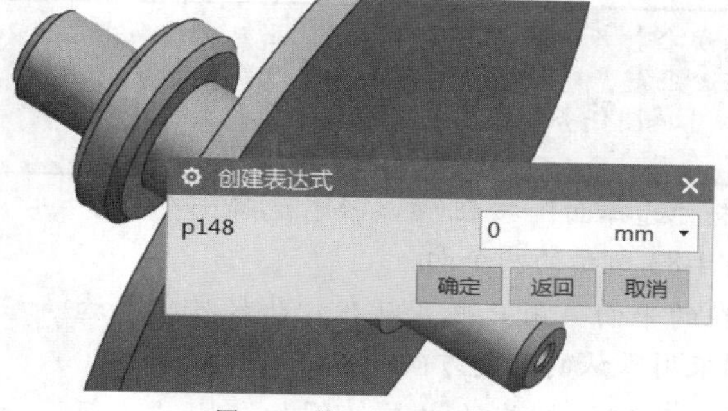

图4-79　设置定位尺寸值

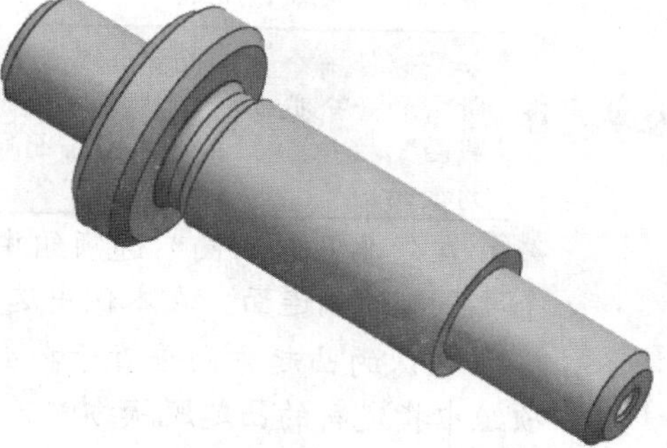

图4-80　创建 U 形槽

4.8 凸起特征

可以在相连的面（实体面或曲面）上创建凸起特征，该特征对于刚性对象和定位对象很有用。要创建凸起特征，则在功能区的“主页”选项卡的“特征”面板中单击“更多”/“凸起”按钮，或者单击“菜单”按钮并选择“插入”/“设计特征”/“凸起”命令，系统弹出“凸起”对话框，如图 4-81 所示。从该对话框来看，凸起特征的创建必须要指定一个封闭的截面（曲线）、要凸起的面和凸起方向，其中凸起方向可以接受默认值（即默认垂直于截面），另外可以定义端盖（凸起的底面或顶面），指定要拔模的侧壁和拔模的起始位置，还可以创建其边缘由相邻面或用户选择的矢量（如果凸起位于自由边的边界上）修剪的凸起特征。

下面介绍以使用基本选项的方法来创建凸起的一个操作范例，该范例使用的原始文档为“\DATA\CH4\bc_4_8_tq.prt”。

1 在“特征”面板中单击“更多”/“凸起”按钮，或者选择“菜单”/“插入”/“设计特征”/“凸起”命令，系统弹出“凸起”对话框。

2 在“截面”选项组中单击“曲线”按钮，选择一个由边缘或曲线组成的封闭截面。在本例中选择图 4-82 所示的特征曲线（选择前注意曲线规则的设置）。

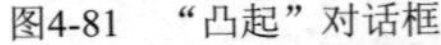
图4-81　“凸起”对话框

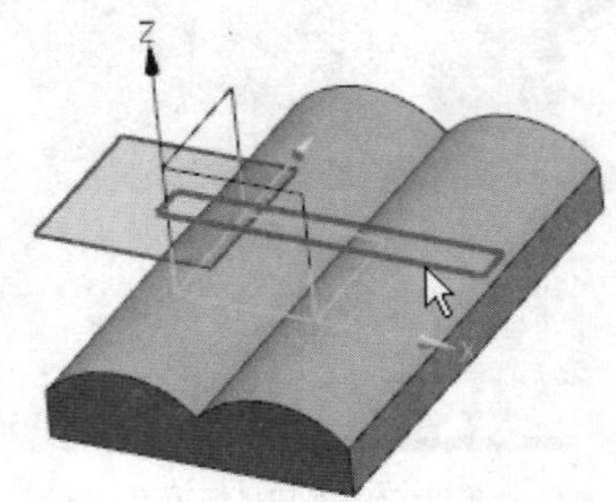

图4-82　选择特征曲线

如果选择一个平的面定义截面，则系统会打开草图任务环境，以让用户在该面上创建所需的一个截面。当然用户也可以在“凸起”对话框的“截面”选项组中单击“绘制截面”按钮，指定草图平面等以打开草图任务环境，并在指定的平面上创建一个新的截面。

3 在“要凸起的面”选项组中单击“选择面”按钮，接着选择一个或多个要凸起的相连面。在本例中选择图 4-83 所示的两个面。

4 默认的凸起方向垂直于截面所在的平面。用户也可以在“凸起方向”选项组中指定新的凸起脱模方向。本例采用默认的凸起方向。

5 在“端盖”选项组中指定给侧壁几何体加盖的方式，例如，从“几何

体”下拉列表框中选择“截面平面”选项，如图 4-84 所示。

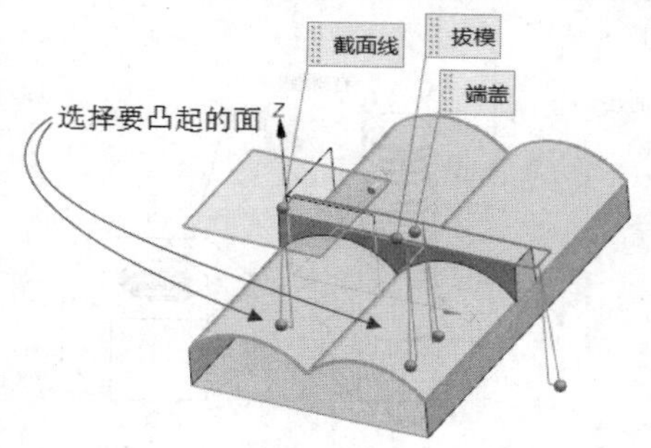

图4-83　选择要凸起的面

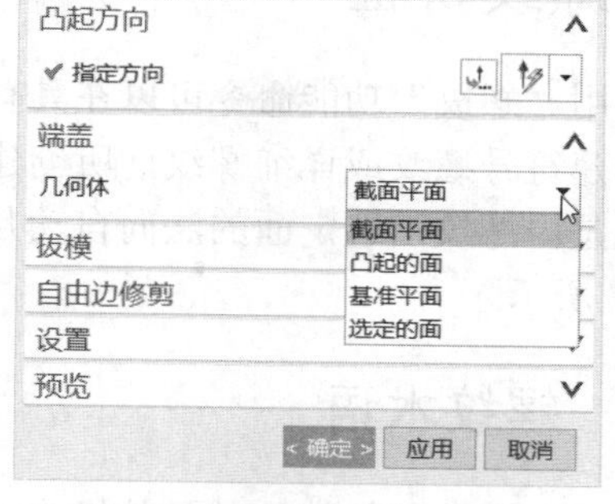

图4-84　指定端盖的几何体选项

6 在“拔模”选项组中，设置图 4-85 所示的拔模选项、拔模方法选项和拔模角等。其中“拔模”下拉列表框用于指定在拔模操作过程中保持固定的位置（端盖几何体选项影响着“拔模”下拉列表框提供的这些选项：“从端盖”“从凸起的面”“从选定的面”“从选定的基准”“从截面”和“无”），“拔模方法”下拉列表框用于指定拔模应用于侧壁的方法，提供的选项包括“等斜度拔模”“真实拔模”和“曲面拔模”。

7 在“自由边修剪”选项组中可设置自由边矢量，在“设置”选项组中可以设置凸度选项（可供选择的选项有“混合”“凸垫”“凹腔”）和公差。此步骤可选。

8 单击“确定”按钮，创建的凸起特征如图 4-86 所示。

拔模
拔模　从端盖
指定脱模方向
角度 1　5　deg
列表

Angle 1	5.000000	p46=5
Angle 2	5.000000	p48=5
Angle 3	5.000000	p50=5
Angle 4	5.000000	p52=5

全部设置为相同的值
拔模方法　等斜度拔模
自由边修剪
自由边矢量　脱模方向
设置
凸度　混合
公差　0.0010

图4-85　设置拔模选项及参数

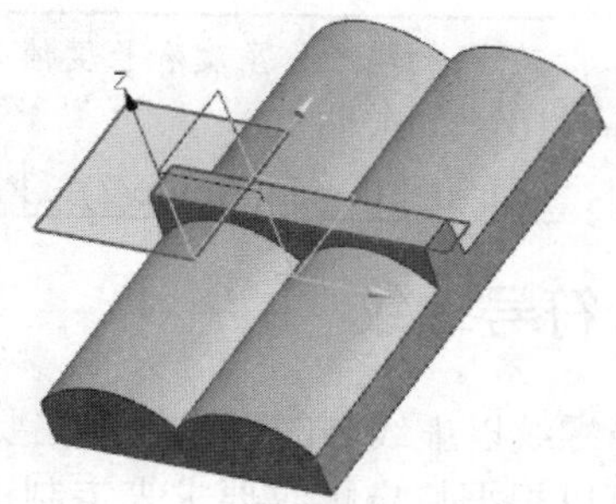

图4-86　凸起特征

4.9　螺纹特征

使用“螺纹”功能命令可以在具有圆柱面的特征上创建符号螺纹或详细螺纹，所创建的螺纹是外螺纹还是内螺纹由选定面的法向自动判断确定，如图 4-87 所示。

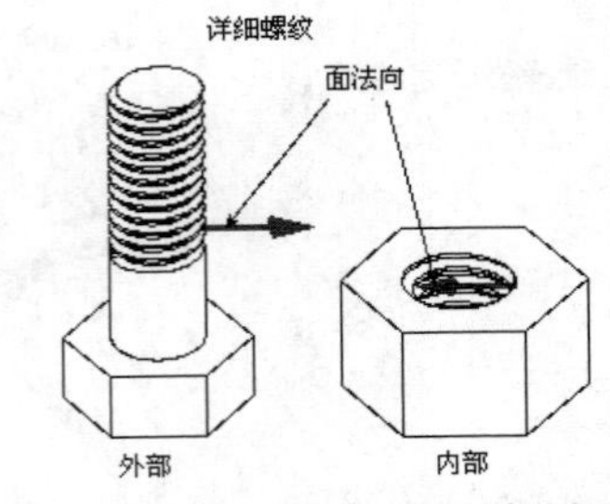

图4-87　由选定面的法向自动判断生成螺纹类型

4.9.1　螺纹术语

在介绍创建螺纹特征的具体操作方法之前，先简要地介绍一下螺纹术语或螺纹参数，如图 4-88 所示。其中，大径是指螺纹的最大直径（对于内螺纹，直径必须大于圆柱面直径）；小径是螺纹的最小直径（对于外螺纹，直径必须小于圆柱面的直径）；螺距是从螺纹上某一点到下一螺纹的相应点之间的距离，平行于轴进行测量；角度是螺纹的两个面之间的夹角，在通过螺纹轴的平面内测量，默认为 60°（大多数螺纹的标准角度为 60°）；长度是从所选起始面到螺纹终端的距离，平行于轴进行测量。

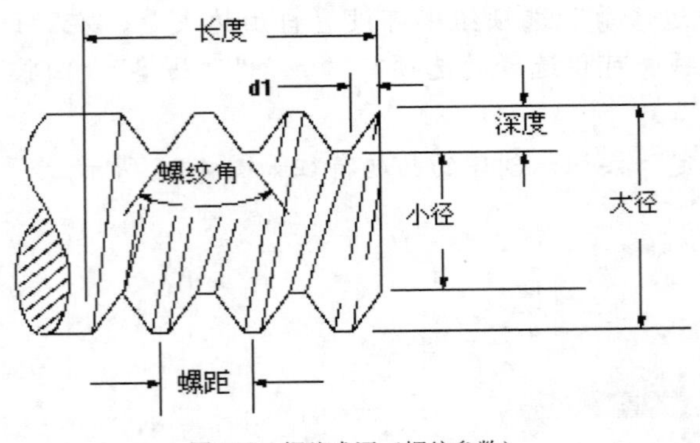

图4-88　螺纹术语（螺纹参数）

螺纹的螺距、角度和长度值必须大于零，而螺距和角度值必须满足以下条件。

0°<angle<180°

d1=depth×tan(Angle/2)≤Pitch/2

4.9.2　符号螺纹

符号螺纹以虚线圆的形式显示在要攻螺纹的一个或多个面上。符号螺纹使用外部螺纹表文件（可以根据特定螺纹要求来定制这些文件），以确定默认参数。符号螺纹一旦创建就不能复制或引用，但在创建时可以创建多个副本和可引用副本。图 4-89 所示为符号螺纹示例。

创建符号螺纹的一般操作步骤如下。

1 在功能区的“主页”选项卡的“特征”面板中单击“更多”/“螺纹”按钮，或者单击“菜单”按钮并选择“插入”/“设计特征”/“螺纹”命令，系统弹出“螺纹切削”对话框。

2 在“螺纹切削”对话框中单击“符号”单选按钮，并在“方法”下拉列表框中选择一种螺纹加工方法选项（如切削、滚动轧制、研磨或铣削），以及在“成形”下拉列表框中选择一种成形选项，如图 4-90 所示。

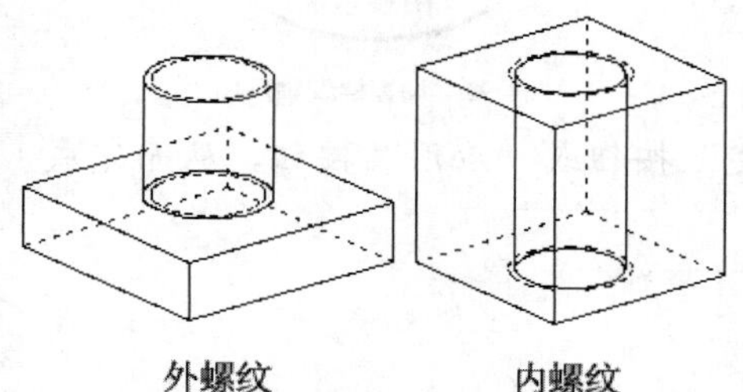

图4-89 符号螺纹示例

图4-90 指定螺纹类型、加工方法等

3 选择一个圆柱曲面进行表格查询，系统会在“螺纹切削”对话框中根据螺纹方法、成形标准等表单项设置和选择的第一个圆柱曲面显示螺纹的默认参数，如小径（或大径）、螺距、角度、标注和轴尺寸等的默认值，如图 4-91 所示。注意螺纹头数指定是单头螺纹还是多头螺纹。

4 根据需要手工修改参数，有些参数如标注，不能直接修改。可以根据情况设置是否对螺纹拔锥，设置螺纹属于右旋螺纹还是左旋螺纹等。

5 如果要为螺纹指定新的起始位置，则单击“选择起始”按钮，接着在实体上选择一个平的面或基准平面，接着利用弹出的图 4-92 所示的对话框定义螺纹轴和起始条件。其中，“螺纹轴反向”按钮用于反向相对于起始平面切削螺纹的方向；而“延伸通过起点”选项会使系统生成的完整螺纹超出起始平面，“不延伸”选项将使系统在起始平面处开始生成螺纹但不超出起始平面。设定螺纹轴起始方向及起始条件后，单击“确定”按钮。

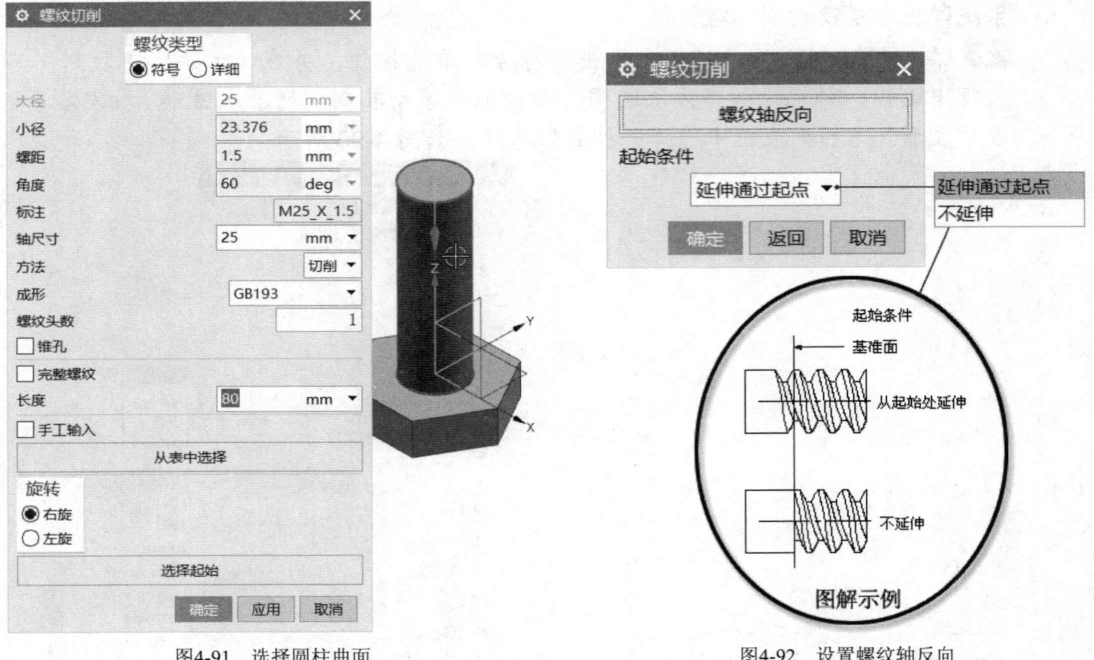

图4-91　选择圆柱曲面

图4-92　设置螺纹轴反向

6 在“螺纹切削”对话框中单击“确定”按钮或“应用”按钮，从而完成符号螺纹特征的创建。

4.9.3　详细螺纹

详细螺纹立体感强，但它的创建和更新时间较长。创建详细螺纹的示例如图 4-93 所示。

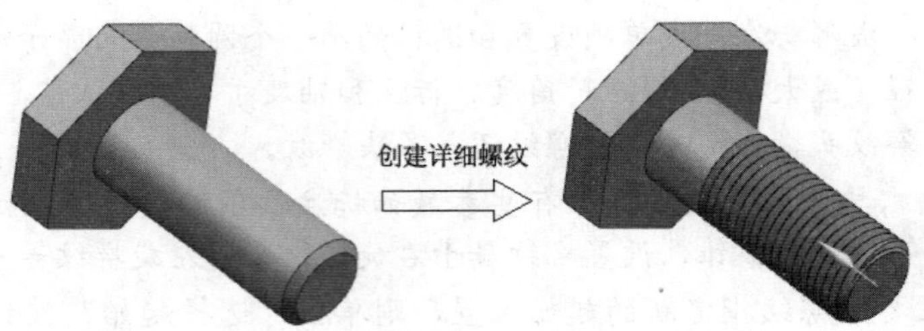

图4-93　创建详细螺纹的示例

创建详细螺纹的一般操作步骤如下。

1 在功能区的“主页”选项卡的“特征”面板中单击“更多”/“螺纹”按钮，弹出“螺纹切削”对话框。

2 在“螺纹切削”对话框中单击“详细”单选按钮，如图 4-94 所示。此步骤为选择螺纹类型。

3 选择一个圆柱曲面，并指定螺纹起始面后，系统会根据所选曲面的直径，显示默认的参数，如图 4-95 所示。

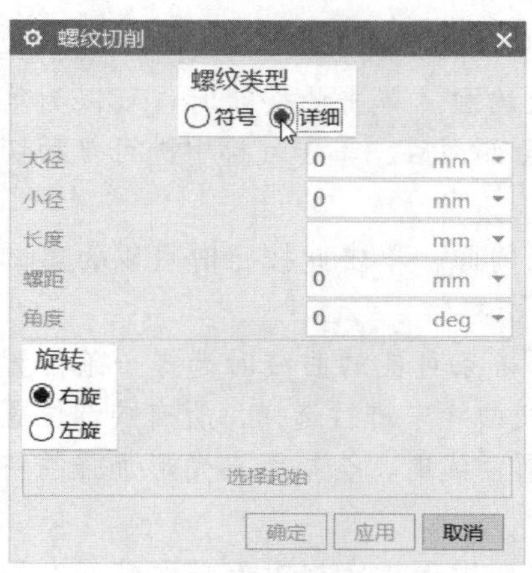

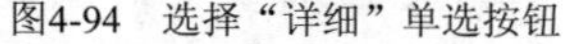

螺纹切削
螺纹类型
符号
详细
大径
0
mm
小径
0
mm
长度
mm
螺距
0
mm
角度
0
deg
旋转
右旋
左旋
选择起始
确定
应用
取消

图4-94　选择“详细”单选按钮

螺纹切削
螺纹类型
符号
详细
大径
25.0000000
mm
小径
23.5000000
mm
长度
81.5
mm
螺距
1.5
mm
角度
60
deg
旋转
右旋
左旋
选择起始
确定
应用
取消
Z
Y
X

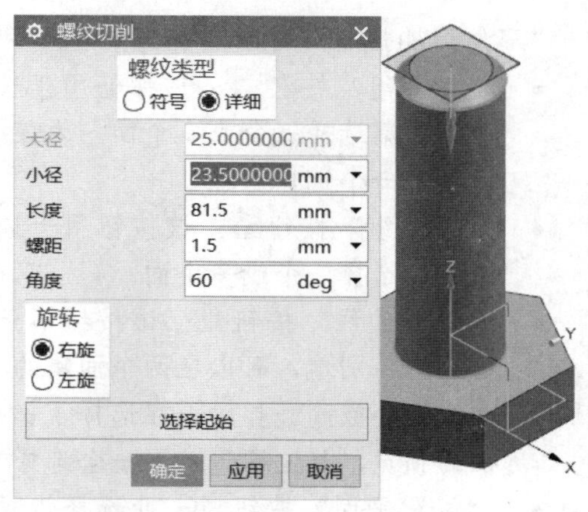

图4-95　根据所选圆柱曲面显示默认螺纹参数

4 根据需要修改参数。

5 在“螺纹切削”对话框中单击“应用”按钮或“确定”按钮以创建详细螺纹特征。

4.10　三角形加强筋

使用“三角形加强筋”功能可以沿着两个面集的相交曲线来添加三角形加强筋特征，如图 4-96 所示。要创建三角形加强筋特征，则选择“菜单”/“插入”/“设计特征”/“三角形加强筋”命令（其对应的快捷工具为“三角形加强筋”按钮），打开图 4-97 所示的“三角形加强筋”对话框，接着必须指定两个相交的面集（面集可以是单个面集或几个面集）、三角形加强筋的基本定位点（可以是沿着相交曲线的点，或相交曲线和平面相交处的点）、深度、角度和半径。默认情况下，三角形加强筋方位在垂直于两个面集的相交曲线的平面上，但可以自定义方位。

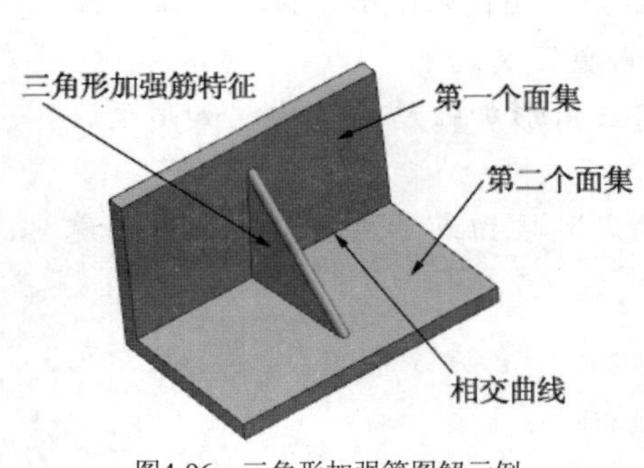

三角形加强筋特征
第一个面集
第二个面集
相交曲线

图4-96　三角形加强筋图解示例

三角形加强筋
第一组
第二组
位置曲线
位置平面
方位平面
用于控制哪些几何体可选
过滤
面
修剪选项
不修剪
方法
沿曲线
沿曲线
位置
弧长
弧长百分比
50
50.0
.0
100.0
R
D
A
角度(A)
45
deg
深度(D)
10
mm
半径(R)
3
mm
预览三角形加强筋
确定
应用
取消

图4-97　“三角形加强筋”对话框

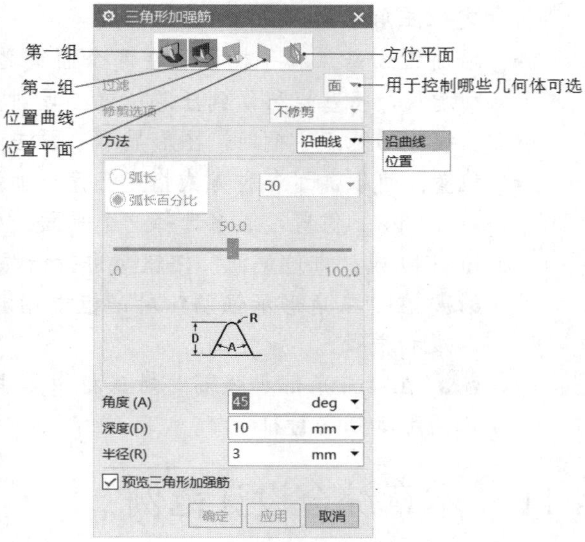

“三角形加强筋”对话框中 5 个选择步骤按钮的功能含义如下。

- “第一组”按钮：该按钮用于选择第一组的面。单击此按钮时，可以为第一组面集选择一个或多个面。为该组选择好全部面后，单击鼠标中键可自动切换到下一个选择步骤。
- “第二组”按钮：该按钮用于选择第二组的面。单击此按钮时可以为第二组面集选择一个或多个面。
- “位置曲线”按钮：该按钮用于在能选择多条可能的曲线时选择一条位置曲线。特别地，可以在两个面集的不连续相交曲线中进行选择。所有候选位置曲线都会被高亮显示。在选择了一条候选位置曲线时，会显示三角形加强筋特征的预览，且立即进入下一个选择步骤。
- “位置平面”按钮：此选择步骤按钮可选，用于指定相对于平面或基准平面的三角形加强筋特征的位置。
- “方位平面”按钮：此选择步骤按钮可选，用于对三角形加强筋特征的方位选择平面。

下面列出三角形加强筋的一般创建步骤（可以使用本书光盘提供的配套练习文件“\DATA\CH4\bc_4_10_sjxjqj.prt”）。

1 选择“菜单”/“插入”/“设计特征”/“三角形加强筋”命令（其对应的快捷工具为“三角形加强筋”按钮），打开“三角形加强筋”对话框。

2 单击“第一组”按钮（即使用“第一组”选择步骤），选择在其上定位三角形加强筋的第一组面。

3 单击“第二组”按钮（即使用“第二组”选择步骤），选择在其上定位三角形加强筋的第二组面。如果在两个面集之间存在多个相交处，则选择其中一个。

4 在“方法”下拉列表框中选择“沿曲线”选项或“位置”选项，以指定定位三角形加强筋的方法。

- 沿曲线：基点和手柄显示在两个面集之间的相交曲线上。可以沿相交曲线拖动滑尺，将基点移动到任意位置，直到将基点移动到满意的位置为止。当沿着曲线拖动基点手柄时，图形显示、面法矢和“弧长”字段中的值都将更新。
- 位置：可以通过各种方式指定三角形加强筋的位置，例如，使用 WCS 值或绝对 x、y、z 位置，或者选择一个平面。如果需要，还可以使用“位置平面”按钮和/或“方位平面”按钮进行相关位置偏置定义。

5 在“三角形加强筋”对话框中指定所需三角形加强筋的尺寸，如角度、深度和半径。

6 在“三角形加强筋”对话框中单击“确定”按钮或“应用”按钮来创建三角形加强筋特征。

4.11　本章综合设计范例

为了让读者更好地掌握标准成形特征设计方法，本节特意介绍一个涉及标准成形特征的综合设计范例。该综合设计范例要完成的实体模型效果如图 4-98 所示。在该范例中将应用到孔特征、键槽特征、三角形加强筋特征和腔体特征等。虽然本范例只是涉及少数几个标准成形特征，但对提升读者的综合设计能力是很有帮助的。

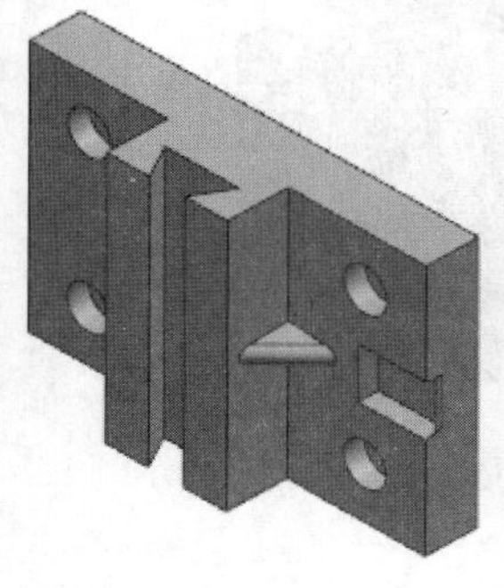
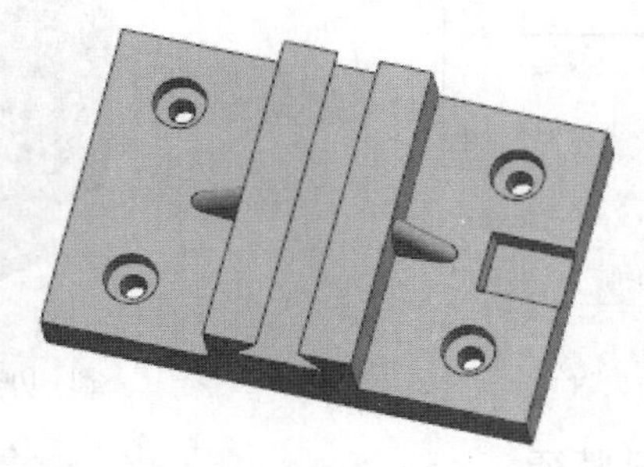
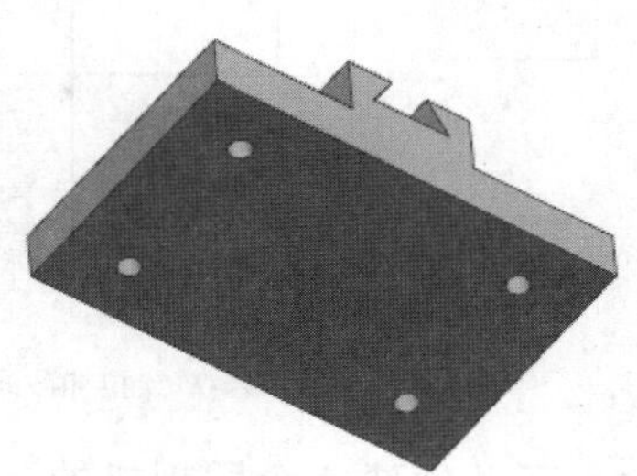

图4-98　范例完成的实体模型效果

本综合设计范例具体的操作步骤如下。

一、新建部件文件

1. 在“快速访问”工具栏中单击“新建”按钮，或者按“Ctrl+N”快捷键，系统弹出“新建”对话框。
2. 在“模型”选项卡的“模板”列表框中选择“名称”为“模型”的模板，单位设为“毫米”，在“新文件名”选项组的“名称”文本框中输入“bc_4_r.prt”，并自行指定要保存到的文件夹，然后单击“确定”按钮。

二、创建拉伸实体特征

1. 在功能区的“主页”选项卡的“特征”面板中单击“拉伸”按钮，系统弹出“拉伸”对话框。
2. 在“截面”选项组中单击“绘制截面”按钮，弹出“创建草图”对话框。在“创建草图”对话框的“草图类型”下拉列表框中选择“在平面上”选项，在“草图 CSYS”选项组的“平面方法”下拉列表框中选择“自动判断”选项，然后单击“确定”按钮，进入内部草图环境。
3. 绘制图 4-99 所示的拉伸截面，单击“完成草图”按钮。
4. 确保拉伸的方向矢量选项为“ZC 轴” ZC↑，并在“限制”选项组中分别设置开始距离为 0mm，结束距离为 150mm，接着在“布尔”选项组设置布尔选项为“无”，在“拔模”选项组设置拔模选项为“无”，在“偏置”选项组设置偏置选项为“无”，在“设置”选项组中设置体类型为“实体”。
5. 在“拉伸”对话框中单击“确定”按钮，创建图 4-100 所示的拉伸实体特征（为了显示效果，图中已在部件导航器中通过右键快捷命令将已有基准坐标系隐藏）。

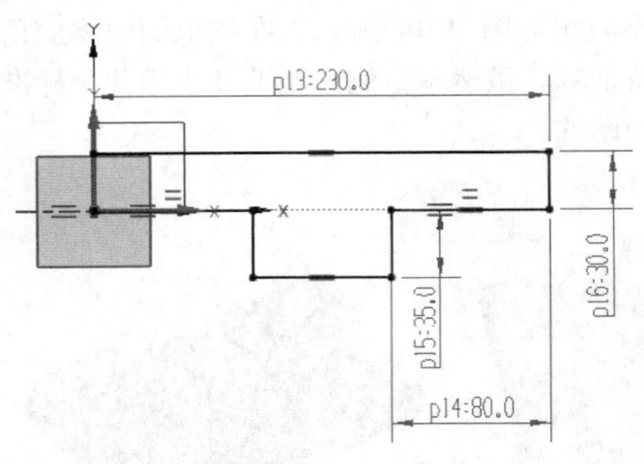

图4-99　草绘拉伸截面

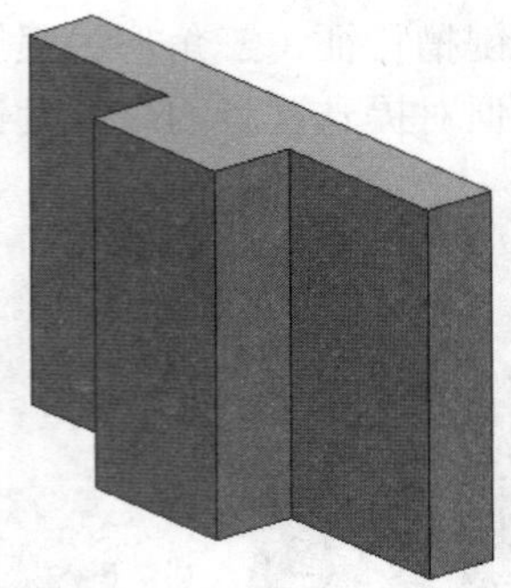

图4-100　创建拉伸实体特征

三、创建 4 个同规格的沉孔特征

1 在“特征”面板中单击“孔”按钮，或者选择“菜单”/“插入”/“设计特征”/“孔”命令，系统弹出“孔”对话框。

2 在“类型”选项组的“类型”下拉列表框中选择“常规孔”选项。

3 在实体中单击图 4-101 所示的平的实体面，注意显示的默认参照坐标系的位置，从而进入到内部草图任务环境中。一共指定 4 个草图点，接着在“草图点”对话框中单击“关闭”按钮，并创建和修改各点的位置尺寸，如图 4-102 所示，单击“完成草图”按钮。

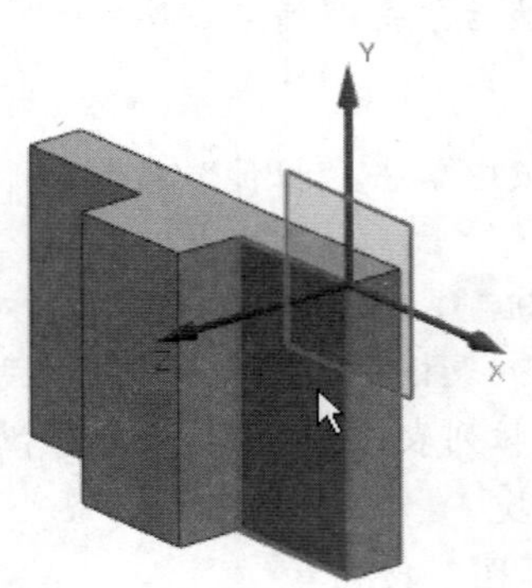

图4-101　选择要草绘的平的面

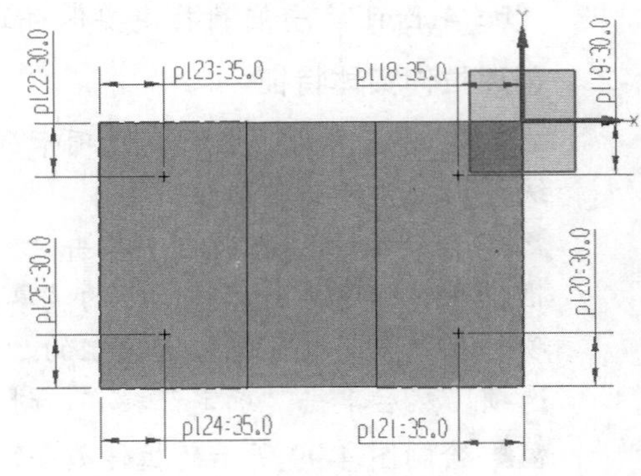

图4-102　一共建立 4 个草图点

4 确保选中刚建立的 4 个草图点来创建常规孔，在“方向”选项组的“孔方向”下拉列表框中选择“垂直于面”选项，在“形状和尺寸”选项组的“成形”下拉列表框中选择“沉头”选项，并设置沉头直径为 25mm，沉头深度为 12.5mm，直径为 12mm，深度限制为“贯通体”，在“布尔”选项组的“布尔”下拉列表框中选择“减去”选项，如图 4-103 所示。

5 单击“确定”按钮，从而创建一组沉头常规孔，如图 4-104 所示。

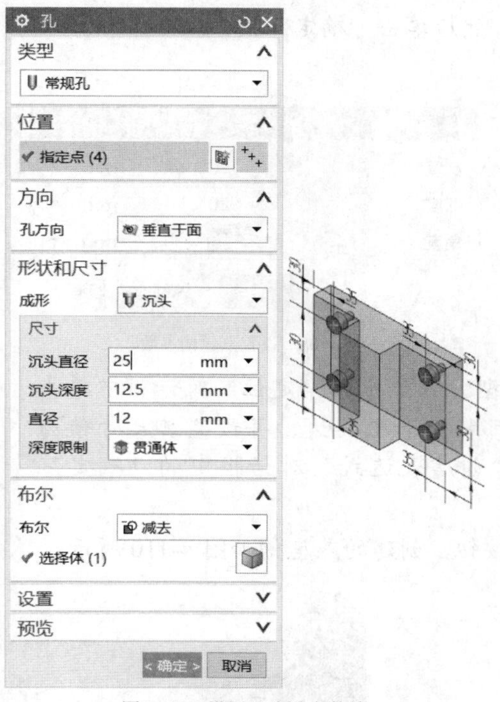

图4-103　设置沉头孔参数等

图4-104　创建 4 个沉头孔

四、创建燕尾槽（属于键槽）

1 在“特征”面板中单击“更多”/“键槽”按钮，或者选择“菜单”/“插入”/“设计特征”/“键槽”命令，打开“键槽”对话框。

2 在“键槽”对话框中选中“通槽”复选框，接着单击“燕尾槽”单选按钮。

3 选择图 4-105 所示的平的实体面（图中鼠标指针所指的面）作为燕尾槽的放置面。

4 弹出“水平参考”对话框，在模型中单击图 4-106 所示的直边来定义水平参考。

图4-105　选择平的放置面

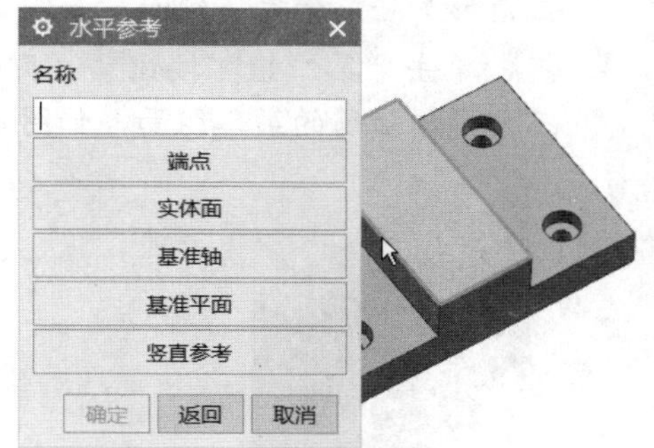

图4-106　选择水平参考

5 选择图 4-107 所示的实体面作为起始贯通面，接着选择与起始贯通面平行的另一侧的平的实体面作为终止贯通面。

6 设置燕尾槽参数，如图 4-108 所示，然后单击“确定”按钮。

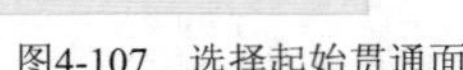

图4-107　选择起始贯通面

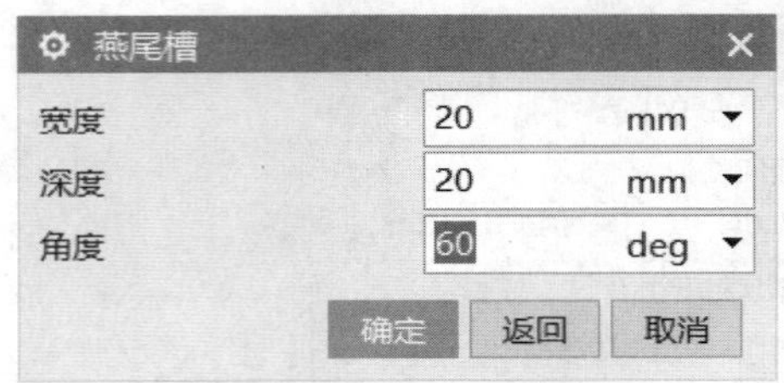

图4-108　设置燕尾槽参数

7 按“End”键以正等测视图显示模型。在弹出的“定位”对话框中单击“垂直定位尺寸”按钮，分别指定目标边和工具边，并设置其尺寸值为 35mm，如图 4-109 所示，然后单击“创建表达式”对话框中的“确定”按钮。

8 在“定位”对话框中单击“确定”按钮，创建的燕尾槽如图 4-110 所示。

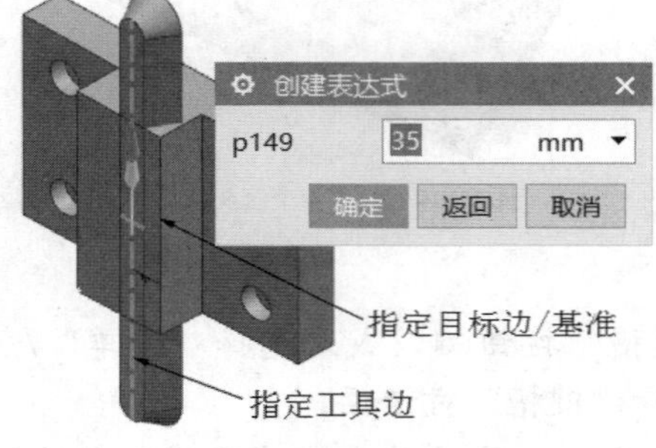

图4-109　创建垂直定位尺寸

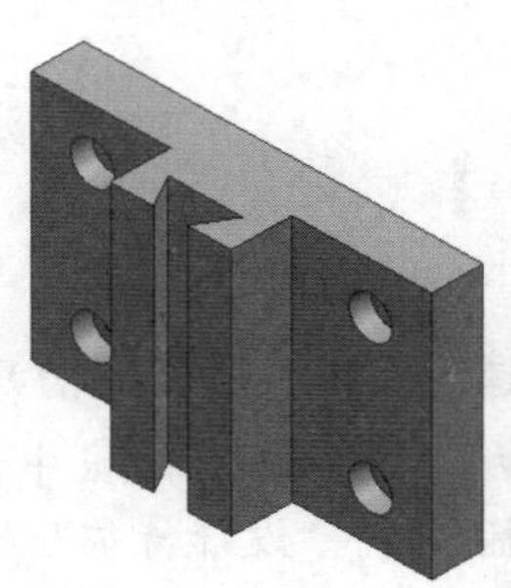

图4-110　创建燕尾槽

五、创建三角形加强筋

1 在“特征”面板中单击“更多”/“三角形加强筋”按钮，打开“三角形加强筋”对话框。

2 单击“第一组”按钮（即使用“第一组”选择步骤），选择在其上定位三角形加强筋的第一组面，如图 4-111 所示。

3 单击“第二组”按钮（即使用“第二组”选择步骤），选择在其上定位三角形加强筋的第二组面，如图 4-112 所示。

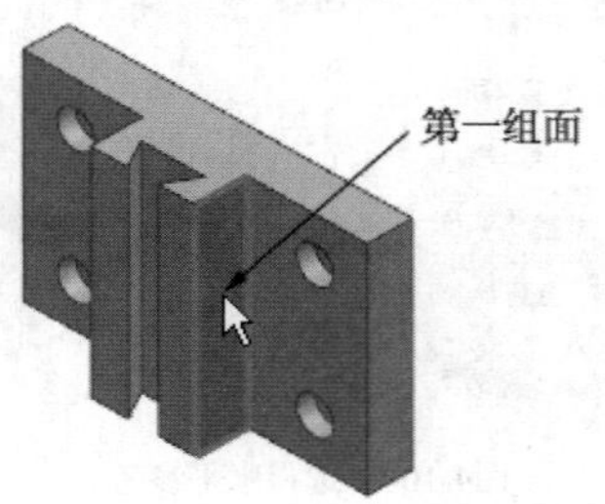

图4-111　选择第一组面

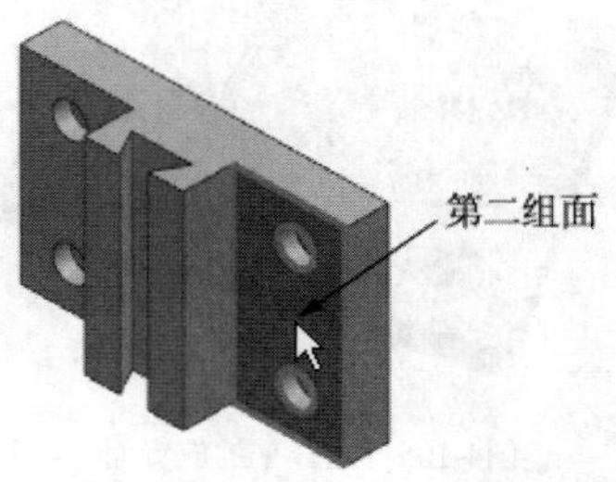

图4-112　选择第二组面

4 从“修剪选项”下拉列表框中选择“修剪与缝合”选项，在“方法”下

拉列表框中选择“沿曲线”选项，加强筋位置位于圆弧长百分比参数为“50”的地方，设置角度为10deg，深度为20mm，半径为5mm，如图4-113所示。

5 在“三角形加强筋”对话框中单击“确定”按钮，创建的三角形加强筋如图4-114所示。

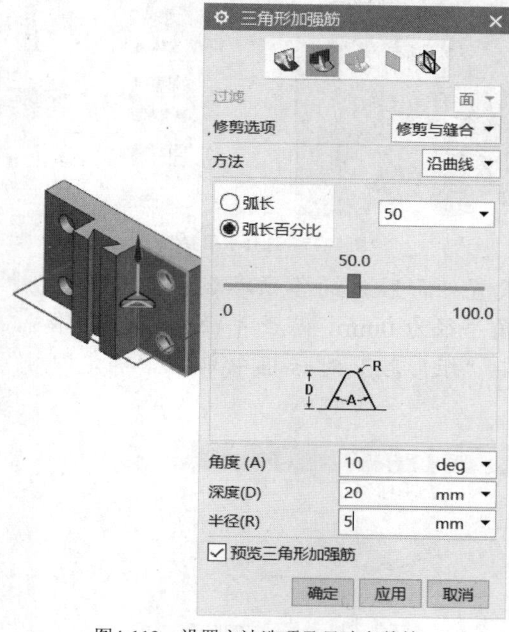

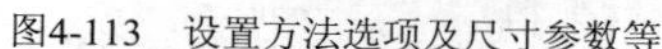
图4-113 设置方法选项及尺寸参数等

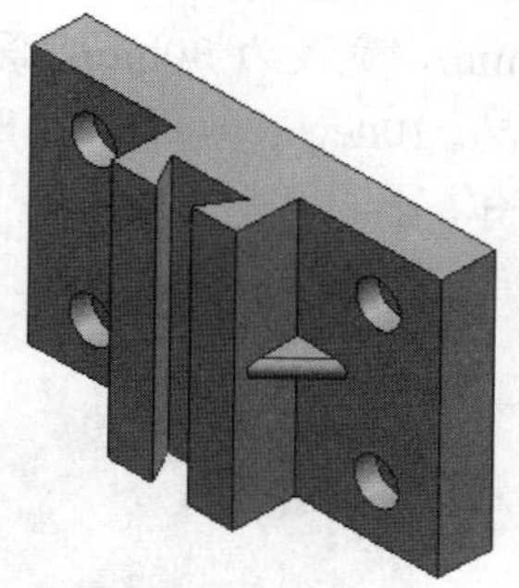
图4-114 创建三角形加强筋

6 使用同样的方法在燕尾槽的另外一侧创建相同尺寸规格的三角形加强筋，如图4-115所示。

图4-115 创建另一个三角形加强筋

六、创建矩形腔体

1 在“特征”面板中单击“更多”/“腔”按钮，或者选择“菜单”/“插入”/“设计特征”/“腔”命令，弹出“腔”对话框，接着在“腔”对话框中单击“矩形”按钮。

2 系统弹出一个“矩形腔”对话框，同时系统提示选择平的放置面，此时在模型中选择平的放置面，如图4-116所示。

3 系统弹出“水平参考”对话框，利用该对话框辅助指定水平参考，如图4-117所示。

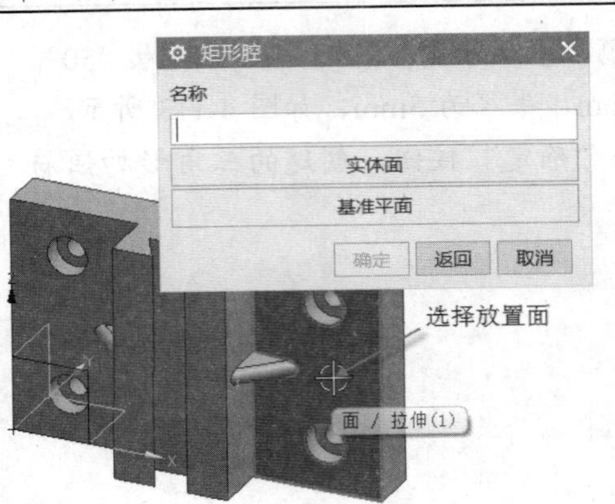

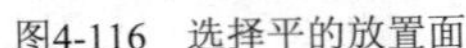

图4-116　选择平的放置面

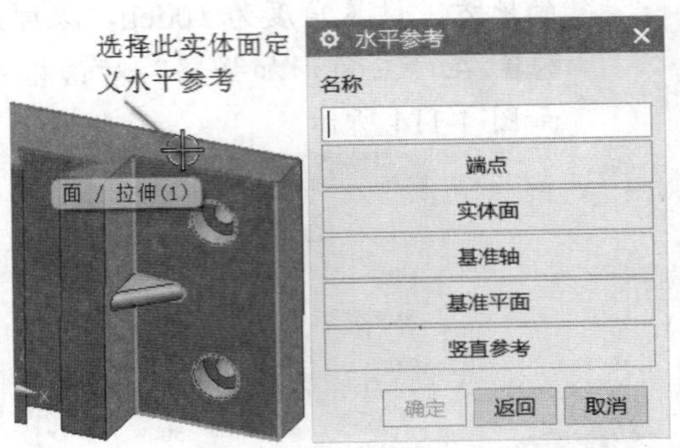

图4-117　选择水平参考

4 在弹出的新“矩形腔”对话框中设置矩形腔体的各项参数，即长度为40mm，宽度为30mm，深度为10mm，角半径为0mm，底面半径为0mm，锥角为10deg，如图4-118所示，然后在“矩形腔”对话框中单击“确定”按钮。

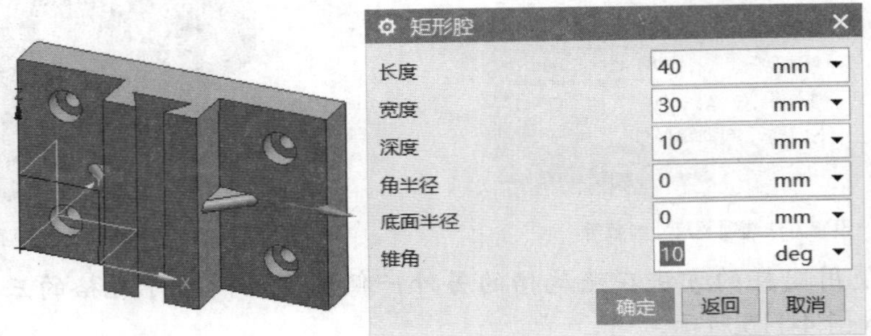

图4-118　设置矩形腔体的各项参数

5 系统弹出“定位”对话框。单击“垂直定位尺寸”按钮，选择目标边/基准，接着选择工具边，并在弹出的“创建表达式”对话框的尺寸框中设置该垂直定位尺寸为19mm，如图4-119所示，然后在“创建表达式”对话框中单击“确定”按钮。

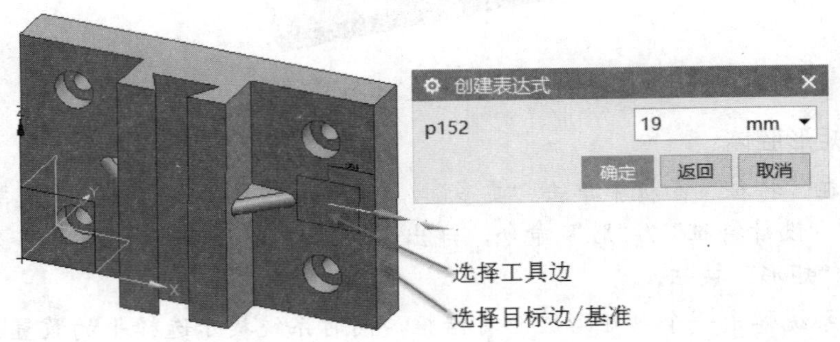

图4-119　在水平方向上建立一个垂直定位尺寸

6 在“定位”对话框中单击“垂直定位尺寸”按钮，选择目标边/基准，

接着选择刀具边（工具边），并在弹出的“创建表达式”对话框的尺寸框中设置该垂直定位尺寸为75mm，如图4-120所示，然后在“创建表达式”对话框中单击“确定”按钮。

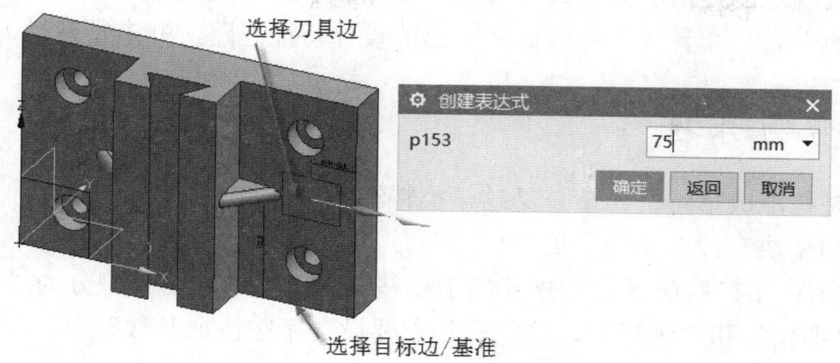

图4-120　在另一个方向上创建垂直定位尺寸

7 返回到“定位”对话框，在“定位”对话框中单击“确定”按钮，接着在图4-121所示的“矩形腔”对话框中单击“关闭”按钮✕。创建矩形腔体后的模型效果如图4-122所示。

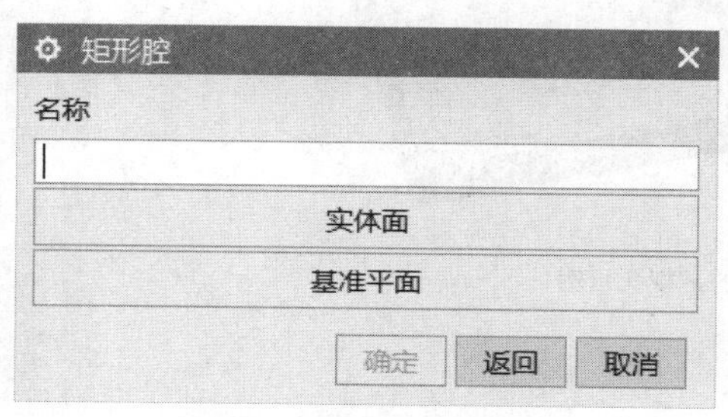

图4-121　“矩形腔”对话框

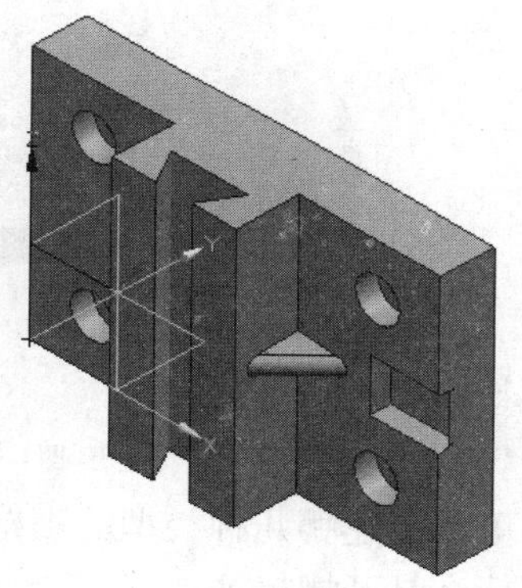

图4-122　模型效果

七、保存文件

在“快速访问”工具栏中单击“保存”按钮，或者按“Ctrl+S”快捷键保存文件。

4.12　本章小结

在NX 11实体建模的过程中，用户可以使用一些设计特征功能在实体毛坯上创建诸如孔、凸台、型腔、键槽、开槽、垫块、凸起、螺纹和三角形加强筋等标准成形特征。这类特征的创建通常需要指定安放面、特征参数尺寸和定位尺寸。

本章首先介绍标准成形特征设计概述，接着分别介绍孔特征、凸台设计、垫快特征、腔体特征、键槽特征、开槽特征、凸起特征、螺纹特征和三角形加强筋特征，最后介绍一个综合设计范例。读者在学习本章知识的时候，注意各标准成形特征在安放面、特征参数尺寸和定位这几个方面上有什么异同。另外，需要读者注意的是，如果在当前的“特征”面板或

“菜单”/“插入”/“设计特征”级联菜单中找不到所需的标准成形特征创建工具命令，那么可选择“菜单”/“工具”/“定制”命令来将所需的标准成形特征创建工具命令定制出来，也可以加载或定制提供所需工具的角色，如加载“高级角色”。

通过本章的学习，读者应该可以扩宽自己的设计特征思路，并丰富建模方法。

4.13　思考与练习

(1)　什么是标准成形特征？请总结这一类特征的共同特点。

(2)　凸台和垫块有什么不同之处？

(3)　请说出图 4-123 所示的常规孔属于哪些成形类型（成形类型分为“简单”“沉头”“埋头”和“锥形”），这些孔各需要设定哪些特征参数？

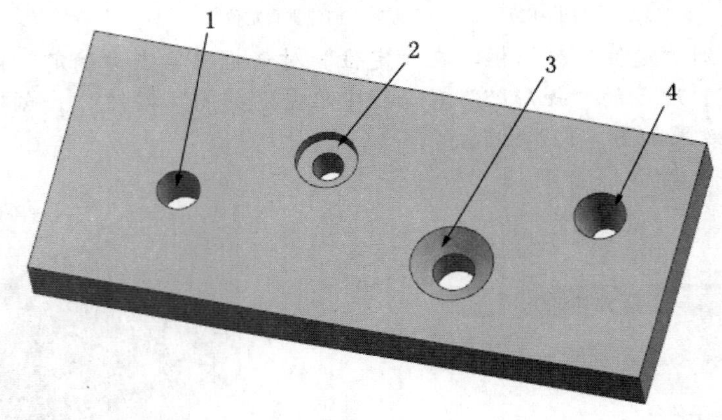

图4-123　几种成形类型的常规孔示例

(4)　可以创建哪几种类型的键槽特征？

(5)　什么是开槽特征？

(6)　在 NX 11 中，符号螺纹和详细螺纹各具有什么样的应用特点？

(7)　如何创建三角形加强筋？

(8)　上机操作：请自行设计一个模型，要求在该模型中应用本章介绍的至少 3 类不同的标准成形特征。

(9)　课外研习：加载“高级角色”，在功能区的“主页”选项卡的“特征”面板中打开“更多”列表，其上提供有一个“筋板”按钮，该工具按钮用于通过拉伸一个平的截面以与实体相交来添加薄壁筋板或网格筋板，请自行研习该工具按钮的应用。

第5章 特征的操作和编辑

本章导读

NX 11 提供的特征操作与编辑功能是非常强大和灵活的，通过特征操作和编辑，可以将一些简单的实体特征修改成复杂模型。

本章介绍的主要内容包括细节特征、实体偏置/缩放、关联复制、特征编辑和表达式设计等。

5.1 细节特征

细节特征包括倒斜角、边倒圆、面倒圆、软倒圆、样式倒圆、美学面倒圆、拔模、拔模体、桥接、球形拐角和样式拐角等。本节主要介绍与实体相关的常见细节特征，如倒斜角、边倒圆、面倒圆、拔模和拔模体。

5.1.1 倒斜角

在机械加工零件中，倒斜角结构比较常见。在 NX 11 中使用“倒斜角”命令可以通过除料或添料来斜接一个或多个体的边，如图 5-1 所示。

要在实体中添加倒斜角特征，则在“特征”面板中单击“倒斜角”按钮，或者选择“菜单”/“插入”/“细节特征”/“倒斜角”命令，打开图 5-2 所示的“倒斜角”对话框，接着选择要倒斜角的一条或多条边，并在“偏置”选项组中定义倒斜角的横截面及相关的参数等，然后单击“应用”按钮或“确定”按钮即可。

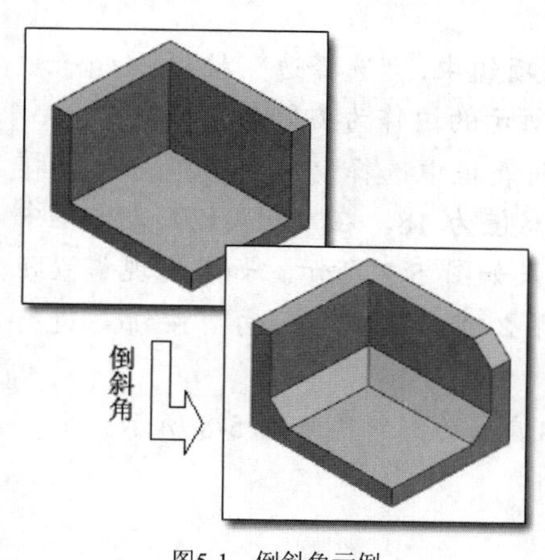

图5-1 倒斜角示例

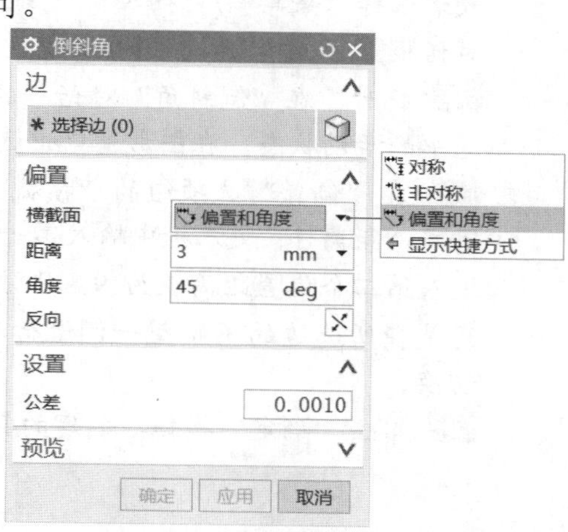

图5-2 “倒斜角”对话框

下面介绍定义倒斜角横截面的以下 3 个选项（从“倒斜角”对话框的“偏置”选项组的“横截面”下拉列表框中选择）。

- “对称”：选择此选项时，将创建一个使用对称偏置距离的简单倒斜角，即在所选边的每一侧有相同的偏置距离，如图 5-3 所示。
- “非对称”：选择此选项时，将创建一个非对称的倒斜角，即在所选边的每一侧有不同的偏置距离（距离 1 和距离 2），如图 5-4 所示。

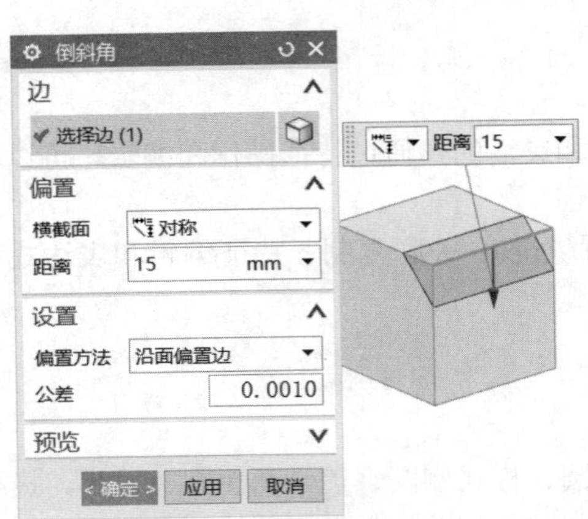

图5-3　具有对称偏置距离的倒斜角

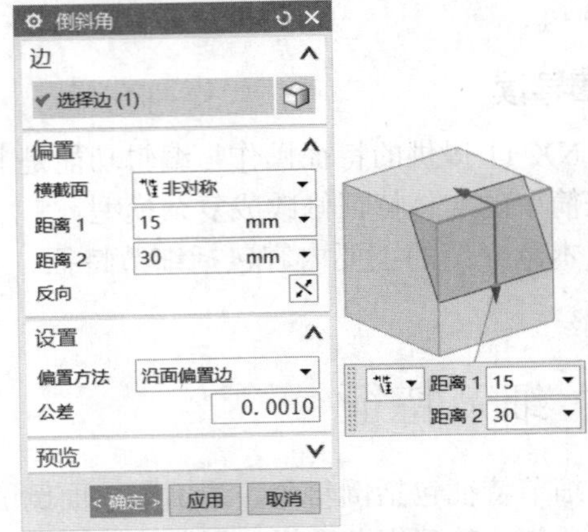

图5-4　使用两个偏置距离的倒斜角

- “偏置和角度”：选择此选项时，创建具有单个偏置距离和一个角度的倒斜角，如图 5-5 所示。

请看如下一个创建倒斜角的典型操作范例，该操作范例以创建具有非对称偏置的倒斜角为例。

1. 按“Ctrl+O”快捷键以快速弹出“打开”对话框，接着利用“打开”对话框选择本书光盘配套的“\DATA\CH5\bc_5_1_1.prt”部件文件，单击“OK”按钮，该部件文件中已经存在着一个简单的实体模型。
2. 在功能区的“主页”选项卡的“特征”面板中单击“倒斜角”按钮，或者选择“菜单”/“插入”/“细节特征”/“倒斜角”命令，弹出“倒斜角”对话框。
3. 此时，在“倒斜角”对话框的“边”选项组中，“选择边”按钮处于被选中的活动状态。在图形窗口中选择图 5-6 所示的边作为要倒斜角的边。
4. 在“偏置”选项组的“横截面”下拉列表框中选择“非对称”选项，接着在“距离 1”文本框中输入第一个偏置距离值为 18，在“距离 2”文本框中输入第二个偏置距离值为 9。此时，预览效果如图 5-7 所示。如果发现偏置距离是在所选边的不希望一侧进行测量的，那么可以单击“反向”按钮进行切换。
5. 单击“确定”按钮，创建的具有非对称偏置的倒斜角如图 5-8 所示。

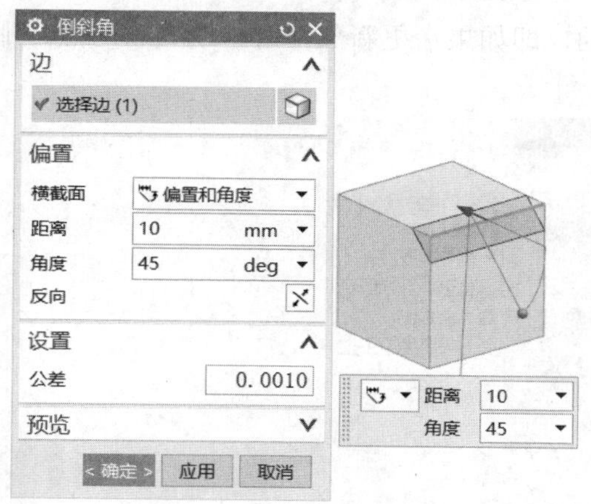

图5-5　使用“偏置和角度”的倒斜角

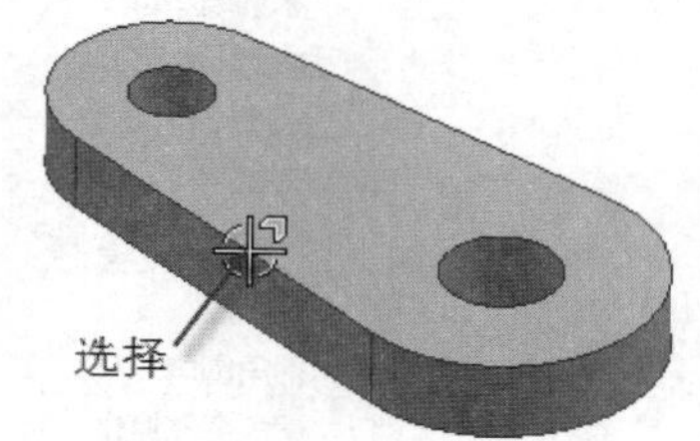

图5-6　选择要倒斜角的边

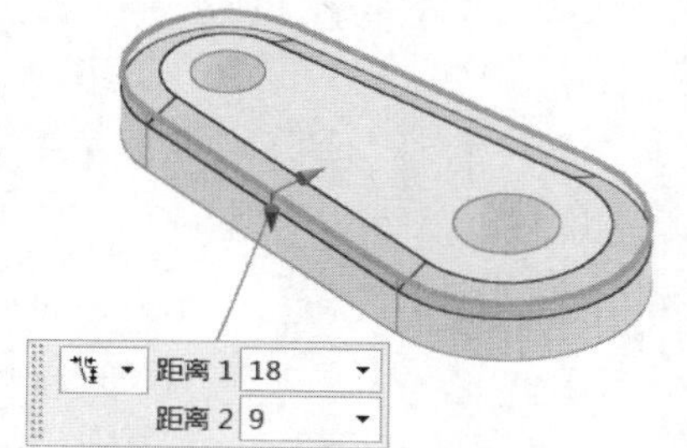

图5-7　设置非对称横截面

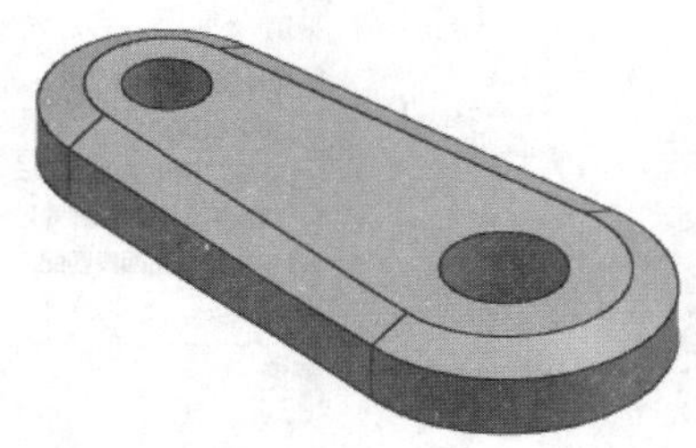

图5-8　倒斜角的模型效果

5.1.2　边倒圆

使用“边倒圆”命令可以在两个面之间倒圆锐边。

在“特征”面板中单击“边倒圆”按钮，或者选择“菜单”/“插入”/“细节特征”/“边倒圆”命令，打开图 5-9 所示的“边倒圆”对话框。利用该对话框，可以将单个边倒圆特征添加到多条边，可以创建具有恒定或可变半径的边倒圆，可以添加拐角回切点以更改边倒圆拐角的形状，可以调整拐角回切点到拐角顶点的距离，可以添加突然停止点以终止缺乏特定点的边倒圆等。

要完全掌握边倒圆操作，那么首先要理解“边倒圆”对话框中各主要选项组的功能用途。

一、“边”选项组

选中“边”按钮时，为边倒圆集选择边。边倒圆的连续性可以为“相切”或“曲率”，当从“连续性”下拉列表框中选择“G1（相切）”选项时，需要从“形状”下拉列表框指定圆角横截面的基础形状，可供选择的形状选项有“圆形”和“二次曲线”。选择形状选项后，还需要设置相应的半径参数等。

二、“变半径”选项组

使用“变半径”选项组，可以通过向边倒圆添加具有不同半径值的点来创建可变半径圆角。注意在指定新的半径位置点时，可以定义不在倒圆角边上的可变半径点位置，NX 会自

动将它投影到边上，另外，可变半径点是可关联的，即如果在更新部件时移动关联的点，那么可变半径位置也会随之移动。

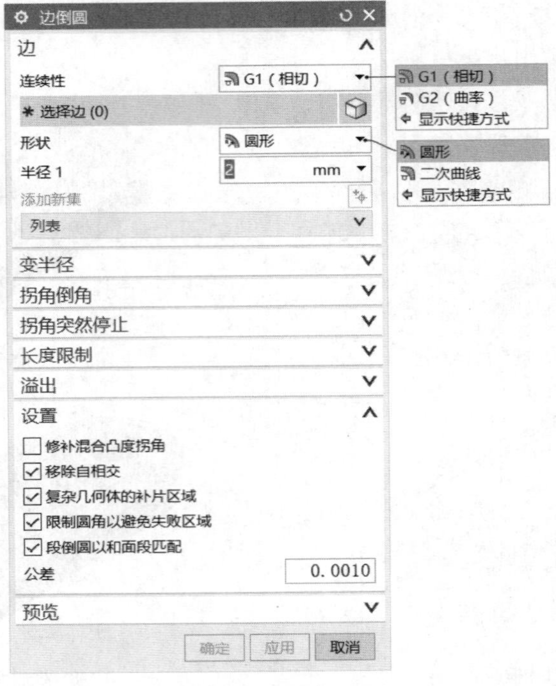

图5-9　“边倒圆”对话框

在图 5-10 所示的创建可变半径圆角示例中，分别在要倒圆角的实体边缘上指定了 3 个可变半径点（V 半径点 1、V 半径点 2 和 V 半径点 3），在“变半径”选项组中为选定的可变半径点设置相应的可变半径值、位置选项（可供选择的位置选项有“弧长百分比”“弧长”和“通过点”）和位置参数，例如，V 半径点 3 设置其可变半径值为 16，位置选项为“弧长百分比”，弧长百分比为 80。

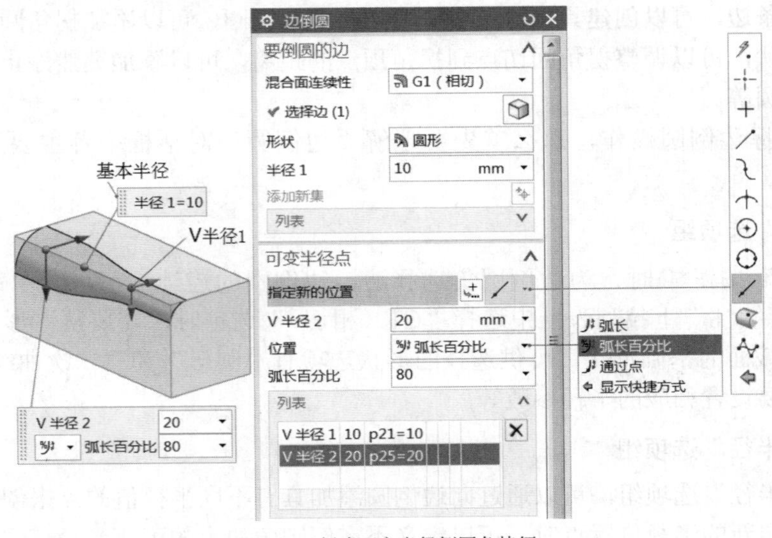

图5-10　创建可变半径倒圆角特征

三、“拐角倒角”选项组

“拐角倒角”选项组主要用于为实体3条边的交点倒圆。在“拐角倒角”选项组中单击激活“选择端点”选项时，在边集中选择拐角端点，此时在每条边上显示拖动手柄以供用户拖动来改变拐角半径值，用户也可手动输入每条边对应的拐角半径值，如图 5-11 所示。可以设置“拐角倒角”选项为“包含拐角”或“分离拐角”。

四、“拐角突然停止”选项组

“拐角突然停止”选项组用于使某点处的边倒圆在边的末端突然停止，如图 5-12 所示。展开“拐角突然停止”选项组，接着选择要倒圆的边上的倒圆终点及定义停止位置（限制位置），其中限制位置的定义方法有“距离”和“倒圆相交”。

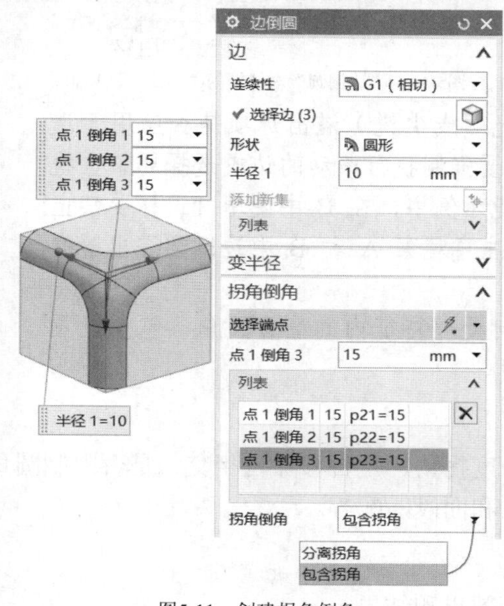

图5-11　创建拐角倒角

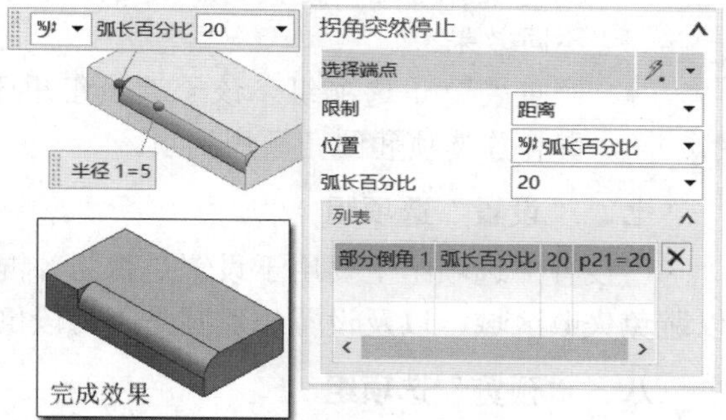

图5-12　拐角突然停止

五、“长度限制”选项组

“长度限制”选项组用于进行边倒圆的长度限制设置，即修剪所选面或平面的边倒圆。当在该选项组中选中“启用长度限制”复选框时，将打开图 5-13 所示的各选项，允许用户指定用于修剪圆角面的对象和位置。

六、“溢出”选项组

“溢出”选项组如图 5-14 所示，主要控制如何处理倒圆溢出。当倒圆的相切边与该实体上的其他边相交时，便会发生倒圆溢出。该选项组中各选项的功能含义如下。

- “跨光顺边滚动”复选框：选中该复选框时，允许倒圆延伸至它遇到的光顺连接（相切）面。
- “沿边滚动”复选框：选中该复选框时，将移除同其中一个定义面的相切，并允许圆角滚动到任何边上，不论该边是光顺还是尖锐的。
- “修剪圆角”复选框：选中该复选框时，允许在处理溢出问题时优先修剪圆角。

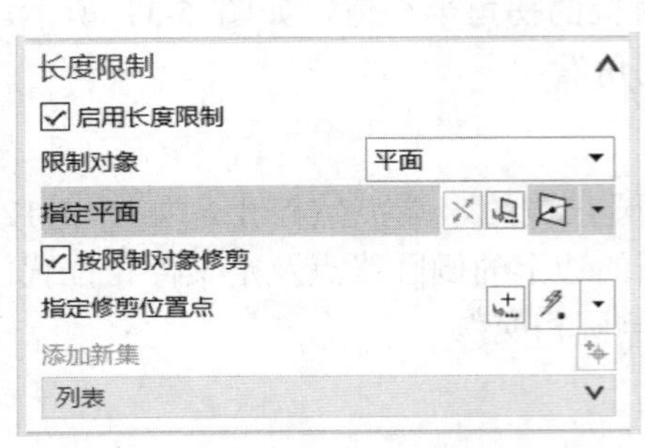

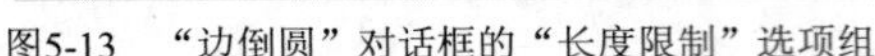

图5-13 “边倒圆”对话框的“长度限制”选项组

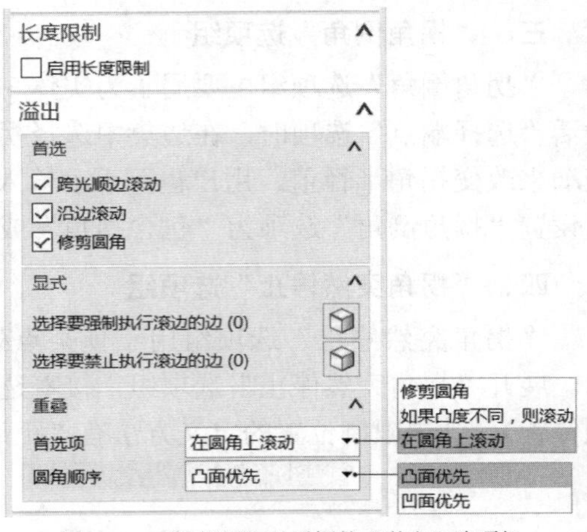

图5-14 “边倒圆”对话框的“溢出”选项组

- “显式”溢出解：用于控制沿边滚动（光顺或尖锐）溢出选项是否应用于选定的边，用户可以单击相应的按钮来选择要强制执行滚动的边或选择要禁止执行滚动的边。例如，在图 5-15 所示的对比示例中，在 B 中使用“选择要禁止执行滚动的边”选项选择了遇到的边 1，注意观察 A 和 B 中边倒圆溢出解的不同效果。
- “重叠”子选项组：该子选项组用于如何处理特征内的重叠圆角，包括设置重叠首选项和圆角顺序选项。

七、“设置”选项组

“设置”选项组主要用于设置是否修补混合凸度拐角、是否移除自相交、是否限制圆角以避免失败区域，以及设置边倒圆是否为段倒圆以和面段匹配等。

八、“预览”选项组

“预览”选项组用于设置预览边倒圆动态显示效果和结果。

创建边倒圆的练习范例如下，操作示意如图 5-16 所示。

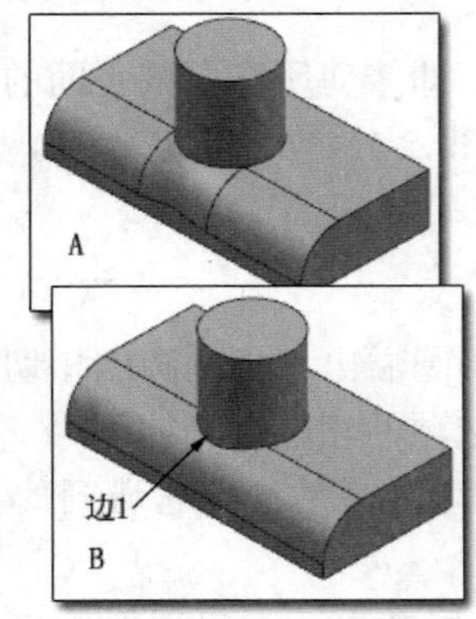

图5-15 显式溢出解对比示例

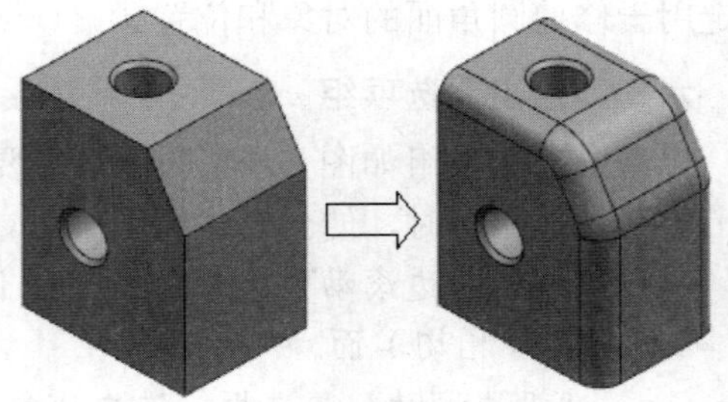

图5-16 创建边倒圆练习范例图解

1 按“Ctrl+O”快捷键以弹出“打开”对话框，接着利用“打开”对话框选择本书光盘配套的“\DATA\CH5\bc_5_1_2.prt”部件文件，单击“OK”按钮。

2 在“特征”面板中单击“边倒圆”按钮，或者选择“菜单”/“插入”/“细节特征”/“边倒圆”命令，打开“边倒圆”对话框。

3 在“边倒圆”对话框的“边”选项组中，“选择边”按钮处于活动状态。在图形窗口中为第一个边集选择边，如图 5-17 所示（选择了两条边线串）。

4 在“要倒圆的边”选项组的“形状”下拉列表框中选择“圆形”选项，在“半径 1”框中设置第一个边集的半径为 10。

5 在“要倒圆的边”选项组中单击“添加新集”按钮，从而完成第一个边集的选择，并开始为第二个边集选择边。在图形窗口中为第二个边集选择如图 5-18 所示的两条边，此时可再次单击“添加新集”按钮。

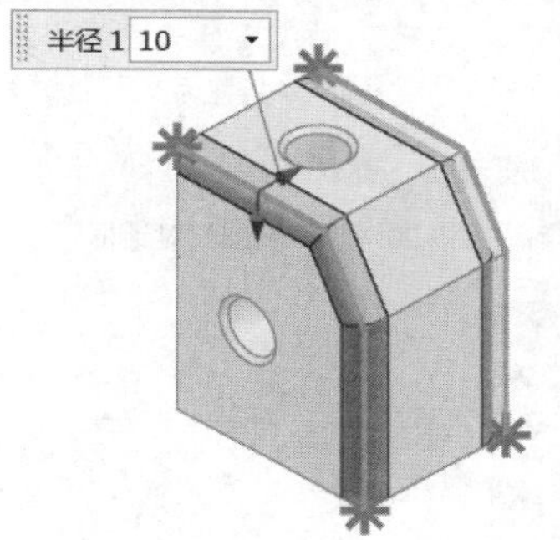

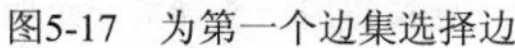
图5-17 为第一个边集选择边

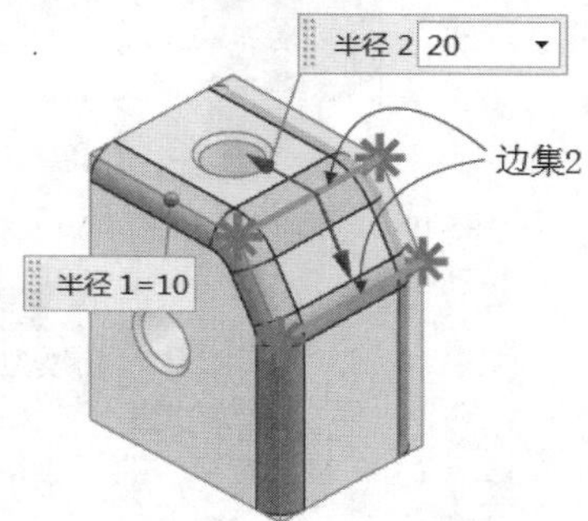

图5-18 为第二个边集选择边

6 在“半径 2”框中设置第二个边集的半径为 20。

7 在“边倒圆”对话框中单击“确定”按钮，完成该练习范例的操作。

在该练习范例中，体现了边集的应用概念。如果需要对多条边添加相同半径的边倒圆，那么便可以将这些边选择到同一个边集中，接着设置边集的半径即可，以后修改边集的半径也方便。

5.1.3 面倒圆

使用“面倒圆”命令，可以在两组或三组面之间添加相切圆角面，其倒圆横截面可以是圆形、二次曲线或受规律控制的。在图 5-19 所示的面倒圆示例中显示了一个沿可变宽度的筋板方向的三面倒圆，以及两个位于筋板两侧的两面倒圆（即双面倒圆）。

要创建面倒圆特征，则在“特征”面板中单击“面倒圆”按钮，或者选择“菜单”/“插入”/“细节特征”/“面倒圆”命令，打开图 5-20 所示的“面倒圆”对话框，接着在“类型”下拉列表框中选择“双面”选项或“三面”选项，并在其他选项组中指定所需的参照和设置相应的选项、参数，即可创建两面倒圆特征或三面倒圆特征。

一、两面倒圆

在“类型”选项组的“类型”下拉列表框中选择“双面”选项时，需要在“面”选项组中单击“选择面链 1”按钮并在图形窗口中选择一组面作为面链 1，单击“选择面链 2”按钮并在图形窗口中选择一组面定义面链 2，注意设置各面链的法向箭头方向，接着利用“横截面”选项组、“宽度限制”选项组、“修剪”选项组和“设置”选项组设置相关选项、

参数，最后单击“应用”按钮或“确定”按钮以完成两面倒圆操作。两面倒圆的关键操作的图解示意如图 5-21 所示。

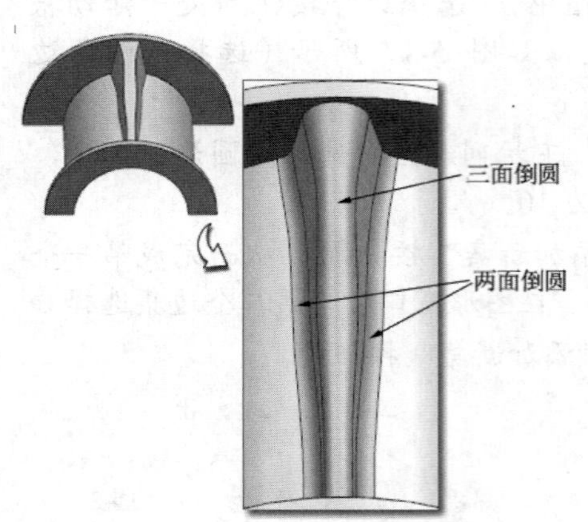

图5-19　典型面倒圆示例

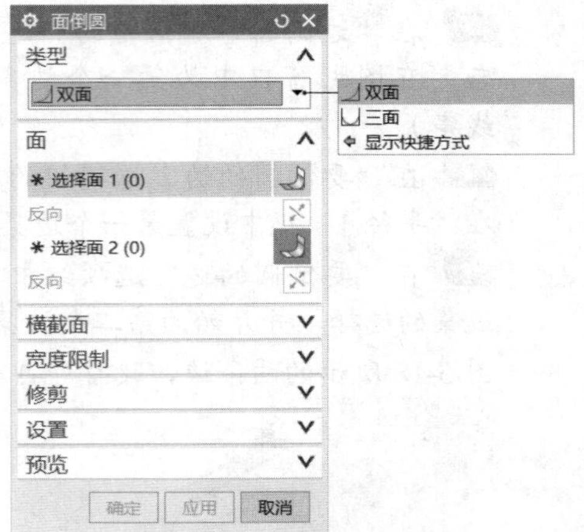

图5-20　“面倒圆”对话框

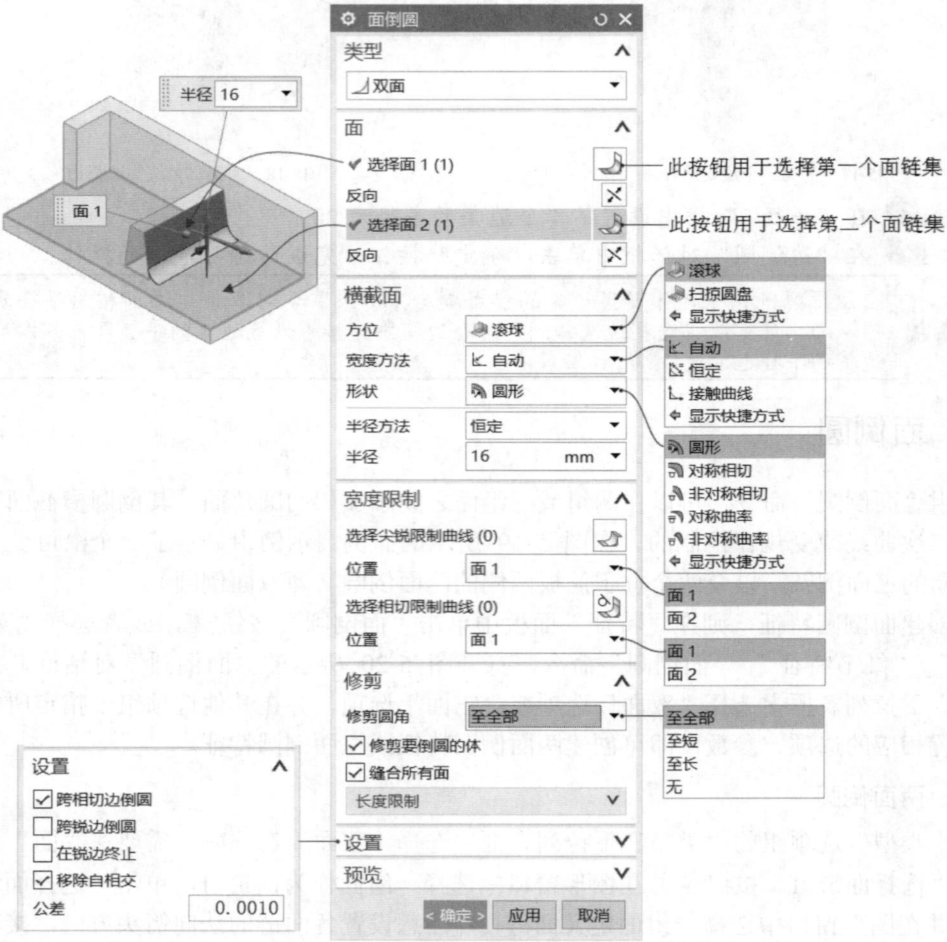

图5-21　创建两面倒圆的操作图解

对于两面倒圆，在要求定义面链时，也可以直接单击公用边以快速选择两个面链中的所有面。在“横截面”选项组中提供了多种方法指定两面倒圆的横截面，这需要用户多加了解和掌握。

二、三面倒圆

三面倒圆的操作方法和两面倒圆的操作方法是一样的。在“类型”选项组的“类型”下拉列表框中选择“三面”选项时，需要分别指定所需的面链（面链 1、面链 2 和中间的面或平面）、横截面、修剪选项、其他设置选项等，如图 5-22 所示。

下面介绍一个创建三面倒圆的范例。

1. 在“快速访问”工具栏中单击“打开”按钮，接着利用弹出的“打开”对话框选择本书光盘配套的“\DATA\CH5\bc_5_1_3.prt”部件文件，单击“OK”按钮。该文件中存在的原始模型如图 5-23 所示。

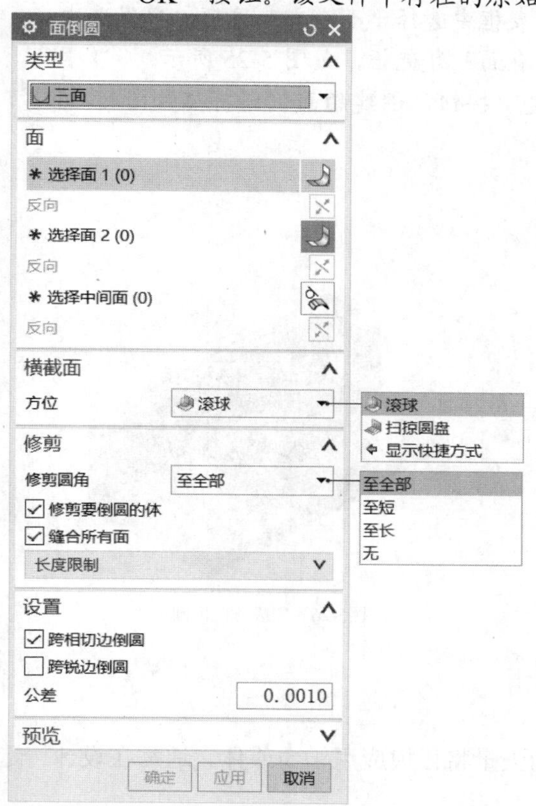

图5-22　选择“三个定义面链”选项

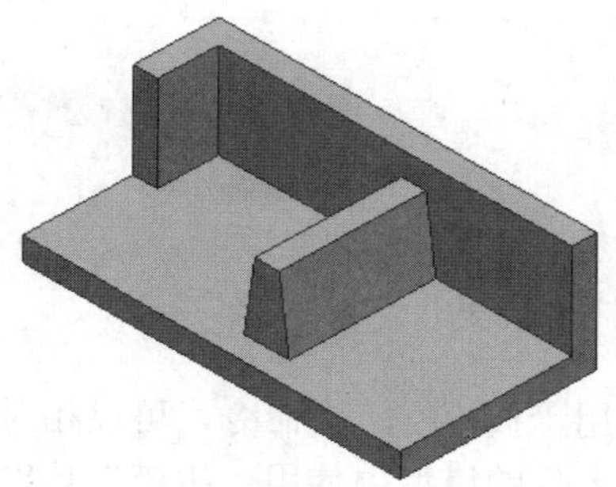

图5-23　原始模型

2. 在“特征”面板中单击“面倒圆”按钮，或者选择“菜单”/“插入”/“细节特征”/“面倒圆”命令，打开“面倒圆”对话框。
3. 在“类型”选项组的“类型”下拉列表框中选择“三面”选项。
4. 在“面”选项组中单击“选择面链 1”按钮，在图形窗口中单击图 5-24（a）所示的单个实体面作为面链 1；在“面链”选项组中单击“选择面链 2”按钮，接着在图形窗口中单击图 5-24（b）所示的实体面作为面链

2；在“面链”选项组中单击“选择中间面”按钮，接着在图形窗口中单击图 5-24（c）所示的实体面。

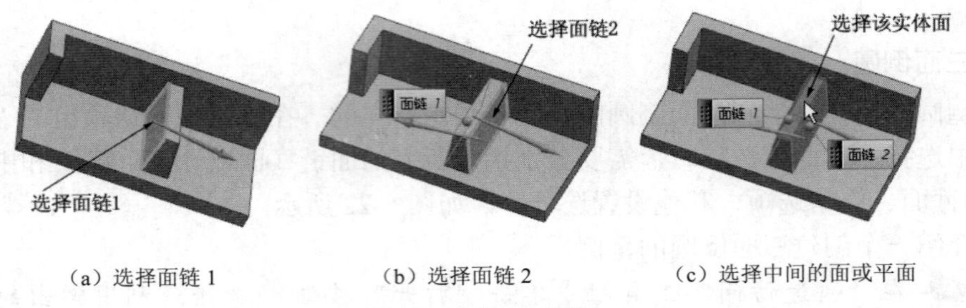

（a）选择面链 1　　（b）选择面链 2　　（c）选择中间的面或平面

图5-24　定义 3 个面链

5 在“横截面”选项组的“方位”下拉列表框中选择“滚球”选项，在“修剪”选项组的“修剪圆角”下拉列表框中选择“至全部”选项，确保选中“修剪要倒圆的体”复选框和“缝合所有面”复选框，如图 5-25 所示。

6 在“面倒圆”对话框中单击“确定”按钮，创建的面倒圆特征如图 5-26 所示。

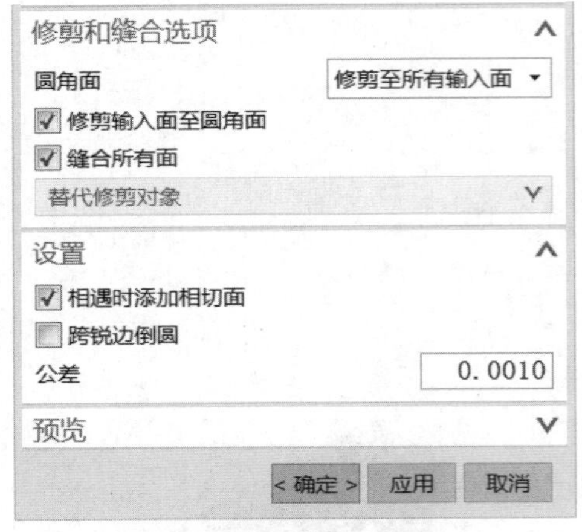

图5-25　设置横截面选项等

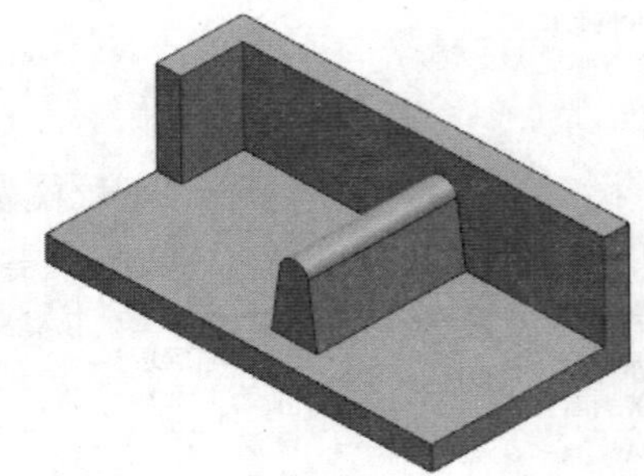

图5-26　完成三面倒圆

5.1.4　拔模

使用“拔模”工具命令，可以相对于指定的矢量将拔模应用于面或体。通常在设计铸造和注塑零件的模型中使用“拔模”功能。

在“特征”面板中单击“拔模”按钮，或者选择“菜单”/“插入”/“细节特征”/“拔模”命令，弹出图 5-27 所示的“拔模”对话框。从“类型”选项组的“类型”下拉列表框中可以看出 NX 拔模的方法类型分为 4 种，即“面”“边”“与面相切”和“分型边”，它们的功能含义如下。

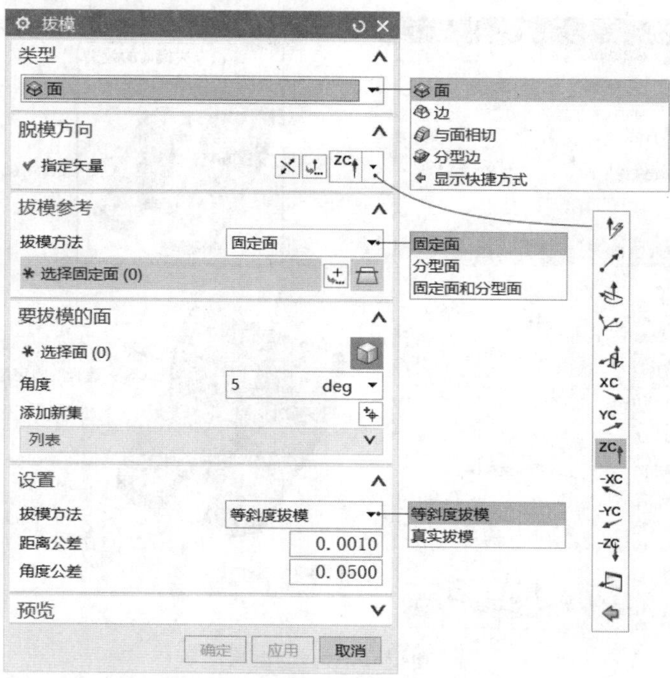

图5-27 “拔模”对话框

一、“面（从平面或曲面）”拔模

“面（从平面或曲面）”拔模需要分别指定脱模方向（通常，脱模方向是模具或冲模为了与部件分离而合理移动的方向）、拔模参考（拔模参考提供的拔模方法选项有“固定面”“分型面”和“固定面和分型面”）、要拔模的面（拔模曲面）、拔模角度和拔模方法等，该拔模操作对位于固定平面处的实体的横截面未进行任何更改，如图 5-28 所示。使用“面（从平面或曲面）”拔模方法，还可以在一个特征内建立具有不同拔模角度的拔模。

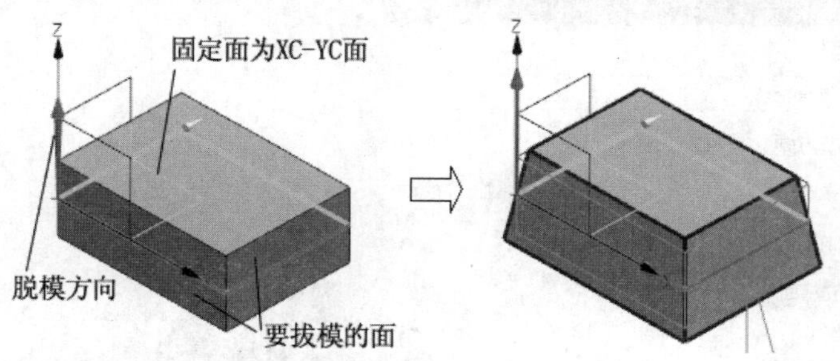

图5-28 “面（从平面或曲面）”拔模

二、“边”拔模

“边”拔模是指用设定的角度沿着所选的一组边缘拔模。“边”拔模的示例如图 5-29 所示，该类型的拔模需要分别指定脱模方向、固定边缘和拔模方法等。另外，该类型的拔模允许利用“可变拔模点”选项组在一个拔模特征内建立可变角度的拔模。

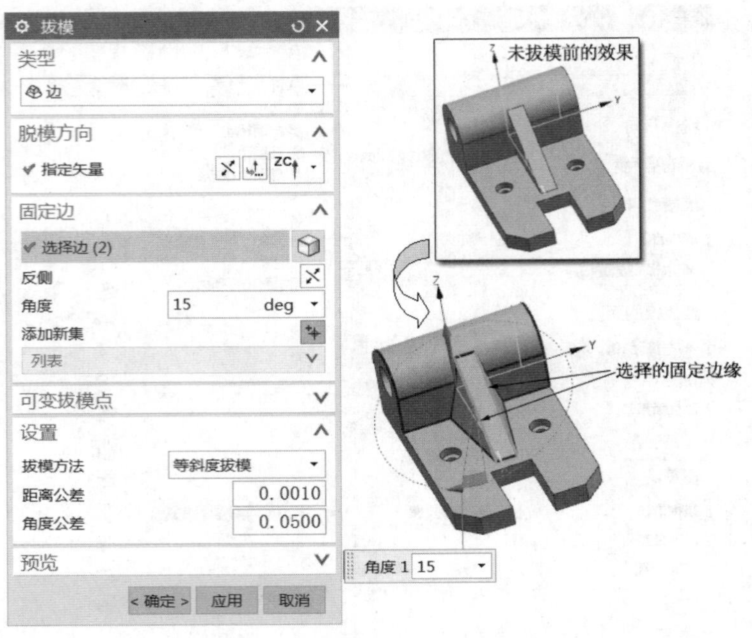

图5-29　“边”拔模

在定义“边”拔模时，在“设置”选项组的“拔模方法”下拉列表框可以选择“等斜度拔模”选项或“真实拔模”选项，默认的拔模方法选项为“等斜度拔模”。当要拔模的面具有与脱模方向接近平行的边时，或在等斜度法无法创建所需的拔模时，“真实拔模”方法才非常有用。

三、“与面相切”拔模

“与面相切”拔模是指利用给定的角度，相切到选择的相邻面建立拔模，即在保持所选面之间相切的同时应用拔模。“与面相切”拔模的典型示例如图 5-30 所示。

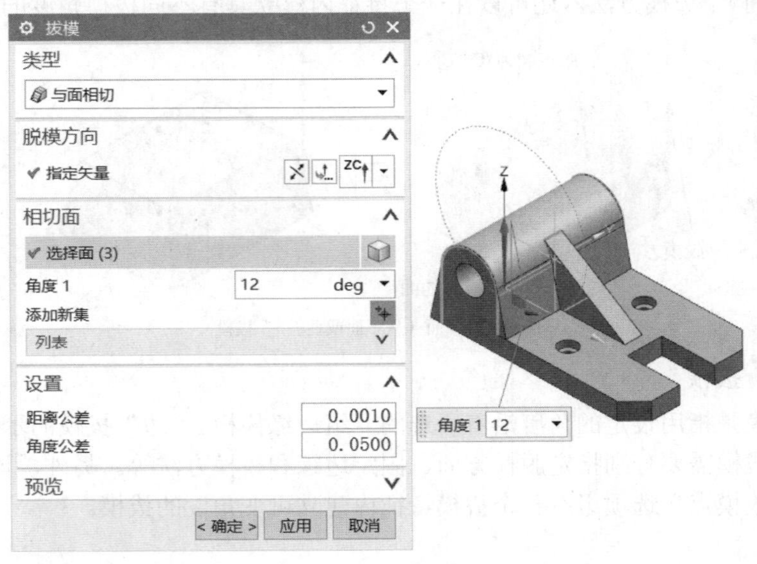

图5-30　“与面相切”拔模

四、“分型边”拔模

“分型边”拔模用于根据选定的分型边集、指定的角度及固定面来创建拔模面，其中固定面可以确定维持的横截面，此拔模类型创建垂直于参考方向和边缘的突出部分的面，如图5-31 所示。要创建“分型边”拔模，需要指定脱模方向、固定面、分型边和拔模角度等。

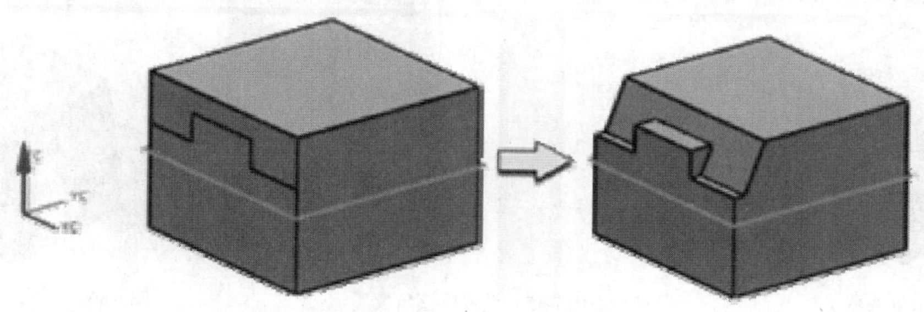

图5-31 “分型边”拔模示例

下面以对分型边创建拔模为例，以帮助读者更好地掌握创建拔模特征的一般操作步骤。

1. 在“快速访问”工具栏中单击“打开”按钮，接着利用弹出的“打开”对话框选择本书光盘配套的“\DATA\CH5\bc_5_1_4.prt”部件文件，单击“OK”按钮。在部件文件中已经设计好图 5-32 所示的实体模型和一个分割面（分割面的分割对象将作为分型边）。
2. 在“特征”面板中单击“拔模”按钮，或者选择“菜单”/“插入”/“细节特征”/“拔模”命令，弹出“拔模”对话框。
3. 在“类型”选项组的“类型”下拉列表框中选择“分型边”选项。
4. 在“脱模方向”选项组的“指定矢量”下拉列表框中选择“ZC 轴”图标选项来定义脱模方向。
5. 在“固定面”选项组中单击“面”按钮，在图形窗口中单击图 5-33 所示的基准平面来定义固定面。

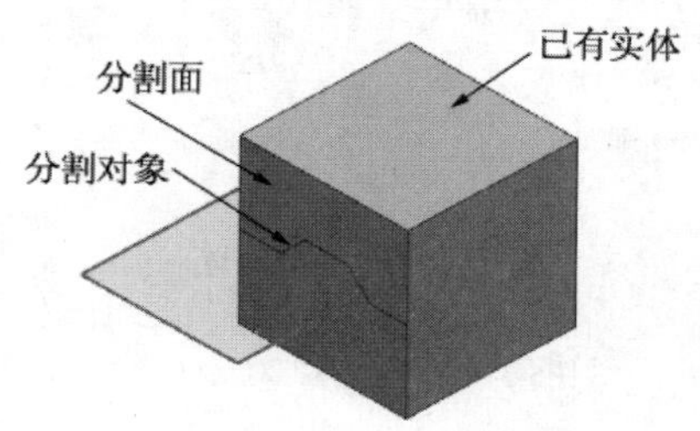

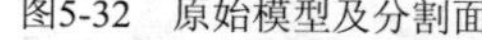

图5-32 原始模型及分割面

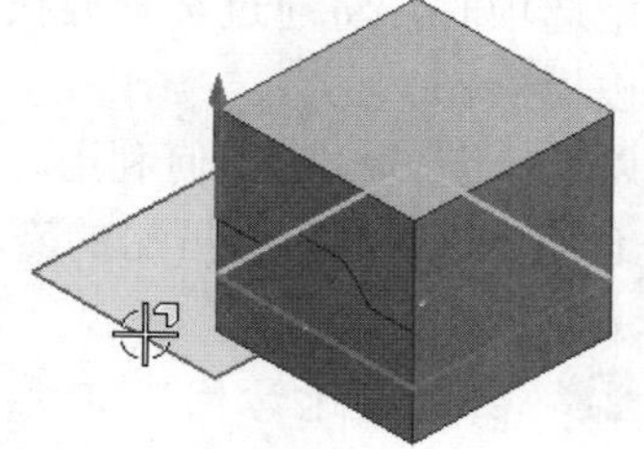

图5-33 指定固定面

6. 确保使“分型边”选项组中的“选择边”按钮处于活动状态，选择图5-34 所示的分割对象（分割线）定义分型边。
7. 在“分型边”选项组的“角度 1”文本框中输入“10”，如图 5-35 所示。
8. 在“拔模”对话框中单击“确定”按钮，完成该拔模特征，效果如图5-36 所示。

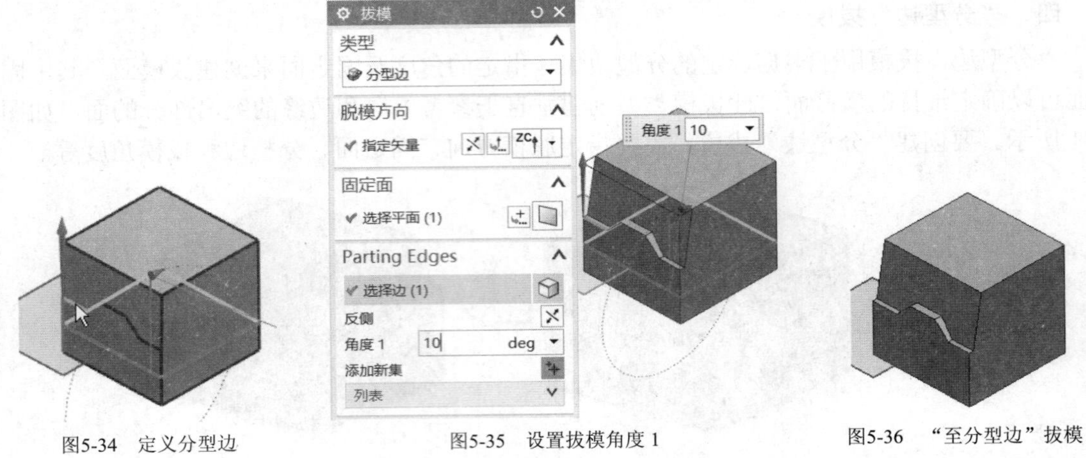

图5-34　定义分型边　　图5-35　设置拔模角度 1　　图5-36　“至分型边”拔模

5.1.5 拔模体

使用“拔模体”命令功能，可以在分型面的两侧添加并匹配拔模，用材料自动填充底切区域。

在“特征”面板中单击“更多”/“拔模体”按钮，系统弹出图 5-37 所示的“拔模体”对话框，利用该对话框分别指定拔模体的类型、拔模对象、拔模方向、拔模角度等。如果在“类型”选项组的下拉列表框中选择“边”类型选项时，将通过选择边以从其拔模；如果选择“面”类型选项时，将通过选择要拔模的面来进行拔模操作。

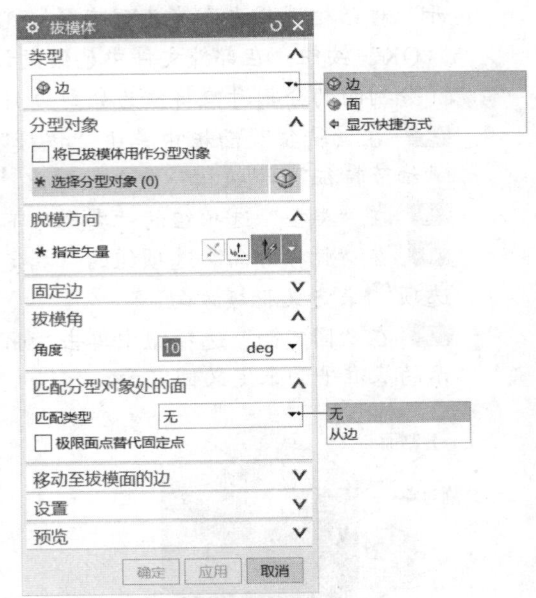

图5-37　“拔模体”对话框

下面以一个范例介绍如何利用“拔模体”命令创建在分型面上匹配的双面拔模，操作示意如图 5-38 所示。

1. 在“快速访问”工具栏中单击“打开”按钮，接着利用弹出的“打开”对话框选择本书光盘配套的“\DATA\CH5\bc_5_1_5.prt”部件文件，单击“OK”按钮。
2. 在“特征”面板中单击“更多”/“拔模体”按钮，或者选择“菜单”/“插入”/“细节特征”/“拔模体”命令，弹出“拔模体”对话框。
3. 在“类型”选项组的“类型”下拉列表框中选择“边”选项。
4. 在“分型对象”选项组中，“选择分型对象”按钮处于活动状态，取消选中“将已拔模体用作分型对象”复选框。在图形窗口中选择图 5-39 所示的基准平面作为分型对象。此时，在“脱模方向”选项组中，“指定矢量”自动

切换到活动状态，指定要进行脱模的方向，可以选择“ZC 轴”图标选项 ZC↑ 来定义脱模方向。

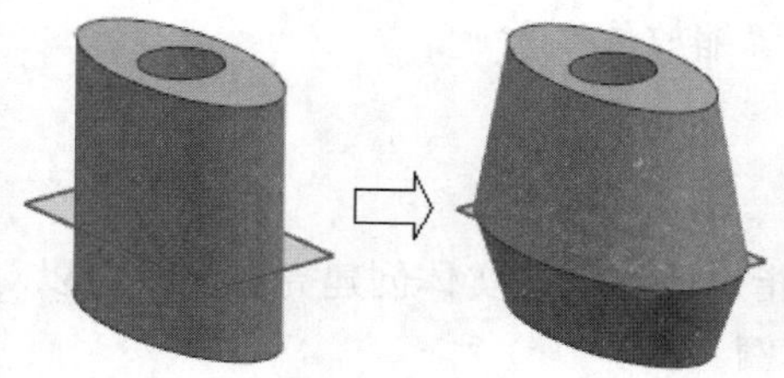

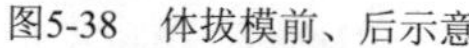

图5-38　体拔模前、后示意

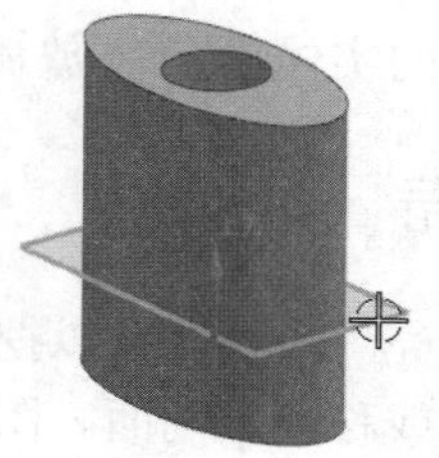

图5-39　选择基准平面作为分型对象

5 在“固定边”选项组中，从“位置”下拉列表框中选择“上面和下面”选项。单击“选择分型上面的边”按钮，并在图形窗口中选择该分型对象上方的固定边，如图 5-40 所示。接着单击“选择分型下面的边”按钮，并在图形窗口中选择该分型对象下方的固定边缘，如图 5-41 所示。

6 在“拔模角”选项组中，指定拔模角度为 10（单位为 deg）。

7 在“匹配分型对象处的面”选项组中，从“匹配类型”下拉列表框中选择“从边”选项，从“匹配范围”下拉列表框中选择“全部”选项，如图 5-42 所示，而“修复分型边”下拉列表框默认的选项为“无”。

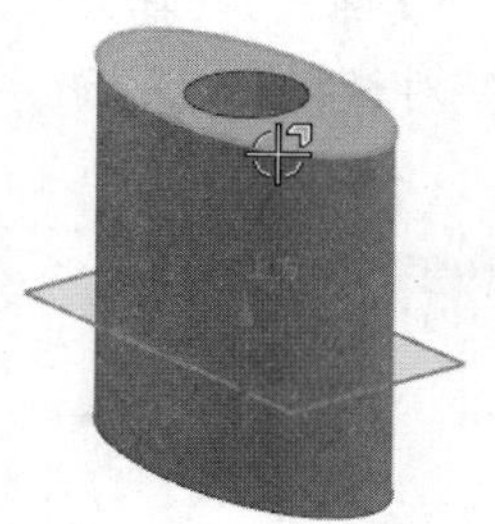

图5-40　选择分型上面的边

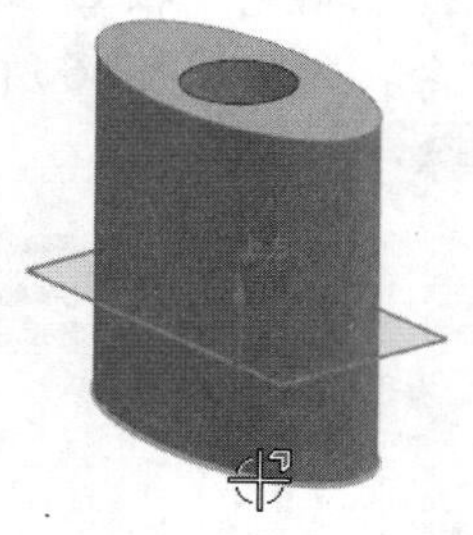

图5-41　选择分型下面的边

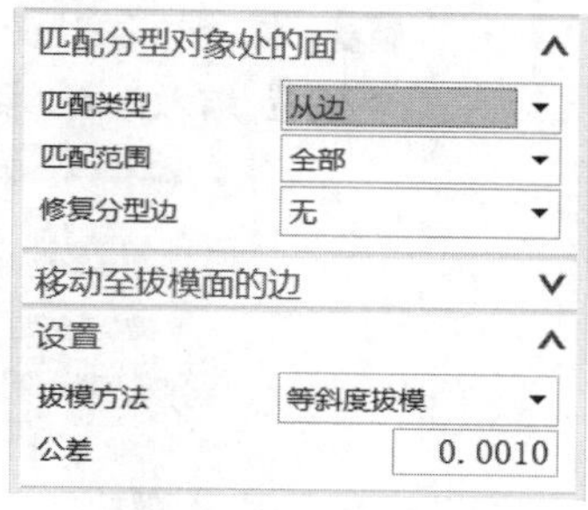

图5-42　设置全部匹配

8 在“拔模体”对话框中单击“确定”按钮以进行体拔模，完成效果如图 5-43 所示。

在“匹配分型对象处的面”选项组中，“匹配类型”下拉列表框用于根据需要对分型片体处的对立拔模中添料，以确保材料均匀分布。如果在本例中，从“匹配类型”下拉列表框中选择“无”选项，那么最后完成的体拔模效果如图 5-44 所示。

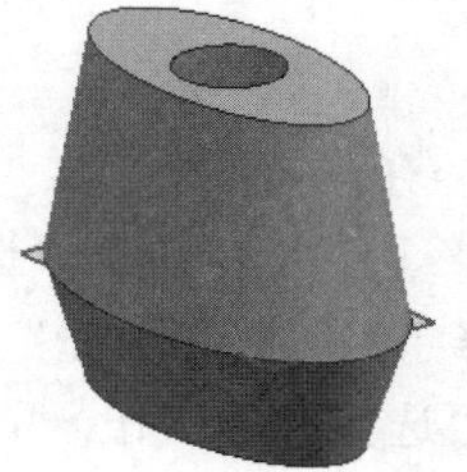

图5-43　完成双面的体拔模

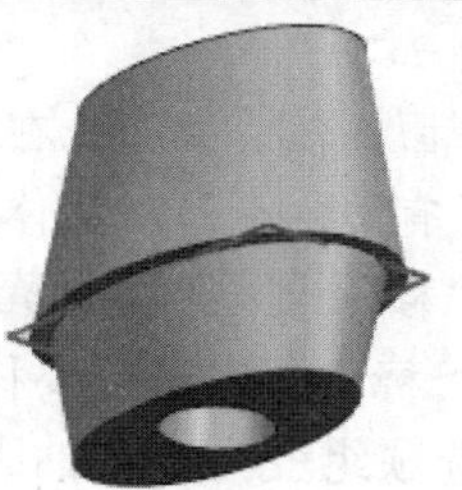

图5-44　“匹配类型”为“无”的体拔模效果

5.2　实体偏置/缩放

本节介绍的实体偏置/缩放命令包括“抽壳”和“缩放体”。

5.2.1　抽壳

使用“抽壳”命令，可以挖空实体，或者通过指定壁厚来绕实体创建壳体，也可以对面指派个别厚度或移除个别面。图 5-45 所示为抽壳示例。

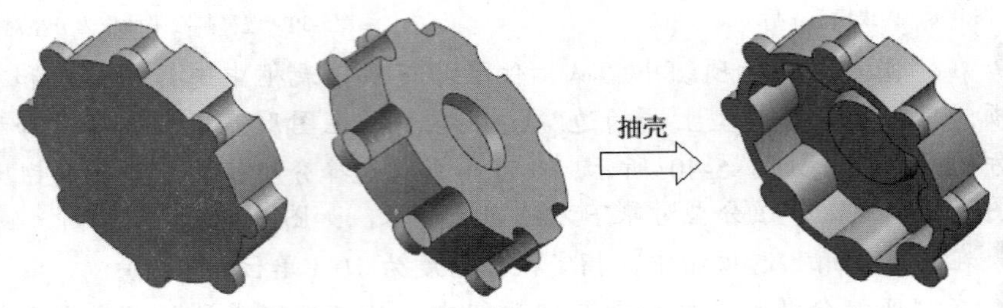

图5-45　抽壳示例

创建壳特征的操作步骤如下。

1 在“特征”面板中单击“抽壳”按钮，或者选择“菜单”/“插入”/“偏置/缩放”/“抽壳”命令，弹出图 5-46 所示的“抽壳”对话框。

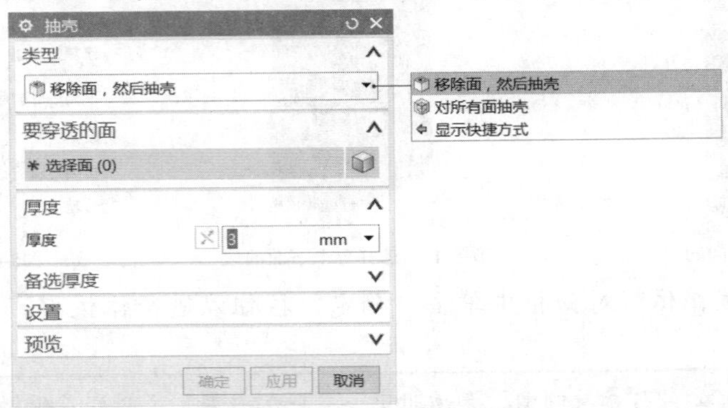

图5-46　“抽壳”对话框

2 在“类型”选项组的“类型”下拉列表框中选择壳类型。可供选择的壳类型如下。

- 移除面，然后抽壳：在抽壳之前移除实体的面。
- 对所有面抽壳：对实体的所有面进行抽壳，且不移除任何面。

当选择“移除面，然后抽壳”选项时，在“要穿透的面”选项组中单击“选择面”按钮，接着从目标实体中选择要移除的一个或多个面。当选择“对所有面抽壳”选项时，“要穿透的面”选项组变为“要抽壳的体”选项组，从中单击“选择体”按钮，并在图形窗口中选择要建抽壳的实体。

3 在“厚度”选项组的“厚度”文本框中输入基本壳厚度值。必要时，可以单击“反向”按钮，以反向厚度方向。

4 在“备选厚度”选项组中为实体中的不同表面指定不同的厚度，如图5-47所示。此为可选步骤。

5 此步骤也为可选步骤。展开“设置”选项组，如图5-48所示，在该选项组中指定相切边选项，设置是否使用补片解析自相交功能，以及更改壳距离公差值。将相切边选项选择为“在相切边添加支撑面”时，在偏置体中的面之前，先处理选定要移除并与其他面相切的面（注意：如果选定要移除的面都不与不移除的面相切，选择此选项将没有作用）；将相切边选项选择为“相切延伸面”时，延伸相切面，并且不为选定要移除且与其他面相切的面的边创建边面。另外，如果选中“使用补片解析自相交”复选框，则可以修复由于偏置体中的曲面导致的自相交，此复选框适用于在创建抽壳过程中可能因自相交而失败的复杂曲面；如果未选择此复选框，NX会按照当前公差设置来精确计算壳壁及曲面。

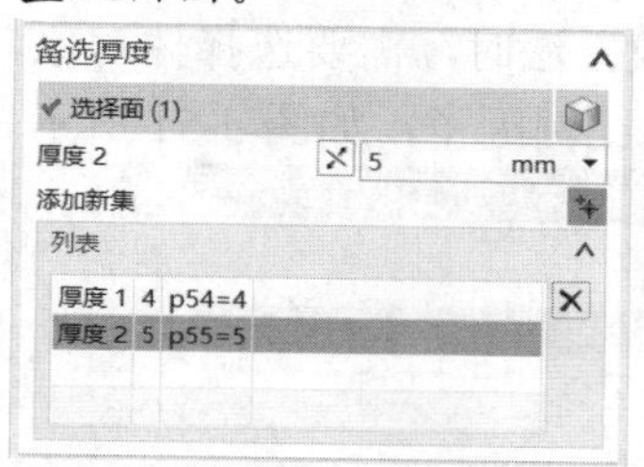

图5-47　定义备选厚度

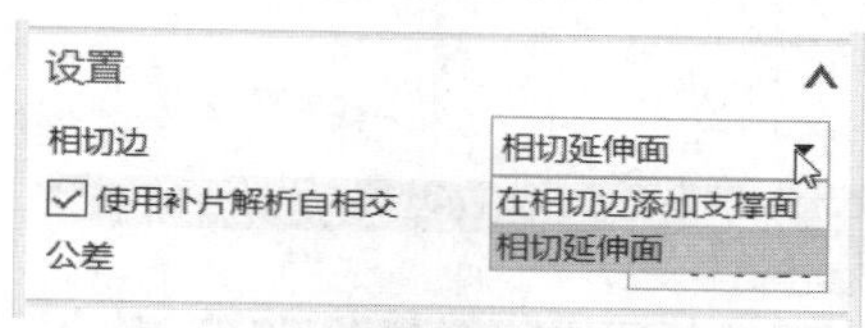

图5-48　“设置”选项组

6 在“抽壳”对话框中单击“应用”按钮或“确定”按钮。

读者可以使用本书光盘提供的“\DATA\CH5\bc_5_2_1.prt”部件文件来练习实体抽壳操作。

5.2.2 缩放体

使用“缩放体”命令功能，可以缩放实体和片体。在“特征”面板中单击“更多”/“缩放体”按钮，或者选择“菜单”/“插入”/“偏置/缩放”/“缩放体”命令，弹出图5-49所示的“缩放体”对话框，从“类型”选项组的下拉列表框中可以看出缩放体的类型（即缩放方法）分为3种，即“均匀”“轴对称”和“常规”。

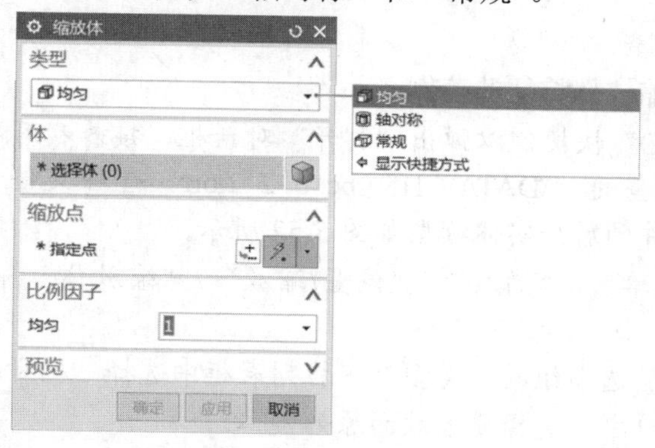

图5-49　“缩放体”对话框

一、“均匀”缩放

从“类型”选项组的“类型”下拉列表框中选择“均匀”选项，则在所有方向上均匀地按比例缩放。采用“均匀”缩放方法时，需要选择要缩放的体对象，指定缩放点和均匀比例因子。

二、“轴对齐”缩放

从“类型”选项组的“类型”下拉列表框中选择“轴对称”选项，则用指定的比例因子围绕指定的轴按比例对称缩放。采用“轴对齐”缩放方法时，除了选择要缩放的体对象和指定缩放轴之外，还必须指派一个沿指定轴的比例因子，并对其他方向（另外两个方向）指派另一个比例因子，如图 5-50 所示。

三、“常规”缩放

从“类型”选项组的“类型”下拉列表框中选择“常规”选项，则在 x 方向、y 方向和 z 方向上用不同的比例因子进行缩放。采用“常规”缩放方法时，需要选择体对象，指定缩放 CSYS，以及设定 X 向比例因子、Y 向比例因子和 Z 向比例因子，如图 5-51 所示。

图5-50　采用“轴对齐”缩放方法

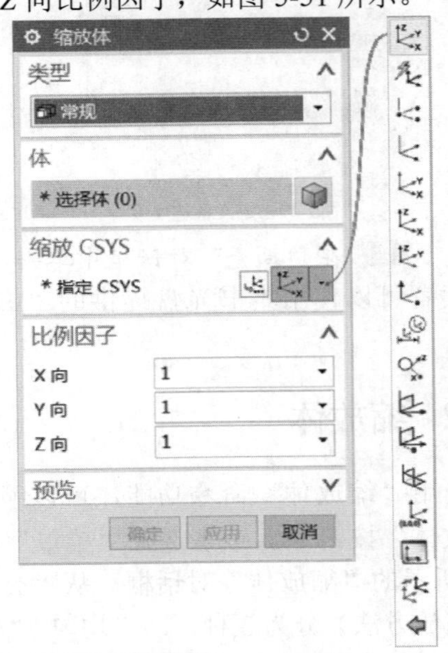

图5-51　采用“常规”缩放方法

下面介绍一个创建缩放体特征的范例。

1. 按“Ctrl+O”快捷键以弹出“打开”对话框，接着利用“打开”对话框选择本书光盘配套的“\DATA\CH5\ bc_5_2_2.prt”部件文件，单击“OK”按钮。该部件文件的原始实体模型如图 5-52 所示。
2. 选择“菜单”/“插入”/“偏置/缩放”/“缩放体”命令，弹出“缩放体”对话框。
3. 从“类型”选项组的“类型”下拉列表框中选择“轴对称”选项。
4. 在图形窗口中，选择要缩放的原始实体。
5. 在“缩放轴”选项组中，从“矢量”下拉列表框中选择“面/平面法向”

图标选项，接着在实体模型中单击图 5-53 所示的端面以定义缩放轴。

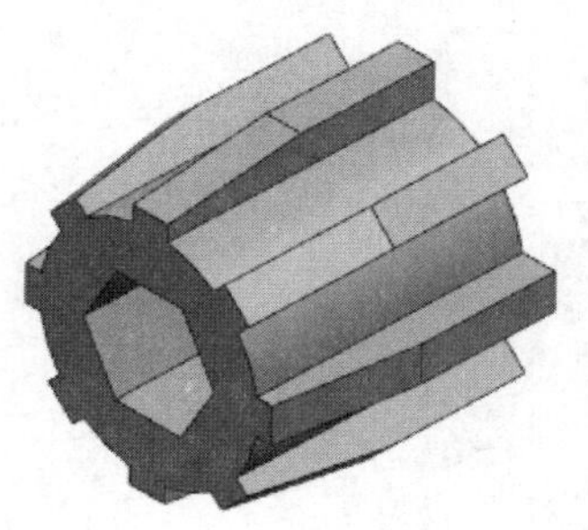

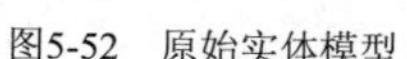
图5-52　原始实体模型

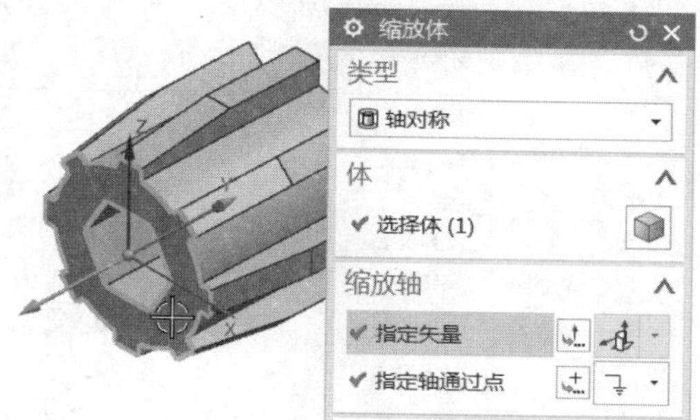

图5-53　指定缩放轴

6 展开“比例因子”选项组，在“沿轴向”文本框中输入“0.5”，在“其他方向”文本框中输入“1”，如图 5-54 所示。

7 在“缩放体”对话框中单击“确定”按钮，得到缩放体的效果如图 5-55 所示。

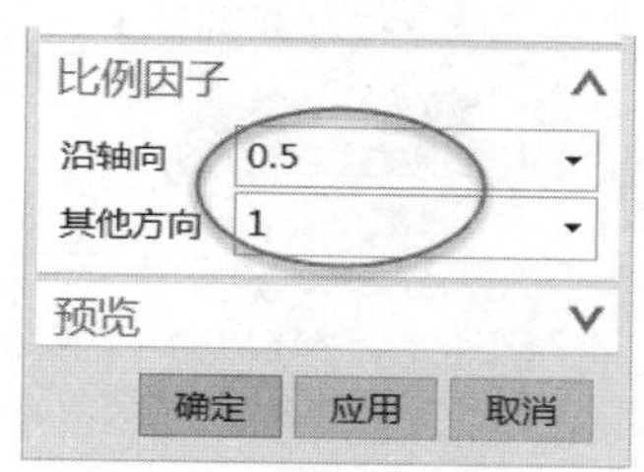

图5-54　输入相关的比例因子

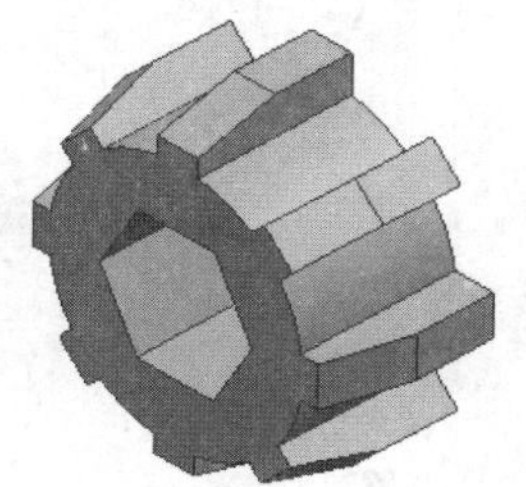

图5-55　缩放体的完成效果

5.3 关联复制

关联复制的命令包括“WAVE PMI 链接器”“抽取几何特征”“阵列特征”“阵列面”“阵列几何特征”“镜像特征”“镜像几何体”“镜像面”“提升体”和“隔离特征的对象”，它们位于建模模块的“菜单”/“插入”/“关联复制”级联菜单中，相应工具按钮位于功能区的“主页”选项卡的“特征”面板中。本节将介绍常用的关联复制命令。

5.3.1 阵列特征

使用“阵列特征”命令，可以创建特征的阵列（线性、圆形、多边形等），并通过各种选项来定义阵列边界、实例方位、旋转方向和变化。

在“特征”面板中单击“阵列特征”按钮，或者选择“菜单”/“插入”/“关联复制”/“阵列特征”命令，系统弹出图 5-56 所示的“阵列特征”对话框，接着选择要形成阵列的特征（即选择要阵列复制的特征），指定参考点，并进行阵列定义，指定阵列方法（即图样形成方法），以及设置输出选项等，即可创建阵列特征。输出选项是在“阵列特征”对话框的“设置”选项组中设置的，输出选项可以为“阵列特征”“复制特征”或“特征复制到特征组中”。

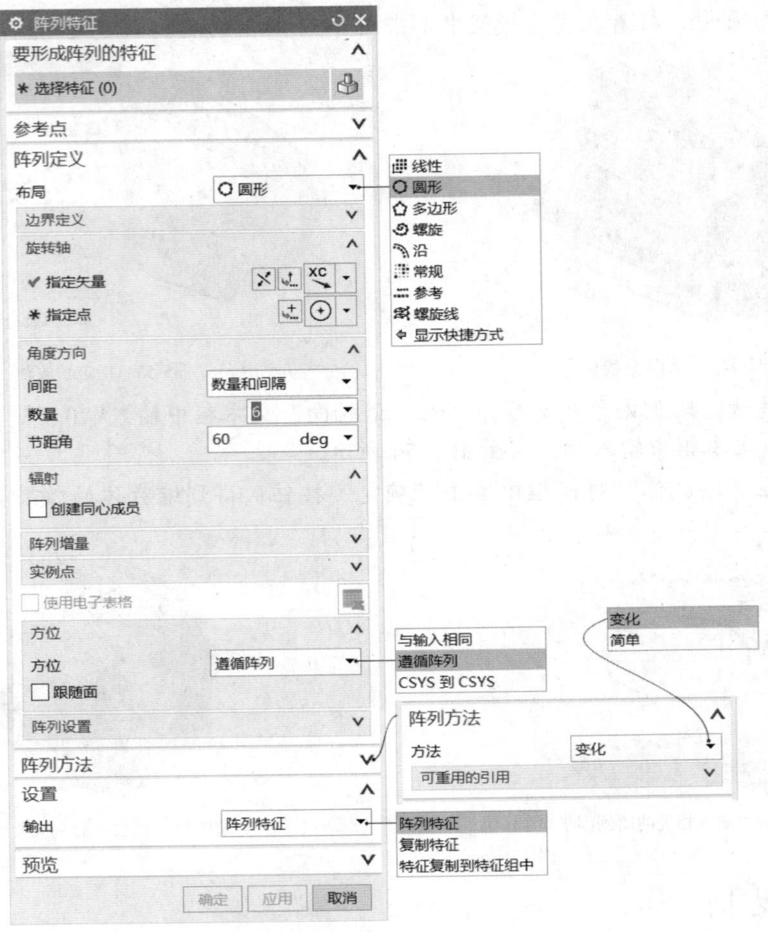

图5-56　“阵列特征”对话框

在创建阵列特征的过程中，需要注意以下提及几个方面的操作及应用指南。

(1) 可以使用多种阵列布局来创建阵列特征，其方法是在“阵列定义”选项组的“布局”下拉列表框中选择所需的一个阵列布局选项，如“线性”、“圆形”、“多边形”、“螺旋”、“沿”、“常规”、“参考”或“螺旋”，然后设置相应的参数、参照。

- “线性”：使用一个或两个方向定义布局。
- “圆形”：使用旋转轴和可选径向间距参数定义布局。
- “多边形”：使用正多边形和可选径向间距参数定义布局。
- “螺旋”：使用平面螺旋路径定义布局。
- “沿”：定义一个跟随连续曲线链和（可选）第二条曲线链或矢量的布局。
- “常规”：使用由一个或多个目标点或坐标系定义的位置来定义布局。
- “参考”：使用现有阵列定义布局。
- “螺旋”：使用空间螺旋路径定义布局。

(2) 对于“线性”布局，可以设定在一个或两个方向对称的阵列，还可以指定多

个列或行交错排列，如图 5-57 所示。

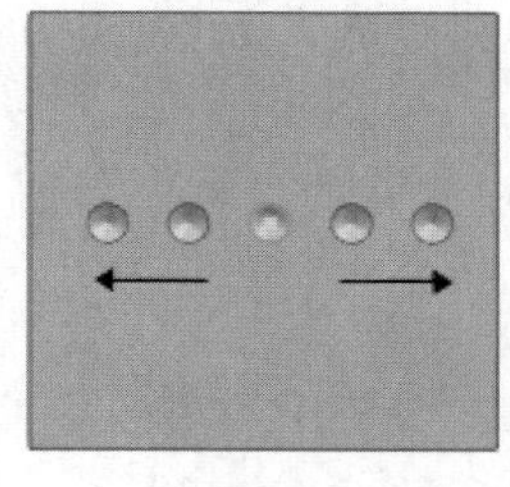

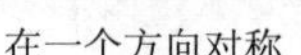

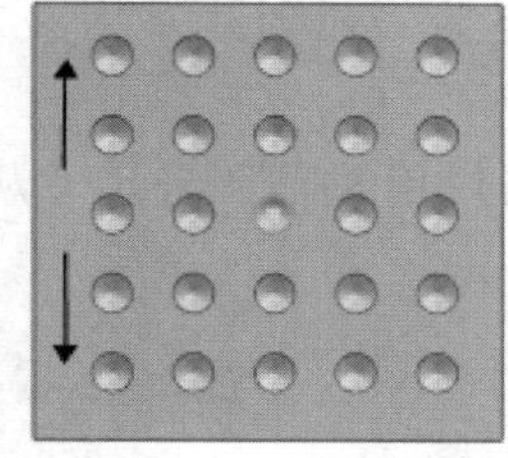

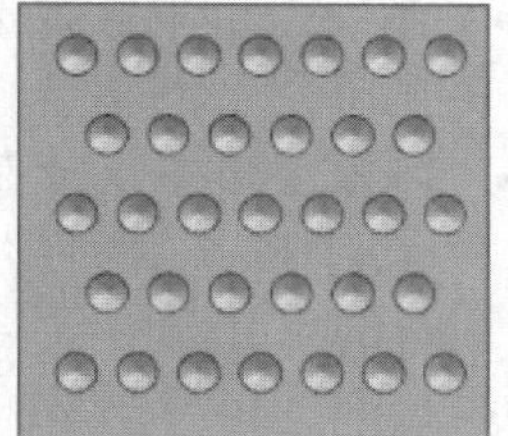

在一个方向对称　　在两个方向对称　　指定多个列或行交错排列

图5-57　“线性”布局的对称与交错排列示例

要设置在方向 1 生成对称的阵列，那么需要在“阵列定义”选项组的“方向 1”子选项组中勾选“对称”复选框；要设置在方向 2 形成对称的阵列，那么需要在“阵列定义”选项组的“方向 2”子选项组中勾选“对称”复选框。图 5-58 所示为设置在方向 1 和方向 2 均对称的阵列。

要为“线性”布局阵列指定多个列或行交错排列，则需要在“阵列定义”选项组中展开“阵列设置”子选项组，接着从“交错”下拉列表框中选择所需的一个交错选项，如“方向 1”或“方向 2”，如图 5-59 所示，若选择“无”则定义阵列无交错。

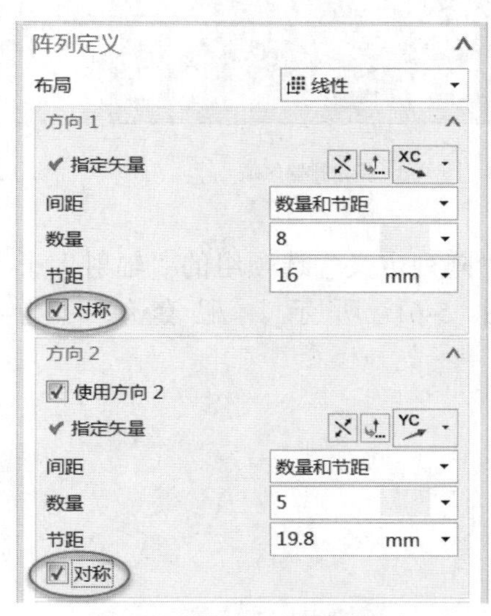

图5-58　设置在两个方向均对称

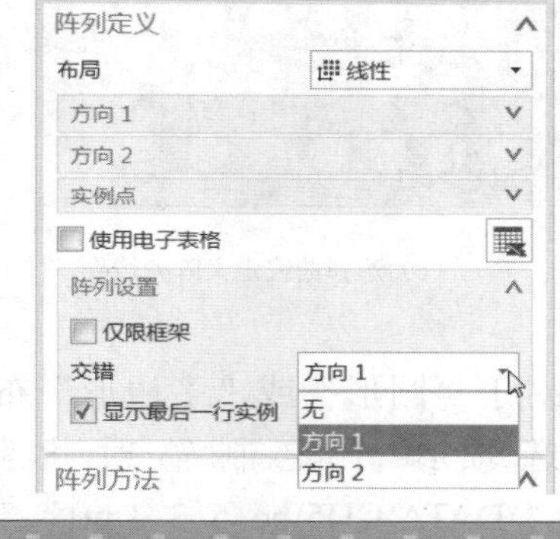

图5-59　为“线性”布局进行阵列交错设置

(3) 可以使用阵列特征填充指定的边界。这需要展开“阵列定义”选项组中的“边界定义”子选项组，接着从“边界”下拉列表框中选择“无”“面”“曲线”或“排除”选项来进行边界定义，如图 5-60（a）所示。注意当布局设置为“沿”、“常规”、“参考”和“螺旋”时，“边界定义”子选项组不可用。

- 无：不定义边界，即阵列不会限制为边界。
- 面：为基于曲线（根据指定面定义）的图样定义边界，实例不会在指定边界外创建。如果指定内边界，也会导致无法创建实例。该选项也就是用于选择面

的边、片体边或区域边界来定义阵列边界，如图 5-60（b）所示。

- 曲线：用于通过选择一组曲线或创建草图来定义阵列边界，如图 5-60（c）所示。
- 排除：用于通过选择曲线或创建草图来定义从阵列中排除的区域，如图 5-60（d）所示。

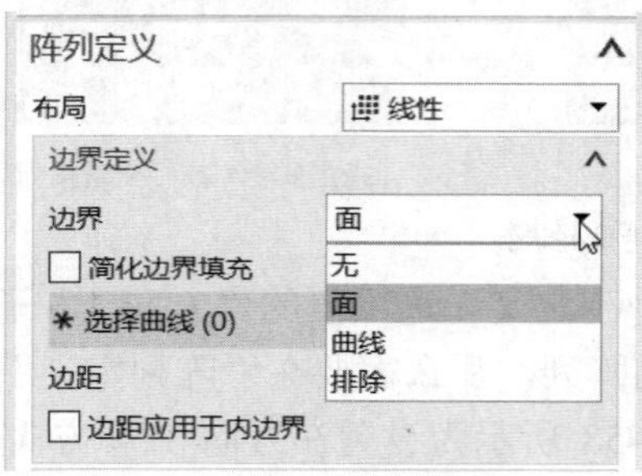

（a）选择边界定义的边界选项

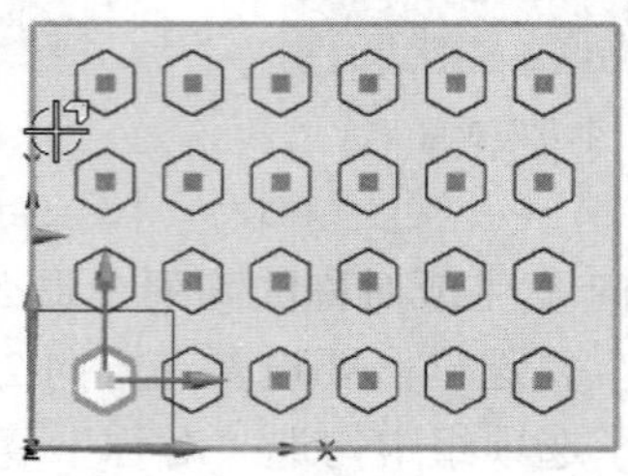

（b）使用“面”边界选项并选择面定义边界曲线

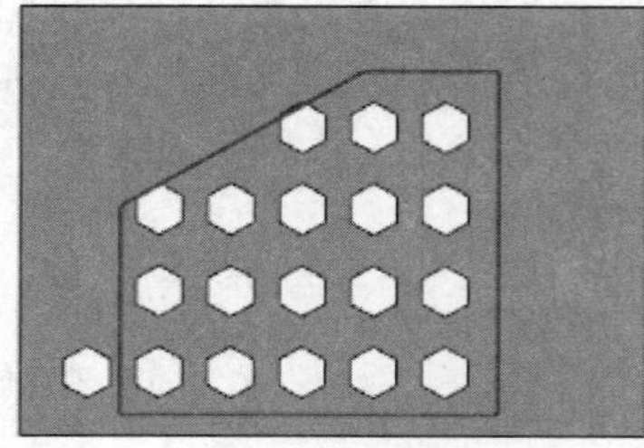

（c）选择曲线定义阵列边界

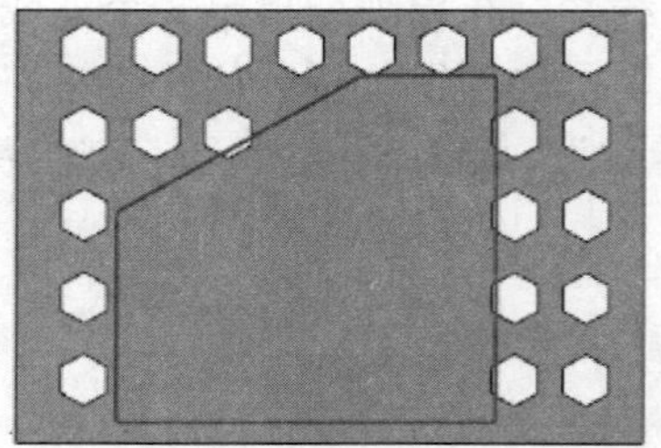

（d）指定排除区域

图5-60　边界定义

(4) 对于“圆形”或“多边形”布局，可以在“阵列定义”选项组的“辐射”子选项组中定制辐射状阵列，如图 5-61 所示。配套练习为“\DATA\CH5\bc_5_3_1.prt”部件文件。

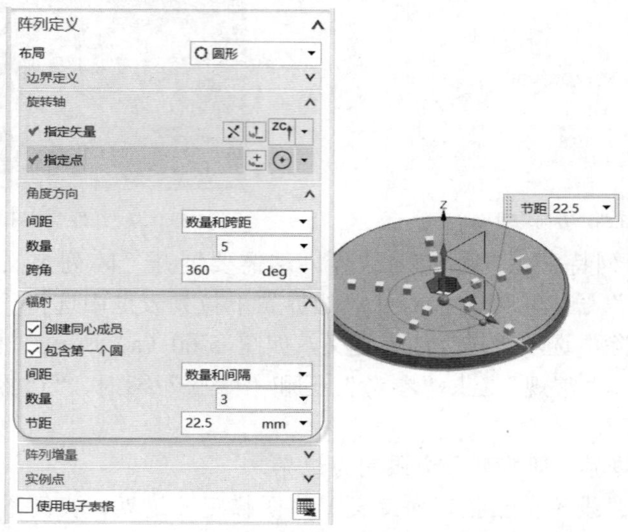

图5-61　设置辐射状阵列

(5) 通过使用表达式指定阵列参数，可以定义阵列增量。

(6) 可以将阵列参数值导出至电子表格并按位置进行编辑，编辑结果将传回到阵列定义。这需要使用“阵列定义”选项组中的“使用电子表格”复选框。“使用电子表格”复选框用于编辑阵列定义参数，包括仅在电子表格中可用的任何阵列变化设置。注意，当“布局”设置为“参考”时该复选框不可用。

(7) 可以明确地选择各实例点对阵列特征进行转动、抑制和变化操作，其方法是在“阵列定义”选项组中展开“实例点”子选项组，单击“选择实例点”按钮⌖，并在图形窗口中选择一个或多个实例点，接着右击以弹出一个快捷菜单，使用该右键快捷菜单可以对所选的实例点进行“抑制”“删除”“旋转”或“指定变化”操作，如图 5-62 所示。

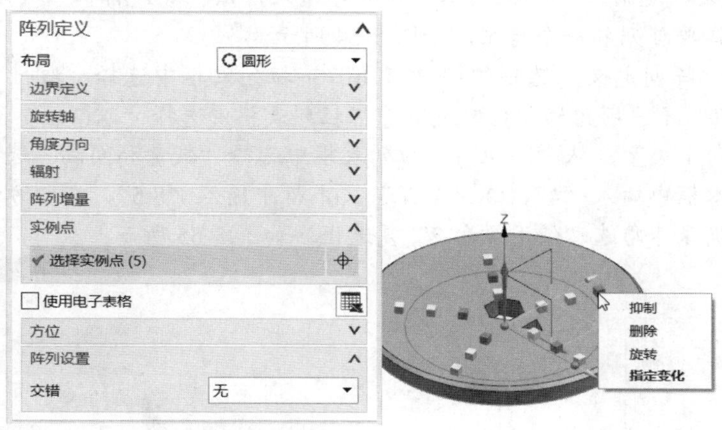

图5-62 指定实例点并对它们进行操作

(8) 利用“阵列定义”选项组的“方位”子选项组可以控制阵列的方向，例如，使用“方位”子选项组的“方位”下拉列表框（提供的方位选项可能包括“与输入相同”“遵循阵列”“CSYS 到 CSYS”“垂直于路径”），可以确定布局中的阵列特征是保持恒定方位还是跟随从某些定义几何体派生的方位，图 5-63 给出了两种阵列方位效果。另外，在“方位”子选项组中还可以根据情况勾选“跟随面”复选框，并设置投影方向。

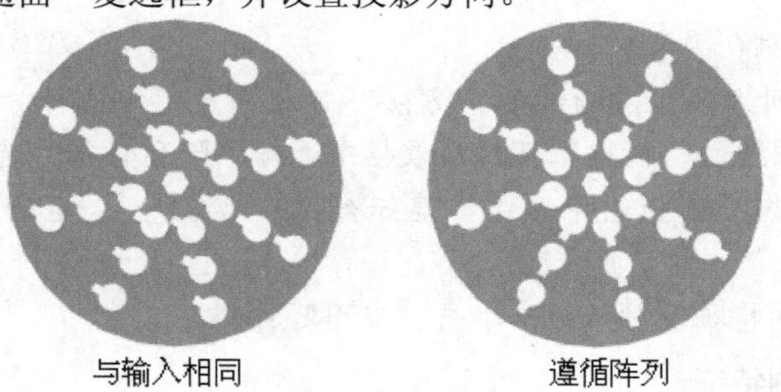

图5-63 两种常见阵列方位效果

(9) 可以在“阵列方法”选项组的“方法”下拉列表框中选择“简单”或“变化”阵列方法选项。“简单”阵列方法仅支持将单个特征作为输入以创建阵列

特征对象，只对输入特征进行有限评估；“变化”阵列方法支持将多个特征作为输入以创建阵列特征对象，并评估每个实例位置处的输入，此时使用“可重用的参考”列表可控制要评估的参考。

下面介绍一个应用阵列特征的操作范例。

一、创建线性阵列特征

1 在“快速访问”工具栏中单击“打开”按钮，接着利用弹出的“打开”对话框选择本书光盘配套的“\DATA\CH5\bc_5_3_1.prt”部件文件，单击“OK”按钮。

2 在“特征”面板中单击“阵列特征”按钮，或者选择“菜单”/“插入”/“关联复制”/“阵列特征”命令，系统弹出“阵列特征”对话框。

3 选择要阵列的一个特征，如图 5-64 所示。

4 在“阵列定义”选项组的“布局”下拉列表框中选择“线性”选项，在“方向 1”子选项组的“指定矢量”下拉列表框中选择“-XC 轴”图标选项定义方向 1 矢量。从“间距”下拉列表框中选择“数量和间隔”选项，在“数量”文本框中输入“4”，在“节距”文本框中输入“8.5”，在“方向 2”子选项组中确保不勾选“使用方向 2”复选框，如图 5-65 所示。

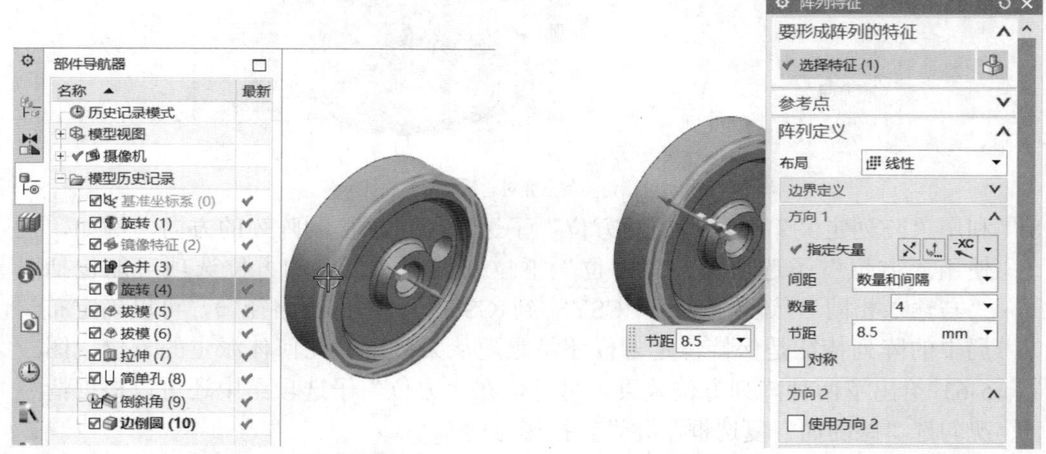

图5-64　选择要阵列的一个旋转特征　　　　图5-65　设置线性方向 1 参数

5 在“阵列方法”选项组的“方法”下拉列表框中选择“变化”选项，在“设置”选项组的“输出”下拉列表框中选择“阵列特征”选项。

6 在“预览”选项组中单击“显示结果”按钮，显示的阵列结果如图 5-66 所示。

7 在“阵列特征”对话框中单击“应用”按钮。

二、创建圆形阵列特征

1 在图形窗口中选择图 5-67 所示的简单圆孔特征作为要形成阵列的特征。

图5-66　显示线性阵列的结果

图5-67　选择要形成阵列的特征

2 在“阵列定义”选项组的“布局”下拉列表框中选择“圆形”选项。

3 在“阵列定义”选项组的“旋转轴”子选项组的“指定矢量”下拉列表框中选择“XC 轴”图标选项来定义旋转轴。单击“点构造器”按钮，弹出“点”对话框，从“类型”下拉列表框中选择“自动判断的点”选项，在“输出坐标”选项组中设置输出绝对坐标为 x=0、y=0、z=0，单击“确定”按钮，返回到“阵列特征”对话框。

4 在“阵列定义”选项组的“角度方向”子选项组中，从“间距”下拉列表框中选择“数量和跨距”选项，数量设置为 6，跨角设置为 360deg，如图5-68 所示。在“辐射”子选项组中确保取消选中“创建同心成员”复选框。

5 在“阵列方法”选项组的“方法”下拉列表框中选择“变化”选项，在“设置”选项组的“输出”下拉列表框中选择“阵列特征”选项。

6 在“阵列特征”对话框中单击“确定”按钮，完成圆形阵列效果如图5-69 所示。

图5-68　设置角度方向等参数

图5-69　完成圆形阵列

5.3.2　镜像特征

使用“镜像特征”命令，可以根据平面来镜像某个体内的一个或多个特征。通常在构建对称部件时使用“镜像特征”命令。

要复制特征并根据平面进行镜像，那么在“特征”面板中单击“更多”/“镜像特征”按钮，或者选择“菜单”/“插入”/“关联复制”/“镜像特征”命令，弹出图 5-70 所示的“镜像特征”对话框，接着选择要镜像的特征，并可根据设计要求指定参考点，以及利用“镜像平面”选项组来指定一个平面作为镜像平面等，然后单击“应用”按钮或“确定”按钮即可。

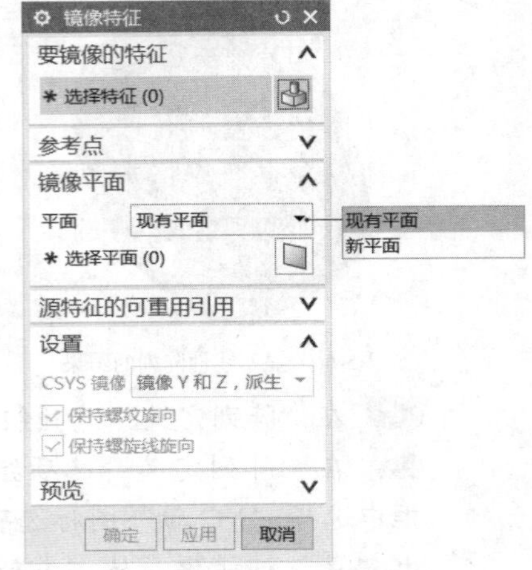

图5-70　镜像特征

下面介绍创建镜像特征的一个范例。

1. 在“快速访问”工具栏中单击“打开”按钮，接着利用弹出的“打开”对话框选择本书光盘配套的“\DATA\CH5\bc_5_3_2a.prt”部件文件，单击“OK”按钮。该部件文件中的原始实体模型如图 5-71 所示。

2. 在功能区的“主页”选项卡的“特征”面板中单击“更多”/“镜像特征”按钮，弹出“镜像特征”对话框。

3. 选择图 5-72 所示的拉伸切口特征作为要镜像的特征。

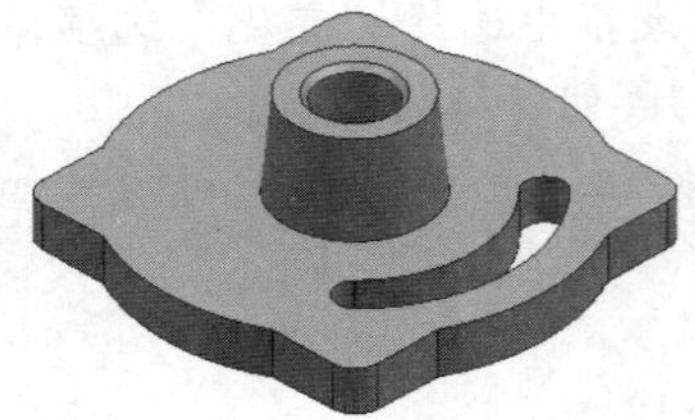

图5-71　练习范例的原始模型

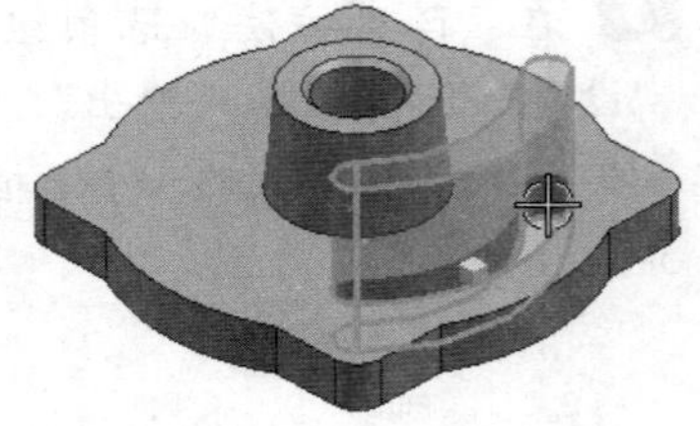

图5-72　选择要镜像的特征

4. 在“镜像平面”选项组的“平面”下拉列表框中选择“新平面”选项，接着在“指定平面”对应的下拉列表框中选择“YC-ZC 平面”图标选项，如图 5-73 所示。

5. 在“镜像特征”对话框中单击“确定”按钮，完成镜像特征效果如图 5-74 所示。

图5-73　指定镜像平面

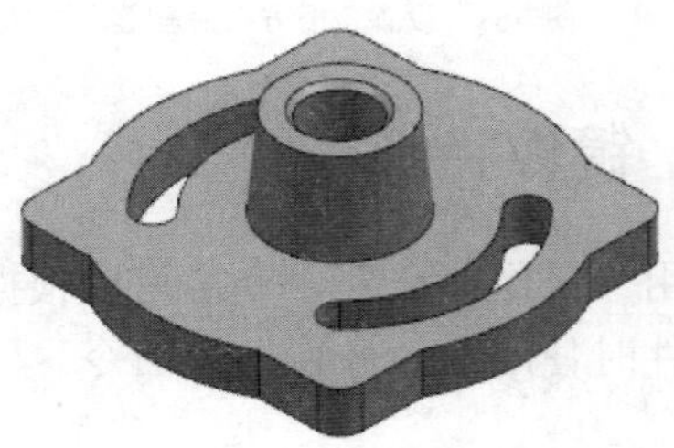

图5-74　完成镜像特征

5.3.3 镜像几何体

镜像几何体是指复制几何体并跨平面进行镜像。镜像几何体的操作步骤较为简单，选择“镜像几何体”命令后，指定要镜像的几何体和作为镜像平面的基准平面，并设置一些选项即可。镜像几何体的典型示例如图 5-75 所示。

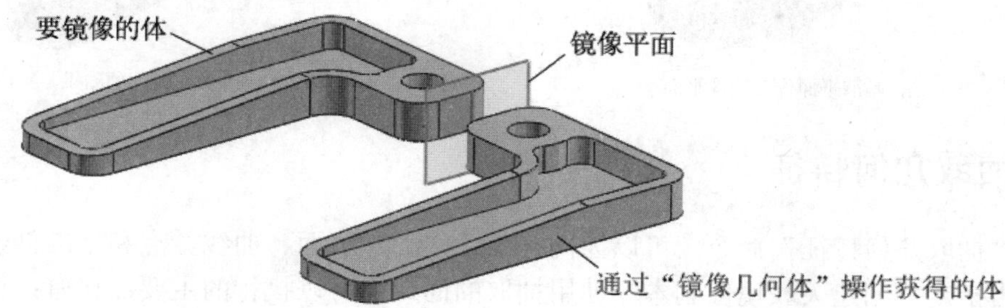

图5-75 镜像几何体示例

下面介绍一个镜像几何体的简单练习范例。

1 在“快速访问”工具栏中单击“打开”按钮，接着利用弹出的“打开”对话框选择本书光盘配套的“\DATA\CH5\bc_5_3_3a.prt”部件文件，单击“OK”按钮。该部件文件中的原始实体模型如图 5-76 所示。

2 在“特征”面板中单击“更多”/“镜像几何体”按钮，或者选择“菜单”/“插入”/“关联复制”/“镜像几何体”命令，系统弹出图 5-77 所示的“镜像几何体”对话框。

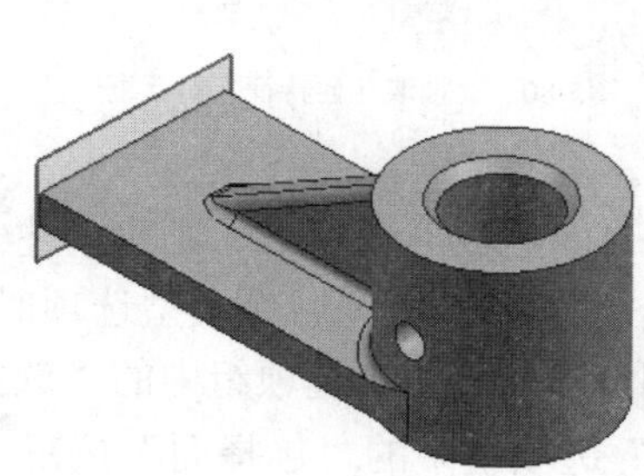

图5-76 练习文件中的原始模型

图5-77 “镜像几何体”对话框

3 在图形窗口中单击实体模型以选择整个体。

4 在“镜像平面”选项组中的“指定平面”下拉列表框中确保选择“自动判断”，激活“指定平面”收集器，在图形窗口中选择图 5-78 所示的基准平面来作为镜像平面。

5 在“设置”选项组中确保选中“关联”复选框和“复制螺纹”复选框，然后单击“确定”按钮，镜像几何体的结果如图 5-79 所示。

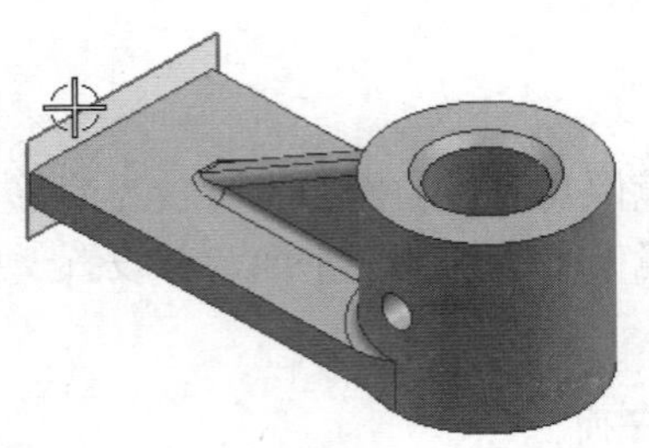

图5-78　选择基准平面作为镜像平面

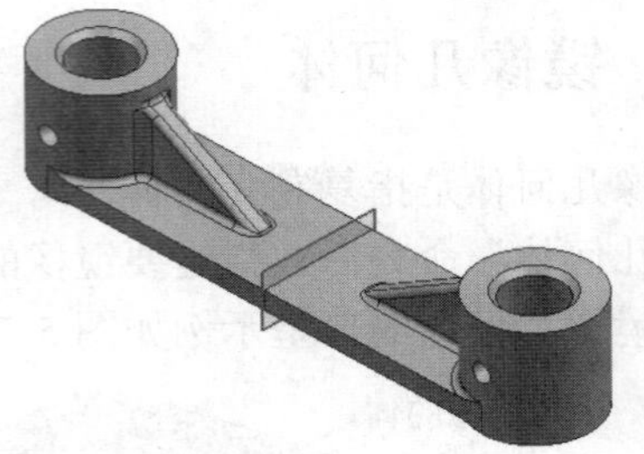

图5-79　镜像几何体的结果

5.3.4 抽取几何特征

使用“抽取几何特征”命令，可以为同一部件中的体、面、曲线、点和基准创建关联副本，并可为指定体创建关联镜像副本。使用抽取的面或体可以执行的主要操作有：保留部件的内部体积用于分析，测试更改分析方案而不修改原始模型等。

在“特征”面板中单击“更多”/“抽取几何特征”按钮，或者选择“菜单”/“插入”/“关联复制”/“抽取几何特征”命令，系统弹出图 5-80 所示的“抽取几何特征”对话框。“类型”选项组用于指定创建的抽取特征的类型，可供选择的抽取特征类型选项有“面”“面区域”“体”“镜像体”“复合曲线”“点”和“基准”。

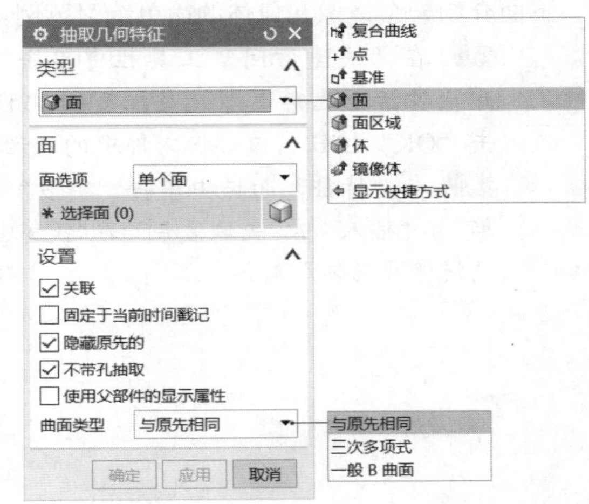

图5-80　“抽取几何特征”对话框

当在“类型”选项组的“类型”下拉列表框中选择“面”选项时，则将创建要抽取的选定面的片体，此时需要在“面”选项组中选择面选项（如“单个面”“面与相邻面”“车身面”或“面链”）及指定相应的面参照。

当在“类型”选项组的“类型”下拉列表框中选择“面区域”选项时，则将创建一个片体，该片体是连接到种子面且受边界面限制的面的集合。选择“面区域”类型选项时，“抽取几何特征”对话框提供的选项组如图 5-81 所示，其中，“种子面”选项组中的“选择面”按钮用于选择包含在或处于边界面中的面；“边界面”选项组中的“选择面”按钮用于选择包含或围绕种子面的面；而“区域选项”选项组中的“遍历内部边”复选框用于选择位于指定边界面内部的所有面。

当在“类型”选项组的“类型”下拉列表框中选择“体”选项时，需要选择要复制的体以创建整个体的副本，如图 5-82 所示。

当在“类型”选项组的“类型”下拉列表框中选择“镜像体”选项时，需要选择体和镜像平面，以及在“设置”选项组中设定“关联”“固定于当前时间戳记”和“复制螺纹”这 3 个复选框的状态等，如图 5-83 所示。

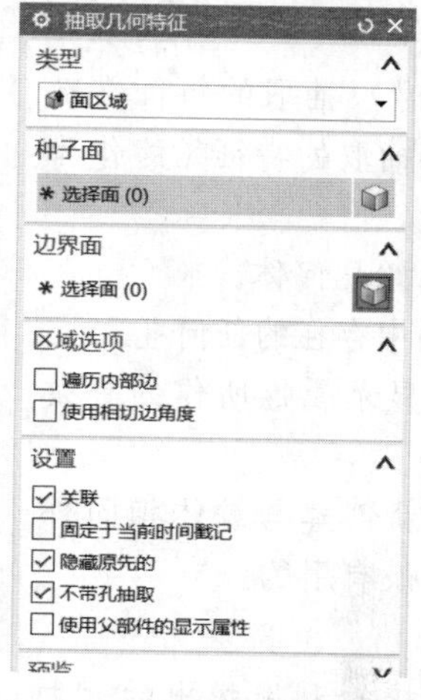

图5-81 选择“面区域”类型选项

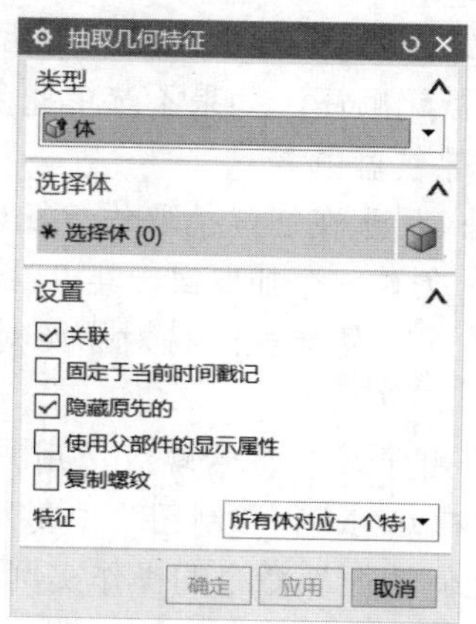

图5-82 选择“体”类型选项

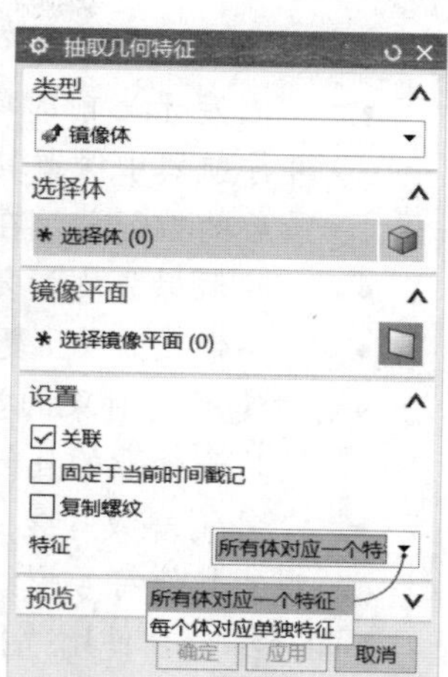

图5-83 选择“镜像体”类型选项

当在“类型”选项组的“类型”下拉列表框中选择“复合曲线”选项时，需要从工作部件中选择要复制的曲线或边，必要时可以在“曲线”选项组中单击“反向”按钮来反转曲线起点方向，接着在“设置”选项组中决定一些复选框的状态，并从“连结曲线”下拉列表框中选择一个选项（如“否”“三次”“常规”“五次”），如图 5-84 所示，然后单击“应用”按钮或“确定”按钮，从而完成从工作部件中抽取复合曲线。从工作部件中抽取复合曲线实际上是通过复制其他曲线或边来创建所需曲线。需要用户注意的是，如果要从同一个装配的其他部件中抽取曲线及边，那么使用“WAVE 几何链接器”命令中的“复合曲线”选项。

当在“类型”选项组的“类型”下拉列表框中选择“点”选项时，需要选择要复制的点来抽取点，并可以在“设置”选项组中设置其关联性，并可以设置在点之间绘制直线等，如图 5-85 所示。

抽取基准的操作与抽取点的操作类似，即在“类型”选项组的“类型”下拉列表框中选择“基准”选项后，选择要复制的基准，并在“设置”选项组中设置“关联”复选框、“隐藏原先的”复选框和“使用父部件的显示属性”复选框的状态，以及设置 CSYS 显示比例，如图 5-86 所示。

图5-84 选择“复合曲线”类型选项

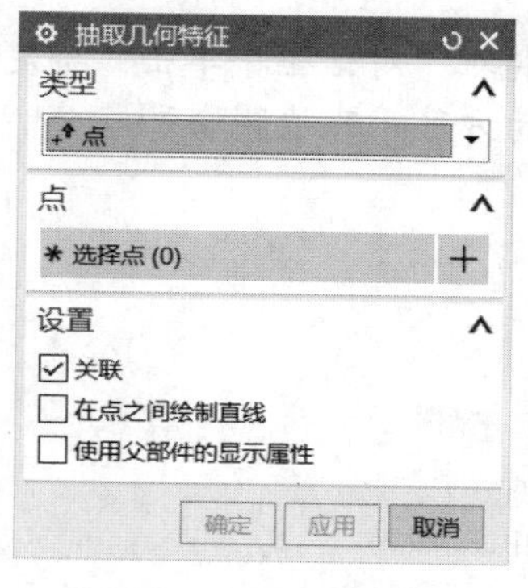

图5-85 选择“点”类型选项

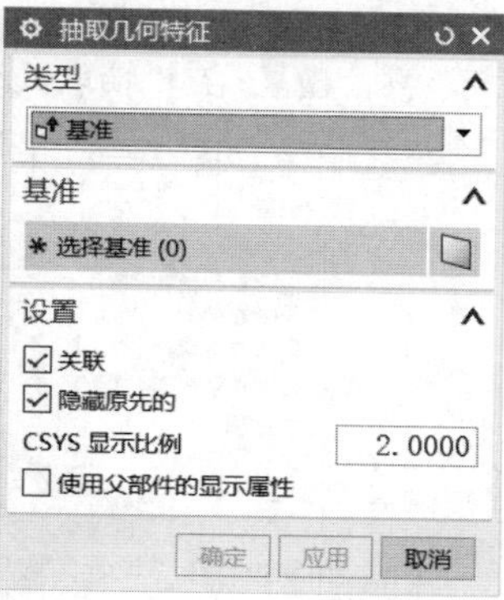

图5-86 选择“基准”类型选项

用户需要注意“设置”选项组所提供的以下一些复选框。

- “固定于当前时间戳记”复选框：指定在创建后续特征时，抽取的特征在部件导航器中保留其时间戳记顺序。如果不选中此复选框，抽取的特征始终作为最后的特征显示在部件导航器中。
- “隐藏原先的”复选框：用于在创建抽取的特征后隐藏原始几何体。
- “不带孔抽取”复选框：创建一个抽取面，其中不含原始面中存在的任何孔。
- “使用父对象的显示属性”复选框：将对原始对象中的显示属性所作的更改反映到抽取的几何体。
- “复制螺纹”复选框：用于复制符号螺纹，用户无需重新创建与源体相同外观的其他符号螺纹。这在 CAM 和“制图”中复制体时是很有用的。

下面介绍一个使用“抽取几何特征”命令的操作实例。

1 在“快速访问”工具栏中单击“打开”按钮，接着利用弹出的“打开”对话框选择本书光盘配套的“\DATA\CH5\bc_5_3_4.prt”部件文件，单击“OK”按钮。该部件文件中的原始实体模型如图 5-87 所示。

2 在“特征”面板中单击“更多”/“抽取几何特征”按钮，或者选择“菜单”/“插入”/“关联复制”/“抽取几何特征”命令，系统弹出“抽取几何特征”对话框。

3 在“类型”选项组的“类型”下拉列表框中选择“面”选项，接着在“面”选项组的“面选项”下拉列表框中选择“单个面”选项，在图形窗口中选择图 5-88 所示的单个面。

图5-87　原始实体模型（某产品的一个外壳）

图5-88　选择要复制的单个面

4 在“设置”选项组中勾选“关联”复选框、“隐藏原先的”复选框和“不带孔抽取”复选框，在“曲面类型”下拉列表框中选择“与原先相同”选项，如图 5-89 所示。

5 在“抽取几何特征”对话框中单击“确定”按钮，抽取的面如图 5-90 所示，很明显，中间的方形开孔被删除了。

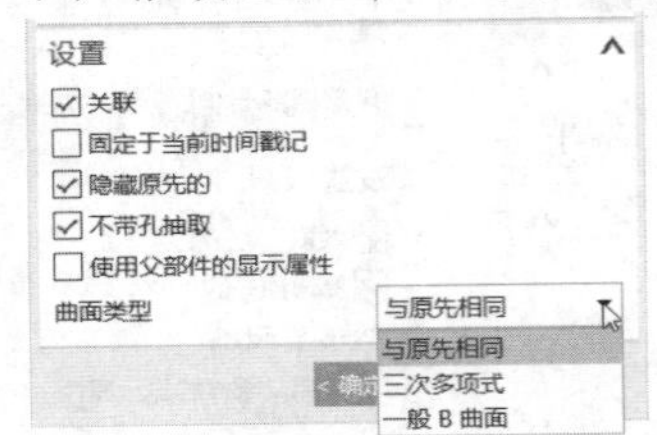

图5-89　在“设置”选项组中进行设置

图5-90　完成抽取的面

5.3.5 阵列几何特征

NX 11 中的“阵列几何特征”功能用于将几何体复制到许多阵列或布局（线性、圆形、多边形等）中，并带有对应阵列边界、实例方位、旋转和删除的各种选项。

在建模模块功能区的“主页”选项卡的“特征”面板中单击“更多”/“阵列几何特征”按钮，或者选择“菜单”/“插入”/“关联复制”/“阵列几何特征”命令，打开图 5-91 所示的“阵列几何特征”对话框，通过该对话框选择要形成阵列的几何特征，指定参考点，进行阵列定义和设置相关选项等，从而完成阵列几何特征。“阵列几何特征”对话框的设置内容和 5.3.1 节介绍过的“阵列特征”对话框的设置内容类似，类似的内容在此不再赘述。两者针对的阵列对象不同，一个是针对阵列几何特征，而另一个则是针对阵列特征。另外，有必要对相关阵列定义中涉及的“边界定义”进行以下介绍。

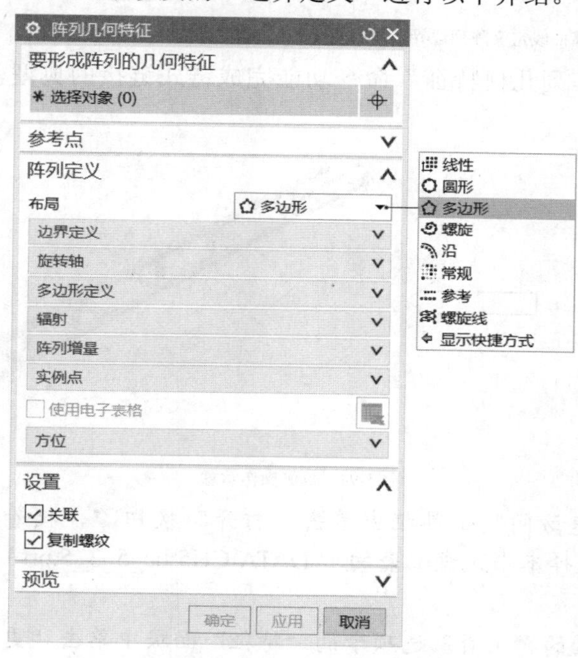

图5-91 “阵列几何特征”对话框

同“阵列特征”命令一样，在使用“阵列几何特征”命令进行某些阵列布局时也可以指进行边界定义。这需要展开“阵列定义”选项组中的“边界定义”子选项组，接着从“边界”下拉列表框中选择“无”“面”“曲线”或“排除”选项来进行边界定义，注意当布局设置为“沿”、“常规”或“参考”和“螺旋线”时，“边界定义”子选项组不可用。例如，对于“线性”阵列布局，从“边界”下拉列表框中选择“曲线”选项，接着选择一组曲线或创建草图来定义阵列边界，可设置边距值等，如图 5-92 所示，而如果从“边界”下拉列表框中选择“排除”选项时，则通过选择曲线或创建草图来定义从阵列中排除的区域，此时亦可设置边距值，如图 5-93 所示。

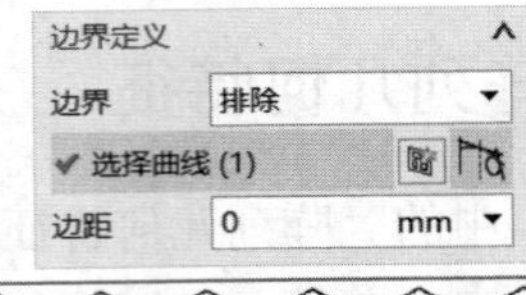

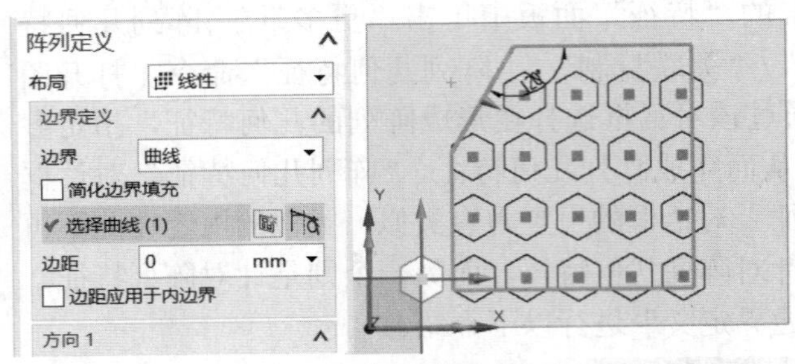

图5-92　选择曲线定义阵列边界

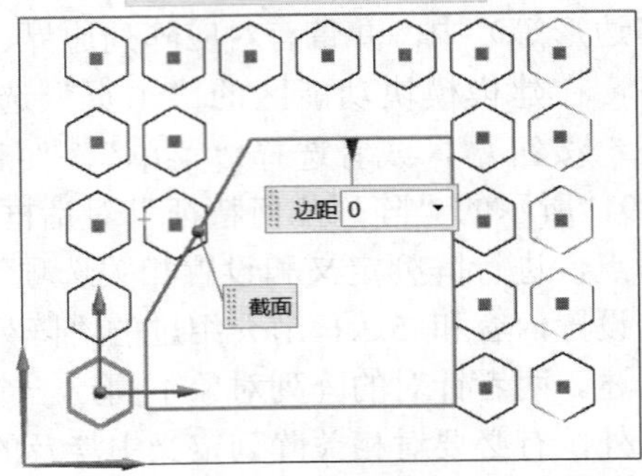

图5-93　指定排除区域

下面介绍使用“阵列几何特征”命令功能完成链式链接的典型范例，操作示意如图 5-94 所示。

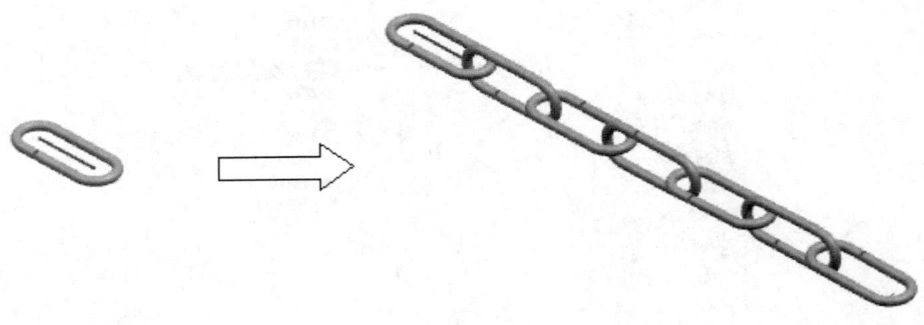

图5-94　范例操作示意

1 在“快速访问”工具栏中单击“打开”按钮，接着利用弹出的“打开”对话框选择本书光盘配套的“\DATA\CH5\bc_5_3_5.prt”部件文件，单击“OK”按钮。

2 在功能区的“主页”选项卡的“特征”面板中单击“更多”/“阵列几何特征”按钮，打开“阵列几何特征”对话框。

3 “要形成阵列的几何特征”选项组中的“选择对象”按钮处于活动状态，在图形窗口中选择环状的扫掠实体作为要形成阵列的对象。

4 在“阵列定义”选项组的“布局”下拉列表框中选择“螺旋线”选项。

5 在“阵列定义”选项组的“旋转轴”子选项组中，单击“指定矢量”选项，并确保选择“自动判断的矢量”图标选项，接着选择一个对象定义旋转轴。在本例中，选择已有直线定义旋转轴，如图 5-95 所示。注意设置旋转轴的正方向。

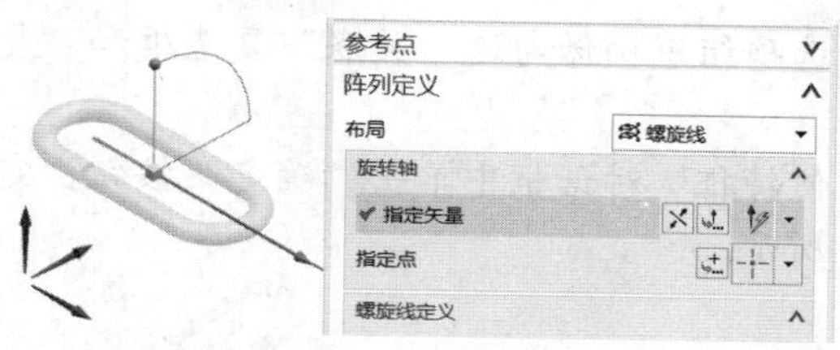

图5-95　选择已有直线自动判断旋转轴

6 在“旋转轴”子选项组中，单击“点对话框”按钮，弹出“点”对话框，从“类型”下拉列表框中选择“自动判断的点”，然后选择对象以定义旋转点。在本例中，巧妙使用选择条的“中点”按钮来辅助选择已有线段的中点来定义旋转点，如图 5-96 所示。然后在“点”对话框中单击“确定”按钮，返回到“阵列几何特征”对话框。

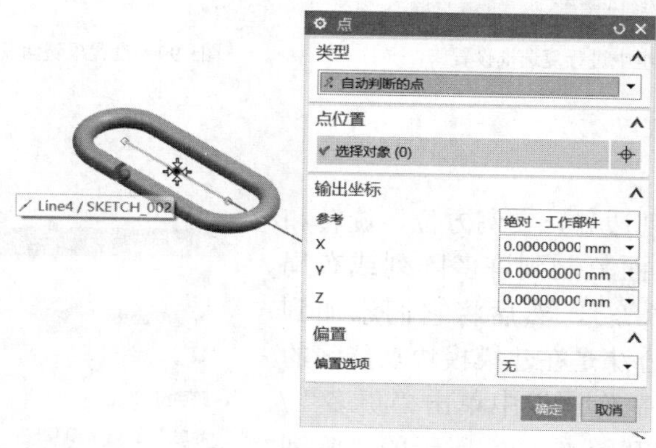

图5-96　定义旋转点

7 在“螺旋线定义”子选项组中，从“方向”下拉列表框中选择“右手”，从“螺旋线尺寸依据”下拉列表框中选择“数量、角度、距离”选项，在“数量”文本框中输入“6”，在“角度”文本框中输入“90”（单位为 deg），在“距离”文本框中输入“26”（单位为 mm），如图 5-97 所示。

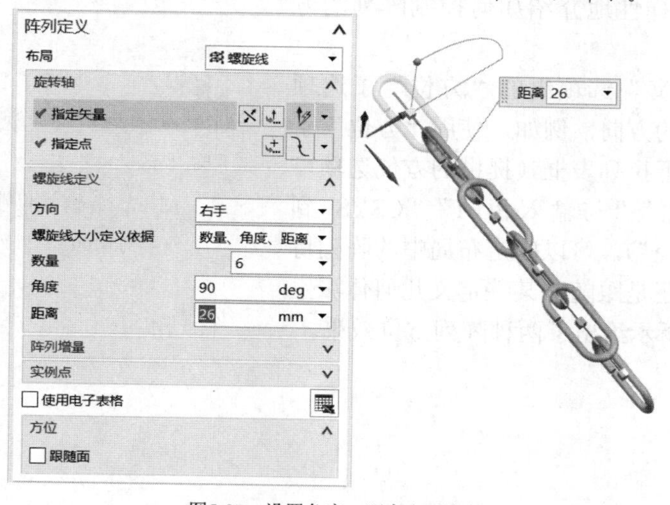

图5-97　设置角度、距离和副本数

8 在“设置”选项组中确保勾选“关联”复选框和“复制螺纹”复选框，如图 5-98 所示。

9 在“阵列几何特征”对话框中单击“确定”按钮，完成本例操作，创建的链条如图 5-99 所示。

图5-98　在“设置”选项组中进行复选框设置

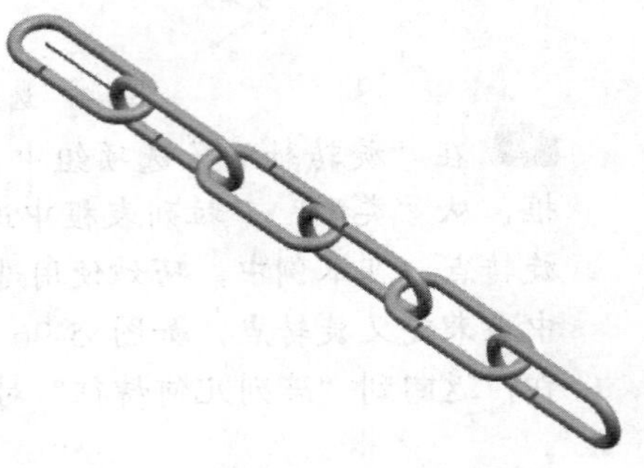

图5-99　设置跟随面及投影方向创建链条

5.3.6 阵列面

阵列面是指使用阵列边界、实例方位、旋转和删除等各种选项将一组面复制到许多阵列或布局（线性、圆形、多边形等），然后将它们添加到体。阵列面的具体操作方法是在建模模块功能区的“主页”选项卡的“特征”面板中单击“更多”/“阵列面”按钮，打开图 5-100 所示的“阵列面”对话框，接着选择所需的面，并进行阵列定义等即可。阵列面的阵列布局同样有“线性”“圆形”“多边形”“螺旋”“沿”“常规”“参考”和“螺旋线”这些，相关设置和阵列特征、阵列几何特征相似。这里只是有选择性地介绍如何控制阵列的方位，请看以下内容。

使用“阵列定义”选项组的“方位”子选项组，可以控制阵列的方向，例如，使用“方位”子选项组的“方位”下拉列表框（提供的方位选项可能包括“遵循阵列”“与输入相同”“CSYS 到 CSYS”“垂直于路径”），可以确定布局中的阵列特征是保持恒定方位还是跟随从某些定义几何体派生的方位，图 5-101 所示给出了两种阵列方位效果。

图5-100　“阵列面”对话框

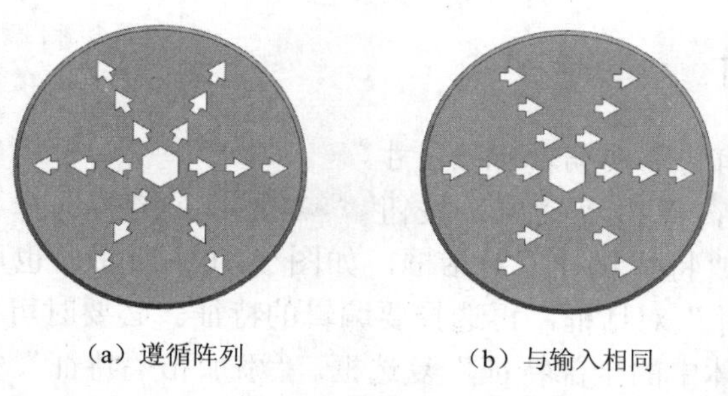

（a）遵循阵列　　（b）与输入相同

图5-101　两种阵列方位效果

另外，在“方位”子选项组中还可以根据情况勾选“跟随面”复选框，并设置投影方向，如图 5-102 所示。

在这里，还需要提醒用户的是，在选择要阵列的面时，可以巧用位于选择条上的“面规则”下拉列表框的面规则选项，如图 5-103 所示，这样有利于快速而准确地选择所需的面。

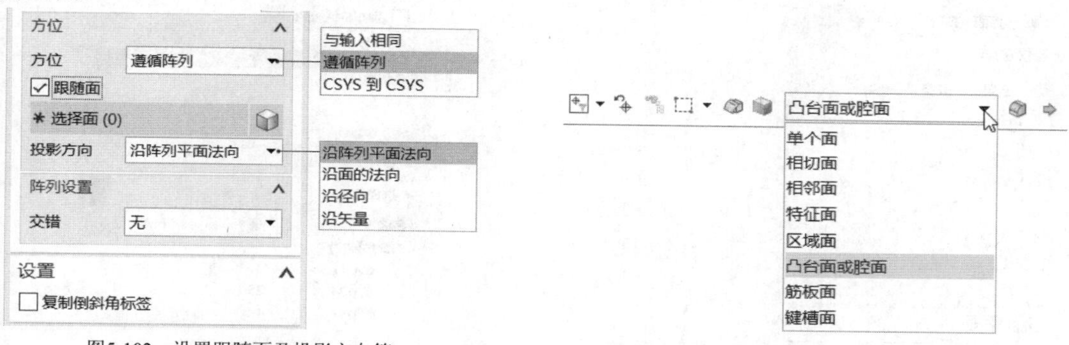

图5-102　设置跟随面及投影方向等　　图5-103　使用面规则选项

用户可打开本书配套的“\DATA\CH5\bc_5_3_6x.prt”部件文件进行阵列面的练习。

5.3.7 镜像面

镜像面是指复制一组面并跨平面进行镜像。在建模模块功能区的“主页”选项卡的“特征”面板中单击“更多”/“镜像面”按钮，系统弹出图 5-104 所示的“镜像面”对话框，接着选择要镜像的面，并利用“镜像平面”选项组定义所需的镜像平面（可选择现有平面或定义新平面），然后单击“应用”按钮或“确定”按钮。在选择要镜像的面时，如果需要还可以使用面查找器。

5.4 特征编辑

特征编辑操作主要包括编辑特征尺寸、编辑位置、移动特征、替换特征、由表达式抑制、编辑实体密度、特征回放、编辑特征参数、可回滚编辑、特征重排序、特征抑制、取消抑制和移除参数等。

5.4.1　编辑特征尺寸

在实际设计工作中，有时需要编辑特征尺寸。

选择要编辑的特征后，单击“菜单”按钮菜单(M)，接着选择“编辑”/“特征”/“特征尺寸”命令，弹出“特征尺寸”对话框，如图 5-105 所示。也可以先选择“特征尺寸”命令以打开“特征尺寸”对话框，再选择要编辑的特征。必要时可以设置选中“添加相关特征”复选框和“添加体中的全部特征”复选框。“添加相关特征”复选框用于添加选定特征（其尺寸可查看和编辑）的相关特征，而“添加体中的全部特征”复选框用于将选定体的全部特征作为尺寸可查看和编辑的特征添加。

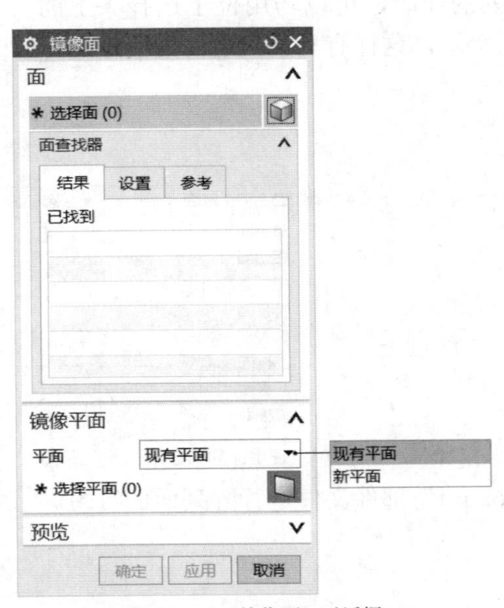

图5-104　“镜像面”对话框

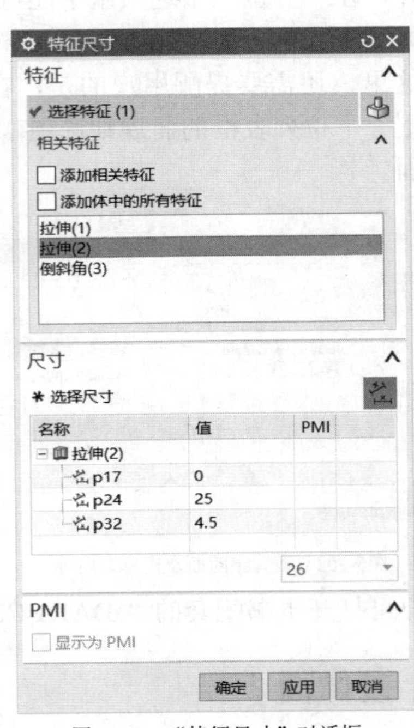

图5-105　“特征尺寸”对话框

选择特征后，“尺寸”选项组的特征尺寸列表将显示选定特征或草图的可选择尺寸的列表。此时，单击“选择尺寸”按钮，为选定的特征或草图选择单个尺寸，可以从对话框或图形窗口中选择所需尺寸，接着在“尺寸”选项组相应的特征尺寸表达式框中更改选定特征尺寸的表达式值。

另外，在“PMI”选项组中，如果选中“显示为 PMI”复选框，则将选定的特征尺寸转换为 PMI 尺寸。所谓的 PMI 尺寸会一直在图形窗口中显示，并且刷新时也不会被清除，在部件导航器的 PMI 界面中可见，它可用于下游应用模块，并在图纸中可被继承。

更改好选定的特征尺寸值，单击“应用”按钮或“确定”按钮。

5.4.2　编辑位置

编辑位置操作是指通过编辑特征的定位尺寸来移动特征。例如，要修改某键槽特征位置，那么单击“菜单”按钮菜单(M)，接着选择“编辑”/“特征”/“编辑位置”命令，

弹出图 5-106 所示的“编辑位置”对话框，从中选择要重定位的目标特征，单击“确定”按钮，“编辑位置”对话框变为图 5-107 所示的结果，从中可进行添加尺寸、编辑尺寸值和删除尺寸操作。

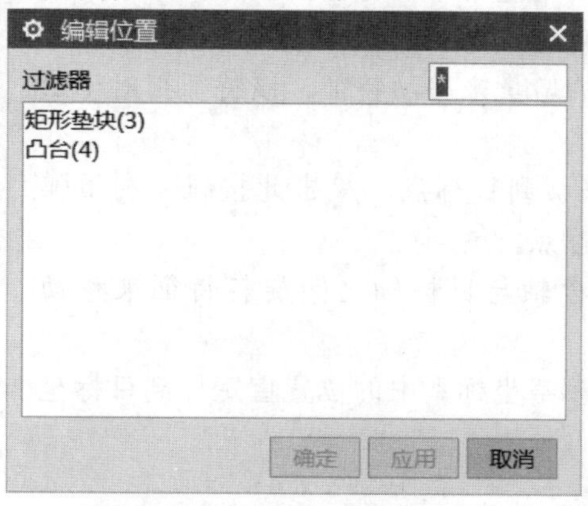

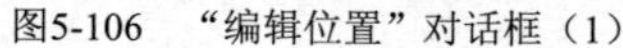

图5-106 “编辑位置”对话框（1）

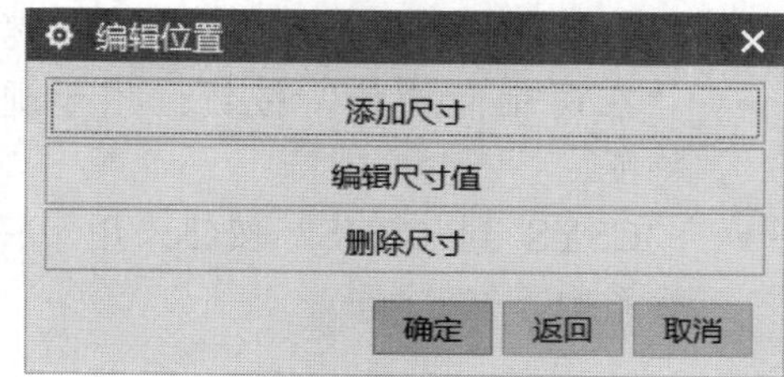

图5-107 “编辑位置”对话框（2）

需要用户注意的是，在使用“编辑位置”命令的操作过程中，系统会根据所选特征的不同，弹出的对话框也可能稍有差别。

5.4.3 移动特征

使用“移动特征”命令可以将非关联的特征及非参数化的体移到新位置。需要特别注意的是，不能使用“移动特征”命令来移动使用定位尺寸约束了位置的特征，对于此类特征，可使用“编辑位置”等命令来移动。另外，不能使用“移动特征”命令将某个特征（或用户定义的特征）从创建它的面或基准平面上移开。

单击“菜单”按钮 菜单(M)，并选择“编辑”/“特征”/“移动”命令，打开图 5-108 所示的“移动特征”对话框（1）。该对话框提供了一个带过滤器的可移动特征列表，从中选择一个或多个要移动的特征。单击“应用”按钮或“确定”按钮，弹出图 5-109 所示的“移动特征”对话框（2），从中进行相关操作即可。下面介绍“移动特征”对话框（2）中各主要选项、按钮的功能含义。

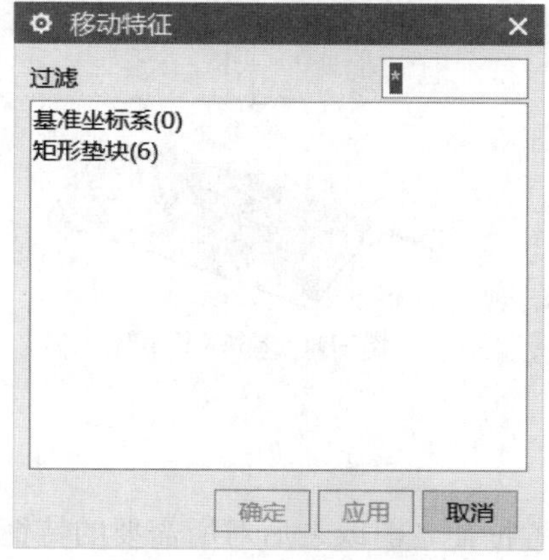

图5-108 “移动特征”对话框（1）

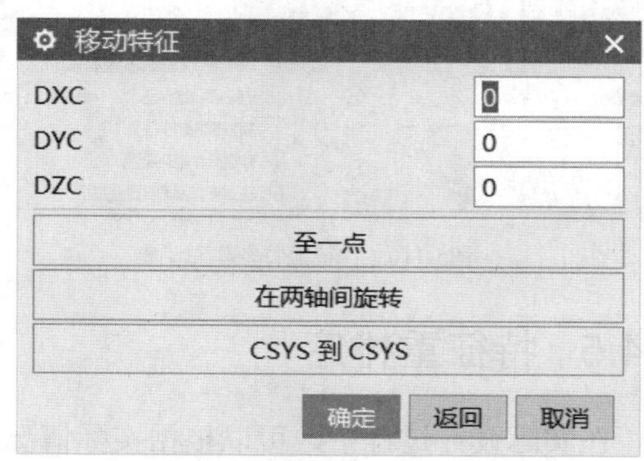

图5-109 “移动特征”对话框（2）

- DXC：用于通过设置直角坐标系 *xc* 方向的增量来移动特征。该特征相对于工作坐标系（WCS）进行移动。
- DYC：用于通过设置直角坐标系 *yc* 方向的增量来移动特征。该特征相对于工作坐标系（WCS）进行移动。
- DZC：用于通过设置直角坐标系 *zc* 方向的增量来移动特征。该特征相对于工作坐标系（WCS）进行移动。
- “至一点”按钮：用于将特征从参考点移动到目标点。单击此按钮，利用弹出的“点”对话框来分别定义参考点和目标点。
- “在两轴间旋转”按钮：用于通过在参考轴与目标轴之间旋转特征来移动特征。
- “CSYS 到 CSYS”按钮：用于将特征从参考坐标系中的位置重定位到目标坐标系中。

5.4.4　替换特征

使用“替换特征”命令，可以替换设计的基本几何体，但不必编辑或重建所有相关特征，也即可以将一个特征替换为另一个并更新相关特征。要替换特征，则单击“菜单”按钮 菜单(M) 并选择“编辑”/“特征”/“替换”命令，弹出图 5-110 所示的“替换特征”对话框，接着选择要替换的特征和替换特征，并使用“映射”选项组和“设置”选项组等进行相关设置，然后单击“应用”按钮或“确定”按钮。替换特征的示例如图 5-111 所示。

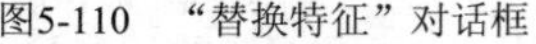
图5-110　“替换特征”对话框

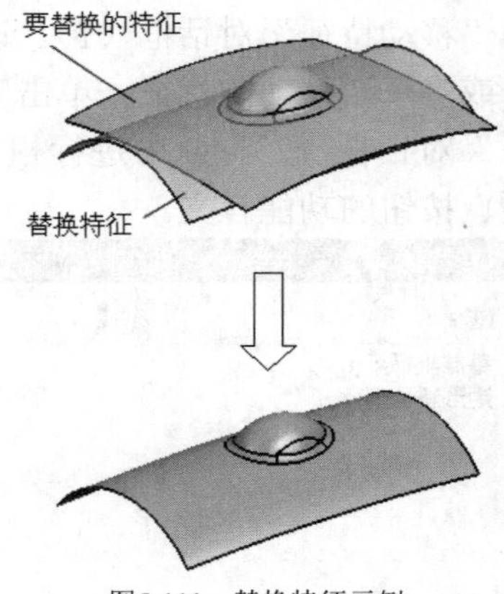

图5-111　替换特征示例

5.4.5　特征重排序

在实际设计过程中，可以根据实际情况在选定参考特征之前或之后对所需要的特征重排序。注意具有关联特征的特征重排序以后，关联特征也被跟着重排序。特征重排序后，可能会改变模型效果。

单击“菜单”按钮 菜单(M)，选择“编辑”/“特征”/“重排序”命令，系统弹出“特征重排序”对话框，如图 5-112 所示。在“参考特征”列表框或从图形窗口中选择参考特征（如果已经选中了一个参考特征，而希望重新选择另一个特征，那么可以按“Shift”键并在图形窗口中单击该参考特征来取消选择，然后再选择需要的新参考特征），在“选择方法”选项组中选择“之前”单选按钮或“之后”单选按钮。此时，可以重排序的特征便显示在“重定位特征”列表框中。在“重定位特征”列表框中或从图形窗口中选择需要的“重定位”特征，然后单击“应用”按钮或“确定”按钮，即可完成重排序一个或多个特征。

5.4.6 编辑实体密度

在建模时，系统会将默认密度自动指派给新的实体，该默认密度由建模首选项设定。用户可以更改已指派给现有实体的密度值及密度单位，其方法比较简单，即选择“菜单”/“编辑”/“特征”/“实体密度”命令，弹出图 5-113 所示的“指派实体密度”对话框。在图形窗口中选择要编辑的实体，并在“指派实体密度”对话框的“单位”下拉列表框中选择所需的单位，在“实体密度”文本框中输入密度值，然后单击“应用”按钮或“确定”按钮即可。

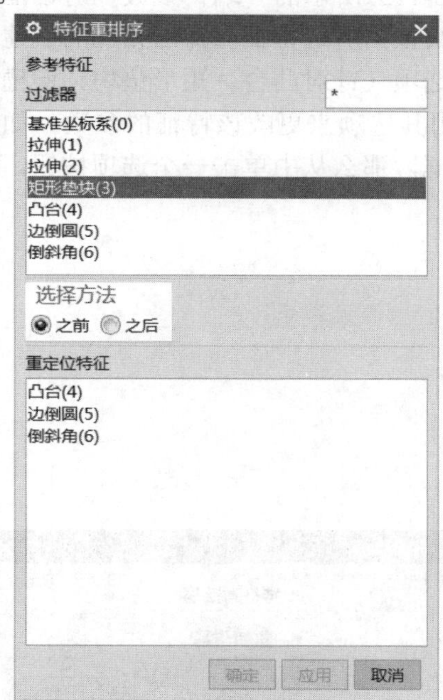

图5-112 “特征重排序”对话框

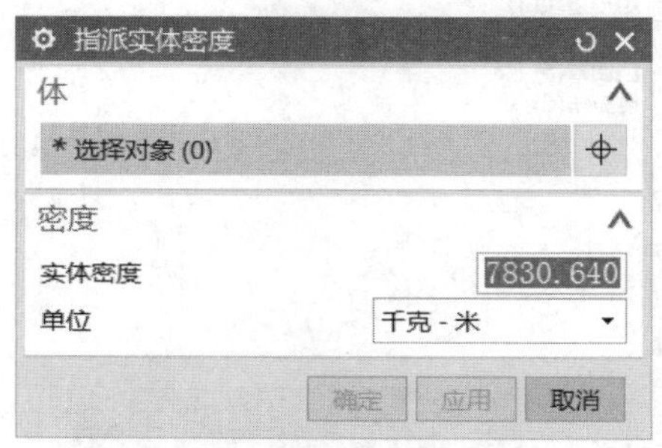

图5-113 “指派实体密度”对话框

5.4.7 特征重播

使用“特征重播”功能，可以按特征逐一审核模型的创建过程，如果软件遇到错误、警告或缺少参考，则编辑模型。

选择“菜单”/“编辑”/“特征”/“重播”命令，弹出图 5-114 所示的“特征重播”对

话框，此时可以设置时间戳记数和步骤之间的秒数，并可以使用重播控制按钮来审核模型的创建过程。每次重新构建特征时显示都会更新。

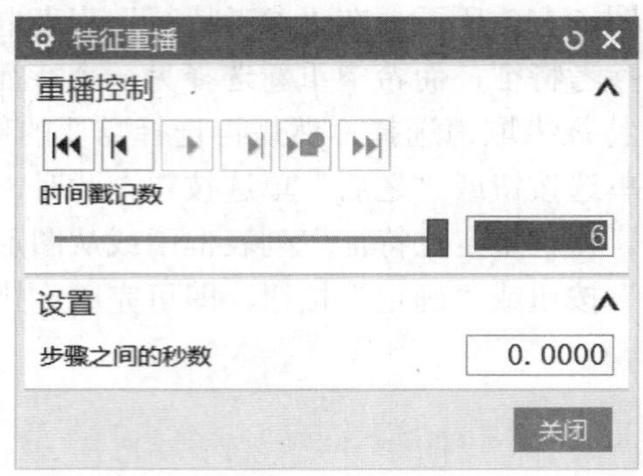

图5-114　“更新时编辑”对话框

5.4.8 编辑特征参数

可以编辑处于当前模型状态的特征的参数值。在未选中特征的情况下，选择“菜单”/“编辑”/“特征”/“编辑参数”命令，系统弹出图 5-115 所示的“编辑参数”对话框。从中选择要编辑的一个特征，单击“确定”按钮，系统会根据所选特征而弹出相应的创建对话框，或者弹出另外一个“编辑参数”对话框显示编辑选项（针对凸台、矩形垫块、键槽、槽特征等）。如果显示用于创建特征的对话框，那么使用其选项来更改该特征的参数；如果弹出图 5-116 所示的提供选项按钮的“编辑参数”对话框，那么从中单击一个选项按钮，并进行相关参数的编辑操作即可。

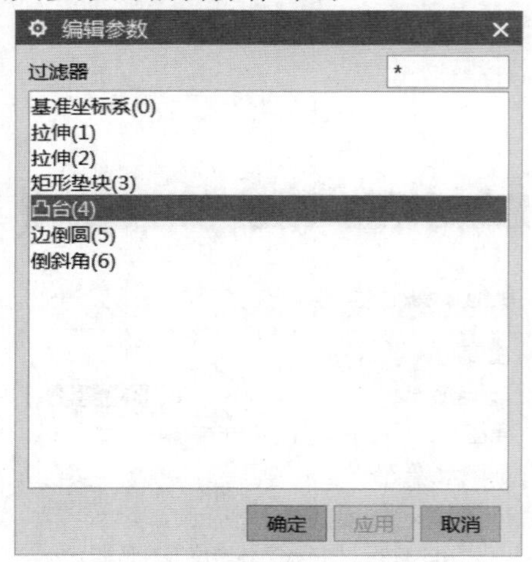

图5-115　“编辑参数”对话框（1）

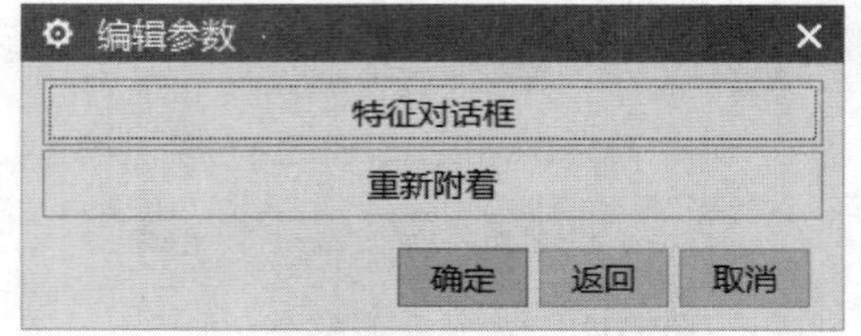

图5-116　“编辑参数”对话框（2）

也可以在选择“菜单”/“编辑”/“特征”/“编辑参数”命令之前，先选择要编辑参数的特征。另外，还可以在部件导航器或图形窗口中右键单击某个要编辑参数的特征，然后从快捷菜单中选择“编辑参数”命令来进行编辑特征参数的操作。

5.4.9 可回滚编辑

在实际设计工作中，有时需要回滚到特征之前的模型状态，以编辑该特征。

要对特征进行可回滚编辑操作，那么可以先选择要编辑的特征，接着选择“菜单”/“编辑”/“特征”/“可回滚编辑”命令，系统弹出特征创建对话框或“编辑参数”对话框等，利用这些对话框进行可回滚编辑操作即可。

也可以通过右击特征并从弹出的快捷菜单中选择“可回滚编辑”命令。

5.4.10 由表达式抑制

使用“由表达式抑制”命令，可以创建用于控制所选特征的抑制状态的表达式。这些抑制表达式可指定给体中的单个特征、特征组、相关特征和所有特征。需要用户注意的是，当抑制具有抑制表达式的父特征时，系统也会自动抑制不具有抑制表达式的相关特征；当相关特征具有自己的抑制表达式时，其抑制状态由它自身而不是由它的父特征控制。

创建抑制表达式的操作步骤如下。

1 选择“菜单”/“编辑”/“特征”/“由表达式抑制”命令，系统弹出图5-117所示的“由表达式抑制”对话框。

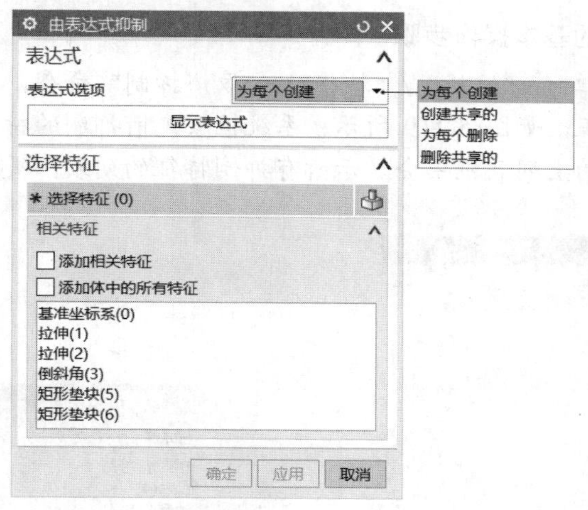

图5-117 “由表达式抑制”对话框

2 “选择特征”选项组中的“选择特征”按钮处于活动状态。选择一个或多个要为其制定抑制表达式的特征（可以在图形窗口、部件导航器或“相关特征”选项组的“候选特征”列表框中选择特征）。

3 可以执行以下操作（可选）。

- 在“表达式”选项组的“表达式选项”下拉列表框中选择所需的一个表达式选项。如果需要每个选中特征的单个抑制表达式，则选择“为每个创建”选项；如果需要所有选中特征的单个共享表达式，则选择“创建共享的”选项。
- 在“相关特征”选项组中决定“添加相关特征”复选框和“添加体中的所有特征”复选框的选择状态。

4 单击“应用”按钮或“确定”按钮。

5.4.11　抑制特征与取消抑制特征

抑制特征用于临时从目标体及显示中移除一个或多个特征。抑制的特征仍然存在于数据库里，可以在需要时取消抑制特征以调用它们。在一些大型模型中，抑制特征可以减小模型的大小，便于特征创建、对象选择与编辑等。需要用户注意的是，当抑制有关联特征的特征时，其关联特征也将被抑制。

下面分别介绍抑制特征与取消抑制特征的基本操作步骤。

一、抑制特征的基本操作步骤

1 选择“菜单”/“编辑”/“特征”/“抑制”命令，系统弹出“抑制特征”对话框，如图 5-118 所示。

2 在对话框的列表中选择要被抑制的特征，也可以在图形窗口中选择它们。

3 如果不想让“选定的特征”列表里包括任何相关特征，则取消选中“列出相关对象”复选框。

4 单击“应用”按钮或“确定”按钮。

二、取消抑制特征的基本操作步骤

1 选择“菜单”/“编辑”/“特征”/“取消抑制”命令，系统弹出“取消抑制特征”对话框，如图 5-119 所示。系统检索先前抑制的特征，在“取消抑制特征”对话框的上列表框中会显示所有抑制特征的列表，提示用户选择要取消抑制的特征。

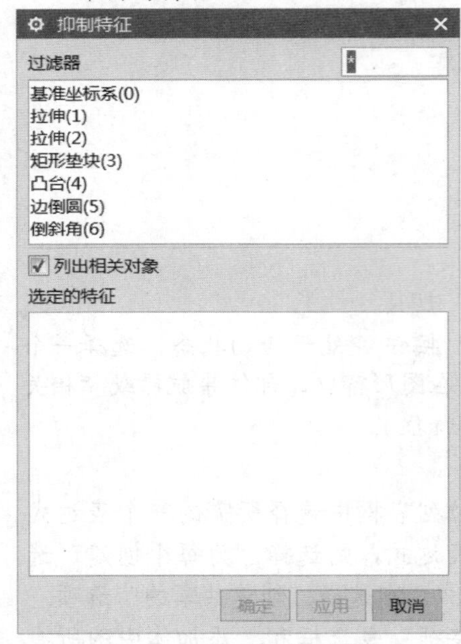

图5-118　“抑制特征”对话框

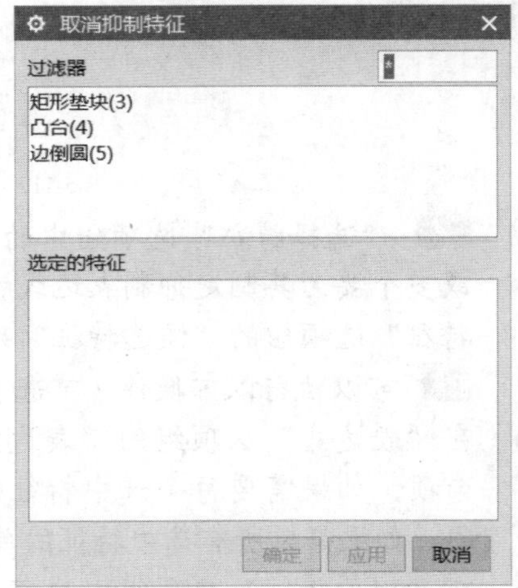

图5-119　“取消抑制特征”对话框

可以使用对话框的“过滤器”字段来控制列表框中显示的特征，此过滤器可用以下任何通配符来替换文字以便选择特征的范围。

- “？”：替换除了句点以外的任何单个字符。
- “*”：替换任何字符串（包括带句点和空符号串的字符串）。

2 选择要取消抑制的特征，所选的特征将显示在“选定的特征”列表框中。

3 单击“应用”按钮或“确定”按钮。

5.4.12 移除参数

使用“移除参数”功能命令，可以从实体或片体移除所有参数，从而形成一个非关联的体。注意此命令不支持草图曲线。

如果要从某个体移除参数，则选择“菜单”/“编辑”/“特征”/“移除参数”命令，弹出图 5-120 所示的“移除参数”对话框。选择要移除参数的对象，单击“确定”按钮，系统弹出图 5-121 所示的对话框显示警告并要求确认参数的移除，单击“是”按钮；如果单击“否”按钮，则保留选定对象的参数并关闭警告。

图5-120　“移除参数”对话框（1）

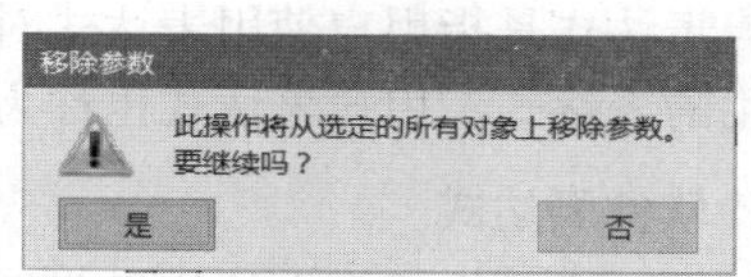

图5-121　“移除参数”对话框（2）

5.4.13 删除特征

要删除特征，则可以选择“菜单”/“编辑”/“删除”命令（其快捷键为“Ctrl+D”），系统弹出图 5-122 所示的“类选择”对话框。选择要删除的特征，单击“确定”按钮即可。如果要删除的特征还具有其他子特征，那么系统将会弹出图 5-123 所示的“通知”对话框以提示信息，确认后可将相关子特征也一起删除。

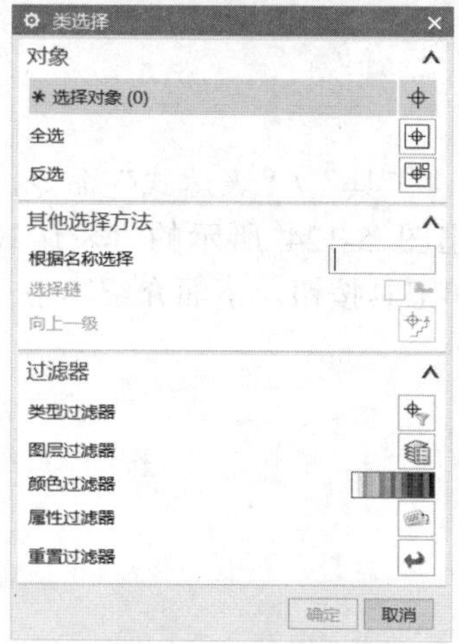

图5-122　“类选择”对话框

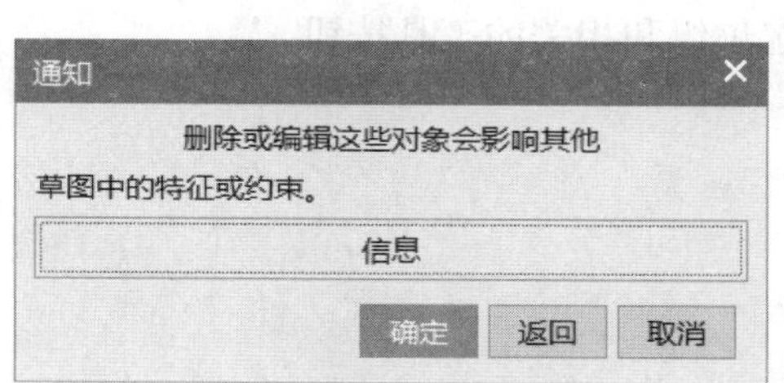

图5-123　“通知”对话框

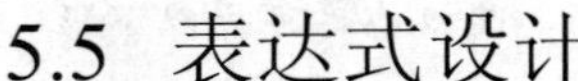

5.5 表达式设计

表达式是 NX 11 参数化建模的一个重要工具，它记录了参数化特征的参数值等。在建模过程中，用户可以通过修改表达式的值去对模型进行修改。本节要求读者大概了解 NX 表达式设计的相关概念和基本方法。

5.5.1 表达式概述

在 NX 11 中，表达式是定义特征某些特性的代数或条件公式，既可以利用表达式去定义和控制一个模型特征的特征尺寸或草图尺寸，也可以利用表达式去控制一个部件的特征间或在一个装配中的部件间的关系。

表达式内的公式可以包括变量、数值、函数、运算符和符号的一个组合。在实际设计工作中，可以将表达式名插入到另一个表达式的公式字符串中。

NX 11 提供两种基本的表达式，即用户表达式和软件表达式。

一、用户表达式

用户表达式是指用户使用表达式对话框定义的表达式，如由用户自己建立基于测量和部件间引用的表达式。用户表达式也称为“自定义表达式”。

二、软件表达式

软件表达式是由软件在建模操作期间自行建立的那些表达式。通常，由软件自动建立的表达式由一个用小写字母“p”做前缀的数字命名，如 p69。常见的软件表达式表现在如下几个方面。

- 草图尺寸：系统为每个新建尺寸建立一个表达式，如 p121=6.18。
- 特征或草图定位：系统为每个定位尺寸建立一个表达式。
- 特征的创建：系统为许多特征的创建参数建立表达式（如拉伸特征的起始和终止限制条件、旋转特征的旋转角度、孔特征的孔深等）。
- 配对条件或装配约束的建立。

5.5.2 表达式操作

要创建或编辑自定义表达式，则可以选择“菜单”/“工具”/“表达式”命令，或者在功能区“工具”选项卡中单击“表达式”按钮＝，弹出图 5-124 所示的“表达式”对话框。该对话框提供了用于创建和修改表达式的相关选项和工具按钮。下面介绍其中一些主要的选项组和相关的工具按钮。

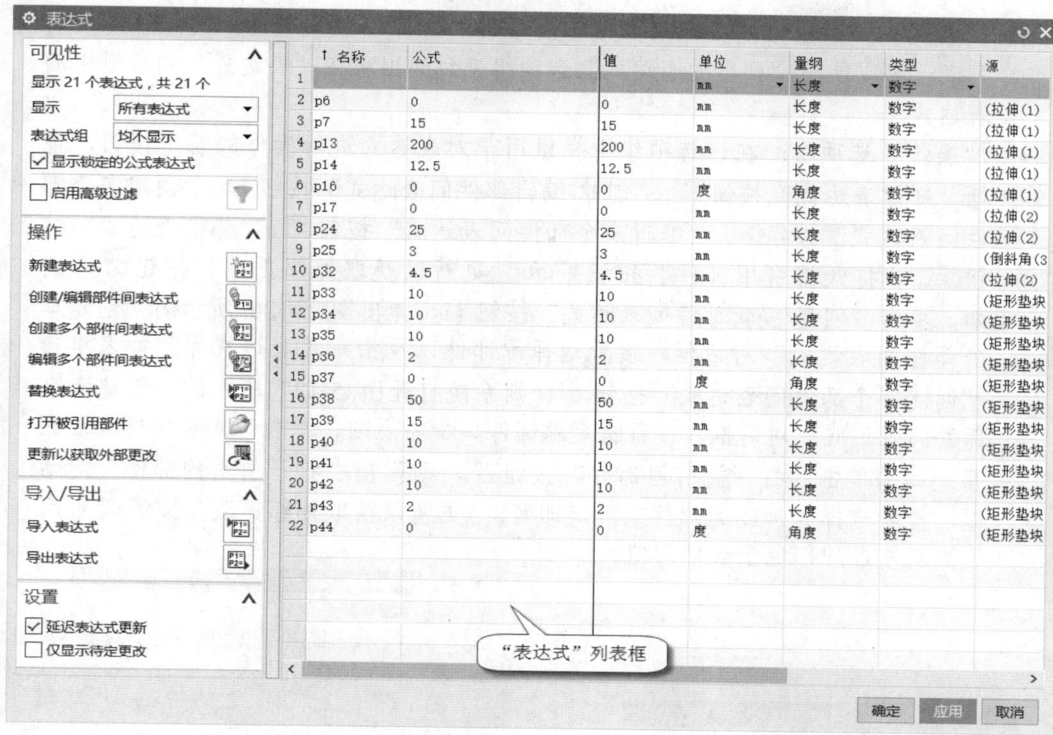

图5-124 “表达式”对话框

- “可见性”选项组：该选项组提供显示信息行、“显示”下拉列表框、“表达式组”下拉列表框和“显示锁定的公式表达式”复选框。其中，“显示”下拉列表框提供的选项有“所有表达式”“用户定义的表达式”“命名的表达式”“未用的表达式”“特征表达式”“测量表达式”“属性表达式”和“部件间表达式”，这些表达式选项用于设置在表达式列表框中列出何种范围或类型的表达式；在“表达式组”下拉列表框中选择“均不显示”“全部显示”或“仅显示活动的”选项，以设置表达式组的显示情况。在此选项组中还可以设置是否显示锁定的公式表达式。如果在该选项组中选中“启用高级过滤”复选框时，则启用高级过滤功能，此时“高级过滤”按钮可用，单击此按钮弹出图5-125所示的“过滤”对话框，用于基于一列或更多列的内容过滤行。

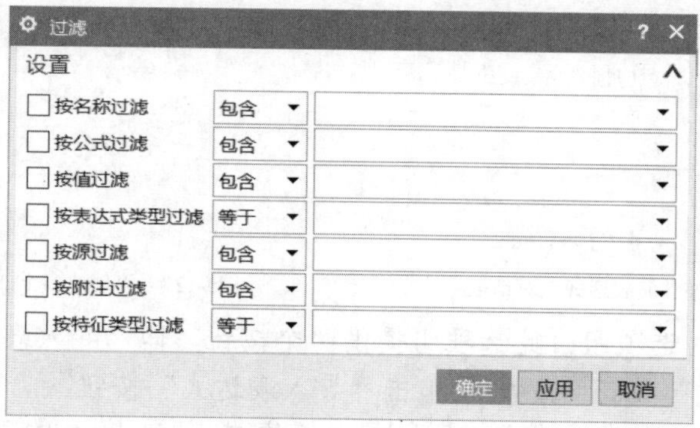

图5-125 “过滤”对话框

- “表达式”列表框：在该列表框中显示部件文件中表达式详细的、可分类的列表。可以使用“列出的表达式”选项组来过滤出现在“表达式”列表框中的表达式。
- “操作”选项组：在该选项组中提供用于对表达式进行操作的若干按钮，包括“新建表达式”按钮、“创建/编辑部件间表达式”按钮、“创建多个部件间表达式”按钮、“编辑多个部件间表达式”按钮、“替换表达式”按钮、“打开被引用部件”按钮和“更新以获取外部更改”按钮。例如，单击“创建/编辑部件间表达式”按钮，弹出图 5-126 所示的“创建单个部件间表达式”对话框，接着选择源部件以及指定源表达式等。如果单击“创建多个部件间表达式”按钮，则系统打开图 5-127 所示的“创建多个部件间表达式”对话框，接着指定源部件、命名规则、源表达式和目标表达式等。如果单击“打开被引用部件”按钮，则弹出“打开引用的部件”对话框，接着选择要加载的部件来确定即可。“更新以获取外部更改”按钮可用于更新来自外部电子表格的值。

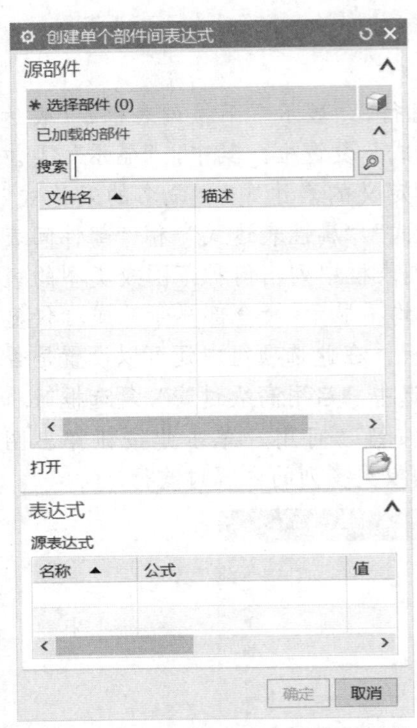

图5-126　“创建单个部件间表达式”对话框

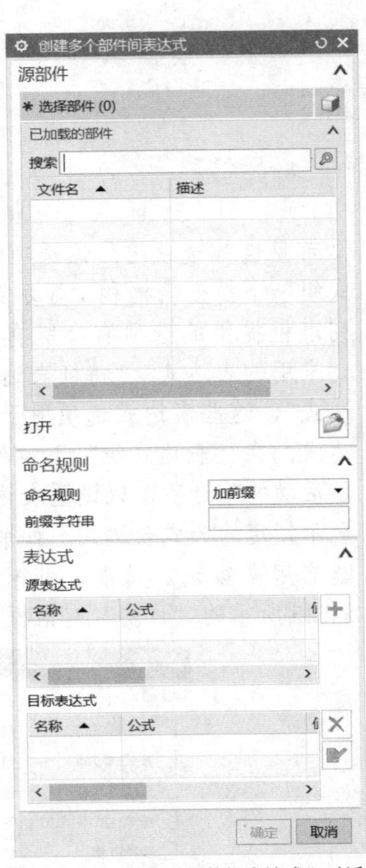

图5-127　“创建多个部件间表达式”对话框

- “导入/导出”选项组：此选项组提供两个按钮，即“导入表达式”按钮和“导出表达式”按钮。如果单击“导入表达式”按钮，弹出图 5-128 所示的“导入表达式文件”对话框，接着指定要导入的表达式数据文件

（*.exp）等，以从指定的表达式数据文件导入表达式，即读取一个含有表达式的指定文本文件到当前部件文件中。如果单击“导出表达式”按钮，则弹出图 5-129 所示的“导出表达式文件”对话框，接着指定文件路径、输入文件名和设置导出选项，从而将表达式导出到命名的表达式数据文件（*.exp）。其中，导出选项可以设置为“工作部件”“装配树中的所有对象”或“所有部件”：当导出选项为“工作部件”时，将写出当前工作部件中的表达式；当导出选项为“装配树中的所有对象”时，写出工作部件中所有组件中（装配树）的所有表达式；当导出选项为“所有部件”时，写出作业中所有部件中的所有表达式。

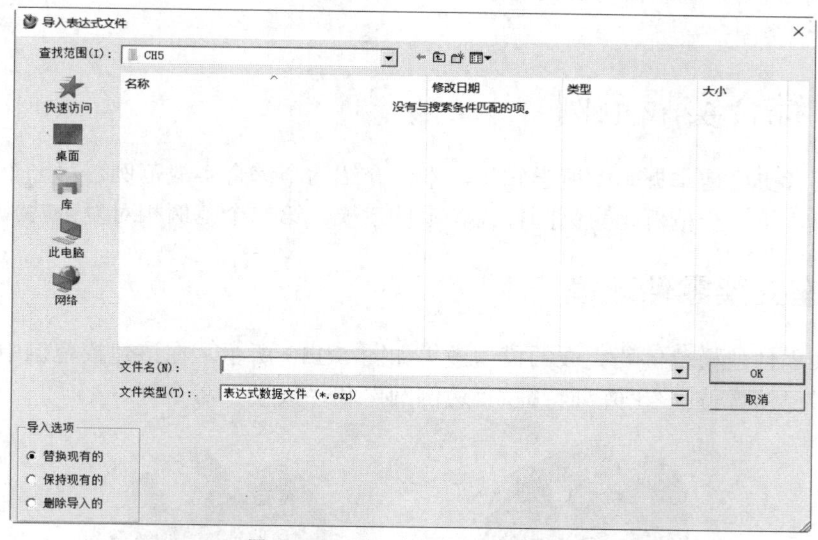

图5-128　“导入表达式文件”对话框

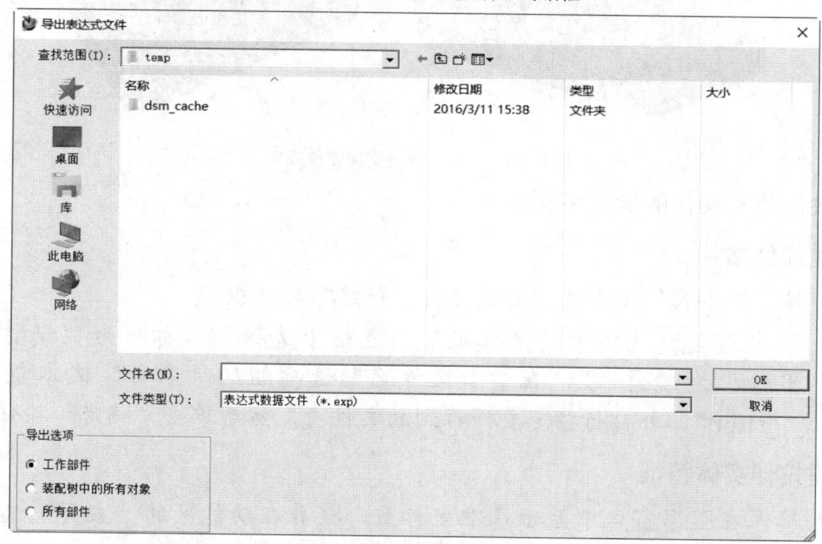

图5-129　“导出表达式文件”对话框

- “设置”选项组：在此选项组中设置是否延迟表达式更新和是否仅显示待定更改。

- “类型”下拉列表框：此下拉列表框位于“表达式”列表框中，用于设置新参数或指定表达式的数据类型，可供选择的类型选项包括“数量”“字符串”“布尔”“整数”“点”和“矢量”等。
- “名称”文本框：此文本框位于“表达式”列表框中，使用此文本框为新表达式或已存表达式指定新名称。表达式名称必须由字母字符开始，但可以包含有数字字符，还可以包括嵌入的下划线。但需要注意的是，在表达式名称中不能使用一些特殊的字符，如“?”“*”和“!”等。
- “公式”文本框：此文本框位于“表达式”列表框中，用于编辑新表达式参数或指定表示式参数的公式关系，也可以赋值，使用时应注意设置参数的单位和单位类型。

5.6 本章综合实战范例

为了让读者更好地掌握本章所学知识，本节介绍两个综合实战范例，第一个范例是底座支架零件建模，第二个范例是直齿圆柱齿轮零件建模。第二个范例相对复杂些。

5.6.1 底座支架零件建模

底座支架零件建模范例要完成的模型效果如图 5-130 所示。在该建模范例中主要应用到“拉伸”“孔”“镜像特征”“阵列特征”“边倒圆”和“拔模”命令等。

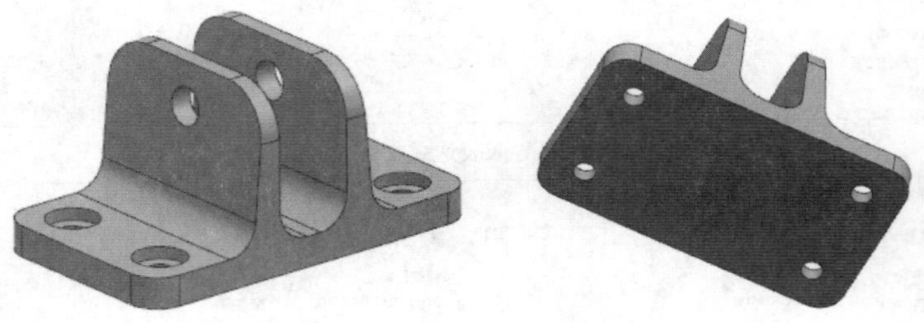

图5-130　完成的底座支架零件效果

本综合设计范例具体的操作步骤如下。

一、新建部件文件

1. 按“Ctrl+N”快捷键，系统弹出“新建”对话框。
2. 在“模型”选项卡的“模板”列表框中选择“名称”为“模型”的模板，单位设为“毫米”，在“新文件名”选项组的“名称”文本框中输入“bc_5_r1.prt”，并自行指定要保存到的文件夹，然后单击“确定”按钮。

二、创建拉伸实体特征

1. 确保在图形窗口中显示基准坐标系，接着在功能区的“主页”选项卡的“特征”面板中单击“拉伸”按钮，弹出“拉伸”对话框。
2. 在“截面”选项组中单击“绘制截面”按钮，弹出“创建草图”对话框。在“创建草图”对话框的“草图类型”下拉列表框中选择“在平面上”选

项，在“草图 CSYS”选项组的“平面方法”下拉列表框中选择“自动判断”选项，在图形窗口中选择 *yc-zc* 坐标平面（即 YZ 平面），然后单击“确定”按钮，进入内部草图环境。

3 绘制图 5-131 所示的拉伸截面，单击“完成草图”按钮。

4 设置拉伸的方向矢量选项为“XC 轴”，并在“限制”选项组中设置在截面的两侧应用距离值（即选择“对称值”选项），并在“距离”文本框中设置距离值为 35，接着在“布尔”选项组设置布尔选项为“无”，在“拔模”选项组设置拔模选项为“无”，在“偏置”选项组设置偏置选项为“无”，在“设置”选项组中设置体类型为“实体”。

5 在“拉伸”对话框中单击“确定”按钮，完成创建图 5-132 所示的拉伸实体特征。

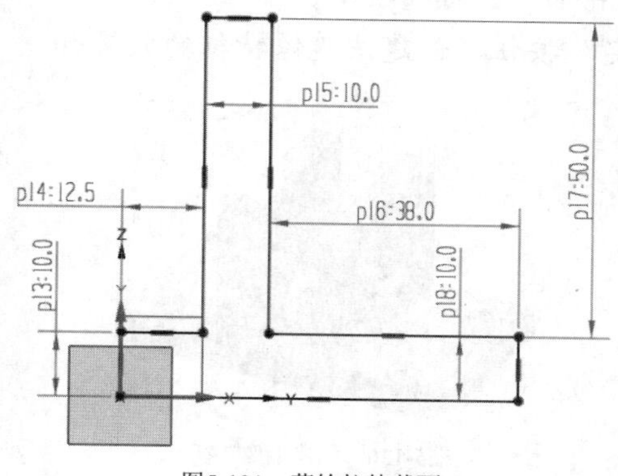

图5-131 草绘拉伸截面

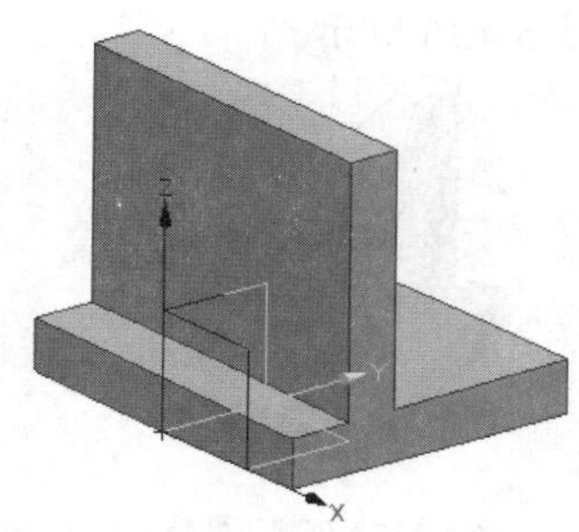

图5-132 创建拉伸实体特征

三、创建沉孔特征

1 在功能区的“主页”选项卡的“特征”面板中单击“孔”按钮，系统弹出“孔”对话框。

2 在“类型”选项组的“类型”下拉列表框中选择“常规孔”命令。

3 在图 5-133 所示的实体面单击，进入到草图任务环境。在“草图点”对话框中单击“关闭”按钮，接着为新点设定尺寸，如图 5-134 所示，然后单击“完成草图”按钮。

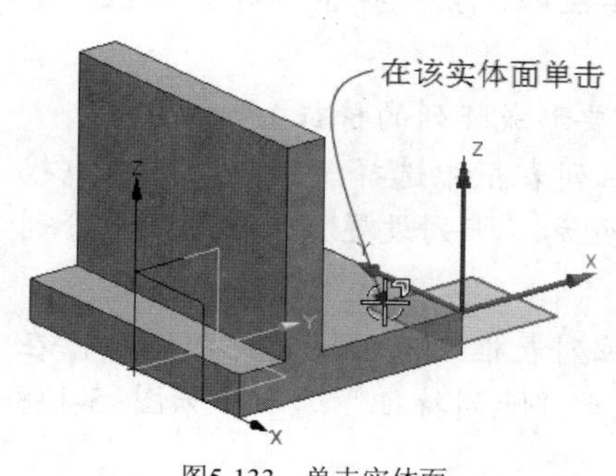

图5-133 单击实体面

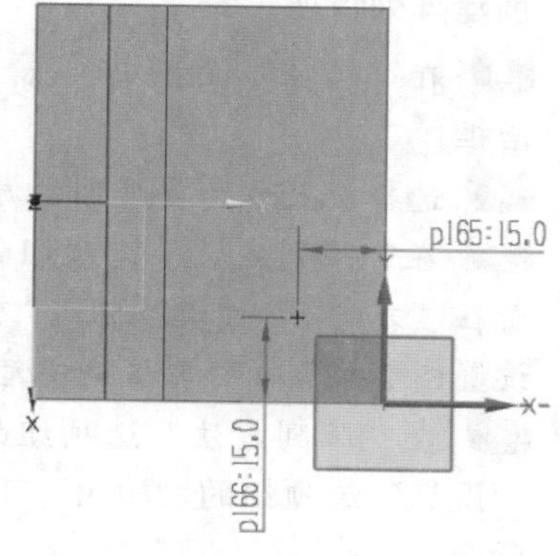

图5-134 修改点的尺寸

4 孔方向选项默认为“垂直于面”，在“形状和尺寸”选项组的“形状（成形）”下拉列表框中选择“沉头孔”选项，设置沉孔直径为 16.8mm，沉孔深度为 4mm，直径为 8mm，深度限制为“贯通体”。在“布尔”选项组的“布尔”下拉列表框中默认选择“减去（求差）”选项。

5 在“孔”对话框中单击“确定”按钮，完成的沉孔如图 5-135 所示。

四、创建镜像特征

1 在“特征”面板中单击“更多”/“镜像特征”按钮，系统弹出“镜像特征”对话框。

2 选择拉伸特征作为要镜像的特征。

3 在“镜像平面”选项组的“平面”下拉列表框中选择“新平面”，并在“指定平面”下拉列表框中选择“XC-ZC 平面”图标选项。

4 在“镜像特征”对话框中单击“确定”按钮，创建该镜像特征的效果如图 5-136 所示。

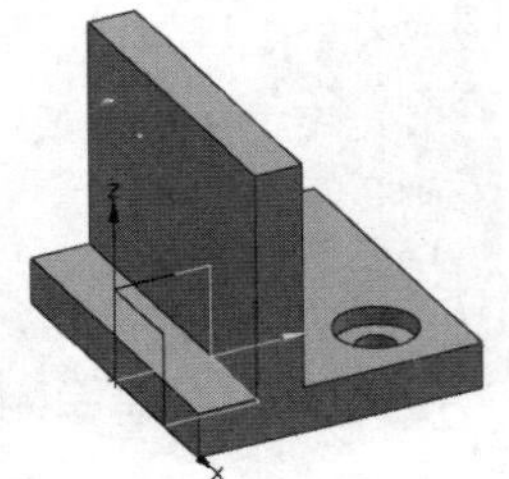

图5-135　创建沉孔特征

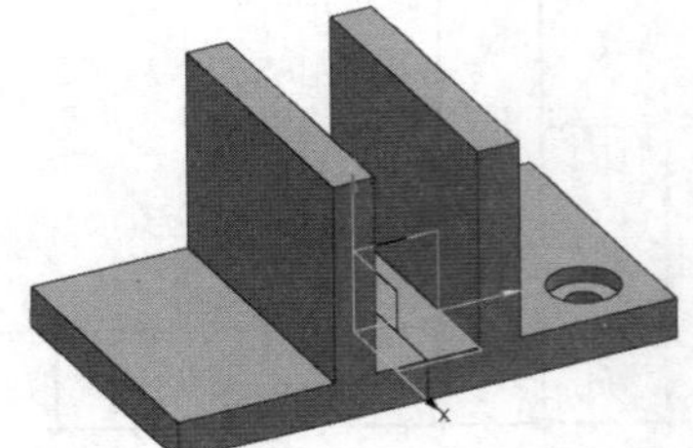

图5-136　创建镜像特征

五、通过“求和”操作组合实体

1 在“特征”面板中单击“合并（求和）”按钮，弹出“合并”对话框。

2 在图形窗口中选择带有沉孔的那部分实体作为目标体。

3 在图形窗口中选择另一部分实体作为工具体。

4 在“设置”选项组中确保不选中“保存目标”复选框和“保存工具”复选框。

5 在“合并”对话框中单击“确定”按钮。

六、创建阵列特征

1 在“特征”面板中单击“阵列特征”按钮，系统弹出“阵列特征”对话框。

2 选择沉孔作为要阵列的源特征（即作为要形成阵列的特征）。

3 在“阵列定义”选项组的“布局”下拉列表框中选择“线性”选项，接着在“方向 1”子选项组、“方向 2”子选项组和“阵列设置”子选项组中分别设置图 5-137 所示的参数和选项。

4 在“阵列方法”选项组的“方法”下拉列表框中选择“变化”选项，在“设置”选项组的“输出”下拉列表框中选择“阵列特征”选项，如图 5-138 所示。

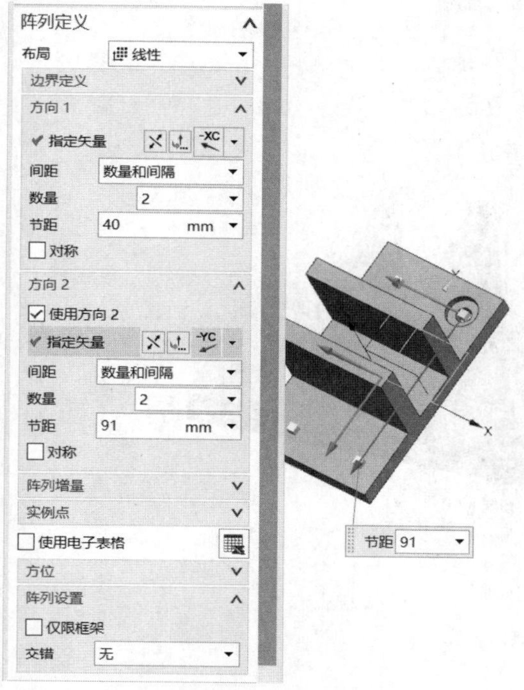

图5-137　阵列定义

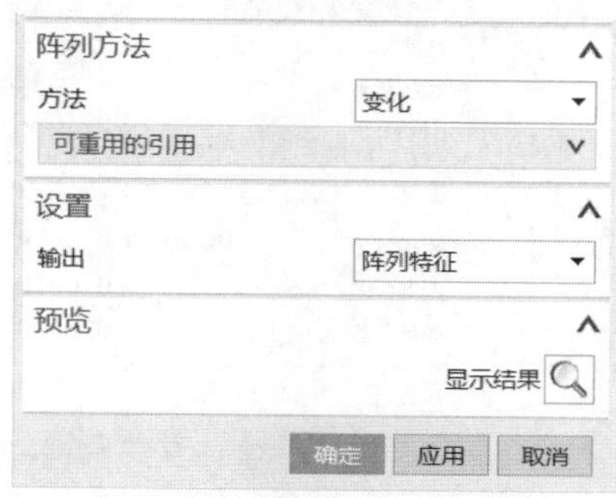

图5-138　设置阵列方法和输出选项

5 在“阵列特征”对话框中单击“确定”按钮，完成此线性阵列操作得到的模型效果如图 5-139 所示。

七、创建拔模特征

1 在“特征”面板中单击“拔模”按钮，弹出“拔模”对话框。

2 从“类型”选项组的“类型”下拉列表框中选择“面”选项，在“脱模方向”选项组中选择“ZC 轴”图标选项定义脱模方向。

3 在“拔模参考”选项组的“拔模方法”下拉列表框中选择“固定面”选项，单击“选择固定面”按钮，在图形窗口中单击图 5-140 所示的实体平面作为固定面。

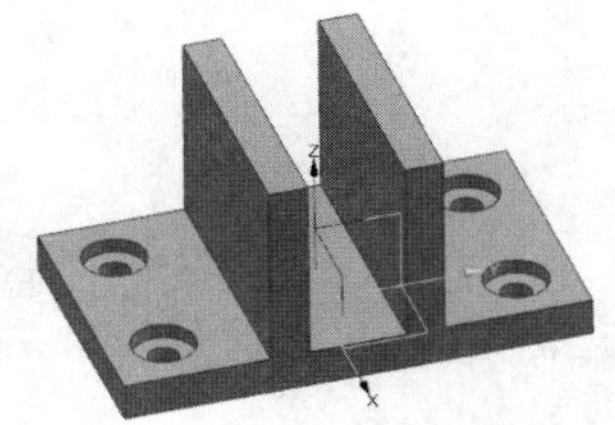

图5-139　创建线性阵列特征

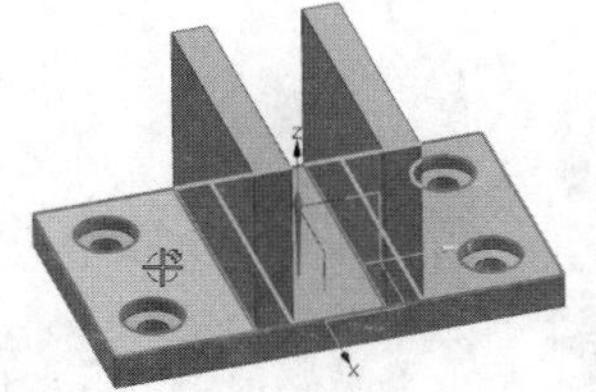

图5-140　指定固定面

4 在“要拔模的面”选项组中单击“选择面”按钮，接着在图形窗口中选择两个面作为要拔模的面，在“角度 1”文本框中设置拔模角度 1 为 5deg，如图 5-141 所示。

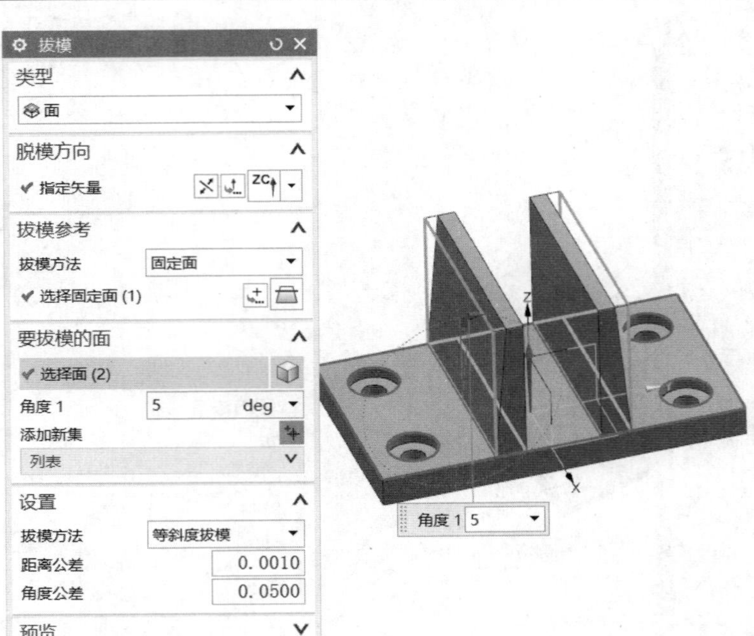

图5-141　选择要拔模的面以及设置拔模角度

5 在“拔模”对话框的“设置”选项组中默认拔模方法选项为“等斜度拔模”，单击“确定”按钮，完成该拔模操作得到的模型效果如图 5-142 所示。

八、创建边倒圆特征

1 在“特征”面板中单击“边倒圆”按钮，打开“边倒圆”对话框。

2 在“边倒圆”对话框的“边”选项组的“连续性”下拉列表框中选择“G1（相切）”选项，从“形状”下拉列表框中选择“圆形”选项，在“半径 1”框中设置第一个边集的半径为 10mm。

3 在“边”选项组中，“选择边”按钮处于活动状态。在图形窗口中为第一个边集选择边，如图 5-143 所示。

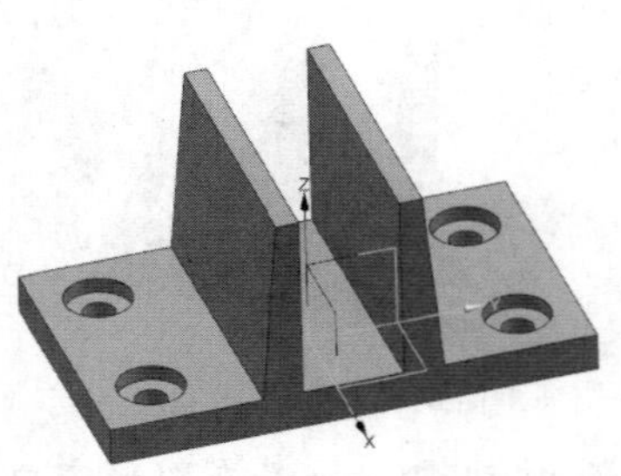

图5-142　拔模操作后的效果

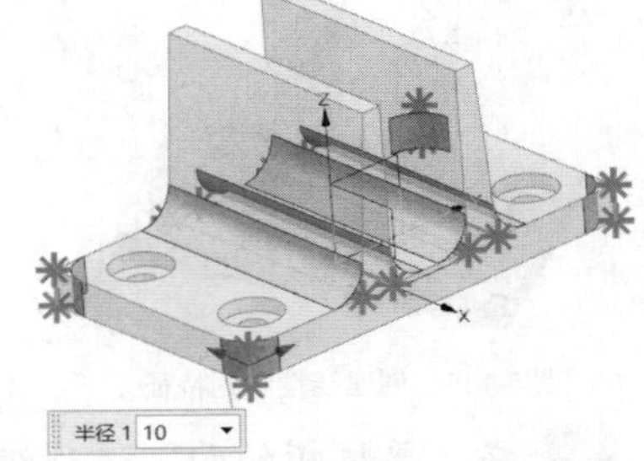

图5-143　为第一个边集选择边

4 在“边”选项组中单击“添加新集”按钮，从而完成第一个边集的选择，并开始为第二个边集选择边。在图形窗口中为第二个边集选择图 5-144 所示的 4 条边。

5 在“半径 2”框中设置第二个边集的半径为 16。

6 在“边倒圆”对话框中单击“确定”按钮，完成边倒圆的模型效果如图 5-145 所示。

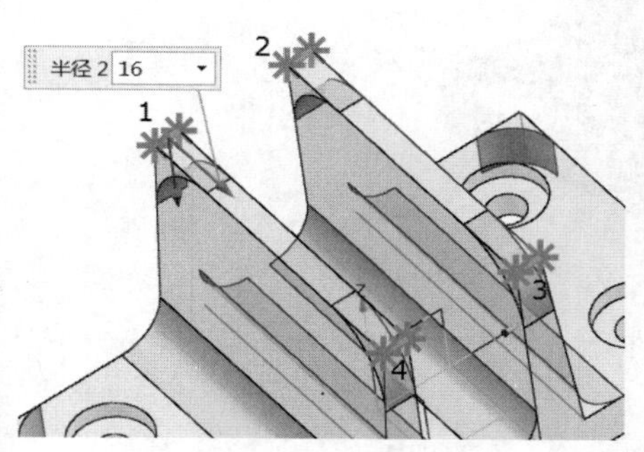

图5-144　为第二个边集选择边

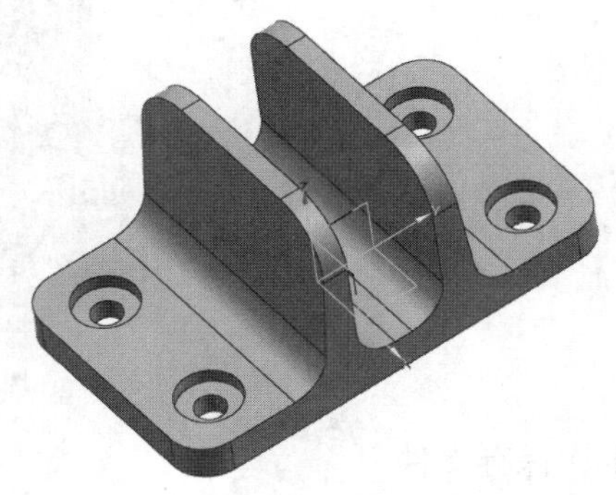
图5-145　完成边倒圆操作

九、以拉伸的方式切除材料来形成孔结构

1 在“特征”面板中单击“拉伸”按钮，弹出“拉伸”对话框。

2 在图形窗口中选择 *xc-zc* 坐标平面（即 XZ 平面），快速进入内部草图环境。

3 绘制图 5-146 所示的拉伸截面，单击“完成草图”按钮。

4 设置拉伸的方向矢量选项为“YC 轴”，并在“限制”选项组中将开始和结束的限制条件均设置为“贯通”，并在“布尔”选项组的“布尔”下拉列表框中选择“减去（求差）”选项。另外，在“拔模”选项组设置拔模选项为“无”，在“偏置”选项组设置偏置选项为“无”，在“设置”选项组中设置体类型为“实体”，如图 5-147 所示。

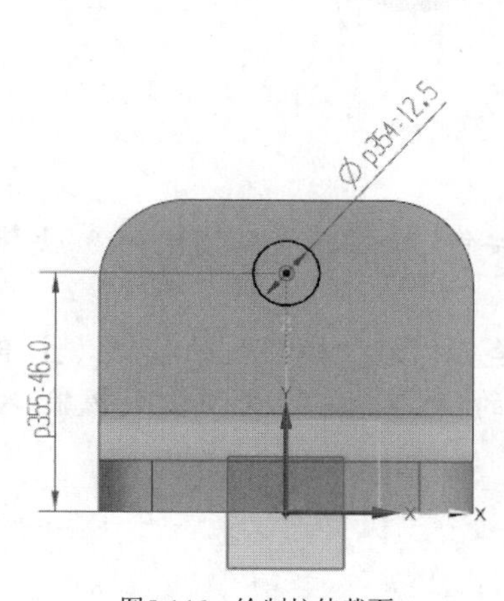

图5-146　绘制拉伸截面

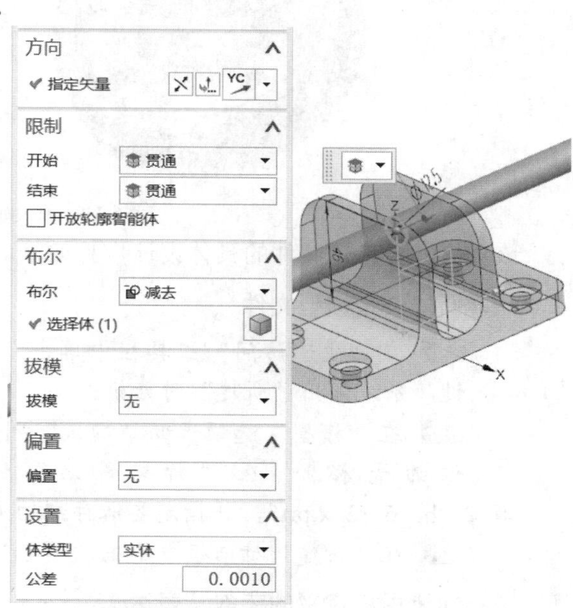

图5-147　设置限制、布尔等选项、参数

5 在“拉伸”对话框中单击“确定”按钮，完成效果如图 5-148 所示。

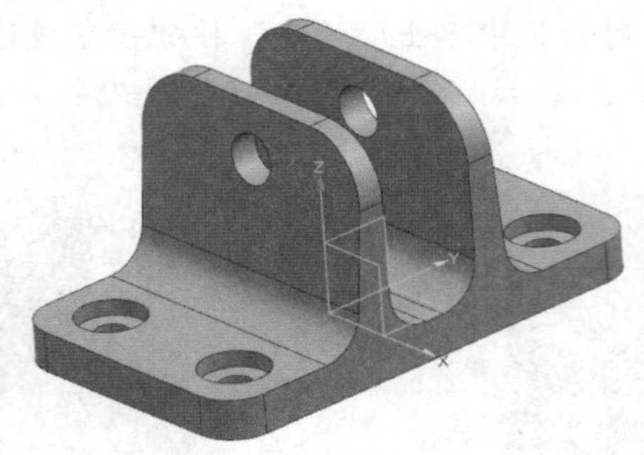

图5-148　完成效果

十、保存文件

在“快速访问”工具栏中单击“保存”按钮，或者按“Ctrl+S”快捷键保存文件。

5.6.2　直齿圆柱齿轮零件建模

本小节介绍一个应用了表达式的直齿圆柱齿轮建模范例，其完成的直齿圆柱齿轮模型如图 5-149 所示。表达式的应用和相关特征编辑是本范例的学习要点。有些曲线命令在后面的章节中还会详细介绍。

图5-149　直齿圆柱齿轮零件

该直齿圆柱齿轮零件的具体设计步骤如下。

一、新建一个模型文件

1 在“快速访问”工具栏中单击“新建”按钮，或者按“Ctrl+N”快捷键，系统弹出“新建”对话框。

2 在“模型”选项卡的“模板”列表中选择名称为“模型”的模板（主单位为毫米），在“新文件名”选项组的“名称”文本框中输入“bc_5_r2_x.prt”，并指定要保存到的文件夹。

3 在“新建”对话框中单击“确定”按钮。

二、创建用户定义的参数及表达式

1 在功能区的“工具”选项卡中单击“表达式”按钮═，或者按“Ctrl+E”

快捷键，弹出“表达式”对话框。

2 在“表达式”对话框中分别创建图 5-150 所示的参数及表达式。其中，*a*、*b* 用来表示渐开线的角度范围，*alpha* 表示压力角，*m* 为模数，*z* 为齿轮齿数，*r* 为基圆半径，*s* 表示角度变量。要新建表达式，则在“操作”选项组中单击“新建表达式”按钮，接着在“表达式”列表框中分别为该新表达式指定名称、公式、单位、量纲、类型和附注等。设置好所需的全部表达式后，单击“应用”按钮。

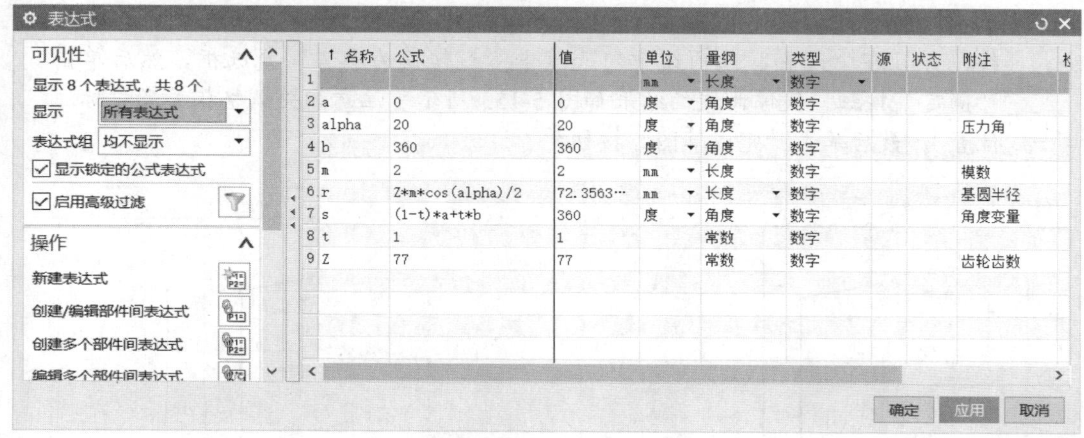

图5-150 创建用户定义的参数及其表达式

要编辑选定表达式，可以在选定所需的一个表达式后单击鼠标右键，接着从弹出的快捷菜单中选择“编辑”命令，弹出“编辑”对话框，如图 5-151 所示，从中对表达式进行编辑处理即可。注意到按钮的作用是更改用于编辑该公式的方法，按钮用于将数学或工程函数插入表达式公式，按钮用于将逻辑条件子句（If，Then，Else If，Else）插入表达式公式。

图5-151 “编辑”对话框

3 在“表达式”对话框中单击“确定”按钮。

三、创建旋转实体特征

1 在功能区的“主页”选项卡的“特征”面板中单击“旋转”按钮，或者选择“菜单”/“插入”/“设计特征”/“旋转”命令，打开“旋转”对话框。

2 在“旋转”对话框的“截面线”选项组中单击“绘制截面”按钮，弹出“创建草图”对话框。

3 在“创建草图”对话框的“草图类型”下拉列表框中选择“在平面上”，

在“草图 CSYS”选项组的“平面方法”下拉列表框中选择“自动判断”，在图形窗口中选择基准坐标系（确保设置在图形窗口中显示默认基准坐标系）的 *xc-yc* 平面，单击“确定”按钮。

4 默认时，“轮廓”按钮处于被选中的状态，首先使用“轮廓”按钮来绘制图 5-152 所示的图形。在“曲线”面板中单击“镜像曲线”按钮，弹出“镜像曲线”对话框。在“选择条”工具栏中将曲线规则选项设置为“单条曲线”，在绘图区域中选择要镜像的多条单线段，接着在“中心线”选项组中单击“选择中心线”按钮，在图形窗口中选择最长的竖直线段作为中心线，并且在“设置”选项组中勾选“中心线转换为参考”复选框，然后单击“确定”按钮。镜像曲线的结果如图 5-153 所示（注意相关调整相关尺寸标注位置）。最后单击“完成草图”按钮。

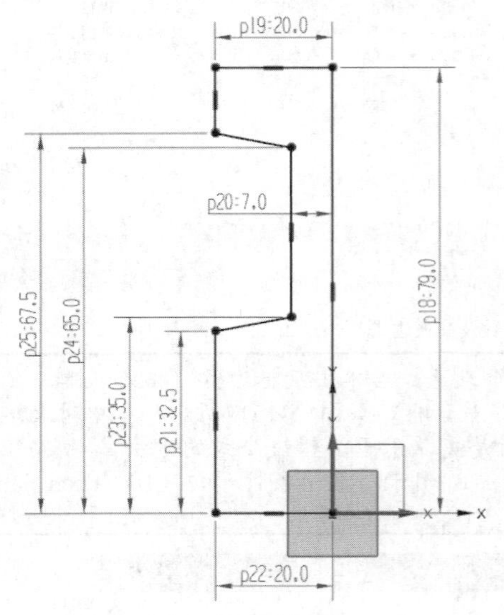

图5-152　绘制图形

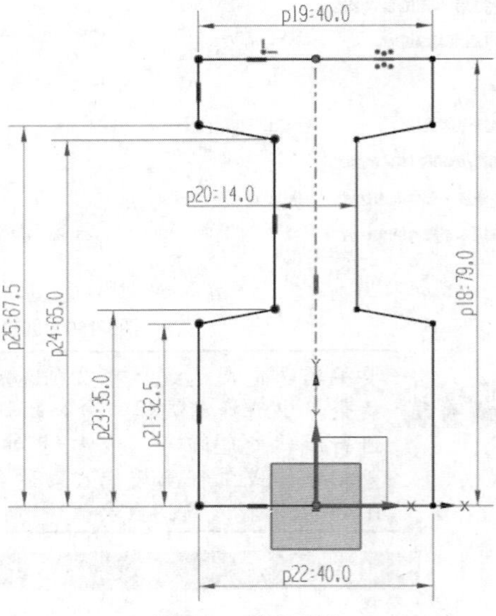

图5-153　镜像结果

5 设置 *xc* 轴作为旋转轴，并在“轴”选项组中单击“点构造器”按钮，利用弹出的“点”对话框指定轴点绝对坐标位置为（0,0,0）。

6 在“限制”选项组中，设置开始角度值为 0，结束角度值为 360deg。布尔选项为“无”。其他“偏置”和“设置”选项接受默认值。

7 在“旋转”对话框中单击“确定”按钮，创建的旋转实体特征如图 5-154 所示。

四、拉伸求差操作

1 在“特征”面板中单击“拉伸”按钮，弹出“拉伸”对话框。

2 在图形窗口中选择基准坐标系中的 YZ 平面（即 *zc-yc* 坐标平面），进入内部草图任务环境。绘制图 5-155 所示的草图，单击“完成草图”按钮。

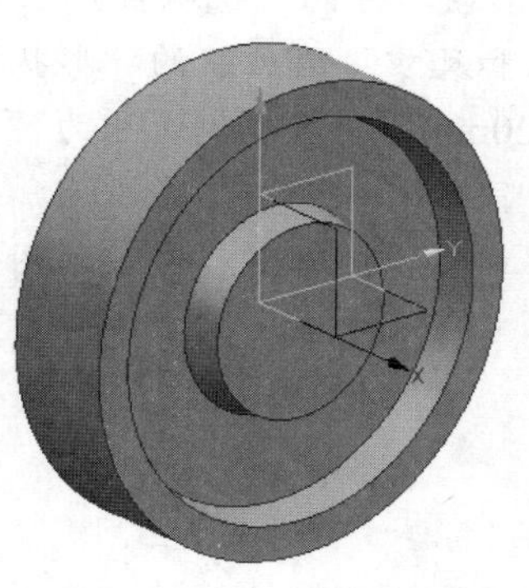

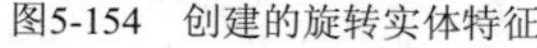
图5-154 创建的旋转实体特征

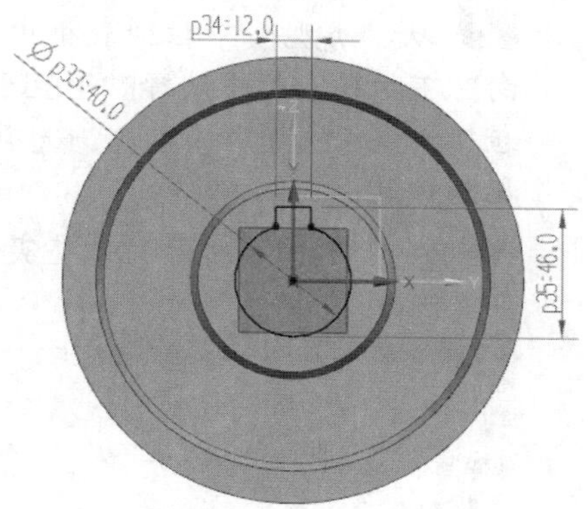

图5-155 绘制草图

3 返回到“拉伸”对话框，在“方向”选项组的“指定矢量”下拉列表框中选择“XC 轴”图标选项，即定义拉伸的方向矢量为沿着 xc 轴正方向。

4 在“拉伸”对话框的“限制”选项组中，设置“结束”选项为“对称值”，距离为 50mm，接着从“布尔”下拉列表框中选择“减去”选项，如图 5-156 所示。

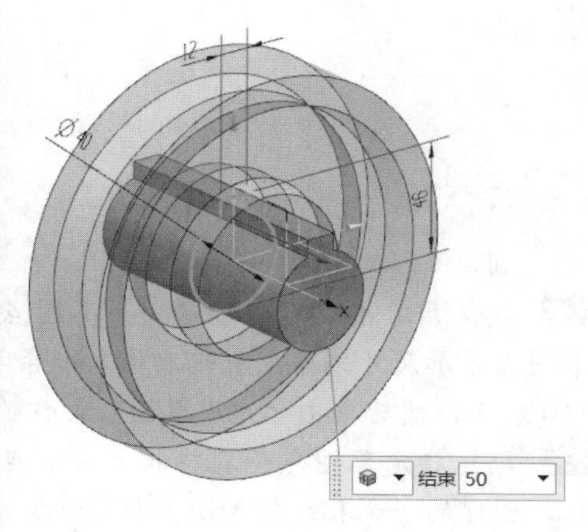

图5-156 拉伸求差设置

5 在“拉伸”对话框中单击“确定”按钮，完成该步骤的模型效果如图 5-157 所示。

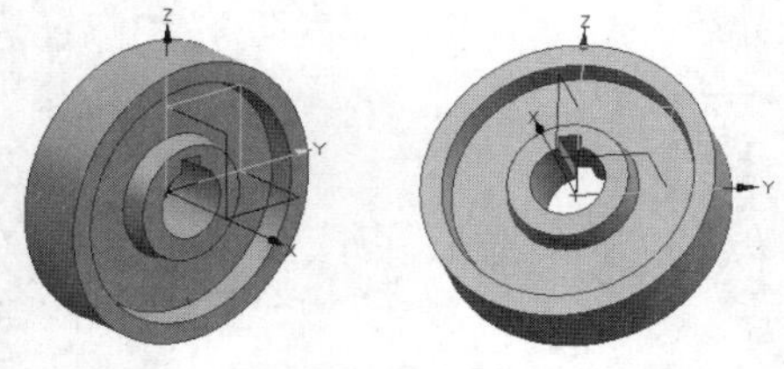
图5-157 进行拉伸求差操作后的模型效果

五、创建孔特征

1 在“特征”面板中单击“孔”按钮，系统弹出“孔”对话框。

2 从“类型”下拉列表框中选择“常规孔”，在“方向”选项组的“孔方向”下拉列表框中选择“垂直于面”，在“形状和尺寸”选项组的“形状”下拉列表框中选择“简单孔”选项，设置直径为 20mm，深度限制选项为“贯通体”，如图 5-158 所示。

3 在图 5-159 所示的平整实体面单击，指定草图方位参考后进入草图任务环境。

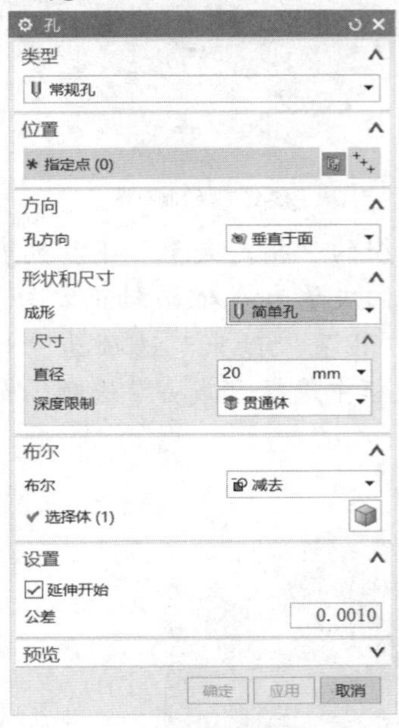

图5-158 设置孔参数

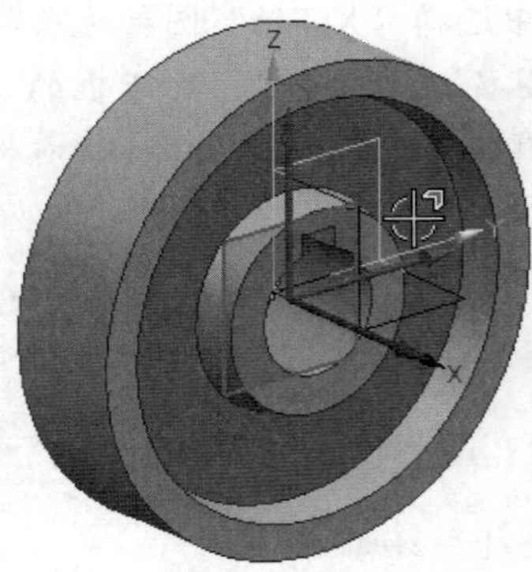

图5-159 指定放置面

4 默认在单击位置处创建一个草图点，关闭“草图点”对话框，接着为该草图点添加尺寸约束（可辅助添加一条参考线来建立角度尺寸约束），如图 5-160 所示，然后单击“完成草图”按钮。

5 确保指定草图点为孔特征的放置点，在“孔”对话框中单击“确定”按钮，创建的一个孔结构如图 5-161 所示。

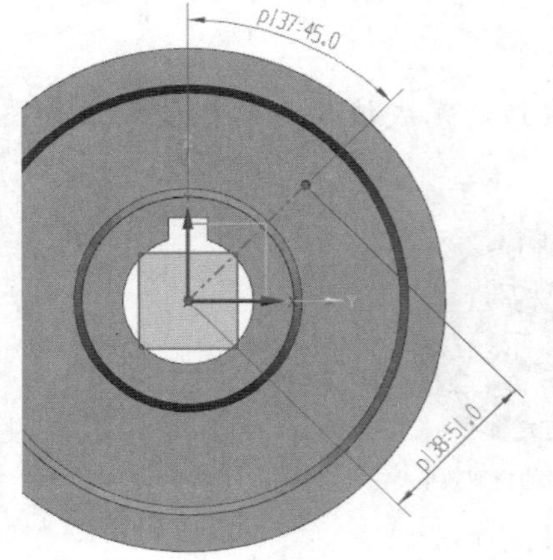

图5-160 绘制放置点

图5-161 创建的一个孔结构

六、创建圆形阵列特征

1 在“特征”面板中单击“阵列特征”按钮，系统弹出“阵列特征”对话框。

2 选择之前创建的孔特征作为要阵列的特征。

3 在“阵列定义”选项组的“布局”下拉列表框中选择“圆形”选项，在“旋转轴”子选项组中选择“XC 轴”图标选项定义旋转轴，在“指定点”下拉列表框中选择“圆弧中心/椭圆中心/球心”图标选项，并在图形窗口中单击图 5-162 所示的一条圆弧边。

4 在“阵列定义”选项组的“角度方向”子选项组中设置间距选项为“数量和跨距”，数量为 4，跨角为 360deg，如图 5-163 所示。

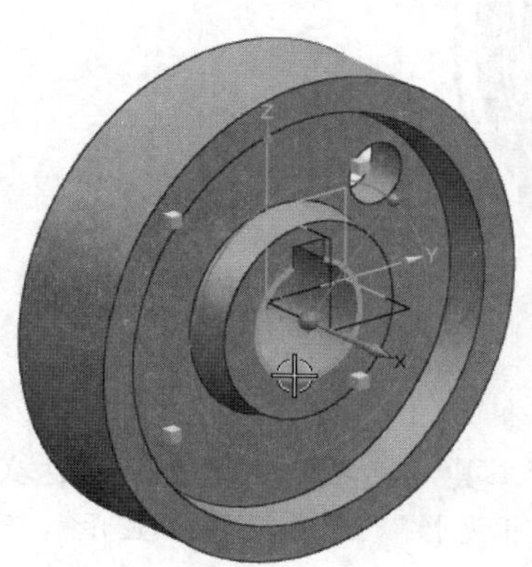

图5-162 选择一条圆弧边

图5-163 设置角度方向等参数

5 在“阵列方法”选项组的“方法”下拉列表框中选择“变化”选项，在“设置”选项组的“输出”下拉列表框中选择“阵列特征”选项，如图 5-164 所示。

6 在“特征阵列”对话框中单击“确定”按钮，此时模型效果如图 5-165 所示。

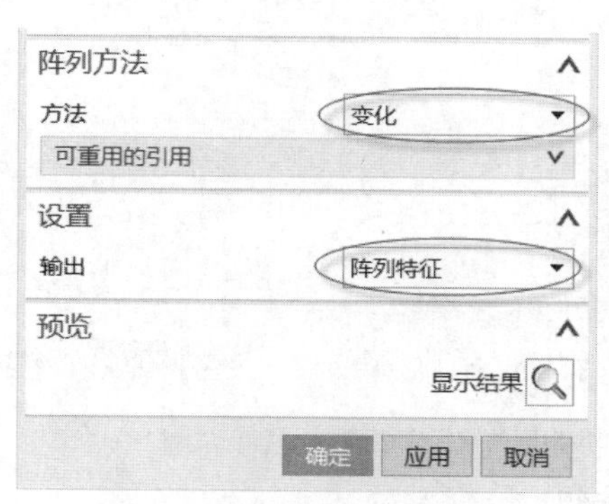

图5-164 设置阵列方法选项和输出选项

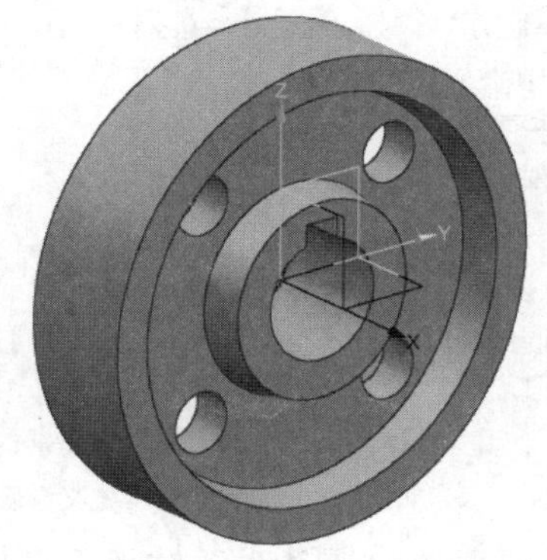

图5-165 创建阵列特征

七、创建一个草图特征

1 选择“菜单”/“插入”/“在任务环境中绘制草图”命令，弹出“创建草

图”对话框。

2 选择 *zc-yc* 坐标面作为草图平面，单击“确定”按钮。

3 单击“圆”按钮分别绘制同心的 4 个圆，这些圆将用来分别定义齿轮的齿顶圆、基圆、分度圆和齿根圆。接着为这些圆创建尺寸，此时不必修改尺寸值，如图 5-166 所示。这些尺寸将由定义的表达式来驱动。

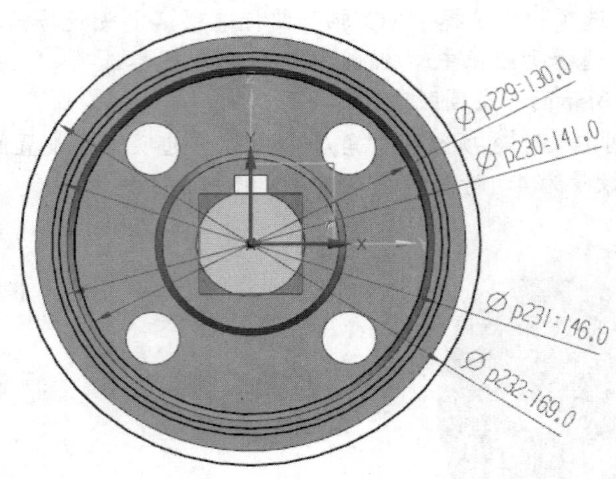

图5-166　绘制 4 个同心的圆并标注相应尺寸

4 按“Ctrl+E”快捷键，或者在功能区的“工具”选项卡中单击“表达式”按钮，系统弹出“表达式”对话框。在“可见性”选项组的“显示”下拉列表框中选择“特征表达式”选项，接着在草图中单击草图线或任意一个草图尺寸，在“表达式”对话框中分别为这 4 个尺寸定义表达式，如图 5-167 所示，单击“应用”按钮，系统会自动根据公式计算出各尺寸的值。

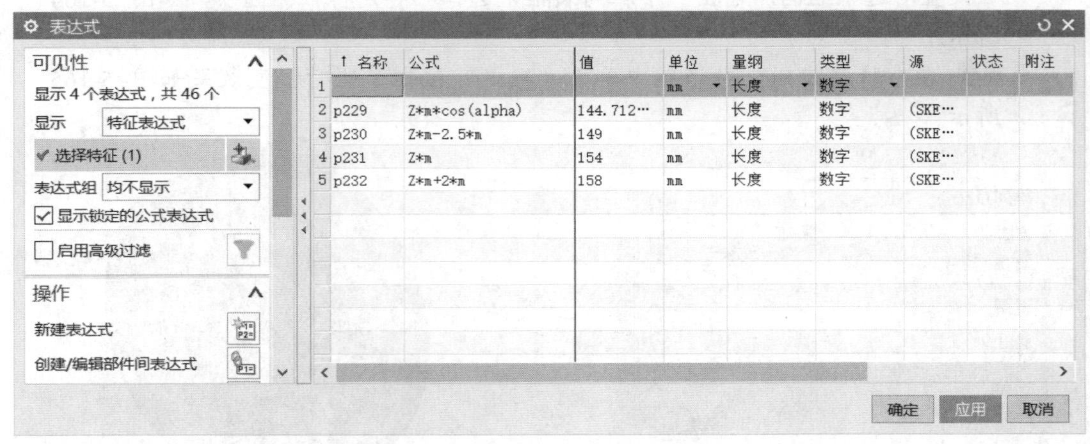

图5-167　定义齿顶圆、基圆、分度圆和齿根圆的直径表达式

5 在“表达式”对话框中单击“确定”按钮。

6 切换至功能区的“主页”选项卡，从“草图”面板中单击“完成草图”按钮。

八、创建齿轮渐开线表达式

1 按“Ctrl+E”快捷键，系统弹出“表达式”对话框。

2 在“表达式”对话框的“可见性”选项组中，从“显示”下拉列表框中选择“用户定义的表达式”选项，接着建立如下的渐开线表达式，其长度单位均为 mm。

xt=0

yt=r*cos(s)+r*rad(s)*sin(s)

zt=r*sin(s)-r*rad(s)*cos(s)

单击“应用”按钮，创建好渐开线表达式的对话框如图 5-168 所示。

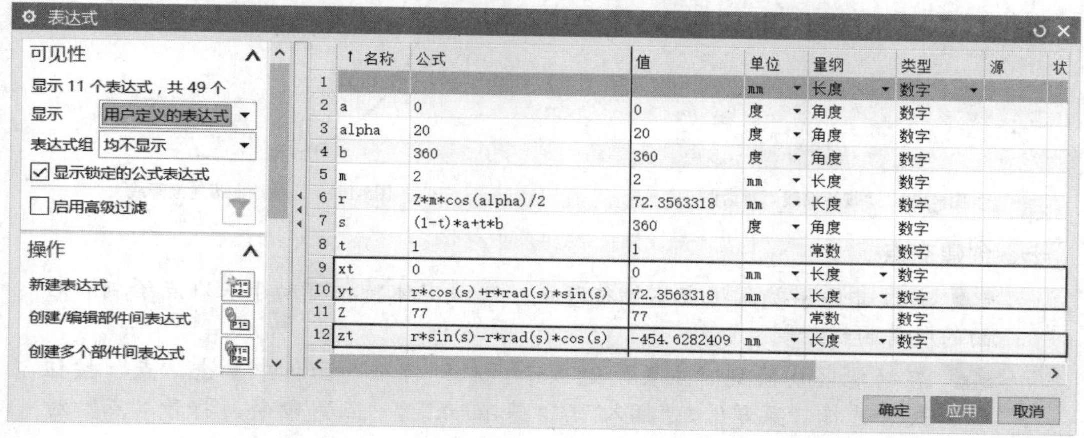

图5-168 添加渐开线表达式

3 在“表达式”对话框中单击“确定”按钮。

九、绘制齿轮的渐开线

1 在功能区切换至“曲线”选项卡，从“曲线”选项卡的“曲线”面板中找到“规律曲线”按钮并单击它，如图 5-169 所示。

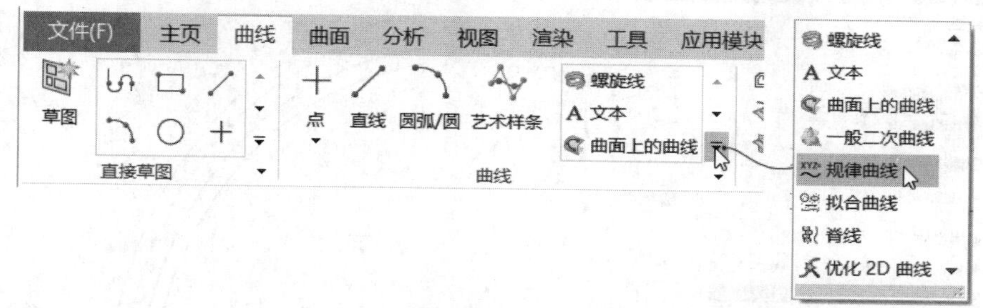

图5-169 找到“规律曲线”按钮并单击它

2 单击“规律曲线”按钮后系统弹出“规律函数”对话框。

3 在“规律函数”对话框中分别定义 X 规律、Y 规律和 Z 规律参数，如图 5-170 所示。

4 单击“确定”按钮，绘制的齿轮渐开线如图 5-171 所示。

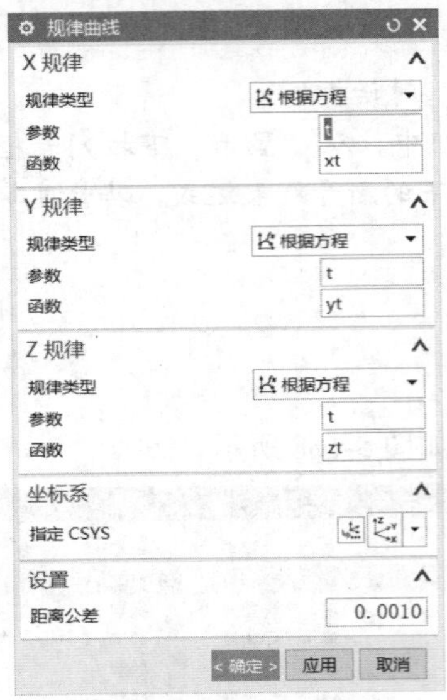

图5-170　“规律曲线”对话框

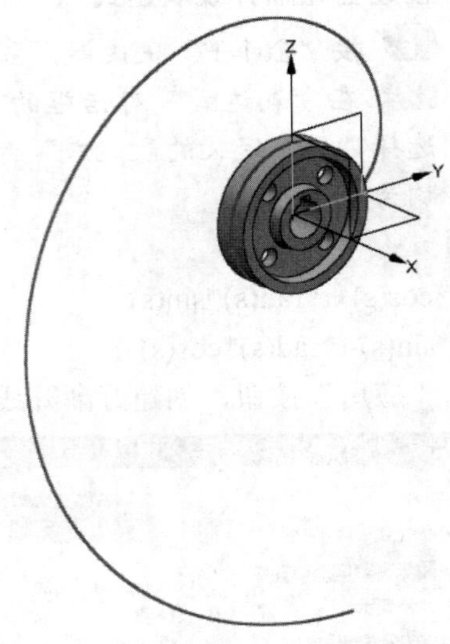

图5-171　完成绘制齿轮渐开线

十、创建交点

1 通过部件导航器将实体特征隐藏。隐藏实体特征有助于基准点绘制和后面的所需曲线绘制。

2 在功能区切换到“主页”选项卡，从“特征”面板中单击“点”按钮，或者选择“菜单”/“插入”/“基准/点”/“点”命令，打开“点”对话框。

3 在“点”对话框的“类型”下拉列表框中选择“交点”选项，如图 5-172 所示，接着在图形窗口中选择渐开线；再在“要相交的曲线”选项组中单击“选择曲线”按钮，在图形窗口中选择要与之相交的分度圆，如图 5-173 所示。

图5-172　“点”对话框

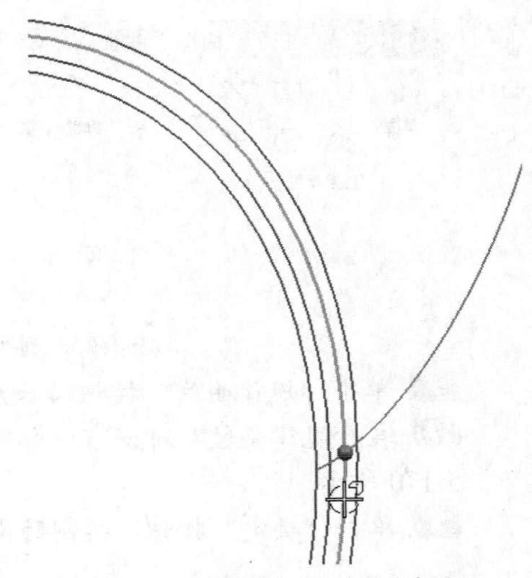

图5-173　选择要与其相交的分度圆

4 在“点”对话框中单击“确定”按钮，从而在渐开线与分度圆的交点处创建一个基准点。

十一、绘制齿廓曲线

1 在功能区切换至“曲线”选项卡，接着从“曲线”面板中单击“直线”按钮╱，打开“直线”对话框。

2 借助“选择条”工具栏中的相关点捕捉设置（如“圆心”“现有点”选择规则设置），选择圆心和上步骤创建的点来绘制一条直线，如图 5-174 所示，然后在“直线”对话框中单击“确定”按钮。

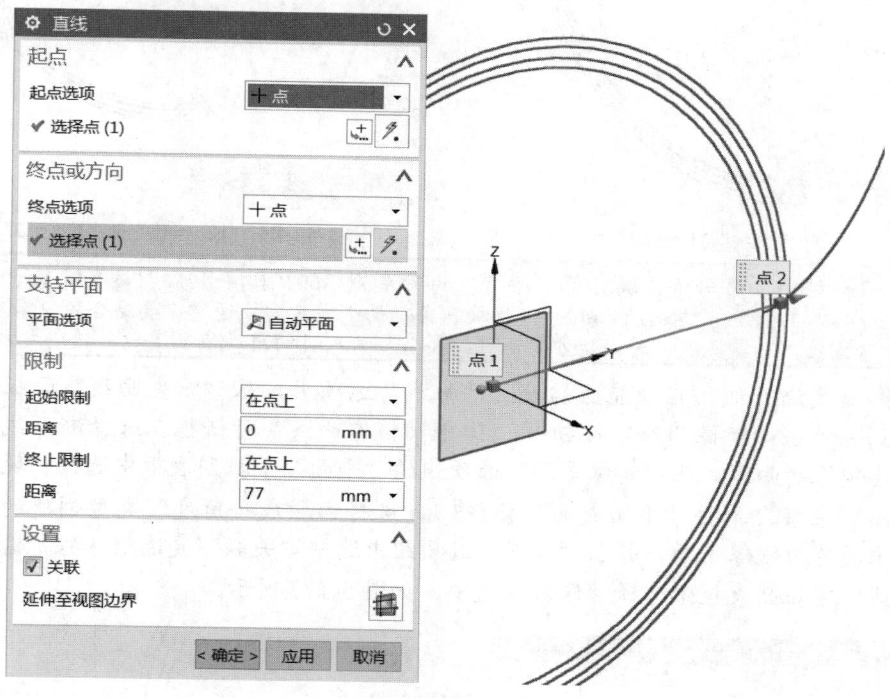

图5-174　绘制一条直线

3 在功能区的“主页”选项卡的“特征”面板中单击“基准平面”按钮□，弹出“基准平面”对话框。从“类型”下拉列表框中选择“两直线”选项，接着选择上步骤创建的一条直线作为第一条直线，接着选择 *x* 轴定义第二条直线，如图 5-175 所示，然后单击“应用”按钮。

4 在“基准平面”对话框的“类型”下拉列表框中选择“成一角度”选项，接着在图形窗口中选择上步骤刚创建的基准平面，并选择 *xc* 轴作为通过轴，在“角度”选项组的“角度选项”下拉列表框中选择“值”选项，在“角度”文本框中输入“1.2”，注意新基准平面的生成方向侧，如图 5-176 所示，然后单击“确定”按钮。

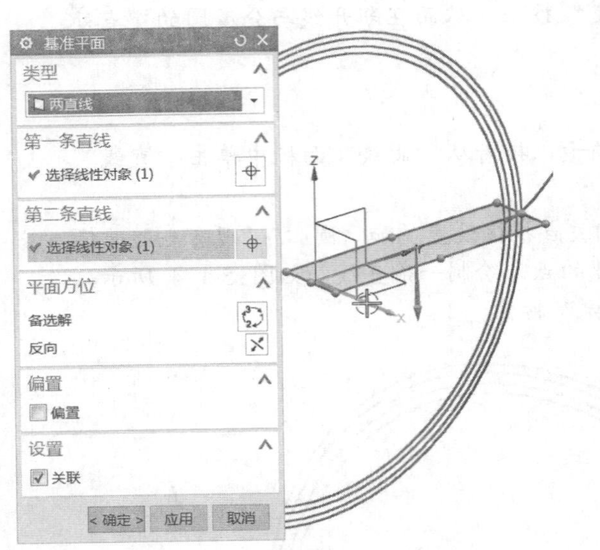

图5-175　通过“两直线”创建基准平面

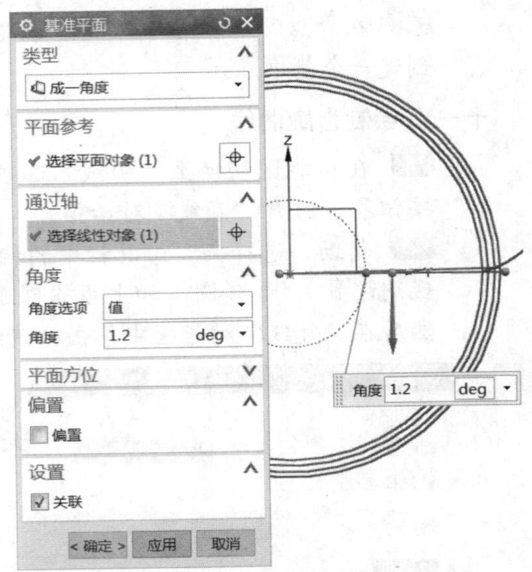

图5-176　通过“成一角度”创建基准平面

知识点拨

该旋转角度与齿轮齿数有关，该角度的关系为 360°/（4*z），即该角度等于 360°/（4*77）=1.2°，本例的 z=77。注意旋转角度的生成方向，通常需要结合预览来观察旋转方位，若发现默认的旋转方向不对，那么可输入负的角度值来实现反转角度方向。

5 镜像渐开线。在功能区切换至“曲线”选项卡，从“派生曲线”面板中找到并单击“镜像曲线”按钮，弹出“镜像曲线”对话框。选择渐开线作为要镜像的曲线，在“镜像平面”选项组的“平面”下拉列表框中选择“现有平面”选项，单击“平面或面”按钮，选择由“成一角度”类型创建的基准平面作为镜像平面，并在“设置”选项组中选中“关联”复选框，从“输入曲线”下拉列表框中选择“保留”选项，如图 5-177 所示。

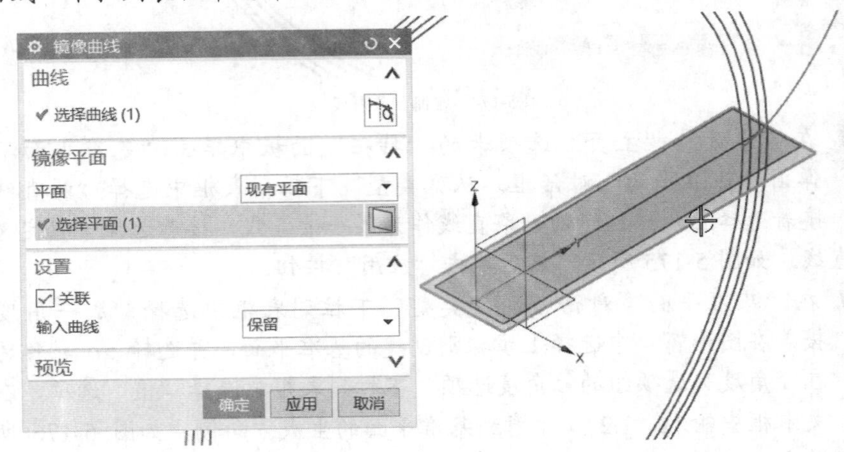

图5-177　镜像渐开线

6 单击“镜像曲线”对话框中的“确定”按钮，镜像得到的曲线如图 5-178 所示。

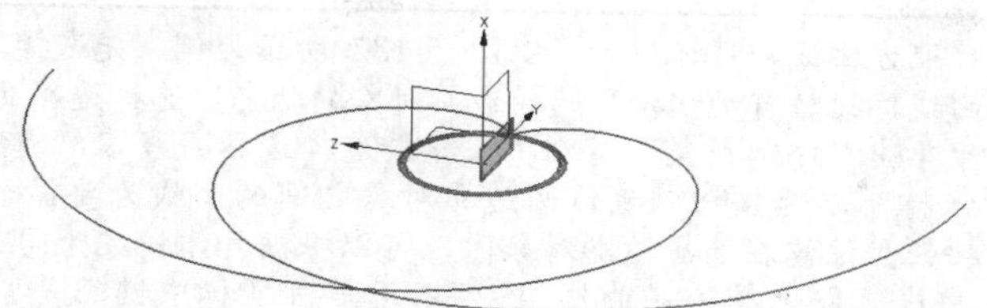

图5-178　镜像曲线的结果

7 选择“菜单”/“插入”/“在任务环境中绘制草图”命令，弹出“创建草图”对话框，默认的草图类型为“在平面上”，平面方法为“自动判断”，选择 *zc-yc* 坐标面作为草图平面，单击“确定”按钮进入草图任务环境中。在“曲线”面板中寻找并单击“投影曲线”按钮，弹出“投影曲线”对话框，分别选择渐开线曲线（包含镜像前后的曲线）和4个圆的草图曲线，同时在“设置”选项组中确保选中“关联”复选框，从“输出曲线类型”下拉列表框中选择“原先”选项，如图5-179所示。单击“投影曲线”对话框中的“确定”按钮。

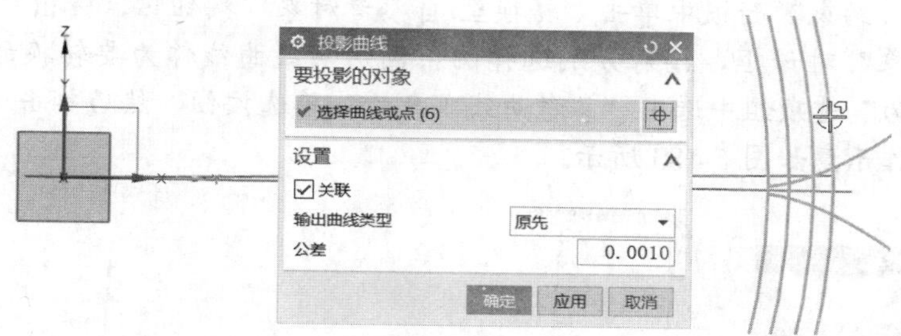

图5-179　将曲线投影到草图上

8 在草图任务环境中，从“曲线”面板中寻找并单击“修剪配方曲线”按钮，弹出图5-180所示的“修剪配方曲线”对话框，接着分别选择要修剪的曲线和边界对象，在“区域”选项组中设置要保留的曲线区域，然后单击“应用”按钮。通过修剪配方曲线的操作，最后获得图5-181所示的封闭形状（已经特意通过部件导航器，将先前的草图和由规律曲线定义的渐开线等辅助曲线设置隐藏起来）。

图5-180　“修剪配方曲线”对话框

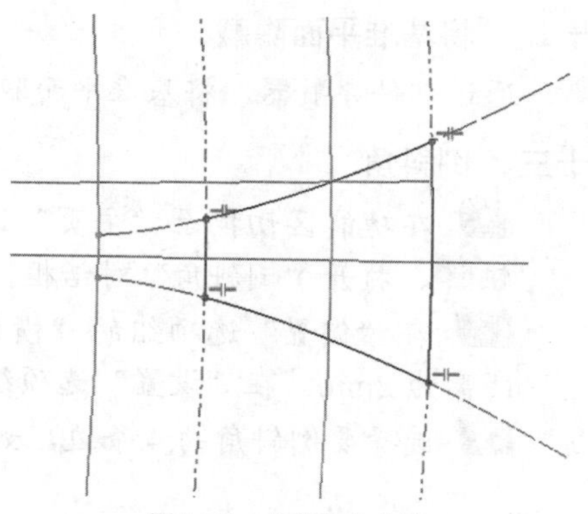

图5-181　修剪配方曲线

打开“修剪配方曲线”对话框后，以图 5-182 所示为例，先选择其中一条渐开线作为要修剪的曲线，此时自动切换到选择边界对象的状态，选择边界曲线 1 并单击鼠标中键（等同于单击“添加新集”按钮），接着选择边界曲线 2，确保在“区域”选项组中选择“保持”单选按钮以确保两边界对象之间的曲线为要保留的部分，然后单击“应用”按钮。注意在选择边界对象时，可以根据具体情况为同一个边界对象集选择两个边界曲线（即选择边界曲线 1 后不用单击鼠标中键而是紧接着选择边界曲线 2）。使用同样的方法，修剪其他配方曲线来获得图 5-181 所示的图形。

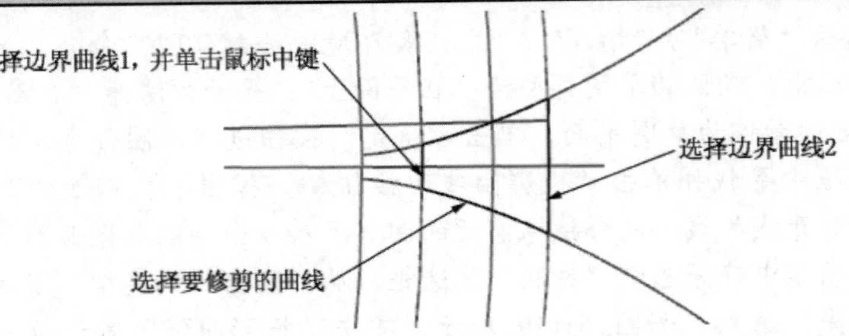

图5-182　修剪配方曲线的操作方法图解

9 在“约束”面板中单击“转换至/自参考对象”按钮，弹出“转换至/自参考对象”对话框，接着分别选择两条圆形实线曲线作为要转换的对象，在“转换为”选项组中选中“参考曲线或尺寸”单选按钮，然后单击“确定”按钮，操作示意如图 5-183 所示。

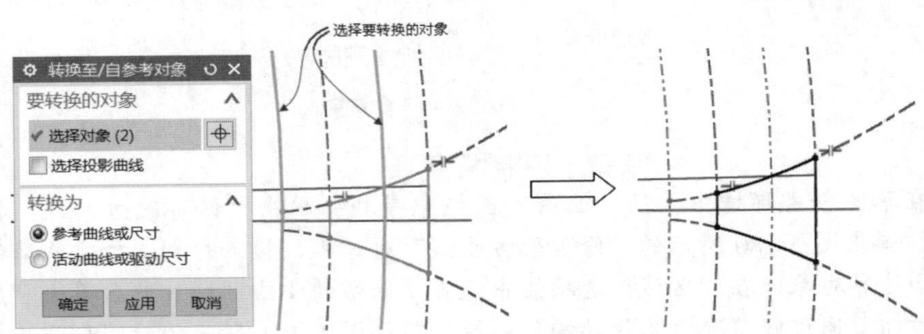

图5-183　将两条圆形曲线转换为参考曲线

10 单击“完成草图”按钮。

十二、将基准平面隐藏

通过部件导航器，将基准平面隐藏起来，而将实体特征显示出来。

十三、倒斜角

1 在功能区切换至“主页”选项卡，从“特征”面板中单击“倒斜角”按钮，打开“倒斜角”对话框。

2 在“偏置”选项组的“横截面”下拉列表框中选择“对称”选项，设置距离为 2mm；在“设置”选项组接受默认的公差设置。

3 选择要倒斜角的 4 条边，如图 5-184 所示。

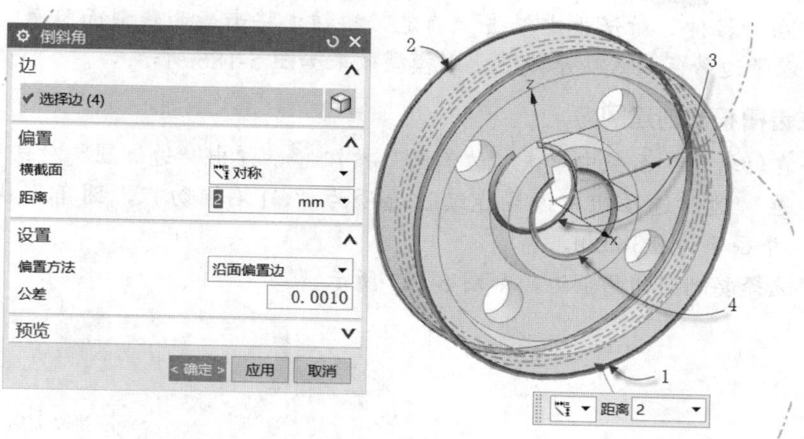

图5-184　选择要倒斜角的边

4 在“倒斜角”对话框中单击“确定”按钮。

十四、以拉伸的方式切除材料

1 在“特征”面板中单击“拉伸”按钮，或者选择“菜单”/“插入”/“设计特征”/“拉伸”命令，弹出“拉伸”对话框。

2 选择齿廓曲线作为拉伸的截面（可在部件导航器中选择），沿着 *xc* 轴方向拉伸。

3 在“拉伸”对话框的“限制”选项组中，设置“结束”选项为“对称值”，距离为 50mm，接着从“布尔”下拉列表框中选择“减去（求差）”选项，单击“选择体”按钮并在图形窗口中单击实体模型，如图 5-185 所示。

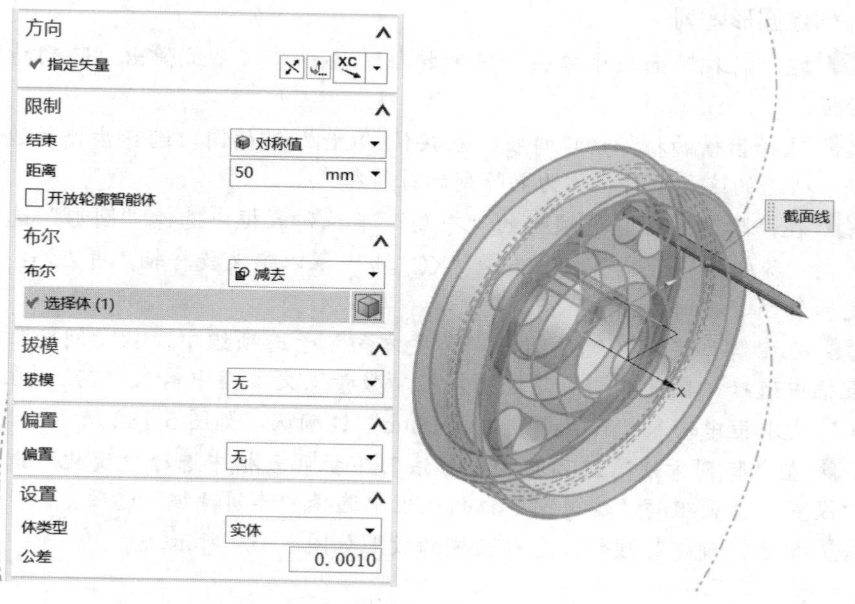

图5-185　设置限制条件与布尔选项

4 在“拉伸”对话框中单击“确定”按钮。将齿廓曲线截面隐藏，并确保设置以带边着色样式显示模型，则模型效果如图 5-186 所示。

十五、在齿槽根部创建圆角

1 在“特征”面板中单击“边倒圆”按钮，弹出“边倒圆”对话框。

2 在“边”选项组中设置连续性选项为“G1（相切）”，圆角形状为“圆形”，半径 1 为 0.38mm。

3 选择要倒圆的两条边，如图 5-187 所示。

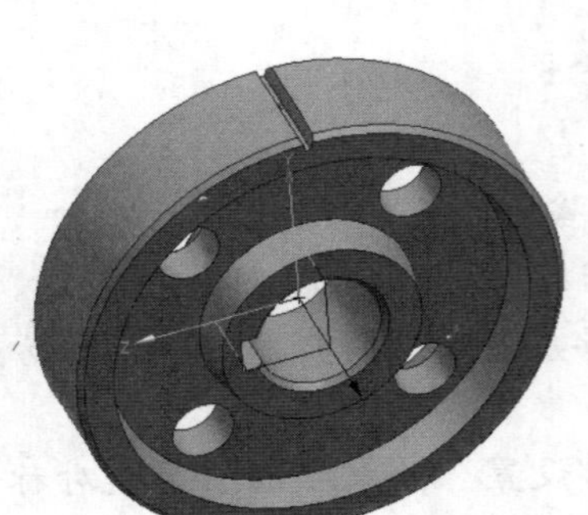

图5-186　创建第一个齿槽

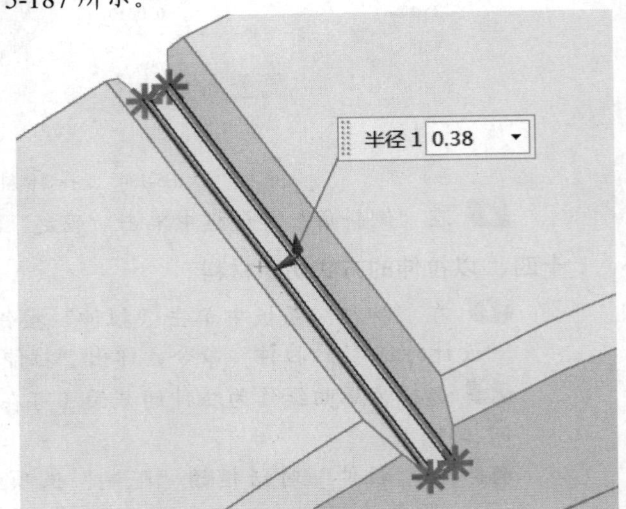

图5-187　选择要倒圆的边

4 在“边倒圆”对话框中单击“确定”按钮。

十六、创建圆形阵列

1 在“特征”面板中单击“阵列特征”按钮，系统弹出“阵列特征”对话框。

2 选择齿槽的拉伸切口特征，在按住“Ctrl”键的同时选择齿槽的边倒圆特征，所选的这两个特征作为要阵列的源特征。

3 在“阵列定义”选项组的“布局”下拉列表框中选择“圆形”选项，接着在“旋转轴”子选项组中选择“XC 轴”以定义旋转轴，并在 *xc* 轴上指定一个合适的轴点。

4 在“阵列定义”选项组的“角度方向”子选项组中，从“间距”下拉列表框中选择“数量和间隔”选项，在“数量”文本框中输入“77”，在“节距角”文本框中输入“360/z”并按“Enter”键确认，如图 5-188 所示。

5 在“阵列方法”选项组的“方法”下拉列表框中选择“变化”选项，在“设置”选项组的“输出”下拉列表框中选择“阵列特征”选项。

6 单击“确定”按钮，全部齿槽的效果如图 5-189 所示。

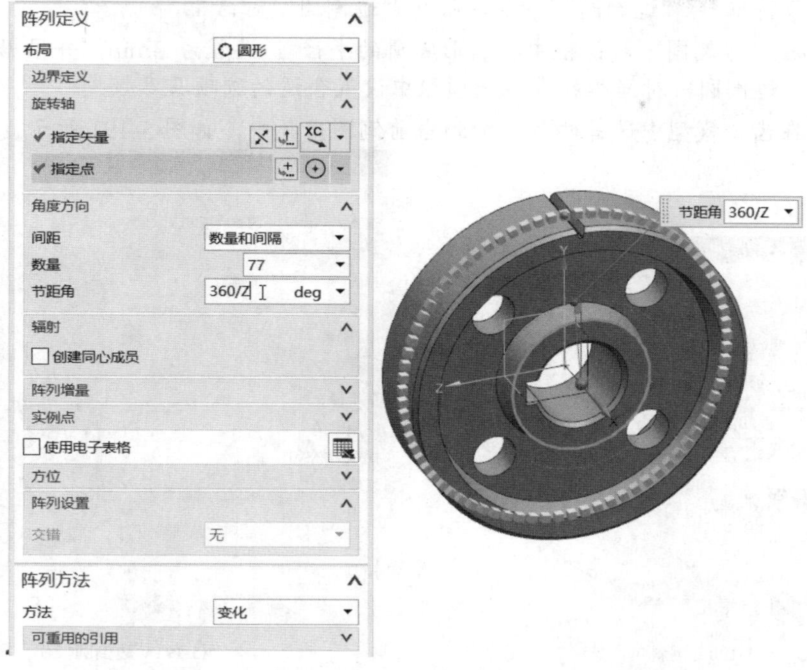

图5-188 设置角度方向等参数

图5-189 创建所有的齿槽

十七、倒斜角

1. 在“特征”面板中单击“倒斜角”按钮，或者选择“菜单”/“插入”/“细节特征”/“倒斜角”命令，系统弹出“倒斜角”对话框。
2. 在“偏置”选项组的“横截面”下拉列表框中选择“对称”选项。
3. 选择要倒斜角的两条边，如图 5-190 所示。
4. 在“倒斜角”对话框中单击“确定”按钮。
5. 使用同样的方法，在齿轮零件的另一侧创建相应的倒斜角特征。

十八、边倒圆

1. 在“特征”面板中单击“边倒圆”按钮，或者选择“菜单”/“插入”/

"细节特征"/"边倒圆"命令，打开"边倒圆"对话框。

2 在"边倒圆"对话框中将圆形圆角的半径 1 设置为 3mm，并根据设计需要在"边倒圆"对话框的其他选项组中设置合适的选项及参数。

3 在齿轮模型中选择两条边加到当前倒圆角集中，如图 5-191 所示。

图5-190　倒斜角

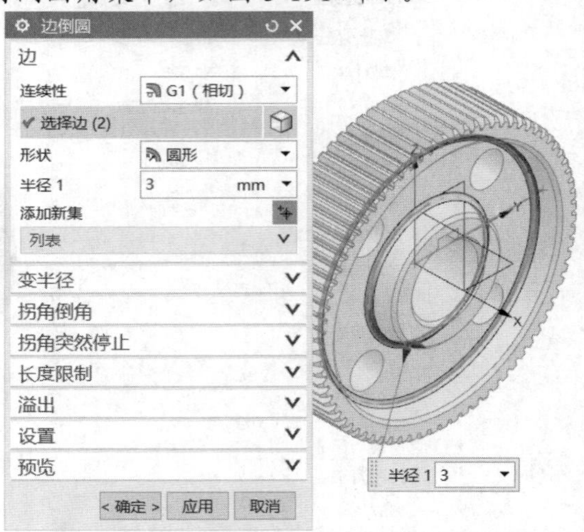

图5-191　边倒圆操作

4 在"边倒圆"对话框中单击"应用"按钮。

5 在齿轮零件的另一相对侧选择相应的两条边来作为要倒圆角的边，然后单击"确定"按钮，从而完成边倒圆操作。

至此，完成了该直齿圆柱齿轮的建模。可以将基准坐标系、直线隐藏起来，模型效果如图 5-192 所示。

图5-192　直齿圆柱齿轮

5.7 本章小结

复杂模型的创建，通常离不开特征操作和编辑。本章重点介绍特征的操作和编辑知识，

包括细节特征、实体偏置/缩放、关联复制、特征编辑和表达式设计。其中，细节特征包括倒斜角、边倒圆、面倒圆、拔模和拔模体。实体偏置/缩放包括两个实用知识点，即“抽壳”和“缩放体”。关联复制是本章的一个重点，涉及的知识点有“阵列特征”“镜像特征”“镜像几何体”“抽取几何特征”“阵列几何特征”“阵列面”和“镜像面”。特征编辑命令包括“编辑特征尺寸”“编辑位置”“移动特征”“替换特征”“特征重排序”“编辑实体参数”“可滚回编辑”“由表达式抑制”“抑制特征”“取消抑制特征”“移除参数”和“删除特征”等。在“表达式设计”一节中，要求读者理解表达式的概念，掌握创建表达式和编辑表达式的方法步骤即可。

本章还介绍了两个综合实战范例，前一个可以作为课堂演示范例，后一个相对复杂（涉及一些高级曲线的创建等），可以将第二个综合范例作为课堂进阶范例练习或课后研习使用，第二个综合范例的重点是表达式的应用。

5.8 思考与练习

(1) 边倒圆和面倒圆有什么异同之处？

(2) 在什么情况下使用镜像特征，在什么情况下使用镜像体？

(3) 如何抑制特征以及如何取消抑制特征？

(4) NX 11 提供哪两种基本的表达式？

(5) 在执行“阵列特征”命令的过程中，可以设置其输出选项为哪几种类型？并说出这些输出类型的结果含义。

(6) 上机操作：请参照图 5-193 所示的实体模型，根据模型效果图在 NX 11 中创建其三维实体模型，具体尺寸自行确定。

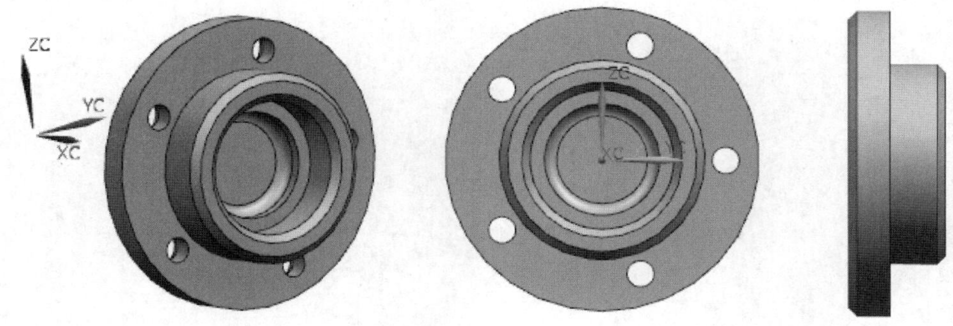

图5-193　练习题完成的效果

(7) 上机操作：请根据图 5-194 所示的工程图尺寸在 NX 11 中创建箱体的三维模型，未注尺寸自行设定。

(8) 自学研习：在 NX 建模环境的“编辑”菜单中有一个“移动对象”命令，其快捷键为“Ctrl+T”，使用它可以移动或旋转选定的对象，请课后参阅相关的资料来自学该命令的应用。

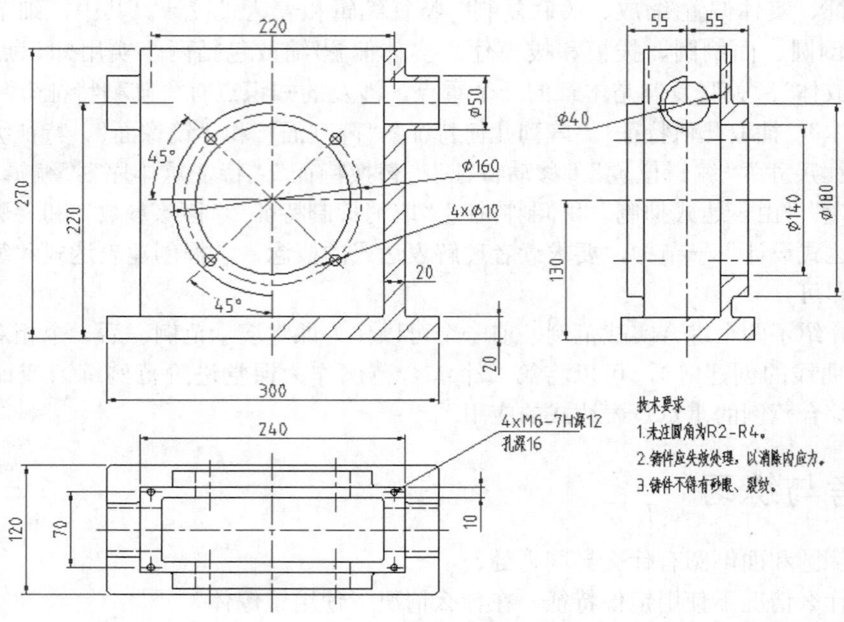

图5-194　上机操作的工程图参考尺寸

第6章　在模型空间中应用 3D 曲线

本章导读

前面介绍过平面草图曲线的绘制，本章将介绍在模型空间创建各类 3D 曲线的实用知识，内容包括 3D 曲线设计概述、创建常规曲线特征、创建来自曲线集的曲线、创建来自体的曲线、编辑曲线等。

6.1　3D 曲线设计概述

在 NX 11 中，曲线设计与曲面设计息息相关，通过搭建满足设计要求的曲线，可以以此为基础创建出所需的曲面，曲线的质量在一定程度上影响着曲面的生成质量。

草图特征实际上是由位于同一个草绘平面上的若干曲线构成的，这和单一的曲线特征不同。曲线特征既可以是空间自由曲线，也可以是平面曲线。

在 NX 模型空间中，可以使用以下曲线命令创建各类 3D 曲线特征，包括常规曲线特征、派生的曲线特征。另外，使用相关曲线命令也可以生成不是特征的 3D 曲线（不具有关联性的 3D 曲线）。

- 使用“菜单”/“插入”/“曲线”级联菜单中的相关命令（如图 6-1 所示，有些命令需要通过“定制”命令添加到该级联菜单）创建常规曲线特征，如直线、圆弧/圆、螺旋线、艺术样条、规律曲线、抛物线、双曲线、表面上的曲线、文本等。用户也可以在功能区的“曲线”选项卡的“曲线”面板（见图 6-2）中找到用于创建常规曲线特征的工具。

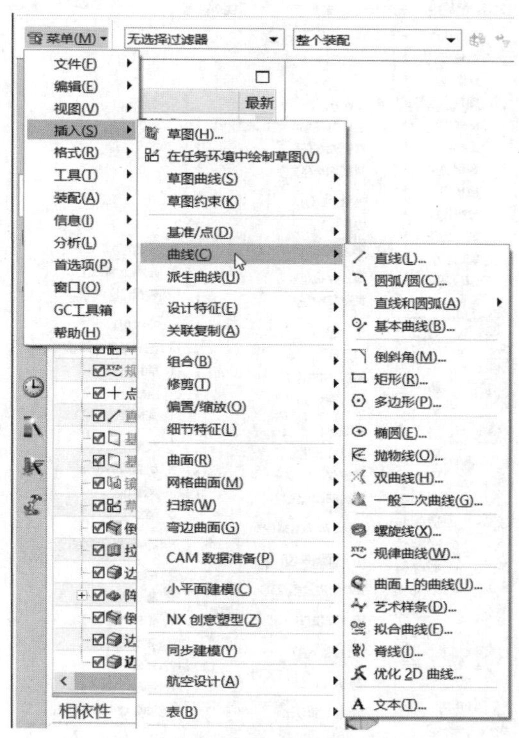

图6-1　“菜单”/“插入”/“曲线”级联菜单

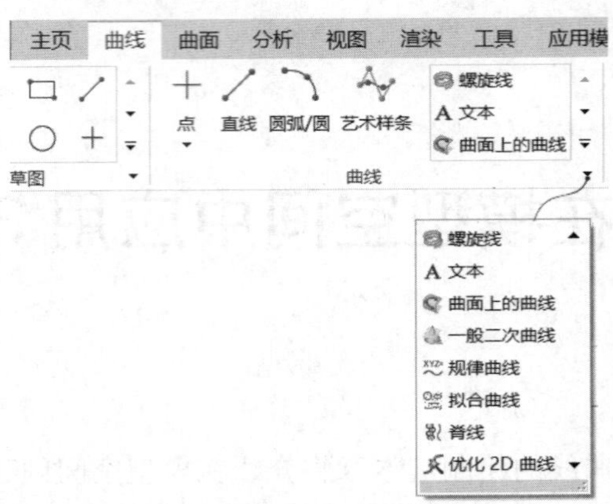

图6-2　“曲线”选项卡的“曲线”面板

- 使用“菜单”/“插入”/“派生曲线”级联菜单中的图 6-3 所示的相关命令创建曲线特征。其中，可以将“简化”“桥接”“连结”“偏置”“在面上偏置”“圆形圆角曲线”“投影”“组合投影”“缠绕/展开曲线”和“镜像”等归纳为“来自曲线集的曲线”命令集。而将“相交（求交）”“等参数曲线”“复合曲线”“截面”“抽取”“抽取虚拟曲线”归纳为“来自体的曲线”命令集。用户也可以在功能区的“曲线”选项卡的“派生曲线”面板中选择一些派生曲线工具，如图 6-4 所示。

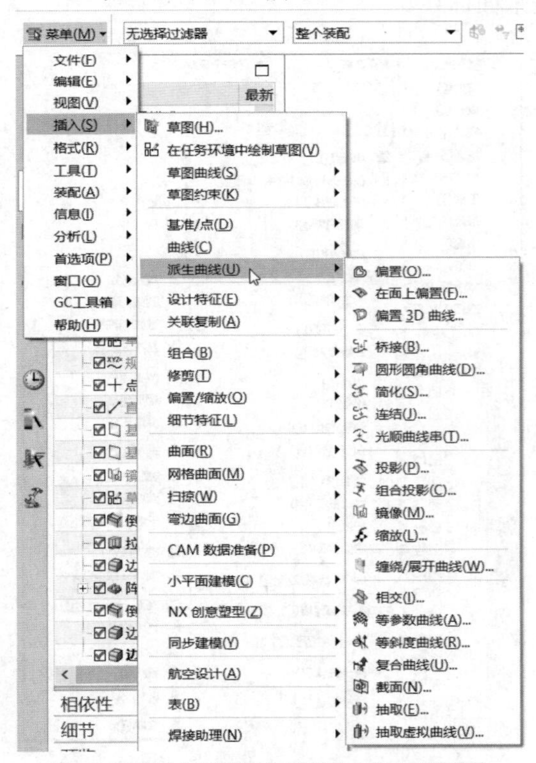

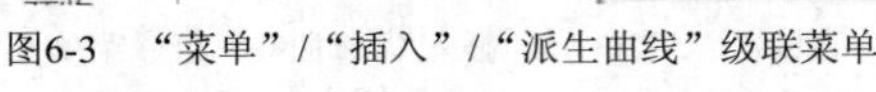

图6-3　“菜单”/“插入”/“派生曲线”级联菜单

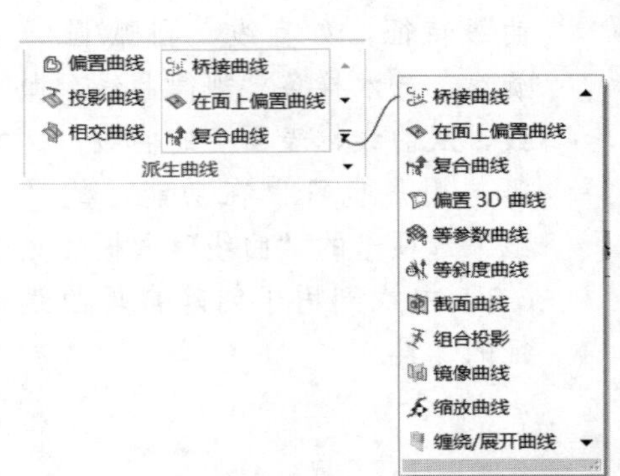

图6-4　“派生曲线”面板

创建好曲线特征之后，用户可根据设计情况对曲线特征进行编辑，包括编辑曲线参数、

修剪曲线、修剪拐角、分割曲线、编辑圆角、拉长曲线、编辑曲线长度、光顺样条、按模板成形等。编辑曲线的常用工具位于图 6-5 所示的“编辑曲线”面板中，而有些编辑曲线的工具则可以从“编辑曲线”面板右侧的“更多”曲线工具列表中找到。另外，在“菜单”/“编辑”/“曲线”级联菜单中也可以找到常用的编辑曲线命令。

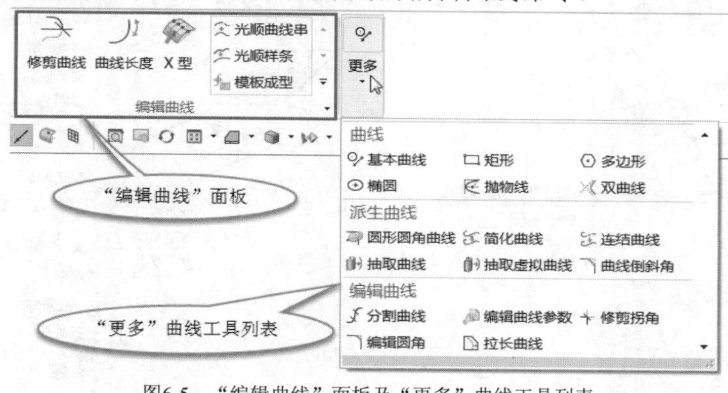

图6-5 “编辑曲线”面板及“更多”曲线工具列表

6.2 创建常规曲线

本节介绍在建模空间如何创建各类常规曲线，包括直线、圆弧/圆、各类“直线和圆弧”、螺旋线、二次曲线、规律曲线、艺术样条、表面上的曲线、文本。

6.2.1 创建直线

在功能区的“曲线”选项卡的“曲线”面板中单击“直线”按钮，弹出图 6-6 所示的“直线”对话框。利用此对话框，可以使用点、方向及切线来指定线段的起点与终点选项，在直线创建期间还可以指定约束（如创建一条直线与另一条直线成角度等）；使用“支持平面”选项组中的“平面选项”下拉列表框可以指定构建直线的平面（该下拉列表框可供选择的平面选项有“自动平面”“锁定平面”和“选择平面”。选择“自动平面”时，软件系统会根据指定的直线起点与终点来自动判断临时自动平面；选择“锁定平面”时，如果更改起点或终点则自动平面仍然保持锁定状态，不可移动；选择“选择平面”时，则启用“指定平面”选项，可定义用于构建直线的平面）。在“限制”选项组中可以根据需要设置起始限制和终止限制选项，以指定限制线段开始与结束位置的点、对象或距离值；在“设置”选项组中可以让直线成为关联特征等。

例如，要在绝对坐标点 1（0,0,35）和绝对坐标点 2（50,50,0）之间创建一条直线，那么在“曲线”面板中单击“直线”按钮，弹出“直线”对话框，在“起点”选项组中单击“点构造器”按钮，利用弹出的“点”对话框指定线段起点的绝对坐标值为 x=0、y=0、z=35，接着在“终点或方向”选项组中单击“点构造器”按钮，并利用弹出的“点”对话框指定线段终点的绝对坐标值为 x=50、y=50、z=0，平面选项默认为“自动平面”，限制选项也采用默认值，如图 6-7 所示，然后单击“应用”按钮或“确定”按钮，即可在指定的两点间建立一条线段。

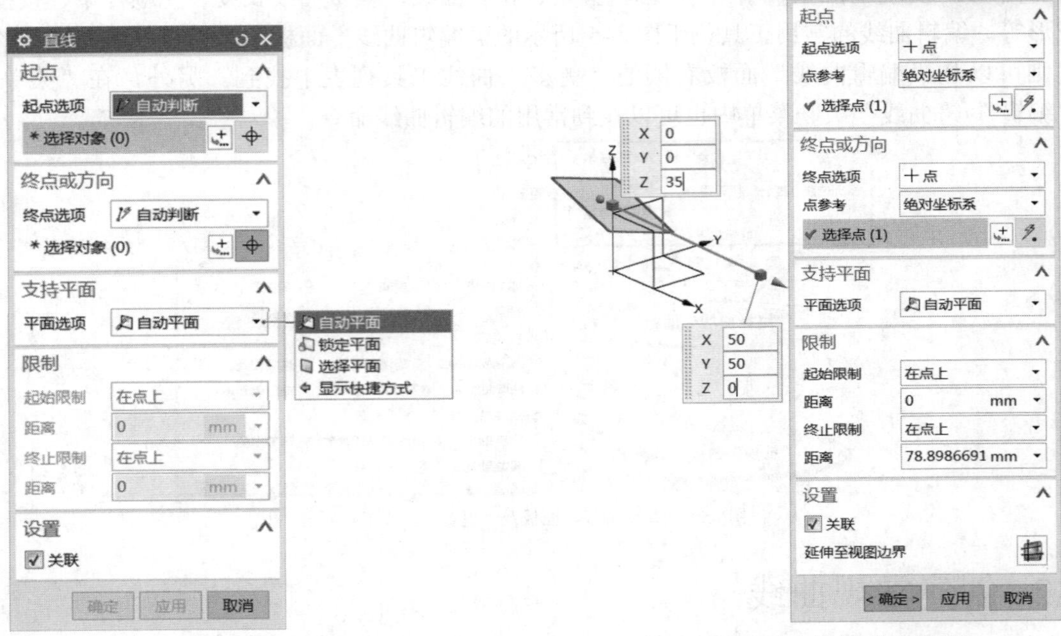

图6-6　“直线”对话框　　　　图6-7　指定两个空间点创建直线特征

下面通过一个范例介绍如何创建与圆弧相切的直线特征。

1 在“快速访问”工具栏中单击“打开”按钮，通过弹出的“打开”对话框选择本书光盘配套的“\DATA\CH6\BC_6_2_1.prt”部件文件并打开，该素材文件中存在着一个直线特征和圆弧特征。

2 在功能区的“曲线”选项卡的“曲线”面板中单击“直线”按钮，弹出“直线”对话框。

3 单击图 6-8 所示的线段端点作为新线段的起点，接着拖动鼠标指针，此时出现一条预览直线并跟随鼠标指针移动。

4 在“直线”对话框的“终点或方向”选项组的“终点选项”下拉列表框中选择“相切”选项，接着在图形窗口中选择圆特征作为应用终止相切约束的曲线，注意选择该圆特征的位置，如图 6-9 所示。默认的平面选项为“自动平面”，系统显示相切直线的预览和直线限制手柄。

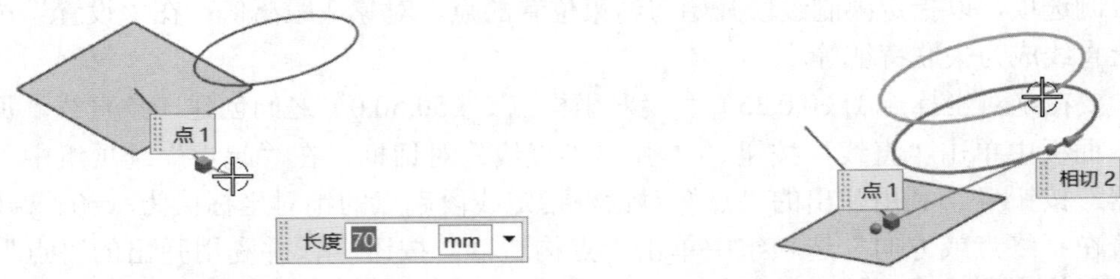

图6-8　指定新线段的起点（点 1）　　　　图6-9　选择终止相切约束的曲线

5 练习以下操作之一来更改线段的长度，注意观察线段长度的变化效果。

- 拖动新线段末端的限制手柄。

- 在屏显输入框或“直线”对话框中输入距离值，如输入线段的距离值为 520，如图 6-10 所示。

6 在“直线”对话框的“设置”选项组中，确保选中“关联”复选框，单击“备选解”按钮，则可查看到创建的不同新线段，如图 6-11 所示。

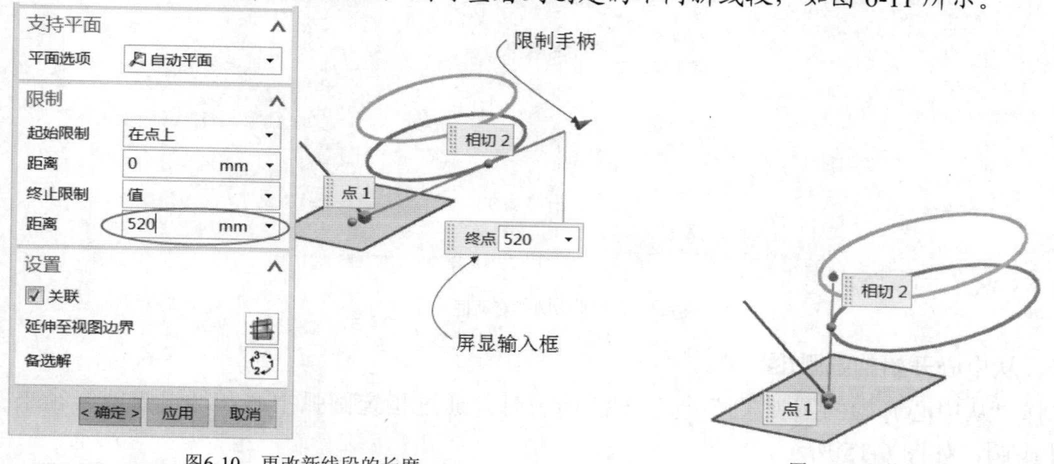

图6-10　更改新线段的长度

图6-11　切换备选解

7 再次单击“备选解”按钮，然后单击“确定”按钮，创建的直线特征如图 6-12 所示。

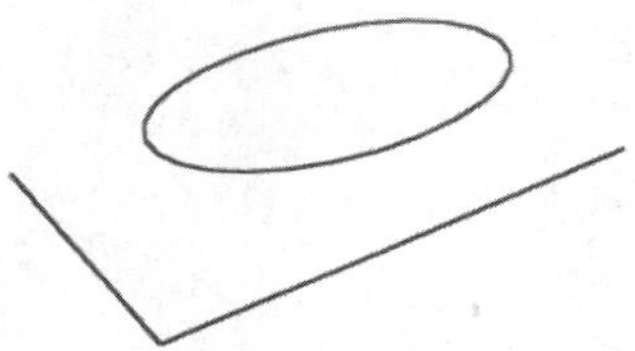

图6-12　完成创建与圆相切的直线

6.2.2 创建圆弧/圆

在功能区的“曲线”选项卡的“曲线”面板中单击“圆弧/圆”按钮，弹出图 6-13 所示的“圆弧/圆”对话框。使用此对话框提供的选项可以在指定的支持平面上创建关联的圆弧及圆特征，圆弧类型取决于组合的约束类型。注意“限制”选项组中的“整圆”复选框用于控制创建的是圆弧还是圆。另外，要注意的是，如果在“设置”选项组中取消选中“关联”复选框，则创建非关联圆弧，但它们不是特征。

在“圆弧/圆”对话框的“类型”选项组中，设置要创建圆弧或圆的创建方法类型。圆弧或圆的创建方法类型有以下两种。

一、三点画圆弧

选择“三点画圆弧”创建方法类型选项时，将通过指定三个点（起点、端点和中点）来创建圆弧/圆，或者通过指定两个点和半径来创建圆弧/圆，如图 6-14 所示。

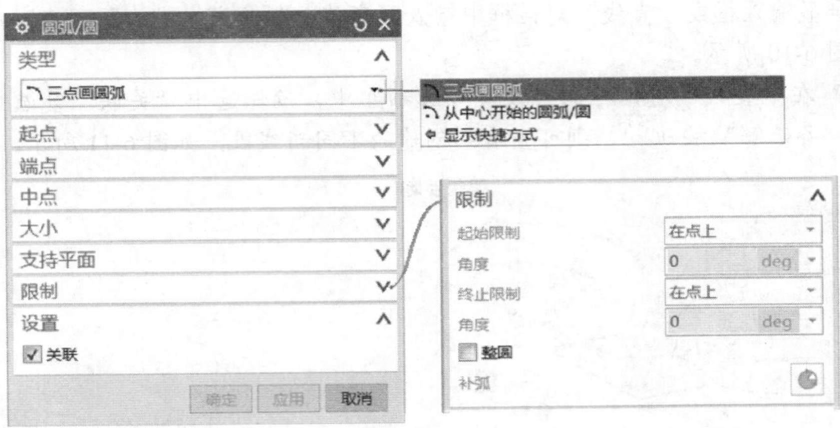

图6-13　“圆弧/圆”对话框

二、从中心开始的圆弧/圆

选择“从中心开始的圆弧/圆”创建方法选项时，通过指定圆弧中心和通过点或半径来创建圆弧/圆，如图 6-15 所示。

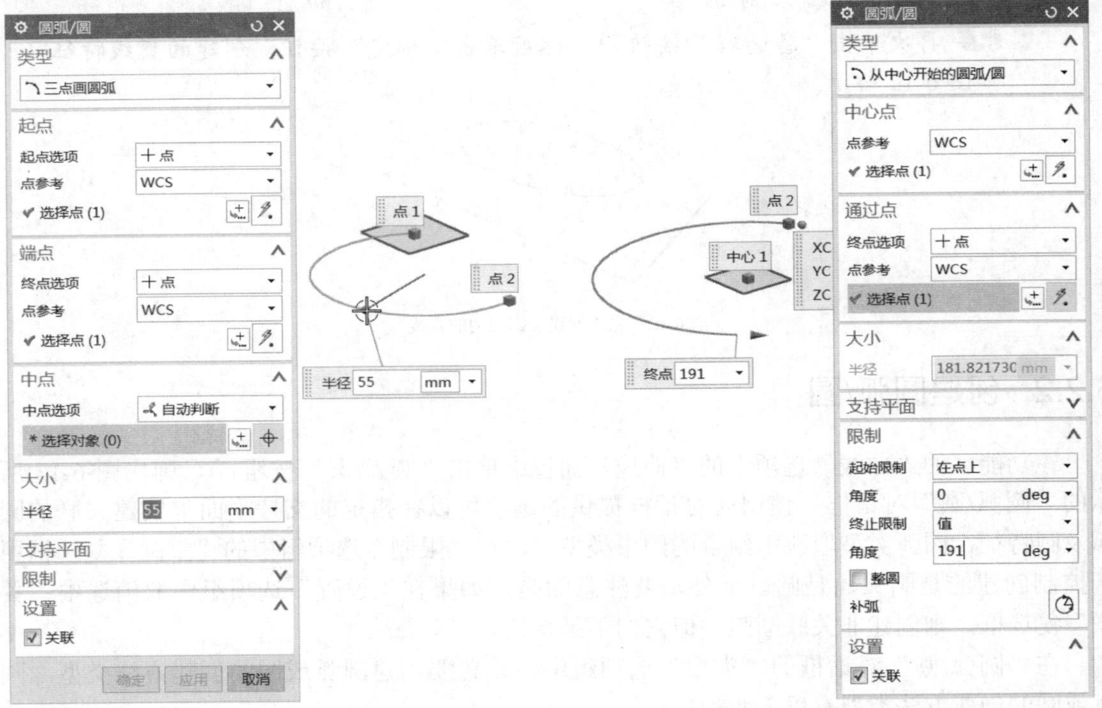

图6-14　三点画圆弧　　　　图6-15　从中心开始的圆弧/圆

知识点拨

圆弧/圆特征是在支持平面上创建，系统会在创建圆弧/圆时自动判断一个支持平面，允许用户根据设计要求来指定支持平面，这需要使用“支持平面”选项组的“平面选项”下拉列表框。另外，在创建圆弧时，有时会单击“限制”选项组中的“补弧”按钮以创建圆弧的补弧（切换到另外一部分的圆弧）。

6.2.3 使用“直线和圆弧”工具

使用“菜单”/“插入”/“曲线”/“直线和圆弧”级联菜单中的相关命令（见图6-16）可以通过预定义的约束组合来快速创建关联的或非关联的直线和曲线。该级联菜单中“关联”命令的状态决定着相应直线和圆弧的关联性，即使用该级联菜单中的直线和圆弧命令之前，要先设置“关联”命令的状态（处于选中状态或非选中状态）。

“直线和圆弧”级联菜单中各命令工具的功能含义如表6-1所示。

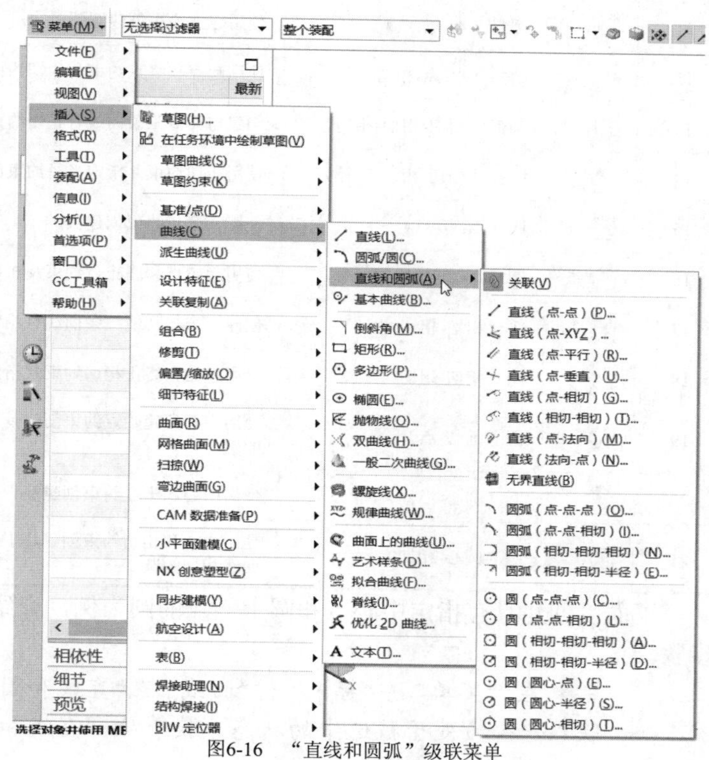

图6-16 “直线和圆弧”级联菜单

表 6-1 “直线和圆弧”级联菜单中各命令工具的功能含义

序号	图标	命令名称	功能含义
1		关联	属于“开关”工具，选择此工具指定所创建的曲线是一个关联特征，如果更改输入的参数，关联曲线将自动更新
2		直线（点-点）	使用起始和终止点约束创建直线
3		直线（点-XYZ）	使用起点和指定沿 *xc*、*yc* 或 *zc* 方向的长度来创建直线
4		直线（点-平行）	使用起点和平行约束（角度约束设置为 0/180°）创建直线
5		直线（点-垂直）	使用起点和垂直约束（角度约束设置为 90°）创建直线
6		直线（点-相切）	使用起点和相切约束创建直线，即创建从一点出发并与一条曲线相切的直线
7		直线（相切-相切）	创建与两条曲线相切的直线
8		直线（点-法向）	创建从一点出发并与一条曲线垂直的直线
9		直线（法向-点）	创建垂直于一条曲线并指向一点的直线
10		无界直线	借助当前选定的直线创建方法，使用延伸直线到屏幕边界选项可创建受视图边界限制的直线，此选项就像切换开关一样工作

续表

序号	图标	命令名称	功能含义
11		圆弧（点-点-点）	使用三点约束创建圆弧
12		圆弧（点-点-相切）	使用起点和终点约束和相切约束创建圆弧
13		圆弧（相切-相切-相切）	创建与其他三条曲线有相切约束的圆弧
14		圆弧（相切-相切-半径）	使用相切约束并指定半径约束创建与两曲线相切的圆弧
15		圆（点-点-点）	使用三个点约束创建圆
16		圆（点-点-相切）	使用起始点和终止点约束及相切约束创建圆
17		圆（相切-相切-相切）	创建一个与其他三条曲线有相切约束的圆
18		圆（相切-相切-半径）	使用起始和终止相切约束并指定半径约束创建圆
19		圆（圆心-点）	使用中心和起始点约束创建基于中心的圆，即创建具有中心点和圆上一点的圆
20		圆（圆心-半径）	使用中心和半径约束创建基于中心的圆，即创建具有中心点和半径的圆
21		圆（圆心-相切）	使用中心和相切约束创建基于中心的圆，即创建具有指定中心点并与一条曲线相切的圆

下面以创建具有指定中心点和圆上一点的圆为例，介绍此类“直线和圆弧”特征的创建步骤。

1 在“菜单”/“插入”/“曲线”/“直线和圆弧”级联菜单中确保使“关联”命令处于被选中的状态，接着从“直线和圆弧”级联菜单中选择“圆（圆心-点）”命令。

2 在屏显界面的“XC”输入框中输入“0”并按“Enter”键；按“Tab”键将输入热点切换到“YC”输入框，在“YC”输入框中输入“0”并按“Enter”键；按“Tab”键，在“ZC”输入框中输入“0”，如图 6-17 所示，按“Enter”键确认输入。

3 在提示下，使用同样的方法在屏显界面中分别设置点坐标：“XC”=58、“YC”=58、“ZC”=32，从而快速地创建图 6-18 所示的一个圆特征。

4 在图 6-19 所示的“圆（圆心-点）”对话框中单击“关闭”按钮，或者单击“关闭圆（圆心-点）”按钮。

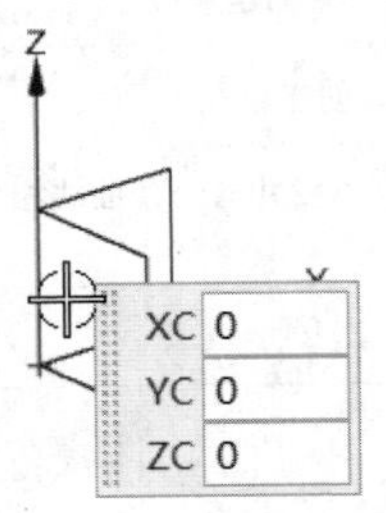

图6-17　指定圆心位置

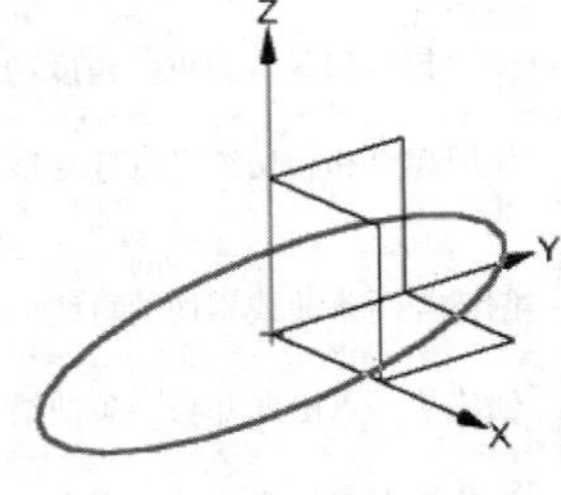

图6-18　创建圆特征

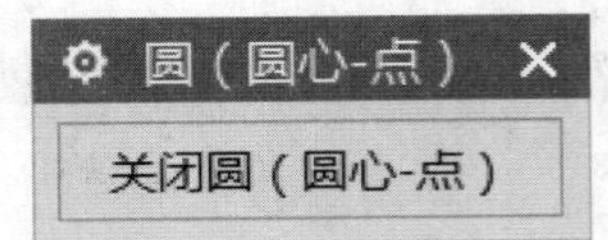

图6-19　“关闭圆（圆心-点）”对话框

6.2.4 螺旋线

在功能区的“曲线”选项卡的“曲线”面板中单击“螺旋线”按钮，弹出图6-20所示的“螺旋线”对话框，接着从“类型”下拉列表框中选择“沿矢量”或“沿脊线”类型选项，初始默认的螺旋线类型为“沿矢量”。当选择“沿矢量”类型选项时，需要指定方位、大小、螺距、长度和旋转方向等参数；当选择“沿脊线”类型选项时，需要选择一条曲线定义脊线，并分别指定方位（可自行指定，亦可自动判断）、大小、螺距和长度等，如图6-21所示。螺旋线的大小由直径或半径定义，直径或半径的规律类型可以分为多种，如“恒定”“线性”“三次”“沿脊线的线性”“沿脊线的三次”“根据方程”“根据规律曲线”。螺距是螺旋线的一个关键参数，它可以根据设计要求来通过指定的规律类型定义。螺旋线的长度方法有“限制”和“圈数”两种，当采用“限制”长度方法时需要设置起始限制值和终止限制值，而当采用“圈数”长度方法时需要指定圈数。

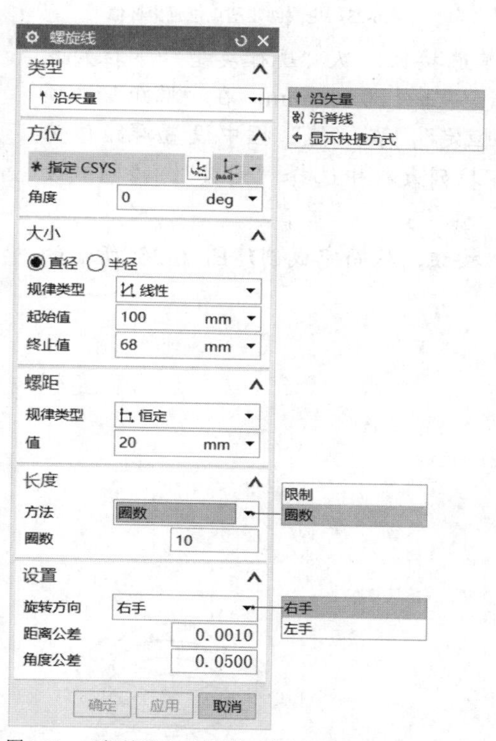

图6-20 “螺旋线”对话框（默认“沿矢量”类型时）

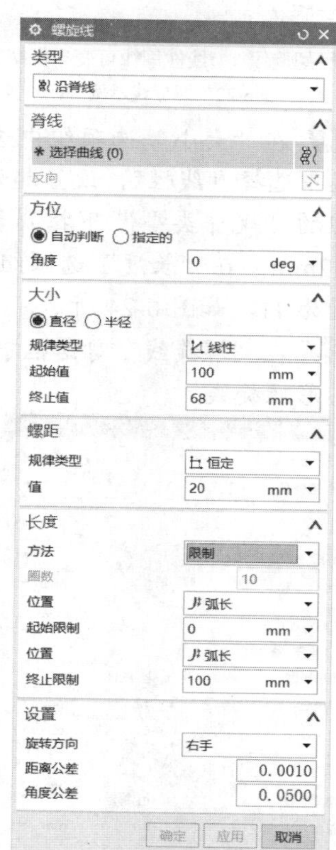

图6-21 选择“沿脊线”选项时

螺旋线示例如图6-22所示。

下面介绍一个线性规律可变半径螺旋线的创建范例。

1 在功能区的“曲线”选项卡的“曲线”面板中单击“螺旋线”按钮，弹出“螺旋线”对话框。

2 在“类型”选项组的“类型”下拉列表框中选择“沿矢量”选项。

3 “方位”选项组用于定义螺旋线的创建方向和位置。从“方位”下拉列表

框中选择“动态”按钮，此时默认时系统将正 *zc* 方向用作螺旋线的正方向，且创建基点位置为原点。本例接受默认的螺旋线创建方向，但需要更改创建基点位置，只需在屏显坐标文本框中输入所需的坐标值即可，如图 6-23 所示。也可以在“方位”选项组中单击“CSYS”按钮，弹出“CSYS”对话框，接着在选择“动态”类型的情况下，在“操控器”选项组中单击“点构造器（操控器）”按钮，并利用弹出的“点”对话框设置所需的点坐标即可。

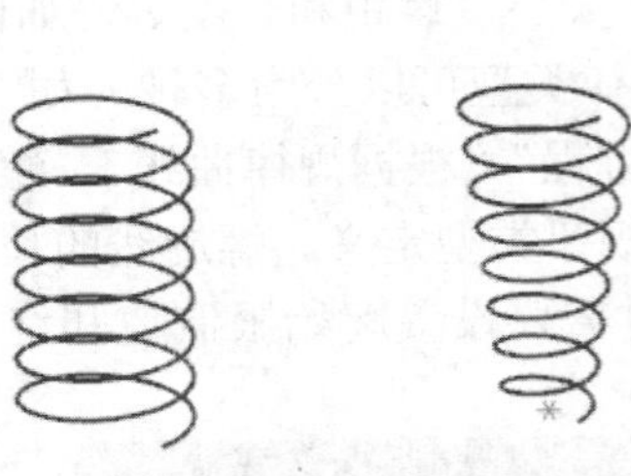

图6-22　螺旋线示例

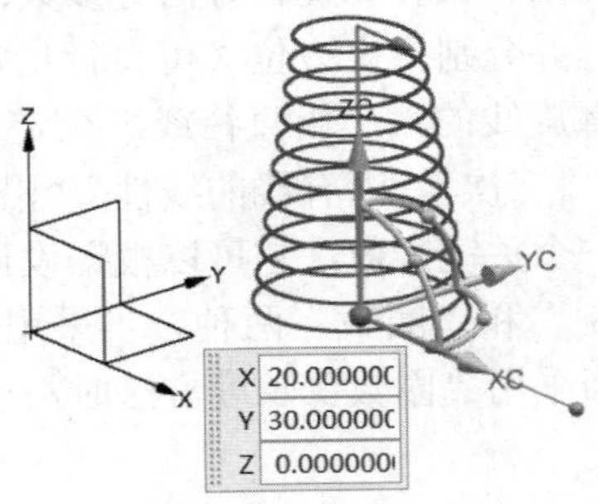

图6-23　更改创建基点位置坐标值

4 在“大小”选项组中选择“半径”单选按钮，从“规律类型”下拉列表框中选择“线性”，设置起始值为 12mm，终止值为 6.8mm；在“螺距”选项组的“规律类型”下拉列表框中选择“恒定”，在“值”框中设置螺距值为 3.2mm；在“长度”选项组的“方法”下拉列表框中选择“圈数”，将圈数设置为 11，如图 6-24 所示。

5 在“螺旋线”对话框中单击“确定”按钮，从而完成创建图 6-25 所示的塔形螺旋线。

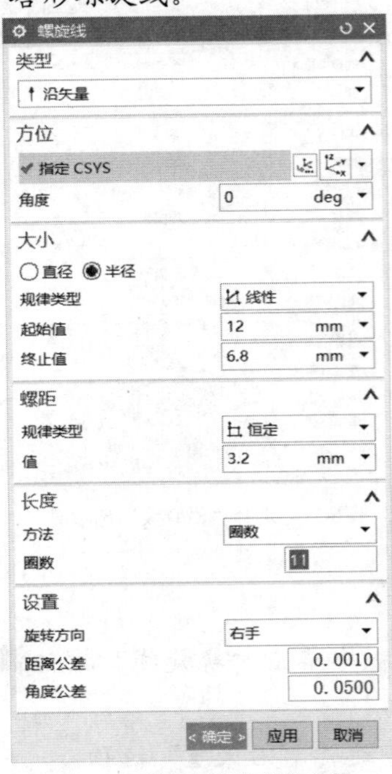

图6-24　设置螺旋线相关参数

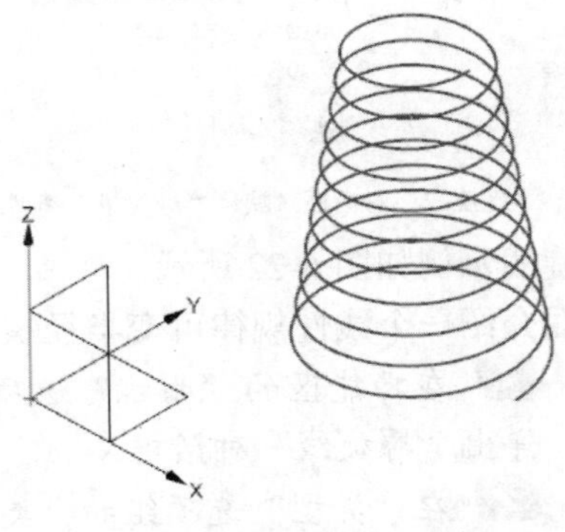

图6-25　创建的塔形螺旋线

6.2.5 二次曲线

从数学角度上来描述，二次曲线是通过剖切圆锥（根据截面通过圆锥的角度不同，剖切所得到的曲线类型也会有所不同，如圆、椭圆、抛物线和双曲线，如图 6-26 所示）来创建的曲线。下面分别介绍用于创建特定二次曲线的 4 个工具，即“椭圆”按钮、“抛物线”按钮、“双曲线”按钮和“一般二次曲线”按钮。

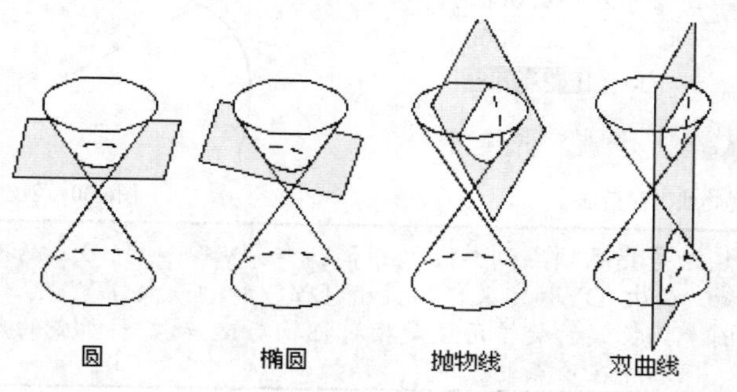

图6-26 二次曲线类型

一、“椭圆”按钮

在建模环境中可以使用“椭圆”按钮创建一个椭圆，默认的椭圆会在与工作平面平行的平面上创建。椭圆有两根轴，即长轴和短轴，每根轴的中心都在椭圆的中心，通常习惯将最长直径称为长轴，最短直径称为短轴，所谓的长半轴的值是指长轴长度的一半，而短半轴的值指短轴长度的一半。椭圆/椭圆弧的起始角和终止角确定椭圆/椭圆弧的起始和终止位置，它们都是相对于长轴测算的。

在建模环境中创建椭圆特征的方法较为简单，即在功能区的“曲线”选项卡中单击最右侧的“更多”按钮以打开“更多”曲线工具列表，从中单击“椭圆”按钮，利用弹出的“点”对话框（点构造器）指出椭圆的中心点，然后在图 6-27 所示的“椭圆”对话框中定义椭圆的创建参数，如长半轴、短半轴、起始角、终止角和旋转角度，最后单击“确定”按钮，即可创建一个椭圆特征，示例如图 6-28 所示。

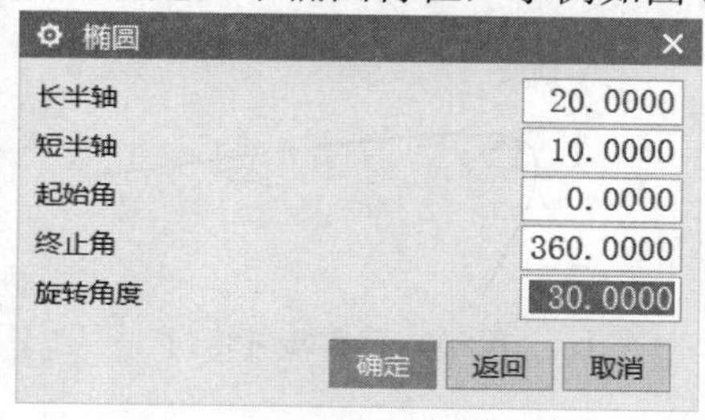

图6-27 “椭圆”对话框

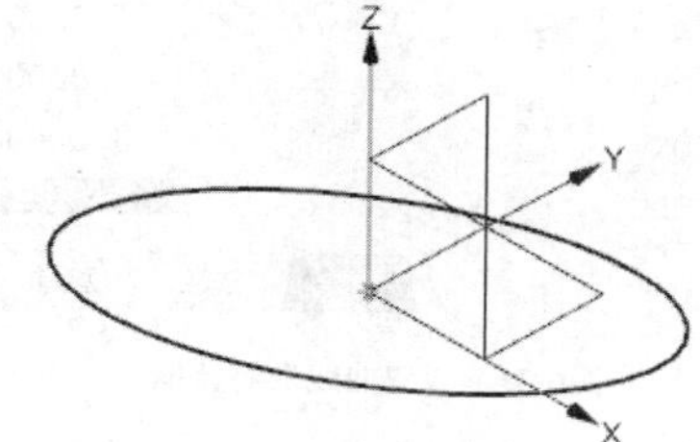

图6-28 创建一个椭圆特征

二、“抛物线”按钮

抛物线实际上可看作是与一个点（焦点）的距离和与一条直线（准线）的距离相等的点的集合，它位于平行于工作平面的一个平面内。

在建模环境下创建抛物线的方法为：在功能区的“曲线”选项卡的“更多”曲线工具列

表中单击“抛物线”按钮，利用弹出的“点”对话框（点构造器）指定抛物线的顶点，利用图 6-29 所示的“抛物线”对话框定义抛物线的创建参数（焦距、最小 DY、最大 DY、旋转角度），然后单击“确定”按钮。创建的抛物线示例如图 6-30 所示。

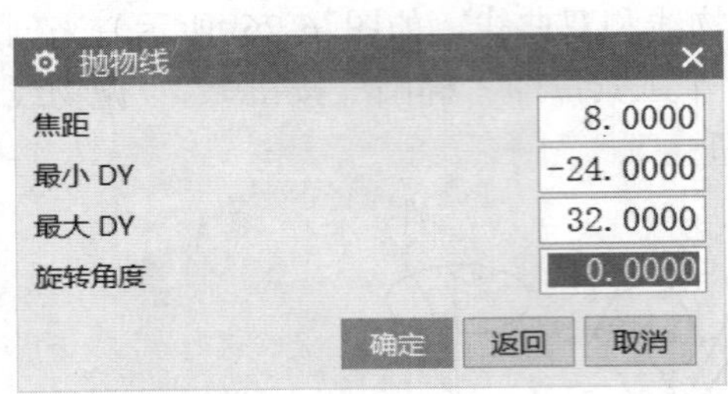

图6-29　“抛物线”对话框

图6-30　创建的抛物线

抛物线的焦距是指从顶点到焦点的距离，焦距必须大于 0；抛物线的宽度参数由“最小 DY”和“最大 DY”定义，“最小 DY”和“最大 DY”限制抛物线在对称轴两侧的扫掠范围；抛物线的旋转角度是指对称轴与 *xc* 轴之间所成的角度，它是沿逆时针方向测量的，枢轴点在顶点处。

三、“双曲线”按钮

双曲线的中心在渐进线的交点处，其对称轴通过该交点，双曲线有两根轴，即横轴和共轭轴，半横轴和半共轭轴参数指这些轴长度的一半（也称实半轴和虚半轴），这两个轴之间的关系确定了曲线的斜率。双曲线的宽度参数同样为“最小 DY”和“最大 DY”，“最小 DY”和“最大 DY”限制双曲线在对称轴两侧的扫掠范围，而双曲线的旋转角度为半横轴和 *xc* 轴组成的角度，旋转角度从 *xc* 轴正向开始计算，按逆时针方向测量。

在建模环境下创建双曲线的方法为：在功能区的“曲线”选项卡的“更多”曲线工具列表中单击“双曲线”按钮，利用弹出的“点”对话框（点构造器）指定双曲线的中心，利用图 6-31 所示的“双曲线”对话框定义双曲线的创建参数（实半轴、虚半轴、最小 DY、最大 DY、旋转角度），然后单击“确定”按钮，创建的双曲线如图 6-32 所示。

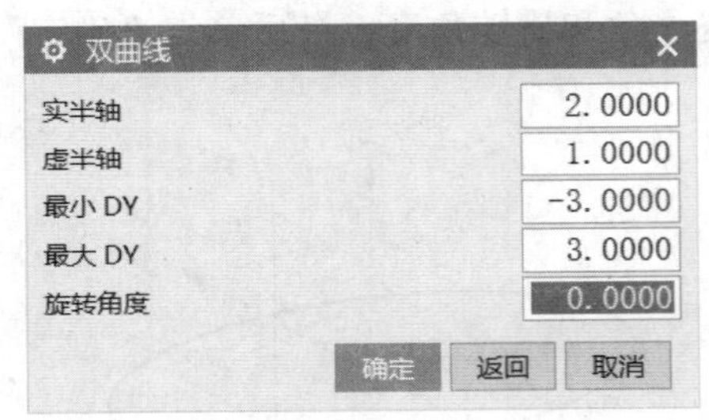

图6-31　“双曲线”对话框

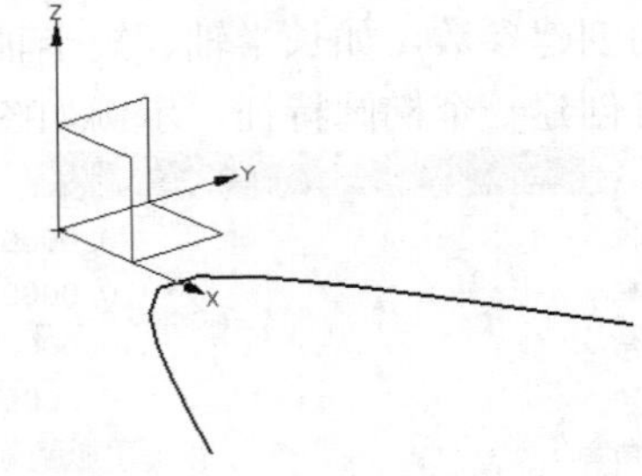

图6-32　双曲线示例

四、“一般二次曲线”按钮

NX 11 的“一般二次曲线”命令比“椭圆”“抛物线”和“双曲线”命令更灵活，使用“一般二次曲线”命令可以通过使用多种放样二次曲线法中的某一种或使用一般二次曲线方程来创建二次曲线截面。根据输入数据的数学计算结果，生成的二次曲线可能是圆、椭圆、抛物线或双曲线。

在功能区的“曲线”选项卡的“曲线”面板中单击“一般二次曲线”按钮，弹出图

6-33 所示的“一般二次曲线”对话框，从“类型”选项组的“类型”下拉列表框中选择一种构造类型选项（如“5 点”“4 点，1 个斜率”“3 点，2 个斜率”“3 点，锚点”“2 点，锚点，Rho”“系数”或“2 点，2 个斜率，Rho”），接着利用其他选项组分别指定相关的选项和参数。

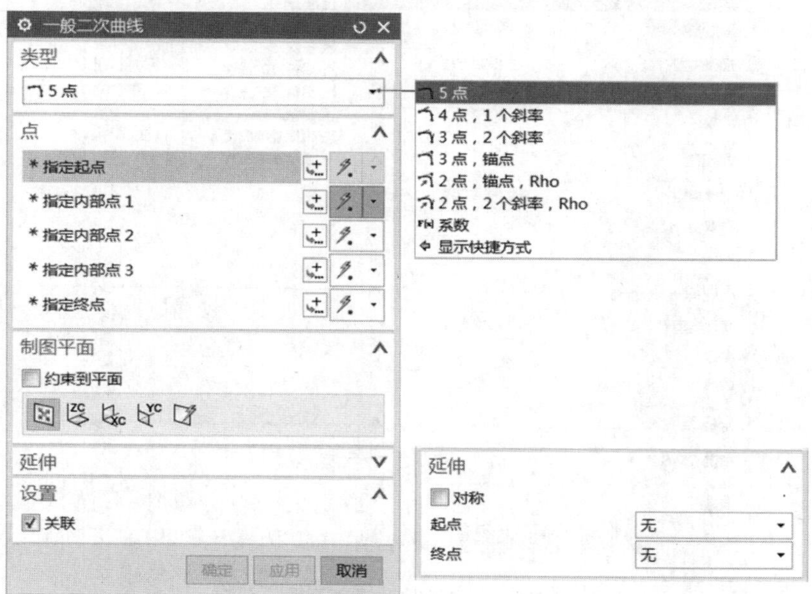

图6-33 “一般二次曲线”对话框

下面简要介绍一般二次曲线的构建方法。

- 5 点：创建一个由 5 个共面点定义的二次曲线截面。
- 4 点，1 个斜率：创建由 4 个共面点及第一点处的斜率定义的二次曲线截面。
- 3 点，2 个斜率：创建由 3 个点、第一点处的斜率及第三点处的斜率定义的二次曲线截面。
- 3 点，锚点：创建由二次曲线上的 3 个点及两端切矢的交点定义的二次曲线截面。
- 2 点，锚点，Rho：在给定二次曲线截面上的两个点、一个用于确定起始斜率和终止斜率的锚点及投影判别式 Rho（用于确定二次曲线截面上的第三个点）的情况下，创建一条二次曲线。
- 系数：使用其二次曲线控制参数并由用户定义的方程来创建二次曲线。
- 2 点，2 个斜率，Rho：在给定二次曲线截面上的两个点、起始斜率和终止斜率以及投影判别式 Rho 的情况下，创建一条二次曲线。

6.2.6 规律曲线

可以使用规律子函数创建样条曲线（简称“规律样条”或“规律曲线”），该规律曲线由一组 X、Y 及 Z 分量定义。

创建规律曲线的一般方法步骤如下。

1 在功能区的“曲线”选项卡的“曲线”面板中单击“规律曲线”按钮 ，或者选择“菜单”/“插入”/“曲线”/“规律曲线”命令，弹出图 6-34 所示的“规律曲线”对话框。

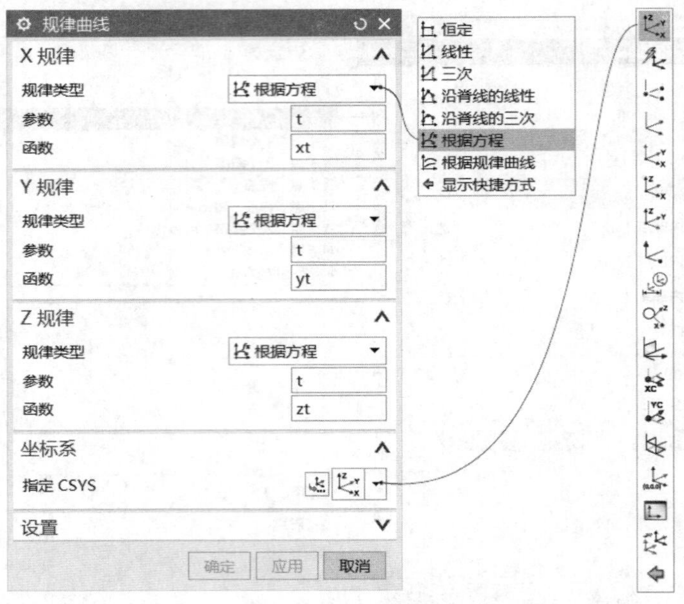

图6-34　“规律曲线”对话框

2 分别定义 X 规律、Y 规律和 Z 规律。在定义 X、Y、Z 各分量时，需要从相应的“规律类型”下拉列表框中选择一个规律类型选项。

3 通过定义方位、基点，或指定一个参考坐标系来控制样条的方位。此步骤为可选步骤。

4 单击“应用”按钮或“确定”按钮来创建曲线。

6.2.7 创建艺术样条和拟合曲线

在建模环境下可以创建艺术样条和拟合曲线，其中拟合曲线是拟合指定的数据点来创建的样条、线、圆或椭圆。下面介绍创建艺术样条和拟合曲线的工具应用。

一、“艺术样条”按钮

在功能区的“曲线”选项卡的“曲线”面板中单击“艺术样条”按钮，弹出图 6-35 所示的“艺术样条”对话框，用于交互地创建关联或非关联样条，可以拖动定义点或极点来创建样条，可以在指定的定义点处或是对结束极点指派曲率约束。绘制艺术样条的类型有两种，即“通过点”和“根据极点”。

- 通过点：样条通过一组数据点。
- 根据极点：使样条向各个数据点（即极点）移动，但并不通过该点，端点处除外。

注意在绘制草图特征时也可以在草图平面内绘制艺术样条。

二、“拟合曲线”按钮

在功能区的“曲线”选项卡的“曲线”面板中单击“拟合曲线”按钮，弹出图 6-36 所示的“拟合曲线”对话框，从“类型”下拉列表框中选择“拟合样条”“拟合直线”“拟合圆”或“拟合椭圆”，接着为所选类型设置相应的选项和参数，从而通过与指定的数据点拟合来创建所需的拟合曲线（拟合样条、拟合直线、拟合圆或拟合椭圆）。数据点可以在成链的点集中，也可以在小平面体、曲线或面上。注意拟合样条实际上是使用指定公差将样条与其数据点相“拟合”，拟合样条不必通过这些点。

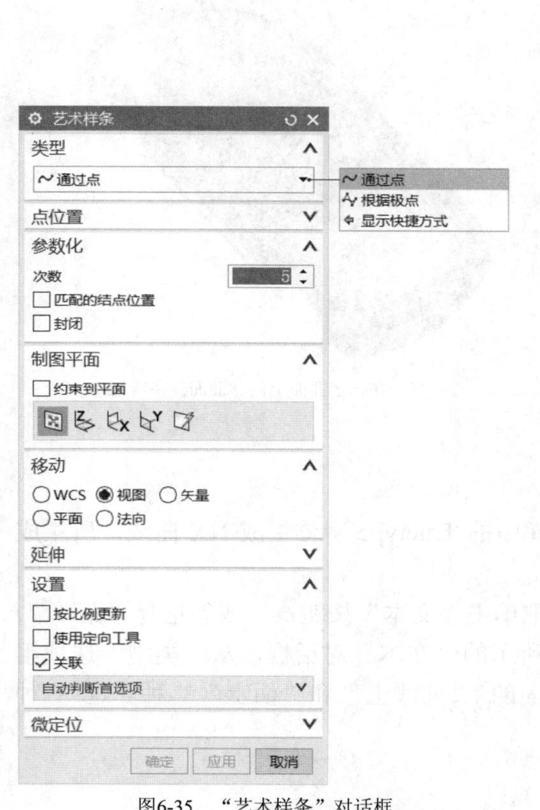

图6-35 “艺术样条”对话框

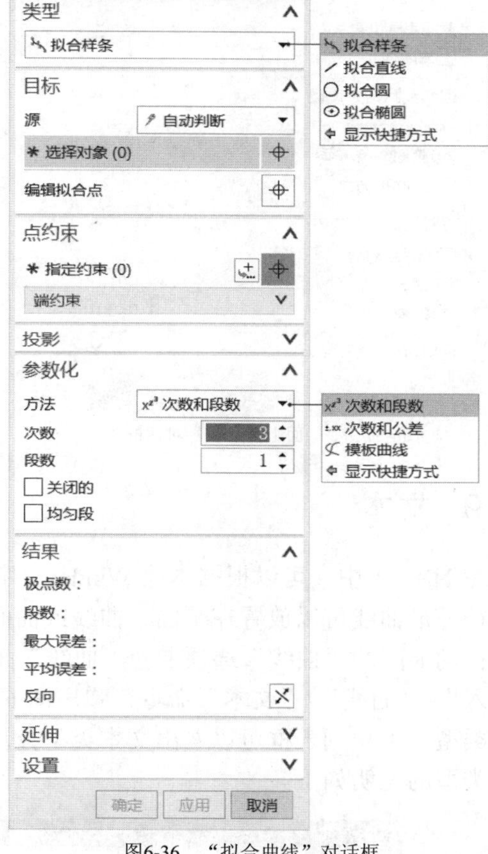

图6-36 “拟合曲线”对话框

在通过点或使用极点创建样条时，首选“艺术样条”命令（）。

6.2.8 曲面上的曲线

要在表面上直接创建曲面样条特征，则在功能区的“曲线”选项卡的“曲线”面板中单击“曲面上的曲线”按钮，弹出图 6-37 所示的“曲面上的曲线”对话框。选择要在其上创建样条曲线的曲面（在选择面时注意结合“选择条”工具栏中的面规则选项来进行选择操作），并指定是否保持选定，在“样条约束”选项组中单击“指定点”按钮并在所选曲面

上指定样条的定义点，接着在“曲面上的曲线”对话框上进行其他方面的设置，如设置曲线是否封闭（由“样条约束”选项组的“封闭的”复选框定义）等，然后单击“应用”按钮或“确定”按钮即可完成创建表面上的曲线。

在图 6-38 所示的示例中，在轿车的指定曲面上创建有曲面样条特征。

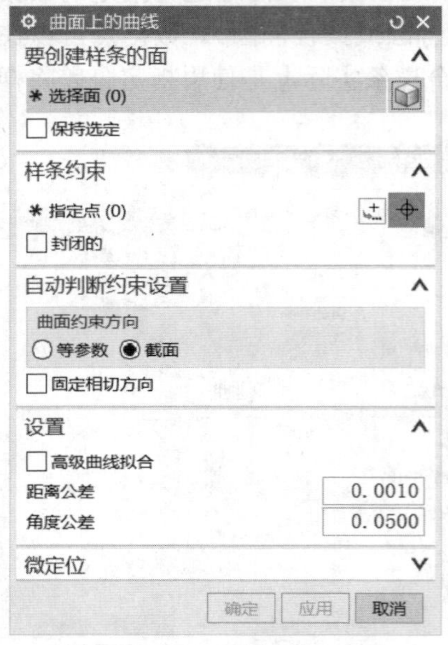

图6-37　“曲面上的曲线”对话框

图6-38　在指定曲面上创建曲面样条特征

6.2.9　文本

在 NX 11 中，可以根据本地 Windows 字体库中的 Truetype 字体生成 NX 曲线，所生成的字符外形曲线可以放置在平面、曲线或曲面上。

在功能区的“曲线”选项卡的“曲线”面板中单击“文本”按钮 A，或者选择“菜单”/“插入”/“曲线”/“文本”命令，弹出图 6-39 所示的“文本”对话框，从“类型”选项组的“类型”下拉列表框可以看出文本类型分“平面的”“曲线上”和“面上”3 种。这 3 种文本类型的说明如下。

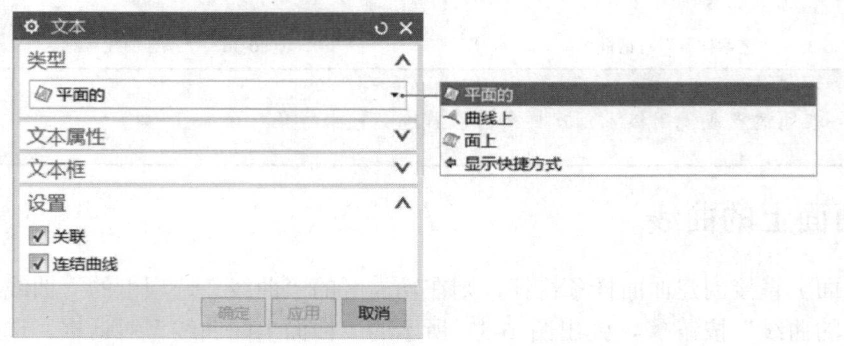

图6-39　“文本”对话框

一、平面的

“平面的”用于在平面上创建文本。

创建平面文本的示例如图 6-40 所示。在该示例中，需要从“文本”对话框的“类型”选项组的“类型”下拉列表框中选择“平面的”选项，在图形窗口中单击一点以初步放置文本，在“文本属性”选项组的第一个框中，输入“博创设计坊”5 个字作为要转换为曲线的文本字符串，从“线型（字体)”下拉列表框中选择所需字体，从“脚本”下拉列表框中选择所需脚本，从“字型”下拉列表框中选择所需的字型；在“文本框”选项组的“锚点放置”下拉列表框中选择“中心”选项，并可以更改文本的放置点坐标，“锚点放置”子选项组用来指定文本放置锚点（包括指定点和指定 CSYS 两个方面)，在“尺寸”子选项组中可以更改文本的长度尺寸、高度尺寸和 W 比例值等。最后单击“应用”按钮或“确定”按钮即可。

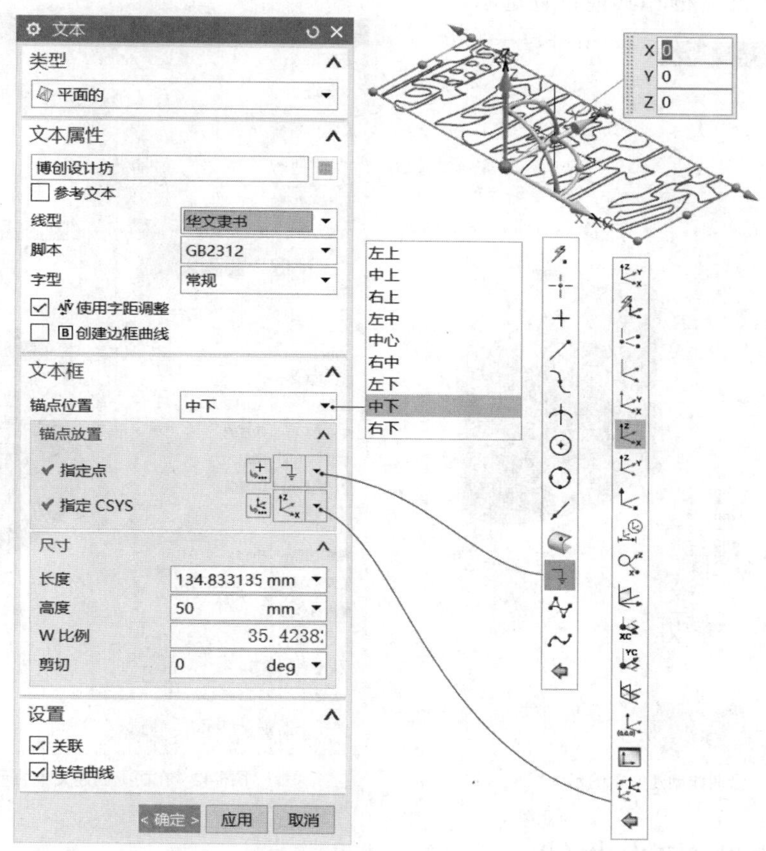

图6-40　在指定平面上创建平面文本

如果要在某个实体平整面上创建平面文本，则在操作过程中展开“文本框”选项组的“锚点放置”子选项组，从“指定点”下拉列表框中选择“点在面上”图标选项，并在实体平整面上单击一点以在该实体平面上指定文本放置锚点。

二、曲线上

“曲线上”用于沿相连曲线串创建文本，每个文本字符后面都跟有曲线串的曲率。

沿曲线创建文本的示例如图 6-41 所示，选择“曲线上”类型选项时，需要分别指定文本放置曲线、竖直方向、文本属性、文本框和其他设置选项。在该示例中特别注意字符方向设置和竖直方向的定位方法，该示例采用默认的“自然”定位方法。可供选择的竖直方向定位方法选项有“自然”和“矢量”。对于“矢量”类型定位方法，使用“指定矢量”选项指定矢量，若单击“反向”按钮⊠则反转指定矢量的方向。

三、面上

“面上”用于在一个或多个相连面上创建文本。

在面上创建文本的典型示例如图 6-42 所示。从“类型”下拉列表框中选择“面上”类型选项时，需要分别指定文本放置曲面、面上的位置（放置方法有“面上的曲线”和“剖切平面”，前者将选择面上的曲线作为文本位置并可设置偏置值，后者将指定平面作为文本位置）、文本属性、文本框和其他设置选项。

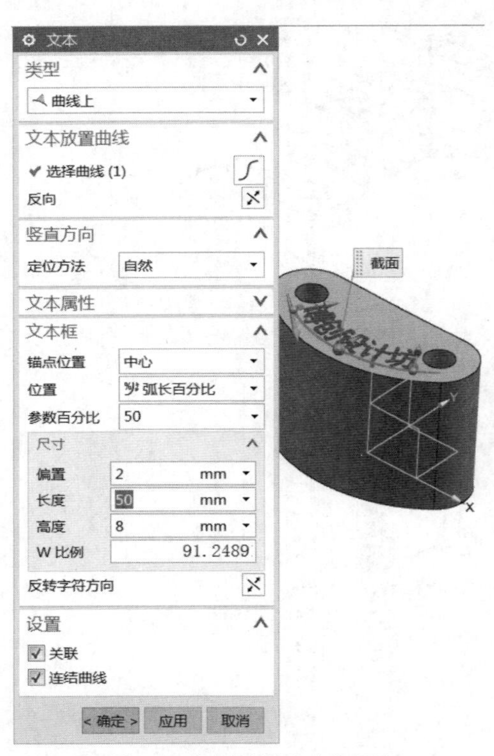

图6-41　沿曲线创建文本的示例

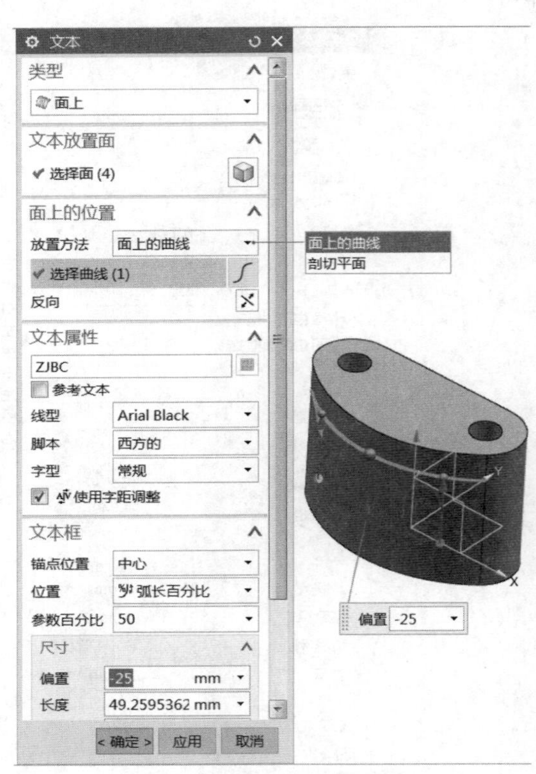

图6-42　在面上创建文本的示例

6.3　来自曲线集的曲线

本节介绍如何创建一些来自曲线集的曲线，涉及的常见工具命令有“桥接”“连结”“简化”“投影曲线”“组合投影”“镜像曲线”“偏置”“在面上偏置”“圆形圆角曲线”和“缠绕/展开曲线”等。

6.3.1 桥接曲线

使用“桥接”工具命令可以创建有效对象之间的桥接曲线，如图 6-43 所示。图中显示了一条曲面边和一条曲线上的相应点之间的 5 条桥接曲线，桥接曲线在设定交点处与曲面垂直。

创建桥接曲线的一般方法和步骤如下。

1 在功能区的“曲线”选项卡的“派生曲线”面板中单击“桥接曲线”按钮，弹出图 6-44 所示的“桥接曲线”对话框。

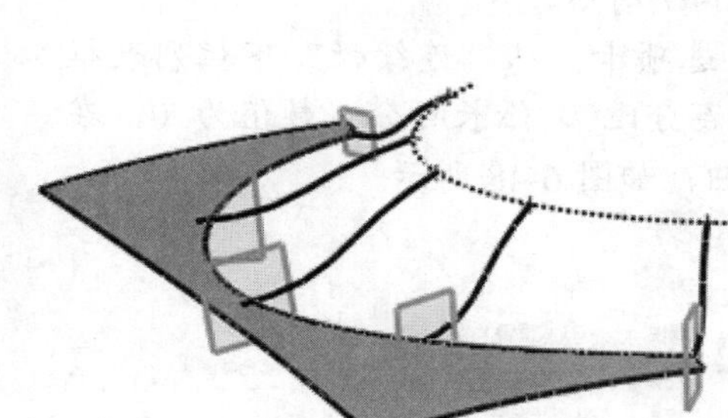

图6-43　创建桥接曲线的示例

图6-44　“桥接曲线”对话框

2 利用“起始对象”选项组选择截面曲线或对象以定义桥接曲线的起点。选择“截面”单选按钮时，将选择所需曲线或边作为起始对象；选择“对象”单选按钮时，将选择点或面作为起始对象。

3 利用“终止对象”选项组选择所需的截面、对象、基准或矢量，以定义曲线的端点。

4 定义桥接曲线连接性、约束面、半径约束和形状控制等。

5 单击“应用”按钮或“确定”按钮。

下面介绍一个在两个旋转片体（回转片体）的边缘间创建桥接曲线的典型范例。

1 在“快速访问”工具栏中单击“打开”按钮，接着通过弹出的“打开”对话框选择本书光盘配套的“\DATA\CH6\ BC_6_3_1.prt”部件文件并打开。

2 在功能区的“曲线”选项卡的“派生曲线”面板中单击“桥接曲线”按

钮，或者选择“菜单”/“插入”/“派生曲线”/“桥接”命令，弹出“桥接曲线”对话框。

3 在“起始对象”选项组中确保选择“截面”单选按钮，选择图 6-45 所示的边缘定义起始对象，注意在靠近端点 A 的地方选择该边缘。

4 在“终止对象”选项组中选择“截面”单选选项，单击“选择曲线”按钮，接着在图形窗口中靠近端点 B 处选择另一个旋转片体的一条边缘，如图 6-46 所示。

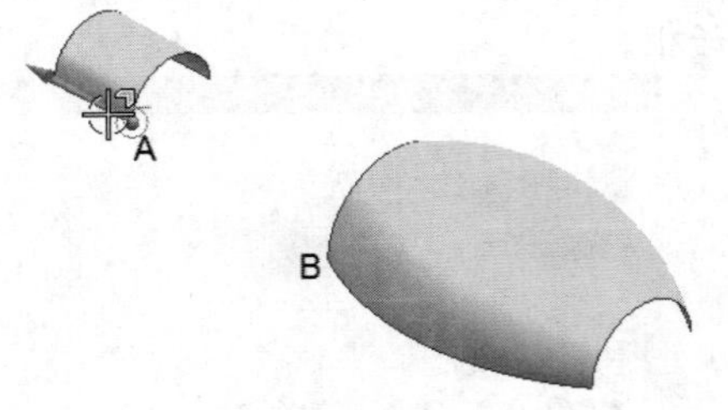

图6-45　选择边缘 1

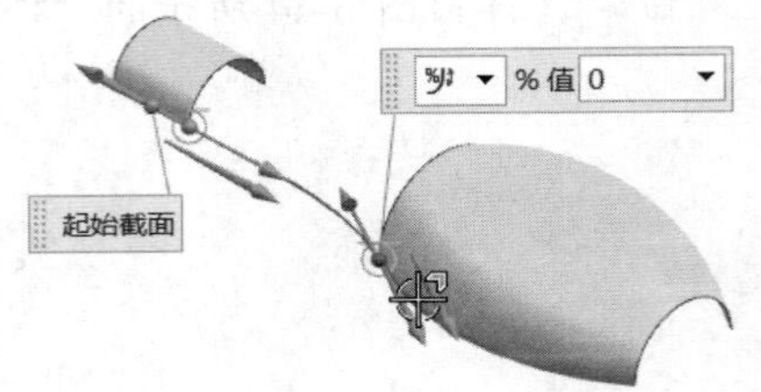

图6-46　选择边缘 2

5 在“连接性”选项组中选择“开始”选项卡，从“连续性”下拉列表框中选择“G1（相切）”选项，在“位置”子选项组的“位置”下拉列表框中选择“弧长百分比”，弧长百分比数值为 0，在“方向”子选项组中选择“相切”单选按钮，接着在“形状控制”选项组中将方法选项设置为“相切幅值”，开始值和结束值均设置为 1.5，如图 6-47 所示。

6 在“连接性”选项组中选择“结束”选项卡，从“连续性”下拉列表框中选择“G1（相切）”，位置选项为“弧长百分比”，弧长百分比数值为 0，在“方向”子选项组中选择“相切”单选按钮，如图 6-48 所示。

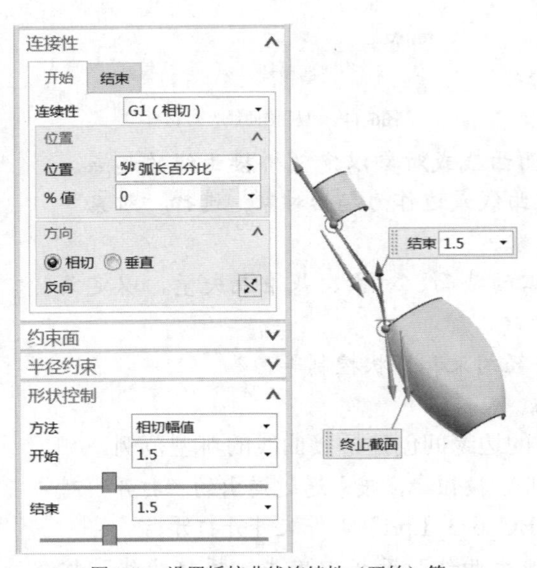

图6-47　设置桥接曲线连续性（开始）等

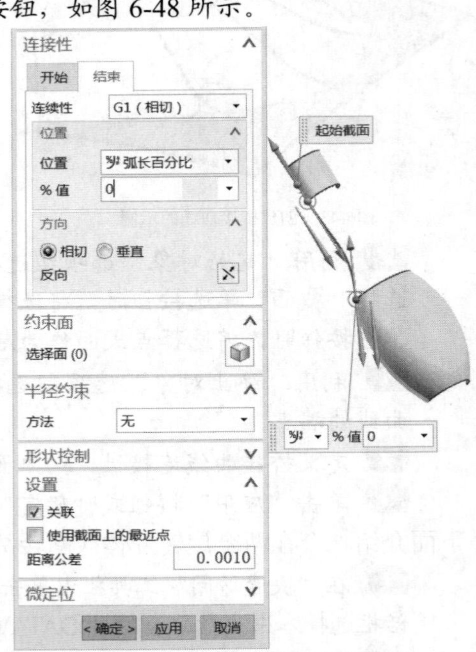

图6-48　设置桥接曲线连续性（结束）等

7 在“设置”选项组中确保选中“关联”复选框。

8 单击“应用”按钮，创建的第一条桥接曲线如图 6-49 所示。

9 使用同样的方法，分别指定起始截面对象和终止截面对象并设置桥接曲线连接性等来完成图 6-50 所示的第二条桥接曲线。在操作过程中，注意桥接曲线连接性的属性设置，如连续性类型选项、方向设置等，最后单击“确定”按钮。

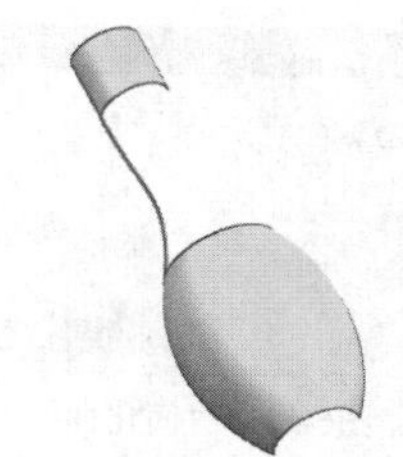

图6-49　创建第一条桥接曲线

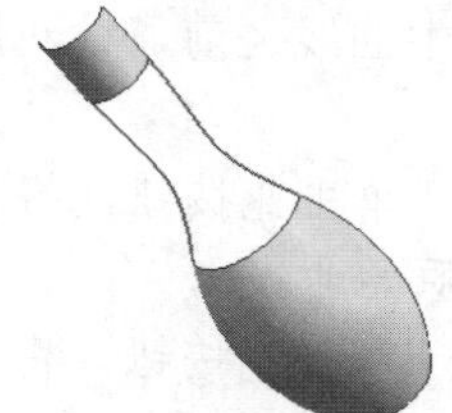

图6-50　创建第二条桥接曲线

6.3.2 连结曲线

使用“连结曲线”功能命令，可以将一连串曲线/边连结为连结曲线特征或非关联的 B 样条。连结曲线特征和 B 样条的基本概念如下。

- 连结曲线特征：在希望保持原始曲线与输出样条之间的关联时创建特征，注意只能通过编辑原始曲线来控制特征的形状。
- B 样条：非关联的 B 样条可以被直接编辑，即如果要直接编辑输出样条，那么创建非关联的 B 样条。输出样条可以是逼近原始链的 3 次或 5 次样条，也可以是精确表示原始链的常规样条。

要连接一连串的曲线，则在功能区的“曲线”选项卡的“更多”曲线工具列表中单击“连结曲线”按钮，或者选择“菜单”/“插入”/“派生曲线”/“连结”命令，系统弹出图 6-51 所示的“连结曲线”对话框，接着在图形窗口中选择一连串曲线、边及草图曲线，并在“设置”选项组中设置输出样条与输入曲线是否关联，指定对输入曲线的处理（如“保留”“隐藏”“删除”或“替换”），设定输出曲线类型（如“常规”“三次”“五次”“高阶”等），输入角度公差和距离公差，然后单击“应用”按钮或“确定”按钮。

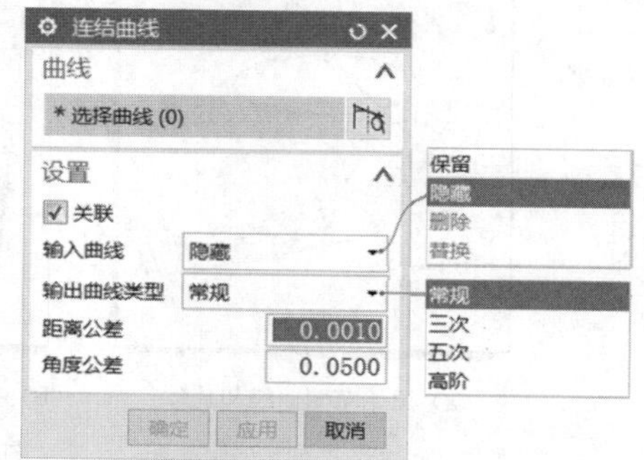

图6-51　“连结曲线”对话框

如果缝隙大于任何曲线之间的角度公差，则 NX 系统会在缝隙处创建拐角，并使用星号标记该拐角；如果缝隙大于任何曲线之间的距离，则 NX 系统不能连结曲线。

6.3.3 简化曲线

使用“简化曲线”功能命令，可以由曲线串（最多可选择 512 条曲线）创建一个由最佳拟合直线和圆弧组成的线串。

要创建简化曲线，则选择“菜单”/“插入”/“派生曲线”/“简化”命令，或者在功能区的“曲线”选项卡的“更多”曲线工具列表中单击“简化曲线”按钮，弹出图 6-52 所示的“简化曲线”对话框。单击“保持”按钮、“删除”按钮或“隐藏”按钮以指定原始曲线在转换之后的状态，然后选择要逼近的曲线即可完成简化曲线操作。简化样条后，使用距离公差将其近似为圆弧及直线。

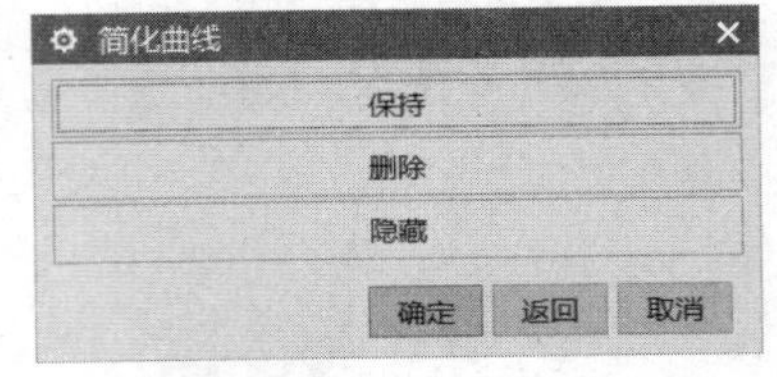

图6-52 “简化曲线”对话框

在简化选中曲线之前，针对原始曲线可进行如下设置操作。

- 保持：单击此按钮，将在创建简化曲线之后保留原始曲线。
- 删除：单击此按钮，将在简化之后移除选定曲线。
- 隐藏：单击此按钮，将在简化曲线之后，将选中的原始曲线隐藏（即将选中的原始曲线从屏幕上移除，但并未被删除）。

6.3.4 投影曲线

使用“投影曲线”功能命令（对应的工具按钮为“投影曲线”按钮），可以将曲线、边和点，投影到面或平面上。可以调整投影朝向指定的矢量、点或面的法向，或者与它们成某一个设定角度。注意：NX 会在孔上或面的边上修剪投影曲线。

投影曲线的典型示例图 6-53 所示，该示例显示草图曲线沿着-z 轴投影到曲面片体上。创建投影曲线需要选择要投影的曲线或点，选择被投影到其上的对象，指定要求的投影方向选项和其他设置选项。下面介绍该示例具体的操作过程。

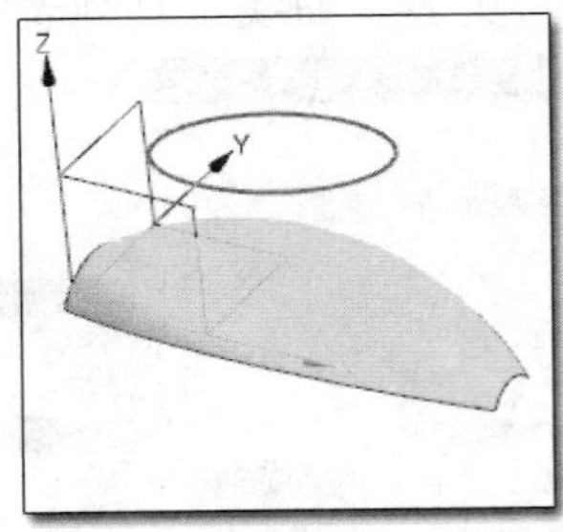

（a）原始草图曲线和片体

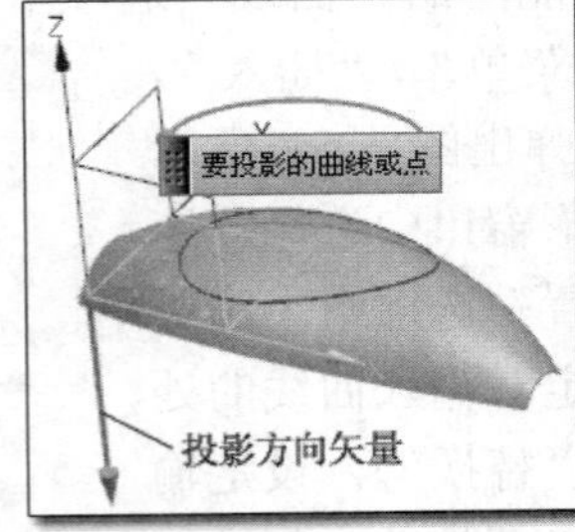

（b）指定要投影的曲线和投影方向

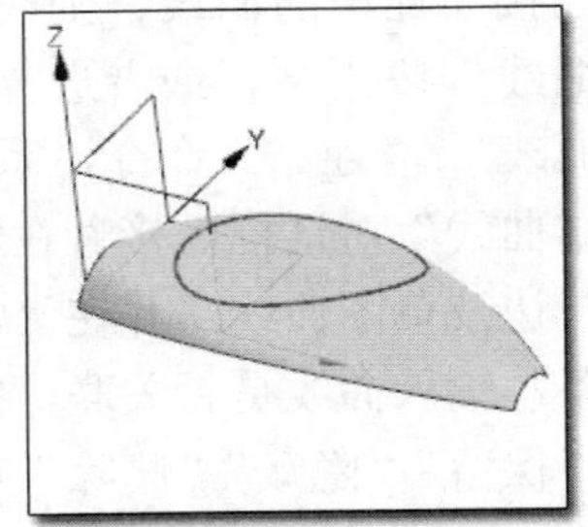

（c）投影结果（隐藏了原始曲线）

图6-53 投影曲线的典型示例

1 在“快速访问”工具栏中单击“打开”按钮，通过弹出的“打开”对话框选择本书光盘配套的“\DATA\CH6\BC_6_3_4.prt”部件文件并打开。

2 选择“菜单”/“插入”/“派生曲线”/“投影”命令，或者在功能区的“曲线”选项卡的“派生曲线”面板中单击“投影曲线”按钮，弹出图 6-54 所示的“投影曲线”对话框。

3 在“选择要投影的曲线或点”的提示下选择草图曲线并单击鼠标中键。

4 系统提示“选择面、小平面体或基准平面以进行投影”，在图形窗口中选择曲面片体作为目标曲面。

5 在“投影方向”选项组中，从“方向”下拉列表框中选择“沿矢量”选项，接着在“矢量”下拉列表框中选择“-ZC 轴”图标选项，在“投影选项”下拉列表框中选择“无”选项。

“投影方向”选项组的“方向”下拉列表框用于指定投影方向，可供选择的投影方向选项主要包括“沿面的法向”“朝向点”“朝向直线”“沿矢量”“与矢量成角度”。

- 沿面的法向：将对象垂直投影到目标曲面上。
- 朝向点：朝着指定点投影对象，投影的点是选定点与投影点之间的直线交点。
- 朝向直线：沿垂直于直线的矢量，朝向直线投影对象。
- 沿矢量：用于通过矢量列表或矢量构造器来指定方向矢量。选择该选项时，还需设置“投影选项”下拉列表框的选项用于指定投影的附加特性。投影选项为“无”时，按矢量方向投影曲线；投影选项为“投影两侧”时，按矢量方向及反方向投影曲线；投影选项为“等弧长”时，使用源平面定义设置，如将曲线从 *xc-yc* 平面投影单个面上，并尽可能使曲线的弧长保持不变，使用此投影方法可用于将平面上创建的胎面花纹转移到 3D 曲面上。
- 与矢量成角度：与指定矢量成指定角度来投影曲线。根据所选角度值（向内的角度为负值），该投影可相对于曲线的近似形心按向外或向内的角度生成。

6 在“缝隙”选项组和“设置”选项组中指定图 6-55 所示的选项设置。

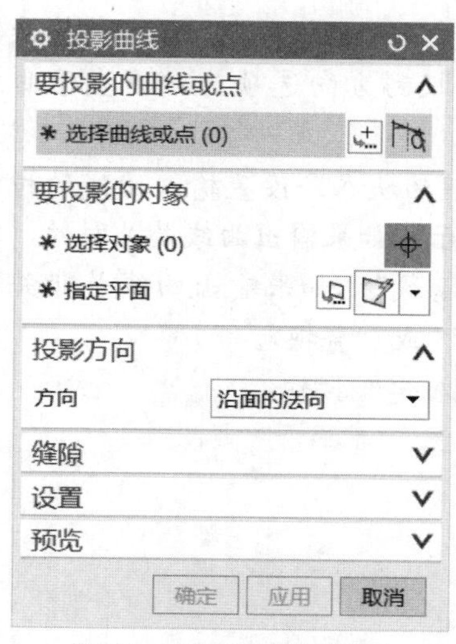

图6-54 “投影曲线”对话框

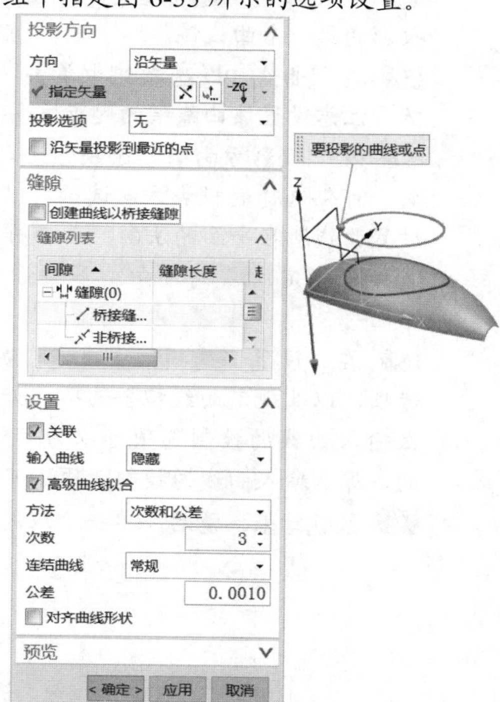

图6-55 设置其他选项等

7 单击“确定”按钮，完成本例操作。

由于投影曲线特征与输入曲线关联，以后对原始草图所作的任何更改都会更新该特征。

6.3.5 组合投影

使用“组合投影”功能命令，可以通过组合两条现有曲线的投影来创建一条新曲线，注意两条曲线的投影必须相交。组合投影的图解示例图 6-56 所示（读者可以使用配套的练习范例“\DATA\CH6\BC_6_3_5.prt”，按照以下所述的操作步骤进行练习）。

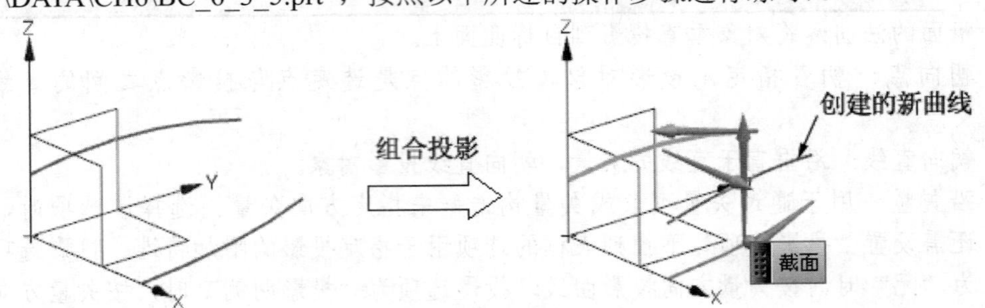

图6-56　组合投影的图解示例

通过“组合投影”创建新曲线的操作步骤如下。

1 选择“菜单”/“插入”/“派生曲线”/“组合投影”命令，或者在功能区的“曲线”选项卡的“派生曲线”面板中单击“组合投影”按钮，弹出图 6-57 所示的“组合投影”对话框。

2 “曲线 1”选项组中的“曲线”按钮处于被选中的激活状态，选择要投影的第一个曲线链。

3 在“曲线 2”选项组中单击“曲线”按钮，选择要投影的第二个曲线链，注意设置该曲线链的起点方向要与第一个曲线链的起点方向相一致。

4 在“投影方向 1”选项组和“投影方向 2”选项组中指定各自的投影方向。可供选择的投影方向选项有“垂直于曲线平面”和“沿矢量”，前者用于设置曲线所在平面的法向，后者用于使用“矢量”对话框或可用的矢量构造器选项来指定所需的方向。多数情况下，指定投影方向选项为“垂直于曲线平面”。

5 在“设置”选项组中决定“关联”复选框的状态，设置输入曲线的控制选项，以及规定曲线拟合选项，如图 6-58 所示。如果输出曲线是关联的，那么输入曲线的控制选项可以为“保留”或“隐藏”；如果输出曲线是非关联的，那么输入曲线的控制选项还可以为“删除”或“替换”。

6 预览结果满意后，单击“应用”按钮或“确定”按钮。

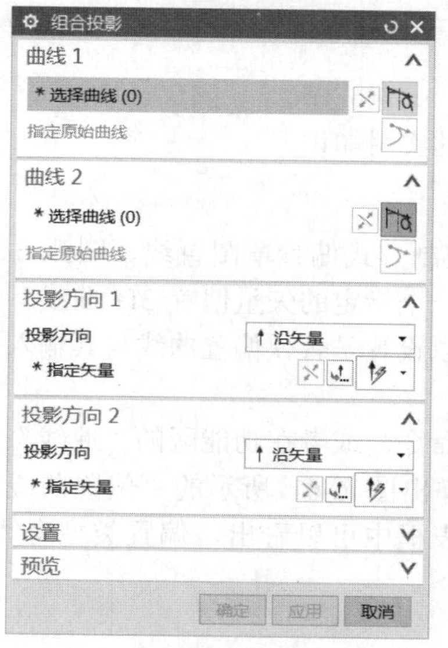

图6-57　“组合投影”对话框

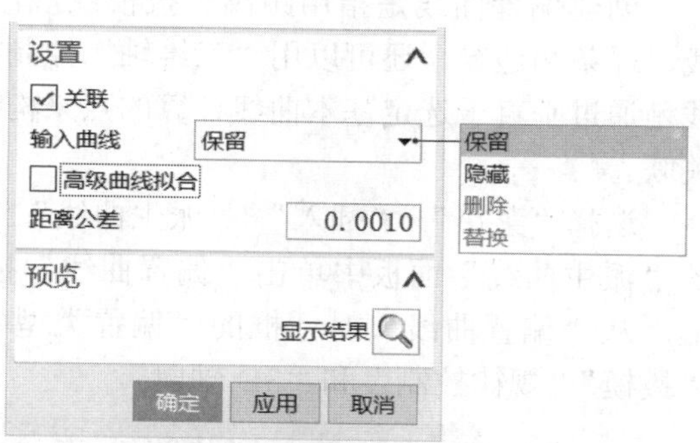

图6-58　在“设置”选项组中进行设置

6.3.6　镜像曲线

使用“镜像曲线”命令可以透过基准平面或平的曲面创建镜像曲线特征，如图 6-59 所示。

要创建镜像曲线特征，则选择“菜单”/“插入”/“派生曲线”/“镜像”命令，或者在功能区的“曲线”选项卡的“派生曲线”面板中单击“镜像曲线”按钮，弹出图 6-60 所示的“镜像曲线”对话框。利用“曲线”选项组来选择要进行镜像的草图曲线、边或曲线特征；在“镜像平面”选项组中指定平面选项（可供选择的平面选项有“现有平面”和“新平面”）及参照等，以定义一个平面作为镜像平面；在“设置”选项组中设置是否创建关联的镜像曲线，以及设置输入曲线的控制选项（即指定创建镜像曲线时对原始输入曲线的处理）。单击“应用”按钮或“确定”按钮。

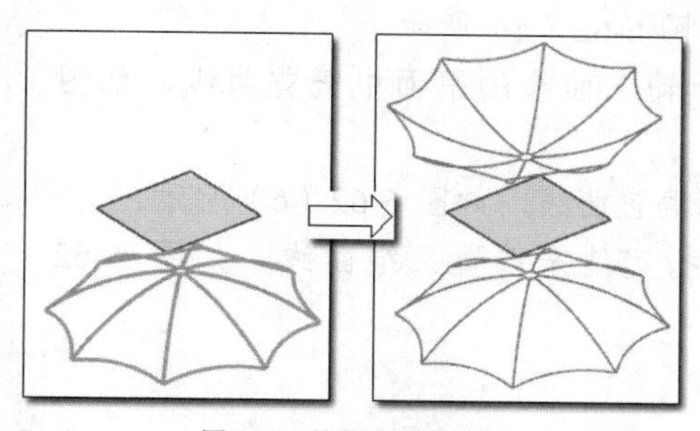

图6-59　镜像曲线的示例

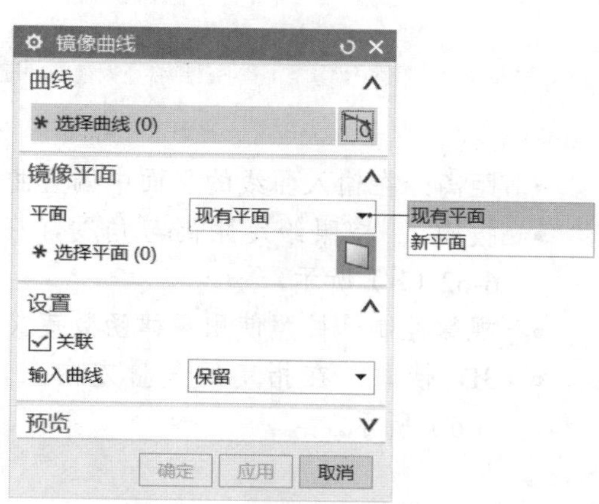

图6-60　“镜像曲线”对话框

6.3.7 偏置与在面上偏置

本小节介绍“偏置”命令和“在面上偏置”命令的实用知识。

一、偏置

创建偏置曲线是指用距离、拔模或规律控制等控制方式偏置草图直线、圆弧、二次曲线、样条和边缘，还可以用“三维轴”控制方式沿着一个指定的矢量偏置 3D 曲线。偏距曲线是通过垂直于选定基本曲线计算的点来构造的，可以设置是否使偏置曲线与其输入数据相关联。

选择“菜单”/“插入”/“派生曲线”/“偏置”命令，或者在功能区的“曲线”选项卡的“派生曲线”面板中单击“偏置曲线”按钮，弹出图 6-61 所示的“偏置曲线”对话框。从“偏置曲线”对话框的“偏置类型”下拉列表框中可以看出，偏置类型有“距离”“拔模”“规律控制”和“3D 轴向”。

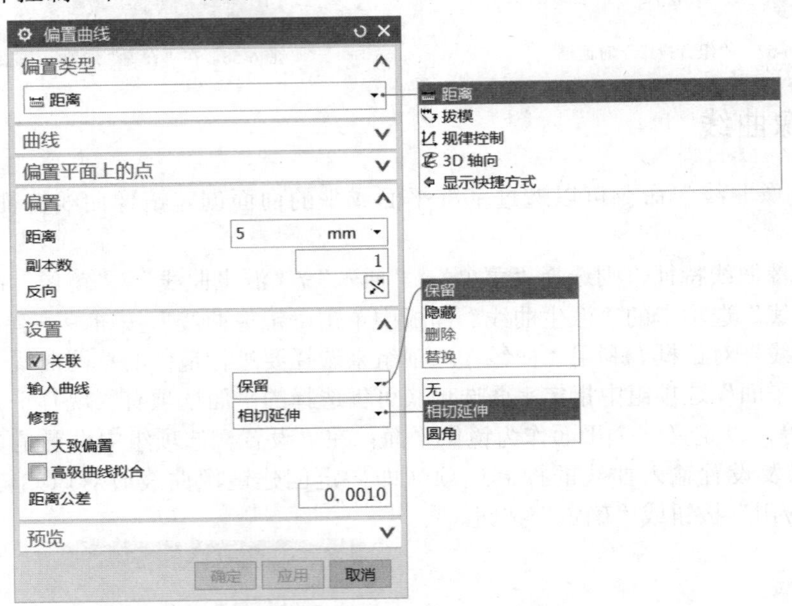

图6-61　“偏置曲线”对话框

- 距离：在输入曲线的平面中偏置曲线，如图 6-62（a）所示。
- 拔模：　按照给定距离与角度，在平行于输入曲线的平面中偏置曲线，如图 6-62（b）所示。
- 规律控制：按照使用规律函数定义的距离偏置曲线，如图 6-62（c）所示。
- 3D 轴向：在指定的矢量方向上，使用指定值来偏置三维曲线，如图 6-62（d）所示。

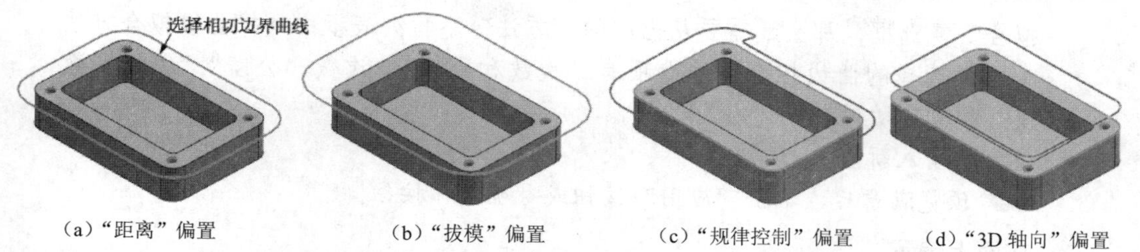

（a）“距离”偏置　（b）“拔模”偏置　（c）“规律控制”偏置　（d）“3D 轴向”偏置

图6-62　创建不同类型的偏置曲线

下面介绍创建偏置曲线的一般操作步骤，读者可以使用本书配套光盘中的“\DATA\CH6\BC_6_3_7a.prt”部件文件来进行操作练习。

1 选择“菜单”/“插入”/“派生曲线”/“偏置”命令，或者在功能区的“曲线”选项卡的“派生曲线”面板中单击“偏置曲线”按钮，弹出“偏置曲线”对话框。

2 在“偏置类型”选项组的“偏置类型”下拉列表框中选择要创建的偏置曲线类型。

3 “曲线”选项组的“选择曲线”按钮处于激活状态，在图形窗口中选择要偏置的曲线。对于“距离”“拔模”和“规律控制”偏置类型而言，选择的要偏置的曲线必须位于同一个平面上。如果要偏置的曲线由多条曲线组成，那么注意结合使用“选择条”工具栏的曲线规则选项以正确选择曲线链。对于“距离”“拔模”和“规律控制”类型的偏置曲线，如果选定的曲线是线性的，那么还要使用“偏置平面上的点”选项组的“指定点”选项定义偏置平面上的点。

4 根据偏置曲线的类型，指定相应的偏置选项。

- 对于“距离”类型，在“偏置”选项组中指定距离值和副本数。
- 对于“拔模”类型，在“偏置”选项组中指定高度值、角度值和副本数。
- 对于“规律控制”类型，在“偏置”选项组的“规律类型”下拉列表框中选择一种规律类型，并设置所选规律类型所需的参数值，以及指定副本数。
- 对于“3D 轴向”类型，在“偏置”选项组的“距离”文本框中输入值，并指定偏置方向。

5 展开“设置”选项组设置相应的设置选项以获得期望的结果，此步骤为可选步骤。

- 如果取消选中“关联”复选框，则通过指定非关联设置的相应选项来创建非关联的偏置曲线。“关联”复选框默认处于选中状态。
- 从“输入曲线”下拉列表框中选择所需选项（“保留”“隐藏”“删除”或“替换”）以指定对原始输入曲线的处理。
- 对于“距离”或“拔模”类型的偏置曲线，从“修剪”下拉列表框中选择修剪类型。
- 对于某些偏置曲线，可以选中“大致偏置”复选框来处理自相交偏置曲线、额外创建的偏置曲线或修剪不当的偏置曲线。
- 对于“距离”“拔模”或“规律控制”类型的偏置曲线，如果选中“高级曲线

拟合”复选框，那么还需要从出现的“方法”下拉列表框中选择曲线拟合方法（可供选择的曲线拟合方法选项有“次数和段数”“次数和公差”“保持参数化”和“自动拟合”）。

- 为公差输入新值。

6 预览满意后，单击“应用”按钮或“确定”按钮。

二、在面上偏置

使用“在面上偏置”命令，可以沿曲线所在的面（一个或多个面）上偏置曲线。该偏置曲线可以是关联的或非关联的，并且位于距现有曲线或边截面的指定距离处。在面上偏置可使用不同的间距方法，可以填充曲线之间的间隙，同时也可以对所选面边界进行修剪。

选择“菜单”/“插入”/“派生曲线”/“在面上偏置”命令，或者在功能区的“曲线”选项卡的“派生曲线”面板中单击“在面上偏置曲线”按钮，弹出图 6-63 所示的“在面上偏置曲线”对话框。从“类型”选项组的“类型”下拉列表框中选择“恒定”选项或“可变”选项（“恒定”选项用于生成与面内原始曲线具有恒定偏置距离的曲线，“可变”选项用于指定与原始曲线上点位置之间的不同距离来在面中创建可变曲线），为新集选择要偏置的曲线/边，为偏置选择面或平面，并设置其他所需的选项及参数，如设置偏置方向、偏置方法、倒圆方法、修剪和延伸偏置曲线选项等。最后单击“应用”按钮或“确定”按钮，即可完成在面上偏置曲线操作。

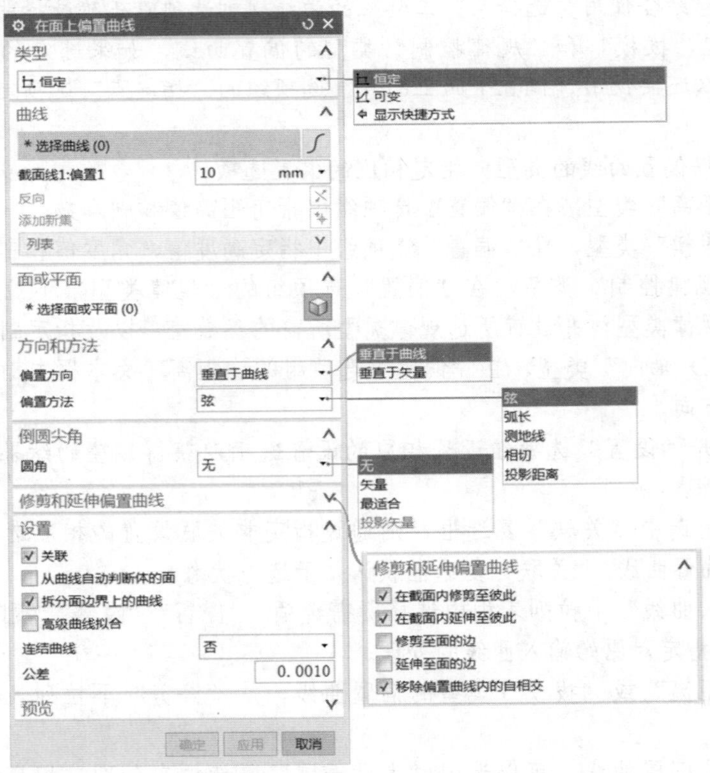

图6-63　“在面上偏置曲线”对话框

使用“在面上偏置”命令创建偏置曲线的典型示例如图 6-64 所示，其中图 6-64（a）所

示为在面上创建恒定偏置的曲线，图 6-64（b）所示为在面上创建具有可变偏置距离的曲线。

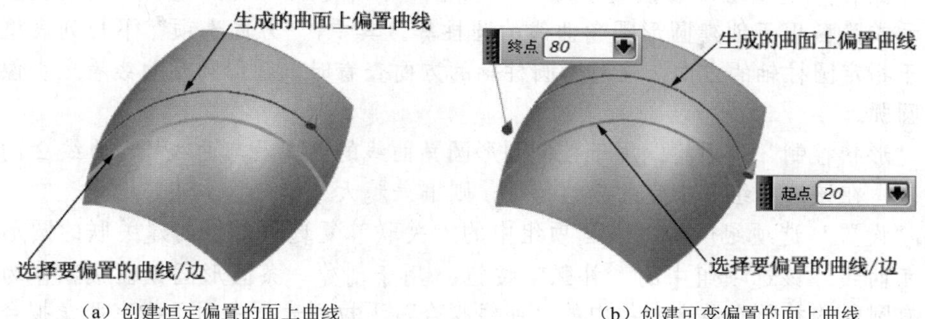

（a）创建恒定偏置的面上曲线　（b）创建可变偏置的面上曲线

图6-64　生成曲面上偏置曲线的示例

6.3.8 圆形圆角曲线

使用 NX 11 提供的“圆形圆角曲线”命令，可以在两条 3D 曲线或边链之间创建光滑的圆角曲线，创建的圆角曲线与两条输入曲线相切，并在投影到垂直于所选矢量方向的平面上时类似于圆角。

选择“曲线”/“插入”/“派生曲线”/“圆形圆角曲线”命令，或者在功能区的“曲线”选项卡的“更多”曲线工具列表中单击“圆形圆角曲线”按钮，弹出图 6-65 所示的“圆形圆角曲线”对话框。下面简要介绍对话框中一些主要选项组的功能含义。

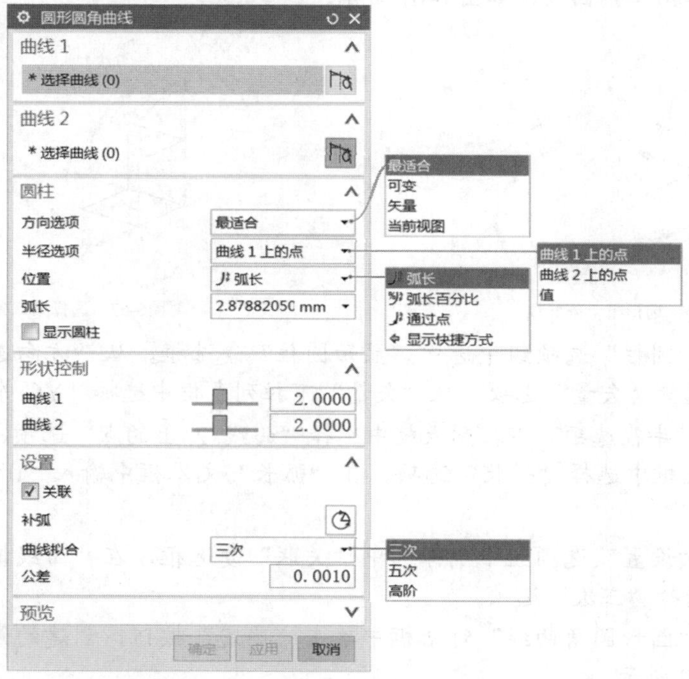

图6-65　“圆形圆角曲线”对话框

- “曲线 1”选项组和“曲线 2”选项组：分别用于选择第一个和第二个曲线链

或特征边链，注意链中的曲线必须相切且连续。

- “圆柱”选项组：在该选项组中可以指定方向选项、半径选项，以及设置显示或隐藏用于创建圆形圆角曲线的圆柱等。其中，“方向选项”下拉列表框用于指定圆柱轴的方向，注意沿圆柱轴的方向查看时，圆形圆角曲线看上去像是圆弧。
- “形状控制”选项组：用于控制圆形圆角曲线的曲率及与曲线 1、曲线 2 的偏差。在该选项组中指定的数值越小，则偏差越大。
- “设置”选项组：选中该选项组中的“关联”复选框时将创建关联的圆形圆角曲线；该选项组中的“补弧”按钮用于创建一条圆形圆角曲线以作为现有圆弧的补弧；该选项组中的“曲线拟合”下拉列表框中用于指定曲线拟合方法，包括“三次”“五次”和“高阶”。

下面介绍一个范例以讲解如何在两条曲线之间创建圆形圆角曲线。

1 在“快速访问”工具栏中单击“打开”按钮，弹出“打开”对话框，选择本书光盘配套的“\DATA\CH6\BC_6_3_8.prt”部件文件，单击“OK”按钮打开文件。

2 选择“菜单”/“插入”/“派生曲线”/“圆形圆角曲线”命令，或者在功能区的“曲线”选项卡的“更多”曲线工具列表中单击“圆形圆角曲线”按钮，弹出“圆形圆角曲线”对话框。

3 在图 6-66 所示的位置处选择第一条曲线，并单击鼠标中键。

4 选择第二条曲线，如图 6-67 所示。

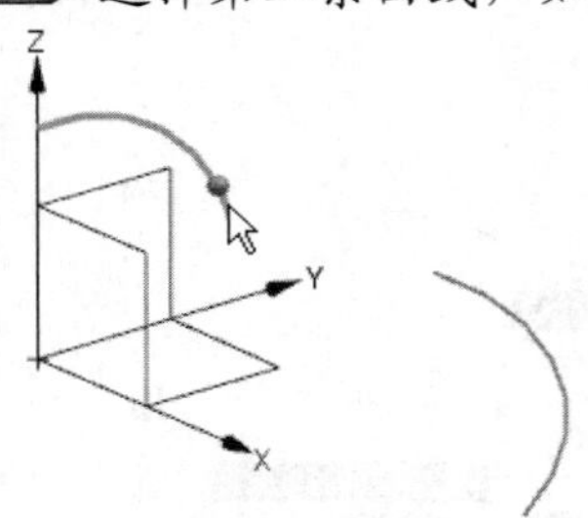

图6-66　选择第一条曲线

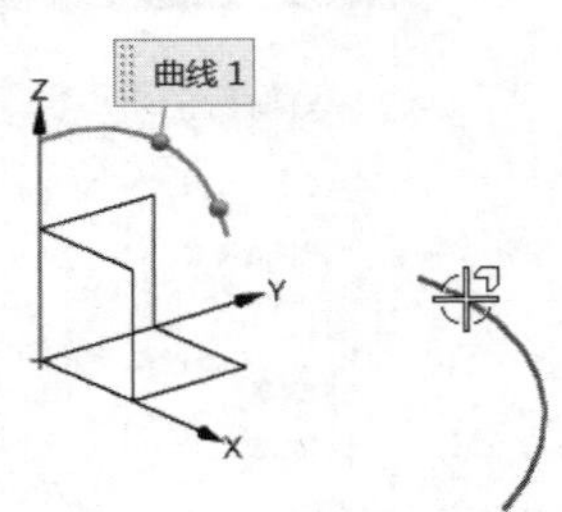

图6-67　选择第二条曲线

5 在“圆柱”选项组中选中“显示圆柱”复选框，从“方向选项”下拉列表框中选择“矢量”选项，从“矢量”下拉列表框中选择“YC 轴”图标选项，在“半径选项”下拉列表框中选择“曲线 2 上的点”选项，在“位置”下拉列表框中选择“弧长”选项，在“弧长”文本框中输入“0”，如图 6-68 所示。

6 在“设置”选项组中确保选中“关联”复选框，在“曲线拟合”下拉列表框中选择“三次”选项。

7 在“圆形圆角曲线”对话框中单击“确定”按钮，创建的圆形圆角曲线如图 6-69 所示。

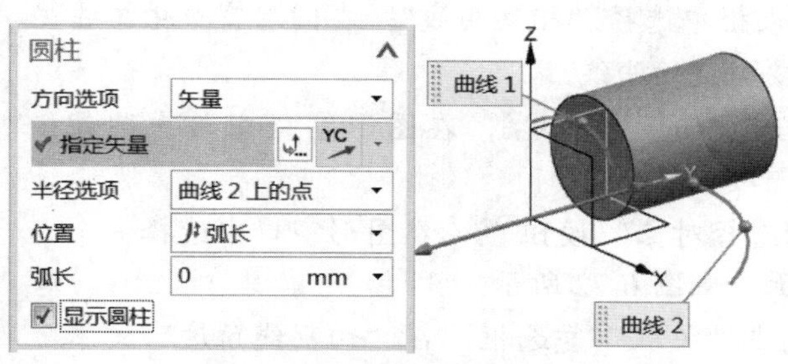

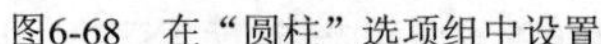

图6-68 在“圆柱”选项组中设置

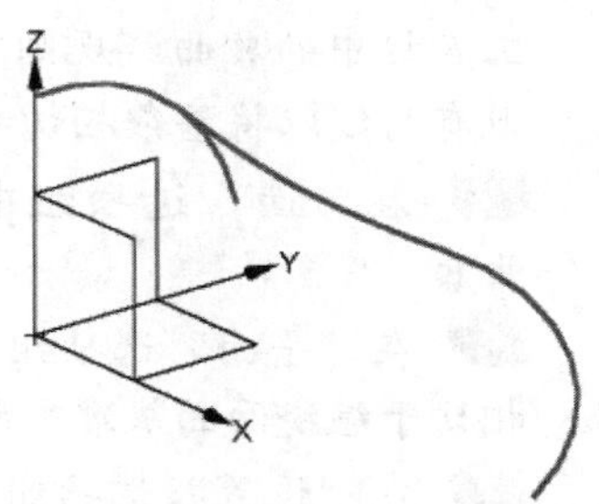

图6-69 创建圆形圆角曲线

6.3.9 缠绕/展开曲线

使用 NX 11 提供的“缠绕/展开曲线”工具命令，可以将曲线从一个平面缠绕到一个圆锥面或圆柱面上，或者从圆锥面或圆柱面展开到一个平面上。

下面以一个简单的范例介绍“缠绕/展开曲线”工具命令的应用。

1 在“快速访问”工具栏中单击“打开”按钮，弹出“打开”对话框，选择本书光盘配套的“\DATA\CH6\BC_6_3_9.prt”部件文件，单击“OK”按钮，打开的文件中存在着如图 6-70 所示的圆锥（圆锥台）曲面、相切平面和一条相切曲线。

2 选择“菜单”/“插入”/“派生曲线”/“缠绕/展开曲线”命令，或者在功能区的“曲线”选项卡的“派生曲线”面板中单击“缠绕/展开曲线”按钮，系统弹出图 6-71 所示的“缠绕/展开曲线”对话框。

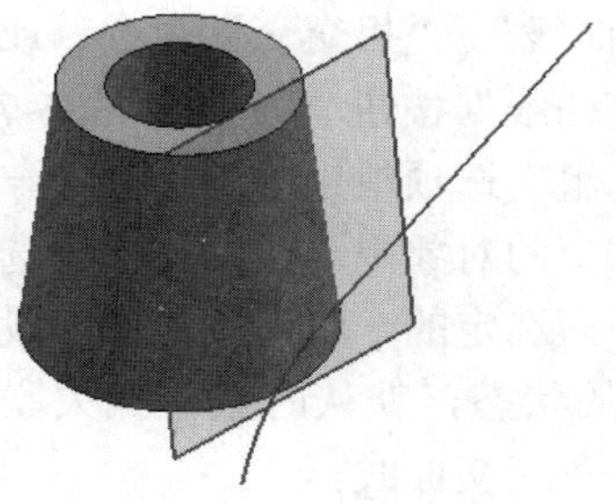

图6-70 原始模型

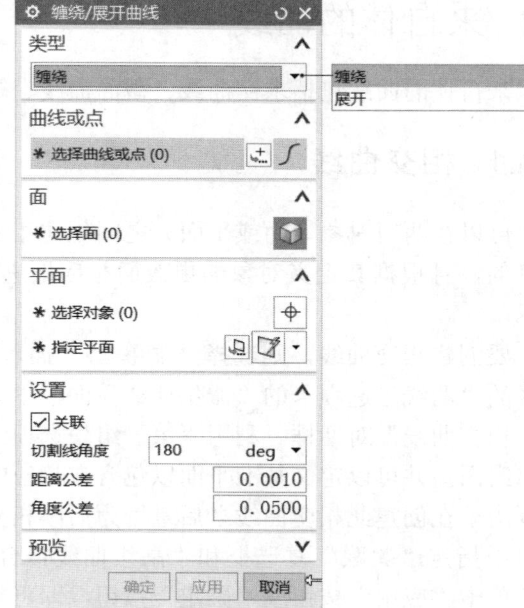

图6-71 “缠绕/展开曲线”对话框

3 在“类型”选项组的“类型”下拉列表框中选择“缠绕”选项。

4 “曲线”选项组中的“选择曲线”按钮处于激活状态，在“选择条”

工具栏中的“曲线规则”下拉列表框中选择“相切曲线”，在图形窗口中单击现有曲线以将整条相切曲线作为要缠绕的曲线。

5 在“面”选项组中单击“选择面”按钮，在图形窗口中单击圆锥曲面。

6 在“平面”选项组中单击“选择对象”按钮，在图形窗口中选择一个相切于缠绕面的基准平面或平的面，如图 6-72 所示。

7 在“设置”选项组中确保选中“关联”复选框，在“切割线角度”文本框中设置切割线角度为 180deg，接受默认的距离公差和角度公差。切割线角度是指切线绕圆锥或圆柱轴的旋转角度（0° 到 360° 之间）。

8 单击“确定”按钮，创建了缠绕曲线特征，如图 6-73 所示（图中隐藏了原始曲线）。

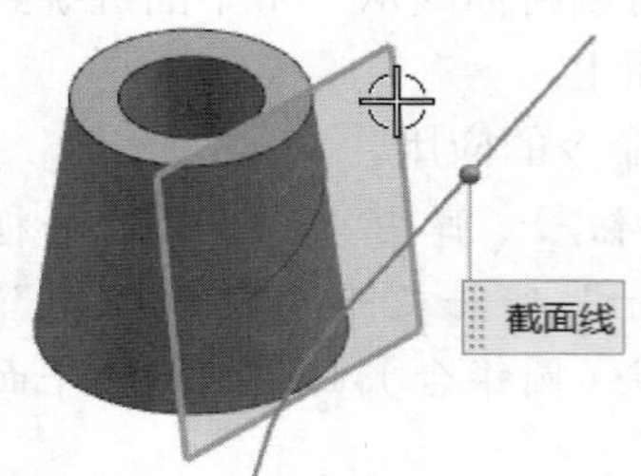

图6-72　选择相切于缠绕面的基准平面

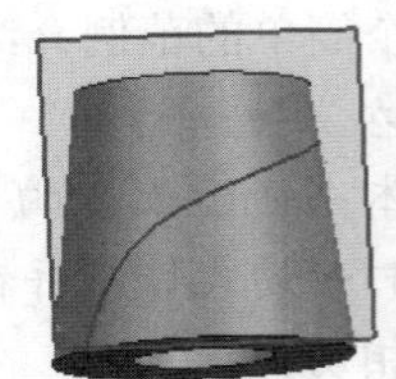

图6-73　创建了缠绕曲线特征

可以继续在该范例中进行操作以将缠绕曲线从圆锥面展开到一个平面上。

6.4　来自体的曲线

来自体的曲线包括求交曲线、截面曲线、等参数曲线、抽取曲线和抽取虚拟曲线等。

6.4.1　相交曲线

可以在两组对象（面或平面）之间创建相交曲线（也称“求交曲线”）。相交曲线可以是关联的，且根据其定义对象的更改而相应地进行更新。创建相交曲线的典型示例如图 6-74 所示。

要创建相交曲线，则选择“菜单”/“插入”/“派生曲线”/“相交交”命令，或者在功能区的“曲线”选项卡的“派生曲线”面板中单击“相交曲线”按钮，弹出图 6-75 所示的“相交曲线”对话框。利用“第一组”选项组和“第二组”选项组来分别指定第一组面和第二组面，并可以定义基准平面以包含在相应的一组要求交的对象中。注意“保持选定”复选框用于在创建此相交曲线之后重用为后续相交曲线特征而选定的一组对象。在“设置”选项组中指定“关联”复选框和“高级曲线拟合”复选框的状态，默认时选中“关联”复选框。单击“应用”按钮或“确定”按钮，即可完成创建一条相交曲线。

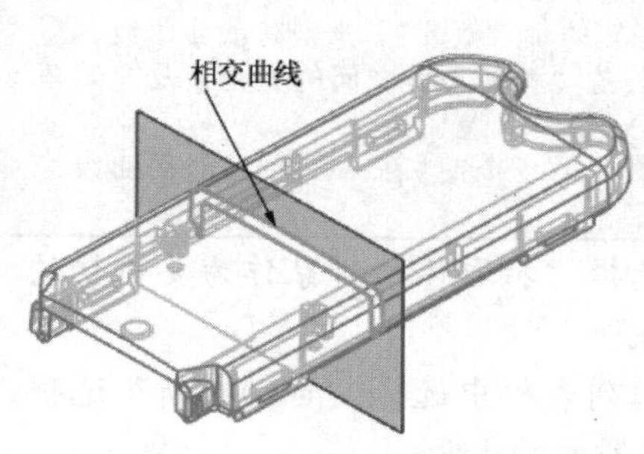

图6-74　创建相交曲线的典型示例

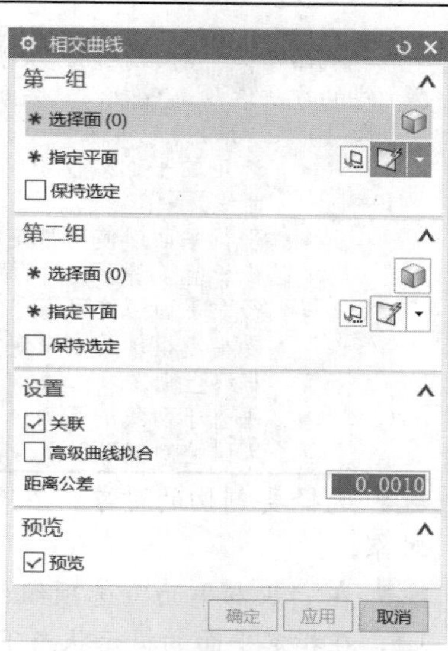

图6-75　“相交曲线”对话框

6.4.2 截面曲线

创建截面曲线是指在选定的平面与体、面或曲线之间创建相交几何体，创建截面曲线的典型示例如图 6-76 所示。

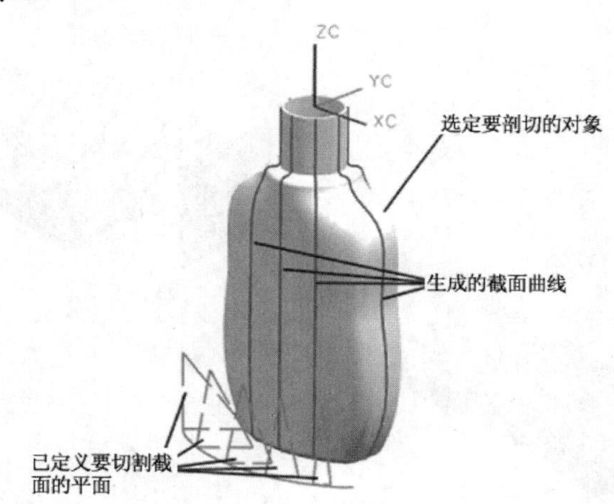

图6-76　创建截面曲线的典型示例

下面以实例的方式介绍创建截面曲线的一般操作步骤。

1 在“快速访问”工具栏中单击“打开”按钮，弹出“打开”对话框，选择本书光盘配套的“\DATA\CH6\BC_6_4_2.prt”部件文件，单击“OK”按钮。

2 选择“菜单”/“插入”/“派生曲线”/“截面”命令，或者在功能区的“曲线”选项卡的“派生曲线”面板中单击“截面曲线”按钮，弹出“截面曲线”对话框。

3 在“类型”选项组的“类型”下拉列表框中选择“平行平面”选项。

"截面曲线"对话框的"类型"选型组的"类型"下拉列表框列出了用于创建截面曲线的方法选项，包括"选定的平面""平行平面""径向平面"和"垂直于曲线的平面"，它们的功能含义如下。

- 选定的平面：使用选定的现有个体平面或在过程中定义的平面来创建截面曲线。
- 平行平面：使用指定的一系列平行平面来创建截面曲线。将指定基本平面、步长值（平面之间的距离）及起始与终止距离。
- 径向平面：使用指定的一组平面（从指定的轴"散开"）来创建截面曲线。需要指定枢轴及点来定义基准平面、步长值（相邻平面之间的夹角）及起始角与终止角。
- 垂直于曲线的平面：使用垂直于曲线或边的多个剖切平面来创建截面曲线，可以控制剖切平面沿着曲线的间距。

4 选择要剖切的对象。在部件导航器中选择"抽取体"对象作为要剖切的对象。

5 在"基本平面"选项组的"平面"下拉列表框中选择"自动判断"选项，在指定平面的提示状态下，选择图 6-77 所示的平面。

6 在"平面位置"选项组中设置起点值为 0，终点值为 50，步长值为 5，如图 6-78 所示。

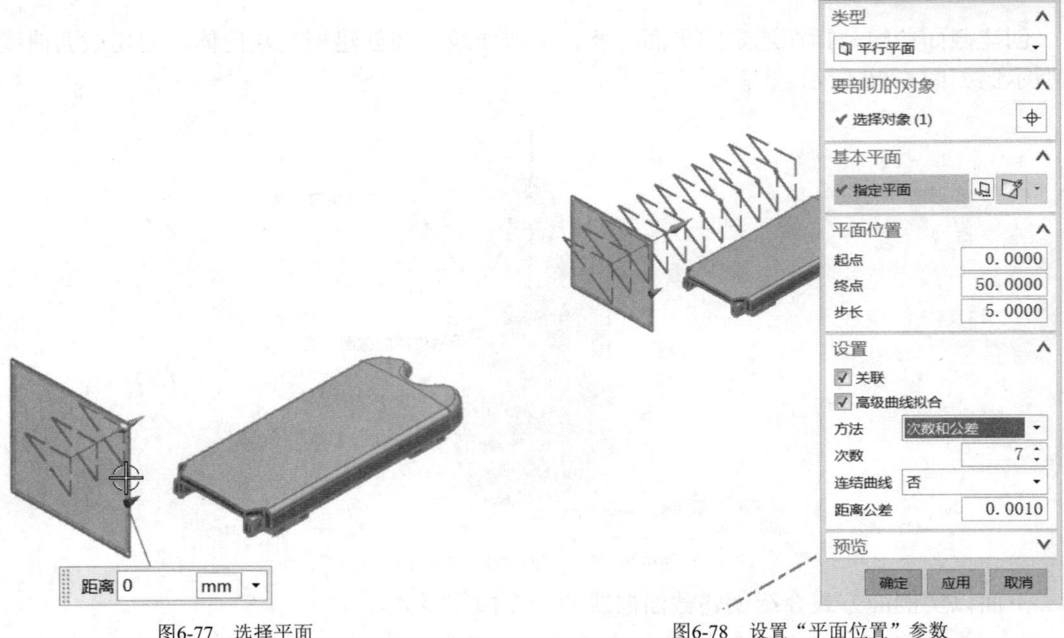

图6-77　选择平面　　图6-78　设置"平面位置"参数

7 在"设置"选项组中选中"关联"复选框和"高级曲线拟合"复选框，从"方法"下拉列表框中选择"次数和公差"选项，将次数设置为 7，在"连结曲线"下拉列表框中选择"否"选项，并接受默认的距离公差。

8 在"截面曲线"对话框中单击"确定"按钮，完成创建截面曲线特征，效果如图 6-79 所示。

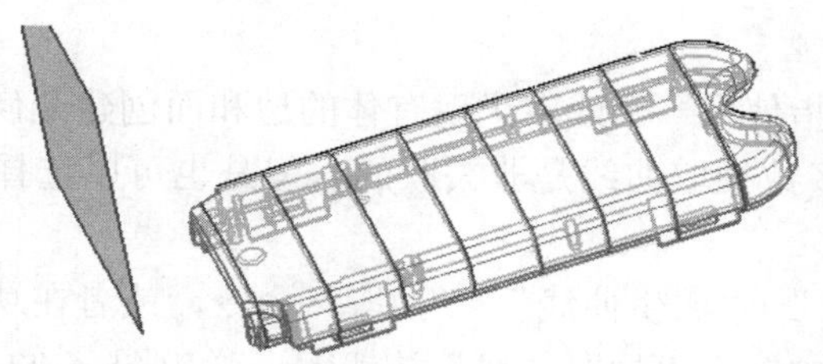

图6-79　完成创建截面曲线特征

6.4.3 等参数曲线

使用“等参数曲线”命令可以沿着给定的U/V线方向在面上生成曲线。

要在曲面上创建等参数曲线，则选择“菜单”/“插入”/“派生曲线”/“等参数曲线”命令，或者在功能区的“曲线”选项卡的“派生曲线”面板中单击“等参数曲线”按钮，弹出图6-80所示的“等参数曲线”对话框，接着利用该对话框进行以下相关操作。

- 选择要在其上创建等参数曲线的面。选定面之后，U和V方向箭头将显示在该面上以显示其方向。
- 在“等参数曲线”选项组的“方向”下拉列表框中选择“U”“V”或“U和V”选项，在“位置”下拉列表框中选择“均匀”“通过点”或“在点之间”选项并指定相应的参数、参照。“均匀”选项用于将等参数曲线按照相等的距离放置在所选面上；“通过点”选项用于将等参数曲线放置在所选面上，使其通过每个指定的点；“在点之间”选项则用于在两个指定的点之间按照相等的距离放置等参数曲线。
- 在“设置”选项组中选中“关联”复选框，或者取消选中“关联”复选框。

选择面并设置等参数曲线参数等后，在“等参数曲线”对话框中单击“应用”按钮或“确定”按钮，完成等参数曲线的创建。图6-81所示为创建等参数曲线的一个示例。

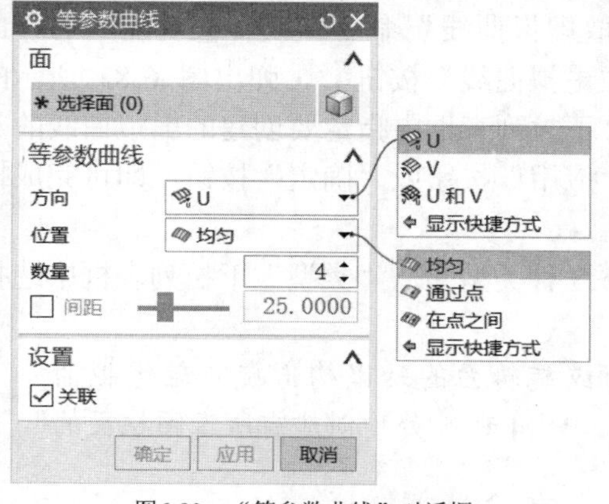

图6-80　“等参数曲线”对话框

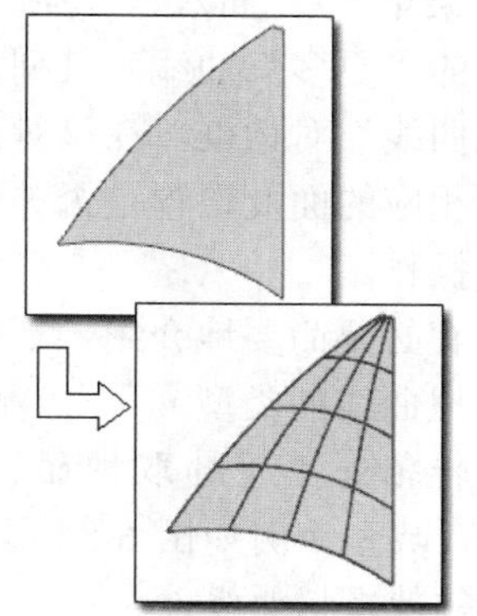

图6-81　创建等参数曲线的示例

6.4.4 抽取曲线与抽取虚拟曲线

本小节介绍抽取曲线与抽取虚拟曲线的实用知识。

一、抽取曲线

“抽取曲线”操作是指使用一个或多个现有体的边和面创建几何体（如直线、圆弧、二次曲线和样条）。注意大多数抽取曲线是非关联的，但是也可以选择创建关联的等斜度曲线或阴影轮廓曲线。

选择“菜单”/“插入”/“派生曲线”/“抽取”命令，或者在功能区的“曲线”选项卡的“更多”曲线工具列表中单击“抽取曲线”按钮，弹出图 6-82 所示的“抽取曲线”对话框，接着使用该对话框提供的以下 5 个按钮选项进行创建抽取曲线的操作。

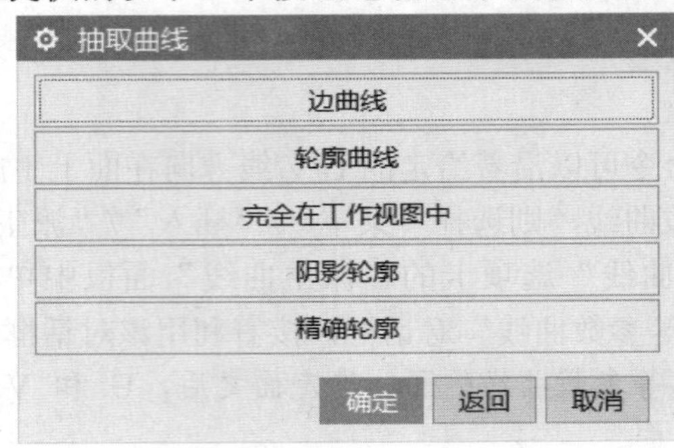

图6-82　“抽取曲线”对话框

- “边曲线”按钮：用于从指定的边抽取曲线。
- “轮廓线”按钮：用于从轮廓边缘创建曲线。
- “完全在工作视图中”按钮：用于由工作视图中的所有可见边（包括轮廓边缘）创建曲线。
- “阴影轮廓”按钮：用于在工作视图中创建仅显示体轮廓的曲线。
- “精确轮廓”按钮：用于抽取精确轮廓创建曲线。

二、抽取虚拟曲线

“抽取虚拟曲线”操作是指从面旋转轴、倒圆中心线和圆角面的虚拟交线创建曲线。

选择“菜单”/“插入”/“派生曲线”/“抽取虚拟曲线”命令，或者在功能区的“曲线”选项卡的“更多”曲线工具列表中单击“抽取虚拟曲线”按钮，弹出图 6-83 所示的“抽取虚拟曲线”对话框。在该对话框的“类型”下拉列表框中指定要创建的虚拟曲线的类型，并选择相应的面及设置是否关联，然后单击“应用”按钮或“确定”按钮，即可完成抽取虚拟曲线操作。

在这里有必要简要地介绍一下虚拟曲线的以下 3 种类型（从“类型”下拉列表框中选择要创建的虚拟曲线的类型）。

- 旋转轴：用于抽取柱面、锥面、环形面或旋转面的轴以构造旋转轴虚拟曲线。典型示例如图 6-84 所示，图中 1、2、3、4 和 5 处均创建有所选圆柱面的旋转轴虚拟曲线。

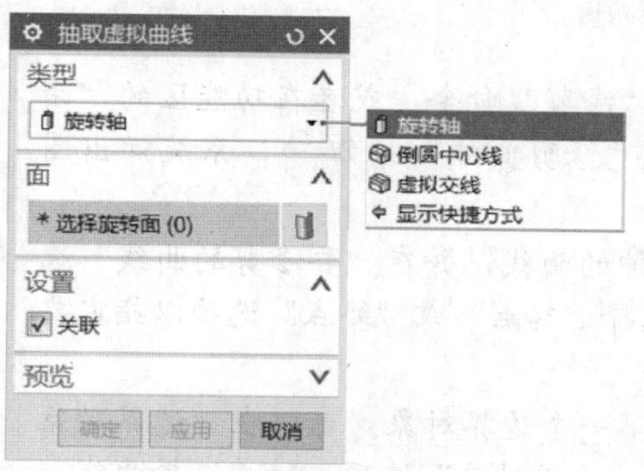

图6-83 “抽取虚拟曲线”对话框

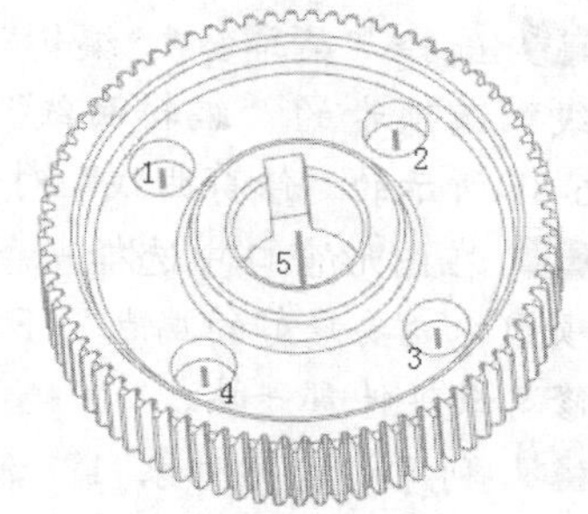

图6-84 旋转轴虚拟曲线

- 倒圆中心线：用于抽取圆角面的中心线以创建虚拟中心线，注意仅支持滚角（恒定半径）面和边倒圆。图 6-85 所示的模型中为圆角面创建了虚拟倒圆中心线曲线。
- 虚拟交线：用于抽取输入圆角面的两个构造面的曲面虚拟交线，以创建虚拟相交曲线，虚拟交线的典型示例如图 6-86 所示。

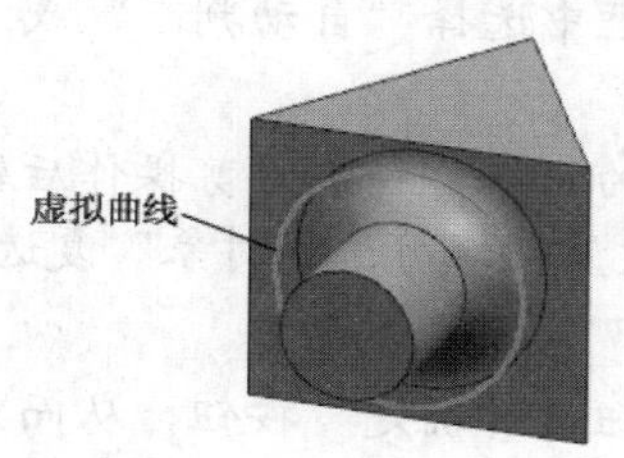

图6-85 抽取虚拟圆角中心线曲线

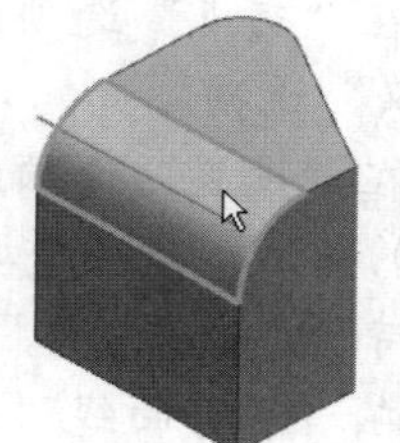

图6-86 虚拟交线示例

6.5 曲线编辑

在 NX 11 中，曲线编辑是比较灵活的。本节介绍的曲线编辑包括编辑曲线参数、修剪曲线、修剪拐角、分割曲线、编辑圆角、拉长曲线、编辑曲线长度、光顺样条和按模板成形。

6.5.1 编辑曲线参数

在 NX 11 中，可以使用专门的命令来编辑大多数曲线类型的参数，其方法是选择“菜单”/“编辑”/“曲线”/“参数”命令，或者在功能区的“曲线”选项卡的“更多”曲线工具列表中单击“编辑曲线参数”按钮，接着选择要编辑的曲线特征，NX 会根据所选的曲线弹出适合该曲线类型的创建对话框，从中编辑该曲线参数即可。

6.5.2 修剪曲线

使用“菜单”/“编辑”/“曲线”/“修剪”命令（其对应的“修剪曲线”按钮位于功能区的“曲线”选项卡的“编辑曲线”面板中），可以修剪或延伸曲线到选定的边界对象。当修剪曲线时，可以使用体、面、点、曲线、边、基准平面和基准轴作为边界对象。

创建修剪曲线特征的一般方法步骤如下。

1 选择“菜单”/“编辑”/“曲线”/“修剪”命令，或者在功能区的“曲线”选项卡的“编辑曲线”面板中单击“修剪曲线”按钮，系统弹出图 6-87 所示的“修剪曲线”对话框。

2 在图形窗口中选择一条要修剪或延伸的曲线，并在“要修剪的曲线”选项组的“要修剪的端点”下拉列表框中选择“起点”或“终点”选项以指定要修剪或延伸哪一端。

3 利用“边界对象 1”选项组来指定第一个边界对象。可以在“边界对象 1”选项组的“对象”下拉列表框中选择“选择对象”选项，接着选择曲线、体、面、点、边、基准轴或基准平面；也可以在“边界对象 1”选项组的“对象”下拉列表框中选择“指定平面”选项来指定所需的基准平面。

4 如果需要，定义边界对象 2。此步骤为可选步骤。

5 在“交点”选项组中，从“方向”下拉列表框中选择一个方向选项，如果从中选择“沿一矢量方向”选项，则使用矢量选项指定修剪的方向。

6 在“交点”选项组中的“方法”下拉列表框中选择“自动判断”或“用户定义”选项。

7 在“设置”选项组中设置“关联”复选框的状态，指定修剪操作后输入曲线的状态，指定所选曲线的曲线延伸方法，设置“修剪边界对象”复选框、“保持选定边界对象”复选框和“自动选择递进”复选框的状态。

8 在“修剪曲线”对话框中单击“应用”按钮或“确定”按钮，从而完成创建修剪曲线特征。

图 6-88 所示给出了一个修剪曲线的图解示例。

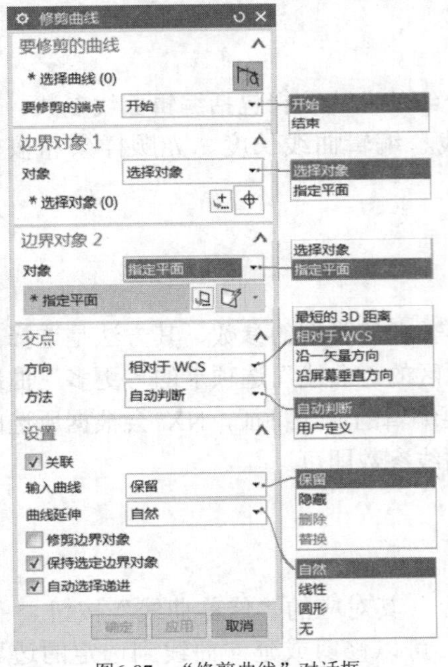

图6-87　“修剪曲线”对话框

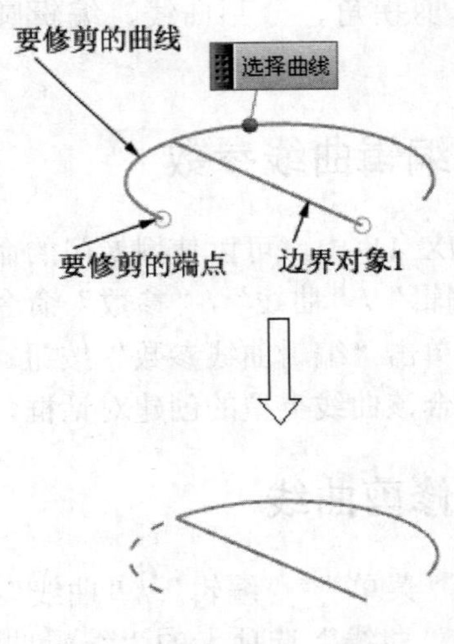

图6-88　修剪曲线的图解示例

6.5.3 修剪拐角

可以对两条曲线进行修剪，将其交点前的部分修剪掉，从而形成一个拐角。

要进行修剪拐角操作，则在功能区的“曲线”选项卡的“更多”曲线工具列表中单击“修剪拐角”按钮，接着选择要修剪的拐角，注意鼠标指针选择位置。当修剪某些曲线时，NX 软件会警告将要删除曲线的定义数据，此时单击“否”按钮则取消操作，单击“是”按钮则继续完成修剪拐角操作。

修剪拐角操作的典型图解示例如图 6-89 所示。

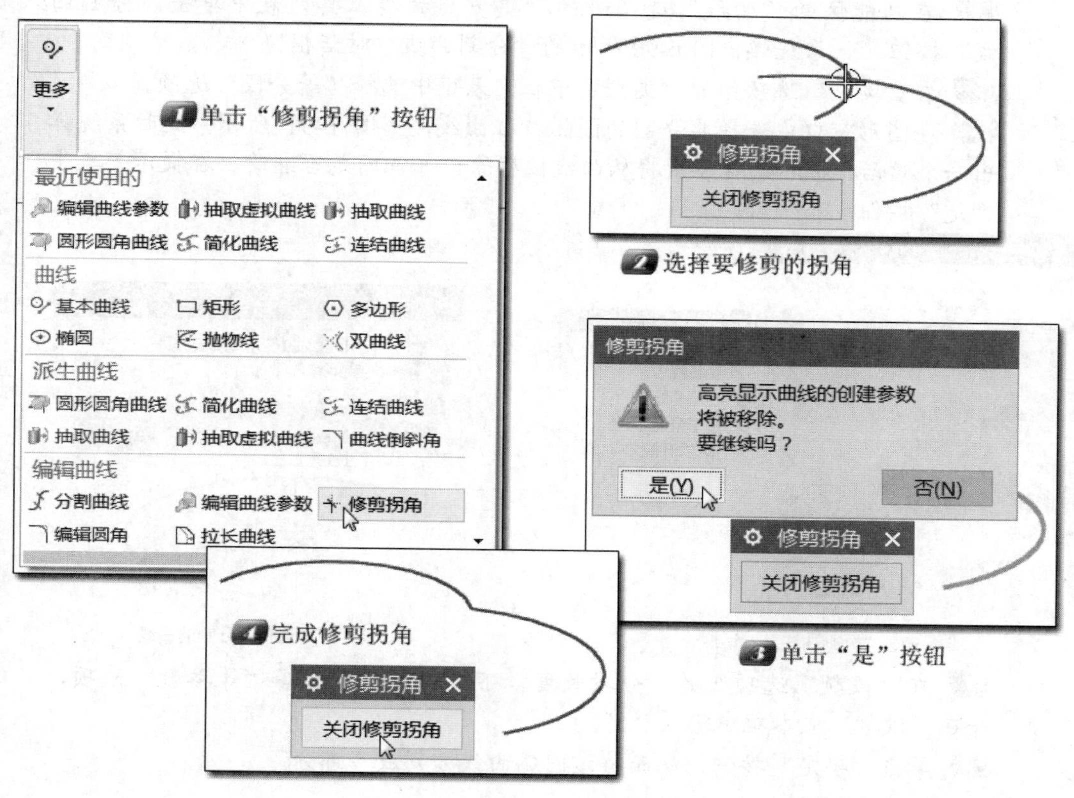

图6-89 修剪拐角的典型图解示例

6.5.4 分割曲线

使用“菜单”/“编辑”/“曲线”/“分割”命令（其对应的“分割曲线”按钮位于功能区的“曲线”选项卡的“更多”曲线工具列表中），可以将曲线分割为一连串同样的分段（线到线、圆弧到圆弧），每个分段都是单独的且与原始曲线使用相同的线型。新的对象和原始曲线默认放在同一个图层上。需要注意的是，分割曲线是非关联操作。另外，分割曲线不适用于草图曲线，只能用于编辑非草图曲线。

用于分割曲线的方法有以下几种。

- 等分段：使用曲线的长度或特定曲线参数，将曲线分割为相等的几段。曲线

参数取决于所分段的曲线类型，如直线、圆、圆弧或样条。

- 按边界对象：使用边界对象将曲线分成几段，可以选择点、曲线、平面或面等作为边界对象。
- 弧长段数：按照为各段定义的弧长分割曲线。
- 在结点处：在曲线结点处分割曲线。
- 在拐角上：在拐角上分割样条（曲线）。如果所选的样条（曲线）没有任何拐角，则系统自动取消选择该曲线，并且显示出错信息。

下面以典型范例的形式介绍如何将一个圆弧特征分割成 5 部分。

1 在功能区的“曲线”选项卡的“更多”曲线工具列表中单击“分割曲线”按钮，系统弹出图 6-90 所示的“分割曲线”对话框。

2 在“类型”选项组的“类型”下拉列表框中选择“等分段”选项。

3 在图形窗口中选择要分割的圆弧特征曲线，如图 6-91 所示。此时系统弹出一个对话框提示创建参数将从曲线被移除，并询问是否继续，在提示下单击“是”按钮。

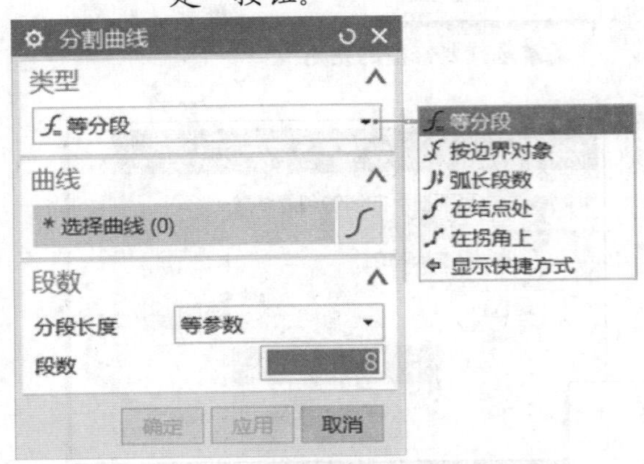

图6-90　“分割曲线”对话框

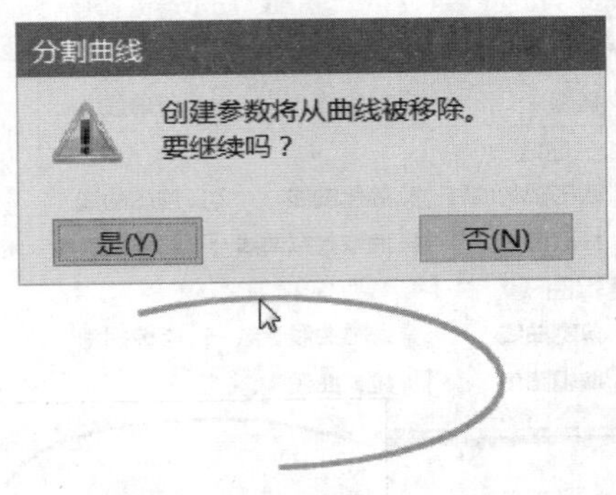

图6-91　选择要分割的曲线

4 在“段数”选项组的“分段长度”下拉列表框中选择“等参数”选项，并在“段数”文本框中输入“5”。

5 单击“确定”按钮，从而将该圆弧曲线分割成 5 部分。

6.5.5 编辑圆角

可以编辑现有的曲线圆角（例如，圆形圆角曲线的圆角）。在功能区的“曲线”选项卡的“更多”曲线工具列表中单击“编辑圆角”按钮，弹出图 6-92 所示的“编辑圆角”对话框，从中选择修剪方法（可供选择的可能的圆角修剪方法有“自动修剪”“手工修剪”和“不修剪”），接着选择要编辑的对象（可以按逆时针方向选择要编辑的对象，以保证新的圆角以正确的方向画出），以及定义用于创建已修改的圆角的参数（见图 6-93）。

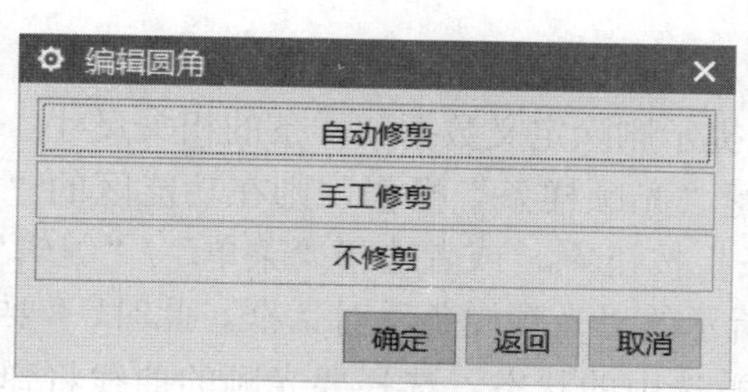

图6-92 “编辑圆角”对话框

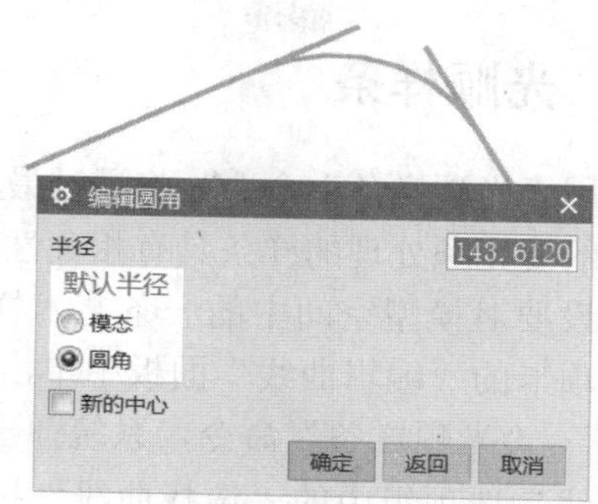

图6-93 编辑圆角半径参数

6.5.6 拉长曲线

可以移动几何对象并同时拉长或缩短选中的线段，其方法是在功能区的“曲线”选项卡的“更多”曲线工具列表中单击“拉长曲线”按钮，弹出图 6-94 所示的“拉长曲线”对话框。接着选择要拉长的几何对象，在“拉长曲线”对话框中设置 *XC* 增量、*YC* 增量和 *ZC* 增量来移动或拉长几何体。如果单击“点到点”按钮，则利用弹出来的“点”对话框（点构造器）定义参考点和目标点；如果单击“重置值”按钮，则把 *XC* 增量、*YC* 增量和 *ZC* 增量的值重设为零；如果单击“撤消”按钮，则将几何体改回到先前的状态。

需要注意的是，拉长曲线可用于除草图、组、组件、体、面和边以外的所有对象类型。

6.5.7 编辑曲线长度

可以根据给定的曲线长度增量或曲线总长度来延伸或修剪曲线，其方法是在功能区的“曲线”选项卡的“编辑曲线”面板中单击“曲线长度”按钮，或者选择“菜单”/“编辑”/“曲线”/“长度”命令，弹出图 6-95 所示的“曲线长度”对话框，接着选择要更改长度的曲线（即要修剪或延伸的曲线），分别设置延伸参数、限制参数和其他选项等，然后单击“应用”按钮或“确定”按钮即可。

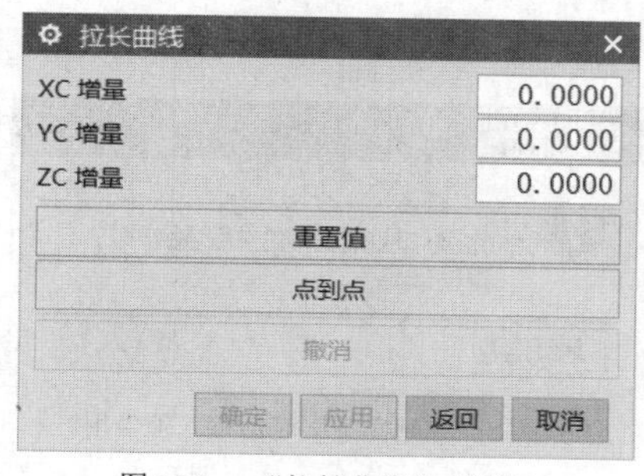

图6-94 “拉长曲线”对话框

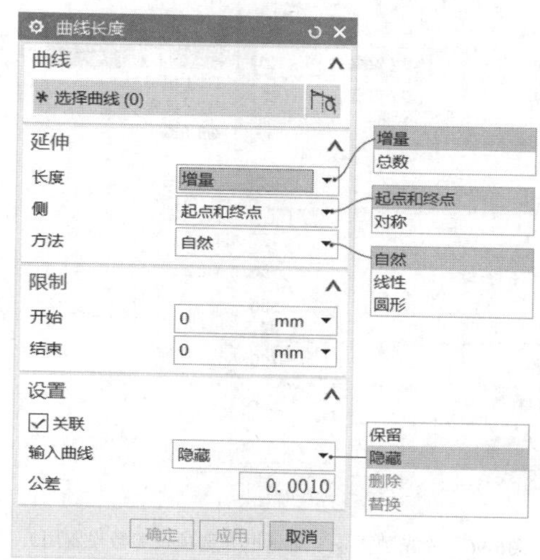

图6-95 “曲线长度”对话框

6.5.8 光顺样条

使用“光顺样条”命令，将通过最小化曲率大小或曲率变化来移除样条中的小缺陷。如果选定的要光顺处理的样条具有相关性，则 NX 会提示删除定义数据和样条的相关尺寸。

假设要对模型空间中的一条艺术样条特征进行“光顺样条”操作，则在功能区的“曲线”选项卡的“编辑曲线”面板中单击“光顺样条”按钮，或者选择“菜单”/“编辑”/“曲线”/“光顺样条”命令，系统弹出图 6-96 所示的“光顺样条”对话框。此时，“要光顺的曲线”选项组中的“选择曲线”按钮处于被选中的状态，选择要光顺的曲线将弹出图 6-97 所示的警告用的“光顺样条”对话框（因为所选的艺术样条具有参数化相关性），从中单击“确定”按钮，返回到先前的“光顺样条”对话框。在“类型”选项组的“类型”下拉列表框中选择“曲率”或“曲率变化”，接着在“要光顺的曲线”选项组的“光顺限制”子选项组中通过拖动“起点百分比”和“终点百分比”滑块或在相应框中输入值来定义想要光顺的部分，可以在“约束”选项组中指定要用于 B 样条起点和终点的约束级别选项，在“光顺因子”选项组中拖动滑块以设定每次单击“应用”按钮时执行光顺操作的次数，在“修改百分比”选项组中拖动滑块来指定希望用于 B 样条的总体光顺级别，系统会在图形窗口中显示用箭头指示的与原始曲线的最大偏差，然后单击“应用”按钮来光顺 B 样条，可以继续更改光顺因子和修改百分比值，直到获得所需的形状。

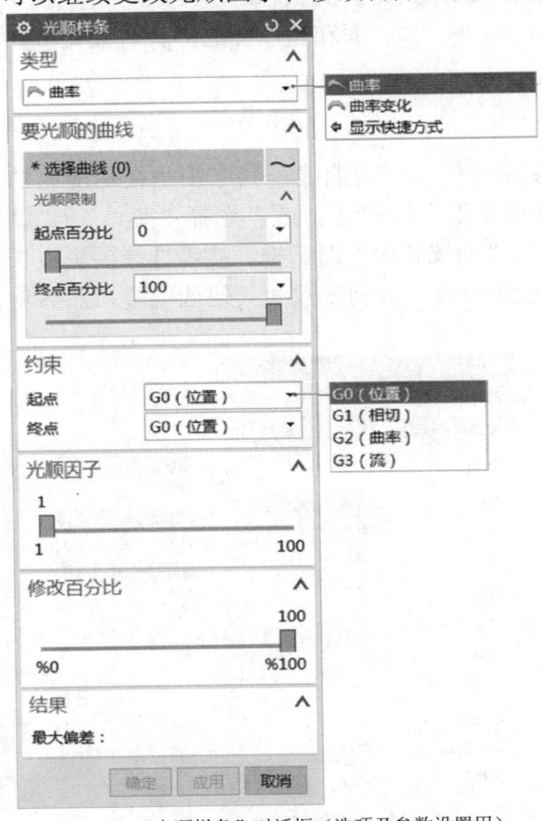

图6-96 “光顺样条”对话框（选项及参数设置用）

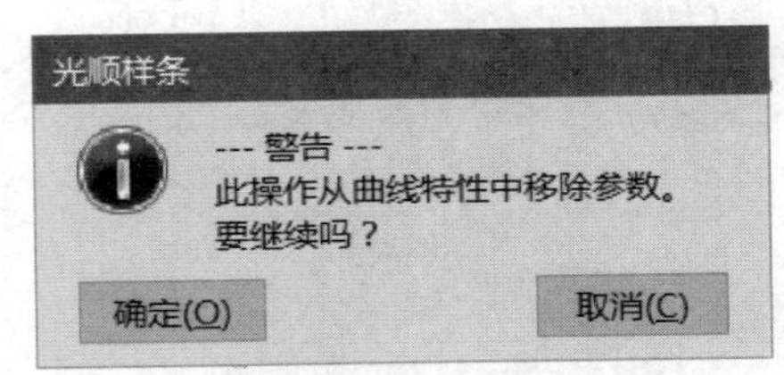

图6-97 “光顺样条”对话框（警告用）

另外，“编辑曲线”面板中的“光顺曲线串”按钮用于从各种曲线创建连续截面，具体应用本书不做进一步介绍，有兴趣的读者可以课外自行研习。

6.5.9 模板成型

“模板成型”操作是指从原始样条的当前形状变换样条，使之同模板样条的形状特性相匹配，同时保留原始样条的起点与终点。“模板成型”操作示例如图 6-98 所示，下面以该示例来介绍如何使用模板样条来修改现有样条的形状。

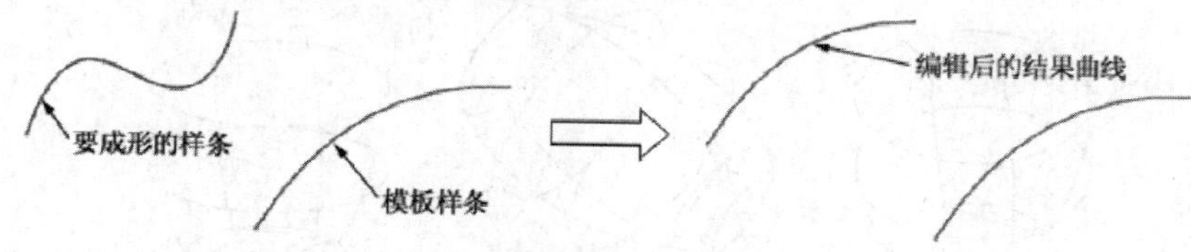

图6-98 “模板成型”操作示例

1 在功能区的“曲线”选项卡的“编辑曲线”面板中单击“模板成型”按钮，系统弹出图 6-99 所示的“模板成型”对话框。

2 确保使“选择步骤”选项组中的“要成型的样条”按钮处于活动状态，在图形窗口中选择要成型的样条，如图 6-100 所示。选择好要成型的样条时，临时箭头显示在所选对象的近端点以表示成型操作的开始方向。

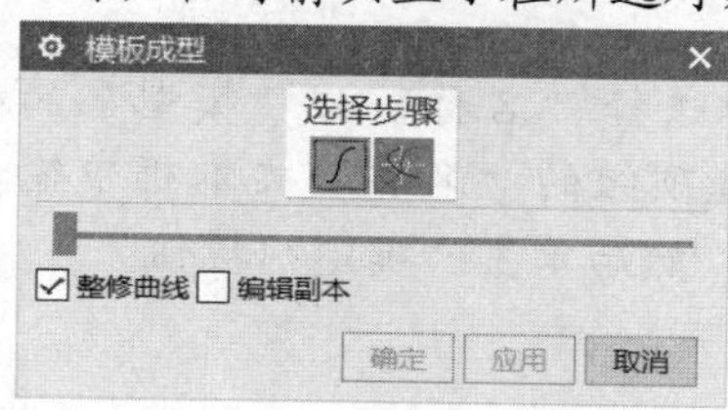

图6-99 “模板成型”对话框

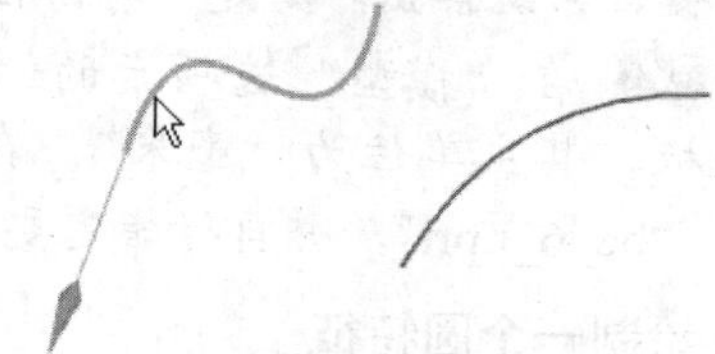

图6-100 选择要成型的样条

3 单击鼠标中键以前进到“模板样条”选择步骤，在图形窗口中选择图 6-101 所示的样条作为模板样条。

4 确保选中“整修曲线”复选框，并取消选中“编辑副本”复选框。“整修曲线”复选框用于强制样条成型以同模板样条的次数与分段相匹配；“编辑副本”复选框则用于保持原始样条不发生更改，并编辑副本。

5 在“模板成型”对话框中拖动滑块以更改样条的形状，注意观察拖动过程中样条形状的变化。在本例中将滑块从左侧一直拖到最右侧，如图 6-102 所示。

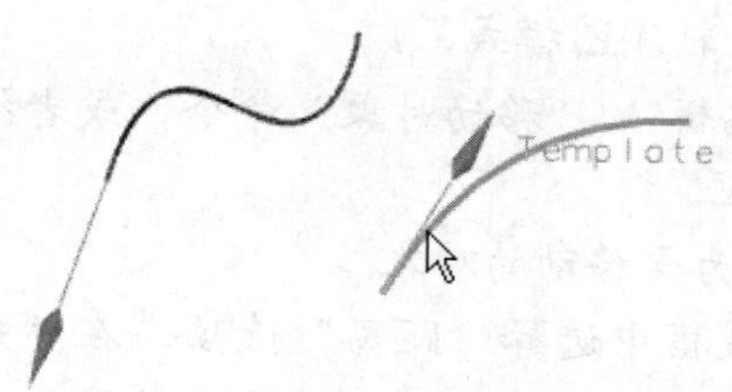

图6-101 选择模板样条

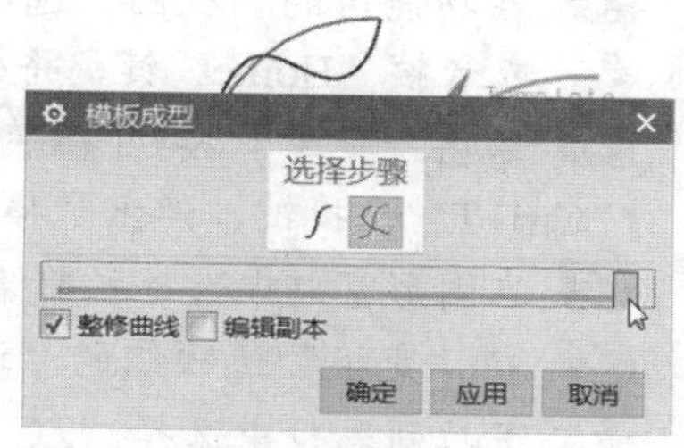

图6-102 拖动滑块以更改样条的形状

6 在“模板成型”对话框中单击“确定”按钮，完成本例操作。

6.6 本章综合设计范例

本节介绍一个在模型空间中建立若干 3D 曲线的综合设计范例，要完成的曲线效果如图 6-103 所示。在该范例中主要应用到了“直线和圆弧”工具、“圆弧/圆”工具、“移动”命令、“编辑曲线参数”命令、“分割曲线”命令、“艺术样条”命令等。

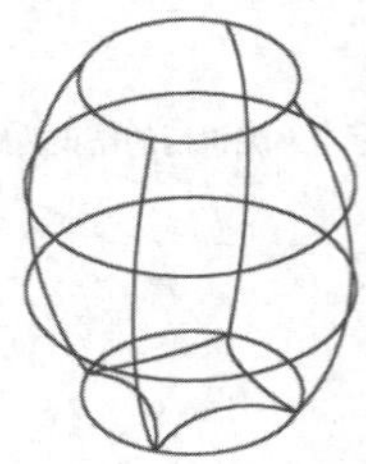
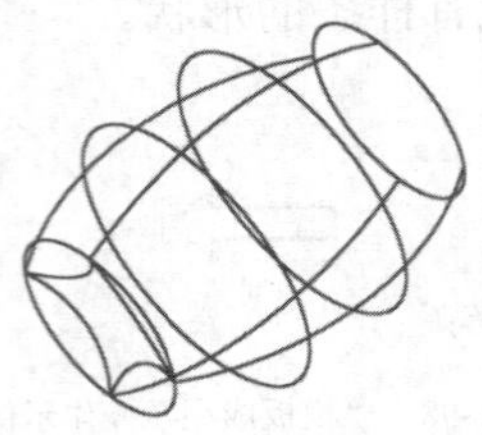
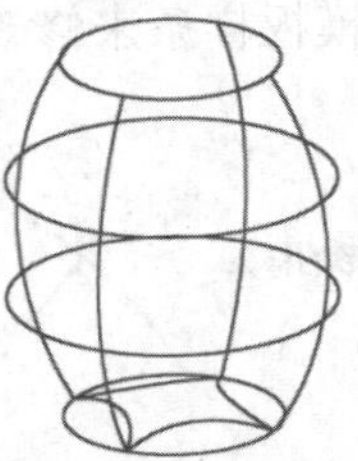

图6-103　完成的曲线效果

本综合设计范例具体的操作步骤如下。

一、新建部件文件

1 在“快速访问”工具栏中单击“新建”按钮，或者按“Ctrl+N”快捷键，系统弹出“新建”对话框。

2 在“模型”选项卡的“模板”列表框中选择“名称”为“模型”的模板，其主单位为“毫米”，在“新文件名”选项组的“名称”文本框中输入“bc_6_r.prt”，并自行指定要保存到的文件夹，然后单击“确定”按钮。

二、绘制一个圆特征

1 在功能区的“视图”选项卡的“方位”面板中单击“俯视图”按钮，将视图切换到俯视图模式。

2 单击“菜单”按钮 菜单(M)，接着选择“插入”/“曲线”/“直线和圆弧”/“圆（圆心-半径）”命令，注意默认时将创建的圆特征是具有关联性的。

3 指定坐标点（0,-50,0）为圆心，绘制一个半径为 50mm 的圆，然后单击“关闭圆（圆心-半径）”按钮。

三、以移动对象的方式复制其他 3 个圆

1 在功能区的“视图”选项卡的“方位”面板中单击“正三轴测图”按钮，或者按“Home”键，将视图切换至正三轴测图模式。

2 单击“菜单”按钮 菜单(M)，选择“编辑”/“移动对象”命令，或者按“Ctrl+T”快捷键，弹出“移动对象”对话框。

3 在图形窗口中选择之前绘制的圆特征作为要移动的对象。

4 在“变换”选项组的“运动”下拉列表框中选择“距离”选项，在“矢量”下拉列表框中选择“ZC 轴”选项 ZC，设置距离值为 60；在“结果”选项组中选中“复制原先的”单选按钮，从“图层选项”下拉列表框中选择“原

始的”选项，设置“距离/角度分割”值为 1，“非关联副本数”为 3，如图 6-104 所示。

5 在“移动对象”对话框中单击“确定”按钮，移动对象并创建非关联副本的结果如图 6-105 所示。可通过在部件导航器中使用右键快捷菜单命令将基准坐标系隐藏。

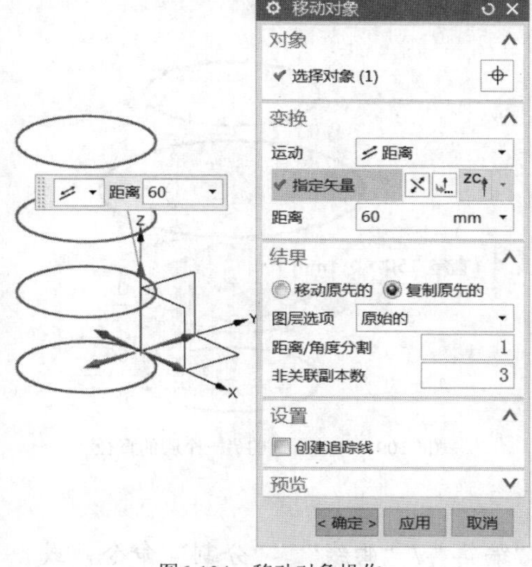

图6-104 移动对象操作

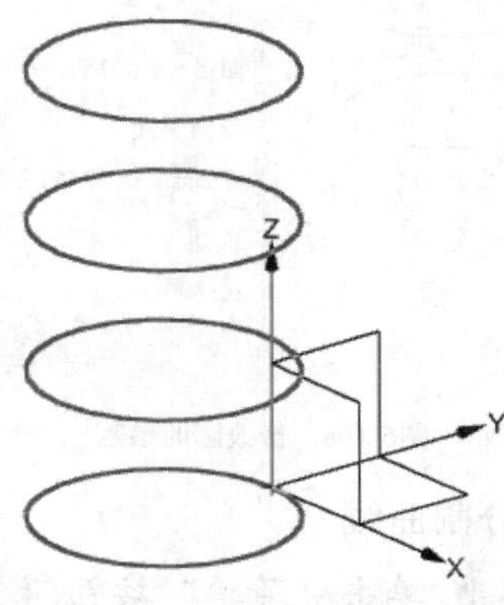

图6-105 移动结果

四、编辑曲线参数

1 单击“菜单”按钮 菜单(M) 并选择“编辑”/“曲线”/“参数”命令，或者在功能区的“曲线”选项卡的“更多”曲线工具列表中单击“编辑曲线参数”按钮，弹出图 6-106 所示的“编辑曲线”对话框。

2 选择图 6-107 所示的一个圆作为要编辑的曲线，系统弹出“圆弧/圆（非关联）”对话框。

图6-106 “编辑曲线参数”对话框

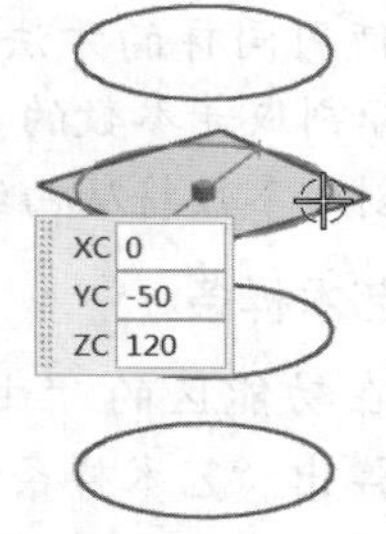

图6-107 选择要编辑的曲线

3 在“圆弧/圆（非关联）”对话框中将圆直径修改为 150，如图 6-108 所示。用户也可以在图形窗口的直径屏显文本框中更改直径值。

4 在“圆弧/圆（非关联）”对话框中单击“确定”按钮，完成编辑该圆的直径参数。

5 继续选择另一个中间圆作为要编辑的曲线，同样将它的直径修改为 150，如图 6-109 所示，然后在“圆弧/圆（非关联）”对话框中单击“确定”按钮，并在“编辑曲线参数”对话框中单击“关闭”按钮。

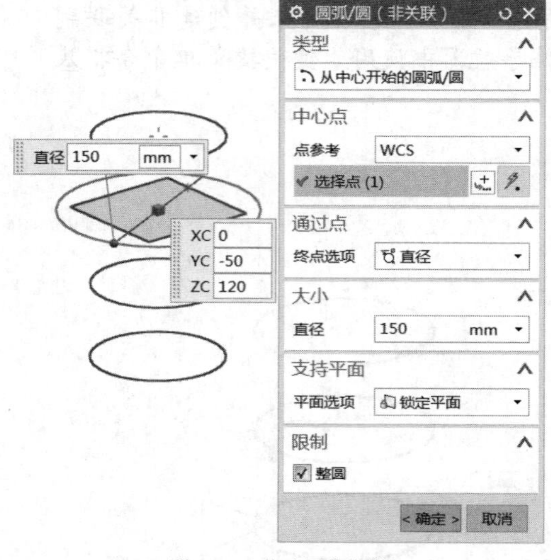

图6-108　修改圆的参数

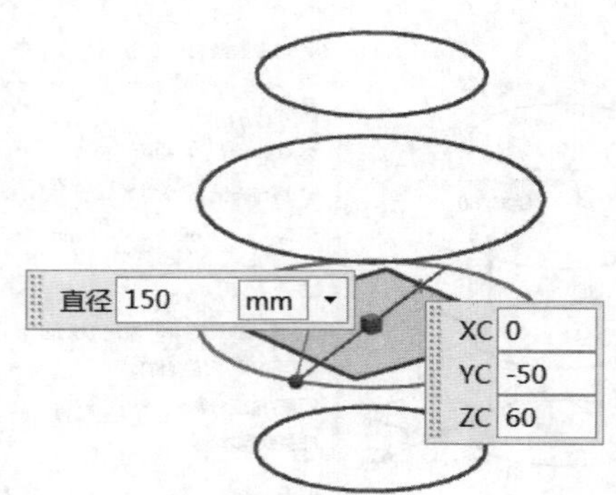

图6-109　修改所选的另一个圆的直径

五、分割曲线

1　单击“菜单”按钮 菜单(M) 并选择“编辑”/“曲线”/“分割”命令，或者在功能区的“曲线”选项卡的“更多”曲线工具列表中单击“分割曲线”按钮，系统弹出“分割曲线”对话框。

2　在“类型”选项组的“类型”下拉列表框中选择“等分段”选项，在“段数”选项组的“分段长度”下拉列表框中选择“等参数”选项，在“段数”文本框中输入段数为 4。

3　选择最上方的一个圆作为要分割为等参数段数的圆，单击“应用”按钮。

4　使用同样的方法，分别选择其他的圆并单击“应用”按钮，从而将这些圆都分割成等参数的 4 段。注意选择原始曲线作为要分割的对象时，系统会给出“创建参数将从曲线被移除，要继续吗？”的提示信息，单击“是”按钮。

六、创建艺术样条

1　在功能区的“曲线”选项卡的“曲线”面板中单击“艺术样条”按钮，弹出“艺术样条”对话框。

2　在“类型”选项组的“类型”下拉列表框中选择“通过点”选项，接着在图形窗口中按照要求顺序（例如从上到下，或者从下到上）依次选择图 6-110 所示的 4 个端点（即相应的分割位置点），注意在“点位置”选项组的“约束”子选项组中将各点处的连接类型均设置为“无”，而自动判断的类型为“等参数”。

3　单击“应用”按钮。

4　使用同样的方法选择其他相应的端点来创建其他 3 条艺术样条，然后单击关闭“艺术样条”对话框。一共完成 4 条艺术样条后的效果如图 6-111 所示（可按“End”键以正等测图显示图形，可以显示基准坐标系）。

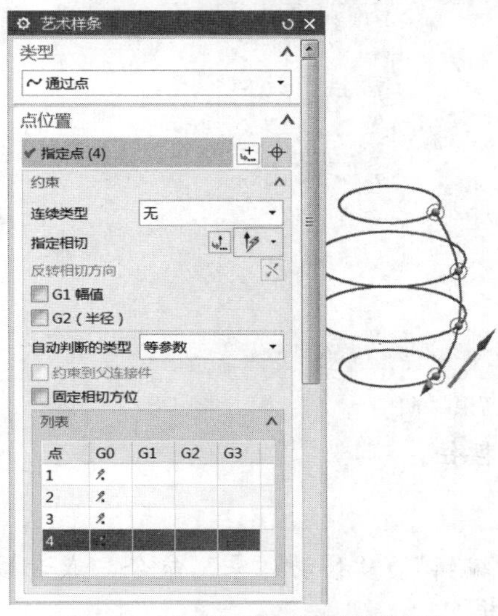

图6-110　选择分割点以创建艺术样条

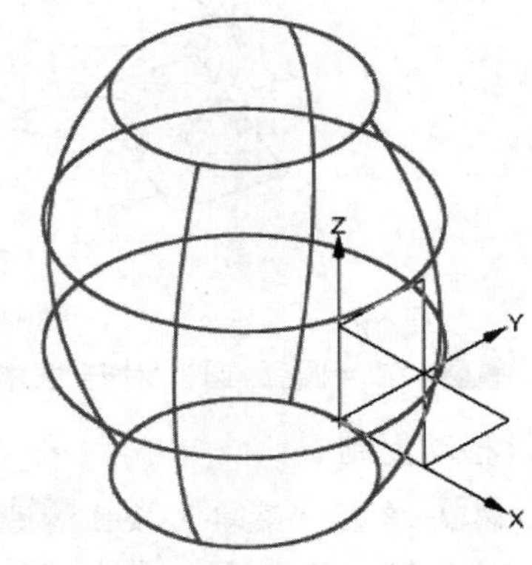

图6-111　完成 4 条艺术样条（正等测图显示）

七、创建圆弧特征

1 在功能区的“曲线”选项卡的“曲线”面板中单击“圆弧/圆”按钮，或者选择“菜单”/“插入”/“曲线”/“圆弧/圆”命令，系统弹出“圆弧/圆”对话框。

2 在“类型”选项组的“类型”下拉列表框中选择“三点画圆弧”选项。

3 在图形窗口中分别选择点 1 和点 2 来定义圆弧的起点和终点，如图 6-112 所示。

4 在“圆弧/圆”对话框的“中点”选项组中单击“点构造器”按钮，弹出“点”对话框，从中设置图 6-113 所示的点绝对坐标（5,-80,5），单击“确定”按钮。

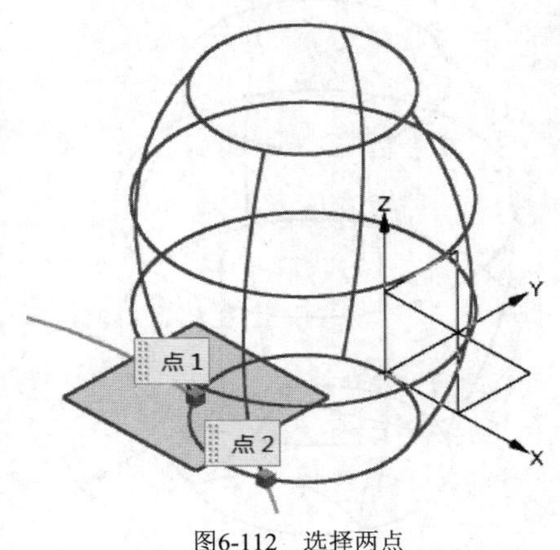

图6-112　选择两点

图6-113　“点”对话框

5 在“限制”选项组中取消选中“整圆”复选框，并确保在“设置”选项

组中选中“关联”复选框，注意预览的圆弧为所需的，如图 6-114 所示。

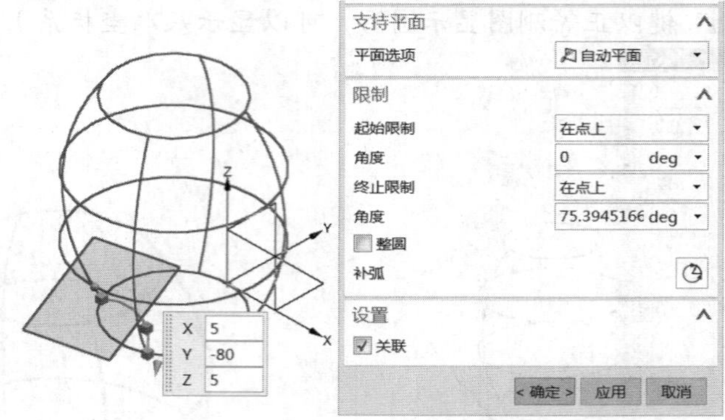

图6-114　指定中间点后设置限制条件

6 在“圆弧/圆”对话框中单击“确定”按钮。

八、移动复制

1 单击“菜单”按钮 菜单(M) 并选择“编辑”/“移动对象”命令，或者按快捷键“Ctrl+T”，弹出“移动对象”对话框。

2 选择上步骤所创建的圆弧特征作为要移动复制的对象。

3 在“变换”选项组的“运动”下拉列表框中选择“角度”选项，在“矢量”下拉列表框中选择“ZC 轴”图标选项，单击“点构造器”按钮，利用弹出的“点”对话框设定轴点位置坐标为（0,-50,0），然后单击“点”对话框中的“确定”按钮，返回到“移动对象”对话框。

4 在“变换”选项组中设置角度为 90deg，接着在“结果”选项组中选择“复制原先的”单选按钮，从“图层选项”下拉列表框中选择“原始的”选项，设置距离/角度分割值为 1，非关联副本数为 3，如图 6-115 所示。

5 单击“确定”按钮，完成效果如图 6-116 所示。

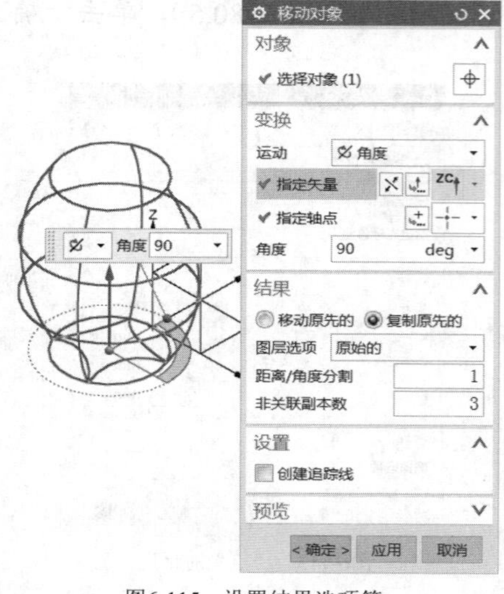

图6-115　设置结果选项等

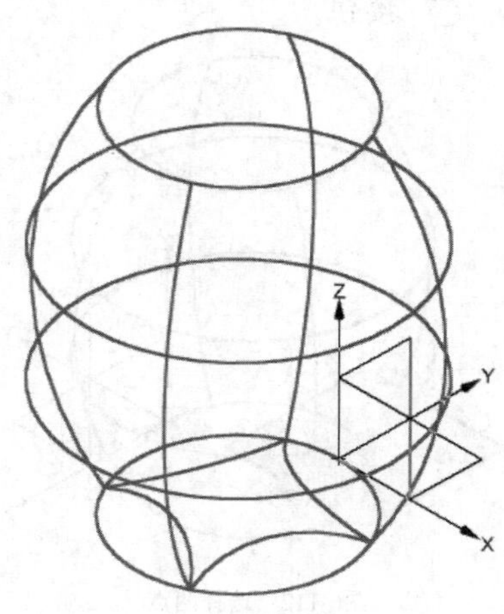
图6-116　完成效果

6.7 本章小结

曲线是构建模型的一个重要基础，曲线既可以具有参数化特性，也可以属于非参数性曲线类型。很多曲面设计离不开曲线的设计。在工业产品设计过程中，经常要根据设计要求和模型效果对曲线进行编辑，以获得所需形状的曲线。

本章主要介绍在模型中应用 3D 曲线的实用知识，包括 3D 曲线概述、创建常规曲线（直线、圆弧/圆、螺旋线、二次曲线、规律曲线、样条、艺术样条、拟合样条、表面上的曲线和文本等）、派生的曲线、曲线编辑。派生的曲线包括来自曲线集的曲线和来自体的曲线。其中，来自曲线集的曲线命令包括“桥接曲线”“连结曲线”“简化曲线”“投影曲线”“组合投影”“偏置”“在面上偏置”“圆形圆角曲线”和“缠绕/展开曲线”等。来自体的曲线命令包括“求交曲线”“截面曲线”“等参数曲线”“抽取曲线”和“抽取虚拟曲线”等。曲线编辑的命令有“编辑曲线参数”“修剪曲线”“修剪拐角”“分割曲线”“编辑圆角”“拉长曲线”“编辑曲线长度”“光顺样条”和“模板成型”等。

需要用户注意的是，在 3D 空间中有时使用草图绘制位于二维平面上的曲线会比较容易。

6.8 思考与练习

(1) 如何创建螺旋线？

(2) 什么是简化曲线？如何创建简化曲线？

(3) 规律曲线是根据一定的规律或按用户定义的公式建立的曲线，它主要表现在 *X*、*Y*、*Z* 三个分量上的变化规律。请认真掌握“恒定”“线性”“三次”“沿着脊线的值-线性”“沿着脊线的值-三次”“根据方程”和“根据规律曲线”这几种规律函数。

(4) 抽取曲线与抽取虚拟曲线有什么不同？

(5) “投影曲线”与“组合投影”命令应用有什么不同？

(6) 上机操作：在图 6-117 所示的大概位置处分别创建一条圆弧特征和两条曲线特征，接着使用“桥接曲线”命令创建延伸到 *XC-ZC* 平面的 3 条受约束的桥接曲线（见图 6-118），最后练习创建连结曲线的操作。

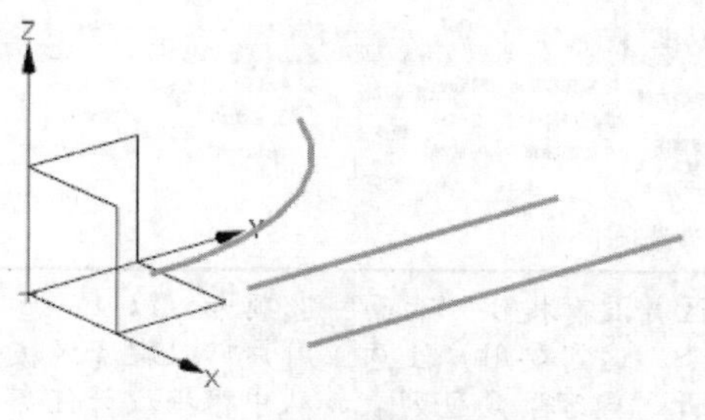

图6-117 绘制 3 条曲线特征

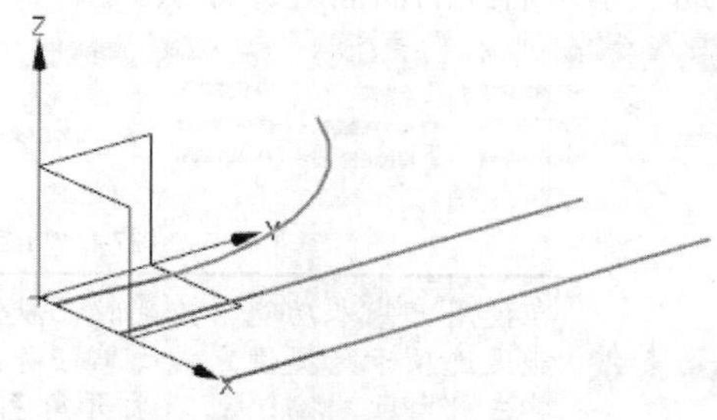

图6-118 创建桥接曲线

第7章　曲面片体设计

本章导读

曲面片体设计是造型建模的一个重点内容，很多产品的造型都要求或多或少地具有一些有特色的或流畅的曲面。从某种程度上来说，曲面设计能力衡量了一个高级造型设计师的能力水平。

NX 11 具有强大、实用而又灵活的曲面设计功能。本章将重点介绍 NX 11 的曲面设计知识，具体内容包括曲面设计工具、依据点构建曲面、创建基本网格曲面、典型曲面设计、曲面操作、曲面基本编辑、曲面测量与分析等。

7.1　曲面概述

曲面片体设计在现代产品设计中具有举足轻重的地位，很多产品的开发设计都离不开曲面设计，如汽车的外观造型通常具有流线型、具有艺术美的曲面。用户使用 NX 11 的曲面造型功能，可以创建出令人赏心悦目的曲面造型。大多数的曲面设计方法提供参数化设计功能，便于用户及时根据设计要求修改曲面。

在 NX 11 建模环境下，曲面设计的相关工具命令基本集中在功能区的“曲面”选项卡的几个面板中，包括“曲面”面板、“曲面工序”面板和“编辑曲面”面板，如图 7-1 所示。用户也可以通过单击“菜单”按钮来从传统菜单中找到相关的曲面设计与编辑命令。“曲面”面板主要提供了“NX 创意塑型”“艺术曲面”“通过曲线网格”“通过曲线组”“扫掠”“规律延伸”“面倒圆”“美学面倒圆”“样式倒圆”“四点曲面”“快速造面”和“N 边曲面”等工具。“曲面操作”面板提供了用于关于曲面操作工序的许多实用工具，“编辑曲面”面板则提供了用于编辑曲面的许多实用工具。读者可以先熟悉一下相关曲面工具的出处，这样有助于学习后续的曲面设计知识。

图7-1　功能区的“曲面”选项卡

在使用“基本功能”角色时，默认的功能区并没有提供“曲面”选项卡，以及一些功能区选项卡只提供完成简单任务的工具命令，这需要用户注意。用户可以在资源板中单击“角色”按钮，打开角色面板，展开“内容”角色列表，从中根据设计任务和实际情况选择“高级”“CAM 高级功能”“CAM 基本功能”或“布局”等角色，不同的角色会控制用户界面的外观，包括控制在功能区和菜单栏中的命令显示项目、显示按钮等。本书推荐选择加载“高级”角色，加载“高级”角色的操作示意图解如图 7-2 所示。“高级”角色提供了一组更广泛的工具，支持简单和高级任务。

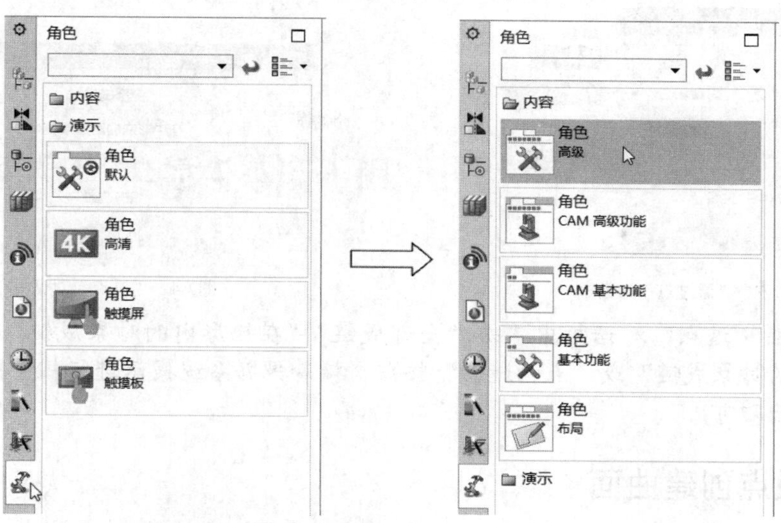

图7-2 加载“高级”角色操作示意

通过加厚曲面/片体可以获得实体，也可以使用曲面/片体去编辑实体模型。

7.2 依据点构建曲面

NX 11 提供依据点构建曲面的方法，主要包括“通过点创建曲面”“从极点创建曲面”和“拟合曲面”等。

7.2.1 通过点创建曲面

使用“通过点创建曲面”功能，可以通过矩形阵列点来创建曲面，其具体的操作步骤如下。

1 单击“菜单”按钮并选择“插入”/“曲面”/“通过点”命令，弹出图7-3 所示的“通过点”对话框。

2 在“通过点”对话框中进行以下参数设置。

在“补片类型”下拉列表框中选择“单个”选项或“多个”选项。“单个”选项用于生成仅由一面片组成的体，“多个”选项用于生成由单面片矩形阵列组成的体。

“沿以下方向封闭”下拉列表框用于为“多个”补片类型的片体指定封闭方式，即设置沿哪个方向封闭。在该下拉列表框中选择“两者皆否”“行”“列”或“两者皆是”选项，“两者皆否”表示生成的片体在行和列两个方向上都不封闭；“行”表示仅在行方向上封闭；“列”表示仅在列方向上封闭；“两者皆是”表示在行和列两个方向都是封闭的。

当“补片类型”为“多个”时，还可以更改默认的行阶次和列阶次。

“文件中的点”按钮用于在指定路径调入包含点的文件来定义点和极点。

3 在“通过点”对话框中设置好参数后，单击“确定”按钮，系统弹出图7-4 所示的“过点”对话框。

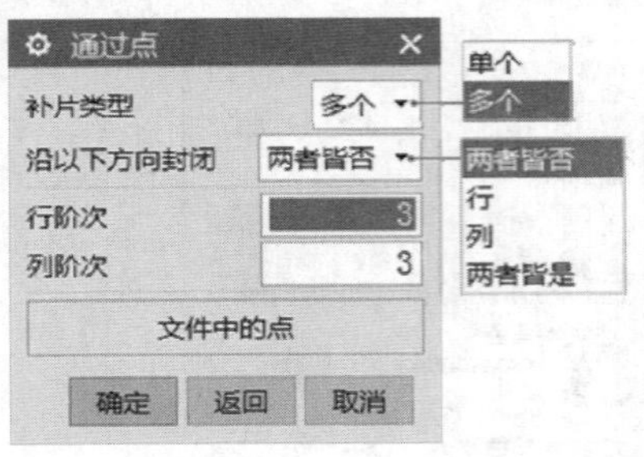

图7-3　“通过点”对话框

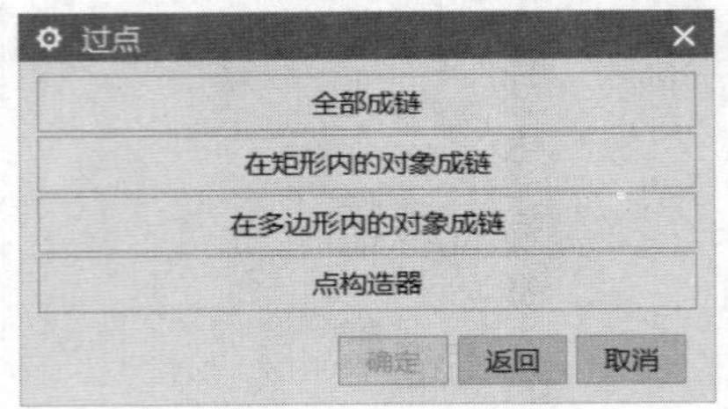

图7-4　“过点”对话框

4 在“过点”对话框中单击“全部成链”“在矩形内的对象成链”“在多边形内的对象成链”或“点构造器”按钮，接着根据系统提示进行相关操作来创建曲面即可。

7.2.2　从极点创建曲面

“从极点创建曲面”是指利用定义曲面极点的矩形阵列点创建曲面。

单击“菜单”按钮并选择“插入”/“曲面”/“从极点”命令，弹出图 7-5 所示的“从极点”对话框。在该对话框中设置补片类型等，单击“确定”按钮，系统弹出图 7-6 所示的“点”对话框，然后通过“点”对话框指定所需的点等来完成从极点创建曲面。下面列举一个较为简单的使用“从极点”创建曲面的范例。

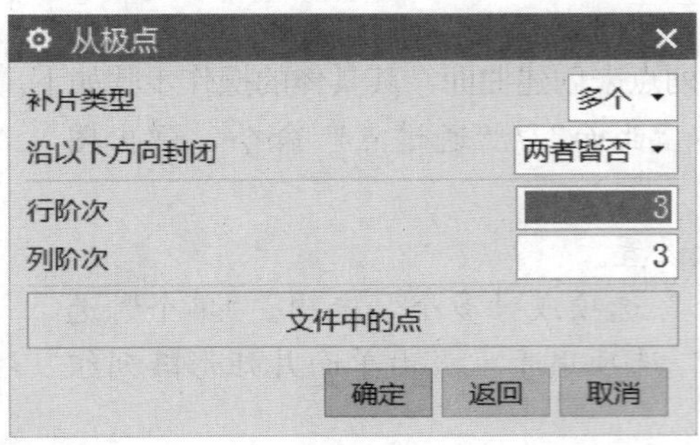

图7-5　“从极点”对话框

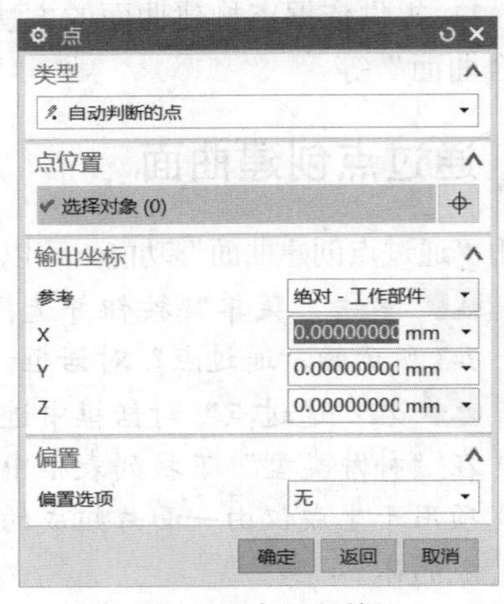

图7-6　“点”对话框

1 按“Ctrl+O”快捷键，弹出“打开”对话框，选择本书光盘配套的“\DATA\CH7\BC_7_2_2.prt”文件，单击“OK”按钮将其打开。

2 单击“菜单”按钮并选择“插入”/“曲面”/“从极点”命令，弹出“从极点”对话框。

3 从“补片类型”下拉列表框中选择“单个”选项，如图 7-7 所示，然后单击“确定”按钮。

4 系统弹出“点”对话框，依次选择图 7-8 所示的点 1、点 2、点 3 和点 4，单击“确定”按钮。

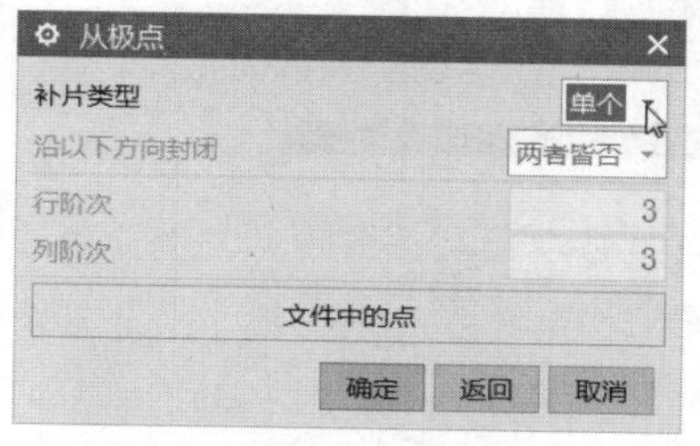

图7-7 “从极点”对话框（1）

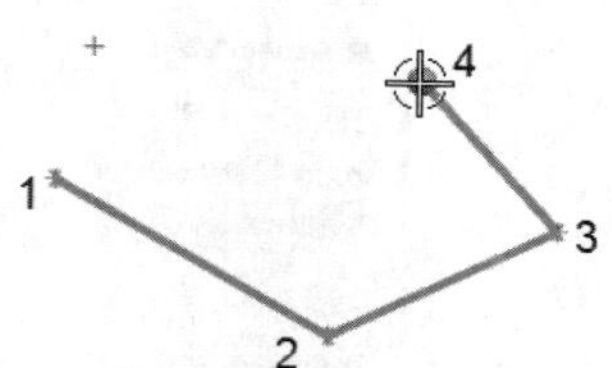

图7-8 依次选择 4 个点

5 在弹出的图 7-9 所示的“指定点”对话框中单击“确定”按钮。

6 系统再次弹出“点”对话框，在图形窗口中依次选择点 1、点 6、点 5 和点 4，如图 7-10 所示，并在“点”对话框中单击“确定”按钮，然后在弹出的“指定点”对话框中单击“是”按钮。

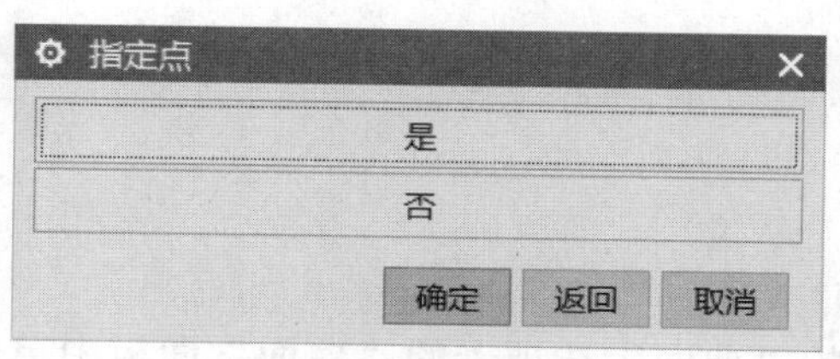

图7-9 “指定点”对话框

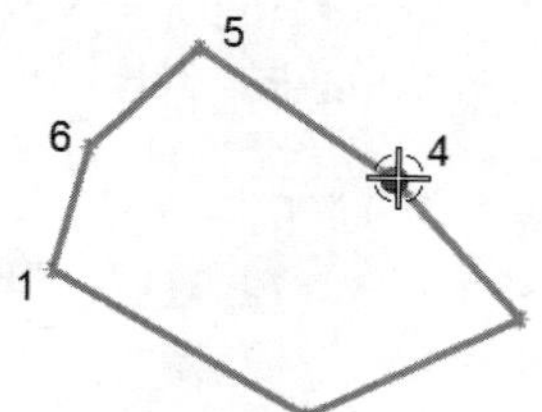

图7-10 指定点

7 系统弹出图 7-11 所示的“从极点”对话框，单击“所有指定的点”按钮，创建的曲面如图 7-12 所示。

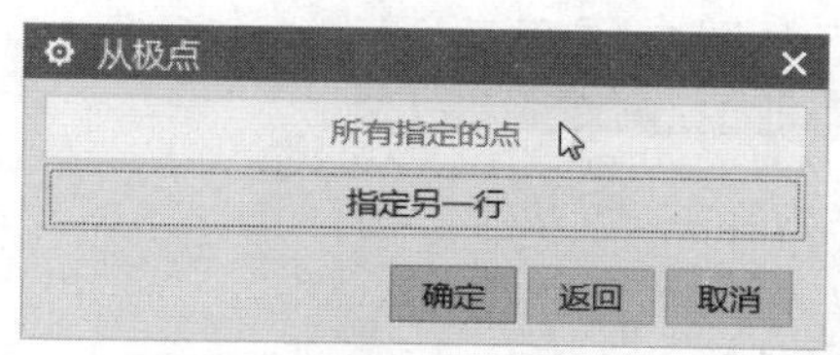

图7-11 “从极点”对话框（2）

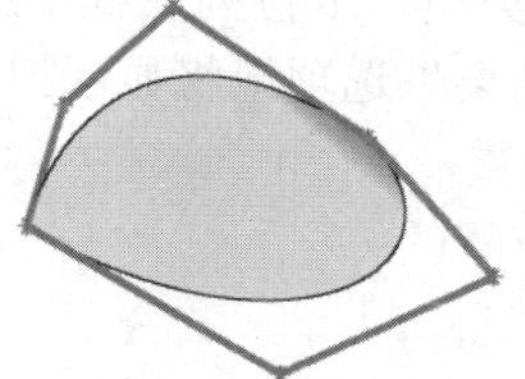

图7-12 创建的曲面

7.2.3 拟合曲面

使用“拟合曲面”功能，可以通过将自由曲面、平面、球、圆柱或圆锥拟合到指定的数据点或小平面体来创建它们。

在功能区的“曲面”选项卡的“曲面”面板中单击“更多”/“拟合曲面”按钮，弹出图 7-13 所示的“拟合曲面”对话框，接着选择所需的小平面体、点集或点组作为拟合目标。从“类型”选项组的“类型”下拉列表框可以看出，拟合曲面分为 5 种类型，包括“拟合自由曲面”“拟合平面”“拟合球”“拟合圆柱”和“拟合圆锥”。选择不同的拟合曲面类型，则需设置不同的选项和参数。例如，当选择“拟合自由曲面”类型选项时，则需要指定拟合方向、参数化和光顺因子，并可根据情况定义边界；当选择“拟合平面”类型选项时，则可根据需要决定是否约束平面法向和是否自动拒绝点；当选择“拟合球”类型选项时，可利用出现的“拟合条件”选项组来设置是否使用半径拟合条件和封闭拟合条件；“拟合圆柱”和“拟合圆锥”也各自有相应的方向约束要求和拟合条件。

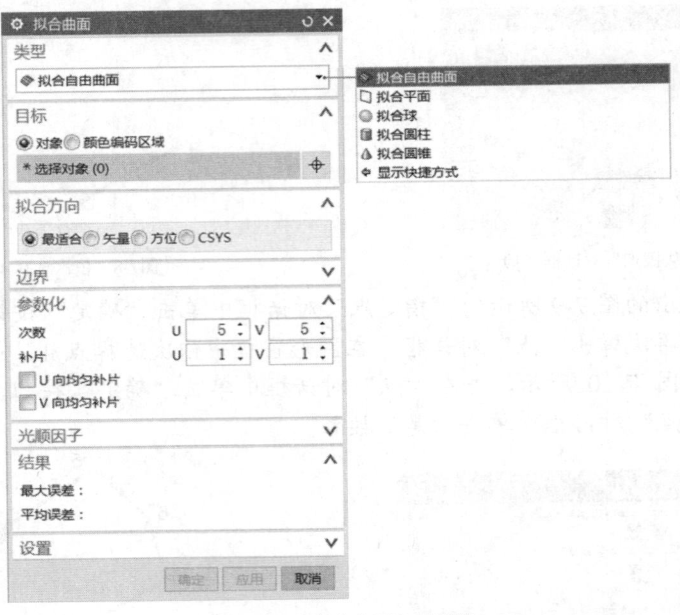

图7-13　“拟合曲面”对话框

假设已有的点集如图 7-14 所示，在功能区的“曲面”选项卡的“曲面”面板中单击“更多”/“拟合曲面”按钮，弹出“拟合曲面”对话框，“目标”选项组中的“选择对象”按钮处于被选中状态，在图形窗口中选择已有点集作为拟合目标，接着从“类型”选项组的“类型”下拉列表框中选择“拟合球”，并进行拟合条件和自动拒绝点设置来创建拟合球，“结果”选项组将显示拟合曲面的拟合信息，如图 7-15 所示。

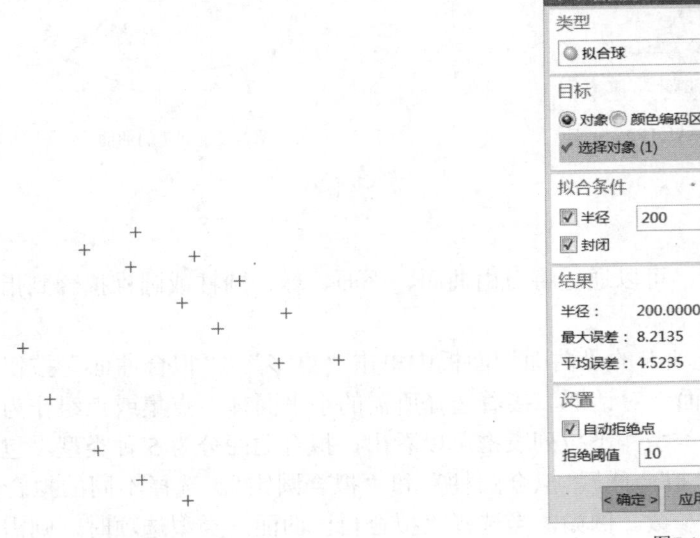

图7-14　已有点集

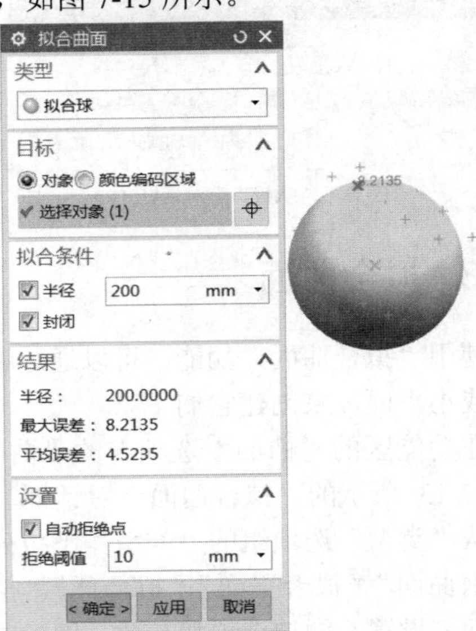

图7-15　创建拟合球示例

对于以上同样的点集作为拟合目标，还可以创建成拟合自由曲面、拟合平面、拟合圆柱和拟合圆锥，如图 7-16 所示。

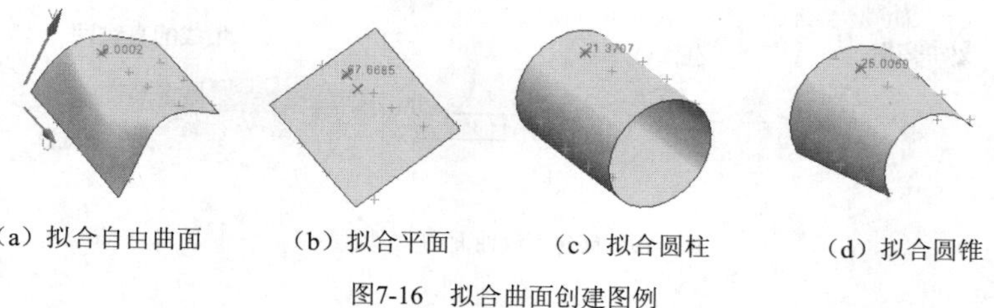

（a）拟合自由曲面　（b）拟合平面　（c）拟合圆柱　（d）拟合圆锥

图7-16　拟合曲面创建图例

7.3 基本网格曲面

本节的主要知识点包括直纹面、通过曲线组、通过曲线网格、N 边曲面和艺术曲面等。

7.3.1 直纹面

直纹面是指通过两个截面线串来创建的一类网格曲面，每个截面线串由一个或多个连续的曲线或边缘组成。

在“曲面”面板中单击“更多”/“直纹”按钮，系统弹出图 7-17 所示的“直纹”对话框，接着分别选择截面线串 1 和截面线串 2，并注意各截面线串的起点方向。

在图形窗口中选择截面线串 1 后，要选择截面线串 2，则在“截面线串 2”选项组中单击“选择线串”按钮，然后在图形窗口中选择截面线串 2 即可。用户也可以在选择截面线串 1 后单击鼠标中键，以快速切换（前进）到选择截面线串 2 的选择状态。另外，在对截面线串 1 进行选择时，系统允许选择对象为一个点。

选择好截面线串 1 和截面线串 2 后，可以在“对齐”选项组中设置是否保留形状，指定控制截面线串之间的对齐方法，以及在“设置”选项组中设定体类型（实体或片体）、位置公差，如图 7-18 所示。

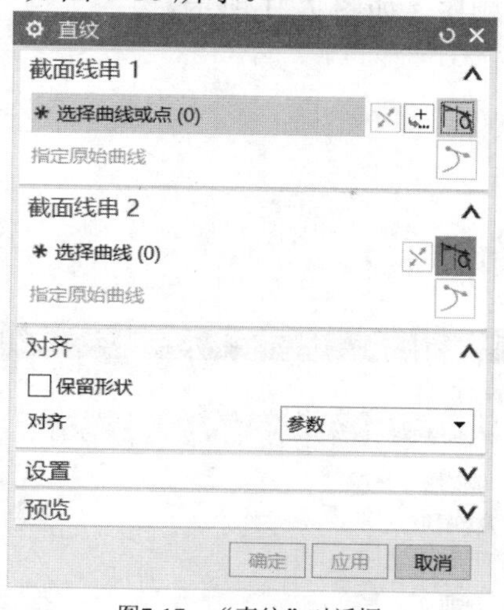

图7-17　“直纹”对话框

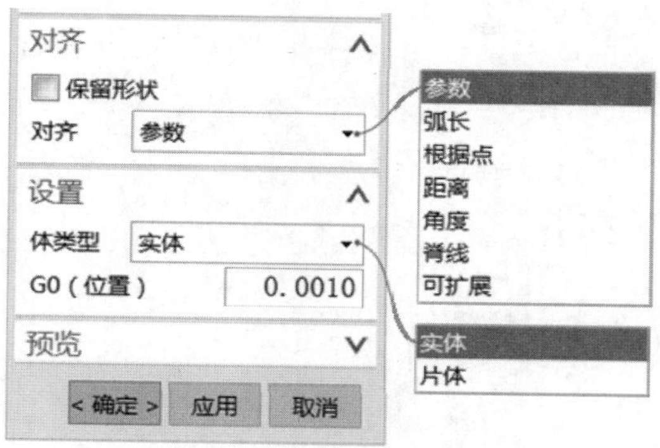

图7-18　“对齐”与“设置”参数

创建直纹曲面的典型示例如图 7-19 所示。

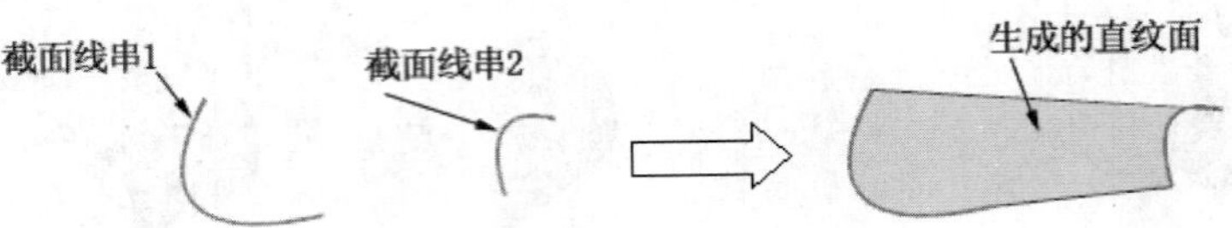

图7-19　创建直纹曲面的典型示例

7.3.2　通过曲线组

使用“通过曲线组”按钮，可以通过多个截面线串创建体，如创建曲面片体。这些截面线串和新建立的体可关联，当修改其中某条截面线串时，NX 将对体进行相应地更新。

在“曲面”面板中单击“通过曲线组”按钮，或者选择“菜单”/“插入”/“网格曲面”/“通过曲线组”命令，系统弹出图 7-20 所示的“通过曲线组”对话框。下面介绍该对话框各选项组的操作应用。

一、“截面”选项组

“截面”选项组用于指定所需的截面线串，最多可允许选择 150 条截面线串。

当激活该选项组中的“曲线”按钮，NX 系统提示选择要剖切的曲线或点。用户在图形窗口中选择截面线串时，所选截面线串的名称显示在“截面”选项组的“列表”框中，同时，图形窗口中该截面线串的近端出现一个箭头以表示曲线的方向，如果用户要改变曲线箭头的方向，则可以单击“反向”按钮。

选择一条截面线串后，单击鼠标中键或单击“添加新集”按钮，接着可以选择第二条截面线串，使用同样的方法再选择其他的截面线串。在“截面”选项组的“列表”框中选择其中一个截面线串后，可以单击“移除”按钮将其从列表中移除，或者单击“上移”按钮或“下移”按钮以改变截面线串选择的先后顺序，如图 7-21 所示。

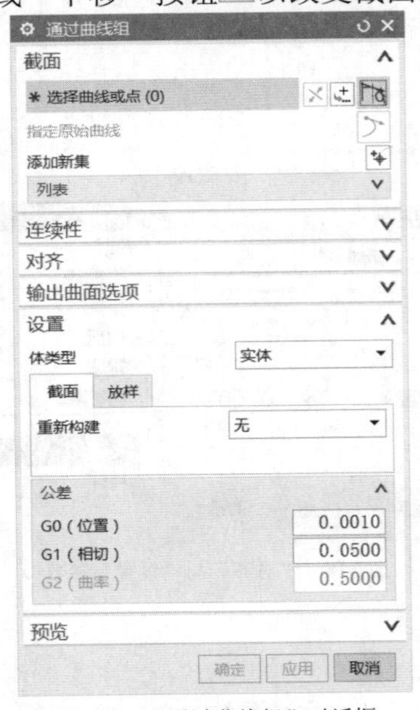

图7-20　“通过曲线组”对话框

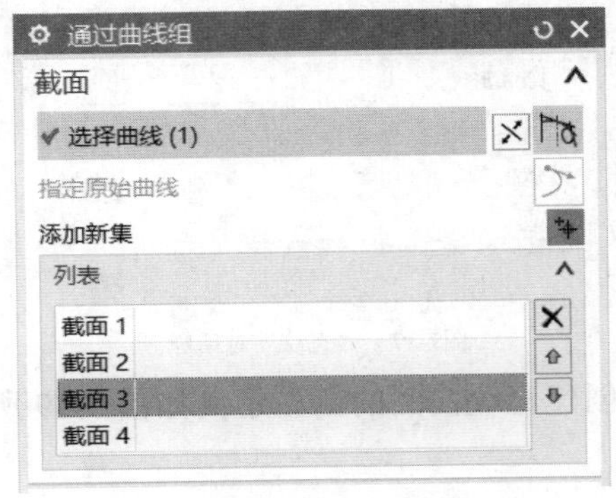

图7-21　“截面”选项组

二、“连续性”选项组

“连续性”选项组用于定义创建的曲面与用户指定的体边界之间的过渡方式，即曲面的连续性方式，如图 7-22 所示。曲面的连续性方式主要有位置（G0）连续过渡、相切（G1）连续过渡和曲率（G2）连续过渡。

三、“对齐”选项组

在“对齐”选项组设置是否保留形状，以及从“对齐”下拉列表框中选择一种对齐选项，可供选择的对齐选项有“参数”“弧长”“根据点”“距离”“角度”“脊线”和“根据分段”，如图 7-23 所示。这些对齐选项的功能含义如下。

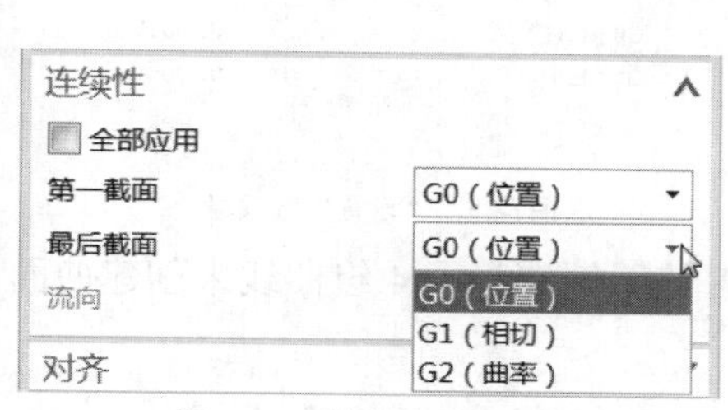

图7-22 “连续性”选项组

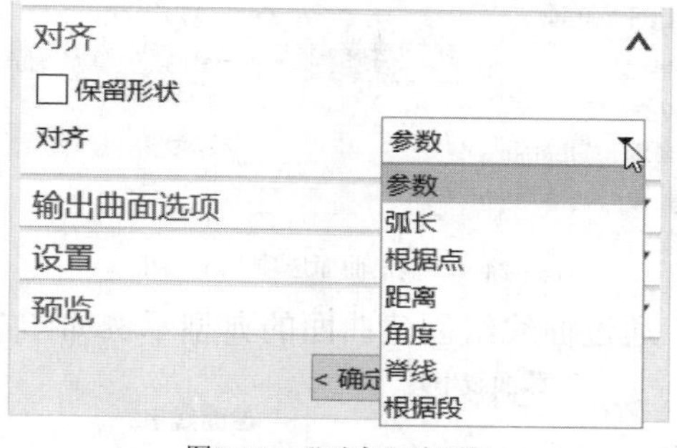

图7-23 “对齐”选项组

- 参数：按等参数间距沿截面对齐等参数曲线。注意可使用“参数”或“根据点”对齐方法保留形状。
- 弧长：按等弧长间距沿截面对齐等参数曲线，即指定连接点在用户指定的截面线串上等弧长分布。
- 根据点：按截面间的指定点对齐等参数曲线，可以添加、删除和移动点来优化曲面形状。
- 距离：按指定方向的等距离沿每个截面对齐等参数曲线。
- 角度：按相等角度绕指定的轴线对齐等参数曲线。
- 脊线：按选定截面与垂直于选定脊线的平面的交线来对齐等参数曲线。系统会根据用户指定的脊线来生成曲面，曲面的大小由脊线的长度来决定。
- 根据段：按相等间距沿截面的每条曲线段对齐等参数曲线，即系统会根据曲线上的分段来对齐生成曲面。

四、“输出曲面选项”选项组

在“输出曲面选项”选项组中可指定补片类型、构造选项及一些辅助选项，如图 7-24 所示。当补片类型设置为“单个”时，“V 向封闭”复选框和“垂直于终止截面”复选框不可用。“构造”下拉列表框用于指定构造曲面的方法，可供选择的构造选项有“法向/常规”“样条点”和“简单”。

- 法向/常规：选择此构造选项时，NX 系统按照正常方法构造曲面，这种方法构造的曲面补片较多。
- 样条点：选择此构造选项时，NX 系统根据样条点来构造曲面，这种方法产生的补片较少。

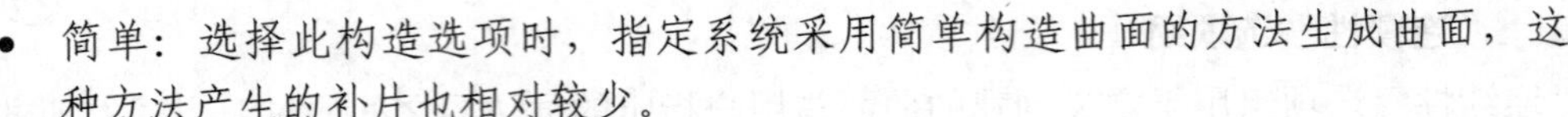

- 简单：选择此构造选项时，指定系统采用简单构造曲面的方法生成曲面，这种方法产生的补片也相对较少。

五、“设置”选项组

在“设置”选项组中设置体类型为“片体”还是“实体”，设置截面和放样的重新构建选项、阶次，以及指定相关公差等，如图 7-25 所示。

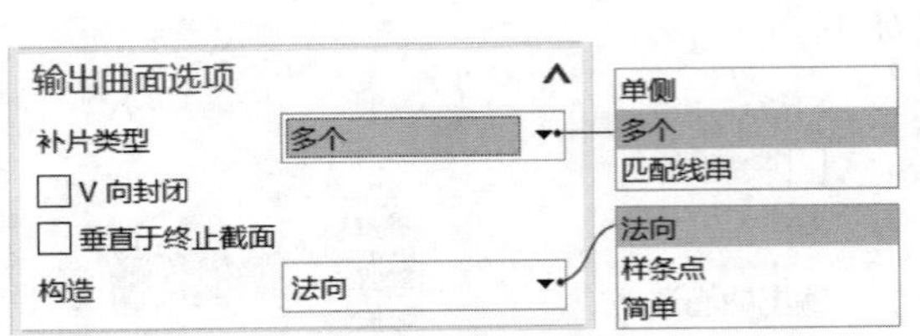

图7-24　“输出曲面选项”选项组

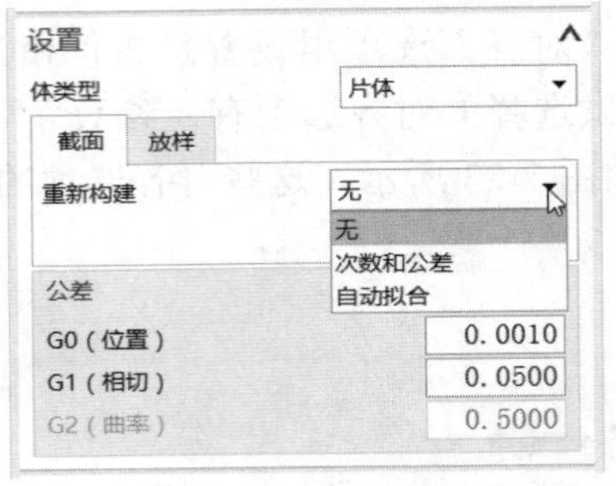

图7-25　“设置”选项组

通过曲线组创建曲面的典型示例如图 7-26 所示，该示例选择了 4 组曲线来创建曲面。

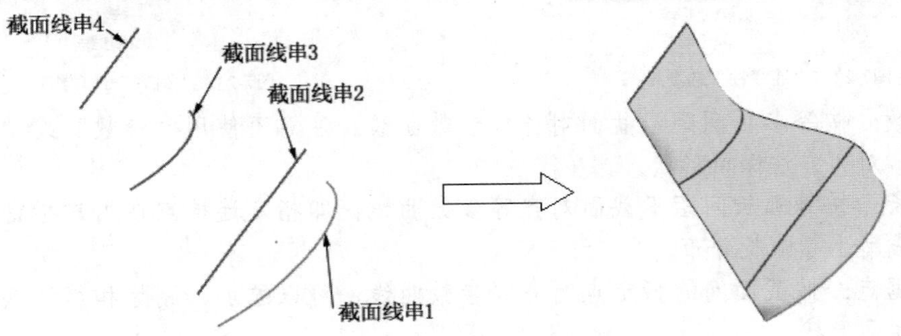

图7-26　通过曲线组创建曲面的典型示例

7.3.3　通过曲线网格

使用“通过曲线网格”命令，可以通过一个方向的截面网格和另一个方向的引导线创建体，其中，在一个方向的截面网格曲线称为主曲线，而在另一个方向的曲线称为交叉线串。通过曲线网格创建的曲面片体与线串也是相关的。

要通过曲线网格创建曲面，则在“曲面”面板中单击“通过曲线网格”按钮，或者选择“菜单”/“插入”/“网格曲面”/“通过曲线网格”命令，弹出图 7-27 所示的“通过曲线网格”对话框，接着利用以下选项组进行相关操作。

一、“主曲线”选项组

在“主曲线”选项组中单击“曲线”按钮，在图形窗口中选择一条曲线作为主曲线，此时该曲线在图形窗口中高亮显示，并在曲线的一端显示一个指示曲线方向的箭头。如果用户对默认的曲线方向不满意，可以单击“反向”按钮进行切换。选择一个主曲线后，单击鼠标中键或单击“添加新集”按钮，可以继续添加另一条主曲线。所选主曲线显示在“主曲线”选项组的“列表”框中，可以对指定的主曲线进行移除、顺序调整操作。

在图 7-28 所示的示例中，选择了 4 条单段曲线作为主曲线，在实际操作时为了便于选择到合适的曲线段作为主曲线，通常要根据设计情况在“选择条”工具栏中指定合适的曲线选择规则。

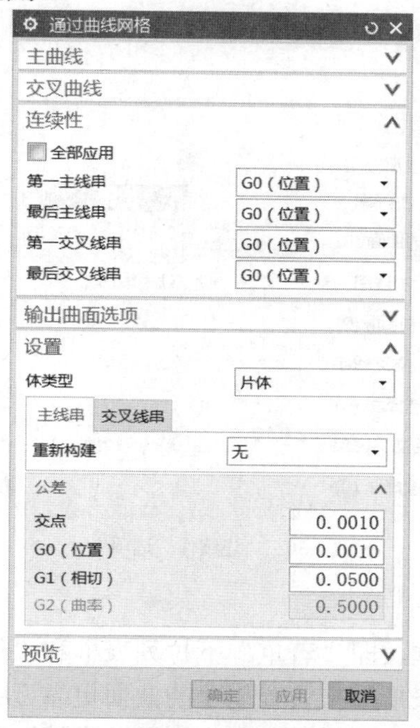

图7-27 “通过曲线网格”对话框

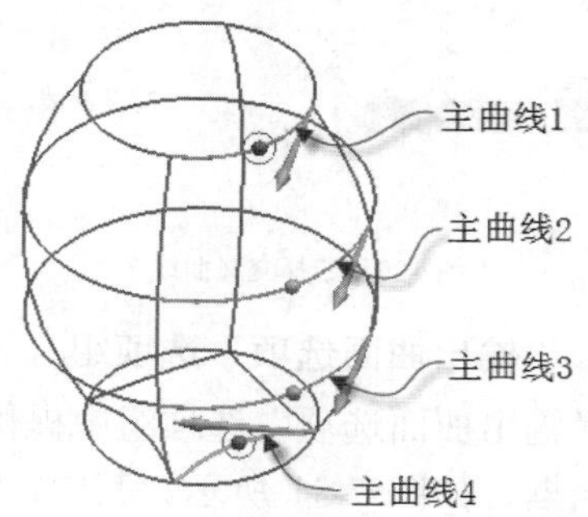

图7-28 选择主曲线

对于主曲线，用户可以通过单击位于“曲线”按钮左侧（前面）的“点构造器”按钮，在图形窗口中指定一个点作为第一条主曲线或最后一条主曲线。

二、“交叉曲线”选项组

完成主曲线的选择操作后，在“交叉曲线”选项组中单击“曲线”按钮，接着在图形窗口中选择一条曲线作为交叉曲线 1，单击鼠标中键或单击“添加新集”按钮，继续添加另外的交叉曲线。有关交叉曲线的移除、顺序调整和主曲线的相关操作是一样的。

在如图 7-29 所示的示例中，选择了两条曲线作为交叉曲线（交叉曲线 1 和交叉曲线 2），此时可以预览到生成的曲面效果。

三、“连续性”选项组

在“连续性”选项组中分别指定第一主线串、最后主线串、第一交叉线串、最后交叉线串的连续过渡选项（如“G0（位置）”“G1（相切）”或“G2（曲率）”）。如果在“连续性”选项组中选中“全部应用”复选框，则设置“第一主线串”“最后主线串”“第一交叉线串”和“最后交叉线串”4 个下拉列表框中的连续过渡选项都相同，如图 7-30 所示。当连续过渡选项为“G1（相切）”或“G2（曲率）”时，还需要通过结合“面”按钮来选择要约束的所需面。

- G0（位置）：使用位置连续。
- G1（相切）：约束新的片体相切到一个面或一组面。
- G2（曲率）：约束新的片体与一个面或一组面相切并曲率连续。当建立此约束

时，它们在新片体的切线方向匹配相切和法向曲率。

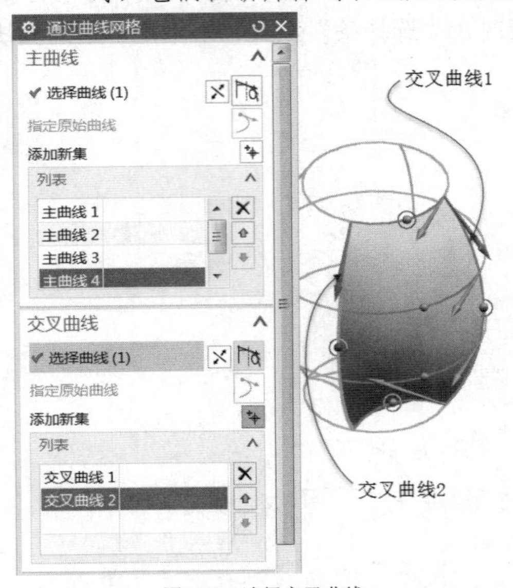

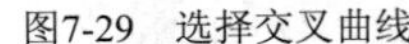

图7-29　选择交叉曲线

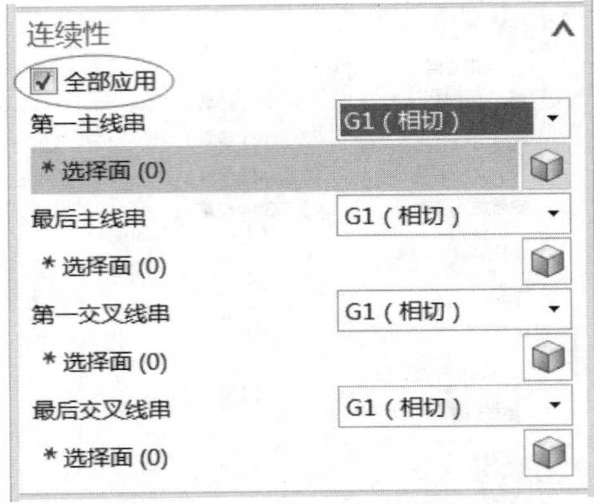

图7-30　“连续性”选项组

四、“输出曲面选项”选项组

在“输出曲面选项”选项组中提供两个下拉列表框，即“着重”下拉列表框和“构造”下拉列表框，如图 7-31 所示。其中，“着重”下拉列表框用来设置创建的曲面更靠近哪一组截面线串，可供选择的选项有“两者皆是”“主线串”和“交叉线串”。“两者皆是”选项用于设置创建的曲面既靠近主曲线也靠近交叉曲线，这样创建的曲面一般会在主曲线和交叉曲线之间通过；“主线串”选项用于设置创建的曲面靠近主曲线，即尽可能通过主曲线；“交叉线串”选项用于设置创建的曲面靠近交叉曲线，即创建的曲面尽可能通过交叉曲线。而“构造”下拉列表框在上一小节（7.3.2）中已有介绍，在此不再赘述。

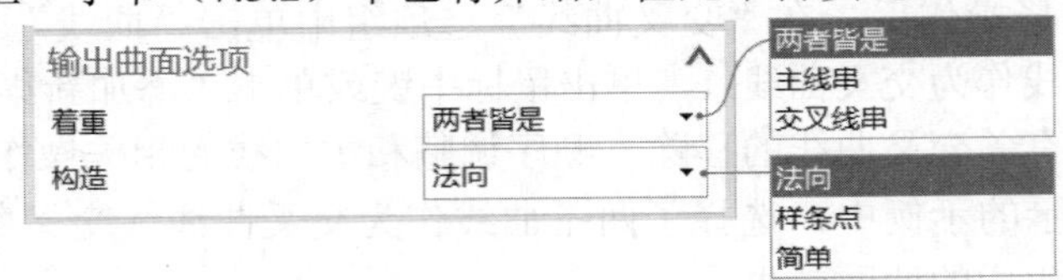

图7-31　“输出曲面选项”选项组

五、“设置”选项组

在“设置”选项组中设置体类型为实体或是片体，以及为主线串和交叉线串设置重新构建选项和相应的公差，如交点公差、G0（位置）公差、G1（相切）公差或 G2（曲率）公差。

下面介绍一个使用“通过曲线网格”命令创建曲面的范例。

1 按“Ctrl+O”快捷键以弹出“打开”对话框，通过“打开”对话框选择本书配套的“\DATA\CH7\BC_7_3_3.prt”文件，单击“OK”按钮将其打开。该文件中已有的曲线如图 7-32 所示。

2 在功能区的“曲面”选项卡的“曲面”面板中单击“通过曲线网格”按钮，弹出“通过曲线网格”对话框。

3 此时，“主曲线”选项组中的“曲线”按钮处于被选中的状态，在“选择条”工具栏的“曲线规则”下拉列表框中选择“相切曲线”选项，在图形窗口中选择图 7-33 所示的相切曲线链 1，单击鼠标中键，接着选择相切曲线链 2，从而指定两条主曲线。

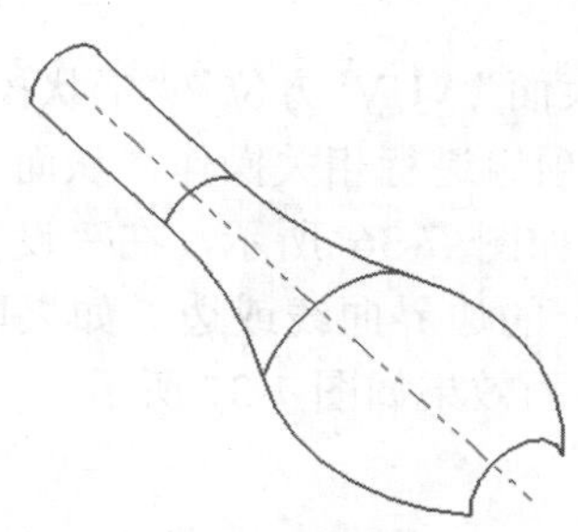

图7-32　已有曲线

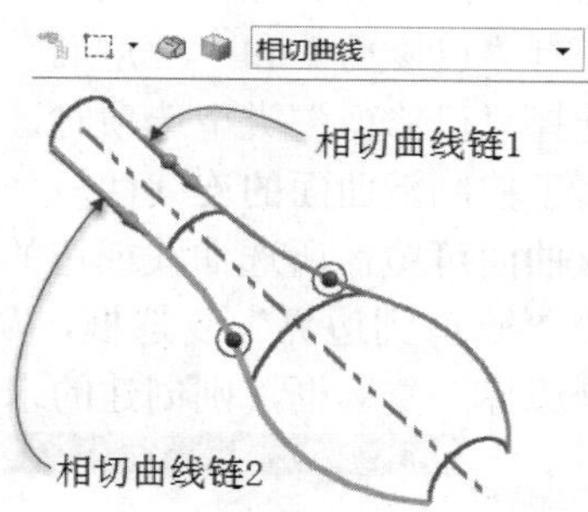

图7-33　分别选择两条相切曲线作为主曲线

4 在“交叉曲线”选项组中单击“曲线”按钮，并将曲线规则设为“单条曲线”，在图形窗口中选择曲线 A 为交叉曲线 1，单击鼠标中键；接着选择曲线 B 作为交叉曲线 2 并单击鼠标中键；再选择曲线 C 作为交叉曲线 3 并单击鼠标中键；然后选择曲线 D 作为交叉曲线 4 并单击鼠标中键，注意各交叉曲线的起点方向要一致，如图 7-34 所示。

5 在“设置”选项组的“体类型”下拉列表框中选择“片体”选项，接着在“公差”子选项组中设置“交点”公差值为 0,001，G0（位置）公差值为 0.025，G1（相切）公差值为 0.05。

6 在“连续性”选项组中将第一主线串、最后主线串、第一交叉线串和最后交叉线串的连续性选项均设置为“G0（位置）”。接着展开“输出曲面选项”选项组，从“着重”下拉列表框中选择“两者皆是”选项，在“构造”下拉列表框中选择“法向”选项。

7 单击“确定”按钮，创建的曲面如图 7-35 所示。

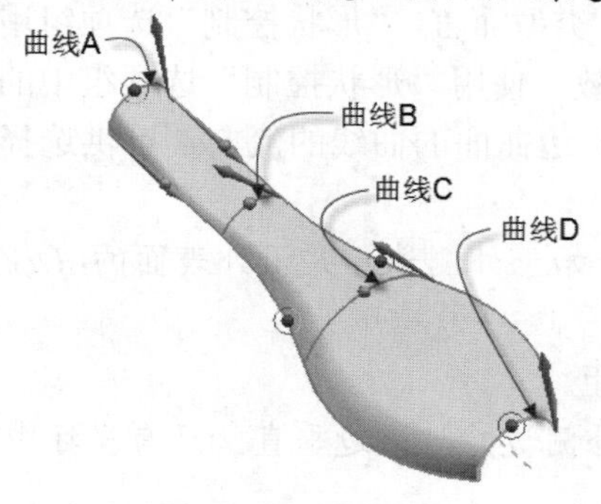

图7-34　指定交叉曲线

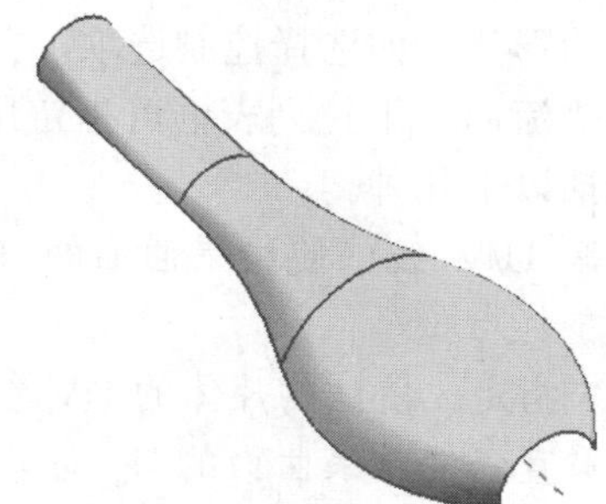

图7-35　创建的网格曲面

7.3.4 N 边曲面

使用 NX 提供的“N 边曲面”命令，可以创建由一组端点相连的曲线封闭的曲面，并可以指定曲面与外部面的连续性。通常使用此命令来光顺地修补曲面之间的缝隙，而无需修

剪、取消修剪或改变外部曲面的边。

要创建 N 边曲面，则在功能区的“曲面”选项卡的“曲面”面板中单击“N 边曲面”按钮，或者选择“菜单”/“插入”/“网格曲面”/“N 边曲面”命令，系统弹出“N 边曲面”对话框。从该对话框的“类型”下拉列表框中指定可创建的 N 边曲面的类型，可供选择的类型有“已修剪”和“三角形”。

当选择“已修剪”类型选项时，将使用“外环”“约束面”“UV 方位”“形状控制”（该选项组用于控制新曲面的连续性与平面度）和“设置”选项组进行相关操作，从而创建单个曲面，该曲面可覆盖所选曲线或边的闭环内的整个区域。如图 7-36 所示，在“设置”选项组中选中“修剪到边界”复选框，从而将曲面修剪到指定的边界曲线或边。如果取消选中“修剪到边界”复选框，则创建的未修剪到边界的 N 边曲面效果如图 7-37 所示。

图7-36　创建“已修剪”类型的 N 边曲面

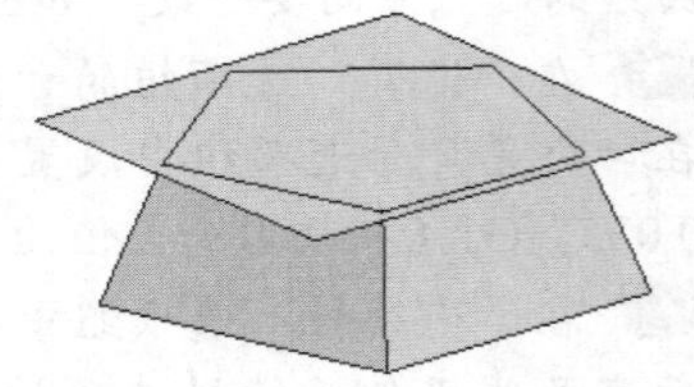

图7-37　未修剪到边界的 N 边曲面

当选择“三角形”类型选项时，将在所选曲线或边的闭环内创建由单独的、三角形补片构成的曲面，每个补片都包含每条边和公共中心点之间的三角形区域，如图 7-38 所示（注意该示例中选择的曲线链和约束面）。对于“三角形”类型而言，“形状控制”选项组用于更改新曲面的形状，如选择控制选项，并指定相应的参数。使用“形状控制”选项组中的“约束”下的“流向”下拉列表框可指定用于创建结果 N 边曲面的曲线的流向，可供选择的流向选项包括以下几种。

- 等 U/V 线：使结果曲面的 *V* 向等参数线开始于外侧边，并沿外表面的 *U*/*V* 方向。
- 未指定：使结构片体的 UV 参数和中心点等距。
- 垂直：使结果曲面的 *V* 向等参数线开始于外侧边并与该边垂直。只有当环中的所有曲线或边至少相切连续时才可用。
- 相邻边：使结果曲面的 *V* 向等参数线沿约束面的侧边。

为了读者更好地掌握创建 N 边曲面的方法和步骤，下面举例说明。在该例中，将创建三角形 N 边曲面来封闭片体中的缝隙。

1 按“Ctrl+O”快捷键以弹出“打开”对话框，选择本书配套光盘中的“\DATA\CH7\BC_7_3_4.prt”文件，单击“OK”按钮将其打开。该文件中已有的曲面如图 7-39 所示。

2 在“曲面”面板中单击“N 边曲面”按钮，或者选择“菜单”/“插入”/“网格曲面”/“N 边曲面”命令，系统弹出“N 边曲面”对话框。

3 在“类型”选项组的“类型”下拉列表框中选择“三角形”选项，并且在“预览”选项组中确保选中“预览”复选框。

4 在“外环”选项组中单击“选择曲线”按钮，并在“选择条”工具栏的“曲线规则”下拉列表框中选择“相切曲线”选项，然后在图形窗口中选择图 7-40 所示的相切曲线。

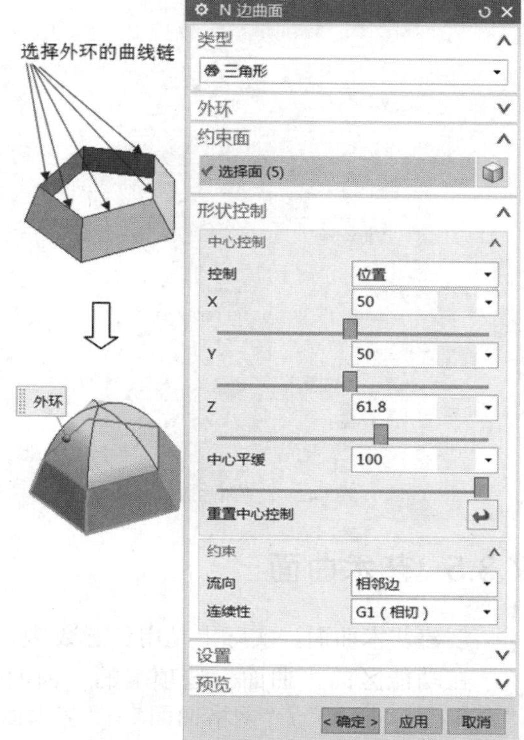

图7-38 创建“三角形”类型的 N 边曲面

5 在“约束面”选项组中单击“选择面”按钮，并在“选择条”工具栏中的“面规则”下拉列表框中选择“相切面”选项，然后在图形窗口中选择图 7-41 所示的面作为约束面，此时出现由默认形状控制等参数和选项定义的 N 边曲面预览。

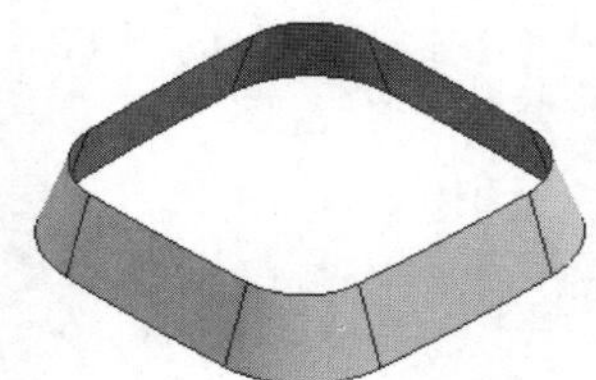

图7-39 已有曲面

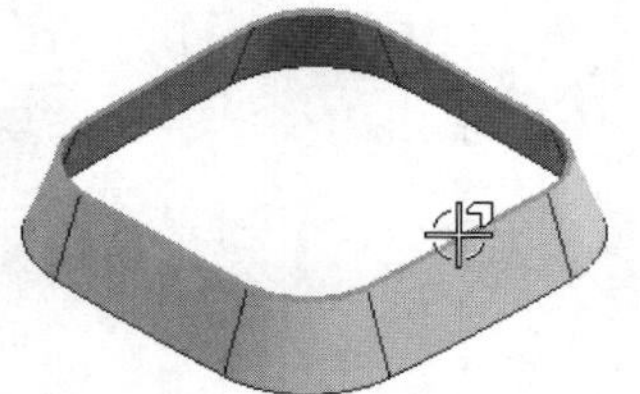

图7-40 选择相切曲线以定义外环

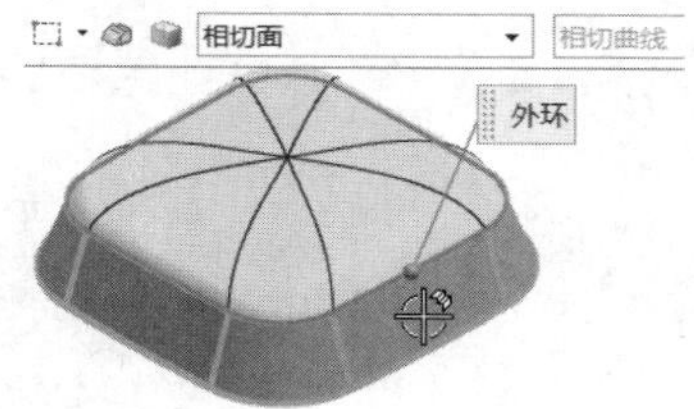

图7-41 指定约束面

6 在“形状控制”选项组的“约束”下，确保从“流向”下拉列表框中选择“相邻边”选项，在“连续性”下拉列表框中选择“G1（相切）”选项，并在“中心控制”子选项组中将控制选项设置为“位置”，“X”值为 50，“Y”值为 50，“Z”值为 50，“中心平缓”值为 100。

7 在“设置”选项组中选中“尽可能合并面”复选框，如图 7-42 所示。

8 在“N 边曲面”对话框中单击“确定”按钮，结果如图 7-43 所示。

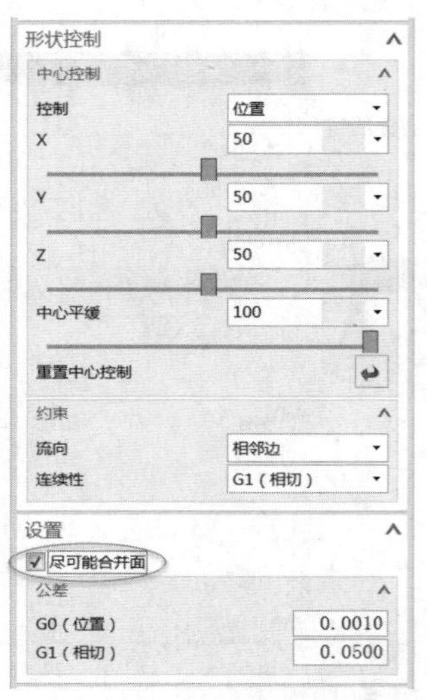

图7-42　设置附加选项

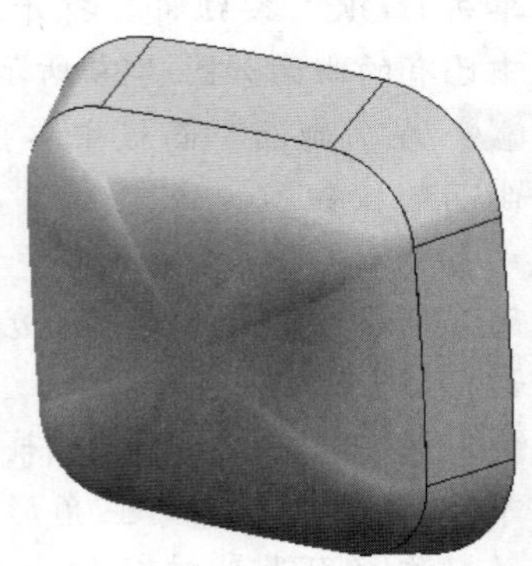

图7-43　创建的 N 边曲面

7.3.5 艺术曲面

创建艺术曲面，实际上是用任意数量的截面和引导线串来创建曲面。

在功能区的“曲面”选项卡的“曲面”面板中单击“艺术曲面”按钮，或者选择“菜单”/“插入”/“网格曲面”/“艺术曲面”命令，系统弹出“艺术曲面”对话框。通过此对话框可分别指定截面（主要）曲线、引导（交叉）曲线、连续性选项、输出曲面选项、体类型选项、相应公差等，如图 7-44 所示。

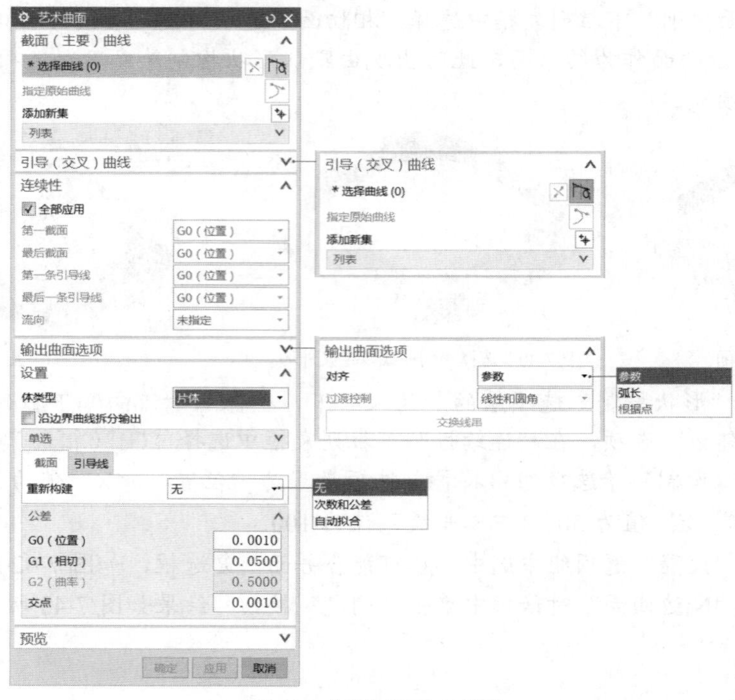

图7-44　“艺术曲面”对话框

下面通过范例的形式介绍创建艺术曲面的具体操作步骤。

1 在“快速访问”工具栏中单击“打开”按钮，弹出“打开”对话框，选择本书配套的“\DATA\CH7\BC_7_3_5.prt”文件，单击“OK”按钮。

2 在功能区的“曲面”选项卡的“曲面”面板中单击“艺术曲面”按钮，系统弹出“艺术曲面”对话框。

3 “截面（主要）曲线”选项组中的“选择曲线”按钮处于被选中的状态，在“选择条”工具栏中选择“单条曲线”，接着在图形窗口中选择曲线 1 并单击鼠标中键，选择曲线 2 并单击鼠标中键，然后选择曲线 3 并单击鼠标中键，注意这 3 组截面（主要）曲线的起点方向要一致，如图 7-45 所示。

4 在“引导（交叉）曲线”选项组中单击“选择曲线”按钮，在图形窗口中选择曲线 4 并单击鼠标中键，选择曲线 5 并单击鼠标中键，选择曲线 6 并单击鼠标中键，选择曲线 7 并单击鼠标中键，最后选择曲线 8 并单击鼠标中键，如图 7-46 所示。

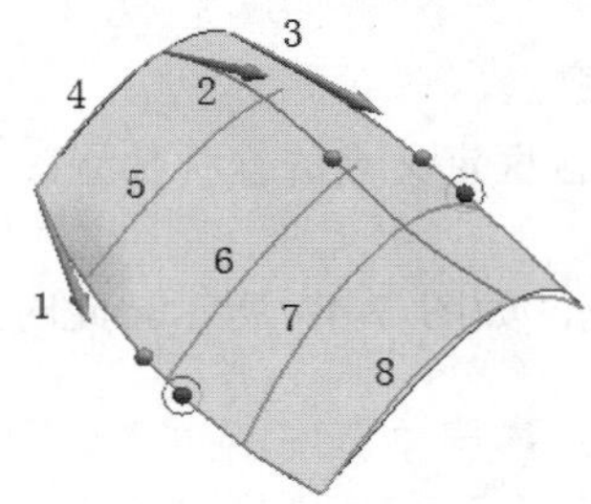

图7-45 选择截面（主要）曲线

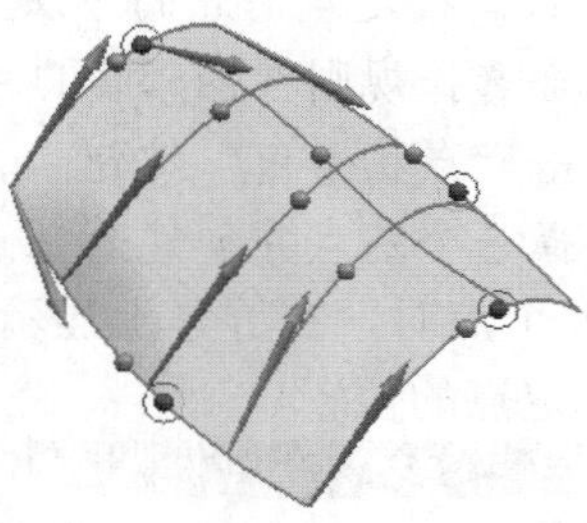
图7-46 选择引导（交叉）曲线

5 在“连续性”选项组中选中“全部应用”复选框，确保将第一截面、最后截面、第一条引导线和最后一条引导线的连续性选项均设置为“G0（位置）”。在“输出曲面选项”选项组的“对齐”下拉列表框中选择“参数”选项，在“设置”选项组的“体类型”下拉列表框中选择“片体”选项。

6 在“艺术曲面”对话框中单击“确定”按钮，创建的艺术曲面如图 7-47 所示。

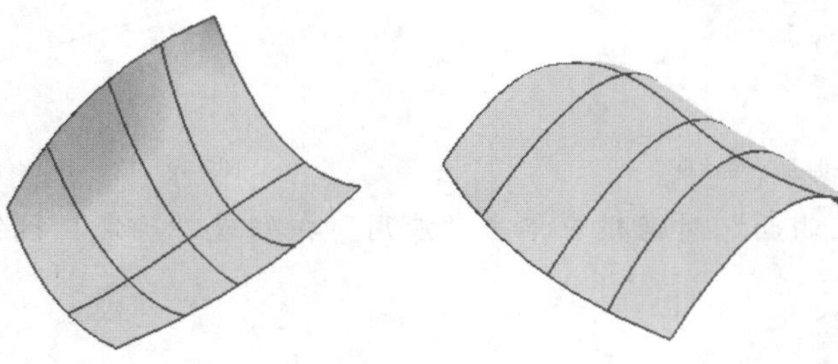
图7-47 创建的艺术曲面

7.4 典型曲面设计

本节介绍的典型曲面设计知识包括“四点曲面”“曲线成片体”“有界平面”“过渡”“样

式扫掠”“条带构建器”“修补开口”“整体突变”“样式扫掠”和“剖切曲面”等。注意很多曲面命令在“外观造型设计”模块中也能找到。

7.4.1 四点曲面

创建四点曲面是指通过指定 4 个点来创建一个曲面，注意这 4 个选定点必须要满足以下条件：在同一条直线上不能存在 3 个选定点；不能存在两个相同的或在空间中处于完全相同位置的选定点。

创建四点曲面的操作步骤如下。

1 在功能区的“曲面”选项卡的“曲面”面板中单击“四点曲面”按钮，或者选择“菜单”/“插入”/“曲面”/“四点曲面”命令，弹出图 7-48 所示的“四点曲面”对话框。

2 在图形窗口中选择 4 个点（点 1、点 2、点 3 和点 4）作为曲面的 4 个拐角点。指定 4 个点的方法主要有如下几种。

- 结合选择规则在图形窗口中选择一个现有点或任意点。
- 单击“点构造器”按钮，利用弹出的“点”对话框定义点的坐标位置。
- 选择一个基点并创建到基点的点偏置。

指定 4 个点时，在屏幕上显示一个多边形曲面的预览，如图 7-49 所示。此时可以根据需要更改指定点的位置。

图7-48　“四点曲面”对话框

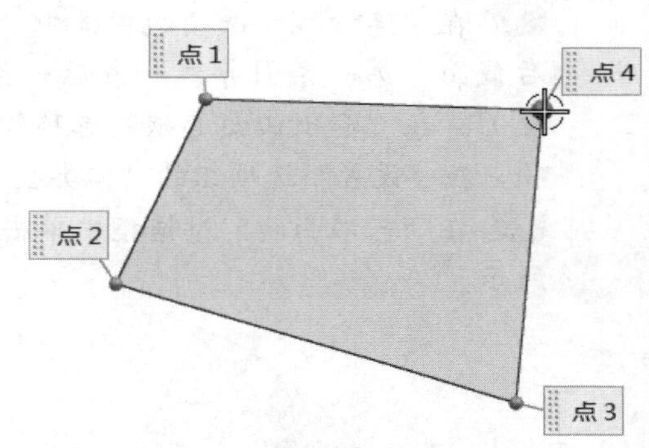

图7-49　指定 4 个点创建曲面

3 在“四点曲面”对话框中单击“应用”按钮或“确定”按钮，即可创建四点曲面特征。

7.4.2 曲线成片体

使用“曲线成片体”命令，可以通过选择的曲线创建体。例如，可以创建有界平面（通过形成平面的闭环）、圆柱体（通过使圆和椭圆共轴成对）、圆锥体（通过使圆弧共轴成对）、拉伸体（通过使二次曲线和平面样条成对，它们必须在平行的平面上并且一个必须投影到另一个上）。图 7-50 所示展示了曲线成片体的两个典型示例。

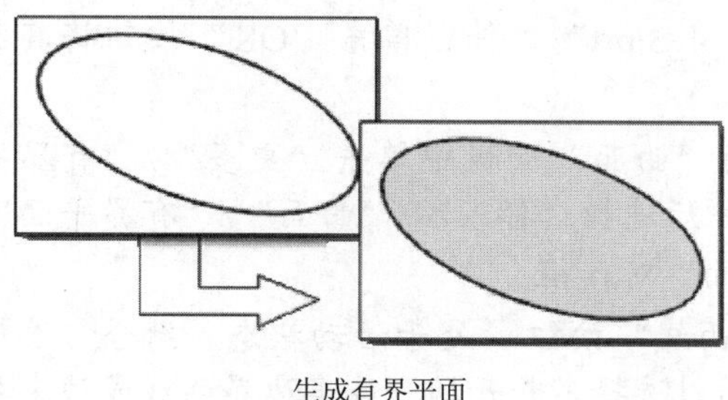

生成有界平面

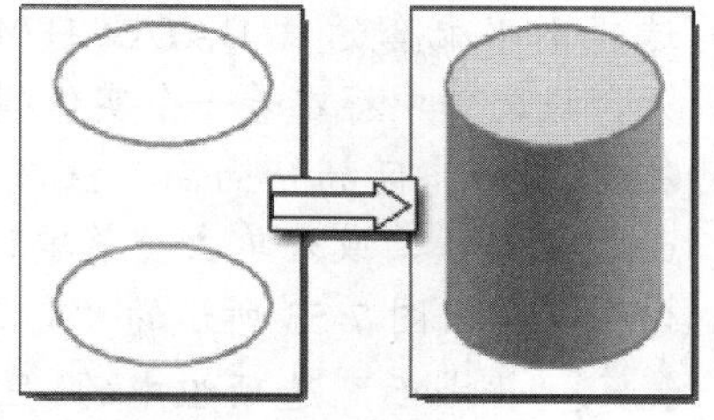

生成圆柱体

图7-50　曲线成片体的典型示例

要将曲线转换为片体，则可以按照如下的方法步骤进行。

1 单击“菜单”按钮并选择“插入”/“曲面”/“曲线成片体”命令，系统弹出图 7-51 所示的“从曲线获得面”对话框。

2 根据需要在“从曲线获得面”对话框中设置“按图层循环”复选框和“警告”复选框的状态。“按图层循环”复选框用于每次在一个图层上处理所有可选的曲线来生成体，用于定义体的所有曲线必须在一个图层上；“警告”复选框用于在生成体后，如果存在警告的话，会导致系统停止处理并显示警告信息。设置“按图层循环”和“警告”的切换开关后，单击“确定”按钮。

3 系统弹出图 7-52 所示的“类选择”对话框。通过使用类选择工具选择想要转变为片体的曲线，然后单击“确定”按钮。系统使用所有选择的曲线来生成有界平面、圆柱、拉伸体和截顶锥等片体。

图7-51　“从曲线获得面”对话框

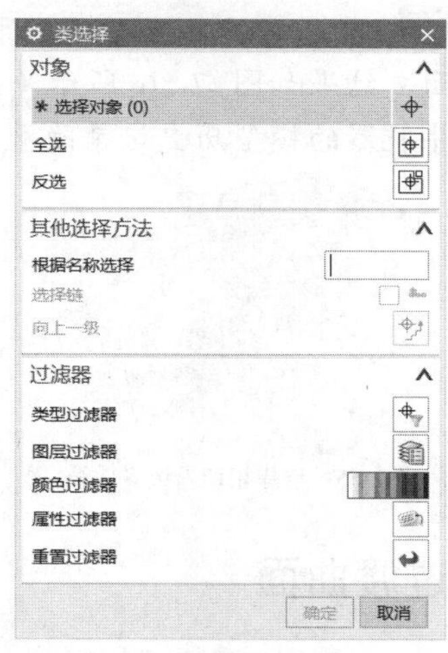

图7-52　“类选择”对话框

7.4.3 有界平面

使用 NX 提供的“有界平面”命令，可以创建由一组端点相连的平面曲线封闭的平面片体，所选曲线必须共面且形成封闭形状。既可以创建没有孔的有界平面，也可以创建有孔的有界平面。

下面以范例形式来介绍如何创建有界平面。

1 在“快速访问”工具栏中单击“打开”按钮，弹出“打开”对话框，

选择本书配套的“\DATA\CH7\bc_7_4_3.prt”文件，单击“OK”按钮将其打开，该文件中存在着一个实体模型。

2 在功能区的“曲面”选项卡的“曲面”面板中单击“更多”/“有界平面”按钮，或者单击“菜单”按钮后选择“插入”/“曲面”/“有界平面”命令，弹出图 7-53 所示的“有界平面”对话框。

3 “平截面”选项组中的“选择曲线”按钮处于活动状态。结合“选择条”工具栏中的曲线规则选项，并通过选择不断开的一连串边界曲线或边来指定平截面。在本例中，将曲线规则选项设置为“相切曲线”，在图形窗口中选择图 7-54 所示的端点相连的两条相切边界曲线，它们共面且形成封闭形状，此时可以看到有界面平面的预览。

图7-53　“有界平面”对话框

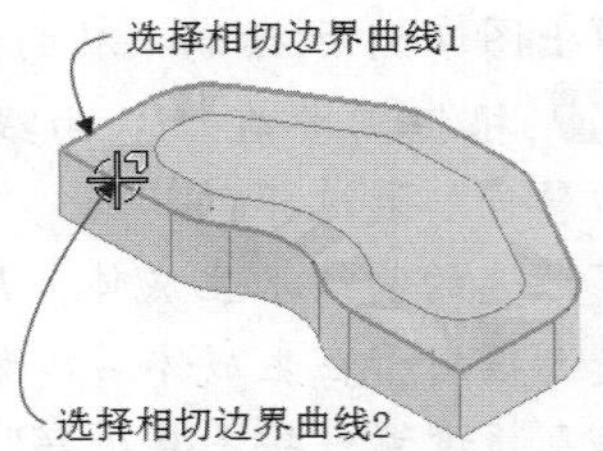

图7-54　选择形成封闭的边界曲线

4 在本例中不希望中间的切槽（孔）包括在有界平面中，那么需要将切槽（孔）边线选定为内边界。选择图 7-55 所示的相切内边界曲线。

5 在“有界平面”对话框中单击“确定”按钮，从而创建有孔的有界平面，结果如图 7-56 所示（为了清楚地看到有界平面效果，图中已经通过部件导航器的模型历史记录隐藏了相关的实体特征）。

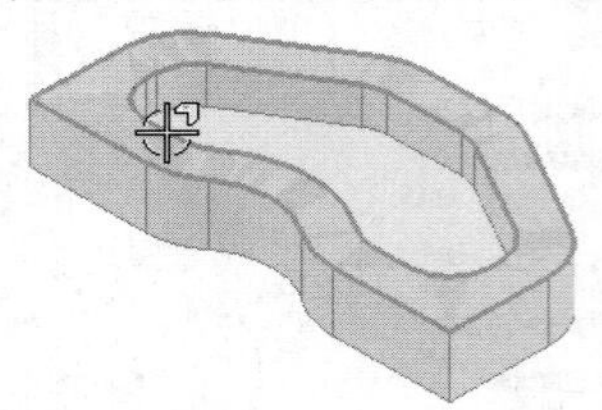

图7-55　选择相切内边界曲线

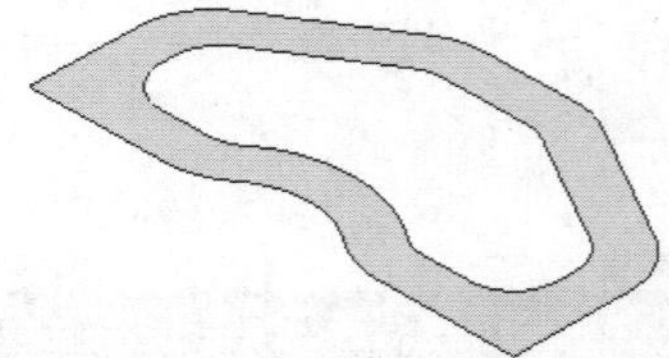

图7-56　创建有孔的有界平面

7.4.4 过渡曲面

使用 NX 的“过渡”命令，可以在两个或多个截面曲线相交的位置创建一个“过渡”特征，该特征是参数化的并与在其创建时所使用的任何几何体关联。创建过渡曲面（通过 3 个界面形成一个过渡特征）的示例如图 7-57 所示。

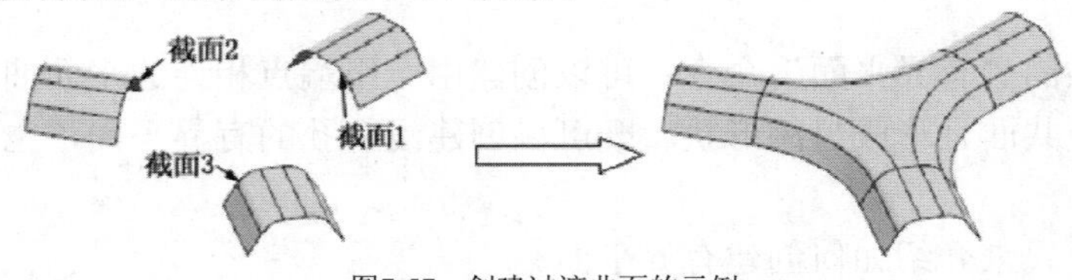

图7-57　创建过渡曲面的示例

确保使用建模模块环境，在功能区的“曲面”选项卡的“曲面”面板中单击“更多”/“过渡”按钮，或者选择“菜单”/“插入”/“曲面”/“过渡”命令，弹出图 7-58 所示的“过渡”对话框，接着为第一个截面选择截面元素（为了便于选择，可以巧用“选择条”工具栏中的过滤器和曲线规则选项），在“连续性”选项组中为连续性设置为“G0（位置）”“G1（相切）”或“G2（曲率）”，并注意在“截面”选项组中根据要求指定约束面等。如果要倒转截面方向，则可以在“截面”选项组中单击“反向”按钮。单击“添加新集”按钮以切换到另一个截面的添加状态，为每个新截面重复上述次序以定义过渡特征。在添加新截面时，NX 会自动显示各截面之间点映射的线框预览。将所有截面都添加好之后，可以使用“截面”选项组的“支持曲线”子选项组中的选项来动态编辑、插入、删除任何一个桥接曲线耦合点，可以使用“形状控制”子选项组中的选项来动态编辑桥接曲线的形状。另外，在“设置”选项组中可以选中“创建曲面”复选框以将过渡特征作为曲面创建。如果取消选中“创建曲面”复选框，则只能创建桥接曲线。最后单击“应用”按钮或“确定”按钮，从而完成创建过渡特征。

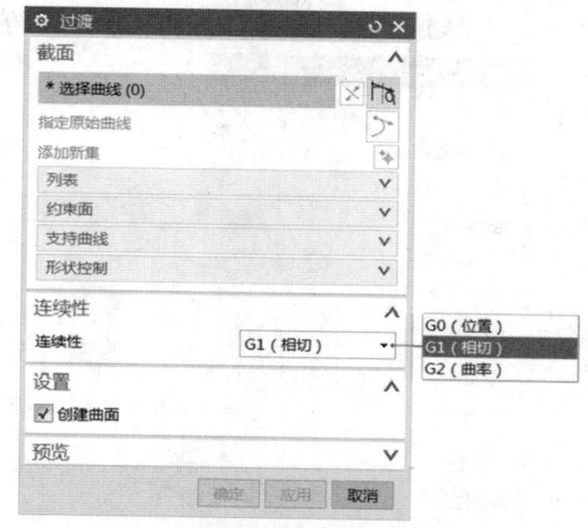

图7-58 “过渡”对话框

下面介绍一个过渡曲面特征的创建步骤。

1 在“快速访问”工具栏中单击“打开”按钮，弹出“打开”对话框，选择本书配套的“\DATA\CH7\bc_7_4_4.prt”文件，单击“OK”按钮将其打开，该文件中存在着图 7-59 所示的 3 个曲面。

2 在功能区中切换至“曲面”选项卡，从“曲面”面板中单击“更多”/“过渡”按钮，弹出“过渡”对话框。

3 选择图 7-60 所示的一条曲面边作为第一个截面边线。

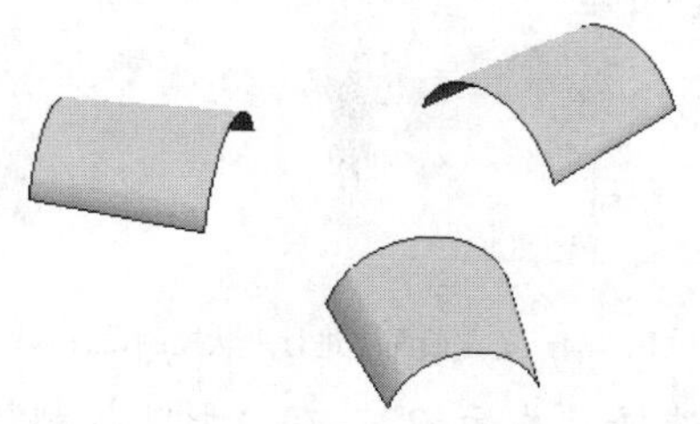
图7-59 原始的 3 个曲面

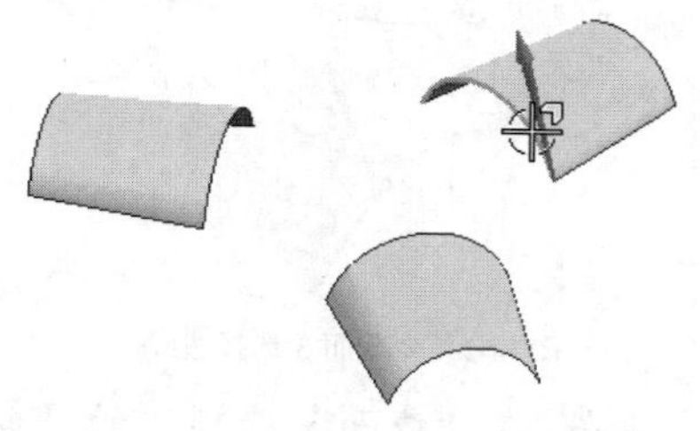
图7-60 选择第一个截面边线

4 在“连续性”选项组的“连续性”下拉列表框中选择“G1（相切）”选项，接着在“截面”选项组的“约束面”子选项组中单击“面”按钮，在图形窗口中为截面 1 选择图 7-61 所示的相切约束面。

5 在“截面”选项组中单击“添加新集”按钮，在第二个曲面的指定边线处单击，如图 7-62 所示。为该截面设置连续性选项为“G1（相切）”，并选

择该边线所在的曲面作为相切约束面。

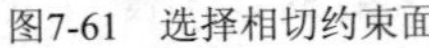

图7-61　选择相切约束面

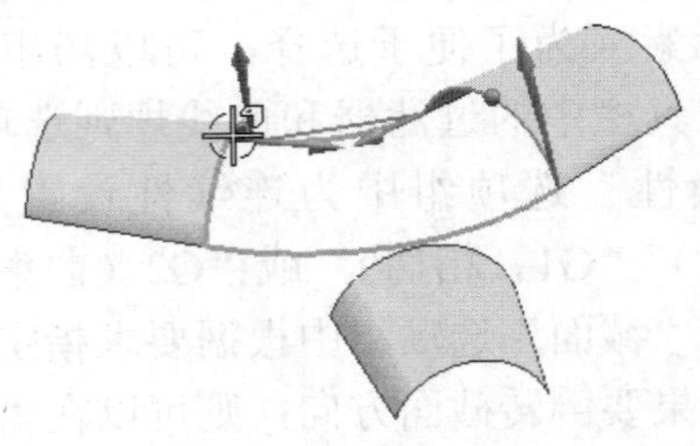

图7-62　为截面 2 选择边线

6 在“截面”选项组中单击“添加新集”按钮，在第 3 个曲面的指定边线处单击，如图 7-63 所示。为该截面设置连续性选项为“G1（相切）”，并选择该边线所在的曲面作为相切约束面。

7 在“截面”选项组的“列表”列表框中选择“截面 1”，接着展开“形状控制”子选项组，从“桥接曲线”下拉列表框中选择“全部”选项，在“类型”下拉列表框中选择“深度和歪斜度”选项，将深度值设置为 61.8，歪斜值设置为 50，如图 7-64 所示。

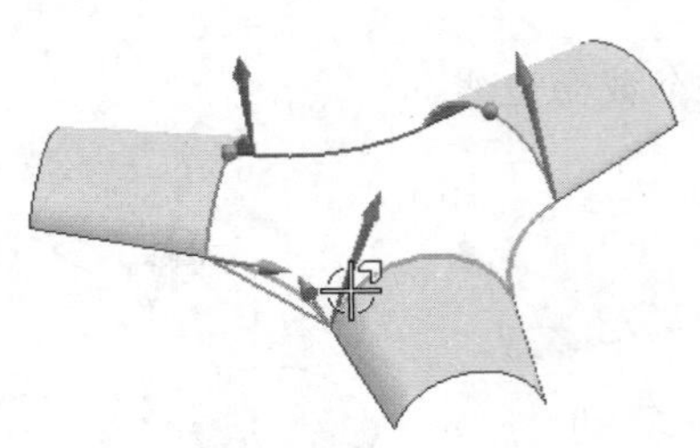

图7-63　为截面 3 选择边线

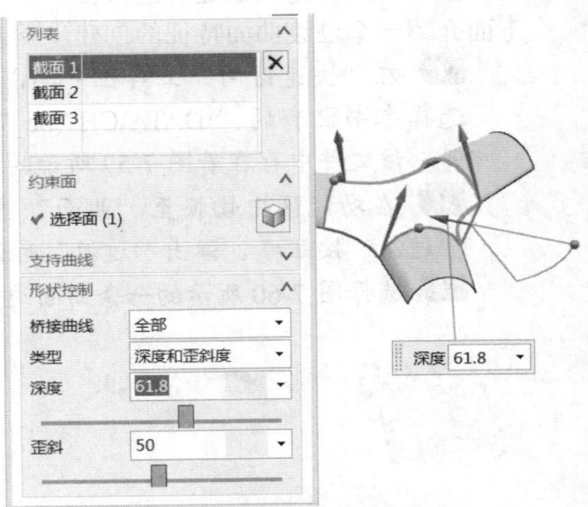

图7-64　选定截面 1 进行形状控制设置

8 在“截面”选项组的“列表”列表框中选择“截面 2”，在“形状控制”子选项组的“桥接曲线”下拉列表框中选择“桥接曲线 2”，在“类型”下拉列表框中选择“相切幅值”选项，设置开始值为 1.5，结束值为 1.5，如图 7-65 所示。

> 指定形状控制方法的类型有“深度和歪斜”和“相切幅值”，前者用于更改所选曲线或桥接曲线组的深度和歪斜（方法与“桥接曲线”命令所使用的方法有些相似），后者用于更改所选曲线或桥接曲线组的相切幅值。

9 在“设置”选项组中选中“创建曲面”复选框。

10 单击“确定”按钮，完成创建图 7-66 所示的过渡曲面。

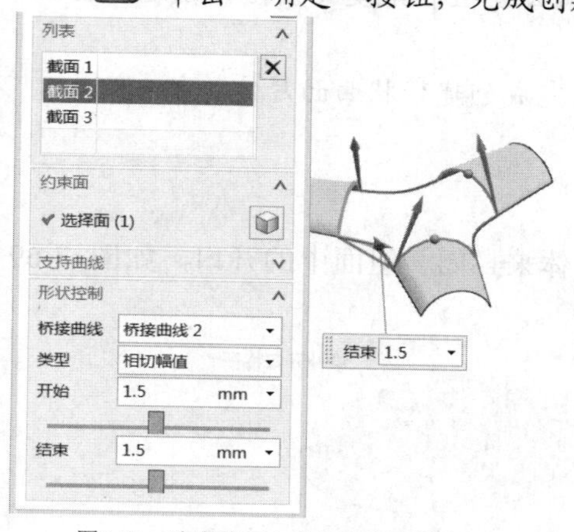

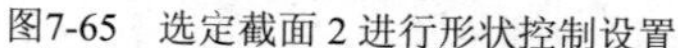
图7-65　选定截面 2 进行形状控制设置

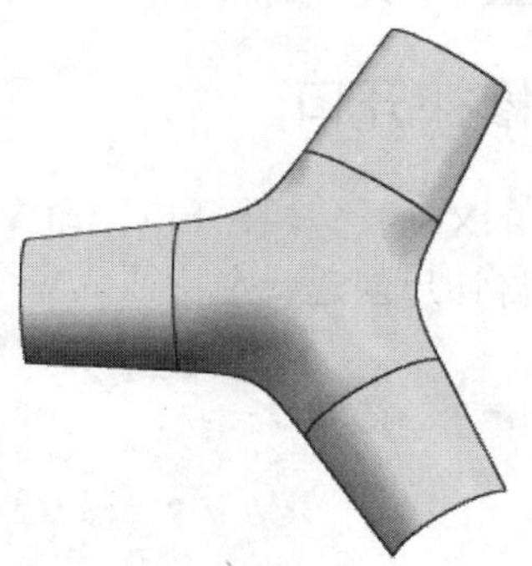

图7-66　创建过渡曲面特征

7.4.5　条带构建器

在建模设计环境和外观造型设计环境，使用 NX 的“条带构建器”命令，可以在输入轮廓和偏置轮廓之间构建曲面片体，如图 7-67 所示。

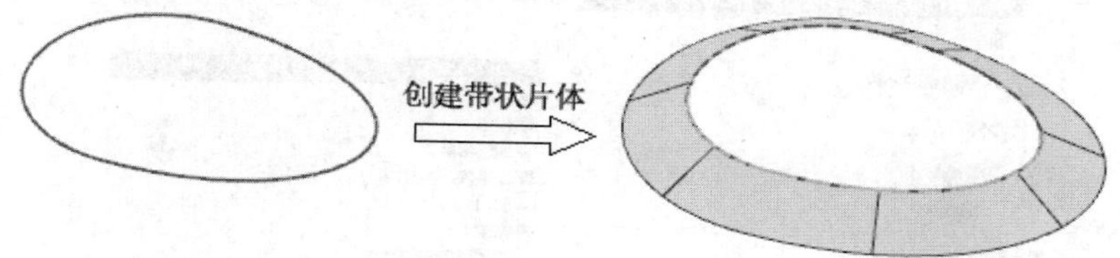

图7-67　使用条带构建器构建曲面片体（带状）

创建带状曲面片体的方法步骤如下。

1 以建模设计环境为例，在功能区的“曲面”选项卡的“曲面”面板中单击“更多”/“条带构建器”按钮，或者选择“菜单”/“插入”/“曲面”/“条带构建器”命令，弹出图 7-68 所示的“条带”对话框。

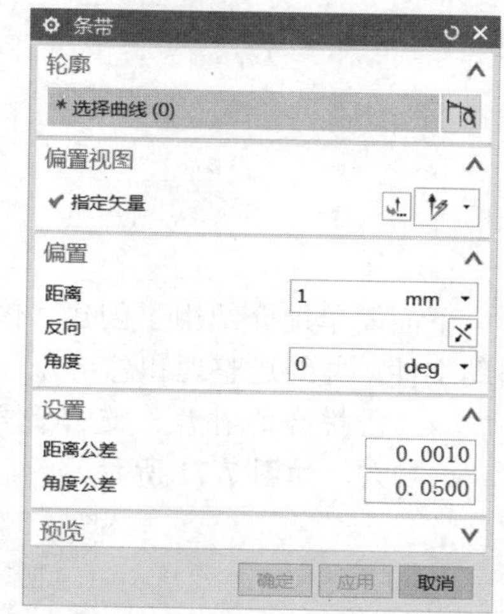

图7-68　“条带”对话框

2 在“条带”对话框的“轮廓”选项组中单击“选择曲线”按钮，在图形窗口中选择要创建带状曲面片体形状的曲线或边缘。

3 在“偏置视图”选项组中，选择定义查看偏置方向的对象。可以使用任意一个可用的矢量构建器选项来定义矢量。

4 在“偏置”选项组中设定偏置的距离和角度，如果需要可以单击“反向”按钮来反转偏置的显示方向。

5 在“设置”选项组中接受默认的距离公差值和角度公差值，或者根据设计要求来更改距离公差值和角度公差值。

6 单击“应用”按钮或“确定”按钮，完成创建带状曲面片体特征。

7.4.6 修补开口

使用 NX 的“修补开口”命令，可以创建片体来封闭一组面中的开口，如图 7-69 所示。可以将补片创建一个特征或多个特征。

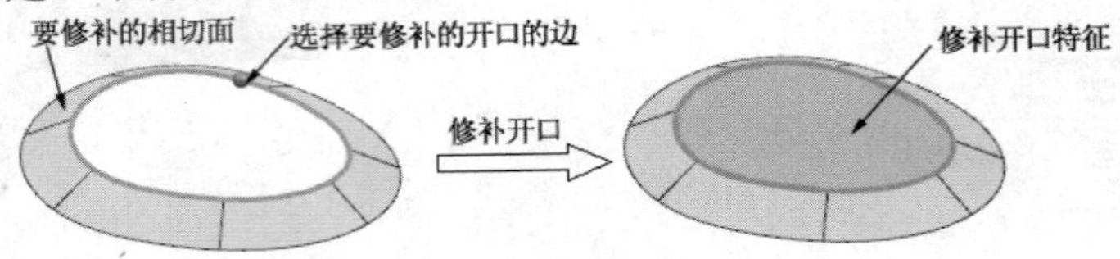

图7-69　修补开口的示例

要修补开口，则在功能区的“曲面”选项卡的“曲面”面板中单击“更多”/“修补开口”按钮，或者选择“菜单”/“插入”/“曲面”/“修补开口”命令，弹出图 7-70 所示的“修补开口”对话框。从“类型”下拉列表框中选择一种修补开口的类型选项，分别指定要修补的面和要修补的开口，并根据设计要求进行相关的参数和选项设置即可。

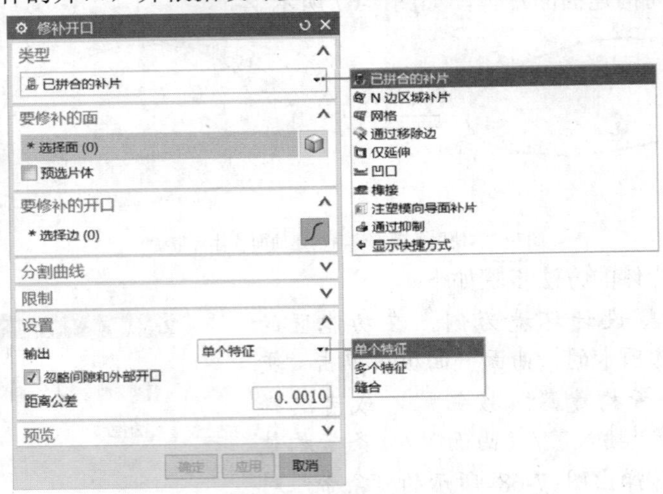

图7-70　“修补开口”对话框

下面简单地介绍用于创建“修补开口”特征的几种方法类型（以下内容来源于 NX 11 帮助文件，并经过整理和总结）。

- 已拼合的补片：选择此类型选项时，将逼近开口并使用一系列补片来填充它，如图 7-71 所示。

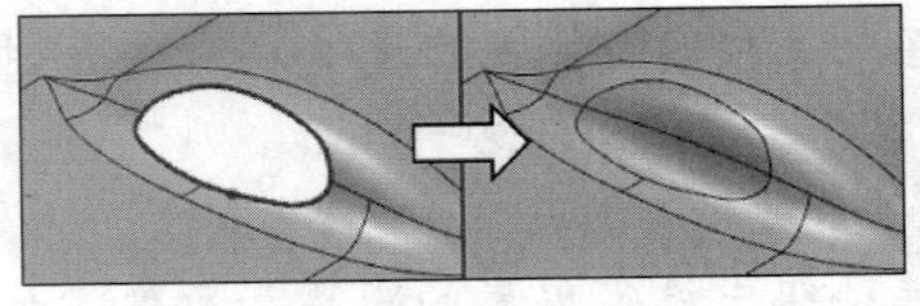

图7-71　已拼合的补片

- N 边区域补片：选择此类型选项时，使用不限数目的曲线或边来创建 N 边补片曲面，所使用的曲线或边可以形成简单的开环或闭环。N 边区域补片的典型示例如图 7-72 所示。
- 网格：选择此类型选项时，将创建网格片体以填充缝隙。
- 通过移除边：选择此类型选项时，将移除开口周围的边，并合并周围的面，示例如图 7-73 所示。

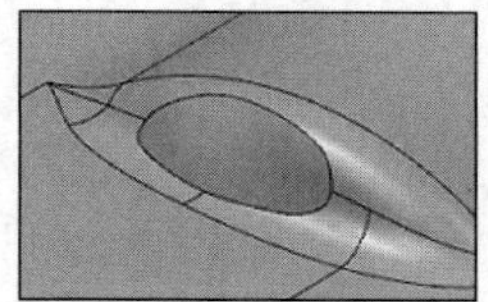

图7-72　N 边区域补片

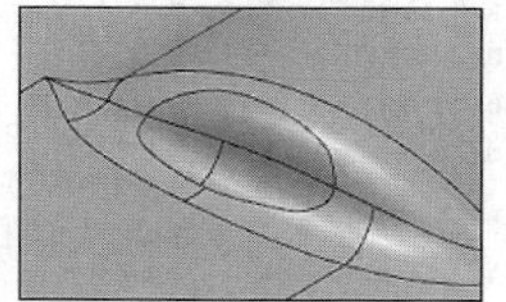

图7-73　通过移除边

- 仅延伸：选择此类型选项时，按与周围面相切的方向延伸开口的边。
- 凹口：选择此类型选项时，修补凹口或较大开口的除料区域，示例如图 7-74 所示。
- 榫接：选择此类型选项时，修补较大开口的区域，开口的边界位置多个平面，示例如图 7-75 所示。

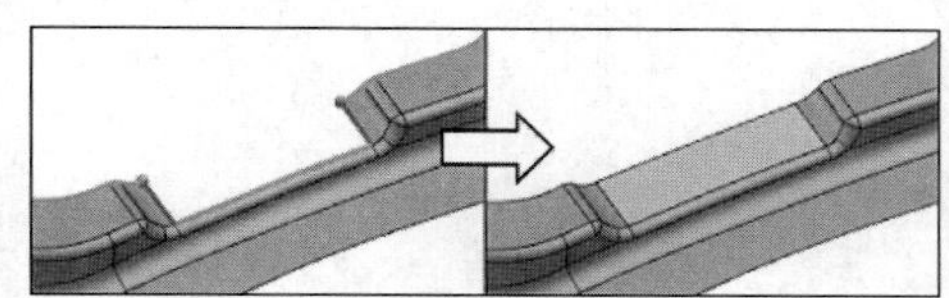

图7-74　“凹口”类型示例

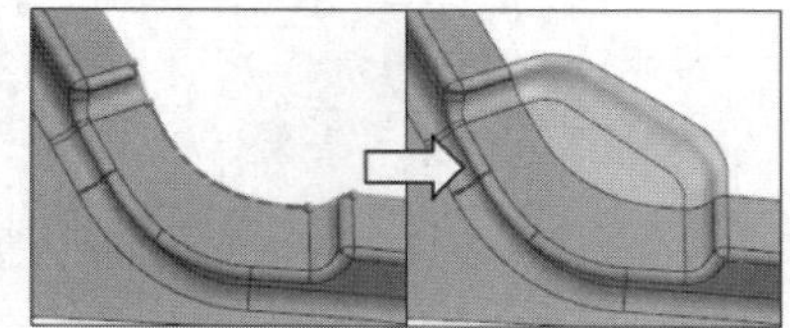

图7-75　“榫接”类型示例

- 注塑模向导面补片：选择此类型选项时，使用“注塑模向导”应用模块的边缘修补方法来创建特征集，仅当创建补片时，此选项才可用。
- 通过抑制：选择此类型选项时，识别与填补开口的边相关联的特征，并抑制它们填充孔。此选项只在创建模式期间可用，并且不创建新特征。

另外，在“修补开口”对话框的“设置”选项组中，“输出”下拉列表框用于指定输出的补片的类型，如“单个特征”“多个特征”或“缝合”。“单个特征”用于创建包含所有开口的单个特征；“多个特征”用于为每个修补的开口创建不同的特征；“缝合”选项使用具有开口的片体来缝合所有补片，以创建一个片体。

7.4.7 整体突变

使用“整体突变”命令，可以通过拉长、折弯、倾斜、扭转和移位操作来动态地创建曲面。

在功能区的“曲面”选项卡的“曲面”面板中单击“更多”/“整体突变”按钮，弹出图 7-76（a）所示的“点”对话框，利用“点”对话框分别指定两个合适的点以产生一个初始曲面，如图 7-76（b）所示。利用弹出的“整体突变形状控制”对话框在设定的控制范围内（如“水平”“竖直”“V 左”“V 右”“V 中”）按照指定的参数来拉长、折弯、歪斜、扭转和移位曲面，从而改变曲面形状，如图 7-76（c）所示。如果单击“重置”按钮，则可

以重新进行形状控制操作。

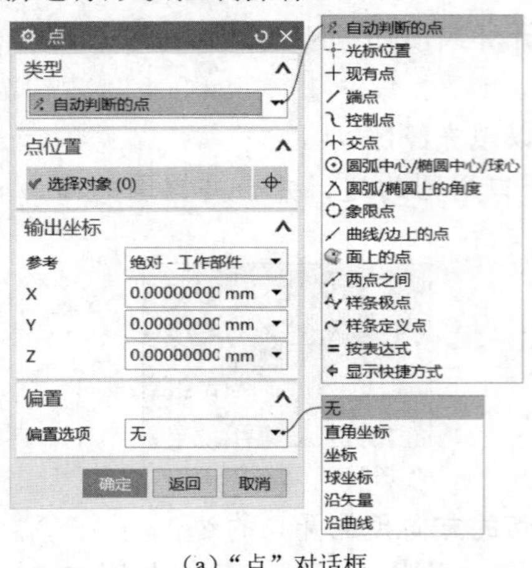

（a）“点”对话框

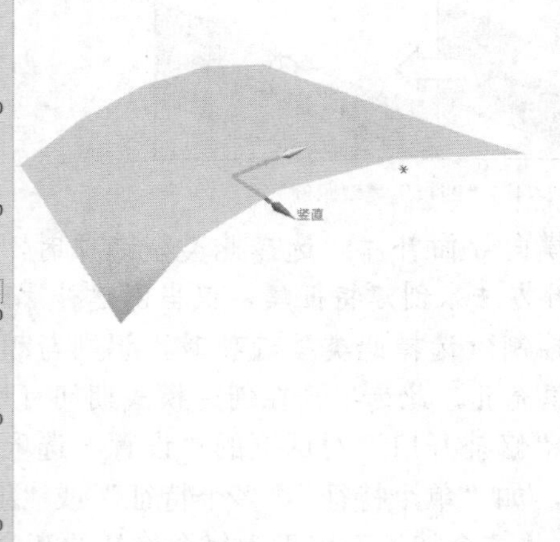

（b）指定两点以产生一个曲面

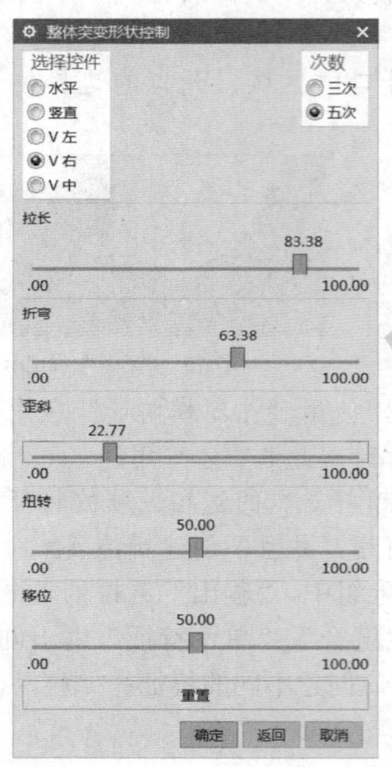

（c）“整体突变形状控制”对话框

图7-76　整体突变操作使用到的对话框和曲面操作

7.4.8　样式扫掠

在前面章节中曾经介绍过“扫掠”“沿引导线扫掠”和“变化扫掠”命令，它们既可以用来创建实体，也可以用来创建曲面，使用它们创建曲面的方法和创建实体时是类似的，在此不再赘述。本小节介绍比“扫掠”曲面更加灵活的“样式扫掠”曲面。所谓的样式扫掠是指从一组曲线创建一个精确的、光滑的 A 级曲面。

在功能区的“曲面”选项卡的“曲面”面板中单击“更多”/“样式扫掠”按钮，弹出图 7-77 所示的“样式扫掠”对话框。从“类型”选项组的“类型”下拉列表框中可以看出样式扫掠可以分为“1 条引导线串”“1 条引导线串，1 条接触线串”“1 条引导线串，1 条方位线串”和“2 条引导线串”。选择不同的样式扫掠类型，“样式扫掠”对话框提供的选项组将会发生相应变化。

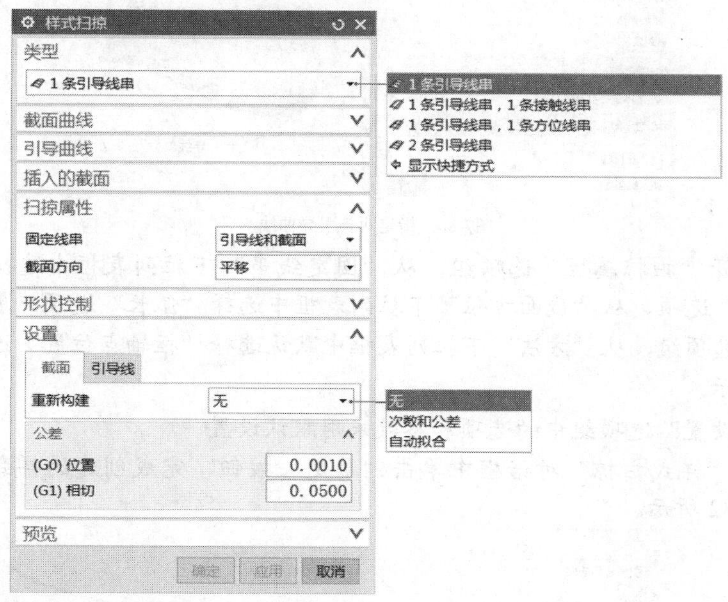

图7-77　“样式扫掠”对话框

下面以“2 条引导线串”类型为例，详细地介绍创建样式扫掠曲面的一般方法及步骤。

1 在“快速访问”工具栏中单击“打开”按钮，弹出“打开”对话框，选择本书配套的“\DATA\CH7\bc_7_4_8.prt”文件，单击“OK”按钮将其打开，该文件中存在着图 7-78 所示的 3 条曲线。

2 在功能区的“曲面”选项卡的“曲面”面板中单击“更多”/“样式扫掠”按钮，弹出“样式扫掠”对话框。

3 在“类型”选项组的“类型”下拉列表框中选择“2 条引导线串”选项。

4 确保“截面曲线”选项组中的“选择曲面”按钮处于被选中状态（激活状态），在图形窗口中选择图 7-79 所示的一段圆弧特征以定义截面曲线。

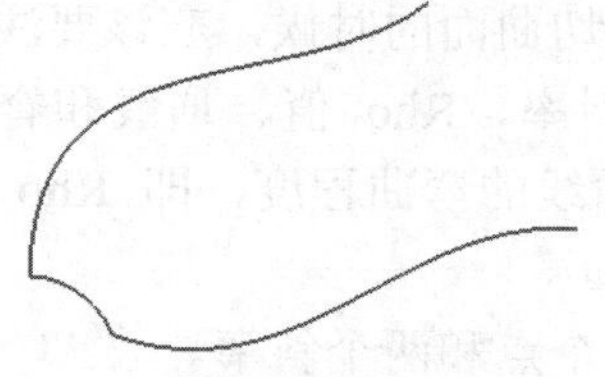

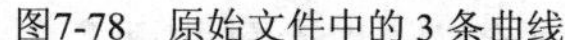

图7-78　原始文件中的 3 条曲线

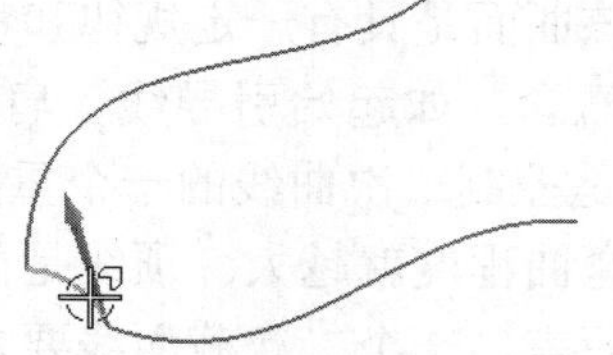

图7-79　指定截面曲线

5 展开“引导曲线”选项组，单击位于“选择第一引导线”右侧的“引导线 1”按钮，在图形窗口中指定引导线 1；接着单击位于“选择第二引导线”右侧的“引导线 2”按钮，在图形窗口中指定引导线 2，如图 7-80 所示。

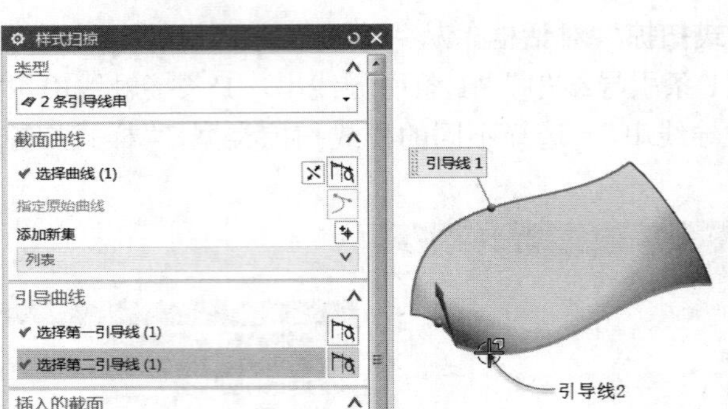

图7-80　指定两条引导曲线

6 展开“扫掠属性”选项组，从“固定线串”下拉列表框中选择“引导线和截面”选项，从“截面方位”下拉列表框中选择“弧长”选项；展开“形状控制”选项组，从“方法”下拉列表框中默认选择“枢轴点位置”选项，如图 7-81 所示。

7 “设置”选项组中的选项和参数采用默认设置。

8 在“样式扫掠”对话框中单击“确定”按钮，完成创建的样式扫掠曲面如图 7-82 所示。

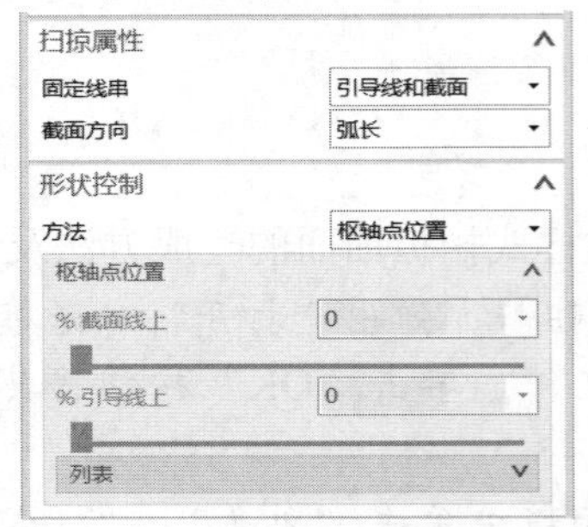

图7-81　设置扫掠属性和形状控制选项等

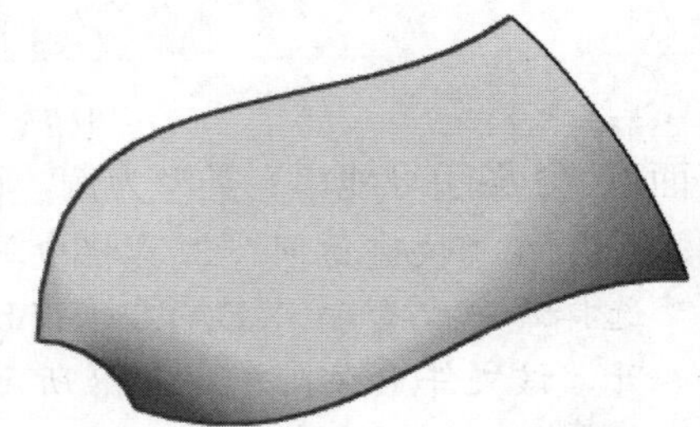

图7-82　完成创建样式扫掠曲面

7.4.9 剖切曲面（截面曲面）

剖切曲面（也称截面曲面）的设计思想实际上就是用二次曲线构造技术定义的截面来创建曲面，该曲面是具有一定规律和特征的曲面。在学习剖切曲面的时候，应该要注意截面体及其基本概念，如起始引导线、肩曲线、终止引导线、斜率、Rho 值、顶线和脊线等。其中，Rho 是控制二次曲线的一个重要参数，它控制了截面线的弯曲程度，即 Rho 值越大，截面线的弯曲程度就越大。顶线是截面线在肩点处的切线。

通常而言，一个二次截面线要求 5 个数据条件，如 3 个点和两个斜率。

在功能区的“曲面”选项卡的“曲面”面板中单击“更多”/“截面曲面”按钮，或者选择“菜单”/“插入”/“扫掠”/“截面”命令，打开图 7-83 所示的“截面曲面”对话框，从“类型”选项组的“类型”下拉列表框中选择所需的一个选项，如“二次曲线”“圆形”“三次”或“线性”，接着根据所选类型进行相应的参数设置和相关对象选择，以创建满足设计要求的一个剖切曲面。

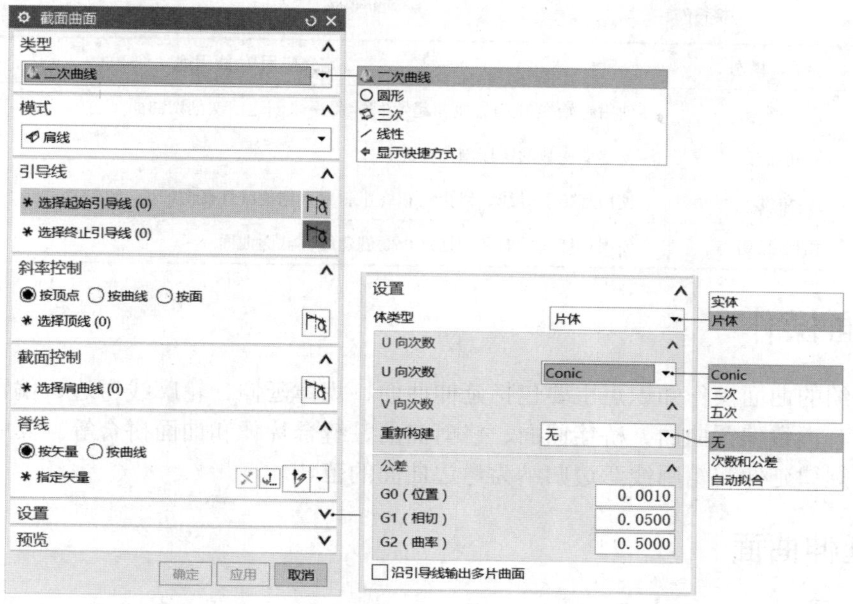

图7-83 “剖切曲面”对话框

表 7-1 简要地列出了各类型剖切曲面的定义应用。

表 7-1 **各类型剖切曲面的定义应用**

类型	模态	定义应用/功能用途
二次曲线	肩	使用起始引导线、肩曲线、终止引导线及起始和终止处的两个斜率来创建二次剖切曲面
	Rho	使用起始引导线、终止引导线、Rho 值及起始和终止处的两个斜率来创建二次剖切曲面
	高亮显示	使用起始引导线、终止引导线、相切于两条高亮显示曲线之间的一条线及起始和终止处的两个斜率来创建二次剖切曲面
	四点-斜率	使用起始引导线、终止引导线、两条内部曲线及起始引导线上的斜率来创建二次剖切曲面
	五点	使用起始引导线、终止引导线及三条内部曲线来创建二次剖切曲面
圆形	三点	使用起始引导线、内部曲线及终止引导线来创建圆形剖切曲面
	两点-半径	使用起始引导线、终止引导线及半径来创建圆形剖切曲面
	两点-斜率	使用起始引导线、终止引导线及起始引导线上的斜率来创建圆形剖切曲面
	半径-角度-圆弧	使用起始引导线、半径、角度及起始引导线上的斜率来创建圆形剖切曲面
	相切点-相切	使用起始引导线、相切终止面及起始引导线上的斜率来创建圆形截面曲面
	中心半径	使用中心引导线和半径创建全圆剖切曲面
	中心-点	使用中心引导线和终止引导线创建全圆截面曲面
	中心-相切	使用中心引导向和相切终止面创建全圆截面曲面
	相切-半径	使用起始引导线、相切端面及半径来创建圆形剖切曲面
	相切-相切-半径	使用相切起始面、相切终止面及半径来创建圆形截面曲面

续表

类型	模态	定义应用/功能用途
三次	两个斜率	使用起始/终止引导线和起始/终止斜率来创建三次剖切曲面
	圆角桥接	创建变次数的桥接剖切曲面
线性	点-角度	使用起始引导线、终止面和终止斜率来创建线性截面曲面
	相切-相切	使用相切起始面和相切终止面创建线性截面曲面

7.5 曲面操作

本节介绍的曲面操作知识点主要包括延伸曲面、规律延伸、轮廓线弯边、偏置曲面、可变偏置曲面、大致偏置曲面、桥接曲面、修剪曲面、缝合片体和曲面拼合等。其中，可以将延伸曲面、规律延伸和轮廓线弯边归纳为弯边曲面的范畴。

7.5.1 延伸曲面

延伸曲面是指从基本片体创建延伸片体。

要创建延伸曲面，则在功能区的“曲面”选项卡的“曲面”面板中单击“更多”/“延伸曲面”按钮，弹出“延伸曲面”对话框，接着在“类型”选项组的“类型”下拉列表框中选择“边”类型选项或“拐角”类型选项。

一、“边”类型

当选择“边”类型选项时，需要在曲面中选择要延伸的边，并在“延伸曲面”对话框的“延伸”选项组中设置方法选项（如“相切”或“圆形”）、距离选项及相应的参数值，如图 7-84 所示。

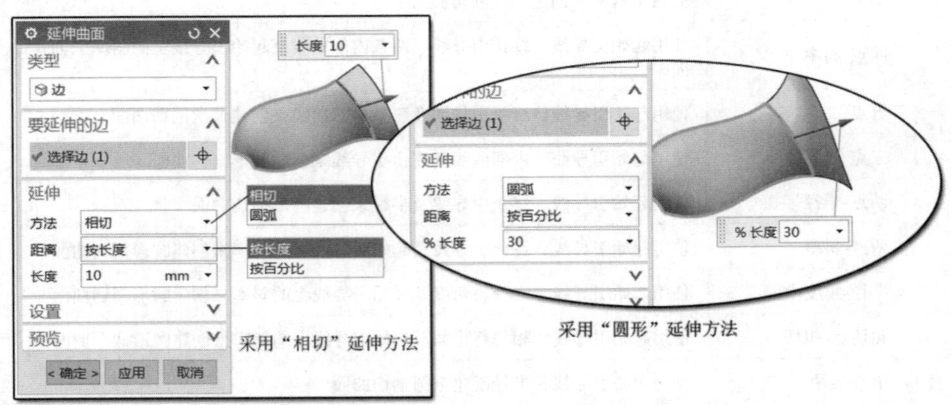

图7-84　以“边”类型来延伸曲面

二、“拐角”类型

当选择“拐角”类型选项时，需要在靠近其所需拐角的位置处单击待延曲面，接着在“延伸曲面”对话框的“延伸”选项组中设置“%U 长度”和“%V 长度”值等，如图 7-85 所示，然后单击“应用”按钮或“确定”按钮，即可完成延伸曲面操作。

7.5.2 规律延伸

使用“规律延伸”命令，将根据距离规律及延伸的角度来延伸现有的曲面或片体。

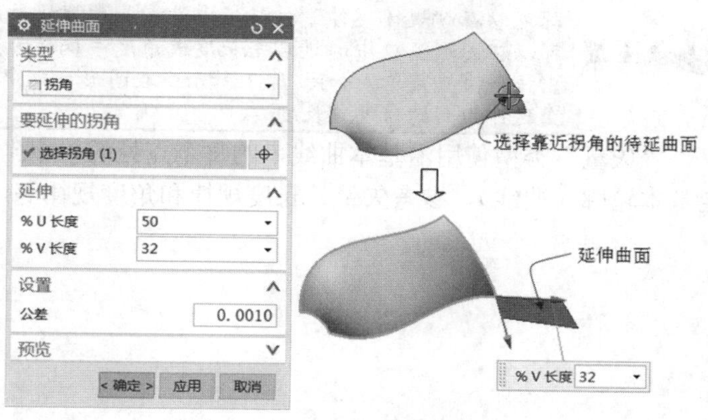

图7-85　以“拐角”类型来延伸曲面

一、熟悉规律延伸的两种类型：“面”类型与“矢量”类型

在功能区的“曲面”选项卡的“曲面”面板中单击“规律延伸”按钮，弹出“延伸曲面”对话框，接着在“类型”选项组的“类型”下拉列表框中选择“面”或“矢量”类型。

“面”类型实际上是使用一个或多个面来定义延伸曲面的参照坐标系，所述的参照坐标系是在基本轮廓的中点形成的，其第一根轴垂直于平面，该平面与面垂直并与基本曲线串轮廓的中点相切，第二根轴在基本轮廓的中点与面垂直。图 7-86 所示为一个使用“面”类型并通过动态地修改起始基点处距离所建立的规律控制的延伸，其长度规律为“三次”，角度规律为“恒定”。

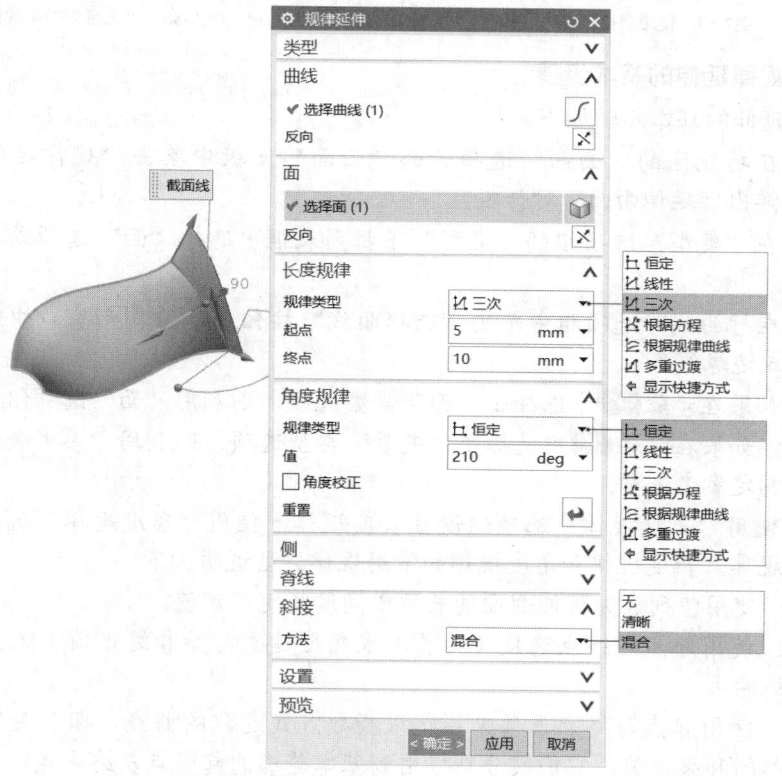

图7-86　“面”类型规律延伸

既可以在“规律延伸”对话框中设置长度规律的规律类型和角度规律的规律类型，也可以在图形窗口中通过右击长度或角度手柄的方式来设置。右击长度或角度手柄将弹出一个快捷菜单，如图 7-87 所示。在图形窗口中使用鼠标拖动相应手柄可以动态地改变延伸曲面的角度或长度。

“矢量”类型使用沿基本曲线串的每个点处的单个坐标系来定义延伸曲面，需要分别指定基本轮廓（曲线）、参考矢量、长度规律和角度规律等，如图 7-88 所示。

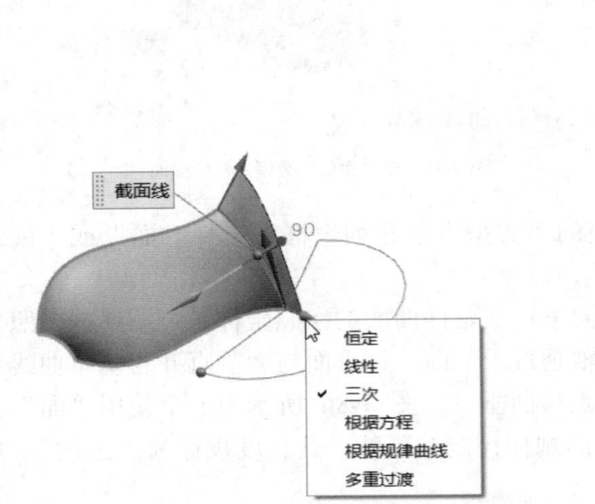

图7-87　使用快捷菜单

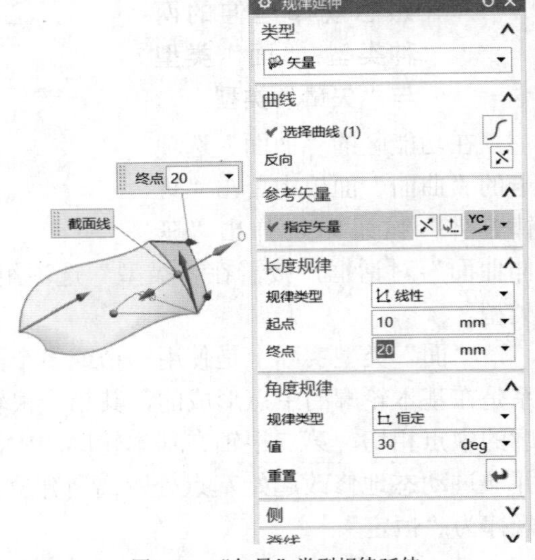

图7-88　“矢量”类型规律延伸

二、创建规律延伸的基本步骤

创建规律延伸的基本步骤如下。

1 在功能区的“曲面”选项卡的“曲面”面板中单击“规律延伸”按钮，弹出“延伸曲面”对话框。

2 在“类型”选项组的“类型”下拉列表框中选择“面”选项或“矢量”选项。

3 在“曲线”选项组中单击“选择曲线”按钮，在图形窗口中选择基本曲线或边缘线串。

4 如果在步骤2中选择了“面”类型选项，则利用“面”选项组来选择参考面；如果在步骤2中选择了“矢量”类型选项，则利用“参考矢量”选项组来制定参考矢量。

5 使用“长度规律”选项组设置长度规律，使用“角度规律”选项组设置角度规律。长度规律和角度规律的常用规律类型说明如下。

- 恒定：使用值列表为延伸曲面的长度或角度指定恒定值。
- 线性：使用起点与终点选项（为长度或角度建立起始和终止值）来指定线性变化的曲线。
- 三次：使用起点与终点选项来指定以指数方式变化的曲线，即为长度或角度建立起始和终止值，它们被分别应用到基本轮廓的起始点及终止点，起始到终止按三次规律过渡。

- 根据方程：使用表达式及参数表达式变量来定义长度规律或角度规律。所有变量都必须在之前使用表达式对话框定义过。
- 根据规律曲线：选择一串光顺连结曲线来定义规律函数。
- 多重过渡：用于通过所选基本轮廓上的多个节点或点来定义规律。

6 根据设计要求，可以利用“脊线”选项组选择一条脊线，脊线可以更改NX确定局部CSYS方位的方式。此步骤为可选步骤。

7 指定在基本曲线串的哪一侧上生成规律延伸。在“侧”选项组中的“延伸侧”下拉列表框中选择“单侧”“对称”或“非对称”选项。“单侧”选项用于设置在默认侧产生延伸曲面，即不创建相反侧延伸；“对称”选项用于使用相同的长度参数在基本轮廓的两侧延伸曲面；“非对称”选项用于在基本轮廓线串的每个点处使用不同的长度以在基本轮廓的两侧延伸曲面（在选择“非对称”选项时，“侧”选项组中的“长度规律”子选项组可用，如图 7-89所示）。

8 在“斜接”选项组中指定斜接方法为“混合”“无”或“清晰”，“混合”斜接方法代表添加面以在尖锐拐角处以混合的方式桥接缝隙（图例为），“无”斜接方法表示在曲线段之间的尖锐拐角处留出缝隙（图例为），“清晰”斜接方法则表示以清晰的方式延伸面议在尖锐拐角处桥接缝隙（图例为）。在“设置”选项组中决定“尽可能合并面”复选框和“锁定终止长度/角度手柄”复选框的状态等。如果要将规律延伸特征作为单个片体进行创建，那么应该确保选中“尽可能合并面”复选框。

9 在“规律延伸”对话框中单击“应用”按钮或“确定”按钮。

三、创建规律延伸的典型范例

创建规律延伸的典型范例如下。

1 在“快速访问”工具栏中单击“打开”按钮，弹出“打开”对话框，选择本书配套的“\DATA\CH7\bc_7_5_2.prt”文件，单击“OK”按钮将其打开，文件中的原始曲面如图 7-90 所示。

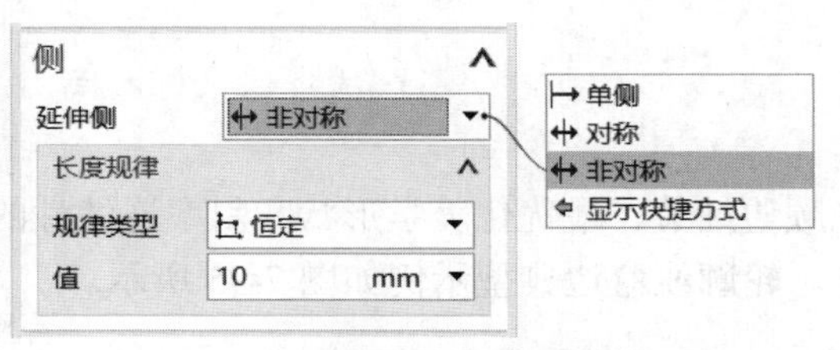

图7-89 设置相反侧延伸：非对称

图7-90 原始曲面

2 在功能区的“曲面”选项卡的“曲面”面板中单击“规律延伸”按钮，弹出“延伸曲面”对话框。

3 在“类型”选项组的“类型”下拉列表框中选择“面”选项。

4 此时，“曲线”选项组中的“选择曲线”按钮处于被选中的状态，在图形窗口中选择基本曲线轮廓，如图 7-91 所示。

5 在“面”选项组中单击“选择面”按钮，在图形窗口中单击图7-92所示的面作为参考面。

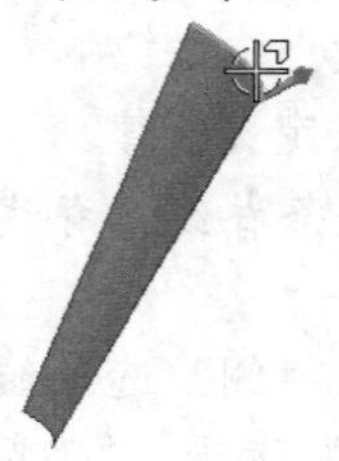

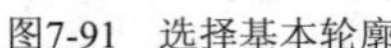

图7-91　选择基本轮廓

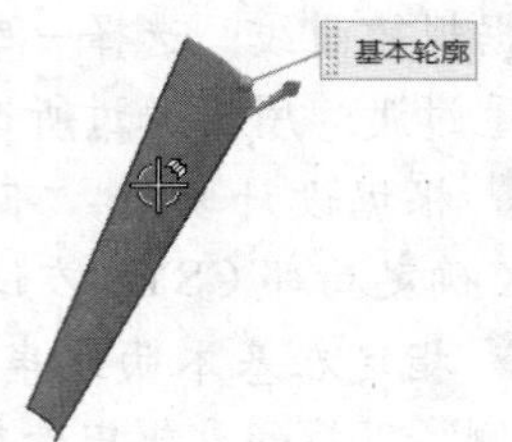

图7-92　选择参考面

6 在“长度规律”选项组的“规律类型”下拉列表框中选择“线性”选项，并设置起点值为30，终点值为60；在“角度规律”选项组的“规律类型”下拉列表框中选择“恒定”选项，设置恒定值为135，要根据预览情况决定是否在“曲线”选项组中单击“反向”按钮，如图7-93所示。

7 在“侧”选项组的“延伸侧”下拉列表框中选择“单侧”选项。

8 在“设置”选项组中确保选中“将曲线投影到面上”复选框和“尽可能合并面”复选框，取消选中“高级曲线拟合”复选框，“G0（位置）”公差和“G1（相切）”公差采用默认值。

9 在“规律延伸”对话框中单击“确定”按钮，完成规律延伸操作，效果如图7-94所示。

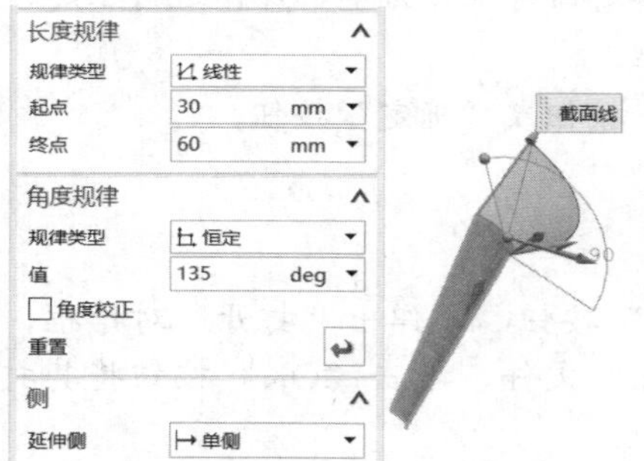

图7-93　设置长度规律和角度规律

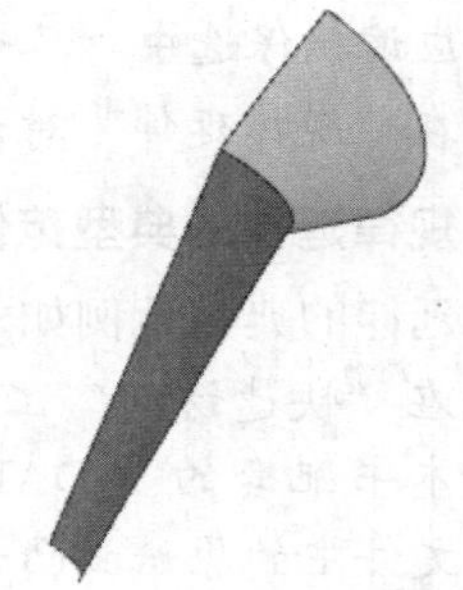

图7-94　完成规律延伸操作

7.5.3 轮廓线弯边

使用“轮廓线弯边”命令，可以创建具备光顺边细节、最优化美学形状和斜率连续性的A类曲面，如发动机罩上安装的进风口过渡曲面。轮廓线弯边典型示例如图7-95所示。

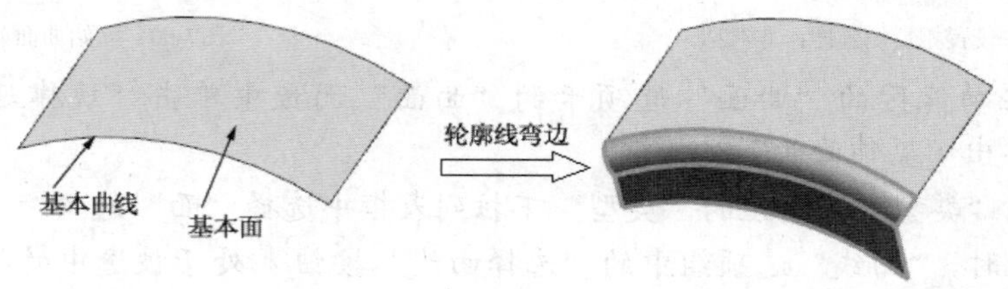

图7-95　轮廓线弯边的典型示例

在建模设计环境中，从功能区的“曲面”选项卡的“曲面”面板中单击“更多”/“轮廓线弯边”按钮（见图 7-96），弹出图 7-97 所示的“轮廓线弯边”对话框。在“类型”选项组的“类型”下拉列表框中指定要创建的轮廓线弯边类型，可供选择的轮廓线弯边类型有如下 3 种。

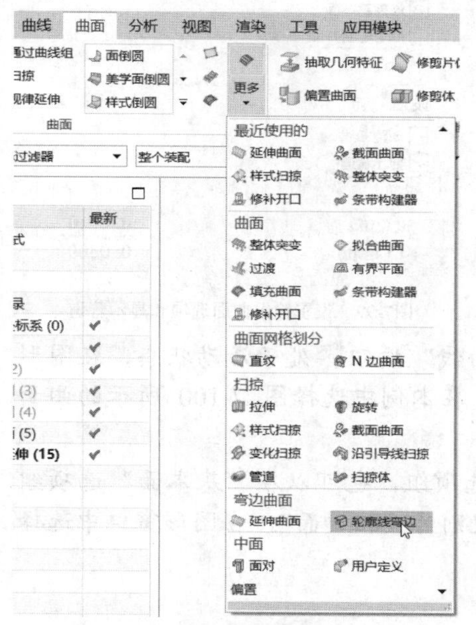

图7-96　单击“轮廓线弯边”按钮

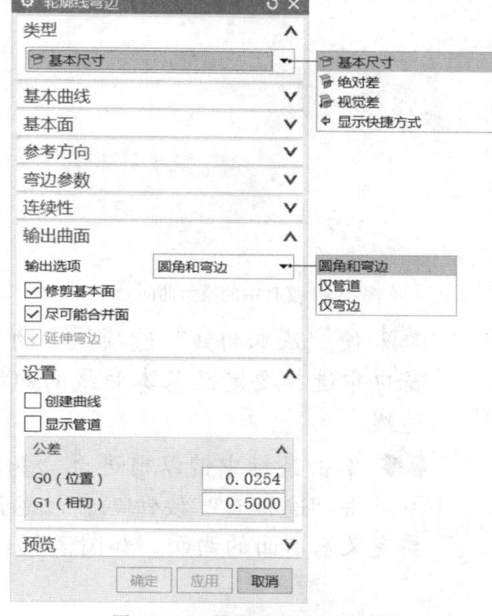

图7-97　“轮廓线弯边”对话框

- 基本尺寸：创建第一条弯边和第一个圆角方向，而不需要现有的轮廓线弯边。弯边附加到现有边或曲线，并且沿曲面法向或矢量方向投影。
- 绝对差：相对现有弯边创建第一条弯边，但采用恒定缝隙来分隔弯边元素。缝隙值的计算是基于两弯边的半径加上弯边管道切线之间的最短距离。
- 视觉差：选择此类型选项，则相对于现有弯边创建第一条弯边，但通过视觉差属性来分隔弯边元素，该视觉差值由两弯边的轮廓与代表平面的矢量之间的设计视觉差定义。

选择好轮廓线弯边类型后，指定所需的参照、基本面、参考方向、弯边参数、连续性、输出曲面选项等相关所需的内容，然后单击“应用”按钮或“确定”按钮，即可完成轮廓线弯边特征的创建。

下面介绍创建基本轮廓线弯边特征的一个范例，该范例显示如何创建附加到现有边或曲线的基本轮廓线弯边特征，并使其沿曲面法向或沿用户定义的矢量投影。

1. 在“快速访问”工具栏中单击“打开”按钮，弹出“打开”对话框，选择本书配套的“\DATA\CH7\bc_7_5_3.prt”文件，单击“OK”按钮将其打开，文件中的原始曲面如图 7-98 所示。
2. 确保使用“建模”设计环境，在功能区的“曲面”选项卡的“曲面”面板中单击“更多”/“轮廓线弯边”按钮，弹出“轮廓线弯边”对话框。
3. 在“类型”选项组的“类型”下拉列表框中选择“基本尺寸”选项。
4. 在“输出曲面”选项组的“输出选项”下拉列表框中选择“圆角和弯

边”选项，选中“修剪基本面”复选框；在“设置”选项组中选中“显示管道”复选框，如图 7-99 所示。

图7-98　文件中的原始曲面

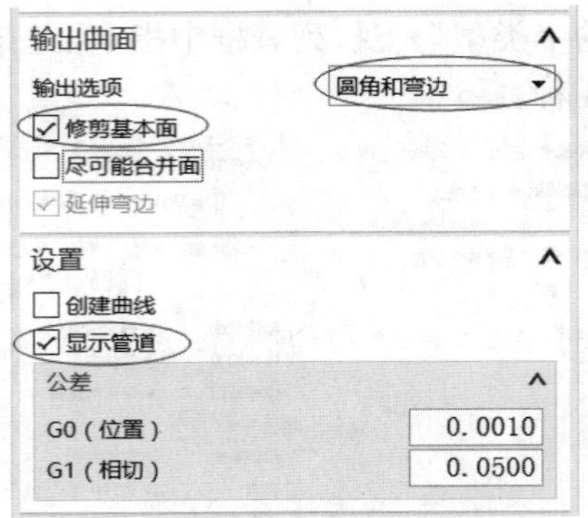

图7-99　设置输出曲面选项和显示管道

5 使“基本曲线”选项组中的“选择曲线”按钮处于活动状态，在图形窗口中选择要定义基本曲线的曲线或边，在本例中选择图 7-100 所示的曲面边线。

6 单击鼠标中键以前进至“基本面”选项组，也可以在“基本面”选项组中单击“选择面”按钮。注意设置面规则为“相切面”，在图形窗口中选择要定义基本面的曲面，如图 7-101 所示。

图7-100　指定基本曲线

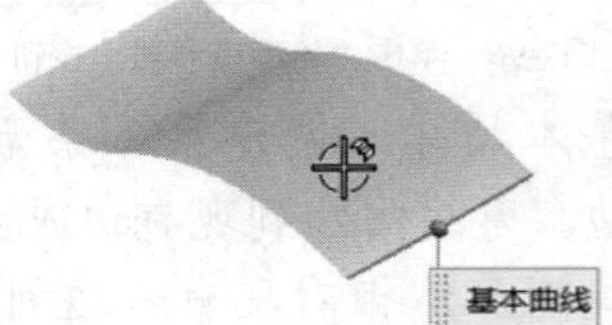

图7-101　指定基本面

7 展开“参考方向”选项组，从“方向”下拉列表框中选择“矢量”选项，并从“矢量”下拉列表框中选择“-ZC 轴”图标选项。用户也可以使用自动判断的矢量来指定向下方向。此时，初始的轮廓线弯边特征以默认参数预览（假设“弯边参数”选项组中的半径、长度和角度的规律类型均默认为“恒定”），并带有长度手柄、半径手柄和角度手柄，如图 7-102 所示。用户可以练习使用这个几个手柄分别编辑其相应的参数。

8 展开“弯边参数”选项组，该选项组具有“半径”子选项组、“长度”子选项组和“角度”子选项组。在“半径”子选项组的“规律类型”下拉列表框中选择“恒定”选项，并在其“半径”框中输入“15”；在“长度”子选项组的“规律类型”下拉列表框中选择“线性”选项，在“长度 1”框中输入“39”，在“长度 2”框中输入“60”；在“角度”子选项组的“规律类型”下拉列表框中选择“多重过渡”选项，在其相应的“沿脊线的值”下的“角度 1”框中输入“30”，并从其“过渡”下拉列表框中选择“线性”，如图 7-103 所示。

9 在“角度”子选项组中单击“列表”以展开角度列表，从该角度列表中

可以看出默认的弯边角度控制点有两个，用户可以添加其他新的弯边角度控制点，本例只使用默认的两个弯边角度控制点。在角度列表中选择“角度 2”，并在“角度 2”框中输入“-30”（单位默认为 deg），从“过渡”下拉列表框中默认选择“混合”选项，如图 7-104 所示。

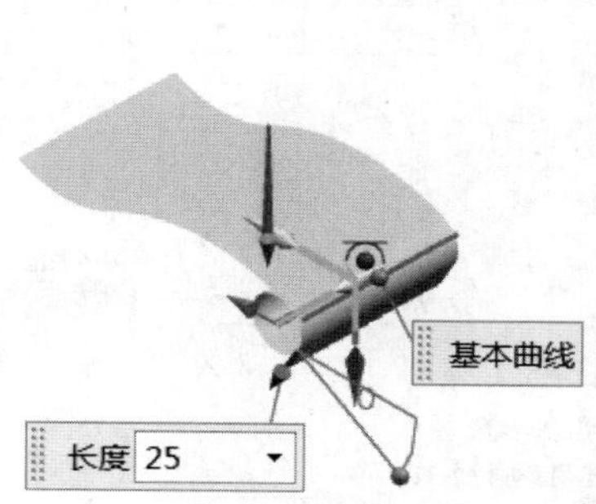

图7-102　指定参考方向后的预览

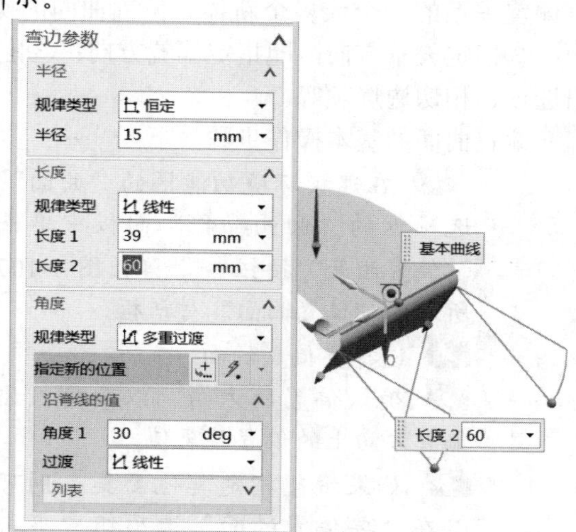

图7-103　选择对象以自动判断点

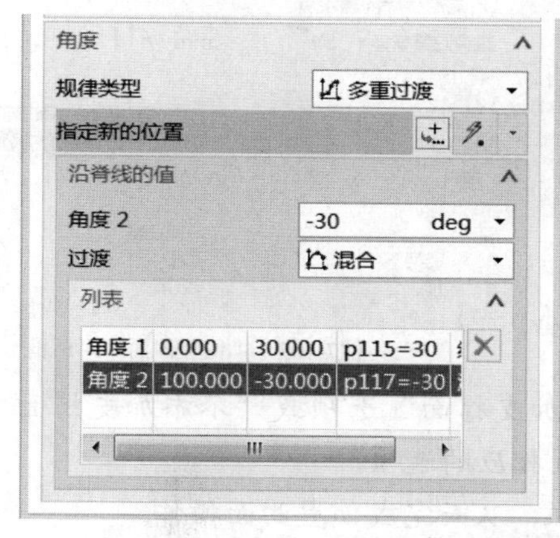

图7-104　设置弯边参数中的角度参数

10 在“连续性”选项组中设置图 7-105 所示的连续性选项及参数。

11 单击“确定”按钮，完成创建轮廓边弯边特征，效果如图 7-106 所示。

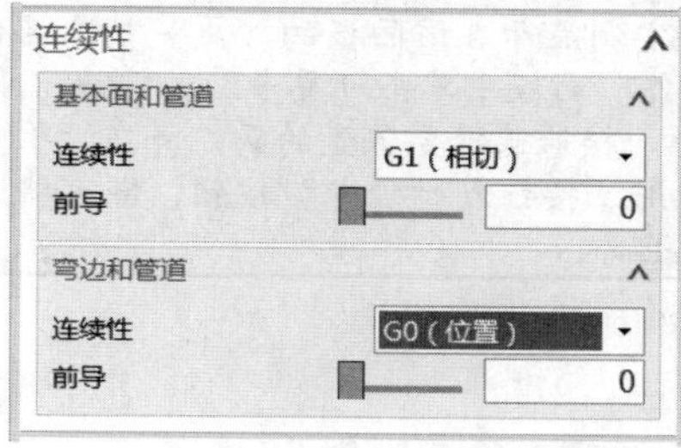

图7-105　设置连续性选项及参数

图7-106　创建轮廓边弯边特征

7.5.4 偏置曲面

使用“偏置曲面”命令，可以创建一个或多个现有面的偏置，创建结果是与选择的面具有偏置关系的一个或多个新体。偏置曲面的操作主要包括 4 个方面：①指定要偏置的选定面；②指定矢量方向，即指定偏置方向；③定义偏置距离；④其他附加选项设置，如特征输出选项、相切边选项等。

偏置曲面的基本操作步骤如下。

1. 在建模环境功能区的“曲面”选项卡的“曲面操作”面板中单击“偏置曲面”按钮，弹出图 7-107 所示的“偏置曲面”对话框。
2. 选择要偏置的面。
3. 确认偏置的方向，以及输入该偏置方向上的偏置距离值。
4. 如果希望指定其他面集，则可以在“要偏置的面”选项组中单击“添加新集”按钮，再选择其他的面集，并确认相应的偏置方向与偏置距离。此步骤为可选步骤。
5. 在“特征”选项组的“输出”下拉列表框中选择“为所有面创建一个特征”选项或“为每个面创建一个特征”选项。
6. 在“设置”选项组的“相切边”下拉列表框中选择“在相切边添加支撑面”选项或“不添加支撑面”选项，以及在“部分结果”选项组中设置相应的选项。
7. 单击“应用”按钮或“确定”按钮，从而完成偏置曲面操作。

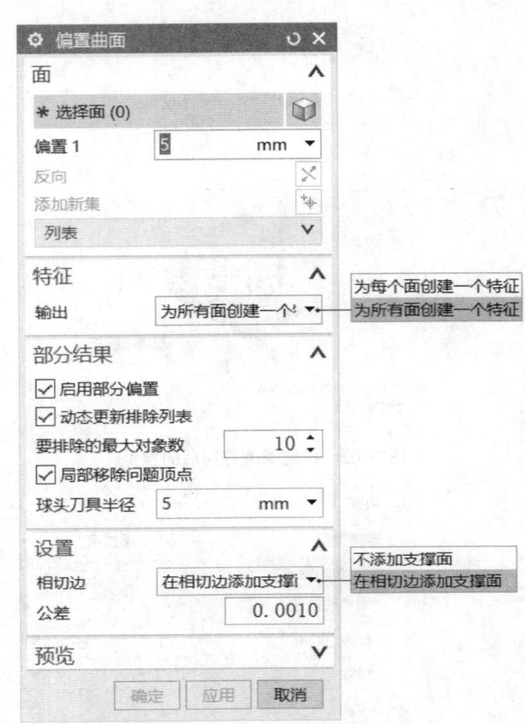

图7-107　“偏置曲面”对话框

创建偏置曲面的示例如图 7-108 所示。

如果仅仅是想将一组面从当前位置偏移一定的距离，而不会在原来的位置保留该组面，那么可以使用 NX 11 提供的“偏置面”按钮（该按钮位于建模模块功能区的“曲面”选项卡的“曲面操作”面板中，需要定制显示在该面板的“更多”工具列表中）。偏置面的操作较为简单，即在“曲面操作”面板中单击“更多”/“偏置面”按钮，弹出图 7-109 所示的“偏置面”对话框，接着选择要偏置的面，并在“偏置”选项组中设置偏置距离和确认方向，单击“应用”按钮或“确定”按钮，即可将选定的一组面从当前位置沿着偏移方向偏置设定的距离。

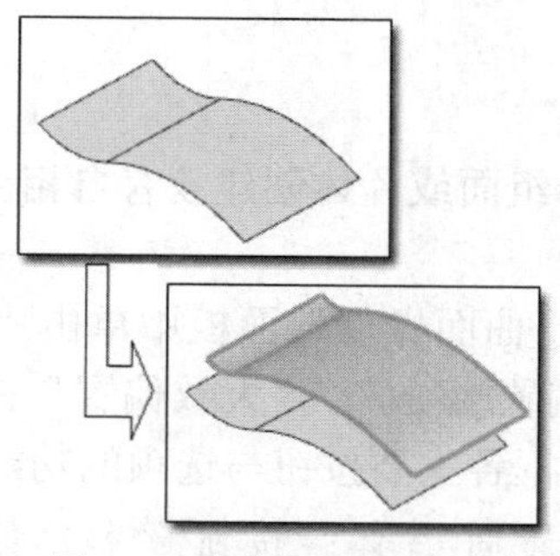

图7-108　创建偏置曲面的示例

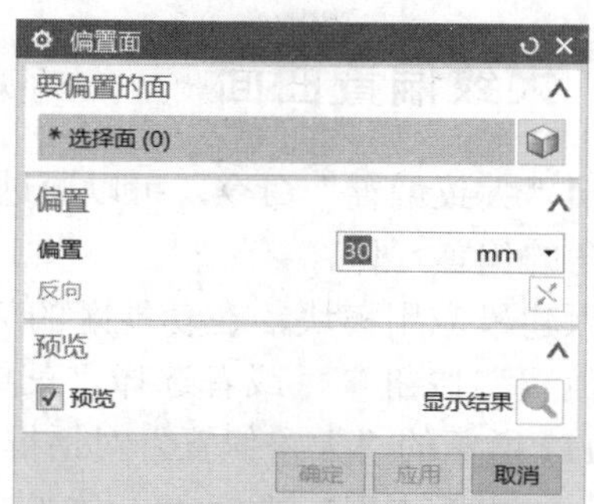

图7-109　“偏置面”对话框

7.5.5 可变偏置曲面

使用NX 11提供的“可变偏置”命令，可以偏置原始曲面一段距离来创建新曲面（该曲面称为“可变偏置曲面”），这段距离在4个点上可能不同。倘若删除原始曲面，那么可变偏置曲面也将一同被删除；倘若变换原始曲面，那么可变偏置曲面也随之更新到相应的新位置。

下面结合范例介绍可变偏置曲面的创建步骤。

1. 在功能区的“曲面”选项卡的“曲面操作”面板中单击“更多”/“可变偏置”按钮，或者选择“菜单”/“插入”/“偏置/缩放”/“可变偏置”命令，系统弹出“可变偏置”对话框。
2. 在图形窗口中选择要偏置的面。如果默认的偏置方向不是所需要的，那么可以单击“反向”按钮来反转偏置方向。
3. 在“偏置”选项组中设置在A处偏置25.4，在B处偏置为30，在C处偏置68，在D处偏置36，如图7-110所示。该选项组中的“全部引用”复选框，用于将所有可用的偏置链接一个值。
4. 在“设置”选项组中指定方法选项，如在“设置”选项组的“方法”下拉列表框中选择“三次”选项。
5. 单击“应用”按钮或“确定”按钮，完成可变偏置曲面的创建，如图7-111所示。

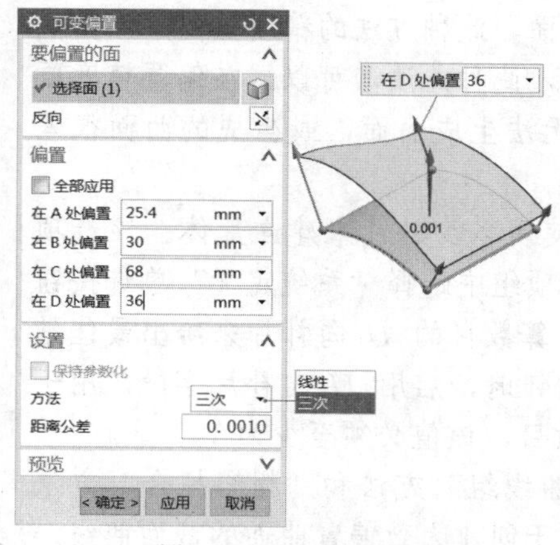

图7-110　可变偏置操作

图7-111　完成可变偏置曲面

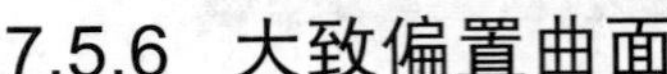

7.5.6 大致偏置曲面

使用“大致偏置”命令，可以通过使用较大偏置从一组面或片体创建没有自相交、尖锐边或拐角的偏置片体。

进入建模应用模块，在功能区的“曲面”选项卡的“曲面操作”面板中单击“更多”/“大致偏置”按钮，或者选择“菜单”/“插入”/“偏置/缩放”/“大致偏置”命令，弹出图 7-112 所示的“大致偏置”对话框。下面介绍该对话框各主要按钮与选项的功能含义。

- “选择步骤”选项组：该选项组中提供了“偏置面/片体”按钮和“偏置 CSYS”。其中，“偏置面/片体”按钮用于选择要偏置的面或曲面片体，如果选择多个面，则不会使它们相互重叠；“偏置 CSYS”用于为偏置选择或构造一个坐标系（CSYS），其中 *Z* 方向指明偏置方向，*X* 方向指明步进或剖切方向，*Y* 方向指明步距跨越方向，默认的 CSYS 为当前的工作 CSYS。
- “过滤器”下拉列表框：在该下拉列表框中可以选择“任意”“面”“片体”或“小平面体”，使用户可以在选择对象过程中限制或“过滤”对象。
- “CSYS 构造器”按钮：用于让用户通过使用标准的“CSYS 构造器”为偏置选择或构造一个 CSYS。当“偏置 CSYS”选择步骤处于被选中的活动状态时，此“CSYS 构造器”按钮才可用。
- 偏置距离：指定偏置的距离。如果希望偏置背离指定的偏置方向，则可以为偏置距离输入一个负值。
- 偏置偏差：指定偏置的偏差，用户输入的该值表示允许的偏置距离范围。注意偏差值应该远大于建模距离公差。
- 步距：指定步距跨越距离。
- “曲面生成方法”选项组：此选项组用于指定系统建立大致偏置曲面时使用的方法。在此选项组中可以选择“云点”单选按钮、“通过曲线组”单选按钮或“粗略拟合”单选按钮。选择“云点”单选按钮时，系统使用与由“点云”选项所采用的完全相同的方法构造曲面；选择“通过曲线组”单选按钮时，系统使用与“通过曲线组”命令采用的完全相同的方法构造曲面；选择“粗略拟合”单选按钮时，系统使用一种方法构建曲面，此种方法的精度虽然不如其他方法高，但是在其他方法都无法创建曲面时，此种方法却可以。在偏置精度要求不高，且由于曲面自相交使得其他方法无法生成曲面，或生成的曲面很差时，可以尝试使用“粗略拟合”方法。
- “曲面控制”选项组：此选项组用于决定使用多少补片来建立片体。该选项组仅适用于“点云”曲面生成方法。在此选项组中选择“系统定义”单选按钮时，在建立新的片体时系统自动添加经过计算数目的 *U* 向补片来给出最佳结果。在此选项组中选择“用户定义”单选按钮时，启用 *U* 向补片字段，用于指定在建造片体过程中所允许的 *U* 向补片数目，该值必须至少为 1。
- “显示截面预览”复选框：在使用“通过曲线组”方法和“粗略拟合”方法的同时可以采用预览选项，从而可了解将用于创建大致偏置曲面的截面曲线。

可以采用预览来标识在指定了坐标系和参数时可能出现的较差的截面曲线数据。

- “修剪边界”下拉列表框：该下拉列表框用于指定新的片体的修剪类型，可供选择的边界修剪类型包括“不修剪”“修剪”“边界曲线”。
- “应用时确认”复选框：选中此复选框时，单击“应用”按钮，将弹出图7-113 所示的“应用时确认”对话框，可以在此预览结果，并接受、拒绝或分析所得结果（如分析干涉、检查几何体和偏差）。

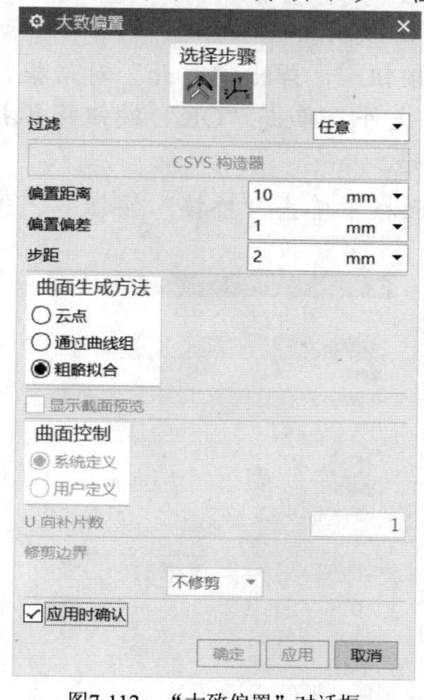

图7-112 “大致偏置”对话框

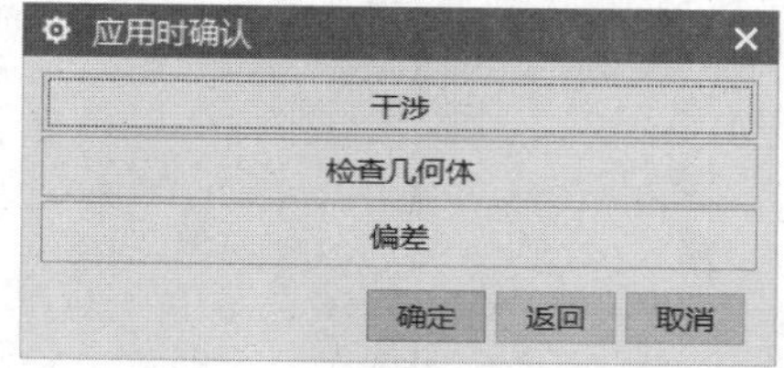

图7-113 “应用时确认”对话框

创建大致偏置曲面的典型示例如图 7-114 所示。

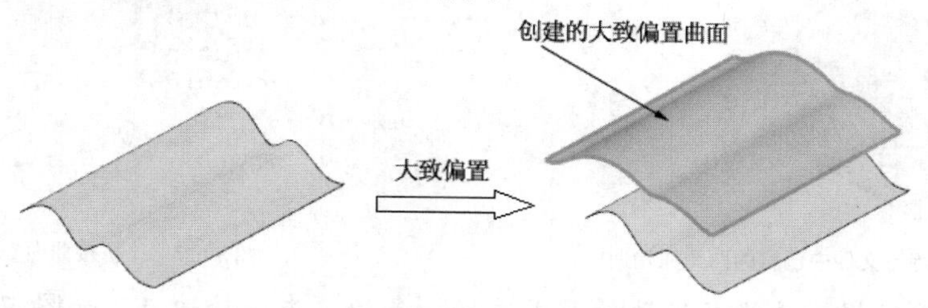

图7-114 创建大致偏置曲面的典型示例

7.5.7 桥接曲面

“桥接”命令（“桥接”按钮）用于创建合并两个面的片体，即建立一个 B 样条曲面片体去连接两个选定的面（需指定连接边 1 和连接边 2）。桥接曲面的典型示例如图 7-115 所示。

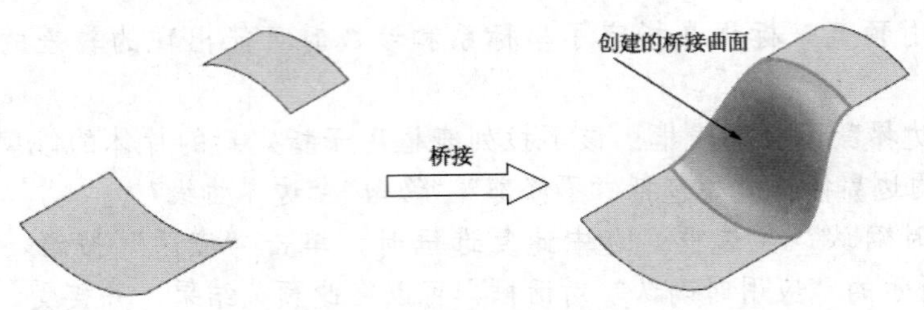

图7-115　桥接曲面的示例

下面以一个典型范例来介绍如何在两个曲面间创建桥接曲面。

1 在“快速访问”工具栏中单击“打开”按钮，弹出“打开”对话框，选择本书配套的“\DATA\CH7\bc_7_5_7.prt”文件，单击“OK”按钮将其打开，文件中已有的两个原始曲面如图 7-116 所示。

2 在功能区的“曲面”选项卡的“曲面”面板中单击“桥接”按钮，弹出图 7-117 所示的“桥接曲面”对话框。

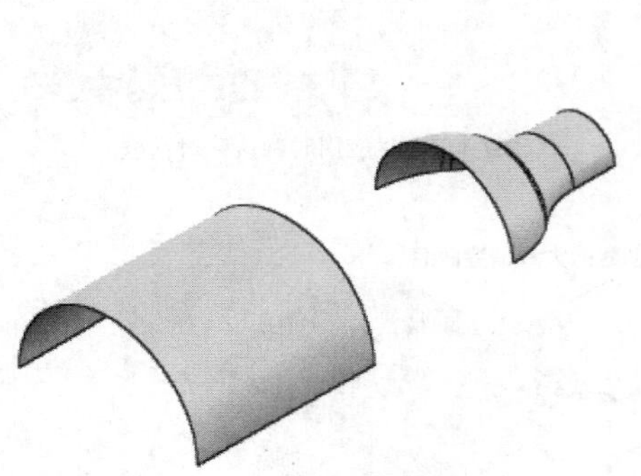

图7-116　练习文件中已有的两个原始曲面

图7-117　“桥接曲面”对话框

3 系统提示选择靠近边的面或选择一条边。先选择边 1，如图 7-118 所示。NX 自动切换到边 2 的选择状态，在图形窗口中选择另一个曲面的一条边作为边 2，如图 7-119 所示。

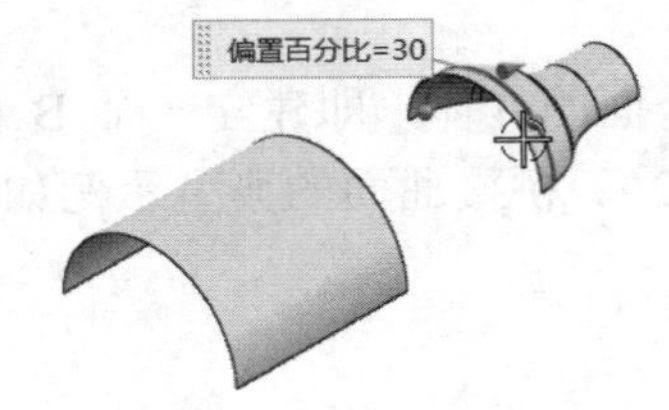

图7-118　选择边 1

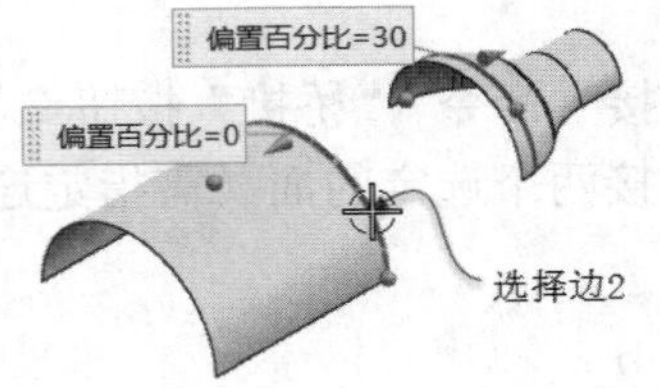

图7-119　选择边 2

4 在“约束”选项组中分别设置连续性、相切幅值、流向和边限制选项及参数，并在“设置”选项组中指定重新构建方式为“无”，如图 7-120 所示。

5 在“桥接曲面”对话框中单击“确定”按钮，从而完成在曲面边 1 和曲面边 2 之间创建了一个桥接曲面，该桥接曲面与两个曲面均保持相切关系，效果如图 7-121 所示。

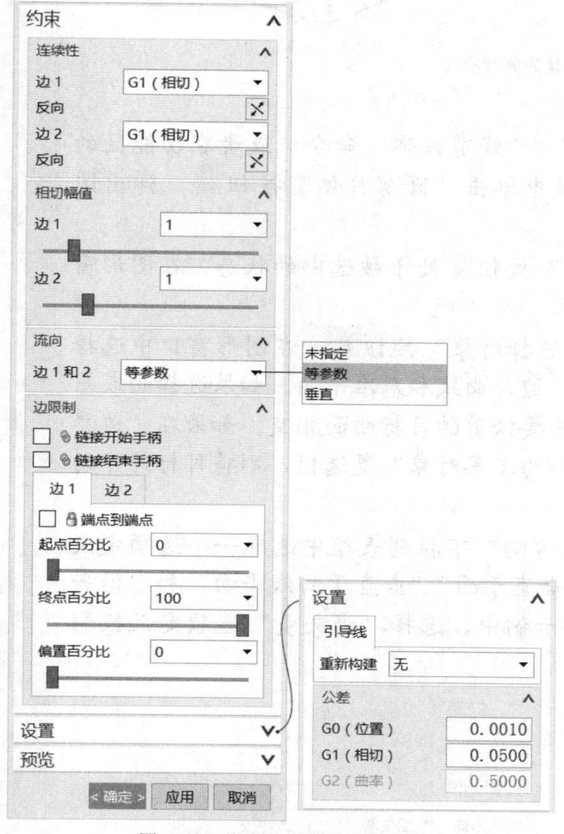

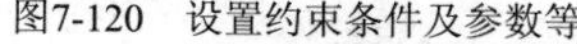
图7-120 设置约束条件及参数等

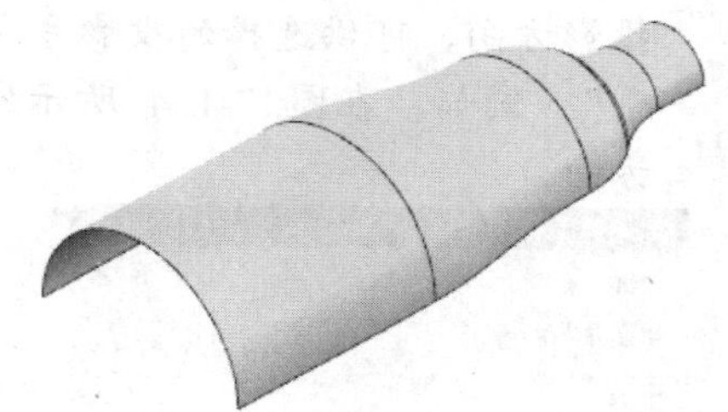
图7-121 瓶子的桥接曲面

7.5.8 修剪片体与其他修剪工具

在建模模块的“菜单”/“插入”/“修剪”级联菜单中提供了“修剪片体”“修剪与延伸”“分割面”“删除边”“修剪体”“拆分体”和“取消修剪”等这些实用的修剪工具。下面介绍其中一些常用修剪工具的应用。

一、修剪片体

使用“修剪片体”命令，可以用曲线、面或基准平面修剪片体的一部分。曲线不必位于片体表面上，“修剪片体”命令可以通过投影曲线（边界）到目标片体上来修剪片体，典型示例如图 7-122 所示。读者可以按照以下介绍的修剪片体基本操作步骤去使用示例源文档（“\DATA\CH7\bc_7_5_8_xjpt.prt”）练习如何修剪片体。

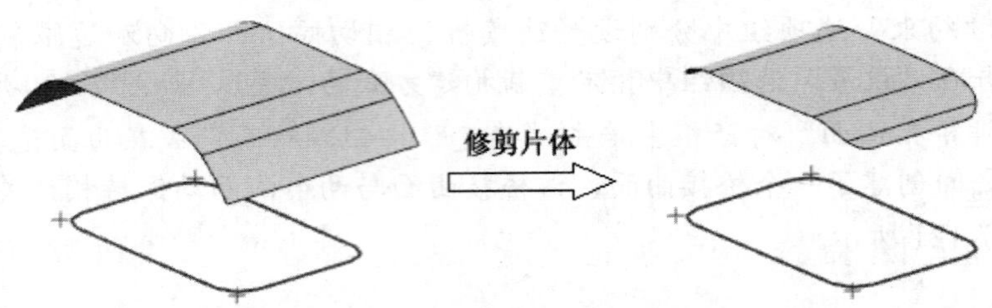

图7-122 修剪片体的典型示例

修剪片体的基本操作步骤如下。

1 选择"菜单"/"插入"/"修剪"/"修剪片体"命令，或者在功能区的"曲面"选项卡的"曲面操作"面板中单击"修剪片体"按钮，弹出图7-123所示的"修剪片体"对话框。

2 "目标"选项组中的"选择片体"按钮处于被选中的状态，在图形窗口中选择要修剪的目标片体。

3 在"边界对象"选项组中单击"选择对象"按钮，在图形窗口中选择所需的边界对象。边界对象可以是面、边、曲线和基准平面。如果选择面或基准平面作为边界对象，那么它们必须与要修剪的目标曲面相交。如果在"边界对象"选项组中选中"允许目标体边作为工具对象"复选框，则将目标片体的边过滤出来作为修剪对象。

4 在"投影方向"选项组的"投影方向"下拉列表框中选择一个选项定义投影方向，可供选择的投影方向有"垂直于面""垂直于曲线平面"和"沿矢量"。例如，在图7-124所示的操作示例中，选择"沿矢量"选项定义投影方向。

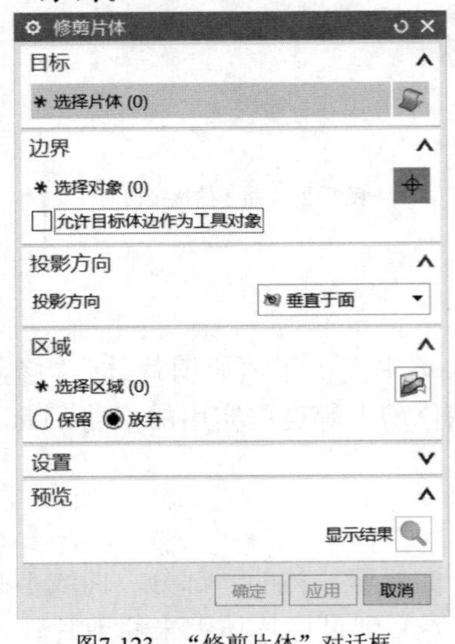

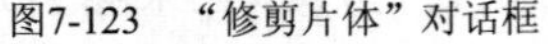
图7-123 "修剪片体"对话框

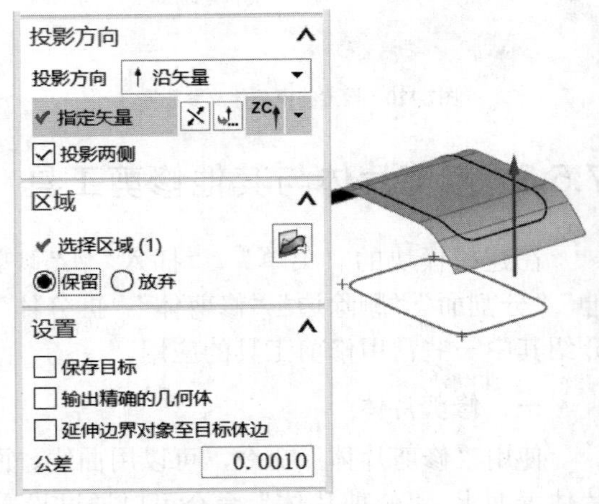

图7-124 定义投影方向

5 在"区域"选项组中指定要保留或舍弃的区域。

6 在"设置"选项组中决定"保存目标"复选框、"输出精确的几何体"复选框和"延伸边界对象至目标体边"复选框的状态，并在"公差"文本框中指定公差值。

7 在“修剪片体”对话框中单击“确定”按钮或“应用”按钮，完成修剪片体操作。

二、修剪和延伸

使用“修剪和延伸”命令，可以使用由选定的曲线、基准平面、曲面或实体组成的一组工具对象来延伸或修剪一个或多个曲面或实体，如图 7-125 所示。

选择“菜单”/“插入”/“修剪”/“修剪和延伸”命令，或者在功能区的“曲面”选项卡的“曲面操作”面板中单击“修剪和延伸”按钮，系统弹出图 7-126 所示的“修剪和延伸”对话框。利用此对话框设置类型选项（“直至选定”或“制作拐角”），接着根据所设类型指定相关对象和设置相应选项、参数。以将类型选项设置为“直至选定”为例，选定目标对象和工具对象，并设定需要的结果，定义延伸方法为“自然曲率”“自然相切”或“镜像”，设置体输出方式（如“延伸原片体”“延伸为新面”或“延伸为新片体”）等，最后单击“应用”按钮或“确定”按钮，从而完成修剪和延伸操作。

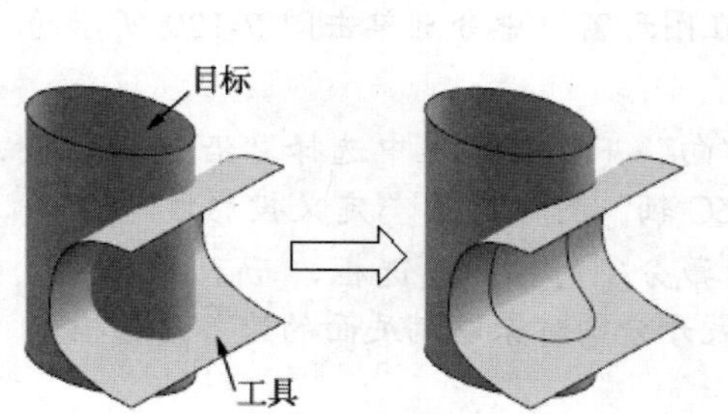

图7-125　修剪与延伸的操作示例

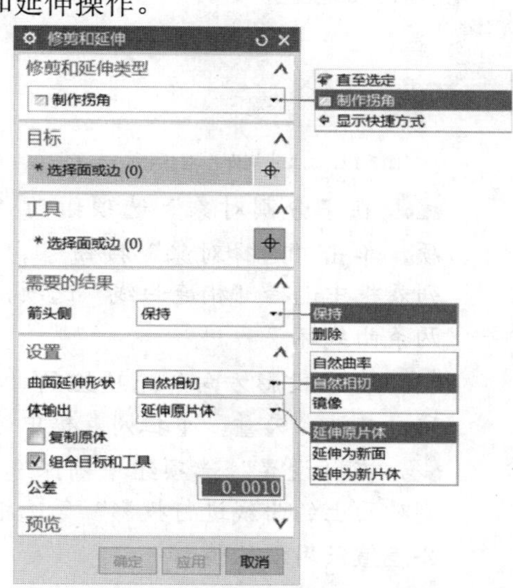

图7-126　“修剪和延伸”对话框

三、分割面

使用“分割面”命令，可以用面、基准平面或另一个几何体将一个面分割成多个面。注意同样可以通过投影曲线、边界到要分割的面上去分割面。在进行“分割面”的操作过程中，需要分别指定要分割的面、分割对象、投影方向，以及设置是否隐藏分割对象，是否对面上的曲线进行投影等。

请看如下一个简单的操作范例。

1 在“快速访问”工具栏中单击“打开”按钮，弹出“打开”对话框，选择本书配套的“\DATA\CH7\bc_7_5_8_fgm.prt”文件，单击“OK”按钮将其打开。

2 选择“菜单”/“插入”/“修剪”/“分割面”命令，或者在“曲面操作”面板中单击“更多”/“分割面”按钮，弹出图 7-127 所示的“分割面”对

话框。

3 在“选择条”工具栏的“面规则”下拉列表框中选择“相切面”选项，接着在图形窗口中单击图 7-128 所示的曲面作为要分割的面。

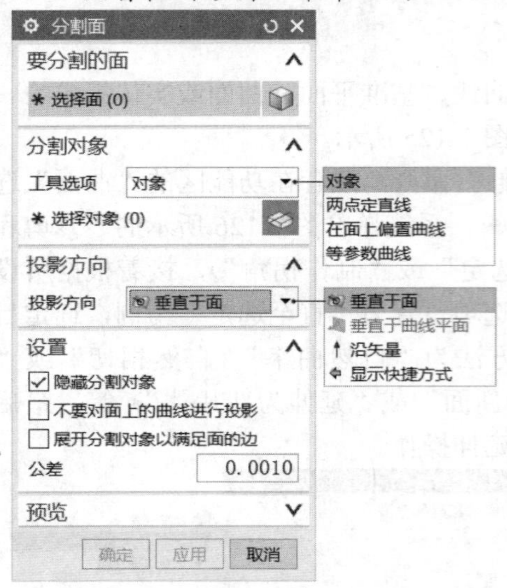

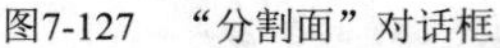

图7-127　“分割面”对话框

图7-128　选择要分割的面

4 在“分割对象”选项组的“工具选项”下拉列表框中选择“对象”选项，单击“选择对象”按钮，并在“选择条”工具栏的“曲线规则”下拉列表框中选择“相连曲线”选项，接着在图形窗口中分别单击图 7-129 所示的两条曲线环。

5 在“投影方向”选项组的“投影方向”下拉列表框中选择“沿矢量”选项，并从“矢量”下拉列表框中选择“ZC 轴”图标选项定义投影方向。

6 在“设置”选项组中确保选中“隐藏分割对象”复选框，而不选中“不要对面上的曲线进行投影”复选框和“展开分割对象以满足面的边”复选框，公差值采用默认值。

7 在“分割面”对话框中单击“确定”按钮，分割面的结果如图 7-130 所示。

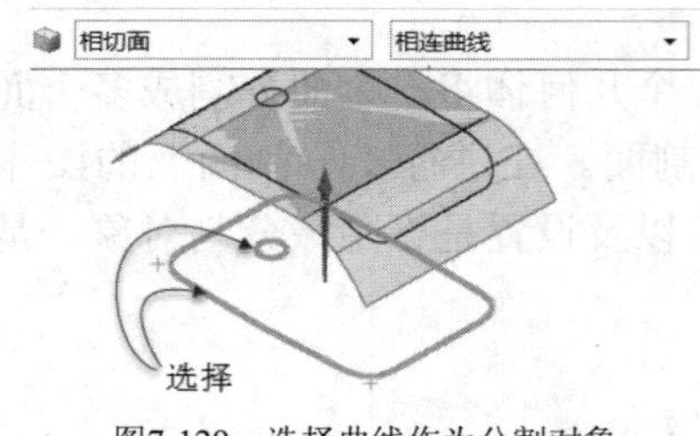

图7-129　选择曲线作为分割对象

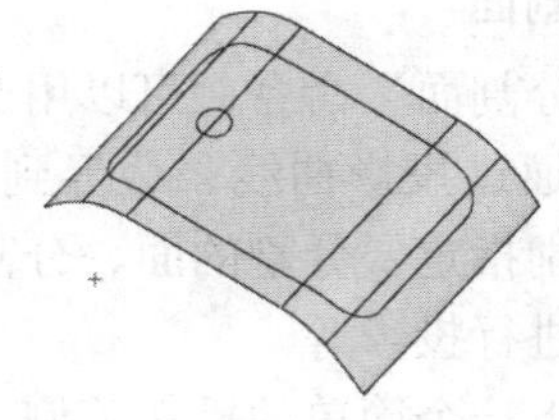

图7-130　分割面的结果

四、删除边

使用“删除边”命令，可以删除片体中的边或边链，以移除内部或外部边界。其操作方法步骤较为简单，即选择“菜单”/“插入”/“修剪”/“删除边”命令（对应的按钮为），弹出图 7-131 所示的“删除边”对话框，接着在图形窗口中选择要删除的边，然后单

击“应用”按钮或“确定”按钮。删除边的示例如图 7-132 所示。

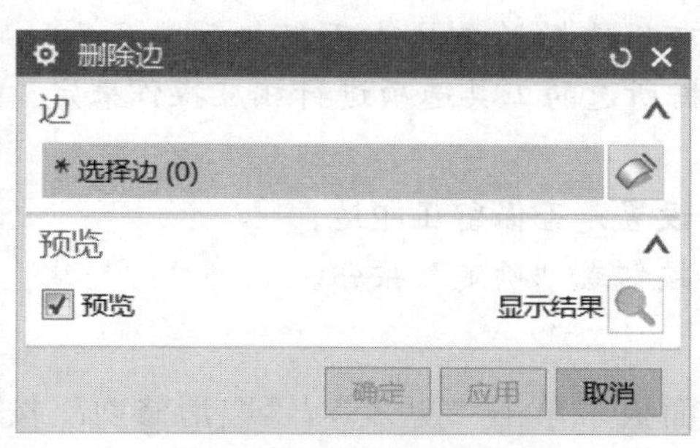

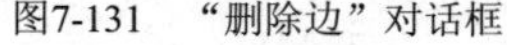
图7-131 “删除边”对话框

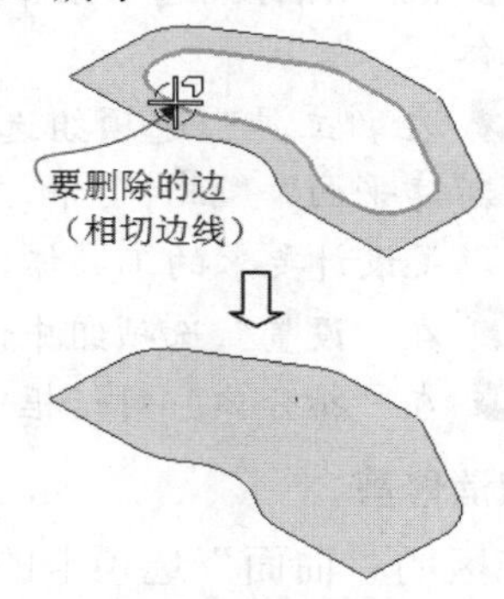

图7-132 删除边的典型示例（移除内部边界）

五、修剪体

可以使用面或基准平面修剪掉一部分体（实体或片体），它的一般操作步骤如下。

1. 选择“菜单”/“插入”/“修剪”/“修剪体”命令，或者在功能区的“曲面”选项卡的“曲面操作”面板中单击“修剪体”按钮，弹出图 7-133 所示的“修剪体”对话框。
2. 选择要修剪的目标体。
3. 在“工具”选项组中指定工具选项，如选择“面或平面”选项或“新建平面”选项。从“工具选项”下拉列表框中选择“面或平面”选项时，单击“面或平面”按钮，接着在图形窗口中选择修剪所用的工具面或基准平面，并注意设置修剪方向。当从“工具选项”下拉列表框中选择“新建平面”选项时，则需要新建一个平面来作为工具面。
4. 在“设置”选项组中接受默认公差或更改公差值。
5. 在“修剪体”对话框中单击“应用”按钮或“确定”按钮。

六、拆分体

可以用面、基准平面或另一个几何体将一个体分割成多个体，其一般操作步骤如下。

1. 选择“菜单”/“插入”/“修剪”/“拆分体”命令，弹出图 7-134 所示的“拆分体”对话框。

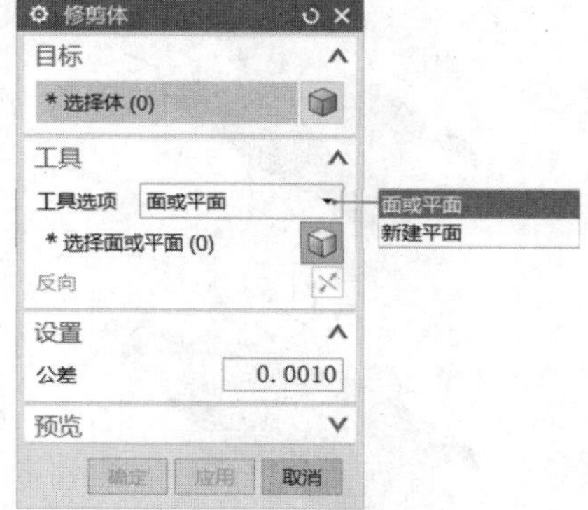

图7-133 “修剪体”对话框

图7-134 “拆分体”对话框

2 在“目标”选项组中单击“体”按钮，在图形窗口中选择要拆分的目标体。

3 在“工具”选项组选定工具选项（可供选择的工具选项有“面或平面”“新建平面”“拉伸”和“旋转”），并根据所选的工具选项进行相应操作来定义满足设计要求的工具体。

4 在“设置”选项组中设置公差值，并设置是否保留压印边。

5 在“拆分体”对话框中单击“应用”按钮或“确定”按钮。

七、取消修剪

在功能区的“曲面”选项卡的“曲面操作”面板中单击“更多”/“取消修剪”按钮，可以移除修剪过的边界以形成边界自然的面。

7.5.9 缝合片体

使用“缝合”命令，可以通过将公共边缝合在一起来组合两个或多个片体，使它们组合成单个片体。另外，使用“缝合”命令，也可以通过缝合公共面来将两个实体组合成一个实体。

需要用户注意的是，如果将若干片体缝合在一起以形成完全封闭的空间，并且在建模首选项中将体类型设置为“实体”，那么一个缝合的实体将自动生成。

缝合片体的基本操作步骤如下。

1 选择“菜单”/“插入”/“组合”/“缝合”命令，或者在“曲面操作”面板中单击“缝合”按钮，弹出图 7-135 所示的“缝合”对话框。

2 在“类型”选项组的下拉列表框中选择“片体”选项。

3 选择目标片体。

4 选择要缝合到目标片体的一个或多个工具片体。

5 在“设置”选项组中设置缝合公差。如果设计需要，则可以选中“输出多个片体”复选框。

6 在“缝合”对话框中单击“应用”按钮或“确定”按钮。

图 7-136 所示为将 3 个片体缝合成单一片体的示例。

图7-135　“缝合”对话框

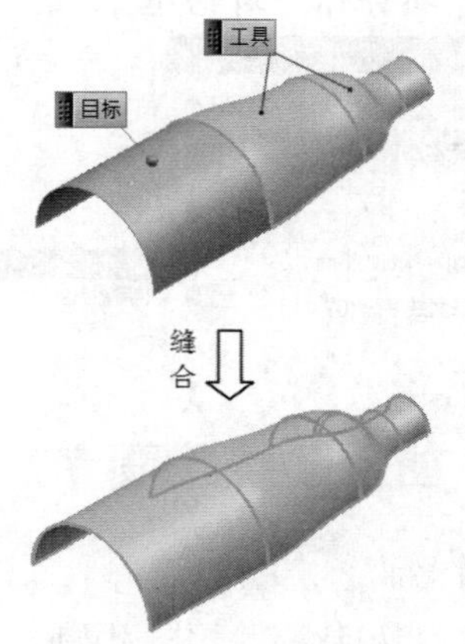

图7-136　缝合片体示例

如果两个实体共享一个或多个重合的面，那么可以将这两个实体缝合在一起，从而形成一个统一的单实体。缝合实体的操作步骤和缝合片体的类似。要缝合实体，则选择“菜单”/“插入”/“组合”/“缝合”命令，弹出“缝合”对话框；从“类型”选项组的下拉列表框中选择“实体”选项，如图 7-137 所示；接着选择目标实体面（将被缝合操作移除的目标面），然后在工具实体上选择与目标实体上所选面重合的面；在“设置”选项组中指定缝合公差，然后单击“应用”按钮或“确定”按钮即可。

如果要从体取消缝合面，则在“曲面操作”面板中单击“更多”/“取消缝合”按钮，弹出图 7-138 所示的“取消缝合”对话框。选择要从体取消缝合的面（工具选项为“面”时），或者选择边以拆分体（工具选项为“边”时），接着在“设置”选项组中设置相关的选项，然后单击“应用”按钮或“确定”按钮。

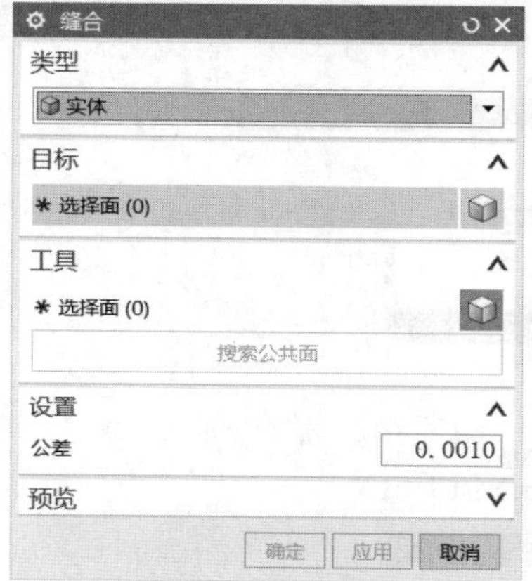

图7-137 在“缝合”对话框中选择“实体”类型

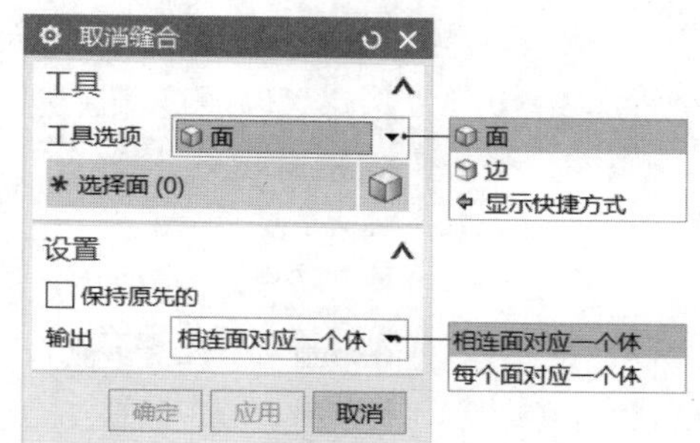

图7-138 “取消缝合”对话框

7.5.10 曲面拼合

曲面拼合也称“曲面熔合”，是指将几个曲面拼合成一个曲面。本书只要求读者了解此知识点即可。

选择“菜单”/“插入”/“组合”/“拼合”命令，弹出图 7-139 所示的“拼合”对话框。在该对话框中分别设置驱动类型（“曲线网格”“B 曲面”或“自整修”）、投影类型（“沿固定矢量”或“沿驱动法向”）、相关公差（“内部距离”“内部角度”“边距离”和“边角度”）和其他选项参数，单击“确定”按钮，然后根据系统弹出来的“选择主曲线”对话框或“选择驱动 B 曲面”对话框等进行相关的选择操作即可。

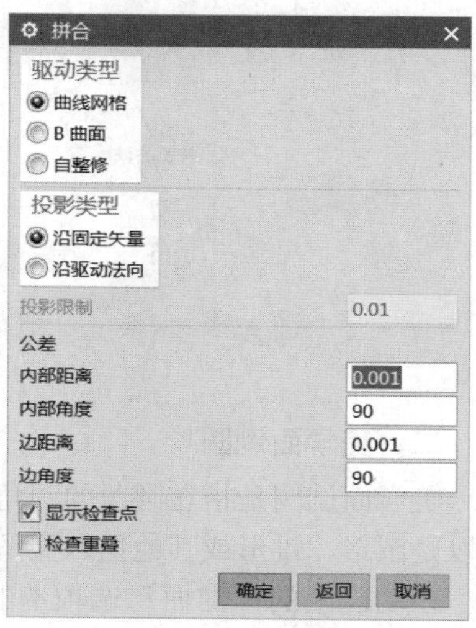

图7-139 “拼合”对话框

7.5.11 曲面各类倒圆角

可以用在曲面上的倒圆角工具包括“边倒圆”“面倒圆”“软倒圆”“样式倒圆”“美学面倒圆”和“球形拐角”等，其中，“软倒圆”工具命令在 NX 11.0 中即将失效，故不予介

绍，而“边倒圆”和“面倒圆”在实体部分的章节中已经介绍过，在这里也不再赘述。下面介绍“样式倒圆”“美学面倒圆”和“球形拐角”这 3 个命令的功能含义及应用。

一、样式倒圆

样式倒圆是指倒圆曲面并将相切和曲率约束应用到圆角的相切曲线。

在功能区的“曲面”选项卡的“曲面”面板中单击“样式倒圆”按钮，或者选择“菜单”/“插入”/“细节特征”/“样式倒圆”命令，打开图 7-140 所示的“样式圆角”对话框。从“类型”下拉列表框中选择样式倒圆的类型（“规律”“曲线”或“轮廓”），接着根据所选的倒圆类型分别指定相应的参照、选项和参数来完成样式倒圆操作。

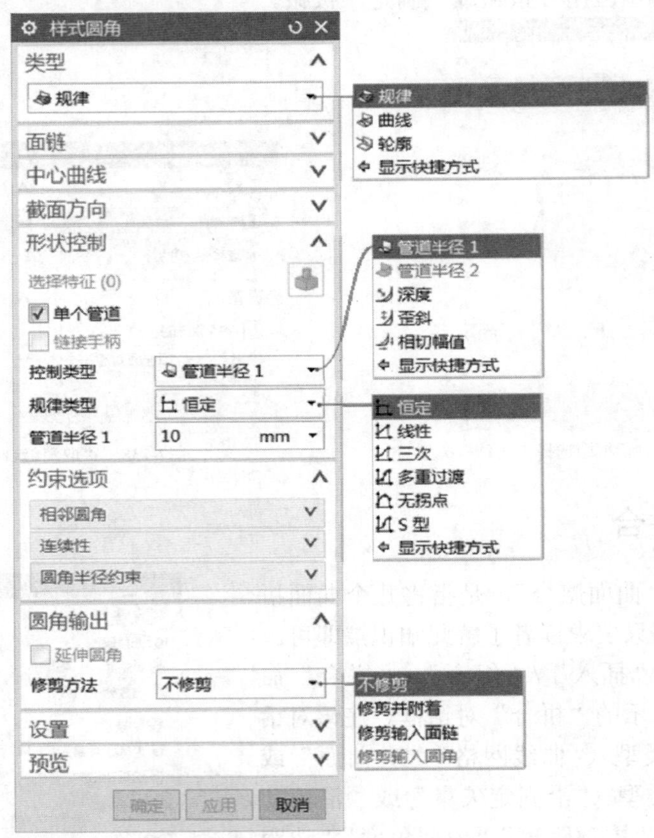

图7-140　“样式圆角”对话框

二、美学面倒圆

美学面倒圆是指在圆角的圆角切面处施加相切或曲率约束时倒圆曲面，其圆角截面形状可以是圆形、锥形或其他切入类型。

在功能区的“曲面”选项卡的“曲面”面板中单击“美学面倒圆”按钮，或者选择“菜单”/“插入”/“细节特征”/“美学面倒圆”命令，弹出图 7-141 所示的“美学面倒圆”对话框。指定面链 1 和面链 2，设置截面方位选项为“滚球”“脊线”或“矢量”，并根据设计情况定义切线、横截面、修剪选项、约束条件及其他附加选项，最后单击“应用”按钮或“确定”按钮，从而完成创建一个美学面倒圆特征。

三、球形拐角

可以从三个壁创建一个球形拐角，其方法是在功能区的“曲面”选项卡的“曲面”面板中单击“球形拐角”按钮，弹出图7-142所示的“球形拐角”对话框，利用“壁面”选项组分别指定壁1、壁2和壁3，在“半径”选项组中指定球形拐角的半径，在“设置”选项组中分别指定距离公差和角度公差，然后单击“应用”按钮或“确定”按钮。

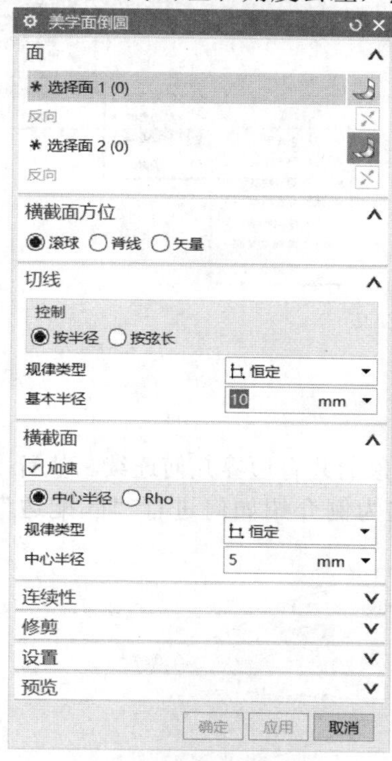

图7-141 “美学面倒圆”对话框

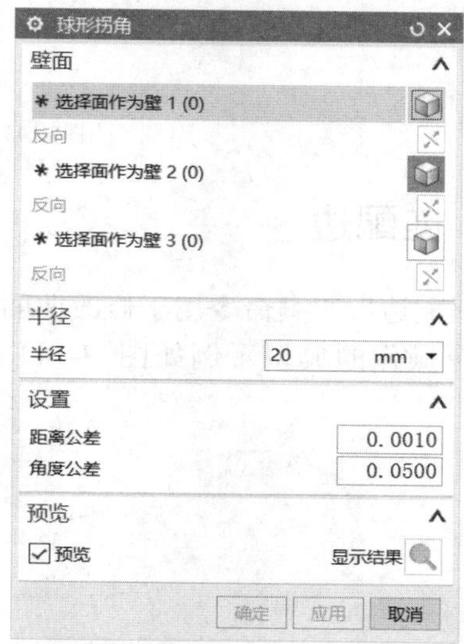

图7-142 “球形拐角”对话框

7.6 曲面基本编辑

创建好曲面之后，有时要对曲面进行一些编辑操作。本节将介绍常用的一些曲面编辑方法，包括“匹配边”“边对称”“扩大”“整修面”“光顺极点”“法向反向”“更改阶次”“更改刚度”“X型（X成形）”“I型（I成形）”“使曲面变形”“变换曲面”“剪断曲面”和“U/V向”等。这些曲面编辑工具可以在功能区的“曲面”选项卡的“编辑曲面”面板中找到，注意有些的曲面编辑工具需要用户添加到“编辑曲面”面板中（包括添加到该面板的“更多”库列表中），其方法是在“编辑曲面”面板中单击右下角的一个“下三角”按钮▾，接着选择要添加的命令工具即可，如图7-143所示，命令工具前具有“✔”符号的表示其已添加到面板中。

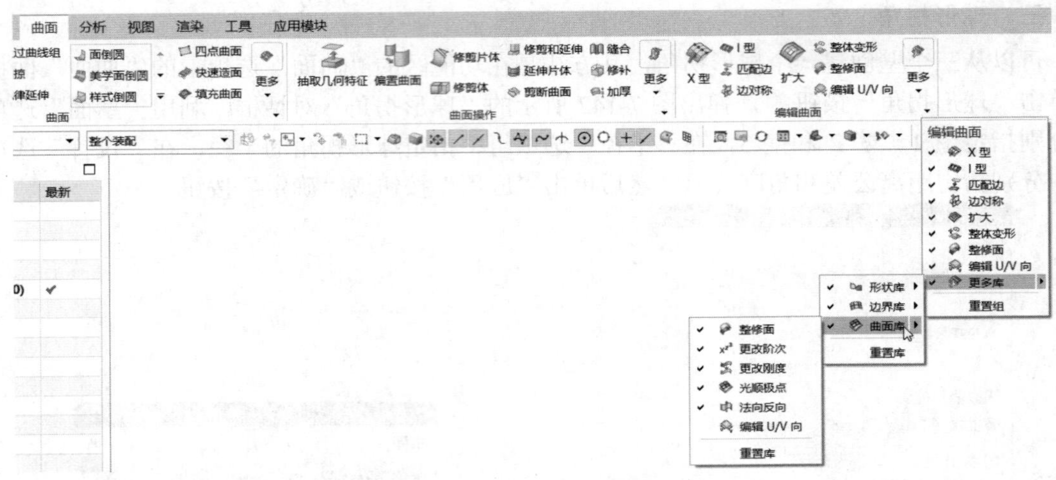

图7-143　为相关面板添加命令工具

7.6.1　匹配边

“匹配边”工具命令用于修改曲面，使其与参考对象的共有边界几何连续。执行“匹配边”命令操作的典型示例如图 7-144 所示，下面以它为例介绍如何进行“匹配边”命令操作。

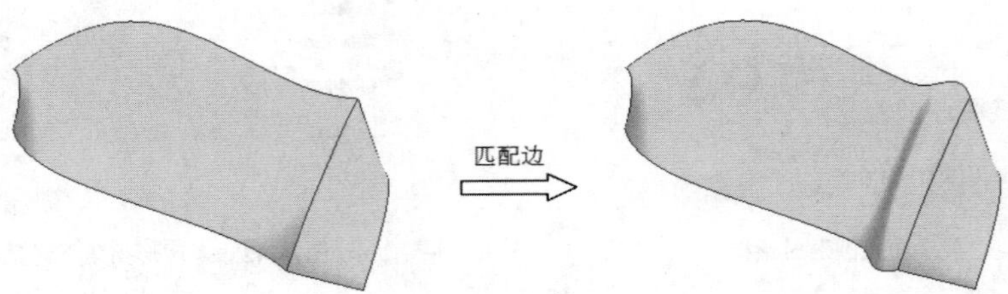

图7-144　匹配边图解示意

1 按“Ctrl+O”快捷键，接着利用弹出的“打开”对话框来选择本书配套的素材文件“\DATA\CH7\bc_7_6_1.prt”，单击“OK”按钮将其打开。

2 在功能区中切换至“曲面”选项卡，在“编辑曲面”面板中单击“匹配边”按钮，弹出图 7-145 所示的“匹配边”对话框。

3 “要编辑的边”选项组中的“选择边”按钮处于被选中的状态，此时在图形窗口中选择靠近所需边（要编辑的边）的待编辑面，如图 7-146 所示，NX 会自动将待编辑面的该边作为要编辑的边。

4 如果选择带编辑面时单击的位置很靠近要编辑的边，那么 NX 会自动默认邻接面作为参考对象。如果 NX 没有默认参考对象，那么确保“参考”选项组中的“选择参考”按钮处于被选中状态，在图形窗口中选择以要编辑的边为公有边界的另一邻接曲面作为参考对象。

5 在“匹配边”对话框中分别设置“参数化”选项组、“方法”选项组、“连续性”选项组和“设置”选项组中的相关选项和参数，如图 7-147 所示。

注意在“设置”选项组中取消选中“保持选定”复选框。

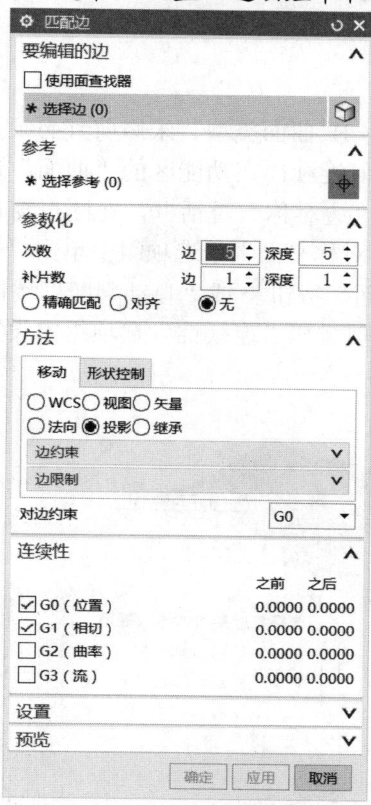

图7-145 “匹配边”对话框

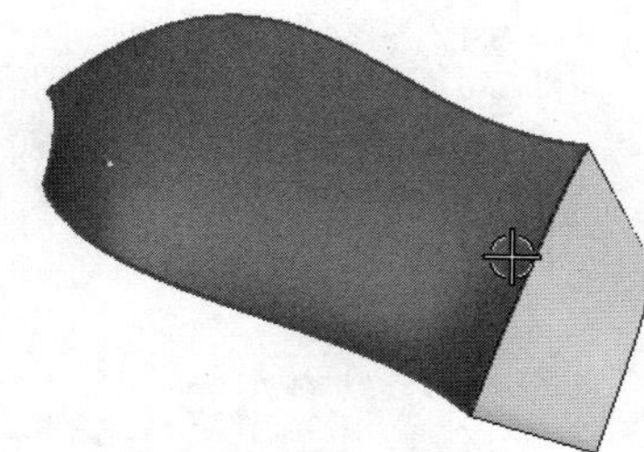

图7-146 选择靠近所需边的待编辑面

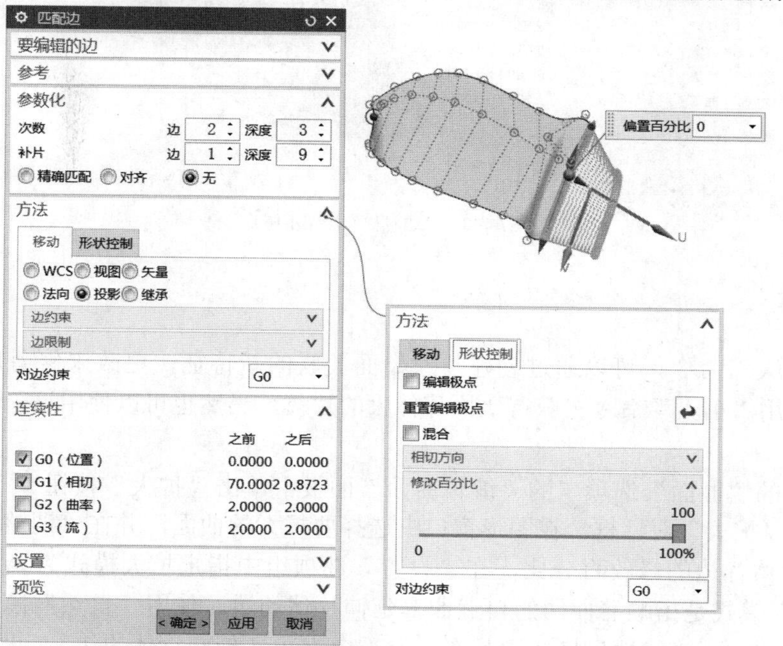

图7-147 设置匹配边的相关选项和参数

在“匹配边”对话框中单击“确定”按钮。

7.6.2　边对称

“边对称”工具命令用于修改曲面（该曲面必须是 B 曲面类型、未修剪且必须是片体的唯一面），使之与其关于某个平面的镜像图像实现几何连续。在功能区的“曲面”选项卡的“编辑曲面”面板中单击“边对称”按钮，弹出“边对称”对话框，在图形窗口中选择靠近指定边的待编辑面，接着在“选择”选项组的“对称平面”子选项组中单击“YC-ZC 平面”按钮、“XC-ZC 平面”按钮、“XC-YC 平面”按钮或“自动判断”按钮来定义对称平面，然后在“参数化”选项组、“方法”选项组和“连续性”选项组中设置相关的选项和参数即可，如图 7-148 所示。

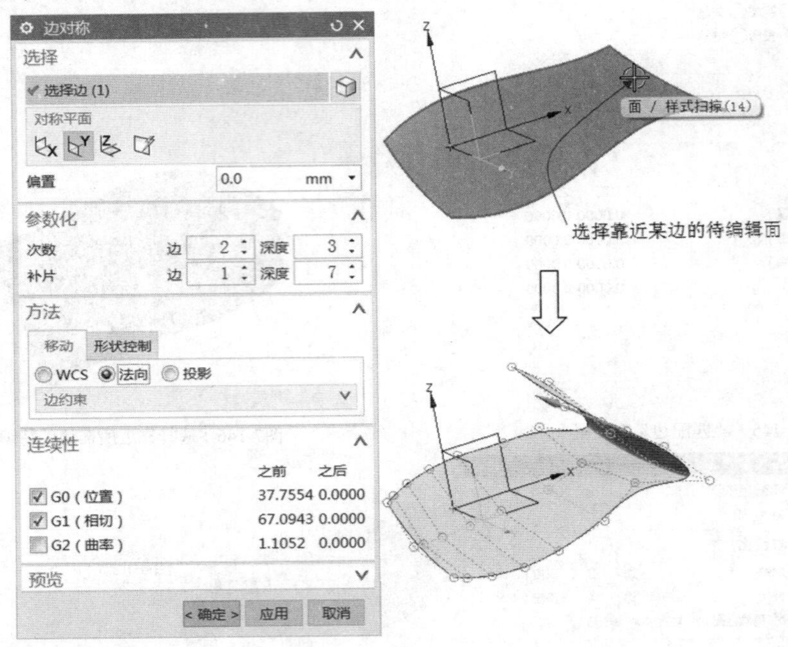

图7-148　“边对称”操作示例

7.6.3　扩大

使用“扩大”命令，可以通过创建与原始面关联的新特征，更改未修剪片体或面的大小。通常，使用“扩大”命令去获得比原片体大的片体，当然也可以使用这一命令去减少片体的大小。

在功能区的“曲面”选项卡的“编辑曲面”面板中单击“扩大”按钮，系统弹出图 7-149 所示的“扩大”对话框。在图形窗口中选择要扩大的曲面，并在“调整大小参数”选项组中指定片体各边的修改百分比，在“设置”选项组中指定扩大模式为“自然”或“线性”（“自然”模式是指顺着曲面的自然曲率延伸片体的边，使用“自然”模式可以增大或减小片体的尺寸；而“线性”模式则是在一个方向上线性延伸片体的边），此时可以在图形窗口中预览曲面扩大效果，如图 7-150 所示。

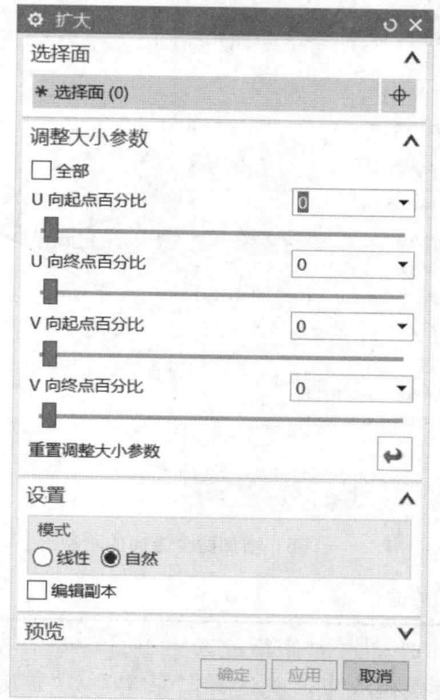

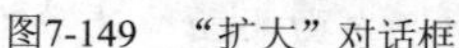
图7-149 “扩大”对话框

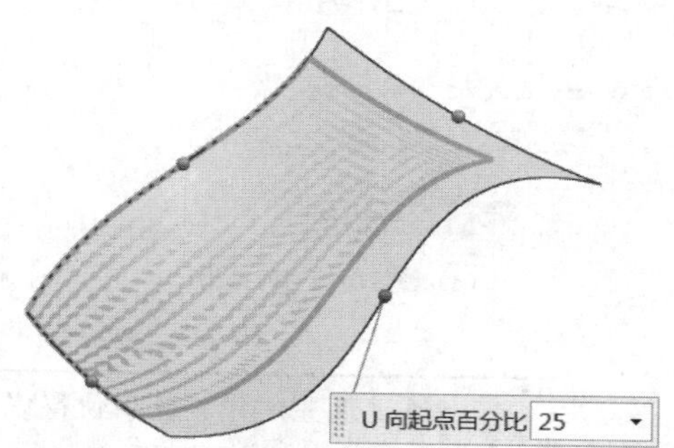

图7-150 调整大小参数的预览效果

如果要对片体副本执行扩大操作，那么需要在“设置”选项组中选中“编辑副本”复选框。如果对调整大小参数不满意，那么可以在“调整大小参数”选项组中单击“重置调整大小参数”按钮，从而在创建模式下将参数值和滑块位置重置为默认值。

调整好大小参数和扩大模式后，在“扩大”对话框中单击“应用”按钮或“确定”按钮，从而完成扩大曲面编辑操作。

7.6.4 整修面

整修面是指改进面的外观，同时保留原先几何体的紧公差。通常几何体是从其他 CAD 软件转换过来的数据，或者在美观上不可接受时，可以使用“整修面”命令。

整修面的类型分为两种，即“整修”和“拟合到目标”。

一、整修

“整修”类型通过更改阶次、补片数或公差修改曲面。下面结合示例介绍如何使用“整修”类型对曲面进行整修以提高曲面质量。

在“编辑曲面”面板中单击“整修面”按钮，系统弹出“整修面”对话框。从“类型”选项组的“类型”下拉列表框中选择“整修面”选项，在图形窗口中选择要整修的曲面；在“整修控制”选项组中，选择“次数和补片数”作为整修方法，接受默认的“U 和 V”作为整修方向，将两个方向上的次数（阶次）都设置为 3，而补片数都设置为 1。此时，在“结果”选项组中显示当前设置的最大偏差和平均偏差，如图 7-151（a）所示。

在“整修控制”选项组中，分别逐一增加两个方向上的次数（阶次），同时检查“结果”选项组中输出实时显示的最大偏差值和平均偏差值，当曲面满足所需公差时停止增加阶次。如图 7-151（b）所示，将 U 方向的阶次增加到 16，将 V 方向的阶次也增加到 16，明显看到最大偏差和平均偏差降低了好多。满意后，单击“应用”按钮或“确定”按钮。

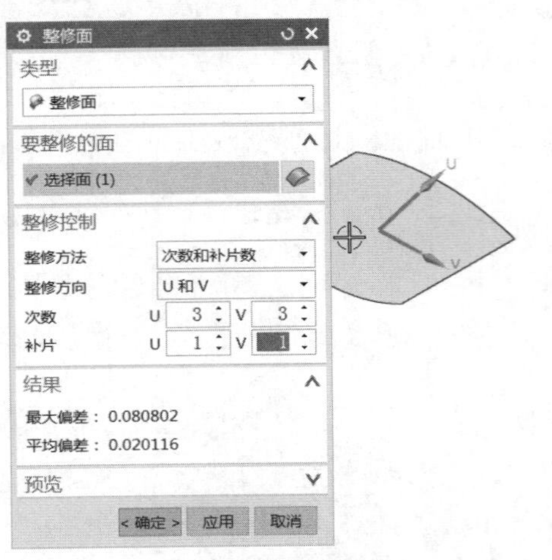

（a）整修面的当前结果

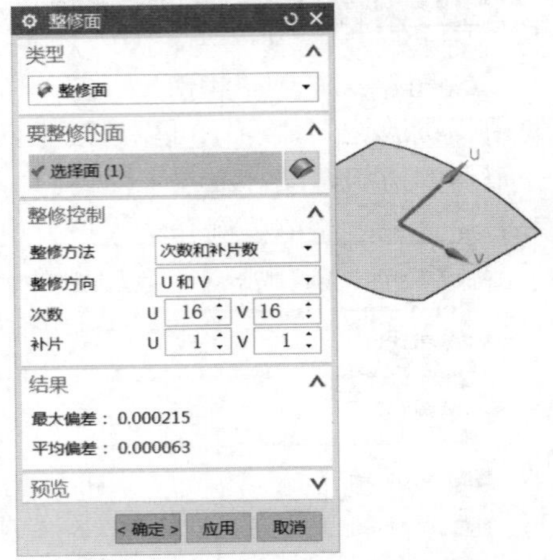

（b）增加两个方向的阶次

图7-151　“整修”类型的整修面

可以通过设置建模首选项使得完成整修面操作时将在部件导航器中创建一个“整修曲面”节点，且保持曲面参数化。其方法是在建模模块中，先选择“菜单”/“首选项”/“建模”命令，弹出“建模首选项”对话框，切换到“自由曲面”选项卡，确保勾选“关联自由曲面编辑”复选框，如图 7-152 所示。如果未选定“关联自由曲面编辑”复选框，则以后整修会创建不能编辑的非参数化特征。

二、拟合到目标

“拟合到目标”类型通过使曲面匹配目标修改该曲面。

在“编辑曲面”面板中单击“整修面”按钮，系统弹出“整修面”对话框。从“类型”选项组的“类型”下拉列表框中选择“拟合到目标”选项，接着选择要整修的面和目标，并在“整修控制”选项组中设置整修方法和整修方向等，并可以更改光顺因子和修改百分比，从而达到整修曲面效果，如图 7-153 所示。

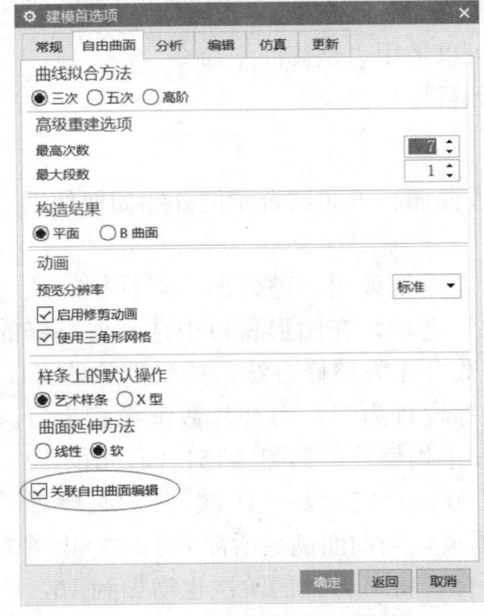

图7-152　“建模首选项”对话框

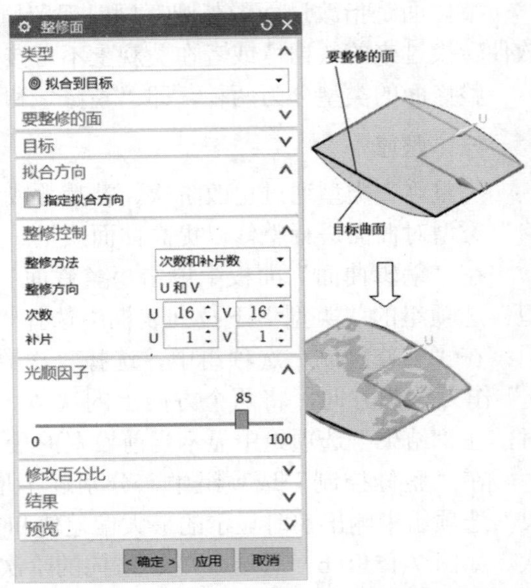

图7-153　“拟合到目标”类型的整修面

7.6.5 更改边

使用“更改边”命令，可以通过不同的方法修改 B 曲面的边，使该曲面边与一条曲线或另一个体的边相匹配，或在平面内。

下面通过一个简单范例介绍“更改边”命令的典型操作步骤。

1 在“快速访问”工具栏中单击“打开”按钮，弹出“打开”对话框，选择本书配套光盘提供的“\DATA\CH7\bc_7_6_5.prt”文件，单击“OK”按钮。

2 选择“菜单”/“编辑”/“曲面”/“更改边”命令，或者在功能区的“曲面”选项卡的“编辑曲面”面板中单击“更多”/“更改边”按钮（此按钮需要通过定制才能显示在面板上），系统弹出图 7-154 所示的“更改边”对话框。

3 选择“编辑原片体”单选按钮，在图形窗口中选择要编辑的面，如图 7-155 所示。

图7-154 “更改边”对话框（1）

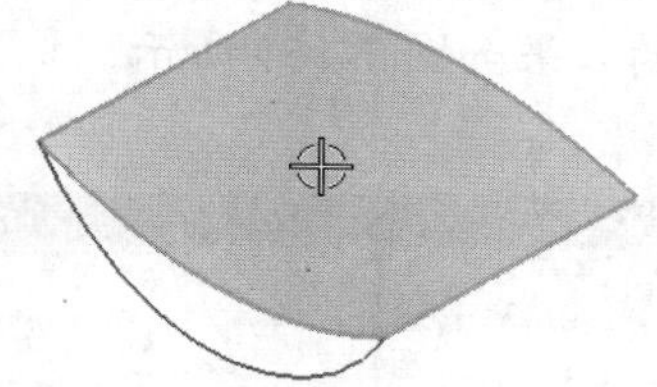

图7-155 选择要编辑的面

- 编辑原片体：“编辑原片体”单选按钮用于在选中的片体上直接执行所有更改，而不产生副本。
- 编辑副本：“编辑副本”单选按钮用于指定系统在所选片体的副本上编辑，原始片体的副本与原始片体不关联。新片体采用原始片体的栅格数，并使用当前的系统颜色将新片体与原始片体相区别。

4 系统提示选择要编辑的 B 曲面边。在图形窗口中单击图 7-156 所示的曲面边线。

5 系统弹出图 7-157 所示的“更改边”对话框，从中单击“仅边”按钮。

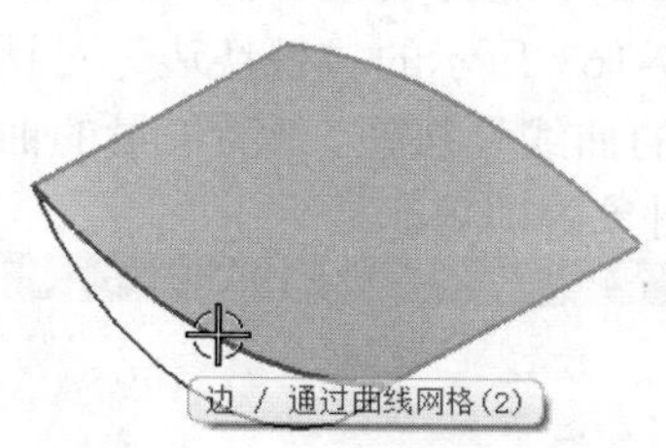

图7-156 选择要编辑的 B 曲面边

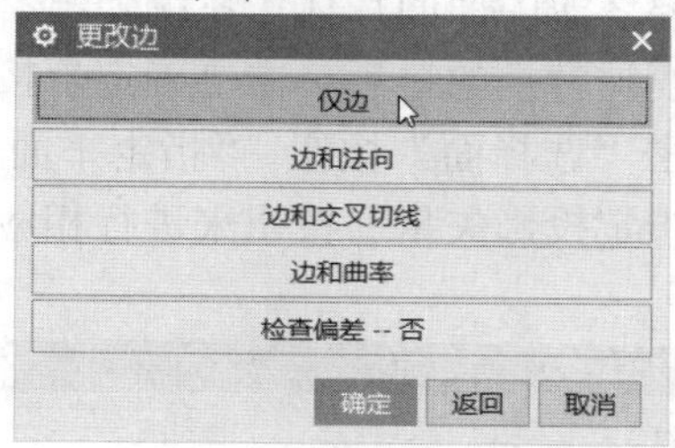

图7-157 选择更改边的选项

“仅边”按钮用于修改选定的边；“边和法向”按钮用于将选定的边和法向与各种对象匹配；“边和交叉切线”按钮用于将选定的边和它的交叉切线与各种对象相匹配；“边和曲率”按钮用于使曲面间的曲率连续，其提供的两曲面间的匹配程度高于“边和交叉切线”；“检查偏差”按钮用于将“信息”窗口切换成开或关，即设置是否检查偏差。

6 在弹出来的提供新按钮选项的“更改边”对话框中单击“匹配到曲线”按钮，如图 7-158 所示。

7 在图形窗口中选择图 7-159 所示的一条曲线。

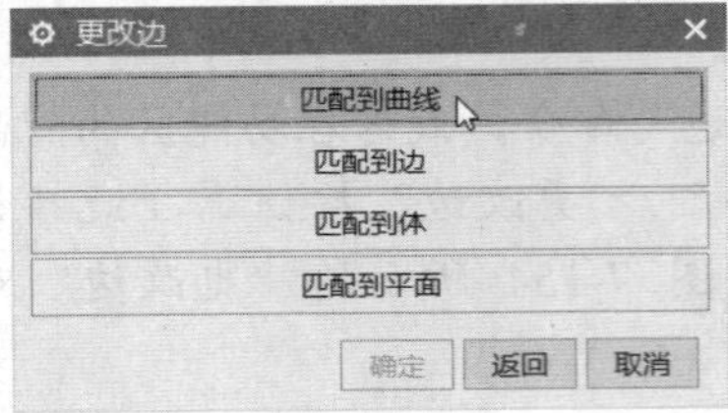

图7-158　单击“匹配到曲线”按钮

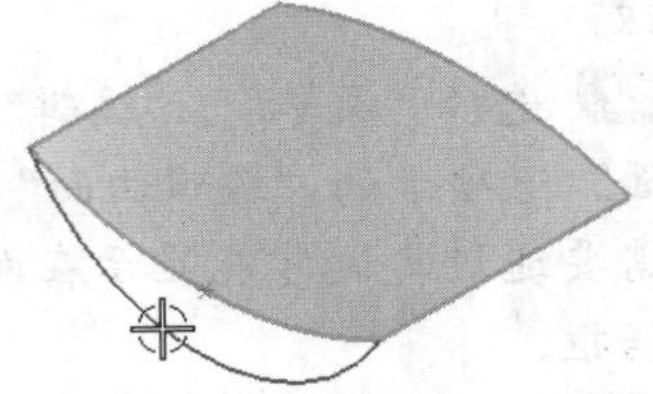

图7-159　选择曲线

8 在图 7-160 所示的“更改边”对话框中单击“关闭”按钮☒，完成更改边的效果如图 7-161 所示。

图7-160　“更改边”对话框（2）

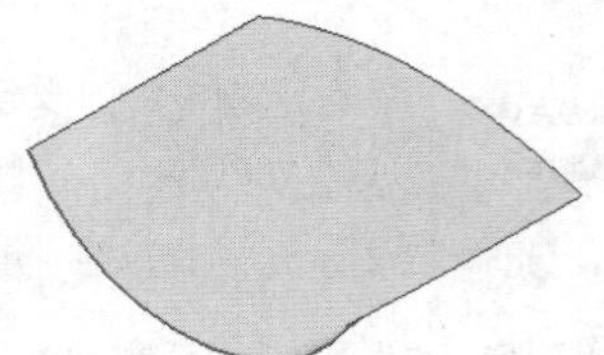

图7-161　更改边的效果

7.6.6 替换边

“编辑曲面”面板中的“更多”/“替换边”按钮用于修改或替换曲面边界。

要修改或替换曲面边界，那么可以选择“菜单”/“编辑”/“曲面”/“替换边”命令，或者在“编辑曲面”面板中单击“更多”/“替换边”按钮，弹出图 7-162 所示的“替换边”对话框。从中选择“编辑原片体”单选按钮或“编辑副本”单选按钮，接着在图形窗口中选择要修改的曲面片体，系统弹出“类选择”对话框并提示选择要被替换的边，在该提示下选择要被替换的边后单击“确定”按钮，系统弹出图 7-163 所示的“替换边”对话框，接下去单击“选择面”按钮、“指定平面”按钮、“沿法向的曲线”按钮、“沿矢量的曲线”按钮或“指定投影矢量”按钮来进行相应操作以指定边界对象等即可。

图7-162　“替换边”对话框（1）

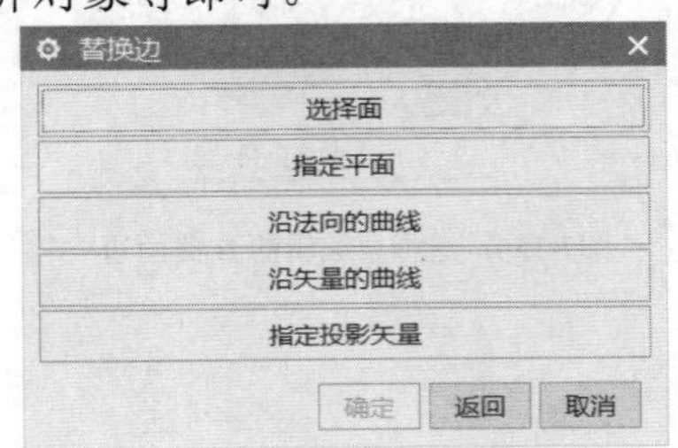

图7-163　“替换边”对话框（2）

7.6.7 光顺极点

使用“光顺极点”命令（其对应的快捷工具为“光顺极点”按钮），可以通过计算选定极点相对于周围曲面的合适分布来修改极点分布。曲面光顺极点的典型示例如图 7-164 所示。

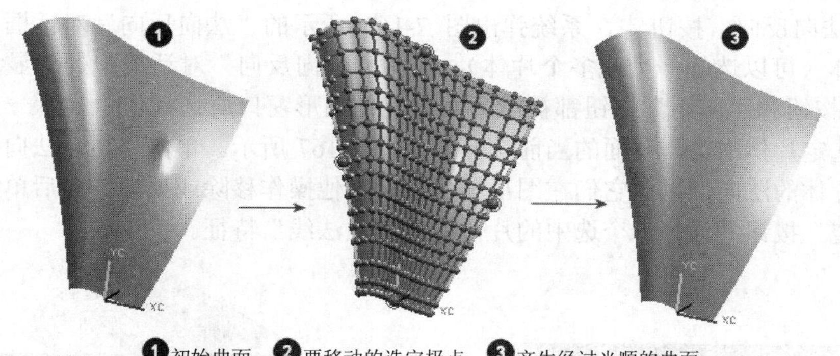

图7-164 曲面光顺极点的典型示例

在“编辑曲面”面板中单击“更多”/“光顺极点”按钮，弹出图 7-165 所示的“光顺极点”对话框，接着选择一个要使极点光顺的面，并利用“光顺极点”对话框分别指定极点、极点移动方向、边界约束、光顺因子和修改百分比等，另外，在“结果”选项组中可检查最大偏差的值。获得满意的光顺曲面预览效果后，单击“应用”按钮或“确定”按钮。

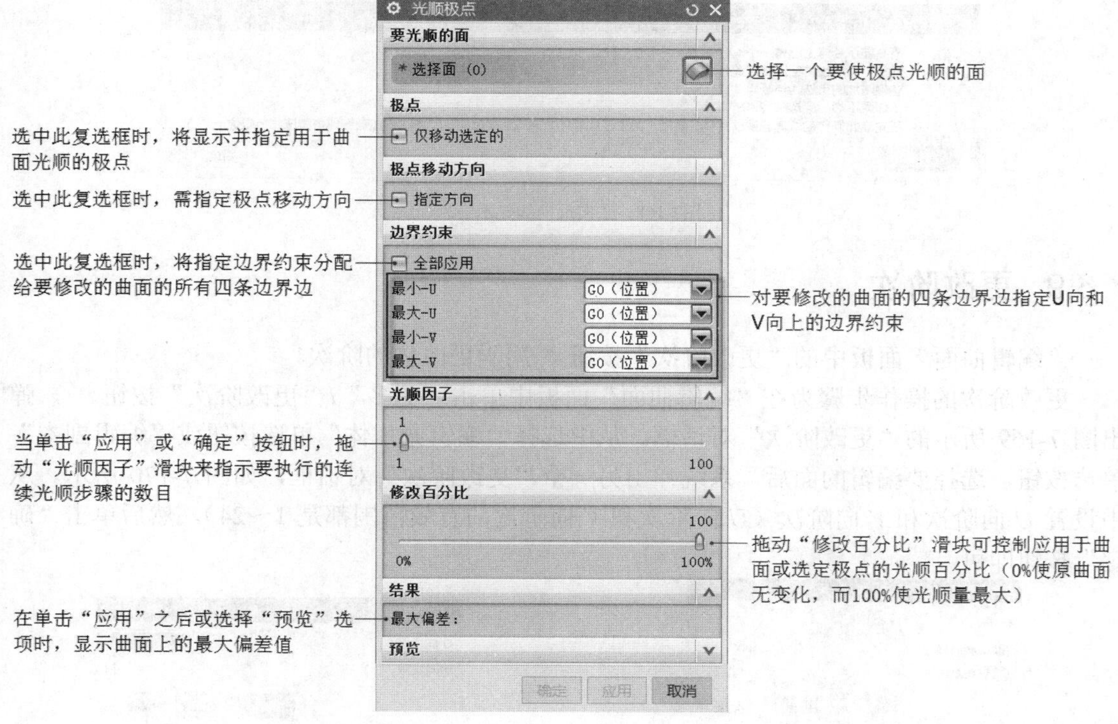

图7-165 “光顺极点”对话框

7.6.8 法向反向

“编辑曲面”面板中的“法向反向”按钮用于反转片体的曲面法向，即用于对一个或多个片体添加“负法线”特征。

在选定片体中添加“负法线”特征的操作步骤较为简单，即在“编辑曲面”面板中单击“更多”/“法向反向”按钮，系统弹出图 7-166 所示的“法向反向”对话框。接着选择要反向的片体（可以选择一个或多个片体），此时“法向反向”对话框中的“显示法向”按钮、“确定”按钮和“应用”按钮都被激活，并且在图形窗口所选片体中显示一个锥形箭头以指出每个选定片体中第一个面的当前法向，如图 7-167 所示。单击“显示法向”按钮，可以重新显示片体的法向，以免它们在图形屏幕上被其他操作移除或损坏。最后单击“应用”按钮或“确定”按钮，为每一个选中的片体创建“负法线”特征。

图7-166　“法向反向”对话框

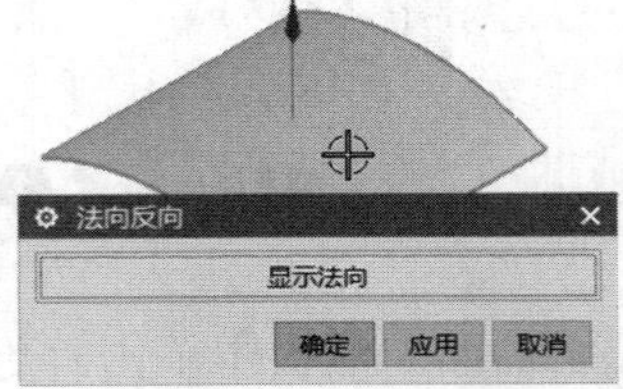

图7-167　选择了要反向的片体后

如果选中的片体中已经包含了“负法线”特征，那么在“法向反向”对话框中单击“应用”按钮或“确定”按钮，系统将弹出一个对话框显示图 7-168 所示的提示信息。

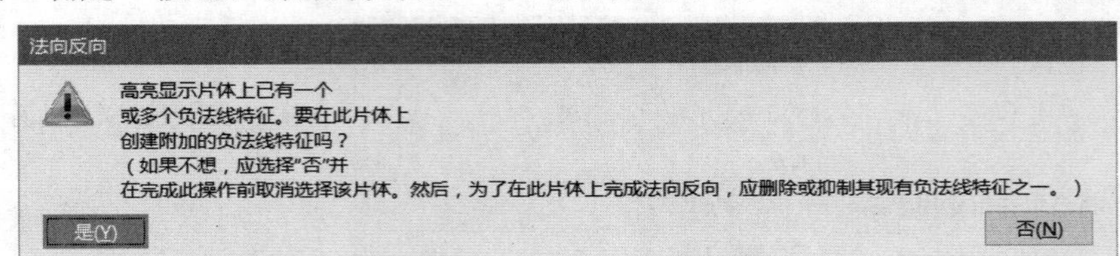

图7-168　法向反向的提示信息

7.6.9 更改阶次

“编辑曲面”面板中的“更改阶次”按钮用于更改体的阶次。

更改阶次的操作步骤为在“编辑曲面”面板中单击“更多”/“更改阶次”按钮，弹出图 7-169 所示的“更改阶次”对话框。从中选择“编辑原片体”单选按钮或“编辑副本”单选按钮，选择要编辑的面后，系统弹出另一个“更改阶次”对话框，如图 7-170 所示。从中设置 U 向阶次和 V 向阶次（U 向阶次和 V 向阶次的有效范围都是 1～24），然后单击“确定”按钮即可。

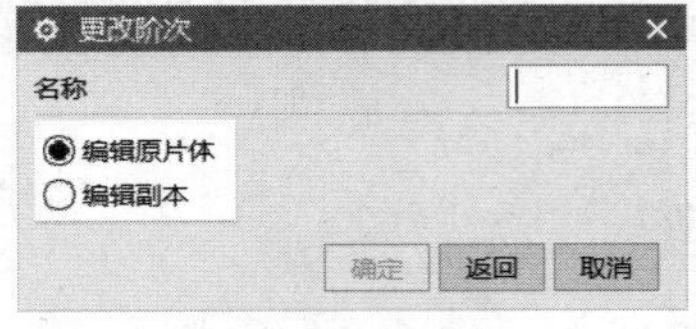

图7-169　“更改阶次”对话框（1）

图7-170　“更改阶次”对话框（2）

使用“更改阶次”命令增加体的阶次不会改变它的形状，但能够增加其自由度，增加对编辑体可用的极点数；而降低阶次会试图保持体的整个形状和特征。

7.6.10 更改刚度

“更改刚度”按钮用于通过更改体的阶次来修改其形状。在执行“更改刚度”操作过程中，降低阶次会减小体的“刚度”，并使它能够更逼真地模拟其控制多边形的波动（曲率的反向）；而添加阶次则会使体变得更“刚硬”，使曲面对其控制多边形的波动变化越发不敏感。使用“更改刚度”添加阶次，曲面极点数目仍然不变，但其补片更少。注意不能更改封闭体的刚度。

更改刚度的操作步骤和更改阶次的操作步骤基本一样。即在“编辑曲面”面板中单击“更多”/“更改刚度”按钮，弹出图 7-171 所示的“更改刚度”对话框，从中选择“编辑原片体”单选按钮或“编辑副本”单选按钮，选择要编辑的面后，系统弹出另一个“更改刚度”对话框，如图 7-172 所示，从中设置合理的 *U* 向阶次和 *V* 向阶次，然后单击“确定”按钮。

图7-171 “更改刚度”对话框（1）

图7-172 “更改刚度”对话框（2）

7.6.11 X 型（X 成形）

在建模和外观造型设计应用模块中，可以使用“X 型（X 成形）”命令来通过动态操控极点位置来编辑曲面或样条曲线，即使用“X 型”命令可以编辑样条或曲面的极点和点。

在“建模”应用模块下，从功能区的“曲面”选项卡的“编辑曲面”面板中单击“X 型”按钮，或者选择“菜单”/“编辑”/“曲面”/“X 型”命令，系统弹出图 7-173 所示的“X 型”对话框。借助此对话框，可以选择任意面类型（B 曲面或非 B 曲面），可以使用标准的 NX 选择方法（如在矩形内部选择）选择一个或多个极点，可以通过选择连接极点手柄的多义线来选择极点行，并可以在“参数化”选项组中增加或减少极点和补片的数量，以及可以使用一些高级方法，包括插入极点、按比例移动相邻极点、在编辑曲面时维持曲面边处的连续性、锁定曲面的区域以在编辑曲面时保持恒定、设置相应的边界约束等。

下面介绍一个应用“X 型”命令的范例，该范例使用“X 型”创建一个凸的二次曲面以更改其阶次，沿矢量按比例移动曲面选定极点等。在该范例中还将复习四点曲面的创建知识。注意对比“X 型”工具命令在“外观造型设计”应用模块和“建模”应用模块上分别位于功能区的什么地方。

一、新建一个使用“外观造型设计”应用模板的文件

1 按“Ctrl+N”快捷键，弹出“新建”对话框。

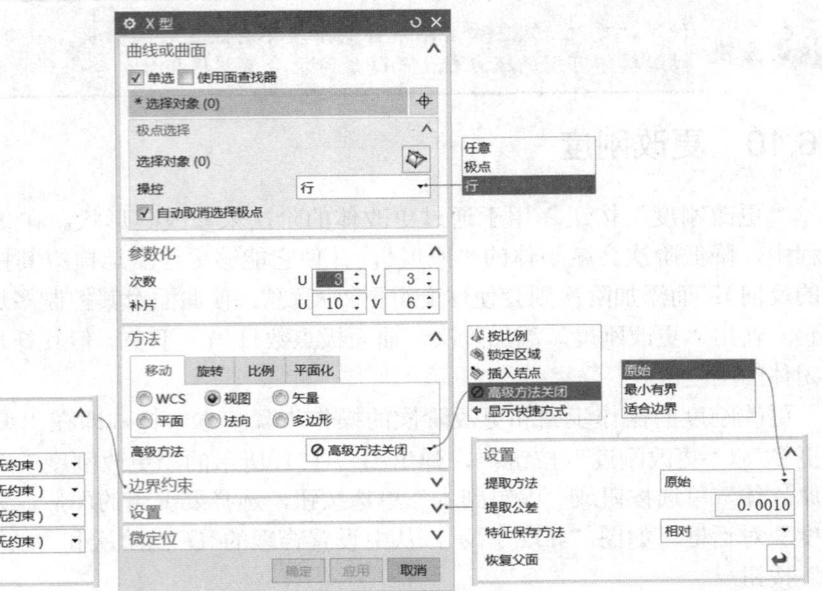

图7-173　“X 型”对话框

2 在“模板”选项卡的“单位”下拉列表框中选择“毫米”选项，在“模板”列表中选择名称为“外观造型设计”的模板，在“新文件名”选项组的“名称”文本框中输入“bc_7_6_11.prt”，并指定要保存到的文件夹，然后单击“确定”按钮。

二、创建四点曲面

1 在“外观造型设计”应用模块下，在功能区的“主页”选项卡的“创建”面板中单击“四点曲面”按钮，弹出图 7-174 所示的“四点曲面”对话框。

2 在“曲面拐角”选项组中单击位于“指定点 1”右侧的“点构造器”按钮，系统弹出“点”对话框，从中设置点 1 的绝对坐标为（-100,0,0），如图 7-175 所示，单击“确定”按钮，返回到“四点曲面”对话框。

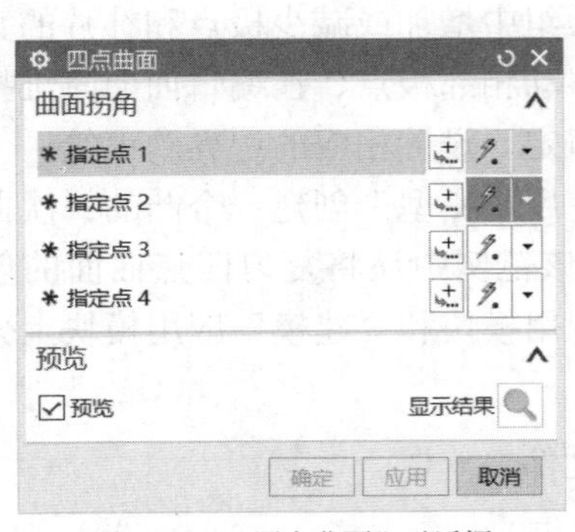

图7-174　“四点曲面”对话框

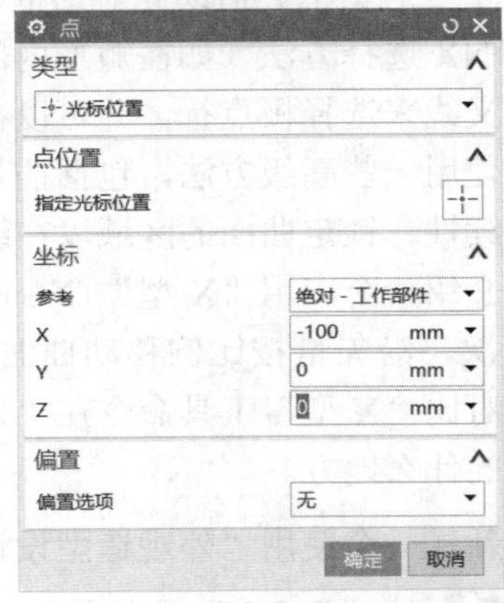

图7-175　指定点 1 的绝对坐标值

3 使用同样的方法，通过点构造器来分别指定点 2 的绝对坐标为（100,0,0），点 3 的绝对坐标为（50,120,0），点 4 的绝对坐标为（-50,120,0）。指定 4 个点后，可以在图形窗口中预览到四点曲面的形状，如图 7-176 所示。

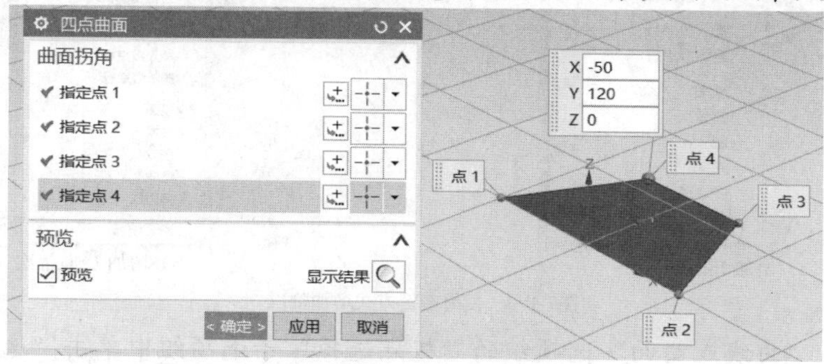

图7-176　指定 4 点来创建曲面

4 在“四点曲面”对话框中单击“确定”按钮，完成该曲面的创建。

三、进行“X 型”编辑操作

1 在功能区的“主页”选项卡的“编辑”面板中单击“X 型”按钮，弹出“X 型”对话框。

2 在图形窗口中选择曲面，如图 7-177 所示。

3 在“参数化”选项组中将 *U* 向阶次设置为 4，将 *V* 向阶次也设置为 4，如图 7-178 所示。

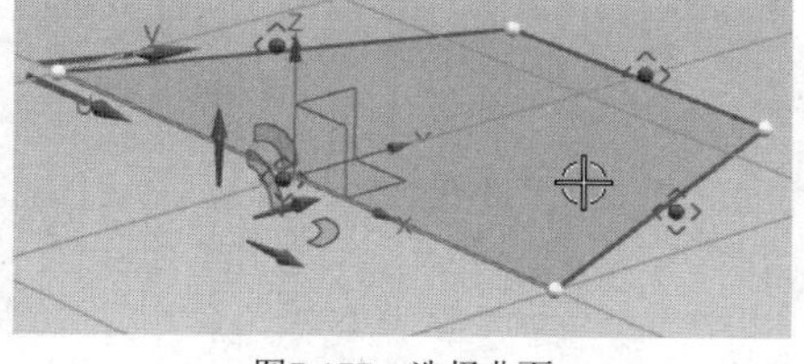

图7-177　选择曲面

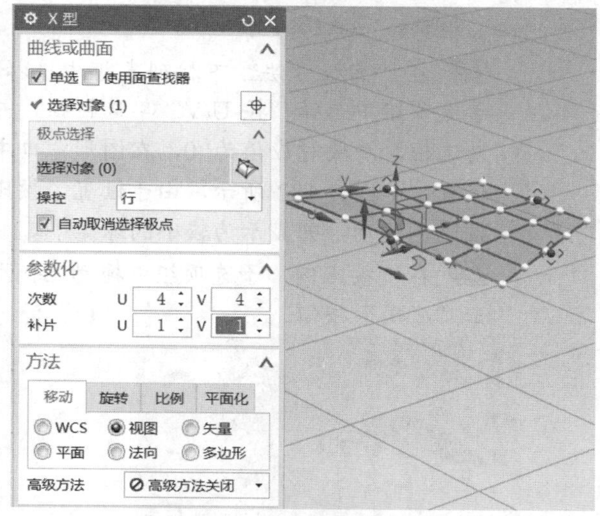

图7-178　设置 *U* 向和 *V* 向阶次

更改阶次，也可以使用鼠标右键的方式。将鼠标指针悬挂于曲面边时单击鼠标右键，并从弹出的快捷菜单中选择“+V 向阶次”或“+U 向阶次”命令可以逐一增加 *V* 向或 *U* 向阶次，操作示例如图 7-179 所示。而“-V 向阶次”和“-U 向阶次”则用于逐一减少相应方向的阶次。

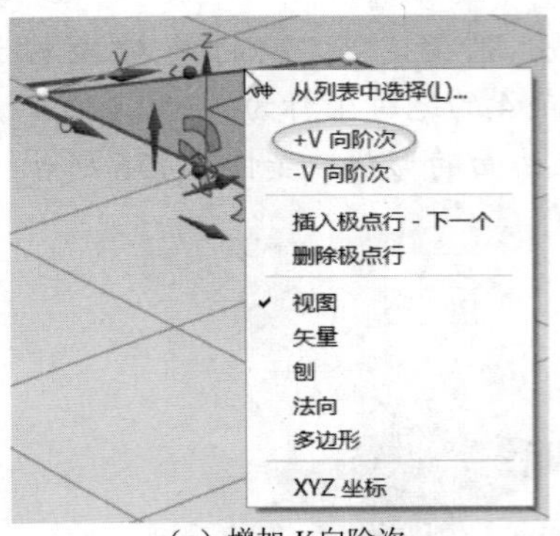

（a）增加 V 向阶次

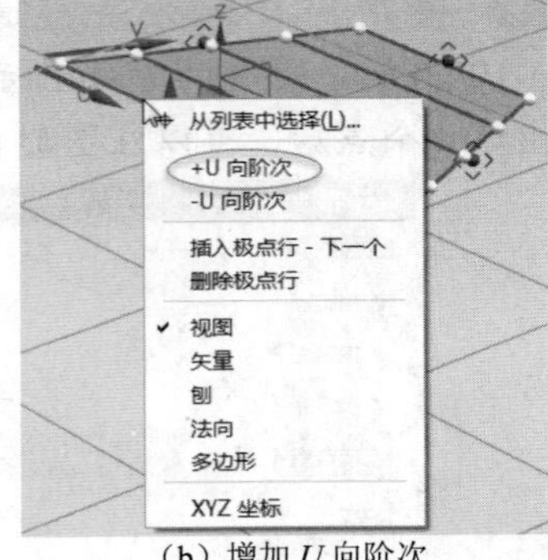

（b）增加 U 向阶次

图7-179　使用右键方式增加阶次

4 在“曲线或曲面”选项组的“极点选择”子选项组中单击“选择对象”按钮，从“操控”下拉列表框中选择“任意”选项，在图形窗口中选择要移动的极点，如图 7-180 所示。

5 在“方法”选项组的“移动”选项页中，选择“矢量”单选按钮，并从“指定矢量”下拉列表框中选择“ZC 轴”图标选项，如图 7-181 所示。

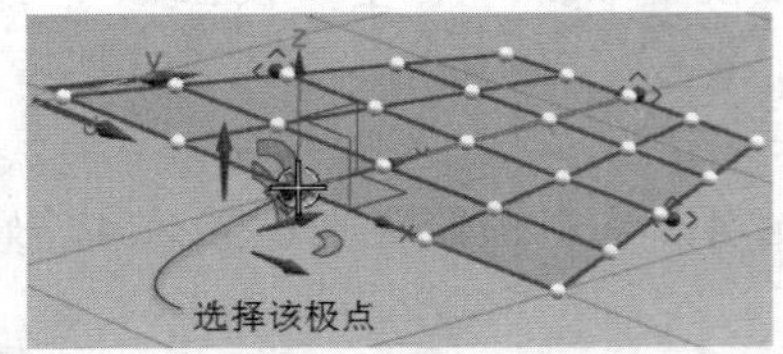

图7-180　选择要移动的极点

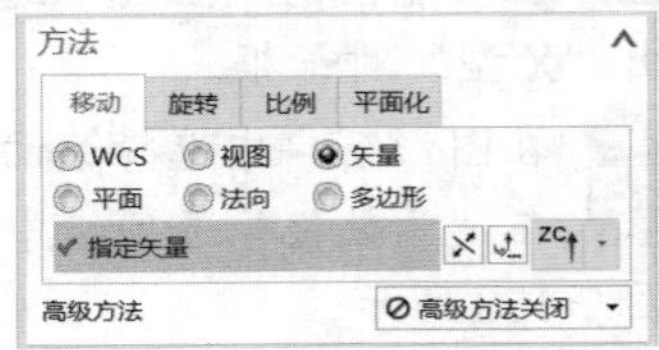

图7-181　定义“矢量”移动

6 在“高级方法”下拉列表框中选择“按比例”选项，并在“极点控制”子选项组中选择“按 U/V”单选按钮，并选中“所有 U”复选框和“所有 V”复选框，滑块对应值为 0，在图形窗口中沿移动矢量将选定极点拖动至所需的位置，如图 7-182 所示，由于设置了按比例移动，故主极点周围受影响的极点按比例移动，并显示为较小的球。

7 在“按比例”子选项组中拖动比例滑块使曲面更凸，如图 7-183 所示。单击“应用”按钮。

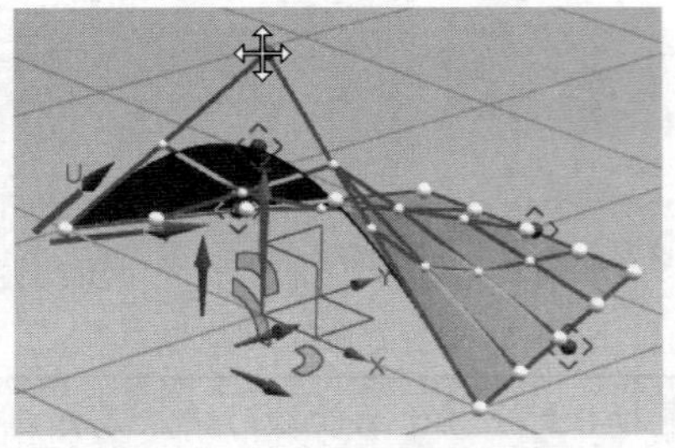

图7-182　沿移动矢量将选定极点拖动

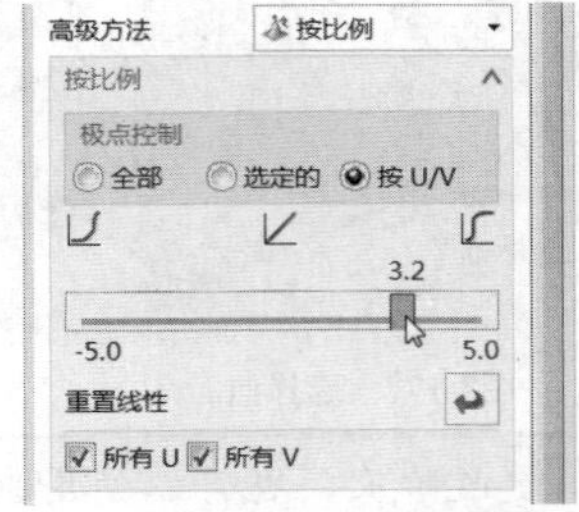

图7-183　拖动比例滑块

8 再次选择要编辑的曲面，在“极点选择”子选项组的“操控”下拉列表框中选择“行”选项，选中“自动取消选择极点”复选框，选择顶部中间一行极点的多义线，如图 7-184 所示，在“方法”选项组的“高级方法”下拉列表框中选择“按比例”。

9 使用鼠标将多义线上沿移动矢量负方向拖动至所需的位置，参考如图 7-185 所示，注意观察曲面变化效果。

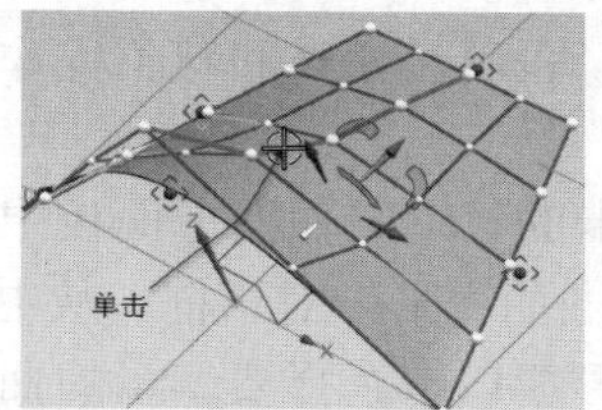

图7-184　选择一行极点的多义线

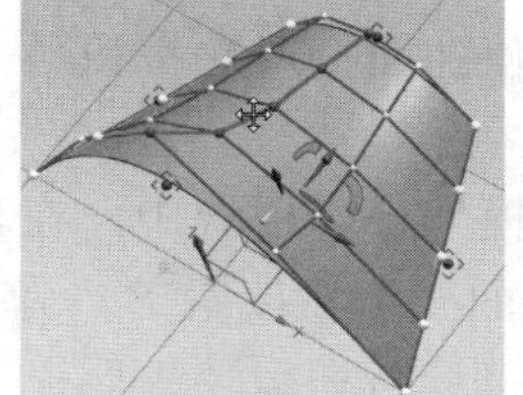

图7-185　拖动多义线进行极点移动

10 单击“确定”按钮，完成的曲面效果如图 7-186 所示（仅供参考）。

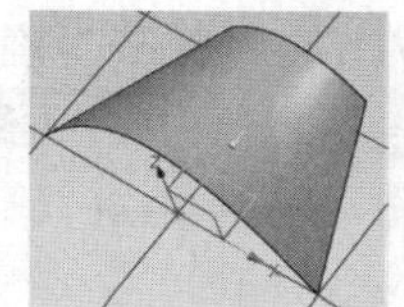

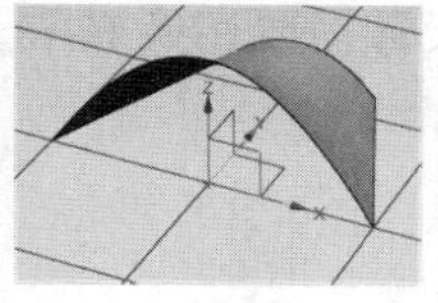

图7-186　完成的曲面效果

7.6.12　I 型（I 成形）

在“建模”或“外观造型设计”应用模块中，使用“I 型”命令（也称“1 成形”命令）可以通过编辑等参数曲线来动态地修改面。以“建模”应用模块为例，在功能区的“曲面”选项卡的“编辑曲面”面板中单击“I 型”按钮，弹出图 7-187 所示的“I 成形”对话框，接着选择要编辑的面，定义等参数曲线的方向、位置和数量，进行等参数曲线形状控制和曲面形状控制，设定边界约束等，即可动态地修改面，示例如图 7-188 所示。

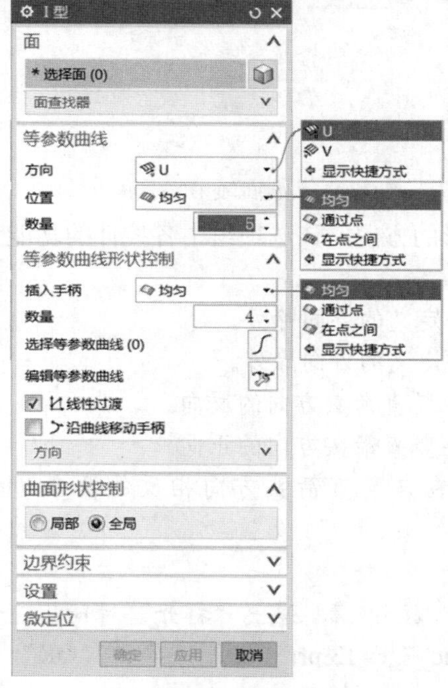

图7-187　“I 成形”对话框

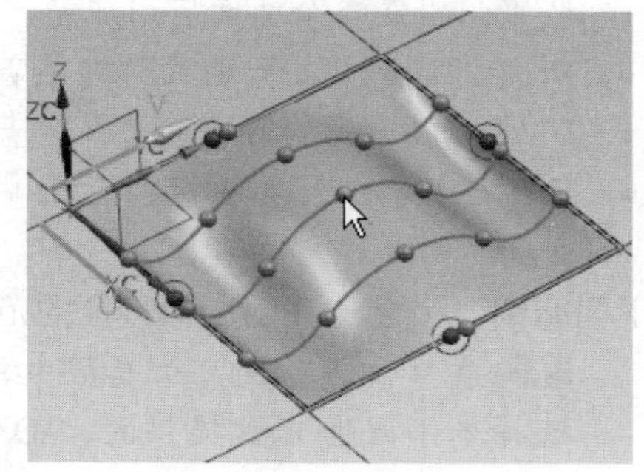

图7-188　“I 型”编辑曲面

7.6.13　使曲面变形

使用“使曲面变形”按钮，可以使用拉长、折弯、歪斜、扭转和移位操作动态修改曲面。

在“建模”应用模块中，在功能区的“曲面”选项卡的“编辑曲面”面板中单击“更多”/“使曲面变形”按钮，弹出图 7-189 所示的“使曲面变形”对话框。从中选择“编辑原片体”单选按钮或“编辑副本”单选按钮，并在图形窗口中选择要编辑的曲面，此时“使曲面变形”对话框的选项也发生了变化，如图 7-190 所示。用户可以在“中心点控件”选项组中选择其中一个中心点控件单选按钮，接着分别设置拉长、折弯、倾斜、扭转、移位中的所需参数，并可以根据设计需要切换 H 和 V，最后单击“确定”按钮即可。

图7-189　“使曲面变形”对话框（1）

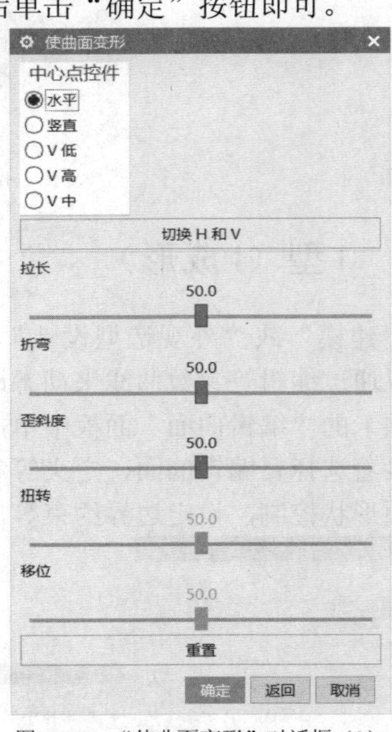

图7-190　“使曲面变形”对话框（2）

“中心点控件”选项组用于设置使选定片体变形的方向。该选项组中各控件的功能含义如下。

- 水平：沿着整个曲面应用成型，但水平箭头定义的方向除外。
- 竖直：沿着整个曲面应用成型，但竖直箭头定义的方向除外。
- V 低：成形开始于曲面边并沿着曲面边，在竖直箭头方向的反向。
- V 高：成形开始于曲面边并沿着曲面边，在竖直箭头方向的正向。
- V 中：成形产生于沿曲面的中间区域，在与竖直箭头方向相反的两条边之间。

下面介绍一个创建曲面变形特征的范例。

1 在“快速访问”工具栏中单击“打开”按钮，弹出“打开”对话框，选择本书配套光盘提供的“\DATA\CH7\ bc_7_6_13.prt”文件，单击“OK”按钮。

2 在功能区切换至“曲面”选项卡，从“编辑曲面”面板中单击“更多”/“使曲面变形”按钮，弹出“使曲面变形”对话框。

3 在“使曲面变形”对话框中选择“编辑原片体”单选按钮，并在图形窗口中选择已有片体。选择片体后，水平和竖直箭头出现在选定的曲面上，同时“使曲面变形”对话框中的选项也改变了，如图 7-191 所示。

4 在“中心点控件”选项组中选择“水平”单选按钮，将“拉长”滑块拖动至 89 左右，如图 7-192 所示。曲面在水平方向保持固定，而在竖直的两个方向都进行了拉长。

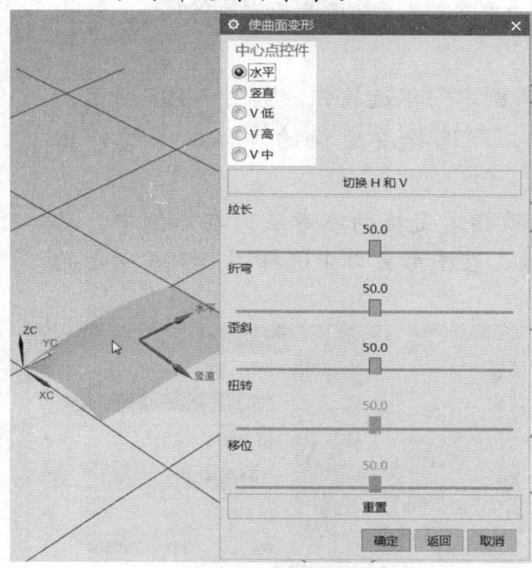

图7-191　选择要编辑的曲面

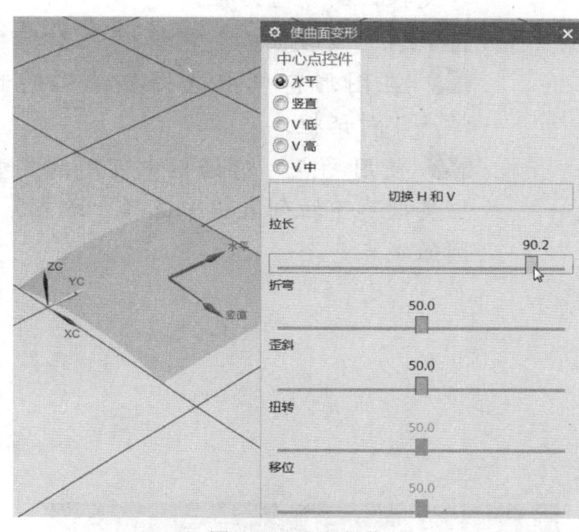

图7-192　拉长操作

5 将折弯滑块拖动至 0，曲面在水平方向保持固定，而在竖直的两个方向都发生了折弯，如图 7-193 所示。

6 在“中心点控件”选项组中选择“V 低”单选按钮，并将拉长滑块拖动到 0，则曲面在曲面的竖直低方向保持固定，而在水平方向进行了拉长，如图 7-194 所示。

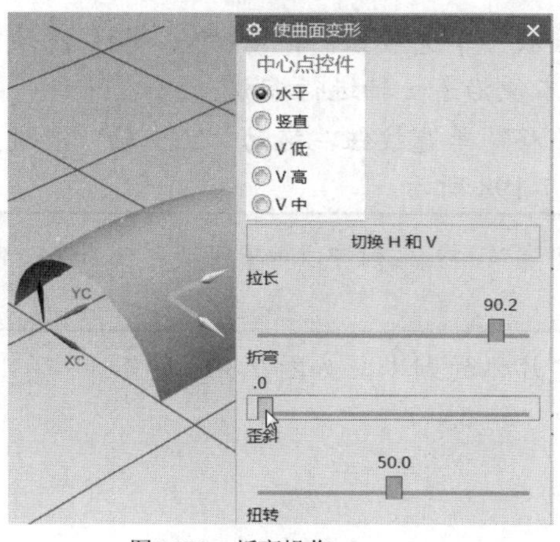

图7-193　折弯操作

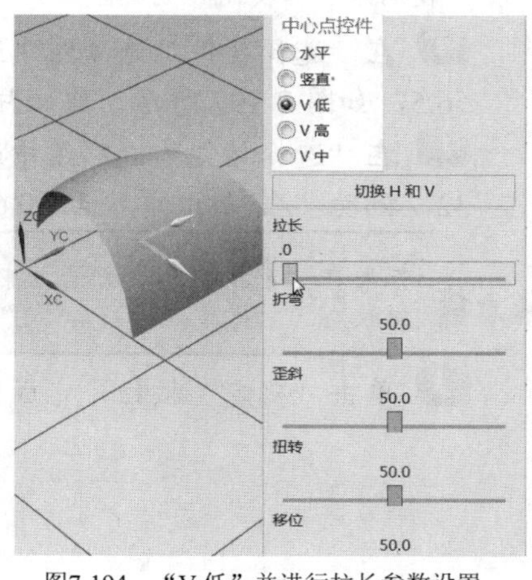

图7-194　“V 低”并进行拉长参数设置

7 在“使曲面变形”对话框中单击“确定”按钮，完成本例操作。

7.6.14　变换曲面

使用“变换曲面”命令（其对应的工具按钮为“变换曲面”按钮），可以动态地缩放、旋转和平移选定的各个 B 曲面。

下面结合范例操作介绍如何变换曲面。

1 选择“菜单”/“编辑”/“曲面”/“变换”命令，或者在功能区的“曲面”选项卡的“编辑曲面”面板中单击“更多”/“变换曲面”按钮，弹出“变换曲面”对话框。

2 在“变换曲面”对话框中选择“编辑副本”单选按钮，如图 7-195 所示。

3 在图形窗口中选择要编辑的曲面，即选择要变换的片体，系统弹出“点”对话框。

4 使用“点”对话框中可用的类型选项指定变换的参考点。在本例中，从“类型”下拉列表框中选择“端点”选项，在图形窗口中选择图 7-196 所示的圆弧端点。

图7-195　“变换曲面”对话框

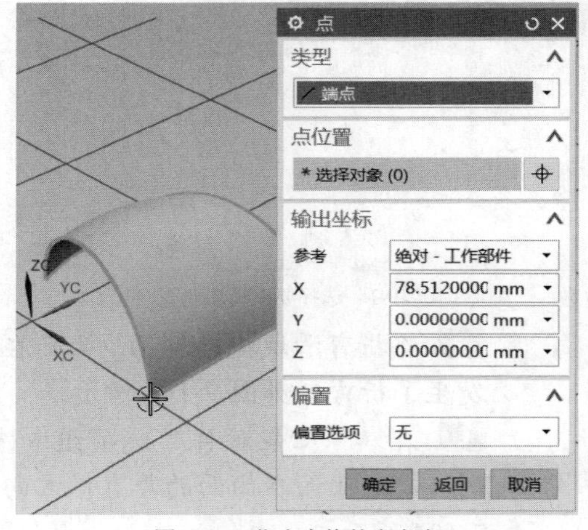

图7-196　指定变换的参考点

5 在“选择控件”选项组中选择“缩放”单选按钮，拖动“XC 轴”滑块到 56.5，如图 7-197 所示，原始片体的副本便沿着 x 轴进行缩放。

6 在“选择控件”选项组中选择“平移”单选按钮，拖动“YC 轴”滑块至 32，拖动“ZC 轴”滑块至 60.6，如图 7-198 所示。

如果在“变换曲面”对话框中单击“重置”按钮，则可以重置滑块并使曲面回到其原始状态。

7 单击“确定”按钮，完成变换选定片体的副本，如图 7-199 所示。

知识点拨 在开始变换曲面之前，确保“建模”首选项设为“关联自由曲面编辑”，其方法是在菜单栏中选择“首选项”/“建模”命令，打开“建模首选项”对话框，切换到“自由曲面”选项卡，选中“关联自由曲面编辑”复选框。在变换一个曲面后，这将在部件导航器中创建一个变换曲面特征，如图 7-200 所示。如果未选择这个选项，则变换后的曲面作为片体显示在部件导航器中。

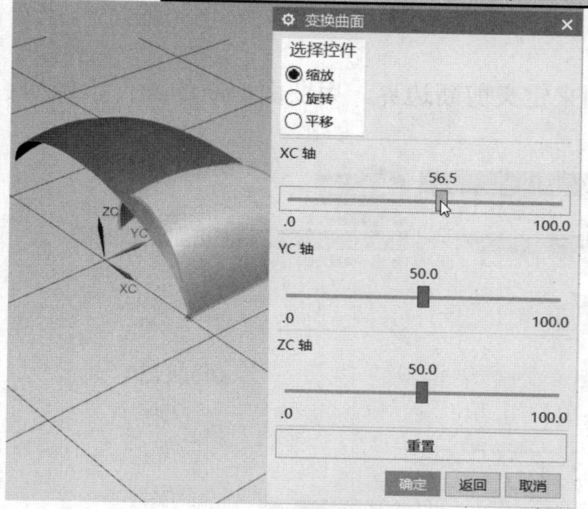

图7-197 沿 *xc* 轴缩放

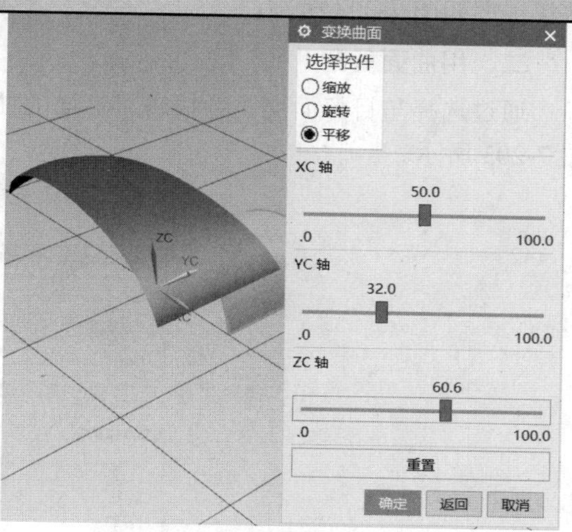

图7-198 平移变换设置

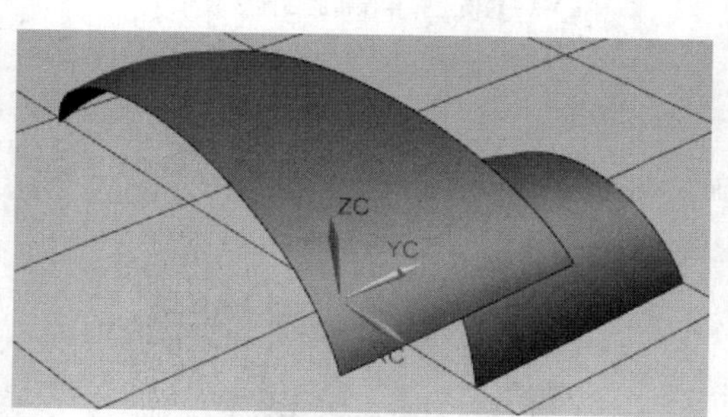

图7-199 完成变换片体的副本

图7-200 创建变换曲面特征显示在部件导航器中

7.6.15 剪断曲面

用于修剪曲面的相关命令有“修剪片体”“分割面”和本小节将要介绍的“剪断曲面”。“修剪片体”不修改底层极点结构，“分割面”创建两个面且不修改底层极点结构，而“剪断曲面”修改目标曲面的底层极点结构。

下面介绍“剪断曲面”的实用知识。值得注意的是，要剪断的目标面必须是仅包含一个面的片体，而且必须是未经修剪的。

要剪断曲面（需要改变目标曲面的底层极点结构），则选择“菜单”/“编辑”/“曲面”/“剪断曲面”命令，系统弹出图 7-201 所示的“剪断曲面”对话框。从“类型”选项组的“类型”下拉列表框中可以看出剪断曲面分为以下 4 种，即“用曲线剪断”“用曲面剪

断”“在平面处剪断”和“在等参数面处剪断”。

一、用曲线剪断

通过选择横越目标面（要剪断的曲面）的曲线或边来定义剪断边界。用曲线剪断曲面的操作示例如图 7-202 所示。

二、用曲面剪断

通过选择与目标面交叉并横越目标面的曲面来定义剪断边界。用曲面剪断的操作示例如图 7-203 所示。

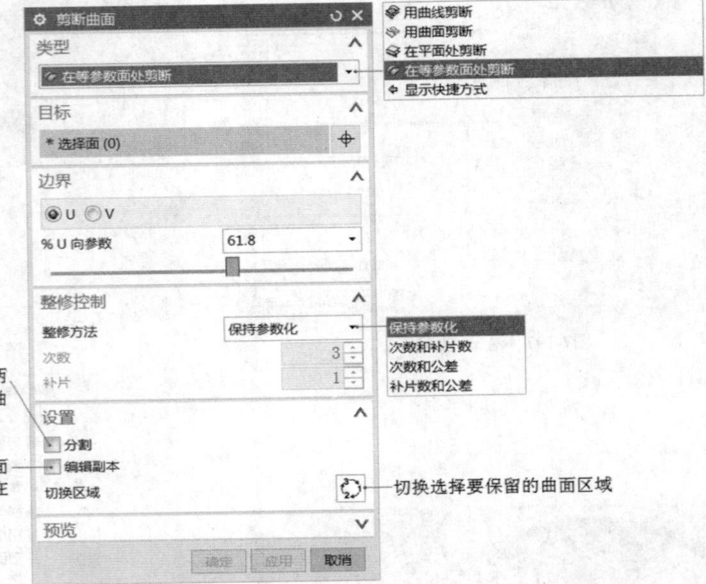

图7-201　“剪断曲面”对话框

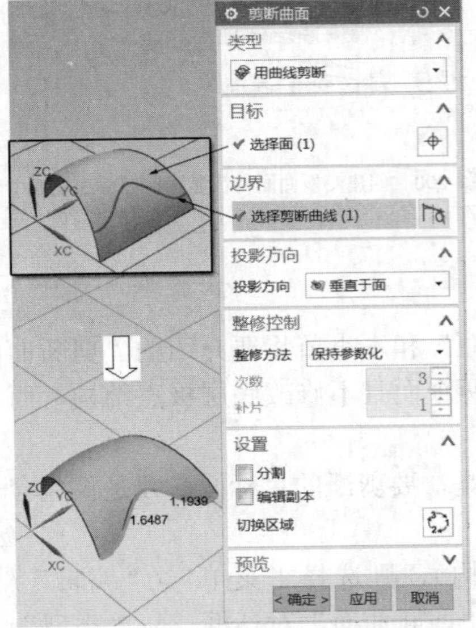

图7-202　剪断曲面：用曲线剪断

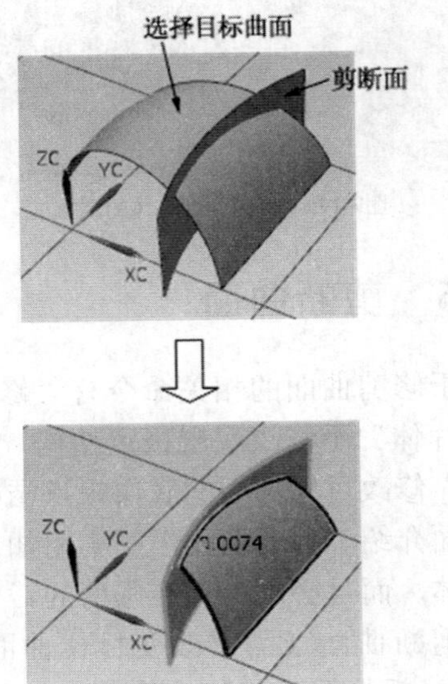

图7-203　剪断曲面：用曲面剪断

三、在平面处剪断

通过选择与目标面（要剪断的曲面）交叉并横越目标面的平面来定义剪断边界。在平面处剪断曲面的操作示例如图 7-204 所示。

四、在等参数面处剪断

通过指定沿 *U* 向或 *V* 向的总目标面的百分比来定义剪断边界。采用“在等参数面处剪断”类型剪断曲面的典型示例如图 7-205 所示。

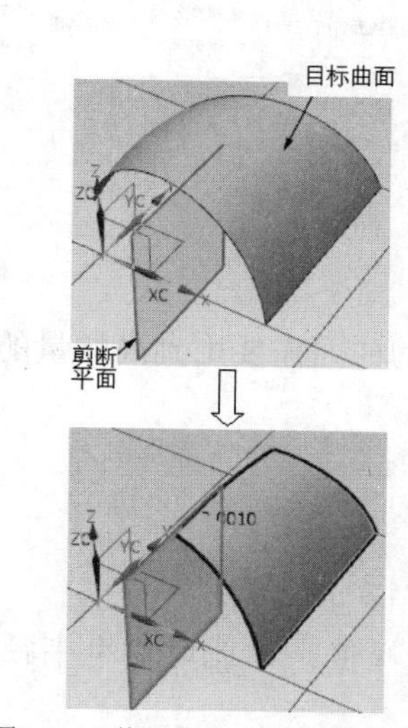

图7-204　剪断曲面：在平面处剪断

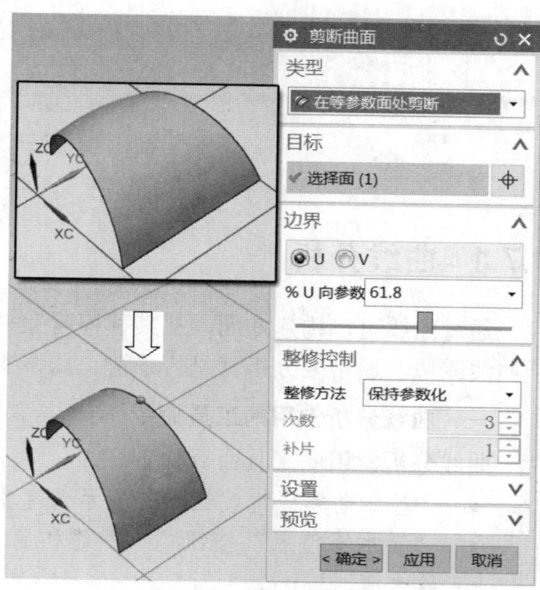

图7-205　剪断曲面：在等参数面处剪断

7.6.16　编辑 U/V 向

可以编辑 B 曲面几何体的 U/V 向，其方法是在功能区的“曲面”选项卡的“编辑曲面”面板中单击“编辑 U/V 向”按钮，弹出图 7-206 所示的“编辑 U/V 向”对话框，利用该对话框的“目标”选项组选择要编辑方向的面，接着在“方向”选项组中指定“U 向反向”“V 向反向”和“交换 U 和 V”这 3 个复选框的状态，然后单击“应用”按钮或“确定”按钮。

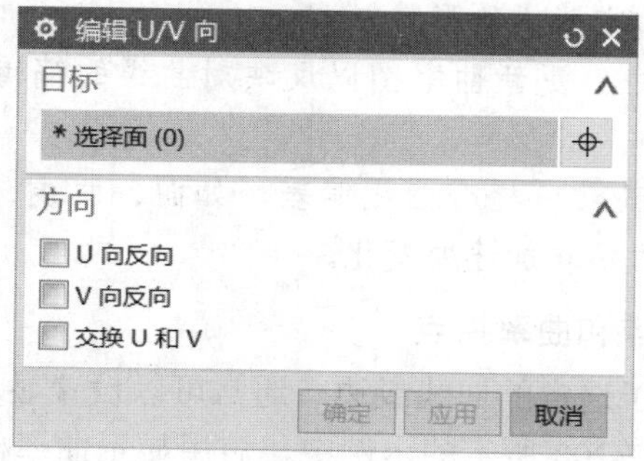

图7-206　“编辑 U/V 向”对话框

7.7　曲线与曲面分析

在一些对外观要求较高的设计中，有时需要对曲线、曲面进行分析，以验证设计意图。本节主要介绍曲线与曲面分析。有关曲线与曲面分析的工具位于图 7-207 所示的功能区的“分析”选项卡中（以“建模”应用模块为例）。注意其他一些测量命令位于“菜单”/“分析”菜单中。

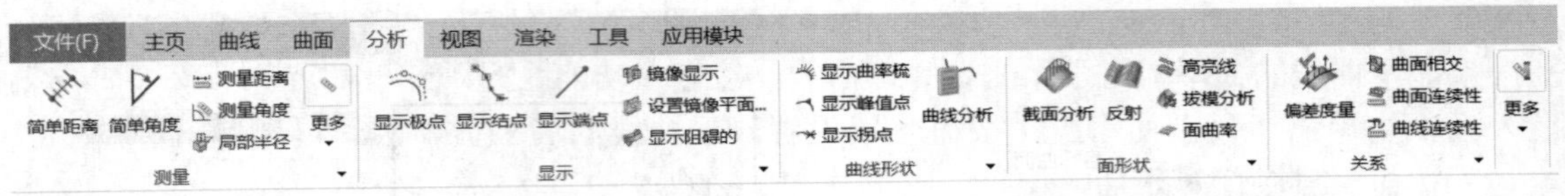

图7-207　功能区的“分析”选项卡

7.7.1　曲线分析

通过曲线可以构建曲面，从某种程度上来说，高质量的曲面需要用到高质量的曲线。对于曲线或边，通常要分析其是否平滑，曲率变化如何等。

一、曲线分析常用的工具命令

曲线分析常用的工具命令如下。

- “显示曲率梳”按钮：显示选定曲线的曲率梳。
- “显示峰值点”按钮：创建和显示选定曲线的峰值点，此时曲率半径达到最大值。
- “显示拐点”按钮：显示选定曲线的拐点，此时曲率矢量从曲线的一侧翻转到另一侧。
- “曲率图（图表曲线）”按钮：打开一个特殊的曲率图窗口，允许在编辑曲线的同时分析曲线。在使用此按钮功能之前，可以先设置曲率图选项。
- “曲率图选项”命令：设置曲线曲率图显示选项。
- “曲线分析信息”按钮：为选定的曲线分析对象列出数据。
- “曲线分析信息选项”命令：为选定的曲线分析对象列出分析数据。
- “曲线分析”按钮：通过动态显示曲线或边上的曲率梳图、曲率峰值点或曲率拐点，以分析边或曲线的形状。
- “刷新曲率图”命令：更新曲率图以反映对曲线的编辑。该命令的快捷键为“Ctrl+Shift+C”。
- “曲线连续性”按钮：检查曲线偏差，如面、曲线、边或基准平面法线之间的位置、相切、曲率和加速度变化。

二、曲率梳、曲率峰值点和曲率拐点

在建模应用模块中，对于选定的曲线或边，通常可以设置显示曲率梳，创建并显示曲率峰值点和曲率拐点等。在图 7-208 所示的示例中，启用显示曲率梳和峰值点。

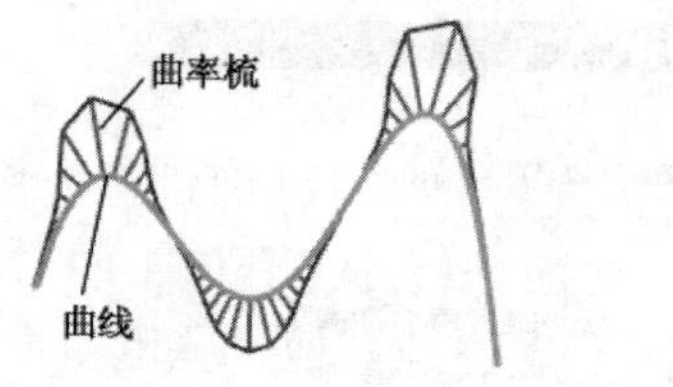

曲线分析-曲率梳

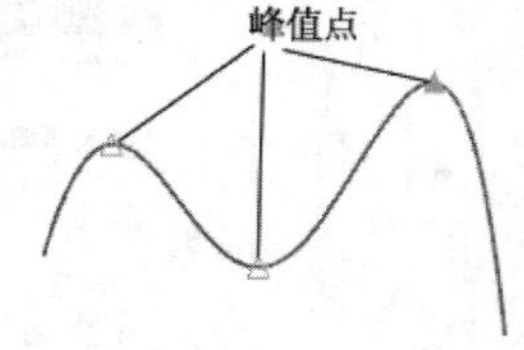

创建并显示曲线峰值点

图7-208　启用显示曲率梳和峰值点

要显示曲线的曲率梳，那么先选择该曲线，接着在功能区的“分析”选项卡的“曲线形状”面板中单击“显示曲率梳”按钮以设置显示曲线的曲率梳即可。再次单击“显示曲率梳”按钮则关闭显示曲率梳。

选定曲线后，如果在“曲线形状”面板中单击“显示峰值点”按钮，则创建和显示该曲线的峰值点。对于此类相关联的曲线分析对象会在部件导航器中列出，如图 7-209 所示，用户可以通过在部件导航器中选中或取消选中曲线分析对象前面的复选框来根据设计需要在图形窗中显示或隐藏峰值点等此类分析对象。

曲率拐点的创建和显示也类似。

三、使用“曲线分析”对话框

用户可以使用“曲线分析”对话框来获得控制曲率梳、曲率峰值点和曲率拐点参数选项。在功能区的“分析”选项卡的“曲线形状”面板中单击“曲线分析”按钮，系统弹出“曲线分析”对话框，如图 7-210 所示，此时“曲线”选项组中的“曲线”按钮被激活，在图形窗口中选择所需的曲线或边以进行曲率分析，分析内容包括显示其曲率梳、峰值点和拐点。在“曲线分析”对话框中分别指定投影、分析显示选项及其他附加选项，以创建或更新所选曲线的曲线分析对象。使用“曲线分析”对话框进行曲线分析的典型示例如图 7-211 所示。

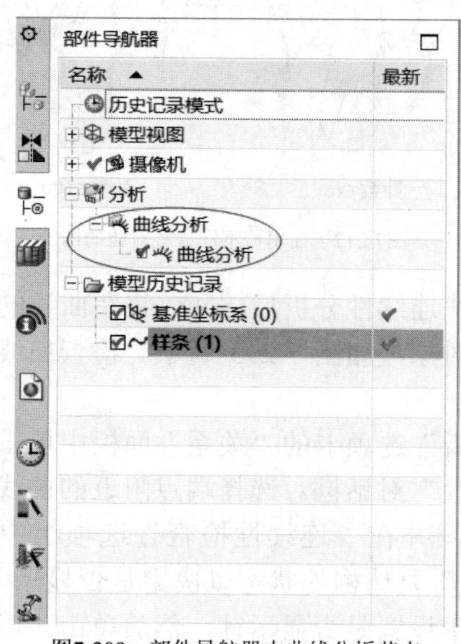

图7-209　部件导航器中曲线分析节点

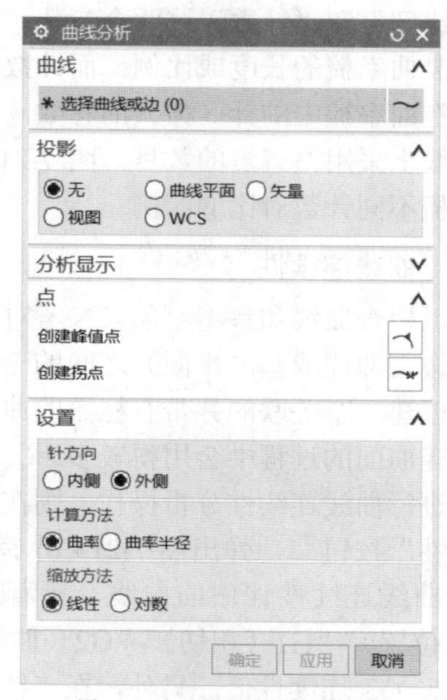

图7-210　“曲线分析”对话框

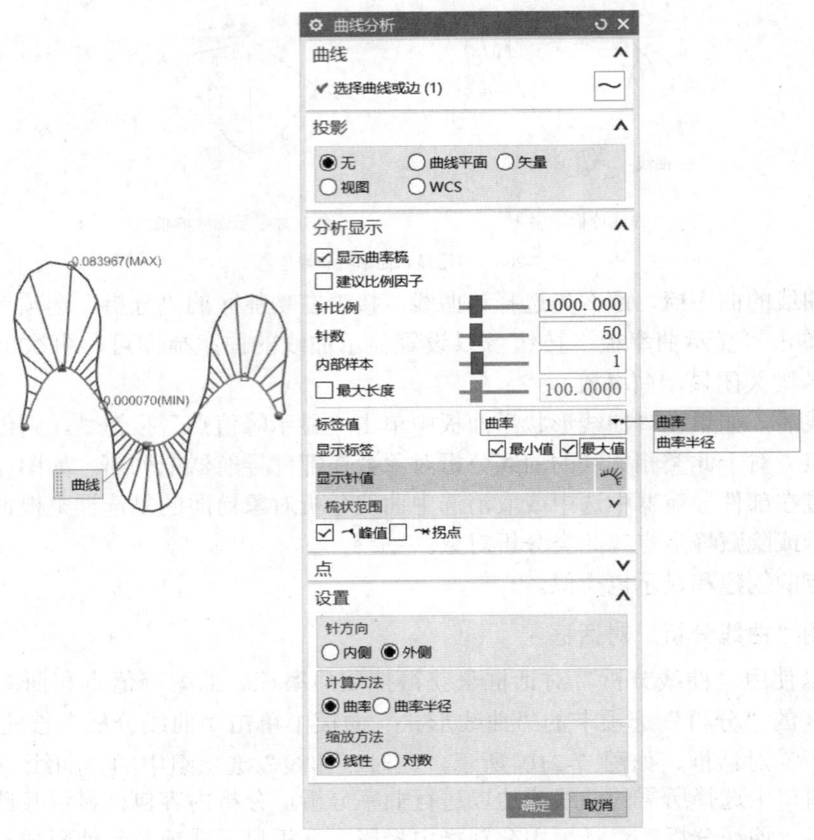

图7-211 曲线分析示例

在这里有必要介绍一下关于曲线分析显示的“针比例”和“针数”这两个参数。针比例用于控制曲率梳的长度或比例；而针数用于控制显示在曲率梳中的针（齿）的总数，针数对应于曲线上采用检查点的数目。图 7-212 所示为曲率梳不同针数对比的图例。

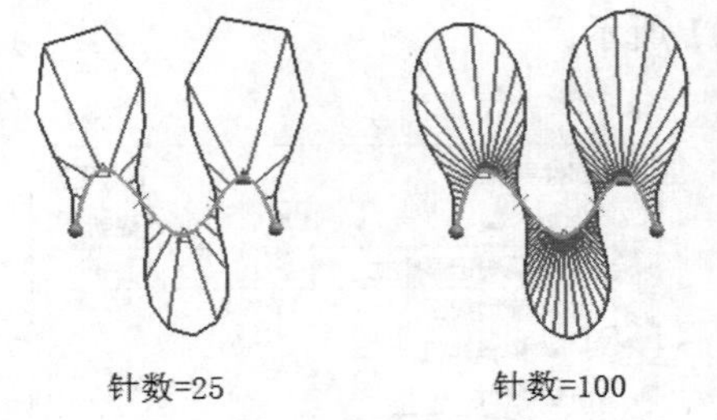

图7-212 曲率梳不同针数对比的图例

四、曲线连续性

可以检查曲线和参考对象（参考对象可以是面、边、曲线或基准平面）之间的连续性。执行曲线连续性分析后，NX 将在曲线的指定端点处创建一个关联的并带有标签的曲线连续性分析对象，如图 7-213 所示。检查曲线连续性在创建曲面的过程中会用得较多。

要进行曲线连续性分析操作，则在功能区的“分析”选项卡的“关系”面板中单击“曲线连续性”按钮，弹出图 7-214 所示的“曲线连续性”对话框。选择端点附近的曲线作为要进行曲线连续性评估的曲线，接着选择参考对象，并在“连续性检查”选项组中设置“G0（位置）”“G1（相切）”“G2（曲率）”“G3（流）”复选框的状态以决定是否显示 G0、G1、G2、G3 连续性值，另外，在“针显示”选项组中设置是否显示针，然后单击“确定”

按钮。

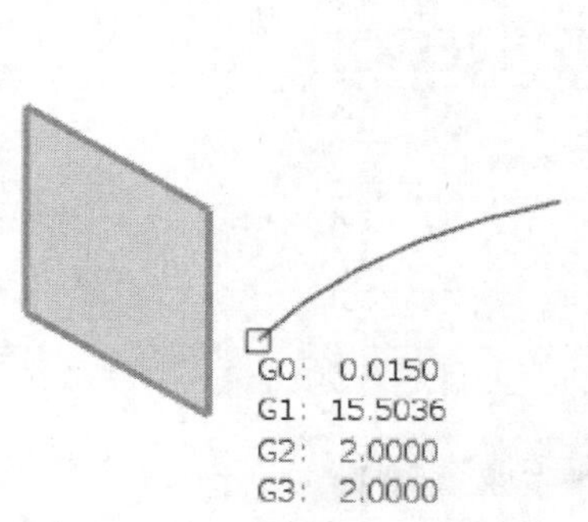

图7-213 曲线与平面之间的曲线连续性分析

图7-214 “曲线连续性”对话框

7.7.2 测量基础

常见的测量工具命令包括“测量距离”“测量角度”“测量长度”“简单距离”“简单角度”“简单长度”“简单半径”“简单直径”和“检查几何体”等，这些测量工具命令均可在功能区的“分析”选项卡中找到。

一、测量距离

“测量距离”命令用于计算两个对象之间的距离、曲线长度，亦可测量圆弧、圆周边或圆柱面的半径。

在功能区的“分析”选项卡的“测量”面板中单击“测量距离”按钮，弹出“测量距离”对话框，如图 7-215 所示。利用该对话框可以进行“距离”“对象集之间”“投影距离”“对象集之间的投影距离”“屏幕距离”“长度”“半径”“直径”和“点在曲线上”等这些类型的距离测量操作。

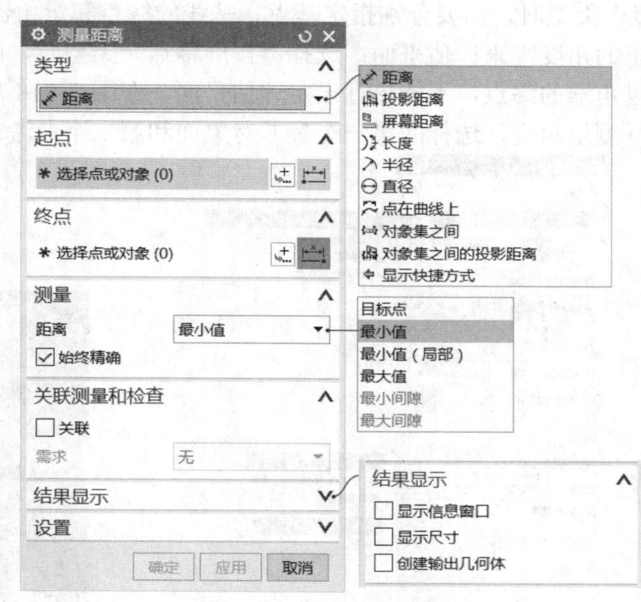

图7-215 “测量距离”对话框

例如，在“测量距离”对话框的“类型”下拉列表框中选择“半径”选项，接着在图形窗口中选择模型中的一个圆边，如图 7-216 所示，测量结果默认显示在图形窗口中。用户也可以在“结果显示”选项组中设置将结果显示在信息窗口中。

图7-216　使用“测量距离”测量选定圆边的半径

二、测量角度

“测量角度”命令用于计算两个对象之间或由三点定义的两直线之间的夹角。

在功能区的“分析”选项卡的“测量”面板中单击“测量角度”按钮，弹出“测量角度”对话框，如图 7-217 所示。测量角度的类型方法有“按对象”“按 3 点”和“按屏幕点”。选择“按对象”类型时，需要分别选择第一个参考对象和第二个参考对象；选择“按 3 点”类型时，需要分别指定基点、基线的终点和量角器的终点，可按 3D 角或 WCS XY 平面里的角度等来评估平面；选择“按屏幕点”类型时，同样需要分别指定基点、基线的终点和量角器的终点，不能自行设定评估平面。在图 7-218 所示的示例中，采用“按对象”类型进行测量角度，选择的第一个参考对象面和第二个参考对象面形成了一个角度。

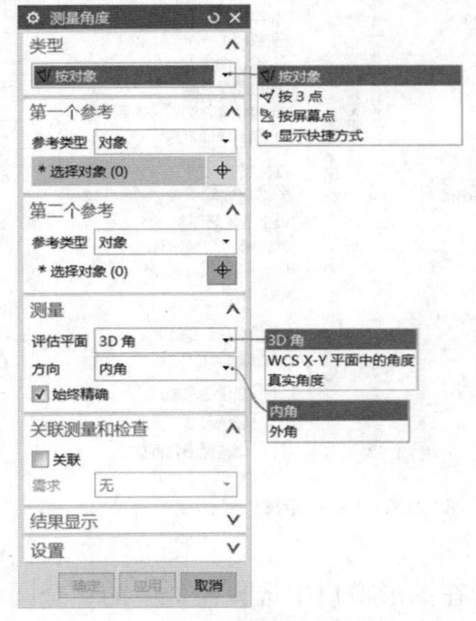

图7-217　“测量角度”对话框

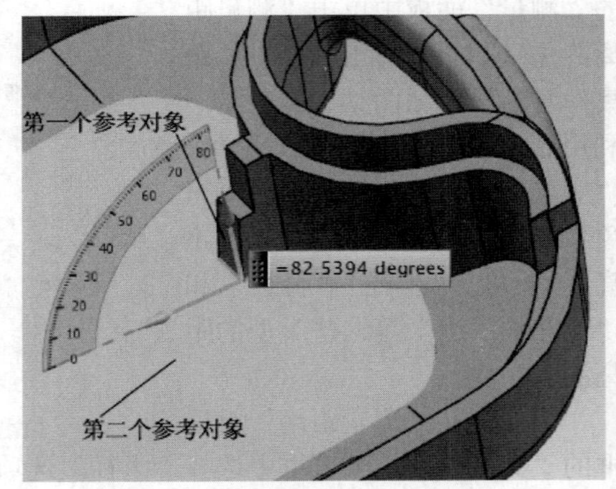

图7-218　选择两个对象来测量角度

三、简单测量

简单测量工具包括“简单距离”按钮、“简单角度”按钮、“简单长度”按钮、

“简单半径”按钮和“简单直径”按钮等。这些简单测量工具的应用都很简单，执行简单测量工具后，根据提示选择相关所需对象便可进行简单测量。

- “简单距离”按钮：计算两个对象的间距。
- “简单角度”按钮：计算两个对象的夹角。
- “简单长度”按钮：测量一条或多条曲线的长度。
- “简单半径”按钮：测量圆弧、圆形边或圆柱面的半径。
- “简单直径”按钮：测量圆弧、圆形边或圆柱面的直径。

四、检查几何体

“检查几何体”命令主要用针对感兴趣的条件（如微小的对象、数据结构中的问题、自相交和锐刺/切口）分析实体、面或边。

选择“菜单”/“分析”/“检查几何体”命令，或者在功能区的“分析”选项卡中选择“更多”/“检查几何体”命令，弹出图 7-219 所示的“检查几何体”对话框。选择要检查的对象，并在“要执行的检查/要高亮显示的结果”选项组中设置对象检查/检查后状态选项、体检查/检查后状态选项、面检查/检查后状态选项、边检查/检查后状态选项，以及在“检查准则”选项组中设置距离公差和角度公差，然后在“操作”选项组中单击“检查几何体”按钮，此时“检查几何体”对话框会显示结果情况，如“通过”“无结果”，如图 7-220 所示。

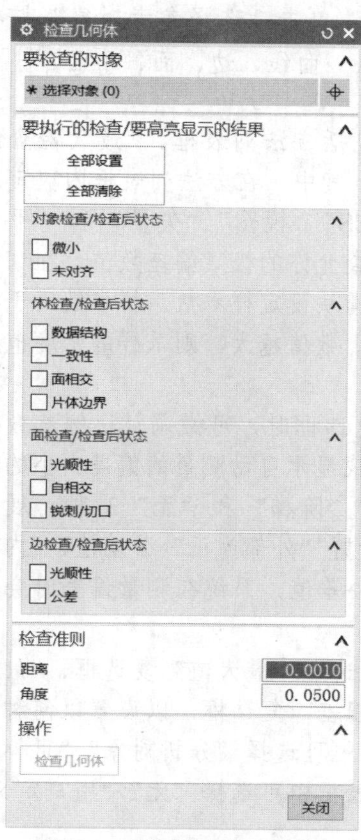

图7-219 “检查几何体”对话框

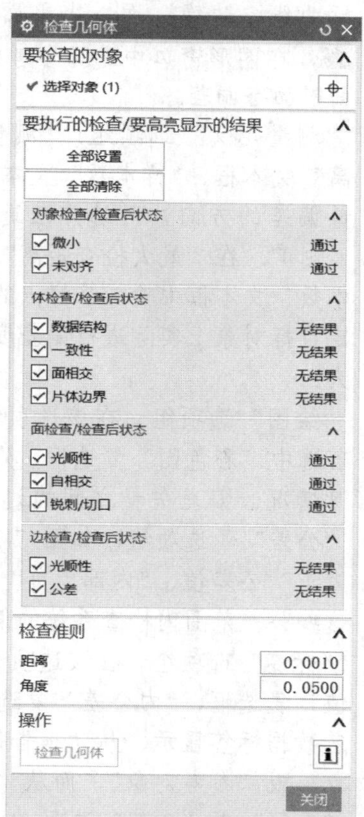

图7-220 在对话框中单击“检查几何体”按钮后

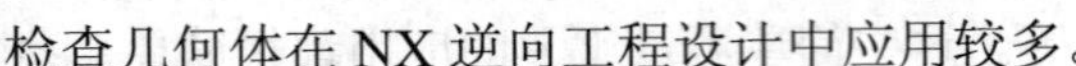

检查几何体在 NX 逆向工程设计中应用较多。

7.7.3 曲面分析

在曲面建模的过程中，时常要对所要创建的曲面进行分析，以更好地把控曲面设计意图，完成较为复杂的曲面建模设计。

曲面分析的实用工具主要包括“偏差度量”按钮、“截面分析”按钮、“高亮线”按钮、“曲面连续性分析”按钮、“曲面相交分析”按钮、“拔模分析”按钮、“面形状-半径”按钮、“反射”按钮、“凹面”按钮、“面形状-斜率”按钮和“面曲率”按钮等。下面介绍其中一些曲面分析工具。

一、偏差度量

“偏差度量”按钮主要用于分析曲线或曲面和参考对象（其他几何元素）之间的偏差，能够动态地提供图形或数值结果显示。

在功能区的“分析”选项卡的“关系”面板中单击“偏差度量”按钮，弹出“偏差度量”对话框，如图 7-221 所示。该对话框提供了“要比较的对象”选项组、“测量定义”选项组、“绘图”选项组、“标签”选项组和“错误报告”选项组，它们的功能含义如下。

- “要比较的对象”选项组：在该选项组中单击“选择对象”按钮，选择目标曲线、边缘、面、小平面和动态偏差对象；单击“选择参考对象”按钮，在图形窗口中选择参考对象，包括参考点、曲线、边、面、平面、小平面或动态偏差。
- “测量定义”选项组：“测量定义”选项组包括方法列表框、“最大检查距离”文本框、“样本数”文本框和样本数滑块。其中，在方法列表框内决定测量偏差的方向，可选方法选项有“3D”“WCS”“视图”“矢量”和“平面（刨）”。在“最大检查距离”文本框中输入检查允许的极限偏差数值，在“样本数”文本框中输入采样点的数量，亦可通过滑块设定样本数。样本数用于指定目标对象上实际进行偏差度量的采样点数量，数值越大，则采样的密度也越大。
- “绘图”选项组：在该选项组中选中“针”复选框时，可微调针比例参数；若选中“彩色图”复选框，则可以以彩色图形式显示自动测量的偏差大小的过渡情况；偏差矢量之间的过渡形式分“混合”“阶梯”和“无”3 种。展开“公差”子选项组，如图 7-222 所示，可以设置“外部为正”公差值、“内部为正”公差值、“内部为负”和“外部为负”公差值，系统在测量偏差时会在这些公差范围内检查系统的偏差情况。
- “标签”选项组：在该选项组中可以根据情况选中“最大值”复选框、“最小值”复选框、“内公差”复选框或“交叉曲线偏差”复选框，以设置以何种偏差数据标签显示。从“报告每个”下拉列表框中可选择“分析对象”“目标对象”或“参考对象”，而从“显示值”下拉列表框中可选择“无”“用户定义”“中等”或“全部”选项。
- “错误报告”选项组：“错误报告”选项组用于显示出现错误公差的数量和百

分比等偏移度量信息。

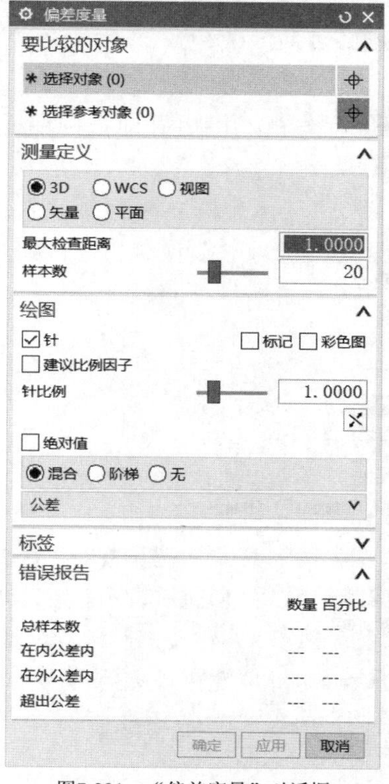

图7-221 “偏差度量”对话框

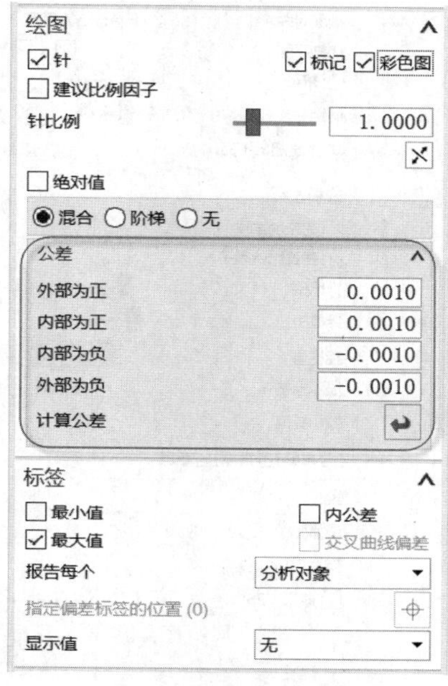

图7-222 设置公差等

二、截面分析

使用“截面分析”功能，可以通过动态显示面上平的横截面和曲率梳来分析曲面形状和质量。

在功能区的“分析”选项卡的“面形状”面板中单击“截面分析”按钮，系统弹出图 7-223 所示的“截面分析”对话框。该对话框主要选项组的功能含义如下。

- “目标”选项组：用于选择面或小平面体。
- “定义”选项组：用于设置不同的截面放置方法和截面对齐方法等。其中，截面放置方法包括“均匀”“通过点”“在点之间”和“交互”，“均匀”用于以均匀的形式放置截面，“通过点”用于通过一个指定的固定点来放置截面，“在点之间”用于在指定的几个点之间放置截面，“交互”用于通过在截面上选择剖切线的起点和终点来放置截面。
- “分析显示”选项组：在该选项组中设置分析显示选项及相应的参数，如设置显示曲率梳、针值、峰值、拐点、长度等。
- “输出”选项组：用于设置输出形式，如设置输出分析对象、截面曲线或全部输出（双向）。
- “设置”选项组：在该选项组中设置针方向为“内部”还是“外部”，计算方法为“曲率”还是“曲率半径”，缩放方法为“线性”还是“对数”。

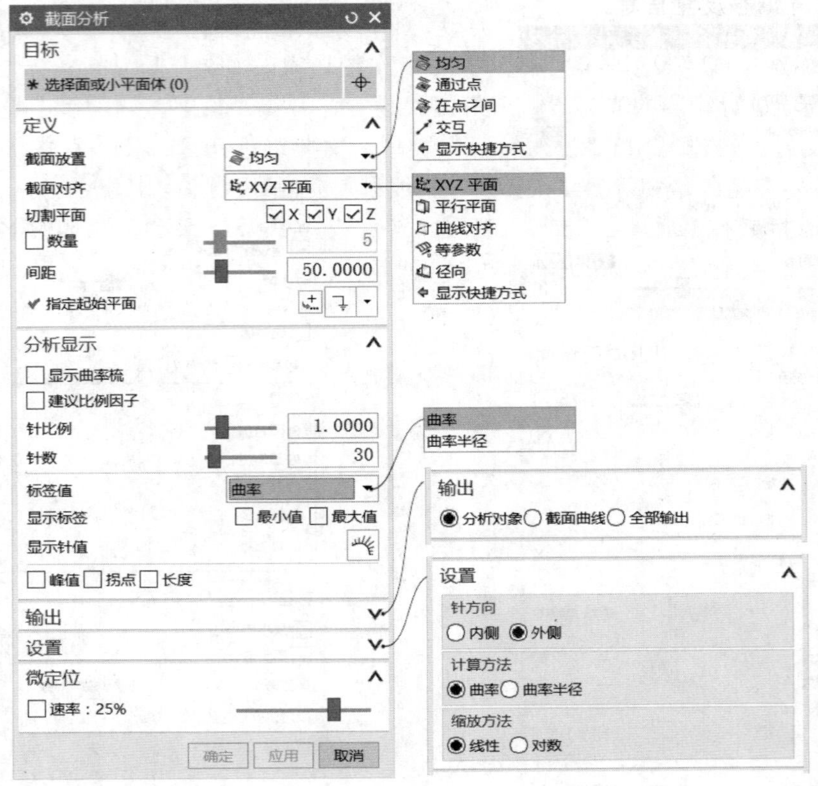

图7-223　“截面分析”对话框

截面分析示例如图 7-224 所示，在该示例中，截面放置方法为“均匀”，截面对齐方式为“XYZ 平面”，在“切割平面”右侧只选中“Y”复选框，设置相应的间距等。

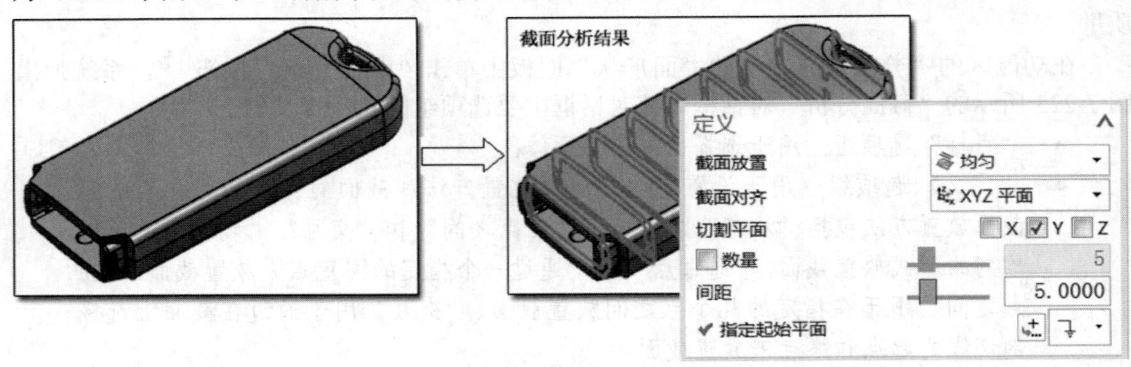

图7-224　截面分析示例

三、高亮线分析

使用“高亮线分析”功能，可以通过根据指定的光源数等生成一组高亮线来辅助评估曲面质量。高亮线分析其实上是一种包含投影、反射、等斜度和反射轮廓的分析方法，光源投射到曲面上便可在曲面上形成一组反射线。在进行高亮线分析过程中，如果翻转模型视角，那么可以观察到曲面高亮线的变化情况。

在功能区的“分析”选项卡的“面形状”面板中单击“高亮线”按钮，系统弹出图7-225所示的“高亮线”对话框。在“类型”下拉列表框中选择“反射”选项、“投影”选项、“等斜率”选项或“反射轮廓”选项，接着在图形窗口中选择面或高亮线分析对象，根据所选类型选项进行相应的光源设置或等斜线设置，并在“设置”选项组中设置分辨率选项。对于“反射”“投影”和“反射轮廓”类型，需要进行光源设置；对于“等斜率”类型，则需要指定参考矢量和等斜线设置，等斜线设置的内容包括等斜线放置方式（等斜线放置方式可以为“均匀”“通过点”或“在点之间”）、等斜线数、起始角和终止角。

高亮线分析示例如图7-226所示。

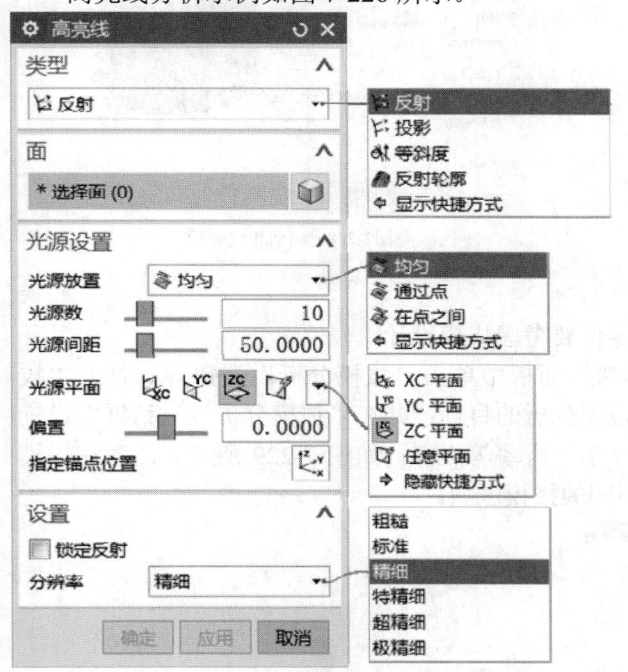

图7-225　“高亮线”对话框

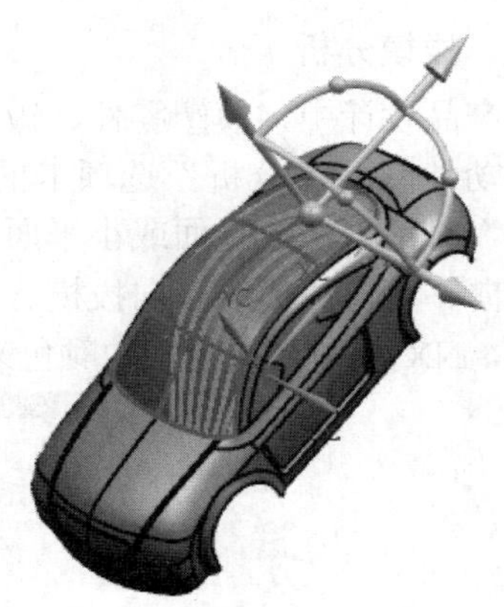

图7-226　高亮线分析示例

四、曲面连续性分析

使用“曲面连续性分析”功能，可以检查曲面偏差，分析曲面间过渡的连续性条件，包括位置连续（G0）、相切连续（G1）、曲率连续（G2）和流连续（G3）。

在功能区的“分析”选项卡的“关系”面板中单击“曲面连续性”按钮，系统弹出图7-227所示的“曲面连续性”对话框。利用该对话框分别指定曲面连续性分析的类型（类型分“边到边”“边到面”和“多面”3种）、对照对象、连续性检查选项、分析显示选项及参数等，即可完成曲面连续性分析。

五、曲面相交分析

使用“曲面相交分析”功能，可以通过动态显示曲率梳分析曲面到曲面相交曲线的形状。曲面相交分析的示例如图7-228所示，在功能区的“分析”选项卡的“关系”面板中单击“曲面相交分析”按钮，弹出“曲面相交分析”对话框，分别选定面集1和面集2，接着设置梳状图投影方法和分析显示选项等。

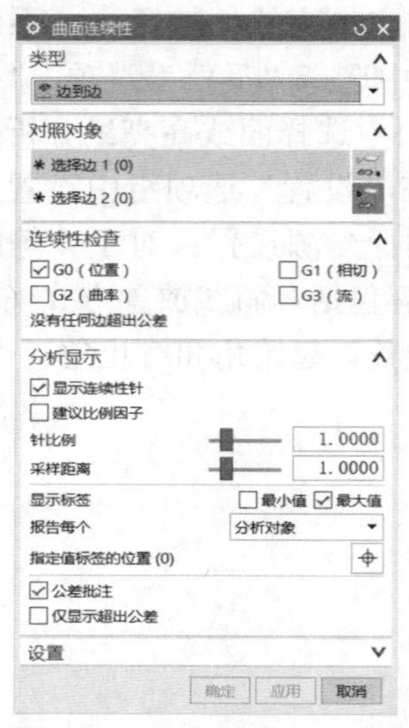

图7-227　“曲面连续性”对话框

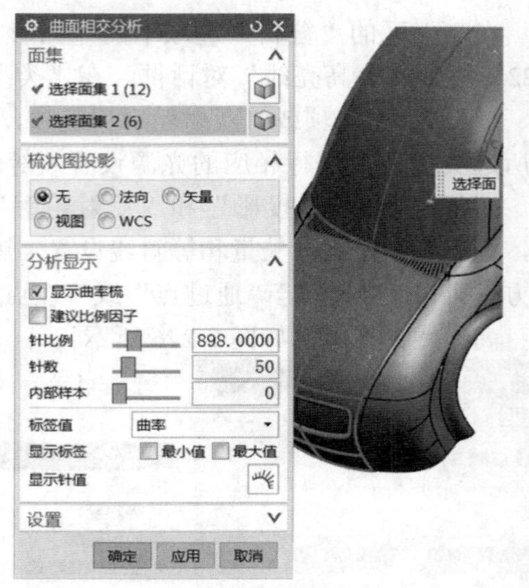

图7-228　曲面相交分析

六、拔模分析

在产品设计中，模塑零件、钣金成型零件要考虑拔模设计。

在功能区的“分析”选项卡的“面形状”面板中单击“拔模分析”按钮，打开“拔模分析”对话框。选择面或小平面体作为拔模分析的目标，并在“拔模分析”对话框中设置脱模方向、正向拔模、负向拔模、输出和显示分辨率等内容，如图 7-229 所示。注意在拔模分析中，NX 系统使用不同的颜色来区分不同的拔模区域。

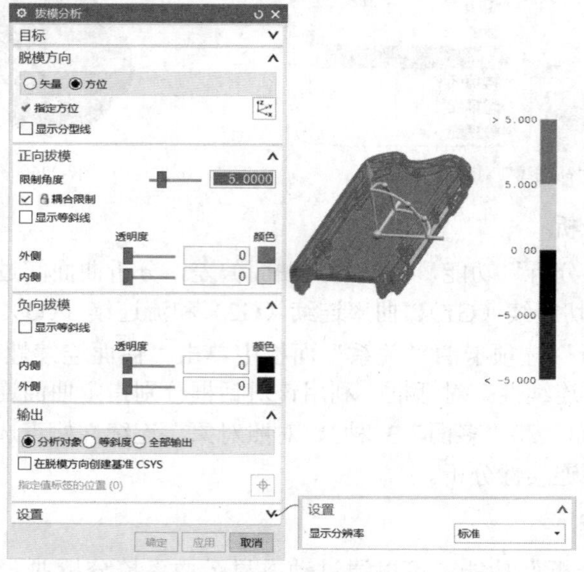

图7-229　拔模分析

七、面分析-半径

“面分析-半径”命令可以检查面的曲率特性，即可视化曲面上所有点的曲率，以检测拐点、变化和缺陷。

在功能区的“分析”选项卡中单击“更多”/“面分析-半径”按钮，系统弹出图7-230所示的“半径分析”对话框，从中进行半径类型、分析显示模态、数据范围、范围比例因子、曲面法向、颜色图例控制和颜色数等方面的设置。

下面介绍此“半径分析”对话框中的主要选项设置。

- “类型”下拉列表框：从该下拉列表框中可以选择“高斯”“最大值”“最小值”“平均”“正常”“截面”“U”或“V”选项。这些半径类型选项的功能含义如表7-2所示。

表7-2　“面分析-半径”的半径类型

序号	半径类型	功能含义/备注
1	高斯	每个检查点按照在该点上面的高斯曲率半径用彩色代码来指示
2	最大值	分析选定面上最大曲率半径
3	最小值	分析选定面上最小曲率半径
4	平均	分析面上每点的最大和最小曲率半径的平均值
5	正常（法向）	相对于指定矢量的法向曲率，即显示基于由每个分析点处的面法向和参考矢量定义的法向截平面的半径，如果矢量平行于面法向，则该点上的法向曲率将被设置为零
6	截面	显示基于平行于参考平面的截平面的半径
7	U	*U*方向的半径
8	V	*V*方向的半径

- “模态”下拉列表框：在该下拉列表框中可以选择“云图”“刺猬梳”或“轮廓线”。选择“云图”时，使用着色的颜色代码描述显示面，如图7-231（a）所示；选择“刺猬梳”时，在面的栅格点上显示应用色彩编码的刺针，如图7-231（b）所示；选择“轮廓线”时，NX将显示所选分析变量的定值曲线，如图7-231（c）所示。

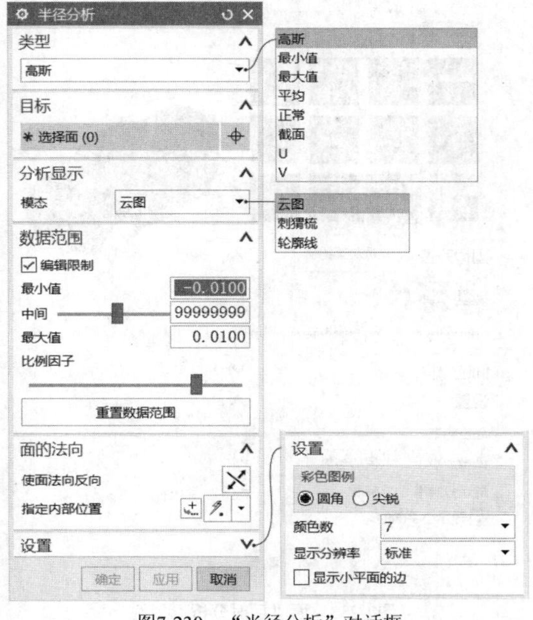

图7-230　“半径分析”对话框

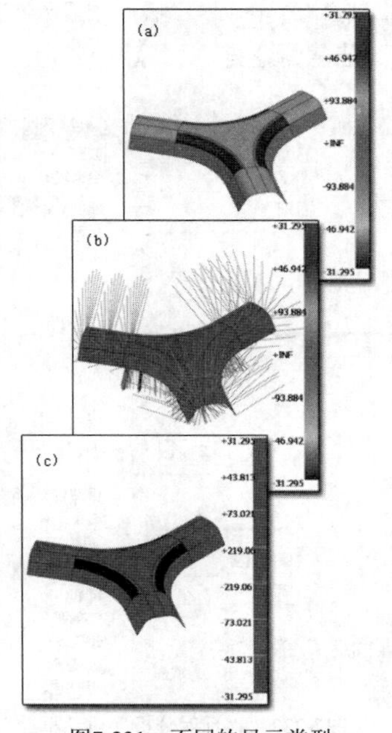

图7-231　不同的显示类型

- “数据范围”选项组：用于设置数据范围。如果在此选项组中选中“编辑限制”复选框，则允许通过指定与计算结果不同的最小值和最大值来修改图示的固定数据范围。如果单击“重置数据范围”按钮，那么根据目标选择将数据范围重置为其默认值。
- “面的法向”选项组：利用此选项组，可以根据要求式面法向反向，并可以指定面内部位置。
- “设置”选项组：在此选项组中设置彩色图例为“圆角”或“尖锐”以控制颜色过渡方式，并可以设置颜色数和显示分辨率，以及设置是否显示小平面的边。从“显示分辨率”下拉列表框选择显示曲面的分辨率选项，从而调整面分析显示的质量和性能，可供选择的分辨率选项有“粗糙”“标准”“精细”“特精细”“超精细”“极精细”和“用户定义”。

八、面分析-反射

“面分析-反射”命令可用来仿真曲面上的反射光，以分析曲面美观性并检测缺陷。

在功能区的“分析”选项卡的“面形状”面板中单击“反射”按钮，弹出图 7-232 所示的“反射分析”对话框，接着选择要在其上显示图像反射的面（即选定作为反射分析的目标面或小平面体），并在对话框中指定图像类型、图像方位、面反射率、图像大小、显示曲面分辨率等，然后单击“应用”按钮以在指定目标对象上显示图像反射。

典型示例如图 7-233 所示，该示例在“反射分析”对话框的“类型”下拉列表框中选择“场景图像”选项，接着在背景图像列表中选择“光顺灰度比例”图像样例。

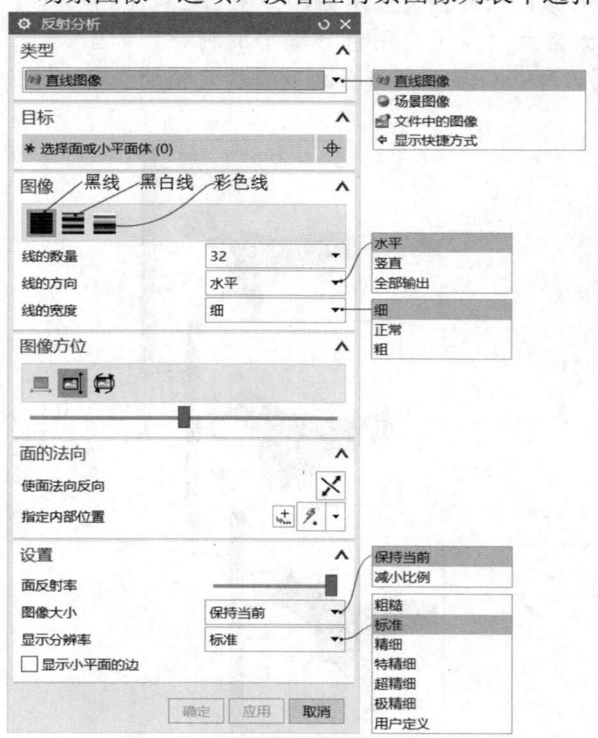

图7-232　“反射分析”对话框

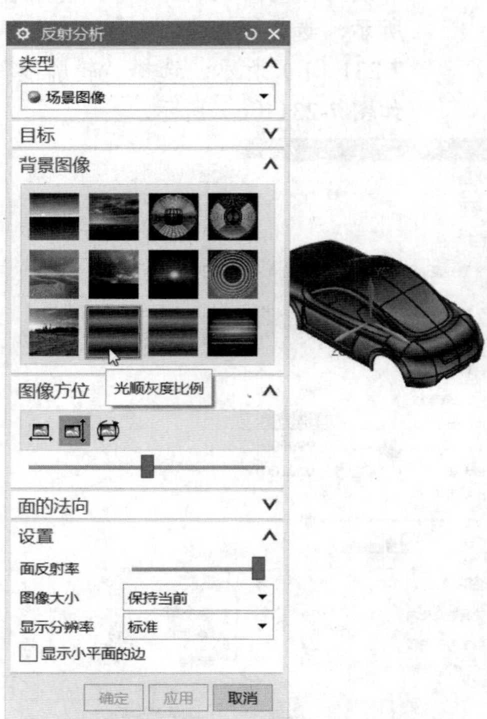

图7-233　面“反射分析”示例

九、面分析-斜率

“面分析-斜率”命令可用来相对于指定矢量来分析面的角度。具体来说，使用此命令，可以可视化曲面上所有点的曲面法向和垂直于参考矢量的平面之间的夹角。曲面斜率分析对于模具设计师尤其有用，可辅助评估产品拔模合理性等，通常将参考矢量视为从模具中将产品拔出的方向，而负斜率表明在拔出产品时将出现问题。

在功能区的“分析”选项卡中单击“更多”/“斜率”按钮，系统弹出图 7-234（a）所示的“斜率分析”对话框，接着选择面作为斜率分析的目标，指定参考矢量，设置分析显示模态（模态分为“云图”“刺猬梳”和“轮廓线”），指定数据范围、面的法向、彩色图例过渡方式、颜色数和显示分辨率等，然后单击“应用”按钮。面曲率分析示例如图 7-234（b）所示。

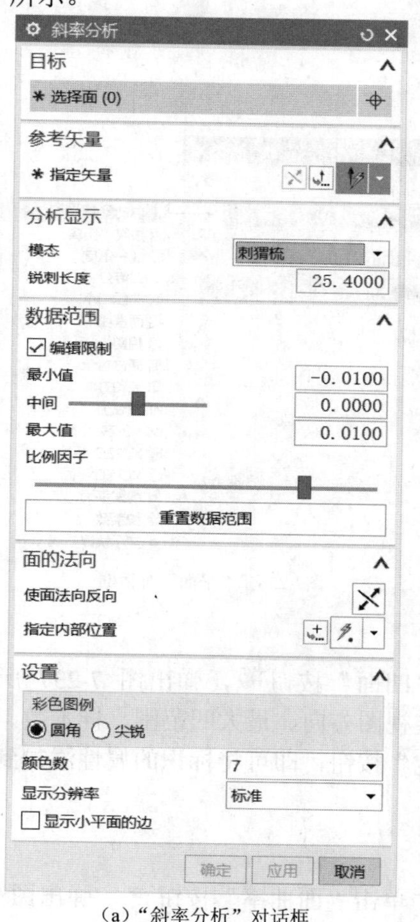

（a）“斜率分析”对话框

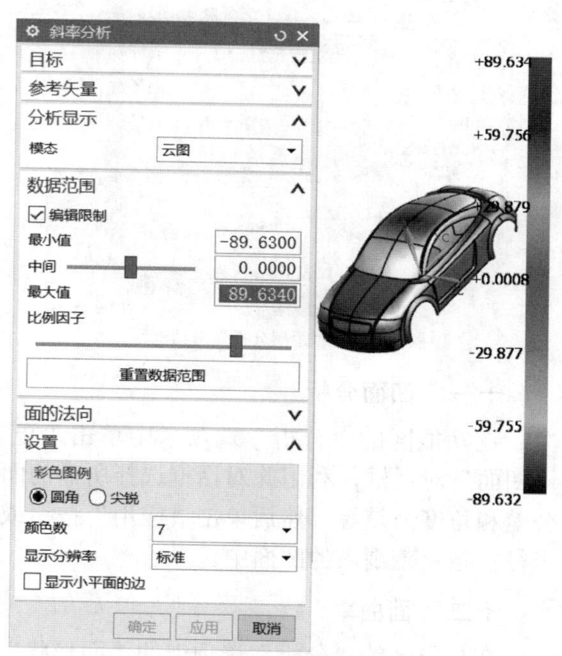

（b）面“斜率分析”示例

图7-234　面“斜率分析”

十、面分析-距离

“面分析-距离”命令可用来分析面到指定平面的距离，即可以可视化曲面上所有点到参考平面的距离。

进行面距离分析的操作方法和面斜率分析的操作方法类似，即在功能区的“分析”选项

卡中单击“更多”/“距离”按钮，弹出图 7-235 所示的“距离分析”对话框，接着选择面作为距离分析的目标，指定参考平面、分析显示模式（“云图”“刺猬梳”或“轮廓线”）、数据范围、面的法向、彩色图例选项、颜色数和显示分辨率等，然后单击“应用”按钮或“确定”按钮，即可完成面距离分析。在指定参考平面的过程中，既可以使用“参考平面”选项组的“平面”下拉列表框提供的平面工具，也可以单击“平面构造器”按钮以打开图 7-236 所示的“平面”对话框，利用“平面”对话框来指定参考平面。

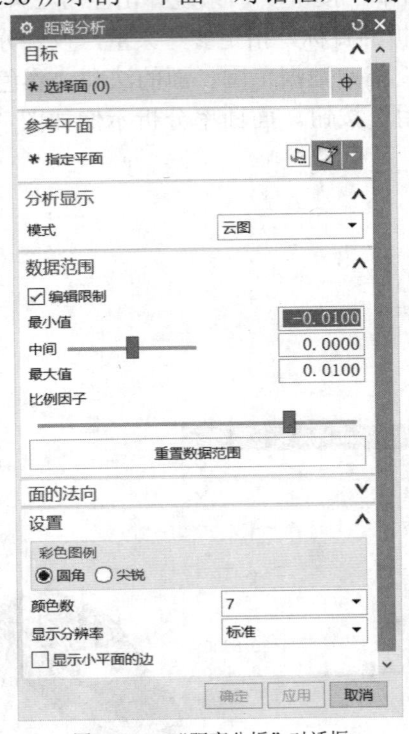

图7-235　“距离分析”对话框

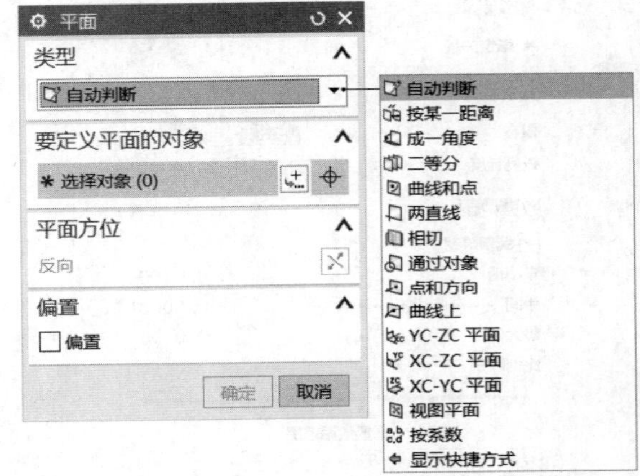

图7-236　“平面”对话框

十一、凹面分析

在功能区的“分析”选项卡中单击“更多”/“凹面”按钮，弹出图 7-237 所示的“凹面”对话框，利用此对话框选择所需的面，指定视图方向、最大凹范围、样本数、距离公差和角度公差等，然后单击“应用”按钮或“确定”按钮，即可将标识的属性添加到最大半径在指定范围内的凹面中。

十二、面曲率

在功能区的“分析”选项卡的“面形状”面板中单击“面曲率”按钮，弹出图 7-238 所示的“面曲率分析”对话框，从中指定曲率类型，选择面作为曲率分析的目标，设置显示选项、云图优化选项和显示分辨率选项，从而可视化面上所有点的曲率，以检测拐点、变化和缺陷。

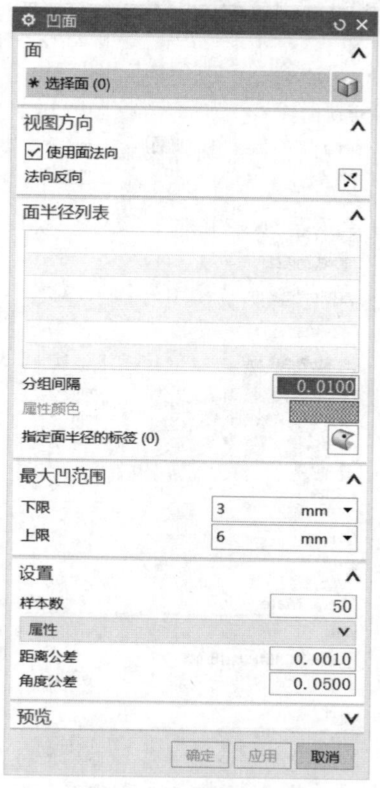

图7-237 “凹面”对话框

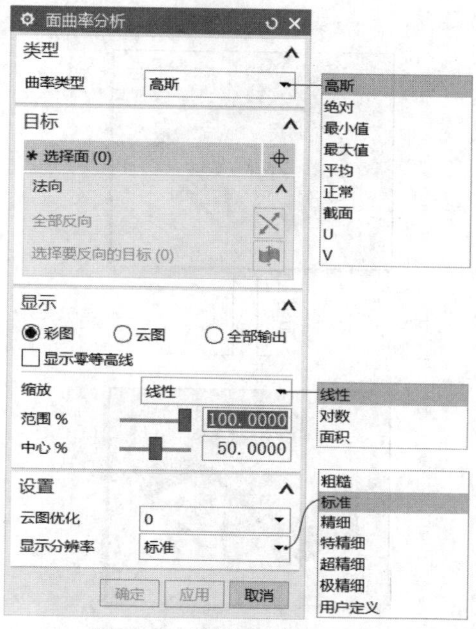

图7-238 “面曲率分析”对话框

7.8 加厚片体

创建好曲面模型后，可以通过为一组面增加厚度来创建实体，这就是“加厚片体”的设计思路。加厚片体的典型示例如图 7-239 所示。

加厚片体的一般操作方法及步骤如下。

1 在功能区的“主页”选项卡的“特征”面板中单击“更多”/“加厚”按钮（该按钮可以在功能区的“曲面”选项卡的“曲面操作”面板中选择到），或者选择“菜单”/“插入”/“偏置/缩放”/“加厚”命令，弹出图 7-240 所示的“加厚”对话框。

2 在图形窗口中选择要加厚的曲面。

3 在“厚度”选项组中分别设置偏置 1 和偏置 2 尺寸。可以单击“反向”按钮切换加厚方向。

4 如果需要，可以在“区域行为”选项组中通过选择所需边界曲线来指定要冲裁的区域，以及通过指定相应边界曲线来定义不同厚度的区域。

5 在“布尔”选项组的“布尔”下拉列表框中选择一种布尔选项，例如，选择“无”“合并（求和）”“减去（求差）”或“相交”布尔选项。在“设置”选项组中设置是否移除裂口，以及设置加厚公差值。

6 单击“应用”按钮或“确定”按钮，从而通过加厚选定面来生成实体。

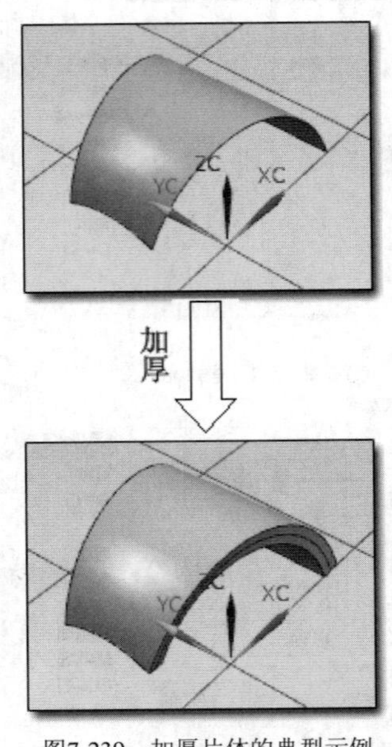

图7-239　加厚片体的典型示例

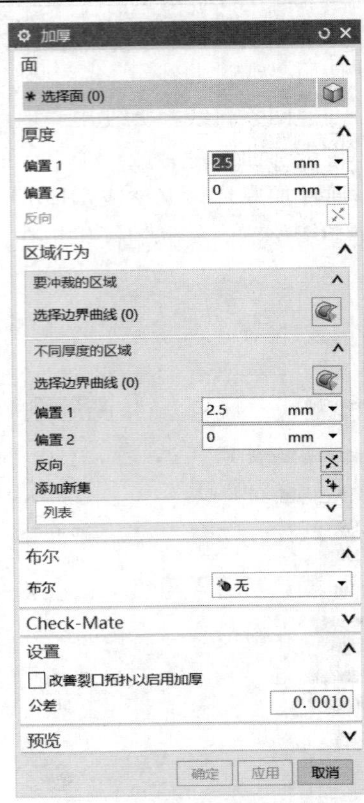

图7-240　“加厚”对话框

7.9　本章综合设计范例

为了让读者更好地掌握本章所学的一些曲面应用知识，并帮助提高曲面综合设计能力，在这里将介绍一个典型的曲面综合设计范例。本综合设计范例要完成的模型为一个专用料斗，完成效果如图 7-241 所示。在该综合范例中，主要使用了“面倒圆”“抽取体”“规律延伸”“通过曲线组”“直线”“通过曲线网格”“缝合”和“加厚”等方法。

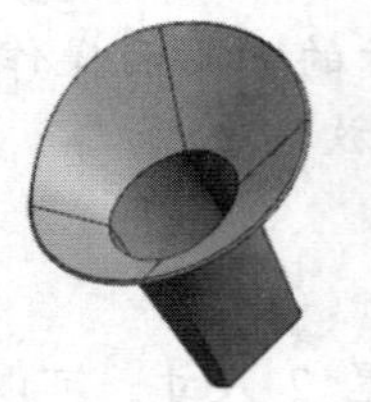 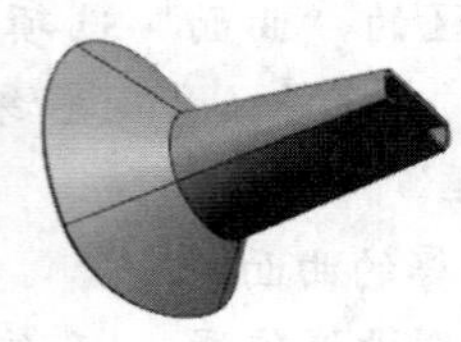 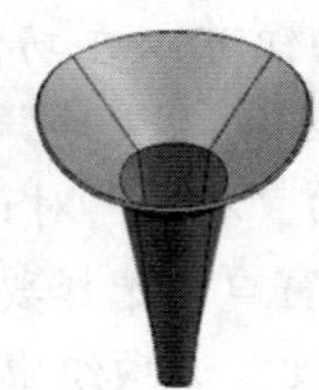

图7-241　料斗模型

在设计该料斗实体模型之前，首先要分析其结构特点，初步确定建模思路。该料斗的建模思路如下。

(1) 创建一个长方体，在该长方体上创建拔模特征。

(2) 在已经拔模的长方体模型上创建两个“面倒圆”。

(3) 在模型中执行“抽取”命令操作，抽取出所需的两个面。

(4) 进行规律延伸操作，生成料斗的大开口的两个片体。

(5) 使用“通过曲线组”命令创建所需的曲面。
(6) 创建两条直线，并使用“通过曲线网格”命令来构建所需的曲面。
(7) 将全部曲面缝合成一个单一的片体。
(8) 通过加厚片体来生成实体。

下面介绍该范例具体的操作步骤。

一、新建一个模型文件

1 在“快速访问”工具栏中单击“新建”按钮，或者按“Ctrl+N”快捷键，系统弹出“新建”对话框。

2 在“模型”选项卡的“模板”列表中选择名称为“模型”的模板，在“新文件名”选项组的“名称”文本框中输入“bc_7_9_r1.prt”，并指定要保存到的文件夹。

3 在“新建”对话框中单击“确定”按钮。

二、加载“高级”角色

1 在图形窗口左侧的资源条中单击“角色”图标。

2 在“角色”列表中选择位于“内容”角色集下的“高级”角色以加载该角色，接着在弹出的“加载角色”对话框中单击“确定”按钮（可设置不再弹出该对话框）。

三、创建一个长方体

1 在功能区的“主页”选项卡的“特征”面板中单击“更多”/“长方体”按钮，系统弹出“长方体”对话框。

2 指定长方体的类型选项为“原点和边长”，分别输入长度为 88、宽度为 88 和高度为 150，如图 7-242 所示。

3 在“原点”选项组中单击“点构造器”按钮，利用弹出来的“点”对话框指定原点位置的绝对工作坐标为（0,0,0）。

4 “长方体”对话框中其他参数使用系统默认的设置，然后单击“确定”按钮，创建图 7-243 所示的长方体。

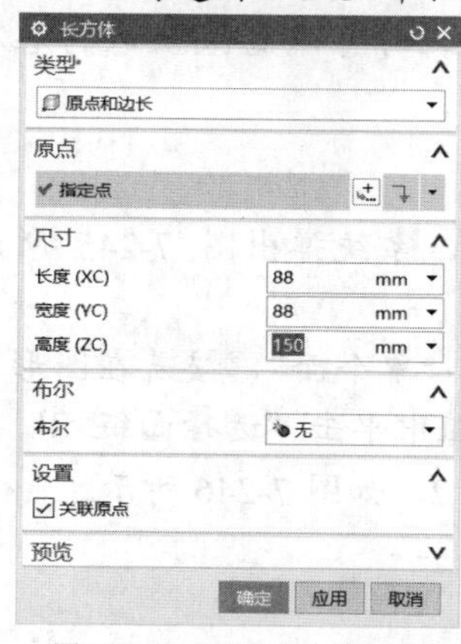

图7-242 “长方体”对话框

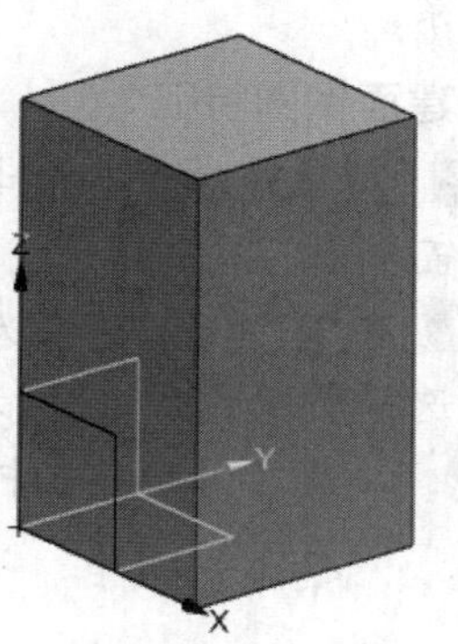

图7-243 创建的长方体

四、拔模处理

1 在"特征"面板中单击"拔模"按钮，弹出"拔模"对话框。

2 在"类型"选项组的"类型"下拉列表框中选择"面"，在"脱模方向"选项组中选择"ZC 轴"定义脱模方向，在"拔模参考"选项组的"拔模方法"下拉列表框中选择"固定面"，单击"选择固定面"按钮并在图形窗口中选择长方体的顶面（最上面）作为固定面；在"要拔模的面"选项组中单击"选择面"按钮并分别选择与顶面相邻的 4 个侧面作为要拔模的面，设置拔模角度 1 为-5°，而在"设置"选项组的"拔模方法"下拉列表框默认选项为"等斜度拔模"，如图 7-244 所示。

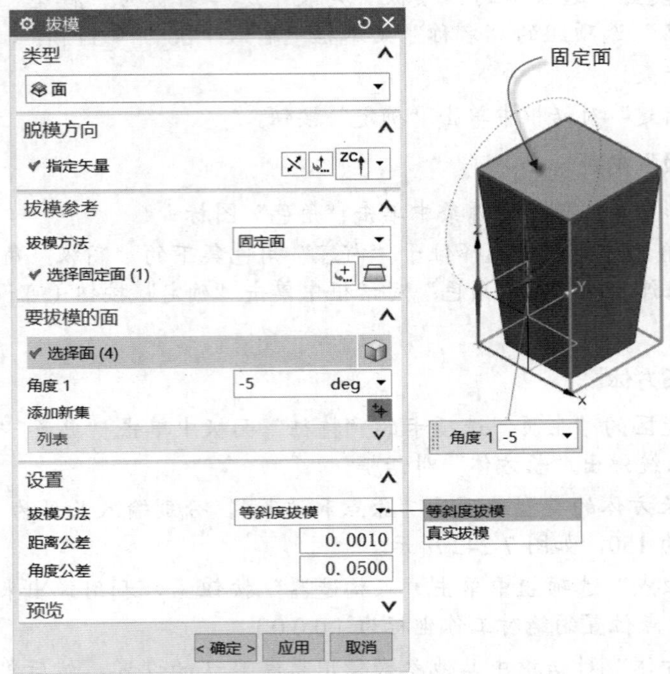

图7-244　创建拔模特征

3 在"拔模"对话框中单击"确定"按钮。此时可以隐藏默认的基准坐标系。

五、创建面倒圆特征

1 在"特征"面板中单击"面倒圆"按钮，系统弹出图 7-245 所示的"面倒圆"对话框。

2 设置面倒圆类型为"双面"，将面规则设为"单个面"，接着在图形窗口中选择模型的面 1 作为面链 1；在"面"选项组中单击"选择面链 2"按钮，接着在图形窗口中选择模型的面 2 作为面链 2，如图 7-246 所示。

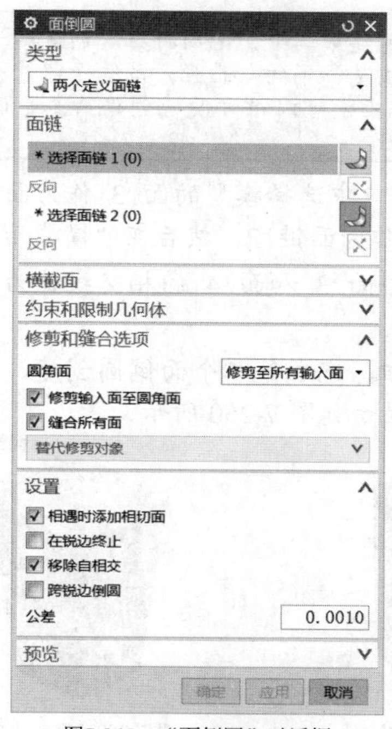

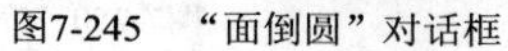
图7-245　“面倒圆”对话框

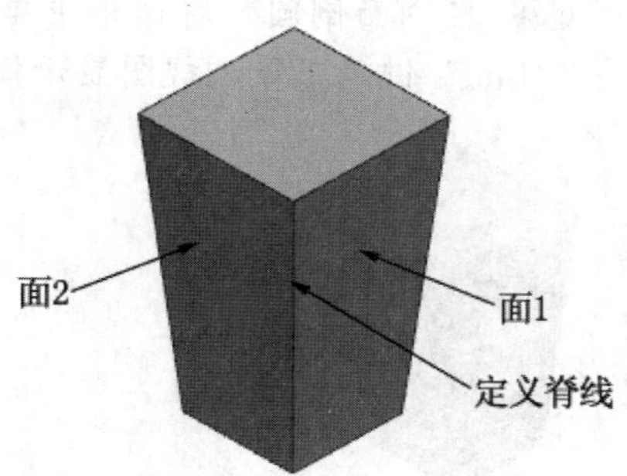

图7-246　指定面

3 在“横截面”选项组中，从“方位”下拉列表框中选择“滚球”选项，从“宽度方法”下拉列表框中选择“自动”选项，从“形状”下拉列表框中选择“圆形”选项，从“半径方法”下拉列表框中选择“可变”选项，从“规律类型”下拉列表框中选择“线性”选项；注意确保“选择脊线”按钮处于被选中的状态，在图形窗口中选择模型面 1 和面 2 的相交线作为脊线（注意其方向）；设置半径起点为 38mm，半径终点为 16mm，如图 7-247 所示。

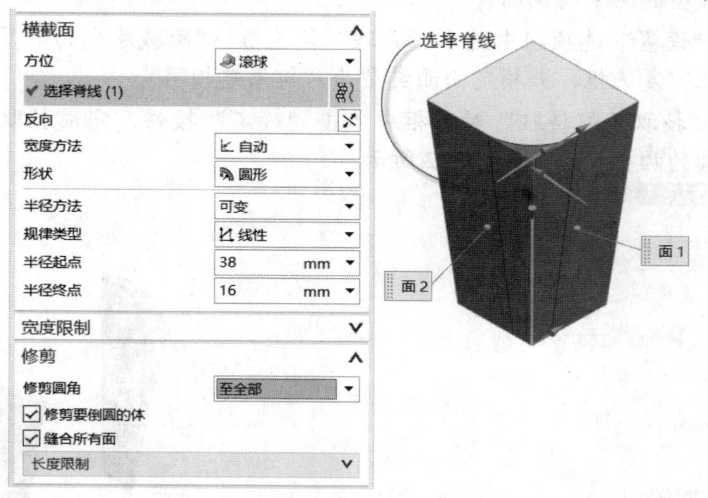

图7-247　设置倒圆横截面选项及参数

4 单击“面倒圆”对话框中的“应用”按钮，创建第一个面倒圆特征，此时模型显示效果如图 7-248 所示。

完成第一个面倒圆特征后，还需要在模型对角创建第二个面倒圆特征。创建第二个面倒圆特征的方法和创建第一个面倒圆特征的方法是一样的。而且，系统保留着第一个面倒圆的默认设置，这样利用“面倒圆”对话框便可以很方便地创建第二个面倒圆特征。

5 接受第一个面倒圆的默认设置，在图形窗口中选择模型的面 3 作为面链 1，单击鼠标中键确认；接着选择模型的面 4 作为面链 2，然后在“横截面”选项组中单击“选择脊线”按钮，选择模型面 3 和面 4 的相交线作为脊线，如图 7-249 所示。

6 在“面倒圆”对话框中单击“确定”按钮，完成第二个面倒圆创建。按“End”键以正等测视图显示模型，此时模型显示如图 7-250 所示。

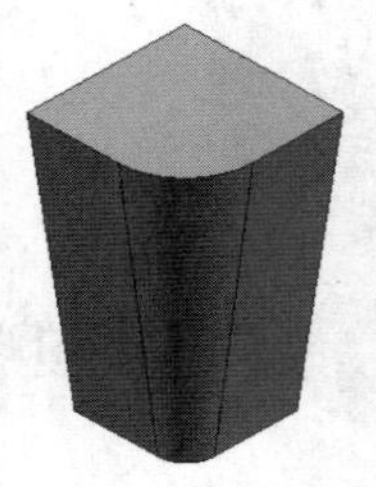

图7-248　创建面倒圆 1

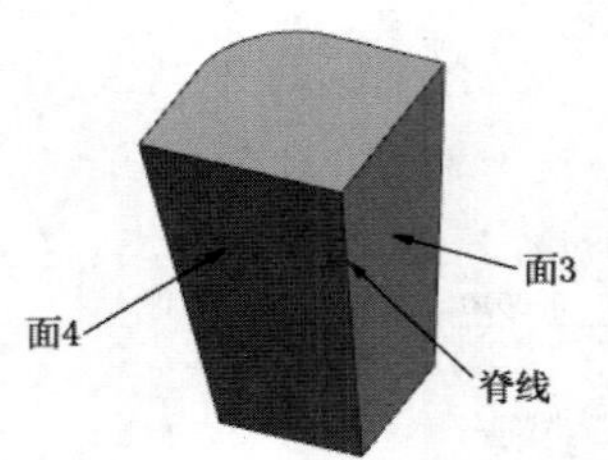

图7-249　指定面和脊线

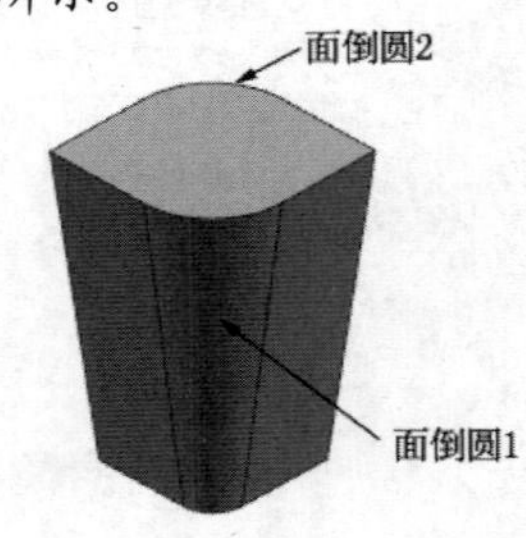

图7-250　完成两个面倒圆

六、执行“抽取几何体”操作来获取两个片体

1 在“特征”面板中单击“更多”/“抽取几何特征”按钮，系统弹出图 7-251 所示的“抽取几何特征”对话框。

2 在“类型”选项组的“类型”下拉列表框中选择“面”选项，接着在“面”选项组的“面选项”下拉列表框中选择“单个面”选项，在图形窗口分别选择模型的两个面倒圆。

3 在“设置”选项组中选中“关联”复选框、“隐藏原先的”复选框和“不带孔抽取”复选框，并指定曲面类型为“与原先相同”。

4 在“抽取几何特征”对话框中单击“确定”按钮，完成抽取曲面操作。抽取得到的两个片体如图 7-252 所示。

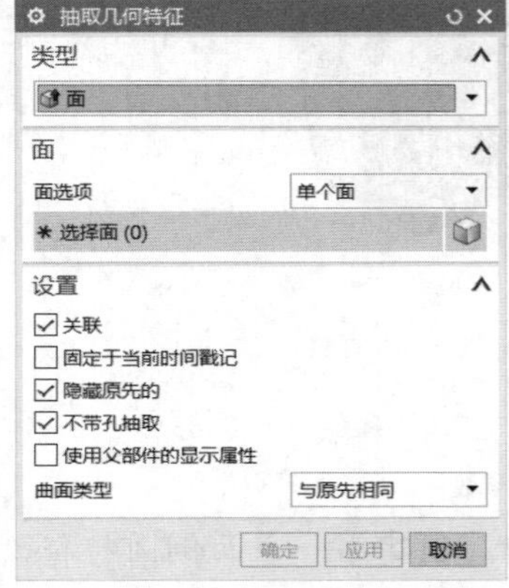

图7-251　“抽取几何特征”对话框

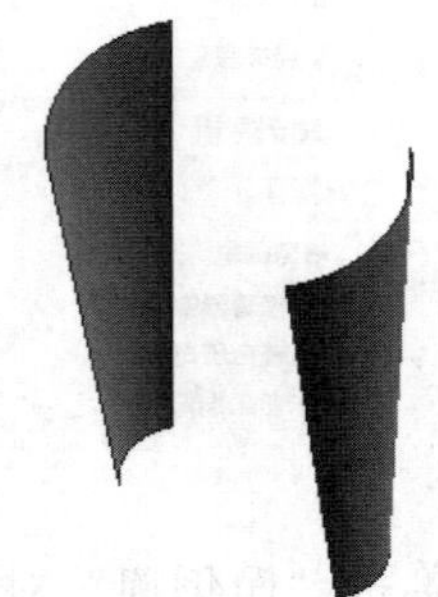

图7-252　抽取结果

七、进行“规律延伸”来获取所需的第一个延伸曲面

1 在功能区中切换至“曲面”选项卡，在“曲面”面板中单击“规律延伸”按钮，系统弹出图 7-253 所示的“规律延伸”对话框，从“类型”选项组的“类型”下拉列表框中选择“面”类型选项。

2 选择图 7-254 所示的边 1 作为基本轮廓，接着在“面”选项组中单击“面”按钮，然后在图形窗口中选择图 7-254 所示的面作为参考面。

图7-253 “规律延伸”对话框

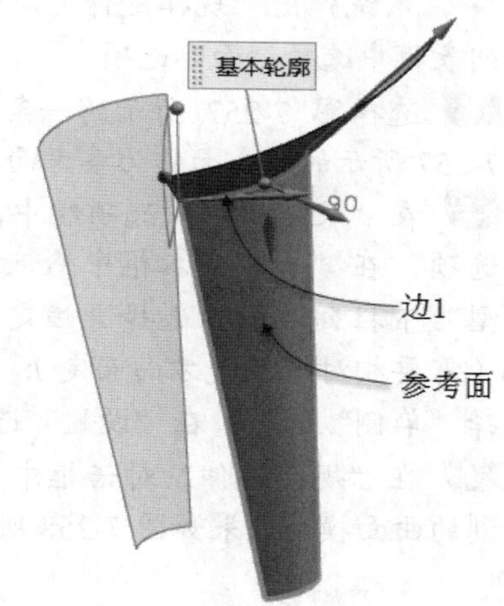

图7-254 指定基本轮廓和参考面

3 在“长度规律”选项组中，从“规律类型”下拉列表框中选择“恒定”选项，在“值”文本框中输入 50；在“角度规律”选项组中，从“规律类型”下拉列表框中选择“恒定”选项，在“值”文本框中设置角度为 135°（相对于方向而定），如图 7-255 所示。

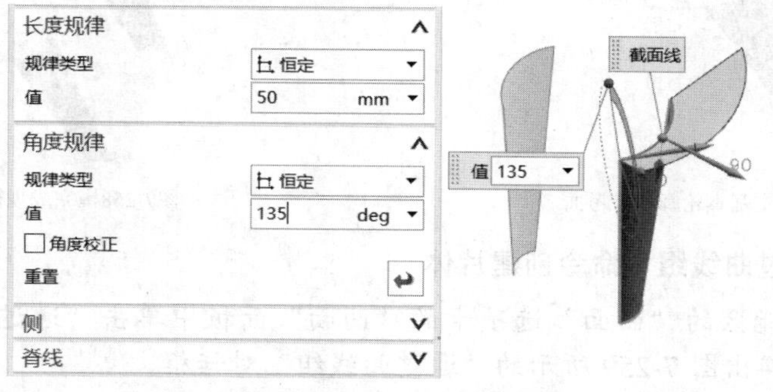

图7-255 定义长度规律和角度规律

4 在“规律延伸”对话框中单击“确定”按钮，完成在一个指定边处的规律延伸操作，得到的第一个延伸曲面如图 7-256 所示。

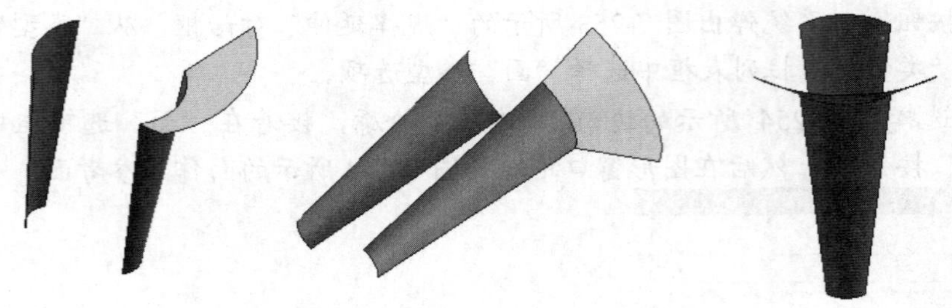

图7-256　规律延伸 1 的效果

八、进行“规律延伸”来获取所需的第二个延伸曲面

1 在功能区的“曲面”选项卡的“曲面”面板中单击“规律延伸”按钮 ，系统弹出“规律延伸”对话框，接着从“类型”选项组的“类型”下拉列表框中选择“面”选项。

2 选择图 7-257 所示的一条边作为基本轮廓并单击鼠标中键，接着选择图 7-257 所示的一个面作为参考面。注意相应的方向。

3 在“长度规律”选项组中，从“规律类型”下拉列表框中选择“恒定”选项，在“值”文本框中输入 80；在“角度规律”选项组中，从“规律类型”下拉列表框中选择“恒定”选项，在“值”文本框中设置角度为 45°（需要相对于预览方向而定）；在“侧”选项组的“延伸侧”下拉列表框中选择“单侧”选项；在“设置”选项组中选中“尽可能合并面”复选框。

4 在“规律延伸”对话框中单击“确定”按钮，完成该规律延伸操作，得到的曲面模型效果如图 7-258 所示。

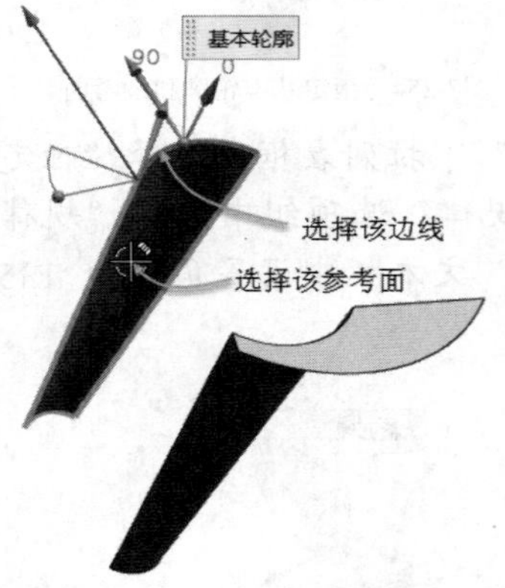

图7-257　指定基本轮廓和参考面

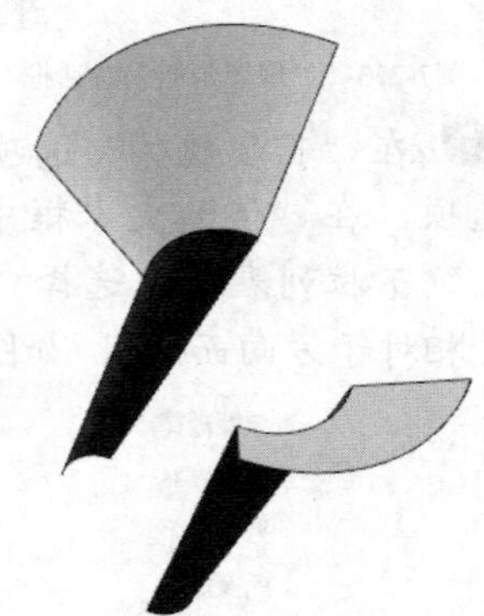

图7-258　完成规律延伸 2

九、使用“通过曲线组”命令创建片体

1 在功能区的“曲面”选项卡的“曲面”面板中单击“通过曲线组”按钮 ，系统弹出图 7-259 所示的“通过曲线组”对话框。

2 在图形窗口中选择边 1，单击鼠标中键，此时在边 1 上显示一个箭头；接

着选择边 2 并单击鼠标中键确认，在边 2 上也显示一个箭头，需要保证边 1 上的箭头和边 2 上的箭头方向一致，如图 7-260 所示。

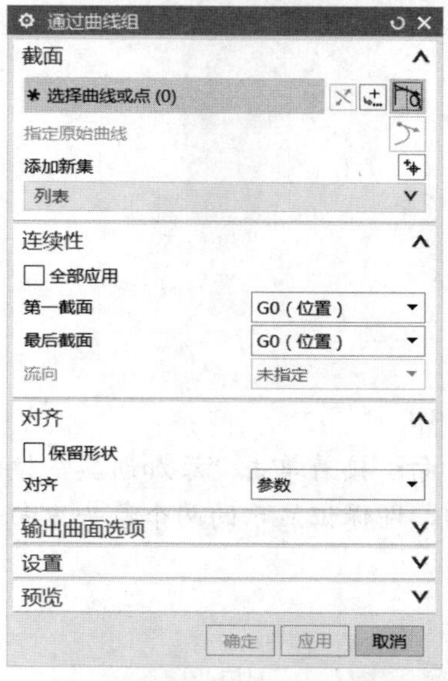

图7-259　“通过曲线组”对话框

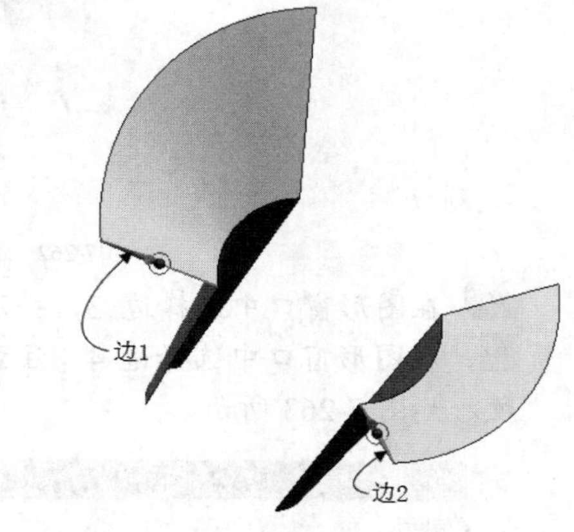

图7-260　选择截面曲线

3 在“连续性”选项组中，从“第一截面”下拉列表框中选择“G1（相切）”选项，选择边 1 所在的延伸曲面；从“最后截面”下拉列表框中选择“G1（相切）”选项，接着选择边 2 所在的延伸曲面，并从“流向”下拉列表框中选择“等参数”选项；然后在“对齐”选项组、“输出曲面选项”选项组和“设置”选项组中分别设置相应选项及参数，如图 7-261 所示，注意设置体类型为“片体”。

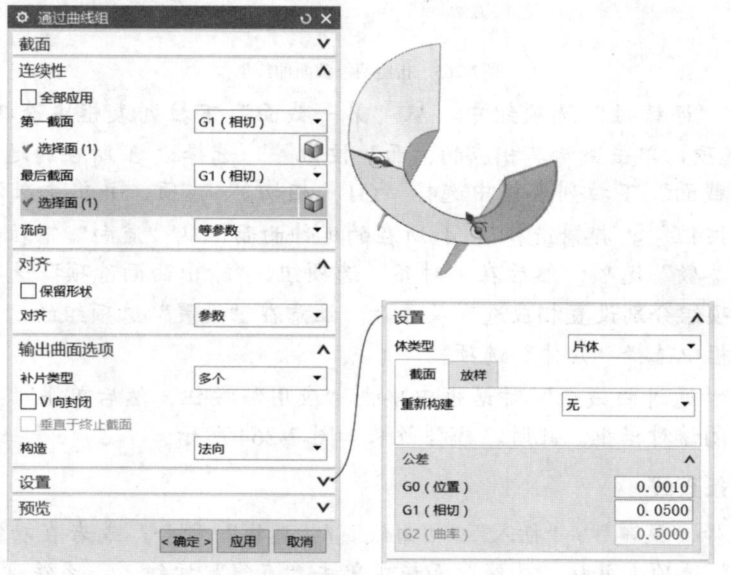

图7-261　设置相关选项及参数

4 在“通过曲线组”对话框中单击“应用”按钮，创建的片体如图 7-262 所

示（这里已切换为以“着色”样式显示曲面模型）。

图7-262 通过曲线组创建片体1

5 在图形窗口中选择边3，并注意其箭头方向；接着单击“添加新集”按钮，在图形窗口中选择边4，注意其箭头方向，即保证显示的两个箭头方向一致，如图7-263所示。

图7-263 指定两组截面曲线集

6 在“连续性”选项组中，从“第一截面”下拉列表框中选择“G1（相切）”选项，单击激活其相应的“面”按钮，选择边3所在的延伸曲面；从“最后截面”下拉列表框中选择“G1（相切）”选项，并单击激活其相应的“面”按钮，接着选择边4所在的延伸曲面，从“流向”下拉列表框中选择“等参数”选项；然后在“对齐”选项组、“输出曲面选项”选项组和“设置”选项组分别设置相应选项及参数。注意在“设置”选项组的“体类型”下拉列表框中选择“片体”选项。

7 在“通过曲线组”对话框中单击“应用”按钮，然后单击“关闭”按钮以关闭该对话框。此时，模型效果如图7-264所示。

十、创建两条直线

1 选择“菜单”/“插入”/“曲线”/“直线”命令，或者在功能区切换至“曲线”选项卡并从“曲线”面板中单击“直线”按钮，系统弹出图7-265所示的“直线”对话框。

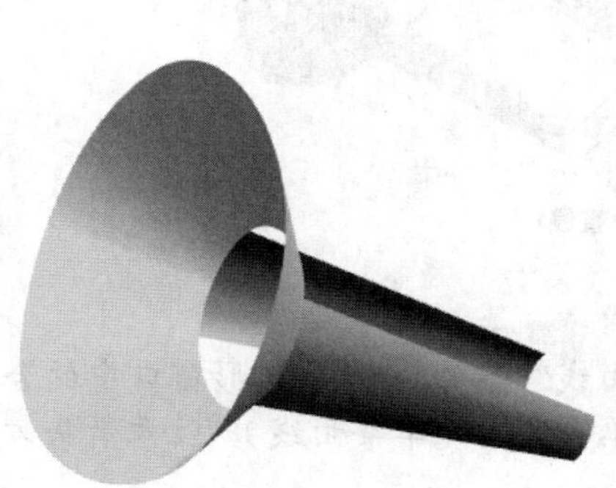

图7-264 曲面模型效果

图7-265 “直线”对话框

2 在图形窗口中依次选择图 7-266 所示的点 1 和点 3，单击“应用”按钮，完成在点 1 和点 3 之间创建一条线段。

3 在图形窗口中依次选择图 7-266 所示的点 2 和点 4，单击“确定”按钮，完成在点 2 和点 4 之间创建一条线段。

创建的两条线段如图 7-267 所示。

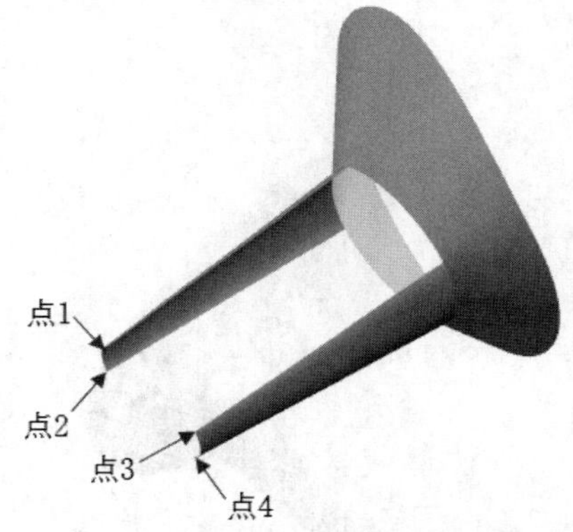

图7-266 绘制线段所需指示的 4 个点

图7-267 创建的两条线段

十一、使用“通过曲线网格”创建片体 1

1 在功能区的“曲面”选项卡的“曲面”面板中单击“通过曲线网格”按钮，系统弹出“通过曲线网格”对话框。

2 系统提示选择主曲线。在“选择条”工具栏中设置曲线规则为“单条曲线”，在图形窗口中选择图 7-268 所示的边 1，单击鼠标中键；接着选择边 2，注意应该确保这两条曲线上显示的箭头方向一致，以避免将要创建的曲面发生不必要的扭转现象。

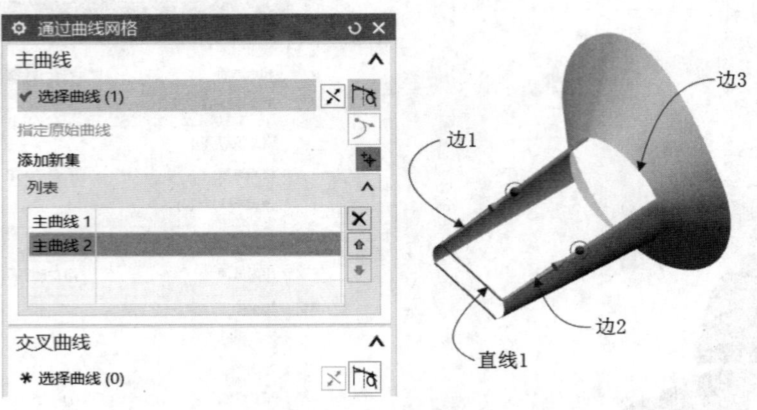

图7-268　指定主曲线

3 在“交叉曲线”选项组中单击“交叉曲线”按钮，在图形窗口中的合适位置单击直线 1 并单击鼠标中键，接着单击边 3（单条曲线），注意箭头方向，此时预览效果如图 7-269 所示。

4 根据设计要求设置连续性和输出曲面选项等，例如，在“设置”选项组中设置体类型为“片体”，然后单击“确定”按钮。通过曲线网格创建的片体 1 如图 7-270 所示。

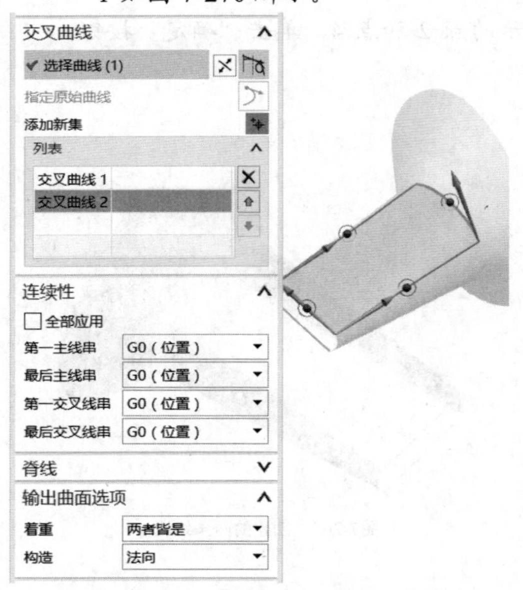

图7-269　指定交叉曲线

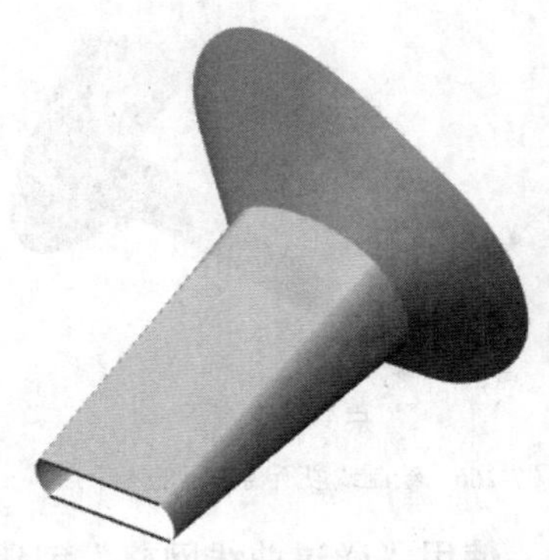

图7-270　通过曲线网格创建片体 1

十二、使用“通过曲线网格”创建片体 2

采用相同的方法，使用“通过曲线网格”命令创建另一个片体，效果如图 7-271 所示。

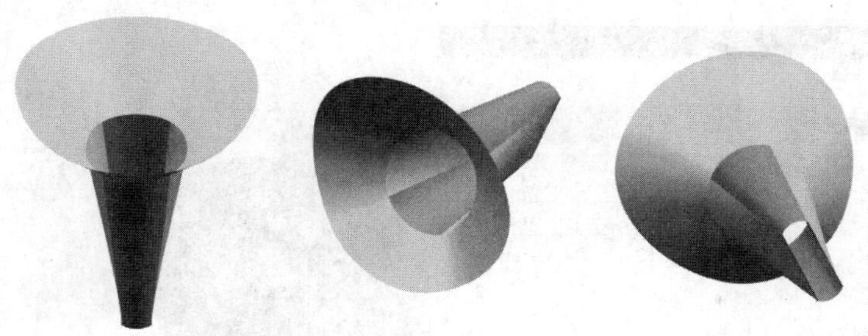

图7-271　曲面效果

十三、曲面缝合

1 在功能区的“曲面”选项卡的“曲面操作”面板中单击“缝合”按钮，弹出“缝合”对话框。

2 在“类型”选项组的“类型”下拉列表框中选择“片体”选项。

3 选择图 7-272 所示的一个片体作为目标片体。

4 系统自动切换至选择工具片体的状态，在图形窗口中依次选择其他 7 个片体作为工具片体。

5 在“设置”选项组中确保不选中“输出多个片体”复选框，如图 7-273 所示。单击“确定”按钮，从而完成缝合特征。

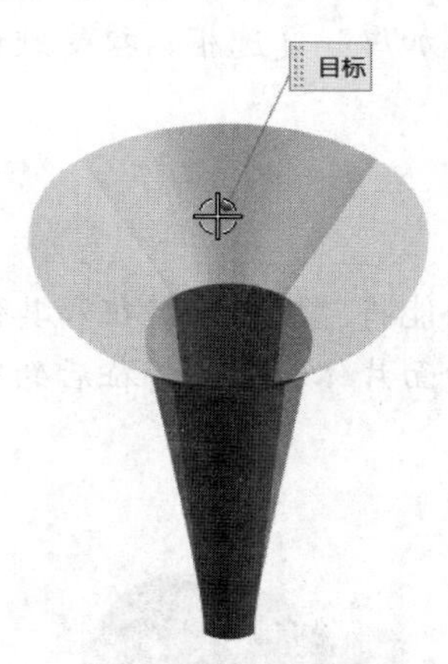

图7-272　选择目标片体

图7-273　“缝合”对话框

十四、加厚片体

1 在功能区的“曲面”选项卡的“曲面操作”面板中单击“加厚”按钮，弹出“加厚”对话框。

2 在“选择条”工具栏的“面规则”下拉列表框中选择“车身面”选项，接着在图形窗口中单击要加厚的曲面片体。

3 在“厚度”选项组中分别设置偏置 1 参数为 0mm，偏置 2 参数为 3mm，如图 7-274 所示。

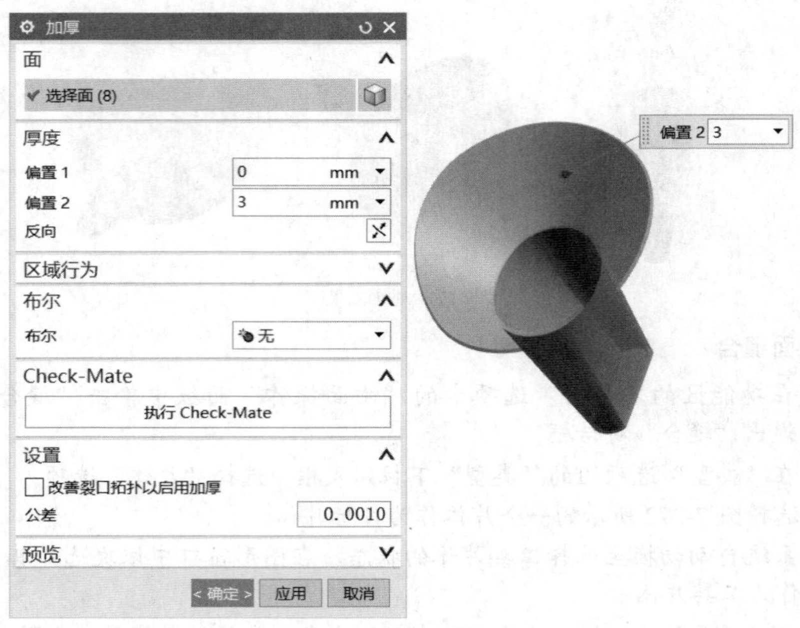

图7-274　设置部分加厚参数

4 在“布尔”选项组的“布尔”下拉列表框中默认选择“无”选项。在“设置”选项组中取消选中“改善裂口拓扑以启用加厚”复选框，接受默认的加厚公差值。

5 单击“确定”按钮。

十五、隐藏相关曲线和缝合后的片体

在部件导航器的模型历史记录中，利用右键快捷功能将“缝合”特征和其他曲线特征（如直线特征）设置为隐藏状态。隐藏好曲面片体和曲线特征后的料斗实体模型如图 7-275 所示。

图7-275　料斗实体模型

十六、保存文件

在“快速访问”工具栏单击“保存”按钮将模型文件保存。

7.10 本章小结

曲面设计和实体设计一样重要。本章首先介绍了曲面概述内容，接着系统地介绍依据点构建曲面、基本网格曲面、典型曲面设计、曲面操作、曲面基本编辑、曲线与曲面分析、加厚片体等实用知识。其中，依据点构建曲面知识点包括通过点创建曲面、从极点创建曲面、拟合曲面。基本网格曲面知识点包括“直纹面”“通过曲线组”“通过曲线网格”“N 边曲面”和“艺术曲面”等。在“典型曲面设计”一节中，介绍了“四点曲面”“曲线成片体”“有界平面”“过渡曲面”“条带构建器”“修补开口”“整体突变”“样式扫掠”和“剖切曲面”。在“曲面操作”一节中，则重点介绍了“延伸曲面”“规律延伸”“轮廓线弯边”“偏置曲面”“可变偏置曲面”“大致偏置”“桥接曲面”“修剪片体”“缝合片体”和“曲面拼合”等曲面操作知识。曲面基本编辑命令包括“匹配边”“边对称”“扩大”“整修面”“更改边”“替换边”“光顺极点”“法向反向”“更改阶次”“更改刚度”“X 型”“I 型”“使曲面变形”“变换曲面”“剪断曲面”和“编辑 U/V 向”等。

曲线与曲面分析，也是本章学习的一个辅助知识点。用好分析功能对创建高质量的曲线与曲面是很有帮助的。

7.11 思考与练习

(1) NX 11 提供依据点构建曲面的方法主要包括哪些？它们具有什么样的应用特点？

(2) 什么是直纹面？请举例说明直纹面的创建方法及步骤。

(3) 在使用“通过曲线网格”命令创建曲面时，可否选择一个点或曲线端点作为第一个或最后一个主线串？可举例说明。

(4) 通过本章的学习，请总结有哪些命令可以通过扫掠方式来创建曲面片体。

(5) 说一说“偏置曲面”“可变偏置曲面”和“大致偏置曲面”的异同之处。

(6) “修剪片体”“修剪与延伸”“分割面”“删除边”“修剪体”和“拆分体”这些修剪工具在曲面上各具有什么样的应用特点？

(7) 请以图例的形式说明什么是曲率梳、曲率峰值点和曲率拐点。

(8) 请说一说加厚片体的一般操作方法及步骤。

(9) 上机操作：自行设计一个曲面模型，要求用到本章所学的至少 3 个曲面命令。

(10) 课外扩展：在功能区的“曲面”选项卡的“曲面操作”面板中有一个“连结面”按钮，该按钮用于将面合并到体上，请课外自行研习。

(11) 课外扩展：在 NX 11.0 中，建模模块的功能区的“曲面”选项卡的“曲面”面板中提供有一个“NX 创意塑型”按钮，该按钮用于启动“NX 创意塑型任务环境，请自行研习该任务环境的使用。

第8章 同步建模

本章导读

NX 11 同步建模技术是值得称赞的。用户可以使用相关的同步建模技术修改模型，而无需考虑该模型的原点、关联性或特征历史记录。修改的模型可以是从其他 CAD 系统导入的模型，也可以是非关联的且不包含任何特征的模型，还可以是包含特征的原生 NX 模型。

本章介绍的同步建模知识包括同步建模技术入门、修改面、细节特征、抽壳、组合面、删除面、重用、相关几何约束变换、尺寸约束、优化和修改边等。

8.1 同步建模技术入门

同步建模技术入门知识包括同步建模技术概述、同步建模工具和建模模式。

8.1.1 同步建模技术概述

在一些设计场合中，使用同步建模技术修改模型是很实用、颇具效率的，这些模型可以是从其他 CAD 系统输入的模型，可以是非关联的、无特征的模型，还可以是包含特征的本地原生 NX 模型。同步建模技术可以与先前的建模技术（如参数化、基于历史记录建模、特征建模等）共存，同步建模技术实时检查产品模型当前的几何条件，并且将它们与设计人员添加的参数和几何约束合并在一起，以便评估、构建新的几何模型并且编辑模型，无需重复全部历史记录。也就是说，同步建模允许使用参数化特征而不受特征历史记录的限制。

通过直接使用现有模型，几何体不会重新构建或转换。比较能体现同步建模技术优势的设计场景之一是在导入的非参数模型上进行设计工作。使用同步建模命令直接在已有的非参数模型上对相关的解析面（如平面、柱面、锥面、球面、环形面等）进行编辑操作，包括修改面、调整细节特征、删除面、重用面（复制面、镜像面、剪切面、阵列面和粘贴面）、抽壳、组合面、优化面、替换圆角，以及通过添加尺寸移动面，可以较为方便地获得新的模型效果，设计效率比重新建模要高很多。在 NX 11 中，可以使用新同步建模技术修改边，包括移动边和偏置边。

8.1.2 初识同步建模工具

NX 11 的“建模”应用模块的同步建模命令位于“菜单”/“插入”/“同步建模”级联菜单中，如图 8-1 所示。NX 11 功能区的“主页”选项卡中也提供一个“同步建模”面板，如图 8-2 所示。需要注意的是，“同步建模”面板中一些工具命令需要通过用户设置才显示

在该面板的“更多”列表中。

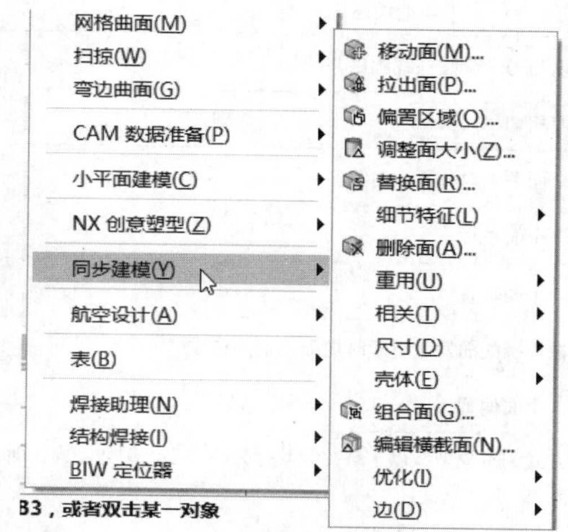

图8-1 “菜单”/“插入”/“同步建模”级联菜单

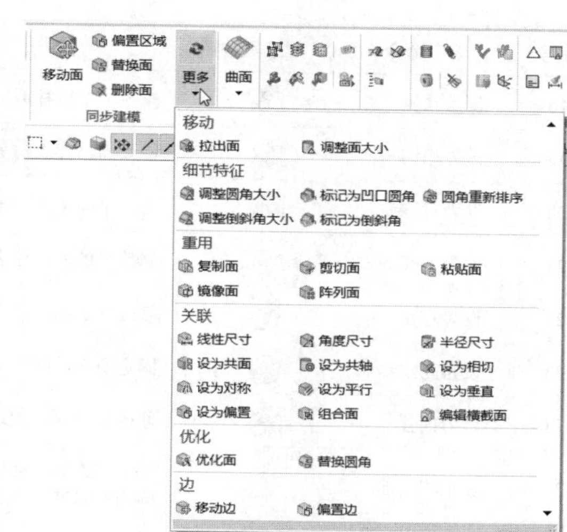

图8-2 “同步建模”面板

表 8-1 为同步建模主要工具命令一览表。

表 8-1 同步建模主要工具命令一览表

序号	命令	工具按钮	功能描述
1	移动面		移动一组面并调整要适应的相邻面
2	拉出面		将一个面抽取出模型以添加材料，或将一个面拖进模型以减去材料
3	偏置区域		从当前位置偏置一组面，调节相邻圆角面以适应
4	调整面大小		更改圆柱面、圆锥面或球面的直径，并自动更新相邻的圆角面以适应
5	替换面		更改面的几何体，例如，使它更加简单，或是将它替换成复杂曲面
6	调整圆角大小		编辑圆角面的半径，而不管它们的特征历史记录如何
7	调整倒斜角大小		更改倒斜角的偏置值，而不考虑其特征历史记录。它必须先识别为倒斜角
8	标记为凹口圆角		将面识别为凹口圆角，以在使用同步建模命令时将它重新倒圆
9	圆角重新排序		将凸度相反的两个交互圆角的顺序从“B 超过 A”改为“A 超过 B”
10	标记为倒斜角		将面标识为倒斜角，以便在使用同步建模命令时对它进行更新
11	删除面		从模型中删除面集，并且通过扩展相邻面修复留在模型中的开放区域
12	复制面		从体复制面集，保持原面不动
13	剪切面		复制面集，从体中删除该面，并且修复留在模型中的开放区域
14	粘贴面		将复制、剪切的面集粘贴到目标体中
15	镜像面		复制面集，关于一个平面镜像此面集，然后将其粘贴到部件中
16	阵列面		在矩形或圆形阵列中复制一组面，或者将其镜像并添加到体中
17	设为共面		修改一个平的面，以与另一个面共面

续表

序号	命令	工具按钮	功能描述
18	设为共轴		修改一个圆柱或圆锥，以与另一个圆柱或圆锥共轴
19	设为相切		修改面，使之与另一个面相切
20	设为对称		将一个面修改为与另一个面关于对称平面对称
21	设为平行		修改平的面，使之与另一个面平行
22	设为垂直		修改平的面，使之与另一个面垂直
23	设为固定		固定所选的面，以防止在周围的面发生更改时更改它们的位置
24	设为偏置		修改某个面，使之从另一个面偏置
25	显示相关面		供一种方式，能以图形方式浏览模型，以了解控制其行为的关系，例如，固定面的锁定尺寸
26	线性尺寸		通过将线性尺寸添加至模型并修改其值来移动一个面集
27	角度尺寸		通过向模型添加角度尺寸接着更改其值来移动一组面
28	径向尺寸		通过添加半径尺寸接着修改其值来移动一组圆柱或球形面，或者具有圆周边的面
29	组合面		将多个面收集为一个组
30	编辑横截面		通过在草图中编辑横截面来修改实体（仅无历史记录模式）
31	优化面		简化曲面类型，如合并面、提高边精度及识别圆角
32	替换圆角		将看似圆角的 B 曲面转换为圆角特征
33	壳体		通过冲裁一个或多个面、指定壁厚度并形成壳（仅无历史记录模式），向实体添加自适应壳
34	壳面		将面添加到现有自适应壳，或是对面集应用壁厚度（仅无历史记录模式）
35	更改壳厚度		更改自适应壳的壁厚度（仅无历史记录模式）
36	移动边		从当前位置移动一组边，并调整相邻面以适应
37	偏置边		从当前位置偏移一组边，并调整相邻面以适应

8.1.3 建模模式

要更好地理解同步建模概念，以及更好地系统学习同步建模知识，初学者有必要了解 NX“建模”应用模块的两种建模模式，一种是历史记录模式，另一种是无历史记录模式。需要用户注意的是：对于 NX 11 的新建文档，默认使用历史记录模式并不提供转换为无历史记录模式的命令途径；对于用 NX 11 以往版本打开的文档，允许在历史记录模式和无历史记录模式之间切换；对于在 NX 11 中打开用 NX 以往版本建立的并使用无历史记录模式的文档，允许其转换为历史记录模式。

一、历史记录模式

历史记录模式也称“基于历史的建模模式”，该建模模式利用一个显示在部件导航器中

有次序的特征线性树建立和编辑模型。历史记录模式是一种传统的建模模式，也是 NX 中设计的一种主模式。在该模式中可以建立参数化模型，对模型特征的参数修改是很方便的，此模式对设计精密的部件较为适合。NX 11 新文档中默认使用历史记录模式，而无历史记录模式不再使用。

二、无历史记录模式

无历史记录模式也称“独立于历史的模式”。当需要探索设计概念并且不必提前计划建模步骤时，可以使用无历史记录模式。在使用无历史记录模式时，用户可以根据模型的当前状态创建和编辑模型，而无需有序的特征列表。由于从其他 CAD 系统导入或遗留的模型同为已经没有建模历史可追溯，那么使用无历史记录建模模式可能是较佳的建模方法。

在无历史记录模式下可以创建和存储孔、螺纹、边倒圆或倒斜角等这些可不依赖于有序结构的局部特征，所谓的局部特征仅修改局部几何体，而不需要更新和重播全局特征树，因而编辑局部特征将比基于历史记录模式中的特征要快一些。

在无历史记录模式中，可以使用同步建模命令去修改模型，而不管模型是如何建立的。当然，在无历史记录模式中同样可以使用传统的建模命令，建立如它们在历史记录模式中一样的特征并且这些特征会呈现在部件导航器中。当然也可以在历史记录模式中使用同步建模命令。

无历史记录模式下的一个装配可以包括有历史和无历史的部件。

三、建模模式切换

在实际建模过程中，对于使用 NX 11 以往版本建立及打开的设计文档，用户可以在两种建模模式之间切换。在两种建模模式之间切换，可以采用以下常用方法之一。

- 在“同步建模”面板中单击位于“更多”库列表中的“历史记录模式”按钮或“无历史记录模式”按钮。
- 选择“菜单”/“插入”/“同步建模”/“历史记录模式”命令，或者选择“菜单”/“插入”/“同步建模”/“无历史记录模式”命令。
- 在部件导航器中，右击“历史记录模式”节点并从弹出的快捷菜单中选择“无历史记录模式”命令，或者右击“无历史记录模式”节点并从弹出的快捷菜单中选择“历史记录模式”命令，如图 8-3 所示。

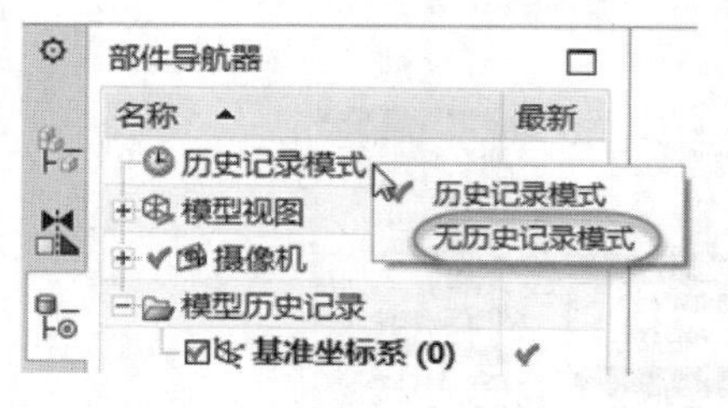

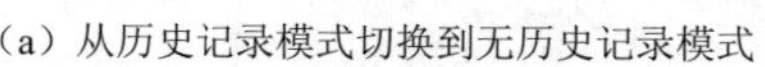
（a）从历史记录模式切换到无历史记录模式

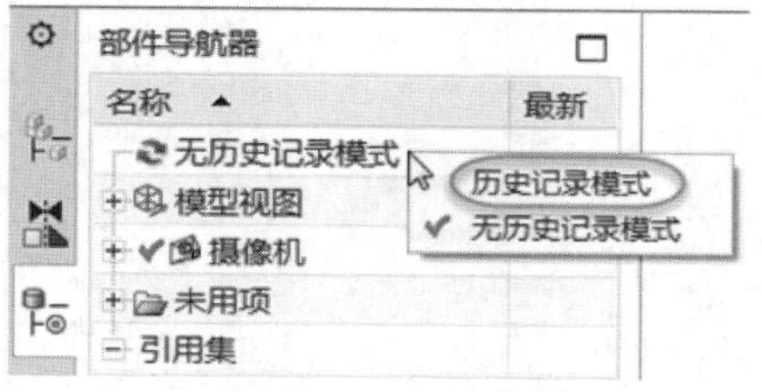

（b）从无历史记录模式切换到历史记录模式

图8-3 在部件导航器中进行建模模式切换

注意切换建模模式时，大部分或所有特征会丢失。例如，从历史记录模式切换到无历史记录模式，系统将弹出图 8-4 所示的“建模模式”对话框来警示用户；而从无历史记录模式切换到历史记录模式时，系统将弹出图 8-5 所示的“建模模式”对话框来警示用户。

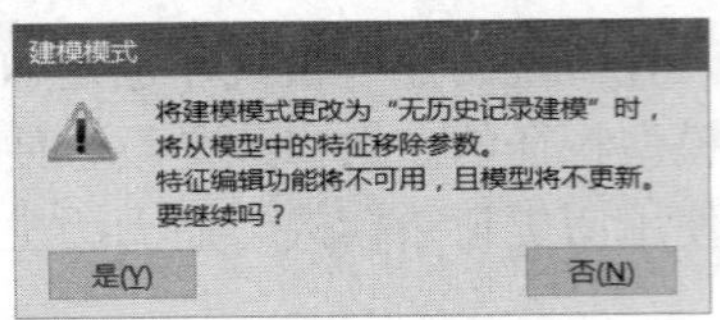

图8-4　“建模模式”对话框（1）

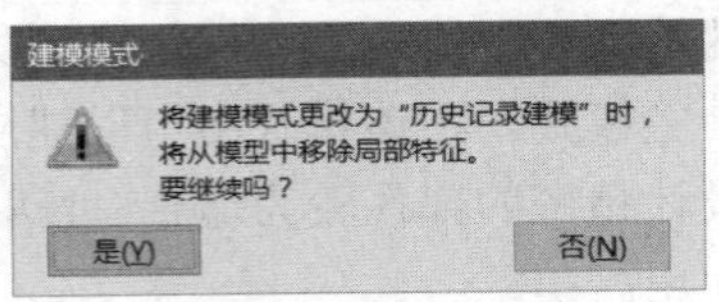

图8-5　“建模模式”对话框（2）

8.2 修改面

同步建模中的修改面命令应用较多，包括“移动面”“拉出面”“调整面的大小”“偏置区域”和“替换面”命令。

8.2.1 移动面

使用“移动面”命令，可以移动一组面并自动地调整相邻面，在移动选定面的过程中，可以使用线性、角度或圆形等多种变换方法。

在诸如“模具”“加工”与“仿真”下游应用模块中，使用同步建模中的“移动面”命令是非常有用的，使用它可以直接对模型的选定面做出更改，而无须考虑特征历史记录。使用“移动面”命令的场合包括：①将一组面重新定位到不同位置以满足设计意图；②重新定位装配的多个组件中的一系列面（所有组件与装配都必须在无历史记录模式下）；③更改无历史记录的钣金部件的折弯角；④绕给定的轴和绕点旋转一个面或一组面（例如，更改键槽的角度位置）；⑤将整个实体的方位更改为不同的方位，而不考虑其历史记录。

在“同步建模”面板中单击“移动面”按钮，系统弹出图 8-6 所示的“移动面”对话框。该对话框主要提供了“面”选项组、“变换”选项组和“设置”选项组等。其中，“面”选项组用于选择要移动的面，可以使用面查找器根据面的几何形状与选定面的比较结果来选择面；“变换”选项组用于为选定要移动的面指定线性或角度等变换方法；在“设置”选项组中设置面移动行为（分“移动和改动”和“剪切和粘贴”两种），控制移动的面的溢出特性（当将移动行为设置为“移动和改动”时），以及它们与其他面的交互方式。

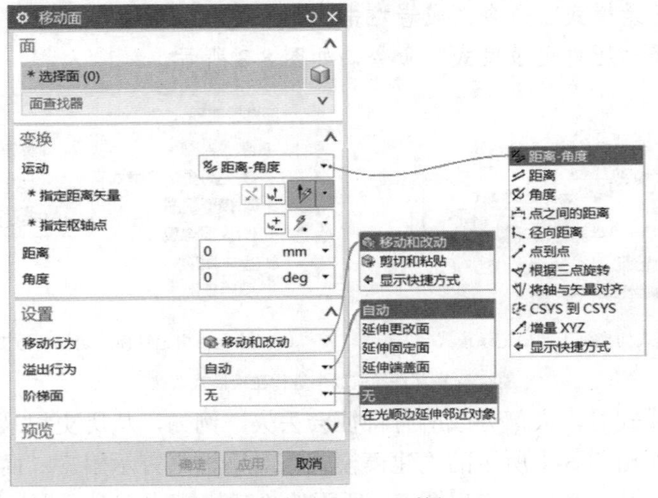

图8-6　“移动面”对话框

"移动和改动"移动行为用于移动一组面并改动相邻面;"剪切和粘贴"移动行为用于复制并移动一组面,然后将它们从原始位置删除。另外,在"设置"选项组的"溢出行为"下拉列表框中提供4种溢出行为选项,它们的功能含义如下。

- 自动:拖动选定的面,使选定的面或入射面开始延伸,具体取决于哪种结果对体积和面积造成的更改最小。
- 延伸更改面:延伸正在修改的面以形成与模型的全相交。
- 延伸固定面:延伸与正在修改的面相交的固定面。
- 延伸端盖面:延伸已修改的面并在其越过某边时加端盖。

下面通过一个典型操作范例来介绍如何移动选定的面。

一、采用"距离-角度"运动方法移动选择的面

1 在"快速访问"工具栏中单击"打开"按钮,弹出"打开"对话框,选择本书配套光盘中的"\DATA\CH8\bc_8_2_1.prt"文件,单击"OK"按钮,此文件中已有的原始实体模型如图8-7所示。

2 在功能区的"主页"选项卡的"同步建模"面板中单击"移动面"按钮,或者选择"菜单"/"插入"/"同步建模"/"移动面"命令,系统弹出"移动面"对话框。

3 在"面"选项组中单击激活"选择面"按钮,在选择条的"面规则"下拉列表框中选择"单个面"选项,在图形窗口中选择要移动的单个面,如图8-8所示,注意箭头方向。

图8-7 配套素材原始模型

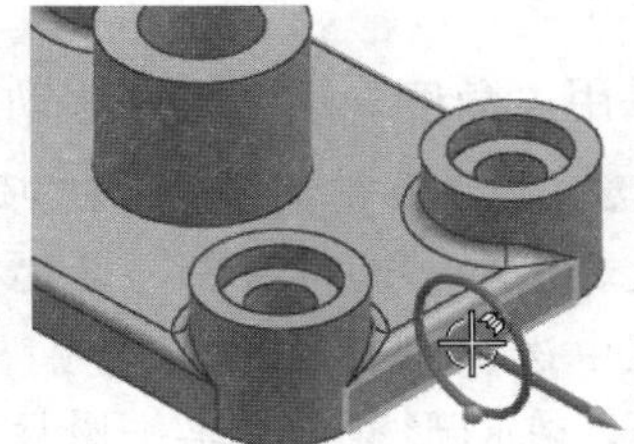

图8-8 选择要移动的面

4 在"面"选项组的"面查找器"子选项组的"结果"选项卡中,选中"相切"复选框以选择要移动的与选定面相切的所有面。此时,"结果"选项卡提供其他可用的结果选项,再选中"对称"复选框和"共轴"复选框以选择其他相关的面,如图8-9所示。

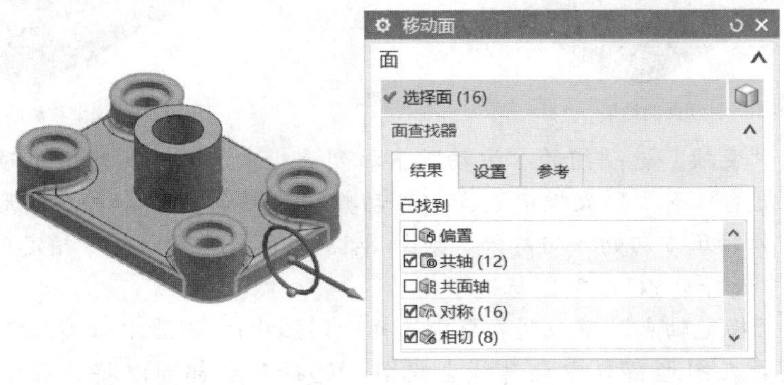

图8-9 使用面查找器来选定要移动的面

5 在“变换”选项组的“运动”下拉列表框中选择“距离-角度”选项，在“距离”文本框中输入距离为 40，角度为 0，如图 8-10 所示。在“设置”选项组的“移动行为”下拉列表框中选择“移动和改动”选项，从“溢出行为”下拉列表框中确保选择“自动”选项。

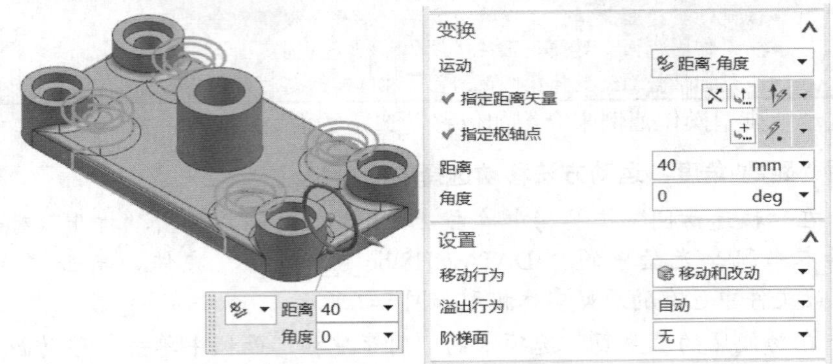

图8-10　设置变换的运动类型及其参数

知识点拨　用户可以在图形窗口中将距离轴手柄的圆锥头拖动到要将面移动到的点位置处。

6 在“移动面”对话框中单击“应用”按钮，此次移动面的结果如图 8-11 所示。

二、采用“角度”运动方法移动选择的面

1 在“面查找器”子选项组的“设置”选项卡中，选中“使用面查找器”复选框和“选择共轴”复选框，并在“选择条”工具栏的“面规则”下拉列表框中选择“特征面”选项。“面”选项组中的“选择面”按钮处于激活状态，在图形窗口中单击圆柱形凸台外表面，如图 8-12 所示，该凸台内、外和端部面都被选中。

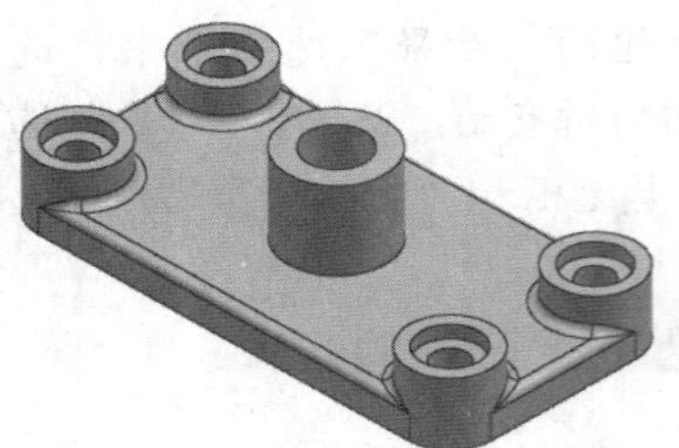

图8-11　移动面的结果

图8-12　定义要移动的面

2 在“变换”选项组的“运动”下拉列表框中选择“角度”选项，接着从“指定矢量”下拉列表框中选择“自动判断的矢量”，并在图形窗口中选择指向 *Y* 轴正方向的方向箭头，如图 8-13 所示。也可以在“指定矢量”下拉列表框中选择“YC 轴”图标选项。

3 在“指定轴点”下拉列表框中选择“圆弧中心/椭圆中心/球心”图标选项，接着在图形窗口中翻转模型视图，选择孔底部圆以将该圆中心作为轴点，如图 8-14 所示。

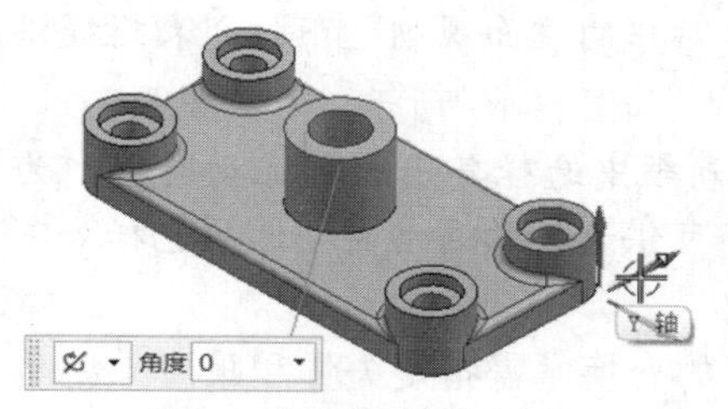

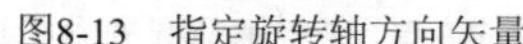

图8-13　指定旋转轴方向矢量

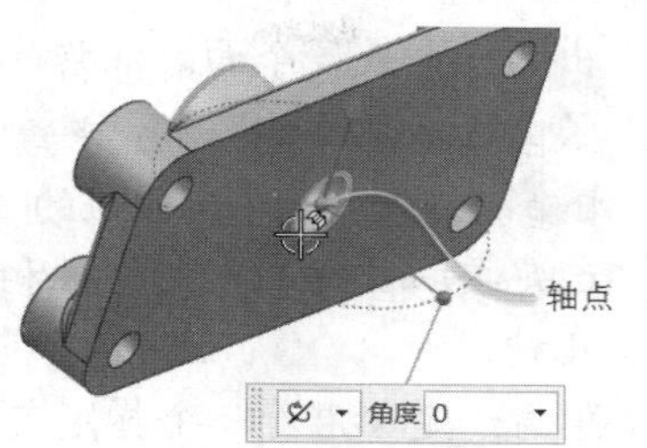

图8-14　指定轴点

4 在“变换”选项组的“角度”文本框中输入“30”，如图8-15所示。也可以在图形窗口中拖曳角度手柄（球）至所需角度。

5 在“移动面”对话框中单击“确定”按钮，移动面的结果如图8-16所示。

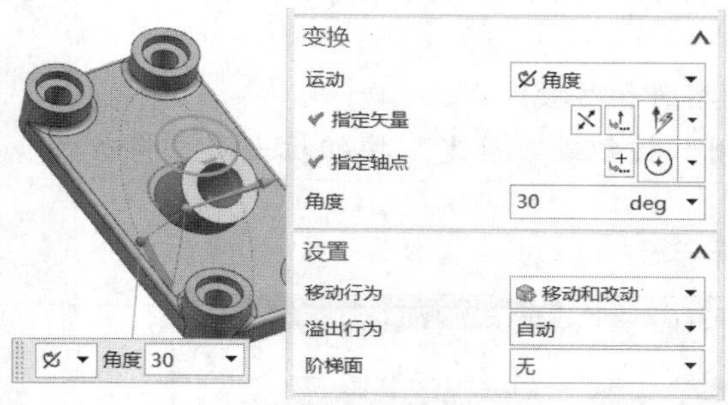

图8-15　设置旋转角度

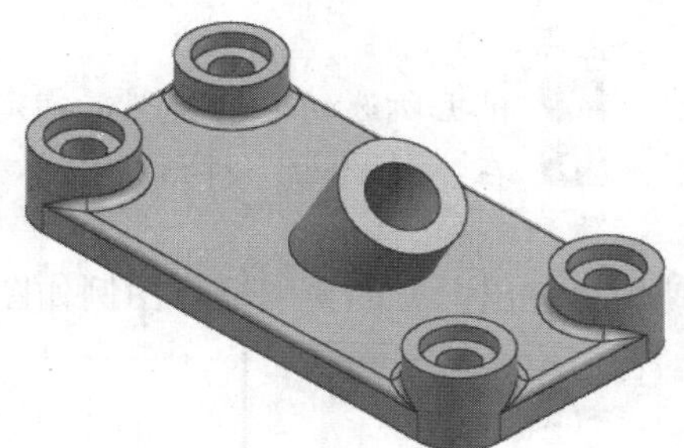

图8-16　移动面的结果

8.2.2　拉出面

使用“拉出面”命令，可以从面区域中派生体积，并可使用此体积去修改模型。注意“拉出面”保留已拉出面的区域且不修改相邻面。“拉出面”命令的功能类似于“移动面”功能，不同之处在于“拉出面”可以添加或减去一个新体积，而“移动面”则可以修改现有的体积。

进行“拉出面”命令操作的步骤如下。

1 在“同步建模”面板中单击“拉出面”按钮，或者选择“菜单”/“插入”/“同步建模”/“拉出面”命令，弹出图8-17所示的“拉出面”对话框。

图8-17　“拉出面”对话框

2 在“面”选项组中单击激活“选择面”按钮，在图形窗口中选择要拉

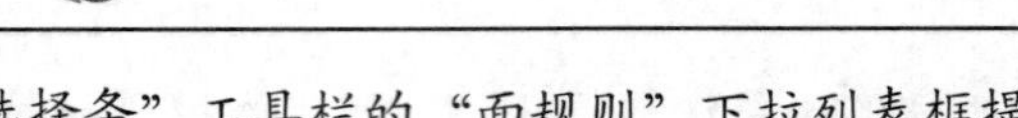

出的一个或多个面。注意此时“选择条”工具栏的“面规则”下拉列表框提供了“区域边界面”和“单个面”选项。

3 在“变换”选项组的“运动”下拉列表框中选择其中一种运动类型，为选定要拉出的面设定线性和角度变换方法，可供选择的运动类型选项包括如下几种。

- 距离：定义沿着一个指定矢量移动一定距离的变换。需指定矢量和距离。
- 点之间的距离：使用沿着一个轴在一个原点和一个测量点之间的距离来定义变换。需要指定原点、测量点、方向矢量和距离。
- 径向距离：使用在一个测量点和一个轴之间的距离（径向距离）定义变换。需要指定矢量、轴点、测量点和距离。
- 点到点：定义两点间从一个点到另一个点的变换。需要指定出发点和终止点。

4 根据所选的运动类型，指定相应的参照和参数。

5 在“拉出面”对话框中单击“应用”按钮或“确定”按钮拉出面并将新体积添加到实体。

使用“拉出面”的典型操作图例如图 8-18 所示。

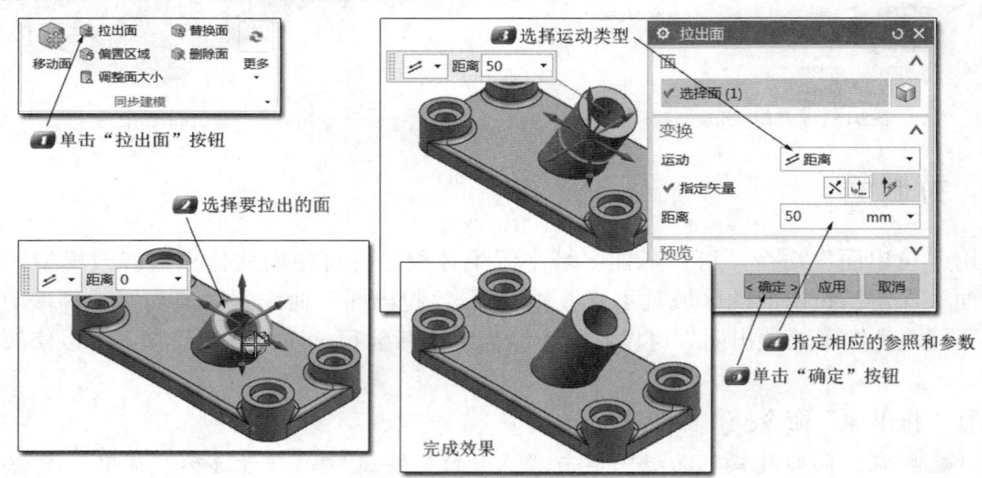

图8-18　使用“拉出面”的典型操作图例

8.2.3　调整面大小

使用“调整面大小”命令，可以更改选定圆柱面、圆锥面或球面的直径，并自动更新相邻的倒圆角面。通常使用此命令，更改一组圆柱面以使它们具有相同的直径，或者更改一组圆锥面以使它们具有相同的半角，或者更改一组面以使它们具有相同的直径，或者用任意参数更改相连的圆角。

下面结合一个简单范例介绍如何调整面的大小。

1 在“快速访问”工具栏中单击“打开”按钮，弹出“打开”对话框，选择本书配套光盘中的“\DATA\CH8\bc_8_2_3.prt”文件，单击“OK”按钮，此文件中已有的原始实体模型如图 8-19 所示。

2 在“同步建模”面板中单击“更多”/“调整面大小”按钮，弹出图 8-20 所示的“调整面大小”对话框。

3 在图形窗口中选择图 8-21 所示的两个具有拔模角度的曲面（形成圆锥面）作为要调整大小的面。

4 在“调整面大小”对话框的“大小”选项组中，将角度值由 5 更改为 1，如图 8-22 所示。

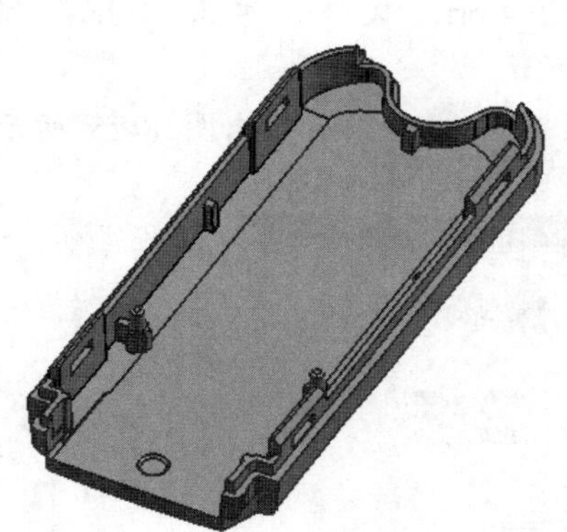

图8-19 原始模型

图8-20 “调整面大小”对话框

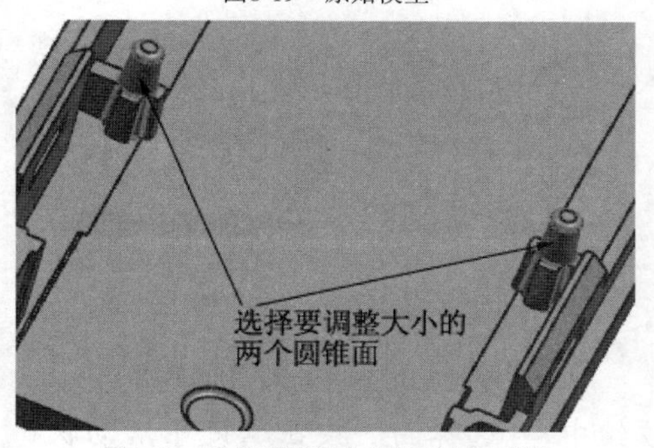

图8-21 选择要调整大小的两个圆锥面

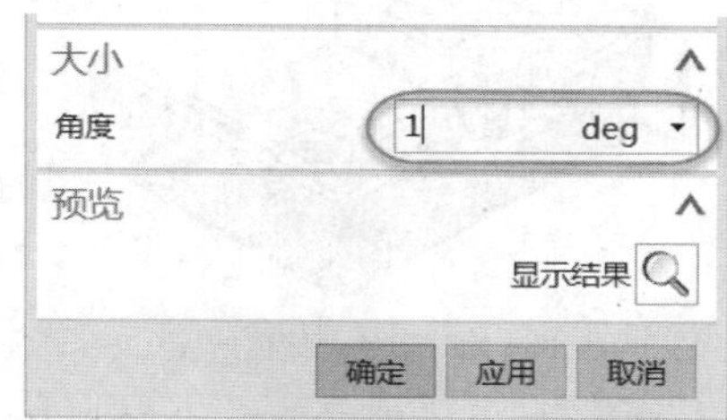

图8-22 更改圆锥曲面的角度

5 在“预览”选项组中单击“显示结果”按钮，预览结果如图 8-23 所示，此效果相当于将圆柱面的拔模角度改小到 1°。

图8-23 预览的显示结果

6 在“调整面大小”对话框中单击“确定”按钮，完成本例操作。

在做注塑和铸件设计的时候，使用"调整面大小"命令是很实用的，可以快速地去改变孔直径、选定圆锥面的拔模角度、圆柱凸台外曲面的直径尺寸等。

8.2.4 偏置区域

使用"偏置区域"命令，可以从当前位置偏移一组面，并可调整相邻圆角面以适应。该命令允许使用面查找器选项来选择相关面，并支持自动重新倒圆相邻面。

下面结合一个简单范例介绍创建偏置区域的操作步骤。

1 在"快速访问"工具栏中单击"打开"按钮，弹出"打开"对话框，选择本书配套光盘中的"\DATA\CH8\bc_8_2_4.prt"文件，单击"OK"按钮，此文件中已有的原始实体模型如图 8-24 所示。

2 在"同步建模"面板中单击"偏置区域"按钮，系统弹出图 8-25 所示的"偏置区域"对话框。

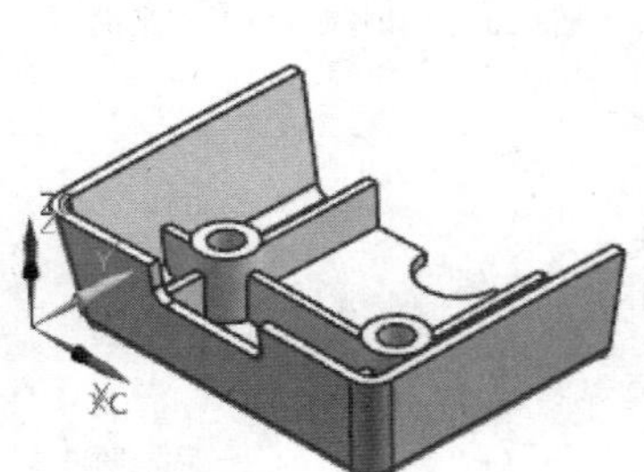

图8-24　原始实体模型

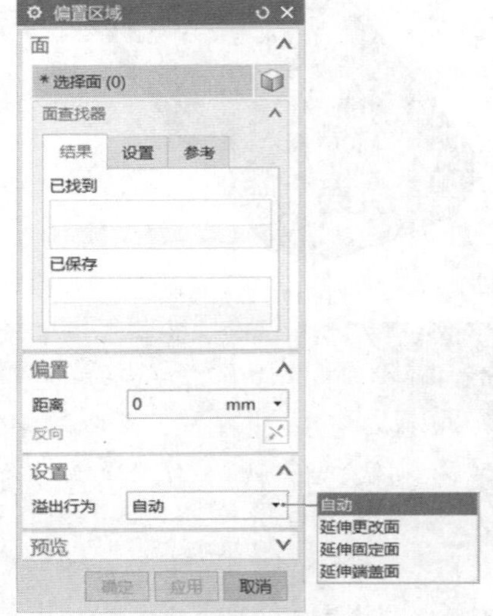

图8-25　"偏置区域"对话框

3 在"偏置区域"对话框的"面"选项组中，"选择面"按钮处于活动状态，选择一个或多个要偏置的面。在本例中，在"选择条"工具栏中确保面选择规则为"单个面"，在图形窗口中选择图 8-26 所示的单个面。

在某些设计中，可能需要在"面"选项组的"面查找器"组中，选择可用的设置选项来辅助选择所需要偏置的面（按照设定选项，选择所有被识别的面）。

4 在"偏置"选项组中，输入距离值为 2，单击"反向"按钮以反转偏置方向，此时动态预览效果如图 8-27 所示。注意直接输入负的偏置距离值也会实现反向偏置。

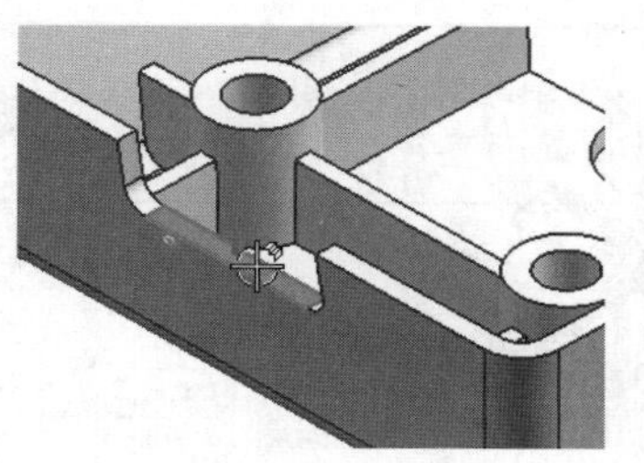

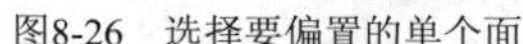
图8-26　选择要偏置的单个面

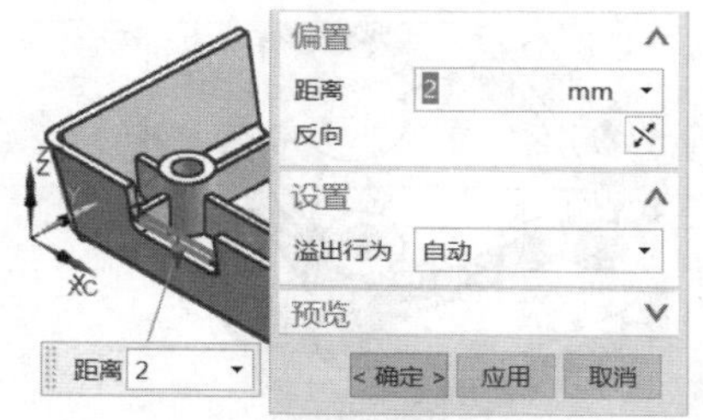

图8-27　设置偏置距离及反向偏置方向

5 在“设置”选项组的“溢出行为”下拉列表框中默认选择“自动”选项。

6 单击“确定”按钮，完成本例操作。使用“偏置区域”命令前后的对比效果如图 8-28 所示。

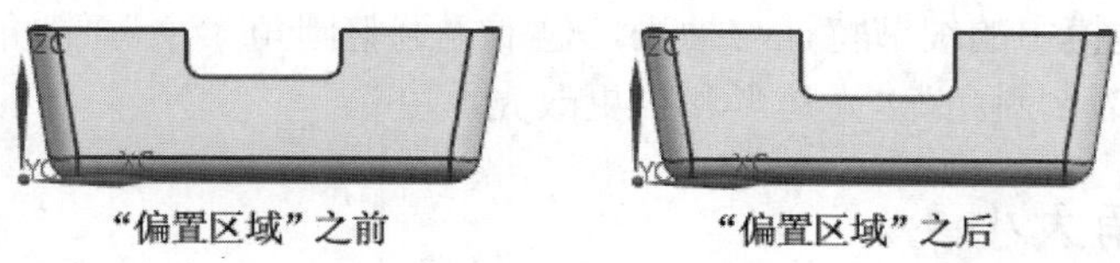

图8-28　使用“偏置区域”命令前后的对比效果

8.2.5 替换面

使用“替换面”命令，可以用指定的另一组面替换选定的一组面。当替换面是单个面时，NX 系统将自动调整相邻圆角面，以及设置替换目标面的偏置参数。

替换面的一般操作方法及步骤如下。

1 在“同步建模”面板中单击“替换面”按钮，或者选择“菜单”/“插入”/“同步建模”/“替换面”命令，弹出图 8-29 所示的“替换面”对话框。

2 选择要替换的面（即选择要操作的原始面），如图 8-30 所示。

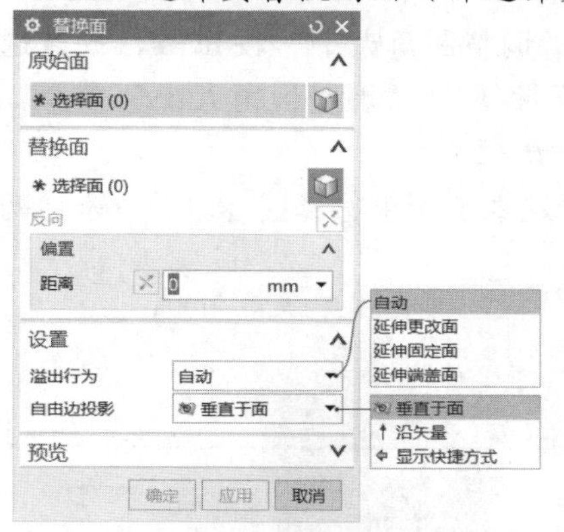

图8-29　“替换面”对话框

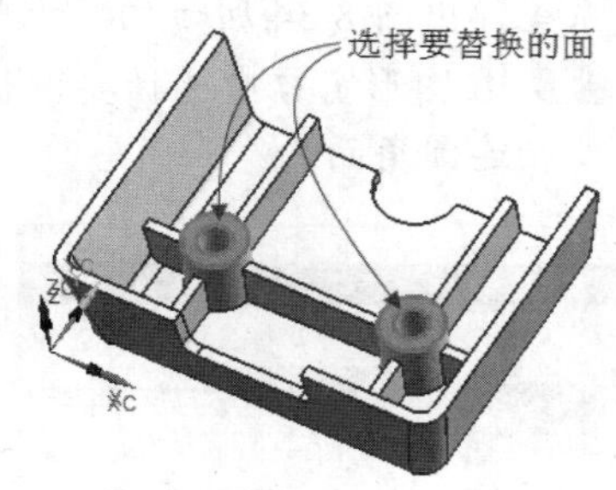

图8-30　选择要替换的面

3 在“替换面”选项组中单击“选择面”按钮，接着在图形窗口中选择要替换的目标面，如图 8-31 所示。

4 在“替换面”选项组的“偏置”子选项组中设置偏置距离为“-1”，如图 8-32 所示。

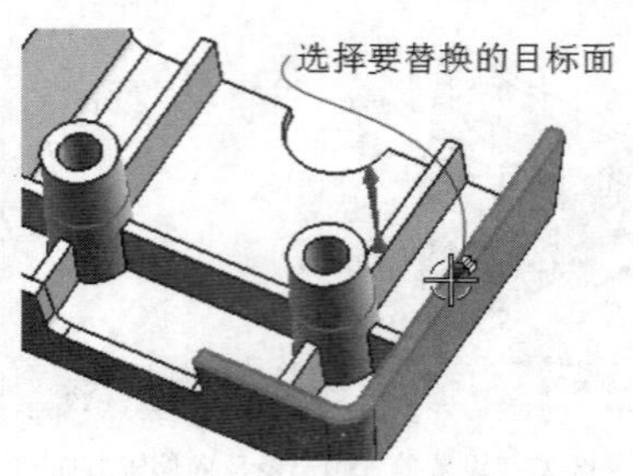

图8-31　选择要替换的目标面

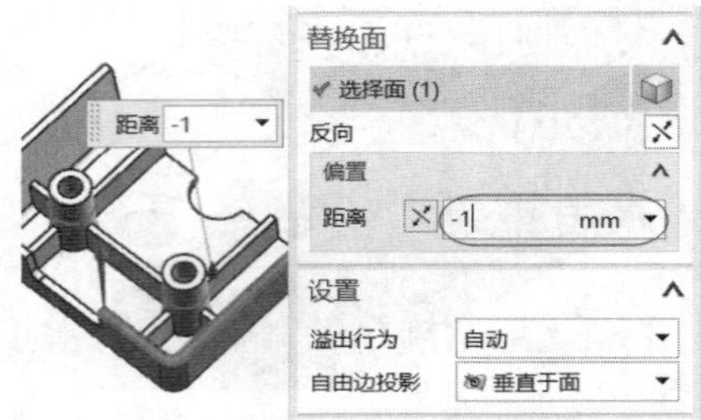

图8-32　设置偏置距离及其方向

5 在“替换面”对话框中单击“确定”按钮，完成替换面操作。

8.3 细节特征与抽壳

本节介绍同步建模中的细节特征与抽壳，包括“调整圆角大小”“圆角重新排序”“调整倒斜角大小”“标记为倒斜角”“壳体”和“更改壳厚度”。

8.3.1 调整圆角大小

使用“调整圆角大小”命令，可以更改圆角面的半径而不考虑它们的特征历史记录。通常在被转换的文件及非参数化的实体上应用此命令来调整圆角大小。

调整圆角大小的典型示例如图 8-33 所示。下面结合该示例介绍调整圆角大小的方法步骤，示例源文件为“\DATA\CH8\bc_8_3_1.prt”。

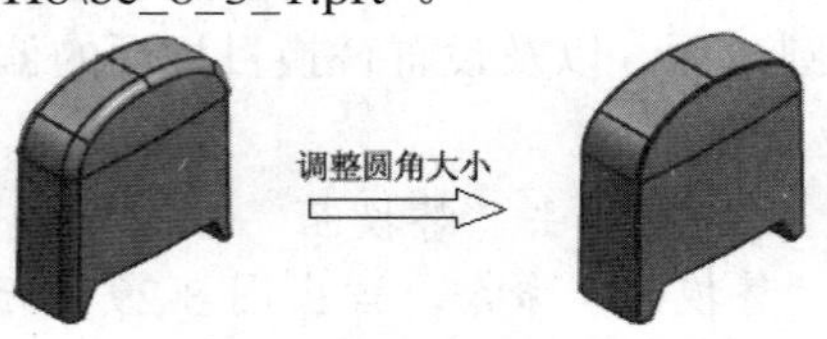

图8-33　调整圆角大小的典型示例

1 在“同步建模”面板中单击“更多”/“调整圆角大小”按钮，或者选择“菜单”/“插入”/“同步建模”/“细节特征”/“调整圆角大小”命令，系统弹出图 8-34 所示的“调整圆角大小”对话框。

2 在图形窗口中选择要调整大小的圆角。在本示例中选择图 8-35 所示的两处相连圆角面。

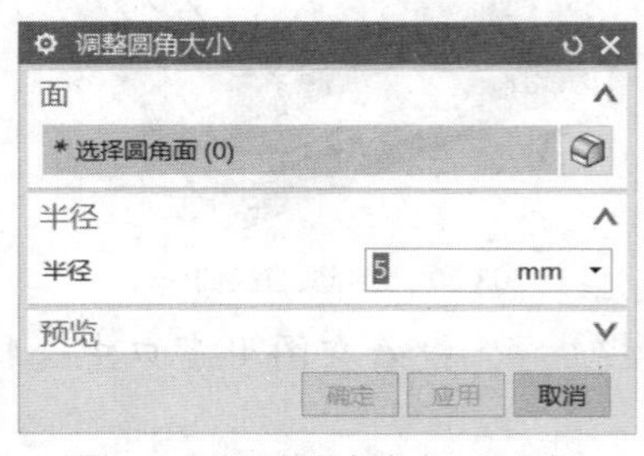

图8-34　“调整圆角大小”对话框

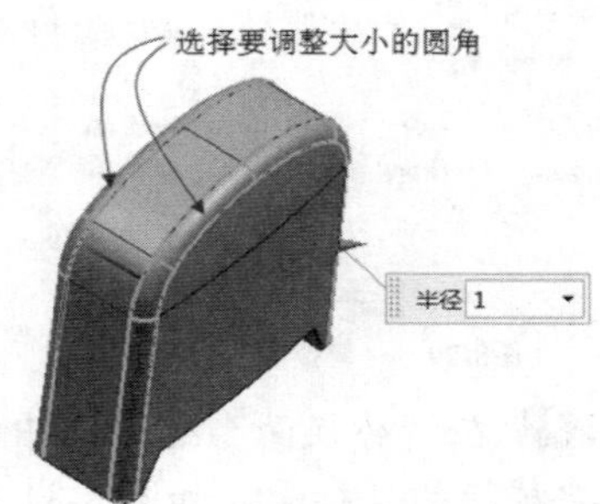

图8-35　选择要调整大小的圆角

3 在“半径”选项组的“半径”文本框中输入新的圆角半径值。在本示例中将新的圆角半径值由 1 更改为 0.2。

4 单击“确定”按钮，完成本例更改圆角大小的操作。

8.3.2 圆角重新排序

使用“圆角重新排序”命令，可以更改凸度相反的两个相交圆角的顺序，而不必耗时以不同顺序重新创建圆角。

圆角重新排序的典型示例如图 8-36 所示，注意圆角重新排序之前和圆角重新排序之后的模型效果有什么不同。下面结合该示例介绍圆角重新排序的典型方法步骤，该示例的源文件为“\DATA\CH8\bc_8_3_2.prt”。

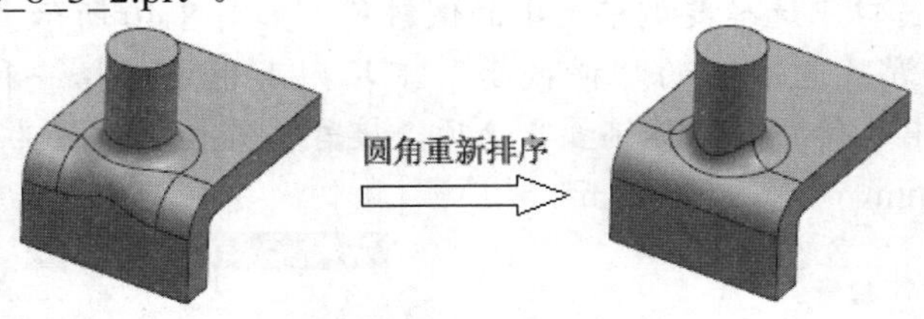

图8-36 圆角重新排序

1 在“同步建模”面板中单击“更多”/“圆角重新排序”按钮，或者选择“菜单”/“插入”/“同步建模”/“细节特征”/“圆角重新排序”命令，弹出图 8-37 所示的“圆角重新排序”对话框。

2 选择一个圆角面（圆角面 1），它超出另一个圆角面或被另一个圆角面超出，如图 8-38 所示，系统自动判断圆角面 2，同时显示圆角重新排序后的模型预览效果。

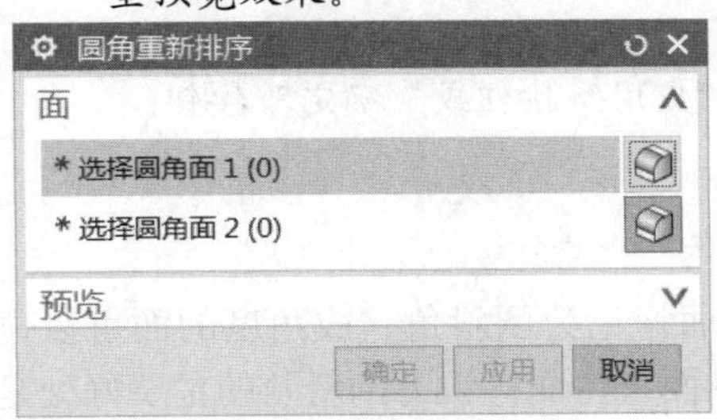

图8-37 “圆角重新排序”对话框

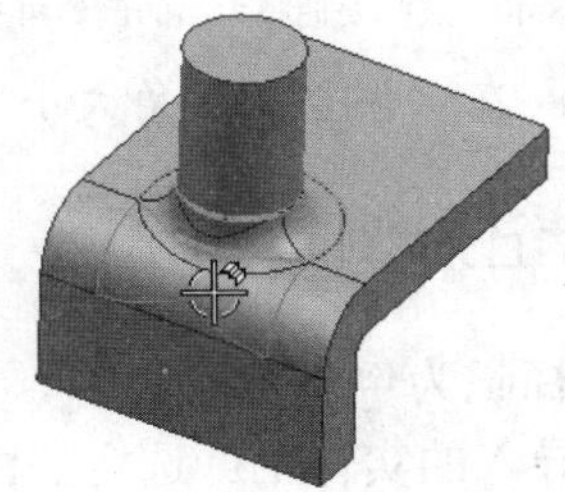

图8-38 选择其中一处圆角

3 在“圆角重新排序”对话框中单击“应用”按钮或“确定”按钮，完成圆角重新排序。

8.3.3 调整倒斜角大小

使用“调整倒斜角大小”命令，可以改变倒斜角的大小或类型等，而不考虑它们的特征历史记录。在进行“调整倒斜角大小”命令操作时，选择要调整大小的倒斜角面必须是平的或锥面，必须要有恒定宽度，另外不能充当另一个倒斜角的构造面。如果面满足这些准则，但是仍然没有被识别为倒斜角，那么可能需要首先使用“标记为倒斜角”命令来将其标识为倒斜角。调整倒斜角大小的典型示例如图 8-39 所示。下面结合该示例介绍调整选定倒斜角

大小的典型方法步骤，该示例的源文件为“\DATA\CH8\bc_8_3_3.prt”。

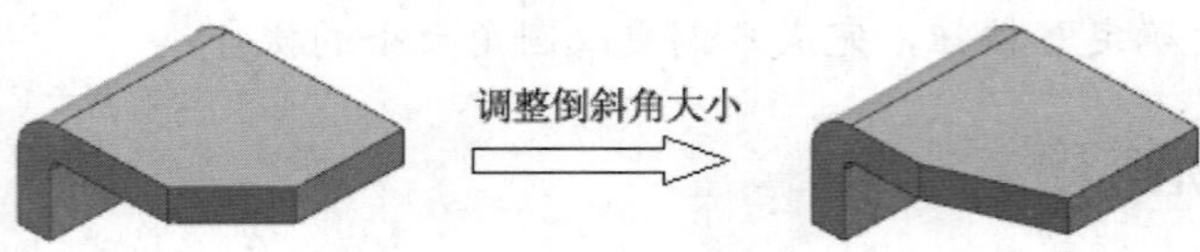

图8-39　调整倒斜角大小的典型示例

1 在“同步建模”面板中单击“更多”/“调整倒斜角大小”按钮，或者选择“菜单”/“插入”/“同步建模”/“细节特征”/“调整倒斜角大小”命令，弹出“调整倒斜角大小”对话框。

2 在图形窗口中选择要调整大小的倒斜角，如图 8-40 所示。

3 在“偏置”选项组的“横截面”下拉列表框中选择一种横截面类型选项，在本例中选择“非对称偏置”选项，接着将偏置 1 设置为 20mm，将偏置 2 设置为 50mm，如图 8-41 所示。

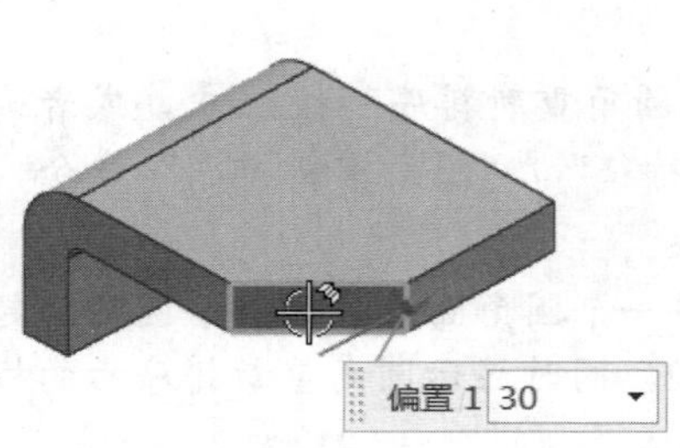

图8-40　选择要调整大小的倒斜角

图8-41　调整倒斜角大小

4 在“调整倒斜角大小”对话框中单击“应用”按钮或“确定”按钮。

8.3.4　标记为倒斜角

使用“标记为倒斜角”命令，可以将成角度的面标记为倒斜角，成角度的面可以位于 NX 模型或导入的实体上。选定的面必须为平面或锥面。将面标识为倒斜角的主要好处是可以以后使用同步建模命令时对它进行更新。

在历史记录模式中，标记为倒斜角的面在部件导航器中作为“标记为倒斜角”出现。如果模型被转换为无历史记录模式，则该标签还会存在，但不在部件导航器中出现。

标记为倒斜角的一般操作方法如下。

1 在“同步建模”面板中单击“更多”/“标记为倒斜角”按钮，或者选择“菜单”/“插入”/“同步建模”/“细节特征”/“标记为倒斜角”命令，弹出图 8-42 所示的“标记为倒斜角”对话框。

2 在图形窗口中选择要标记为倒斜角的面。

3 利用“构造面”选项组分别指定两个构造

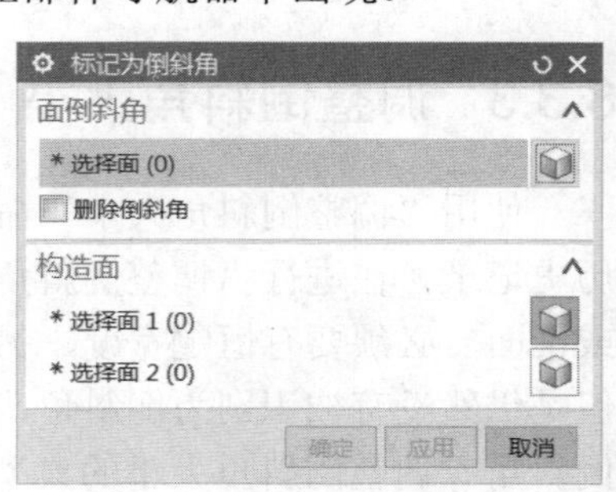

图8-42　“标记为倒斜角”对话框

面。所谓构造面是指成角面不存在时的相邻面，这两个相邻面相交后构成要倒斜角的边。通常选择要标记为倒斜角的面时，NX 系统会自动判断并自动选中两个面作为构造面。

4 在“标记为倒斜角”对话框中单击“应用”按钮或“确定”按钮。

8.3.5 壳体

这里所述的壳体是指一种在无历史记录模式下建立的自适应抽壳体，在创建过程中需要为该壳体设定壁厚，选择要穿透的面，需要时还可以指定要排除的面。当修改模型时，在自适应壳体中，其产生的偏置关系可以保持壳的壁厚。

下面通过一个范例介绍如何在无历史记录模式下将抽壳体添加到实体中。

1 在“快速访问”工具栏中单击“打开”按钮，弹出“打开”对话框，选择本书配套光盘中的“\DATA\CH8\bc_8_3_5.prt”文件，单击“OK”按钮，此文件中已有的原始实体模型如图 8-43 所示。

2 确保处于无历史记录模式，接着选择“菜单”/“插入”/“同步建模”/“壳体”/“壳体”命令，系统弹出图 8-44 所示的“壳体”对话框。

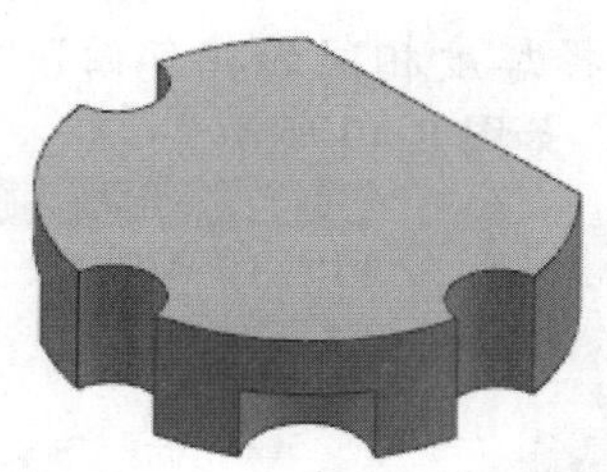

图8-43　原始实体模型

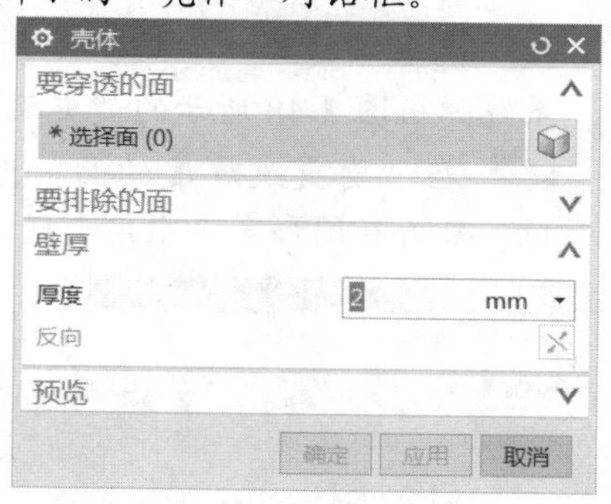

图8-44　“壳体”对话框

3 在图形窗口中选择要穿透的面（壳单元的开放面），如图 8-45 所示（在本例中选择顶面，图中鼠标指针所指的当前面）。注意在本例中没有设置要排除的面。

4 在“壁厚”选项组的“厚度”文本框中输入厚度值为 5，如图 8-46 所示。

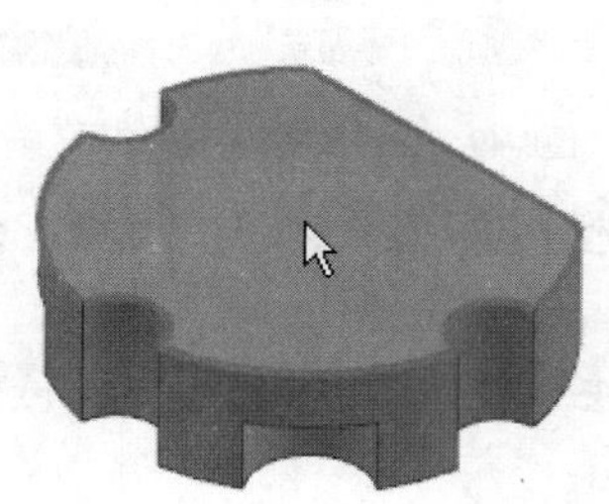

图8-45　选择要穿透的面

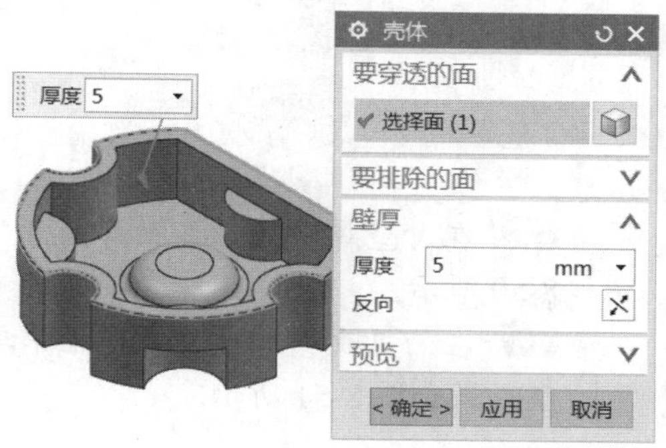

图8-46　设置壁厚值

5 在“壳体”对话框中单击“确定”按钮，完成创建抽壳体，结果如图 8-47 所示。

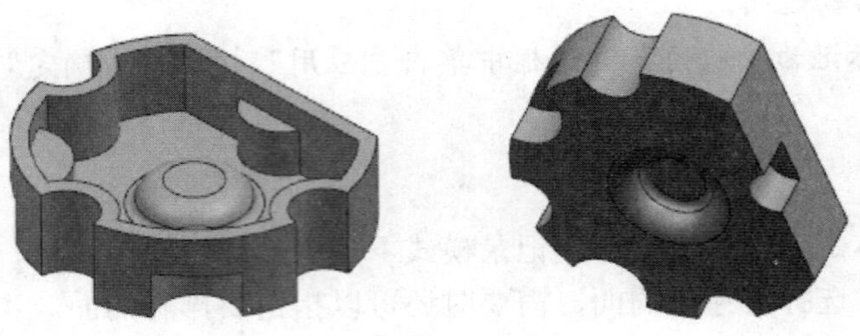

图8-47　添加抽壳体的结果

8.3.6 更改壳厚度

在无历史记录模式下使用“更改壳厚度”命令，可以更改现有壳体的壁厚。

如要将 8.3.5 小节创建的自适应壳体的壁厚统一由 5mm 更改为 3mm，其操作方法和步骤如下。

1 选择“菜单”/“插入”/“同步建模”/“壳体”/“更改壳厚度”命令，系统弹出图 8-48 所示的“更改壳厚度”对话框。

2 在“要更改厚度的面”选项组中选中“选择厚度相同的相邻面”复选框，接着在图形窗口中单击任意一个壳壁外表面，如图 8-49 所示。

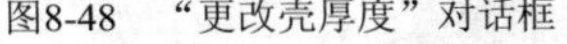

图8-48　“更改壳厚度”对话框

图8-49　选择要更改厚度的面

3 在“壁厚”选项组的“厚度”文本框中将壁厚厚度更改为 3mm，如图 8-50 所示。

4 在“更改壳厚度”对话框中单击“确定”按钮，更改壳厚度后获得的模型效果如图 8-51 所示。

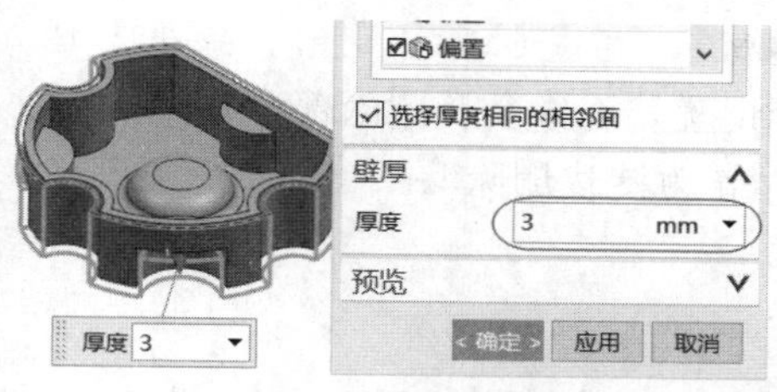

图8-50　更改壁厚值

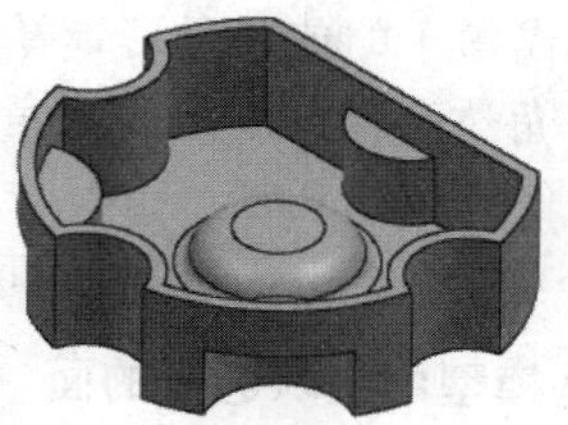

图8-51　更改壳厚度后的效果

8.4　组合面

使用同步建模中的“组合面”命令，可以将多个面收集为一个组。建立“组合面”特征后，可以在部件导航器中通过选择特征的方式来选择它。

组合面的操作较为简单，即选择“菜单”/“插入”/“同步建模”/“组合面”命令，弹出图 8-52 所示的“组合面”对话框；接着在图形窗口中选择要组合的面，也可以使用面查找器来选定要组合的面；然后单击“应用”按钮或“确定”按钮，从而创建组合面特征。

8.5　删除面

使用同步建模中的“删除面”命令，可以从实体中删除一个面或一组面，并调整要适应的其他面，包括通过延伸相邻面自动修复模型中删除面留下的开放区域，保持相邻倒圆角。同其他很多同步建模命令一样，“删除面”命令多用来修改没有特征历史记录的导入模型。

要进行删除面操作，则在“同步建模”面板中单击“删除面”按钮，或者选择“菜单”/“插入”/“同步建模”/“删除面”命令，弹出图 8-53 所示的“删除面”对话框，从“类型”下拉列表框中可以看出删除面的类型分为“面”“孔”“圆角”和“圆角大小”四种。必要时，可以指定截断面等。

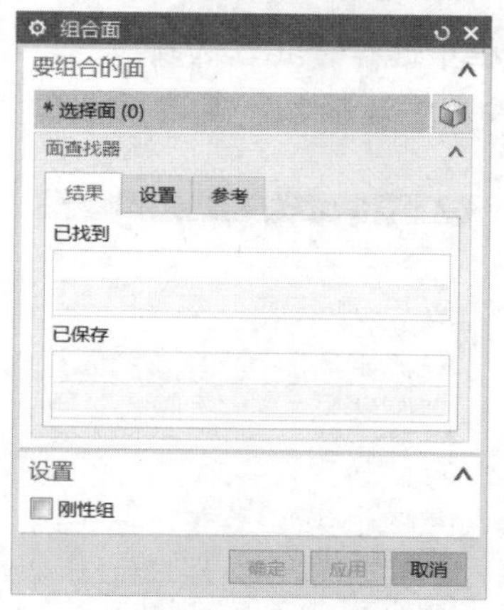

图8-52　“组合面”对话框

图8-53　“删除面”对话框

- 面：选择“面”选项时，选择一个或多个要删除的面。
- 孔：选择“孔”选项时，选择要删除的孔，可以使用尺寸选择孔，如设置小于或等于指定直径尺寸的孔被选择。
- 圆角大小：选择“圆角大小”选项时，选择要删除的圆角（可以设置圆角小

于或等于的值来限定选择范围）。

- 圆角：选择要删除的圆角面（倒圆角），可设置是否修复及删除部分圆角，面-边倒圆首选项可以为“作为凹口删除”或“作为陡边删除”。

下面介绍使用同步建模删除面的一个操作范例。

一、从模型中删除选择的面

1 在“快速访问”工具栏中单击“打开”按钮，弹出“打开”对话框，选择本书配套光盘中的“\DATA\CH8\bc_8_5.prt”文件，单击“OK”按钮，此文件中已有的原始实体模型如图 8-54 所示。

2 在功能区的“主页”选项卡的“同步建模”面板中单击“删除面”按钮，弹出“删除面”对话框。

3 在“类型”选项组的“类型”下拉列表框中选择“面”选项，接着在“选择条”工具栏中的“面规则”下拉列表框中选择“相切面”选项，在图形窗口中选择图 8-55 所示的相切面作为要删除的面。

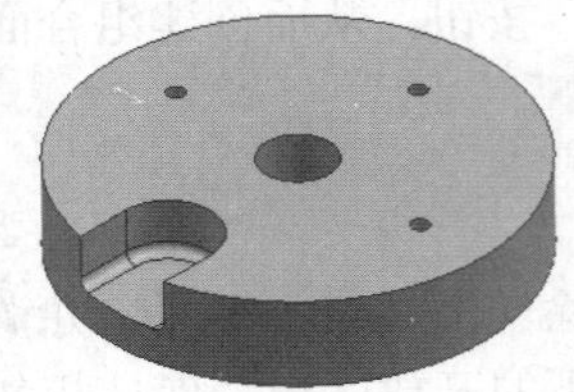

图8-54　已有的原始实体模型

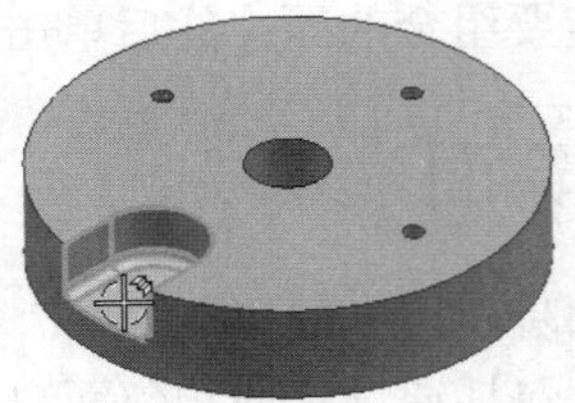

图8-55　选择要删除的面

4 在“设置”选项组中确保选中“修复”复选框，而取消选中“删除部分圆角”复选框。

5 单击“应用”按钮，删除上述选定面后的模型效果如图 8-56 所示。

二、从模型中删除满足条件的孔

1 在“删除面”对话框的“类型”下拉列表框中选择“孔”选项。

2 在“要删除的孔”选项组中确保选中“按尺寸选择孔”复选框，在“孔尺寸<=”文本框中输入“10”，如图 8-57 所示。

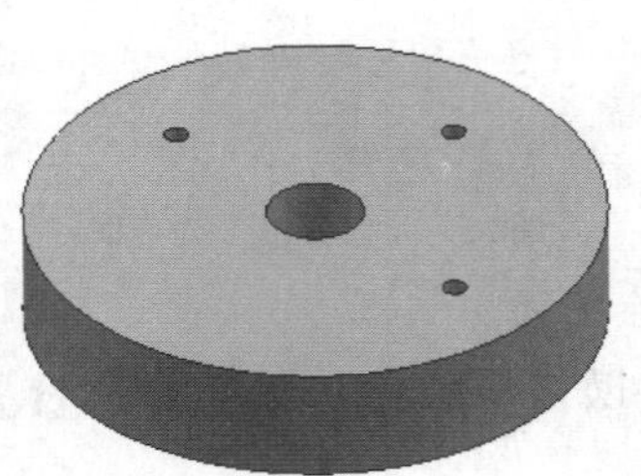

图8-56　删除选定面后的模型

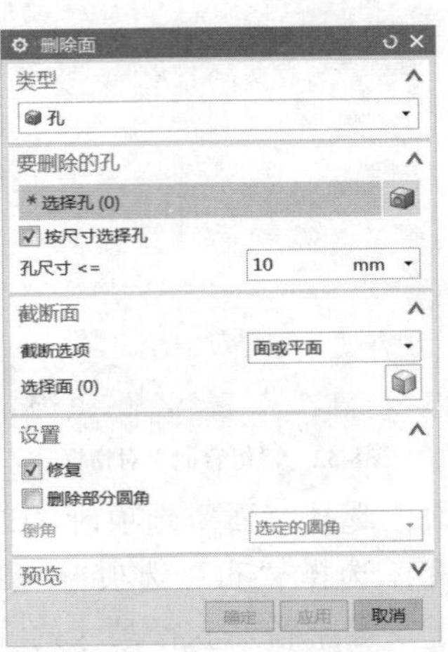

图8-57　设置孔尺寸条件等

3 在图形窗口中选择其中一个要删除的小孔所在的孔口面，系统将自动选择 3 个小孔（3 个小孔的直径均小于设定的孔尺寸，而大孔的直径大于设定的孔尺寸，可以避免误选择操作），如图 8-58 所示。

4 在“设置”选项组中确保选中“修复”复选框，而取消选中“删除部分圆角”复选框。

5 单击“确定”按钮，完成效果如图 8-59 所示。

图8-58　选择要删除的孔所在的面

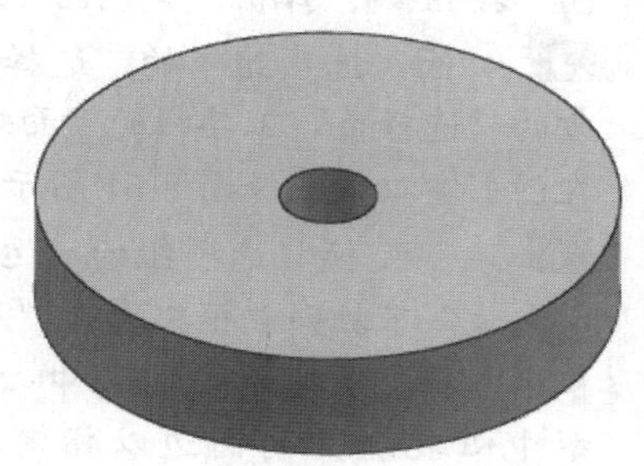

图8-59　删除选定孔面后的模型

8.6　重用数据

在同步建模技术中，重用命令主要包括“复制面”“剪切面”“粘贴面”“镜像面”和“阵列面”。使用这些重用命令修改模型时，不必考虑它的由来、相关性和特征历史。

8.6.1　复制面

使用同步建模技术中的“复制面”命令，可以从体中复制一组面，复制的面集形成片体，用户可以将其粘贴到相同的体或不同的体中。

在“同步建模”面板中单击“更多”/“复制面”按钮，或者选择“菜单”/“插入”/“同步建模”/“重用”/“复制面”命令，弹出图 8-60 所示的“复制面”对话框；接着选择要复制的面，并在“变换”选项组中指定运动类型（可供选

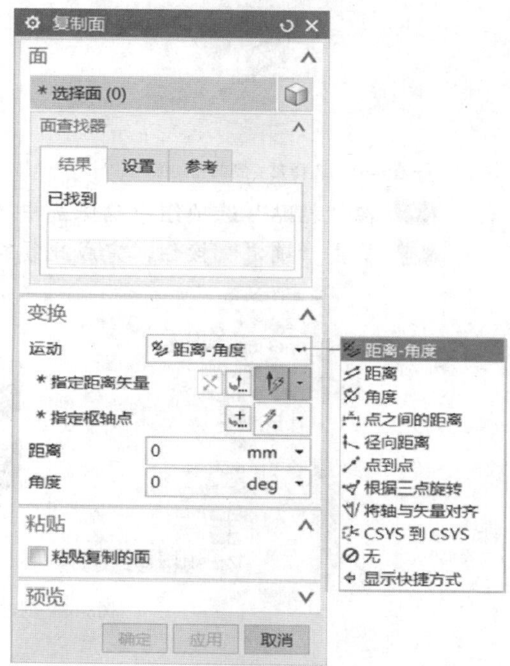

图8-60　“复制面”对话框

择的运动类型选项有“距离-角度”“距离”“角度”“点之间的距离”“径向距离”“点到点”“根据三点旋转”“将轴与矢量对齐”“CSYS 到 CSYS”和“无”）和相应的参照、选项和参数，在“粘贴”选项组中设置是否粘贴复制的面；然后单击“应用”按钮或“确定”按钮，即可完成复制面操作。

下面介绍使用“复制面”命令对选定曲面进行复制并将复制的面粘贴到所需位置处。

1. 在“快速访问”工具栏中单击“打开”按钮，弹出“打开”对话框，选择本书配套光盘中的“\DATA\CH8\bc_8_6_1.prt”文件，单击“OK”按钮。
2. 建模模式为历史记录模式，在“同步建模”面板中单击“更多”/“复制面”按钮，弹出“复制面”对话框。
3. “面”选项组中的“选择面”按钮处于激活状态，在位于图形窗口上方的“选择条”工具栏的“面规则”下拉列表框中选择“相切面”选项，接着在图形窗口中选择图 8-61 所示的相切面作为要复制的面。
4. 在“变换”选项组的“运动”下拉列表框中选择“角度”选项，从“指定矢量”下拉列表框中选择“ZC 轴”图标选项，在“指定轴点”下拉列表框中选择“圆弧中心/椭圆中心/球心”图标选项，接着在图形窗口中选择模型中心孔底面的圆边以指定其圆心作为轴点，在“角度”文本框中输入“120”，如图 8-62 所示。

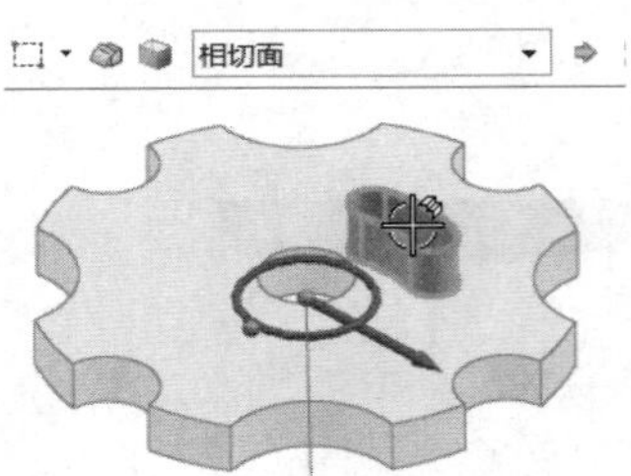

图8-61　选择要复制的相切面

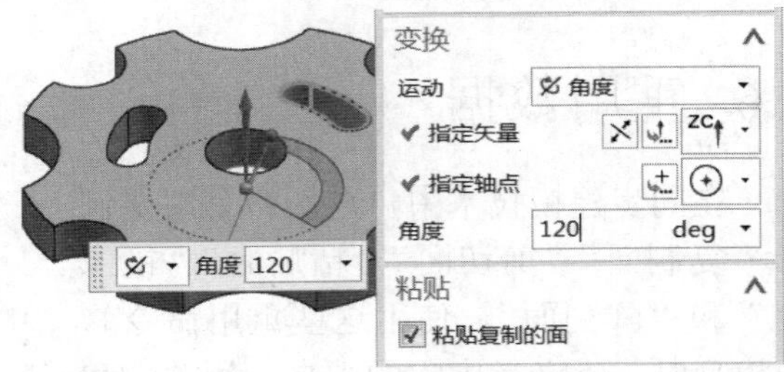

图8-62　设置“变换”选项等

5. 在“粘贴”选项组中确保选中“粘贴复制的面”复选框。
6. 单击“确定”按钮，完成此复制面操作的结果如图 8-63 所示。

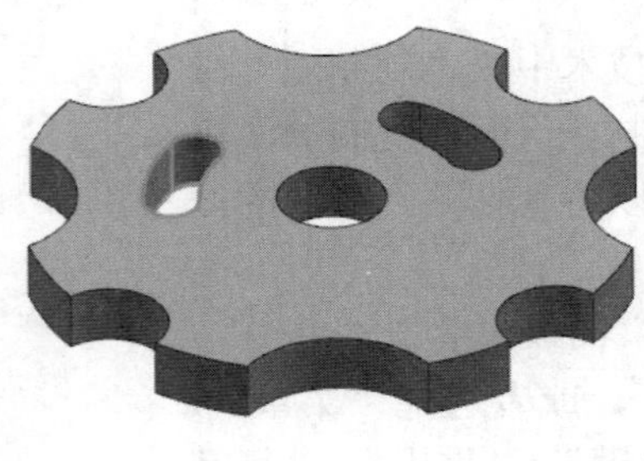

图8-63　创建“复制面”特征

8.6.2 剪切面

使用同步建模中的“剪切面”命令，可以从体中复制一组面，然后从体中删除这些面。和“复制面”的操作方法类似，“剪切面”操作也可以将剪切面复制在到相同的体中。

在“同步建模”面板中单击“更多”/“剪切面”按钮，或者选择“菜单”/“插入”/“同步建模”/“重用”/“剪切面”命令，系统弹出图8-64所示的“剪切面”对话框，该对话框提供的内容和“复制面”对话框提供的内容基本一致，在此不再赘述。

如果要在非关联模型中抑制面，那么“剪切面”命令是非常有用的，因为非关联模型没有要抑制的特征，此时便可以使用“剪切面”命令来临时移除面集。

8.6.3 粘贴面

使用同步建模中的“粘贴面”命令，可以将片体粘贴到实体中，可通过粘贴选项（“添加”或“求差”）使片体与实体相结合。注意，要粘贴的曲面（片体）不一定必须源自“复制面”或“剪切面”命令。

在“同步建模”面板中单击“更多”/“粘贴面”按钮，或者选择“菜单”/“插入”/“同步建模”/“重用”/“粘贴面”命令，弹出图8-65所示的“粘贴面”对话框。指定目标体、工具体，设置粘贴选项，然后单击“应用”按钮或“确定”按钮即可。

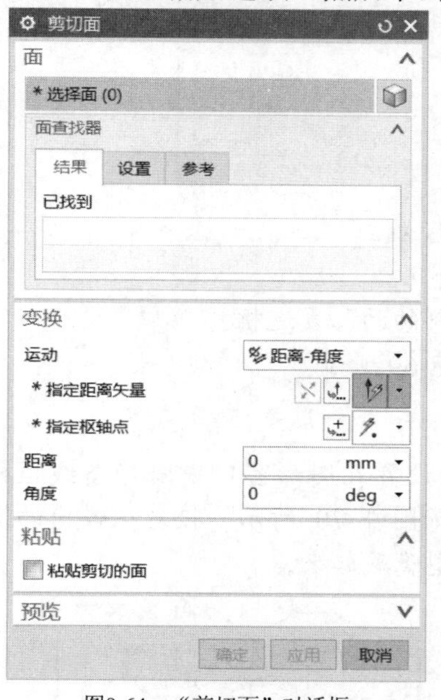

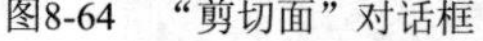

图8-64 “剪切面”对话框

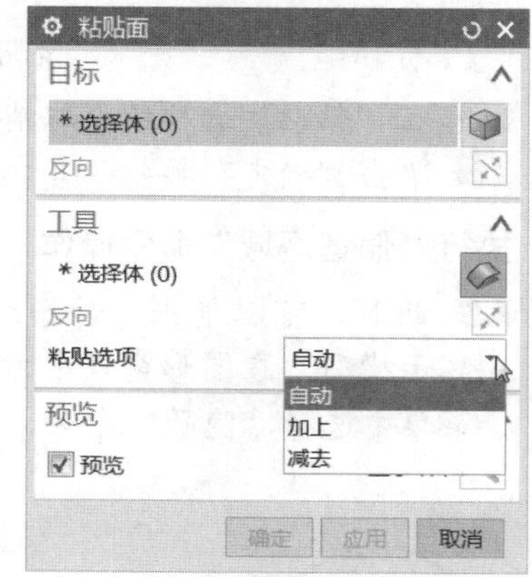

图8-65 “粘贴面”对话框

下面介绍一个范例，涉及到“复制面”“偏置区域”和“粘贴面”命令操作，其中“复制面”和“偏置区域”命令操作是为了准备“粘贴面”所需的工具面。

一、复制面

1 在“快速访问”工具栏中单击“打开”按钮，弹出“打开”对话框，选择本书配套光盘中的“\DATA\CH8\bc_8_6_3.prt”文件，单击“OK”按

钮，该文件中的原始模型如图 8-66 所示。

2 在功能区的“主页”选项卡的“同步建模”面板中单击“更多”/“复制面”按钮，弹出“复制面”对话框。

3 在“选择条”工具栏的“面规则”下拉列表框中选择“凸台面或腔面”选项，接着在图形窗口中单击弯曲异型键槽中的任意一个面以选中整个腔体面，如图 8-67 所示。

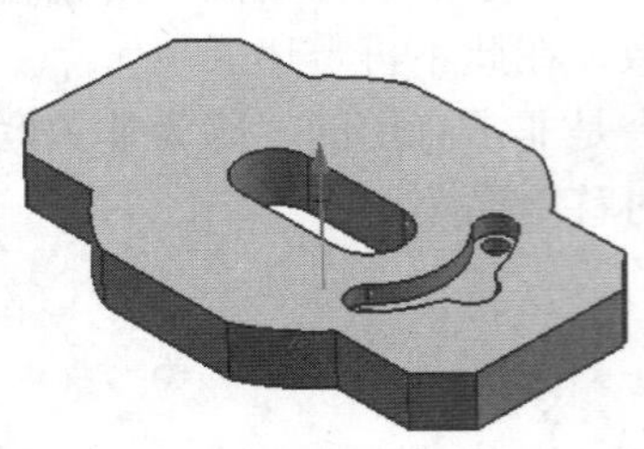

图8-66　原始模型

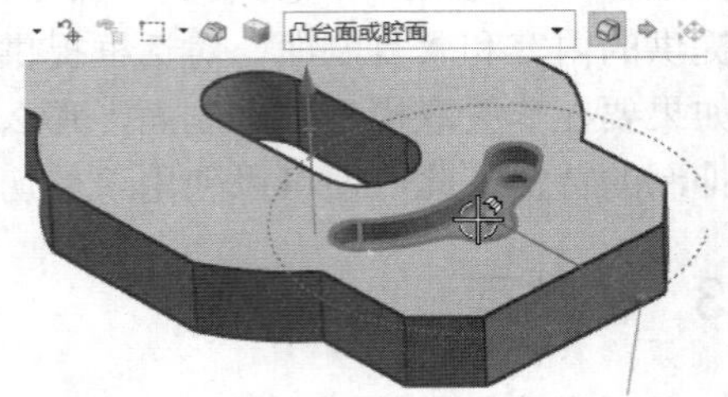

图8-67　选择要复制的面

4 在“变换”选项组的“运动”下拉列表框中选择“角度”选项，在“指定矢量”下拉列表框中选择“自动判断的矢量”图标选项，激活“指定矢量”，在图形窗口中选择基准轴，并在“变换”选项组的“角度”文本框中输入“180”，如图 8-68 所示。

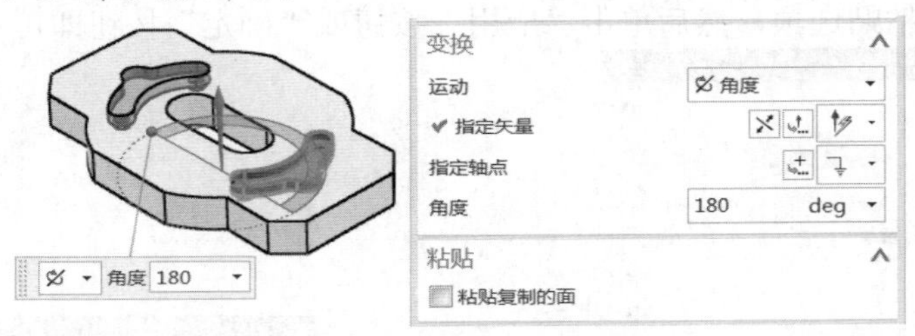

图8-68　设置变换的相关内容

5 在“粘贴”选项组中取消选中“粘贴复制的面”复选框。

6 单击“确定”按钮，复制面的结果如图 8-69 所示。

二、执行“偏置区域”命令操作

1 此时，可以单击“静态线框”按钮以设置在图形窗口中以静态线框样式显示模型。在图形窗口中右击实体模型，如图 8-70 所示，接着从弹出的快捷菜单中选择“隐藏”命令，从而将实体模型隐藏起来。

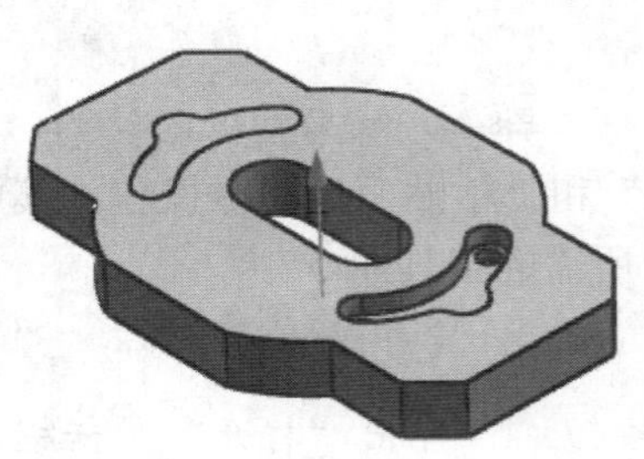

图8-69　复制面的结果

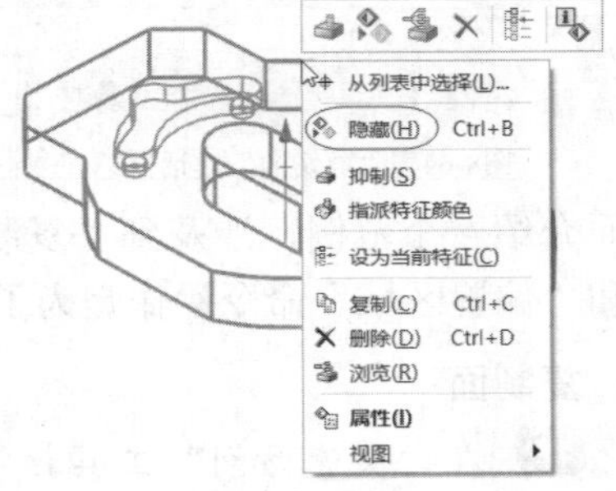

图8-70　隐藏实体模型

2 在“同步建模”面板中单击“偏置区域”按钮，弹出“偏置区域”对话框。

3 在“选择条”工具栏的“面规则”下拉列表框中选择“凸台面或腔面”选项，接着在图形窗口中单击图 8-71 所示的腔体面。

4 在“偏置”选项组的“距离”文本框中输入偏置距离为 2，如图 8-72 所示，也可以在屏显界面的“距离”框中输入偏置距离为 2。

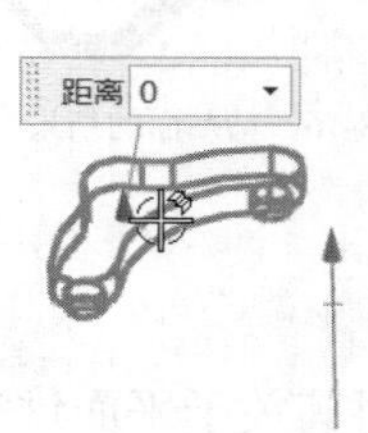

图8-71　选择要偏置的面

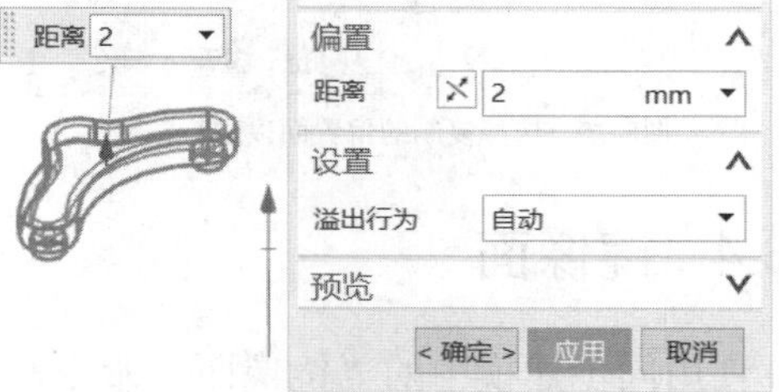

图8-72　输入偏置距离

5 单击“确定”按钮，得到的偏置结果如图 8-73 所示。

此时，可以显示全部模型，其方法是选择“菜单”/“编辑”/“显示和隐藏”/“全部显示”命令，并设置以“带边着色”模式显示模型，显示效果如图 8-74 所示。

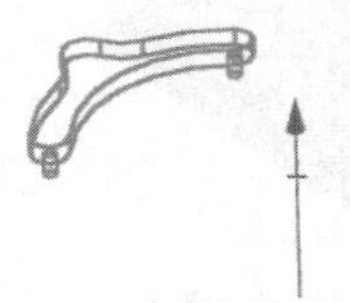
图8-73　偏置面的结果

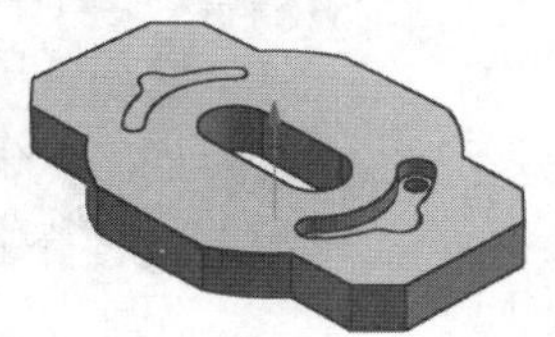
图8-74　显示效果

三、粘贴面

1 在“同步建模”面板中单击“更多”/“粘贴面”按钮，弹出“粘贴面”对话框。

2 在“目标”选项组中，“选择体”按钮处于激活状态，在图形窗口中选择实体作为目标体。

3 “工具”选项组中的“选择工具体”按钮自动被激活，在图形窗口中选择复制的偏置面，如图 8-75 所示。

4 在“工具”选项组中的“粘贴选项”下拉列表框中接受默认的“自动”选项。

选择“自动”粘贴选项，NX 会将所需的增加或减去体积属性放到边界边上，并自动创建正负体积。当工具面是源自“复制面”命令或“剪切面”命令时，“自动”选项最实用。

5 单击“确定”按钮，完成粘贴偏置的复制面，结果如图 8-76 所示。

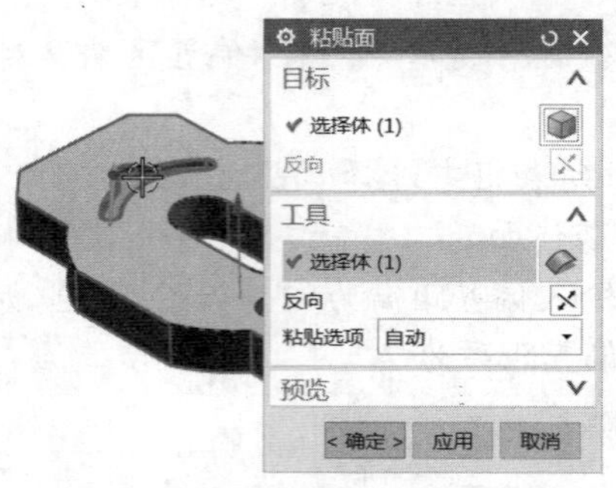

图8-75　选择复制的偏置面以进行粘贴

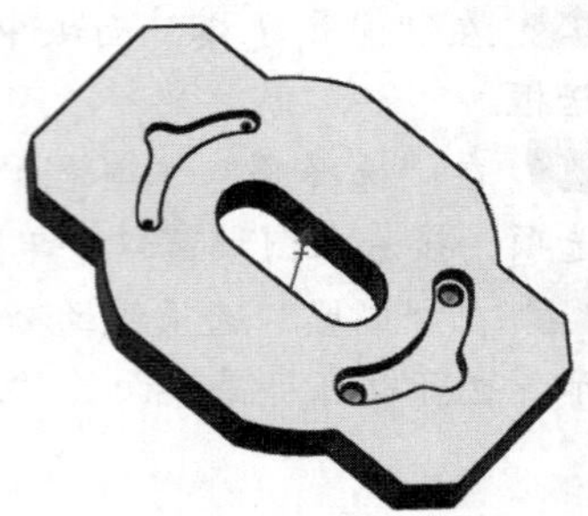

图8-76　粘贴面的结果

8.6.4 镜像面

使用同步建模中的“镜像面”命令，可以复制一组面集并对其关于平面进行镜像，将镜像结果粘贴到同一个实体或片体中。

镜像面的典型示例如图 8-77 所示。下面结合该示例介绍创建镜像面的典型方法步骤，该示例的源文件为“\DATA\CH8\bc_8_6_4.prt”。

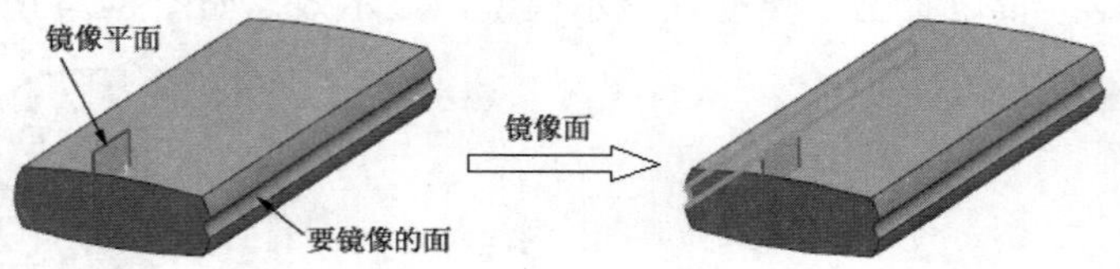

图8-77　镜像面的典型示例

1 在“同步建模”面板中单击“更多”/“镜像面”按钮，或者选择“菜单”/“插入”/“同步建模”/“重用”/“镜像面”命令，系统弹出图 8-78 所示的“镜像面”对话框。

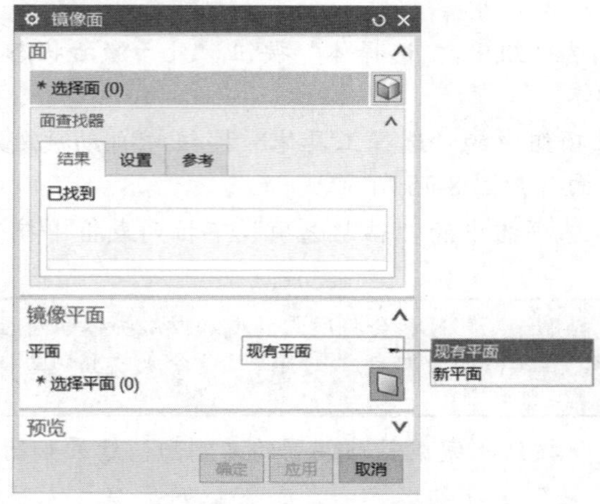

图8-78　“镜像面”对话框

2 选择要镜像的面。

3 在“镜像平面”选项组中指定镜像平面。在本示例中，从“镜像平面”

选项组的“平面”下拉列表框中选择“现有平面”选项，接着在图形窗口中选择所需的一个基准平面作为镜像平面。

4 在“镜像面”对话框中单击“确定”按钮，完成创建镜像面。

8.6.5 阵列面

使用同步建模中的“阵列面”命令，可以创建一组面（一个或多个面）的矩形阵列面、圆形阵列面或镜像图案，并将它们添加到体中。“阵列面”命令与“阵列特征”命令不同之处在于：“阵列面”命令需要选择一组要阵列复制的面，而不是一组特征，而且“阵列面”的结果是只有一个特征，而不是多个特征的实例化副本。

在“同步建模”面板中单击“更多”/“阵列面”按钮，或者选择“菜单”/“插入”/“同步建模”/“重用”/“阵列面”命令，弹出图 8-79 所示的“阵列面”对话框。接着选择所需面，从“阵列定义”选项组的“布局”下拉列表框中选择一种布局选项（如“线性”“圆形”“多边形”“螺旋”“沿”“常规”“参考”或“螺旋线”），并根据所选的布局选项定义相应的参照、参数和选项，最后单击“应用”按钮或“确定”按钮。

图8-79 “阵列面”对话框

下面介绍一个使用“阵列面”命令的练习范例。

1 在“快速访问”工具栏中单击“打开”按钮，弹出“打开”对话框，从配套光盘中选择“\DATA\CH8\bc_8_6_5.prt”文件，单击“OK”按钮，原始模型如图 8-80 所示。

2 在“同步建模”面板中单击“更多”/“阵列面”按钮，弹出“阵列面”对话框。

3 “面”选项组中的“选择面”按钮处于激活状态，在“选择条”工具栏的“面规则”下拉列表框中选择“凸台面或腔面”选项，接着在图形窗口中单击凸台中的任意一个面，以选择整个凸台曲面作为要复制的面，如图 8-81 所示。

图8-80 原始模型

图8-81 选择要复制的面

4 在“阵列定义”选项组的“布局”下拉列表框中选择“线性”选项，分别定义方向 1 和方向 2 参数，如图 8-82 所示。

5 单击“确定”按钮，完成阵列面的结果如图 8-83 所示。

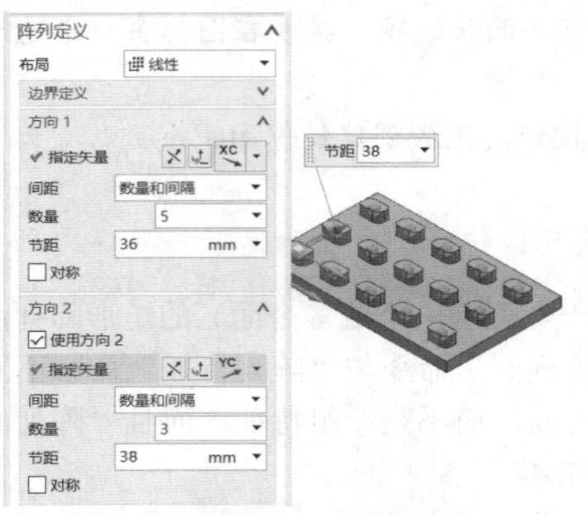

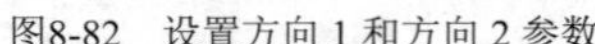
图8-82　设置方向 1 和方向 2 参数

图8-83　阵列面的结果

8.7 同步建模的相关几何约束变换

使用同步建模的相关几何约束变换命令，可以通过添加与其他参照的几何约束来移动选定的面。同步建模的相关几何约束变换命令包括“设为共面”“设为共轴”“设为相切”“设为对称”“设为平行”“设为垂直”“设为固定”“设为偏置”和“显示相关面”。

8.7.1 设为共面

“设为共面”命令用于修改一个平的面，以与另一个面共面。在“同步建模”面板中单击“更多”/“设为共面”按钮，或者选择“菜单”/“插入”/“同步建模”/“相关”/“设为共面”命令，弹出图 8-84 所示的“设为共面”对话框，接着分别选定运动面和固定面，并选择要移动的附加面组成运动组，附加面必须与运动面在同一个体上。

下面介绍一个使用“设为共面”命令移动一组面的范例。

1. 单击“打开”按钮，弹出“打开”对话框，从配套光盘中选择“\DATA\CH8\bc_8_7_1.prt”文件，单击“OK”按钮，原始实体模型如图 8-85 所示。

图8-84　“设为共面”对话框

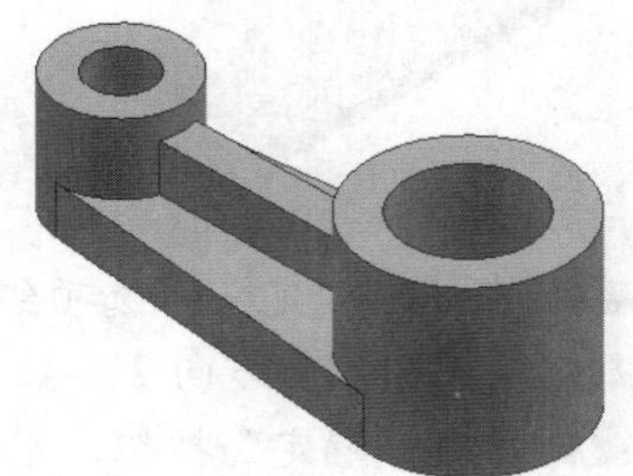

图8-85　原始实体模型

2 在“同步建模”面板中单击“更多”/“设为共面”按钮，弹出“设为共面”对话框。

3 在“运动面”选项组中，利用“选择面”按钮选择一个平的面以设为共面。在本例中选择图 8-86 所示的面。

4 确保“固定面”选项组中的“选择面”按钮处于被激活状态，在图形窗口中选择图 8-87 所示的面作为固定面。选择的移动面变换后将与固定面共面。

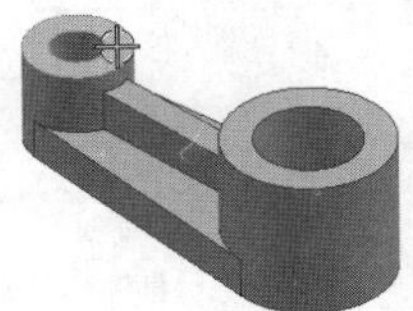
图8-86 选择运动面

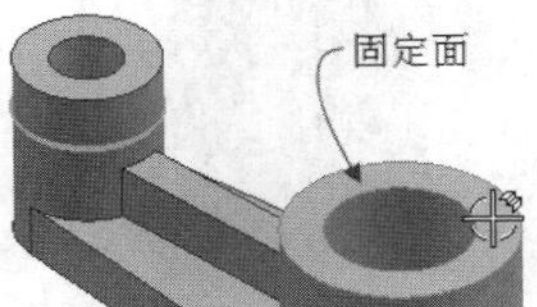

图8-87 选择固定面

5 在“运动组”选项组中单击激活“选择面”按钮，选择图 8-88 所示的一个平整实体面作为要移动的附加面。附加面的几何与种子运动面具有某种方式的相关性。在某些设计场合，可以使用“面查找器”选项来自动选择附加的移动面。

6 在“设为共面”对话框中单击“确定”按钮，通过“设为共面”约束的移动面结果如图 8-89 所示。

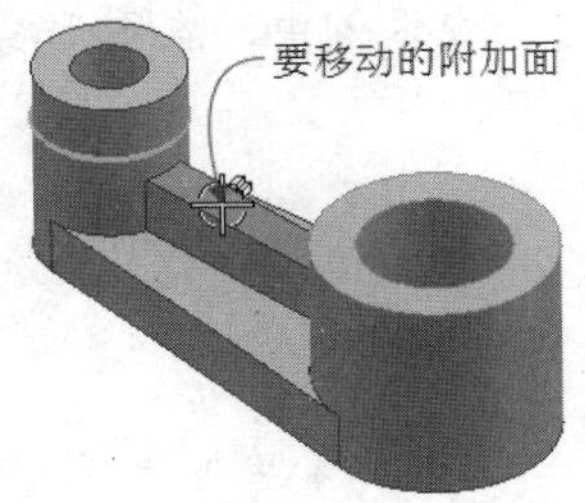

图8-88 选择要移动的附加面

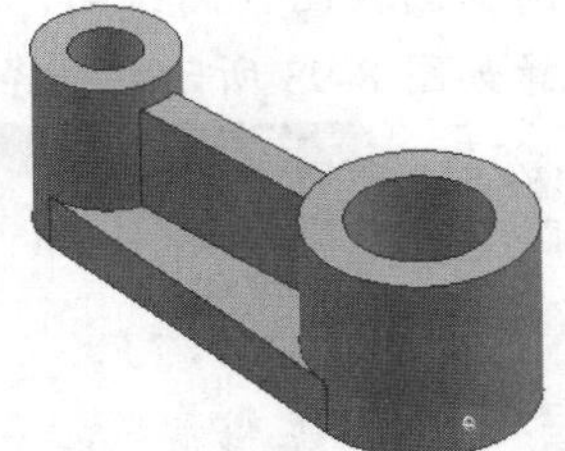
图8-89 设为共面的结果

8.7.2 设为共轴

使用“设为共轴”命令，可以使选定面的轴与另一个面的轴或基准轴共轴，如修改一个圆柱或锥以与另一个圆柱或锥共轴。

“设为共轴”命令操作步骤和“设为共面”命令操作步骤类似。下面以范例形式介绍“设为共轴”的应用知识。

1 在“快速访问”工具栏中单击“打开”按钮，弹出“打开”对话框，从配套光盘中选择“\DATA\CH8\bc_8_7_2.prt”文件，单击“OK”按钮，原始模型如图 8-90 所示。

2 在“同步建模”面板中单击“更多”/“设为共轴”按钮，弹出图 8-91 所示的“设为共轴”对话框。

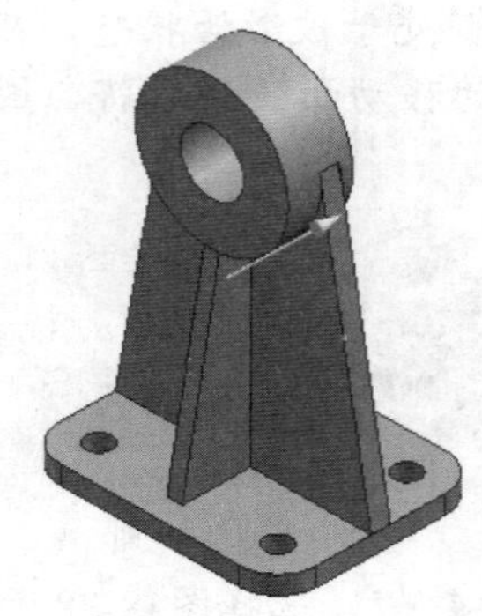

图8-90　原始模型

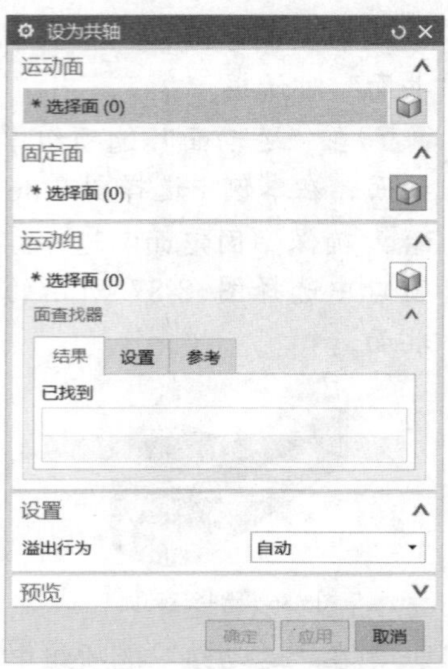

图8-91　“设为共轴”对话框

3 指定运动面。系统提示选择圆柱面、圆锥面或环面以设为共轴。在该提示下选择图 8-92 所示的一个圆柱面，接着在“运动组”选项组的“面查找器”的“结果”选项卡中选中“共轴”复选框。

4 “固定面”选项组中的“选择面”按钮自动被选中激活，同时系统提示选择圆柱面、圆锥面、环面或基准轴以保持固定。在本例中，在图形窗口中选择如图 8-93 所示的一条基准轴。

图8-92　选择圆柱面为运动面

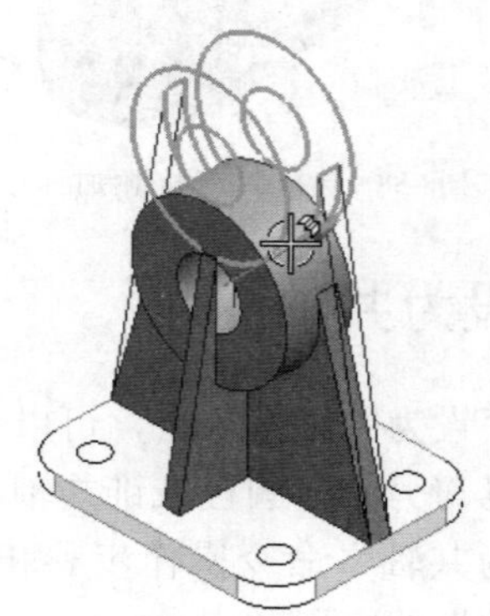

图8-93　选择基准轴

5 此时，“运动面”选项组中的“选择面”按钮自动切换为激活状态，同时系统提示选择要与运动面一起移动的面。从动态预览情况来看，还有与选定运动面（圆柱面）相连的一个筋骨没有与之一起移动。因此，在图形窗口中选择图 8-94 所示的筋骨单个面。

6 在“设为共轴”对话框中单击“确定”按钮，使用“设为共轴”命令来移动面的结果如图 8-95 所示。

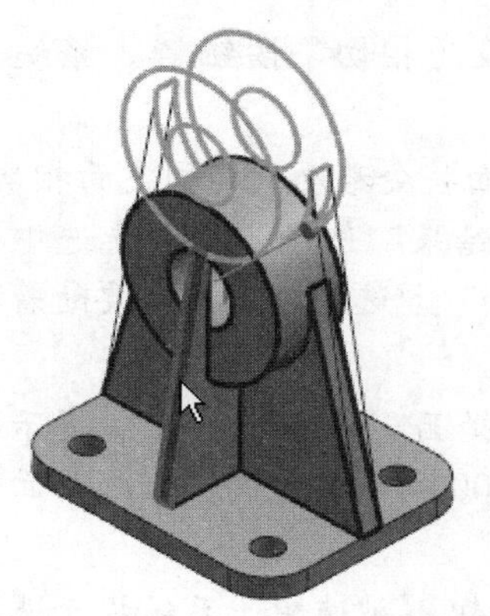
图8-94 选择要与运动面一起移动的面

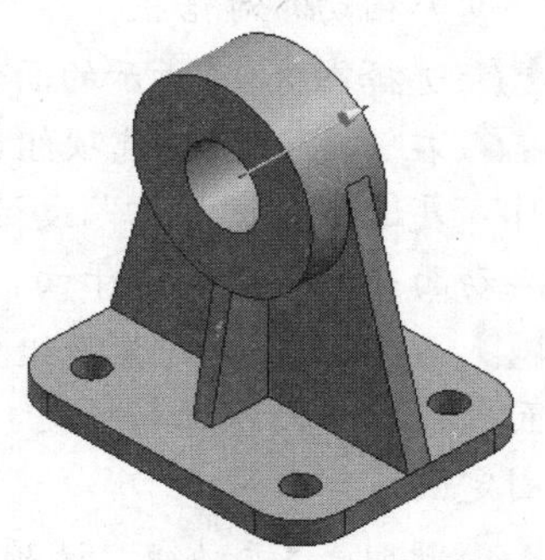
图8-95 设为共轴的结果

8.7.3 设为相切

使用“设为相切”命令，可以使选定的一个面与另一个面或基准平面相切。使用“设为相切”命令移动一组面的操作过程也较为简单，即在“同步建模”面板中单击“更多”/“设为相切”按钮，或者选择“菜单”/“插入”/“同步建模”/“相关”/“设为相切”命令，弹出图 8-96 所示的“设为相切”对话框。分别指定运动面、固定面、运动组和溢出行为，另外为了获得不同的结果可能需要在“通过点”选项组中指定移动面必须通过的一个点，然后单击“应用”按钮或“确定”按钮即可。

下面介绍一个通过“设为相切”命令移动一组面的操作范例。

1 在“快速访问”工具栏中单击“打开”按钮，弹出“打开”对话框，从配套光盘中选择“\DATA\CH8\bc_8_7_3.prt”文件，单击“OK”按钮，该文件中已有的模型效果如图 8-97 所示。

图8-96 “设为相切”对话框

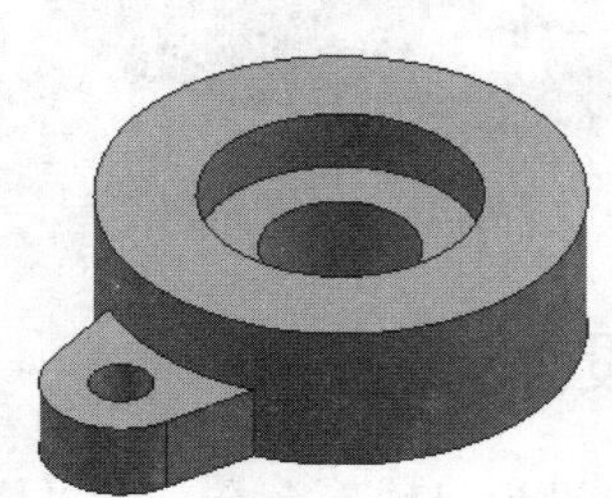
图8-97 原始模型

2 在“同步建模”面板中单击“更多”/“设为相切”按钮，系统弹出“设为相切”对话框。

3 选择图 8-98 所示的面作为要移动的面，该面将会移动到与固定面相切。

4 在“运动组”选项组的“面查找器”的“结果”选项卡中，先选中“对称”复选框和“相切”复选框，接着选中“共轴”复选框，以设定要随着种子运动面一起移动的若干面，如图 8-99 所示。

5 在“固定面”选项组中确保单击激活“选择面”按钮，系统提示选择面或基准平面以保持固定。在本例中选择图 8-100 所示的大的外圆柱曲面作为固定面。

6 此时，“运动组”选项组中的“选择面”按钮被选中，系统提示选择要与运动面一起移动的面。本例之前已经通过面查找器来自动定义了运动组，单击“确定”按钮，结果如图 8-101 所示。

图8-98　选择要移动的面

图8-99　使用面查找器指定定义运动组

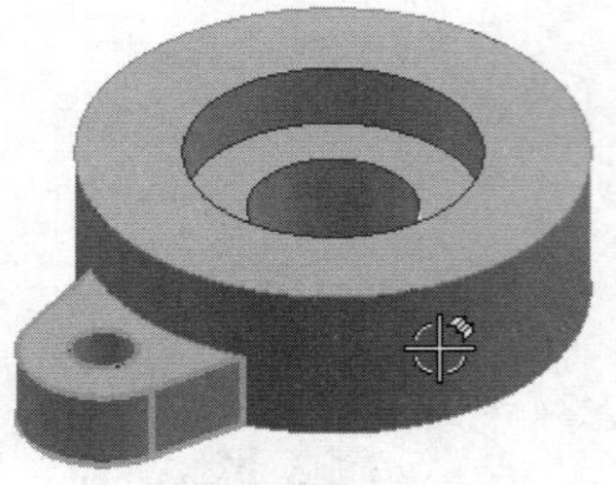

图8-100　指定固定面

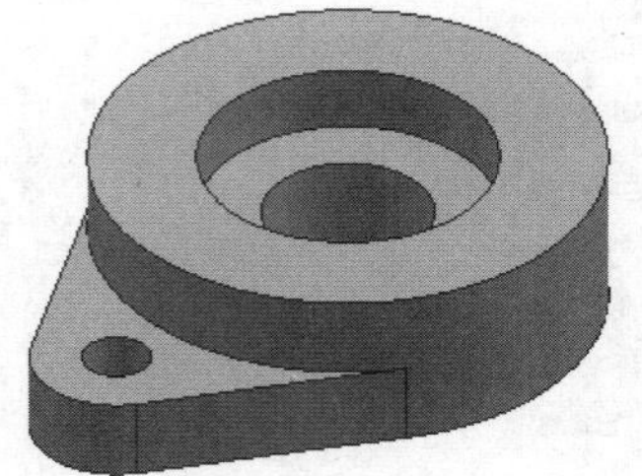

图8-101　设为相切的结果

8.7.4 设为对称

使用“设为对称”命令，可以修改一个面以与另一个面对称。

“设为对称”的操作方法是在“同步建模”面板中单击“更多”/“设为对称”按钮

，或者选择“菜单”/“插入”/“同步建模”/“相关”/“设为对称”命令，弹出图 8-102 所示的“设为对称”对话框；接着分别指定运动面、对称平面和固定面，并定义好运动组，然后单击“应用”按钮或“确定”按钮。

下面介绍一个“设为对称”的操作范例。

1 在“快速访问”工具栏中单击“打开”按钮，弹出“打开”对话框，从配套光盘中选择“\DATA\CH8\bc_8_7_4.prt”文件，单击“OK”按钮，该文件中已有的模型效果如图 8-103 所示。

2 在“同步建模”面板中单击“更多”/“设为对称”按钮，或者选择“菜单”/“插入”/“同步建模”/“相关”/“设为对称”命令，弹出“设为对称”对话框。

3 在图形窗口中选择图 8-104 所示的一个面作为运动面。

4 在“对称平面”选项组的“平面”下拉列表框中选择“现有平面”选项，单击激活“选择平面”按钮，接着选择图 8-105 所示的一个基准平面作为对称平面。

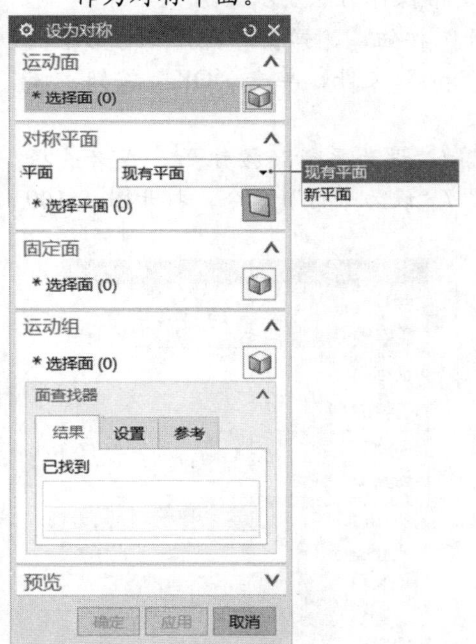

图8-102　“设为对称”对话框

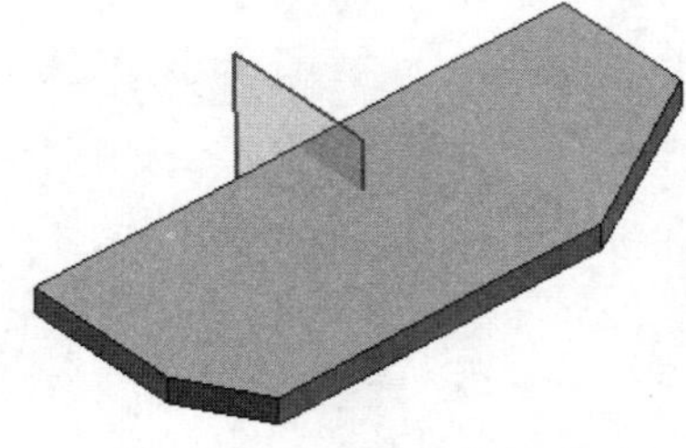

图8-103　实体模型

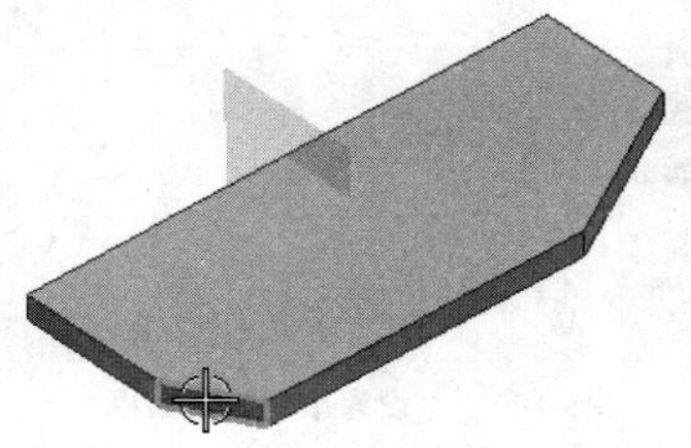

图8-104　指定运动面

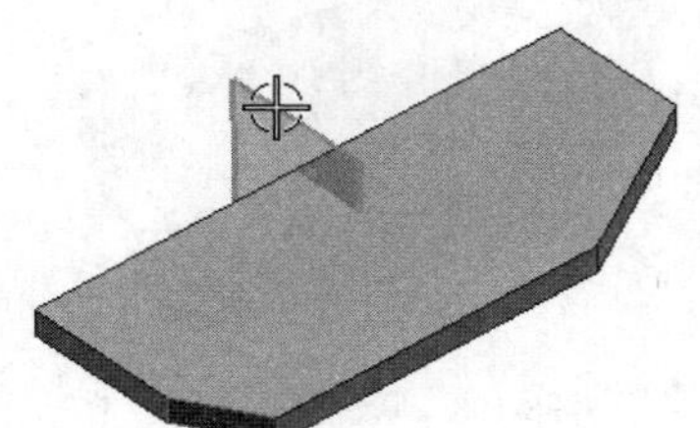

图8-105　选择一个基准平面定义对称平面

5 “固定面”选项组中的“选择面”按钮被激活，在图形窗口中选择图

8-106 所示的一个面作为固定面。

6 在“设为对称”对话框中单击“确定”按钮，结果如图 8-107 所示。

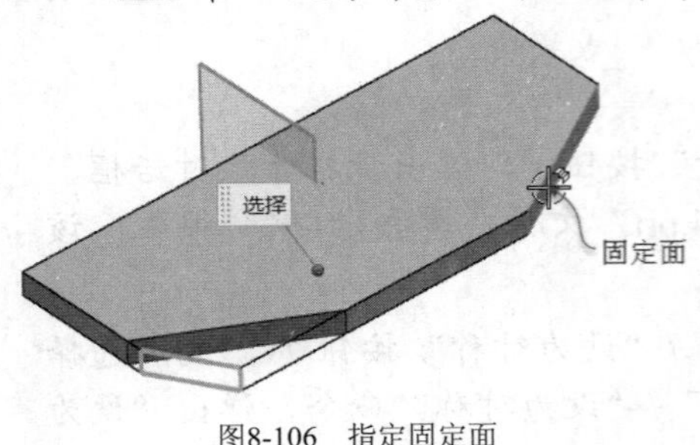

图8-106　指定固定面

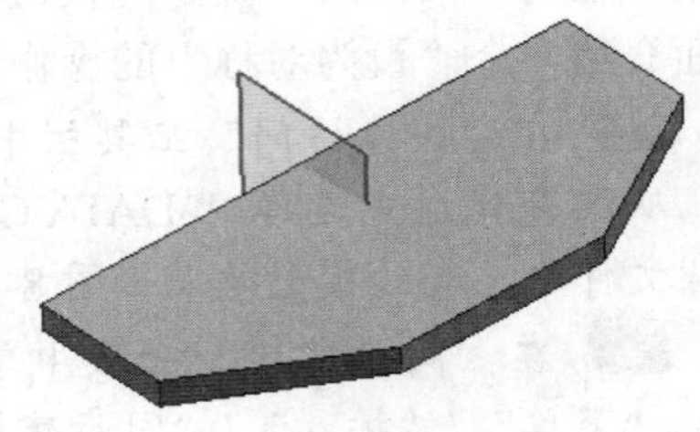

图8-107　设为对称的结果

8.7.5 设为平行

使用“设为平行”命令，可以使选定的一个平面与另一个平面或基准平面平行。下面以一个简单范例辅助介绍“设为平行”的一般操作方法及步骤。

1 在“快速访问”工具栏中单击“打开”按钮，弹出“打开”对话框，从配套光盘中选择“\DATA\CH8\bc_8_7_5.prt”文件，单击“OK”按钮，该文件中已有的模型效果如图 8-108 所示。

2 在“同步建模”面板中单击“更多”/“设为平行”按钮，或者选择“菜单”/“插入”/“同步建模”/“相关”/“设为平行”命令，打开图 8-109 所示的“设为平行”对话框。

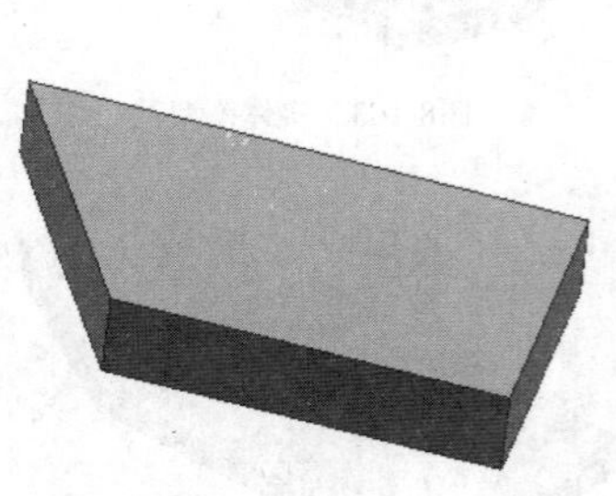

图8-108　原始实体模型

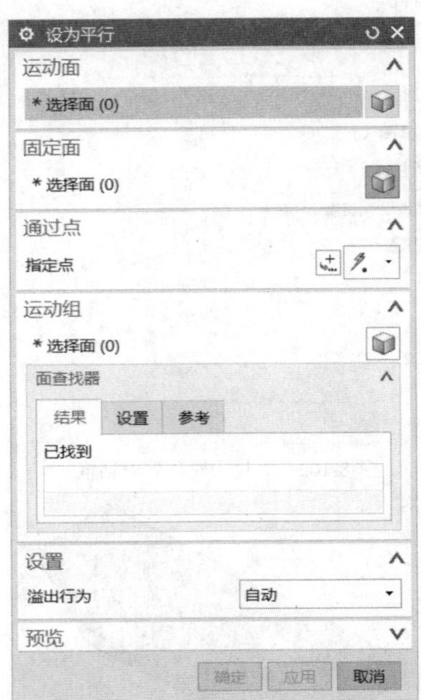

图8-109　“设为平行”对话框

3 此时，“运动面”选项组中的“选择面”按钮处于被选中激活的状态，在图形窗口中选择图 8-110 所示的一个平的侧面作为运动面。

4 “固定面”选项组中的“选择面”按钮被激活，在图形窗口中选择图 8-111 所示的一个平的面作为固定面。

5 在“设置”选项组的“溢出行为”下拉列表框中选择“自动”选项。

6 单击“确定”按钮，设为平行的操作结果如图 8-112 所示。

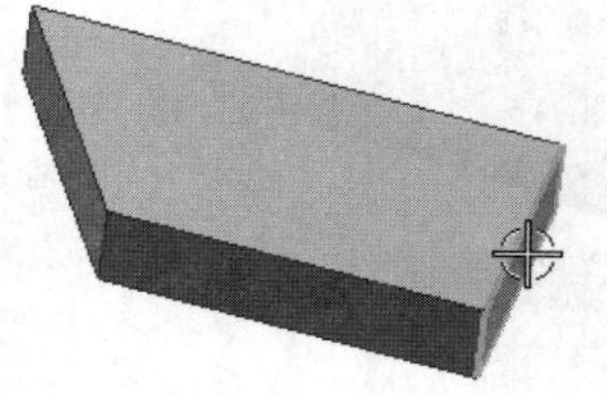

图8-110　指定运动面

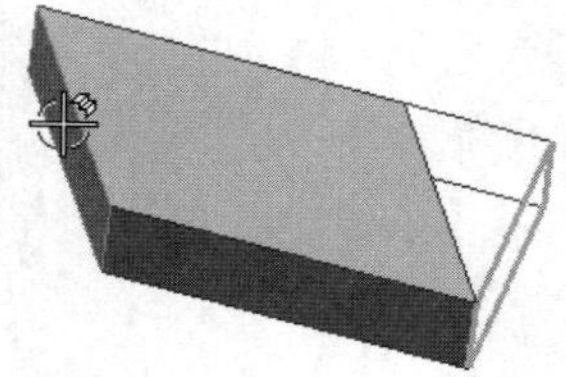

图8-111　指定固定面

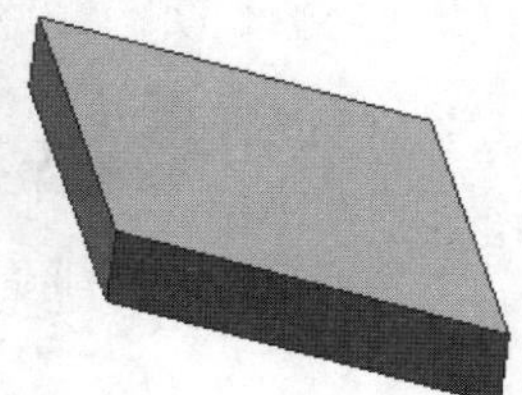

图8-112　设为平行的结果

8.7.6 设为垂直

使用“设为垂直”命令可以修改一个平的面以与另一个面垂直，即可以使一个选定的平的面垂直于（正交于）另一个平面或基准面。

“设为垂直”命令的操作步骤和“设为平行”命令的操作步骤类似，请看以下列举的简单操作范例（使用 8.7.5 小节完成的范例）。

1 在“同步建模”面板中单击“更多”/“设为垂直”按钮，或者选择“菜单”/“插入”/“同步建模”/“相关”/“设为垂直”命令，弹出图 8-113 所示的“设为垂直”对话框。

2 选择图 8-114 所示的平的面作为运动面。

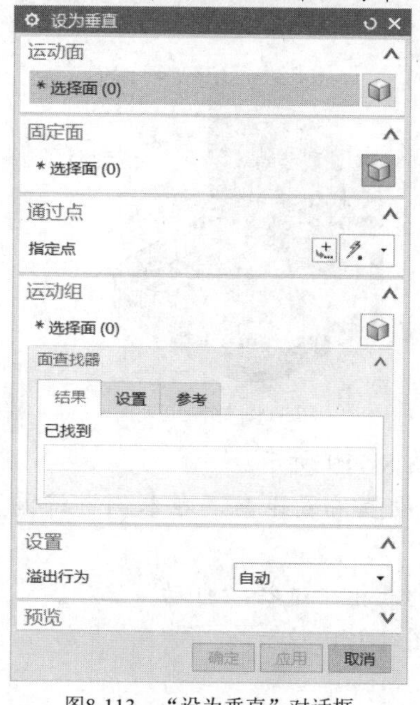

图8-113　“设为垂直”对话框

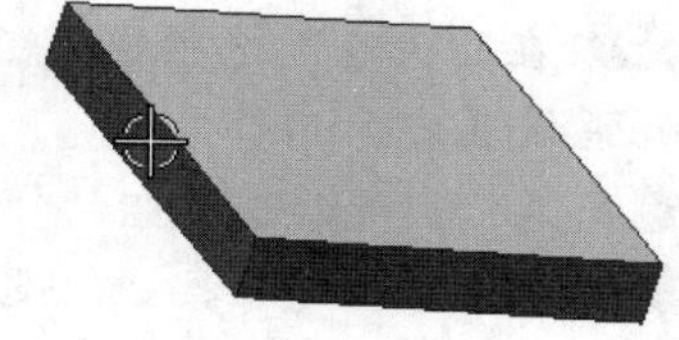

图8-114　指定运动面

3 指定固定面，如图 8-115 所示。本例不需要指定通过点。

4 在“设置”选项组的“溢出行为”下拉列表框中接受选择默认的“自

动”选项。

5 在“设为垂直”对话框中单击“确定”按钮，结果如图 8-116 所示。

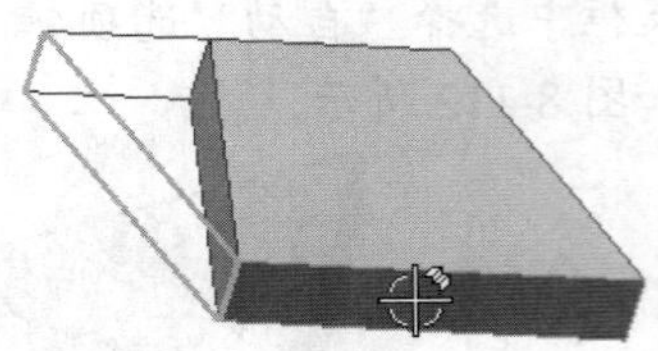

图8-115　指定固定面

图8-116　设为垂直的操作结果

8.7.7 设为偏置

使用“设为偏置”命令，可以修改某个面，使之从另一个面偏置，建立的偏置关系作用在运动面与固定面之间。

下面结合范例（配套范例源文件为“\DATA\CH8\bc_8_7_7.prt”）介绍如何使用“设为偏置”命令移动一组面。

1 在“同步建模”面板中单击“更多”/“设为偏置”按钮，或者选择“菜单”/“插入”/“同步建模”/“相关”/“设为偏置”命令，弹出图 8-117 所示的“设为偏置”对话框。

2 在图形窗口中选择图 8-118 所示的面作为要偏置的面，即作为运动面。

图8-117　“设为偏置”对话框

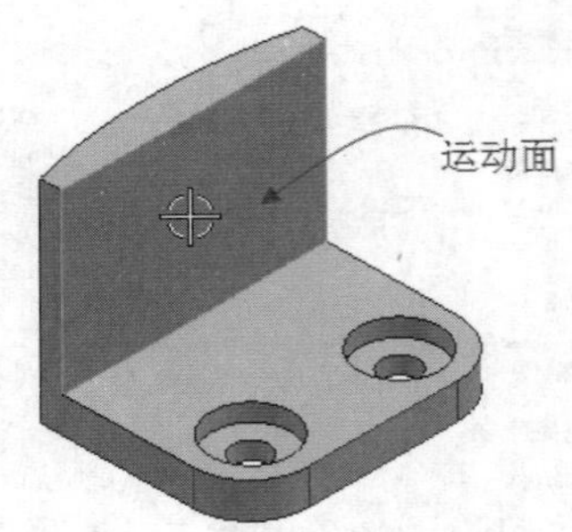

图8-118　指定运动面

3 在图形窗口中选择要保持固定的面，如图 8-119 所示。

4 在“偏置”选项组的“距离”文本框中设置偏置距离，在本例中将偏置距离设置为 5mm。

5 在“设置”选项组的“溢出行为”下拉列表框中选择“自动”选项。

6 单击“确定”按钮，设为偏置的结果如图 8-120 所示。

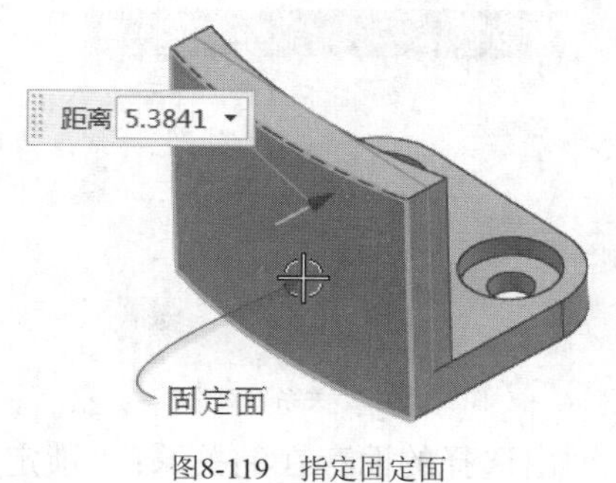

图8-119　指定固定面

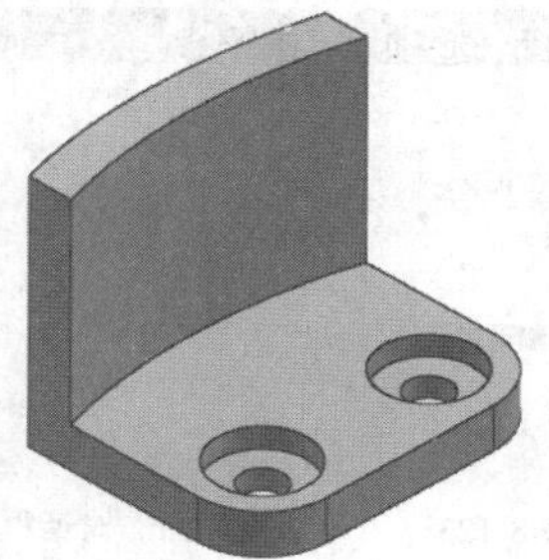
图8-120　设为偏置的结果

8.7.8　设为固定

“设为固定”命令用于固定某个面，以便在使用同步建模命令时不对它进行更改。该命令适用于无历史记录模式。

选择“菜单”/“插入”/“同步建模”/“相关”/“设为固定”命令，系统弹出图 8-121 所示的“设为固定”对话框。选择要固定的面，可以使用面查找器来指定附加要固定的面，然后单击“应用”按钮或“确定”按钮，即可将所选的面设为固定关系。进行“设为固定”命令操作后，模型的外观并没有改变，但建立的固定关系被列在部件导航器中，如图 8-122 所示。

图8-121　“设为固定”对话框

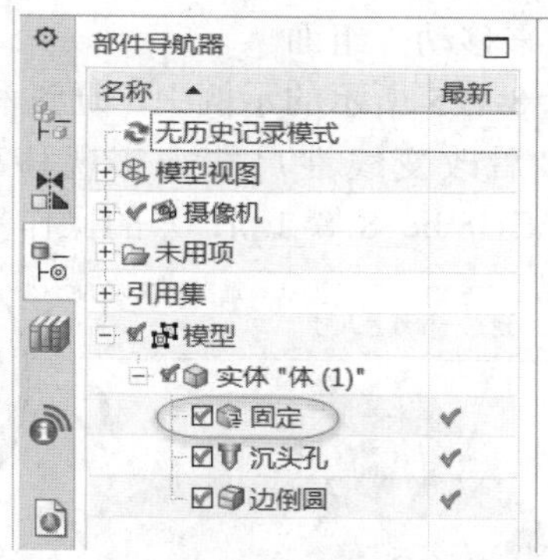

图8-122　部件导航器

8.7.9　显示相关面

使用“显示相关面”命令，可以显示具有关系的面，允许浏览以审核单个面上的关系。该命令适用于无历史记录模式。

在“同步建模”面板中单击“更多”/“显示相关面”按钮，或者选择“菜单”/“插入”/“同步建模”/“相关”/“显示相关面”命令，系统弹出图 8-123 所示的“显示相关面”对话框。此时所有没有被固定的或锁定关系的面以暗淡样式显示，注意当在“设置”选项组中选中“显示偏置关系”复选框时，NX 系统会显示所有具有偏置关系的面。在图形窗口中选择要显示关系的面，系统弹出图 8-124 所示的“关系”对话框，从中可以进行选择、删除、解锁关系操作。

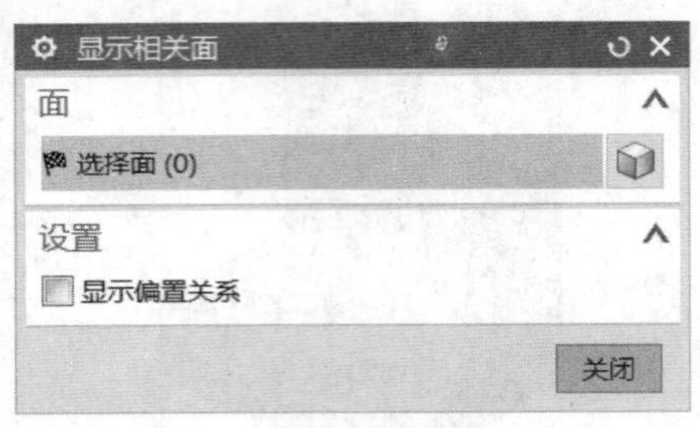

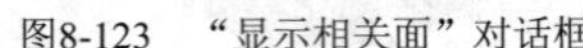
图8-123　“显示相关面”对话框

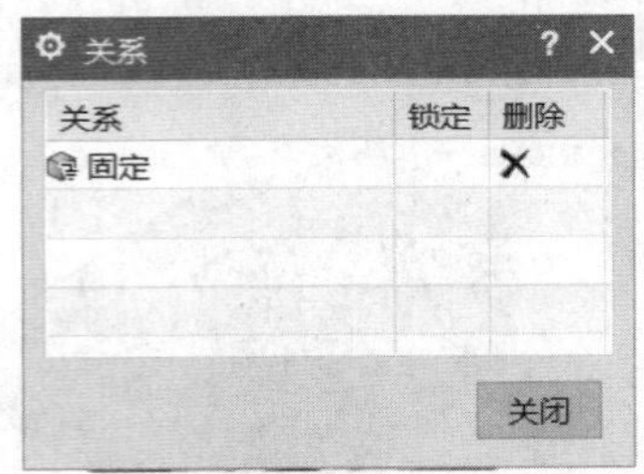

图8-124　“关系”对话框

“关系”对话框具有 3 个列栏：“关系”列栏用于列出选择的面存在的关系；“锁定”列栏用于选择锁定尺寸时显示，可以设置移除尺寸锁定；“删除”列栏用于删除在此栏对应的关系。

8.8 尺寸约束变换

同步建模也包括几个实用的尺寸约束命令，如“线性尺寸”“径向尺寸”和“角度”尺寸。

8.8.1 线性尺寸

同步建模中的“线性尺寸”命令主要用于在模型中添加一个线性尺寸，并通过改变该线性尺寸值来移动一组面。

在图 8-125 所示的示例中，通过利用原点和测量点建立一个线性尺寸，接着选择要移动的面，最后改变线性尺寸来实现移动所选的一组面。该示例（其配套的范例源文件为“\DATA\CH8\bc_8_8_1.prt”）的操作步骤如下。

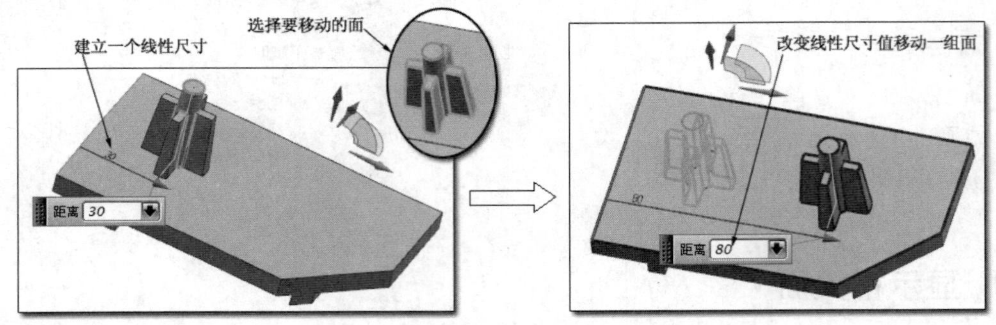

图8-125　使用线性尺寸移动选定的一组面

1 在“同步建模”面板中单击“更多”/“线性尺寸”按钮，或者选择“菜单”/“插入”/“同步建模”/“尺寸”/“线性尺寸”命令，弹出图 8-126 所示的“线性尺寸”对话框。

2 “原点”选项组中的“选择原始对象”按钮处于激活状态，在图形窗口中为尺寸指定原点或基准平面。在本例中选择图 8-127 所示的边以定义原点位置。

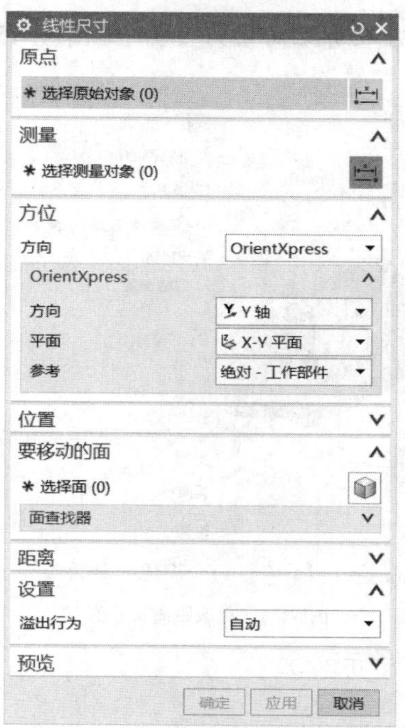

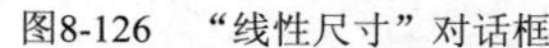

图8-126 “线性尺寸”对话框

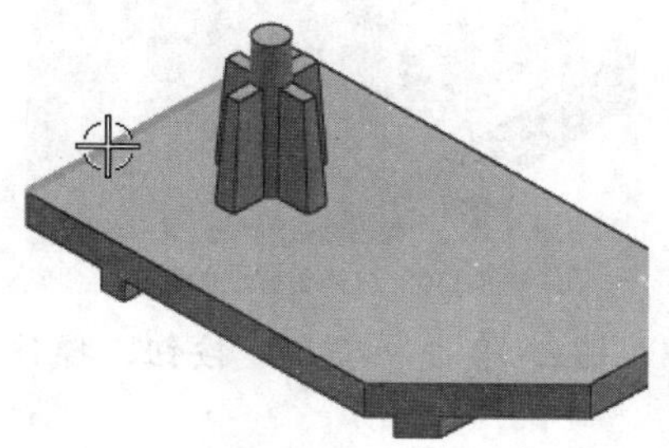

图8-127 选择原始对象定义原点

3 单击激活“测量”选项组中的“选择测量对象”按钮，在图形窗口中选择“火箭形”柱子顶端的圆以定义该圆心作为测量点，如图 8-128 所示。

4 在“方位”选项组的“方向”下拉列表框中选择“OrientXpress”，接着在“OrientXpress”子选项组的“方向”下拉列表框中选择“X 轴”，在“平面”下拉列表框中选择“X-Y 平面”，在“参考”下拉列表框中选择“绝对-工作部件”选项，然后在图形窗口中移动鼠标指针定义尺寸预览并单击要求的放置位置，如图 8-129 所示。

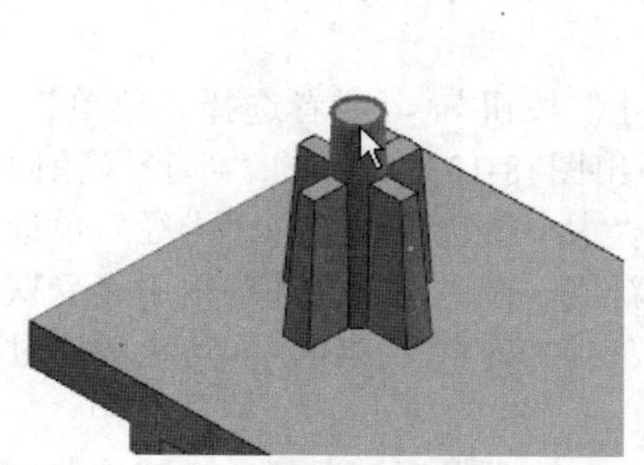

图8-128 选择对象定义尺寸标注的测量点

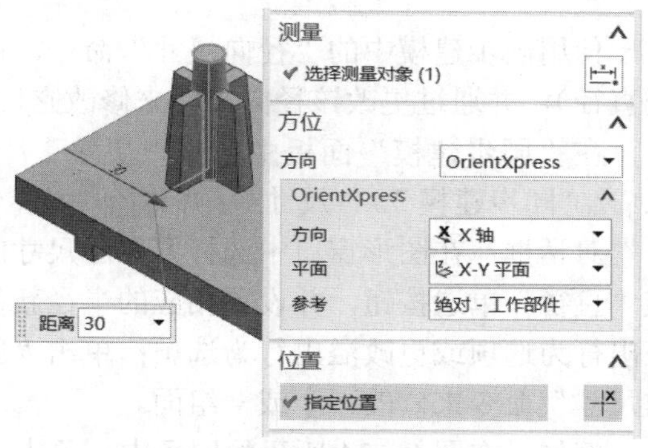

图8-129 设置尺寸标注方位及位置

5 在“要移动的面”选项组中单击“选择面”按钮，并在“选择条”工具栏的“面规则”下拉列表框中选择“凸台面或腔面”选项，在图形窗口中单击“火箭形”柱子的任一个筋骨面以选中凸起柱子的全部面，如图 8-130 所示。

6 在“距离”选项组的“距离”文本框中输入新距离值为 80，如图 8-131 所示。

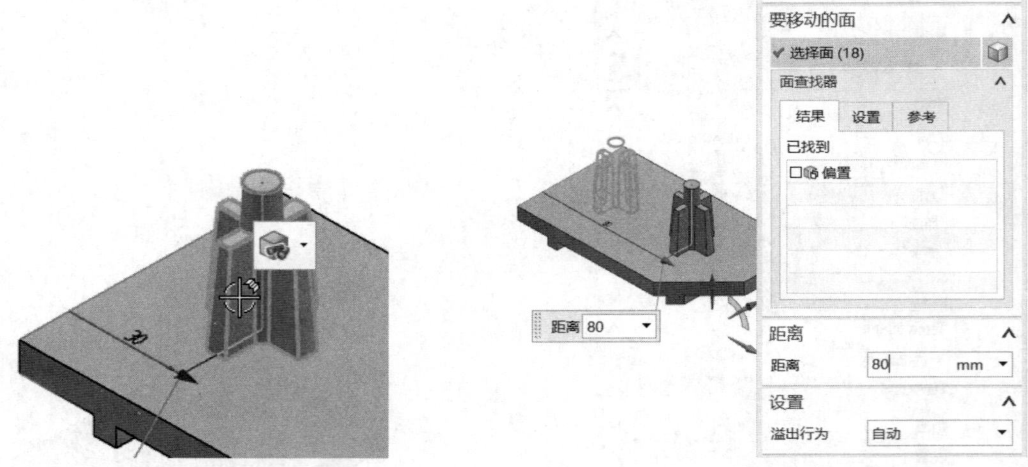

图8-130　选择要移动的面　　　　图8-131　更改距离尺寸值

7 单击“确定”按钮，操作结果如图 8-132 所示。

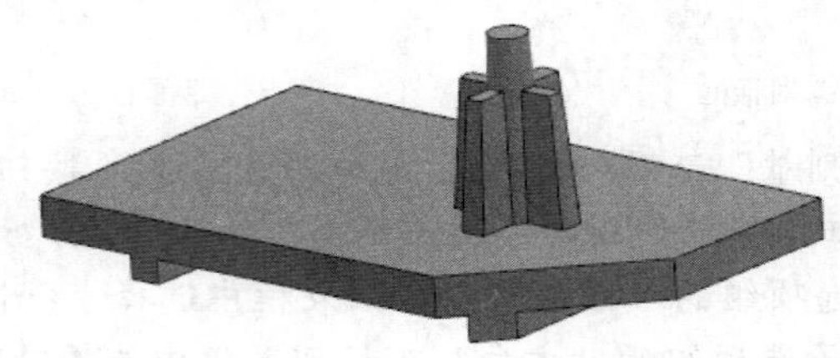

图8-132　使用“线性尺寸”移动对象的结果

8.8.2　径向尺寸

使用同步建模中的“径向尺寸”命令，可以选择圆柱面、球面等来添加径向尺寸（半径或直径），并通过更改该径向尺寸来修改它们。

在“同步建模”面板中单击“更多”/“半径尺寸”按钮，或者选择“菜单”/“插入”/“同步建模”/“尺寸”/“半径尺寸”命令，弹出图 8-133 所示的“半径（径向）尺寸”对话框；在图形窗口中选择要标注尺寸的面，在“大小”选项组选择“半径”单选按钮或“直径”单选按钮，并设置相应的半径新值或直径新值，在“设置”选项组中接受默认的溢出行为选项或更改溢出行为选项；单击“应用”按钮或“确定”按钮，即可完成通过“径向尺寸”命令来修改一个或一组面。

例如，在图 8-134 所示的例子中，单击“径向尺寸”按钮后，选择一个圆柱曲面作为要标注尺寸的面，接着在“大小”选项组中选择“直径”单选按钮，并将直径由“8”更改为“13.8”。

图8-133　“径向（半径）尺寸”对话框

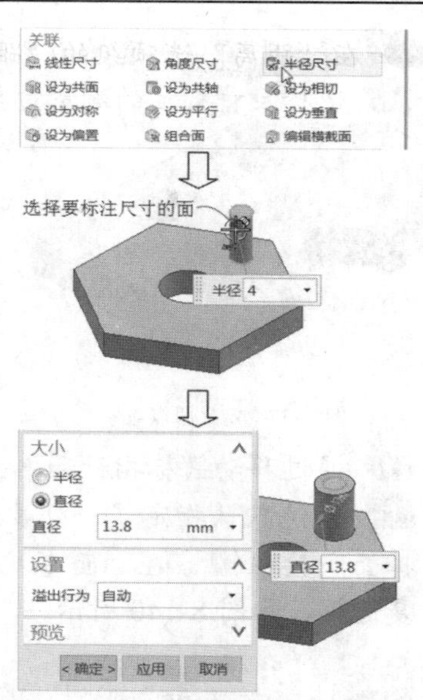

图8-134　使用“径向尺寸”更改圆柱直径

8.8.3　角度尺寸

使用同步建模中的“角度尺寸”命令，可以通过在模型中建立一个角度尺寸并更改其值去移动一组面，其中此角度尺寸由指定的原点对象、测量对象和位置来生成。

下面介绍一个应用“角度尺寸”去更改模型的例子。

1 在“快速访问”工具栏中单击“打开”按钮，弹出“打开”对话框，从配套光盘中选择“\DATA\CH8\bc_8_8_3.prt”文件，单击“OK”按钮，该文件中已有的模型效果如图 8-135 所示。

2 在“同步建模”面板中单击“更多”/“角度尺寸”按钮，或者选择“菜单”/“插入”/“同步建模”/“尺寸”/“角度尺寸”命令，弹出图 8-136 所示的“角度尺寸”对话框。

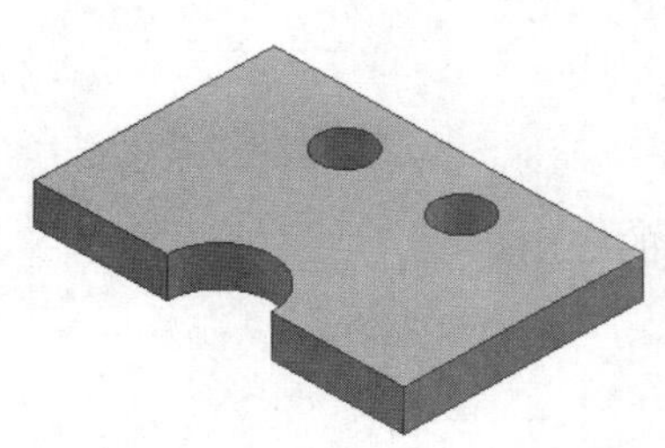

图8-135　原始实体模型

图8-136　“角度尺寸”对话框

3 在图形窗口中选择图 8-137 所示的面定义原点对象。

4 选择尺寸标注的测量对象，如图 8-138 所示。

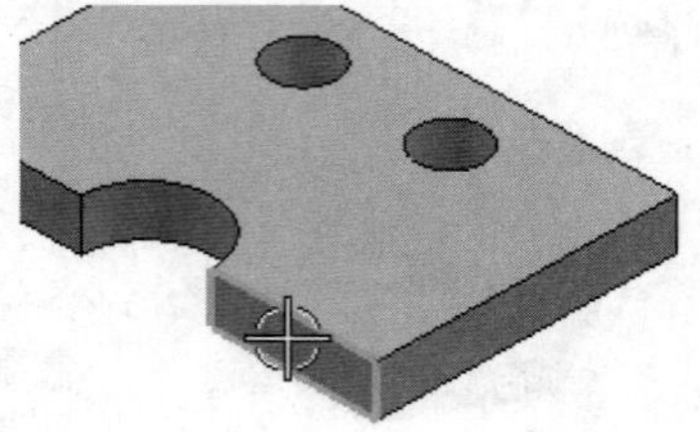

图8-137　定义原点对象

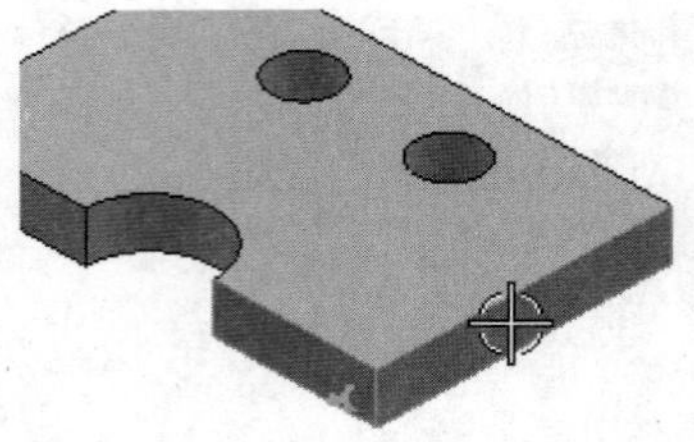

图8-138　选择尺寸标注的测量对象

5 通过移动鼠标指针和单击放置尺寸，如图 8-139 所示。

6 系统默认指定了一处要移动的面，在“要移动的面”选项组中单击“选择面”按钮，在“面查找器”子选项组的“结果”选项卡中选中“对称”复选框，如图 8-140 所示。

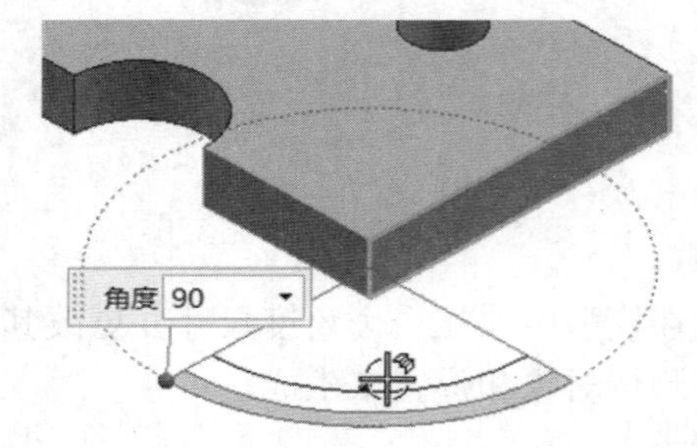

图8-139　指定放置尺寸的位置

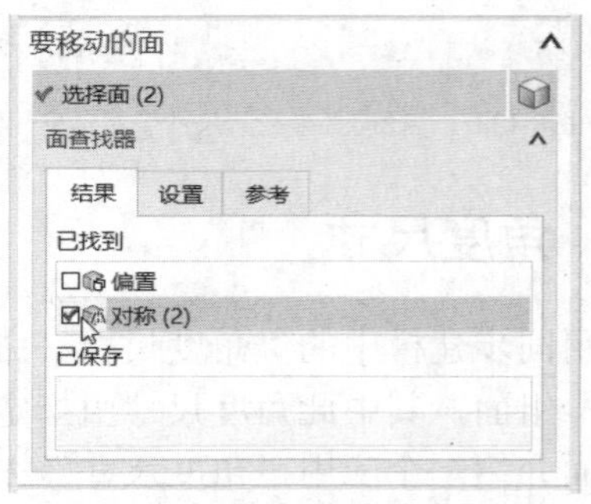

图8-140　使用面查找器

7 在“角度”选项组中将角度值更改为 72，如图 8-141 所示。

8 单击“确定”按钮，结果如图 8-142 所示。

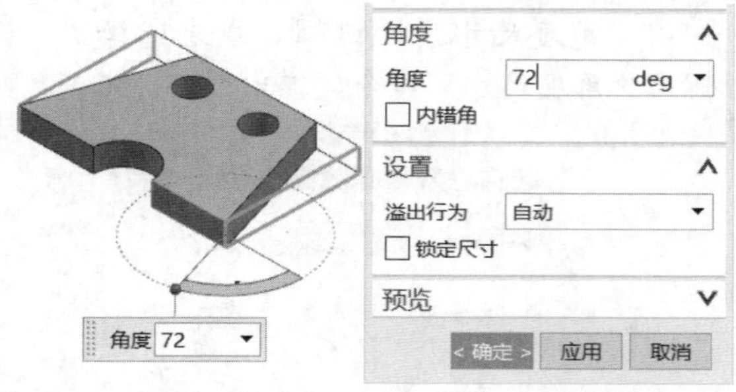

图8-141　更改角度值

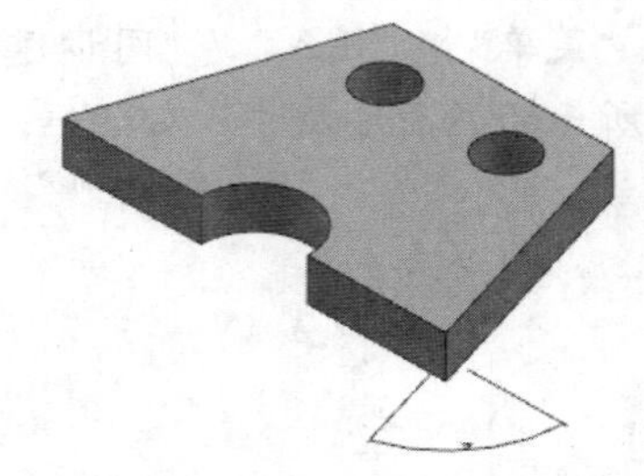

图8-142　使用“角度尺寸”修改面的结果

8.9 优化

本节主要介绍“优化面”命令和“替换圆角”命令的应用。

8.9.1 优化面

使用“优化面”命令，可以通过简化曲面类型、合并表面、提高边精度及识别倒圆来优化面。在导入到 NX 中的模型中，如果使用“优化面”命令，则可以将 B 曲面转换为解析面。

在“同步建模”面板中单击“更多”/“优化面”按钮，或者选择“菜单”/“插入”/“同步建模”/“优化”/“优化面”命令，系统弹出图 8-143 所示的“优化面”对话框。

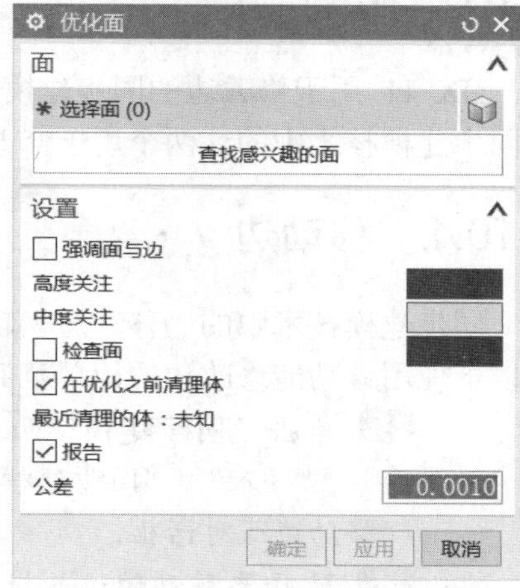

图8-143 “优化面”对话框

利用该对话框的“面”选项组选择要优化的面，而在“设置”选项组中可以设置如下主要选项、参数。

- “强调面与边”复选框：选中此复选框，则在选择任意一个面之前，高亮显示高度与中度关注的对象。可以分别为高度关注的对象和中度关注的对象设置高亮显示的颜色。
- “在优化之前清理体”复选框：选中此复选框，通过移除残缺几何体与坏的拓扑使其成为有效体。
- “报告”复选框：选中此复选框时，将显示优化面报告。

8.9.2 替换圆角

使用“替换圆角”命令，可以将类似于圆角的面转换为滚球倒圆，如图 8-144 所示。使用此命令处理导入到 NX 中的模型的 B 曲面特别适用。

在“同步建模”面板中单击“更多”/“替换圆角”按钮，或者选择“菜单”/“插入”/“同步建模”/“优化”/“替换圆角”命令，弹出图 8-145 所示的“替换圆角”对话框。在“要替换的面”选项组中单击“选择面”按钮，在图形窗口中选择类似于圆角的面以替换成圆角。在“半径”选项组中选中“继承面的半径”复选框以从选择的面决定半径，或者在“半径”文本框中输入一个新半径值。在“设置”选项组中设置形状匹配程度，以及设置是否强调面等。

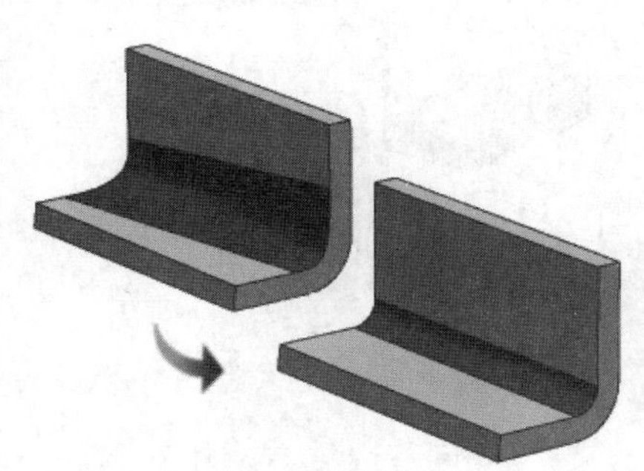
图8-144 替换圆角示例

图8-145 “替换圆角”对话框

8.10　修改边

NX 11 用于修改边的同步建模技术主要包括“移动边”和“偏置边”，本节结合范例介绍同步建模技术中的这两个用于修改边的功能。

8.10.1　移动边

同步建模技术中的“移动边”功能用于从当前位置移动一组边并调整相邻面以适应，请看以下使用该功能修改边的简单范例（配套的范例源文件为“\DATA\CH8\bc_8_10.prt”）。

1. 单击“同步建模”面板中的“更多”/“移动边”按钮，或者选择“菜单”/“插入”/“同步建模”/“边”/“移动边”命令，弹出如图 8-146 所示的“移动边”对话框。
2. 选择要移动的边，接着在“变换”选项组的“运动”下拉列表框中选择“距离-角度”选项，选择“ZC 轴”图标选项指定距离矢量，从“指定枢轴点”下拉列表框中选择“自动判断的点”图标选项或“端点”图标选项，并在模型中选择所需边的终点，然后在“距离”文本框中设置距离值为 20mm，在“角度”文本框中设置角度值为 15deg，如图 8-147 所示。
3. 在“设置”选项组的“终止面行为”下拉列表框中选择“延伸”选项。
4. 单击“确定”按钮，移动所选边时相邻面也适应调整，结果如图 8-148 所示。

8.10.2　偏置边

同步建模技术中的“偏置边”功能用于从当前位置偏置一组边并调整相邻面以适应。其操作方法也较为简单，单击“同步建模”面板中的“更多”/“偏置边”按钮后，弹出“偏置边”对话框，接着选择要偏置的边，并在“偏置”选项组中指定偏置方法为“沿面”或“沿边所在的平面”，并设置相应的偏置参数，以及在“设置”选项组中设置终止面行为为“延伸”或“变形”，然后单击“应用”按钮或“确定”按钮。偏置边的典型操作图解示例如图 8-149 所示，示例中要偏置的边为相切边（在选择要偏置的边时，可借助“选择条”工具栏中的“曲线规则”选项辅助选择，例如在示例中，“曲线规则”选项可设置为“相切曲线”）。

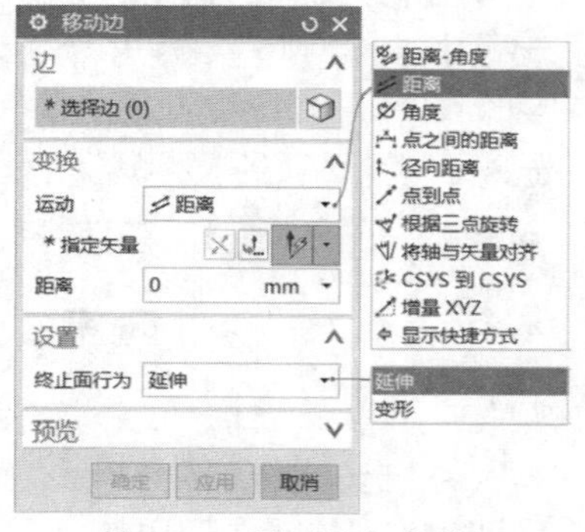

图8-146　“移动边”对话框

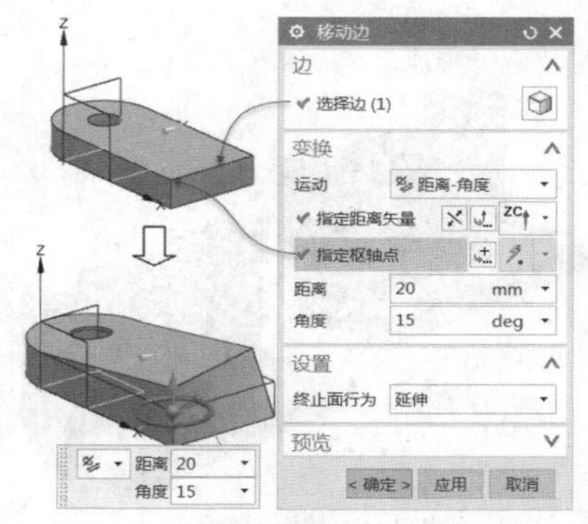

图8-147　选择要移动的边和设置相关变换参数等

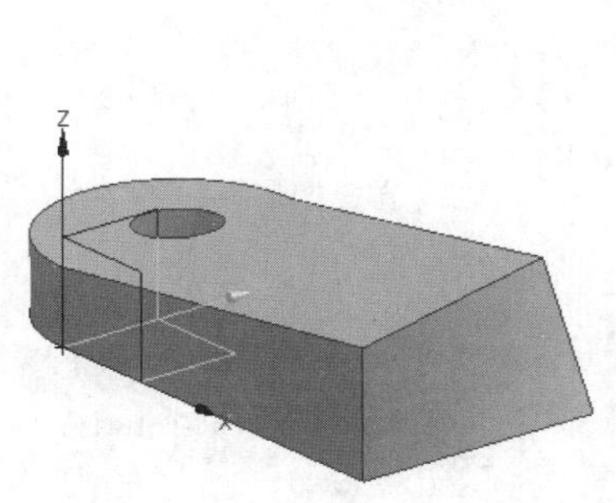

图8-148 移动边结果

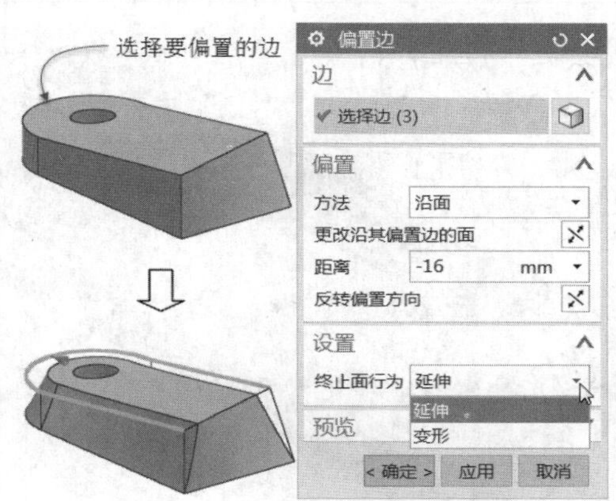

图8-149 偏置边的典型操作图解示例

8.11 本章综合设计范例

本节介绍一个使用同步建模命令修改外来数据模型的典型综合范例。在该综合范例中主要使用了“移动面”命令、“拉出面”命令、“偏置区域”命令、“调整圆角大小”命令、“删除面”命令和“线性尺寸”命令等。本综合范例修改完成后的模型效果如图 8-150 所示。

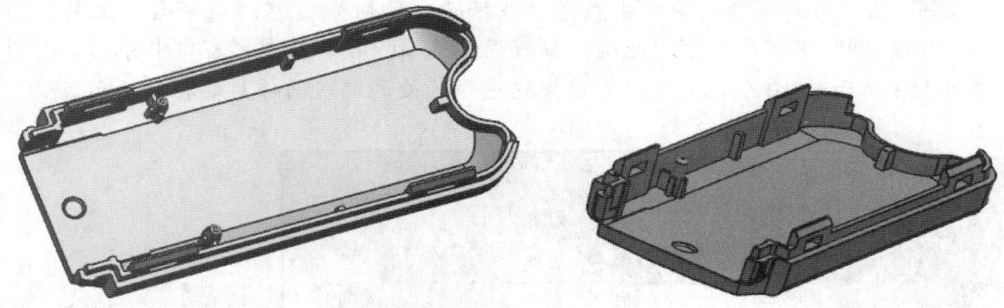

图8-150 使用同步建模命令修改完成后的模型效果

本综合设计范例具体的操作步骤如下。

一、打开素材文件并切换到历史记录模式

1 在“快速访问”工具栏中单击“打开”按钮，或者按“Ctrl+O”快捷键，系统弹出“打开”对话框，利用该对话框选择本书配套的“\DATA\CH8\bc_8_11.prt”素材文件，然后单击“OK”按钮。该素材文件中已经导入外来模型数据，其原始模型如图 8-151 所示。

2 在图形窗口左侧的竖排资源条中单击“角色”图标按钮，接着选择“内容”节点下的“高级”角色选项按钮以加载“高级”角色。加载“高级”角色后，在资源条中单击“部件导航器”图标按钮以切换至部件导航器。

3 单击“菜单”按钮菜单(M)，接着选择“插入”/“同步建模”/“历史记录模式”命令，系统弹出图 8-152 所示的“建模模式”对话框来警示用户，单击“是”按钮，从而切换到历史记录建模模式。

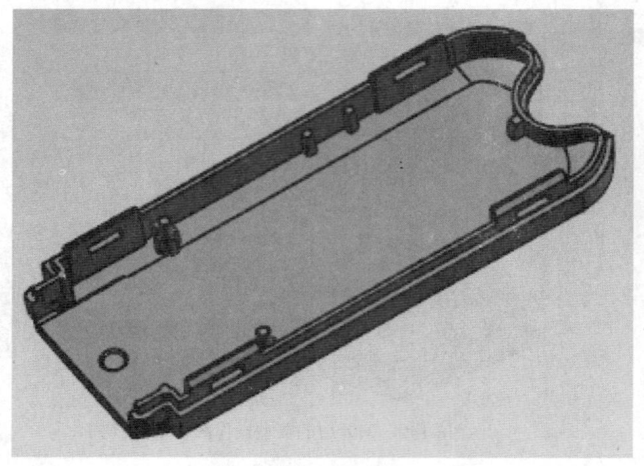

图8-151　原始模型

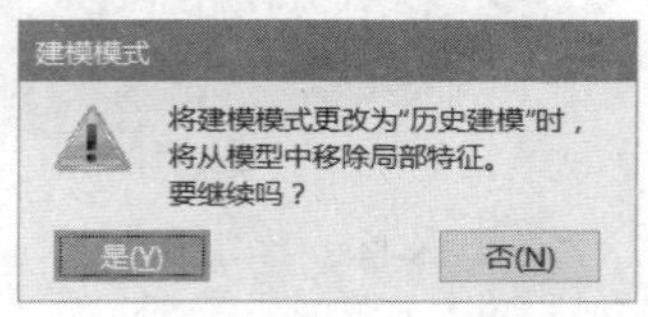

图8-152　更改建模模式的警示信息

二、移动面

1 单击功能区的“主页”选项卡的“同步建模”面板中的“移动面”按钮，或者选择“菜单”/“插入”/“同步建模”/“移动面”命令，系统弹出“移动面”对话框。

2 在“面”选项组中单击激活“选择面”按钮，在“选择条”工具栏的“面规则”下拉列表框中选择“筋板面”选项，接着在图形窗口中分别单击图 8-153 所示的 10 个位置处，以选中这些位置处的筋板面作为要移动的面。

图8-153　选择要移动的面

3 在“变换”选项组的“运动”下拉列表框中选择“距离”选项，从“指定矢量”下拉列表框中选择“YC 轴”图标选项定义矢量，在“距离”文本框中输入“1.2”，如图 8-154 所示。另外，在“设置”选项组的“移动行为”下拉列表框中选择“移动和改动”选项，在“溢出行为”下拉列表框中默认选择“自动”选项，在“阶梯面”下拉列表框中默认选择“无”选项。

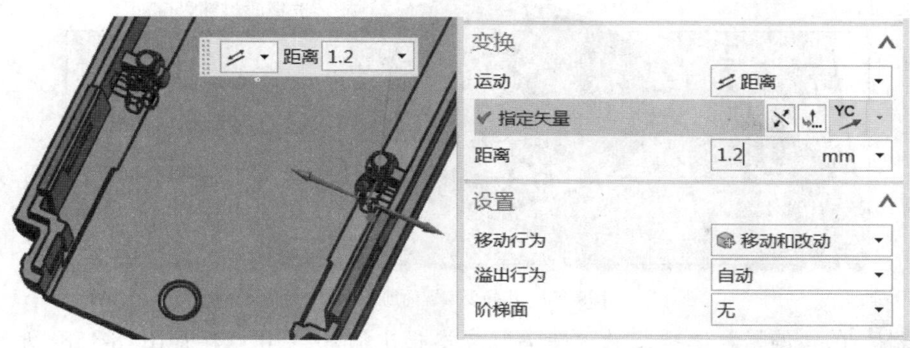

图8-154　设置变换内容

4 在“移动面”对话框中单击“确定”按钮。

三、拉出面

1 在“同步建模”面板中单击“更多”/“拉出面”按钮，或者选择“菜单”/“插入”/“同步建模”/“拉出面”命令，弹出“拉出面”对话框。

2 在“面”选项组中单击激活“选择面”按钮，在图形窗口中选择图 8-155 所示的面作为要拉出的面。

3 在“变换”选项组中，设置运动类型为“距离”，选择“-YC”图标选项定义拉出矢量，距离设置为 0.3，如图 8-156 所示。

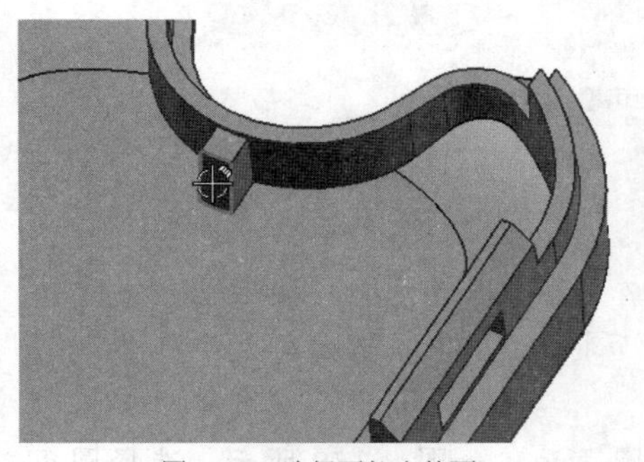

图8-155　选择要拉出的面

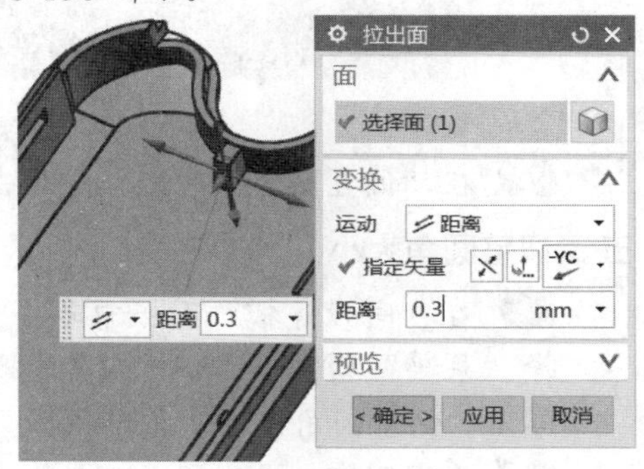

图8-156　设置拉出面的变换参数

4 在“拉出面”对话框中单击“确定”按钮。

四、使用“偏置区域”命令修改模型

1 在“同步建模”面板中单击“偏置区域”按钮，或者选择“菜单”/“插入”/“同步建模”/“偏置区域”命令，系统弹出“偏置区域”对话框。

2 选择要偏置的面。在“选择条”工具栏的“面规则”下拉列表框中选择“单个面”选项，在图形窗口中选择两个圆柱周围相连的筋骨侧表面，一共选择了 16 个与圆柱相连的筋骨侧表面，如图 8-157 所示。注意偏置方向。

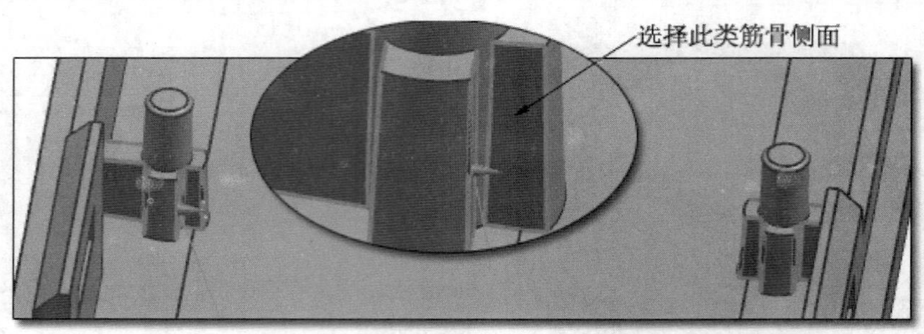

图8-157　选择要偏置的筋骨侧面

3 在“偏置”选项组的“距离”文本框中输入“-0.1”，如图 8-158 所示。在这里输入负值实现了反向偏置来减少筋骨的体积。另外，在“设置”选项组的“溢出行为”下拉列表框中默认选择“自动”选项。

图8-158　设置偏置距离

4 在“偏置区域”对话框中单击“确定”按钮。

五、调整圆角大小

1 在“同步建模”面板中单击“更多”/“调整圆角大小”按钮，或者选择“菜单”/“插入”/“同步建模”/“细节特征”/“调整圆角大小”命令，弹出“调整圆角大小”对话框。

2 在图形窗口中选择要调整大小的两处圆角面，如图 8-159 所示。选择圆角面后，可以看出这两个圆角面的原始半径为 0.1mm。

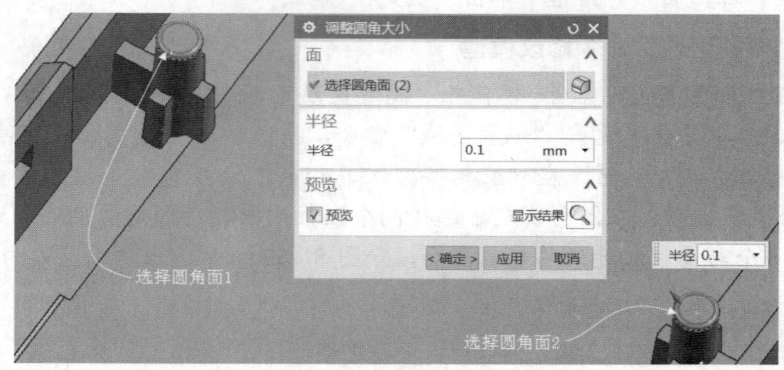

图8-159　选择两处圆角面

3 在“半径”选项组的“半径”文本框中设置新的圆角半径值为 0.3mm，如图 8-160 所示。

4 单击“确定”按钮。

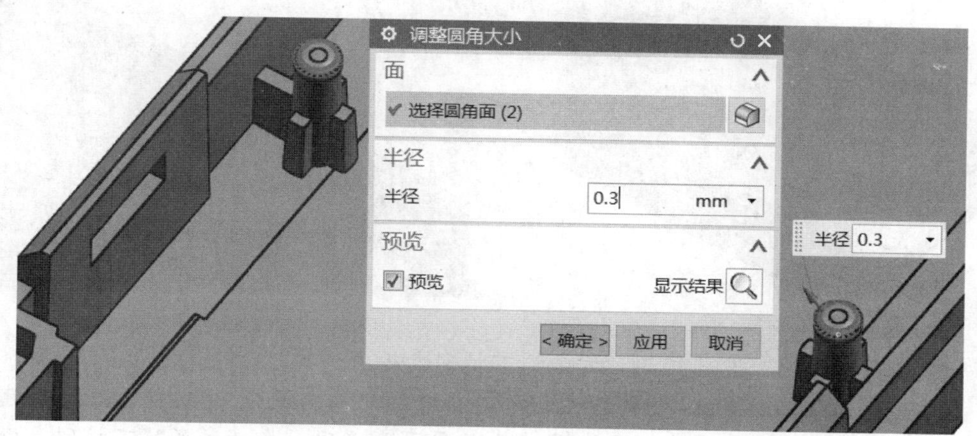

图8-160　调整圆角大小

六、删除面

1 在“同步建模”面板中单击“删除面”按钮，或者选择“菜单”/“插入”/“同步建模”/“删除面”命令，弹出“删除面”对话框。

2 从“类型”选项组的“类型”下拉列表框中选择“面”选项。

3 选择要删除的面。从“选择条”工具栏的“面规则”下拉列表框中选择“筋板面”选项，接着在图形窗口中单击图 8-161 所示的一组筋骨的任一表面，从而选中整个筋板面。

4 在“设置”选项组中确保选中“修复”复选框。

5 单击“确定”按钮，从而将所选的面删除掉，结果如图 8-162 所示。

图8-161　选择筋板面作为要删除的面

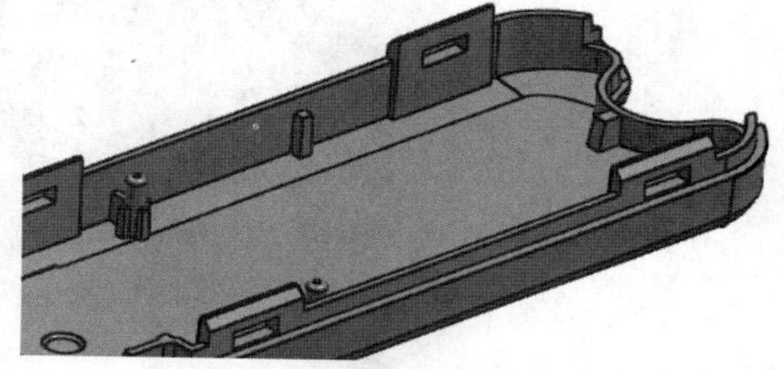

图8-162　删除筋板面后的效果

七、使用“线性尺寸”将一组筋骨面往壳体尾部移动

1 在“同步建模”建模中单击“更多”/“线性尺寸”按钮，或者选择“菜单”/“插入”/“同步建模”/“尺寸”/“线性尺寸”命令，弹出“线性尺寸”对话框。

2 “原点”选项组中的“选择原始对象”按钮处于激活状态，在图形窗口中单击图 8-163 所示的一条边。

3 激活“测量”选项组中的“选择测量对象”按钮，在图形窗口中单击一个筋骨上的一条短边，如图 8-164 所示。

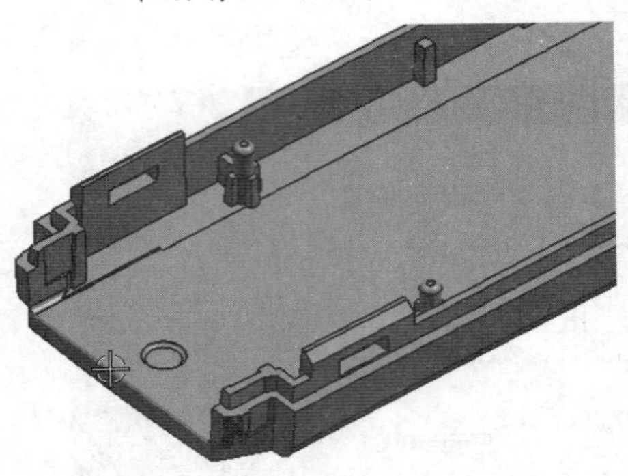

图8-163 选择原始对象（指定原点）

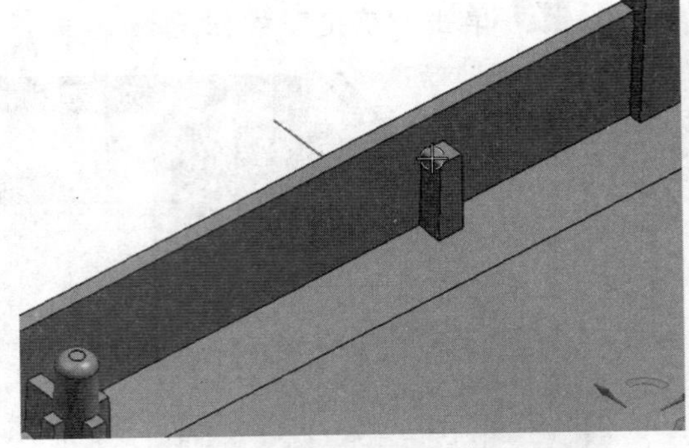

图8-164 选择测量对象

4 在“方位”选项组的“方向”下拉列表框中选择“OrientXpress”选项，接着在“OrientXpress”子选项组的“方向”下拉列表框中选择“Y 轴”选项，在“刨”下拉列表框中选择“X-Y 平面”选项，在“参考”下拉列表框中选择“绝对-工作部件”选项，然后在图形窗口中移动鼠标指针定义尺寸预览并单击要求的放置位置，如图 8-165 所示。

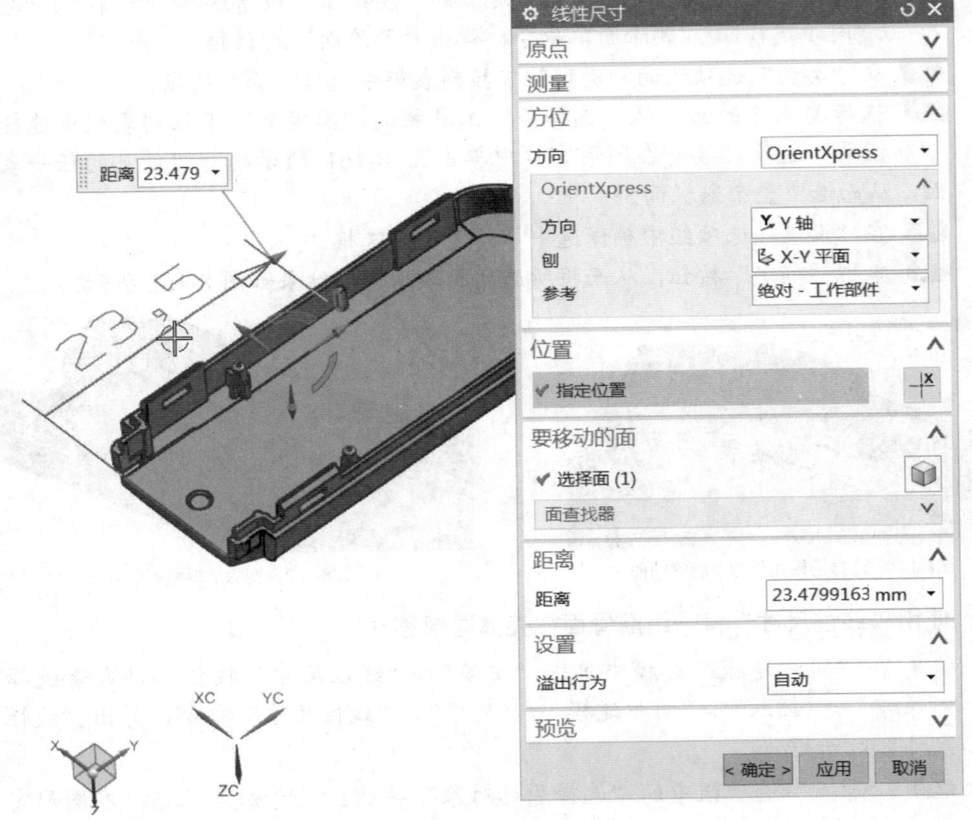

图8-165 定位方位和位置

5 在“要移动的面”选项组中单击“选择面”按钮，从“选择条”工具栏的“面规则”下拉列表框中选择“筋板面”选项，单击该筋骨的一个适合的面以选择其 4 个面作为要移动的面，如图 8-166 所示。也可以使用其他面规则选项来辅助选择，例如，以“单个面”方法来选择。

6 在“距离”选项组的“距离”文本框中输入“24.5”，如图 8-167 所示。

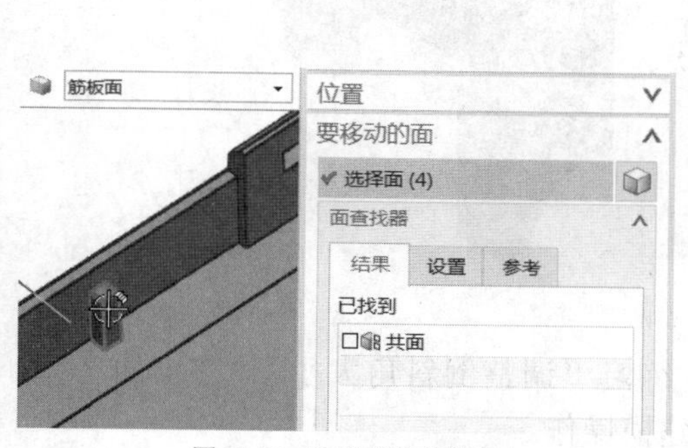

图8-166 选择要移动的面

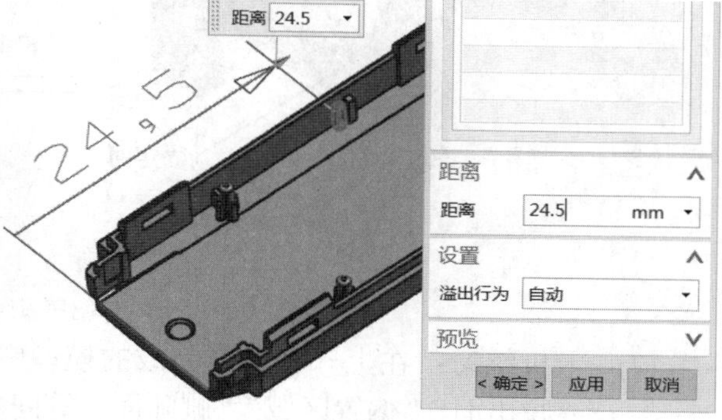

图8-167 修改线性尺寸

7 在“线性尺寸”对话框中单击“确定”按钮。

八、保存文件

单击“保存”按钮将该模型文件保存。

8.12 本章小结

NX 11 同步建模提供了基于特征的建模技术，它支持历史记录模式和无历史记录模式。同步建模技术具有较高的设计效率，并增强了遗留数据的重用性，具有方便、灵活地操控非参数化几何体的出众能力。

本章首先介绍了同步建模技术的一些入门知识，包括同步建模技术概述、同步建模工具和建模模式；接着结合大量的范例分别介绍修改面、细节特征与抽壳、组合面、删除面、重用数据、相关几何约束变换、尺寸约束变换、优化和同步修改边等主要知识点。

同步建模技术在修改外来模型上是很实用的，尤其在产品开模前的细节处理上非常有用。使用同步建模技术修改模型，通常不需要考虑模型的来源、相关性或特征历史。因此，读者一定要认真学习并掌握本章所介绍的同步建模知识。

8.13 思考与练习

(1) 如何理解同步建模的概念及其用途？
(2) NX 11 的两种建模模式分别是什么？如何切换建模模式？
(3) 同步建模中的修改面命令包括哪些？它们的功能含义分别是什么？
(4) 如何调整圆角大小？
(5) 同步建模中的重用命令包括哪些？它们的功能含义分别是什么？
(6) 上机练习：打开本书配套光盘提供的练习文件

"\DATA\CH8\bc_8_13_ex6.prt"，使用"设为垂直"命令移动一组面，要求移动面经过指定的一个点。该练习操作示例如图 8-168 所示。

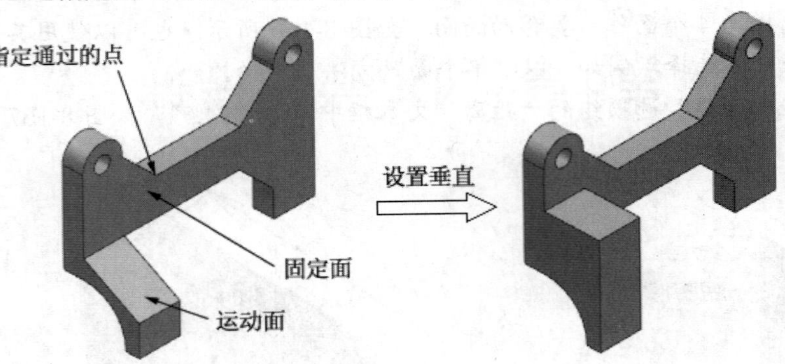

图8-168　练习操作示例

(7) 上机练习：在上一个练习完成的模型中，练习"调整倒斜角大小""移出面""拉出面""偏置区域""删除面"等同步建模操作。

(8) 扩展学习：在"同步建模"面板的"更多"列表中还提供了一个"编辑横截面"按钮，使用该按钮可以通过在草图中编辑横截面来修改一个实体或片体。请参阅其他书籍或 NX 11 帮助文档来研习该功能的应用。

第9章　NX 装配设计

本章导读

零件设计好了，可以将它们按照一定的约束关系装配起来以组成一个零部件或完整的产品模型。NX 11 提供了专门的装配应用模块，在该模块中可以使用相关的装配命令进行装配设计。装配命令也可以在其他应用模块（如“基本环境”“建模”“制图”“加工”“NX 钣金”和“外观造型设计”应用模块）中使用。

本章将深入浅出地介绍 NX 装配设计，具体内容包括装配入门、引用集应用、装配约束、组件应用、爆炸视图、装配检查和装配序列等。在本章的最后，还介绍一个装配综合应用范例。

9.1　装配入门

通过前面的学习，读者应该可以根据设计要求来设计单个的零件，当零件设计好了之后，通常还需要通过配对条件、连接关系等将零件组装起来以构成一个零部件或一个完整的产品模型，这就是装配设计。当然，在进行装配设计时，也可以进行零件设计。

本节主要介绍装配入门的这些知识：装配术语、新建装配部件文件、装配导航器、典型装配方法和装配首选项设置等。

9.1.1　NX 装配术语

在深入介绍装配设计内容之前，首先介绍 NX 虚拟装配的几个术语，包括 NX 装配、子装配、组件对象、组件部件文件、引用集、显示部件和工作部件。读者刚开始接触这些术语时，可能不太容易理解它们，但这不要紧，读者可以继续系统地学习其他装配设计知识，到时便会潜移默化地理解和掌握这些装配术语了。

一、NX 装配

NX 装配是一个包含组件对象（组件对象是指向独立部件或子装配的指针）的部件文件。换个角度来说，一个 NX 装配部件是由零件部件和子装配组合而成的。

二、子装配

子装配是在更高级别装配中用作组件的装配。子装配是一个相对的概念，任何一个装配部件都可以在更高级别的装配中用作子装配。一个 NX 装配中可以包含有若干个子装配。

三、组件对象

组件对象是指向包含组件几何体的文件的非几何指针。在部件文件中定义组件后，该部

件文件将拥有新的组件对象。此组件对象允许在装配中显示组件，而无须复制任何几何体。

一个组件对象会存储组件的相关信息，如图层、颜色、相对于装配的组件的位置数据、文件系统中组件部件的路径、要显示的引用集。

图 9-1 所示为典型的 NX 装配结构关系，其中 A 表示顶层装配，B 表示顶层装配引用的子装配，C 表示装配引用的零件或独立部件，D 表示装配文件中的组件对象。

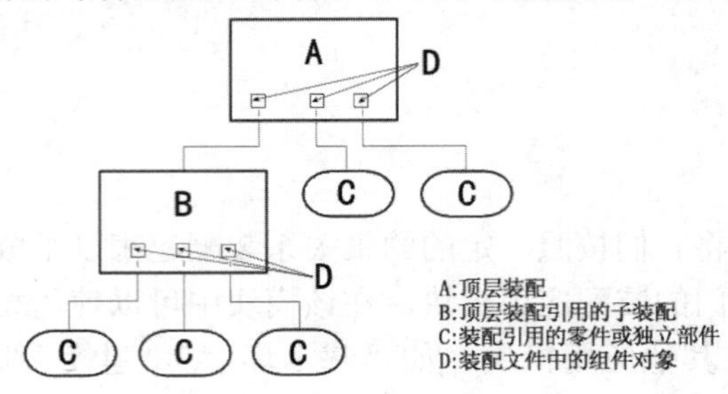

图9-1　典型的 NX 装配结构关系

四、组件部件

组件部件是被装配中的组件对象所引用的部件文件。组件部件中存储的几何体在装配中是可见的，但未被复制，它们只是被虚拟引用。

五、引用集

引用集是在装配组件中定义的数据子集，是组件部件或子装配中对象的命名集合，并且引用集可用来简化较高级别装配中组件部件的表示。在对装配进行编辑时，用户可以通过显示组件或子装配的引用集来减少显示的混乱和减低内存使用量。

引用集可以含有这些数据：①名称；②几何对象、基准、坐标系和组件对象；③属性（用于一个部件清单的非几何信息）。可以将引用集分为两类，一类是由 NX 管理的自动引用集，另一类则是用户定义的引用集。

六、显示部件与工作部件

当前显示在图形窗口中的部件被称为显示部件。工作部件是一种可以在其中创建和编辑几何体的部件，在该部件中还可以添加组件。注意工作部件与显示部件可以不是同一个部件。当显示部件是装配时，可以将工作部件更改为其任意组件，但已卸载的部件和使用显示部件中的不同单元所创建的部件除外。

要改变工作部件，可以在装配应用模块的单击“菜单”按钮 菜单(M)▾ 并接着选择“装配”/“关联控制”/“设置工作部件”命令，系统弹出图 9-2 所示的“设置工作部件”对话框。从“选择已加载的部件”列表框或图形窗口中选择所需部件，然后单击“确定”按钮即可，工作部件在图形窗口中高亮显示。另外，改变工作部件的方法还有：在图形窗口中双击组件，或者在图形窗口中选择组件并利用右键快捷菜单等。

要改变显示部件，那么可以在单击“菜单”按钮 菜单(M)▾ 后选择“装配”/“关联控制”/“设置显示部件”命令，接着在装配导航器中选择一个部件，单击“确定”按钮即可。在显示部件中，可以设置显示父项，其方法是在装配导航器中右击显示部件，接着从弹出的快捷菜单中选择“显示父项”命令，如图 9-3 所示，然后从下一级菜单中选择父项组件。

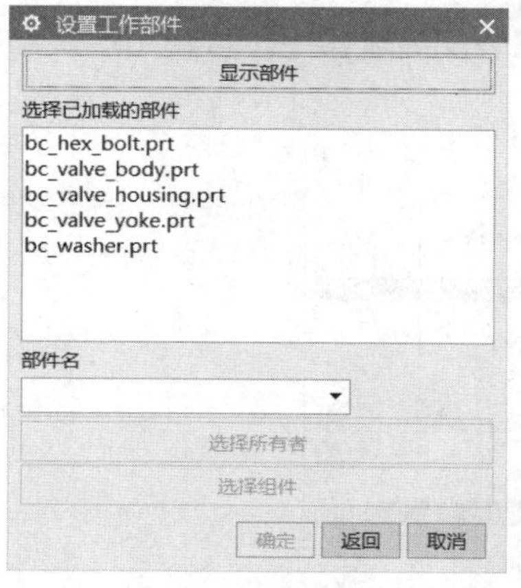

图9-2 “设置工作部件”对话框

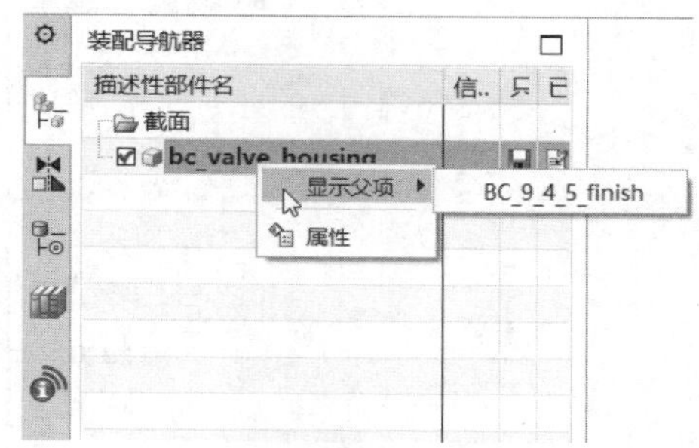

图9-3 选择显示父项

9.1.2 新建装配部件文件

NX 11为用户提供一个专门的装配应用模块。使用此装配应用模块，可以在真正开始构建或制作模型之前创建零件的数字表示，可以测量装配中部件间的静态间隙、距离和角度，可以设计部件以适合可用空间，可以定义部件文件之间的各种类型的链接，可以创建布置以显示组件处于备选位置时装配的显示方式，以及可以定义序列以显示装配或拆除部件所需的运动等。

用户可以新建一个使用“装配”模板的装配部件文件，其方法步骤和创建其他部件文件的方法步骤是基本一样的，即启动NX 11后，在“快速访问”工具栏中单击“新建”按钮，或者按“Ctrl+N”快捷键，系统弹出一个“新建”对话框，接着切换至“模型”选项卡，并在该选项卡的“模板”选项组中选择名称为“装配”的一个模板（其默认主单位为毫米）；在“新文件名”选项组中设定新文件的名称，以及要保存到的文件夹，然后单击“确定”按钮。

新装配部件文件的初始设计工作界面如图9-4所示。该工作界面由标题栏、功能区、上边框条、导航器、图形窗口（图形窗口也称“模型窗口”或“绘图区域”）和状态栏等部分组成。

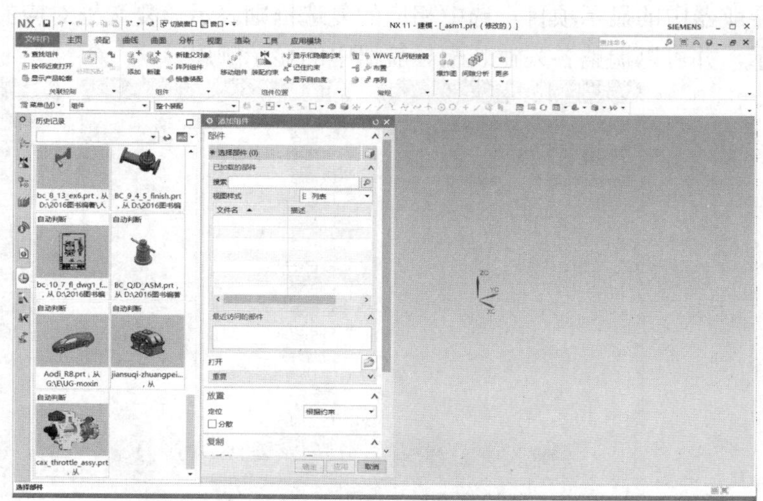

图9-4 新装配部件文件的初始设计工作界面

9.1.3 装配导航器

在位于图形窗口左侧的资源板中单击资源条上的“装配导航器”按钮

，便打开图 9-5 所示的“装配导航器”对话框。在装配导航器中，可使用层次结构树显示装配结构、组件属性以及成员组件间的约束等。

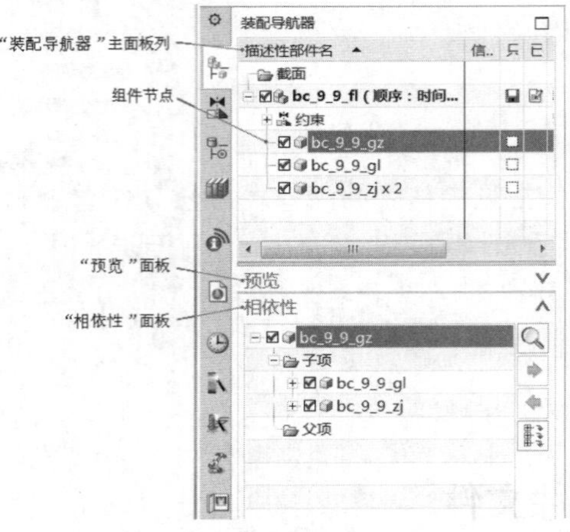

图9-5　装配导航器

装配导航器中的“装配导航器”主面板列用于标识特定组件，并显示层次结构树；组件节点用于显示与单独的组件相关的信息；预览面板用于显示所选组件的已保存部件预览；相依性面板用于显示所选装配或零件节点的父-子相依性。

装配的每个组件在装配导航器中都显示为装配树中的一个节点。每个节点都由一个复选框、图符、部件名称及附加的栏组成。如果部件是一个装配或子装配时，那么还将显示有展开/折叠符号。

使用装配导航器主要可以执行这些操作：查看显示部件的装配结构，将命令应用于特定组件，通过将节点拖到不同的父项对结构进行编辑，标识组件和选择组件。

可以设置装配导航器的属性，其方法是在装配导航器窗口的合适位置处单击鼠标右键，从弹出的快捷菜单中选择“属性”命令，打开图 9-6 所示的“装配导航器属性”对话框，从中对“常规”“列”和“过滤器设置”等属性内容进行设置。其中，“列”选项卡列出了装配导航器中的显示项目，选中相应的复选框则表示该复选框对应的项目列将在装配导航器中显示，并可以调整各列在装配导航器中的显示顺序。

（a）“常规”选项卡　（b）“列”选项卡　（c）“过滤器设置”选项卡

图9-6　“装配导航器属性”对话框

9.1.4 典型装配建模方法

在 NX 11 中，可以使用两种典型的装配建模方法，一种是自底向上装配建模，另一种则是自顶向下装配建模。

一、自底向上装配建模

自底向上装配建模是一种常见的传统装配建模方法。在自底向上装配建模中，通常要先创建好所需的零件，然后按照设计要求将它们一一添加到装配中。

使用自底向上装配建模方法时，单击“添加组件”按钮，可以创建引用现有部件的新组件，也就是将组件添加到装配中。

二、自顶向下装配建模

自顶向下装配建模是一种要求相对高些的装配建模方法。采用自顶向下装配建模时，可以在装配级别创建几何体，并且可以将几何体移动或复制到一个或多个组件中。

在使用自顶向下装配建模时，需要理解上下文中设计的概念。上下文中设计是一种过程，在此过程中，可引用另一部件中的几何体来在新组件中定义几何体，对组件部件的改变可以立即在装配中显示。注意当在装配上下文中工作时，NX 的许多功能允许选择来自于非工作部件的几何体。

在自顶向下装配建模中，除了可以在装配中建立几何体（草图、实体、片体等）及建立一个新组件并添加几何体到其中之外，还可以在装配中建立一个“空”组件对象，使“空”组件成为工作部件，然后在此组件部件中建立所需几何体。

当然，在一些实际设计场合中，会将自顶向下装配建模和自底向上装配建模结合在一起。

9.1.5 装配首选项设置

在使用装配应用模块时，用户可以根据自身情况来自定义装配首选项（通常接受 NX 系统默认的装配首选项设置即可）。

要更改默认的装配首选项设置，则可以在装配应用模块的“文件”选项卡中选择“首选项”/“装配”命令，弹出图 9-7 所示的“装配首选项”对话框，从中可进行工作部件、生成缺失的部件族成员、描述性部件名样式和装配定位等内容的装配首选项设置。

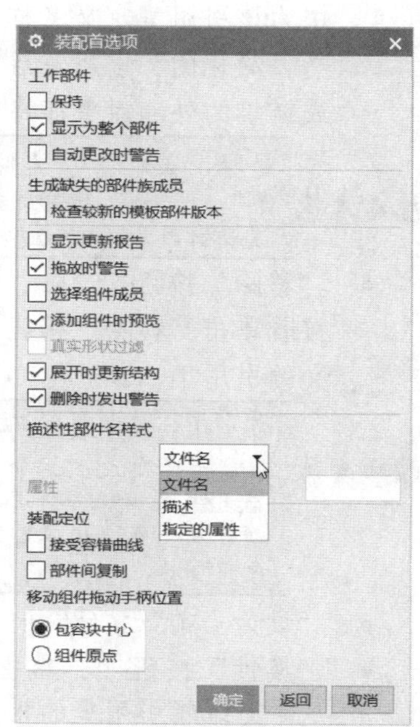

图9-7 “装配首选项”对话框

9.2 引用集应用

在 9.1.1 小节中已经对“引用集”这个术语作了简单的解释，本节将进一步介绍引用集的应用知识。

在一些大型的装配设计中，如果要显示其中所有的

组件和子装配部件的所有内容，那么容易出现图形显示混乱的现象，而且还会占用大量的计算机内存，这样不利于实际装配工作的操作和管理。而用好 NX 中的引用集，则可以通过限定组件装入装配中的信息数据量来有效地处理上述问题。也就是说一个管理出色的引用集策略，可以有效缩短加载时间，减少内存使用，使图形显示更整齐。使用引用集的原因主要有如下两个。

- 过滤组件部件中不需要的对象，使它们不出现在装配中。
- 使用备选几何体或比完整实体简单得多的几何体来表示装配中的组件部件，这样会使装配部件文件小，操作效率高。

"菜单"/"格式"/"引用集"命令主要用于创建或编辑引用集，这些引用集控制从每个组件加载并在装配环境中查看的数据量。选择"菜单"/"格式"/"引用集"命令，系统弹出图 9-8 所示的"引用集"对话框。下面介绍该"引用集"对话框中几个主要按钮的功能含义。

- "添加新的引用集"按钮：单击此按钮，即可生成一个新的引用集，此时新引用集的默认名称显示在"引用集"对话框的"引用集名称"文本框中。可以在该文本框中修改新引用集的名称，并可以选择要添加到该引用集的对象，或者按住"Shift"键去选择对象以将该对象从当前引用集中移除。使用组件或子装配部件文件时，用户可以创建"模型"引用集和"简化的"引用集。"模型"引用集仅显示完成的模型；"简化的"引用集在用户默认设置中为该引用集定义名称时会自动保留它，在定义"简化的"引用集后，创建的任何包裹装配或链接的外部对象都将自动添加到该引用集。

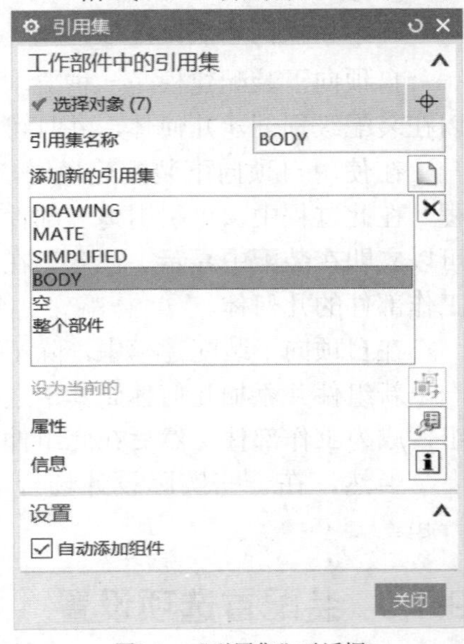

图9-8　"引用集"对话框

选择"菜单"/"文件"/"实用工具"/"用户默认设置"命令，打开"用户默认设置"对话框，接着选择"装配"/"本地标准"选项，可以在"引用集"选项卡中重新设置引用集的默认选项。

- "移除"按钮：在"引用集"对话框的引用集列表中选择要移除的引用集，接着单击"移除"按钮，即可将所选的引用集移除。注意无法移除系统预定义的引用集，如"空"引用集和"整个部件"引用集。

每个组件或子装配的每个部件文件中都存在两个引用集显示条件，一个是"空"引用集，另一个是"整个部件"引用集。"空"引用集在图形窗口中不显示任何内容，倘若组件用"空"引用集表示，那么它会被视为已排除的引用集，此时装配导航器中相应节点的复选框不可用，用户必须将"空"引用集替换为有效的引用集才能查看其内容。"整个部件"引用集在图形窗口中显示所有组件对象。

- "设为当前"按钮：用于将指定工作部件设为当前引用集。
- "属性"按钮：单击此按钮，弹出图 9-9 所示的"引用集属性"对话框，从中可编辑引用集的相关属性参数。
- "信息"按钮：用于显示高亮引用集的信息。单击此按钮，系统弹出图 9-

10所示的信息窗口，其中显示了所选引用集的相关信息。

图9-9 “引用集属性”对话框

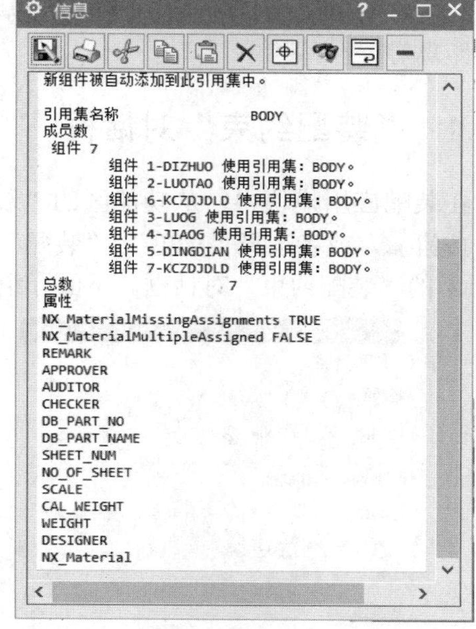

图9-10 信息窗口

当工作在一个装配的上下文时，有时需要改变各种组件的显示以查看不同引用集。这就需要执行“替换引用集”的操作。替换引用集的操作较为灵活，用户可以在装配导航器的组件节点上右击并从弹出的快捷菜单中选择“替换引用集”命令，如图9-11所示，此时打开一个提供当前组件已有引用集的级联菜单，从中选择一个引用集即可。另外，也可以在装配导航器或图形窗口中选择所需组件后，从功能区的“装配”选项卡中单击“更多”/“替换引用集”按钮，弹出“替换引用集”对话框，如图9-12所示，从中选择一个可用的引用集选项，单击“应用”按钮或“确定”按钮，从而完成为选定的组件选择要显示的引用集。

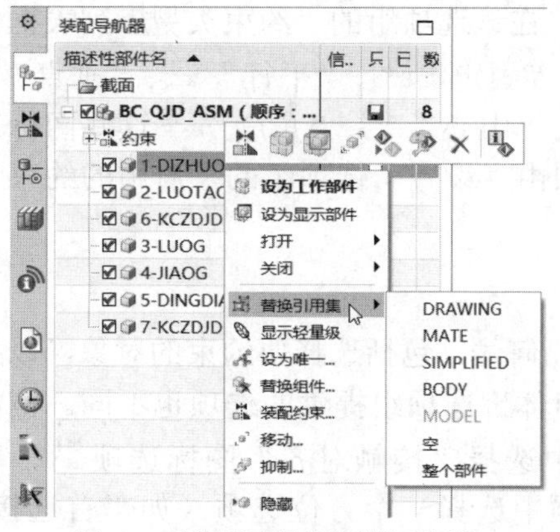

图9-11 利用装配导航器替换引用集

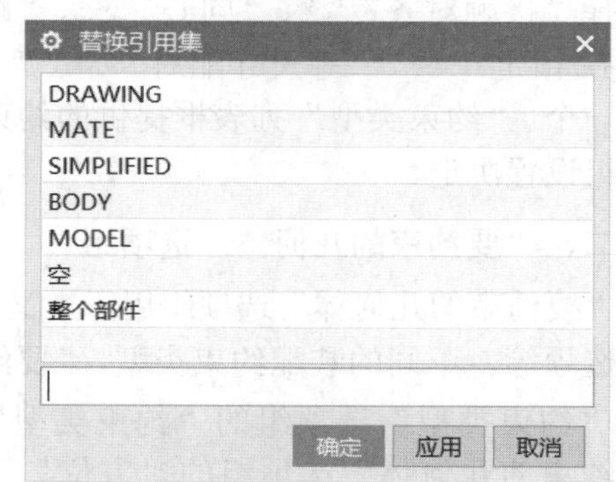

图9-12 “替换引用集”对话框

9.3 装配约束

在进行装配设计时，通常需要使用“装配约束”命令去定义组件在装配中的位置。例

如，使用“装配约束”命令去约束组件使它们相互接触或相互对齐，或者指定组件已固定到位，或者将两个或更多组件胶合在一起以使它们一起移动，或者定义组件中所选对象之间的最短距离等。

9.3.1 “装配约束”对话框

在装配应用模块中，从功能区的“装配”选项卡的“组件位置”面板中单击“装配约束”按钮，或者选择“菜单”/“装配”/“组件位置”/“装配约束”命令，系统弹出图 9-13 所示的“装配约束”对话框。下面介绍“装配约束”对话框主要选项组的功能含义。

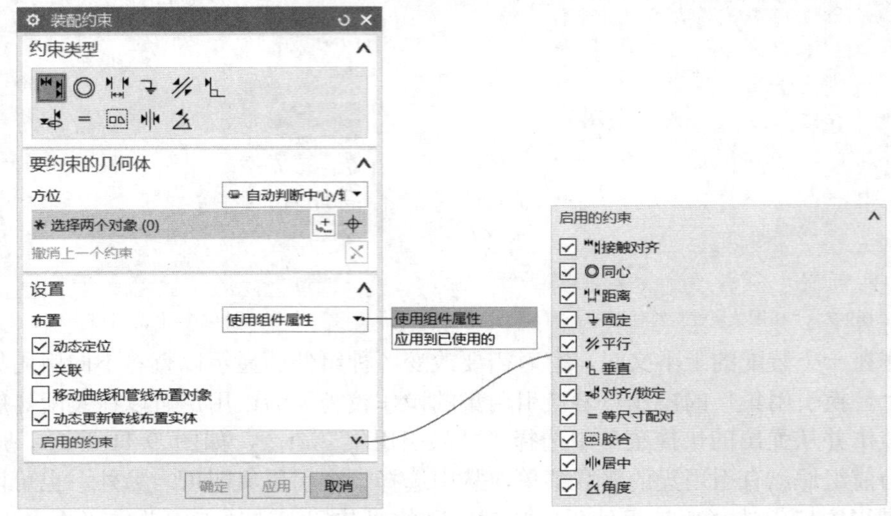

图9-13 “装配约束”对话框

一、“约束类型”选项组

“约束类型”选项组用于指定装配约束的类型。在该选项组的“约束类型”列表框中可以选择“接触对齐”、“同心”、“距离”、“固定”、“平行”、“垂直”、“对齐/锁定”、“等尺寸配对”、“胶合”、“中心”、“角度”这些图标选项中的一个。“约束类型”列表框提供的约束图标选项由“设置”选项组的“启用的约束”子选项组设置决定。

二、“要约束的几何体”选项组

“要约束的几何体”选项组用于定义要约束的几何体，包括选择要约束的对象，以及相关的选项等。不同的装配约束类型，“要约束的几何体”选项组提供的选项也不同。例如，当在“约束类型”选项组的“约束类型”列表框中选择“接触对齐”图标选项，则在“要约束的几何体”选项组的“方位”下拉列表框中选择一个方位选项（如“首选接触”“接触”“对齐”或“自动判断中心/轴”，“方位”下拉列表框仅在“约束类型”为“接触对齐”约束选项时才出现），并根据所选方位选项选择所需的对象，如果存在多个可能的解，那么可以在各解之间进行循环。当在“约束类型”选项组的“约束类型”列表框中选择“同心”图标选项时，则只需通过“要约束的几何体”选项组来选择两个对象，并通过

“返回上一个约束”按钮来决定约束的解算方案即可。

当一个约束有两个解算方案时，“要约束的几何体”选项组提供的“返回上一个约束”按钮可用；当使用“距离”约束且存在两个以上的解时，“要约束的几何体”选项组提供“循环上一个约束”按钮，以用于在“距离”约束的可能的解之间循环。

三、“设置”选项组

在“设置”选项组中除了可以设置要启用的约束之外，还可以设置如下选项。

- “布置”下拉列表框：该下拉列表框用于指定约束如何影响其他布置中的组件定位。该下拉列表框提供的选项有“使用组件属性”和“应用到已使用的”，前者用于指定“组件属性”对话框的“参数”选项卡上的“布置”设置确定位置（“布置”设置可以是“单独地定位”，也可以是“位置全部相同”），后者则用于指定将约束应用于当前已使用的布置。
- “动态定位”复选框：选中“动态定位”复选框，则指定 NX 解算约束并在创建约束时移动组件。倘若取消选中“动态定位”复选框，则在“装配约束”对话框中单击“应用”按钮或“确定”按钮之前，NX 不解算约束或移动对象。
- “关联”复选框：定义装配约束时，“关联”复选框的状态决定了该约束是否关联。选中“关联”复选框时，则在关闭“装配约束”对话框时，将约束添加到装配，另外在保存组件时将保存约束。如果取消选中“关联”复选框，其后所创建的约束是瞬态的，在单击“确定”按钮以退出对话框或单击“应用”按钮时，它们将被删除。可定义多个关联和非关联装配约束，然后单击“确定”按钮或“应用”按钮。
- “移动曲线和管线布置对象”复选框：如果选中“移动曲线和管线布置对象”复选框，则在约束中使用管线布置对象和相关曲线时移动它们。
- “动态更新管线布置实体”复选框：“动态更新管线布置实体”复选框用于动态更新管线布置实体。

9.3.2 装配约束类型

在 NX 11 中，可用的装配约束类型选项包括“接触对齐”“同心”“距离”“固定”“平行”“垂直”“对齐/锁定”“等尺寸配对”“胶合”“中心”和“角度”，它们具体的描述说明如表 9-1 所示。

表 9-1　　装配约束类型一览表

序号	装配约束类型	图标	描述	备注
1	接触对齐		约束两个组件，使它们彼此接触或对齐；注意接触对齐约束的方位选项包括“首选接触”“接触”“对齐”和“自动判断中心/轴”	“首选接触”用于当接触和对齐解都可能时显示接触约束；“接触”用于约束对象使其曲面法向在反方向上；“对齐”用于约束对象使其曲面法向在相同的方向上；“自动判断中心/轴”指定在选择圆柱面或圆锥面时，NX 将使用面的中心或轴而不是面本身作为约束
2	同心		约束两个组件的圆形边或椭圆形边，以使中心重合，并使边的平面共面	

续表

序号	装配约束类型	图标	描述	备注
3	距离		指定两个对象之间的最小 3D 距离	
4	固定		将组件固定在其当前位置上	在需要隐含的静止对象时，固定约束会很有用；如果没有固定的节点，整个装配可以自由移动
5	平行		将两个对象的方向矢量定义为相互平行	
6	垂直		将两个对象的方向矢量定义为相互垂直	
7	对齐/锁定		将两个对象对齐或锁定	
8	等尺寸配对	=	将半径相等的两个圆柱面结合在一起等	此约束对确定孔中销或螺栓的位置很有用；如果以后半径变为不等，则该约束无效
9	胶合		将组件“焊接”在一起，使它们作为刚体移动	胶合约束只能应用于组件，或组件和装配级的几何体；其他对象不可选
10	中心		使一对对象之间的一个或两个对象居中，或使一对对象沿另一个对象居中	“中心”约束的子类型分“1 对 2”“2 对 1”和“2 对 2”三种，“1 对 2”在后两个所选对象之间使第一个所选对象居中；“2 对 1”使两个所选对象沿第三个所选对象居中；“2 对 2”使两个所选对象在两个其他所选对象之间居中
11	角度		定义两个对象间的角度尺寸	角度约束的子类型分“3D 角”和“方向角度”两种类型，前者用于在未定义旋转轴的情况下设置两个对象之间的角度约束，后者使用选定的旋转轴设置两个对象之间的角度约束

9.3.3 建立装配约束

在装配应用模块中建立装配约束的一般方法和步骤如下。

1. 在功能区的“装配”选项卡的“组件位置”面板中单击“装配约束”按钮，或者选择“菜单”/“装配”/“组件位置”/“装配约束”命令，弹出“装配约束”对话框。
2. 在“约束类型”选项组的“约束类型”列表框中选择所需的一个装配约束图标。
3. 检查“设置”选项组中的默认选项。可以根据要求对这些选项进行更改。
4. 利用“要约束的几何体”进行相关选项设置，以及选择所需的对象来约束。对于某些约束而言，如果有两种解的可能，则可以通过单击“返回上一个约束”按钮在可能的求解中切换。存在多个解时，还可以通过单击“循环上一个约束”按钮在可能的解之间循环。注意可能还要根据装配约束的不同而设置相应的参数。
5. 在“装配约束”对话框中单击“应用”按钮或“确定”按钮。

下面详细地介绍一个关于装配约束的操作范例，该范例配套的文件为“\DATA\CH9\BC_9_3_3.prt”。

一、建立“距离”约束

1 打开配套部件文件后，在功能区的“主页”选项卡的“装配”面板中单击“装配约束”按钮（亦可在功能区的“装配”选项卡的“组件位置”面板中单击“装配约束”按钮），系统弹出“装配约束”对话框。

2 在“约束类型”选项组的“约束类型”列表框中选择“距离”图标选项。

3 接受“设置”选项组中的默认选项：在“布置”选项组中选择“使用组件属性”选项，选中“动态定位”复选框、“关联”复选框和“动态更新管线布置实体”复选框。

4 在图形窗口中选择图 9-14（a）所示的面 1 定义要约束的第一个对象，接着选择图 9-14（b）所示的面 2 定义要约束的第二个对象。

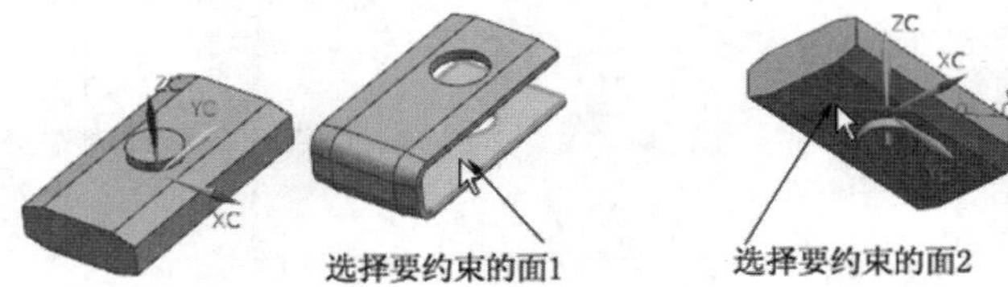

（a）指定第一个对象　　（b）指定第二个对象

图9-14　选择两个对象

5 在“装配约束”对话框出现的“距离”选项组中设置距离值为 0.1，如图 9-15 所示。

6 单击“应用”按钮，从而建立一个“距离”约束。

二、建立“接触对齐”约束

1 在“装配约束”选项组的“约束类型”列表框中选择“接触对齐”图标选项。

2 在“要约束的几何体”选项组的“方位”下拉列表框中选择“自动判断中心/轴”选项，在图形窗口中选择一个零件中的内圆柱面 A，如图 9-16 所示；接着选择另一个零件中的外圆柱面 B，如图 9-16 所示。

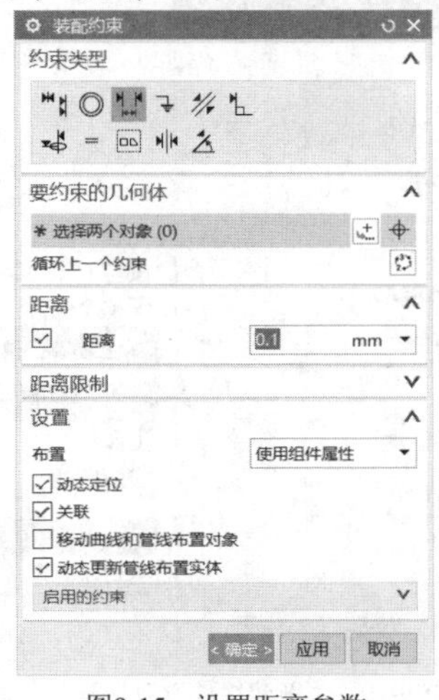

图9-15　设置距离参数

图9-16　选择对象来自动判断中心/轴对齐

3 在“装配约束”对话框中单击“确定”按钮，完成建立此“接触对齐”约束。装配效果如图 9-17 所示。

此时，可以在资源板中单击“约束导航器”标签选项以打开约束导航器，在约束导航器窗口中可以查看到两个约束的层级信息，如图 9-18 所示。

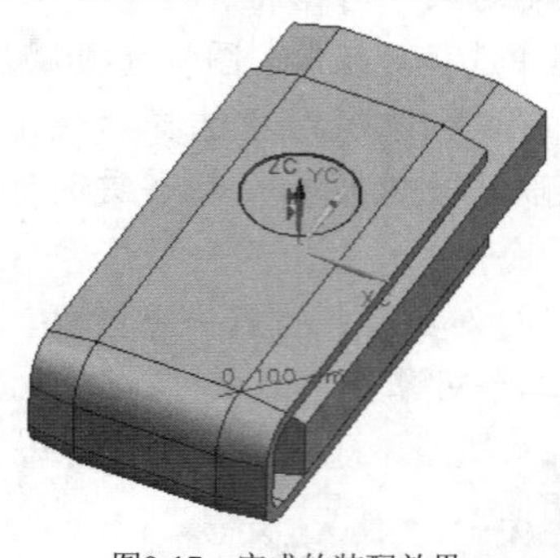

图9-17 完成的装配效果

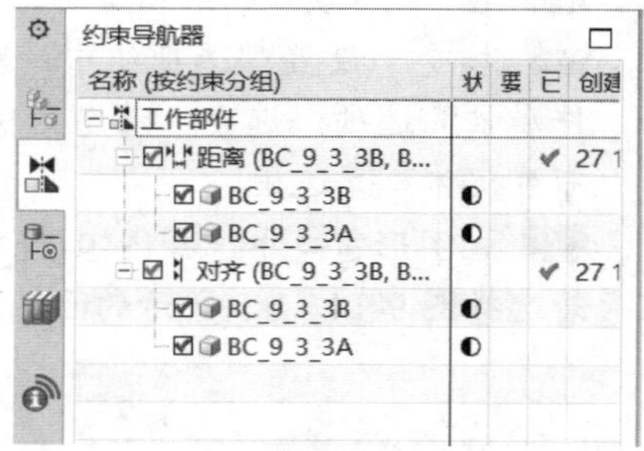

图9-18 约束导航器

9.4 组件应用

本节将介绍装配应用模块中常用的组件应用知识，包括新建组件、新建父对象、添加组件、镜像装配、阵列组件、设为唯一、移动组件、替换组件、变形组件、显示自由度、显示和隐藏约束、抑制组件、取消抑制组件、编辑抑制状态、记住装配约束。

9.4.1 新建组件

在装配应用模块中，使用“新建组件”命令可以在装配工作部件中创建组件部件文件并引用它。使用自顶向下装配建模方法时，可以将现有几何体复制或移到新组件中，也可以直接创建一个空组件并随后向其添加几何体。

在装配工作部件中新建组件的方法步骤如下。

1 在功能区的“装配”选项卡的“组件”面板中单击“新建组件”按钮，系统弹出“新组件文件”对话框。

2 在“新组件文件”对话框的“模型”选项卡的“模板”列表框中选择一个模板。如果需要，可以更改默认名称和文件夹位置。指定模板、组件名称和文件夹位置后，单击“确定”按钮。

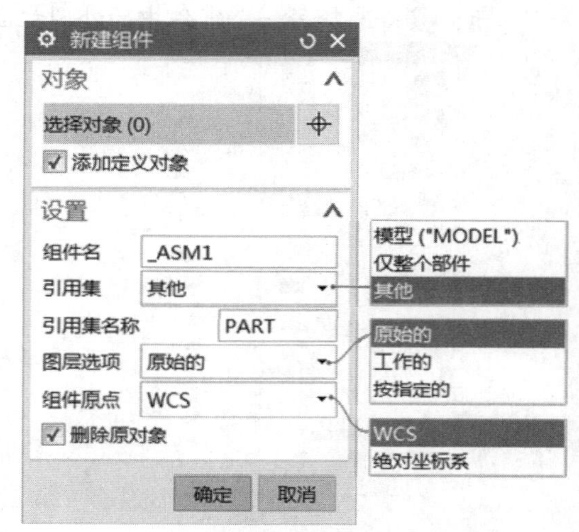

图9-19 “新建组件”对话框

3 系统弹出图 9-19 所示的“新建组件”对话框。此时，

“对象”选项组中的“选择对象”按钮处于被选中激活的状态。用户可以在图形窗口中选择对象以创建为包含所选几何体对象的新组件，也可以不选择对象以创建空组件。注意当在“对象”选项组中选中“添加定义对象”复选框时，则可以在新组件部件文件中包含所有参考对象，所述的参考对象可以定义所选对象的位置或方向。当取消选中“添加定义对象”复选框时，则可以排除参考对象。

4 在“新建组件”对话框的“设置”选项组中，在“组件名”文本框中设置新组件的名称，从“引用集”下拉列表框中为正在复制或移动的任何几何体指定引用集，从“图层选项”下拉列表框中选择显示组件几何体的图层，从“组件原点”下拉列表框中选择“WCS”或“绝对坐标系”选项，选中或取消选中“删除原对象”复选框以指定是否要删除装配中选定的任何几何体。

5 在“新建组件”对话框中单击“确定”按钮，从而完成新建组件。此时可以在装配导航器中检查以确保将新组件添加到装配结构中的正确位置。

9.4.2 新建父对象

可以根据设计情况，新建当前显示部件的父部件，其操作方法如下。

1 在装配导航器中确保当前的显示部件是要为其新建父部件文件的部件，在功能区的“装配”选项卡的“组件”面板中单击“新建父对象”按钮，系统弹出图 9-20 所示的“新建父对象”对话框。

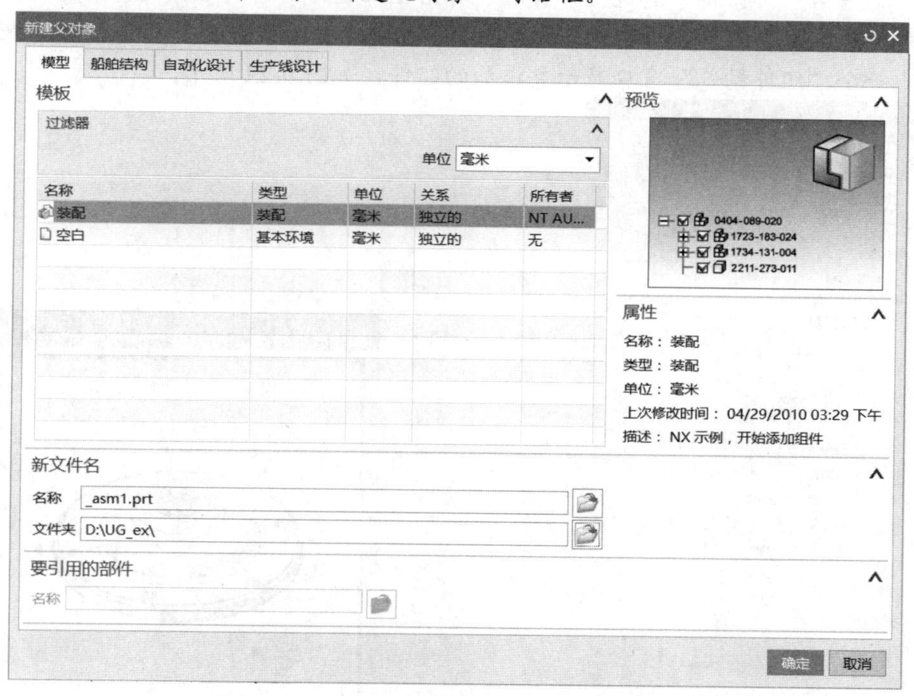

图9-20 “新建父对象”对话框

2 在“模型”选项卡的“模板”列表中选择一个模板，在“新文件名”选

项组的“名称”文本框中指定唯一的名称，在“文件夹”文本框中指定父部件文件的目录。

3 单击“确定”按钮，装配导航器会列出一个空的新父部件文件，新的父部件文件成为工作部件。

9.4.3　添加组件

使用“添加组件”工具命令可以将一个或多个组件部件添加到工作部件中。添加组件的方法步骤如下。

1 在功能区的“装配”选项卡的“组件”面板中单击“添加组件”按钮，打开图 9-21 所示的“添加组件”对话框。

2 单击“菜单”按钮 菜单(M) 并选择“首选项”/“装配”命令，弹出“装配首选项”对话框，从中确保选中“添加组件时预览”复选框，单击“确定”按钮。接着在“添加组件”对话框的“预览”选项组中，选中“预览”复选框来启用“组件预览”窗口。

3 在“部件”选项组中，使“选择部件”按钮处于活动状态，接着从“已加载的部件”列表框或“最近访问的部件”列表框中选择一个或多个要添加的部件。如果“已加载的部件”列表框或“最近访问的部件”列表框中没有要添加的部件，那么可以单击“添加组件”对话框的“打开”按钮，弹出“部件名”对话框，通过“部件名”对话框来选择所需的部件文件来打开。此外，也可以在图形窗口中或装配导航器中选择部件。选择一个部件后，系统弹出一个“组件预览”窗口显示要添加的组件，如图 9-22 所示。

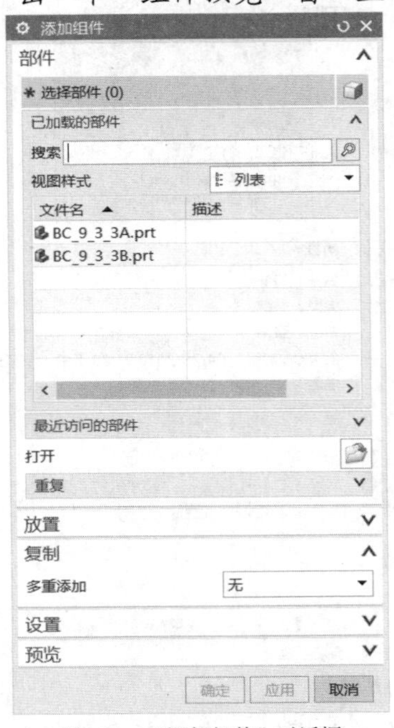

图9-21　“添加组件”对话框

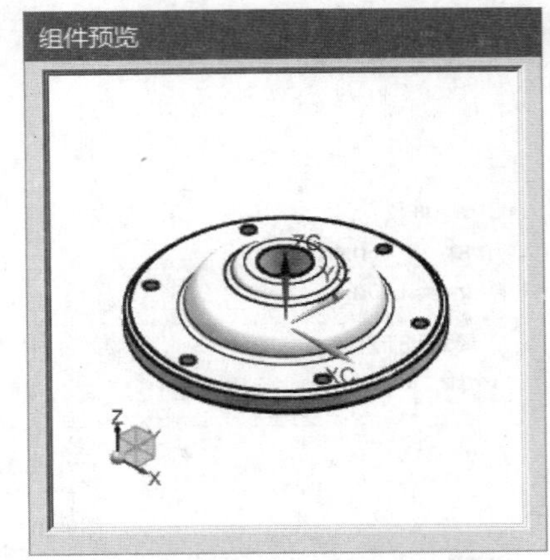

图9-22　“组件预览”窗口

4 在“部件”选项组展开“重复”子选项组，在“数量”文本框中输入要添加的实例引用数，该实例引用数默认值为 1。

5 在“放置”选项组的“定位”下拉列表框中选择一个定位选项，如图 9-23 所示。这些定位选项（包括“绝对原点”“选择原点”“根据约束”“移动”）将规定在单击“应用”按钮或“确定”按钮之后将应用定位的方法。

- 绝对原点：将添加的组件放置在绝对坐标系原点（0,0,0）处。
- 选择原点：将添加的组件放置在选择的点处。
- 根据约束：在定义添加的组件与其他组件的装配约束之后放置它们，即通过建立装配约束来放置添加的组件。
- 移动：在定义初始位置后，可移动已添加的组件。

如果需要，则可以在“放置”选项组中选中“分散”复选框，从而确保多重添加的组件不会在其初始位置处重叠，系统可自动将组件放置在不使组件重叠的各个位置。

6 在“复制”选项组的“多重添加”下拉列表框中选择一个选项，如图 9-24 所示。可供选择的多重添加选项有“无”“添加后重复”和“添加后创建阵列”，它们的功能含义如下。

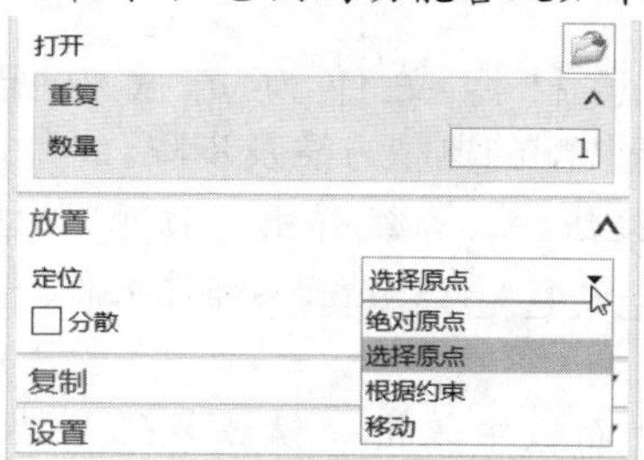

图9-23　选择定位方式

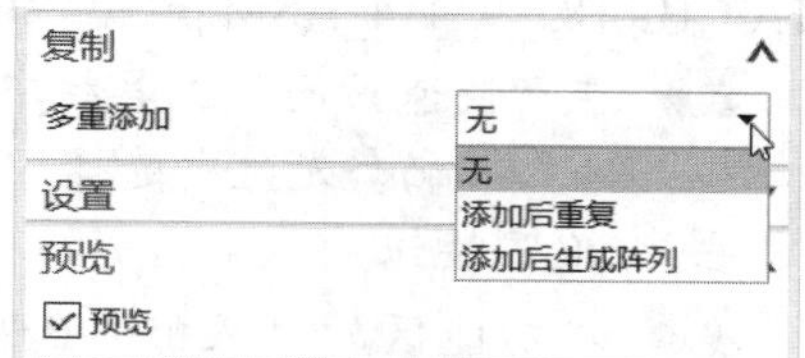

图9-24　设置多重添加选项

- 无：仅添加一个组件实例。
- 添加后重复：用于立即添加一个新添加组件的其他实例。
- 添加后创建阵列：用于创建新添加组件的阵列。如果要添加多个组件，则此选项不可用。

7 在“设置”选项组中设置图 9-25 所示的内容。其中，“名称”文本框用于将当前所选组件的名称设置为指定的名称，如果要添加多个组件，那么此文本框不可用。“引用集”下拉列表框用于设置已添加组件的引用集。“图层选项”下拉列表框用于设置要添加组件和几何体的图层。当从“图层选项”下拉列表框中选择“按指定的”选项时，“图层”文本框可用，在“图层”文本框中设置组件和几何体的图层号。

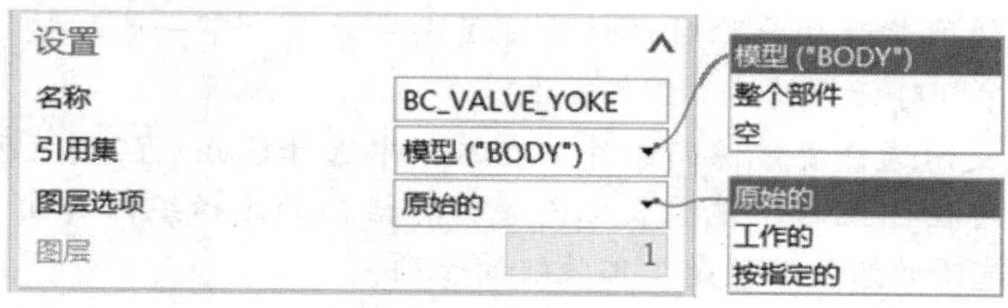

图9-25　设置引用集等

5 在“添加组件”对话框中单击“应用”按钮或“确定”按钮，按照提示继续操作，直到完成添加组件。

9.4.4 镜像装配

在装配应用模块中，使用“镜像装配”命令可以在装配中创建关联的或非关联的镜像组件，可以在镜像位置定位相同部件的新实例，还可以创建包含链接镜像几何体的新部件。

镜像装配示例如图 9-26 所示，在该示例中，先在装配体中通过装配约束的方式装配好一个非标准的内六角螺栓，接着使用“镜像装配”的方法在装配体中镜像装配另一个规格相同的内六角螺栓。

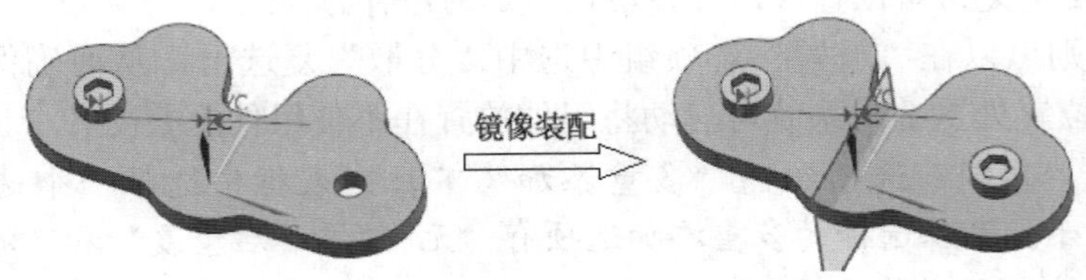

图9-26　镜像装配示例

下面以上述镜像装配典型示例（装配素材源文件为光盘中配套的“\DATA\CH9\BC_9_4_4_ASM.prt”）为例辅助介绍镜像装配的典型方法及步骤。

1 在“快速访问”工具栏中单击“打开”按钮，系统弹出“打开”对话框，从本书配套光盘中选择“\DATA\CH9\BC_9_4_4_ASM.prt”部件文件，单击“OK”按钮。

2 在功能区的“装配”选项卡的“组件”面板中单击“镜像装配”按钮，系统弹出图 9-27 所示的“镜像装配向导”对话框欢迎页面。

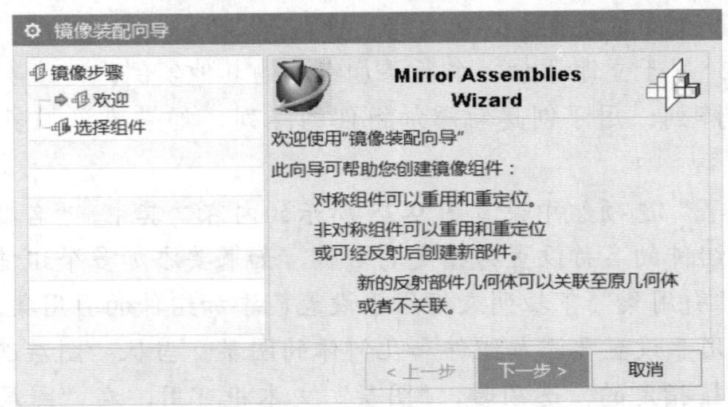

图9-27　“镜像装配向导”对话框欢迎页面

3 在“镜像装配向导”对话框欢迎页面中单击“下一步”按钮，打开“镜像装配向导”对话框的选择组件页面。

4 系统提示选择要镜像的组件。在本例中选择已经装配到装配体中的第一个内六角螺栓，此时“镜像装配向导”对话框的选择组件页面如图 9-28 所示。注意选择的组件必须是工作装配的子项。

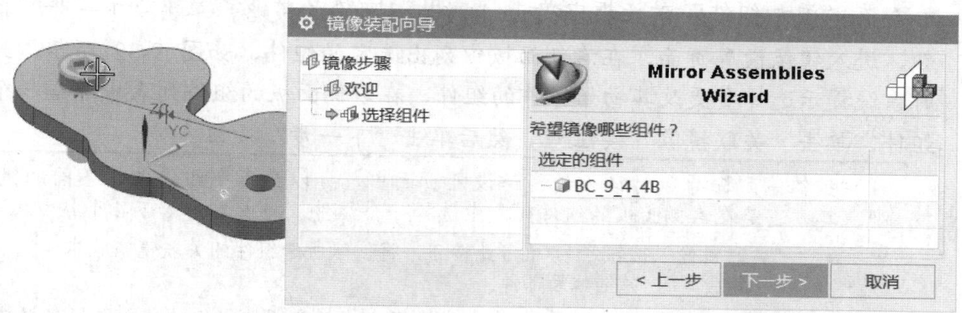

图9-28 “镜像装配向导”对话框的选择组件页面

5 在“镜像装配向导”对话框选择组件页面中单击“下一步”按钮，打开“镜像装配向导”对话框的选择平面页面。

6 系统提示选择镜像平面。由于没有所需的平面作为镜像平面，则在“镜像装配向导”对话框的选择平面页面中单击图 9-29 所示的“创建基准平面”按钮□，系统弹出“基准平面”对话框。

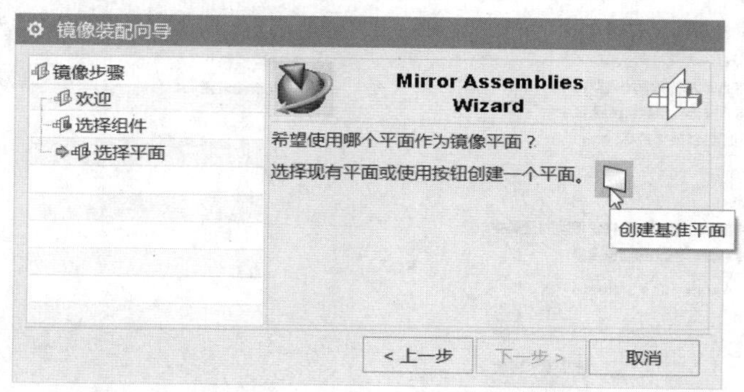

图9-29 单击“创建基准平面”按钮

在“基准平面”对话框的“类型”下拉列表框中选择“YC-ZC 平面”，在“偏置和参考”选项组中选择“绝对”单选按钮，在“距离”文本框中输入距离为 0，如图 9-30 所示。单击“确定”按钮，从而创建所需的一个基准平面作为镜像平面。

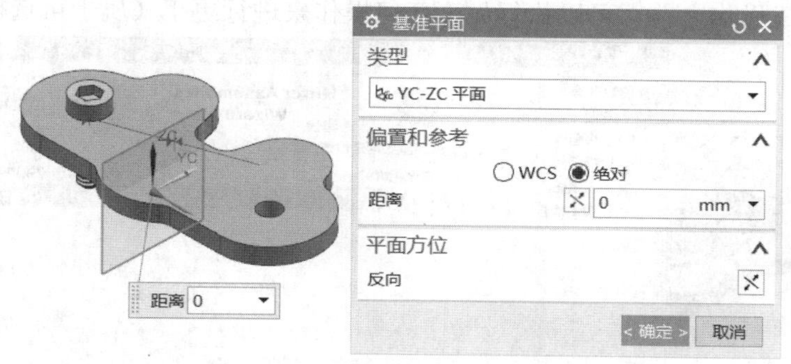

图9-30 创建基准平面作为镜像平面

7 在“镜像装配向导”对话框的选择平面页面中单击“下一步”按钮，打

开命名策略页面，如图 9-31 所示，接受默认的命名策略，单击“下一步”按钮，进入镜像设置页面，在右侧面板中列出选定的组件，如图 9-32 所示。此时系统提示选择要更改其初始操作的组件，在右侧面板的组件列表中选择一个组件，单击“关联镜像”按钮，然后单击“下一步”按钮。

知识点拨

在“镜像装配向导”对话框的镜像设置页面中，可以为每个组件选择不同的镜像类型，其方法是在右侧面板的组件列表中选择一个组件，接着单击如下 4 个按钮之一。

- “关联镜像”按钮：单击此按钮，将创建所选组件的关联镜像版本（关联相反端版本），并创建新部件。
- “非关联镜像”按钮：单击此按钮，将创建所选组件的非关联镜像版本（非关联相反端版本），并创建新部件。
- “排除”按钮：单击此按钮排除所选组件。
- “重用和重定位”按钮：默认的镜像类型为“重用和重定位”，在此按钮可用时，单击此按钮，将创建所选组件的新实例。

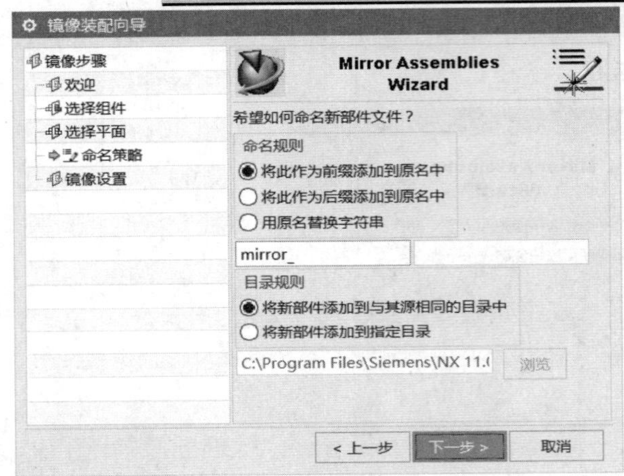

图9-31　命名策略页面

图9-32　镜像设置页面

5 系统弹出一个对话框提示此操作将新建部件并将它们作为组件添加到工作部件，从中单击“确定”按钮。可以在该对话框中选中“不要再显示此消息”复选框，设置以后不再弹出用于显示此消息的对话框。

镜像的组件显示在图形窗口中，同时“镜像装配向导”对话框进入镜像检查页面，如图 9-33 所示。在完成操作之前，可以执行如下任何操作来进行更正（属于可选操作）。

图9-33　“镜像装配向导”对话框的镜像检查页面

在“镜像装配向导”对话框的镜像检查页面中，可以进行完成操作之前的更改操作，这些操作为可选操作，说明如下。

- 通过单击相应的按钮更改组件的镜像类型（“重用和重定位”“关联镜像”或“非关联镜像”）。
- 选择组件，单击“排除”按钮☒。
- 单击“循环重定位解算方案”按钮，在所选组件的每个可能的重定位解算方案间循环，或者可以从列表框中选择解算方案。

在“镜像装配向导”对话框的镜像检查页面中单击“下一步”按钮，打开命名新部件文件页面，如图 9-34 所示。

图9-34 “镜像装配向导”对话框的命名新部件文件页面

9 如果没有组件使用镜像几何体类型，则可以单击“完成”按钮。否则，继续执行下一步。在本例中，单击“完成”按钮，得到的镜像装配结果如图 9-35 所示。

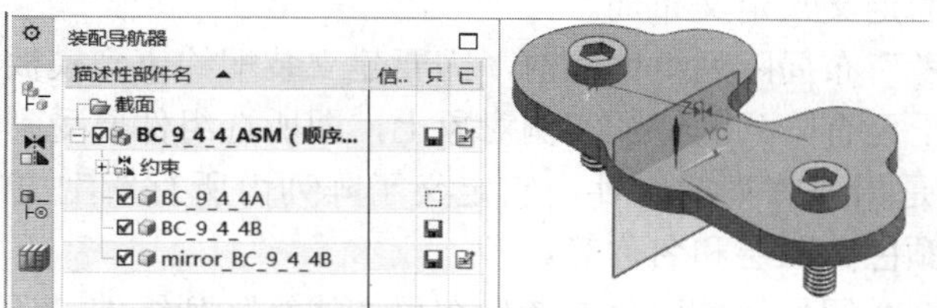

图9-35 镜像装配结果

9.4.5 阵列组件

阵列组件在装配设计中比较实用。使用 NX 系统提供的“阵列组件”命令，可以将一个组件复制到指定阵列中，包括线性阵列、圆形阵列和参考阵列。三种典型类型的阵列组件示例如图 9-36 所示。

线性阵列

圆形阵列

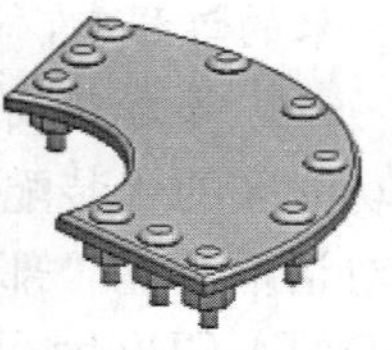
参考阵列

图9-36 三种类型的阵列组件典型示例

在功能区的“装配”选项卡的“组件”面板中单击“阵列组件”按钮，打开图 9-37 所示的“阵列组件”对话框。此时，“要形成阵列的组件”选项组中的“选择组件”按钮处于被选中激活的状态，并提示选择要形成阵列的组件。选择要形成阵列的组件后，在“阵列定义”选项组的“布局”下拉列表框中选择所需的一个布局选项，如图 9-38 所示，可供选择的布局选项有“线性”“圆形”和“参考”。下面结合范例介绍使用“参考”“线性”和“圆形”布局阵列组件的操作方法和技巧等。

图9-37　“阵列组件”对话框

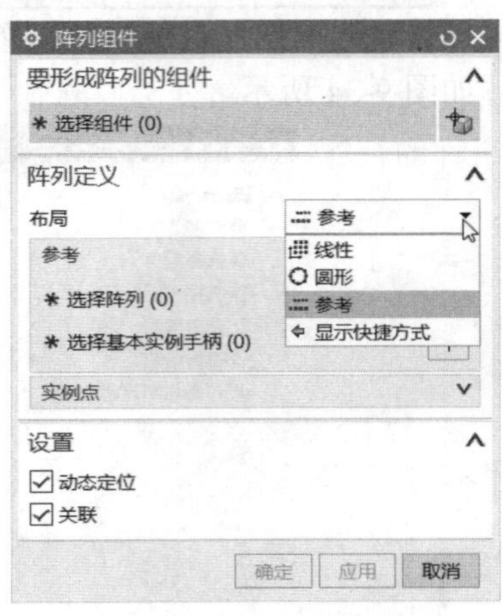

图9-38　选择布局选项

一、“参考”布局

在“阵列组件”对话框的“阵列定义”选项组的“布局”下拉列表框中选择“参考”选项，则使用现有阵列的定义来定义布局。

在创建使用“参考”布局阵列组件之前，需要建立装配约束到模板组件上，注意至少添加一个装配约束到属于已有阵列的特征实例对象上，即所选组件要受到已有有效特征实例的约束。通常模板组件是指要阵列的组件，它定义了阵列内所有新生成的引用实例的某些特性，包括组件部件、颜色、图层和名称等。

下面通过一个范例介绍如何使用“参考”布局方式来阵列组件，还介绍了在阵列组件之前如何建立所需的装配约束关系。

1. 在“快速访问”工具栏中单击“打开”按钮，系统弹出“打开”对话框，从本书配套光盘中选择“\DATA\CH9\BC_9_4_5.prt”部件文件，单击“OK”按钮，已有的装配体如图 9-39 所示。阀端盖上的 6 个孔是通过圆形特征阵列来生成的，在创建组件阵列之前，需要先分别装配一个垫圈和一个六角螺栓（这两个组件将作为模板组件），注意在为该垫圈和六角螺旋建立装配约束的过程中，一定要参照到阀端盖上的孔阵列实例特征。

2. 添加垫圈到装配体中。

在功能区的“装配”选项卡的“组件”面板中单击“添加组件”按钮，打开“添加组件”对话框。在“部件”选项组中单击“打开”按钮，利用弹出的“部件名”对话框选择“\DATA\CH9\bc_washer.prt”文件来打开，打开的部件作为要添加到装配体中的部件。

在“放置”选项组的“定位”下拉列表框中选择“根据约束”选项，在“复制”选项组的“多重添加”下拉列表框中选择“无”选项，在“设置”选项组的“引用集”下拉列表框选择“模型（BODY）”，其他选项默认，单击“应用”按钮，弹出“装配约束”对话框。

在“约束类型”选项组的“约束类型”列表框中选择“接触对齐”图标选项，在“要约束的几何体”选项组的“方位”下拉列表框中选择“首选接触”选项，选择垫圈的底平表面和阀端盖的顶表面使它们接触约束到一起，单击“应用”按钮。

在“要约束的几何体”选项组的“方位”下拉列表框中选择“自动判断中心/轴”选项，选择垫圈的内圆柱面和阀端盖中一个孔的内圆柱面，单击“装配约束”对话框中的“确定”按钮，完成添加垫圈组件并返回到“添加组件”对话框。

垫圈组件的装配结果如图 9-40 所示。

图9-39　已有装配体

图9-40　装配约束垫圈组件

3 使用同样的方法将六角螺栓（“\DATA\CH9\bc_hex_bolt.prt”）添加到装配体中。

- 接触约束：选择螺栓头的底端表面和垫圈的顶表面，单击“应用”按钮，如图 9-41 所示。
- 自动判断中心/轴的对齐约束：选择六角螺栓的圆柱面和阀端盖中相应孔的内圆柱面，如图 9-42 所示，单击“确定”按钮。

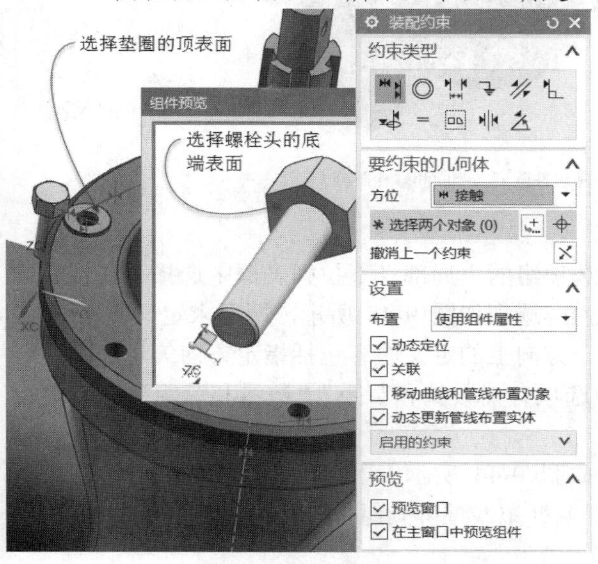

图9-41　定义接触约束

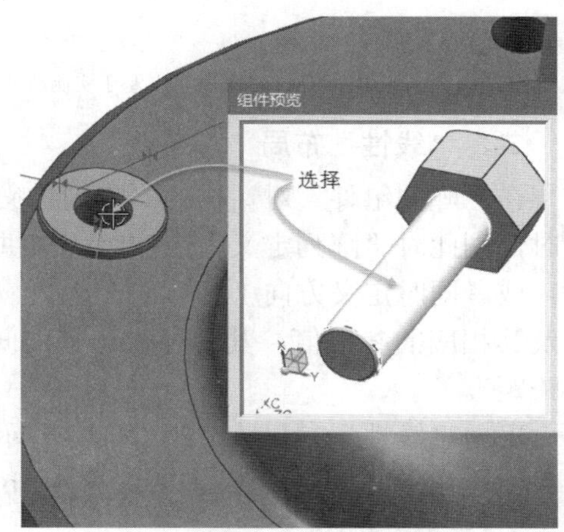

图9-42　中心/轴对齐约束

返回到“添加组件”对话框，单击“关闭”按钮。装配约束后的螺栓组件如图 9-43

所示。

图9-43　装配约束好一个螺栓组件的效果 C

4 在功能区的“装配”选项卡的“组件”面板中单击“阵列组件”按钮，弹出“阵列组件”对话框。

5 在图形窗口中选择垫圈和六角螺栓作为要形成阵列的组件。

6 在“阵列组件”对话框的“阵列定义”选项组中，从“布局”下拉列表框中选择“参考”选项，并确保选择要参考的阵列，以及接受“设置”选项组中的默认设置，如选中“动态定位”复选框和“关联”复选框。

7 在“阵列组件”对话框中单击“确定”按钮，垫圈和六角螺栓的组件阵列基于阀端盖的孔实例位置来生成，结果如图 9-44 所示。

图9-44　基于实例特征的参考组件阵列（垫圈和螺栓阵列）

二、“线性”布局

在“阵列组件”对话框的“阵列定义”选项组的“局部”下拉列表框中选择“线性”选项时，则此时“阵列定义”选项组中提供的内容选项如图 9-45 所示，即要求定义方向 1 参数，或者同时定义方向 1 和方向 2 参数。每个方向上的定义内容包括指定方向矢量、间距选项及其相应的参数值，其中可供选择的间距选项有“数量和节距”“数量和跨距”和“节距和跨距”。

采用“线性”布局阵列组件的典型示例如图 9-46 所示。下面结合该示例（其练习模型文件为光盘中的“\DATA\CH9\bc_9_4_5b.prt”）介绍线性阵列组件的典型方法和步骤。

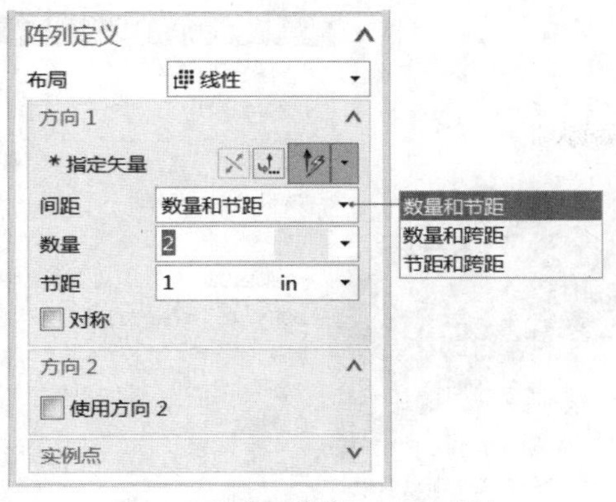

图9-45 选择“线性”布局选项时

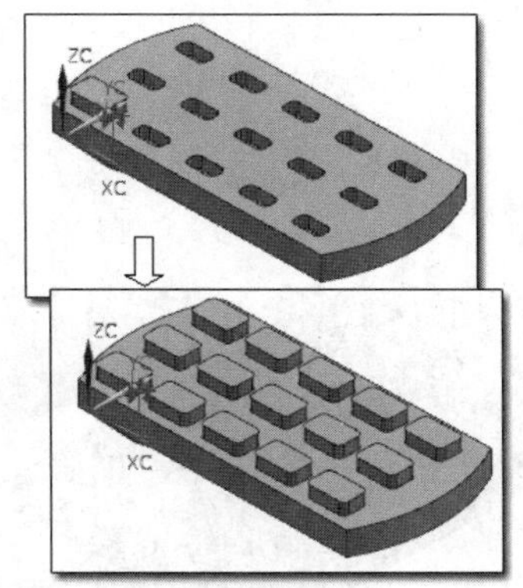

图9-46 线性阵列组件的示例

1 在图形窗口左侧的资源板的资源条上单击“角色”标签选项，打开“角色”面板，选择“内容”节点下的“高级”角色样式，如图 9-47 所示。接着在弹出图 9-48 所示的“加载角色”对话框中单击“确定”按钮。

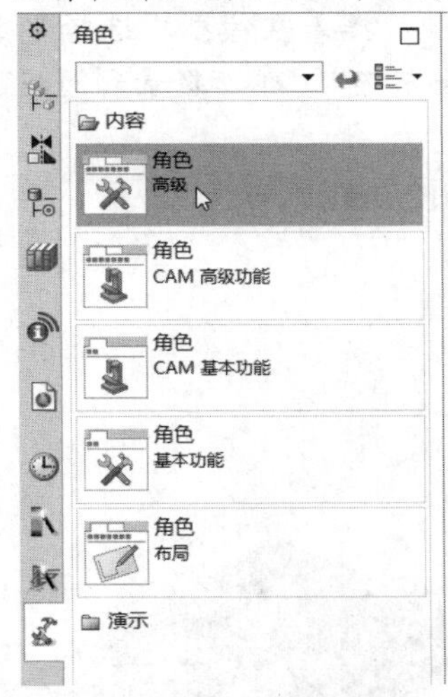

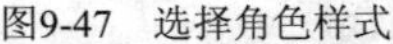

图9-47 选择角色样式

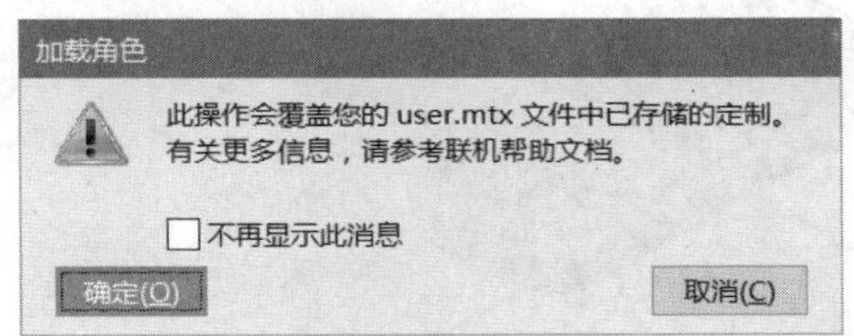

图9-48 加载角色提示

“高级”角色提供了一组更广泛的工具，以便支持简单的和高级的任务。在寻求基本工具命令集之外的其他工具命令时，此角色功能特别有用。

2 在功能区的“装配”选项卡的“组件”面板中单击“阵列组件”按钮，弹出“阵列组件”对话框。

3 在图形窗口中选择希望阵列的组件，如图 9-49 所示。

4 在“阵列组件”对话框的“阵列定义”选项组中，从“布局”下拉列表框中选择“线性”选项。

5 在“阵列定义”选项组的“方向 1”子选项组中，从“指定矢量”下拉列表框中选择“面/平面法向”图标选项，在模型中选择所需的一个面以获取其法向矢量定义方向 1 矢量，从“间距”下拉列表框中选择“数量和节距”选项（即“数量和间距”选项），数量设为 3，节距值设为-50，如图 9-50 所示。

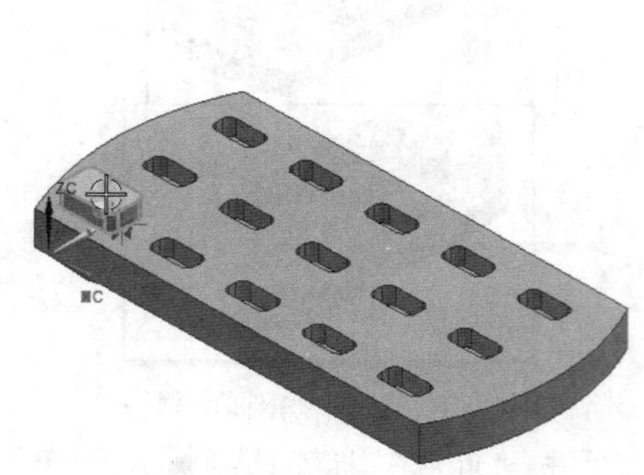

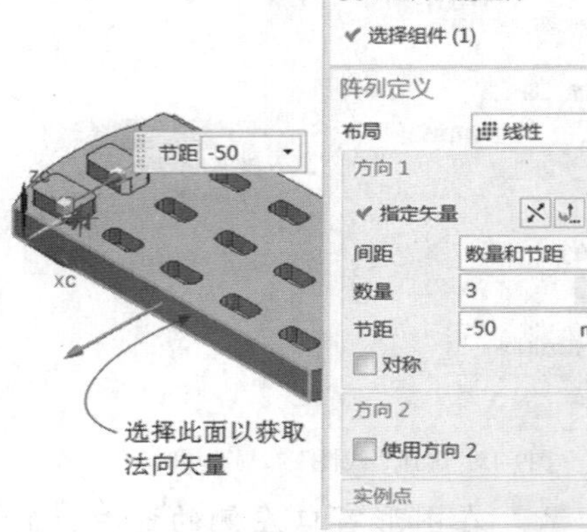

图9-49　选择要阵列的组件　　　图9-50　指定方向 1 矢量及其参数

6 在“方向 2”子选项组中选中“使用方向 2”复选框，从“指定矢量”下拉列表框中选择“自动判断的矢量”图标选项，接着在模型中选择定义方向 2 的一条边，然后将间距选项设置为“数量和节距”(即“数量和间距”)，数量为 5，节距值为 55，如图 9-51 所示。

7 单击“确定”按钮，创建线性阵列的结果如图 9-52 所示。

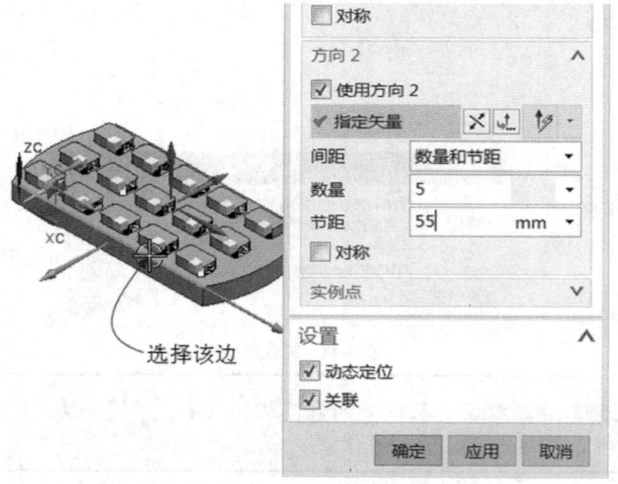

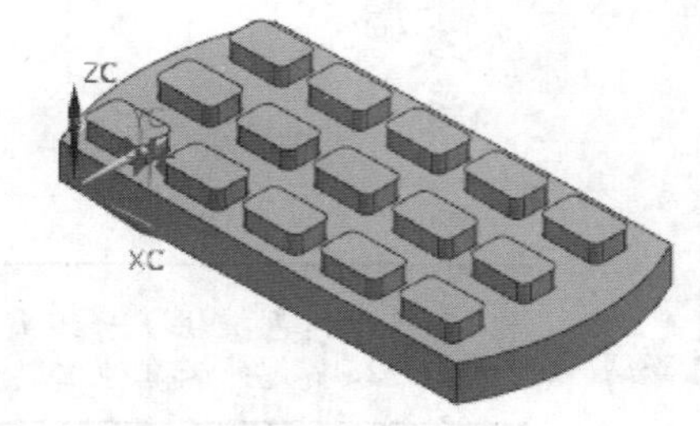

图9-51　选择定义方向 2 的边并设置其参数　　　图9-52　创建线性阵列的结果

三、“圆形”布局

在“阵列组件”对话框的“阵列定义”选项组的“布局”下拉列表框中选择“圆形”选项，则需要分别定义旋转轴、角度方向和辐射选项及参数，如图 9-53 所示。

采用“圆形”布局阵列组件的示例如图 9-54 所示。下面结合该示例（其练习模型文件为光盘中的“\DATA\CH9\bc_9_4_5c.prt”）介绍采用“圆形”布局阵列组件的方法和步骤。

图9-53　选择“圆形”布局选项时

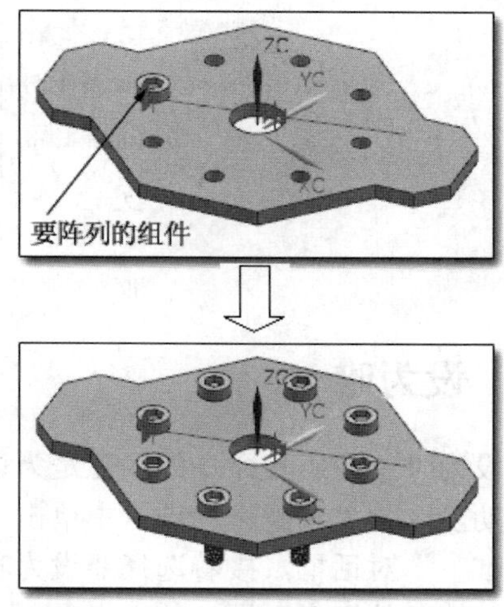

图9-54　圆形阵列组件的典型示例

1 在图形窗口中选择要阵列的组件（模板组件）。

2 在功能区的“装配”选项卡的“组件”面板中单击“阵列组件”按钮，弹出“阵列组件”对话框。

3 在“阵列定义”选项组的“布局”下拉列表框中选择“圆形”选项。

4 在“旋转轴”子选项组的“指定矢量”下拉列表框中选择“自动判断的矢量”图标选项，接着在图形窗口中选择大圆孔的圆柱面，并在“角度方向”子选项组的“间距”下拉列表框中选择“数量和间距”选项，在“数量”文本框中输入圆形阵列的组件成员数为 8，在“节距角”文本框中输入相邻圆形阵列成员之间的角度值为 45，在“辐射”子选项组中取消选中“创建同心成员”复选框，如图 9-55 所示。

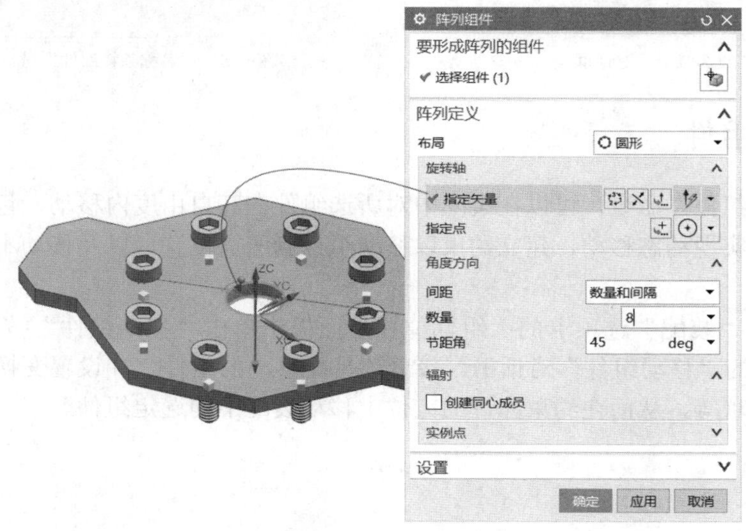

图9-55　创建圆形阵列操作

5 在“阵列组件”对话框中单击“确定”按钮，完成效果如图 9-56 所示。

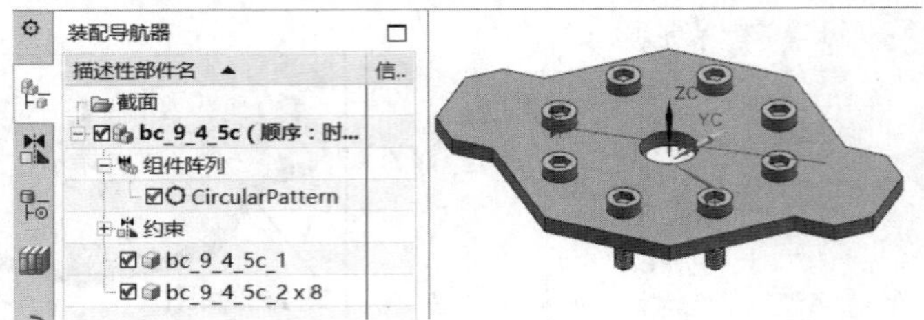

图9-56　采用“圆形”布局来阵列组件的结果

9.4.6　设为唯一

“设为唯一”工具命令的功能是为选定实例新建部件文件。

在功能区的“装配”选项卡中单击“更多”/“设为唯一”按钮，弹出图 9-57 所示的“设为唯一”对话框，接着选择要设为唯一的组件，单击“名称独特部件”按钮，系统弹出“名称独特部件”对话框，从中指定要重命名的部件并分别指定其名称和文件夹位置，如图 9-58 所示，然后单击“确定”按钮，返回到“设为唯一”对话框，最后单击“应用”按钮或“确定”按钮。

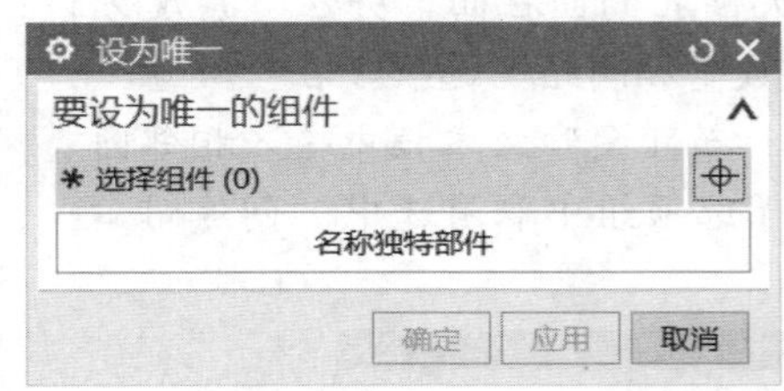

图9-57　“设为唯一”对话框

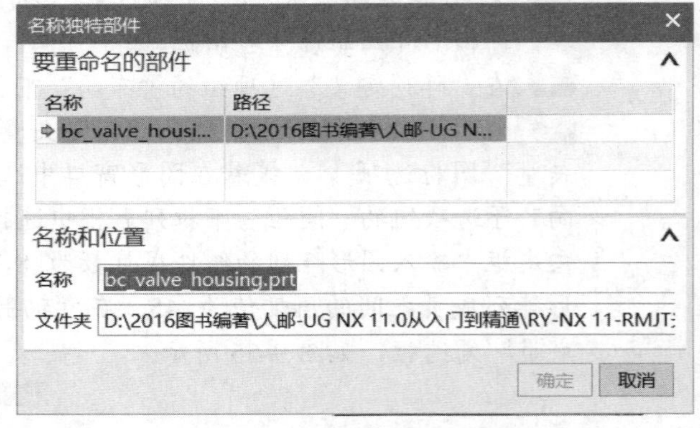

图9-58　“名称独特部件”对话框

9.4.7　移动组件

使用“移动组件”命令，可以在装配中对所选组件在其自由度内移动，包括选择组件并使用拖曳手柄去实现动态移动，建立约束以移动组件到所需位置，以及移动不同装配级上的组件。

在功能区的“装配”选项卡的“组件位置”面板中单击“移动组件”按钮，系统弹出图 9-59 所示的“移动组件”对话框。接着选择要移动的组件，并设置变换运动、复制模式及附加设置选项等，从而在约束允许的方位上移动装配中的选定组件。

在“变换”选项组的“运动”下拉列表框中提供了多种移动组件选项，包括“动态”“根据约束”“距离”“点到点”“增量 XYZ”“角度”“根据三点旋转”“CSYS 到 CSYS”和“将轴与矢量对齐”，它们的功能含义如下。

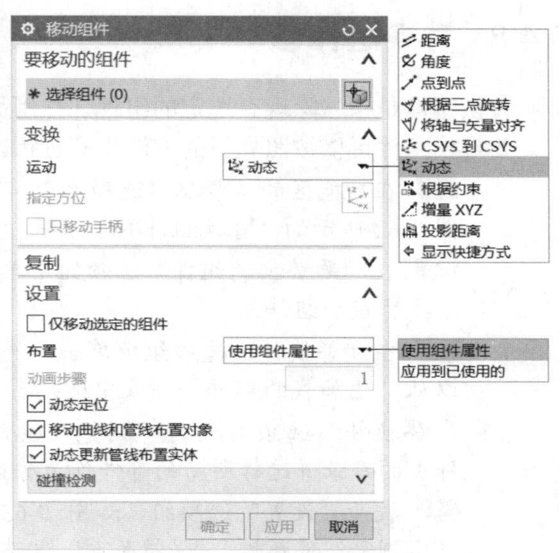

图9-59 “移动组件”对话框

- 动态：选择“动态”选项后，需要指定方位，可以在图形窗口中拖曳手柄来移动或旋转组件，也可以在屏显输入框中输入相应的值来移动组件。注意使用“Alt”键可关闭捕捉功能。
- 根据约束：添加装配约束来移动组件。
- 距离：在指定矢量方向上，从某一定义点开始以设定的距离值移动组件。
- 点到点：从指定的一点到另一点移动组件。
- 增量 XYZ：基于显示部件的绝对或 WCS 位置加入 *XC*、*YC*、*ZC* 相对距离来移动组件。
- 角度：绕轴点和矢量方向以指定的角度移动组件。
- 根据三点旋转：定义枢轴点、起始点和终止点等，在其中移动组件。
- CSYS 到 CSYS：从一个坐标系到另一个坐标系移动组件。
- 将轴与矢量对齐：需要指定起始矢量、终止矢量和枢轴点，以绕枢轴点在两个定义的矢量间移动组件。

选择要移动的组件和定义好变换参数后，展开“复制”选项组，从“模式”下拉列表框中选择“不复制”“复制”或“手动复制”以设定复制模式，如图 9-60 所示。展开“设置”选项组，可以设置是否仅移动选定的组件，指定布置选项和动画步骤，以及设置碰撞检查选项等，如图 9-61 所示。

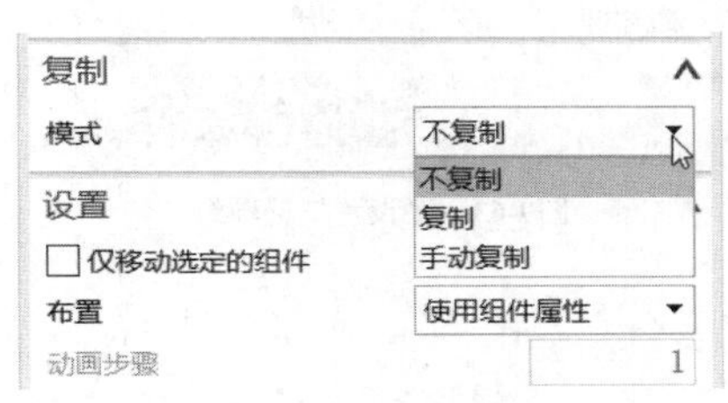

图9-60 设定复制模式

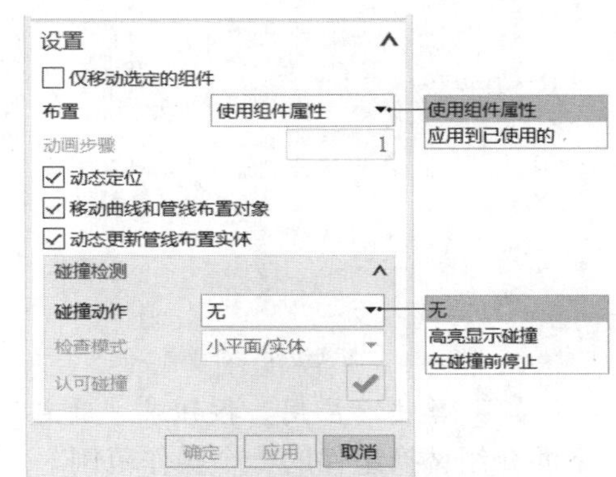

图9-61 在“设置”选项组中进行相关设置

9.4.8 替换组件

替换组件是指移除现有选定的组件，并用另一类型为*.prt 文件的组件将其替换。要替换组件可以按照如下的方法步骤进行。

1 在功能区的“装配”选项卡中单击“更多”/“替换组件”按钮，弹出图 9-62 所示的“替换组件”对话框。

2 在“要替换的组件”选项组中单击“选择组件”按钮，选择一个或多个要替换的组件。

3 在“替换件”选项组中单击“选择部件”按钮，接着选择替换件（可以从“已加载的部件”列表中选择）。如果当前没有替换件可选择，那么单击“替换件”选项组中的“浏览”按钮，浏览到包含部件（要用作替换组件）的目录并选择所需的部件作为替换件。

4 展开“设置”选项组，如图 9-63 所示，设置维持关系、替换装配中的所有实例和组件属性。“保持关系”复选框用于指定 NX 在替换组件后是否尝试维持关系（如装配约束和属性），“替换装配中的所有事例”复选框用于指定 NX 在替换组件时是否替换所有实例，“组件属性”子选项组用于指定替换部件的名称、引用集和图层属性。

图9-62　“替换组件”对话框

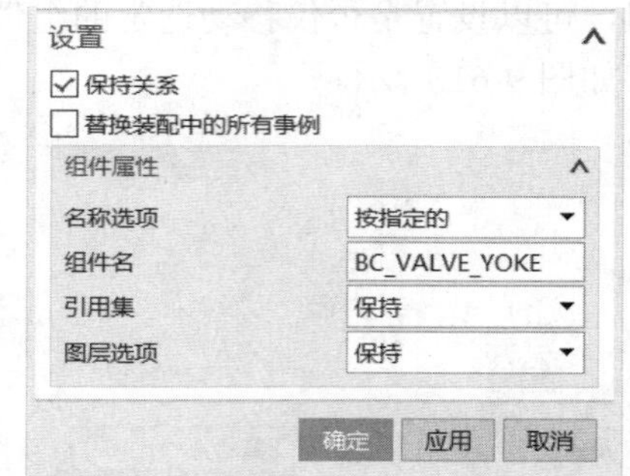

图9-63　“设置”选项组

5 单击“应用”按钮或“确定”按钮。

下面介绍替换组件的一个操作范例。

1 在“快速访问”工具栏中单击“打开”按钮，系统弹出“打开”对话

框，从本书配套光盘中选择“\DATA\CH9\bc_9_4_8.prt”部件文件，单击“OK”按钮。

2 在功能区的“装配”选项卡中单击“更多”/“替换组件”按钮，弹出“替换组件”对话框。

3 在“要替换的组件”选项组中单击“选择组件”按钮，在图形窗口中选择图 9-64 所示的一个螺栓作为要替换的组件。

4 在“替换件”选项组中单击“选择部件”按钮，接着单击“浏览”按钮，利用弹出来的“部件名”对话框选择本书配套的“\DATA\CH9\bc_9_4_8_d.prt”文件，单击“OK”按钮，所选的该文件显示在“未加载的部件”列表框中且处于选中状态。

5 在“设置”选项组中选中“保持关系”复选框，且取消选中“替换装配中的所有事例”复选框，在“组件属性”子选项组中设置名称选项为“按指定的”，引用集选项为“整个部件”，图层选项为“保持”。

6 在“替换组件”对话框中单击“确定”按钮，完成该替换部件的操作，原先所选的那个长螺栓被替换成短螺栓，效果如图 9-65 所示。

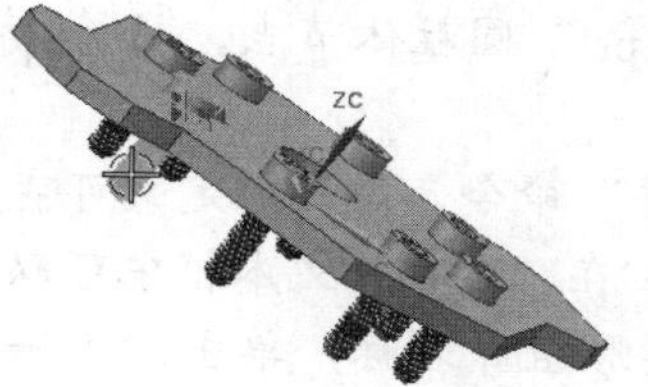

图9-64 选择要替换的组件

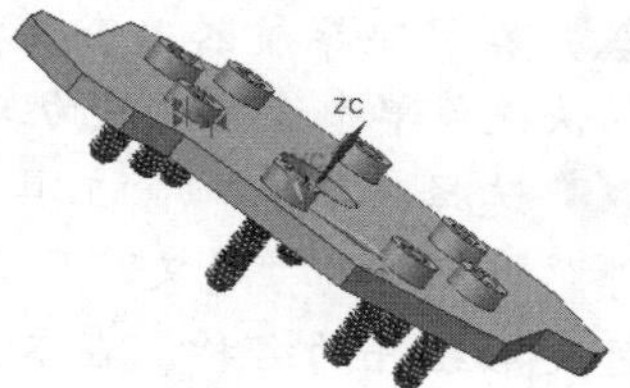

图9-65 范例替换组件后的效果

在本例中，如果在步骤 5 中还增加选中“替换装配中的所有实例”复选框，那么操作完成后的替换效果如图 9-66 所示，全部 8 个长螺栓都将被替换成短螺栓。

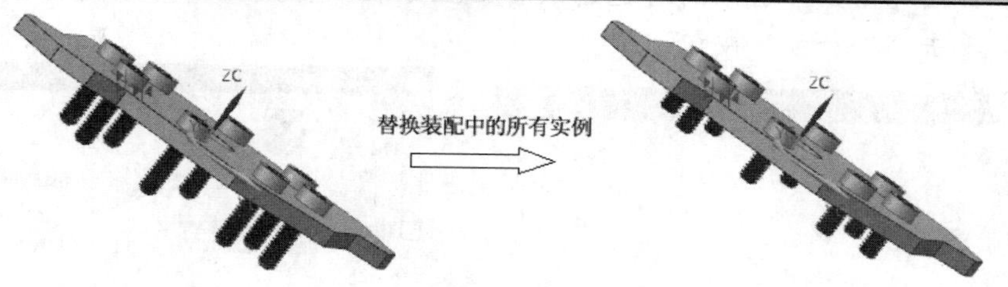

图9-66 替换装配中的所有实例

9.4.9 变形组件

在装配建模设计工作中，有时会应用到诸如弹簧、暖管之类的部件，希望将这些部件定义能够变形为多种形状。在 NX 11 中，这些添加进装配中的部件被称为“变形组件”或“柔性组件”。要使用变形组件，通常要遵循以下 3 个方面。

- 使用“菜单”/“工具”/“定义可变形部件”命令定义可变形部件。
- 将可变形部件添加到装配中。

- 编辑装配中的可变形组件。

注意：NX 11 允许在将部件添加到装配的前后将该部件定义为可变形的，即既可以在“建模”应用模块中定义可变形部件，也可以在“装配”应用模块中定义可变形部件。

下面通过一个简单范例介绍变形组件的应用。

1 在“快速访问”工具栏中单击“新建”按钮，弹出“新建”对话框，在“模型”选项卡的“模板”列表框中选择名称为“装配”的模板，单位为毫米。在“新文件名”选项组的“名称”文本框中将新名称设置为“bc_9_4_9.prt”，自行指定文件夹后单击“确定”按钮。

2 系统弹出“添加组件”对话框，在“部件”选项组中单击“打开”按钮，利用弹出的“部件名”对话框选择配套素材文件“\DATA\CH9\bc_9_4_9yz.prt”。返回到“添加组件”对话框，在“放置”选项组的“定位”下拉列表框中选择“绝对原点”选项，在“复制”选项组的“多重添加”下拉列表框中选择“无”选项，在“设置”选项组中设置引用集选项为“模型（MODEL）”，图层选项为“原始的”，然后单击“确定”按钮，从而将一个圆柱体部件添加到装配中。

3 在装配导航器窗口中右击“bc_9_4_9yz.prt”圆柱体节点，接着从弹出的快捷菜单中选择“设为工作部件”命令。

4 选择“菜单”/“工具”/“定义可变形部件”命令，弹出“定义可变形部件”对话框的“定义”页面，如图 9-67 所示。在“名称”文本框中可以更改可变形组件的名称。在本例中接受默认的可变形组件名称，单击“下一步”按钮。

5 在“定义可变形部件”对话框的“特征”页面中，从“部件中的特征”列表中选择“拉伸（1）”特征作为可变形特征，接着单击“添加特征”按钮，如图 9-68 所示，则所选的该特征显示在“可变形部件中的特征”列表中，单击“下一步”按钮。

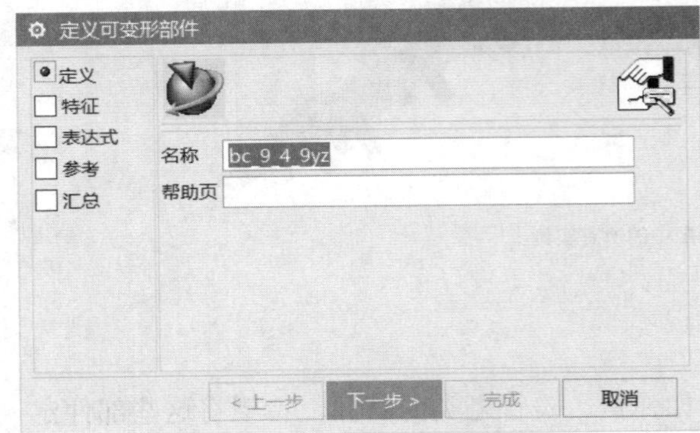

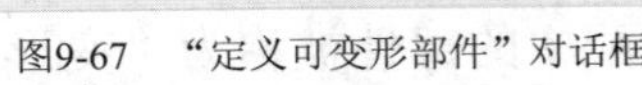
图9-67 “定义可变形部件”对话框

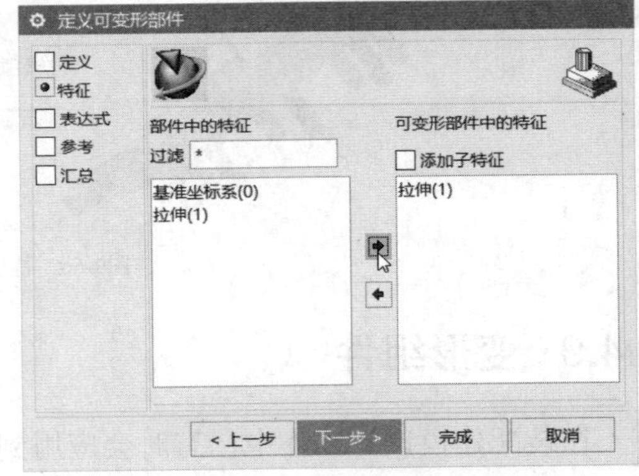

图9-68 选择要添加的特征

6 在“定义可变形部件”对话框的“表达式”页面中，从“可用表达式”列表中选择“p9=50”表达式，单击“添加表达式”按钮，如图 9-69 所示。所选的该表达式将作为可变形部件的输入参数，单击“下一步”按钮。

7 在“定义可变形部件”对话框的“参考”页面中，单击“添加几何体”按钮，弹出“添加几何体”对话框，在图形窗口中选择圆柱体部件的顶部端面，如图 9-70 所示，然后在“添加几何体”对话框中单击“确定”按钮。

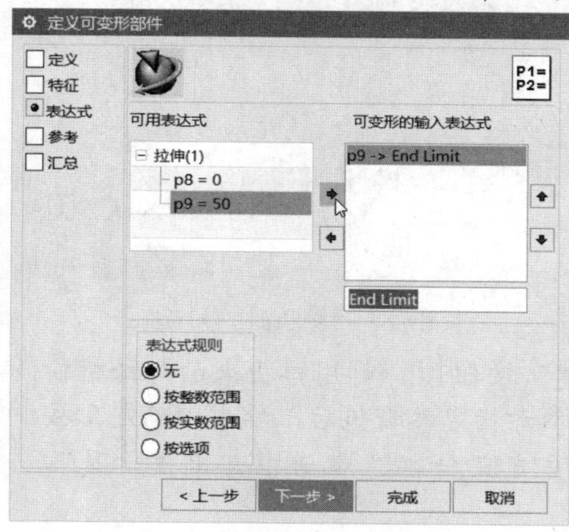

图9-69　选择表达式

图9-70　选择参考几何体（面）

8 在“定义可变形部件”对话框的“参考”页面中从列表中选择刚指定的参考几何体，并可以在“新建提示”文本框中为该几何体输入有意义的名称，如图 9-71 所示。本例接受默认的新建提示，单击“下一步”按钮。

9 在“定义可变形部件”对话框的“汇总”页面中，可以查看可变形部件的定义，如图 9-72 所示，然后单击“完成”按钮。

10 在装配导航器窗口中右击“bc_9_4_9”装配节点，如图 9-73 所示，接着从弹出的快捷菜单中选择“设为工作部件”命令，从而将装配体设为工作部件。

11 在功能区的“装配”选项卡中选择“更多”/“变形组件”命令，利用“类选择”对话框选择圆柱体并单击“确定”按钮，系统弹出图 9-74 所示的“变形组件”对话框，默认“bc_9_4_9”装配部件为要在其中应用变形组件的父部件。

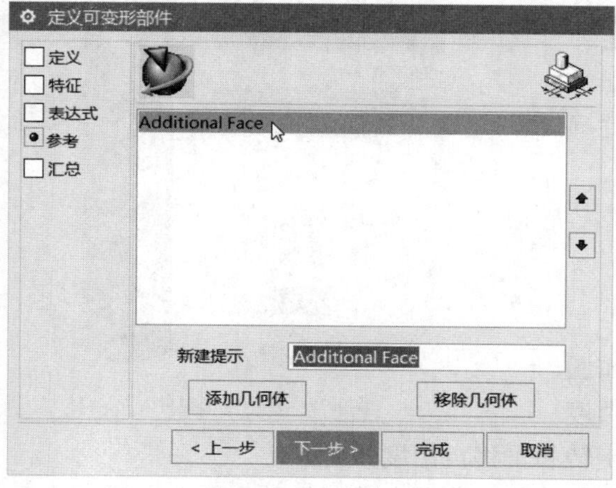

图9-71　设置新建提示

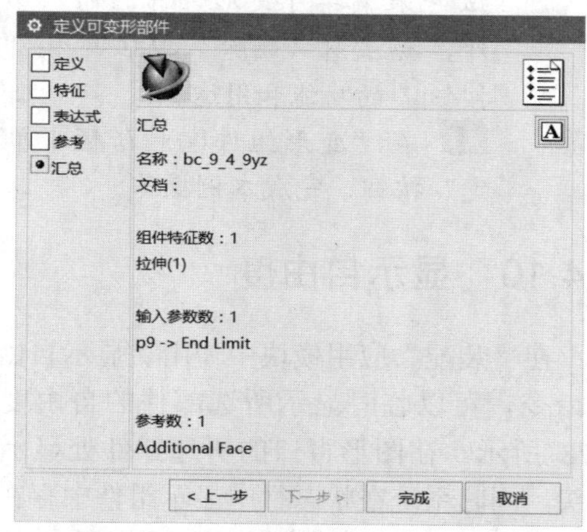

图9-72　在“汇总”页面上查看可变形部件的定义

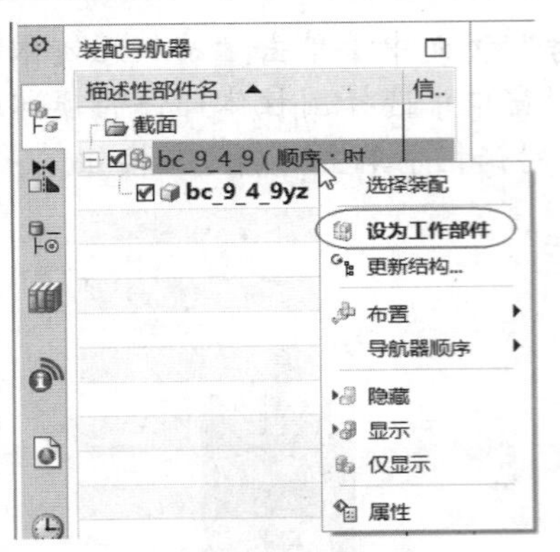

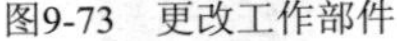

图9-73　更改工作部件

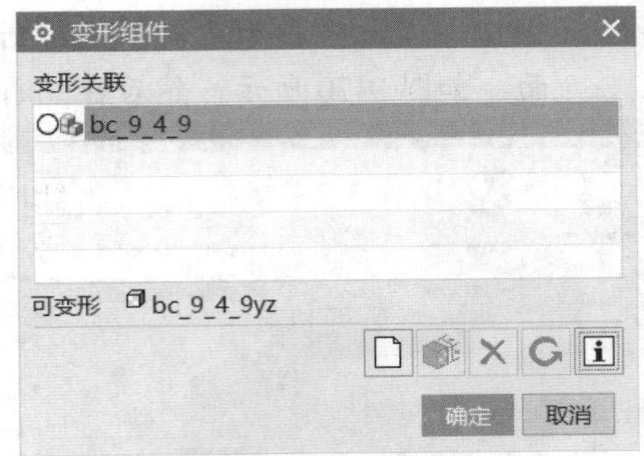

图9-74　“变形组件”对话框

12 在“变形组件”对话框中单击“创建”按钮，利用弹出来的对话框输入选定参数的值，如图 9-75 所示。根据参考指定参数值后，单击“确定”按钮，系统可能弹出图 9-76 所示的“用户定义特征”对话框，单击“是”按钮。

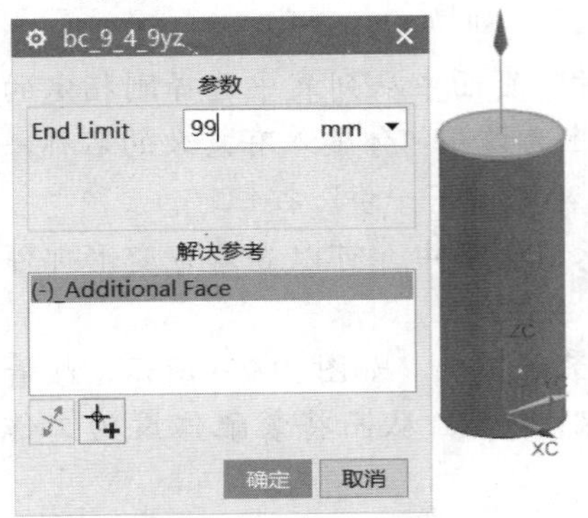

图9-75　设置可变形参数的值

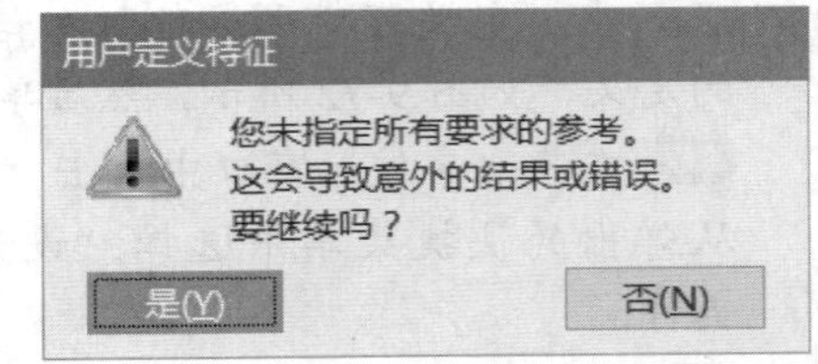

图9-76　“用户定义特征”对话框

13 返回到“变形组件”对话框，同时可变形组件的形状发生了变化，如图 9-77 所示。此时，可以单击“编辑”按钮来编辑可变形部件的输入参数。另外，要注意“删除”按钮和“信息”按钮的功能和用途。

14 在“变形组件”对话框中单击“确定”按钮，完成本例操作。

图9-77　使用变形组件

9.4.10　显示自由度

在“装配”应用模块中使用“显示自由度”工具命令，可以临时显示所选部件的自由度，如图 9-78 所示。在图形窗口的所选部件处显示自由度箭头，同时系统在状态行中显示组件中存在的旋转和平移自由度数目。

要显示所需组件的自由度，那么在功能区的“装配”选项卡的“组件位置”面板中单击

"显示自由度"按钮，打开图 9-79 所示的"组件选择"对话框。接着在图形窗口中选择一个组件，选择组件后，其自由度显示在图形窗口中，同时状态行也给出旋转自由度数目和平移自由度数目。如果所选组件没有自由度，那么 NX 将在状态行中提示"没有自由度"信息。

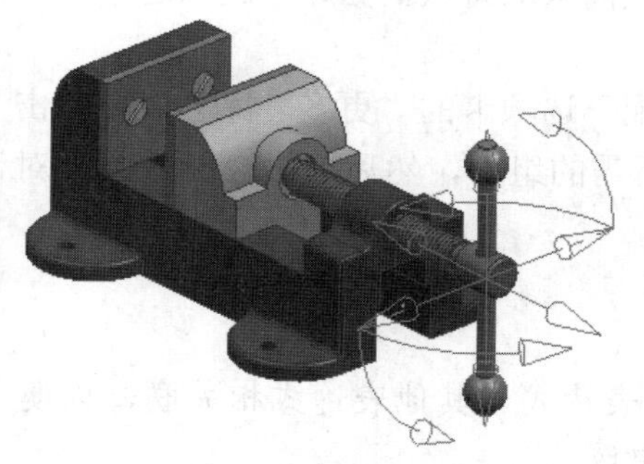

图9-78　显示所选部件的自由度

图9-79　"组件选择"对话框

9.4.11　显示和隐藏约束

可以显示和隐藏约束及使用其关系的组件，其方法是在功能区的"装配"选项卡的"组件位置"面板中单击"显示和隐藏约束"按钮，打开图 9-80 所示的"显示和隐藏约束"对话框。接着选择感兴趣的组件或约束，并在"设置"选项组中设置可见约束类型为"约束之间"或"连接到组件"，以及设置是否更改组件可见性和是否过滤装配导航器，然后单击"应用"按钮或"确定"按钮。

例如，在装配中只选择一个约束符号，在"设置"选项组中选择"约束之间"单选按钮，选中"更改组件可见性"复选框，然后单击"应用"按钮，则在图形窗口中只显示使用此约束的组件。

9.4.12　抑制组件、取消抑制组件和编辑抑制状态

在"装配"应用模块中，功能区的"装配"选项卡的"更多"库面板中提供了关于抑制操作的 3 个工具命令，如图 9-81 所示，即"抑制组件""取消抑制组件"和"编辑抑制状态"。

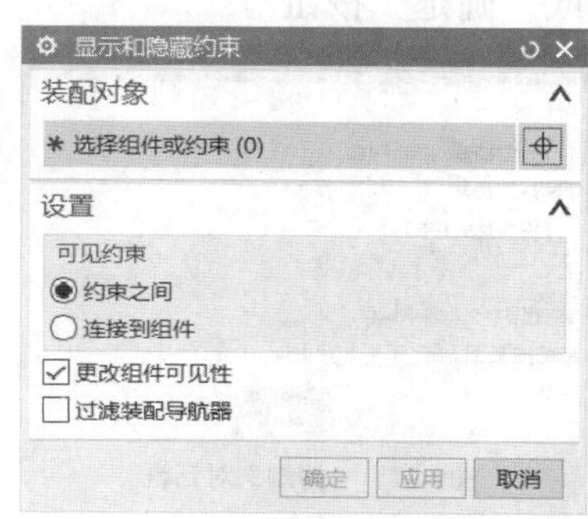

图9-80　"显示和隐藏约束"对话框

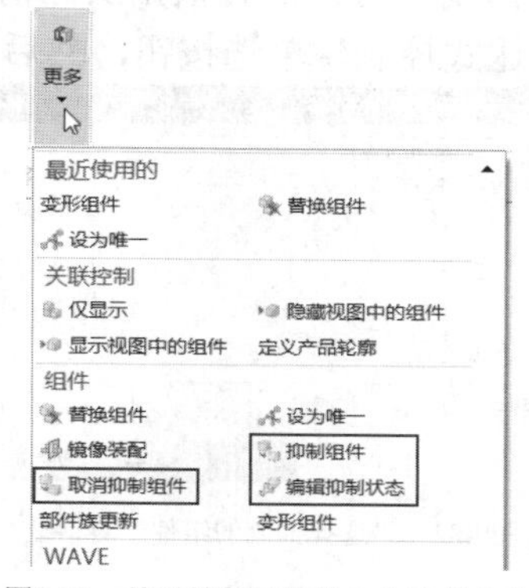

图9-81　关于抑制操作的 3 个工具命令

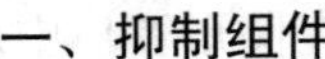

一、抑制组件

抑制组件是指从显示中移除选定的组件及其子组件。抑制组件的时候，NX 系统会忽略选定组件及其子组件的多个装配功能，这与隐藏组件明显不同，隐藏的组件仍然使用了这些装配功能。如果要使装配将某些组件视为不存在，但尚未准备从数据库中删除这些组件，那么使用“抑制组件”命令将非常有用。

抑制组件的操作方法很简单，在功能区的“装配”选项卡的“更多”库列表中单击“抑制组件”按钮，弹出“类选择”对话框，选择所需的组件，然后单击“类选择”对话框中的“确定”按钮，即可抑制所选的组件。

被抑制的组件具有以下行为或特点。

- 被抑制的组件的子项也会一同受到抑制。
- 当某一组件包含抑制表达式时，可以将该表达式与其他表达式相关联，以便在组件的抑制状态更改时，同时创建其他更改。
- 可使组件的抑制状态特定于装配布置或控制父部件。例如，可以指定在某一布置中抑制组件，但在其他布置中取消抑制该组件。
- 当抑制多个组件时，被抑制的这些组件可以来自装配的不同级别和子装配。
- 抑制某个已加载的组件并不会将其卸载。
- 依赖于被抑制的组件的装配约束和链接几何体在取消抑制该组件之前不会更新。

二、取消抑制组件

取消抑制组件是指显示先前抑制的组件，其操作方法是在功能区的“装配”选项卡的“更多”库列表中单击“取消抑制组件”按钮，打开图 9-82 所示的“选择抑制的组件”对话框，从列表中选择当前处于已抑制状态的组件（也就是选择将要取消抑制的组件），然后单击“确定”按钮即可。

三、编辑抑制状态

“编辑抑制状态”工具命令用于定义装配布置中组件的抑制状态。在功能区的“装配”选项卡中单击位于“更多”库列表中的“编辑抑制状态”按钮，弹出“类选择”对话框。选择所需的一个组件后，单击“类选择”对话框中的“确定”按钮，系统弹出图 9-83 所示的“抑制”对话框。根据实际情况选择“始终抑制”单选按钮、“从不抑制”单选按钮或“由表达式控制”单选按钮，然后单击“应用”按钮或“确定”按钮。

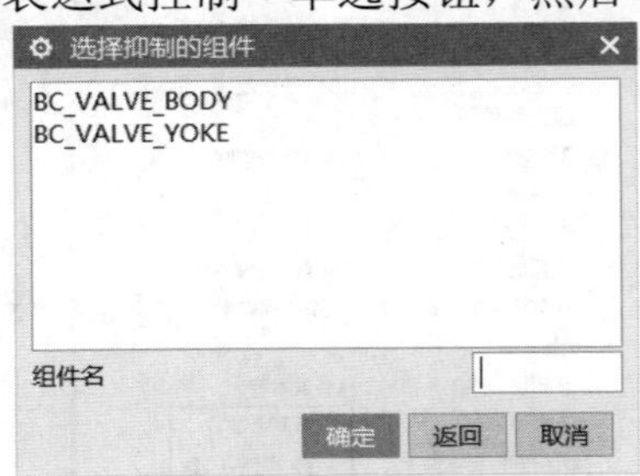

图9-82　“选择抑制的组件”对话框

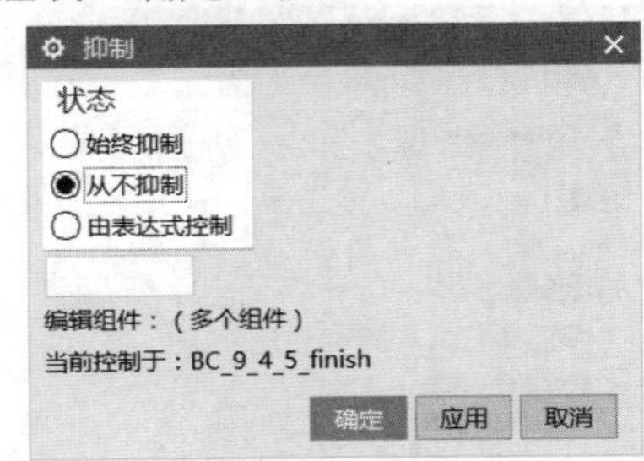

图9-83　“抑制”对话框

9.4.13 记住约束

在 NX 11 中，允许记住部件中的装配约束，以供在其他组件中重用，这就是“记住约束”的功能。以后将记住装配约束的组件添加到不同的装配中时，这些已记住的约束将有助于对该组件的快速定位。

记住装配约束的操作方法是在“装配”应用模块功能区的“装配”选项卡中单击“组件位置”面板中的“记住约束”按钮，弹出图 9-84 所示的“记住约束”对话框。接着选择要记住约束的组件，并在选定组件上选择要记住的一个或多个约束，然后单击“应用”按钮或“确定”按钮。

在保存组件时，所选择的约束也将随着组件一起保存。在其他装配中再次将此组件按照“通过约束”方式添加进去时，用户可以获得已记住的约束用以帮助定位组件。

在将记住装配约束的组件以“根据约束”方式添加到新装配时，NX 系统将弹出一个“重新定义约束”对话框，如图 9-85 所示，接着在装配中选择其他组件的配合对象来完成重定义装配约束。

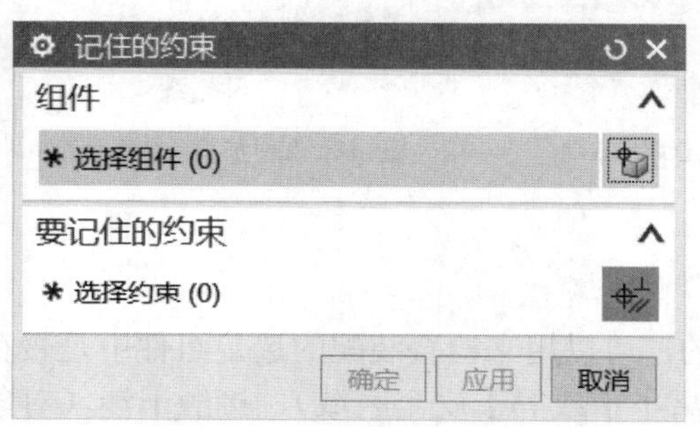

图9-84 “记住约束”对话框

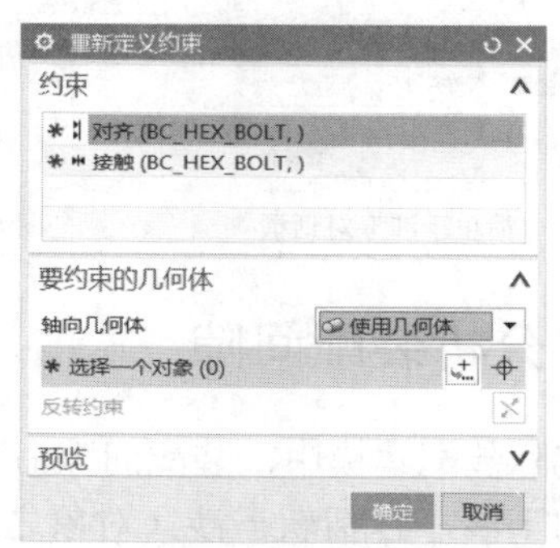

图9-85 “重新定义约束”对话框

9.5 检查简单干涉与装配间隙

装配好组件后，通常需要对装配体进行一些检查，例如检查简单干涉与装配间隙等。

9.5.1 简单干涉

“简单干涉”命令用于检查两个体是否相交。

进行简单干涉检查的方法步骤如下。

1 确保装配体为工作部件，选择“菜单”/“分析”/“简单干涉”命令，弹出图 9-86 所示的“简单干涉”对话框。

2 “第一体”选项组中的“选择体”按钮处于活动状态，选择第一个体。

3 “第二体”选项组中的“选择体”按钮自动切换至活动状态，选择第二个体。

4 在“干涉检查结果”选项组的“结果对象”下拉列表框中选择“高亮显

示的面对”选项或“干涉体”选项。倘若从“结果对象”下拉列表框中选择“高亮显示的面对”选项，出现“要高亮显示的面”下拉列表框，从中选择“仅第一对”或“在所有对之间循环”，如图 9-87 所示。当选择“在所有对之间循环”选项时，可以单击出现的“显示下一对”按钮来循环显示要高亮显示的面对。

5 当从“结果对象”下拉列表框中选择“干涉体”选项时，“简单干涉”对话框中的“应用”按钮和“确定”按钮可用。此时单击“应用”按钮或“确定”按钮，系统会弹出一个对话框给出简单干涉检查的结果，如图 9-88 所示，单击“确定”按钮。

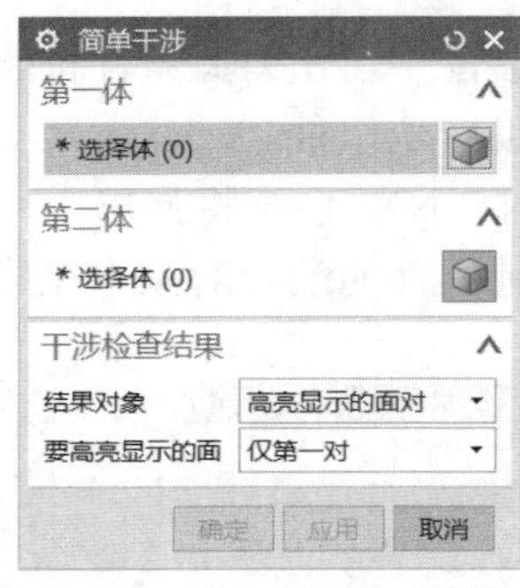

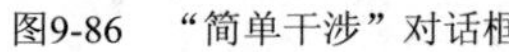

图9-86　“简单干涉”对话框

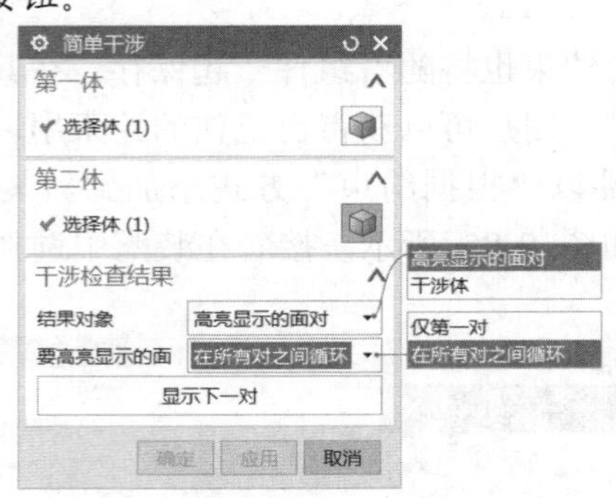

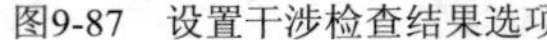

图9-87　设置干涉检查结果选项

图9-88　显示简单干涉检查的结果

9.5.2　分析装配间隙

在实际装配建模中，装配间隙命令是很实用的，可以用来检查装配的选定组件中是否存在可能的干涉，包括软干涉（对象之间的最小距离小于或等于安全区域）、接触干涉（对象相互接触但不相交）、硬干涉（对象彼此相交）和包容干涉（一个对象完全包含在另一个对象内）。装配间隙分析命令较多，它们位于“菜单”/“分析”/“装配间隙”级联菜单中，如图 9-89 所示。这些装配间隙分析命令的功能含义如表 9-2 所示。

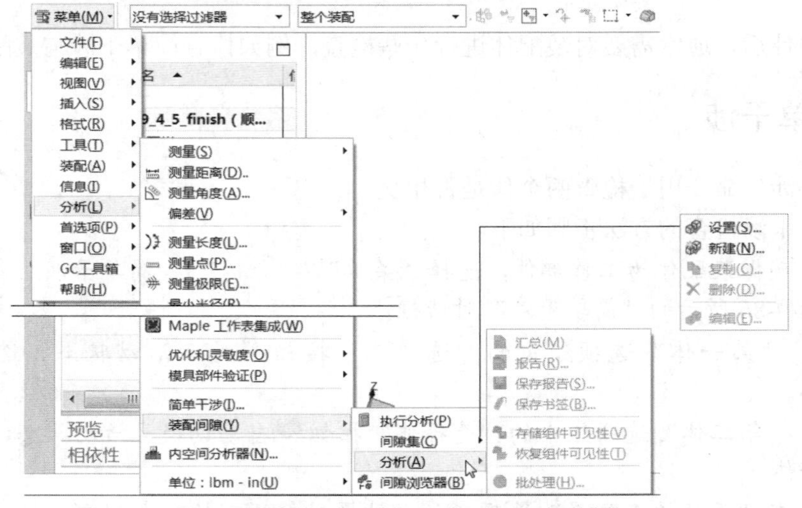

图9-89　“菜单”/“分析”/“装配间隙”级联菜单

表 9-2　　装配间隙的分析命令

子命令		功能含义
执行分析		对当前的间隙集运行间隙分析
间隙集	设置	使现有间隙集中的一个变为当前间隙集
	新建	创建一个新的间隙集
	复制	复制当前间隙集
	删除	删除当前间隙集
	属性	修改当前间隙集的属性
分析	汇总	生成当前间隙集的汇总
	报告	生成汇总并列出间隙分析找到的干涉
	保存报告	保存间隙分析报告到文件
	保存书签	在书签文件中保存装配关联，包括组件可见性、加载选项和组件组
	存储组件可见性	存储会话中组件的当前可见性
	恢复组件可见性	将组件可见性返回到使用“存储组件可见性”命令保存的设置
	批处理	执行批处理间隙分析
间隙浏览器		以表格形式显示间隙分析的结果

在这里重点介绍常用的“执行分析”命令。“执行分析”命令主要用于对当前的间隙集运行间隙分析，有助于分析装配体中选定组件与其他组件之间可能存在的各类干涉。

要对当前的间隙集运行间隙分析，则进行如下操作。

1. 选择“菜单”/“分析”/“装配间隙”/“执行分析”命令，系统弹出图 9-90 所示的“间隙分析”对话框。

2. 在“间隙集”选项组中指定间隙集名称，设置间隙介于组件或体，如设置间隙介于组件；在“要分析的对象”选项组中指定集合和集合一，如将集合选项设为“一个”，集合一选项设为“所有对象”。接着分别在“例外”选项组、“安全区域”选项组和“设置”选项组设置相应的内容，如图 9-91 所示。

图9-90　“间隙分析”对话框

图9-91　设置“例外”“安全区域”等内容

3 单击“应用”按钮或“确定”按钮，分析结果显示在“间隙浏览器”窗口中，如图 9-92 所示，其中列出内容可包括所选的组件、干涉组件、干涉类型、距离、间隙和标示符等信息。

间隙浏览器

所选的组件	干涉组件	类型	距离	间隙	标识符	过时	卸载的对象	状态	文
间隙集：SET1	版本：2			0.000000					
干涉									
bc_9_9_gz (492)	bc_9_9_gl (853)	现有的 (接触)	0.000000	0.000000	2			未确定	
bc_9_9_zj (1206)	bc_9_9_gz (492)	现有的 (接触)	0.000000	0.000000	3			未确定	
bc_9_9_zj (131)	bc_9_9_gz (492)	现有的 (接触)	0.000000	0.000000	1			未确定	
排除									
集合一									
单元子装配									
要检查的附加的对									

图9-92　“间隙浏览器”窗口

用户也可以在功能区的“装配”选项卡中单击“间隙分析”按钮打开“间隙分析”面板（库），然后选择所需的间隙分析工具命令。

9.6　爆炸图

爆炸图是一种特殊的视图，它将选中的部件或子装配相互分离开来表示，但不会更改组件的实际装配位置。使用爆炸图最大的好处是能直观地显示装配部件内各组件的装配关系。

在一个装配中，可以创建多个命名的爆炸图。

爆炸图的典型示例如图 9-93 所示，左边为装配视图，右边为爆炸视图。通常要获得所需的爆炸图，必须执行两大步骤，一是创建新的爆炸图，二是重定位（编辑）组件在爆炸图中的位置。

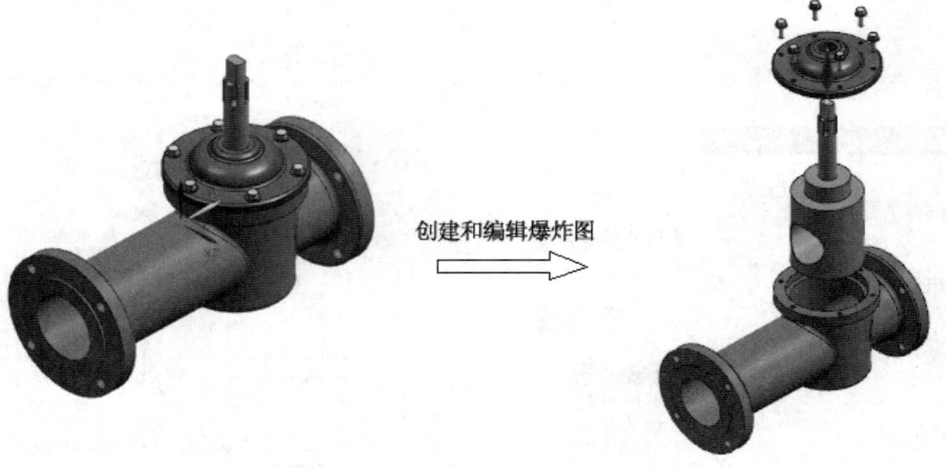

图9-93　创建和编辑爆炸图的典型示例

9.6.1 初识爆炸图的工具命令

爆炸图的操作命令位于“装配”应用模块的“菜单”/“装配”/“爆炸图”级联菜单中。同时，NX 11 功能区的“装配”选项卡也为用户提供了一个“爆炸图”面板（库），在功能区的“装配”选项卡中单击“爆炸图”按钮，则打开“爆炸图”面板（库），该面板也集中了爆炸图的相关操作工具命令，如图 9-94 所示。

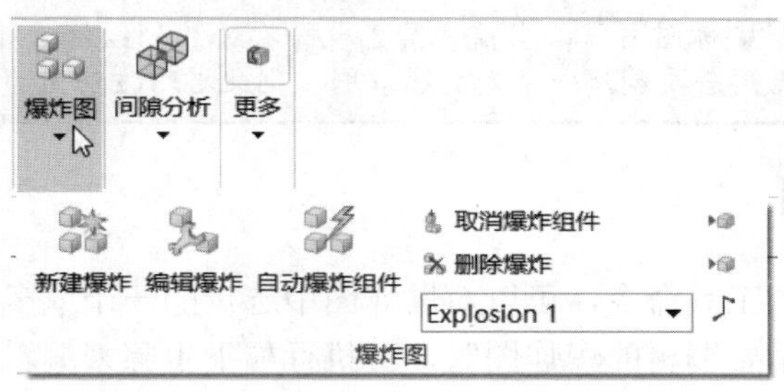

图9-94 “爆炸图”面板

下面对“爆炸图”面板中各按钮选项进行简要介绍，如表 9-3 所示。

表 9-3 “爆炸图”面板中各主要按钮选项的功能含义

按钮	按钮名称	功能含义
	新建爆炸图	在工作视图中新建爆炸图，可以在其中重定义组件以生成爆炸图
	编辑爆炸图	重编辑定位当前爆炸图中选定的组件
	自动爆炸组件	基于组件的装配约束重定位当前爆炸图中的组件
	取消爆炸组件	将组件恢复到原先的未爆炸位置
	删除爆炸图	删除未显示在任何视图中的装配爆炸图
	隐藏视图中的组件	隐藏视图中选择的组件
	显示视图中的组件	显示视图中选定隐藏组件
	追踪线	在爆炸图中创建组件的追踪线以指示组件的装配位置

9.6.2 新建爆炸图

使用“新建爆炸图”命令，可以创建新的爆炸图，组件将在其中以可见方式重定位以生成爆炸图。

新建爆炸图的方法步骤如下。

1 在功能区的“装配”选项卡中单击“爆炸图”按钮以打开“爆炸图”面板，接着单击“新建爆炸图”按钮，系统弹出图 9-95 所示的“新建爆炸”对话框。

图9-95 “新建爆炸”对话框

2 “新建爆炸”对话框的“名称”文本框为爆炸图提供默认名称。用户可以接受默认的爆炸图名称，也可以在“名称”文本框中为爆炸图输入新名称。

3 单击“新建爆炸”对话框中的“确定”按钮，从而创建一个新的爆炸图。

创建了新的爆炸图之后，通常需要对该爆炸图进行编辑操作，例如，可以使用“编辑爆炸图”工具命令或“自动爆炸组件”工具命令进行编辑操作。

如果在创建新爆炸图之前，当前视图已包含有爆炸的组件，那么可以将其用作创建新爆炸图的起点。若要创建一系列的爆炸图，则此思路方法尤为有用。

9.6.3　编辑爆炸图

使用“编辑爆炸图”工具命令，可以对爆炸图中选定的一个或多个组件进行重定位。在确保工作视图显示要编辑的爆炸图时，可执行如下步骤来编辑爆炸图。

1 在“爆炸图”面板中单击“编辑爆炸图”按钮，打开图 9-96 所示的“编辑爆炸”对话框。

2 在“编辑爆炸”对话框中选择“选择对象”单选按钮，在装配中选择要移动的组件。

3 在“编辑爆炸”对话框中选择“移动对象”单选按钮，此时在所选组件上显示有平移拖动手柄、旋转拖动手柄和原始手柄，如图 9-97 所示。按照以下一种或多种方法来移动所选的组件。

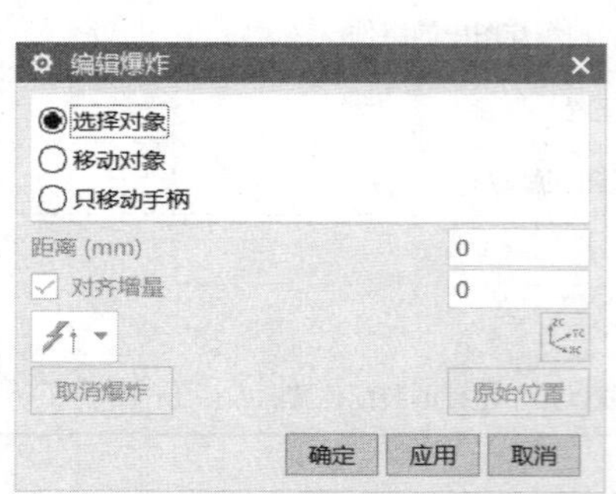

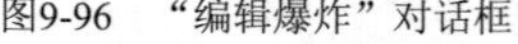

图9-96　“编辑爆炸”对话框

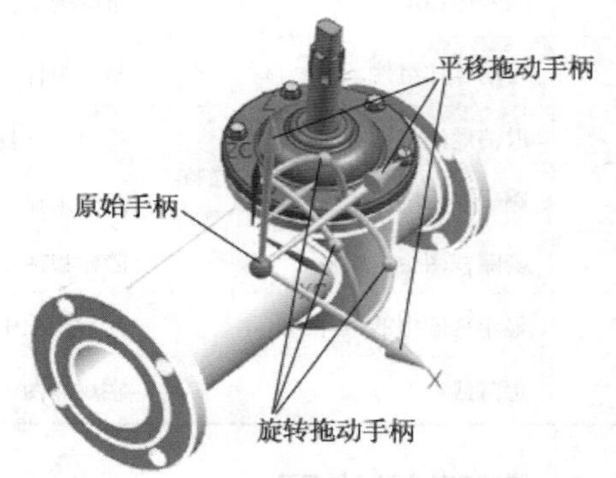

图9-97　在所选组件上显示相关手柄

- 在矢量方向上移动：在视图中选择一个平移拖动手柄，可以选中“捕捉增量”复选框并在对应的增量框中输入距离增量的值，在“距离”文本框中输入所选组件要移动的距离并按“Enter”键确认。也可通过拖动平移手柄来移动组件。
- 围绕矢量旋转：在视图中选择一个旋转拖动手柄，可以选中“捕捉增量”复选框并在对应的增量框中输入角度增量的值，在“角度”文本框中输入所选组件要旋转的角度并按“Enter”键确认。也可以通过拖动旋转手柄来旋转组件。
- 选择并拖动原始手柄，将组件移至到所需的位置处。

如果选择“只移动手柄”单选按钮，则使用鼠标拖动移动手柄时，组件不移动。

4 编辑爆炸图满意后，在“编辑爆炸”对话框中单击“确定”按钮。

9.6.4 创建自动爆炸组件

创建自动爆炸组件是指沿基于组件的装配约束的法矢来自动偏置每个选定的组件，从而产生自动爆炸图。自动爆炸图不一定是理想的爆炸图，必要时再使用“编辑爆炸图”工具命令来编辑且优化自动爆炸图。

需要用户注意的是，“自动爆炸组件”工具命令对未约束的组件无效。

生成自动爆炸图的方法步骤如下。

1 确保工作视图显示要编辑的爆炸图，此时，在“爆炸图”面板中单击“自动爆炸组件”按钮，弹出“类选择”对话框。

2 选择要偏置的组件，然后在“类选择”对话框中单击“确定”按钮。

3 系统弹出图 9-98 所示的“自动爆炸组件”对话框，在“距离”文本框中输入偏置距离值。

图9-98 “自动爆炸组件”对话框

4 按“Enter”键或单击“确定”按钮。

用户也可以先选择要自动爆炸的组件，接着在“爆炸图”面板中单击“自动爆炸组件”按钮，打开“自动爆炸组件”对话框，指定距离值，然后单击“确定”按钮。

自动爆炸组件的示例如图 9-99 所示。在执行“自动爆炸组件”工具命令后，选择 8 个螺栓作为要偏置的组件，并在“自动爆炸组件”对话框中设置距离值即可。

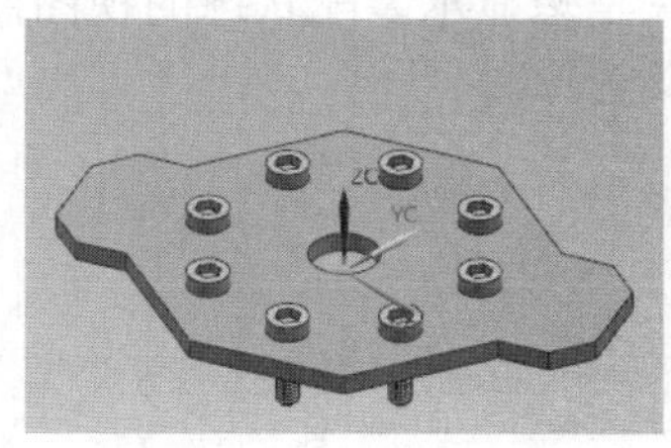

（a）自动爆炸组件之前

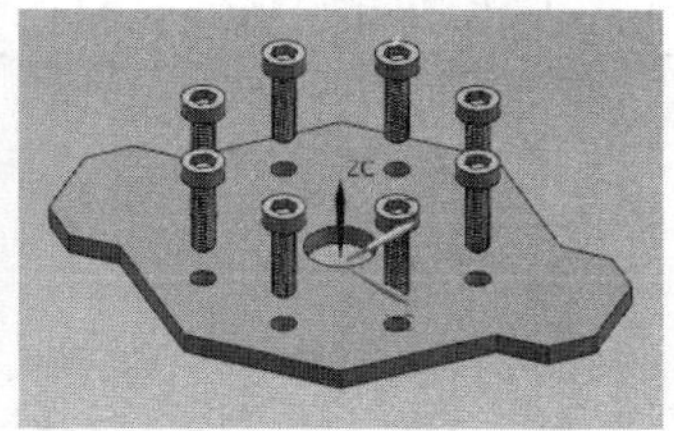

（b）自动爆炸组件之后

图9-99 自动爆炸组件的示例

9.6.5 取消爆炸组件

使用“取消爆炸组件”命令，可以将一个或多个选定组件恢复至其未爆炸的原始位置。取消爆炸组件的操作较为简单，即先选择要取消爆炸状态的组件，接着在“爆炸图”面板中单击“取消爆炸组件”按钮即可。当然，也可以先单击“取消爆炸组件”按钮，再选

择要取消爆炸状态的组件。

9.6.6 删除爆炸图

使用“删除爆炸图”命令，可以删除未显示在任何视图中的装配爆炸图。如果存在着多个爆炸图，NX 将显示所有爆炸图的列表，以供用户选择要删除的视图。如果选中的爆炸图与任何其他视图关联，则 NX 会显示一则警告，提示必须首先删除关联的视图。

可以按照以下方法步骤来删除未显示在任何视图中的装配爆炸图。

1 在“爆炸图”面板中单击“删除爆炸图”按钮，系统弹出图 9-100 所示的“爆炸图”对话框。

2 在“爆炸图”对话框的爆炸图列表中选择要删除的爆炸图名称，单击“确定”按钮。

如果所选的爆炸图处于显示状态，则不能执行删除操作，系统会弹出如图 9-101 所示的“删除爆炸”对话框，提示在视图中显示的爆炸不能被删除，请尝试“信息”/“装配”/“爆炸”功能。如果要删除此视图，通常采用的方法是更改显示视图或隐藏爆炸图，再执行删除爆炸图的操作。

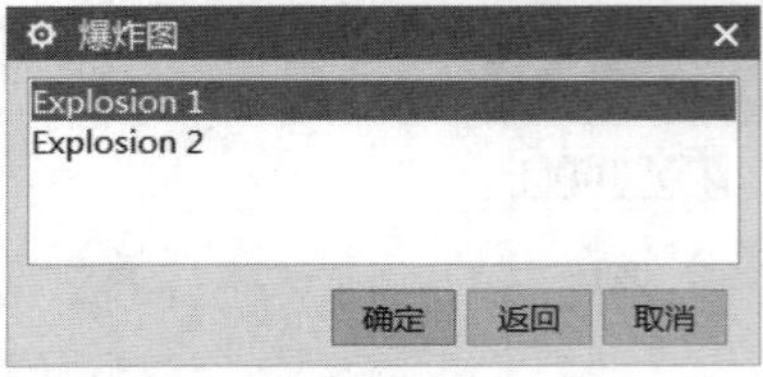

图9-100　“爆炸图”对话框

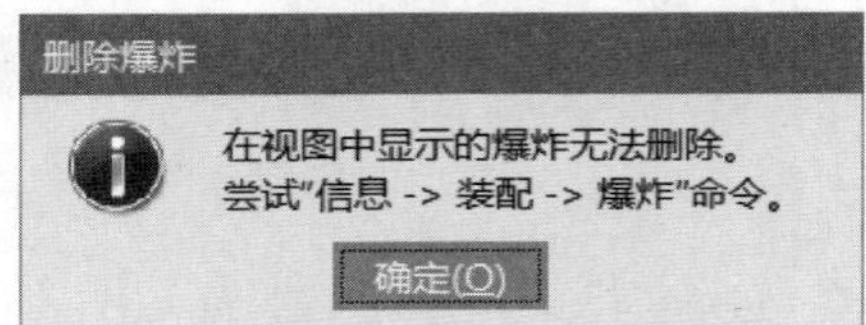

图9-101　“删除爆炸”对话框

9.6.7 工作视图爆炸

在一个装配部件中可以建立多个命名的爆炸图，这些爆炸图的名称会显示在“爆炸图”面板的“工作视图爆炸”下拉列表框中，如图 9-102 所示。使用“工作视图爆炸”下拉列表框可以选择爆炸图并在工作视图中显示。如果只是想显示装配状态的视图而不希望显示爆炸图，那么可以在此下拉列表框中选择“无爆炸”选项。

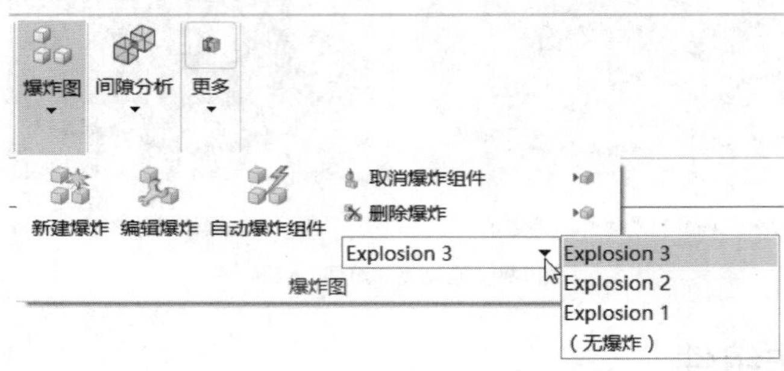

图9-102　使用“工作视图爆炸”下拉列表框

9.6.8 隐藏爆炸图和显示爆炸图

可以根据设计需要，选择“菜单”/“装配”/“爆炸图”/“隐藏爆炸”命令，以在工作视图中隐藏装配爆炸图，即返回到无爆炸的视图状态。注意“隐藏爆炸”命令在工作视图显示爆炸图时可用。

使用“显示爆炸”命令，可以在工作视图中显示装配爆炸图。在选择“菜单”/“装配”/“爆炸图”/“显示爆炸”命令后，系统弹出图 9-103 所示的“爆炸图”对话框。该对话框列出可用的爆炸图，从中选择要显示的爆炸图名称，单击“确定”按钮，即可显示此装配爆炸图。

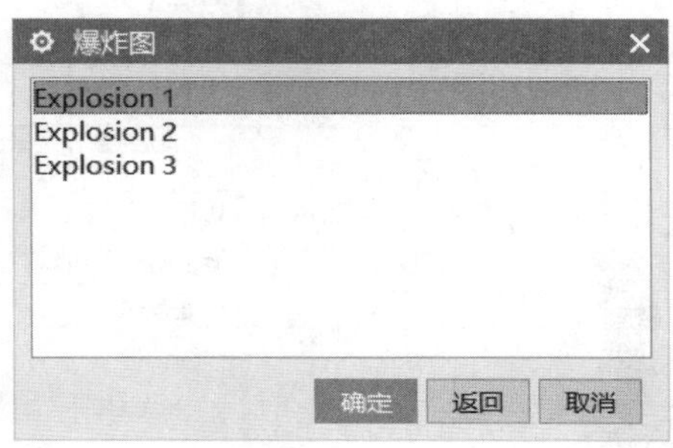

图9-103 “爆炸图”对话框

9.6.9 隐藏和显示视图中的组件

在实际装配建模设计工作中，可以根据要求隐藏视图中的选定组件，或者显示视图中选定的隐藏组件。

在“爆炸图”面板中单击“隐藏视图中的组件”按钮，系统弹出图 9-104 所示的“隐藏视图中的组件”对话框，接着在装配中选择要隐藏的组件，然后单击“应用”按钮或“确定”按钮，即可将所选组件隐藏。

在“爆炸图”面板中单击“显示视图中的组件”按钮，系统弹出图 9-105 所示的“显示视图中的组件”对话框。在该对话框的“要显示的组件”列表框中选择要显示的组件，单击“应用”按钮或“确定”按钮，即可将所选的隐藏组件重新在视图中显示出来。

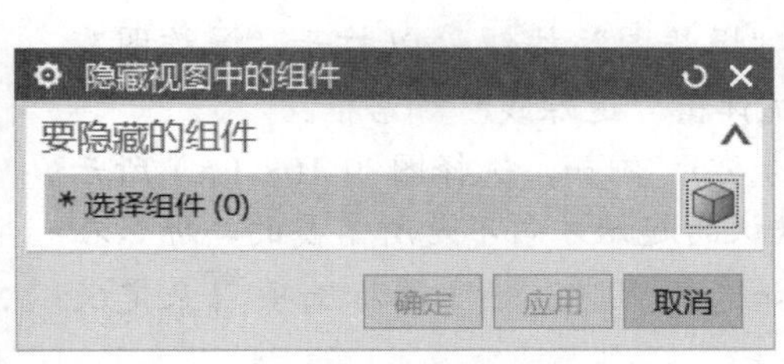

图9-104 “隐藏视图中的组件”对话框

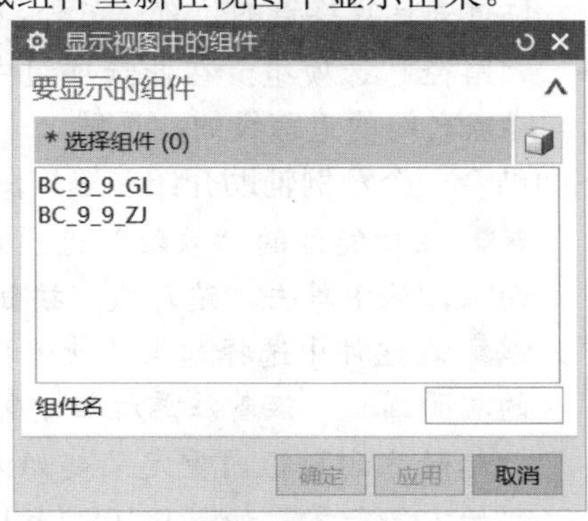

图9-105 “显示视图中的组件”对话框

9.6.10　创建追踪线

在某些爆炸图中可能需要创建追踪线，追踪线可用来描绘爆炸组件在装配或拆卸期间遵循的路径。需要用户注意的是，追踪线只能在创建它们时所在的爆炸图中显示。

在爆炸图中创建有追踪线的示例如图 9-106 所示。

要创建追踪线，则先确保工作视图当前显示的是爆炸图，在“爆炸图”面板中单击“追踪线”按钮，系统弹出图 9-107 所示的“追踪线”对话框，接着分别指定起始点和终止对象等即可。“追踪线”对话框各选项组的功能含义如下。

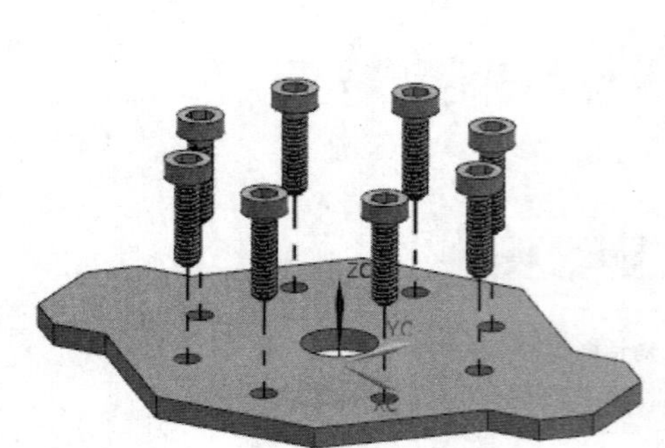

图9-106　创建有追踪线的爆炸图

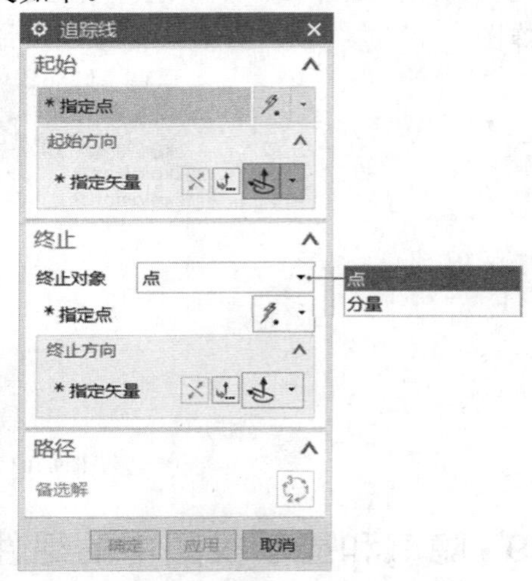

图9-107　“追踪线”对话框

- “起始”选项组：用于在组件中选择要使追踪线开始的点，并可指定起始方向。
- “终止”选项组：在该选项组的“终止对象”下拉列表框中选择“点”选项或“分量”选项（在 NX 11 的一些细分版本中，“分量”选项有时也显示为“组件”选项）。“点”选项用于大多数情况，选择“点”选项时，将在组件中选择要使追踪线结束的点。如果很难选择终点，那么可以使用“分量”选项（“组件”选项）来选择追踪线应在其中结束的组件，NX 使用组件的未爆炸位置来计算终点的位置。另外，同样要注意设置终止方向。
- “路径”选项组：在此选项组中单击“备选解”按钮，可切换所选起点和终点之间的追踪线的备选解。

下面结合一个示例辅助介绍在爆炸图中创建追踪线的方法步骤。

1 在功能区的“装配”选项卡中单击“爆炸图”按钮以打开“爆炸图”面板，从中单击“追踪线”按钮，系统弹出“追踪线”对话框。

2 在组件中选择起点（使追踪线开始的点），例如，选择图 9-108（a）所示的端面圆心。接着注意起始方向，如果默认的起始方向不是所需要的，那么在“起始方向”框内重定义起始方向，例如选择“-ZC 轴”图标选项来定义起始方向矢量，如图 9-108（b）所示。

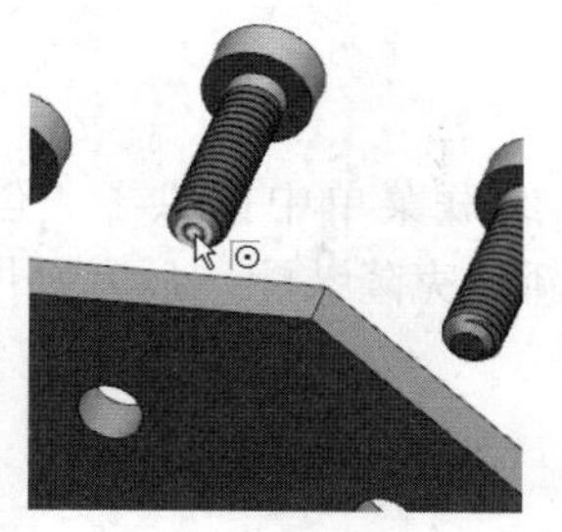

(a) 指定起始点

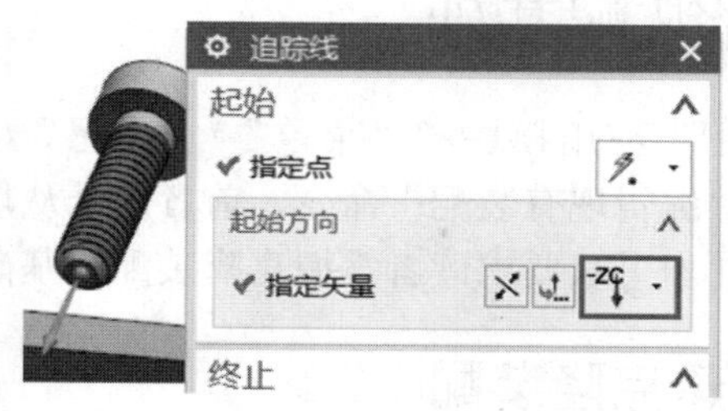

(b) 指定起始方向矢量

图9-108　指定追踪线的起始点和起始方向

3 在“终止”选项组的“终止对象”下拉列表框中选择“点”选项，接着选择追踪线的终点，如图 9-109 所示，并在“指定矢量”下拉列表框中选择“ZC 轴”图标选项 ZC↑ 定义终止方向。

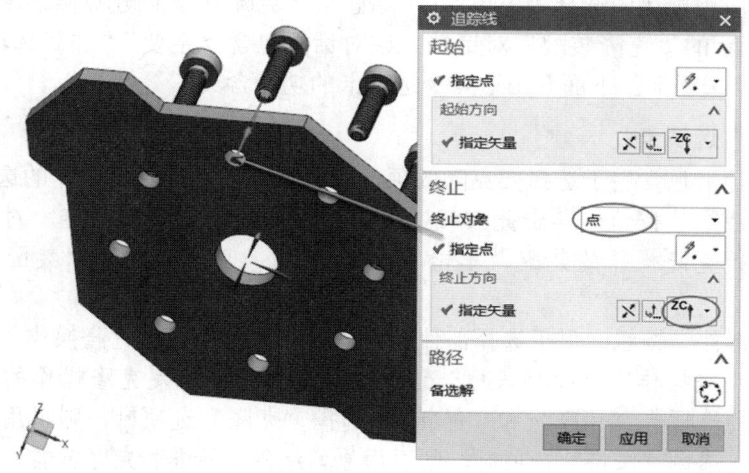

图9-109　指定追踪线的终点及终止方向

4 如果需要，在“路径”选项组中单击“备选解”按钮，可以在可能的追踪线方案之间循环，直到切换至所需要的追踪线方案。

5 在“追踪线”对话框中单击“应用”按钮，创建一条追踪线，如图 9-110 所示。可以继续绘制追踪线。

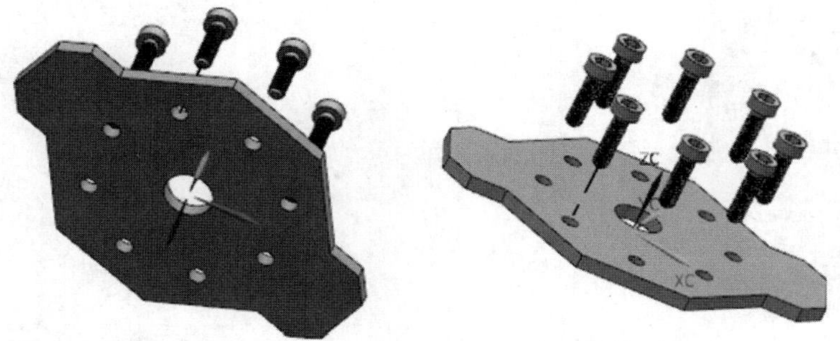

图9-110　创建一条追踪线

9.7　克隆装配基础

在“装配”应用模块的“菜单”/“装配”/“克隆”级联菜单中提供了“创建克隆装配”命令和“编辑现有装配”命令，前者用于从现有装配新建克隆装配，后者则用于修改现有克隆装配。本书只要求读者掌握克隆装配的基础知识。

9.7.1　创建克隆装配

使用“创建克隆装配”命令，可以创建新装配，或者创建共享相似装配结构和关联性的相关装配。克隆的装配始终从上次保存的装配文件进行克隆。执行克隆操作后，NX 会创建克隆日志文件，所述的克隆日志文件汇总了在克隆操作期间执行的活动，包括从输入到输出装配的映射。

在“装配”应用模块中选择“菜单”/“装配”/“克隆”/“创建克隆装配”命令，系统弹出图 9-111 所示的“克隆装配”对话框。该对话框包含“主要”“加载选项”“命名”和“日志文件”4 个选项卡。下面介绍这 4 个选项卡的功能含义。

一、“主要”选项卡

“主要”选项卡包含用于选择要克隆的项、生成报告和执行克隆操作的选项。

- “添加装配”按钮：单击此按钮，弹出“添加装配到克隆操作”对话框，选择要进行克隆操作的装配，单击“OK”按钮。可以选择多个装配进行克隆操作。
- “添加部件”按钮：用于选择部件（不包括组件）以执行克隆操作。
- “默认克隆操作”下拉列表框：该下拉列表框用于指定克隆操作的选项，可供选择的选项有“克隆”和“保持”。选择“克隆”选项时，则引用种子组件的克隆。选择“保持”选项时，则引用原始组件。除非指定了异常，否则“克隆”是应用于所有组件的默认操作。
- “例外”按钮：单击此按钮，弹出图 9-112 所示的“操作异常”对话框，可用于指定默认克隆操作的异常情况，以应用于选定的组件。

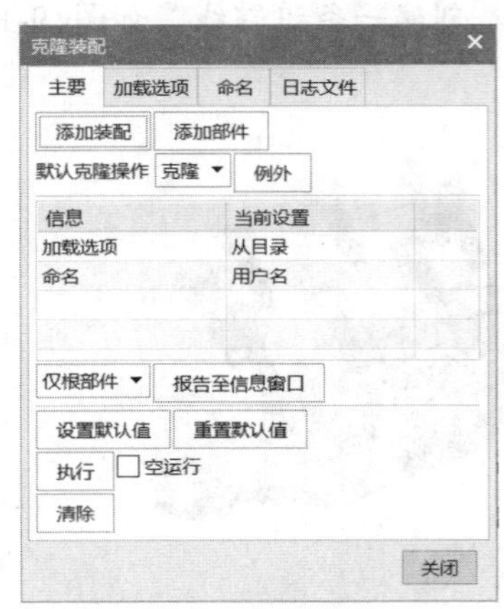

图9-111　“克隆装配”对话框

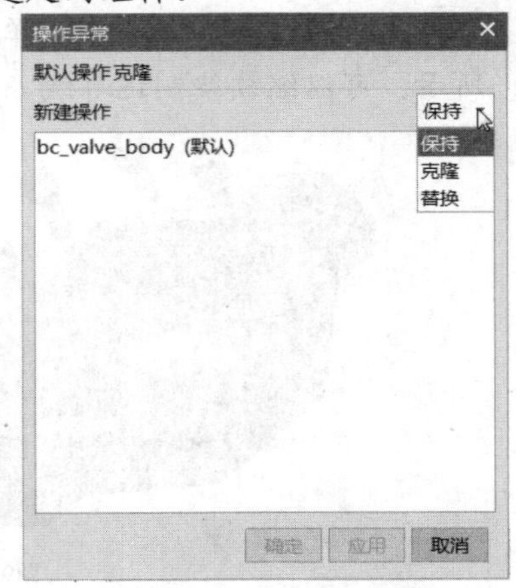

图9-112　“操作异常”对话框

- 列表框：显示多个项（如“加载选项”“装配”“部件”和“命名”）的当前设置。
- 报告类型选择：从位于“报告至信息窗口”按钮左侧的下拉列表框中选择要在“报告至信息窗口”中显示的报告类型，可供选择的报告类型选项有“仅根部件”“简洁”和“完整”。其中，“仅根部件”选项用于报告加载到操作中的所有顶层装配（报告中不包含组件）；“简洁”选项用于仅报告按输入名称排序的输入及输出名称；“完整”选项用于生成一个完整报告，该完整报告包含要对每个部件执行的操作以及新克隆部件名称。
- “报告至信息窗口”按钮：单击此按钮，弹出图 9-113 所示的“信息”窗口，该窗口根据选择的报告类型显示有关克隆操作的信息。
- “设置默认值”按钮：该按钮用于为没有指派异常的组件设置默认值。
- “重置默认值”按钮：该按钮用于清除在选择“设置默认值”时应用的所有值。
- “执行”按钮：该按钮用于执行克隆操作。这对于将同一装配多次克隆为不同的输出装配较为有用。
- “空运行”复选框：如果选中此复选框，则对克隆操作进行一次测试运行而不实际执行克隆。
- “清除”按钮：用于移除所有数据，以便执行另一项克隆操作。

二、“命名”选项卡

“命名”选项卡如图 9-114 所示，使用此选项卡可指定克隆组件的命名方式。

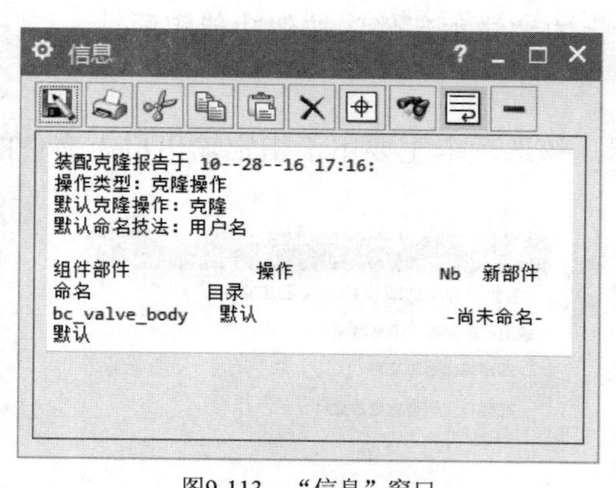

图9-113　“信息”窗口

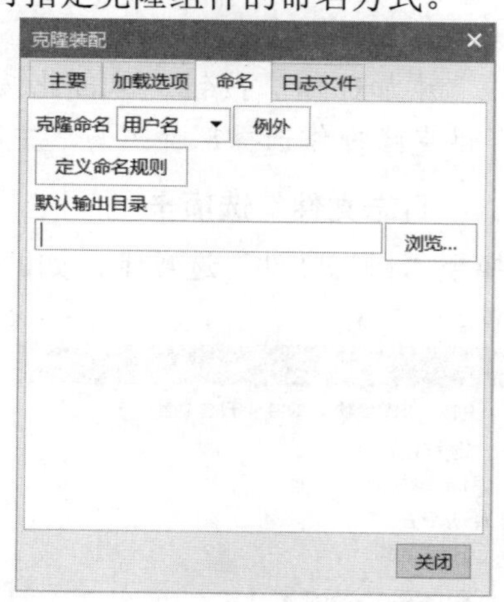

图9-114　“命名”选项卡

- “克隆命名”下拉列表框：从该下拉列表框中选择“用户名”选项或“命名规则”选项来指定默认的命名约定，前者用于用户定义，后者则使用命名规则（如前缀、后缀、替换、重命名字符串）。
- “例外”按钮：单击此按钮，系统弹出图 9-115 所示的“命名异常”对话框，设置命名异常选项及相关内容。
- “定义命名规则”按钮：单击此按钮，弹出图 9-116 所示的“命令规则”对话

框，可通过设置命名规则类型选项来定义克隆组件的默认名称。

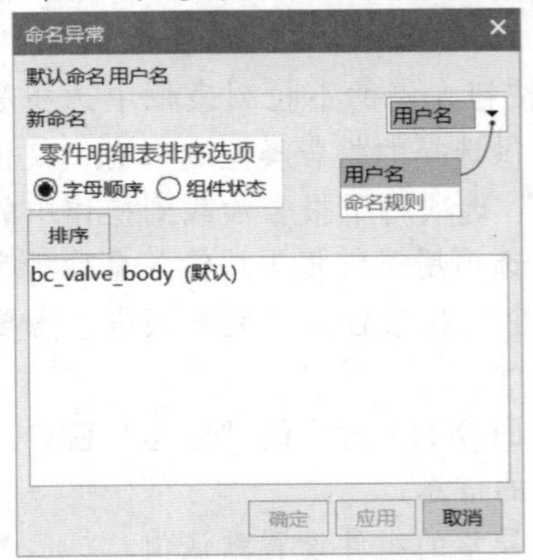

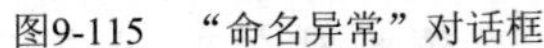
图9-115 “命名异常”对话框

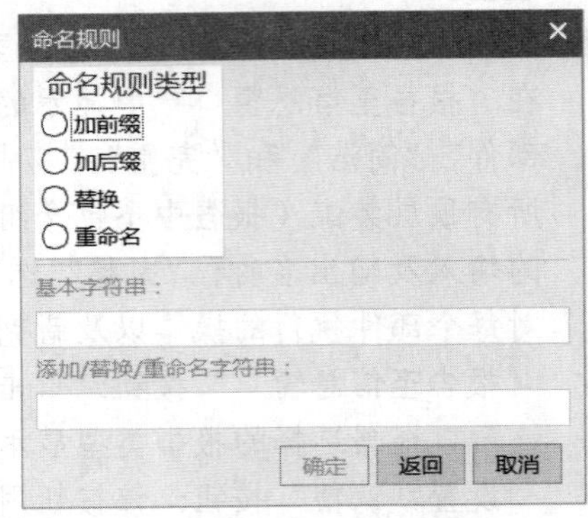

图9-116 “命名规则”对话框

- 默认输出目录：设置输出文件的默认目录，如日志文件。单击“浏览”按钮，将弹出“选择默认输出目录”对话框，可供指定输出文件的位置。

三、“加载选项”选项卡

切换到“加载选项”选项卡，如图 9-117 所示，从中可设置加载方法选项等。

- “加载方法”选项组：在该选项组中指定 NX 系统如何搜索要加载的文件，可供选择的加载方法单选按钮有“按照保存的”“从目录”和“搜索目录”。
- “添加装配”按钮：单击此按钮，打开“添加装配到克隆操作”对话框，可供克隆操作选择装配，组件包含在克隆操作中。与“主要”选项卡上的“添加装配”按钮功能相同。
- “添加部件”按钮：单击此按钮，打开“添加部件到克隆操作”对话框，可供克隆操作选择部件。与“主要”选项卡上的“添加部件”按钮功能相同。

四、“日志文件”选项卡

切换至“日志文件”选项卡，如图 9-118 所示，该选项卡主要用于指定输出日志文件的目标位置。

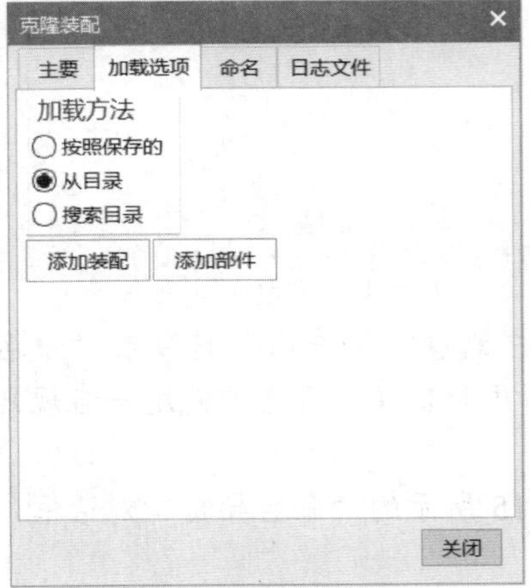

图9-117 “加载选项”选项卡

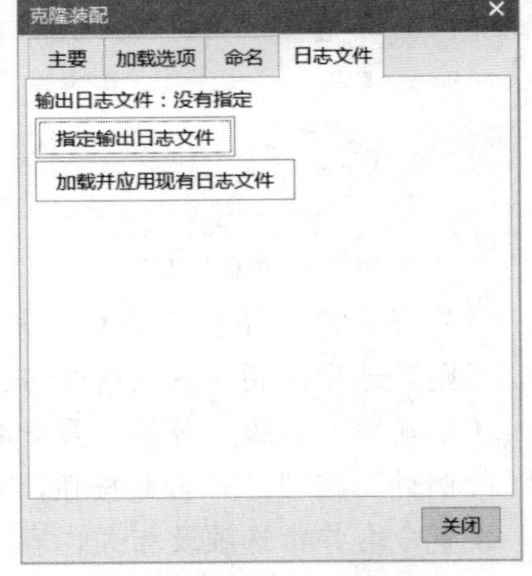

图9-118 “日志文件”选项卡

- 输出日志文件：标识当前指定的输出日志文件。如果尚未指定日志文件时，系统将在“输出日志文件”右侧显示为“没有指定”。
- “指定输出日志文件”按钮：单击此按钮，弹出“保存克隆日志”对话框，接着指定克隆日志文件的名称和目录，单击“OK”按钮。
- “加载并应用现有日志文件”按钮：单击此按钮，弹出“加载克隆日志”对话框，指定并加载现有克隆日志文件。可以加载多个日志文件，以应用于当前克隆操作。

9.7.2 修改现有装配

使用“菜单”/“装配”/“克隆”/“编辑现有装配”命令，可以克隆并编辑装配。选择“菜单”/“装配”/“克隆”/“编辑现有装配”命令时，系统弹出图 9-119 所示的“编辑装配”对话框。“编辑装配”对话框与“克隆装配”对话框具有相同的选项，这些选项的处理方式与“克隆装配”对话框上类似选项的处理方式相同，但是不需要自动解决冲突（无需保留原始引用）。另外，在“编辑装配”对话框的“主要”选项卡中，默认克隆操作为“保持”。

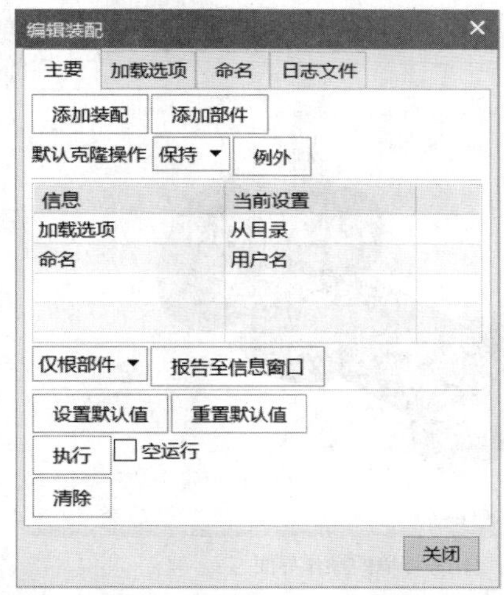

图9-119 “编辑装配”对话框

9.8 装配序列

本节介绍装配序列的实用知识，包括装配序列概述，执行序列任务的相关面板，装配序列的主要操作。

9.8.1 装配序列概述

在 NX 11 中，用户可以打开“装配序列”任务环境以控制组件装配或拆卸的顺序，并仿真其组件运动。每个序列均与装配布置（即组件的空间组织）相关联。在装配序列中，一个序列可分为一系列步骤，每个步骤代表装配或拆卸过程中的一个阶段，包括如下步骤。

- 一个或多个帧（即在相等的时间单位内分布的图像）。
- 向装配序列显示中添加一个或多个组件。
- 从装配序列显示中移除一个或多个组件。
- 一个或多个组件的运动。
- 移除或拆卸一个或多个组件之前的运动。
- 在运动之前添加或装配一个或多个组件。

处于“装配”应用模块时，在功能区的“装配”选项卡的“常规”面板中单击“序列”按钮，便可以进入“装配序列”任务环境。“装配序列”任务环境的操作界面如图 9-120 所示。注意“装配序列”任务环境的功能区所提供的选项卡。

在“装配序列”任务环境的资源板中单击“序列导航器”标签图标，可以打开序列导航器，如图 9-121 所示，序列导航器分为主面板和细节面板。在序列导航器中，显示的内容包括序列名称、与每个序列相关联的布置、组件部件和序列步骤。右击选项的节点，可以通过快捷菜单命令来创建或编辑序列和步骤。

图9-120　“装配序列”任务环境的操作界面

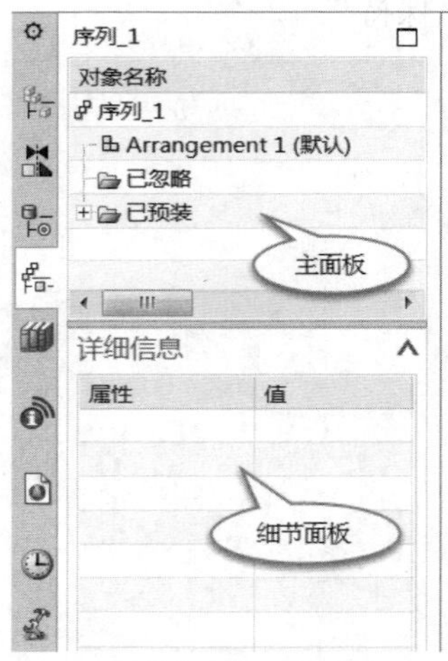

图9-121　序列导航器

在“装配序列”任务环境下，从功能区的“主页”选项卡的“装配序列”面板中单击“新建序列”按钮以新建装配序列，新建装配序列的名称显示在“装配序列”面板的“设置关联序列”下拉列表框中，如图 9-122 所示。

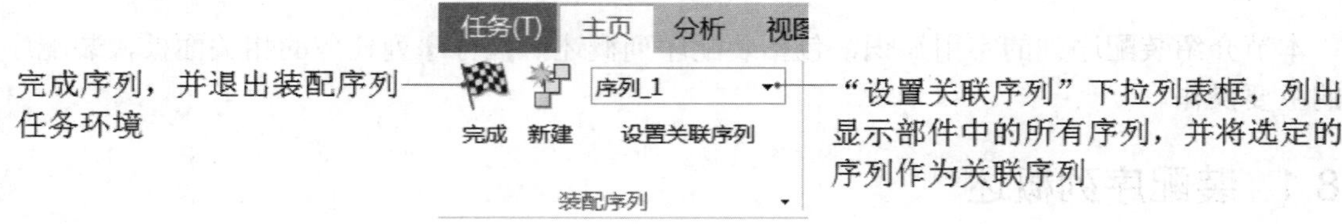

图9-122　“装配序列”面板

新建装配序列后，可以使用功能区的“主页”选项卡中的“序列步骤”面板、“工具”面板、“回放”面板、“碰撞”面板和“测量”面板来执行相关的序列任务。

要退出序列任务环境，则在功能区的“主页”选项卡的“装配序列”面板中单击“完成序列”按钮。

9.8.2 执行序列任务的相关面板

下面介绍用于执行序列任务的 5 个主要面板，即“序列步骤”面板、“工具”面板、“回放”面板、“碰撞”面板和“测量”面板。

一、“序列步骤”面板和“工具”面板

“序列步骤”面板和“工具”面板如图 9-123 所示。这两个面板中主要工具按钮的功能含义如下。

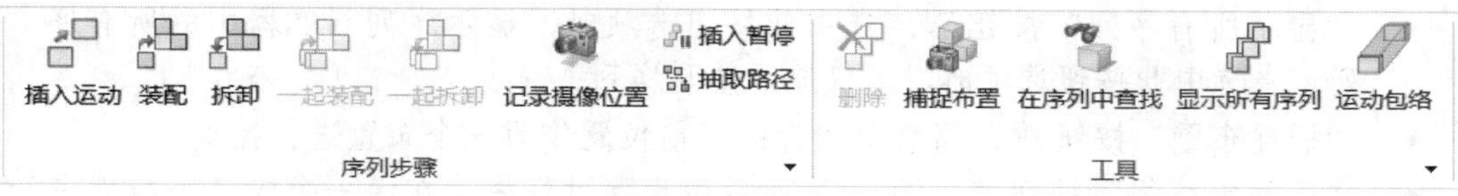

图9-123 “序列步骤”面板和“工具”面板

- “插入运动”按钮：为组件插入运动步骤，使其可以形成动画。单击此按钮，打开图 9-124 所示的“录制组件运动”工具栏，在其中可定义运动步骤。

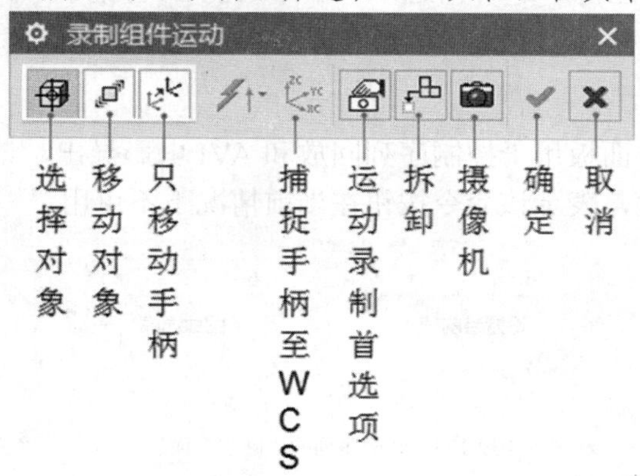

图9-124 “录制组件运动”工具栏

- “装配”按钮：为选定组件按其选定的顺序创建单个装配步骤。也就是在关联序列中为所选组件创建一个装配步骤，并将组件从“未处理的”文件夹中移除。如果选定了多个组件，那么按选择顺序为每个组件创建一个步骤。
- “一起装配”按钮：在单个序列步骤中，将一套组件作为一个单元进行装配。
- “拆卸”按钮：在关联序列中为选定组件创建一个拆卸步骤。如果选择了多个组件，则按选择顺序为每个组件创建一个步骤。
- “一起拆卸”按钮：在单个序列步骤中，将选定的子组或一套组件作为一个单元进行拆卸。
- “记录摄像位置”按钮：将当前视图方位和比例作为一个序列步骤进行捕捉，以便回放此序列时，该视图将过渡到该摄像位置。

- “插入暂停”按钮：在此序列中插入一个暂停步骤，以便回放此序列时，该视图暂停在此步骤。暂停步骤提供许多帧，在序列回放中，这些帧中不执行任何操作。
- “抽取路径”按钮：为选定的组件创建一个无碰撞抽取路径序列步骤，以便在起始和终止位置之间移动。间隙值将确保选定组件的运动路径避免与视图中其他可见组件碰撞。保存计算所选组件的抽取路径时，NX 会将它另存为关联序列中的抽取路径步骤。
- “删除”按钮：此按钮用于删除选定的序列或步骤。操作结果将组件移到“未处理的”文件夹中。
- “在序列中查找”按钮：在序列导航器中查找特定的组件。
- “显示所有序列”按钮：选中此按钮选项时，显示序列导航器中的所有序列；未选中此按钮选项时，则仅显示关联序列。
- “捕捉布置”按钮：将装配组件的当前位置作为一个布置进行捕捉。
- “运动包络体”按钮：在一系列运动步骤过程中，在由一个或多个组件占用的空间中创建小平面化的体。运动包络体可用于这些目的：表示不应在其中放置新组件的体积，说明拆卸组件所需的空间，在装配发生正常移动时计算干涉所需的修正。注意“运动包络体”命令只能在“序列”任务环境中使用，并且只有在装配序列至少有一个运动步骤时才可以使用。

二、“回放”面板

装配序列的“回放”面板用于控制序列回放和 AVI 电影导出，该面板如图 9-125 所示。当命令按钮为灰色显示时，表示该命令按钮在当前情况下不可用。

图9-125　装配序列的“回放”面板

该“回放”面板中各命令按钮或列表框的功能含义如下。

- “设置当前帧”下拉列表框：显示或设置当前帧。
- “倒回到开始”按钮：将当前帧设置到关联序列中的第一帧。
- “前一帧”按钮：序列单步向后一帧。
- “向后播放”按钮：反向播放序列中的所有帧，即从当前帧向后播放关联序列。
- “向前播放”按钮：按前进顺序播放序列中的所有帧，即从当前帧向前播放关联序列。
- “下一帧”按钮：序列单步向前一帧，即向前移动一帧。
- “快进到结尾”按钮：将当前帧设置为关联序列中的最后一帧。
- “导出至电影”按钮：导出序列帧到电影。也就是从当前帧向前播放帧，并将它们导出为.avi 电影。如果当前帧是最后一帧，则反向播放帧和录制电影。

- “停止”按钮■：在当前可见帧停止序列回放。
- “回放速度”下拉列表框：该下拉列表框用于控制回放的速度（数值越高，速度越快，其数值范围为 1 到 10）。

三、“碰撞”面板和“测量”面板

装配序列的“碰撞”面板和“测量”面板如图 9-126 所示，该两个面板主要用来设置在移动期间发生碰撞或违反预先确定的测量要求时要执行的操作等。这两个面板各组成元素的功能含义如下。

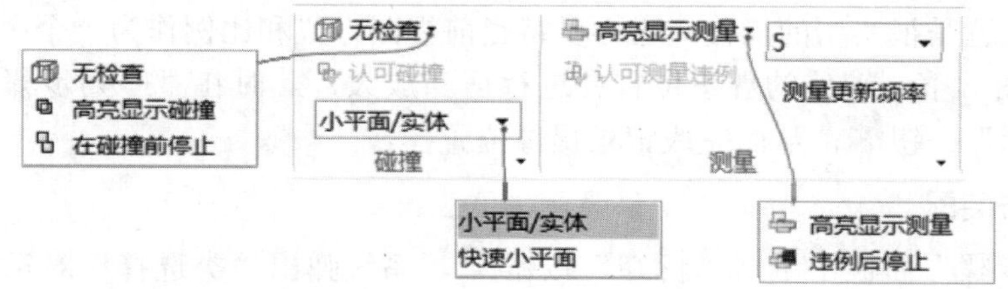

图9-126　“碰撞”面板和“测量”面板

- “无检查”按钮：关闭动态碰撞检测并忽略任何碰撞。
- “高亮显示碰撞”按钮：在继续移动组件的同时高亮显示碰撞区域，即高亮显示移动对象及与之碰撞的体。
- “在碰撞前停止”按钮：在发生碰撞干涉之前停止运动。运动停止后组件之间的距离取决于“步长”滑动副的设置和“捕捉”框中的值。
- “认可碰撞”按钮：认可碰撞并允许运动继续。此按钮可用于使对象经过最近一次碰撞后继续运动，从而使碰撞体处于硬干涉状况下。发生不同的碰撞时，移动的对象再次停止。
- “检查类型”下拉列表框：指定对象类型以在运动期间用于间隙检测，可供选择的检查类型有“小平面/实体”和“快速小平面”。“小平面/实体”用于为碰撞提供默认和更精确的检查方法，“快速小平面”用于为碰撞提供较快但精确度稍低的检查方法。
- “高亮显示测量”按钮：高亮显示违例的测量尺寸。
- “违例后停止”按钮：高亮显示违例的测量尺寸并停止移动对象。
- “认可测量违例”按钮：继续因测量违例而停止的运动。
- “测量更新频率”下拉列表框：定义在运动期间测量尺寸显示的更新频率（以帧计）。

9.8.3　装配序列的主要操作

下面介绍装配序列应用的一些主要操作。

一、新建序列

在“装配序列”任务环境中，在“装配序列”面板中单击“新建序列”按钮，从而创建一个新的序列，该序列以默认名称显示在“装配序列”面板中的“设置关联序列”下拉列表框中。

一个序列分为一系列步骤，每个步骤代表装配或拆卸过程中的一个阶段。

二、插入运动

在“序列步骤”面板中单击“插入运动”按钮，打开“录制组件运动”工具栏。利用该工具栏，结合设计要求和系统提示，将组件拖动或旋转成特定状态，从而完成插入运动操作。

三、记录摄像位置

记录摄像位置是很实用的操作，它可以将当前视图方位和比例作为一个序列步骤进行捕捉。通常把视图调整到较佳的观察位置并进行适当放大，此时在“序列步骤”面板中单击“记录摄像位置”按钮，从而完成记录摄像位置操作。

四、拆卸与装配

在“序列步骤”面板中单击“拆卸”按钮，系统弹出“类选择”对话框。从组件中选择要拆卸的组件，单击“确定”按钮，完成一个拆卸步骤。如果需要，继续使用同样的方法来创建其他的拆卸步骤。

装配步骤与拆卸步骤是相对的，两者的操作方法是类似的。要创建装配步骤，则在“序列步骤”面板中单击“装配”按钮，然后选择要装配的组件。

在单个序列步骤中，可以进行一起拆卸和一起装配等操作。以一起拆卸为例，首先选择要一起拆卸的多个组件，然后单击“序列步骤”面板中的“一起拆卸”按钮按钮即可。

五、回放装配序列

利用“回放”面板来进行回放装配序列的操作。例如，在“装配序列”面板的“设置关联序列”下拉列表框中选定一个要回放的序列作为关联序列，接着在“回放”面板的“回放速度”框中设置回放速度，单击“向前播放”按钮，按前进顺序播放序列中的所有帧。可以灵活执行“回放”面板中的其他功能按钮进行回放操作。

六、删除序列

对于不满意的序列，用户可以使用装配序列的“工具”面板中的“删除”按钮将选定序列删除掉。

9.9　本章综合设计范例

本节通过一个装配综合应用实例来帮助读者更好地掌握本章所学的装配知识。该装配综合应用实例要完成装配的模型效果如图 9-127 所示，该装置为一种较为简易的滚轮装置，主要由两个支架、一根光轴和一个滚轮零件构成，图中 1、2 为支架，3 为光轴，4 为滚轮。

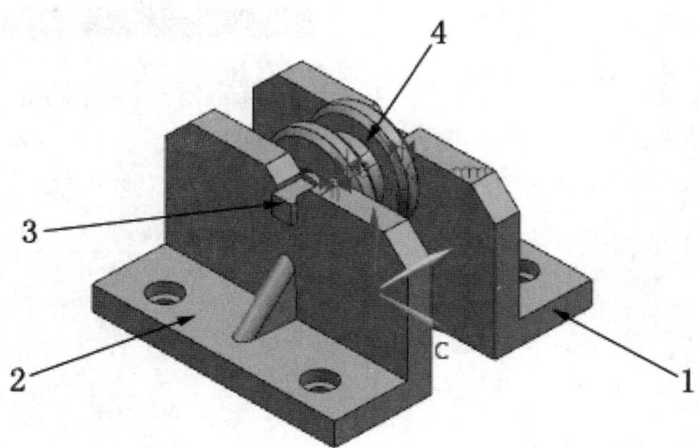

图9-127　简易的固定滚轮装置

在该综合设计实例中，采用自底向上装配建模方法，首先分别创建支架、光轴和滚轮零件，然后创建一个装配文件并装配这些零件。

9.9.1　支架零件设计

支架零件的设计步骤如下。

一、新建部件文件

1 在“快速访问”工具栏中单击“新建”按钮，或者按“Ctrl+N”快捷键，弹出“新建”对话框。

2 在“模型”选项卡的“模板”列表中选择名称为“模型”的模板（单位为毫米），在“新文件名”选项组的“名称”文本框中输入“bc_9_9_zj.prt”，并指定要保存到的文件夹（即保存目录）。

3 在“新建”对话框中单击“确定”按钮。

二、创建拉伸实体特征

1 在功能区的“主页”选项卡的“特征”面板中单击“拉伸”按钮，系统弹出“拉伸”对话框。

2 在“拉伸”对话框的“截面线”选项组中单击“绘制截面”按钮，弹出“创建草图”对话框。

3 在“创建草图”对话框的“草图类型”选项组的“草图类型”下拉列表框中选择“在平面上”，在“草图 CSYS”选项组的“平面方法”下拉列表框中选择“自动判断”，在图形窗口中选择 *ZC-YC* 平面，接受默认的草图方向和草图原点设置，单击“确定”按钮，进入内部草图任务环境中。

4 绘制图 9-128 所示的拉伸截面草图，单击“完成草图”按钮。

5 返回到“拉伸”对话框，在“方向”选项组中选择“XC 轴”图标选项 XC，在“限制”选项组中设置以“对称值”方式拉伸，距离为 50mm，在“设置”选项组的“体类型”下拉列表框中选择“实体”选项，如图 9-129 所示。

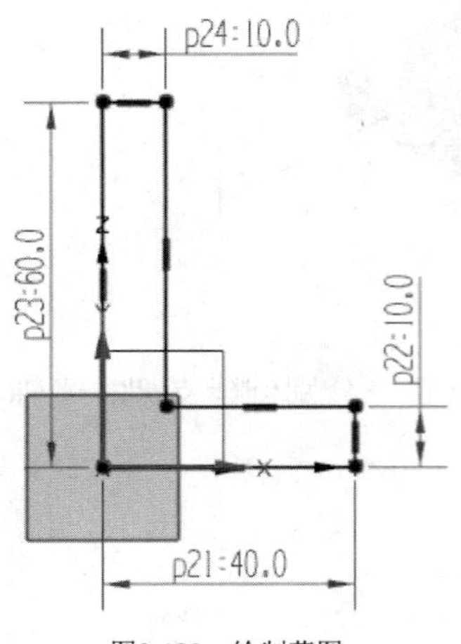
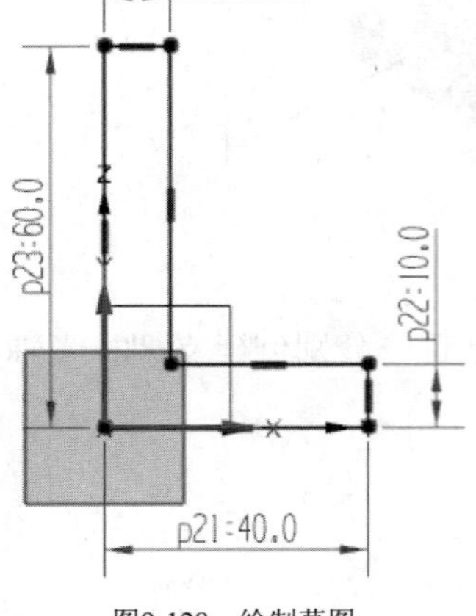

图9-128　绘制草图

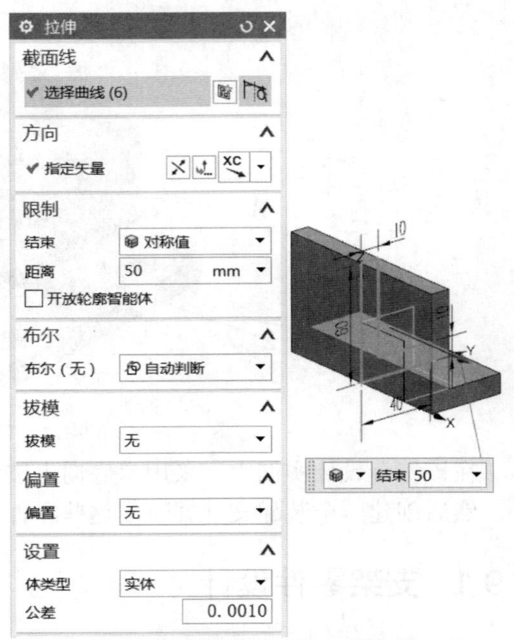

图9-129　指定拉伸方向及距离参数等

6 在“拉伸”对话框中单击“确定”按钮。

三、创建沉头孔

1 在“特征”面板中单击“孔”按钮，弹出“孔”对话框。

2 在“类型”选项组的“类型”下拉列表框中选择“常规孔”选项，在“方向”选项组的“孔方向”下拉列表框中选择“垂直于面”选项。

3 在图形窗口中单击图 9-130 所示的实体平整表面，以指定点所在的平面位置，并自动进入内部草图任务环境，同时系统弹出“草图点”对话框。

4 再指定一个点，在“草图点”对话框中单击“关闭”按钮。为这两个草图点建立图 9-131 所示的尺寸约束，单击“完成草图”按钮。

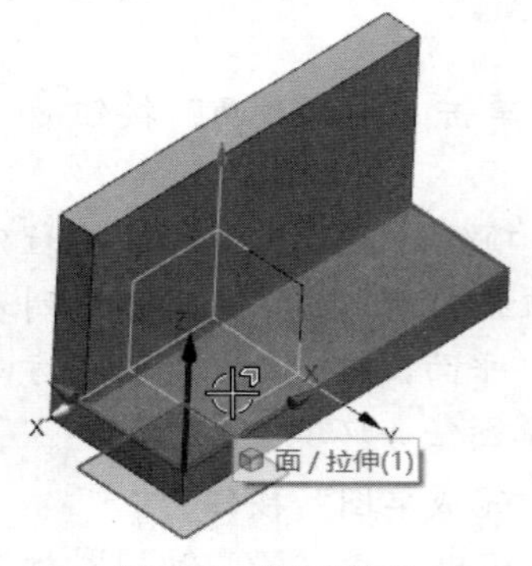

图9-130　指定放置点

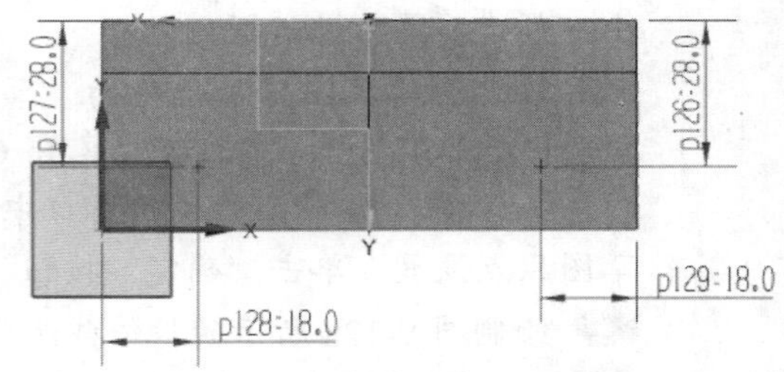

图9-131　为草图点建立尺寸约束

5 指定要创建孔特征的位置点后，在“形状和尺寸”选项组的“形状”下拉列表框中选择“沉头”选项，在“尺寸”子选项组中设置直径为 6.6mm，沉头直径为 12mm，沉头深度为 4.6mm，从“深度限制”下拉列表框中选择

"贯通体"选项，如图 9-132 所示。并注意布尔选项为"减去（求差）"。

6 在"孔"对话框中单击"确定"按钮，创建的两个沉头孔如图 9-133 所示。

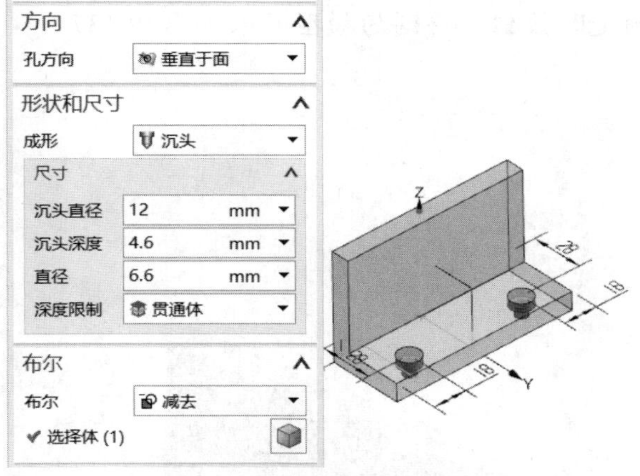

图9-132 定义孔选项及参数

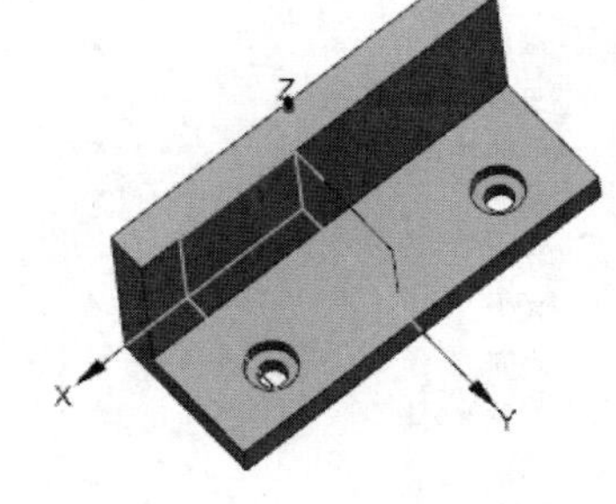

图9-133 创建两个沉头孔

四、以拉伸的方式切除材料

1 在"特征"面板中单击"拉伸"按钮，弹出"拉伸"对话框。

2 在"拉伸"对话框的"截面线"选项组中单击"绘制截面"按钮，弹出"创建草图"对话框。

3 在"草图类型"选项组的"草图类型"下拉列表框中选择"在平面上"，在"平面方法"下拉列表框中选择"新平面"，从"指定平面"下拉列表框中选择"自动判断"图标选项，在图形窗口中选择图 9-134 所示的实体面作为草绘平面，距离为 0，接受默认的草图方向参考选项为"水平"，原点方法为"使用工作部件原点"，单击"确定"按钮，进入内部草图任务环境。

4 绘制图 9-135 所示的截面，单击"完成草图"按钮。

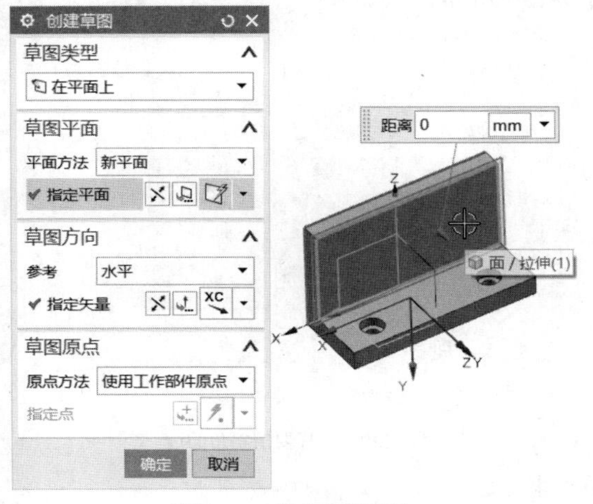

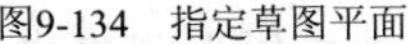

图9-134 指定草图平面

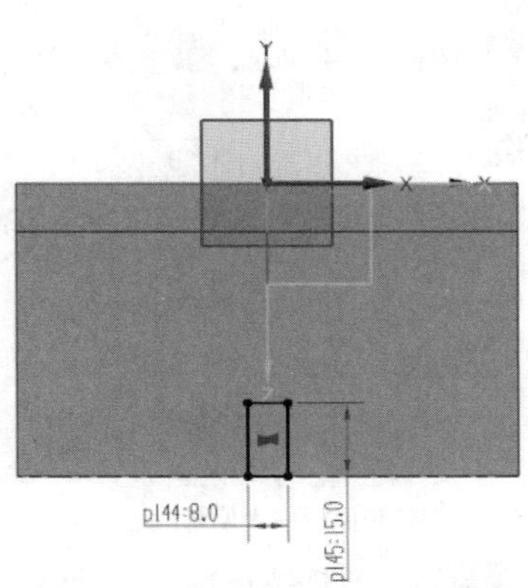

图9-135 绘制拉伸截面

5 返回到"拉伸"对话框。在"方向"选项组的"指定矢量"下拉列表框

中选择 “-YC 轴”图标选项定义拉伸矢量。

6 在“限制”选项组中设置图 9-136 所示的选项和参数，并在“布尔”选项组中确保布尔类型为“减去”，或自动判断为“减去”。

7 在“拉伸”对话框中单击“确定”按钮，得到的模型效果如图 9-137 所示。

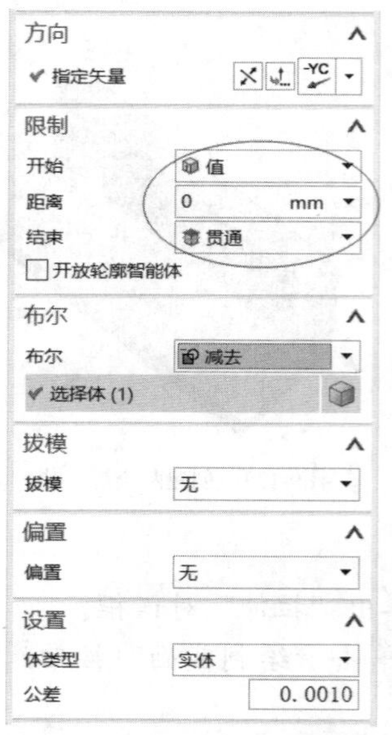

图9-136 设置“限制”选项组中的选项和参数

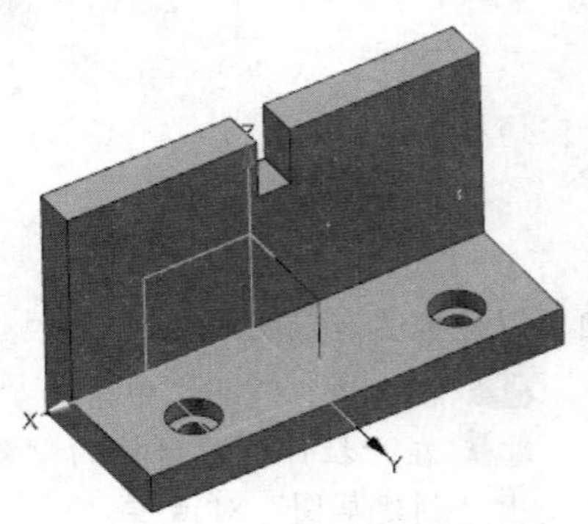

图9-137 拉伸求差的模型效果

五、倒斜角

1 在“特征”面板中单击“倒斜角”按钮，弹出“倒斜角”对话框。

2 在“偏置”选项组的“横截面”下拉列表框中选择“对称”选项，设置距离为 10mm，如图 9-138 所示。

3 选择要倒斜角的边 1 和边 2，如图 9-139 所示。

图9-138 倒斜角面板中“偏差”选项组的设置

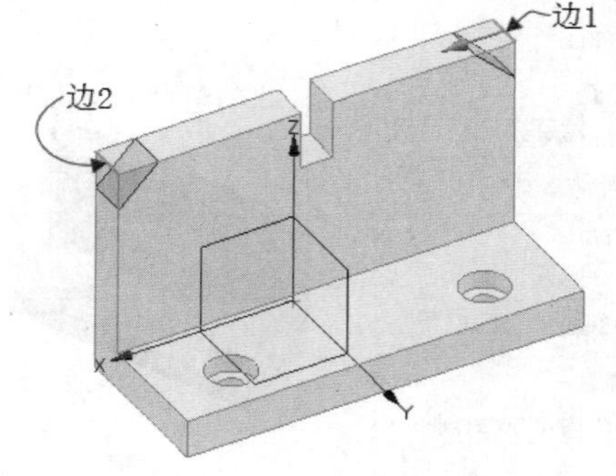

图9-139 选择要倒斜角的边

4 在“倒斜角”对话框中单击“应用”按钮。

5 在“偏置”选项组中将新距离设置为 5mm，接着在图形窗口中选择要倒斜角的边 3 和边 4，如图 9-140 所示。

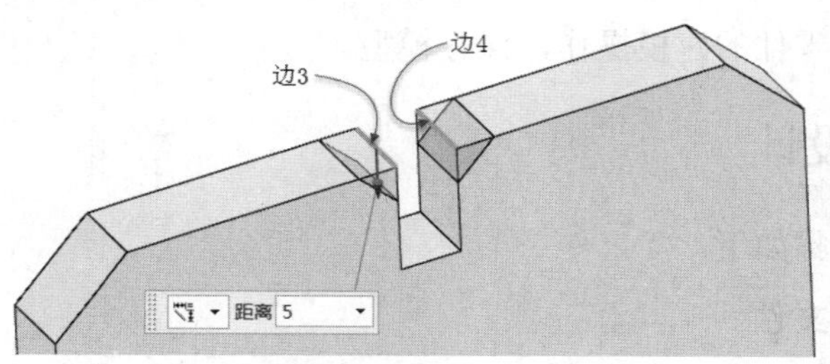

图9-140 选择要倒斜角的边

6 在“倒斜角”对话框中单击“确定”按钮。

六、创建三角形加强筋

1 在功能区的“主页”选项卡的“特征”面板中单击“更多”/“三角形加强筋”按钮，弹出“三角形加强筋”对话框。

2 选择第一组面，如图 9-141 所示，单击鼠标中键；接着选择第二组面，如图 9-142 所示。

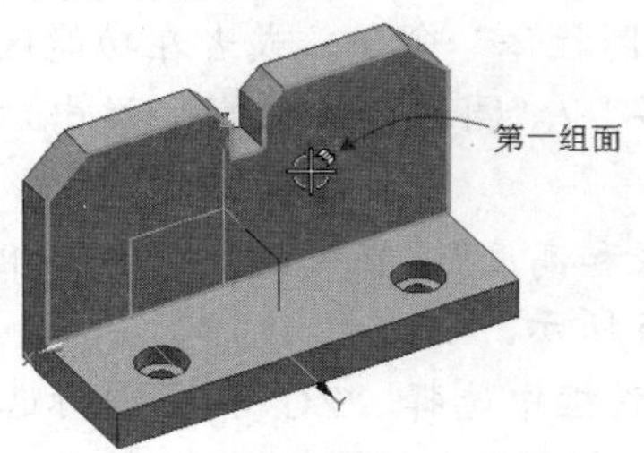

图9-141 选择第一组面

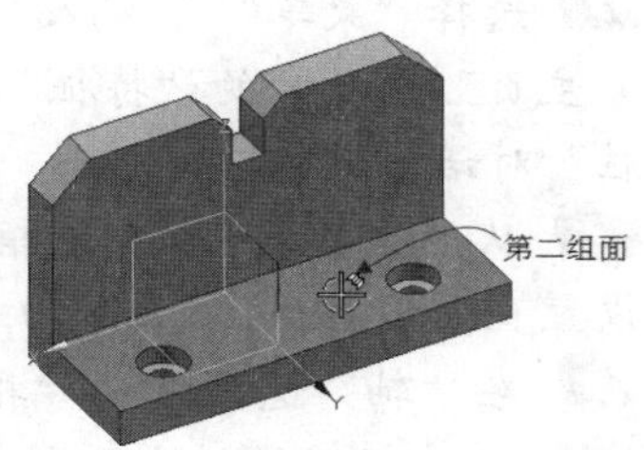

图9-142 选择第二组面

3 在“三角形加强筋”对话框的“修剪选项”下拉列表框中选择“修剪与缝合”选项，从“方法”下拉列表框中选择“沿曲线”选项，选择“弧长百分比”单选按钮，将滑块定在“50.0”处，设置角度为 10deg，深度为 15mm，半径为 3.5mm，如图 9-143 所示。

4 单击“确定”按钮，创建的三角形加强筋如图 9-144 所示。

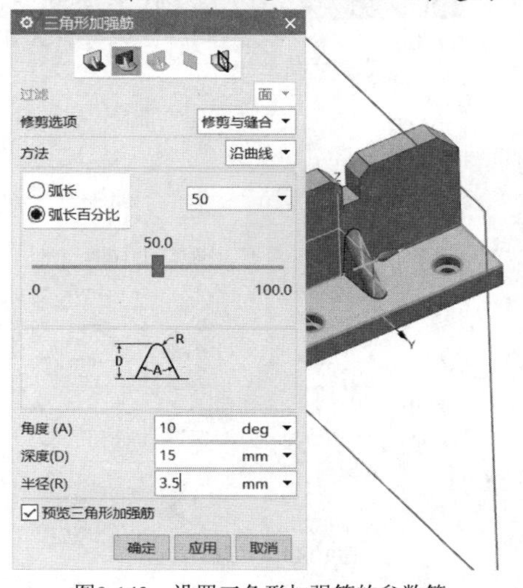

图9-143 设置三角形加强筋的参数等

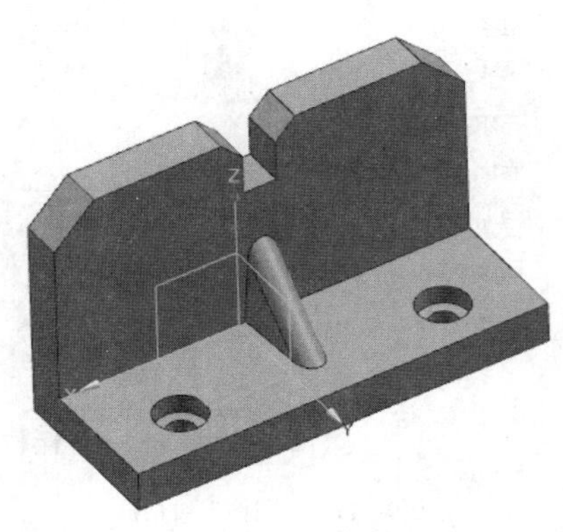

图9-144 创建三角形加强筋

至此，完成了支架零件的建模操作，保存模型。

9.9.2　光轴零件设计

光轴零件的设计步骤如下。

一、新建一个模型文件

1. 在“快速访问”工具栏中单击“新建”按钮，或者按“Ctrl+N”快捷键，弹出“新建”对话框。
2. 在“模型”选项卡的“模板”列表中选择名称为“模型”的模板（单位为毫米），在“新文件名”选项组的“名称”文本框中输入“bc_9_9_gz.prt”，并指定要保存到的文件夹（即保存目录）。
3. 在“新建”对话框中单击“确定”按钮。

二、创建圆柱体

1. 选择“菜单”/“插入”/“设计特征”/“圆柱体”命令，或者在功能区的“主页”选项卡的“特征”面板中单击“更多”/“圆柱”按钮，弹出“圆柱”对话框。
2. 从“类型”下拉列表框中选择“轴、直径和高度”，在“尺寸”选项组中设置直径为 12mm，高度为 25mm，如图 9-145 所示。
3. 在“轴”选项组的“指定矢量”下拉列表框中选择“ZC 轴”图标选项 ZC↑，单击“点构造器”按钮，弹出“点”对话框，如图 9-146 所示；从“参考”下拉列表框中选择“绝对-工作部件”选项，分别设置 X=0，Y=0，Z=0，单击“确定”按钮，返回到“圆柱”对话框。

图9-145　“圆柱”对话框

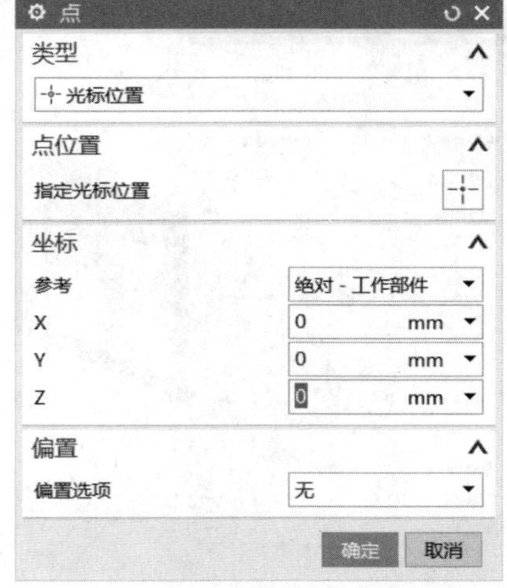

图9-146　“点”对话框

4 在“圆柱”对话框中单击“确定”按钮，完成创建一个圆柱体。

三、拉伸求差

1 在“特征”面板中单击“拉伸”按钮，弹出“拉伸”对话框。

2 在“拉伸”对话框的“截面线”选项组中单击“绘制截面”按钮，弹出“创建草图”对话框。

3 在“草图类型”选项组的“草图类型”下拉列表框中选择“在平面上”选项，在“平面方法”下拉列表框中选择“自动判断”；在图形窗口中选择图9-147所示的实体面定义草绘平面，草图方向参考为“水平”，单击“确定”按钮，进入内部草图任务环境中。

4 绘制图9-148所示的截面，单击“完成草图”按钮。

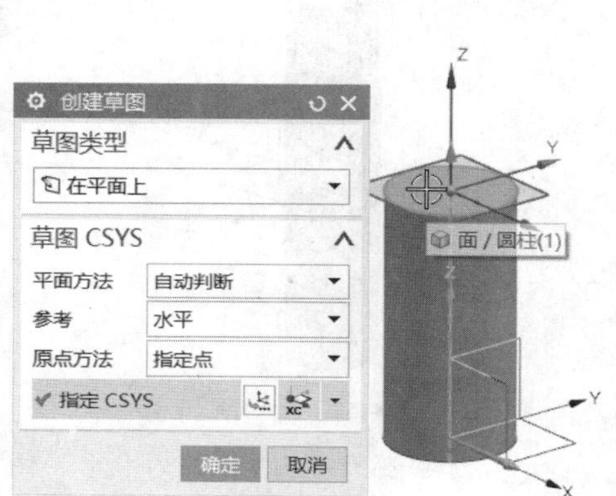

图9-147 指定草图平面

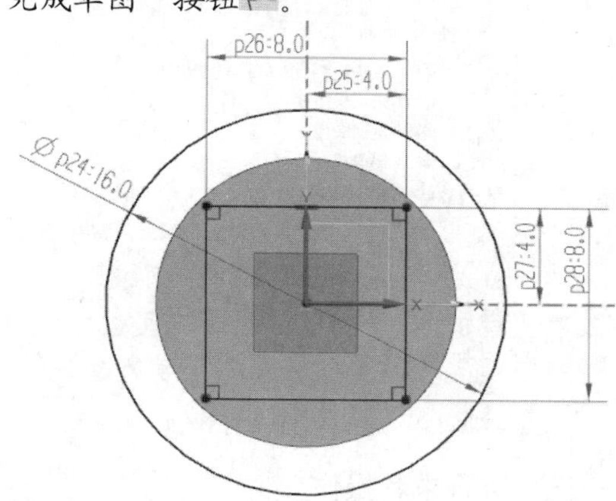

图9-148 绘制截面

5 在“方向”选项组的“指定矢量”下拉列表框中选择“-ZC轴”图标选项，在“限制”下拉列表框中设置开始值为0，结束值为12；在“布尔”选项组的“布尔”下拉列表框中选择“减去”选项，在“拔模”选项组的“拔模”下拉列表框中选择“无”选项，在“偏置”选项组的“偏置”下拉列表框中选择“无”选项，在“设置”选项组的“体类型”下拉列表框中选择“实体”选项。此时，动态预览效果如图9-149所示。

6 在“拉伸”对话框中单击“确定”按钮，得到的拉伸求差结果如图9-150所示。

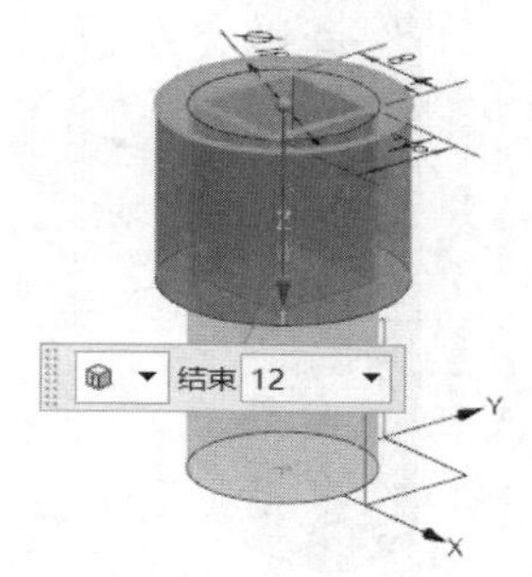

图9-149 拉伸求差预览

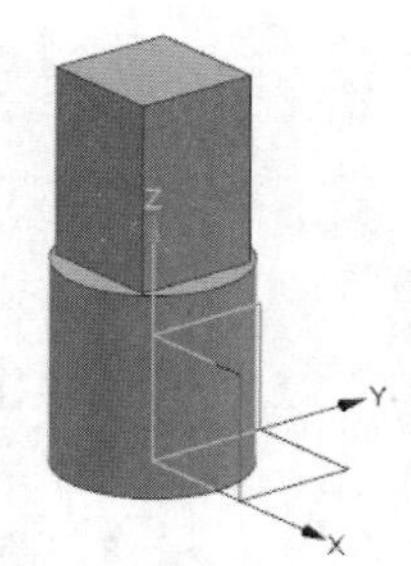

图9-150 拉伸求差结果

四、镜像特征

1 在“特征”面板单击“更多”/“镜像特征”按钮，弹出“镜像特征”对话框。

2 在部件导航器中选择“圆柱（1）”，接着按住“Shift”键的同时选择“拉伸（2）”，所选的这两个特征作为要镜像的特征，如图 9-151 所示。

3 在“镜像平面”选项组的“平面”下拉列表框中选择“现有平面”选项，确保“镜像平面”选项组中的“选择平面”按钮处于选中状态，在绘图窗口中选择基准坐标系中的 *XC-YC* 平面。

4 在“镜像特征”对话框中单击“确定”按钮，得到的镜像特征如图 9-152 所示。

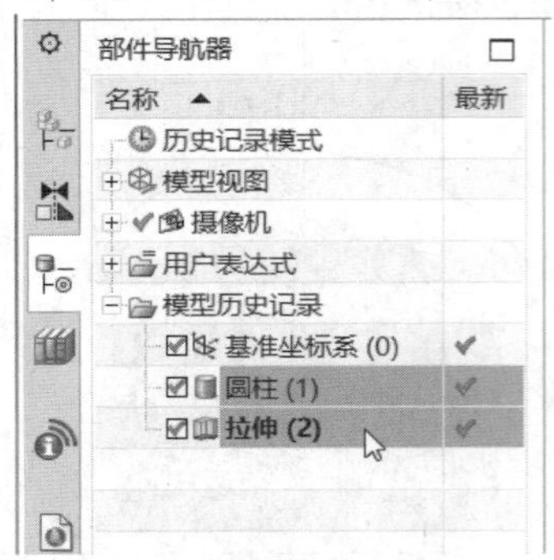

图9-151　选择要镜像的两个特征

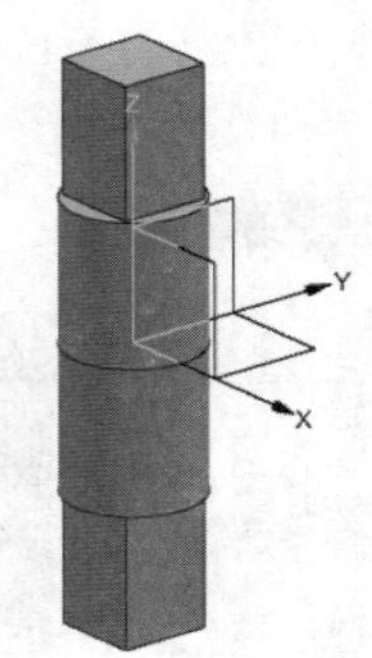

图9-152　镜像特征

五、进行求和操作

1 在“特征”面板中单击“求和（合并）”按钮，弹出“合并”对话框。

2 选择镜像前的实体作为目标体，接着选择镜像得到的特征作为工具体。

3 在“设置”选项组中确保不选中“保存目标”复选框和“保存工具”复选框，如图 9-153 所示。

4 单击“确定”按钮，此时，在模型中可以观察到两部分已经形成了一个整体，中间已经没有分割轮廓线了，如图 9-154 所示。

图9-153　在“合并”对话框中进行设置

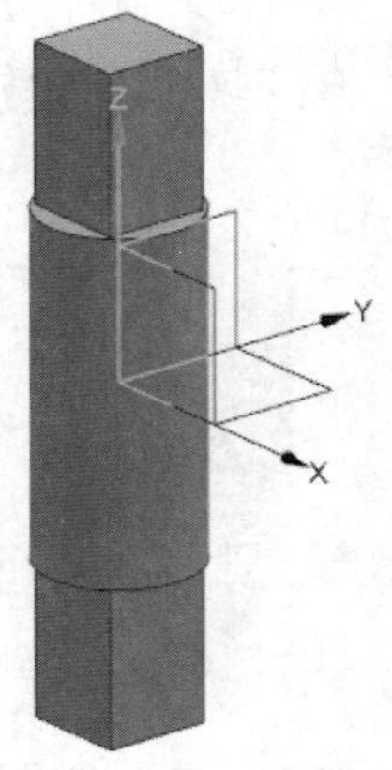

图9-154　求和结果

至此，完成了光轴零件的建模操作。可以将该模型保存起来，以免意外丢失。

9.9.3 滚轮零件设计

滚轮零件的设计过程如下。

一、新建一个模型文件

1 在“快速访问”工具栏中单击“新建”按钮，或者按“Ctrl+N”快捷键，弹出“新建”对话框。

2 在“模型”选项卡的“模板”列表中选择名称为“模型”的模板（单位为毫米），在“新文件名”选项组的“名称”文本框中输入“bc_9_9_gl.prt”，并指定要保存到的文件夹（即保存目录）。

3 在“新建”对话框中单击“确定”按钮。

二、创建旋转实体

1 在“特征”面板中单击“旋转”按钮，弹出“旋转”对话框。

2 在图形窗口中选择基准坐标系的 XY 平面作为草图平面，从而快速地进入内部草图任务环境。

3 首先单击“直线”按钮，在图形窗口中绘制一条水平直线，然后右击该水平直线，并从弹出的快捷菜单中选择“转换为参考”命令，从而将该直线转换为参考线，如图 9-155 所示。

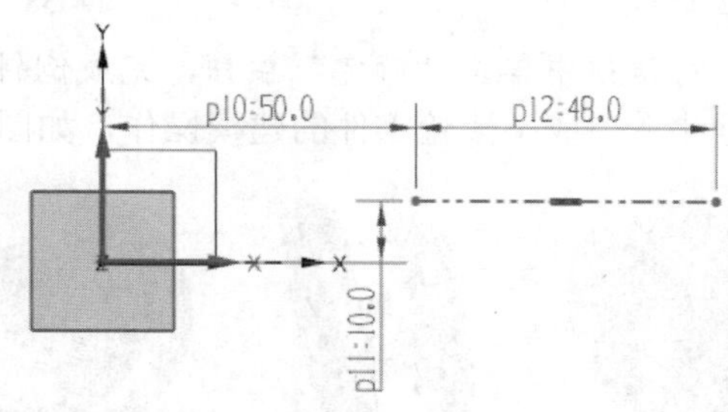

图9-155 转换参考对象

4 单击“轮廓”按钮，绘制图 9-156 所示的闭合图形并标注尺寸等，单击“完成草图”按钮，完成草图并返回至“旋转”对话框。

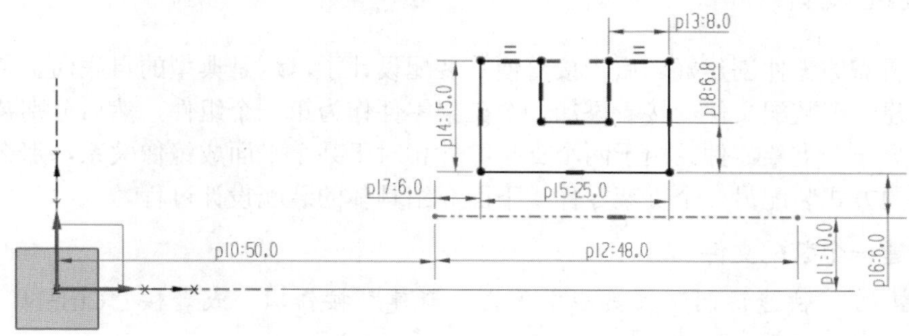

图9-156 绘制闭合的旋转截面

5 在“轴”选项组的“指定矢量”下拉列表框中选择“自动判断的矢量”图标选项，在图形窗口中选择上步骤绘制的参考线定义旋转轴矢量。

6 在“限制”选项组中，设置开始角度值为 0，结束角度值为 360。在“布尔”选项组的“布尔”下拉列表框中选择“无”选项，在“偏置”选项组的“偏置”下拉列表框中选择“无”选项，在“设置”选项组的“体类型”下拉列表框中选择“实体”选项。

7 在“旋转”对话框中单击“确定”按钮，创建的旋转实体特征如图 9-157 所示。

三、创建倒斜角特征

1 在“特征”面板中单击“倒斜角”按钮，弹出“倒斜角”对话框。

2 在“偏置”选项组的“横截面”下拉列表框中选择“偏置和角度”选项，设置距离为 2mm，角度为 45deg。

3 选择要倒斜角的边，如图 9-158 所示。

图9-157　创建旋转实体特征

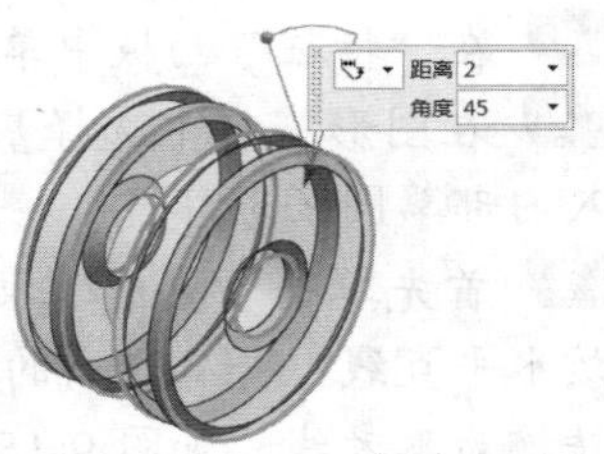

图9-158　选择要倒斜角的边

4 在“倒斜角”对话框中单击“确定”按钮，完成倒斜角操作。

可隐藏基准坐标系。至此，完成了滚轮零件的建模操作，如图 9-159 所示，保存模型。

图9-159　滚轮零件模型

9.9.4 装配设计

装配体所需的零件创建好之后，接着便是装配设计了，这是典型的自底向上装配建模思路。首先新建一个装配文件，接着添加一个支架零件作为第一个组件，然后分别装配光轴零件、滚轮和另一个支架零件。由于两个支架零件相对于某个平面成镜像关系，那么可以考虑以镜像组件的方式装配另一个支架零件。下面介绍具体的装配设计过程。

一、新建一个装配文件

1 在“快速访问”工具栏中单击“新建”按钮，或者按“Ctrl+N”快捷键，弹出“新建”对话框。

2 在“模型”选项卡的“模板”列表中选择名称为“装配”的模板（单位

为毫米），在“新文件名”选项组的“名称”文本框中输入“bc_9_9_fl.prt”，并指定要保存到的文件夹（即保存目录）。

3 在“新建”对话框中单击“确定”按钮。

二、装配第一个支架零件

1 在弹出的“添加组件”对话框的“部件”选项组中单击“打开”按钮，接着利用打开的“部件名”对话框选择“bc_9_9_zj.prt”部件文件（支架零件），在“部件名”对话框中单击“OK”按钮。

2 在“添加组件”对话框的“放置”选项组中，从“定位”下拉列表框中选择“绝对原点”选项；展开“设置”选项组，从“引用集”下拉列表框中选择“模型（MODEL）”选项，从“图层选项”下拉列表框中选择“原始的”选项，如图 9-160 所示。

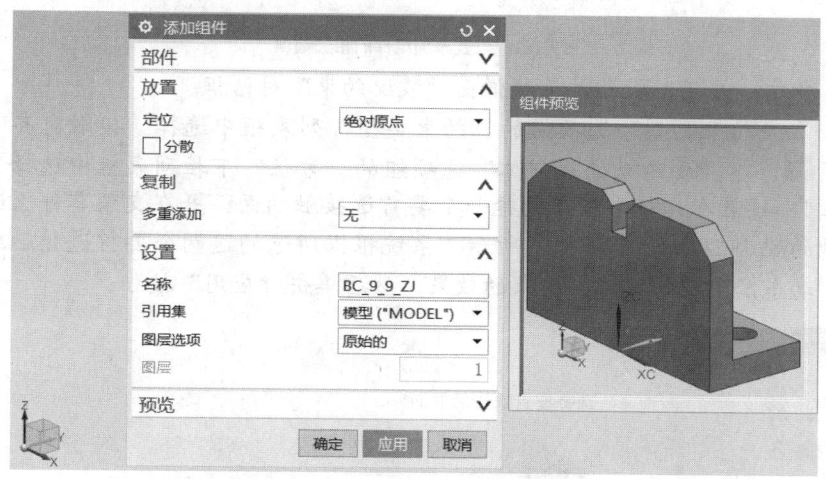

图9-160　添加组件的相关选项设置

3 在“添加组件”对话框中单击“确定”按钮，完成装配第一个支架。

三、装配光轴零件

1 在功能区的“装配”选项卡的“组件”面板中单击“添加组件”按钮，弹出“添加组件”对话框。

2 在“部件”选项组中单击“打开”按钮，系统弹出“部件名”对话框。选择“bc_9_9_gz.prt”部件文件（光轴零件），单击“部件名”对话框中的“OK”按钮。

3 光轴零件显示在“组件预览”窗口中，在“添加组件”对话框的“放置”选项组中，从“定位”下拉列表框中选择“根据约束”选项，如图 9-161 所示。

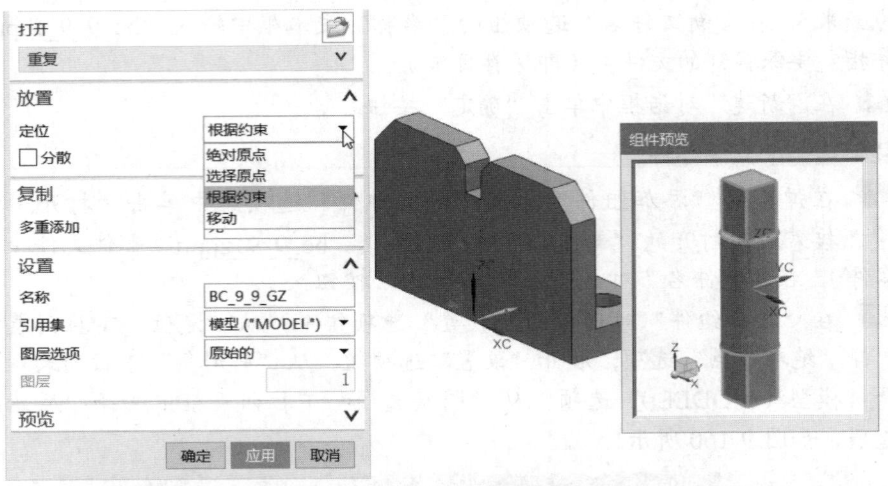

图9-161　设置添加组件的相关选项

4 单击"应用"按钮，系统弹出"装配约束"对话框。

5 在"约束类型"选项组的"约束类型"列表框中选择"接触对齐"图标选项，在"要约束的几何体"选项组的"方位"下拉列表框中选择"首选接触"，接着在光轴零件上选择一个要首选接触的面，并在支架零件上选择相接触的配合面，如图 9-162 所示。系统根据所选的这两个要首选接触约束的面，动态产生执行该装配约束的效果，然后单击"应用"按钮。

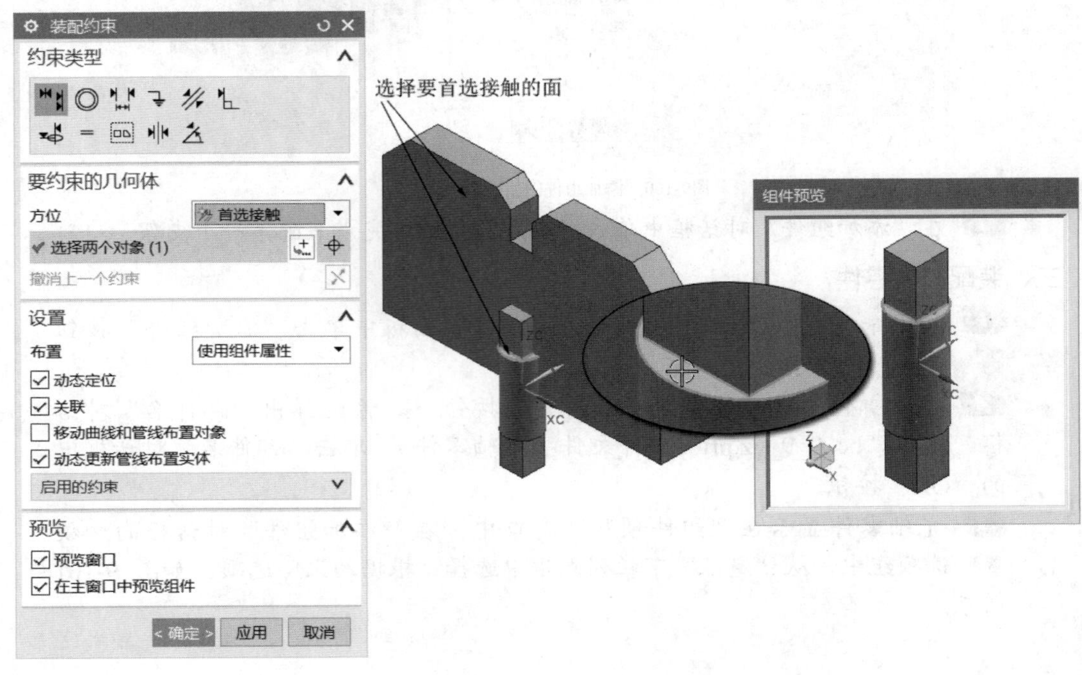

图9-162　选择要首选接触的面

知识点拨　用户可以在“装配约束”对话框的“预览”选项组中，选中“在主窗口中预览组件”复选框，以便在装配过程中动态预览每一步的装配约束过程效果。通常是否要选中“在主窗口中预览组件”复选框，要看装配体的复杂程度以及操作方便情况等。选择组件的约束对象时，也可以选中“预览窗口”复选框以在“组件预览”窗口中进行选择操作。

6 确保装配约束类型选项为“接触对齐”图标选项，从“方位”下拉列表框中选择“接触”选项，接着依次选择图 9-163 所示的面 1 和面 2，单击“应用”按钮。

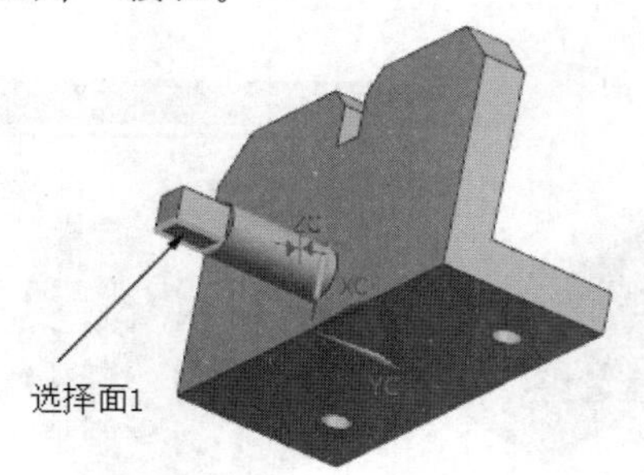

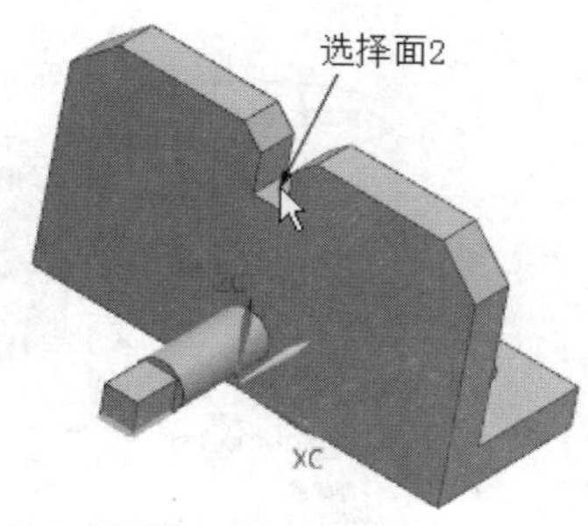

图9-163　指定第二对接触约束参照面

7 继续确保装配约束类型选项为“接触对齐”图标选项，从“方位”下拉列表框中选择“接触”选项，接着分别选择图 9-164 的所示的要接触约束的面 3 和面 4，单击“应用”按钮。

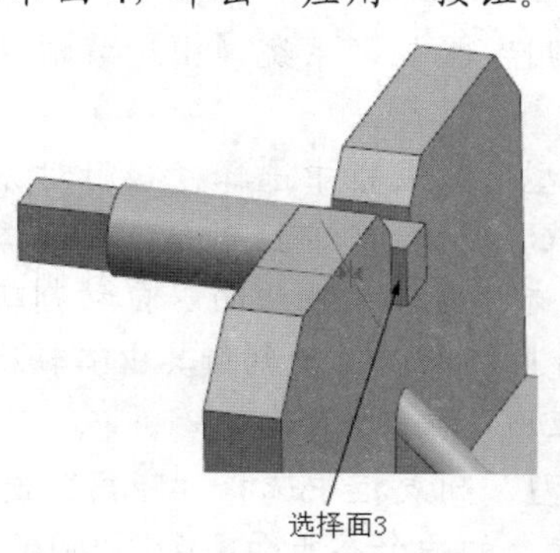

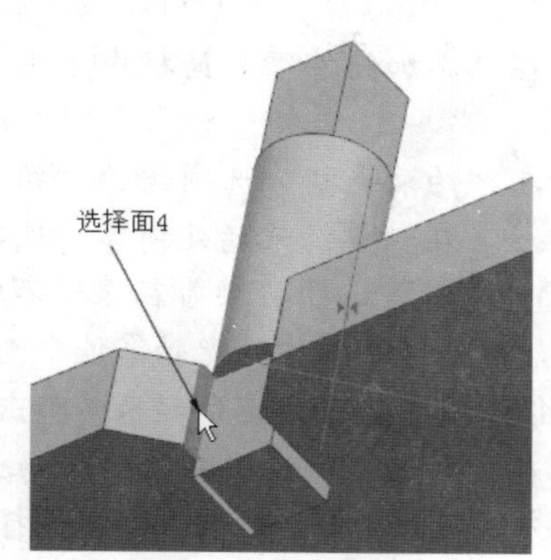

图9-164　指定第三对接触约束参照面

8 在“装配约束”对话框中单击“确定”按钮，完成的组件装配的效果如图 9-165 所示。

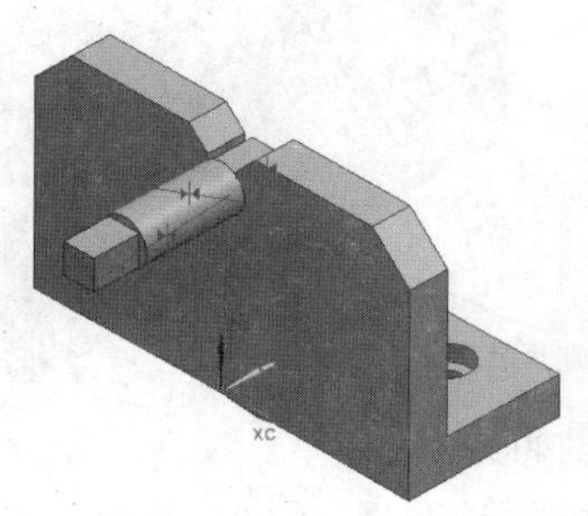

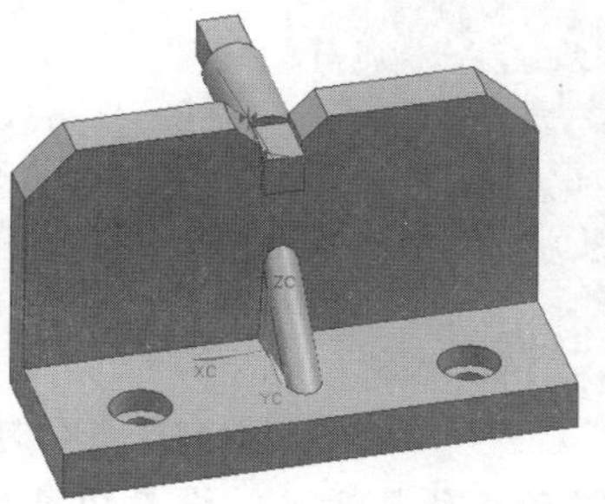

图9-165　添加光轴

四、装配滚轮零件

1 返回到“添加组件”对话框。在“部件”选项组中单击“打开”按钮，弹出“部件名”对话框。选择“bc_9_9_gl.prt”（滚轮零件）部件文件，单击“OK”按钮。

2 滚轮零件显示在“组件预览”窗口中，在“添加组件”对话框的“放置”选项组的“定位”下拉列表框中选择“根据约束”选项，其他默认，如图 9-166 所示。

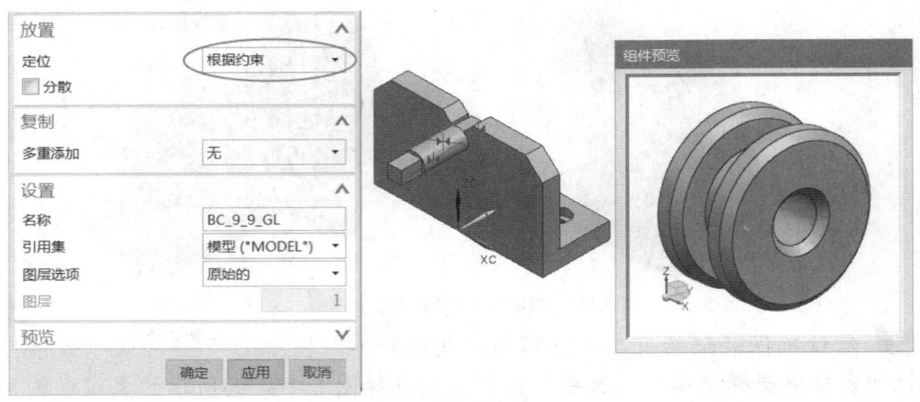

图9-166　组件预览及设置定位选项等

3 在“添加组件”对话框中单击“应用”按钮，系统弹出“装配约束”对话框。

4 在“约束类型”选项组的“约束类型”列表框中选择“接触对齐”图标选项，在“要约束的几何体”选项组的“方位”下拉列表框中选择“自动判断中心/轴”选项，接着在滚轮零件中选择内孔圆柱曲面以自动判断其中心轴线，以及在装配体的光轴零件中选择外圆柱面以自动判断其中心轴线，从而使它们中心轴线对齐重合起来，单击“应用”按钮。

5 在“约束类型”选项组的“约束类型”列表框中选择“距离”选项，接着分别在滚轮中和在装配体中选择要配合的两个参照面，如图 9-167 所示。

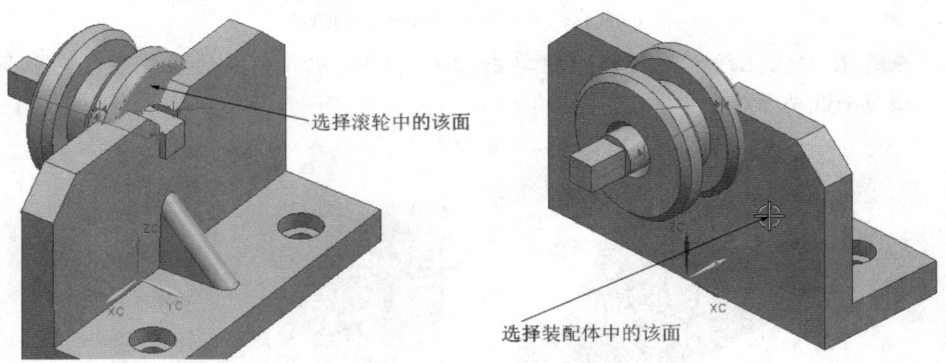

图9-167　选择“距离”约束的参照面

6 对照动态预览情况，设置距离为-0.5mm，如图 9-168 所示，应根据实际操作情况确保滚轮没有与支架产生实体相交（体积干涉）的情况（在实际操作时，要根据滚轮与支架的临时相对位置判断设置的距离为-0.5mm或0.5mm）。获得满足设计要求的距离约束预览效果后，单击“应用”按钮。

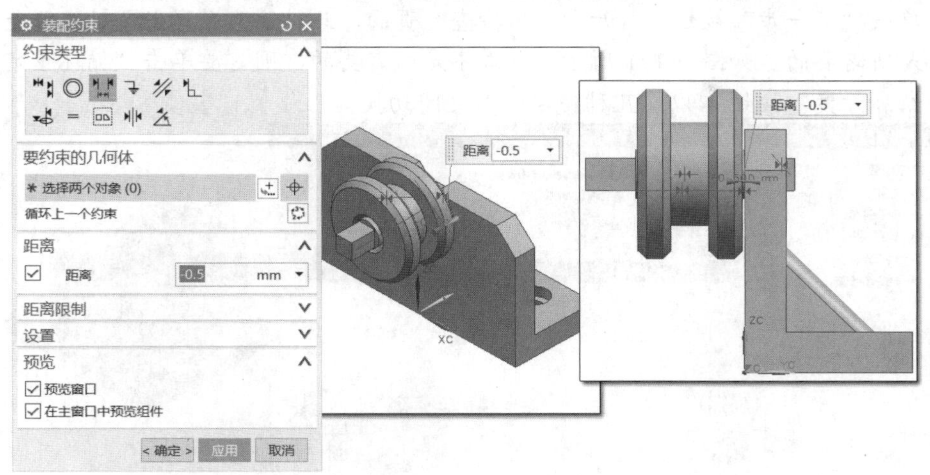

图9-168　设置距离值

7 在“装配约束”对话框中单击“确定”按钮。

五、以“镜像组件”的方式装配另一个支架

1 在功能区的“装配”选项卡的“组件”面板中单击“镜像装配”按钮，弹出“镜像装配向导”对话框。

2 在“镜像装配向导”对话框的“欢迎”页面中单击“下一步”按钮。

3 在装配体中选择支架作为要镜像的组件，单击“下一步”按钮。

4 在“镜像装配向导”对话框的“选择平面”页面中单击“创建基准平面”按钮，系统弹出“基准平面”对话框。从“类型”下拉列表框中选择“按某一距离”选项，在“偏置”选项组的“距离”文本框中输入偏置距离为13。为了能够在整个装配体中选择所需的平的面等，可以从“类型过滤器”下拉列表框中选择“没有选择过滤器”选项，从“选择范围”下拉列表框中选择“整个装配”选项，如图9-169所示。接着在装配中选择支架一平面对象，如图9-170所示。最后在“基准平面”对话框中单击“确定”按钮，完成该基准平面的创建，该基准平面作为镜像平面。

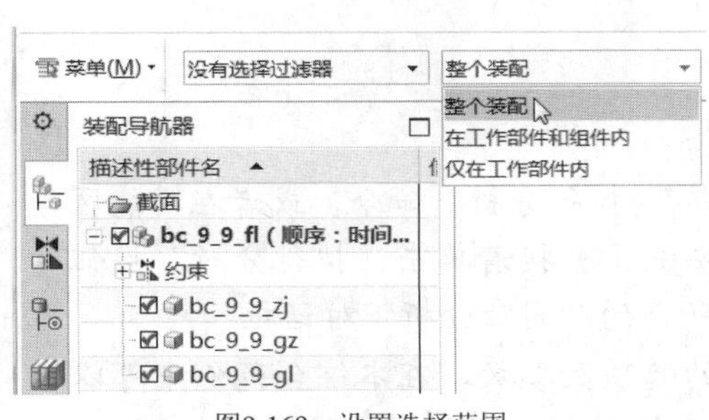

图9-169　设置选择范围

图9-170　在装配中选择平面对象

5 在"镜像装配向导"对话框的"选择平面"页面中单击"下一步"按钮，再单击"下一步"接受默认的命名策略，然后继续在"镜像设置"页面中单击"下一步"按钮，打开"镜像检查"页面，此时注意观察当前镜像解是否是所需要的，如图 9-171 所示。如果不是所需要的，则需要单击"循环重定位结算方案"按钮以在几种镜像方案之间切换。

图9-171　确定当前镜像解为所需要的

6 在"镜像装配向导"对话框中单击"完成"按钮。完成镜像装配操作，得到的装配体如图 9-172 所示。

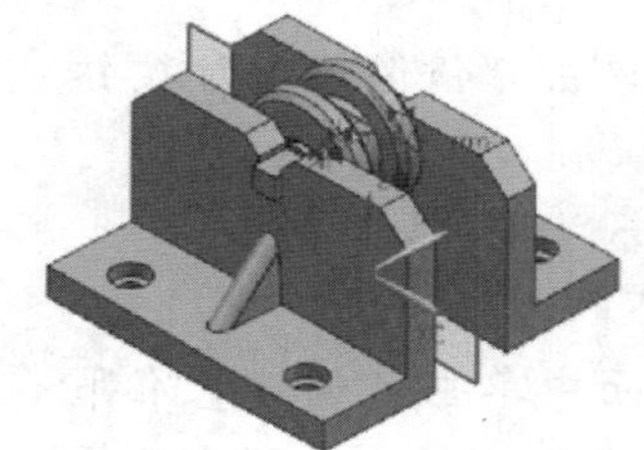

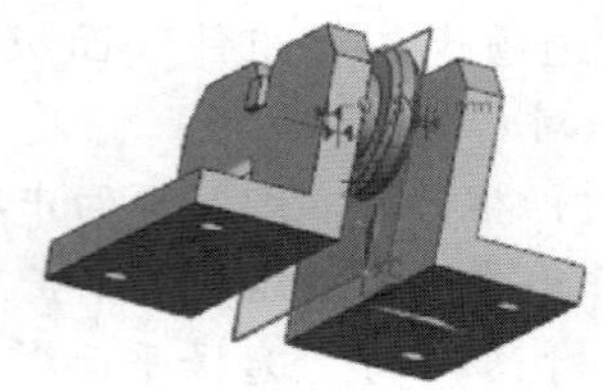

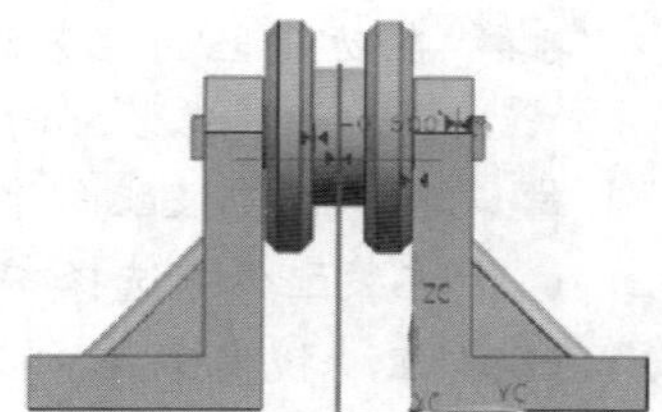

图9-172　完成的装配体

六、保存文件

在"快速访问"工具栏中单击"保存"按钮，或者按"Ctrl+S"快捷键，保存模型文件。

有兴趣的读者可以继续在该综合范例中为支架装配合适的螺栓。装配一个螺栓后，可以使用"阵列组件"命令以"阵列"方式装配其他螺栓组件，或者通过记住约束的方式装配其他 3 个螺栓。

9.9.5　对当前的间隙集运行间隙分析

对当前的间隙集运行间隙分析的操作步骤如下。

1 选择"菜单"/"分析"/"装配间隙"/"执行分析"命令，或者在功能区的"装配"选项卡中单击"间隙分析"按钮并接着单击"执行分析"按钮，如图 9-173 所示，系统弹出图 9-174 所示的"间隙分析"对话框。

2 在"间隙分析"对话框中设置相关的选项及参数，在本综合范例中可以接受默认的间隙分析设置，接着单击"确定"按钮，NX 将间隙分析结果列在

“间隙浏览器”窗口中，如图 9-175 所示。

图9-173 单击“间隙分析”/“执行分析”按钮

图9-174 “间隙分析”对话框

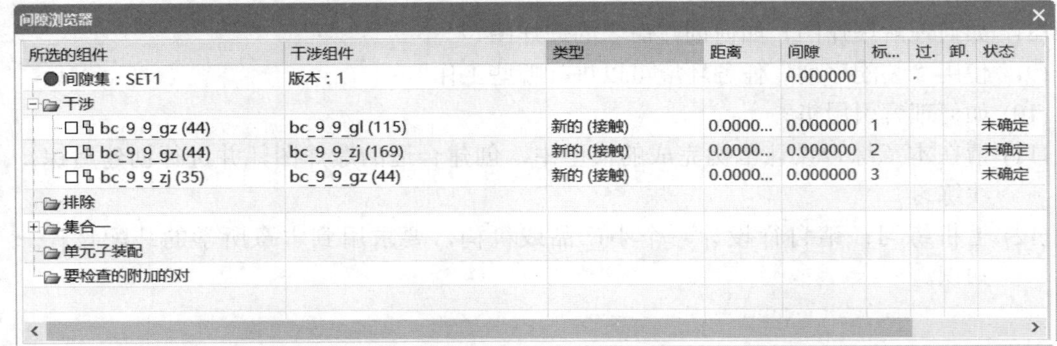

图9-175 “间隙浏览器”窗口

在该“间隙浏览器”窗口中列出了装配体中各组件间存在的干涉情况，从中可以看出在本装置中存在着组件间的面接触，其间隙均为 0，而没有存在不必要的装配体积干涉情况。

9.10　本章小结

装配设计是产品设计（尤其大型产品设计）的一个重要方面。典型的装配建模方法主要分为两种，一种是自底向上装配建模方法，另一种则是自顶向下装配建模方法。在自底向上装配建模中，通常要先创建好所需的零件，然后按照设计要求将它们逐一添加到装配中。自顶向下装配建模是一种要求相对高些的装配建模方法，采用自顶向下装配建模时，可以在装配级别创建几何体，并且可以将几何体移动或复制到一个或多个组件中。在实际工作中，要根据设计情况灵活使用适合自己的装配建模方法，很多时候需要同时结合使用两种装配建模方法。

本章首先介绍 NX 装配入门知识，包括 NX 装配术语、新建装配部件文件、装配导航器、典型装配建模方法和装配首选项设置，接着介绍引用集、装配约束、组件应用、检查简单干涉与装配间隙、爆炸图、克隆装配入门基础和装配序列的实用知识。

通过本章的学习，读者应该能够理解相关的NX装配术语，并能够进行相应的装配建模设计，基本上能满足一些设计工作岗位的能力要求。

9.11　思考与练习

(1) 如何理解NX装配、子装配、组件对象、组件部件、显示部件、工作部件等装配术语？

(2) 典型的装配建模方法分为哪两种？它们各有什么特点？

(3) 在UG NX 11中，装配约束主要有哪几种类型？

(4) 使用装配导航器主要可以进行哪些操作？

(5) 请列举出阵列组件的3种类型，并总结它们的应用特点。

(6) 请简述替换组件的一般方法及步骤。

(7) 什么是记住装配约束？在什么情况下适合使用记住装配约束来进行装配工作？

(8) 如何理解爆炸图？如何创建命名的爆炸图？

(9) 使用“装配序列”任务环境可以进行哪些工作？

(10) 如何理解引用集？

(11) 请在本章综合设计范例完成的模型中，创建合适的爆炸图，并进行创建追踪线练习。

(12) 上机练习：请自行设计一个小产品或机构，要求用到本章所学的装配设计知识。

第10章　工程制图

本章导读

NX 11 的工程制图功能是非常强大的。在“制图”应用模块中，用户可以直接通过三维模型或装配部件来生成和维护标准的二维工程图，这些二维工程图与模型或装配部件完全相关。对模型或装配部件所做的更改将自动地反映到关联的二维工程图中。

本章将介绍 NX 工程制图的入门与实战应用知识，内容包括 NX 工程制图应用概述、工程制图参数预设置、图纸页操作、创建各类视图、编辑已有视图、图样标注与注释等。

10.1　NX 工程制图应用概述

NX 11 为用户提供了一个功能强大的“制图”应用模块，该模块具有一个直观而使用方便的图形用户界面，用户使用该界面上的各种自动化制图工具可以快速而轻松地创建各类工程视图，以及为图纸添加注释等。在“制图”应用模块中，允许直接利用已经建立好的 3D 实体模型或装配部件来创建并保存符合指定标准的工程图纸，这些工程图纸可以与模型完全关联。如果更改实体模型的尺寸和形状等，那么相应的工程图纸也会自动地发生相应的变化。“制图”应用模块还允许用户创建独立的 2D 图纸。另外，在使用 3D 数据进行工程制图时，用户可以根据实际情况使用主模型方法将模型文件与图纸文件分开管理。

一个工程图部件可以含有许多图纸，每张图纸相当于工程图部件的一个分离的页，这就是图纸页的概念。

下面介绍的制图入门知识包括：切换至“制图”应用模块、创建图纸文件、利用 3D 模型进行 2D 制图的基本流程。

10.1.1　切换至“制图”应用模块

在 NX 11 中完成设计三维实体模型后，在基本操作界面中单击功能区的“文件”标签以打开“文件”选项卡，接着在“启动”下选择“制图”命令，如图 10-1 所示，即可从“建模”等应用模块快速切换至“制图”应用模块，该应用模块将提供用于工程制图的相关

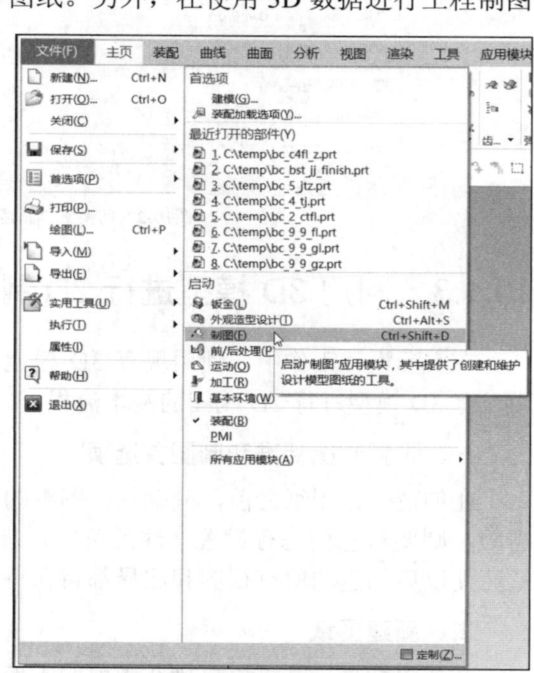

图10-1　切换到“制图”应用模块

工具命令。亦可从功能区的“应用模块”选项卡中选择所需的“制图”模块启动工具命令。

10.1.2　创建图纸文件

用户也可以创建一个单独的图纸文件来进行二维工程图设计，其方法是在“快速访问”工具栏中单击“新建”按钮，或选择“文件”/“新建”命令，系统弹出“新建”对话框。切换到“图纸”选项卡，如图 10-2 所示，注意模板单位选项设置，并在“模板”列表框中选择所需的图纸模板。在“新文件名”选项组中指定名称和要保存到的文件夹，在“要创建图纸的部件”选项组中通过单击“浏览/打开”按钮来选择要创建图纸的部件，然后单击“确定”按钮，从而进入到“制图”应用模块，此时图纸文件中已经提供了一个预设样式的图纸用于制图工作。

图10-2　切换到“新建”对话框的“图纸”选项卡

10.1.3　利用 3D 模型进行 2D 制图的基本流程

在实际设计工作中，使用现有 3D 模型来创建 2D 工程图最为普遍。下面简要地介绍利用现有 3D 模型进行 2D 制图的基本流程。

一、设置制图标准和制图首选项

在创建一张图纸之前，应确保新图纸的制图标准、制图首选项等是所需的。如果不是所需的，则要对它们进行设置（注意可以在进入“制图”应用模块后对它们进行设置操作），从而使以后创建的所有视图和注释都将保持一致，并具有适当的视觉特性和符号体系。

二、新建图纸

新建图纸页，既可以直接在当前的工作部件中新建图纸页，也可以创建包含模型几何体

（作为组件）的非主模型图纸部件来获得图纸页。可以这么说，新建图纸页是创建图纸的第一步。

三、添加视图

在NX图纸页上，可以添加单个视图（如基本视图、投影视图），也可以同时添加多个标准视图。所有视图直接由指定模型来生成，并可以在这些视图的基础上创建诸如剖视图、局部放大图等其他视图。添加的基本视图通常将确定所有投影视图的正交空间和视图对齐准则。

四、添加注释

将视图添加到图纸上之后，可以根据设计要求来添加注释，包括标注尺寸、插入符号、注写文字等。

在 NX 11 中，尺寸标注、符号等注释与视图中的几何体相关联。当移动视图时，相关联的注释也将随着视图一起移动；当模型被编辑时，尺寸标注和符号也会相应更新以反映所做的更改。

在装配图纸中还可以添加零件明细表等。

10.2　设置制图标准和制图首选项

在 NX 11 的“制图”应用模块中，允许用户根据实际情况来更改默认的制图标准和制图首选项。

NX 11 提供了一组制图标准默认文件，允许用户根据已定义的国家或国际制图标准来配置特定注释和制图视图对象的外观。

在“制图”应用模块中，单击“菜单”按钮 菜单(M) 并选择“工具”/“制图标准”命令，弹出图 10-3 所示的“加载制图标准”对话框。在“从以下级别加载”下拉列表框中选择一个级别（可供选择的级别有“出厂设置”“站点”“组”和“用户”等），从“标准”下拉列表框中选择一个标准，如选择“GB”，然后单击“应用”按钮或“确定”按钮，即可在当前 NX 会话中加载制图标准以重新配置注释和制图视图首选项。

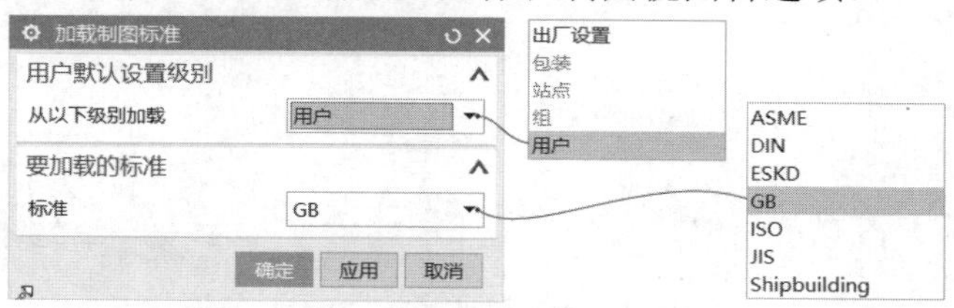

图10-3　“加载制图标准”对话框

用户无法编辑 NX 11 附带的标准文件，但允许使用标准文件来创建符合公司政策或内部标准的定制标准，其方法如下。

1. 在功能区的“文件”选项卡中选择“实用工具”/“用户默认设置”命令，弹出“用户默认设置”对话框。

2. 在“用户默认设置”对话框的左窗格中选择“制图”/“常规/设置”选项，在左窗格右侧选择“标准”选项卡标签，接着在“制图标准”下拉列表框中选择一个标准，如选择“GB”标准，如图 10-4 所示。

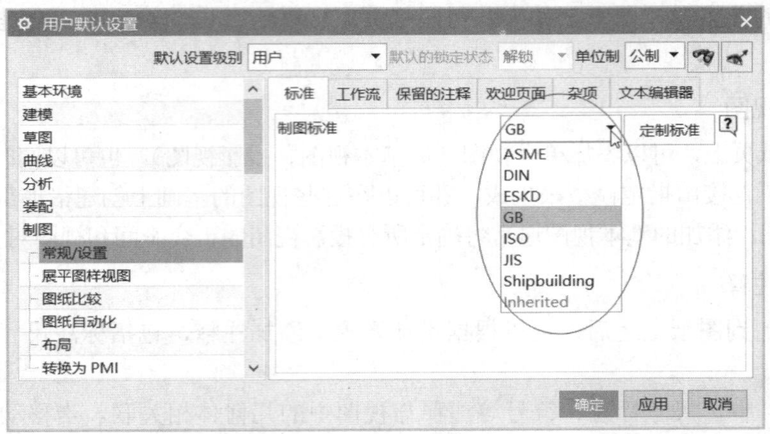

图10-4　在“用户默认设置”对话框中进行设置

3 单击“定制标准”按钮，弹出“定制制图标准”对话框，如图 10-5 所示。在“定制制图标准”对话框的“制图标准”列表中选择其中一个类别，并在右侧选项卡式页面上修改相关选项和参数。

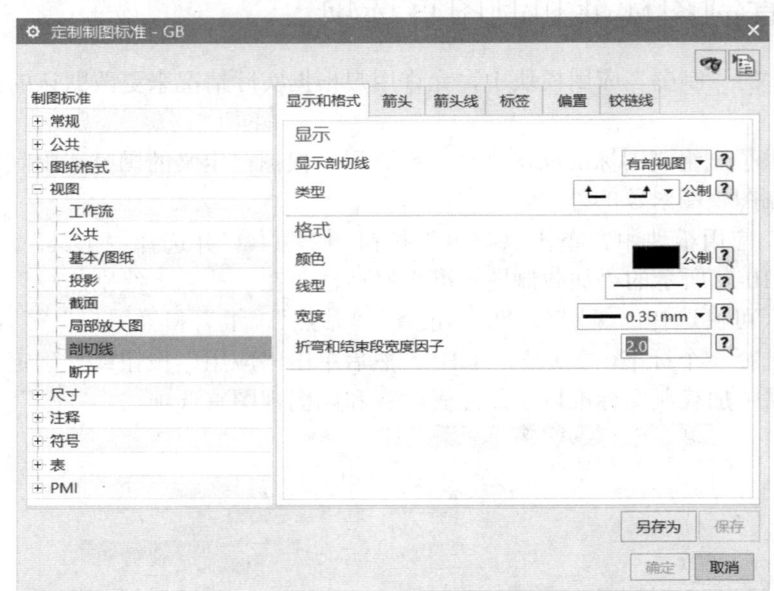

图10-5　“定制制图标准”对话框

4 在“定制制图标准”对话框中单击“另存为”按钮，系统弹出图 10-6 所示的“另存为制图标准”对话框，在“标准名称”文本框中输入一个新的名称，单击“确定”按钮，从而保存定制标准。

另外，在“制图”应用模块中，用户可以使用“首选项”子菜单中的一些命令设置相应的首选项，如制图首选项、草图首选项和视图剖切首选项等。例如，单击“菜单”按钮 菜单(M)▾ 后选择“首选项”/“制图”命令，打开图 10-7 所示的“制图首选项”对话框，从中可以设置“制图”应用模块的默认工作流、制图公共参数、图纸格式（包括图纸页和标题块）、视图选项和其他特性。对于初学者而言，这些首选项采用默认设置即可。

图10-6 “另存为制图标准”对话框

图10-7 “制图首选项”对话框

10.3 图纸页操作

图纸页操作包括新建图纸页、打开图纸页、删除图纸页和编辑图纸页等。

10.3.1 新建图纸页

可以在工作部件中新建图纸页。

在“制图”应用模块中，在功能区的“主页”选项卡中单击“新建图纸页”按钮，如图 10-8 所示，或者选择“菜单”/“插入”/“图纸页”命令，系统弹出图 10-9 所示的“图纸页”对话框。图纸页大小的设置方式有“使用模板”“标准尺寸”和“定制尺寸”3 种。

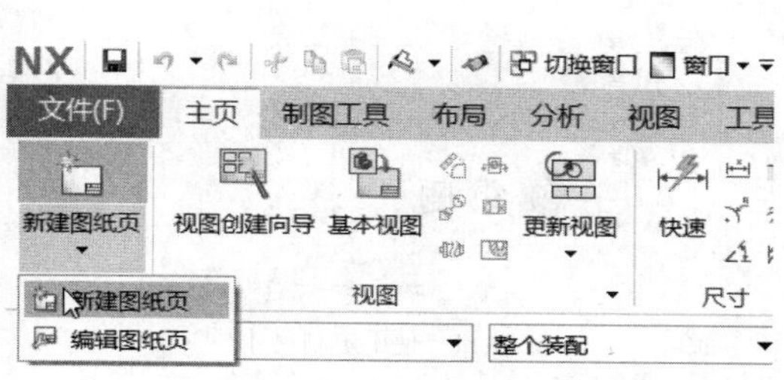

图10-8 单击“新建图纸页”按钮

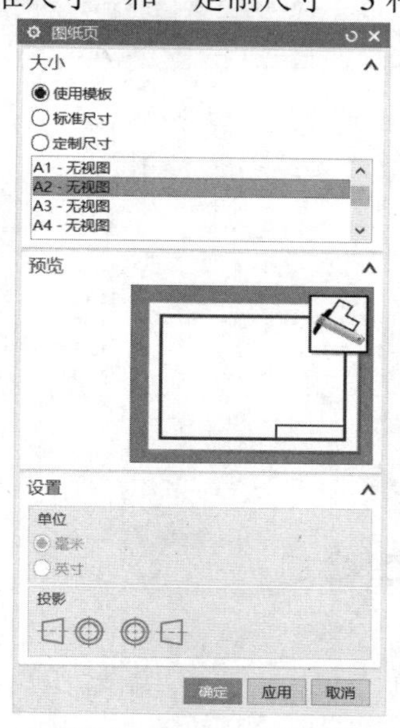

图10-9 “图纸页”对话框

一、使用模板

在“图纸页”对话框的“大小”选项组中选择“使用模板”单选按钮，接着从图纸页模板列表框中选择一种图纸页模板，如“A0++—无视图”“A0+—无视图”“A0—无视图”“A1—无视图”“A2—无视图”“A3—无视图”和“A4—无视图”等。选择所需的图纸页模板时，NX 系统将在“预览”选项组的显示框内显示选定图纸页模板的预览。

二、标准尺寸

在“图纸页”对话框的“大小”选项组中选择“标准尺寸”单选按钮时如图 10-10 所示，先从“设置”选项组的“单位”下选择“毫米”单选按钮或“英寸”单选按钮以指定图纸页的单位是毫米还是英寸，此时“大小”下拉列表框中的可选选项会根据图纸页的单位作出相应更改以匹配选定的度量单位。在这里以设置图纸页的单位为毫米为例，接着从“大小”下拉列表框选择一种标准的公制图纸大小选项，如“A0—841×1189”“A1—594×841”“A2—420×594”“A3—297×420”“A4—210×297”“A0+—841×1635”或“A0++—841×2387”；从“比例”下拉列表框中选择一种默认的制图比例，或者选择“定制比例”选项来自行设置所需的制图比例；在“图纸页名称”文本框中接受默认的图纸页名称，或者输入新的图纸页名称（图纸页名称可以多达 30 个字符）；在“设置”选项组中指定投影规则为第一角投影（）还是第三角投影（），其中第一角投影符合我国的制图标准。

三、定制尺寸

在“图纸页”对话框的“大小”选项组中选择“定制尺寸”单选按钮时，由用户设置图纸高度、长度、比例、图纸页名称、页号、修订版本、单位和投影方式等，如图 10-11 所示。

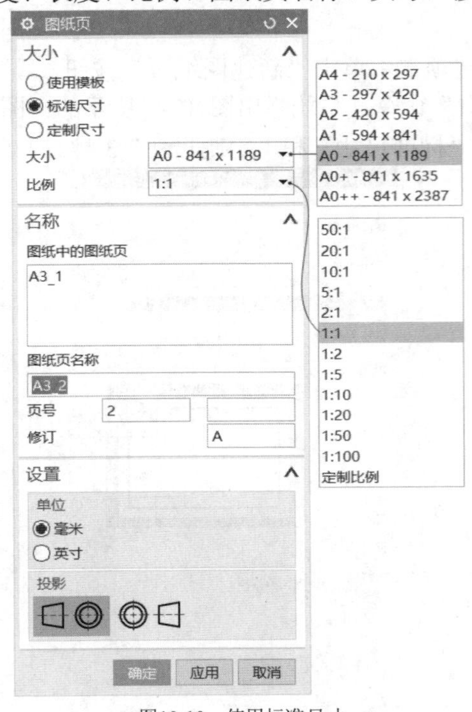

图10-10　使用标准尺寸

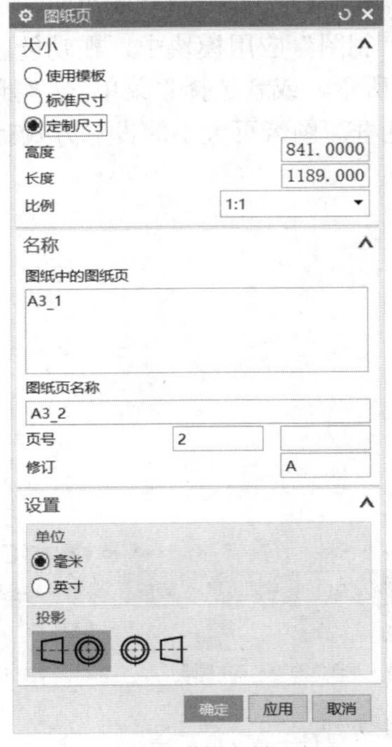

图10-11　使用定制尺寸

定义好图纸页后，在“图纸页”对话框中单击“确定”按钮。接下去便是在图纸上创建和编辑具体的工程视图了。

如果要创建图纸并将其另存在一个独立的部件里，那么可以单击“新建”按钮并在弹出的“新建”对话框的“图纸”选项卡中选择一个所需模板。

10.3.2 打开图纸页

创建多个图纸页后，会涉及打开其他图纸页的操作。

在部件导航器中会列出当前图纸上所创建的图纸页名称（标识），正处于活动工作状态的图纸页会被注上“工作的-活动”字样。此时要打开其他图纸页，可以在部件导航器中右击它，接着从弹出的快捷菜单中选择“打开”命令，如图 10-12 所示，所打开的图纸页变为活动工作状态。用户也可以通过在部件导航器中双击所需的一个图纸页来快速打开它。

10.3.3 删除图纸页

对于不需要的图纸页，可以将其删除掉。删除图纸页的方法很简单，可以在相应的导航器（如部件导航器）中查找到要删除的图纸页标识并右击该图纸页标识，弹出一个快捷菜单，如图 10-13 所示，然后在该快捷菜单中选择“删除”命令，即可删除所指定的图纸页。

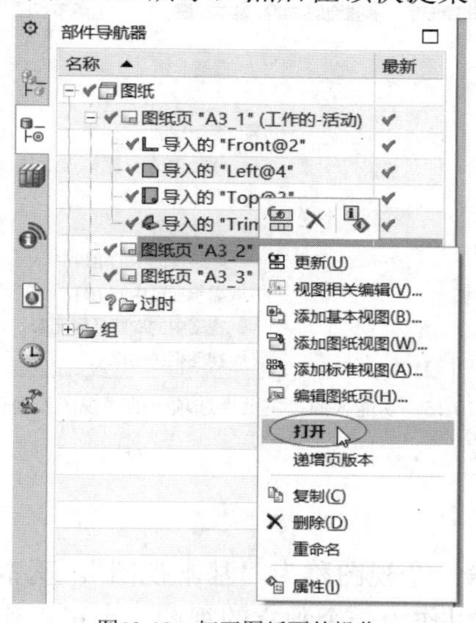

图10-12　打开图纸页的操作

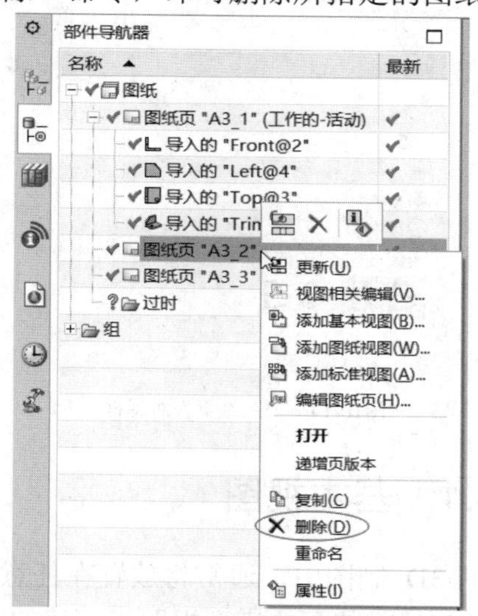

图10-13　通过右键方式删除指定图纸页

10.3.4 编辑图纸页

要编辑活动图纸页，则在功能区的“主页”选项卡中单击“编辑图纸页”按钮，或选择“菜单”/“编辑”/“图纸页”命令，弹出图 10-14 所示的“图纸页”对话框，接着在该对话框编辑活动图纸页的大小、比例、名称、度量单位和投影方式，单击“确定”按钮。

还有一种值得推荐的快捷方式用于编辑图纸页，即直接在图形窗口中双击图纸页的虚线边界，系统便弹出“图纸页”对话框用于编辑当前活动图纸页。

10.4　创建各类视图

准备好图纸页后，接下来便可以在图纸中添加所需的各类视图，如基本视图、投影视图、剖视图（截面视图）、半剖视图、阶梯剖视图、局部剖视图、旋转剖视图、局部放大图、定向剖视图、断开视图和图纸视图等。用户既可以在“制图”应用模块功能区的“主页”选项卡的“视图”面板中选择插入相关视图的创建按钮，如图 10-15 所示，也可以在“制图”应用模块的“菜单”/“插入”/“视图”级联菜单中选择插入相关视图的创建命令。

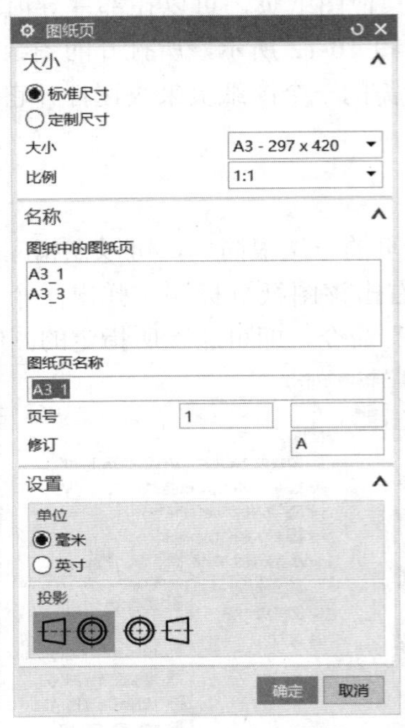

图10-14　“图纸页”对话框

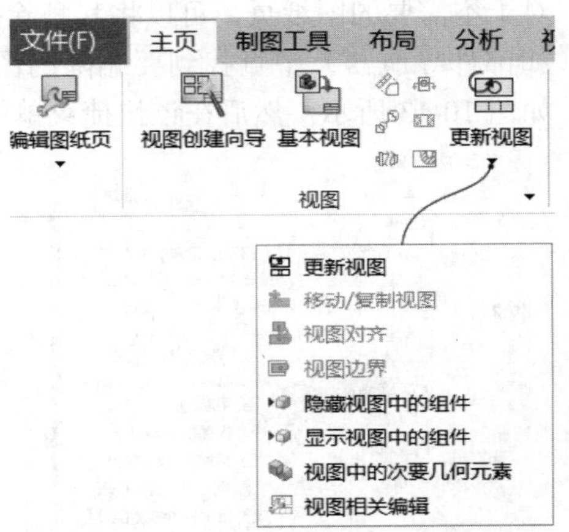

图10-15　功能区的“主页”选项卡的“视图”面板

10.4.1　基本视图

在 3D 制图中，通常将放置在任意图纸页上的第一个视图称为“基本视图”。基本视图是通过部件或装配的模型视图来创建的，该视图既可以作为一个独立的视图，也可以作为后续其他视图的父视图。

要添加基本视图，则在功能区的“主页”选项卡的“视图”面板中单击“基本视图”按钮，或者选择“菜单”/“插入”/“视图”/“基本”命令，系统弹出图 10-16 所示的“基本视图”对话框。下面介绍“基本视图”对话框各选项组的功能含义和应用。

一、“部件”选项组

“部件”选项组用于指定要为其创建基本视图的零部件（从指定的零部件添加基本视图）。系统默认已加载的当前工作部件作为要为创建基本视图的零部件。用户可以根据设计情况而更改要为创建基本视图的零部件，方法是在“基本视图”对话框中展开“部件”选项组，接着从“已加载的部件”列表框或“最近访问的部件”列表框中选择一个部件，或者在

“部件”选项组中单击“打开”按钮来浏览和打开其他部件并从这些部件添加视图，如图 10-17 所示。

- “已加载的部件”列表框：该列表框显示所有已加载部件的名称。可以在该列表框中选择一个部件，以便该部件添加基本视图。
- “最近访问的部件”列表框：该列表框显示由“基本视图”命令使用的最近加载的部件名称，可从中选择一个部件，以便该部件添加基本视图。
- “打开”按钮：单击此按钮，弹出“部件名”对话框，利用“部件名”对话框浏览和打开所需的部件来进行添加基本视图的操作。

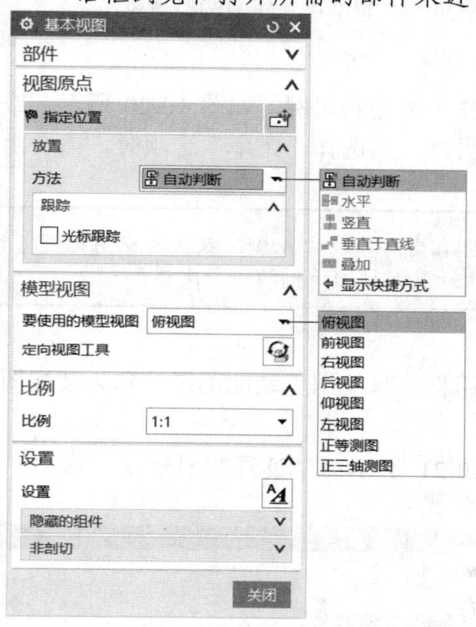

图10-16 “基本视图”对话框

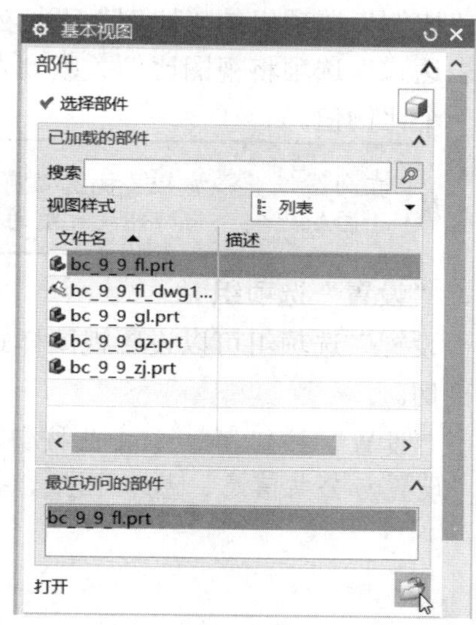

图10-17 “部件”选项组

二、“视图原点”选项组

“视图原点”选项组主要包括“指定位置”按钮和“放置”子选项组。

- “指定位置”按钮：单击此按钮，可使用鼠标指针来指定一个屏幕位置。
- “放置”子选项组：使用此子选项组建立视图的位置，其中在“方法”下拉列表框中选择其中一个对齐视图选项，而“光标跟踪”复选框则用于设置是否开启 *XC* 和 *YC* 跟踪。

三、“模型视图”选项组

在“模型视图”选项组的“要使用的模型视图”下拉列表框中选择一个要用作基本视图的模型视图，可供选择的模型视图选项有“俯视图”“前视图”“右视图”“后视图”“仰视图”“左视图”“正等测图”和“正三轴测图”。

如果在“模型视图”选项组中单击“定向视图工具”按钮，则打开图 10-18 所示的“定向视图工具”对话框和图 10-19 所示的“定向视图”窗口，以定制基本视图的方位。

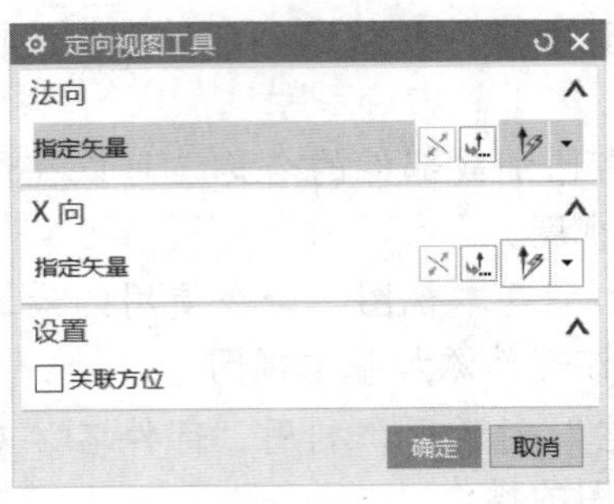

图10-18　“定向视图工具”对话框

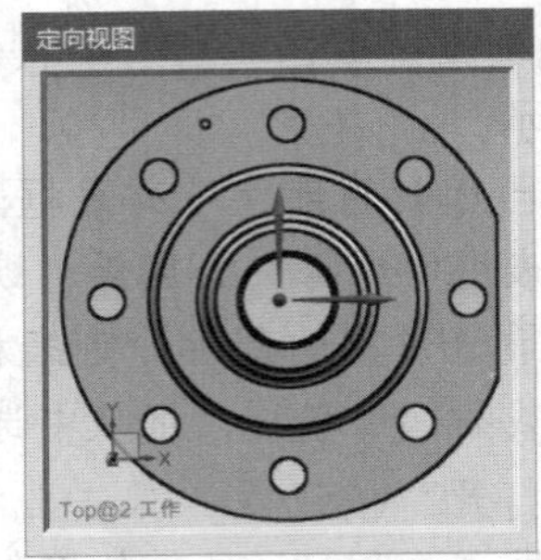

图10-19　“定向视图”窗口

四、“比例”选项组

在“比例”选项组的“比例”下拉列表框中选择一个定制比例，如图 10-20 所示，或者选择“表达式”选项将视图比例关联到表达式中。另外，当选择“比率”选项时，需要由用户输入一个比例值。

在向图纸页添加相关视图之前，需要为视图指定一个特定比例，默认的视图比例值等于图纸比例。而局部放大图的默认比例是大于其父视图比例的一个比例值。

五、“设置”选项组

在“设置”选项组可以设置视图样式、隐藏的组件（只能用于装配图纸）和为装配图纸设置非剖切。

- “设置”按钮：单击此按钮，弹出图 10-21 所示的“设置”对话框，从中设置与公共信息、基本/图纸、视图相关的样式等。

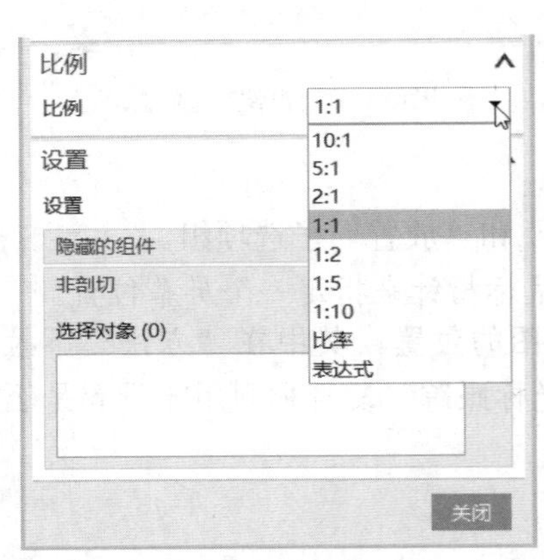

图10-20　指定缩放比例

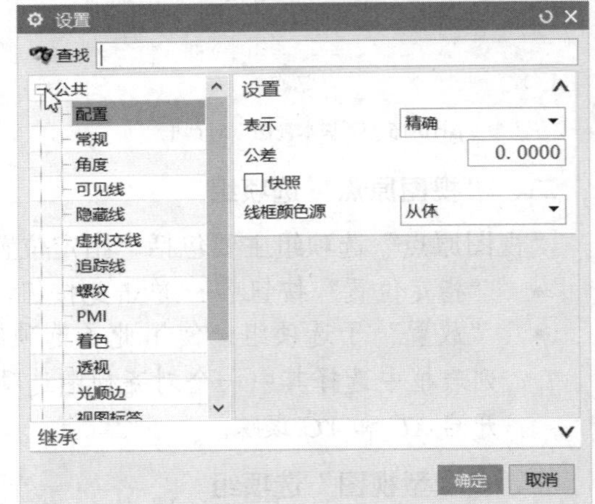

图10-21　“设置”对话框

- “隐藏的组件”子选项组：该子选项组只能用于装配图纸，使用户能够控制一个或多个组件在基本视图中的显示。
- “非剖切”子选项组：该子选项组同样只能用于装配图纸，使用户能够指定一个或多个组件为未剖切组件，即如果从基本视图创建剖视图，那么指定的组件将在剖视图中显示为未剖切。

下面以范例形式介绍如何在图纸页上创建基本视图。

1 在“快速访问”工具栏中单击“打开”按钮，弹出“打开”对话框，从本书配套的光盘中选择“\DATA\CH10\BC_10_4_1.prt”文件，单击“OK”按钮，该文件中存在着图10-22所示的实体零件。

2 在功能区中打开“应用模块”选项卡，接着从“设计”选项组中单击“制图”按钮，如图10-23所示。

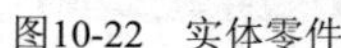

图10-22　实体零件

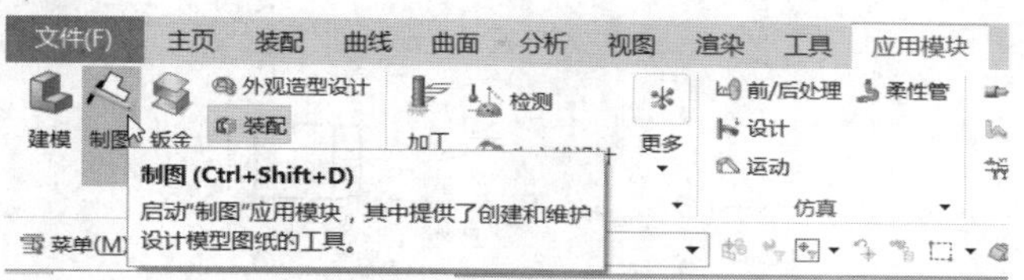

图10-23　选择“制图”命令

3 在功能区的“主页”选项卡中单击“新建图纸页”按钮，弹出“图纸页”对话框，从“大小”选项组中选择“标准尺寸”单选按钮，在“大小”下拉列表框中选择“A4-210×297”选项，从“比例”下拉列表框中选择“2:1”选项，其他设置如图10-24所示。注意在“设置”选项组中取消选中“始终启动视图创建”复选框，然后单击“确定”按钮。

4 在功能区的“主页”选项卡的“视图”面板中单击“基本视图”按钮，弹出“基本视图”对话框。

5 在“模型视图”选项组的“要使用的模型视图”下拉列表框中选择“前视图”选项，在“比例”选项组的“比例”下拉列表框中默认选择“2:1”选项，如图10-25所示。

图纸页
大小
使用模板
标准尺寸
定制尺寸
大小　A4 - 210 x 297
比例　2:1
名称
图纸中的图纸页
图纸页名称
Sheet 1
页号　1
修订　A
设置
单位
毫米
英寸
投影
始终启动视图创建
视图创建向导
基本视图命令
确定　应用　取消

图10-24　设置图纸页参数

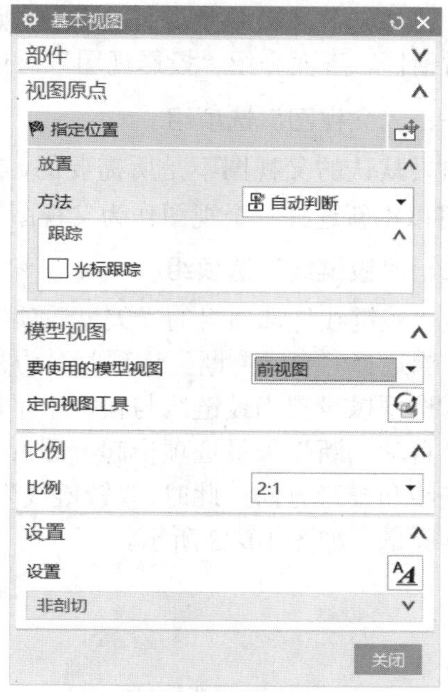

图10-25　“基本视图”对话框

❻ “视图原点”选项组中的“指定位置”按钮处于被选中激活的状态，在图形窗口中指定放置视图的位置，单击鼠标中键结束命令操作。创建的一般视图如图 10-26 所示。

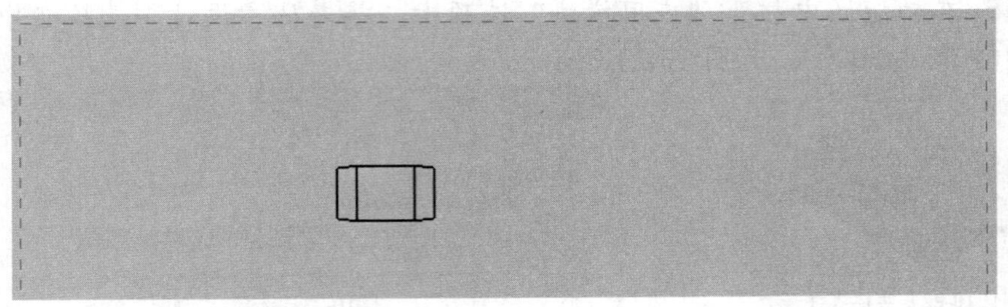

图10-26　创建一般视图作为第一个视图

10.4.2　投影视图

在图纸页上放置基本视图之后，可以立即通过在所要的投影方向上移动鼠标指针并指定放置位置来创建投影视图。注意，选择“菜单”/“首选项”/“制图”命令，接着在弹出的“制图首选项”对话框中选择“常规/设置”选项组下的“工作流”子类别，并在“基于模型”选项组中确保选中“始终启动投影视图命令”复选框，可以设置在插入模型视图后自动启动“投影视图”命令，而“独立的”选项组中的“始终启动投影视图命令”复选框则用于控制在插入定向“图纸视图”后是否始终启动“投影视图”命令。

当然，也可以选择其他视图作为父视图来创建投影视图。

要创建投影视图，则在功能区的“主页”选项卡的“视图”面板中单击“投影视图”按钮，或者选择“菜单”/“插入”/“视图”/“投影”命令，弹出图 10-27 所示的“投影视图”对话框。下面介绍“投影视图”对话框各选项组的功能应用。

一、“父视图”选项组

如果默认的父视图不是所需要的，那么在“父视图”选项组中单击“选择视图”按钮，可以重新选择一个视图作为父视图。

二、“铰链线”选项组

在“铰链线”选项组的“矢量选项”下拉列表框中选择“自动判断”选项或“已定义”选项。当选择“自动判断”选项时，为视图自动判断铰链线和投影方向，此时可以选中“关联”复选框以设置当铰链线与模型中平的面平行时将铰链线自动关联该面（“关联”复选框仅与“自动判断”矢量选项一起可用）；当选择“已定义”选项时，允许用户为视图手工定义铰链线和投影方向，此时，“铰链线”选项组提供“指定矢量”下拉列表框，用于手动定义铰链矢量，如图 10-28 所示。

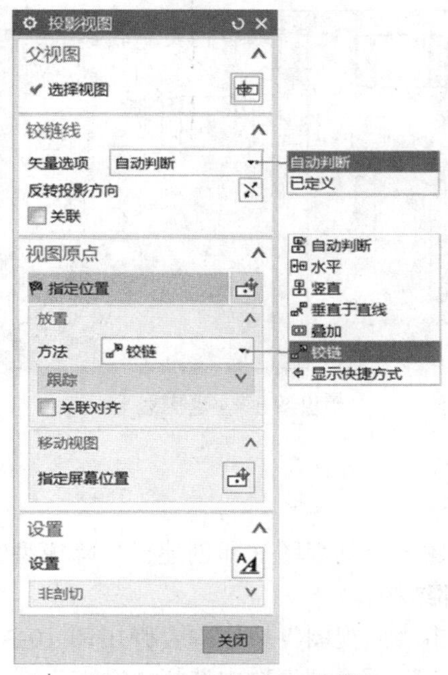

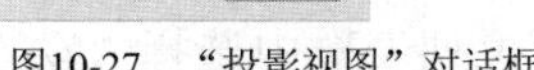
图10-27　“投影视图”对话框

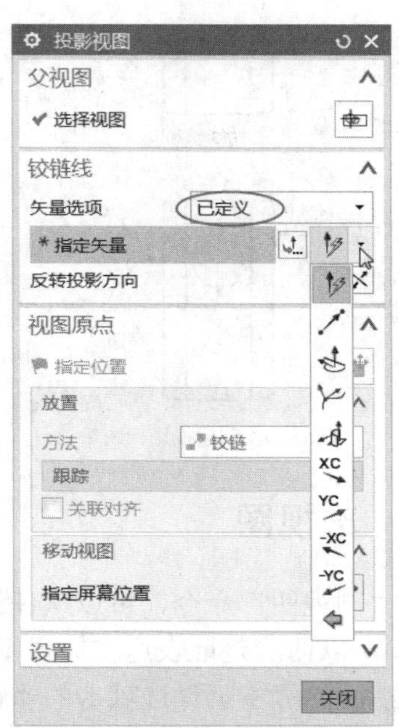

图10-28　选择“已定义”矢量选项

“铰链线”选项组中的“反转投影方向”复选框用于反向铰链线的投影箭头。

在 NX 11 中，选择视图以从其投影时，视图上会显示铰链线和对齐箭头。NX 系统根据铰链线自动判断正交投影。通过绕父视图的中心移动鼠标指针，可以任意调整铰链线的角度。当围绕父视图移动鼠标指针时，铰链线捕捉到 45°增量角。需要用户注意的是，如果配合按“Alt”键，则可以阻止捕捉铰链线角度。

三、“视图原点”选项组

“视图原点”选项组用于指定视图放置原点，该选项组各主要组成如下。

- “指定位置”按钮：指定视图的屏幕位置。
- “放置”子选项组：在该子选项组的“方法”下拉列表框中可以选择其中一个对齐视图选项；“跟踪”组用于设置是否启用“光标跟踪”选项。如果启用“光标跟踪”选项，则打开偏置、*XC* 和 *YC* 跟踪。
- “移动视图”子选项组：“移动视图”子选项组用于重新指定投影视图的屏幕位置。在该子选项组中单击“指定屏幕位置”按钮，可以拖动以移动投影视图至新位置。

四、“设置”选项组

“设置”选项组用于设置视图相关样式和非剖切等。

创建投影视图的典型示例如图 10-29 所示，位于下方的视图是由上方的一般视图经过投影而生成的。在添加投影视图时移动鼠标指针，用户将看到投影线（也称投射线）。在 NX 中，可以在与基本视图成任意一个角度的位置上放置投影视图，需要用户注意的是，在手工放置投影视图时，角度捕捉增量为 45°，如图 10-30 所示，图中的预览样式为着色的图像（移动鼠标指针时）。

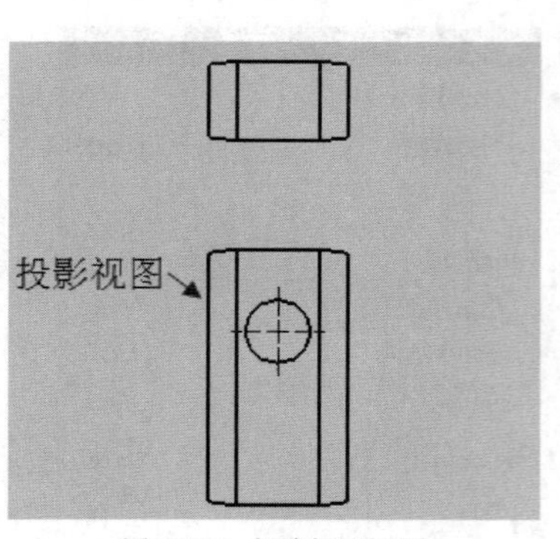

图10-29　创建投影视图

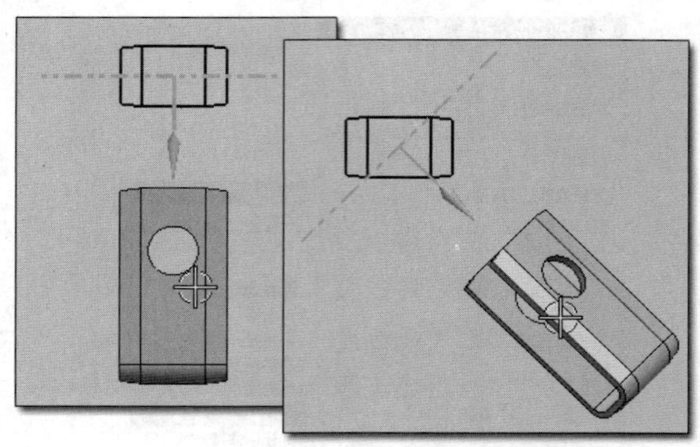

图10-30　显示投射线

10.4.3　剖视图

使用“剖视图”命令，可以从任何父图纸视图创建一个剖视图（即创建已移除模型几何体的视图），以便清楚地表达在原视图中被遮蔽的内部结构。

在功能区的“主页”选项卡的“视图”面板中单击“剖视图”按钮，弹出图 10-31 所示的“剖视图”对话框，在“截面线”选项组的“定义”下拉列表框中选择“动态”或“选择现有的”选项。当选择“动态”选项时，允许指定动态截面线，此时从“方法”下拉列表框中可以选择“简单剖/阶梯剖”“半剖”“旋转”或“点到点”方法以创建相应的剖视图，下面会有相应的详细介绍。当选择“选择现有的”选项，允许选择现有独立截面线来创建剖视图，如图 10-32 所示，则将涉及如何创建独立截面线（这里指剖切线）的操作知识，创建剖切线的操作知识将在 10.4.7 小节中介绍。

图10-31　“剖视图”对话框（1）

图10-32　“剖视图”对话框（2）

本小节侧重于介绍使用动态截面线创建剖视图的各种方法，包括简单剖视图、阶梯剖视图、半剖视图、旋转剖视图和点到点剖视图。

一、简单剖视图

简单剖视图需要直接或间接自动定义铰链线、截面线段、父视图和视图原点等。下面以

一个简单范例来介绍创建简单剖视图的方法步骤，本例采用默认的截面线型。配套练习文件为“BC_10_4_3a.prt”。

1 在功能区的“主页”选项卡的“视图”面板中单击“剖视图”按钮，系统弹出一个“剖视图”对话框。

2 在“截面线”选项组的“定义”下拉列表框中选择“动态”选项，从“方法”下拉列表框中选择“简单剖/阶梯剖”选项。

3 在“父视图”选项组中单击“选择视图”按钮，在图纸页上选择一个所需的视图作为父视图，如图 10-33 所示。

4 接受“铰链线”选项组的“矢量选项”下拉列表框的默认为“自动判断”选项，此时“截面线段”选项组中的“指定位置”按钮处于被选中的状态，可以巧用“选择条”工具栏来打开或关闭相关的捕捉点方法，以便于快速、准确地在相应视图几何体上拾取一个点。在本例中，可在“选择条”工具栏中确保选中“中点”按钮，接着在图纸页上基本视图（父视图）中选择一条水平轮廓线的中点作为剖切位置点，也就是将动态截面线移动到该剖切位置点，如图 10-34 所示。

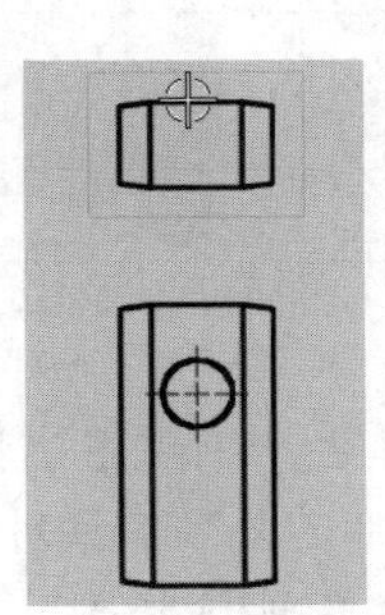

图10-33　选择父视图

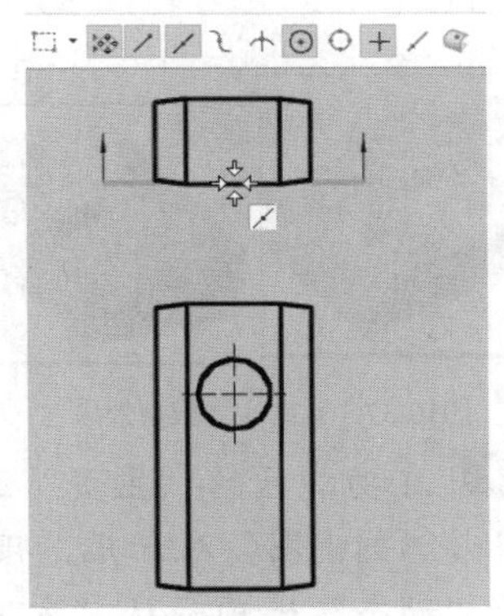

图10-34　指定点作为截面线位置

5 此时，“剖视图”对话框的“放置视图”选项组中的“放置视图”按钮自动处于被选中激活的状态（方向默认为“正交的”），同时状态栏中出现“指定放置视图的位置”的提示信息。将鼠标指针移出视图并移动到所需位置，如图 10-35 所示，然后单击以放置剖视图，如图 10-36 所示。

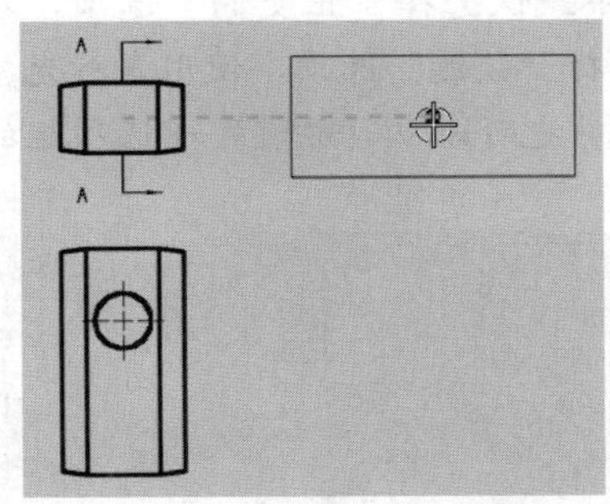

图10-35　将鼠标指针移到所需位置

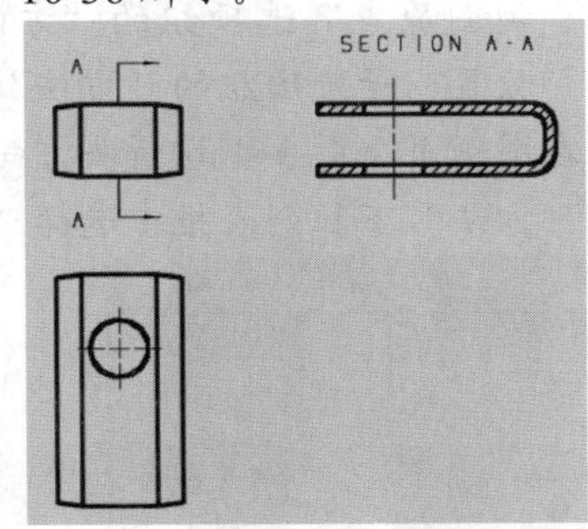

图10-36　单击以放置剖视图

6 在“剖视图”对话框中单击“关闭”按钮。

二、阶梯剖视图

阶梯剖视图是由通过部件的多个剖切段组成，所有剖切段都与铰链线平行，并且通过折弯段相互附着。在 NX 11 中，创建阶梯剖视图与创建简单剖视图类似，不同之处主要在于创建阶梯剖视图时需要定义截面线要折弯或剖切通过的附加点。

下面通过一个简单范例来介绍创建阶梯剖视图的典型操作范例，该范例的实体模型效果如图 10-37 所示。

1 在“快速访问”工具栏中单击“打开”按钮，弹出“打开”对话框，选择本书配套光盘提供的素材文件“\DATA\CH10\BC_10_4_3b.prt”，单击“OK”按钮将该文件打开，其“制图”应用模块的图纸页上已经有 3 个视图，如图 10-38 所示。

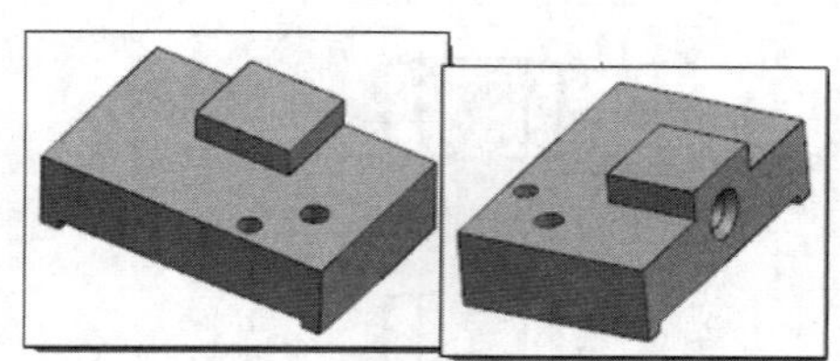

图10-37　范例实体模型效果

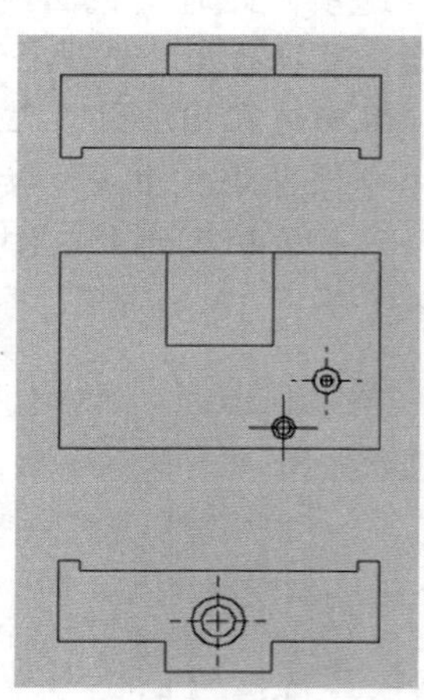

图10-38　已有的 3 个视图

2 在功能区的“主页”选项卡的“视图”面板中单击“剖视图”按钮，弹出“剖视图”对话框，接着从“截面线”选项组的“定义”下拉列表框中选择“动态”选项，从“方法”下拉列表框中选择“简单剖/阶梯剖”选项。铰链线的矢量选项为“自动判断”。

3 在“父视图”选项组中单击“基本视图”按钮，紧接着在图纸页上选择图 10-39 所示的视图作为父视图。

4 在视图几何体上拾取图 10-40 所示的一个圆心，出现动态剖切线。此时在“视图原点”选项组的“方向”下拉列表框中默认选择“正交的”选项，在“放置”子选项组的“方法”下拉列表框中选择“铰链”选项，使用鼠标光标在图纸页上引导剖切箭头方向。在本例中，用户也可以从“放置”子选项组的“方法”下拉列表框中选择“水平”选项。

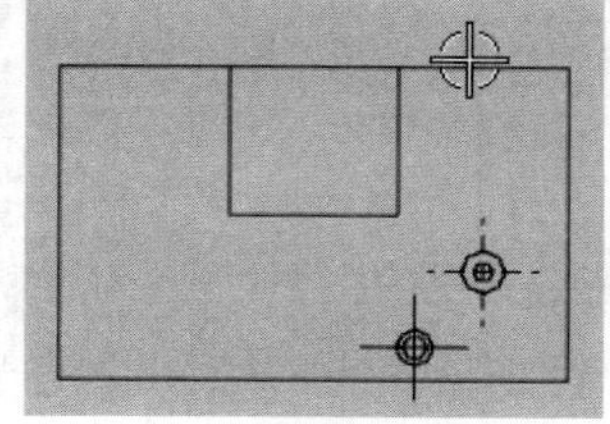

图10-39　指定父视图

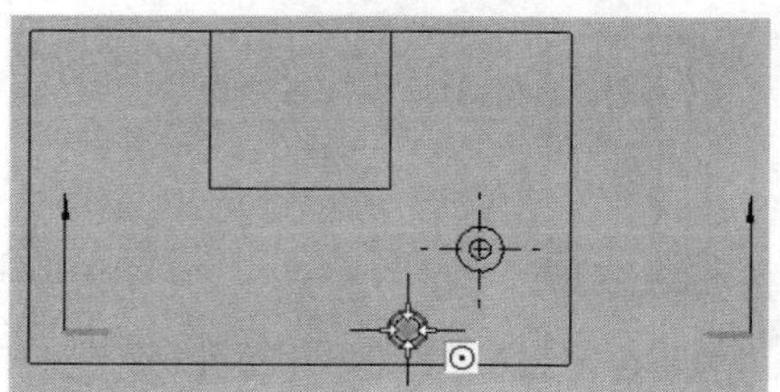

图10-40　选择第一个点（圆心）

5 在“剖视图”对话框的“截面线段”选项组中单击“指定位置”按钮以确保该按钮回到继续被选中的状态，在父视图中选择下一个用于放置剖切段的点，如图 10-41 所示。

6 添加所需的后续剖切段。在本例中，捕捉并选择图 10-42 所示的中点来定义新的剖切段。

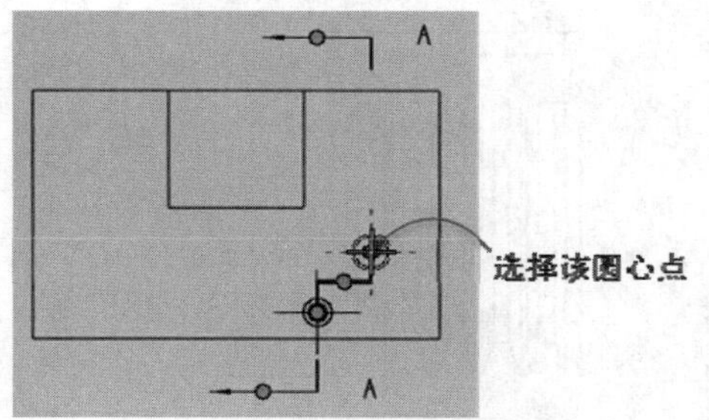

图10-41　指定点以添加第二个剖切段

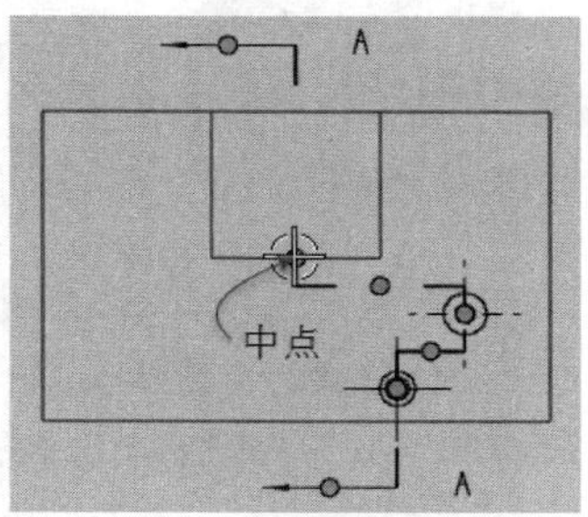

图10-42　选择点以添加新的剖切段

此时，将鼠标指针置于剖切线段中的所需手柄处，可以通过拖动该手柄来调整剖切折弯段的位置，如图 10-43 所示。

7 在“视图原点”选项组中单击“指定位置”按钮，将鼠标指针移动到所需位置处单击，从而放置该阶梯剖视图，完成效果如图 10-44 所示。

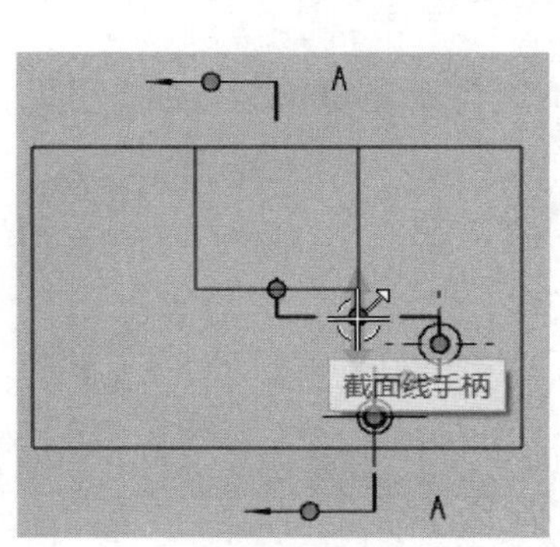

图10-43　调整剖切折弯段的位置

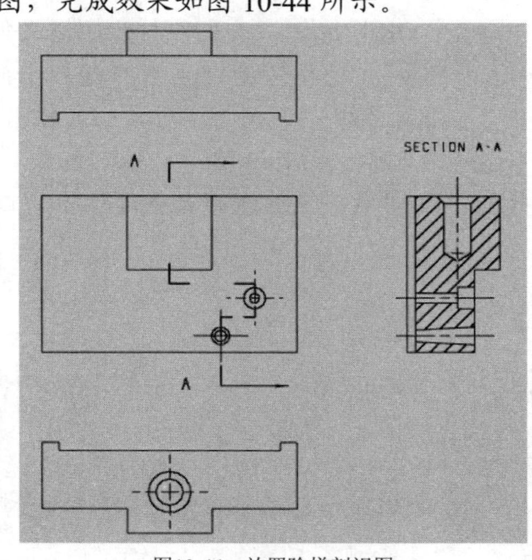

图10-44　放置阶梯剖视图

8 在“剖视图”对话框中单击“关闭”按钮。

在放置阶梯剖视图之前，可以利用“剖视图”对话框的“设置”选项组中“设置”按钮进行相应的截面线型设置和视图相关样式设置，本例省略这些设置操作。

三、半剖视图

可以创建一个剖视图使部件一半剖切而另一半不剖切，所创建的剖视图被形象地称为“半剖视图”。在图 10-45 所示的工程图图例中，右侧的视图即为半剖视图。

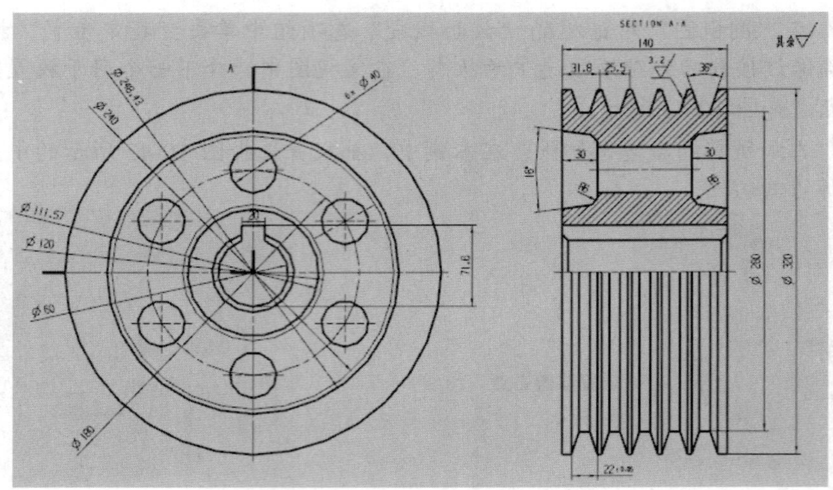

图10-45 创建有半剖视图的图例

创建半剖视图的方法步骤和创建简单剖视的方法步骤有些相似。下面结合一个范例介绍如何创建半剖视图。

1 在“快速访问”工具栏中单击“打开”按钮，弹出“打开”对话框，选择本书配套光盘提供的素材文件“\DATA\CH10\BC_10_4_3c.prt”，单击“OK”按钮将该文件打开，该文件已有的工程视图如图 10-46 所示。

2 在功能区的“主页”选项卡的“视图”面板中单击“剖视图”按钮，系统弹出“剖视图”对话框，接着从“截面线”选项组的“定义”下拉列表框中选择“动态”选项，从“方法”下拉列表框中选择“半剖”选项，如图 10-47 所示，铰链线的矢量选项为“自动判断”选项。

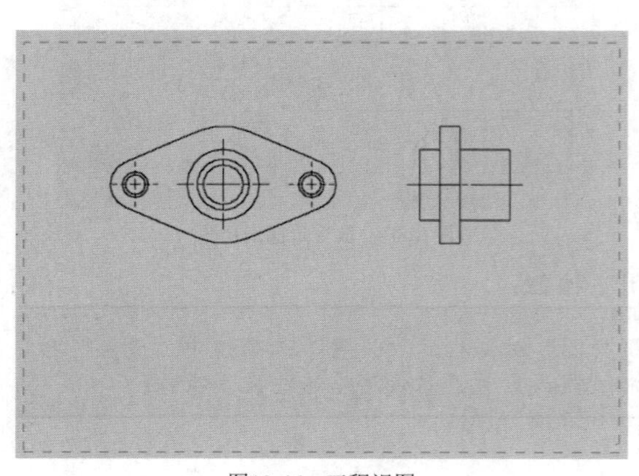

图10-46 工程视图

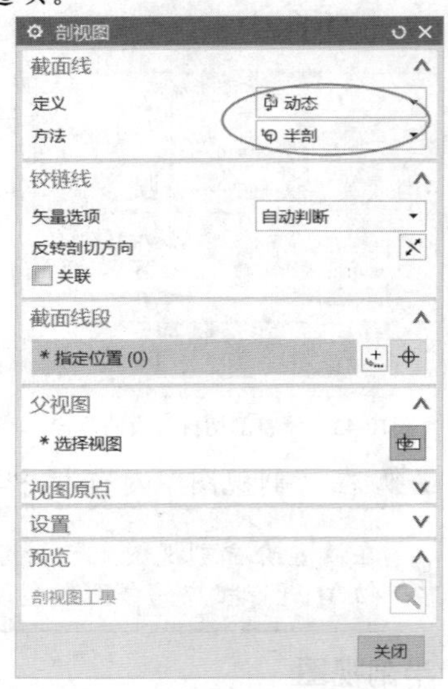

图10-47 选择“半剖”方法

3 在“父视图”选项组中单击“选择视图”按钮，选择左边的视图作为要剖切的父视图。此时，“截面线段”选项组中的“指定位置”按钮自动切换至被选中的状态。需要用户注意的是，NX 11 允许用户不先使用“父视图”选项组来选择视图作为父视图，而是通过用户指定截面线段时自动判断父视图。

4 在“选择条”工具栏中确保使“圆弧中心”按钮⊙处于被选中的状态，在父视图中捕捉并选择图 10-48 所示的圆心以定义一个剖切位置。

5 选择放置折弯的另一个点，如图 10-49 所示。

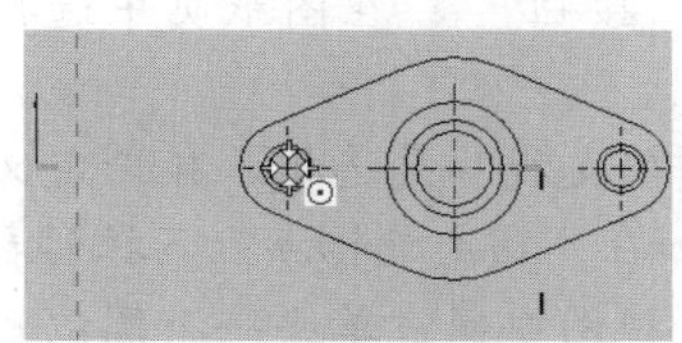

图10-48　定义一个剖切位置

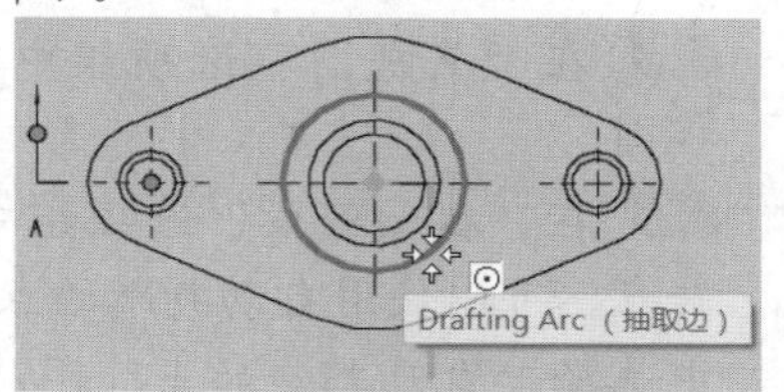

图10-49　指定剖切折弯位置

6 相对于父视图移动鼠标指针以确定截面线符号的方向，如图 10-50 所示。截面线符号包括一个箭头、一个折弯和一个剖切段。

7 在合适位置处单击以放置视图，结果如图 10-51 所示。

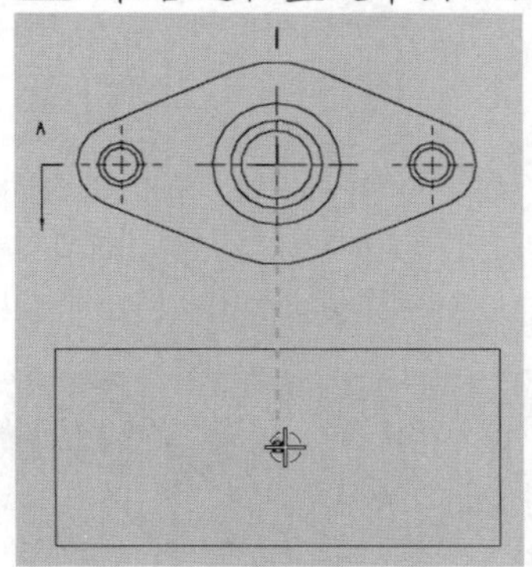

图10-50　移动鼠标指针确定截面线符号的方向

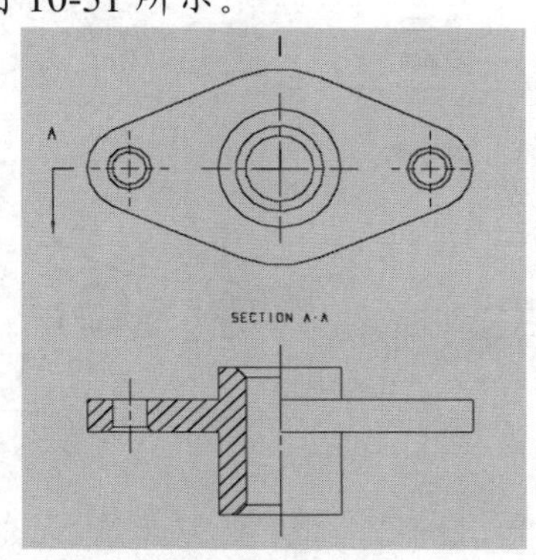

图10-51　指定半剖视图的放置位置

8 在“剖视图”对话框中单击“关闭”按钮。

四、旋转视图

旋转剖视图使用两个相交的剖切平面（交线垂直于某一基本投影面）。旋转剖视图的创建示例如图 10-52 所示。下面以该示例来介绍创建旋转剖视图的基本操作步骤。

1 在“快速访问”工具栏中单击“打开”按钮，弹出“打开”对话框，选择本书配套光盘提供的素材文件“\DATA\CH10\BC_10_4_3d.prt”，单击“OK”按钮，打开的文件中已有图 10-53 所示的图纸页和一个主视图。

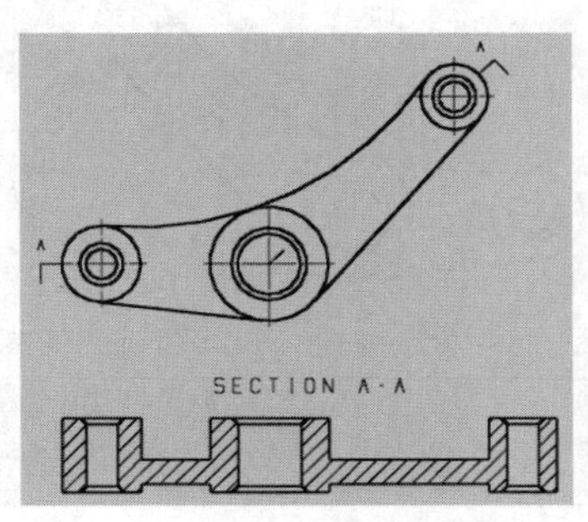

图10-52　创建有旋转剖视图的工程图示例

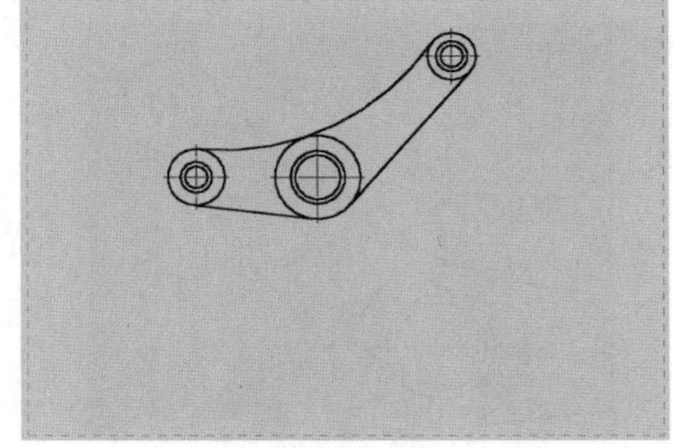

图10-53　原始图纸页和视图

2 在“视图”面板中单击“剖视图”按钮，系统弹出“剖视图”对话框，接着从“截面线”选项组的“定义”下拉列表框中选择“动态”选项，从“方法”下拉列表框中选择“旋转”选项，“铰链线”选项组中的矢量选项默认为“自动判断”选项。

3 在“父视图”选项组中单击“选择视图”按钮，在图纸页中选择父视图。

4 在“截面线段”选项组中取消选中“创建单支线”复选框，接着定义旋转点，可以使用自动判断的点来定义旋转点，如在“指定旋转点”下拉列表框中选择“自动判断的点”图标选项，并在父视图中通过单击一个圆以指定其圆心点作为旋转点，如图 10-54 所示。

5 定义段的新位置 1（指定支线 1 位置），如图 10-55 所示。

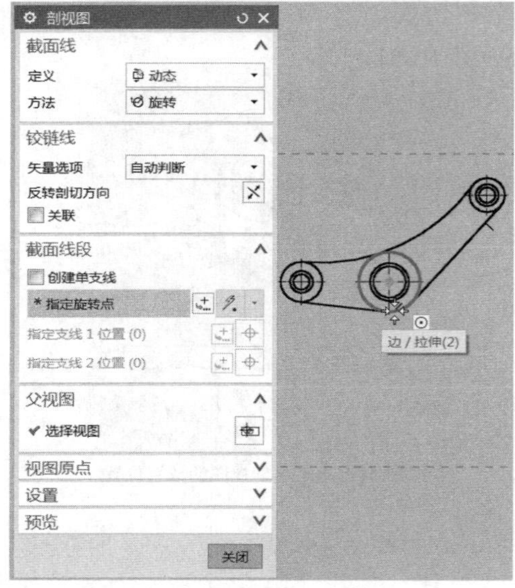

图10-54　定义旋转点

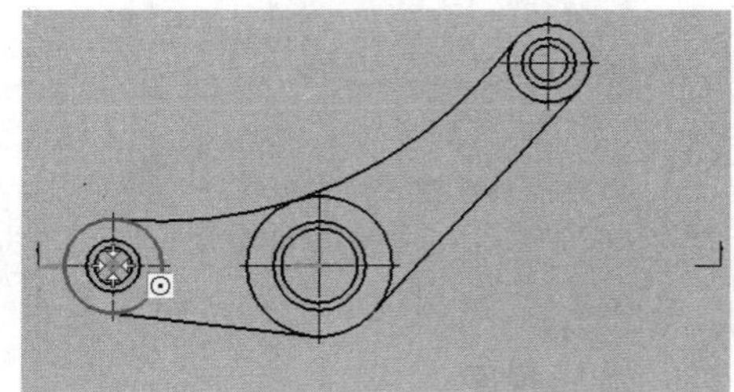

图10-55　定义段的新位置 1

6 定义段的新位置 2（指定支线 2 位置），如图 10-56 所示。

7 指定放置视图的位置，如图 10-57 所示。本例的放置方法可以使用“铰链”，也可以使用“竖直”。确定该旋转剖视图的放置中心点后，便完成该旋转剖视图的创建。

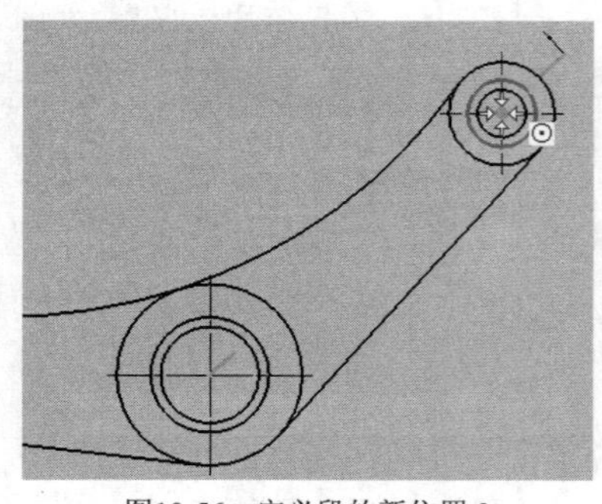

图10-56　定义段的新位置 2

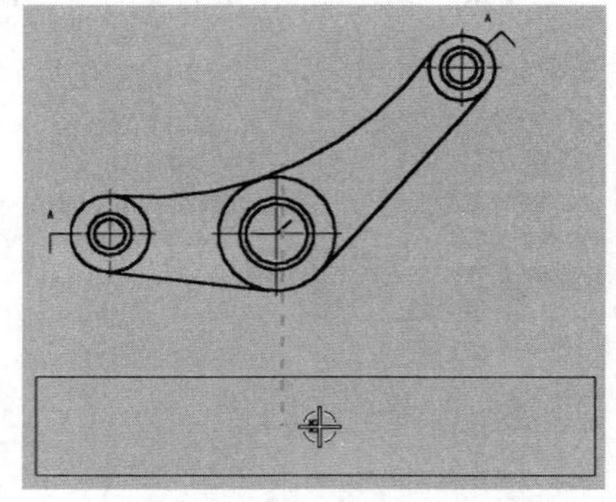

图10-57　指定放置视图的位置

五、点到点剖视图

使用“剖视图”工具的“点到点”方法可以创建一个无折弯的多段剖切视图，创建时可以通过点构造器来定义剖切线的每个旋转点的位置，NX 系统将连接旋转点来形成剖切线的每个剖切段，最后每个段的内容在剖切平面上被展开。下面以该示例来介绍创建旋转剖视图的基本操作步骤。

1 在“快速访问”工具栏中单击“打开”按钮，弹出“打开”对话框，选择本书配套光盘提供的素材文件“\DATA\CH10\BC_10_4_3e.prt”，单击“OK”按钮，打开的文件中已有图 10-58 所示的一个视图。

2 在“视图”面板中单击“剖视图”按钮，系统弹出“剖视图”对话框，接着从“截面线”选项组的“定义”下拉列表框中选择“动态”选项，从“方法”下拉列表框中选择“点到点”选项，并从“铰链线”选项组的“矢量选项”下拉列表框中选择“已定义”选项（唯一选项），以及从“指定矢量”下拉列表框中选择“自动判断的矢量”图标选项，如图 10-59 所示。

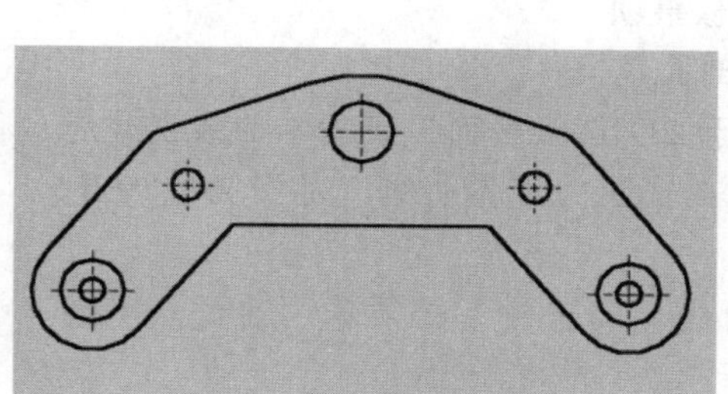

图10-58 已有的视图

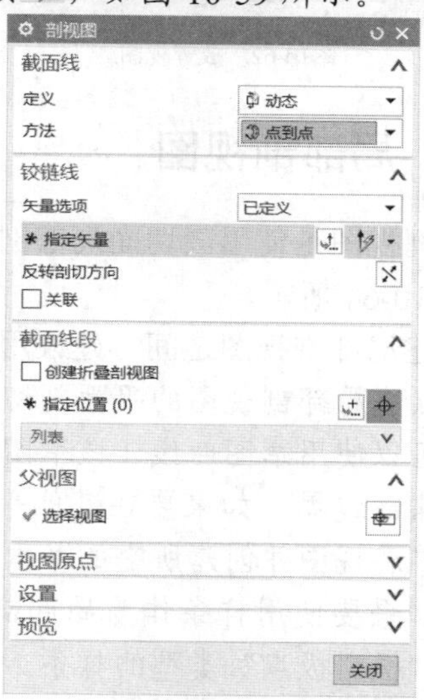

图10-59 “剖视图”对话框（点到点）

3 单击图 10-60 所示的轮廓线定义铰链线矢量。

4 此时“截面线段”选项组中的“指定位置”按钮自动被切换至选中状态，在视图中依次选择圆心点 1、圆心点 2、圆心点 3、圆心点 4 和圆心点 5 定义截面线段（剖切线段）位置，如图 10-61 所示。注意在本例中，没有选中“截面线段”选项组中的“创建折叠剖视图”复选框。

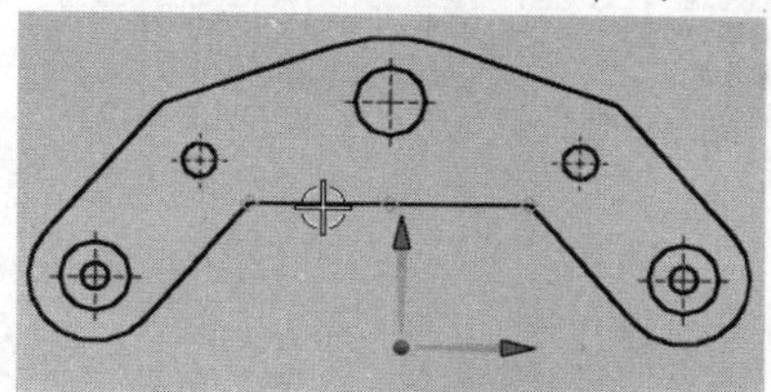

图10-60 指定铰链线矢量

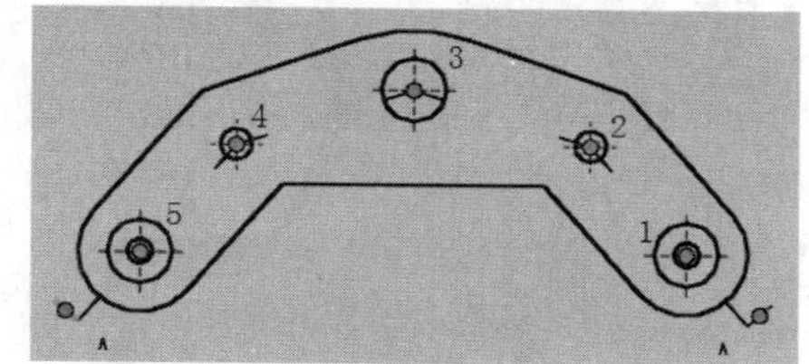

图10-61 指定点作为剖切线段位置

5 在“视图原点”选项组中单击“指定位置”按钮，从“放置”子选项

组的“方法”下拉列表框中选择“自动判断”选项，在父视图的下方预定位置处指定放置视图的位置，结果如图 10-62 所示。

6 单击“关闭”按钮以关闭“剖视图”对话框。

在本例，如果在创建“点到点”剖视图的过程中，从“剖视图”对话框的“截面线段”选项组中选中“创建折叠剖视图”复选框，那么最后创建的是折叠的点到点剖视图。如图 10-63 所示。

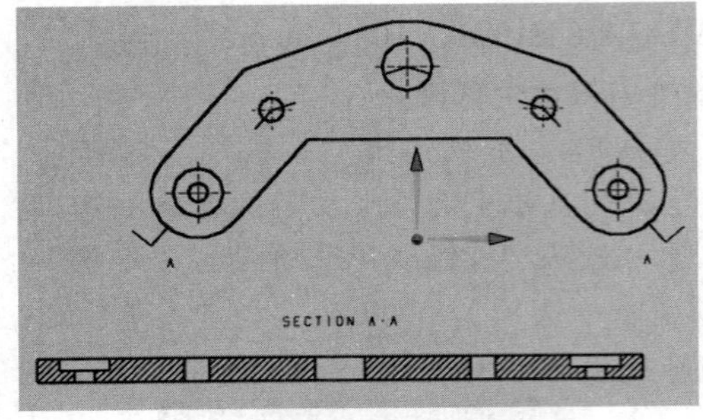

图10-62　放置视图

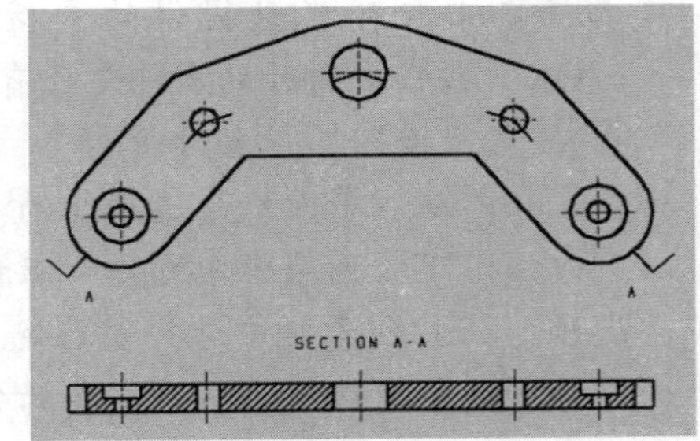

图10-63　指定点作为剖切线段位置

10.4.4　局部剖视图

局部剖视图是使用剖切面局部剖开机件的某个区域来形成的剖视图。局部剖视图的典型示例如图 10-64 所示。

在创建局部剖视图之间，建议用户了解以下注意事项。

- 只有局部剖视图的平面剖切面才可以添加剖面线。
- 可以使用草图曲线（该草图曲线通常适用于 2D 图纸平面）或基本曲线创建局部剖边界。如果要在其他平面中创建局部剖视图的边界曲线，那么必须展开/扩展视图并创建所需的基本曲线。
- 如果要使用样条作为局部剖视图的边界曲线，那么样条必须是“通过点”或“根据极点”类型的样条。
- 不能选择旋转视图作为局部剖视图的候选对象。

在“制图”应用模块中单击“视图”面板中的“局部剖视图”按钮，弹出图 10-65 所示的“局部剖”对话框。下面介绍该对话框各组成要素的功能含义。

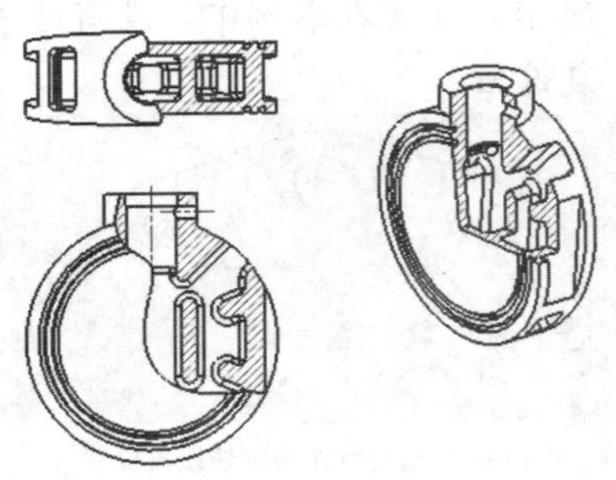

图10-64　局部剖视图的典型示例

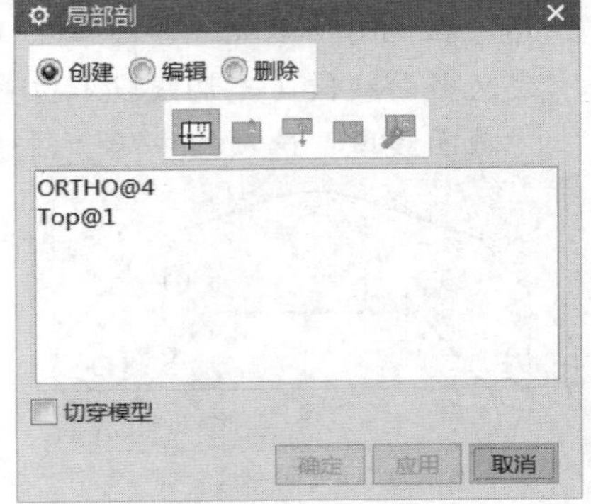

图10-65　“局部剖”对话框

- “创建”单选按钮：选择此单选按钮，激活局部剖视图创建步骤。
- “编辑”单选按钮：选择此单选按钮，以开始修改现有的局部剖视图。
- “删除”单选按钮：此单选按钮用于从主视图中移除局部剖。选择此单选按钮时，“局部剖”对话框提供的选项如图10-66所示，“删除断开曲线”复选框用于确定是否删除视图中的边界曲线。
- “创建步骤”：“创建步骤”用于通过互动的方式指导用户创建局部剖视图。“创建步骤”提供的按钮如表10-1所示。

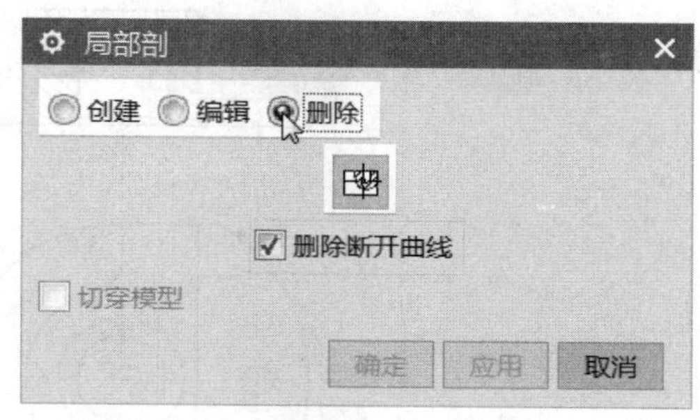

图10-66　选择“删除”单选按钮

表10-1　　局部剖的创建步骤按钮

序号	按钮	名称	功能用途	备注说明
1		选择视图	在当前图纸页上选择将要显示局部剖的视图	选择一个生成局部剖的视图
2		指出基点	指定局部剖视图的基点	基点是局部剖曲线（闭环）沿着拉伸矢量方向扫掠的参考点，基点还用作不相关局部剖边界曲线的参考（不相关是指曲线以前与模型不相关）；如果基点发生移动，不相关的局部剖曲线也随着基点一起移动
3		指出拉伸矢量	NX提供并显示一个默认的拉伸矢量，它与视图平面垂直并指向观察者	矢量反向反转拉伸矢量的方向，视图法向将默认矢量重新建立为拉伸矢量
4		选择曲线	可以定义局部剖的边界曲线	可以手动选择一条封闭的曲线环，或让NX自动闭合开口的曲线环
5		修改边界曲线	可以编辑用于定义局部剖边界的曲线	可选步骤

- “视图选择”列表框：列出当前图纸页上所有可用作局部剖视图的视图。用户既可以在该列表框中选择一个所需的视图，也可以直接在图纸页上选择所需的视图。
- “切穿模型”复选框：选中此复选框时，局部剖会切透整个模型。

下面介绍一个创建局部剖视图的操作范例。

一、创建用于定义局部剖视图的边界曲线

1 在“快速访问”工具栏中单击“打开”按钮，弹出“打开”对话框，选择本书配套光盘提供的素材文件“\DATA\CH10\BC_10_4_4.prt”，单击“OK”按钮将该文件打开，此文件中已经存在着图10-67所示的4个视图。

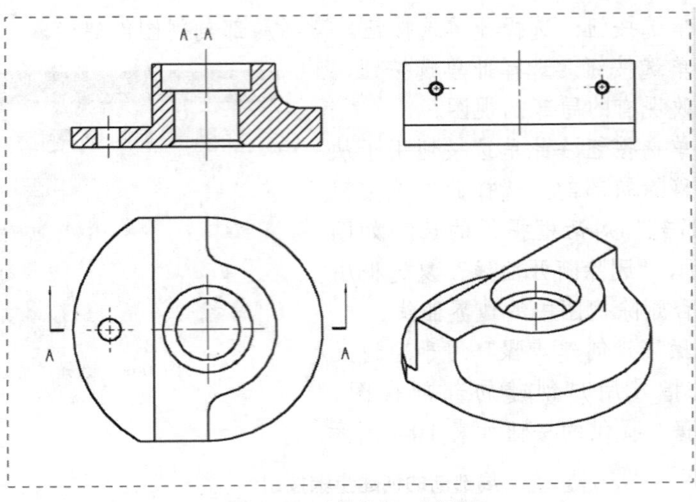

图10-67　已经存在 4 个视图

2 在图纸页上选择要进行局部剖视的一个视图，接着右击并从弹出的快捷菜单中选择"展开"命令或"扩展成员视图"命令，如图 10-68 所示，从而扩展该控制视图。

3 选择"菜单"/"工具"/"定制"命令，利用"定制"对话框的"命令"选项卡将"曲线"级联菜单添加到"菜单"/"插入"菜单中，然后使用该"曲线"级联菜单中的相关曲线工具创建与视图相关的曲线来表示局部剖的边界。在本例中，选择"曲线"级联菜单中的"艺术样条"命令，绘制图 10-69 所示的曲线。

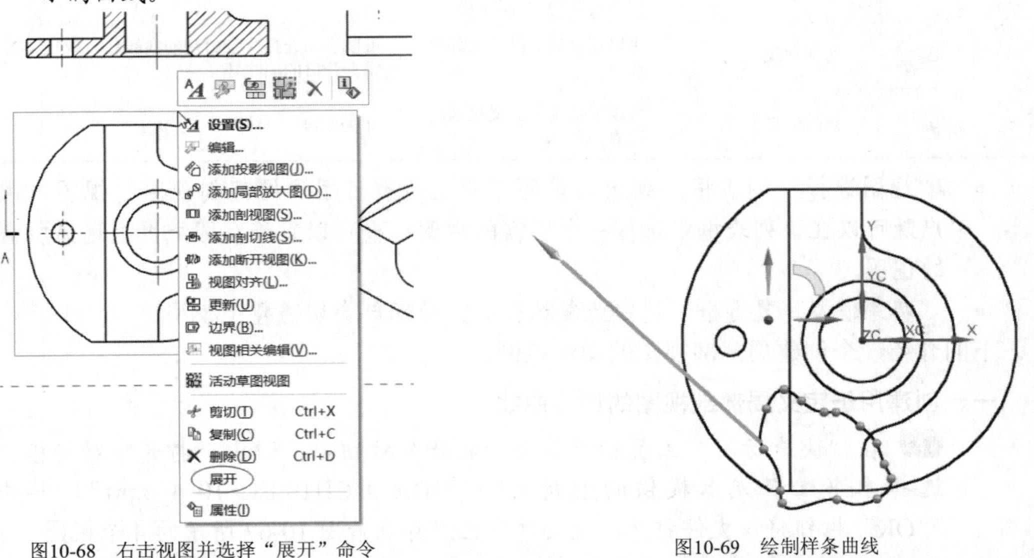

图10-68　右击视图并选择"展开"命令　　　　图10-69　绘制样条曲线

> **知识点拨**　可以创建一组封闭的曲线定义局部剖的边界，也可以创建开放的曲线并让 NX 在创建过程中自动闭合边界来标识出局部剖的范围。

4 右键单击视图背景，接着从弹出的快捷菜单中再次选择"展开（扩大）"

命令。

> 对于仅需要简单正交局部剖的局部剖视图而言，允许不扩展视图来添加曲线，其方法是右击视图并从弹出的快捷菜单中选择“活动草图视图”命令，从而使视图成为活动草图视图，此时可以添加草图曲线以定义局部剖边界。

二、创建局部剖视图

1 在功能区的“主页”选项卡的“视图”面板中单击“局部剖视图”按钮，弹出“局部剖”对话框。

2 在“局部剖”对话框中选择“创建”单选按钮，接着选择已经添加了局部剖曲线的视图。

3 可从图纸页上的任意视图中选择一个基点。本例选择的一个基点如图 10-70 所示。

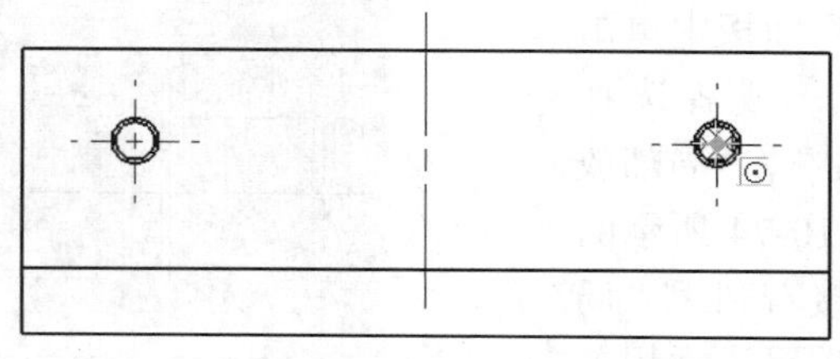

图10-70　选择一个基点

4 视图中显示基点和默认的拉伸矢量方向。如果默认的视图法向矢量不符合要求，必要时可以单击“矢量反向”按钮反向矢量方向，或者从“矢量”下拉列表框中选择一个选项来指定不同的拉伸矢量。在本例中，接受默认的拉伸矢量方向。

5 单击鼠标中键以转至“选择曲线”步骤，即切换到使“选择曲线”按钮处于被选中的状态。

6 在图纸页上选择之前绘制的样条曲线作为局部剖的边界曲线，如图 10-71 所示。

7 切换至“修改边界曲线”状态，此时可以修改边界曲线的形状。在本例中不用修改边界曲线。

8 在“局部剖”对话框中单击“应用”按钮，完成创建局部剖视图的效果如图 10-72 所示。

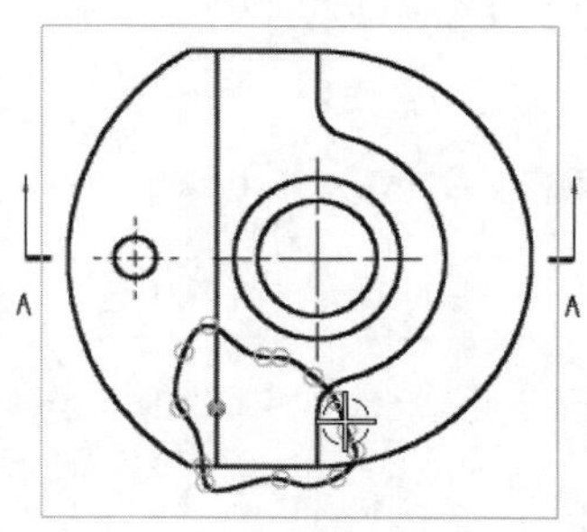

图10-71　选择样条曲线

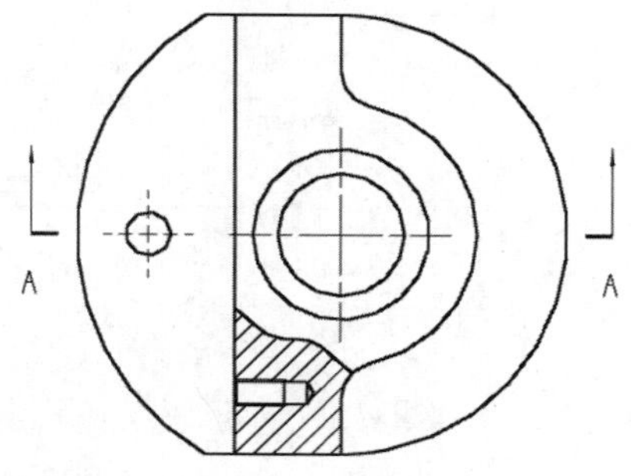

图10-72　完成创建局部剖视图

10.4.5　局部放大图

对于模型中的一些细小特征或结构，通常需要创建该特征或该结构的局部放大图，以便用户可以更容易地查看在视图中显示的对象或结构并对其进行注释。局部放大图包括一部分现有视图，可以根据其父视图单独对局部放大图的比例进行调整。局部放大图的视图边界可以是圆形的，也可以是矩形的。另外，局部放大图与其父视图是完全关联的，对模型几何体所做的任何更改都将立即反映到局部放大图中。

在图 10-73 所示的制图示例中，便创建有一个局部放大图来辅助表达图样的一处细节结构。

要创建局部放大图，则在功能区的“主页”选项卡的“视图”面板中单击“局部放大图”按钮，或者选择“菜单”/“插入”/“视图”/“局部放大图”命令，系统弹出图 10-74 所示的“局部放大图”对话框，接着利用“局部放大图”对话框的各选项组进行相关操作即可。

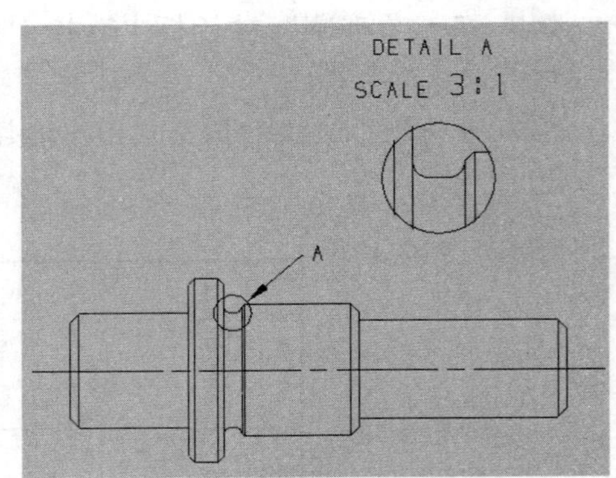

图10-73　创建有局部放大图的典型示例

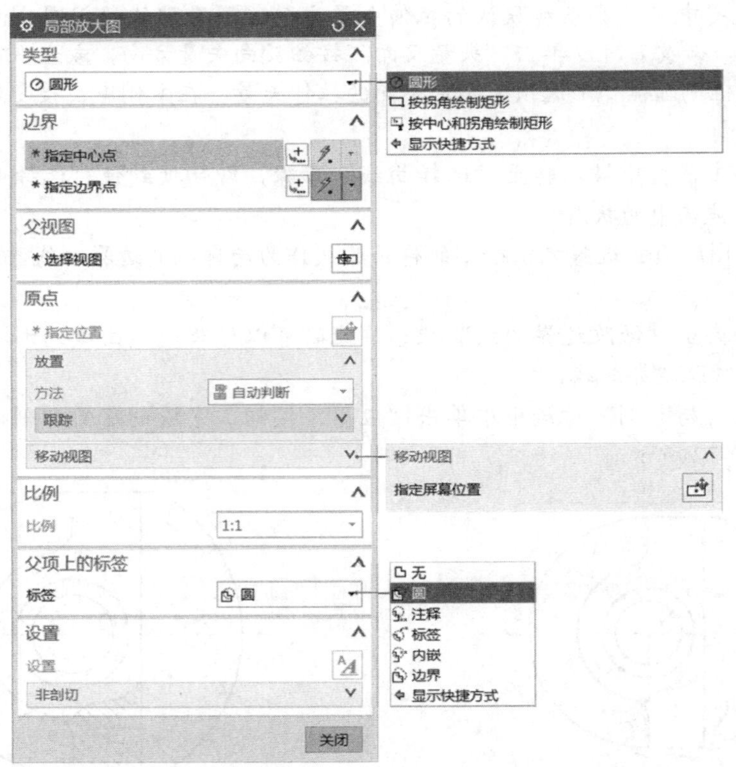

图10-74　“局部放大图”对话框

一、“类型”选项组

该选项组用于指定用圆形或矩形视图边界的类型方式来创建局部放大图。在该选项组的“类型”下拉列表框中提供的类型选项包括“圆形”“按拐角绘制矩形”和“按中心和拐角绘制矩形”，它们的功能含义如下。

- 圆形：创建有圆形边界的局部放大图，如图 10-75（a）所示。
- 按拐角绘制矩形：通过选择对角线上的两个拐角点创建矩形局部放大图边界，如图 10-75（b）所示。
- 按中心和拐角绘制矩形：通过选择一个中心点和一个拐角点创建矩形局部放大图边界，如图 10-75（c）所示。

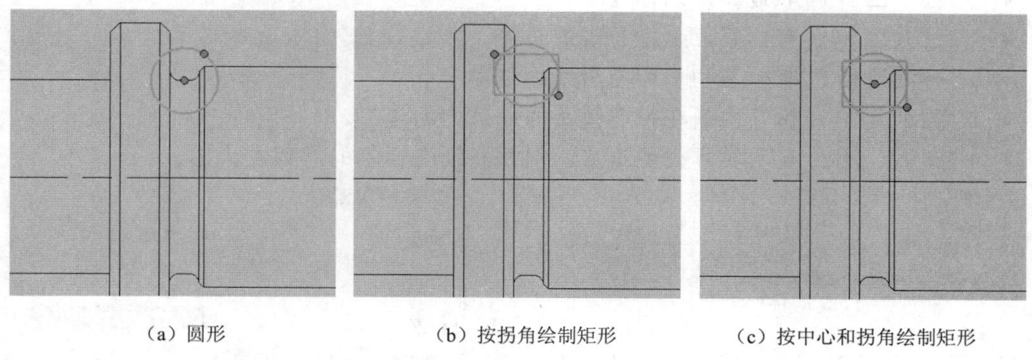

（a）圆形　　（b）按拐角绘制矩形　　（c）按中心和拐角绘制矩形

图10-75　定义局部放大图边界的 3 种类型

二、“边界”选项组

“边界”选项组提供相应的点构造器和“点选项”下拉列表框用于定义局部放大图的视图边界。当在“类型”选项组中选择“圆形”选项时，“边界”选项组要求“指定中心点”和“指定边界点”来定义圆形边界；当在“类型”选项组中选择“按拐角绘制矩形”选项时，“边界”选项组要求“指定拐角点 1”和“指定拐角点 2”来定义矩形边界；当在“类型”选项组中选择“按中心和拐角绘制矩形”选项时，“边界”选项组要求“指定中心点”和“指定拐角点”来定义矩形边界。

三、“父视图”选项组

“父视图”选项组中的“选择视图”按钮用于选择一个父视图。注意，在指定局部放大图边界时，系统会根据指定的相关参照点自动判断并选择父视图。

四、“原点”选项组

“原点”选项组提供以下主要的工具。

- “指定位置”按钮：用于指定局部放大图的放置位置。
- “放置”子选项组：从“方法”下拉列表框中选择其中一种对齐视图的方法选项（如“自动判断”“水平”“竖直”“垂直于直线”或“叠加”），以及设置是否启用“光标跟踪”选项。
- “移动视图”子选项组：在此子选项组中单击“指定屏幕位置”按钮，可以在操作局部放大图的过程中移动现有视图。

五、“比例”选项组

在“比例”选项组的“比例”下拉列表框中选择一个预设比例因子，或者选择“比率”选项并自定义比率值，如图 10-76 所示，还可以选择“表达式”选项来自行设置比例表达式。注意默认的局部放大图的比例因子大于父视图的比例因子。

六、“父项上的标签”选项组

在“父项上的标签”选项组的“标签”下拉列表框中提供了下列在父视图上放置标签的选项，如图 10-77 所示，用户根据设计要求从中选择一个选项。

- “无”：无边界。
- “圆”：圆形边界，无标签。
- “注释”：有标签但无指引线的边界。
- “标签”：有标签和半径指引线的边界。
- “内嵌”：标签内嵌在带有箭头的缝隙内的边界。
- “边界”：显示实际视图边界。例如，没有标签的局部放大图。

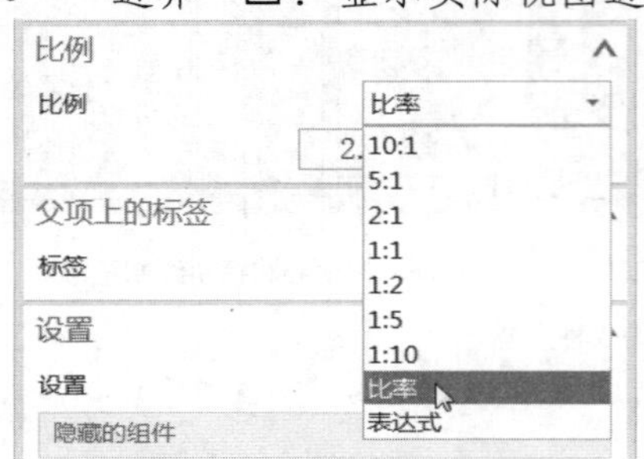

图10-76　使用“比例”选项组

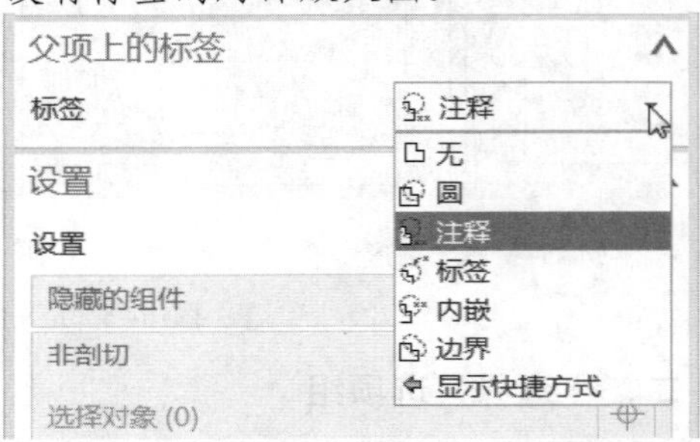

图10-77　使用“父项上的标签”选项组

七、“设置”选项组

在“设置”选项组中单击“设置”按钮，可以使用弹出来的“设置”对话框来修改默认的相关样式，如视图样式。对于装配部件，可以使用“隐藏的组件”子选项组来选择视图中要隐藏的组件，或者取消选择组件以不在视图中隐藏。另外，还可以设置非剖切对象。

读者可以使用本书配套光盘提供的素材文件“\DATA\CH10\BC_10_4_5.prt”来练习创建局部放大图的操作。例如，以在该素材的基础上创建带有圆形边界的局部放大图为例，在功能区的“主页”选项卡的“视图”面板中单击“局部放大图”按钮后，接着在“局部放大图”对话框的“类型”下拉列表框中选择“圆形”，在父视图上选择一个点作为局部放大图中心（既可以是部件几何体上的一个点，也可以是一个光标位置），将鼠标指针移出中心点，然后单击以定义局部放大图的圆形边界的半径，并指定比例因子（可接受默认的比例因子），最后将局部放大图拖动到图纸页所需位置处单击以放置该视图即可。

10.4.6　断开视图

在 NX 11 中，可以添加多个水平或竖直的断开视图，所谓的断开视图是将图纸视图分解并压缩，隐藏不感兴趣的部分，以减少图纸视图的大小。两种典型的断开视图如下。

- 常规断开视图：它具有表示图纸上概念缝隙的两条断裂线，如图 10-78 所示。

- 单侧断开视图：它只有一条断裂线，第二条虚拟断裂线位于穿过部件对应端的位置且不可见。单侧断开视图的示例如图 10-79 所示。

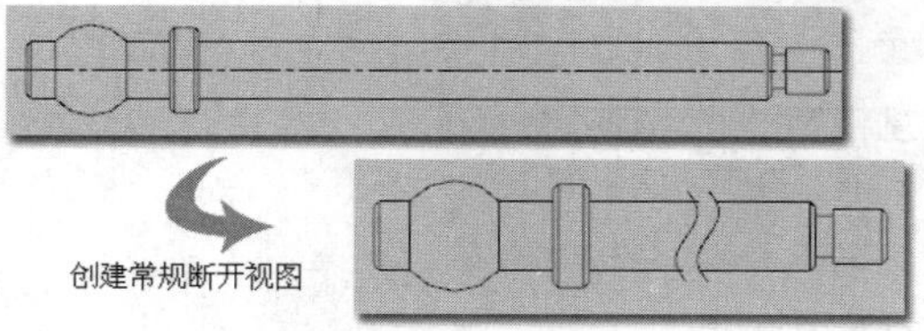

图10-78 常规断开视图的典型示例

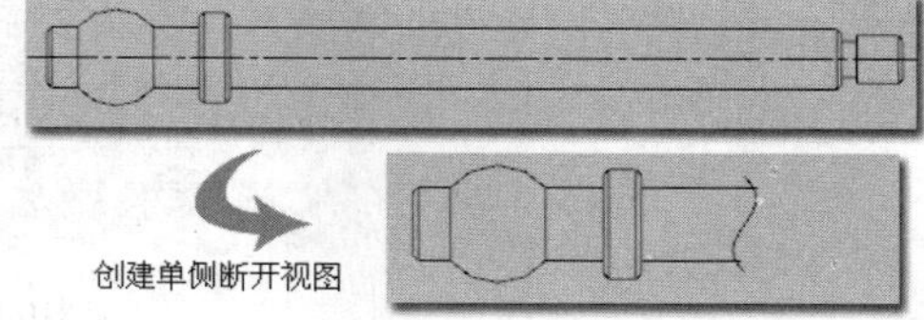

图10-79 单侧断开视图的典型示例

要创建断开视图，则在功能区的“主页”选项卡的“视图”面板中单击“断开视图”按钮，或者选择“菜单”/“插入”/“视图”/“断开视图”命令，系统弹出图 10-80 所示的“断开视图”对话框，从“类型”选项组的“类型”下拉列表框中选择“常规”选项或“单侧”选项以创建常规断开视图或单侧断开视图。其他一些选项组中的可用选项取决于从“类型”下拉列表框中选择的类型选项。

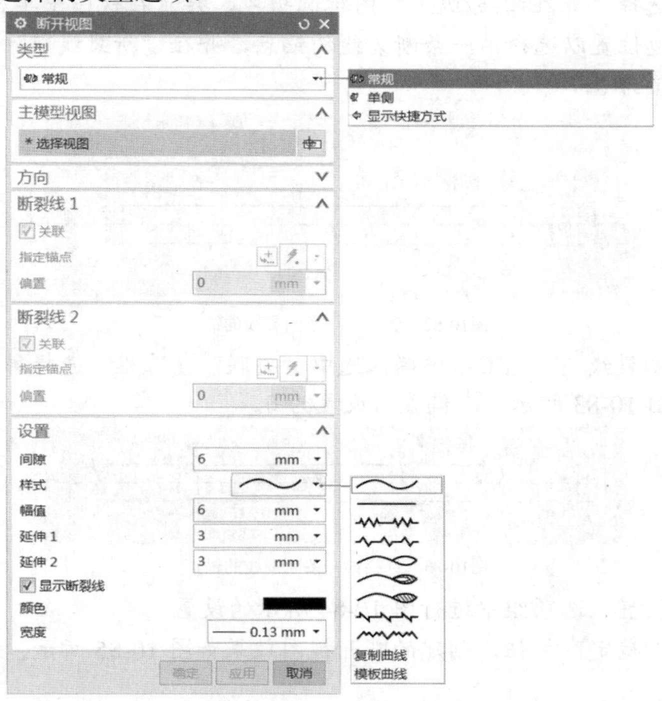

图10-80 “断开视图”对话框

下面介绍创建常规断开视图的方法。

1. 在“快速访问”工具栏中单击“打开”按钮，弹出“打开”对话框，选择本书配套光盘提供的素材文件“\DATA\CH10\BC_10_4_6.prt”，单击“OK”按钮。

2. 在功能区的“主页”选项卡的“视图”面板中单击“断开视图”按钮，系统弹出“断开视图”对话框。

3. 从“类型”选项组的“类型”下拉列表框中选择“常规”选项。

4. 确保“主模型视图”选项组中的“选择视图”按钮处于选中激活状

态，在当前图纸页中选择要断开的视图，如图 10-81 所示。

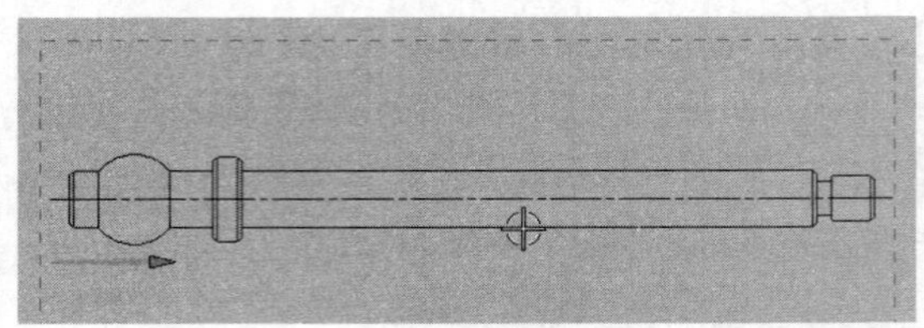

图10-81　选择要断开的视图

5 选择要断开的视图后，NX 可预先判断断开的方向，断开的方向将垂直于断裂线。用户可以更改默认的断开方向，其方法是在“方向”选项组中使用“矢量构造器”按钮或“指定矢量”下拉列表框来定义所需的矢量方向，矢量方向将指示从第一条断裂线到第二条断裂线的断开方向。

6 在“断裂线 1”选项组中确保选中“关联”复选框，从“指定锚点”下拉列表框中选择“点在曲线/边上”图标选项，接着在视图中单击图 10-82 所示的轮廓边位置以选择第一条断裂线的锚点，并在“断裂线 1”选项组中设置“偏置”值为 0。

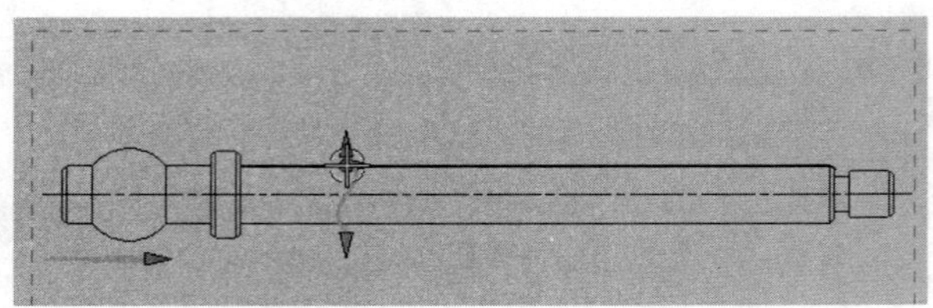

图10-82　选择第一条断裂线的锚点

7 在“断裂线 2”选项组中确保选中“关联”复选框，选择第二条断裂线的锚点，如图 10-83 所示，其偏置值设置为 0。

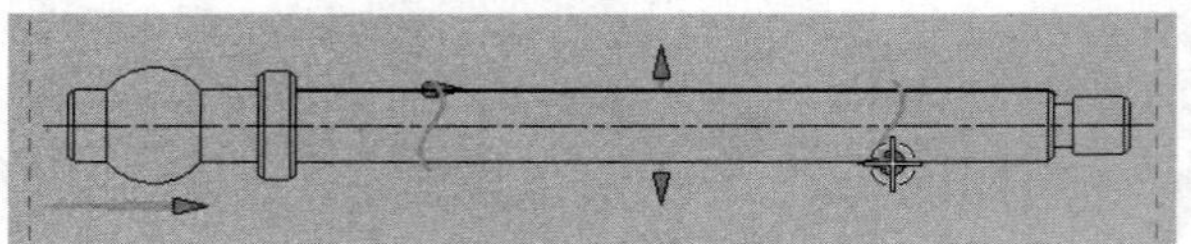

图10-83　选择第二条断裂线的锚点

8 在“设置”选项组中进行图 10-84 所示的设置。

9 单击“确定”按钮，创建的断开视图效果如图 10-85 所示。

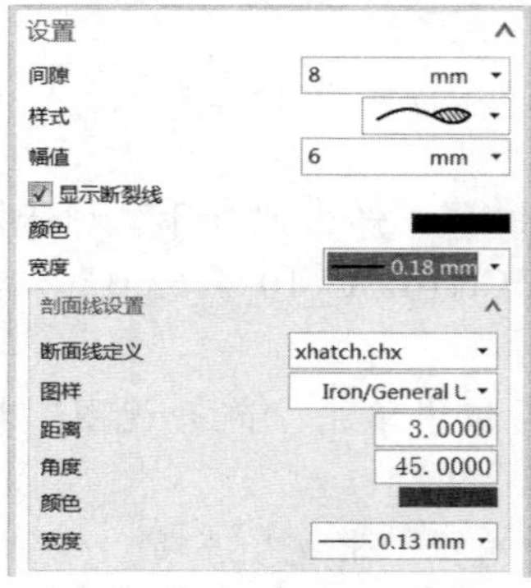

图10-84　在“设置”选项组中设置

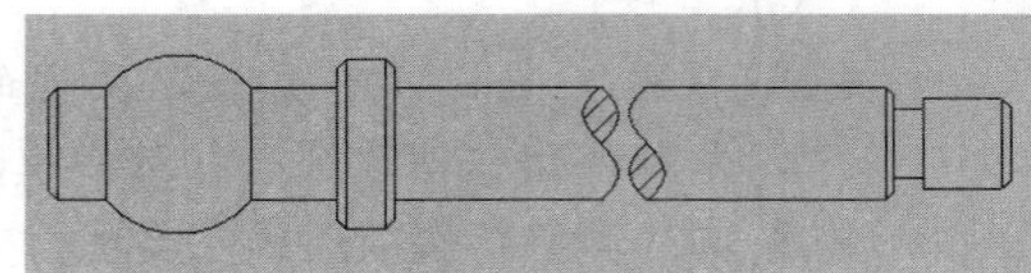

图10-85　创建的断开视图

10.4.7 使用独立剖切线对象创建剖视图

在 NX 11 的“制图”应用模块中，允许使用独立的剖切线对象创建剖视图。要创建独立的剖切线对象，则在功能区的“主页”选项卡的“视图”面板中单击“剖切线（截面线）”按钮，弹出图 10-86 所示的“截面线”对话框，利用该对话框设定类型为“独立的”或“派生”（前者用于创建基于草图的独立剖切线，后者用于创建派生自 PMI 切割平面符号的剖切线，下面以“独立的”类型为例进行介绍），选择父视图，定义剖切线草图和剖切方向等，从而创建独立的剖切线，该剖切线可用于创建剖视图。请看以下一个操作范例。

1 在“快速访问”工具栏中单击“打开”按钮，弹出“打开”对话框，选择本书配套光盘提供的素材文件“\DATA\CH10\BC_10_4_7.prt”，单击“OK”按钮。该素材文件中已有的视图如图 10-87 所示。

图10-86 “截面线”对话框

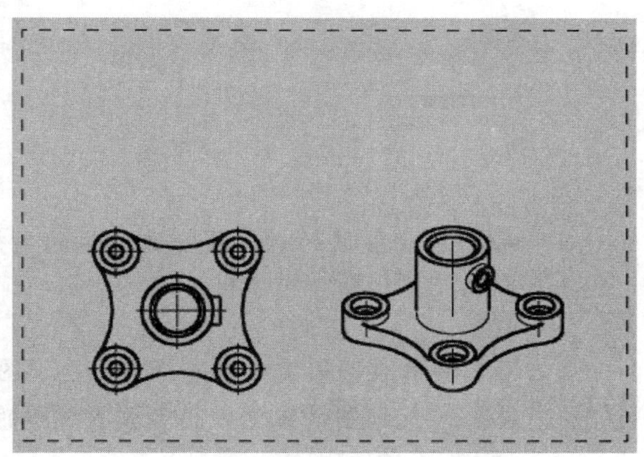

图10-87 原始视图

2 在功能区的“主页”选项卡的“视图”面板中单击“剖切线（截面线）”按钮，弹出“截面线”对话框，接着从“类型”下拉列表框中选择“独立的”选项。

3 “父视图”选项组中的“视图”按钮处于被选中的状态，选择左边的视图作为父视图。NX 自动进入到剖切线草图绘制模式，此时功能区出现图 10-88 所示的“截面线”选项卡。

4 确保选中“轮廓”按钮，绘制图 10-89 所示的连续剖切线段草图，单击“完成”按钮。

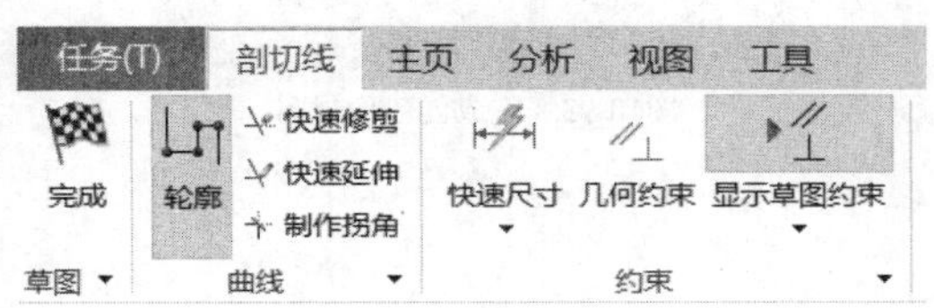

图10-88 功能区的“截面线”选项卡

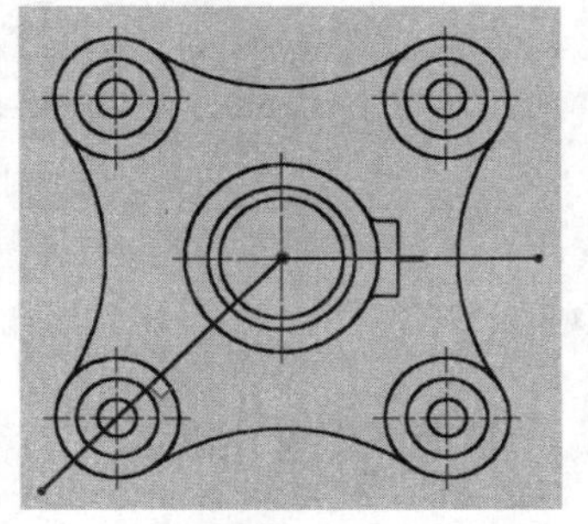

图10-89 绘制连续的剖切线段草图

5 返回到“截面线”对话框，剖切方法为“点到点”，确保选中“关联到草图”复选框，如图 10-90 所示，然后单击“确定”按钮，完成绘制连续的剖切线如图 10-91 所示。

图10-90　“截面线”对话框

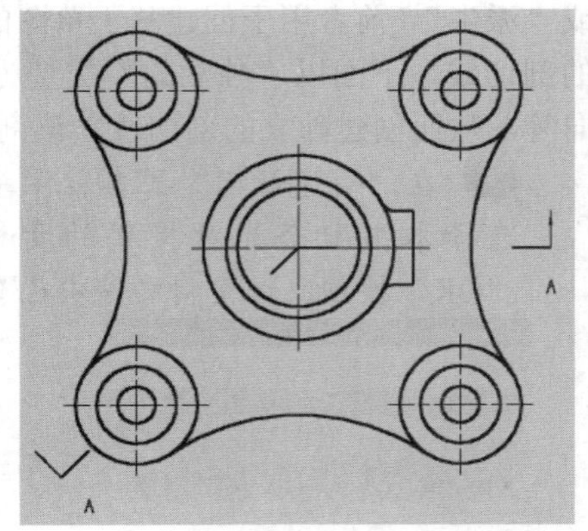

图10-91　绘制连续的剖切线段

6 在功能区的“主页”选项卡的“视图”面板中单击“剖视图”按钮，弹出“剖视图”对话框。

7 从“截面线”选项组的“定义”下拉列表框中选择“选择现有的”选项，接着在图形窗口中选择用于剖视图的独立剖切线，如图 10-92 所示。

8 在父视图的正上方指定放置视图的位置，结果如图 10-93 所示，然后单击“关闭”按钮。

图10-92　选择用于剖视图的独立剖切线

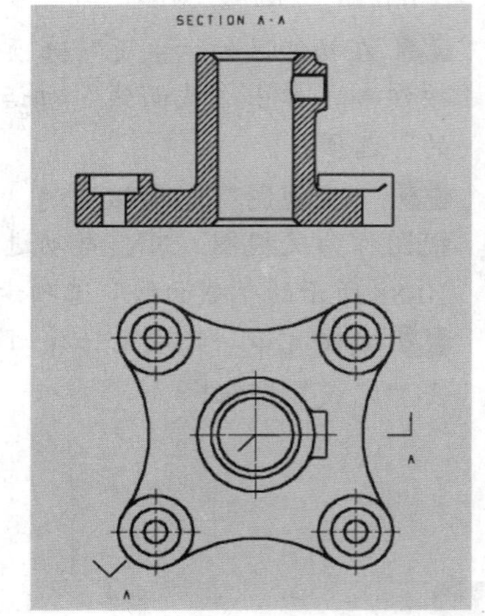

图10-93　完成创建剖视图

10.4.8　视图创建向导

使用“视图创建向导”命令，可以对图纸页添加一个或多个视图。

在功能区的“主页”选项卡的“视图”面板中单击“视图创建向导”按钮，或者选择“菜单”/“插入”/“视图”/“视图创建向导”命令，弹出图 10-94 所示“视图创建向导”对话框的“部件”页面。在“部件”页面中选择部件或装配用作视图的基础，接着单击“下一步”按钮。

“视图创建向导”对话框自动切换至“选项”页面，从中设置视图显示选项，如图 10-95 所示，然后单击“下一步”按钮。

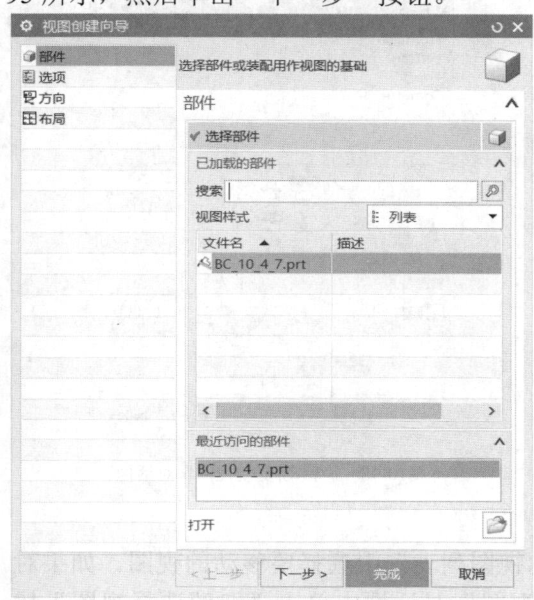

图10-94　“视图创建向导”的“部件”页面

图10-95　“视图创建向导”的“选项”页面

“视图创建向导”对话框自动切换至“方向”页面，从中指定父视图的方位，如图 10-96 所示，然后单击“下一步”按钮。

“视图创建向导”对话框自动切换至“布局”页面，如图 10-97 所示，从中选择要投影的视图，并设置相应的布局放置选项和留边参数等，然后单击“完成”按钮，从而完成在图纸页上生成一个或多个设定的视图。

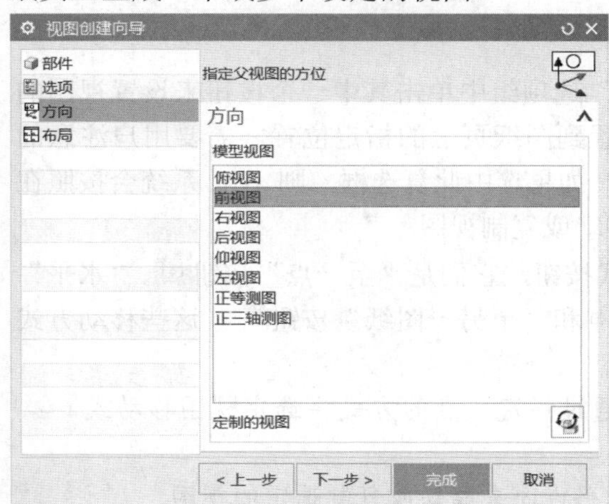

图10-96　“视图创建向导”的“方位”页面

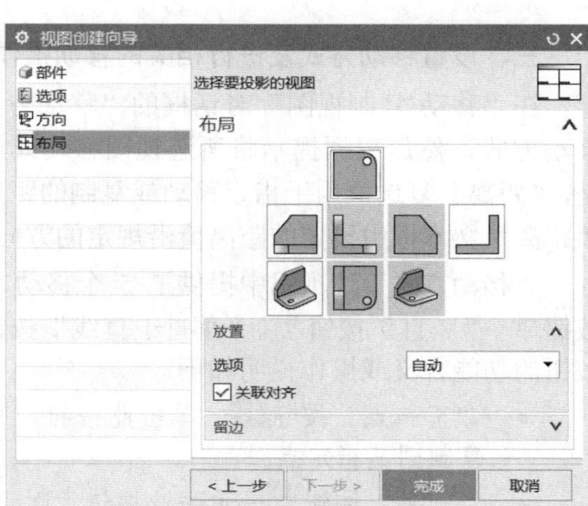

图10-97　“视图创建向导”的“布局”页面

10.5　编辑已有视图

创建好工程视图后，有时候可能要对已有视图进行编辑，以获得整齐有序的、页面美观舒适的工程视图。本节介绍的编辑已有视图的知识包括移动/复制视图、对齐视图、编辑视图边界、编辑截面线（剖切线）、更新视图、视图中剖切和视图相关编辑等。

10.5.1　移动/复制视图

使用“移动/复制视图”命令，可以将视图移动或复制到另一个图纸页上，也可以将视图移动或复制到当前图纸页上的其他位置处。

要移动或复制视图，则在功能区的“主页”选项卡的“视图”面板中单击“移动/复制视图”按钮，或者选择“菜单”/“编辑”/“视图”/“移动/复制”命令，打开图10-98 所示的“移动/复制视图”对话框。下面介绍使用“移动/复制视图”对话框来进行移动或复制视图的操作方法。

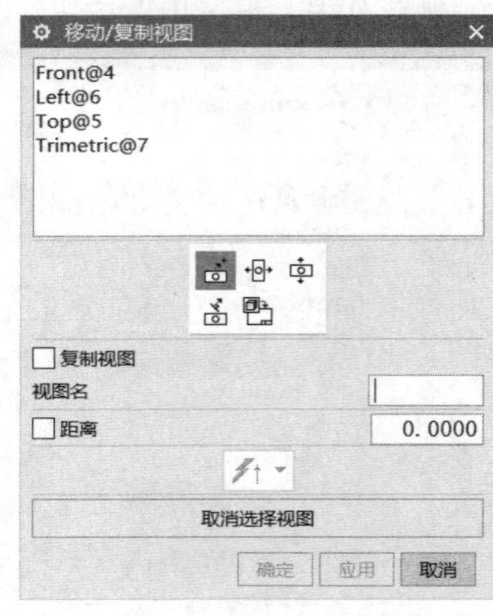

图10-98　“移动/复制视图”对话框

一、选择要移动或复制的视图

在图纸页中或在“移动/复制视图”对话框的视图列表框中选择要移动的视图。如果对当前选择的视图不满意，则可以在“移动/复制视图”对话框中单击“取消选择视图”按钮，然后重新选择要移动或复制的视图。

二、设置是否复制视图

选择视图后，需要设置“移动/复制视图”对话框中“复制视图”复选框的状态。如果要复制选择的视图，则选中“复制视图”复选框；如果只是移动视图，则取消选中“复制视图”复选框。

三、设置移动方式及进行相关的移动操作

在“移动/复制视图”对话框的“移动方式”选项组中单击其中一个按钮来设置视图的移动方式，然后根据提示将所选视图移动或放置到图纸页上的指定位置。需要用户注意的是，“距离”复选框用于指定移动或复制的距离，如果选中此复选框，则 NX 系统会按照在“距离”文本框中设定的距离值沿规定的方向移动或复制视图。

“移动方式”选项组中提供了 5 个移动方式按钮，它们是“至一点”按钮、“水平”按钮、“竖直”按钮、“垂直于直线”按钮和“至另一图纸”按钮。这些移动方式按钮的功能含义或操作说明如下。

- “至一点”按钮：单击此按钮，则通过指定一点的方式将选定视图移动或复制到某指定点。
- “水平”按钮：单击此按钮，则沿水平方向来移动或复制选定的视图。
- “竖直”按钮：单击此按钮，则沿竖直方向来移动或放置选定的视图。

- “垂直于直线”按钮：单击此按钮，则需要选定参考直线，然后沿垂直于该参考直线的方向移动或复制所选定的视图。
- “至另一图纸”按钮：在指定要移动或复制的视图后，单击此按钮，则弹出图 10-99 所示的“视图至另一图纸”对话框，从该对话框的可用图纸页列表框中选择目标图纸，然后单击“确定”按钮，从而将所选的视图移动或复制到目标图纸上。

10.5.2 对齐视图

在某些制图设计中，需要将图纸页上的相关视图对齐，以使整个图纸页面整洁、便于用户读图。

在功能区的“主页”选项卡的“视图”面板中单击“对齐视图”按钮，或者选择“菜单”/“编辑”/“视图”/“对齐”命令，打开图 10-100 所示的“对齐视图”对话框。“对齐视图”对话框中的主要选项组如下。

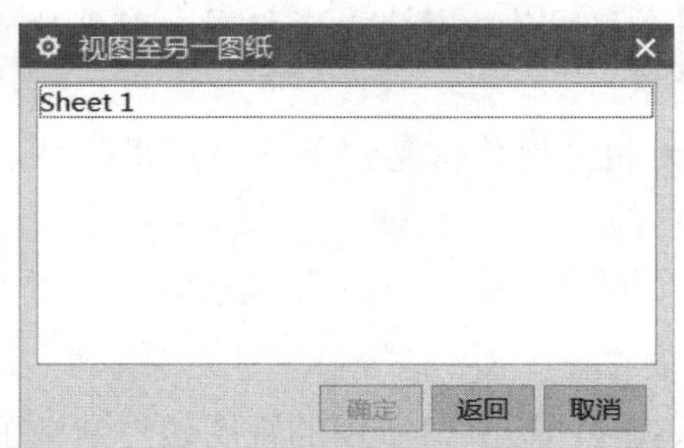

图10-99 “视图至另一图纸”对话框

图10-100 “对齐视图”对话框

一、“视图”选项组

“视图”选项组中的“选择视图”按钮处于被选中激活的状态时，选择要编辑对齐位置的视图（即选择要与其他参考目标对齐的视图）。

二、“对齐”选项组

利用“视图”选项组选择所需的视图后，“对齐”选项组被激活，“指定位置”按钮用于指定放置视图的位置（当将放置方法选项设置为“自动判断”时此按钮可用）。在“放置”子选项组的“方法”下拉列表框中指定放置方法选项，可供选择的放置方法选项有“自动判断”“水平”“竖直”“垂直于直线”和“叠加”等，选择不同的放置方法选项后还需要进行相应的放置对齐操作。对于大部分放置方法，还可设置是否关联对齐。

当从“放置”子选项组的“方法”下拉列表框中选择“水平”“竖直”“垂直于直线”或“叠加”选项时，“放置”子选项组将出现一个“对齐”下拉列表框以供用户选择视图对齐选项，视图对齐选项用于设置对齐时的基准点（此处所谓的“基准点”是视图对齐时的参考点）。从“对齐”下拉列表框中选择“模型点”“至视图”和“点到点”这 3 个视图对齐选项之一。这 3 个视图对齐选项的功能含义如下。

- 模型点：该选项用于选择模型中的一个点作为静止视点（参考点）。
- 至视图：选择此选项时，需要选择一个作为对齐参考的静止视图，则要对齐的视图将与该静止视图在约定对齐方法下对齐（彼此视图中心对齐）。
- 点到点：该选项按点到点的方式对齐各视图中所选择的点。选择该选项时，用户需要在各对齐视图中指定对齐基准点（即分别指定静止视点和当前视点）。

三、“列表”选项组

“对齐视图”对话框的“列表”选项组提供了一个记录当前视图对齐操作的列表，列表信息包括 ID、方法和对齐视图。

使用“对齐视图”对话框进行视图对齐操作的主要步骤如下。

1. 利用“视图”选项组选择要对齐的视图。
2. 在“对齐”选项组中的“放置”子选项组中指定放置方法选项，并根据所选放置方法选项进行相应的设置和参考选择。例如，当从“放置”子选项组的“方法”下拉列表框中选择“竖直”选项时，需要从出现的“对齐”下拉列表框中选择“至视图”“模型点”或“点到点”，这里以选择“至视图”对齐选项为例，接着在图纸页中选择竖直对齐的一个视图作为静止参考视图，则要对齐的视图在竖直方向上与该静止参考视图对齐。
3. “列表”选项组的列表列出对齐视图的相关操作信息，单击“应用”按钮或“确定”按钮。

10.5.3　编辑视图边界

当在图纸上选中某个视图时，NX 11 会高亮显示其视图边界，所谓的视图边界定义了包含该视图的区域，并提供关于所选择视图的可视反馈。更新视图时，相应的视图边界也会随之自动进行更新。

用户可以打开或关闭视图边界的显示，其方法是在“制图”应用模块中选择“菜单”/“首选项”/“制图”菜单命令，弹出“制图首选项”对话框，切换到“视图”/“工作流”类别页面，在“边界”选项组中设置“显示”复选框的状态即可，如图 10-101 所示。当选中“显示”复选框时，则打开视图边界的显示，反之关闭视图边界的显示。初始默认时，“显示”复选框没有被选中，即 NX 默认关闭视图边界的显示。

NX 11 允许用户编辑图纸页上某一视图的视图边界。要编辑视图边界，则在功能区的“主页”选项卡的“视图”面板中单击“视图边界”按钮，或者选择“菜单”/“编辑”/“视图”/“边界”命令，打开“视图边界”对话框，接着在“视图边界”对话框的视图列表框中选择要定义其边界的视图，如图 10-102 所示，此时，“视图边界类型”下拉列表框可用。

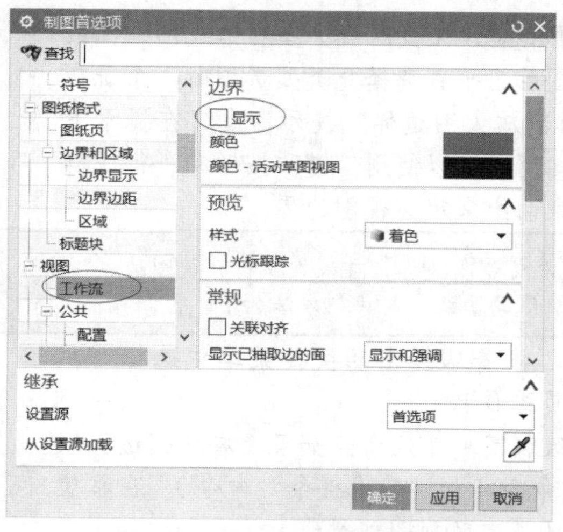

图10-101 “制图首选项”对话框

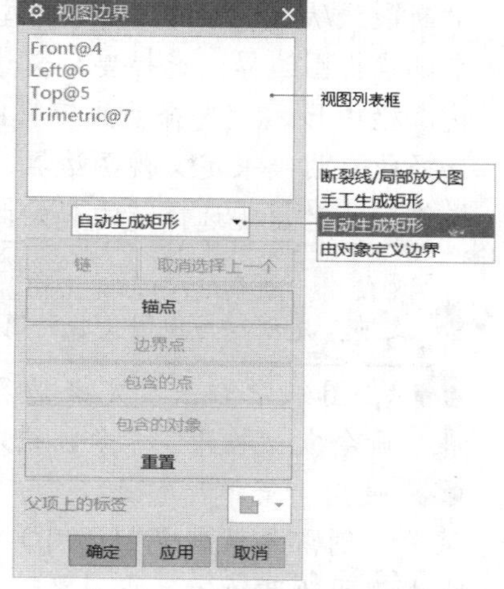

图10-102 “视图边界”对话框

下面介绍“视图边界”对话框中主要组成部分的功能含义。

一、视图列表框

“视图边界”对话框的视图列表框列出了可用视图，用户可以在该列表框中选择要定义其边界的视图。当然，用户也可以直接在图纸页上选择要编辑其边界的视图。如果选择了不希望的视图，则可以在“视图边界”对话框中单击“重置”按钮以重新开始选择视图。

二、“视图边界类型”下拉列表框

“视图边界类型”下拉列表框用于设置视图边界的类型方式，共有以下 4 种类型方式。

- 自动生成矩形：“自动生成矩形”选项是 NX 默认的定义视图边界的方式。选择要定义其边界的视图和该选项时，单击“应用”按钮，即可自动生成矩形作为所选视图的边界。
- 由对象定义边界：该类型方式的边界是通过选择要包围的对象来定义视图的范围。选择此选项时，系统出现“选择/取消选择要定义边界的对象”提示信息。此时，用户可以使用对话框中的“包含的点”按钮或“包含的对象”按钮，在视图中选择要包含的点或对象。
- 手工生成矩形：该类型方式要求用户指定矩形的两个角点来定义视图边界。操作方法是选择该选项之后，在视图的适当位置处按下鼠标左键指定矩形的一个点，接着按住鼠标左键不放，拖动鼠标直到另一个合适点的位置以形成所需的矩形边框，然后释放鼠标左键，则形成的矩形边界便作为该视图的边界。如图 10-103 所示，使用鼠标分别指定角点 1 和角点 2 来定义视图的新矩形边界。

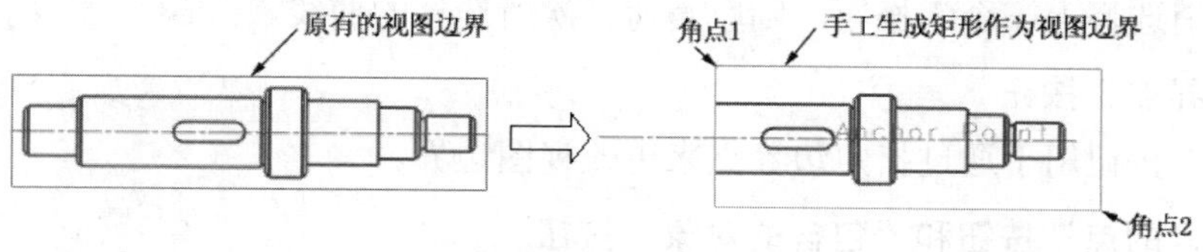

图10-103 编辑视图边界：手工生成矩形

- “断裂线/局部放大图”：该类型方式使用断裂线（截断线）或局部视图边界线来设置视图边界。选择要定义边界的视图后，接着选择此类型选项时，系统在状态栏中显示“选择曲线定义断裂线/局部放大图边界”提示信息。在提示下选择已有曲线来定义视图边界。必要时，用户可以使用“链”按钮来进行成链操作，此时需要选择链的起始曲线和结束曲线来定义视图边界。

知识点拨 要使用“断裂线/局部放大图”类型方式定义视图边界，可以在执行“视图边界”命令之前，先创建与视图关联的用于定义断裂线的曲线，其典型方法如下。

1 在图纸中右击要定义边界的视图，接着从弹出的快捷菜单中选择“扩展”命令或“展开”命令，进入视图成员工作状态。

2 使用“菜单”/“插入”/“曲线”级联菜单（注意：如果没有找到该级联菜单，则需要事先定制调用）中的曲线命令（如“艺术样条”命令），在希望生成视图边界的位置处创建所需的曲线（将定义视图断裂线）。

3 再次从右键快捷菜单中选择“扩展”/“展开”命令。

准备好所需曲线后，便可以选择“视图边界”命令打开“视图边界”对话框，接着选择要定义边界的视图，并从“视图边界类型”下拉列表框中选择“断裂线/局部放大图”类型方式，然后选择曲线定义视图边界即可。使用“断裂线/局部放大图”类型方式编辑视图边界的典型示例如图 10-104 所示。

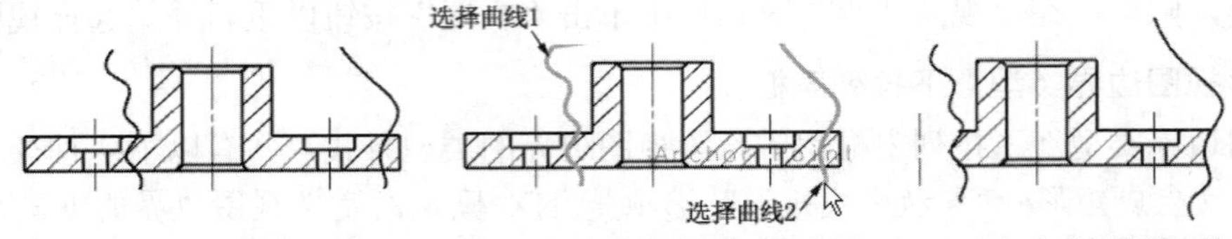

（a）以“展开”方式准备好两条曲线　（b）选择两条曲线（注意选择位置）　（c）完成的视图边界

图10-104　使用“断裂线/局部放大图”类型方式编辑视图边界

三、“锚点”按钮

单击“锚点”按钮以在视图中设置锚点，锚点是将视图边界固定在视图中指定对象的相关联的点上，使视图边界会跟着指定点的位置变化而适应变化。如果没有指定锚点，那么当模型发生更改时，视图边界中的对象部分可能发生位置变化，这样视图边界中所显示的内容就有可能不是所希望的内容。

四、“链”按钮和“取消选择上一个”按钮

当选择“断裂线/局部放大图”方式选项时，激活这两个按钮。

单击“链”按钮时将弹出“成链”对话框，接着依次选择链的开始曲线和结束曲线来完成成链操作。

单击“取消选择上一个”按钮，则取消前一次所选择的曲线。

五、“边界点”按钮

“边界点”按钮用于通过指定边界点来更改视图边界。

六、“包含的点”按钮和“包含的对象”按钮

当选择“由对象定义边界”方式选项时，激活“包含的点”按钮和“包含的对象”按

钮，其中，“包含的点”按钮用于选择视图边界要包含的点，而“包含的对象”按钮用于选择视图边界要包含的对象。

七、“重置”按钮

如果单击“重置”按钮，则重新定义视图边界，需要重新选择要定义边界的视图等。

八、“父项上的标签”下拉列表框

当在图纸页上选择局部放大图时激活该下拉列表框，如图 10-105 所示。该下拉列表框用于设置局部放大视图的父视图以何种方式显示边界（含标签）。

10.5.4 编辑剖切线

可以编辑剖视图的独立剖切线，其方法很简单，在视图中双击要编辑的独立剖切线，打开图 10-106 所示的“截面线”对话框，利用该对话框对剖切线进行重新定义。注意这里所指的截面线是指俗称的“剖切线”。

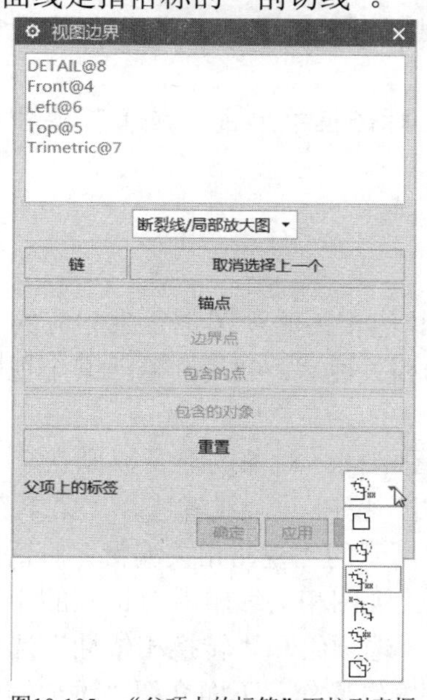

图10-105 “父项上的标签”下拉列表框

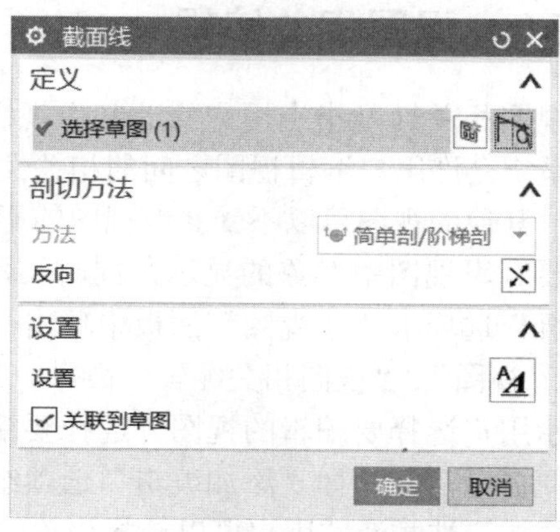

图10-106 “截面线”对话框

10.5.5 更新视图

使用“更新视图”命令，可以更新选定视图中的隐藏线、轮廓线、视图边界等以反映对模型的更改。

要更新视图，则可以按照以下方法步骤进行。

1 在“制图”应用模块中，在功能区的“主页”选项卡的“视图”面板中单击“更新视图”按钮，或者选择“菜单”/“编辑”/“视图”/“更新”命令，弹出“更新视图”对话框，如图 10-107 所示。

图10-107　“更新视图”对话框

2 选择要更新的视图。既可以在图纸页上或“更新视图”对话框的视图列表中选择要更新的视图，也可以单击相应的选择按钮来选择要更新的视图。例如，在某种情况下，可以单击“所有过时视图”按钮选择所有过时的视图，或者单击“所有过时自动更新视图”按钮选择所有过时自动更新视图。

3 选择好要更新的视图，在“更新视图”对话框中单击“应用”按钮或“确定”按钮，从而完成更新视图的操作。

10.5.6 视图相关编辑

视图相关性是指当用户修改某个视图的显示后，其他相关的视图也发生相应的变化。NX 系统允许用户编辑视图之间的相关性，编辑视图的相关性后，当用户修改某个视图的显示后，其他的视图可以不受修改视图的影响。

要编辑视图中对象的显示，同时又不影响其他视图中同一对象的显示，则在功能区的“主页”选项卡的“视图”面板中单击“视图相关编辑”按钮，或者选择“菜单”/“编辑”/“视图”/“视图相关编辑”命令，打开图 10-108 所示的“视图相关编辑”对话框，系统提示用户选择要编辑的视图。选择要编辑的视图后，“视图相关编辑”对话框的相关功能按钮便被激活，例如“添加编辑”选项组、“删除编辑”选项组和“转换相依性”选项组中的相关按钮被激活。用户可以选择相关的按钮进行相关编辑操作。下面介绍“添加编辑”选项组、“删除编辑”选项组和“转换相依性”选项组中的功能按钮。

一、“添加编辑”选项组

“添加编辑”选项组包含以下 5 个按钮。

- “擦除对象”按钮：单击此按钮，则从选取的视图中擦除几何对象，如曲线、边和样条曲线等，确定后这些对象便不再显示在视图中。注意擦除对象与删除对象不同，擦除对象操作仅是相当于将所选择的对象隐藏起来，以致不显示在视图中。如果该对象已经标注了尺寸，则不能被擦除。
- “编辑完整对象”按钮：该按钮允许用户编辑对象的线条颜色、线型和线宽。单击此按钮后，“线框编辑”选项组中的“线条颜色”“线型”和“线宽”3 个选项被激活，此时可以编辑线条颜色、线型和线宽。例如，在“线框编

辑”选项组中单击“线条颜色”按钮，弹出图 10-109 所示的“颜色”对话框，从中指定一种颜色作为线条颜色即可。

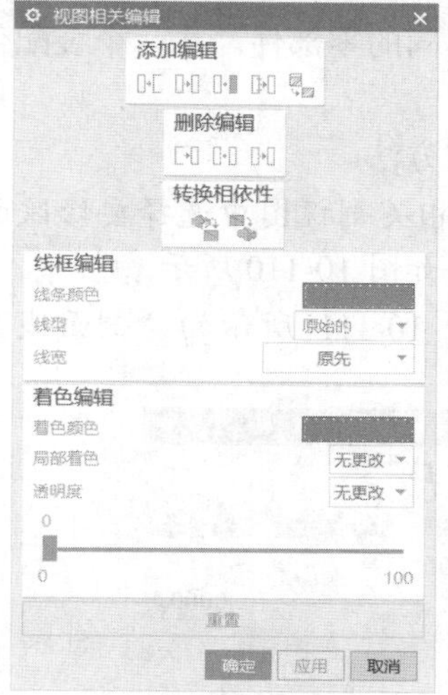

图10-108 “视图相关编辑”对话框

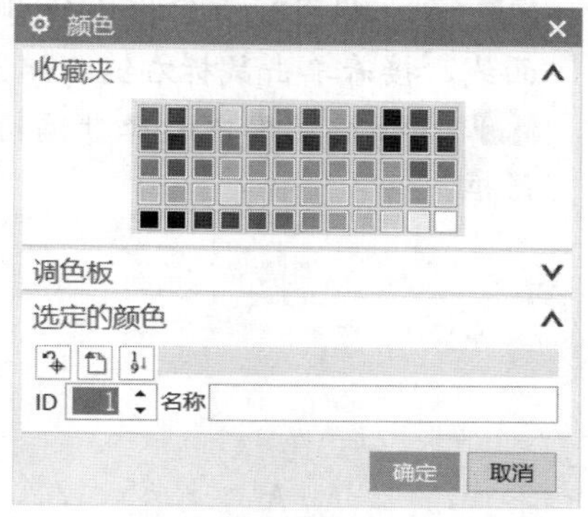

图10-109 “颜色”对话框

- “编辑着色对象”按钮：此按钮主要用于编辑着色对象。单击此按钮，选择要着色的对象，接着可以在“视图相关编辑”对话框的“着色编辑”选项组中设置着色颜色、局部着色和透明度。
- “编辑对象段”按钮：此按钮用于编辑对象段的线条颜色、线型和线宽。
- “编辑剖视图背景”按钮：此按钮可保留或移除以前擦除的面和体的剖视图背景曲线。

二、“删除编辑”选项组

“删除编辑”选项组包含以下 3 个按钮。

- “删除选定的擦除”按钮：此按钮用于使选定的擦除对象再次显示在视图中。
- “删除选定的编辑”按钮：此按钮用于删除所选视图先前进行的某些编辑操作，使先前编辑的对象回到原来的显示状态。
- “删除所有编辑”按钮：此按钮用于删除用户所作的所有编辑。

三、“转换相依性”选项组

“转换相依性”选项组包含以下两个按钮。

- “模型转换到视图”按钮：此按钮主要用于将模型关联的模型对象转换到一个单一视图中，成为视图关联对象。单击此按钮，弹出“类选择”对话框，提示选择模型对象以将其转换成视图相关项。
- “视图转换到模型”按钮：此按钮主要用于将视图关联的视图对象转换到模型中，成为模型关联对象。单击此按钮，弹出“类选择”对话框，提示选择视图相关对象以将其转换成建模对象。

10.5.7　修改剖面线

在工程制图中，不同的剖面线可表示不同的材质及不同的零部件。在一个装配体的剖视图中，各零件（不同零件）的剖面采用不同的剖面线。

下面结合典型操作示例，介绍修改剖面线的快捷操作方法。

1 在"制图"应用模块的当前图纸页中，从相关剖视图中选择要修改的剖面线，接着单击鼠标右键以弹出一个快捷菜单，如图 10-110 所示。

2 从快捷菜单中选择"编辑"命令，弹出图 10-111 所示的"剖面线"对话框。

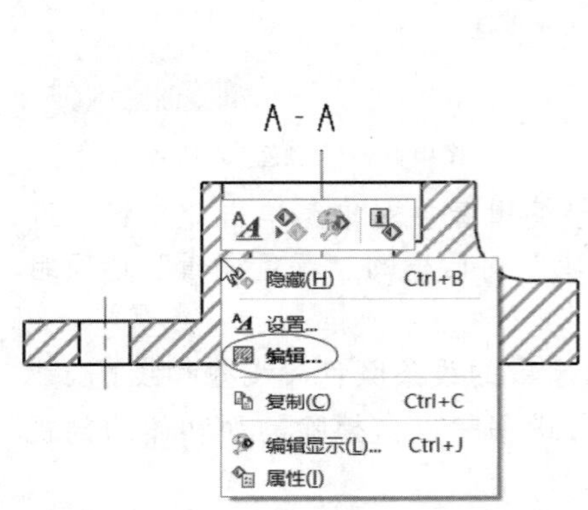

图10-110　右击要修改的剖面线

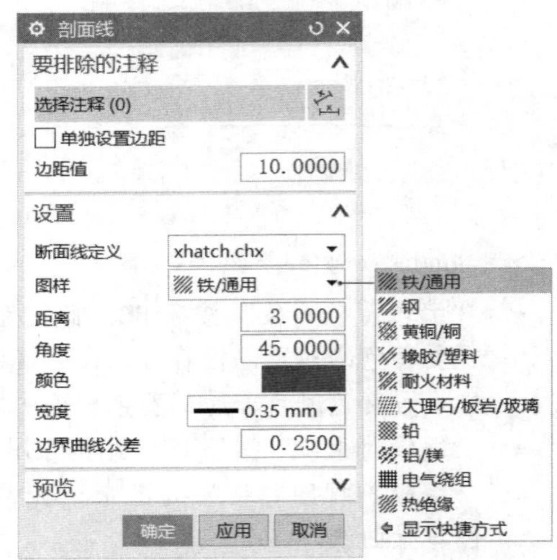

图10-111　"剖面线"对话框

3 使用"剖面线"对话框，可以选择要排除的注释，设置边距值，并可以在"设置"选项组中设置以下操作内容。

- 浏览选择并载入所需的剖面线文件。
- 在"图样"下拉列表框中选择其中一种剖面线类型。
- 在"距离"文本框中输入剖面线的间距值。
- 在"角度"文本框中输入剖面线的角度值。
- 单击"颜色"按钮▇▇，打开图 10-112 所示的"颜色"对话框，从中设置一种颜色作为剖面线的颜色。
- 在"线宽"下拉列表框中选择当前剖面线的线宽样式。
- 在"边界曲线公差"文本框中接受边界曲线/剖面线公差的默认值，或者输入边界曲线/剖面线的新公差值。

4 在"剖面线"对话框中单击"应用"按钮或"确定"按钮。

例如，选择图 10-110 所示的剖面线来进行编辑，从"图样"下拉列表框中选择"钢"选项，并将其距离值设置为 3mm，颜色设置为红色，单击"确定"按钮，完成修改该剖面线后的视图效果如图 10-113 所示，注意观察修改剖面线前后的对比效果。

图10-112 “颜色”对话框

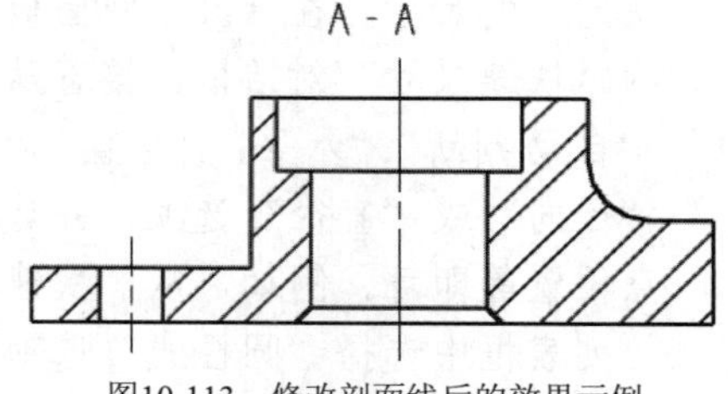

图10-113 修改剖面线后的效果示例

10.6 图样标注与注释

创建相关控制视图后，接下来的重要工作便是图样标注与注释。本节介绍的内容包括标注尺寸、插入中心线、文本注释、插入符号、标注形位公差、创建零件明细表、定义孔表、绘制表格等。

10.6.1 标注尺寸

标注是表示图样尺寸和公差等信息的重要方法，是工程图的一个有机组成部分。尺寸标注是标注中最为重要的一个方面，它用于表达视图对象的形状大小、方位和公差值等信息。

在 NX 11 中，可以创建多种类型的尺寸，如快速尺寸、线性尺寸、径向尺寸、角度尺寸、倒斜角尺寸、厚度尺寸、弧长尺寸、周长尺寸和坐标尺寸等。

一、标注尺寸的命令与工具

标注尺寸的命令位于“菜单”/“插入”/“尺寸”级联菜单中，如图 10-114 所示。用户也可以在“制图”应用模块功能区的“主页”选项卡的“尺寸”面板中选择相应的所需尺寸标注工具，如图 10-115 所示。下面分别介绍常用的标注尺寸的命令工具。

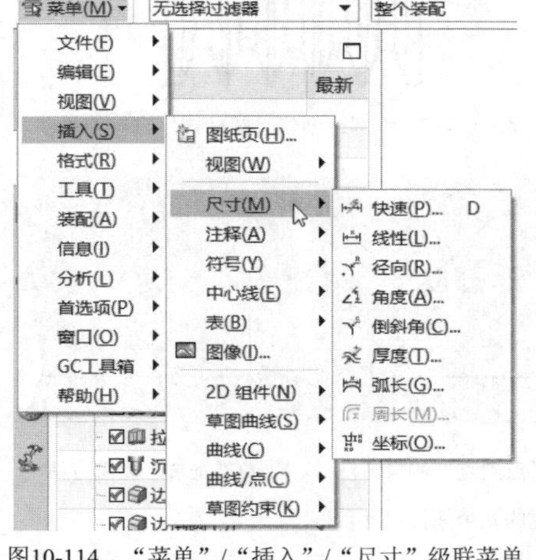

图10-114 “菜单”/“插入”/“尺寸”级联菜单

图10-115 “尺寸”面板

- “快速” ：根据选定对象和鼠标指针的位置自动判断尺寸类型来创建一个尺寸。此标注工具命令应用最为普遍，可以用来创建由“自动判断”“水平”“竖直”“点到点”“垂直”“圆柱式”“角度”“径向”和“直径”这些测量方法定义的尺寸。在“尺寸”面板中单击“快速”按钮，弹出图 10-116 所示的“快速尺寸”对话框，接着从“测量”选项组的“方法”下拉列表框中选择“自动判断”“水平”“竖直”“点到点”“垂直”“圆柱式（圆柱形）”“角度”“径向”或“直径”选项，并选择相应的参考对象，以及指定尺寸文本放置原点位置等即可。例如，从“快速尺寸”对话框的“测量”选项组的“方法”下拉列表框中选择“圆柱式”选项时，接着在图纸页上选择要标注该快速尺寸的第一个对象和第二个对象，然后移动光标并单击以指定尺寸文本放置位置（原点位置），典型示例如图 10-117 所示。圆柱形尺寸实际上测量的是两个对象或点位置之间的线性距离尺寸，但 NX 会将直径符号自动附加至该尺寸，用于表示截面对象的直径大小。再看图 10-118 所示的典型示例，这几个线性尺寸都可以采用“快速尺寸”功能的相关测量方法来快速创建。另外，要注意的是，用户可以在“原点”选项组中设置尺寸原点自动放置。

快速尺寸
参考
* 选择第一个对象
* 选择第二个对象
原点
指定位置
自动放置
对齐
测量
方法　自动判断
自动判断
水平
竖直
点到点
垂直
圆柱式
角度
径向
直径
显示快捷方式
驱动
方法　自动判断
设置
设置
选择要继承的尺寸
关闭

图10-116　“快速尺寸”对话框

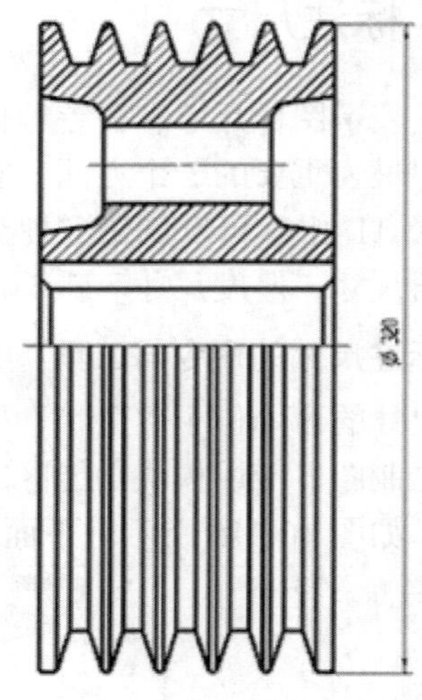

图10-117　示例：创建“圆柱式”方式的尺寸

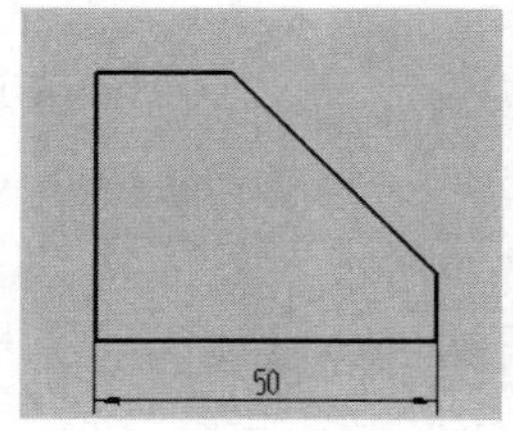

（a）“水平”测量方法

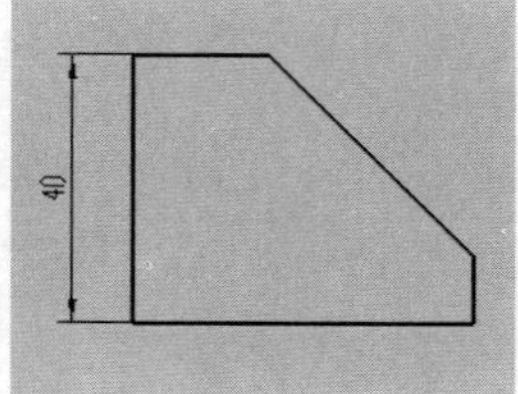

（b）“竖直”测量方法

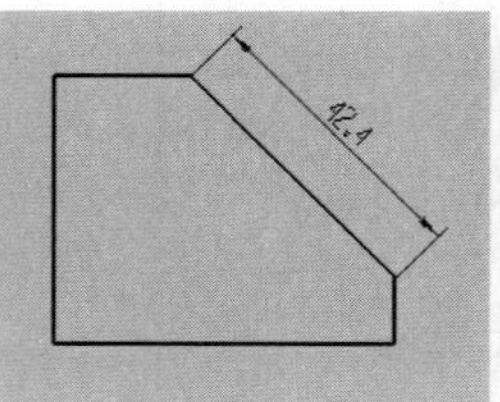

（c）“点到点”测量方法

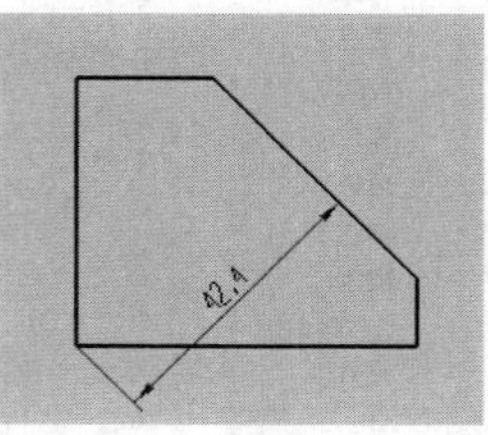

（d）“垂直”测量方法

图10-118　使用“快速尺寸”功能创建的几个线性尺寸示例

- “线性尺寸” ：在两个对象或点位置之间创建线性尺寸，包括“水平”“竖直”“点到点”“垂直”“圆柱式”和“孔标注”这些子类型的尺寸。创建线性尺寸的操作方法和创建快速尺寸的操作方法类似。在“尺寸”面板中单击“线性”按钮，弹出图 10-119 所示的“线性尺寸”对话框，从“测量”选项组的“方法”下拉列表框中可以选择一种线性测量方法，以及在“驱动”选项组中指定驱动方法选项，选择要测量线性尺寸的参考对象并指定尺寸文本放置位置，注意在一般情况下将“尺寸集”选项组中的方法选项为“无”，即不生成链尺寸和基线尺寸。图 10-117 和图 10-118 所示的所有尺寸也可以使用“线性尺寸”功能命令来创建。而在图 10-120 中，孔标注 A 是通过执行“线性尺寸”命令的“孔标注”测量方法来创建的。

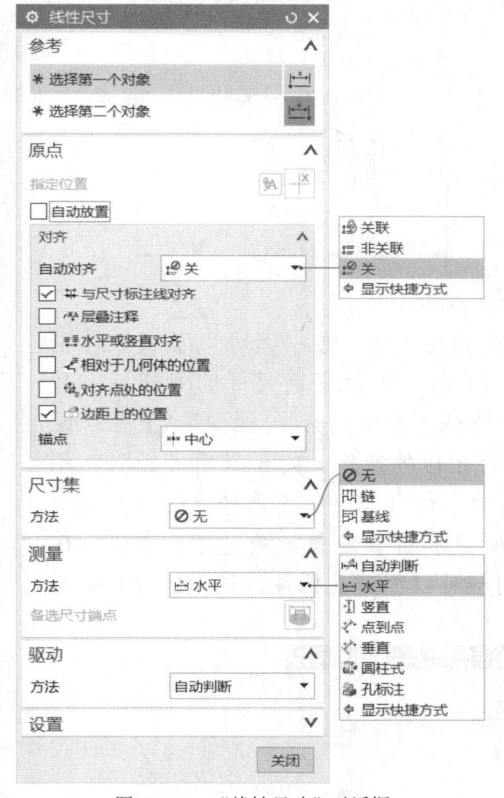

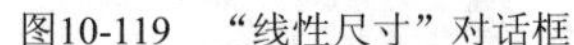
图10-119 “线性尺寸”对话框

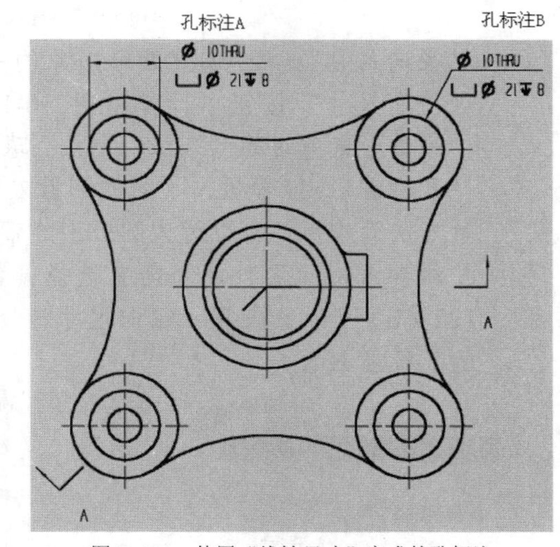

图10-120 使用“线性尺寸”完成的孔标注

另外，线性尺寸可以是尺寸集形式的，这便是所谓的“线性链尺寸”和“线性基线尺寸”。“线性链尺寸”是以端到端方式放置的多个线性尺寸，这些尺寸从前一个尺寸的延伸线连续延伸以形成一组成链尺寸；“线性基线尺寸”是根据公共基线测量的一系列线性尺寸。以创建图 10-121 所示的一组水平线性链尺寸为例，在“线性尺寸”对话框的“尺寸集”选项组的“方法”下拉列表框中选择“链”选项，在“测量”选项组的“方法”下拉列表框中选择“水平”选项，接着分别选择第一个对象（如端点 A）和第二个对象（端点 B），并手动放置尺寸，放置第一个线性尺寸后“线性尺寸”对话框不再提供“测量”选项组，接着依次选择其他“第二个对象”（如位置点 C、D 和 E），从而完成创建一组成链的线性尺寸，然后单击“关闭”按钮。

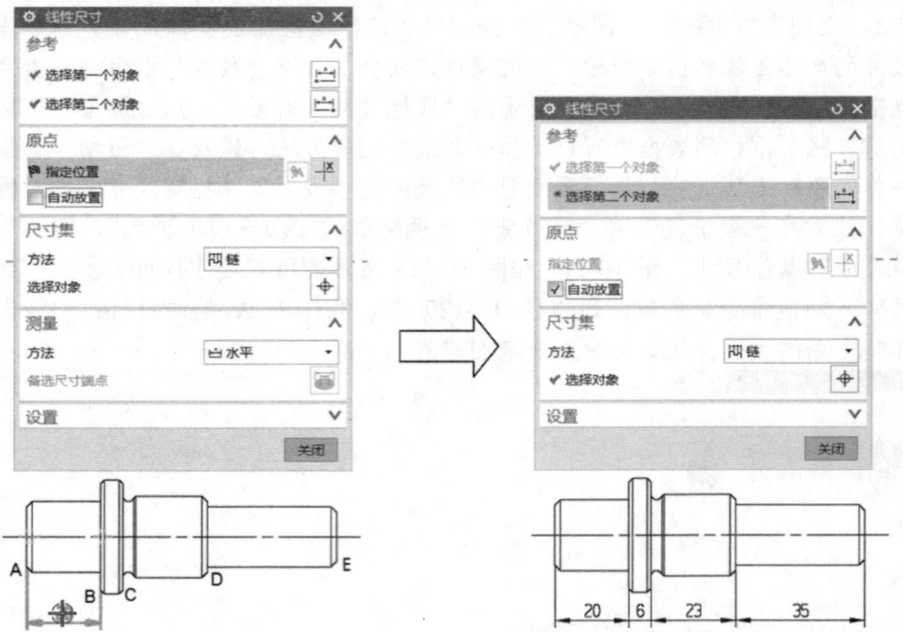

图10-121　创建线性链尺寸的典型示例

- “径向尺寸”：创建圆形对象的半径或直径尺寸。在“尺寸”面板中单击“径向尺寸”按钮，弹出图 10-122（a）所示的“径向尺寸”对话框，从“测量”选项组的“方法”下拉列表框中选择“自动判断”“径向”“直径”或“孔标注”，接着根据不同的测量方法进行相应的操作。对于采用“径向”测量方法而言，还可以为大圆弧创建带折线的半径，此时除了选择要标注径向尺寸的参考对象之外，还需要选择偏置中心点和折叠位置，典型示例如图 10-122（b）所示。使用“径向尺寸”命令同样可以创建孔标注，图 10-120 所示的孔标注 B 便是。

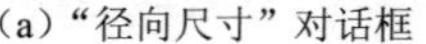
（a）“径向尺寸”对话框

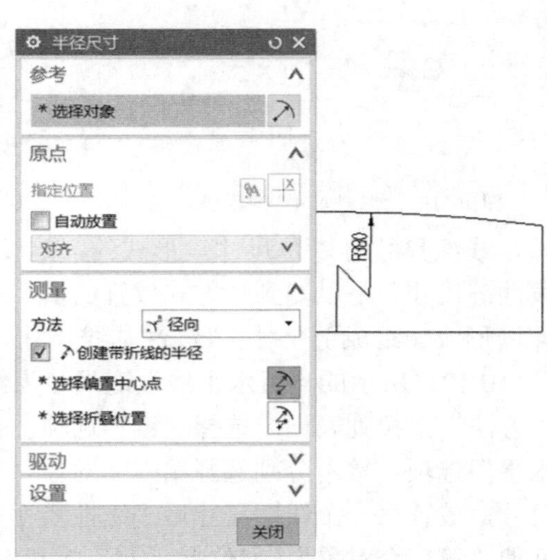

（b）创建带折线的半径

图10-122　创建径向尺寸

- “角度尺寸”：在两条不平行的直线之间创建角度尺寸。在“尺寸”面板中单击“角度尺寸”按钮，弹出“角度尺寸”对话框，接着在“参考”选项组中指定选择模式，通常默认选择模式为“对象”，然后分别选择形成夹角的第一个对象和第二个对象来创建其角度尺寸，示例如图 10-123 所示。
- “倒斜角尺寸”：在倒斜角曲线上创建倒斜角尺寸。在“尺寸”面板中单击“倒斜角尺寸”按钮，弹出“倒斜角尺寸”对话框，接着可单击“设置”按钮并利用弹出的“设置”对话框设置所需的倒斜角格式和指引线格式等，返回“倒斜角尺寸”对话框后选择倒斜角对象和参考对象来创建倒斜角尺寸，示例如图 10-124 所示。

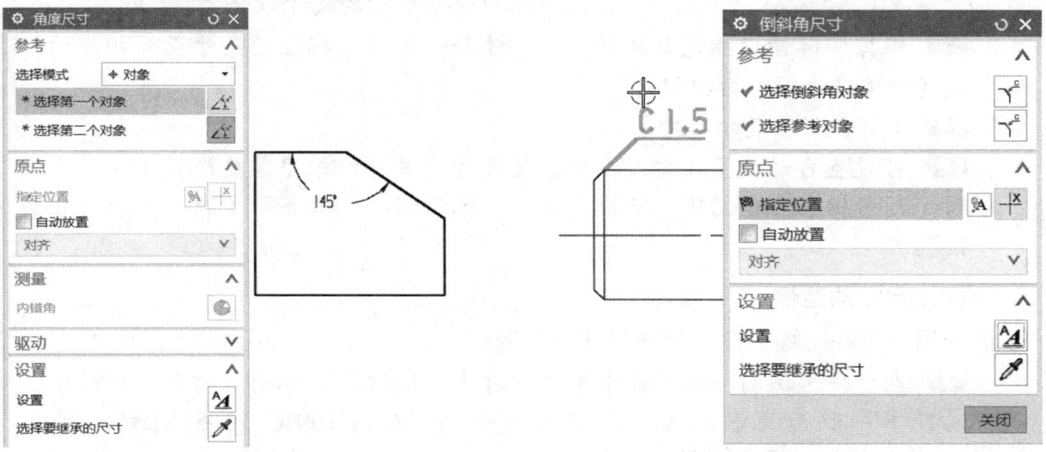

图10-123　创建角度尺寸

图10-124　创建倒斜角尺寸

- “厚度尺寸”：创建一个厚度尺寸，测量两条曲线之间的距离。在“尺寸”面板中单击“厚度尺寸”按钮，弹出图 10-125 所示的“厚度尺寸”对话框，接着选择要标注厚度尺寸的第一个对象和第二个对象，并自动放置或手动放置厚度尺寸。
- “弧长尺寸”：创建一个弧长尺寸来测量圆弧周长。在“尺寸”面板中单击“弧长尺寸”按钮，弹出图 10-126 所示的“弧长尺寸”对话框，接着选择要标注弧长尺寸的对象，然后自动放置或手动放置弧长尺寸即可。

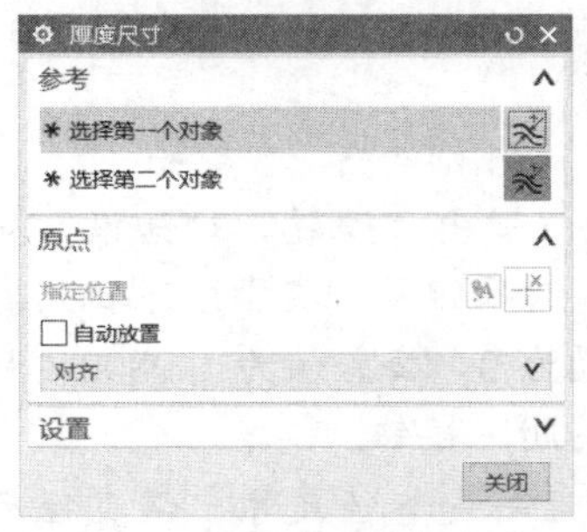

图10-125　“厚度尺寸”对话框

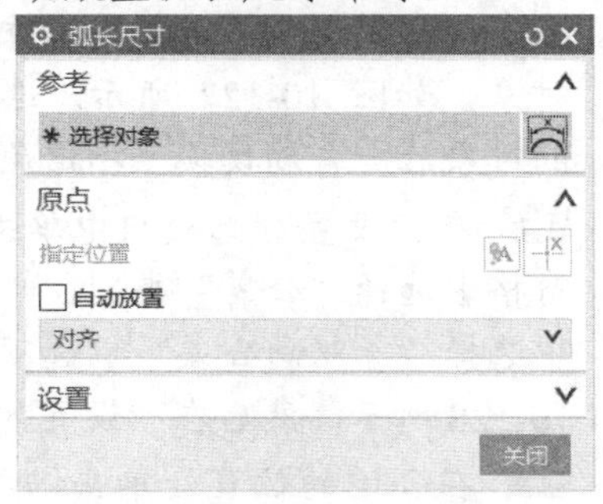

图10-126　“弧长尺寸”对话框

- “坐标尺寸”：创建一个坐标尺寸，测量从公共点沿一条坐标基线到某一位置的距离。坐标尺寸由文本和一条延伸线（可以是直的，也可以有一段折

线）组成，它描述了从被称为坐标原点的公共点到对象上某个位置沿坐标基线的距离。

- 周长尺寸：创建周长约束以控制选定直线和圆弧的集体长度。

二、创建尺寸标注的一般步骤及思路

创建尺寸标注的一般步骤及思路如下，注意有些步骤可以灵活调整。

1 创建任何尺寸之前，应该设置好所需的制图首选项。如果默认的制图首选项满足当前实际制图标准要求，那么该步骤可以省略。

2 在“制图”应用模块的“尺寸”面板中单击所需的尺寸按钮，或者在“菜单”/“插入”/“尺寸”级联菜单中选择所需的尺寸命令。

3 根据实际情况指定具体的测量方法等，可为要标注的尺寸设置相应的样式（使用“设置”按钮）。

4 选择欲标注尺寸的对象。

5 可设置自动放置尺寸或手动放置尺寸。并可以根据需要设置尺寸对齐选项（利用相应尺寸创建对话框“原点”选项组的“对齐”子选项组进行相关设置）。

三、标注尺寸的范例

下面介绍一个在工程视图中标注尺寸的范例。

1 在“快速访问”工具栏中单击“打开”按钮，弹出“打开”对话框，选择本书配套光盘提供的素材文件“\DATA\CH10\BC_10_6_1.prt”，单击“OK”按钮，进入“制图”应用模块。

2 在功能区的“主页”选项卡的“尺寸”面板中单击“径向尺寸”按钮，系统弹出“径向尺寸”对话框。

3 在“径向尺寸”对话框的“测量”选项组的“方法”下拉列表框中选择“直径”选项，在“原点”选项组中取消选中“自动放置”复选框，此时，“参考”选项组中的“选择对象”按钮处于活动状态，在图纸页上选择要标注直径尺寸的对象，如图 10-127 所示。选择好要标注的对象后，自动切换至指定原点位置的状态。

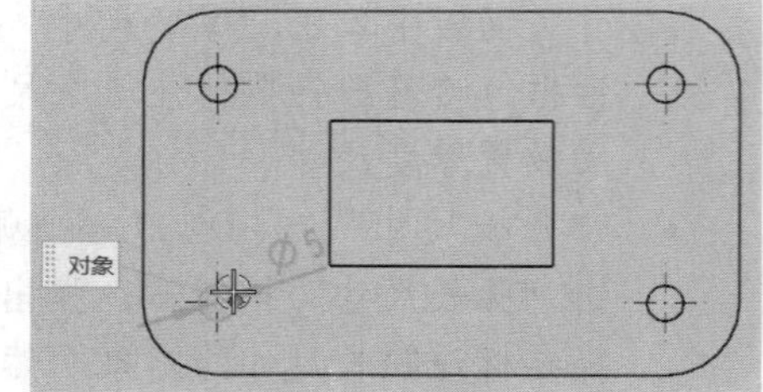

图10-127　选择要标注直径尺寸的对象

4 在“设置”选项组中单击“设置”按钮，弹出“设置”对话框。从左窗格中选择“公差”类别，接着在“类型和值”选项组的“类型”下拉列表框中选择“等双向公差”±X选项，将小数位数设置为 3，公差值为 0.0800，如图 10-128 所示。然后在“设置”对话框中单击“关闭”按钮。

5 在合适的位置处单击以放置尺寸，从而标注一处直径尺寸，该直径尺寸带有公差值显示，如图 10-129 所示。然后在“径向尺寸”对话框中单击“关闭”按钮。

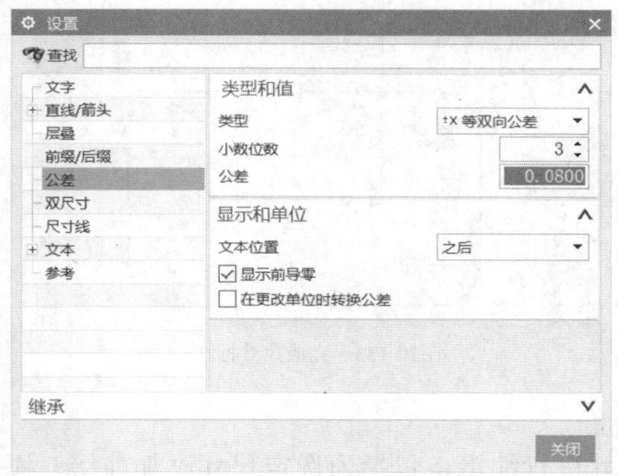

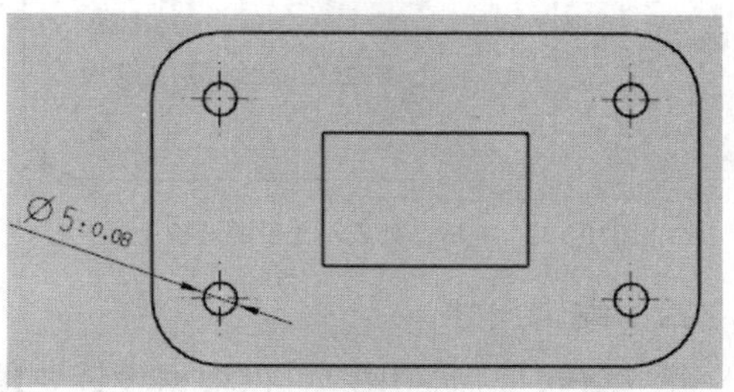

图10-128　“设置”对话框　　图10-129　创建一处带有公差值的直径尺寸

知识点拨：很显然，视图中有 4 个尺寸规格一样的圆孔，那么在简化注法要求下可只标注其中一处圆孔的直径尺寸，并在该直径尺寸前添加表示处数（数量）的附加信息“4×”。

6 选择刚创建的直径尺寸，右击，弹出一个快捷菜单，如图 10-130 所示，接着从该快捷菜单中选择“编辑附加文本”命令，弹出“附加文本”对话框，从“控件”选项组的“文本位置”下拉列表框中选择“之前”选项，在“文本输入”文本框中输入“4”并在“符号”列表（需要指定“制图”类别）中单击“插入数量”符号 ×，此时“文本输入”文本框显示文本代码为“4<#A>”，如图 10-131 所示。

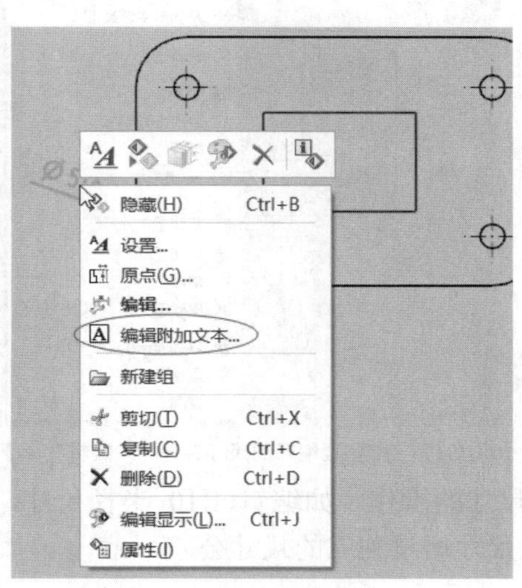

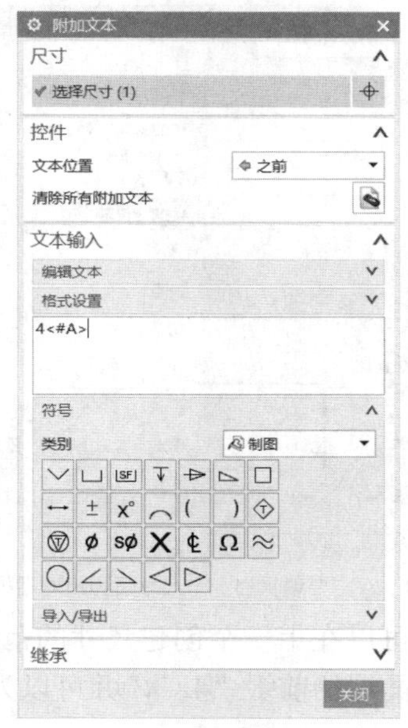

图10-130　右击选定的直径尺寸　　图10-131　“附加文本”对话框

7 在“附加文本”对话框中单击“关闭”按钮，此时直径尺寸如图 10-132 所示。

8 在“尺寸”面板中单击“快速”按钮或其他类型的尺寸创建工具，在该视图中继续创建所需的尺寸，结果如图 10-133 所示。

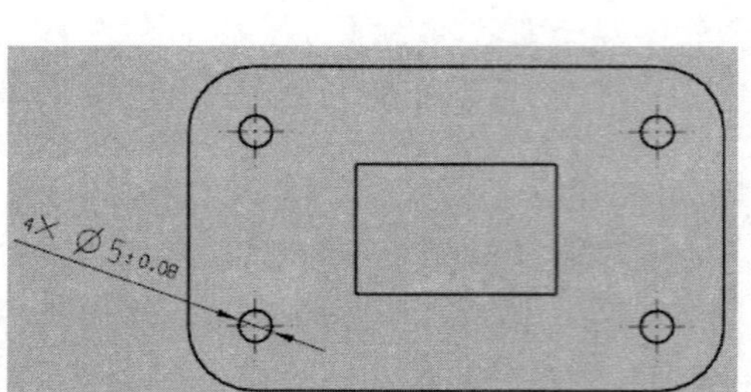

图10-132　完成一处表示数量的直径尺寸

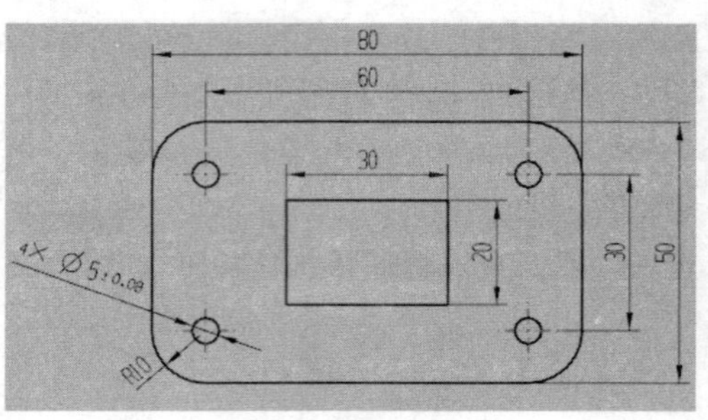

图10-133　完成尺寸标注

四、编辑尺寸

建立好尺寸后，用户可以根据设计要求对尺寸进行编辑，包括为选定尺寸添加前缀、添加尺寸公差、更改箭头放置形式等。编辑尺寸的常用方法有以下两种。

- 方法 1：在视图中双击要编辑的一个尺寸，弹出该尺寸的创建对话框及一个屏显属性编辑框，如图 10-134 所示，利用它们可快速编辑尺寸，包括添加前缀、设置尺寸公差等。用户尤其要熟悉此屏显编辑属性框的功能用途，通过此屏显编辑属性框可以快速更改尺寸类型、尺寸公差类别、尺寸公差值、文本放置位置、小数位数、前缀、后缀、是否为检测尺寸和参考尺寸等。
- 方法 2：在视图中选择一个要编辑的尺寸，单击鼠标右键，在弹出的快捷菜单中选择“编辑”命令，如图 10-135 所示，同样打开该尺寸的创建对话框和屏显属性编辑框。

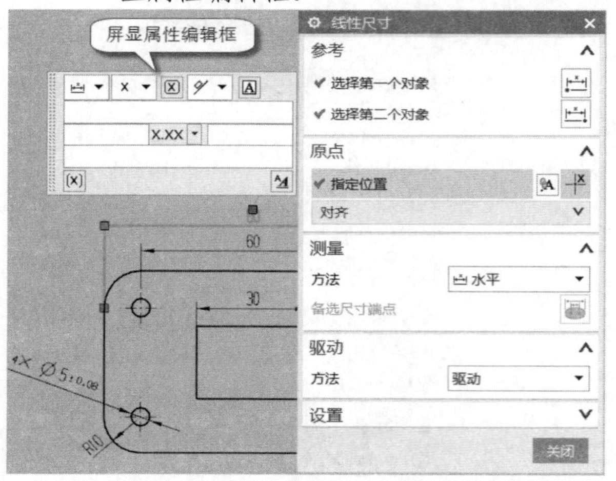

图10-134　双击要编辑的一个尺寸后弹出对话框和编辑框

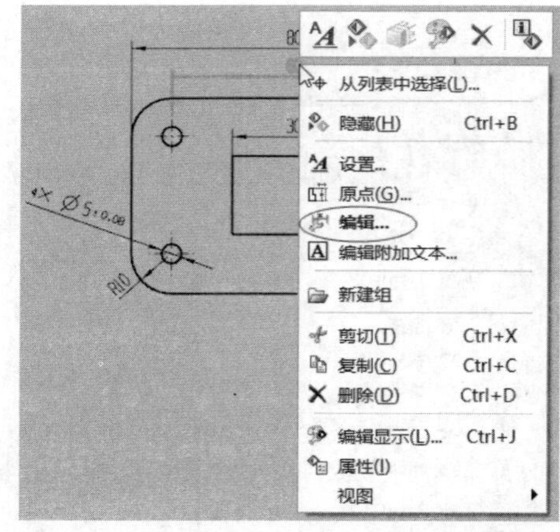

图10-135　右击要编辑的尺寸并选择“编辑”命令

读者可以在上一个创建尺寸的范例中练习编辑尺寸的操作，如编辑 R10 半径尺寸，在其尺寸前面添加前缀“4×”，并可以为其他一些线性尺寸增设独立的尺寸公差。

10.6.2　创建中心线

在工程图中通常需要创建各种类型（如“中心标记”“螺栓圆”“圆形”“对称”“2D 中心线”“3D 中心线”和“自动中心线”等）的中心线。

NX 11 允许创建符合中国国家标准的中心线。要创建符合中国国家标准的中心线，那么需要确保中心线显示标准符合中国国家标准。在“制图”应用模块中，选择“菜单”/“文件”/“实用工具”/“用户默认设置”命令，打开“用户默认设置”对话框。选择“制图”/“常规/设置”，并打开“标准”选项卡，接着单击“定制标准”按钮，打开“定制制图标准”对话框，选择“中心线”并切换至“标准”选项卡，在“中心线显示标准”选项组中选择“中国国家标准”单选按钮。

创建中心线的工具按钮位于如图 10-136 所示的“注释”面板中，“注释”面板位于“制图”应用模块功能区的“主页”选项卡中。相应的命令位于“菜单”/“插入”/“中心线”级联菜单中。创建中心线的工具按钮/命令如表 10-2 所示。

表 10-2　　各种类型中心线的创建工具/命令

序号	命令	图标	功能含义	图例
1	中心标记		创建通过点或圆弧的中心标记	
2	螺栓圆中心线		创建完整或不完整螺栓圆中心线，螺栓圆的半径始终等于从螺栓圆中心到选择的第一个点的距离；螺栓圆符号是通过以逆时针方向选择圆弧来定义的，螺栓圆的选定对象可带有中心标记	
3	圆形中心线		创建完整或不完整圆形中心线，圆形中心线的半径始终等于从圆形中心线中心到选取的第一个点的距离；圆形中心线符号是通过以逆时针方向选择圆弧来定义的，圆形中心线不带有中心标记	
4	对称中心线		在图纸上创建对称中心线，以指明几何体中的对称位置	对称中心线
5	2D 中心线		创建 2D 中心线	
6	3D 中心线		基于面或曲线输入创建中心线，其中产生的中心线是真实的 3D 中心线	
7	自动中心线		自动创建中心标记、圆形中心线和圆柱形中心线，注意不保证自动中心线在过时视图上是正确的	
8	偏置中心点符号		创建偏置中心点符号，该符号表示某一圆弧的中心，该中心处于偏离其真正中心的某一位置	

下面以范例的形式介绍创建中心线的一般方法步骤。

1 在“制图”应用模块功能区的“主页”选项卡的“注释”面板中单击“2D 中心线”按钮，系统弹出图 10-137 所示的“2D 中心线”对话框。

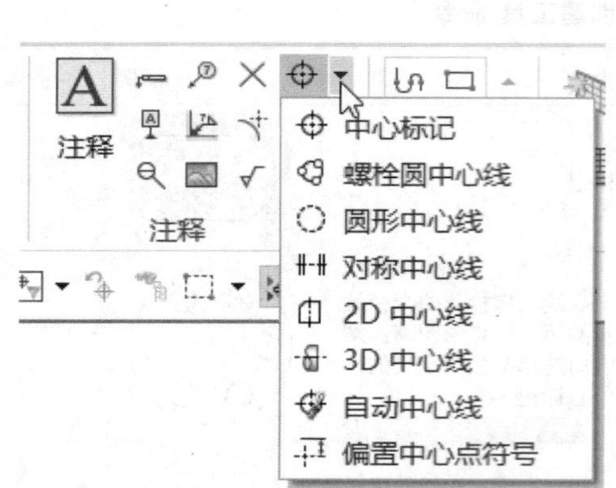

图10-136　“注释”面板

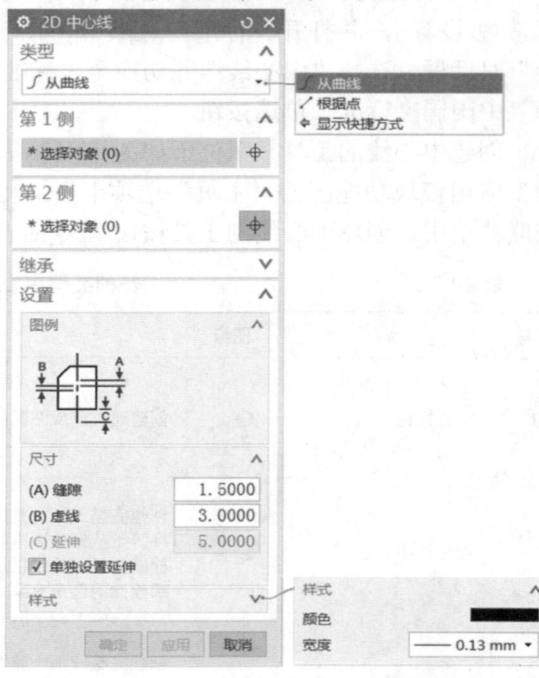

图10-137　“2D 中心线”对话框

2 在“类型”选项组的“类型”下拉列表框中选择“从曲线”选项。

3 在“设置”选项组中设置相关的尺寸参数和样式。在本例中接受默认的设置参数和选项。

4 在图纸页上选择图 10-138 所示的边 1 作为第 1 侧对象，选择边 2 作为第 2 侧对象，2D 中心线将在所选的两条边之间创建。可以适当调整此中心线两端的延伸值。

5 单击“应用”按钮，完成第 1 条 2D 中心线的创建。

6 使用同样的方法，选择边 3 作为第 1 侧对象，选择边 4 作为第 2 侧对象，如图 10-139 所示，然后单击“确定”按钮，从而完成第 2 条 2D 中心线的创建。

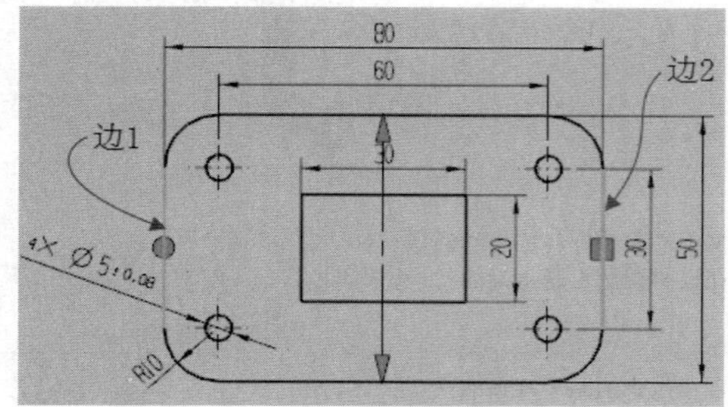

图10-138　选择第 1 侧对象和第 2 侧对象

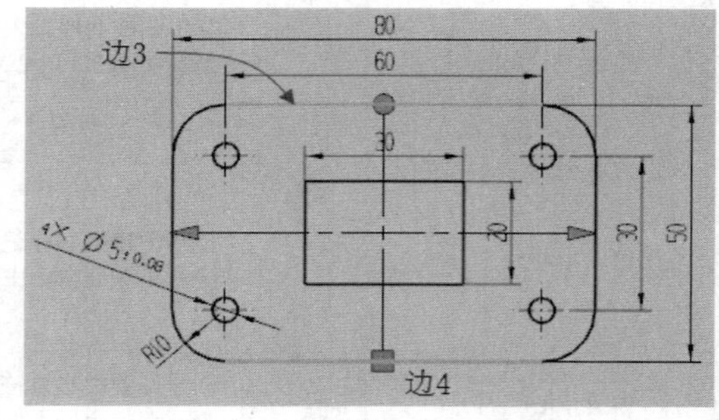

图10-139　创建第 2 条 2D 中心线

10.6.3 文本注释

在图纸中，有时需要插入文本注释来作为技术要求等。

在“注释”面板中单击“注释”按钮，或者选择“菜单”/“插入”/“注释”/“注释”命令，打开图 10-140 所示的“注释”对话框。使用此对话框可以指定注释原点位置，定义指引线，输入注释文本，以及设置注释样式、文本对齐方式等，从而完成创建文本注释。

如果在“注释”对话框的“设置”选项组中单击“设置”按钮，则打开图 10-141 所示的“设置”对话框，从中设置所需要的文字样式和层叠样式。另外，在“注释”对话框的“设置”选项组中，还可以设置注释的斜体角度、粗体宽度和文本对齐方式等。

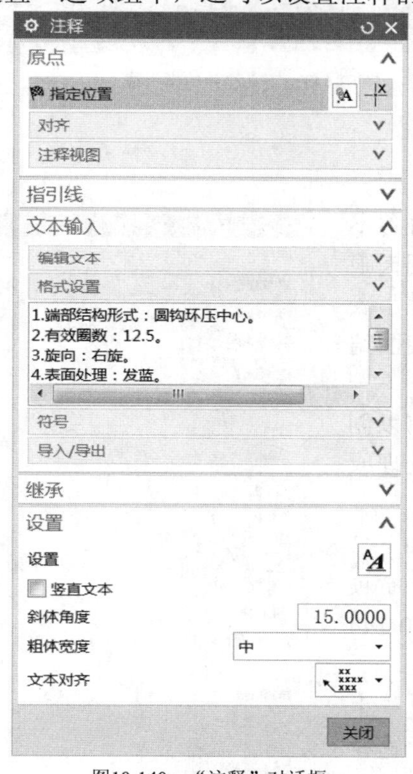

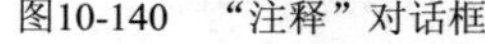
图10-140 “注释”对话框

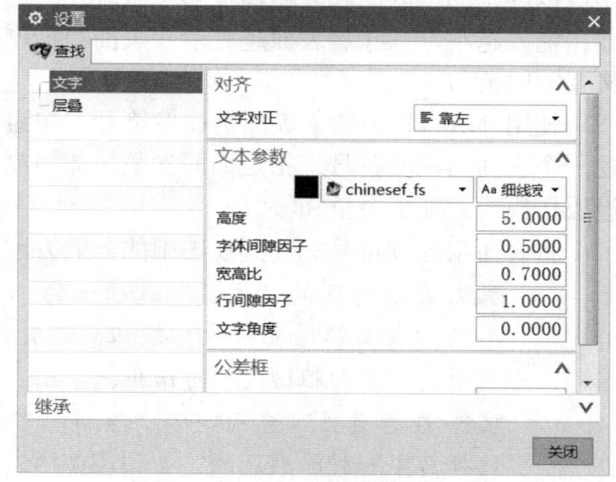

图10-141 “设置”对话框

注释文本的输入是在“注释”对话框的“文本输入”选项组的文本框中进行的。“文本输入”选项组还提供了用于编辑文本、插入特殊符号、格式化、导入或导出的实用工具。

确定要输入的注释文本后，便可以在图纸页中单击一点作为原点来放置注释文本。用户也可以使用原点工具来辅助指定原点，其方法是在“原点”选项组中单击“原点工具”按钮，接着利用弹出来的图 10-142 所示的“原点工具”对话框来定义原点。

如果希望创建带有指引线的注释文本，则在“注释”对话框中展开“指引线”选项组，接着在该选项组中设置指引线类型，设置是否创建折线，以及进行选择终止对象等操作，如图 10-143 所示。

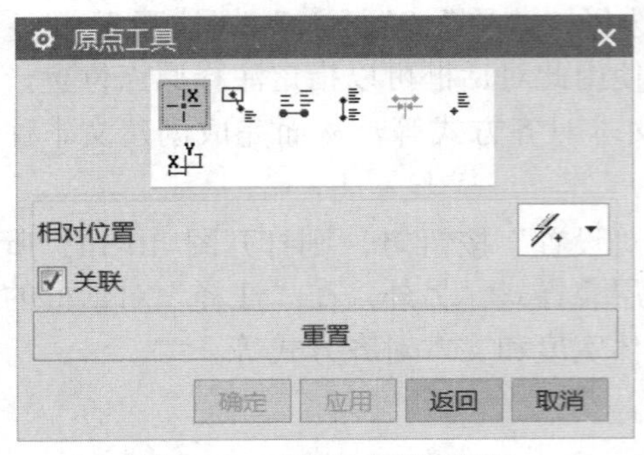

图10-142　“原点工具”对话框

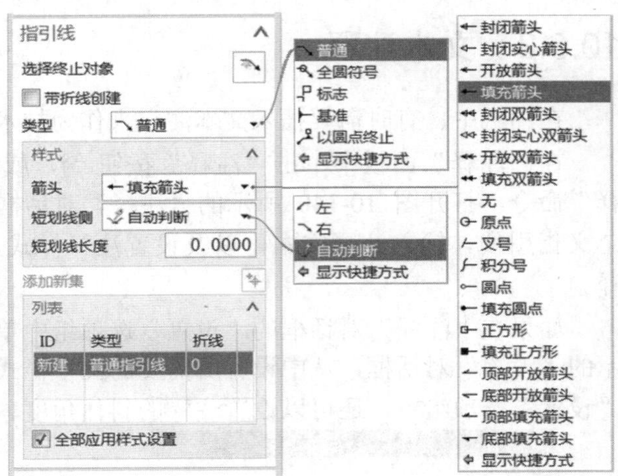

图10-143　定义注释的指引线

10.6.4　标注表面粗糙度

表面粗糙度是指加工表面具有的较小间距和微小峰谷不平度，其两波峰或两波谷之间的距离（波距）很小，用肉眼是难以区别的，因此表面粗糙度属于微观几何形状误差。表面粗糙度越小，意味着表面越光滑。表面粗糙度属于表面结构要求的范畴。

使用 NX 11 中的“表面粗糙度符号”按钮√，可以创建一个表面粗糙度符号来指定曲面参数，如粗糙度、处理或涂层、模式、加工余量和波纹。

将表面粗糙度符号标注到视图中的一般方法步骤如下。

1. 在功能区的“主页”选项卡的“注释”面板单击“表面粗糙度符号”按钮√，打开图 10-144 所示的“表面粗糙度”对话框。
2. 在“属性”选项组的“除料”下拉列表框中选择其中一种除料选项，如图 10-145 所示。选择好除料选项后，在“属性”选项组中设置相关的参数，如图 10-146 所示。
3. 展开“设置”选项组，根据设计要求来定制表面粗糙度样式和角度等，如图 10-147 所示。对于某方向上的表面粗糙度，可以通过选中“反转文本”来设置满足相应的标注规范。
4. 如果需要指引线，那么需要使用对话框的“指引线”选项组。
5. 指定原点放置表面粗糙度符号。可以继续插入表面粗糙度符号。

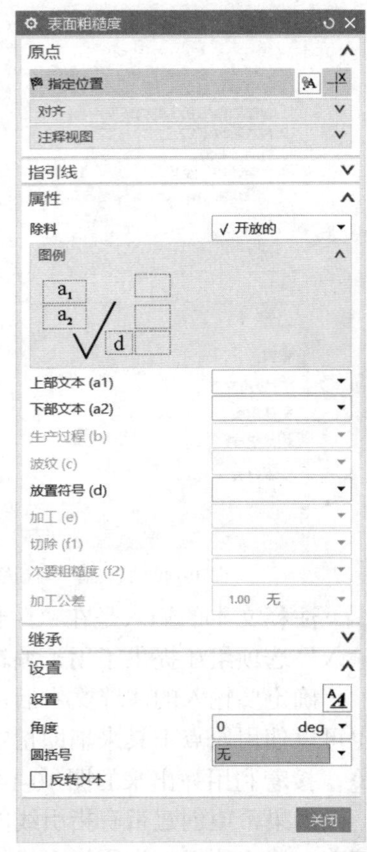

图10-144　“表面粗糙度”对话框

⑥ 在“表面粗糙度”对话框中单击“关闭”按钮。

在图 10-148 所示的示例中，创建有 4 个表面结构要求（粗糙度）标注。

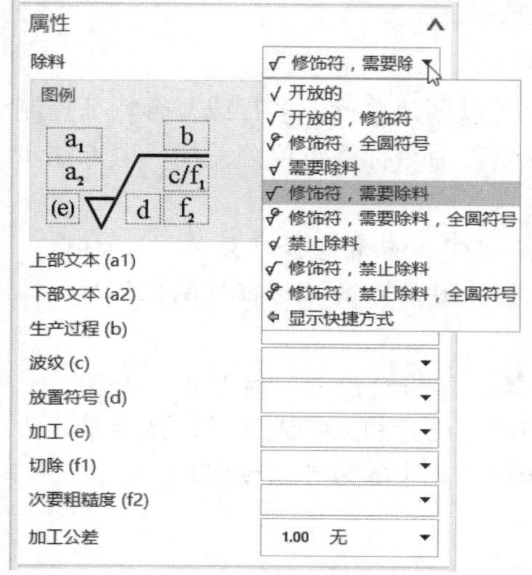

图10-145　选择除料选项

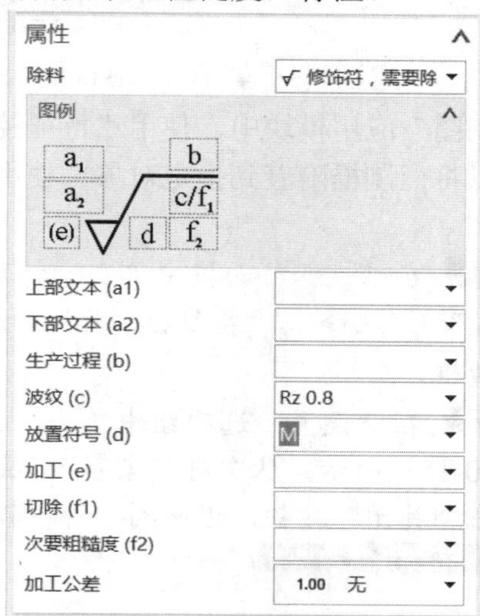

图10-146　设置粗糙度相关属性参数

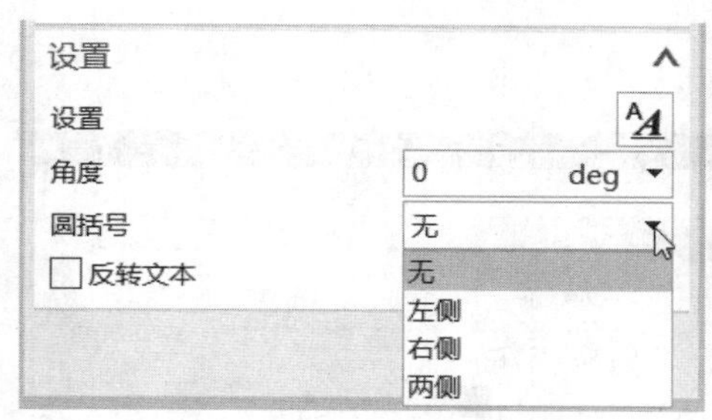

图10-147　设置样式和角度等

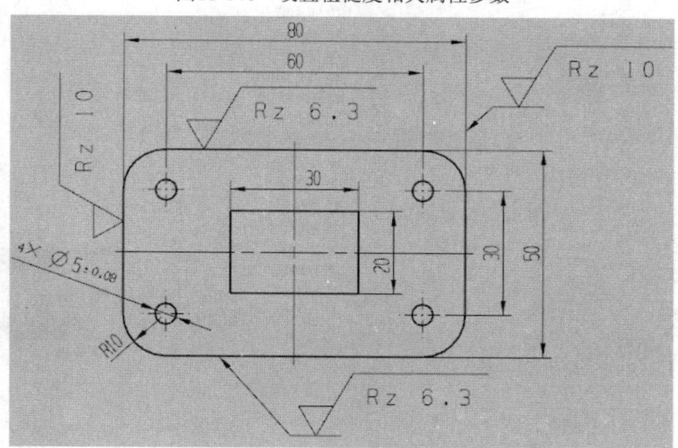

图10-148　插入表面粗糙度符号的示例

10.6.5 标注形位公差

加工后的零件不仅有尺寸误差，构成零件几何特征的点、线、面的实际形状或相互位置与理想几何体规定的形状和相互位置还不可避免地存在差异，这种形状上的差异便是形状公差，而相互位置的差异便是位置公差。形状公差和位置公差统称为形位公差。形位公差会影响机械产品的功能，在设计时应该规定相应的公差并按规定的标准符号标注在图样上。

形位公差符号大体由 3 大部分组成，即形位公差类型符号、形位公差值和形位公差的基准符号，如图 10-149 所示。其中，形位公差类型符号和形位公差值是必需的，而其他选项则是可选的。形位公差类型符号主要包括“直线度”—、“平面度”▱、“圆度”○、“圆柱度”⌭、“线轮廓度”⌒、“面轮廓度”⌓、“倾斜度”∠、“垂直度”⊥、“平行度”//、“位置度”⌖、“同轴度”◎、“对称度”⌯、“圆跳动”↗和“全跳动”⌰等。前 6 个属

于形状公差，其余属于位置公差。

图10-149　形位公差符号的组成

在“制图”应用模块中，使用“特征控制框”命令可以创建单行、多行或复合特征控制框，并可以将控制框附着到指定对象。使用“特征控制框”命令标注形位公差的一般方法步骤如下。

1 在“注释”面板中单击“特征控制框”按钮，或者选择“菜单”/“插入”/“注释”/“特征控制框”命令，弹出图 10-150 所示的“特征控制框”对话框。

2 在“设置”选项组中单击“设置”按钮，弹出“设置”对话框，如图 10-151 所示。从中对“文字”“层叠”和“GDT”进行相应样式设置，然后单击“关闭”按钮，返回到“特征控制框”对话框。此步骤为可选步骤。

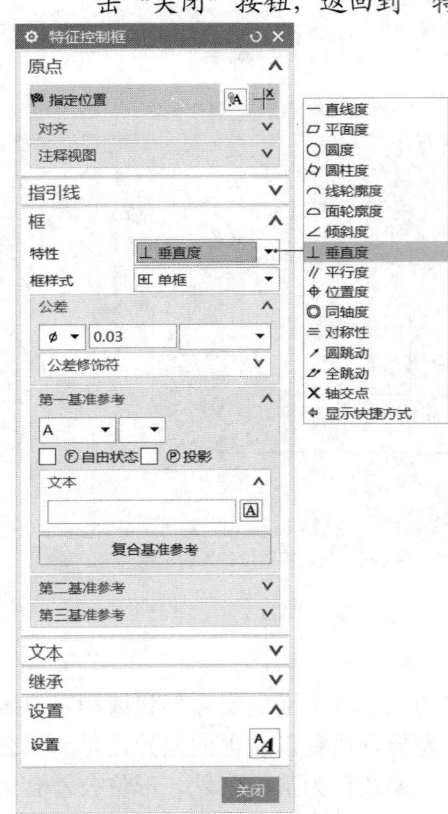

图10-150　“特征控制框”对话框

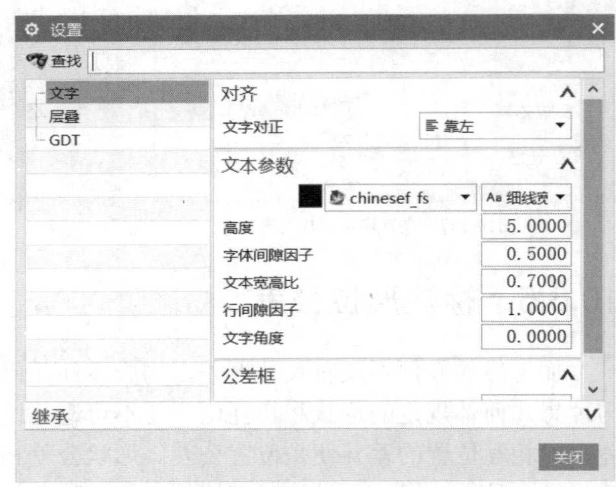

图10-151　“设置”对话框

3 在“框”选项组的“特性”下拉列表框中选择一个公差特性符号，如图 10-152 所示。接着在“框样式”下拉列表框中选择“单框”选项或“复合框”选项，通常选择“单框”选项。

4 在“框”选项组的“公差”子选项组中设置公差值的前缀符号（如“直径”Ø、“球径”SØ、“正方形”□等）、公差值和后缀符号（如“最小实体状

态”Ⓛ、“最大实体状态”Ⓜ、“不考虑特征大小”Ⓢ等），需要时可添加公差修饰符；在“第一基准参考”子选项组中选择基准符号、基准后缀符号等，如图 10-153 所示。形位公差的基准符号是可选的，一般来说形状公差可不需要基准，位置公差则需要基准，基准符号为大写的英文字母 A、B、C、D 等。如果需要，可以继续设置第二基准参考和第三基准参考。

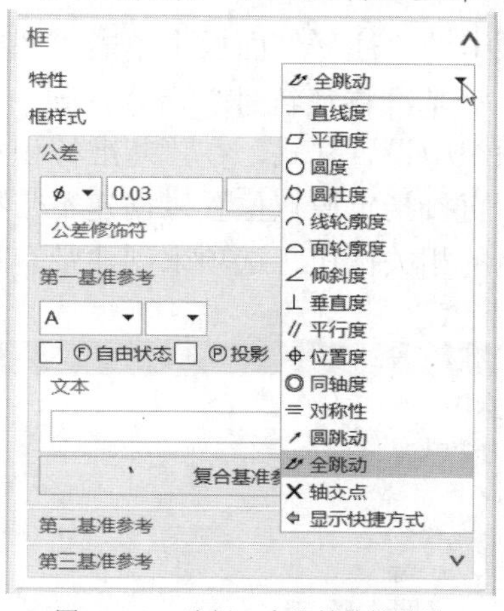

图10-152　选择一个公差特性符号

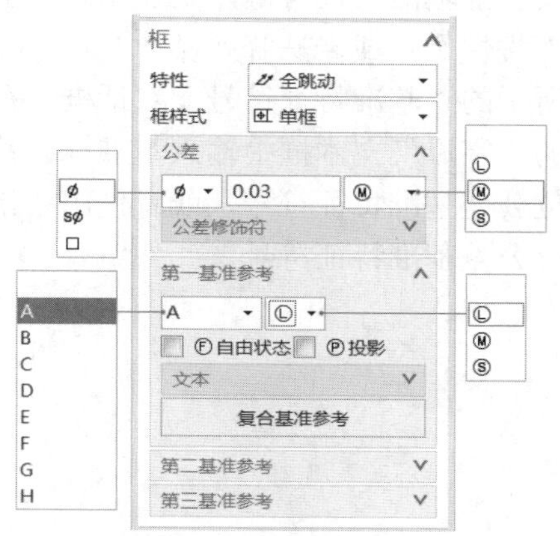

图10-153　设置公差与基准参考

5 指定原点位置，或者按住并拖动对象以创建指引线。对于要求有指引线的形位公差，还可以在“特征控制框”对话框中展开“指引线”选项组，设置指引线类型和相关样式，如图 10-154 所示。单击“选择终止对象”按钮选择终止对象，并在合适的位置处单击以放置特征控制框。

6 在“特征控制框”对话框中单击“关闭”按钮。

在图 10-155 所示的示例中，创建有一个平面度。读者可以打开范例配套练习文件“\DATA\CH10\BC_10_6_5a.prt”进行上机操作练习。

图10-154　“指引线”选项组

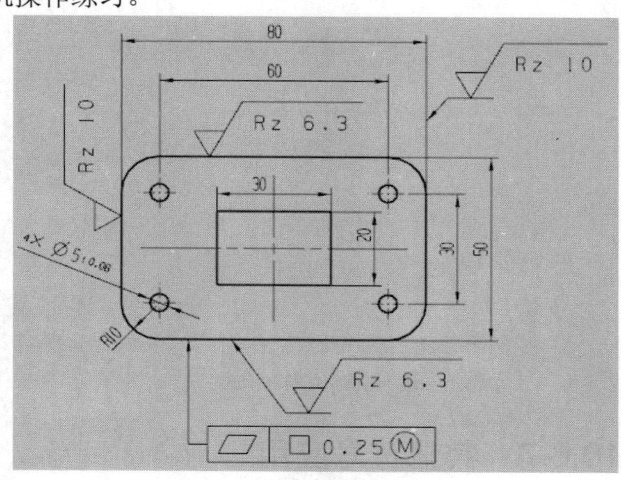

图10-155　创建平面度的示例

10.6.6　基准特征符号

NX 11“制图”应用模块中的“基准特征符号”命令，用于创建带有指引线或不带指引线的形位公差基准特征符号，以便在图纸上指明基准特征。基准特征符号的典型示例如图 10-156 所示。

要创建基准特征符号，则在功能区的“主页”选项卡的“注释”面板中单击“基准特征符号”按钮，或者选择“菜单”/“插入”/“注释”/“基准特征符号”命令，弹出图 10-157 所示的“基准特征符号”对话框。在“设置”选项组中设置样式，在“基准标识符”选项组的“字母”文本框中输入基准标识符的字母，然后直接指定原点位置以创建不带指引线的形位公差基准特征符号，或者使用“指引线”选项组的相关按钮、选项来创建带有指引线的形位公差基准特征符号。

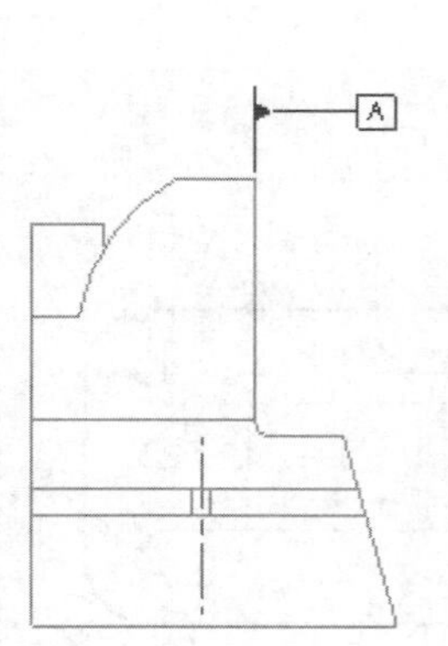

图10-156　基准特征符号示例

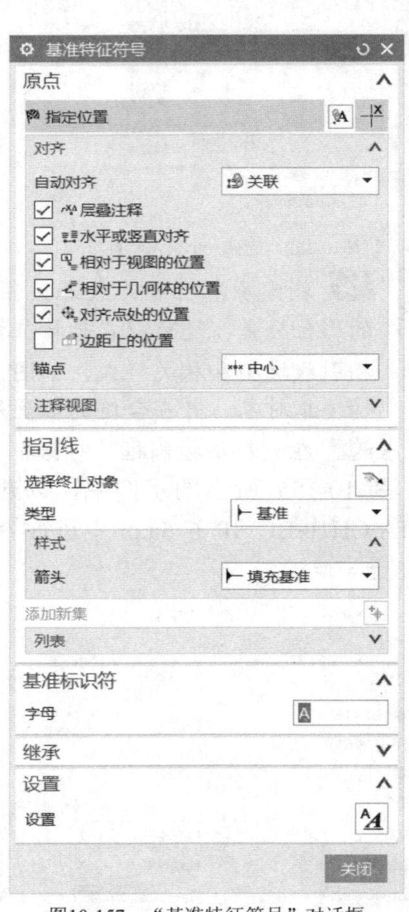

图10-157　“基准特征符号”对话框

10.6.7　其他符号应用

本小节介绍的其他符号包括基准目标、标识符号、目标点符号、相交符号和焊接符号。

一、基准目标

基准目标符号是一个圆，它分为上下两部分，下半部分包含基准字母和基准目标编号。对于面积类型的基准目标，可以将标识符放在符号的上半部分中，以显示目标面积形状和大小。

在 NX 11 的“制图”应用模块中，从“注释”面板中单击“基准目标”按钮，或者选择“菜单”/“插入”/“注释”/“基准目标”命令，打开图 10-158 所示的“基准目标”对话框。从“类型”选项组的“类型”下拉列表框中选择基准目标的类型选项（可供选择的类型选项有“点”“直线”“矩形”“圆形”“环形”“球形”“圆柱形”和“任意”），并分别设置目标参数和样式，指定指引线和原点等，即可在部件上创建基准目标符号，以指明部件上特定于某个基准的点、线或面积。图 10-159 所示的基准目标 A1 是一个创建在某部件上的圆基准目标，在其符号的上半部分有直径标识符和大小。

图10-158 “基准目标”对话框

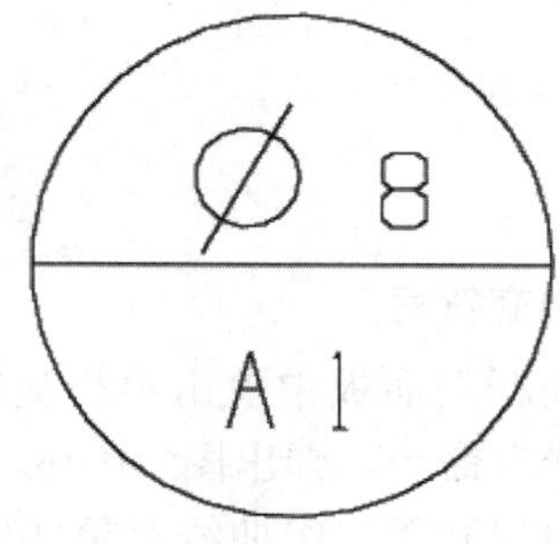

图10-159 基准目标 A1

二、标识符号

使用“符号标注”按钮，可以在图纸上创建和编辑标识符号，标识符号可作为单独符号创建。

在“注释”工具栏中单击“符号标注”按钮，或者选择“菜单”/“插入”/“注释”/“符号标注”命令，弹出图 10-160 所示的“符号标注”对话框。分别指定符号类型、文本、大小和放置等即可创建带或不带指引线的标识符号。

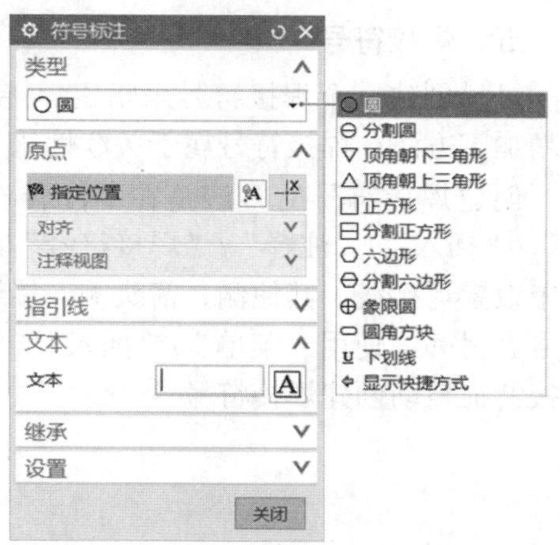

图10-160 “符号标注”对话框

三、目标点符号

在 NX 11 制图环境中，可以创建 ANSI 标

准目标点符号，如果将该符号放在现有的一个对象上，NX 会将该符号对中在离所选位置最近的对象上，如果目标点放置得不够近以致无法捕捉现有数据，则将在屏幕位置创建这些目标点。目标点与模型几何体是关联的，如果几何体发生更改，则目标点也更新到其关联几何体的新位置。

在“注释”面板中单击“目标点符号”按钮✕，或者选择“菜单”/“插入”/“注释”/“目标点符号”命令，弹出图 10-161 所示的“目标点符号”对话框。分别设置尺寸、样式，以及指定位置等，即可创建可用于进行尺寸标注的目标点符号。当创建到目标点的尺寸时，尺寸将与目标点的中心相关联，如果移动目标点，则尺寸将自动更新。

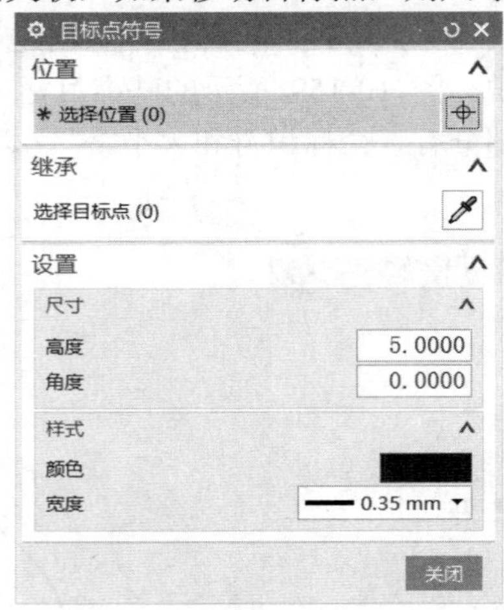

图10-161　“目标点符号”对话框

四、相交符号

在“注释”面板中单击“相交符号”按钮，或者选择“菜单”/“插入”/“注释”/“相交符号”命令，弹出图 10-162 所示的“相交符号”对话框。使用此对话框分别指定第一组曲线对象和第二组曲线对象（所选的两组曲线对象必须是直线或圆弧），并进行相应的设置等来创建相交点符号，该符号可代表拐角上的证示线（证示线通过两对象的相交点或延伸相交点）。

五、焊接符号

可以创建一个焊接符号来指定焊接参数，如类型、轮廓形状、大小、长度和/或间距以及精加工方法。焊接符号属于关联性符号，在模型发生变化或标记过时时会重新放置。

创建焊接符号的方法是在“注释”面板中单击“焊接符号”按钮，或者选择“菜单”/“插入”/“注释”/“焊接符号”命令，弹出图 10-163 所示的“焊接符号”对话框，从中设置焊接线、其他侧、箭头侧、接缝、继承、样式、焊接间距因子、原点等来创建焊接符号。另外，使用“菜单”/“插入”/“注释”/“自动焊接符号”命令，可为部件中的所有焊接特征自动创建焊接符号。

图10-162　“相交符号”对话框

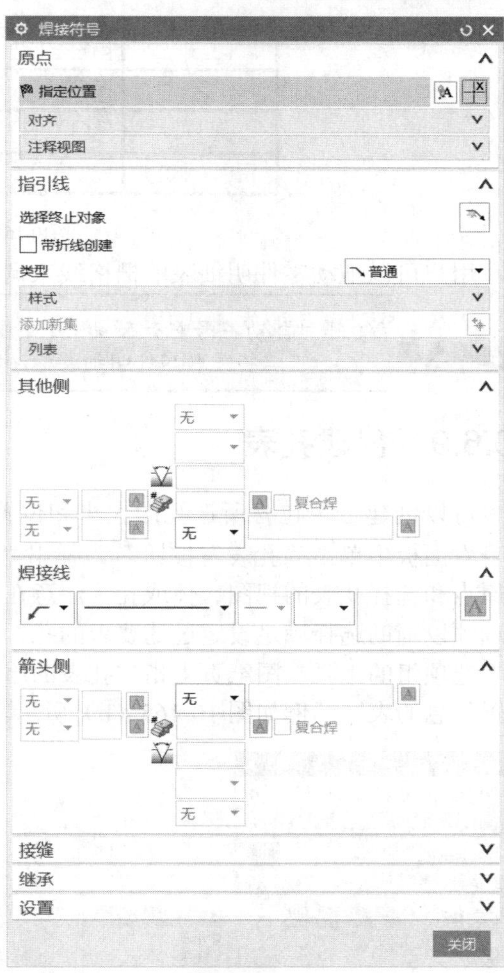

图10-163　“焊接符号”对话框

10.6.8　创建零件明细表

零件明细表是直接从装配导航器中列出的组件派生而来的，主要用来表示装配的物料清单。创建零件明细表其实是创建用于装配的物料清单。在 NX 11 中，可以将零件明细表设置为随着装配变化自动更新，或将零件明细表限制为进行按需更新，根据需要锁定单件或重新为其编号；可以自动创建标注编号，使其随零件明细表的变化而更新，还可以创建零件明细表模板以实现零件明细表外观的标准化和控制。

要创建零件明细表，则在“制图”应用模块中选择“菜单”/“插入”/“表”/“零件明细表”命令，或者在功能区的“主页”选项卡的“表”面板中单击“零件明细表”按钮，接着将零件明细表拖动到所需位置单击以放置零件明细表。创建的零件明细表如图 10-164 所示，其中第 1 列为部件号，第 2 列为部件名称，第 3 列为部件数量。

3	BC_8_FL_GL	1
2	BC_8_FL_GZ	1
1	BC_8_FL_ZJ	2
PC NO	PART NAME	QTY

图10-164　零件明细表

用户可以拖动零件明细表的栅格线来调整列大小。

使用“自动符号标注”命令(对应的工具为“表”面板中的“自动符号标注”按钮)，可以将关联零件明细表标注（如序号）添加到图纸的一个或多个视图中。

10.6.9　创建孔表

可以创建一个包含所选孔的大小和位置的表，其方法是在功能区的“主页”选项卡的“表”面板中单击“孔表”按钮，弹出“孔表”对话框，如图 10-165（a）所示，指定参考原点和选择孔表的视图、体或孔，注意在“参考”选项组中可以为矩形选择设定直径过滤器选项以辅助选择满足设定过滤要求的孔，可根据需要指定基线和设置孔表样式，利用“原点”选项组的工具在图纸页上指定孔表的原点放置位置，便可创建一个包含所选孔的大小和位置信息的表，示例如图 10-165（b）所示。

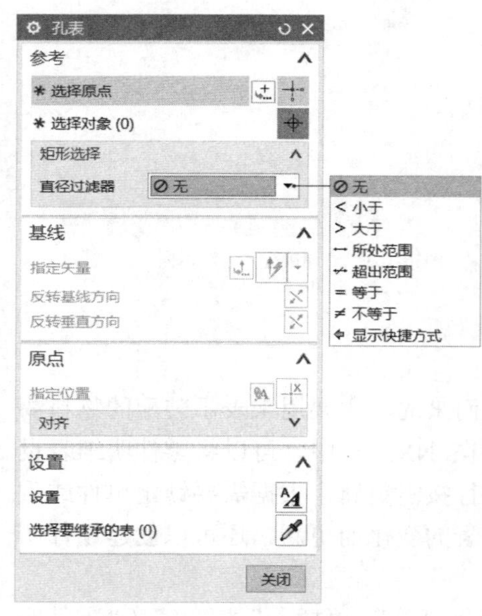

（a）“孔表”对话框

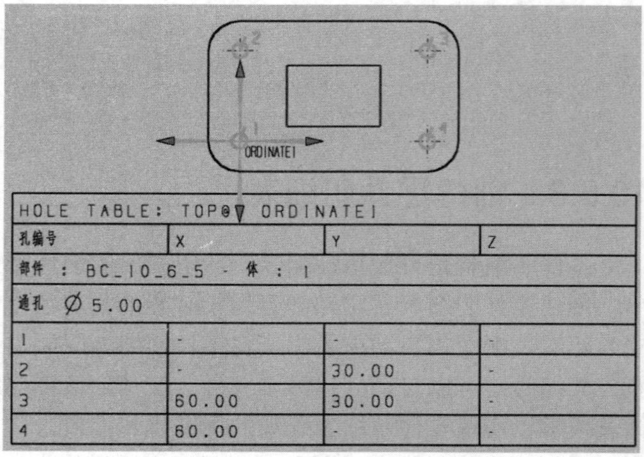

HOLE TABLE: TOP@▼ ORDINATE1			
孔编号	X	Y	Z
部件 : BC_10_6_5 - 体 : 1			
通孔 ∅5.00			
1	-	-	-
2	-	30.00	-
3	60.00	30.00	-
4	60.00	-	-

（b）创建孔表示例

图10-165　“孔表”对话框及孔表创建示例

10.6.10　绘制表格

在制图过程中有时要绘制表格，以节省图纸空间，并提高可读性。下面主要介绍表格注

释的应用及其相关编辑操作。

一、创建表格注释

使用“表格注释”命令，可以在图纸中创建和编辑信息表格，表格注释通常用于定义部件系列中相似部件的尺寸值。创建表格注释的一般操作方法如下。

1 在“表”面板中单击“表格注释”按钮，或者选择“菜单”/“插入”/“表”/“表格注释”命令，打开图 10-166 所示的“表格注释”对话框。

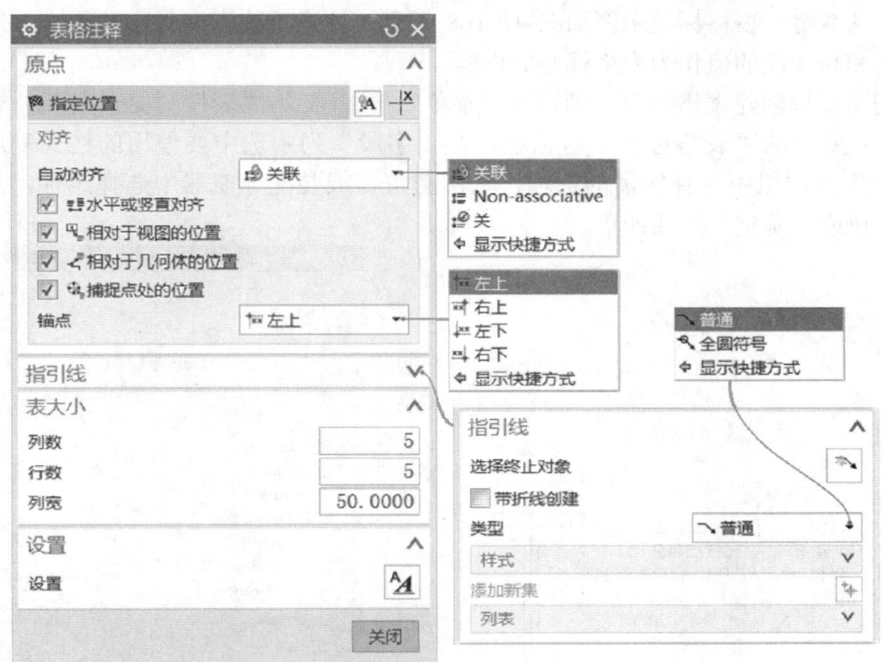

图10-166 “表格注释”对话框

2 在“指引线”选项组中，选择终止对象以启动指引线，然后指定指引线样式。此步骤为可选步骤。注意通常不需要启用指引线。

3 在“表大小”选项组中设置列数、行数和列宽。初始默认的列数为 5，行数为 5，列宽为 50。

4 确保“原点”选项组中的“指定位置”按钮处于被选中的状态，系统提示指定原点或按住并拖动对象以创建指引线。在“原点”选项组中展开“对齐”子选项组，从中可选择自动对齐选项（如“关联”“非关联 Non-associative”或“关”），设定“水平或竖直对齐”复选框、“相对于视图的位置”复选框、“相对于几何体的位置”复选框和“捕捉点处的位置”复选框的状态，从“锚点”下拉列表框中选择“左上”“右上”“左下”或“右下”选项。此时可以将该表拖到图纸页上所需位置并单击以放置表格注释，或者在“原点”选项组中单击“原点工具”按钮，利用弹出的“原点”对话框来定义原点位置。定义新表格注释的原点位置后，表格注释显示如图 10-167 所示（以系统默认表格为 5 行 5 列为例）。

5 可以继续指定原点位置来创建表格注释。创建好所需表格注释后，在“表格注释”对话框中单击“关闭”按钮。

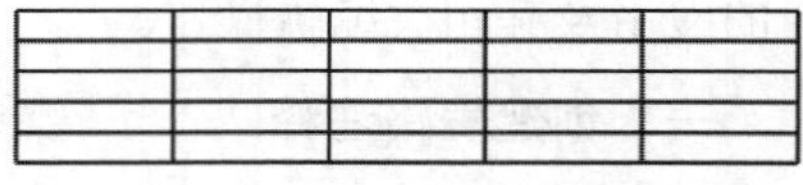

图10-167　插入的新表格注释

二、表格标签

表格标签提供一种方式，使用 XML 表格标签模板一次为一个或多个对象自动创建表格样式的标签。例如，使用“表格标签”功能在船舶设计对象上放置表格标签，如管道通路、流动细节、法兰等。表格标签示例如图 10-168 所示。注意系统查询所选对象的 NX 属性，并使用名称和相关联的值作为表格标签的内容。

要从制图模块创建表格标签，则选择“菜单”/“插入”/“表”/“表格标签”命令，弹出图 10-169 所示的“表格标签”对话框。在“字段”列中选中要使用的格式复选框，从“表格格式”选项组中选择所需的选项，从图形窗口或装配导航器中选择组件，然后单击“应用”按钮或“确定”按钮即可。

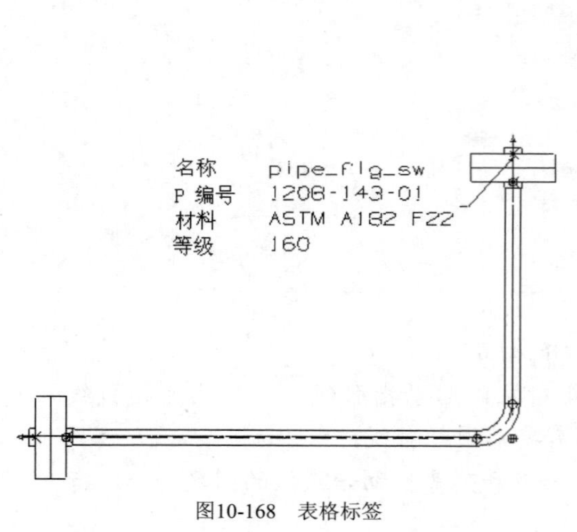

图10-168　表格标签

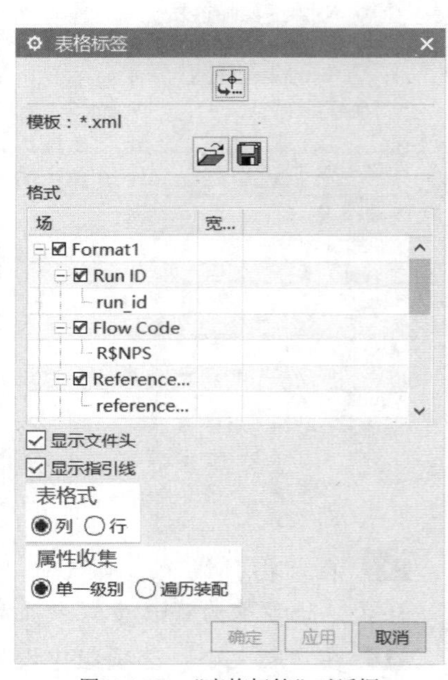

图10-169　“表格标签”对话框

三、表格的相关编辑

表格注释初步创建之后，用户可以根据实际情况对表格（包括其单元格）进行如下一些编辑操作。

- 选中表格注释区域时，在新表格注释的左上角有一个移动手柄图标，用户可以按住鼠标左键来拖动该移动手柄，使表格注释随之移动，当移动到合适的位置后，释放鼠标左键即可将表格注释放置到图纸页中合适的位置。
- 使用鼠标来快速调整表格行和列的大小。
- 双击选定的单元格，出现一个屏显文本框，在该文本框中输入注释文本，如图 10-170 所示，确认后即可在该单元格中完成注释文本输入。使用此方法同样可以编辑选定单元格中的注释文本。

- 使用注释编辑器（“文本”对话框）编辑选定单元格中的文本，其方法是先选择要编辑的表格注释文本，接着在“表”面板中单击“更多”/“编辑文本”按钮，打开图 10-171 所示的“文本”对话框，从中进行相关的编辑操作。

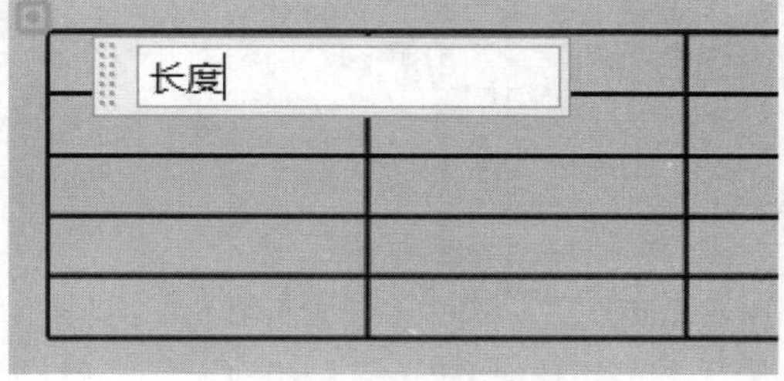

图10-170　输入表格单元格中的文本

图10-171　使用“文本”对话框编辑文本

- 如果要合并单元格，则可在表格注释中选择一个单元格，按住鼠标左键不放并移动，移动范围包括用户要合并的单元格，选择要合并的单元格后单击鼠标右键并从快捷菜单中选择“合并单元格”命令，从而完成指定单元格的合并。
- 右击合并后的单元格并从快捷菜单中选择“取消合并单元格”命令，可以将所选单元格还原成合并之前的初始状态。在取消合并单元格后，合并单元格中的文本被还原到该范围中左上角的单元格中。
- 可以在表格中插入空行或空列等：在选定行的上方插入行；在选定行的下方插入行；在选定列的左边插入一列；在选定列的右边插入一列；插入标题行。
- 使用“表”面板中的“更多”/“粗体”按钮，可以将选定单元格中的文本更改为使用粗体字；使用“表”面板中的“更多”/“斜体”按钮，可以将选定单元格中的文本更改为使用斜体字。
- 使用“排序”按钮，可以按列值对选定的表格或部件列表进行排序。
- 使用“附加/拆离行”按钮，可将选定的行附加至父行或整个部件列表，或从父行或整个部件列表拆离选定的行。
- 可以使用电子表格来编辑表格注释，系统将该表格注释转换为同部件一起保存的电子表格格式。

10.7　本章综合设计范例

本节介绍一个工程图设计综合案例，该案例为已有泵盖零件建立一个使用标准公制模板的零件工程图。该案例关联的泵盖零件的三维实体模型效果如图 10-172 所示，由泵盖模型完成的工程图参考效果如图 10-173 所示。

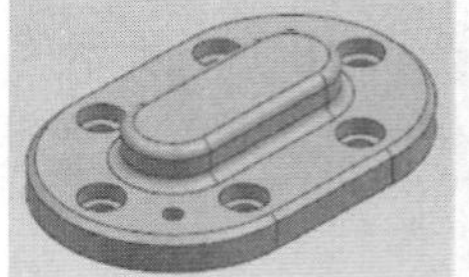

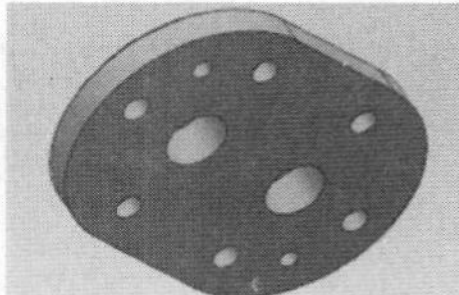

图10-172　案例使用的泵盖三维模型

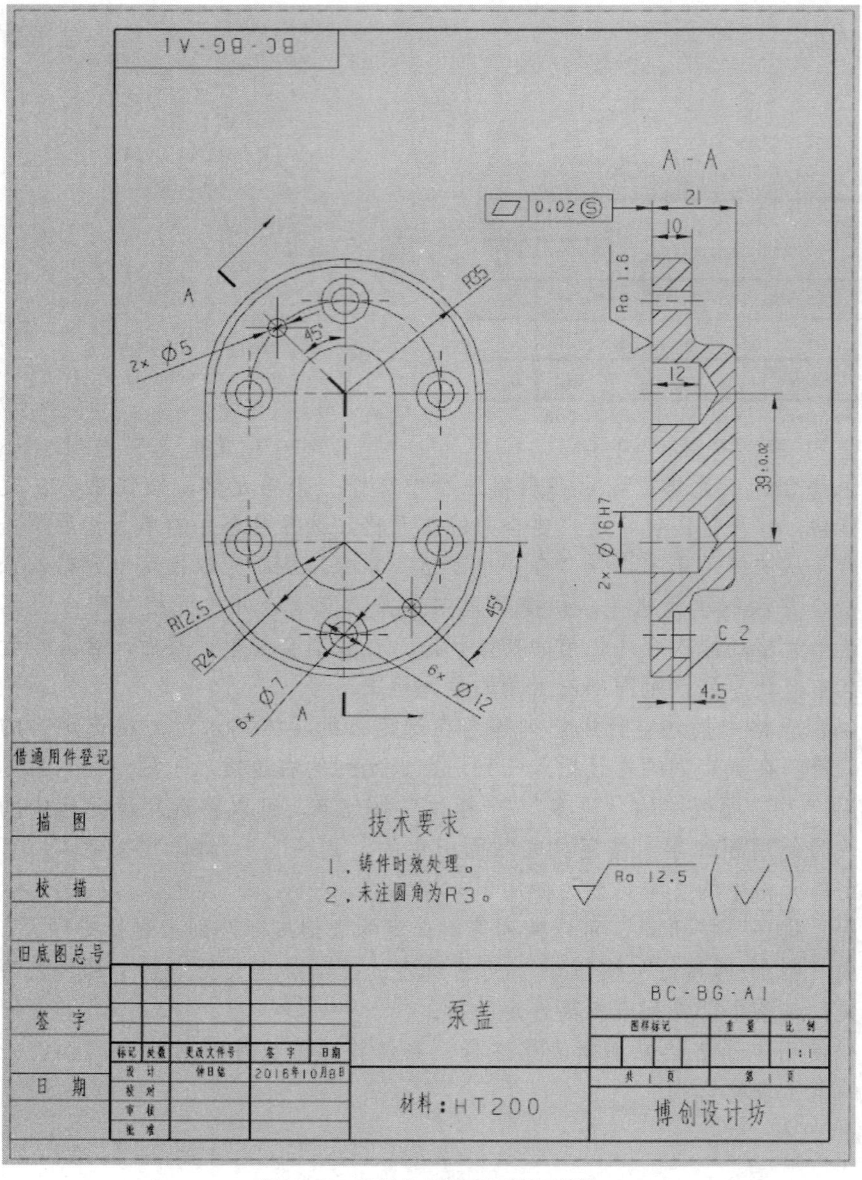

图10-173　案例完成的泵盖零件工程图

读者通过该综合案例主要学习如何使用公制模板（不必再进行相关工程图参数预设）建立工程图，掌握主视图和相应剖视图的建立方法，学习创建螺栓圆中心线的方法，复习图样标注等相关知识，并初步学习如何填写标题栏等。

该综合案例的具体设计步骤如下。

一、新建一个图纸模型文件

1 在“快速访问”工具栏中单击“新建”按钮，或者按“Ctrl+N”快捷键，系统弹出“新建”对话框。

2 切换到“图纸”选项卡，从“模板”选项组的“过滤器”区域内的“关系”下拉列表框中选择“全部”选项，默认单位选项为“毫米”，接着从“模板”列表中选择名称为“A4-无视图”的模板，在“新文件名”选项组的“名称”文本框中输入“bc_10_fl_dwg1.prt”，并指定要保存到的文件夹（即指定保存路径），如图 10-174 所示。

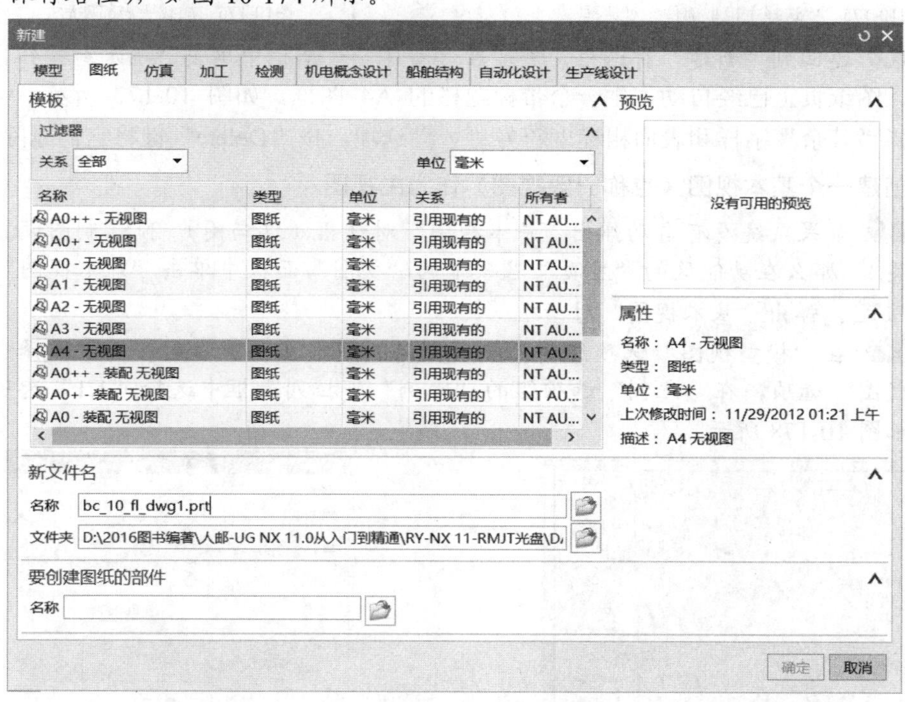

图10-174 选择图纸模板等

3 在“要创建图纸的部件”选项组中单击“打开”按钮，弹出图 10-175 所示的“选择主模型部件”对话框。在该对话框中继续单击“打开”按钮并利用弹出的“部件名”对话框选择本书配套的“bc_10_7_fl.prt”部件文件，单击“OK”按钮，返回到“选择主模型部件”对话框。此时已加载的该部件名称显示在“已加载的部件”列表框中，并且默认为被选中的状态，如图 10-176 所示，然后单击该对话框中的“确定”按钮。

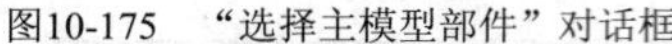

图10-175　“选择主模型部件”对话框

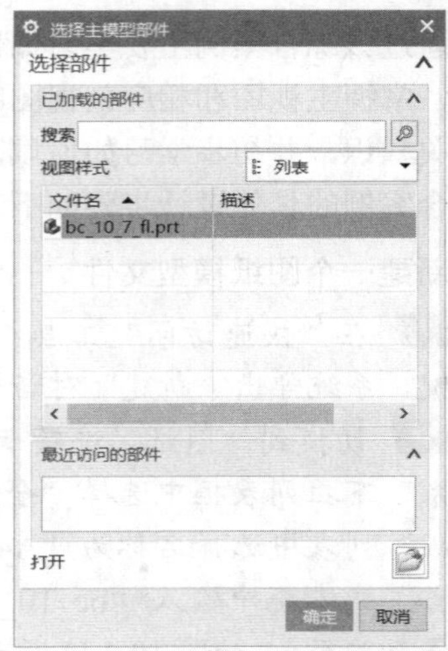

图10-176　加载所需部件后

4 返回到“新建”对话框，然后在“新建”对话框中单击“确定”按钮。

此时，图纸页上已经自动产生一个带标题栏的 A4 图框，如图 10-177 所示。可以在图纸页上选择“其余”字样和表面粗糙度符号“√”选项，按“Delete”键将它们删除。

二、创建一个基本视图（也称一般视图）作为主视图

1 如果系统没有自动弹出“基本视图”对话框（这与用户 NX 制图设置有关），那么在功能区的“主页”选项卡的“视图”面板中单击“基本视图”按钮，弹出“基本视图”对话框。

2 在“模型视图”选项组的“要使用的模型视图”下拉列表框中选择“俯视图”选项，在“比例”选项组的“比例”下拉列表框中选择“1:1”选项，如图 10-178 所示。

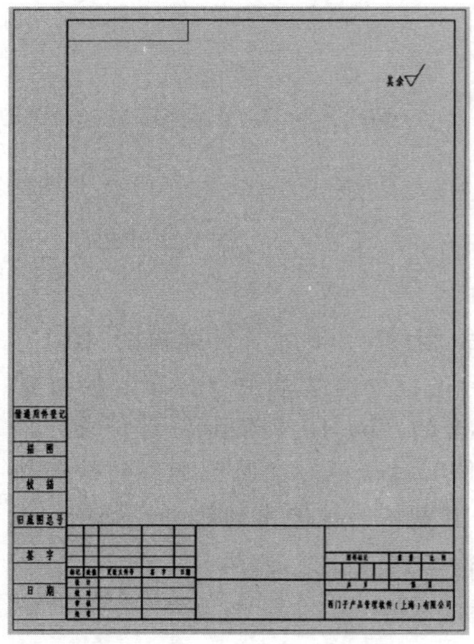

图10-177　自动生成一个 A4 图框

图10-178　设置基本视图相关参数

3 在图纸图框内希望的位置处单击以在该位置放置视图，如图 10-179 所示。

4 若系统自动弹出图 10-180 所示的“投影视图”对话框来取代“基本视图”对话框，则直接在“投影视图”对话框中单击“关闭”按钮。

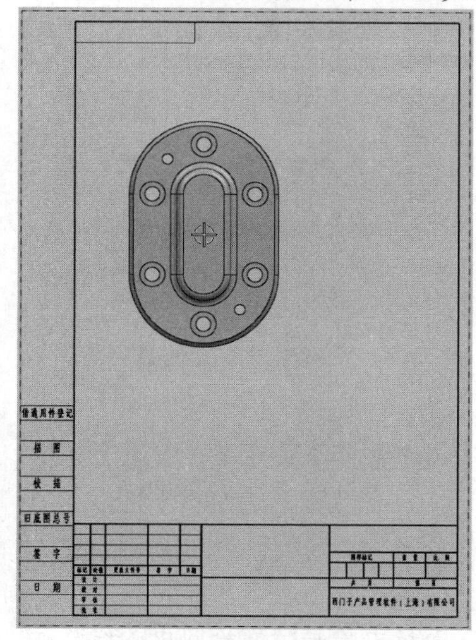

图10-179　指定放置视图的位置

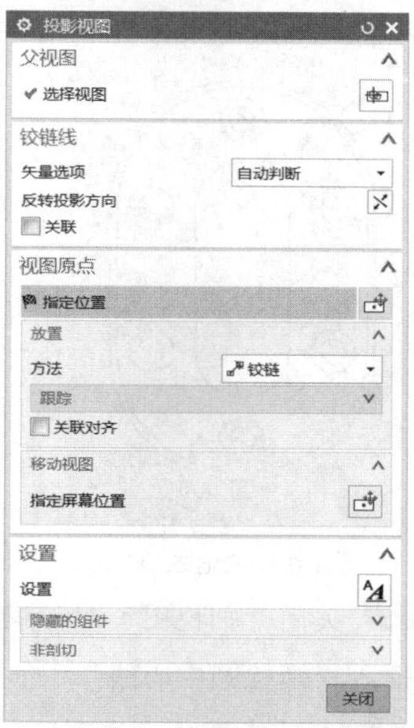

图10-180　“投影视图”对话框

三、创建旋转剖视图

1 在功能区的“主页”选项卡的“视图”面板中单击“剖视图”按钮，弹出“剖视图”对话框，接着从“截面线”选项组的“定义”下拉列表框中选择“动态”选项，从“方法”下拉列表框中选择“旋转”选项，另外在“铰链线”选项组的“矢量选项”下拉列表框中选择“自动判断”选项，并选中“关联”复选框。

2 在“父视图”选项组中单击“选择视图”按钮，选择基本视图作为父视图。

3 确保处于指定旋转点状态，选择一个旋转点，如图 10-181 所示。

4 为第一段选择一个点（指定支线 1 位置），如图 10-182 所示。

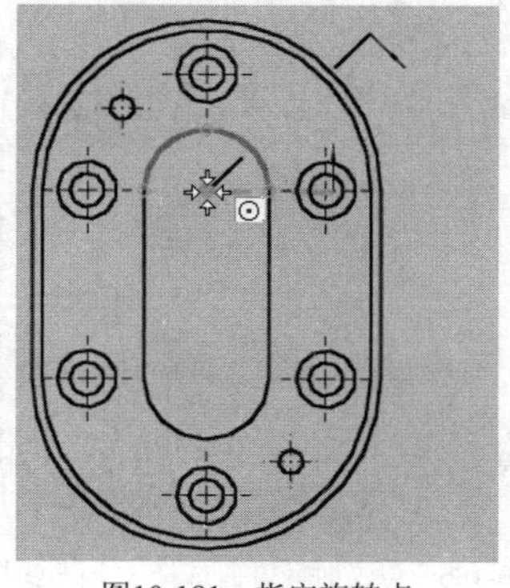

图10-181　指定旋转点

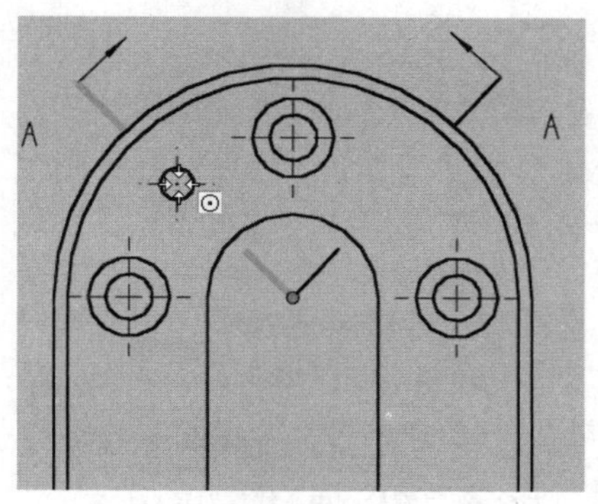

图10-182　为第一段选择一个圆心点

5 选择图 10-183 所示的圆心作为第二段的点，即指定支线 2 位置。

6 在“视图原点”选项组的“放置”子选项组中，从“方法”下拉列表框中选择“铰链”或“水平”选项，使用鼠标指针将旋转剖视图移动到主视图的右侧区域，接着在所需位置处单击以放置该视图，结果如图 10-184 所示。

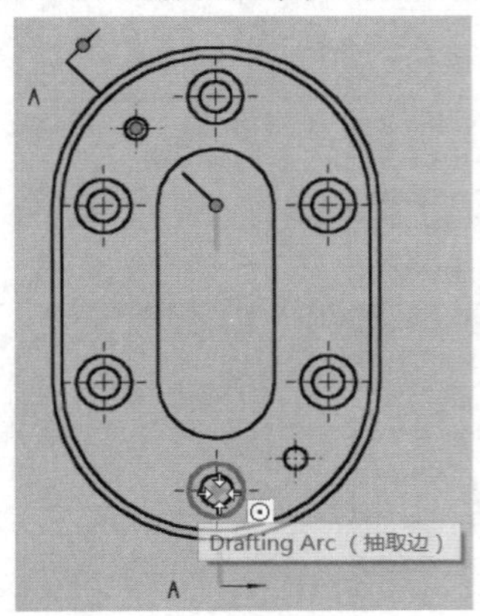

图10-183　指定第二段的点

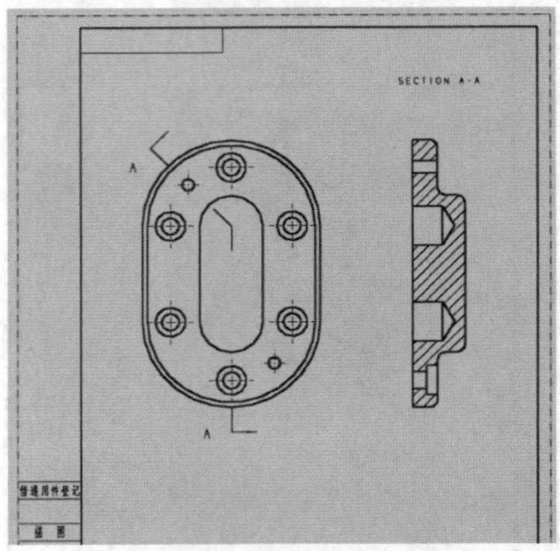

图10-184　放置旋转剖视图

7 关闭“剖视图”对话框。

四、插入“螺栓圆中心线”

1 在功能区的“主页”选项卡的“注释”面板中单击“螺栓圆中心线”按钮，弹出“螺栓圆中心线”对话框。

2 在“类型”选项组的“类型”下拉列表框中选择“通过 3 个或更多点”选项，在“放置”选项组中取消选中“整圆”复选框，在“设置”选项组中设置缝隙、虚线和延伸尺寸，如图 10-185 所示。

3 以逆时针方向依次选择图 10-186 所示的圆心 1、圆心 2 和圆心 3。

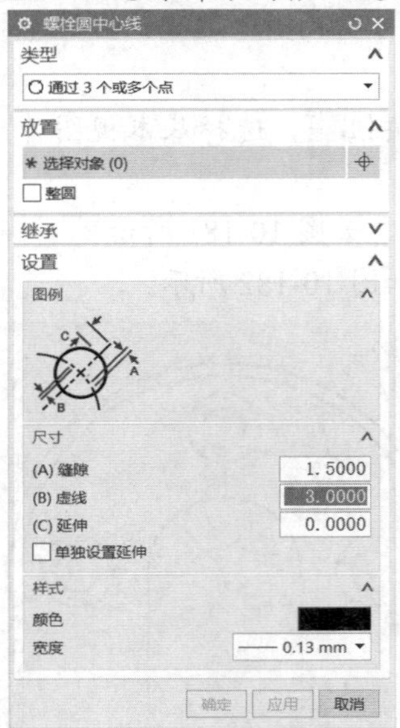

图10-185　在“螺栓圆中心线”对话框设置选项

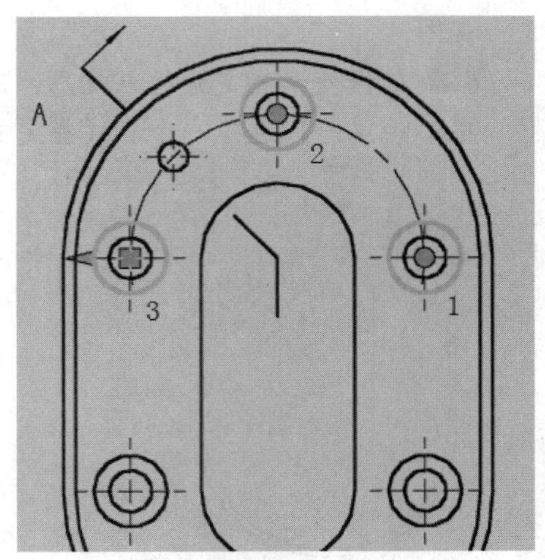

图10-186　以逆时针方向选择 3 个圆心点

4 在“螺栓圆中心线”对话框中单击“应用”按钮。

5 按照逆时针方向依次选择图 10-187 所示的圆心 4、圆心 5 和圆心 6，然后在“螺栓圆中心线”对话框中单击“确定”按钮。

也可以单击“注释”面板中的“圆形中心线”按钮◌来创建通过点的不完整圆形中心线。

五、创建 2D 中心线

1 在功能区的“主页”选项卡的“注释”面板中单击“2D 中心线”按钮⊕，打开“2D 中心线”对话框。

2 在“类型”选项组的“类型”下拉列表框中选择“从曲线”选项，在“设置”选项组的“尺寸”子选项组中设置缝隙值为 1.5，虚线值为 3，延伸值为 3，如图 10-188 所示。

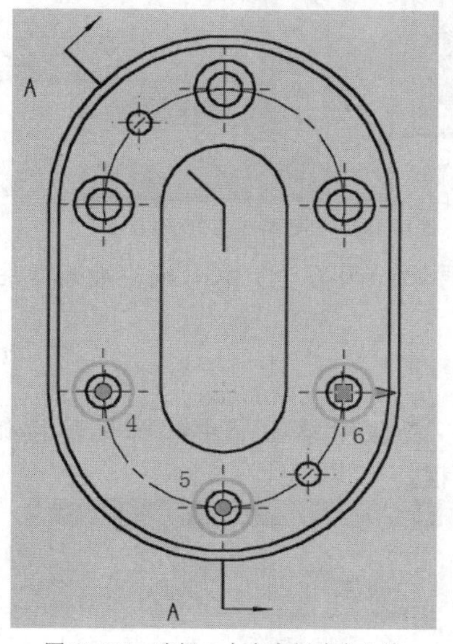

图10-187　选择 3 个点来创建中心线

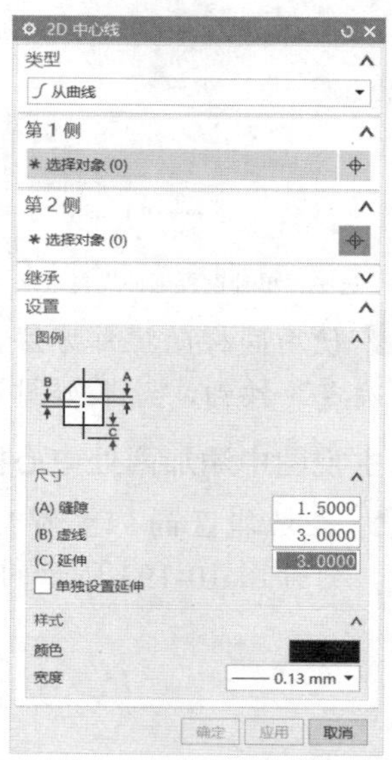

图10-188　“2D 中心线”对话框

3 “第 1 侧”选项组中的“选择对象”按钮⊕处于激活状态，选择图 10-189（a）所示的线段作为第 1 侧对象；“第 2 侧”选项组中的“选择对象”按钮⊕自动变为激活状态，选择选择图 10-189（b）所示的线段作为第 2 侧对象。

4 单击“应用”按钮，创建的 2D 中心线如图 10-189（c）所示。

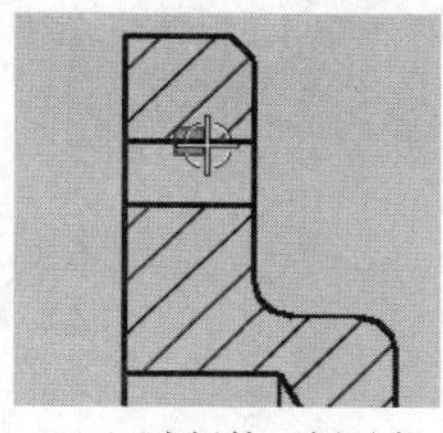

（a）选择第 1 侧对象

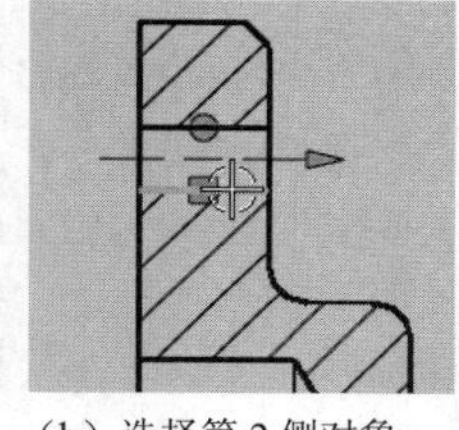

（b）选择第 2 侧对象

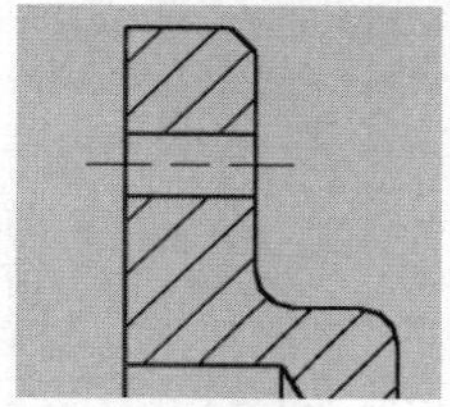

（c）创建的 2D 中心线

图10-189　创建第 1 条 2D 中心线

5 在“设置”选项组的“尺寸”子选项组中选中“单独设置延伸”复选框，如图 10-190 所示。

6 分别指定第 1 侧曲线（边 1）和第 2 侧曲线（边 2），并通过拖动 2D 中心线右侧的箭头来延伸至合适的值，然后单击“应用”按钮。创建第 2 条 2D 中心线的图解示意如图 10-191 所示，注意单独调整 2D 中心线延伸的长度操作。

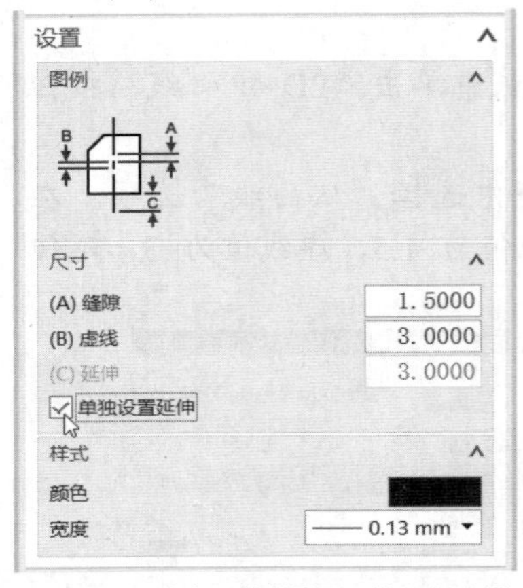

图10-190　选中“单独设置延伸”复选框

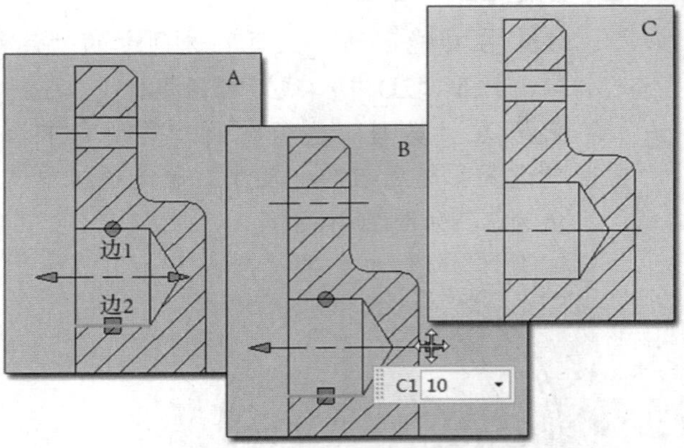

图10-191　创建第 2 条 2D 中心线

7 使用同样的操作方法，在旋转剖视图中再添加两条 2D 中心线，最后单击“确定”按钮，结果如图 10-192 所示。

六、在主视图中添加两处中心标记

1 在功能区的“主页”选项卡的“注释”面板中单击“中心标记”按钮 ⊕，打开图 10-193 所示的“中心标记”对话框。

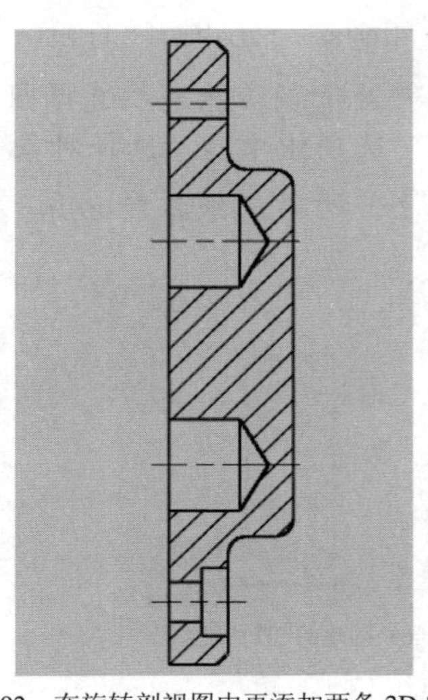

图10-192　在旋转剖视图中再添加两条 2D 中心线

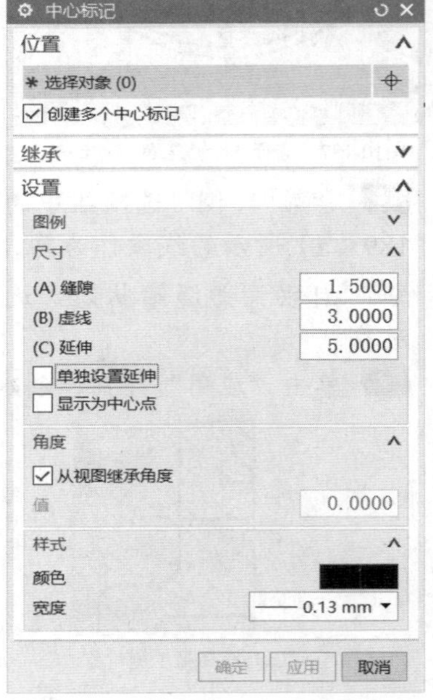

图10-193　“中心标记”对话框

2 在“位置”选项组中选中“创建多个中心标记”复选框，以及在“设置”选项组中设置相应的尺寸、角度和样式参数。

3 定义中心标记的位置，在主视图中选择相应的圆弧以指定其圆心作为中心标记的位置，一共定义两个中心标记，如图 10-194 所示。

4 在“中心标记”对话框中单击“确定”按钮。

七、在主视图中添加两条 2D 中心线

1 在功能区的“主页”选项卡的“注释”面板中单击“2D 中心线”按钮 ⊕，打开“2D 中心线”对话框。

2 在“类型”选项组的“类型”下拉列表框中选择“根据点”选项，接着在“偏置”选项组的“方法”下拉列表框中选择“无”选项，如图 10-195 所示。

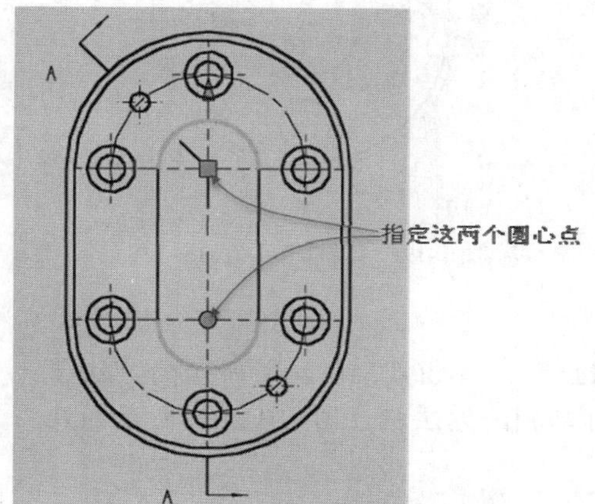

图10-194　定义中心标记的位置

图10-195　“2D 中心线”对话框

3 在“设置”选项组中，设置缝隙值为 1.5，虚线值为 3，选中“单独设置延伸”复选框，如图 10-196 所示。

4 在主视图中选择图 10-197 所示的圆心 1，接着选择圆心 2，并拖动中心线相应一端处的箭头来调整 C1 的延伸值，使得该延伸值为 0，而另一端的延伸值保持默认值。

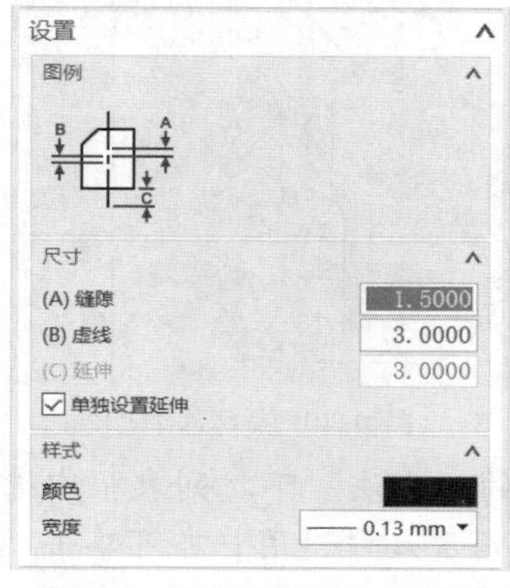

图10-196　设置图例尺寸、样式等

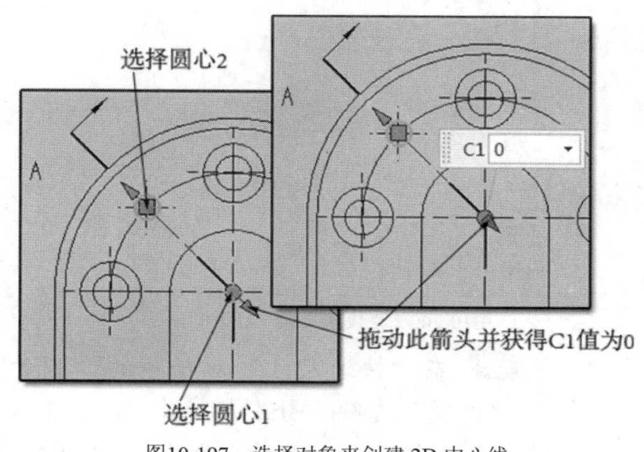

图10-197　选择对象来创建 2D 中心线

5 在“2D 中心线”对话框中单击“应用”按钮。

6 在主视图中再选择图 10-198 所示的两个圆心点，并单独设置其上端处的延伸值为 0。

7 在“2D 中心线”对话框中单击“确定”按钮。在主视图中根据指定点创建好两条 2D 中心线后的效果如图 10-199 所示。

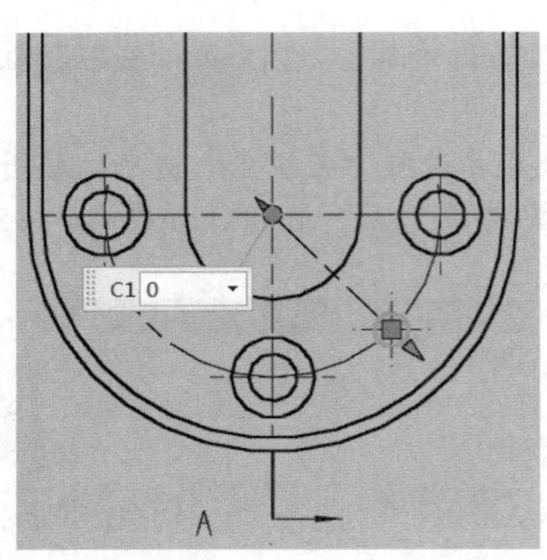

图10-198　根据指定点创建另一条 2D 中心线

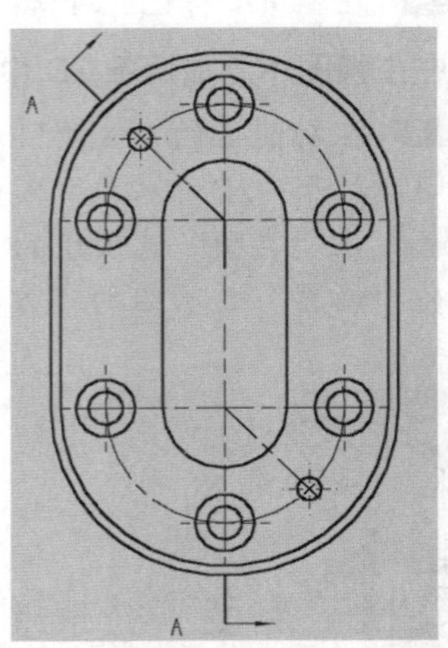

图10-199　添加好中心线的主视图

八、尺寸标注

1 在“尺寸”面板中单击“快速”按钮，弹出图 10-200 所示的“快速尺寸”对话框，在旋转剖视图中分别以自动判断方法标注图 10-201 所示的几个线性尺寸。

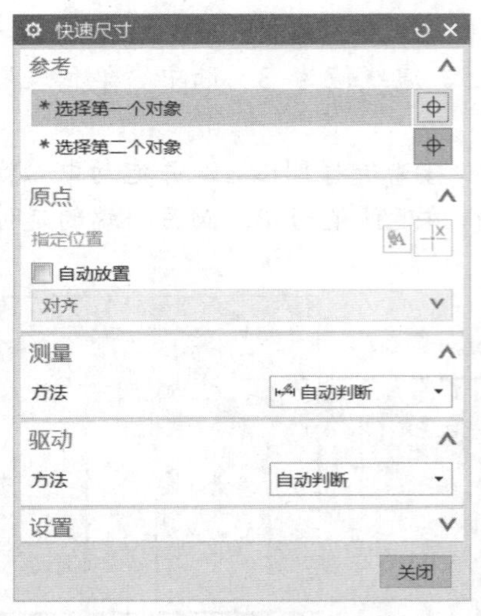

图10-200　“快速尺寸”对话框

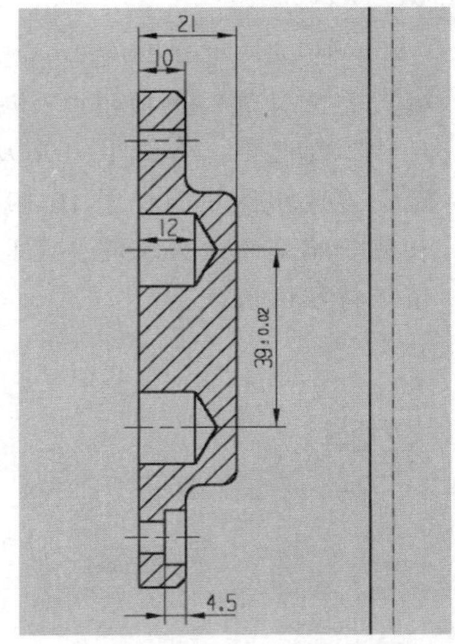

图10-201　标注尺寸

2 在“快速尺寸”对话框的“测量”选项组的“方法”下拉列表框中选择“角度”选项，分别标注图 10-202 所示的两个角度尺寸。用户亦可单击“尺寸”面板中的“角度”按钮来创建这两个角度尺寸。

3 在“尺寸”面板中单击“径向”按钮，弹出“径向尺寸”对话框，从“测量”选项组的“方法”下拉列表框中选择“径向”选项，分别标注图 10-203 所示的 3 个半径尺寸。

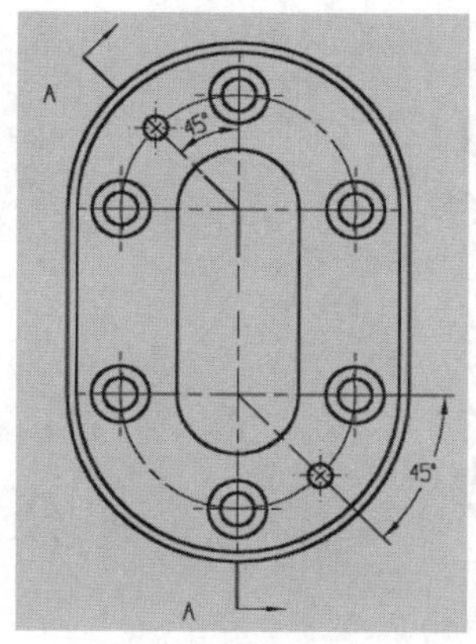

图10-202　标注两个角度尺寸

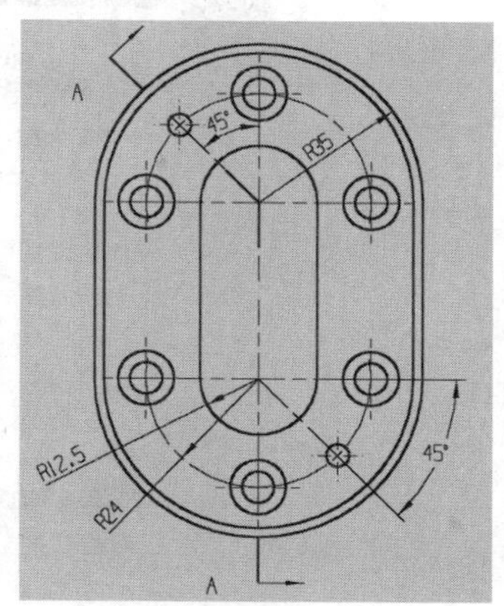

图10-203　标注 3 个半径尺寸

4 在“径向尺寸”对话框的“测量”选项组的“方法”下拉列表框中选择“直径”选项，在主视图中分别标注图 10-204 所示的 3 个直径尺寸，每个直径尺寸都添加前缀表示孔的个数（可通过尺寸编辑来完成）。

创建好相关的直径尺寸后，要为选定的直径尺寸添加前缀，那么可以双击它，接着在出现的屏显属性编辑栏中单击“编辑附加文本”按钮A，弹出“附加文本”对话框，从“文本位置”下拉列表框中选择“之前”选项，在“文本输入”文本框中输入数量并单击“插入数量”按钮X，然后单击“关闭”按钮。

5 在“尺寸”面板中单击“线性”按钮，弹出“线性尺寸”对话框，在“尺寸集”选项组的“方法”下拉列表框中选择“无”选项，在“测量”选项组的“方法”下拉列表框中选择“圆柱式”选项，取消选中“使用基线”复选框，在旋转剖视图中标注一个带数量前缀“2×”的表示内孔直径的圆柱尺寸，接着双击此尺寸，添加后缀为“H7”，从而得到带后缀的该圆柱尺寸，如图 10-205 所示。

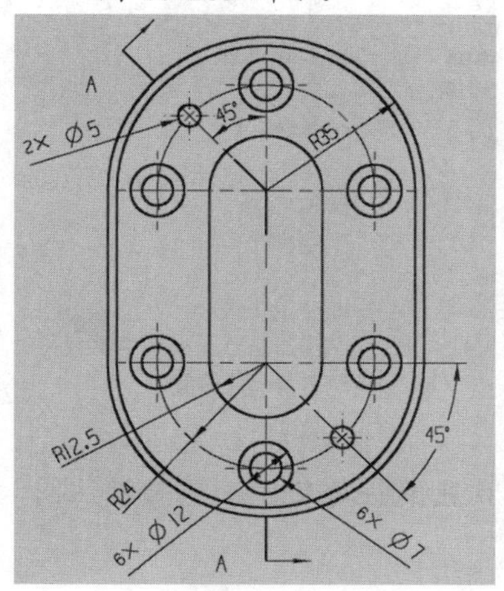

图10-204　标注直径尺寸

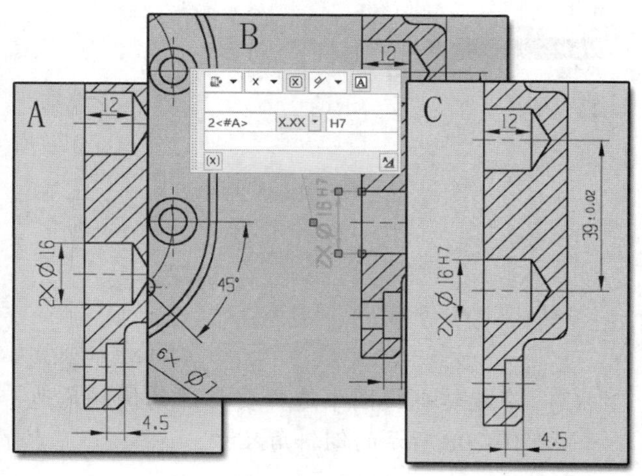

图10-205　标注与编辑圆柱尺寸

6 标注倒斜角尺寸。在“尺寸”面板中单击“倒斜角尺寸”按钮，弹出图 10-206 所示的“倒斜角尺寸”对话框。

图10-206　“倒斜角尺寸”对话框

(1) 在“原点”选项组中取消选中“自动放置”复选框。

(2) 在“设置”选项组中单击“设置”按钮，弹出“设置”对话框，切换至“倒斜角”类别页面，在“倒斜角格式”选项组的“样式”下拉列表框中选择“符号”，将间距值更改为 0.5，在“指引线格式”选项组中分别指定相应的样式和文本对齐选项，如图 10-207（a）所示；选择“前缀/后缀”类别，并从“倒斜角尺寸”选项组的“位置”下拉列表框中选择“之前”选项，前缀文本为“C”，如图 10-207（b）所示，然后单击“关闭”按钮，返回到“倒斜角尺寸”对话框。

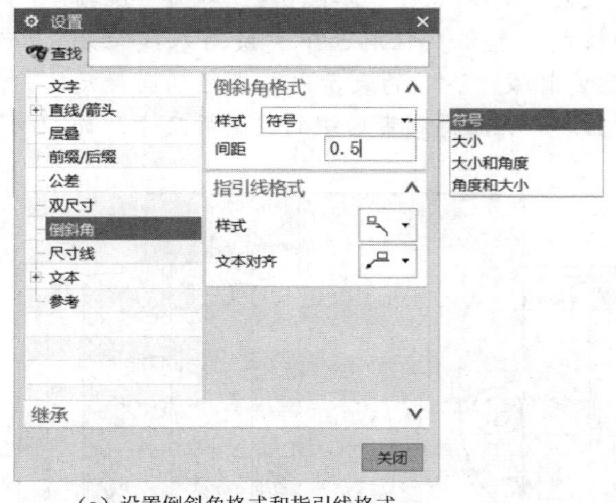

（a）设置倒斜角格式和指引线格式

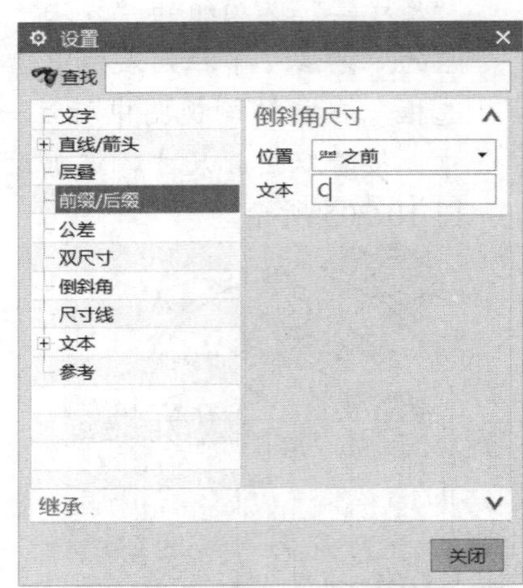

（b）设置倒斜角尺寸的前缀

图10-207　“设置”对话框

(3) 在旋转剖视图中选择要标注的倒斜角边，接着放置倒斜角尺寸，从而标注图 10-208 所示的倒斜角尺寸。

九、标注表面结构要求（旧标准指表面粗糙度）

1 在功能区的“主页”选项卡的“注释”面板中单击“表面粗糙度符号”按钮√，弹出“表面粗糙度”对话框。

2 在“属性”选项组的“移料”下拉列表框中选择“√ 修饰符，需要除料”选项，在“波纹（c）”下拉列表框中输入“Ra 1.6”，其中“Ra”和“1.6”之间输入一个空格，在“设置”选项组的“角度”文本框中输入“90”，并从“圆括号”下拉列表框中选择“无”选项，如图 10-209 所示。

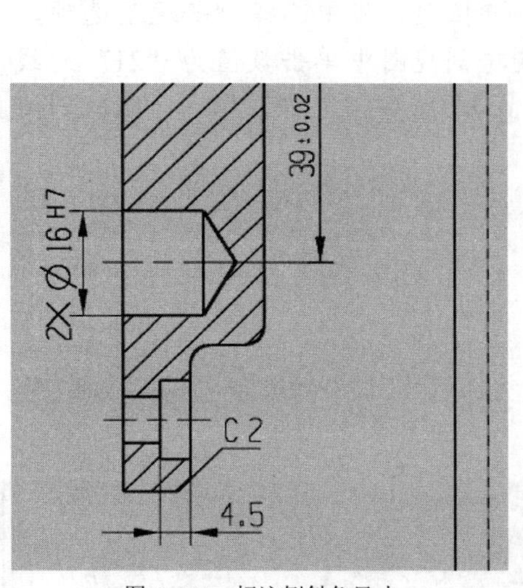

图10-208　标注倒斜角尺寸

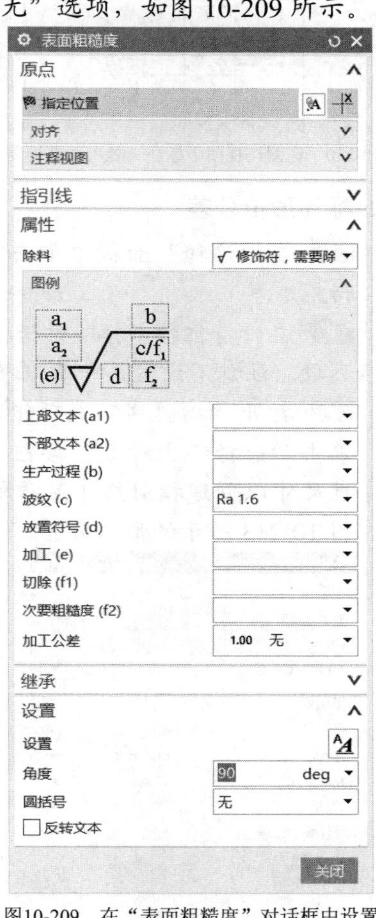

图10-209　在“表面粗糙度”对话框中设置

3 在“选择条”工具栏中确保选中“曲线上的点”按钮，在图 10-210 所示的位置处单击以指定原点来放置一个表面结构要求符号（粗糙度符号）。

4 在“表面粗糙度”对话框中设置新的属性参数，并将角度值设置为 0（deg），以及根据需要指定相应的圆括号选项，在标题栏上方适当位置处分别创建两个表面结构要求符号，其中右边一个表面结构要求符号带有一对圆括号，如图 10-211 所示。当零件的大多数表面有相同的表面结构要求时，可在图样的标题栏附近统一标注，并在圆括号内给出无任何其他标注的基本图形符号（以表示图上已标注的内容），或在圆括号内给出图样已标出的几个不同的表面结构要求。

5 在“表面粗糙度”对话框中单击“关闭”按钮。

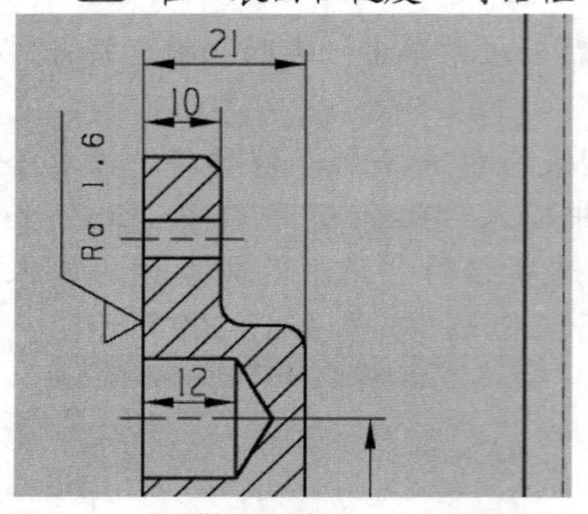

图10-210　在图样视图中标注一处表面结构要求

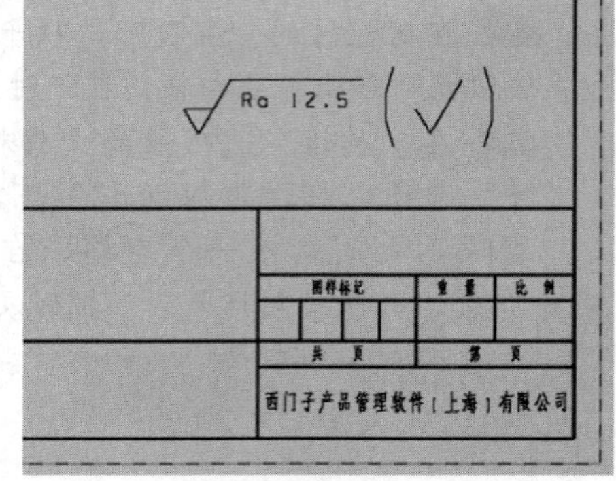

图10-211　在标题栏附近注写其余表面结构要求

十、标注形位公差

1 在“注释”面板中单击“特征控制框”按钮，弹出“特征控制框”对话框。

2 在“特征控制框”对话框的“框”选项组中设置图 10-212 所示的选项和参数。注意不设置第一基准参考、第二基准参考和第三基准参考。

3 打开“指引线”选项组，从“类型”下拉列表框中选择“普通”选项，单击“选择终止对象”按钮，接着在旋转剖视图中单击数值为“21”的线性尺寸以创建指引线（注意单击选择的位置），然后指定放置原点，完成创建图 10-213 所示的形位公差。

图10-212　设置特征控制框

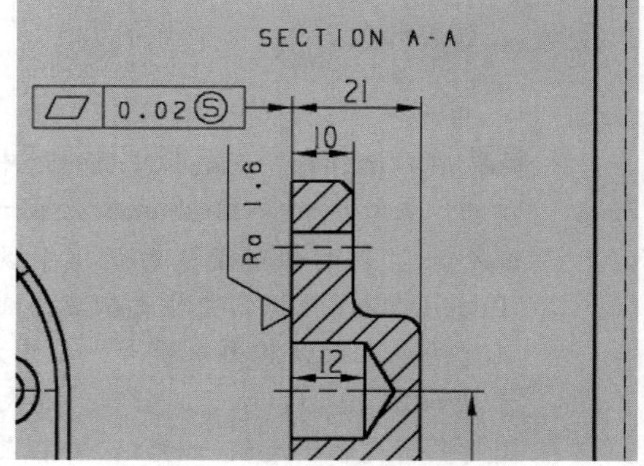

图10-213　创建带指引线的形位公差

4 在“特征控制框”对话框中单击“关闭”按钮。

十一、插入注释与编辑注释

1 在“注释”面板中单击“注释”按钮A，打开“注释”对话框。利用“注释”对话框在视图下方创建图 10-214 所示的技术要求的文本内容。

2 在旋转剖视图的上方双击“SECTION A-A”视图名称标签，弹出“设置”对话框，选择“截面”/“标签”类别，在“标签”选项组中将视图标签类型选项设置为“字母”，清除“前缀”文本框中的“SECTION”使该文本框为空，字母格式默认为“A-A”，将字符高度因子设置为 2，如图 10-215 所示，然后单击“应用”按钮。

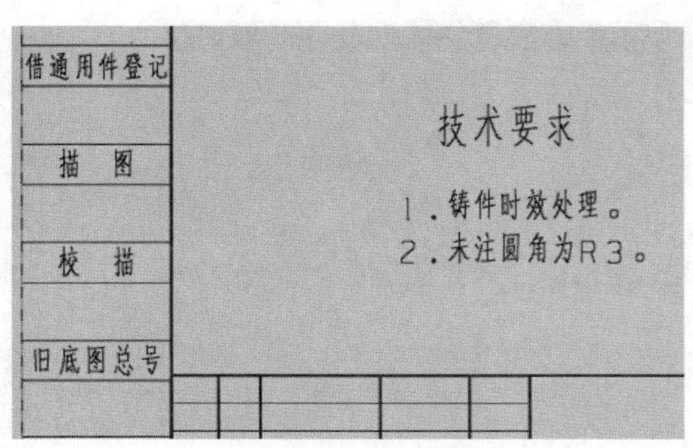

图10-214　插入技术要求注释

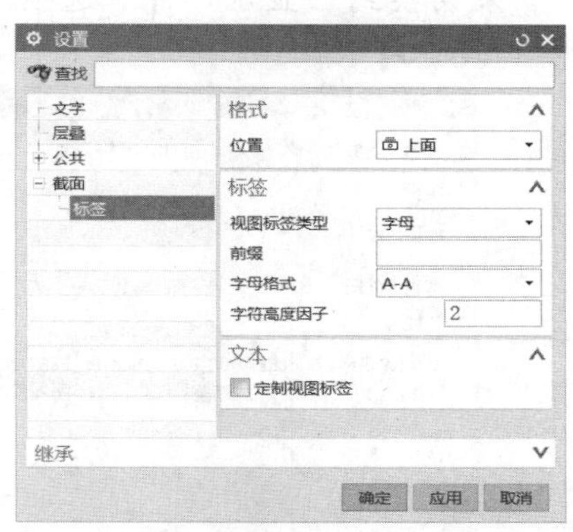

图10-215　利用“设置”对话框设置视图标签

3 在“设置”对话框中单击“确定”按钮。此时，工程视图效果如图 10-216 所示。

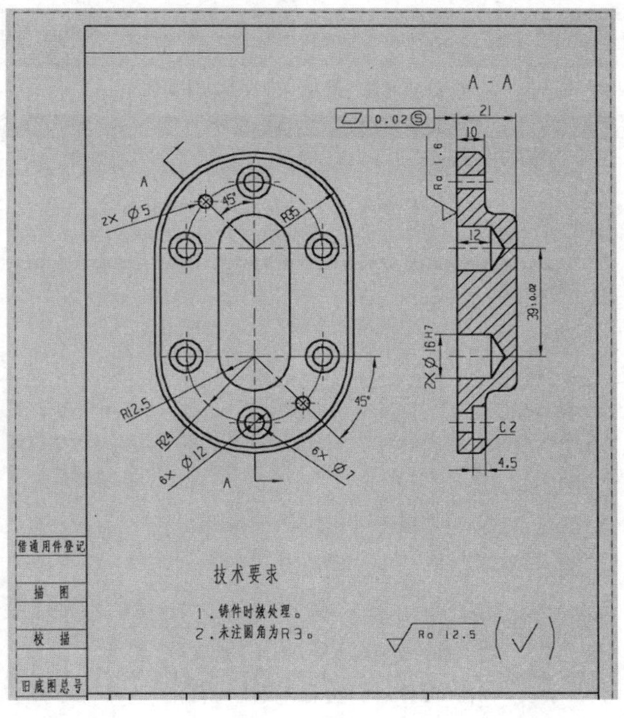

图10-216　工程视图效果

十二、填写标题栏

1. 在功能区中打开“文件”选项卡，选择“属性”命令，打开“显示部件属性”对话框。

2. 切换至“属性”选项卡，从“交互方法”下拉列表框中选择“批量编辑”选项，接着在“部件属性”列表表格中分别为相关标题/别名单元格输入相应的值（方法是双击单元格并输入值），单击“应用”按钮即可完成标题栏对应的相关单元格的填写操作，设置部件属性结果如图 10-217（a）所示。如果切换到“显示部件”选项卡，则可以看到工作图层为 171，如图 10-217（b）所示。

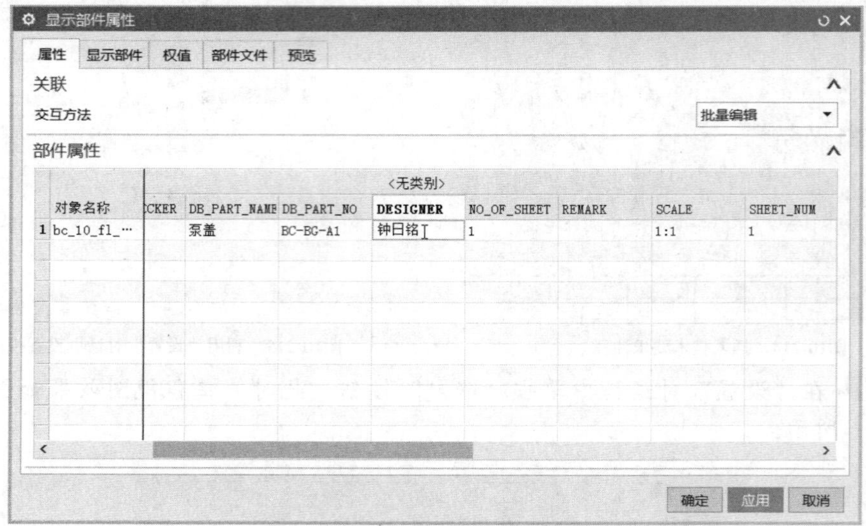

（a）在“属性”选项卡中设置部件属性

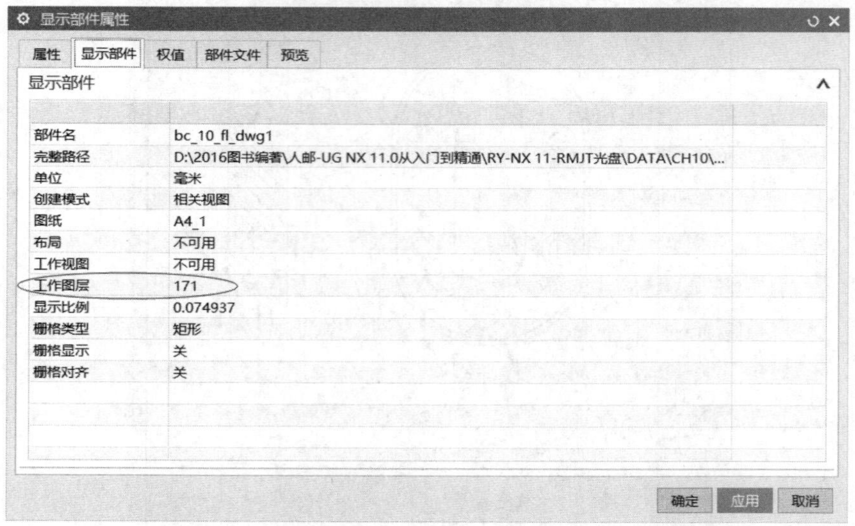

（b）切换到“显示部件”选项卡

图10-217　“显示部件属性”对话框

3 在“显示部件属性”对话框中单击“确定”按钮，此时填写标题栏的效果如图 10-218 所示。显然还有一些内容还没有填写上，以及设计公司、单位还需要更改。

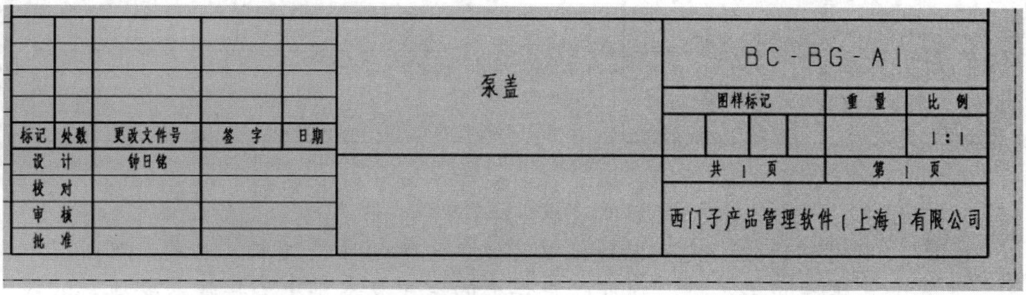

					泵盖	BC-BG-A1
						图样标记 | 重量 | 比例
						1:1
标记	处数	更改文件号	签字	日期		
设计		钟日铭				共 1 页 | 第 1 页
校对						
审核						西门子产品管理软件（上海）有限公司
批准						

图10-218　初步填写标题栏的效果

4 在功能区切换至“视图”选项卡，从“可见性”面板中单击“图层设置”按钮，弹出“图层设置”对话框，取消选中“类别显示”复选框，接着在图层列表中单击“170”左侧（前方）的复选框，使该复选框的勾由灰色变为红色以表示其处于勾选激活状态，而其对应的“仅可见”复选框自动被取消了选中状态，如图 10-219 所示，然后单击“关闭”按钮。

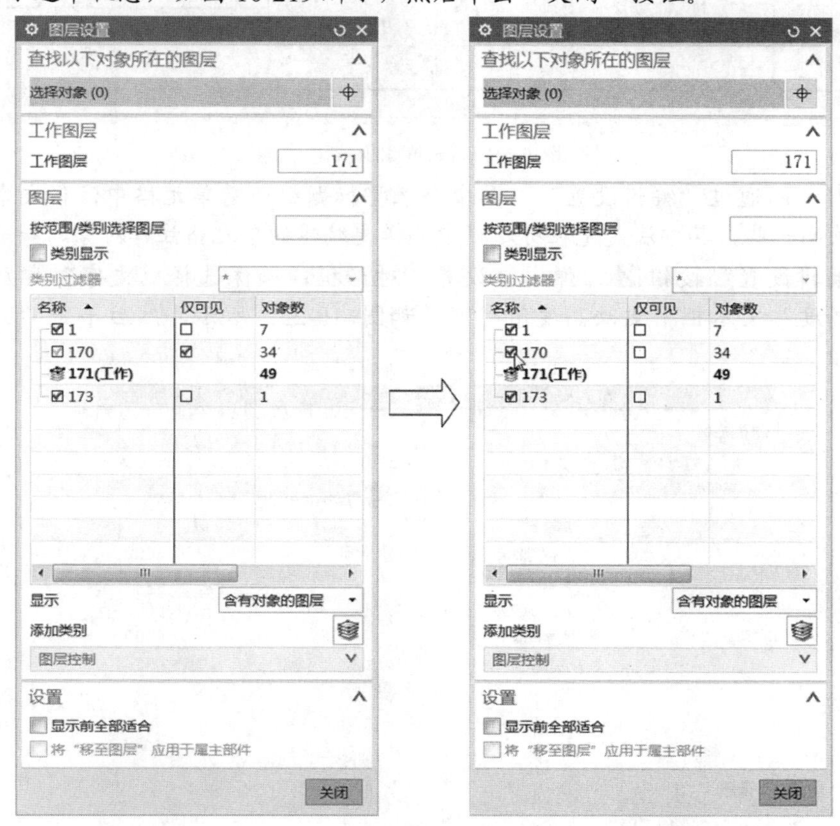

图10-219　图层设置

5 双击标题栏中右下角的单元格，打开一个注释编辑屏显文本框，在该文

本框中将“<F2>”和“<F>”字符之间的文本更改为新的注释文本，如新的注释文本为“博创设计坊”，按“Enter”键确认即可完成该单元格的注释填写，如图 10-220 所示。

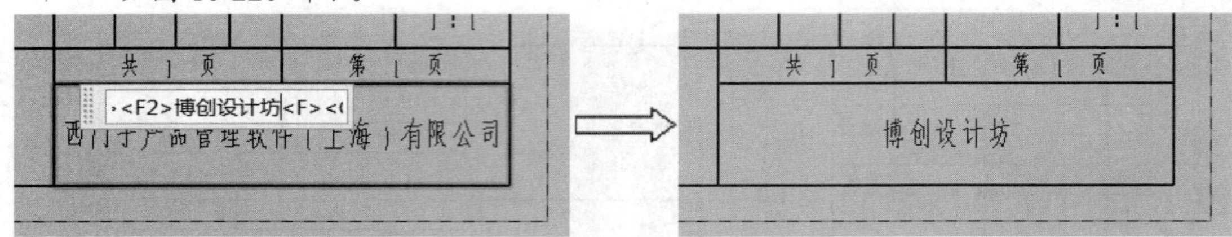

图10-220　编辑标题栏的单元格注释

6 使用同样的方法更改标题栏中其他单元格的注释文本。注意：双击其中没有设置属性的单元格，则可以在弹出的空白文本框中直接输入要填写的内容，然后按“Enter”键确认即可。最终完成填写的标题栏如图 10-221 所示。

图10-221　完成填写的标题栏

7 可以通过“编辑设置”工具命令来将标题栏所需单元格中注释文本的字高改高一些，其方法是先在标题栏中选择要编辑的单元格注释对象，接着单击“编辑设置”按钮 ᴬA，弹出“设置”对话框，确保选择“文字”类别，在“高度”文本框中更改高度值即可，如图 10-222 所示，然后单击“关闭”按钮。

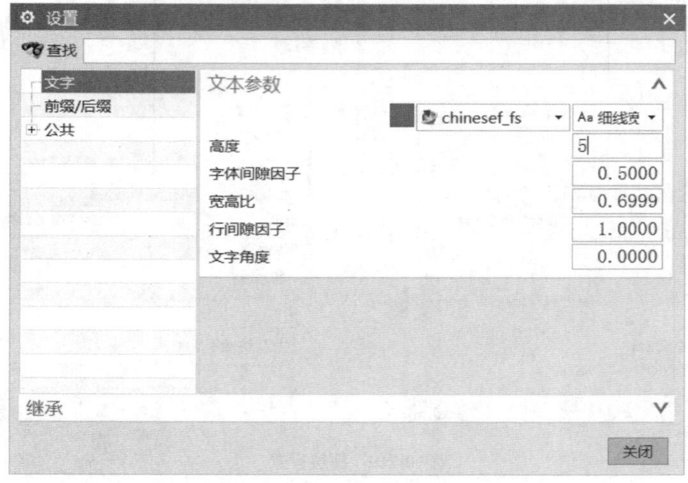

图10-222　编辑设置（修改字高）

至此，完成本例泵盖工程图的设计，完成的参考效果如图 10-223 所示。最后按“Ctrl+S”快捷键保存文件。

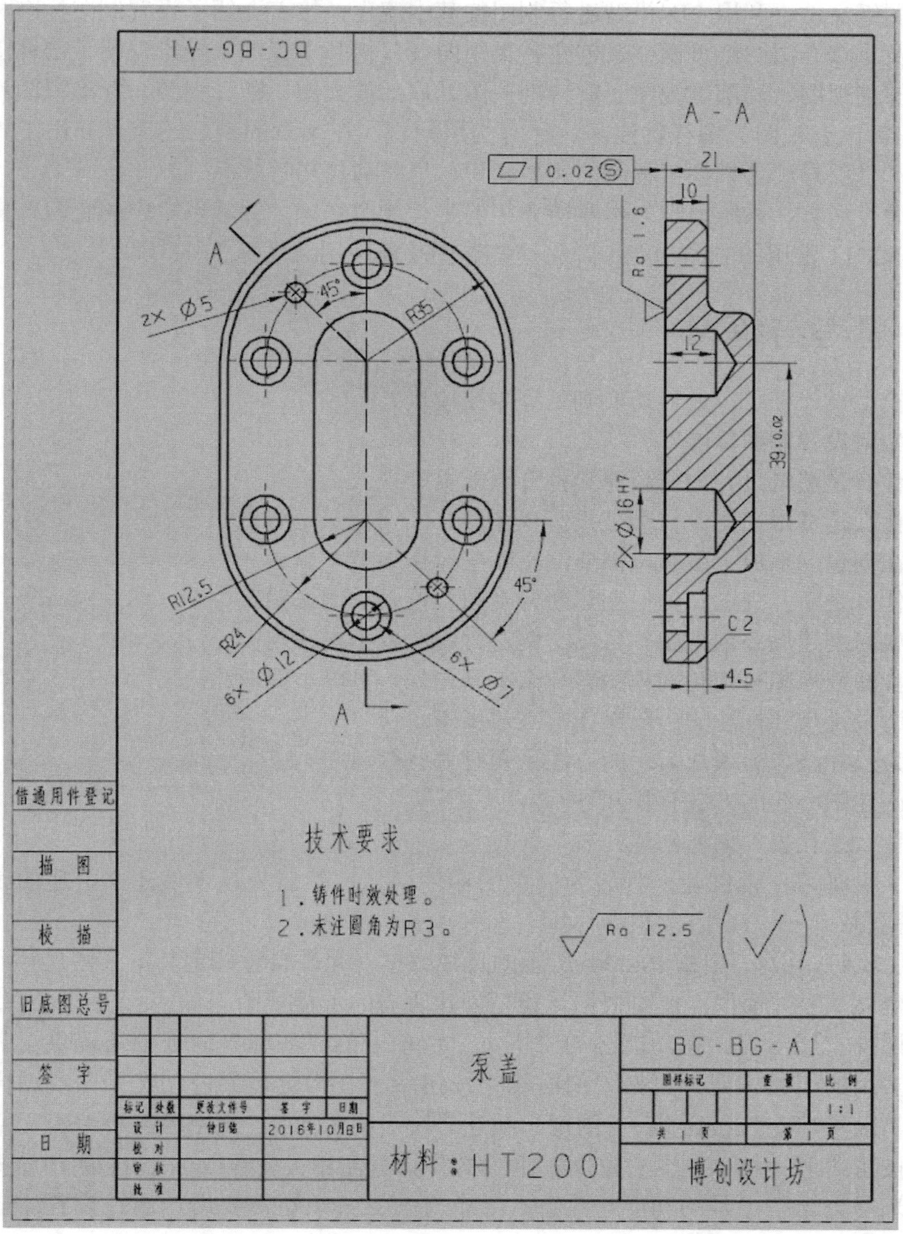

图10-223　完成泵盖的工程图设计

10.8　本章小结

在 NX 11 的“制图”应用模块中，用户可以直接通过三维模型或装配部件来生成和维护标准的二维工程图，这些二维工程图与模型或装配部件完全相关。对模型或装配部件所做

的更改将自动地反映到所关联的二维工程图中。

本章首先对 NX 工程制图的主要应用进行了简要的概述，包括切换至“制图”应用模块、创建图纸文件、利用 3D 模型进行制图的基本流程，接着介绍了设置制图标准和制图首选项，以及重点介绍图纸页操作、创建各类视图（包括基本视图、投影视图、剖视图、半剖视图、阶梯剖视图、局部剖视图、旋转剖视图、局部放大图、断开视图、标准视图和图纸视图等）、编辑已有视图、图样标注与注释等实用知识。在本章的最后还重点介绍了一个综合设计范例，以引导读者掌握工程图的实战知识、思路和技巧等。

读者通过认真、系统地学习本章所介绍的工程制图知识，并辅以一定的练习，应该能很快地掌握 NX 11 常用的制图功能，并将这些制图功能应用到实际工作中。

10.9　思考与练习

(1) 模型设计好了，如何切换到工程制图模块？

(2) 如何设置制图标准？

(3) 什么是图纸页？如何新建和打开图纸页？

(4) 什么是基本视图？什么是投影视图？

(5) 在创建局部放大图时，需要注意哪些操作细节？

(6) 什么是断开视图？如何创建断开视图？可以举例说明。

(7) 如何创建局部剖视图？可以举例进行说明或上机练习。

(8) 阶梯剖视图与旋转剖视图有什么不同之处？可以举例对比。

(9) 请说说尺寸标注的一般操作方法与步骤。

(10) 为尺寸添加前缀或后缀的方法主要有哪些？

(11) 创建中心线的方法有哪几种？

(12) 什么是孔表？如何创建孔表？

(13) 上机练习：请创建一种较为简单的零件模型，然后为该零件建立合适的工程视图。

(14) 上机练习：按照图 10-224 所示的尺寸数据（允许自行确定其中某些尺寸）来建立其零件模型，接着根据该模型创建所需的工程视图。

(15) 课外扩展学习：在功能区的“主页”选项卡的“注释”面板中还提供了其他实用的工具按钮，包括“剖面线”按钮（在指定边界内创建剖面线图样）、“区域填充”按钮、“图像”按钮、“编辑注释”按钮、“编辑文本”按钮和“抑制制图对象”按钮等，请查阅相关资料或 NX 11 的帮助文件来掌握这些工具的功能。注意：其中有些工具按钮需要用户通过设置才显示在“注释”面板中。

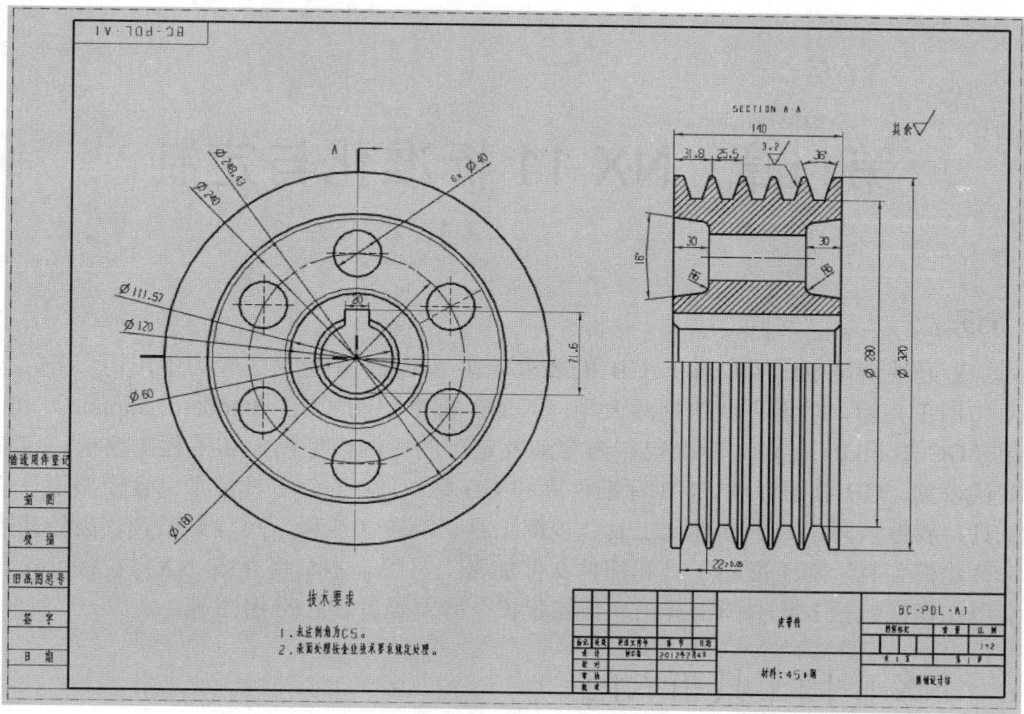

图10-224 完成的工程视图

第11章　NX 11 标准化与定制

本章导读

为了更好地满足中国用户对于 GB 的要求，在 NX 11 中提供了专为中国用户开发使用的 NX 中国工具箱，功能主要包括两大类，即 GB 标准定制（GB Standard Support）和 GC 工具箱（GC Toolkits）。GB 标准定制内容涉及定制的三维模型模板和工程图模板、定制的用户默认设置、GB 制图标准、GB 标准件库和 GB 螺纹等。GC 工具箱则包含模型设计质量检查工具、属性填写工具、标准化工具、视图工具、制图（注释、尺寸）工具、齿轮建模工具、弹簧建模工具、加工准备工具和部件文件加密工具等。本章将介绍 NX 11 标准化与定制的实用知识，包括 NX 中国工具箱、齿轮建模、弹簧设计、标准出图等。

11.1　NX 中国工具箱入门

NX 11 提供的 NX 中国工具箱是非常有用的，该工具箱是基于 GB 的要求来开发的。

11.1.1　GB 标准定制的入门知识

本小节主要介绍 GB 标准定制的入门知识，包括三维模型模板和工程图模板、用户默认设置、GB 制图标准、GB 标准件库和 GB 螺纹等。

一、定制的模型模板和工程图模板

针对中国用户的建模和制图规范，NX 11 专门提供了满足这些规范的模型模板和工程图模板。其中，模型模板文件中提供了“模型”和“装配”等公制模板，这些公制模板中定义了常用的部件属性、规范的图层设置和引用集设置等，在新建模型文件时，用户可以在“新建”对话框的“模型”选项卡的“模板”选项组中选择名称为“模型”或“装配”的公制模板。工程图模板中则提供了图幅为 A0++、A0+、A0、A1、A2、A3 和 A4 的零件制图模板和装配制图模板，每个此类模板文件中都按照 GB 标准定义了图框、标题栏、制图参数预设置等，而装配制图模板中还定制了标准的明细栏。在新建单独的制图模型文件时，用户可以在“新建”对话框的“图纸”选项卡的“模板”列表中选择所需的制图模板，在选择制图模板时，需要注意从“过滤器”子选项组的“关系”下拉列表框中选择合适的关系过滤器选项（如“引用现有部件”“全部”或“独立的部件”）以便于制图模板选择。

二、定制的用户默认设置

具有 NX 中国工具箱的模板为用户提供了一个开箱即用的符合中国用户需求的三维 CAD 规范环境。用户只需使用模板预定制的默认设置即可。

三、GB 制图标准

在 NX 中国工具箱中，系统提供了一个为中国用户单独定制的 GB 制图标准。用户进入 NX 11 的设计环境，无需任何的设置便可以绘制出符合中国国标要求的工程图纸，从而最大限度地减少用户制图预设置所需的时间，大大提高了制图效率。

用户可以根据设计要求来查看或更改制图标准，其方法是选择“菜单”/“文件”/“实用工具”/“用户默认设置”命令，或者在功能区的“文件”选项卡中选择/“实用工具”/“用户默认设置”命令，打开“用户默认设置”对话框；接着在左窗格中选择“制图”下的“常规/设置”选项，并在右窗格的“标准”选项卡的“制图标准”下拉列表框中查看或选择制图标准，如图 11-1 所示。

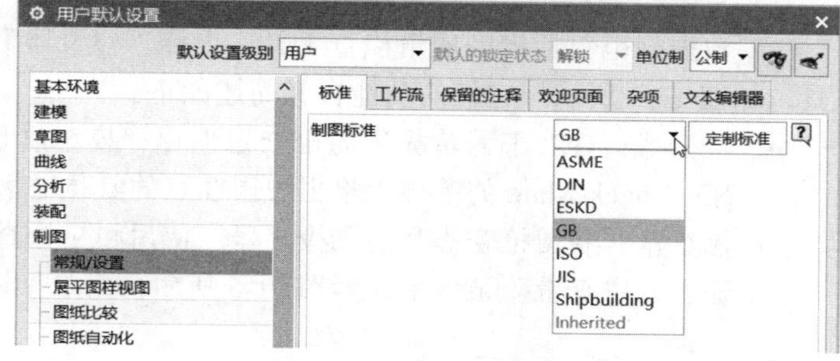

图11-1　查看或更改制图标准

四、GB 标准件库

NX 中国工具箱中提供了内容丰富的 GB 标准件库（在“装配”应用模块下），库中包括轴承、螺栓、螺母、螺钉、销钉、垫片、结构件等几百个常用零件。在资源板中单击“重用库”标签选项，此时可以在重用库中浏览所需的 GB 标准件库，如图 11-2 所示。

五、GB 螺纹

NX 中国工具箱中为用户专门提供了各类常见的 GB 螺纹数据。用户在 NX 11 中创建螺纹特征（如“符号”螺纹）时，可以方便地选择从“螺纹”对话框的“Form”下拉列表框中选择所需的 GB 螺纹类型，如图 11-3 所示。

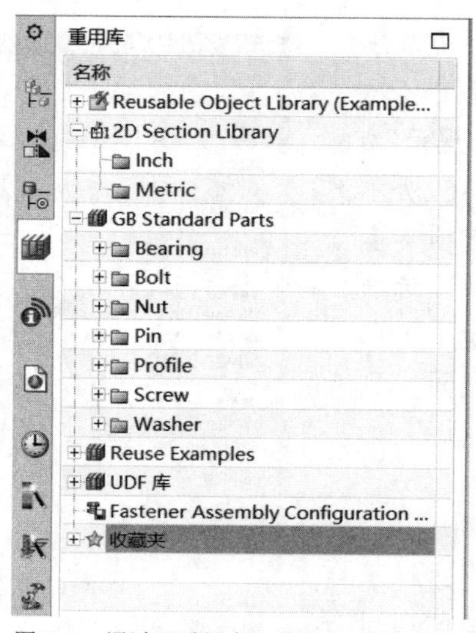

图11-2　通过“重用库”使用 GB 标准件库

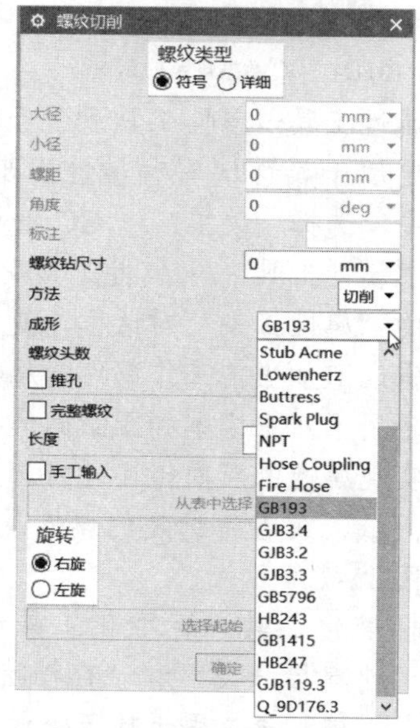

图11-3　选择 GB 螺纹类型

11.1.2　GC 工具箱概述

NX GC 工具箱为用户提供了可以帮助用户有效提升模型质量、提高设计效率的一系列工具，范围覆盖了 GC 数据规范、齿轮建模、弹簧建模、视图工具、制图工具和加工准备工具等。注意有些工具只能在特定的应用模块中才能使用。

一、GC 数据规范

GC 数据规范包括模型质量检查工具（也称“检查器”）、属性工具、标准化工具和其他工具，如图 11-4 所示，它们的功能含义简述如下。

- 检查器：GC 工具箱提供的检查器也称“模型质量检查工具”，此类工具是在 NX Check-Mate 的基础上根据中国客户的具体需求定制的检查工具，包括建模检查器、制图检查器和装配检查器。使用相应检查器运行之后，可以在 HD3D 资源栏中查看验证结果，如图 11-5 所示，用户可以动态地查看问题。

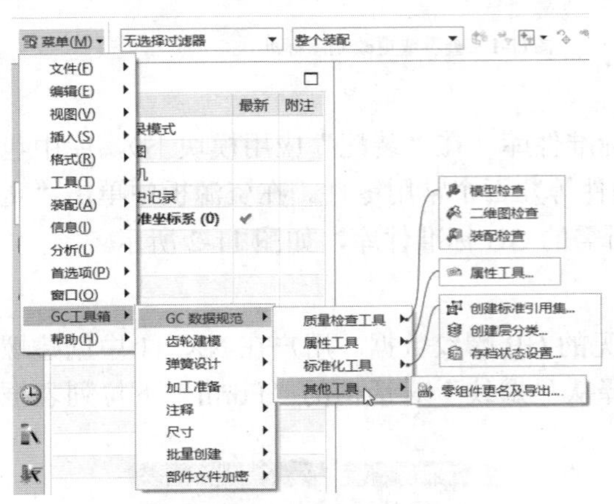

图11-4　GC 数据规范的菜单命令

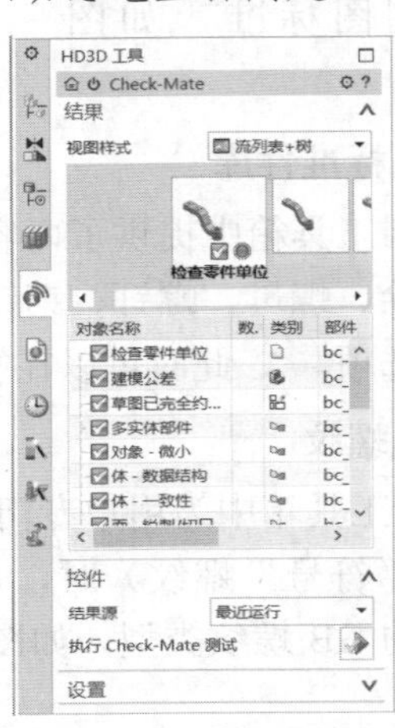

图11-5　质量检查结果显示

- 属性工具：属性工具适用于建模和制图应用环境，主要用于属性填写和属性同步设置。在制图应用环境中，选择“菜单”/“GC 工具箱”/“GC 数据规范”/“属性工具”/“属性工具”命令，弹出图 11-6 所示的“属性工具”对话框，使用“属性填写”选项卡编辑或增加当前工作部件的属性。而“属性同步”选项卡用于对主模型和图纸间的指定属性进行同步，可以实现属性的双向传递（将选定的属性从主模型同步到图纸，或者将选定的属性从图纸同步到主模型），如图 11-7 所示。

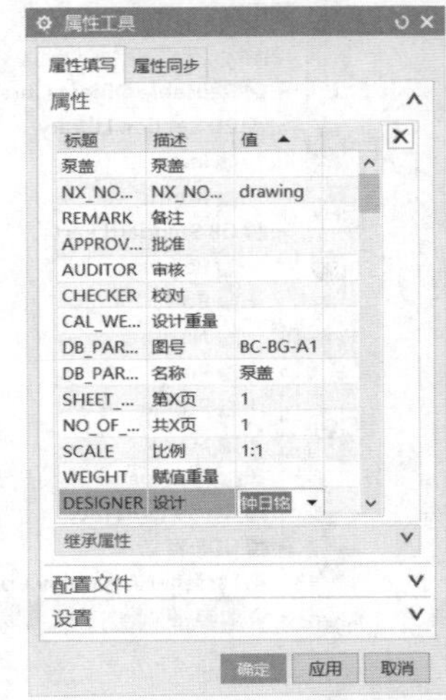

图11-6　“属性工具”对话框

- 标准化工具：标准化工具包括“创建标准引用集”“创建层分类”和“存档状态设置”等。“创建标准引用集”命令用于规范企业标准引用集创建与使用过程，选择此命令，将弹出图 11-8 所示的“创建标准引用集”对话框以创建标准引用集；“创建层分类”命令用于规范企业标准图层分类的创建与使用过程，选择此命令将弹出图 11-9 所示的“创建层分类”对话框，接着可读取配置文件中企业标准关于图层分类的定义，自动创建图层分类，或者删除原有图层分类；“存档状态设置”命令用于规范用户存盘时企业标准的图层显示与可选状态，选择此命令打开图 11-10 所示的“存档状态设置”对话框，从中设置类型选项（选择“主模型”单选按钮、“装配”单选按钮或“图纸”单选按钮），若选中“报告图层状态”复选框则完成设置后系统弹出窗口显示当前图层设置状态。

图11-7　属性同步设置

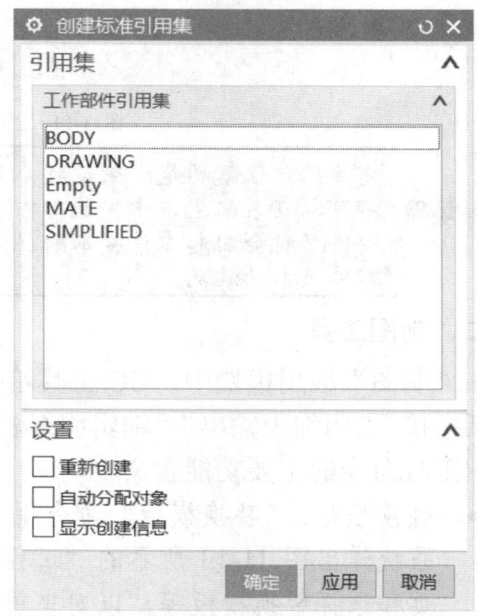

图11-8　“创建标准引用集”对话框

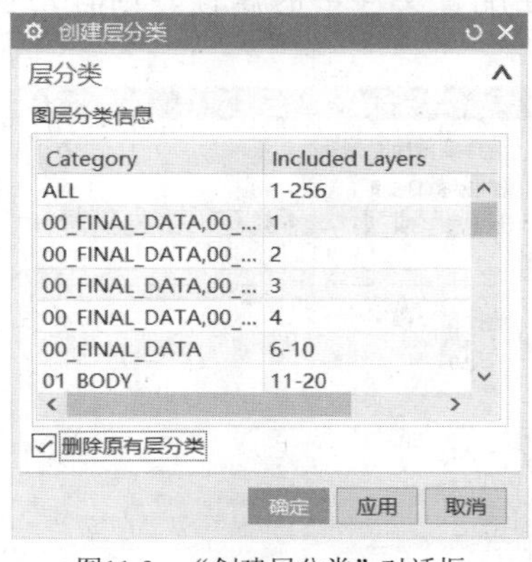

图11-9　“创建层分类”对话框

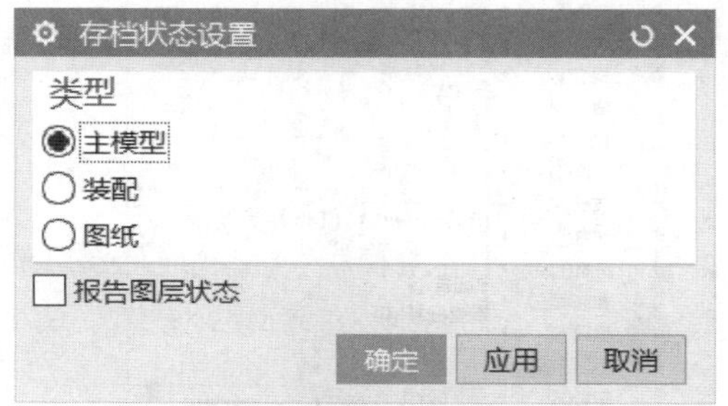

图11-10　“存档状态设置”对话框

- 其他工具：在这里主要介绍“重命名和导出组件”命令。选择“菜单”/“GC 工具箱”/“GC 数据规范”/“其他工具”/“零组件更名及导出”命令，系统弹出图 11-11 所示的“零组件更名及导出”对话框，该对话框具有两个选项卡。利用该对话框可以执行 3 个方面的操作：①选择零组件并改名；②根据要

求自动删除被改名称的原零件；③自动将某个装配（包括装配下的所有零件以及图纸文件）输出到另一个目录，用户既可以选择某个目录中的装配，也可以从装配导航器中选择装配，还可以选择当前显示部件。

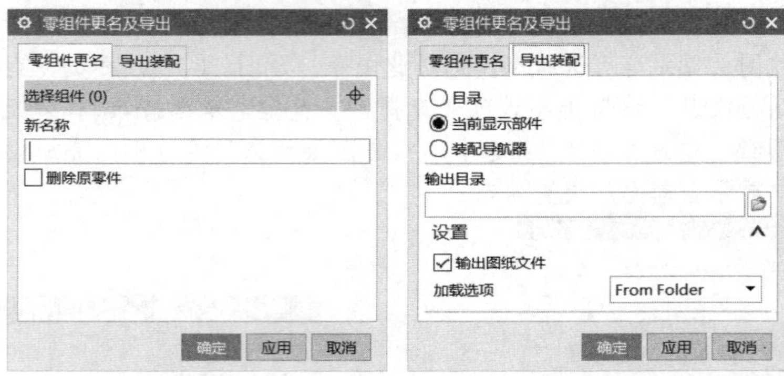

图11-11　“零组件更名及导出”对话框

需要用户注意的是，在当前 NX 中使用“另存为”命令和“零组件更名及导出”命令都可以在装配文件中更改部件名称，但使用“另存为”命令的方式在装配文件中更改部件名称会引起零件版本的混乱，而如果使用“零组件更名及导出”命令则不会引起零件版本的混乱。

二、制图工具

在“制图”应用模块中，GC 工具箱提供的制图工具如图 11-12 所示，包括“替换模板”“图纸拼接”“明细表输出”“编辑明细表”和“装配序号排序”等。下面简要地介绍其中常用制图工具命令的主要功能含义。

- 替换模板：“替换模板”命令用于对当前图纸的模板进行替换。选择此命令，系统弹出图 11-13 所示的“工程图模板替换”对话框，接着选择要替换的图纸页和选择替换模板等，以对当前图纸中选定的图纸页进行替换。当选中“添加标准属性”复选框时，如果当前部件中不存在配置文件中的属性，则自动创建，否则将不考虑。

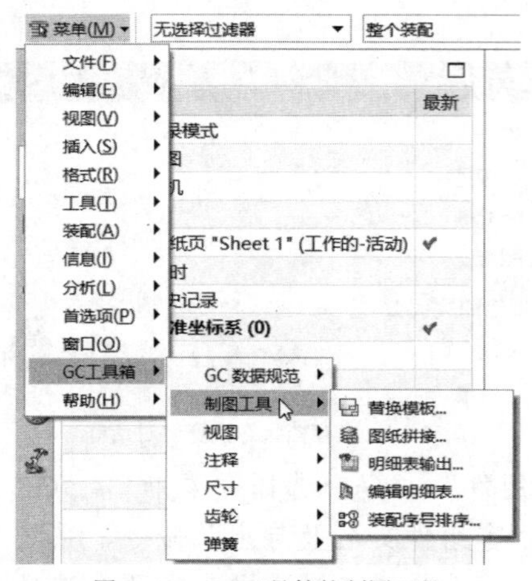

图11-12　GC 工具箱的制图工具

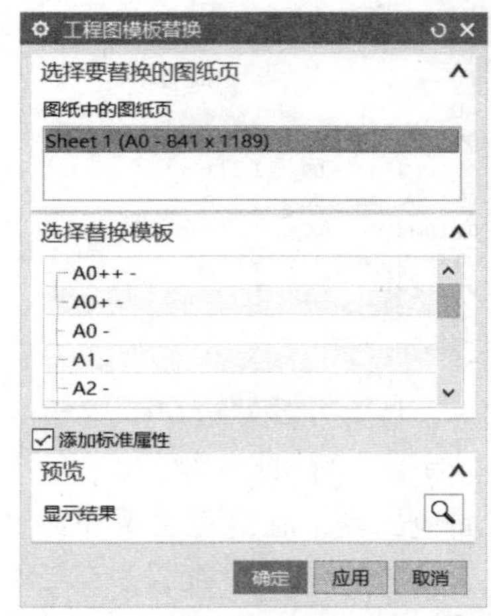

图11-13　“工程图模板替换”对话框

- 图纸拼接：“图纸拼接”命令只支持公制的图纸。选择“图纸拼接”命令时，系统弹出图 11-14 所示的“图纸拼接”对话框，从中可以实现这些主要功能：添加图纸文件到拼图列表；从列表中删除不需要拼图的图纸文件；调整列表中图纸文件的拼接顺序；添加文件夹中的图纸文件到拼图列表，系统自动过滤掉非图纸文件；设置输出图纸大小（滚筒或自定义）；输出多种格式，如 CGM、DXF、PDF、NX Part file 等；根据间隙智能地自动优化图样排列，节省纸张（系统提供“自动优化”和“顺序导入”两种拼接方式，默认拼接方式为“自动优化”）。

- 明细表输出：“明细表输出”命令主要用于辅助用户将零件图中的明细表内容输出为指定格式的 Excel 文件。用户通过配置文件指定零件明细表中属性名称与 Excel 模板之间的映射关系，通过不同模板的应用，可以满足不同要求的明细表（如组件明细表、标准件模型表、外协件明细表等）的输出。选择“明细表输出”命令时，系统弹出图 11-15 所示的“明细表输出”对话框，在该对话框各选项组中进行相关操作即可。

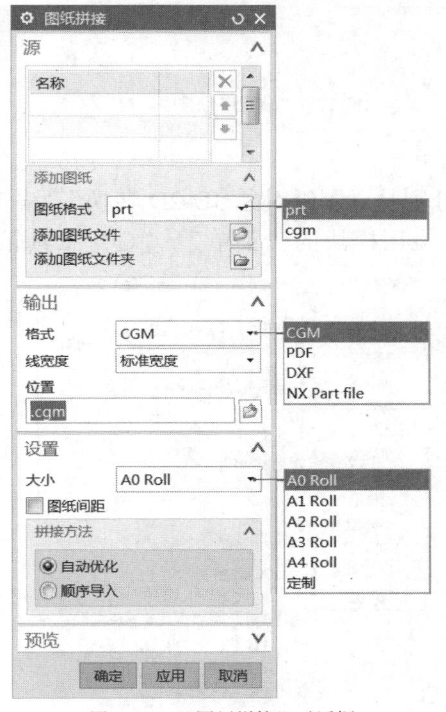

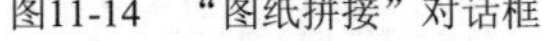
图11-14 “图纸拼接”对话框

图11-15 “明细表输出”对话框

- 编辑明细表：“编辑明细表”命令主要用于编辑明细表，以及更新明细表中零件的件号。选择“编辑明细表”命令时，系统弹出图 11-16 所示的“编辑零件明细表”对话框，接着选择要编辑的明细表，编辑所选明细表中的内容以及更新明细表的件号。如果在“对齐件号”选项组中选中“对齐件号”复选框，则打开对齐件号的功能。
- 装配序号排序：“装配序号排序”命令用于快速地自动对齐件号并按照序号进行排序。选择“装配序号排序”命令时，系统弹出图 11-17 所示的“装配序号

排序”对话框，接着选择需要排序的初始装配序号，在“设置”选项组中设置“顺时针”复选框和“关联到面”复选框的状态，指定箭头类型，以及在“距离”文本框中设定零件序号与视图间的间距。注意选中“顺时针”复选框时，排序按照顺时针方向进行，否则，排序按照逆时针方向进行。

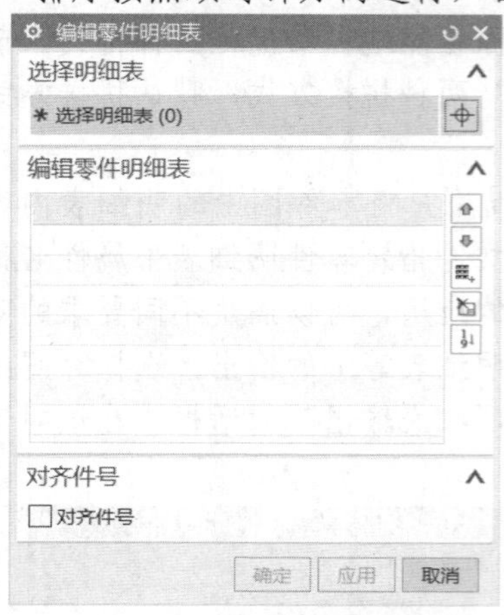

图11-16　“编辑零件明细表”对话框

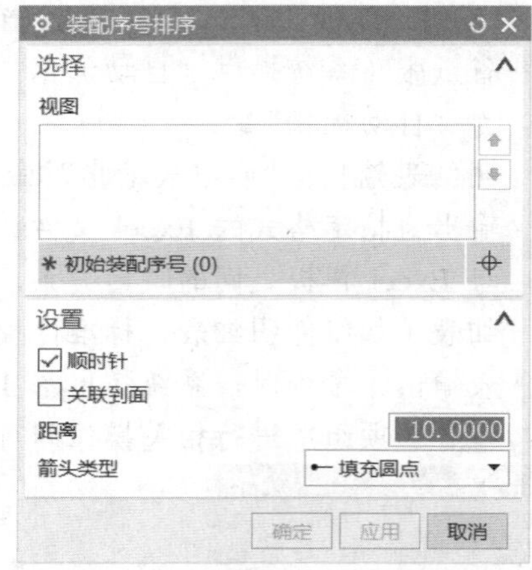

图11-17　“装配序号排序”对话框

三、视图工具

GC 工具箱提供了几个实用的视图工具，它们分别是“图纸对象 3D-2D 转换”“编辑剖面边界”“局部剖切”和“曲线剖”（位于“制图”应用模块的“菜单”/“GC 工具箱”/“视图”级联菜单中，如图 11-18 所示），它们的主要功能含义如下。

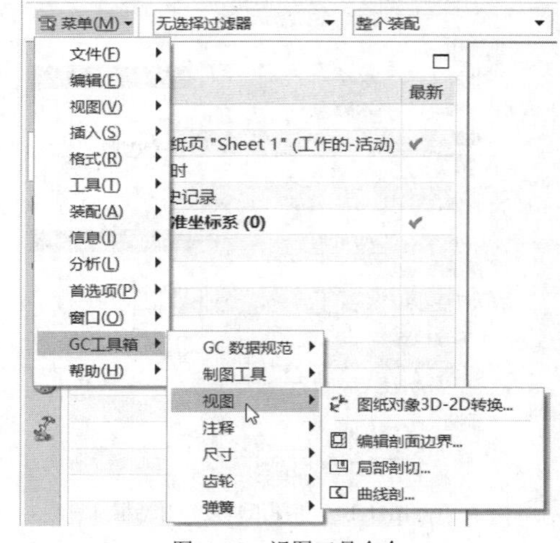

图11-18　视图工具命令

- 图纸对象 3D-2D 转换：使用“图纸对象 3D-2D 转换”命令，可以快捷地将视图上的空间曲线或边自动投影转化为平面的草图曲线，以方便用户对平面视图进行编辑、修改。
- 编辑剖面边界：使用“编辑剖面边界”命令，可以快速地编辑剖面线边界，包括快速改变剖面线的边界，实现剖面线的编辑与修改，设置剖面线边界的线宽与线型。
- 局部剖切：使用“局部剖切”命令，可以局部取剖面线做工艺图，剖面的宽度、深度均可由用户自定义，并且可自动将剖切面的截面边曲线转化为圆弧线。
- 曲线剖：在创建图纸时，使用“曲线剖”命令来选择父视图和曲线，按选定的曲线来剖切组件并展开剖面，对已经存在的曲线剖切视图进行编辑、删除、更新。

四、注释工具

在 NX 11 的“制图”应用模块下，GC 工具箱提供的注释工具包括“必检符号”“方向箭头”“孔规格符号”“网格线”“点坐标标注”“点坐标更新”“坐标列表”“技术要求库”“检验表”和“格式刷”（位于“菜单”/“GC 工具箱”/“注释”级联菜单中，如图 11-19 所示）。下面列出主要注释工具的功能含义。

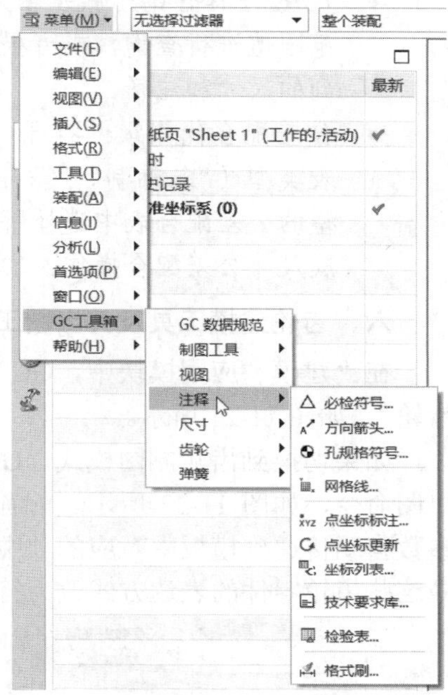

图11-19　注释工具命令

- 必检符号：用于对选定的尺寸标注添加必签符号前缀或对其内容或规格进行编辑。
- 方向箭头：主要用于创建图纸中经常需要使用的箭头符号。
- 孔规格符号：用于对选定的视图上的孔对象进行相应的规格符号标记和标注。
- 网格线：主要用于在需要的视图上加上坐标栅格线，并且标注栅格线相应的坐标。
- 点坐标标注：对视图中选择的点进行坐标标注，可以设置箭头类型、标注方向、字体、精度和大小。
- 点坐标更新：用于控制标注和坐标点的关联性，以保证标注值随着点位置的更改而更新。
- 坐标列表：主要用于在图纸上以表格的形式列出一组点的坐标。
- 技术要求库：从技术要求库中添加技术要求条目，或者对已有的技术要求进行编辑。

五、尺寸工具

在 NX 11 的“制图”应用模块下，GC 工具箱提供了一些实用的尺寸工具，它们位于“菜单”/“GC 工具箱”/“尺寸”级联菜单中，如图 11-20 所示。

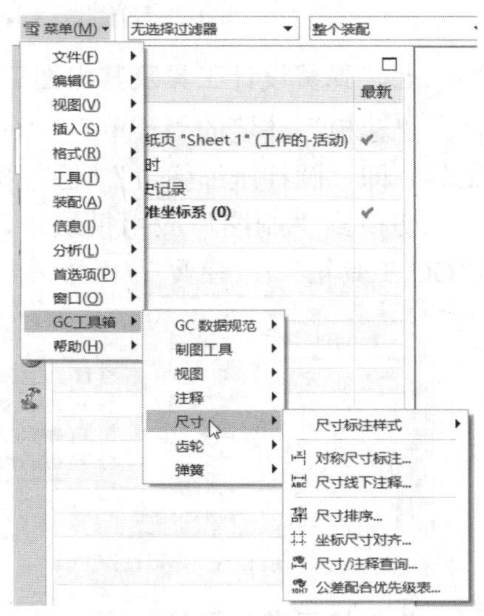

图11-20　尺寸工具命令

- 尺寸标注样式：“菜单”/“GC 工具箱”/“尺寸”/“尺寸标注样式”级联菜单主要对尺寸标注中经常使用的形式进行总结，并针对这些常用标注形式进行快速设置。
- 对称尺寸标注：主要用于创建图纸中的对称尺寸。在操作过程中，需要选择对称尺寸的类型（包括水平、竖直、平行、垂直、圆柱形等类型）、中心线、终点和光标位置。
- 尺寸线下注释：主要用于标注尺寸线以下的文本及尺寸其他方位的文本。
- 尺寸排序：用于对同一个方位的尺寸线自动进行空间布局的调整，系统根据

尺寸值的大小从小到大，从里到外自动进行空间布局的调整，以减少或消除尺寸线间的干涉。

- 坐标尺寸对齐：主要实现对坐标尺寸的位置对齐和格式对齐。
- 尺注/注释查询：根据输入的尺寸和附属文字进行准确查询，根据定义的尺寸范围值进行查询，或者根据输入的注释文本进行查询，并可在图纸上显示查询到的尺寸和注释。
- 公差配合优先级：打开“尺寸公差配合优先级”对话框，从中指定公差配合表类型（“基轴制”“基孔制”“基轴制配合”或“基孔制配合”），并从指定类型的公差配合表中选择所需项，然后选择所需尺寸，设定拟合公差样式等来完成尺寸公差配合操作。

六、齿轮建模工具及其出图工具

在“建模”应用模块中，GC 工具箱提供了多个齿轮建模工具，包括“柱齿轮”和“锥齿轮”，如图 11-21 所示。

如果切换到齿轮制图模式，GC 工具箱提供了“齿轮参数”和“齿轮简化”这两个齿轮出图命令，如图 11-22 所示。前者用于选择齿轮，提取该齿轮的参数，选择指定的模板并将参数自动传递到模板中对应的项中，从而在图纸上生成齿轮参数明细表；后者则可以将制图中这些齿轮零件的表达方式改为符合国标要求的简化画法。

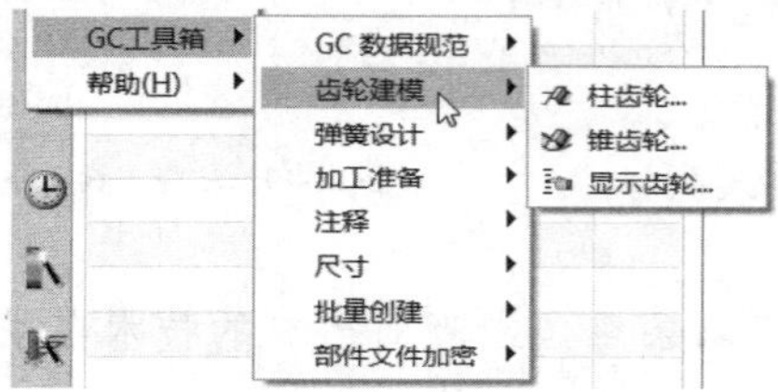

图11-21　齿轮建模工具

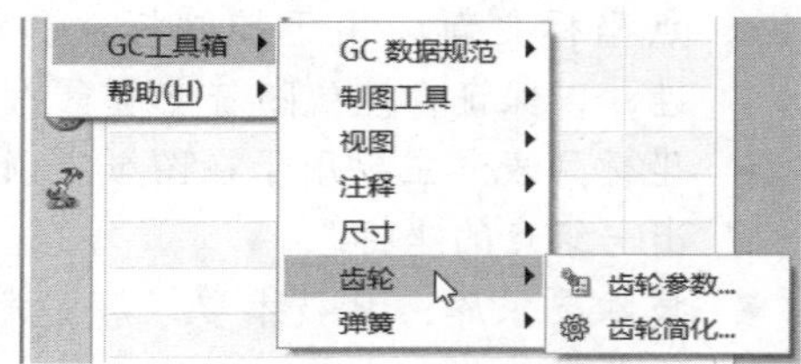

图11-22　齿轮出图命令

七、弹簧设计工具及其出图工具

“建模”环境的“菜单”/“GC 工具箱”/“弹簧设计”级联菜单提供了 4 个弹簧设计工具，即“圆柱压缩弹簧”“圆柱拉伸弹簧”“蝶簧”和“删除弹簧”，如图 11-23 所示。

切换到“制图”应用模块中，如果要创建弹簧的简化视图，那么可以使用“菜单”/“GC 工具箱”/“弹簧”/“弹簧简化画法”命令（弹簧出图工具），如图 11-24 所示。

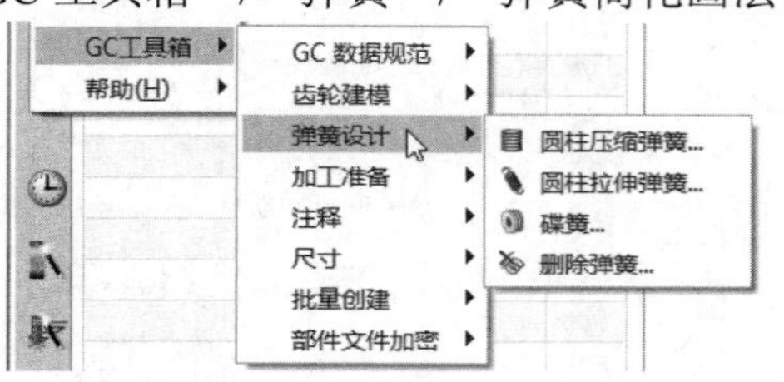

图11-23　弹簧设计工具

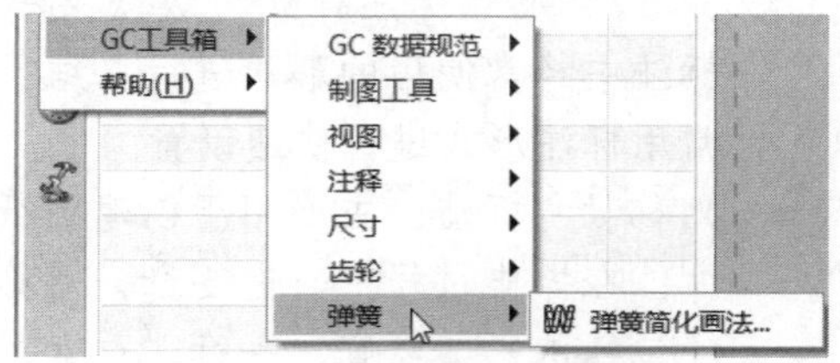

图11-24　“弹簧简化画法”命令

八、加工准备工具

GC 工具箱还提供了加工准备工具，包括“工件设置”“配置”“电极加工任务管理”和“加工基准设定”，它们位于建模和加工环境下的“菜单”/“GC 工具箱”/“加工准备”级

联菜单中。

九、注释工具、批量创建工具

GC 工具箱提供的注释工具主要包括“必检符号”和“检验表”等，而批量创建工具主要包括“文件中的点”和“文件中的圆”。

十、部件文件加密工具

GC 工具箱提供了实用的部件文件加密工具（主要针对 NX 11 以往版本，而 NX 11 提供了新的途径用于设置或去除一组部件的密码保护）。如果在 NX 11 中选择“菜单”/“GC 工具箱”/“部件文件加密”/“设置密码”命令，系统将弹出图 11-25 所示的“拒绝访问”对话框，单击“确定”按钮。如果在 NX 11 中要为部件文件加密或移除密码保护，那么在功能区的“文件”选项卡中选择“实用工具”/“设置保护”命令，弹出图 11-26 所示的“设置保护”对话框，在该对话框中可以设置管理员密码、完全控制密码、读写密码和只读密码中的一个或多个密码，这些密码设置既可以应用于显示部件和组件，也可以仅应用于显示部件，还可以应用于所有部件，然后单击“应用”按钮或“确定”按钮。

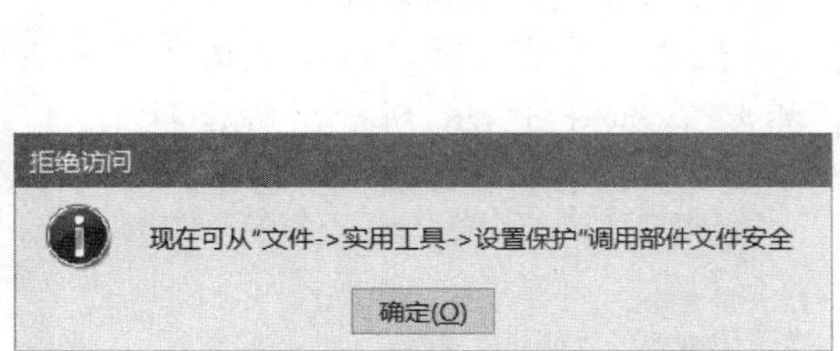

图11-25　“拒绝访问”对话框

图11-26　“设置保护”对话框

11.2　齿轮建模

在 NX 11 的“建模”应用模块中，使用 GC 工具箱提供的齿轮建模工具可以很方便地创建一些所需的齿轮和齿轮副。下面分别介绍圆柱齿轮建模和锥齿轮建模的实用知识。

11.2.1　圆柱齿轮建模

在机械设计中经常会接触到圆柱齿轮的设计。使用 GC 工具箱提供的圆柱齿轮建模工具可以通过设置参数的方式来快速生成标准的圆柱齿轮。从齿轮齿相对于轴向方向来看，圆柱齿轮可以分为直齿和斜齿两种。

进入“建模”应用模块，选择“菜单”/“GC 工具箱”/“齿轮建模”/“柱齿轮”命令，打开图 11-27 所示的“渐开线圆柱齿轮建模”对话框，该对话框提供了几种齿轮操作方式，即“创建齿轮”“修改齿轮参数”“齿轮啮合”“移动齿轮”“删除齿轮”和“信息”，也就是说使用此对话框可以执行这些操作之一：创建齿轮、修改齿轮参数、设置齿轮啮合、移动齿轮、删除齿轮和查看齿轮信息。

下面分别介绍两个有代表性的圆柱齿轮建模范例，前一个为直齿渐开线圆柱齿轮的建模范例，后一个为斜齿渐开线圆柱齿轮的建模范例。

一、直齿渐开线圆柱齿轮的建模范例

该建模范例具体的操作步骤如下。

1 按“Ctrl+N”快捷键，弹出“新建”对话框，切换到“模型”选项卡，从“模板”选项组的模板列表中选择名为“模型”的公制模板，在“新文件名”选项组的“名称”文本框中输入“bc_11_2_1a”，自行设定要保存到的文件夹，然后单击“确定”按钮。

2 单击“菜单”按钮 菜单(M)，接着在“GC 工具箱”/“齿轮建模”级联菜单中选择“柱齿轮”命令，系统弹出“渐开线圆柱齿轮建模”对话框。

3 在“渐开线圆柱齿轮建模”对话框的“齿轮操作方式”选项组中选择“创建齿轮”单选按钮，接着单击“确定”按钮，弹出“渐开线圆柱齿轮类型”对话框。

使用“齿轮操作方式”选项组中的“删除齿轮”单选按钮，可以彻底删除选定的同类齿轮。值得用户注意的是，由于创建齿轮时生成了表达式和特征组，采用其他手动删除可能产生不能彻底删除的现象。

4 在“渐开线圆柱齿轮类型”对话框中设置渐开线圆柱齿轮类型。在本例中分别选择“直齿轮”单选按钮、“内啮合齿轮”单选按钮，以及默认选择“插齿”单选按钮以定义加工方法为“插齿”，如图 11-28 所示，然后单击“确定”按钮。系统弹出图 11-29 所示的“渐开线圆柱齿轮参数”对话框。

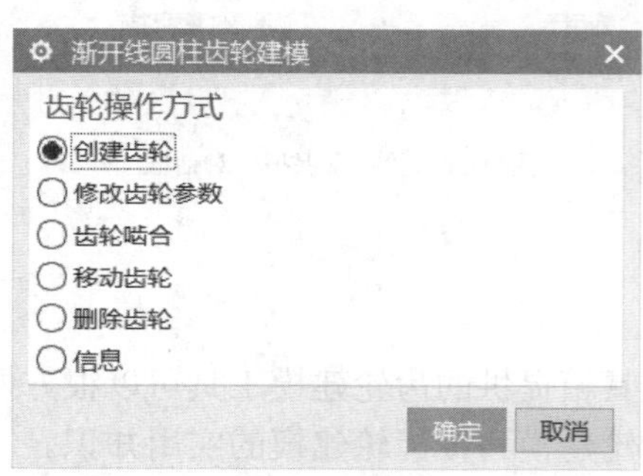

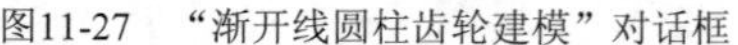

图11-27　“渐开线圆柱齿轮建模”对话框

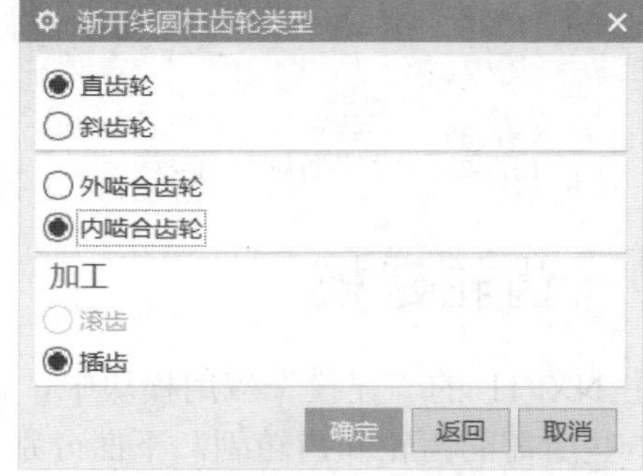

图11-28　设置渐开线圆柱齿轮类型

5 “渐开线圆柱齿轮参数”对话框提供“标准齿轮”选项卡和“变位齿轮”选项卡，分别用于设置标准和变位的渐开线圆柱齿轮参数。本例要求创建标准的直齿渐开线圆柱齿轮，因此切换到“标准齿轮”选项卡，设置图 11-30 所示的标准齿轮参数和齿轮建模精度选项。

知识点拨 在“齿轮建模精度”选项组中提供了“低”“中部”和“高”3个单选按钮，即齿轮建模精度分为3个等级。另外，如果在“渐开线圆柱齿轮参数”对话框中单击“默认值”按钮，则将当前设置的齿轮参数恢复为系统默认的齿轮参数。

渐开线圆柱齿轮参数

标准齿轮 变位齿轮

名称	
模数（毫米）：	0.0000
牙数	0
齿宽（毫米）：	0.0000
压力角（度数）：	0.0000
参数估计 节圆直径（毫米）：	0.0000
参数估计 顶圆直径（毫米）：	0.0000
参数估计 变位系数:	0.0000
齿顶高系数:	0.0000
顶隙系数:	0.0000
齿根圆角半径（模数）：	0.0000
内啮合齿轮外圆直径（毫米）：	0.0000
插齿刀齿数	0
插齿刀变位系数	0.0000

齿轮建模精度 ○低 ◉中部 ○High

默认值

确定 应用 返回 取消

图11-29 “渐开线圆柱齿轮参数”对话框

渐开线圆柱齿轮参数

标准齿轮 变位齿轮

名称	gear_1
模数（毫米）：	2.5000
牙数	44
齿宽（毫米）：	30.0000
压力角（度数）：	20.0000
内啮合齿轮外圆直径（毫米）：	130.0000
插齿刀齿数	30
插齿刀变位系数	0.0000

齿轮建模精度 ○低 ◉中部 ○High

默认值

确定 应用 返回 取消

图11-30 设置标准齿轮的参数

6 设置好渐开线圆柱齿轮参数后，在“渐开线圆柱齿轮参数”对话框中单击“确定”按钮，系统弹出图11-31所示的“矢量”对话框。在“矢量”对话框的“类型”选项组的“类型”下拉列表框中选择“ZC轴”，如图11-32所示，然后单击“确定”按钮，弹出“点”对话框。

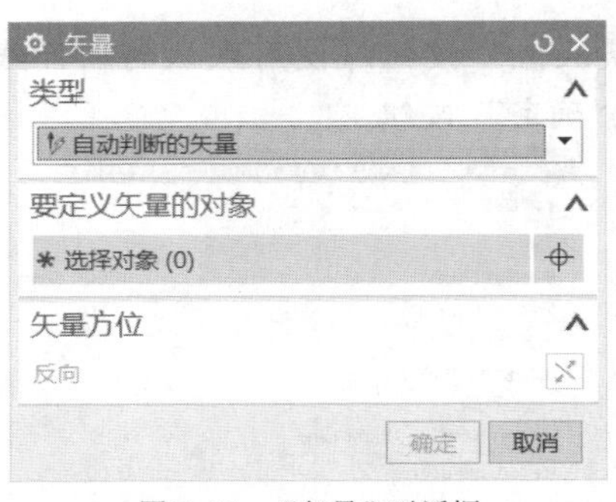

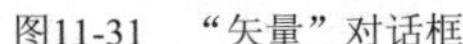

图11-31 “矢量”对话框

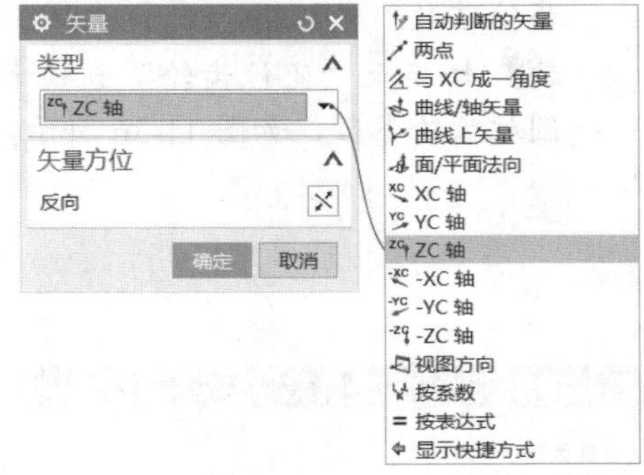

图11-32 设置矢量类型选项

7 在“点”对话框中定义点位置。例如，在“坐标”选项组的“参考”下拉列表框中选择“绝对-工作部件”选项，将点位置的绝对坐标值设置为X=0、Y=0、Z=0，在“偏置”选项组的“偏置选项”下拉列表框中选择“无”选项，如图11-33所示。

8 在“点”对话框中单击“确定”按钮，NX系统开始运算建模，最终完成创建的标准直齿内啮合渐开线圆柱齿轮如图11-34所示。

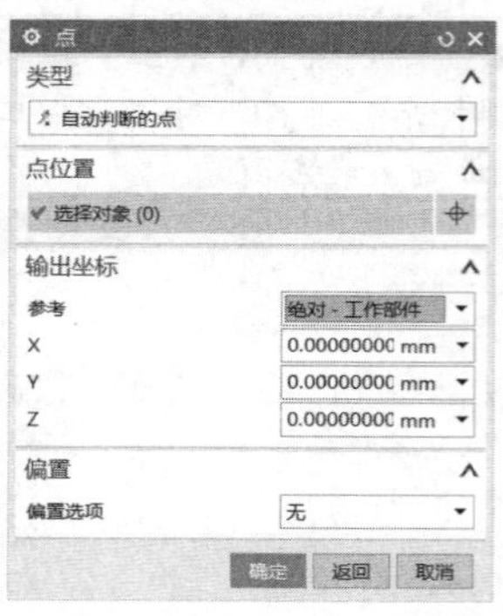

图11-33　“点”对话框

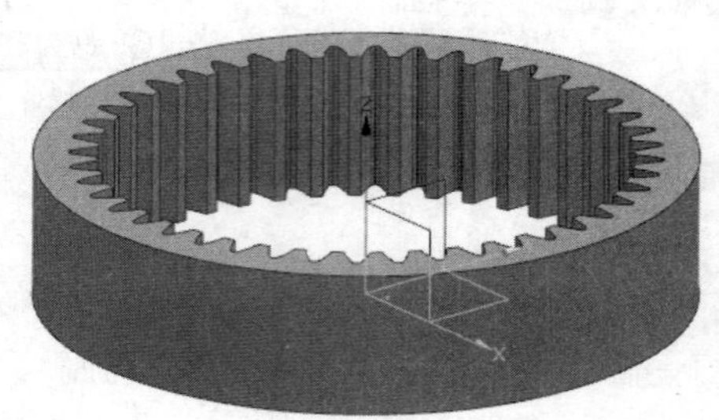

图11-34　标准直齿内啮合渐开线圆柱齿轮

二、斜齿渐开线圆柱齿轮的建模范例

创建斜齿渐开线圆柱齿轮的步骤如下。

1. 按“Ctrl+N”快捷键，弹出“新建”对话框，切换到“模型”选项卡，从“模板”选项组的模板列表中选择名为“模型”的公制模板，在“新文件名”选项组的“名称”文本框中输入“bc_11_2_1b”，自行设定要保存到的文件夹，单击“确定”按钮。

2. 单击“菜单”按钮 菜单(M)，接着在“GC 工具箱”/“齿轮建模”级联菜单中选择“柱齿轮”命令，系统弹出“渐开线圆柱齿轮建模”对话框。

3. 在“渐开线圆柱齿轮建模”对话框中选择“创建齿轮”单选按钮，接着单击“确定”按钮，弹出“渐开线圆柱齿轮类型”对话框。

4. 在“渐开线圆柱齿轮类型”对话框的第一组中选择“斜齿轮”单选按钮，在第二组中选择“外啮合齿轮”单选按钮，在“加工”选项组中选择“滚轮”单选按钮，如图 11-35 所示，然后单击“确定”按钮，弹出“渐开线圆柱齿轮参数”对话框。

5. 切换至“变位齿轮”选项卡，单击“默认值”按钮以使用默认的渐开线圆柱齿轮参数，如图 11-36 所示，然后单击“确定”按钮。

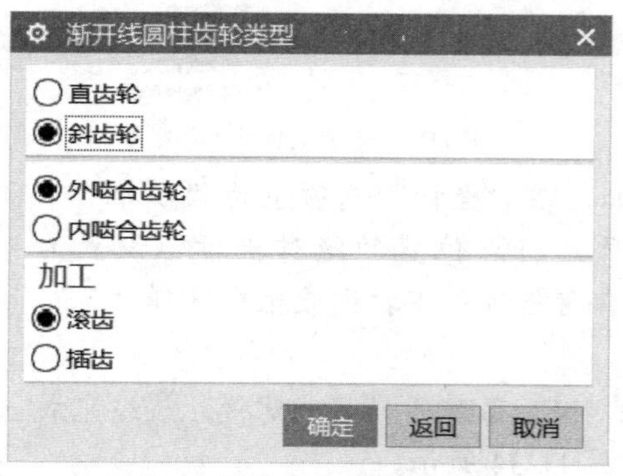

图11-35　设置渐开线圆柱齿轮类型

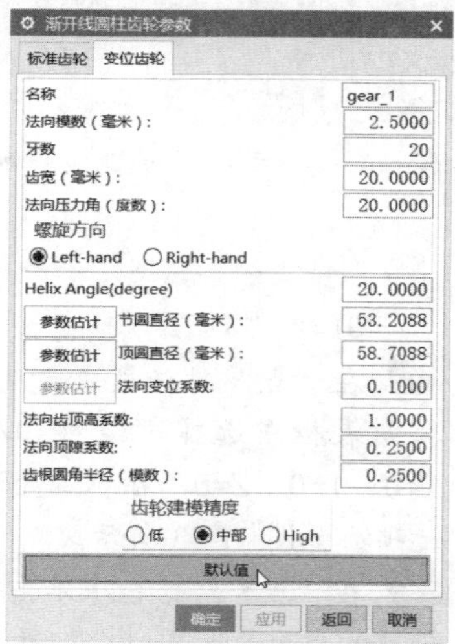

图11-36　设置渐开线圆柱齿轮参数

6 系统弹出“矢量”对话框，从“类型”选项组的“类型”下拉列表框中选择“YC 轴”选项，如图 11-37 所示，接着在“矢量”对话框中单击“确定”按钮，系统弹出“点”对话框。

7 在“点”对话框的“坐标”选项组中设置图 11-38 所示的坐标参数，然后单击“确定”按钮。

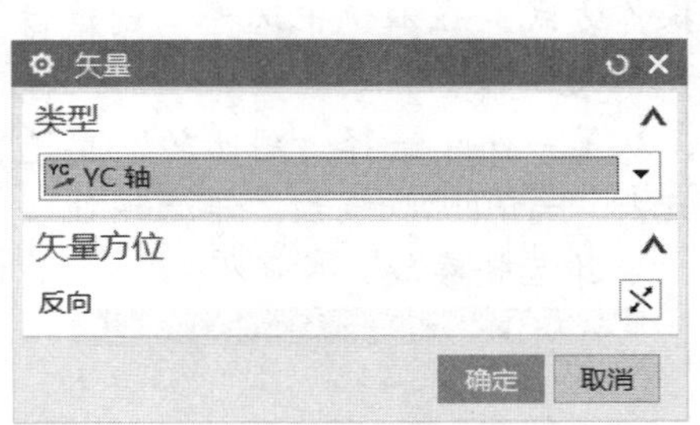

图11-37 选择矢量类型

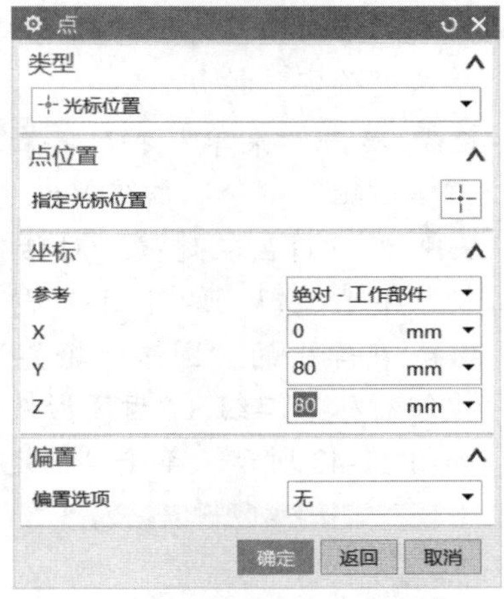

图11-38 “点”对话框

8 系统经过运算，创建图 11-39 所示的外啮合斜齿渐开线圆柱齿轮。

图11-39 斜齿渐开线圆柱齿轮

11.2.2 锥齿轮建模

锥齿轮（即圆锥齿轮）是指分度曲面为圆锥面的齿轮，也是一类常见的工业齿轮。圆锥齿轮的典型示例如图 11-40 所示，其中，左边的一个圆锥齿轮是直齿的，右边的一个圆锥齿轮是斜齿的。

图11-40 圆锥齿轮的典型示例

要创建圆锥齿轮模型，那么可以单击“菜单”按钮“菜单(M)”并选择“GC 工具箱”/“齿轮建模”/“锥齿轮”命令，弹出“锥齿轮建模”对话框，接下去的操作步骤和创建渐开线圆柱齿轮的操作步骤类似。下面介绍创建斜齿圆锥齿轮的一个操作范例。

1. 按“Ctrl+N”快捷键，弹出“新建”对话框，从“模型”选项卡的“模板”选项组的模板列表中选择名为“模型”的公制模板，在“新文件名”选项组的“名称”文本框中输入“bc_11_2_2”，自行设定要保存到的文件夹，然后单击“确定”按钮。

2. 单击“菜单”按钮“菜单(M)”，接着选择“GC 工具箱”/“齿轮建模”/“锥齿轮”命令，系统弹出“锥齿轮建模”对话框。

3. 在“锥齿轮建模”对话框中选择齿轮操作方式。在本例中选择“创建齿轮”单选按钮，如图 11-41 所示，接着单击“确定”按钮。

4. 在弹出的“圆锥齿轮类型”对话框中，从第一组中选择“斜齿轮”单选按钮，从第二组（“齿高形式”选项组）中选择“等顶隙收缩齿”单选按钮，如图 11-42 所示。单击“确定”按钮，弹出“圆锥齿轮参数”对话框。

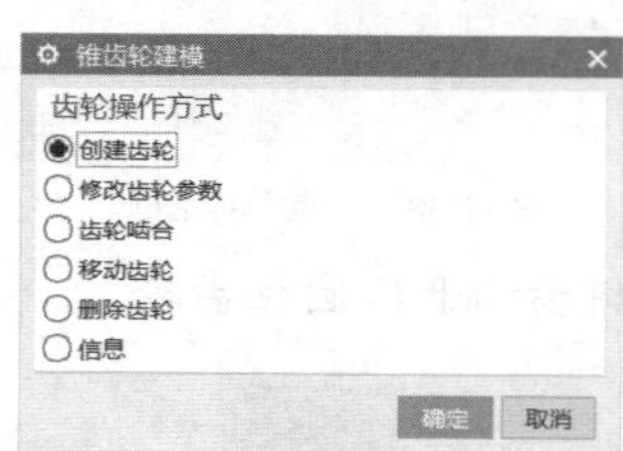

图11-41　“锥齿轮建模”对话框

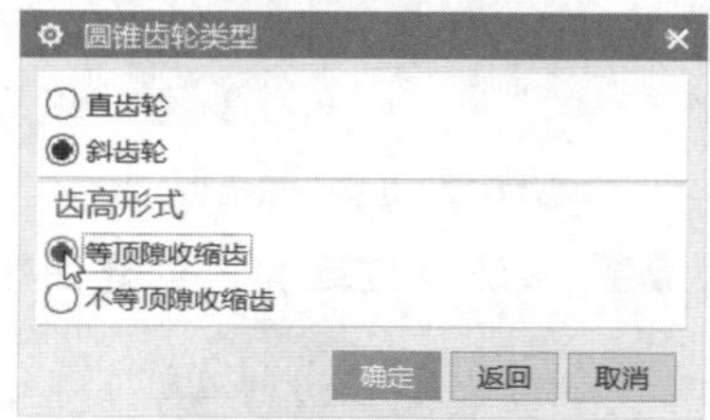

图11-42　设置圆锥齿轮类型

5. 在“圆锥齿轮参数”对话框中设置图 11-43 所示的参数，单击“确定”按钮。

6. 系统弹出“矢量”对话框，从“类型”选项组的“类型”下拉列表框中选择“XC 轴”选项，如图 11-44 所示，然后单击“确定”按钮。

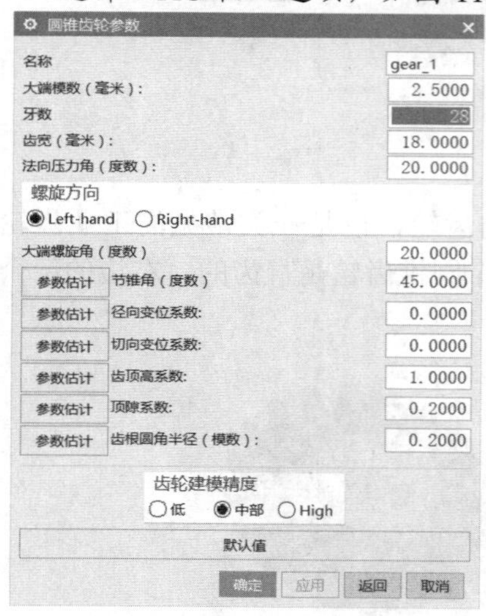

图11-43　设置圆锥齿轮参数

图11-44　选择 *XC* 轴用作矢量

7. 系统弹出“点”对话框，如图 11-45 所示，确保绝对坐标为（0,0,0），然

后单击“确定”按钮。

S 系统经过运算，最终创建图 11-46 所示的斜齿圆锥齿轮。

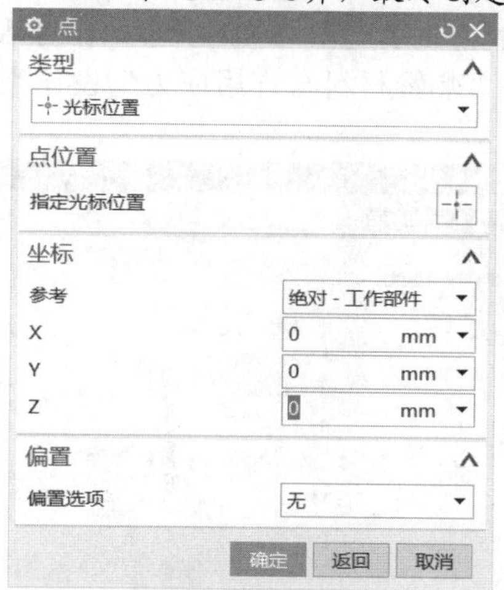

图11-45　指定点位置

图11-46　创建的斜齿圆锥齿轮

11.3　弹簧设计

弹簧是一种主要利用材料弹性来工作的机械零件，一般用弹簧钢来制成弹簧。按照受力性质来分类的话，弹簧可以分为拉伸弹簧、压缩弹簧、扭转弹簧和弯曲弹簧。按照形状来分类的话，弹簧可以分为蝶形弹簧、环形弹簧、板弹簧、螺旋弹簧、截锥涡卷弹簧与扭杆弹簧等。弹簧用于控制机件的运动、缓和冲击或震动、存蓄能量、测量力的大小等，广泛应用于机器、仪表、电子等行业领域中。

在 NX 11 中，用户可以使用重用库中的弹簧模板来调用弹簧，也可以使用 GC 工具箱中的弹簧设计工具来快速地设计弹簧模型。本节重点介绍“建模”应用模块的 GC 工具箱中的“圆柱压缩弹簧”命令、“圆柱拉伸弹簧”命令、“碟簧”和“删除弹簧”命令的应用。

11.3.1　圆柱压缩弹簧

压缩弹簧也称“压簧”，它是一种承受轴向压力的螺旋弹簧，自然状态时其圈与圈之间有一定的间隙，当受到外载荷时弹簧收缩变形，储存变形能。压缩弹簧的典型示例如图 11-47 所示。

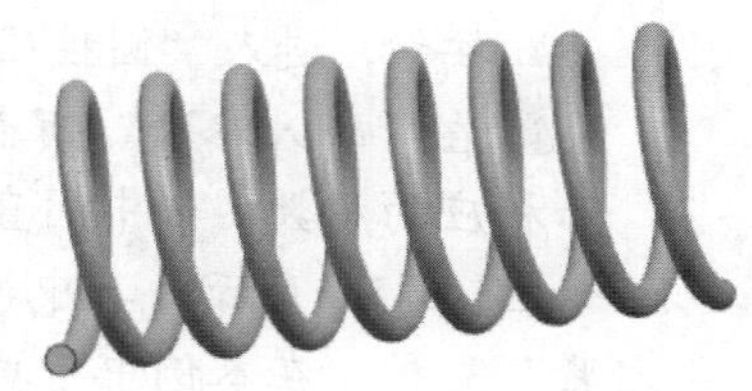

图11-47　压缩弹簧的典型示例

在 NX 11 的建模环境中，用户可以使用“圆柱压缩弹簧”功能，通过设定该类型弹簧的参数并根据设计条件进行相应的选择，从而自动生成圆柱压缩弹簧模型，这样的弹簧建模效率很高。下面介绍创建圆柱压缩弹簧的方法步骤。

在“建模”应用模块中，单击“菜单”按钮 菜单(M)▾，接着选择“GC 工具箱”/“弹簧设计”/“圆柱压缩弹簧”命令，系统弹出图 11-48 所示的“圆柱压缩弹簧”对话框的“类型”页面。在该页面中可以设置弹簧设计的模式，弹簧设计的模式分为两种，即“输入参数”和“设计向导”。如果在“选择类型”选项组中选择“输入参数”，则“初始条件”“弹簧材料与许用应力”不可用，只需输入相关参数即可；如果在“选择类型”选项组中选择“设计向导”，则还需要指定初始条件、弹簧材料与许用应力，图 11-49 所示（在对话框的“任务导航器”（左窗格）中出现了“初始条件”和“弹簧材料与许用应力”设计类别标识）。

图11-48　“圆柱压缩弹簧”对话框的“类型”页面

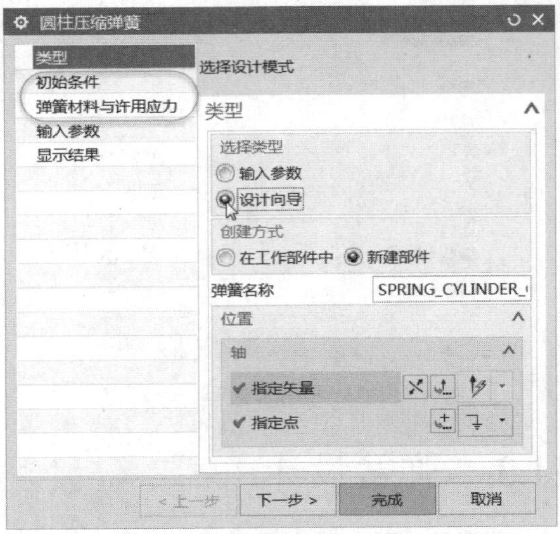

图11-49　选择“设计向导”模式

下面介绍一个创建圆柱压缩弹簧的操作范例。

1 在“快速访问”工具栏中单击“新建”按钮，弹出“新建”对话框，从“模型”选项卡中“模板”选项组的模板列表中选择名称为“模型”的公制模板，在“新文件名”选项组的“名称”文本框中输入“bc_11_3_1”，自行设定要保存到的文件夹，然后单击“确定”按钮。

2 单击“菜单”按钮 菜单(M)，接着选择“GC 工具箱”/“弹簧设计”/“圆柱压缩弹簧”命令，系统弹出“圆柱压缩弹簧”对话框。

3 在“圆柱压缩弹簧”对话框的“类型”页面中，从“选择类型”选项组中选择“输入参数”单选按钮，在“创建方式”选项组中选择“在工作部件中”单选按钮，接受默认的弹簧名称和位置，如图 11-50 所示。单击“下一步”按钮，进入“圆柱压缩弹簧”对话框的“输入参数”页面。

4 在“输入参数”页面的“输入参数”选项组中分别指定旋向、端部结构和相应的参数（如中间直径、钢丝直径、自由高度、有效圈数和支承圈数），如图 11-51 所示。其中，端部结构分为“并紧磨平”“并紧不磨平”和“不并紧”3 种，在本例中将端部结构设置为“并紧磨平”。输入好弹簧参数后，单击“下一步”按钮，进入“圆柱压缩弹簧”对话框的“显示结果”页面。

5 “圆柱压缩弹簧”对话框的“显示结果”页面在框中显示了结果信息，如图 11-52 所示，然后单击“确定”按钮。创建的圆柱压缩弹簧模型如图 11-53 所示。

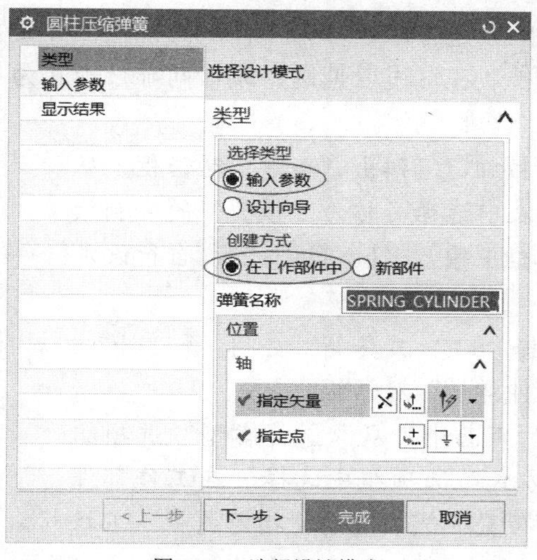

图11-50　选择设计模式

图11-51　输入弹簧参数

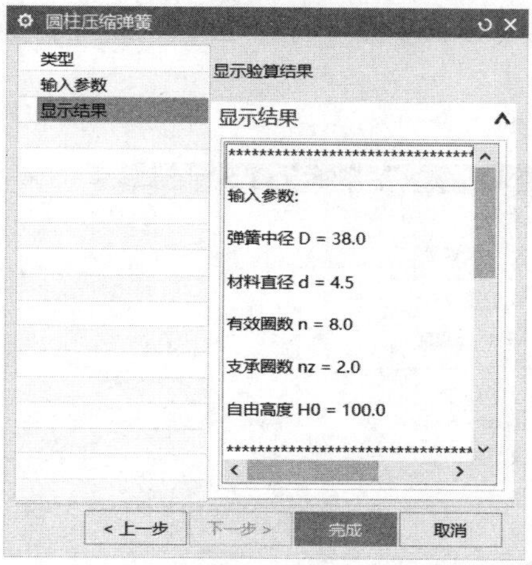

图11-52　“圆柱压缩弹簧”对话框的“显示结果”页面

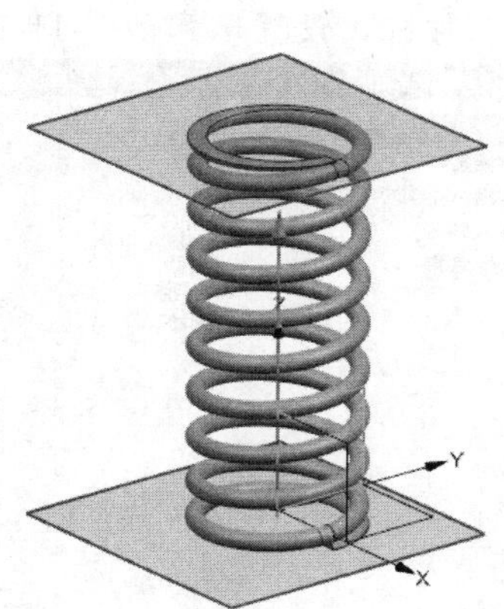

图11-53　创建的圆柱压缩弹簧模型

11.3.2　圆柱拉伸弹簧

拉伸弹簧也称“拉簧”，它是一种承受轴向拉力的螺旋弹簧，拉伸弹簧一般都用圆截面材料制造。在不承受负荷时，拉伸弹簧的圈与圈之间一般是并进的、没有间隙的。拉伸弹簧利用拉伸后的回弹力（拉力）工作，用以控制机件的运动、存蓄能量、测量力的大小等。

圆柱拉伸弹簧的典型示例如图 11-54 所示，它们的端部结构可以为“圆钩环”“半圆钩环”和“圆钩环压中心”。

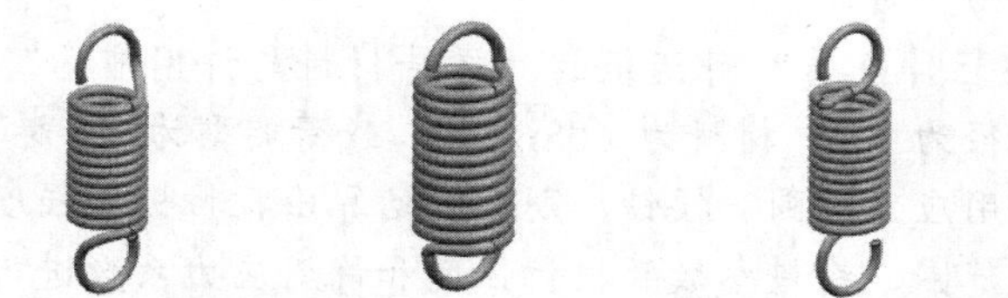

两端结构为“圆钩环”　两端结构为“半圆钩环”　两端结构为“圆钩环压中心”

图11-54　圆柱拉伸弹簧的典型示例

圆柱拉伸弹簧的创建方法、步骤和圆柱压缩弹簧的创建方法、步骤一样。圆柱拉伸弹簧的设计模式同样分为“输入参数”和“设计向导”两种，在这里以使用“设计向导”模式为例，介绍创建圆柱拉伸弹簧的一个操作范例。

1 在“快速访问”工具栏中单击“新建”按钮，弹出“新建”对话框，从“模型”选项卡中“模板”选项组的模板列表中选择名称为“模型”的公制模板，在“新文件名”选项组的“名称”文本框中输入“bc_11_3_2”，自行设定要保存到的文件夹，然后单击“确定”按钮。

2 单击“菜单”按钮 菜单(M)，接着选择“GC 工具箱”/“弹簧设计”/“圆柱拉伸弹簧”命令，系统弹出“圆柱拉伸弹簧”对话框。

3 在“圆柱拉伸弹簧”对话框的“类型”页面中，从“选择类型”选项组中选择“设计向导”单选按钮，在“创建方式”选项组中选择“在工作部件中”单选按钮，接受默认的弹簧名称，在“位置”选项组的“指定矢量”下拉列表框中选择“YC 轴”。单击“点构造器”按钮并利用弹出的“点”对话框来指定点绝对坐标为 X=80、Y=0、Z=50，然后在“点”对话框中单击“确定”按钮，设置示意如图 11-55 所示。

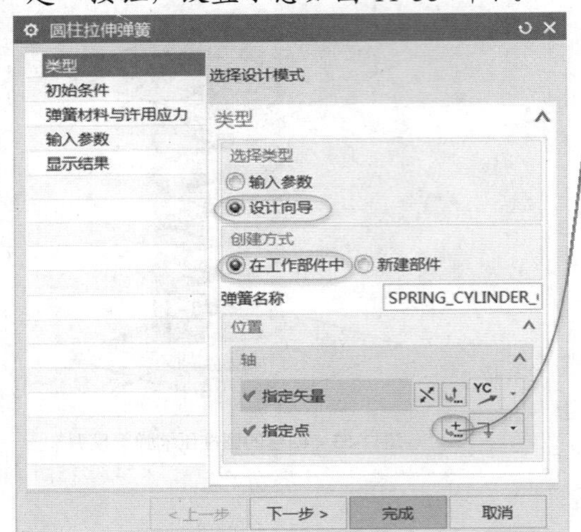

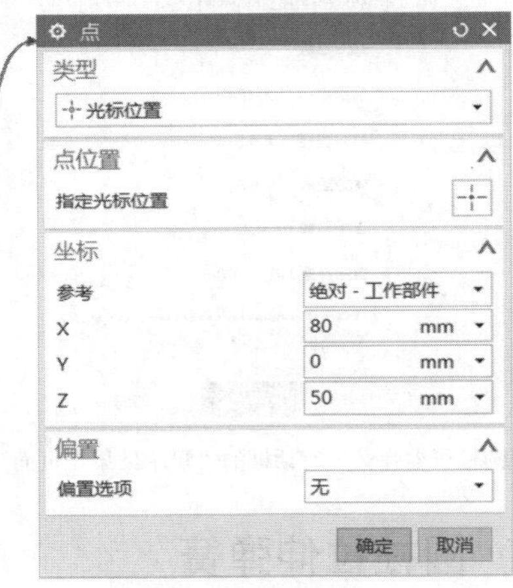

图11-55　使用“圆柱拉伸弹簧”对话框的“类型”页面来设置选择模式等

4 在“圆柱拉伸弹簧”对话框的“类型”页面中单击“下一步”按钮，进入“初始条件”页面。

5 在“圆柱拉伸弹簧”对话框的“初始条件”页面中输入初始条件，选择端部结构为“圆钩环”，如图 11-56 所示。单击“下一步”按钮，进入“弹簧材料与许用应力”页面。

6 在“圆柱拉伸弹簧”对话框的“弹簧材料与许用应力”页面中，输入假设的弹簧丝直径为 4.2，材料为 60Si2Mn，载荷类型为“I 类（>10^6）”。此时单击“估算许用应力范围”按钮，则可以估算出抗拉极限强度建议范围和许用应力系数建议范围，材料参数的抗拉强度和许用应力系数进行估算更新，如图 11-57 所示。单击“下一步”按钮，进入“输入参数”页面。

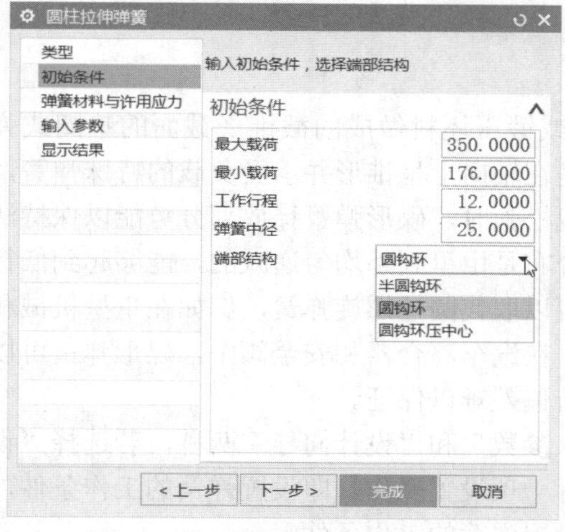

图11-56 输入初始条件，选择端部结构

图11-57 输入假设直径，估算许用应力

7 在“圆柱拉伸弹簧”对话框的“输入参数”页面中设置图 11-58 所示的弹簧参数，然后单击“下一步”按钮，进入图 11-59 所示的“显示结果”页面。

图11-58 输入弹簧参数

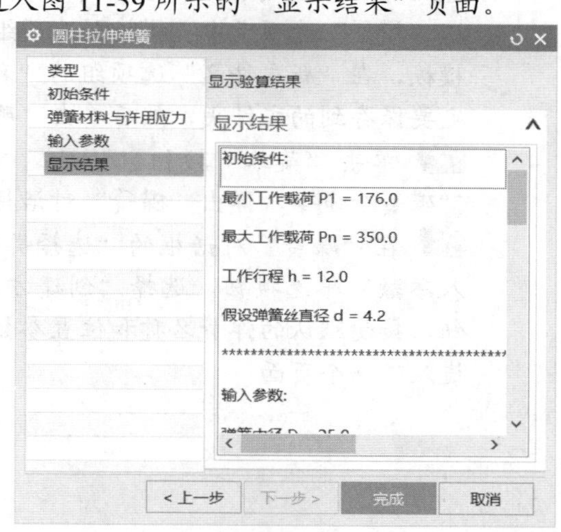

图11-59 显示验算结果

8 在“圆柱拉伸弹簧”对话框的“显示结果”页面中单击“完成”按钮，创建图 11-60 所示的圆柱拉伸弹簧模型。

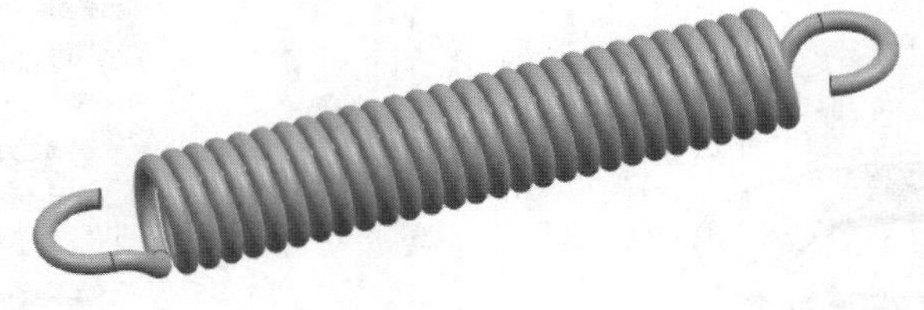

图11-60 创建的圆柱拉伸弹簧模型

11.3.3　碟簧

碟簧是碟形弹簧的简称，碟簧是用金属板料或锻压坯料做成的截锥形截面的垫圈式弹簧，其外廓呈碟状，如图 11-61 所示。碟形弹簧是在轴向上呈锥形并承受负载的特殊弹簧，在承受负载变形后，储存一定的势能，当螺栓出现松弛时，碟形弹簧释放部分势能以保持法兰连接间的压力达到密封要求。碟形弹簧的应力分布是由里到外均匀递减的，能够起到低行程高补偿力的作用。在一些应用场合，碟形弹簧可以取代圆柱螺旋弹簧，例如在重型机械和火炮等武器中，碟形弹簧可以用来作为减震弹簧，在汽车离合器和安全阀中，碟形弹簧可以用作压紧弹簧。注意，碟形弹簧的主要缺点是载荷偏差难以保证。

创建碟形弹簧的设计模式（类型）也分“输入参数”和“设计向导”两种，若选择“设计向导”类型时，需要比“输入参数”类型多进行一项设置操作，即设置弹簧的工作条件，也就是说选择“输入参数”设计类型时，不需要设置弹簧的工作条件。

下面介绍创建碟形弹簧的一个操作范例。

1 在“快速访问”工具栏中单击“新建”按钮，弹出“新建”对话框，从“模型”选项卡中“模板”选项组的模板列表中选择名称为“模型”的公制模板，在“新文件名”选项组的“名称”文本框中输入“bc_11_3_3”，自行设定要保存到的文件夹，然后单击“确定”按钮。

2 单击“菜单”按钮，接着选择“GC 工具箱”/“弹簧设计”/“碟簧”命令，弹出“碟簧”对话框。

3 在“碟簧”对话框的“选择类型”页面中选择“类型”选项组中的“输入参数”单选按钮，选择“创建方式”选项组中的“在工作部件中”单选按钮，接受默认的弹簧名称和位置参数，如图 11-62 所示。单击“下一步”按钮进入下一个页面。

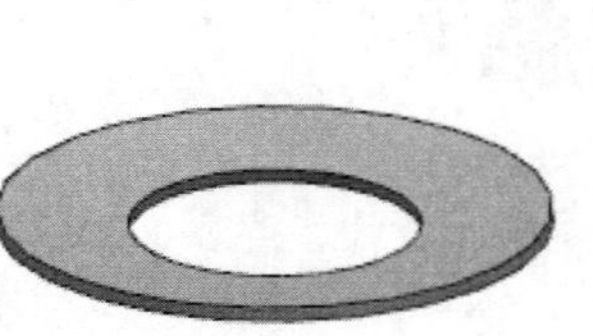

图11-61　碟形弹簧

图11-62　“碟簧”对话框的“选择类型”页面

4 在“碟簧”对话框的“输入参数”页面中输入图 11-63 所示的碟簧参数，然后单击“下一步”按钮，进入下一个页面（“设置方向”页面）。

5 在“碟簧”对话框的“设置方向”页面中，在“碟簧片数”文本框中输入“5”并按“Enter”键确认，接着在“碟簧堆叠方式”选项组中单击“递增组合”按钮，如图 11-64 所示，然后单击“下一步”按钮，进入“显示结果”页面。

知识点拨：可供设置的碟簧堆叠方式有“叠合组合”、“复合组合”、“递增组合”和“自由组合”。

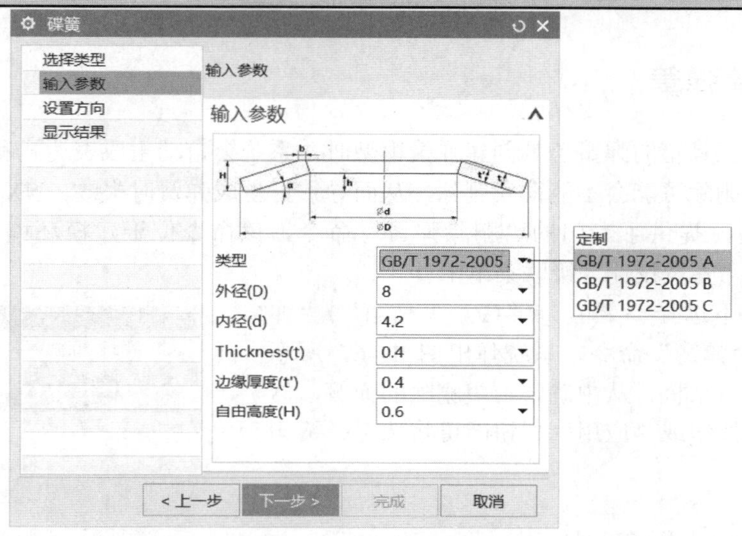

图11-63　输入碟簧的参数

6 “碟簧”对话框的“显示结果”页面如图 11-65 所示，单击“完成”按钮，创建的 5 个碟簧如图 11-66 所示，5 个碟簧按照设定的堆叠方式堆叠在一起。

图11-64　设置方向操作

图11-65　显示结果

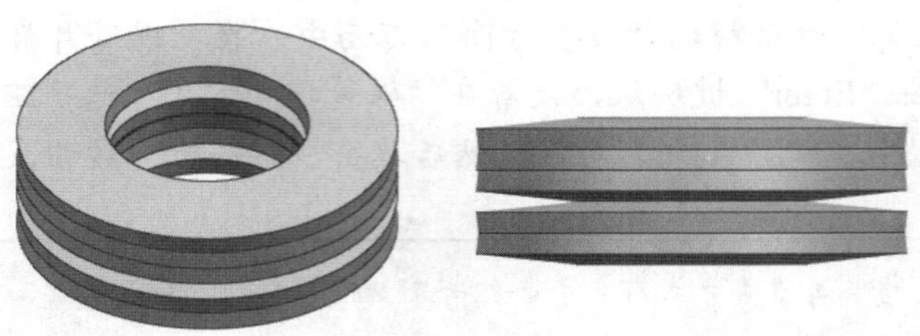

图11-66　创建堆叠的多个碟簧

11.3.4　删除弹簧

在使用 GC 工具箱的弹簧工具创建弹簧模型时，系统会自动生成表达式和特征组，如果采用常规的手动删除可能会不能彻底删除，从而导致再生成弹簧时失败。NX 11 为了能够彻底删除弹簧模型，提供了专门的“删除弹簧”命令，该命令位于建模环境下的“菜单”/“GC 工具箱”/“弹簧设计”级联菜单中。

在建模环境下选择“菜单”/“GC 工具箱”/“弹簧设计”/“删除弹簧”命令，系统弹出图 11-67 所示的“删除弹簧”对话框，从中确定希望删除的弹簧，然后单击“确定”按钮或“应用”按钮即可将选定弹簧删除掉。

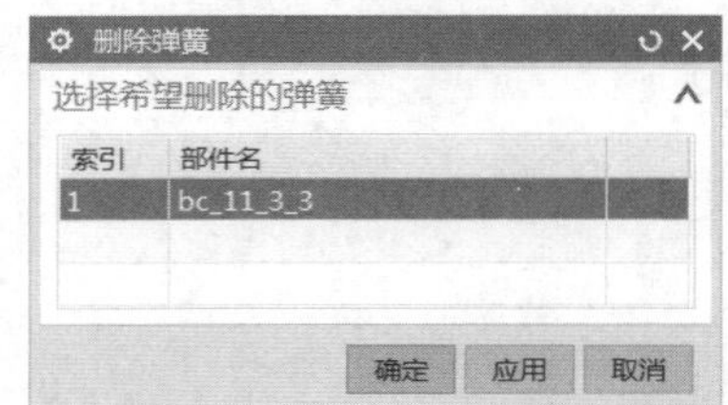

图11-67　“删除弹簧”对话框

11.4　齿轮与弹簧出图

齿轮和弹簧的工程图画法（包括其简化画法）均要符合标准规定。

当在建模环境下创建好齿轮模型或弹簧模型后，在功能区单击“文件”标签，接着从“文件”选项卡的“启动”选项组中选择“制图”命令，从而启动“制图”应用模块。另外，在功能区启用“应用模块”选项卡的情况下，用户也可以在功能区的“应用模块”选项卡中单击“制图”按钮来切换到“制图”应用模块。此时便可以进行新建图纸页和创建相关视图的操作，尤其可以使用“GC 工具箱”下提供的“齿轮”或“弹簧”出图工具来设计标准的齿轮或弹簧工程图。

11.4.1　齿轮出图

齿轮出图可采用符合国标要求的简化画法。另外，在根据齿轮三维模型创建二维工程图的过程中，通常要根据设计要求产生齿轮的参数表。

完成齿轮建模后，使用“制图”应用模块进行齿轮出图设计时，用户可以使用“菜单”/“GC 工具箱”/“齿轮”级联菜单中的以下两个实用命令。

- “齿轮参数”：用于生成和编辑齿轮参数表。选择此命令时，系统弹出“齿轮参数”对话框，如图 11-68 所示。在该对话框中从齿轮列表中选择齿轮，从“模板”下拉列表框中选择模板格式（NX 会根据齿轮的类型自动判断并选择适合的一个参数表模板），接着在图纸中指定放置基点，然后单击“确定”按钮或“应用”按钮，即可按照模式格式自动实现在图纸中添加齿轮参数表。图11-69所示为某圆柱齿轮的参数表。

图11-68 “齿轮参数”对话框

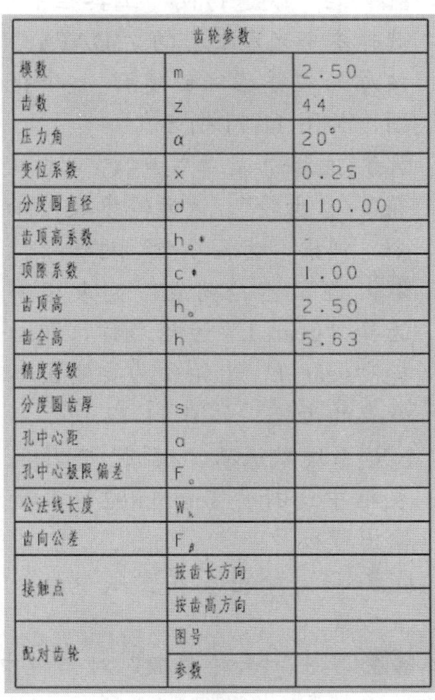

齿轮参数		
模数	m	2.50
齿数	z	44
压力角	α	20°
变位系数	x	0.25
分度圆直径	d	110.00
齿顶高系数	h_a^*	-
顶隙系数	c^*	1.00
齿顶高	h_a	2.50
齿全高	h	5.63
精度等级		
分度圆齿厚	s	
孔中心距	a	
孔中心极限偏差	F_a	
公法线长度	W_k	
齿向公差	F_β	
接触点	按齿长方向	
	按齿高方向	
配对齿轮	图号	
	参数	

图11-69 齿轮参数表

- “齿轮简化”：主要将制图中齿轮的表达方式改为符合国标要求的简化画法，可以对简化后的视图进行部分关键尺寸的自动标注，并可利用提供的“编辑”选项使齿轮简化视图根据齿轮三维模型的改变而更新。在“菜单”/“GC工具箱”/“齿轮”级联菜单中选择“齿轮简化”命令，系统弹出图11-70所示的“齿轮简化”对话框。在该对话框中指定类型选项，选择要简化的齿轮（包括圆柱齿轮和锥齿轮），选择要简化的视图（包括导入视图、投影视图及剖面视图），并设置其他参数，然后单击“确定”按钮或“应用”按钮，完成齿轮视图简化操作。

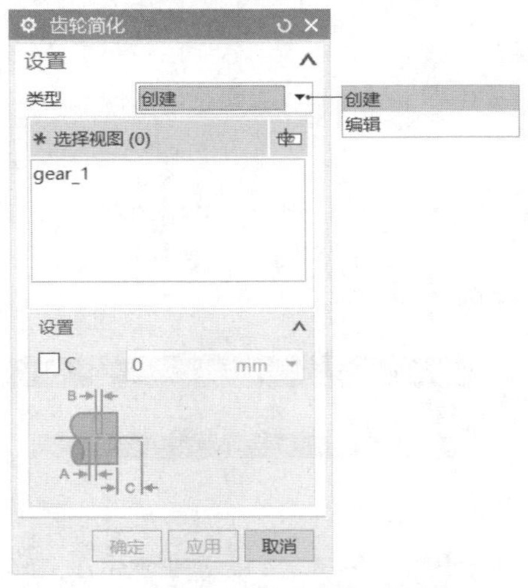

图11-70 “齿轮简化”对话框

在“齿轮简化”对话框的“类型”下拉列表框中包含“创建”类型选项和“编辑”类型选项：当选择“创建”类型选项时，可根据视图的类型、齿轮的类型将所选视图简化成符合GB要求的视图，并自动生成齿轮部分关键尺寸；当选择“编辑”类型选项时，简化视图可根据齿轮三维模型的改变而更新。

下面介绍一个齿轮出图的操作范例，主要操作包括生成齿轮参数表和简化视图。

一、生成齿轮参数表

1 在“快速访问”工具栏中单击“打开”按钮，弹出“打开”对话框，选择本书光盘配套的“\DATA\CH11\bc_11_4_1.prt”文件，单击“OK”按钮，该原始文件已经创建好 3 个视图，如图 11-71 所示。

2 选择“菜单”/“GC 工具箱”/“齿轮”/“齿轮参数”命令，弹出“齿轮参数”对话框。

3 在“齿轮列表”列表框中选择“gear_1”齿轮名称，即选择“gear_1”齿轮作为要输出参数表的齿轮，如图 11-72 所示，NX 系统默认从“模板”下拉列表框中选择“Template2”参数输出模板。

4 指定输出表在图纸中的放置位置。

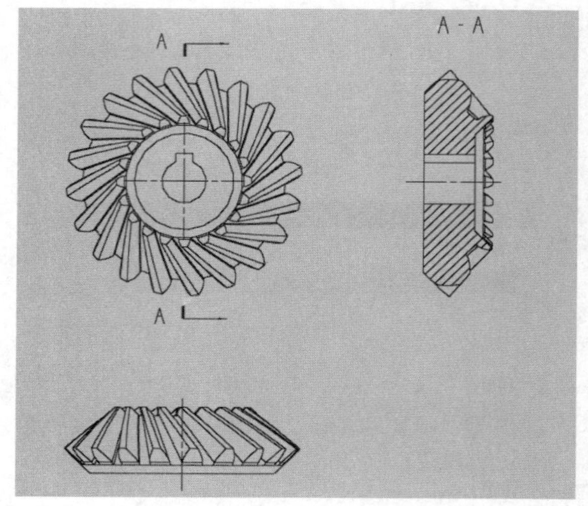

图11-71　原始文件中已经创建好 3 个视图

5 单击“齿轮参数”对话框中的“确定”按钮，从而在图纸中生成一个齿轮参数表，如图 11-73 所示，可以使用鼠标拖动表格框线的方式调整齿轮参数表的列宽。

图11-72　“齿轮参数”对话框

齿轮参数		
模数	m	2.50
齿数	z	20
压力角	α	20°
变位系数	x	-
分度圆直径	d	50.00
齿顶高系数	$h_a{}^*$	1.00
顶隙系数	c^*	0.20
齿顶高	h_a	2.50
齿全高	h	5.50
齿根高	h_f	3.00
齿顶圆直径	d_a	53.54
齿根圆直径	d_f	45.76
基圆直径	d_b	46.98
齿距	p	
齿厚	s	3.93
槽宽	e	
中心距	a	
顶隙	c	
基圆齿距	pb	

图11-73　齿轮参数表（齿轮参数输出结果）

二、将相关视图改为符合国标要求的简化画法

1 选择“菜单”/“GC 工具箱”/“齿轮”/“齿轮简化”命令，弹出“齿轮简化”对话框。

2 从“类型”下拉列表框中选择“创建”选项。

3 “选择视图”按钮处于被选中的状态，在图纸中选择全部 3 个视图作为需要简化的视图。

4 在“齿轮简化”对话框的列表中选择“gear_1”锥齿轮作为要简化的齿轮。

5 在“齿轮简化”对话框的“设置”选项组中确保选中“C”复选框，设置 C 的值为 3mm。

6 在“齿轮简化”对话框中单击“确定”按钮，如图 11-74 所示。

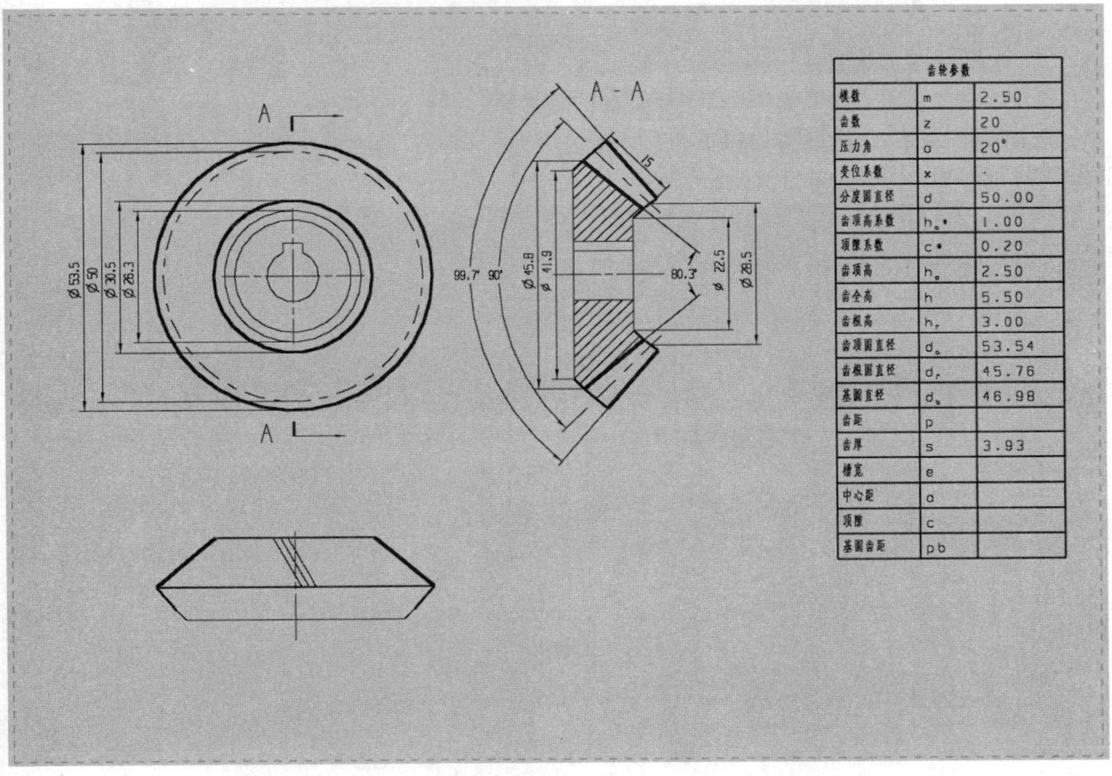
A
A - A
15
Ø53.5
Ø50
Ø30.5
Ø28.3
99.7°
90°
Ø45.8
Ø41.9
80.3°
Ø22.5
Ø28.5
A
齿轮参数
模数 m 2.50
齿数 z 20
压力角 α 20°
变位系数 x
分度圆直径 d 50.00
齿顶高系数 ha* 1.00
顶隙系数 c* 0.20
齿顶高 ha 2.50
齿全高 h 5.50
齿根高 hf 3.00
齿顶圆直径 da 53.54
齿根圆直径 df 45.76
基圆直径 db 46.98
齿距 p
齿厚 s 3.93
槽宽 e
中心距 a
顶隙 c
基圆齿距 pb

图11-74 锥齿轮简化结果

11.4.2 弹簧出图

弹簧模型设计好之后，进入制图环境并创建所需图纸页后，使用“菜单”/“GC 工具箱”/“弹簧”级联菜单中的“弹簧简化画法”命令，可以根据弹簧三维模型的弹簧参数在图纸上自动生成采用简化画法的弹簧工程图，NX 会对简化后的视图进行部分关键尺寸的自动标注。

按照部件中的弹簧参数画出的弹簧简化视图示例如图 11-75 所示，该弹簧建模时采用的

建模模式为“输入参数”。

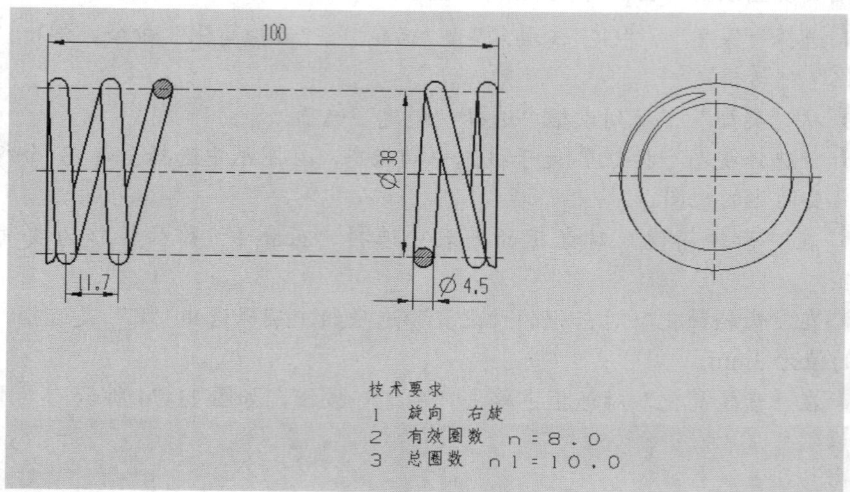

图11-75　圆柱压缩弹簧简化视图

如果弹簧模型是通过“设计向导”设计模式来创建的，那么在该弹簧的简化视图中将有工作载荷符号或标识，如图 11-76 所示。

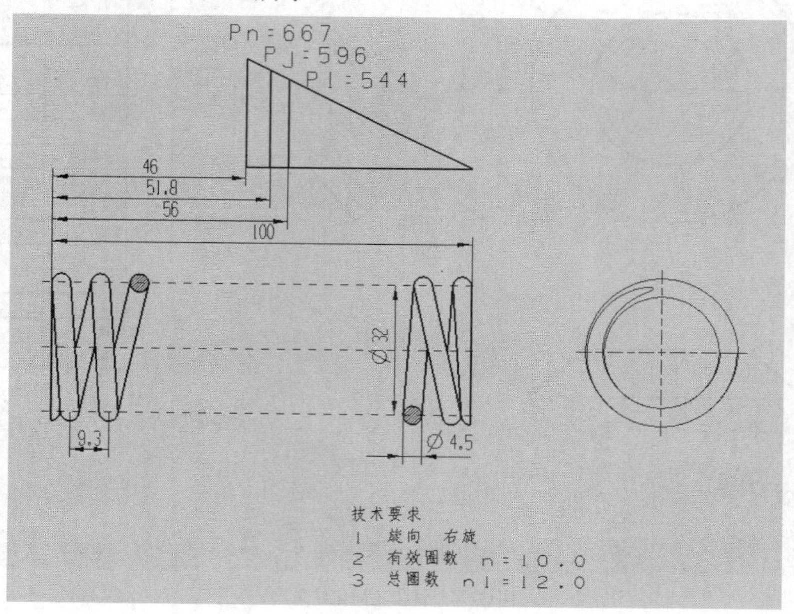

图11-76　圆柱压缩弹簧简化视图（带有工作载荷）

下面介绍弹簧出图的一个典型范例，以某圆柱拉伸弹簧模型为例，光盘中提供该圆柱拉伸弹簧模型素材“\DATA\CH11\bc_11_4_2.prt”。

1 在“快速访问”工具栏中单击“打开”按钮，弹出“打开”对话框，选择本书光盘配套的“\DATA\CH11\bc_11_4_2.prt”文件，单击“OK”按钮。已建好模型的圆柱拉伸弹簧效果如图 11-77 所示。

2 在功能区的“文件”选项卡中选择“启动”下的“制图”命令，从而启动“制图”应用模块。

3 选择“菜单”/“GC 工具箱”/“弹簧”/“弹簧简化画法”命令，系统弹出图 11-78 所示的“弹簧简化画法”对话框。

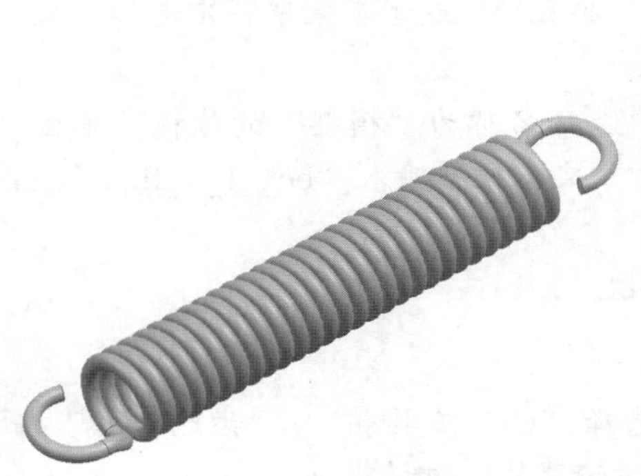

图11-77 圆柱拉伸弹簧模型

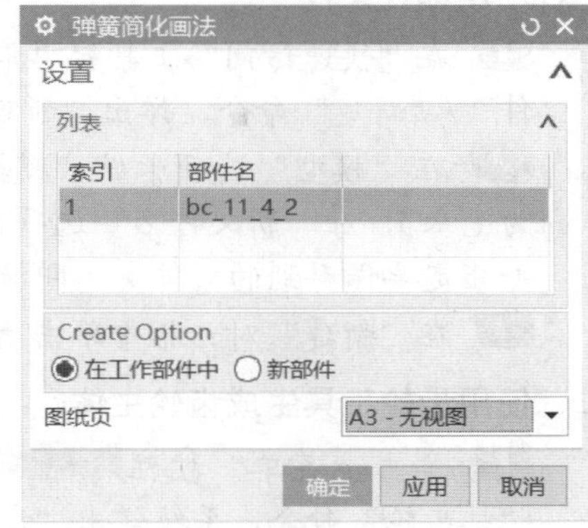

图11-78 “弹簧简化画法”对话框

4 在列表框中选择部件名“bc_11_4_2”，在“创建选项”选项组中选择“在工作部件中”单选按钮，从“图纸页”下拉列表框中选择“A3-无视图”选项。

5 在“弹簧简化画法”对话框中单击“确定”按钮，生成的弹簧简化视图如图 11-79 所示（为了更好地观看工程视图，可通过部件导航器将相关的基准坐标系、基准平面和基准轴隐藏起来）。

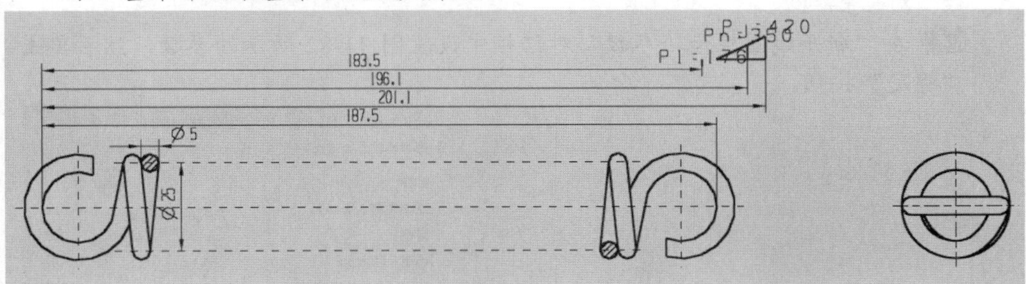

图11-79 弹簧简化画法

11.5 本章综合设计范例

本节介绍一个综合设计范例，在该范例中要完成一个斜齿圆柱齿轮的建模，效果如图 11-80 所示。齿轮建模采用 GC 工具箱的齿轮建模工具命令。

图11-80 斜齿圆柱齿轮的建模

该范例中斜齿圆柱齿轮的建模过程如下。

一、新建部件文件

1 在“快速访问”工具栏中单击“新建”按钮，或者在菜单栏中选择“文件”/“新建”命令，弹出“新建”对话框。

2 在“模型”选项卡的“模板”列表中选择名称为“模型”的模板（单位为毫米），在“新文件名”选项组的“名称”文本框中输入“bc_11_5_fl.prt”，并指定要保存到的文件夹（即保存目录）。

3 在“新建”对话框中单击“确定”按钮。

二、使用齿轮工具生成齿轮主体

1 单击“菜单”按钮 菜单(M)，接着选择“GC 工具箱”/“齿轮建模”/“柱齿轮”命令，系统弹出“渐开线圆柱齿轮建模”对话框。

2 在“渐开线圆柱齿轮建模”对话框的“齿轮操作方式”选项组中选择“创建齿轮”单选按钮，然后单击“确定”按钮，弹出“渐开线圆柱齿轮类型”对话框。

3 在“渐开线圆柱齿轮类型”对话框中，在第一组中选择“斜齿轮”单选按钮，在第二组中选择“外啮合齿轮”单选按钮，在第三组中选择“滚齿”单选按钮，如图 11-81 所示，然后单击“确定”按钮，弹出“渐开线圆柱齿轮参数”对话框。

4 在“渐开线圆柱齿轮参数”对话框中设置图 11-82 所示的参数，然后单击“确定”按钮。

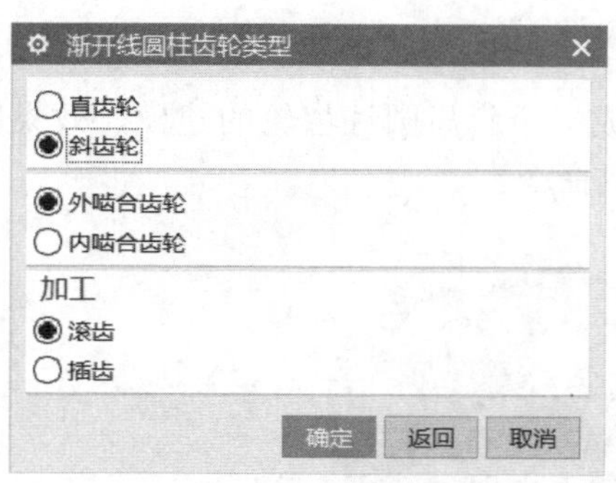

图11-81　设置渐开线圆柱齿轮类型

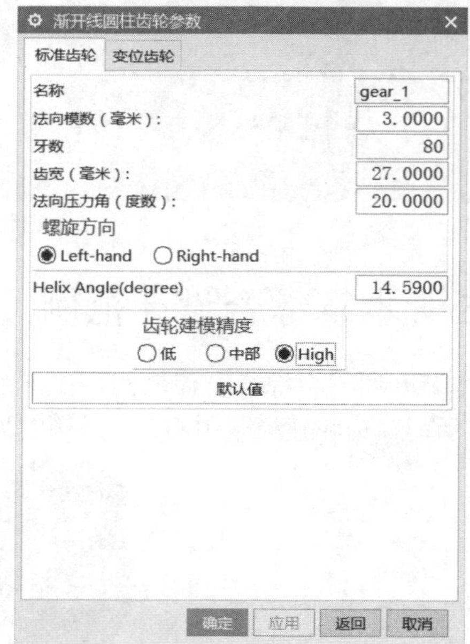

图11-82　设置渐开线圆柱齿轮参数

5 系统弹出“矢量”对话框，从“类型”下拉列表框中选择“YC 轴”选项，单击“确定”按钮。

6 在“点”对话框中设置点坐标为 X=0、Y=0、Z=0，单击“确定”按钮，创建的斜齿圆柱齿轮主体模型如图 11-83 所示。

三、以“拉伸”的方式添加材料

1 在功能区的“主页”选项卡的“特征”面板中单击“拉伸”按钮，弹出“拉伸”对话框。

2 在“截面”选项组中单击“绘制截面”按钮，弹出“创建草图”对话框。从“草图类型”选项组的“草图类型”下拉列表框中选择“在平面上”选项，从“平面方法”下拉列表框中选择“新平面”选项，从“指定平面”下拉列表框中选择“按某一距离”图标选项，在图形窗口中单击图 11-84 所示的齿轮实体面（图中十字指针所指的当前实体端面），在屏显输入框中输入距离为“-13.5”并按“Enter”键，确保创建的该平面穿过齿轮实体内部，接着在“草图方向”选项组的“参考”下拉列表框中选择“水平”选项，从“指定矢量”下拉列表框中选择“XC 轴”，然后单击“确定”按钮。

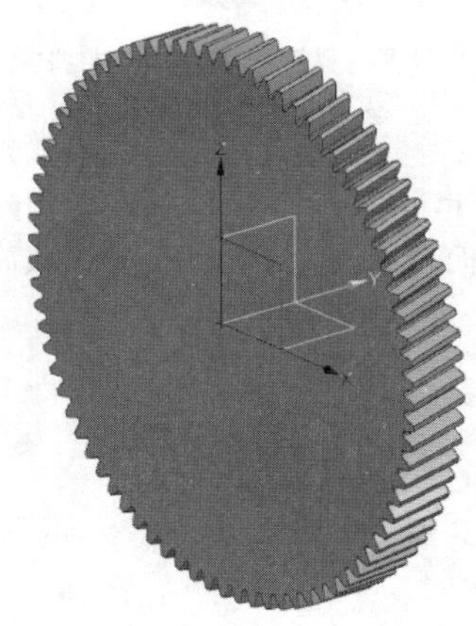

图11-83 创建的斜齿圆柱齿轮主体

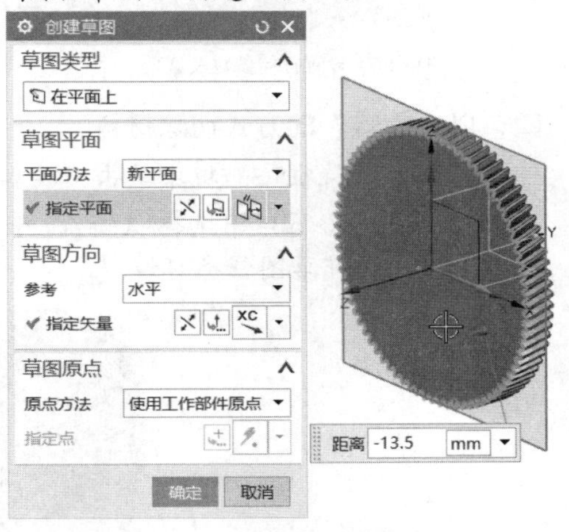

图11-84 按距离创建草图平面

3 绘制图 11-85 所示的一个圆，单击“完成草图”按钮。

4 返回到“拉伸”对话框，在“方向”选项组的“指定矢量”下拉列表框中选择“YC 轴”图标选项定义拉伸矢量。

5 在“限制”选项组中，从“结束”下拉列表框中选择“对称值”选项，在“距离”文本框中设置距离为 22.5mm，在“布尔”选项组的“布尔”下拉列表框中选择“合并”选项以设置与齿轮主体结合在一起，如图 11-86 所示。

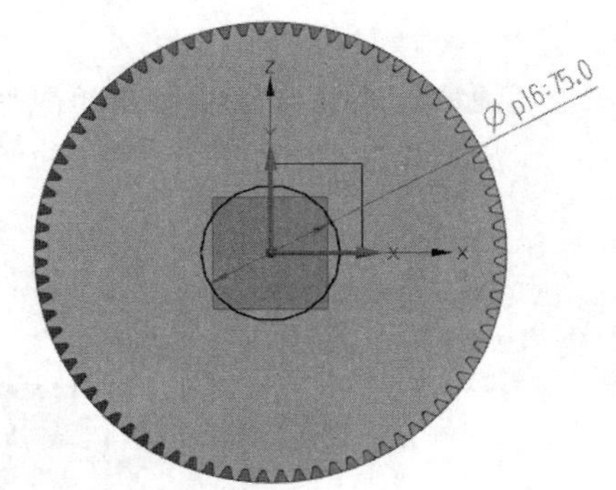

图11-85 绘制一个圆

6 在“拉伸”对话框中单击“确定”按钮，结果如图 11-87 所示。

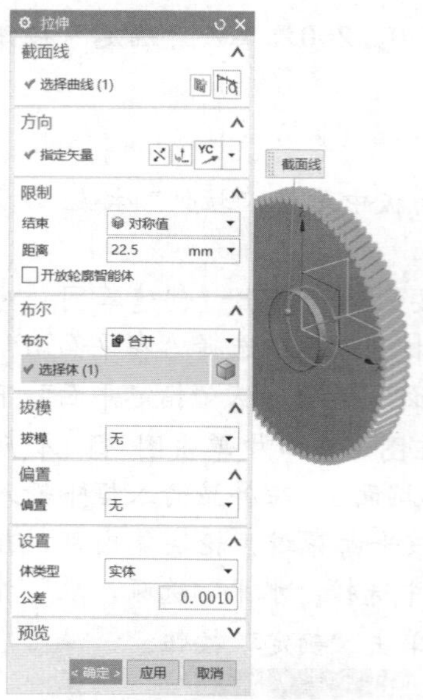

图11-86　设置拉伸参数及选项

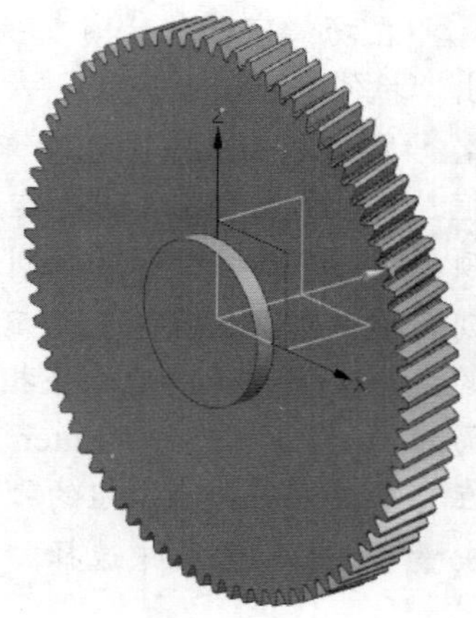

图11-87　以拉伸的方式添加材料

四、以“旋转”的方式切除材料

1 在“特征”面板中单击“旋转”按钮，弹出“旋转”对话框。

2 在图形窗口中选择 *XC-YC* 平面作为草图平面，如图 11-88 所示，从而快速进入内部草图任务环境。

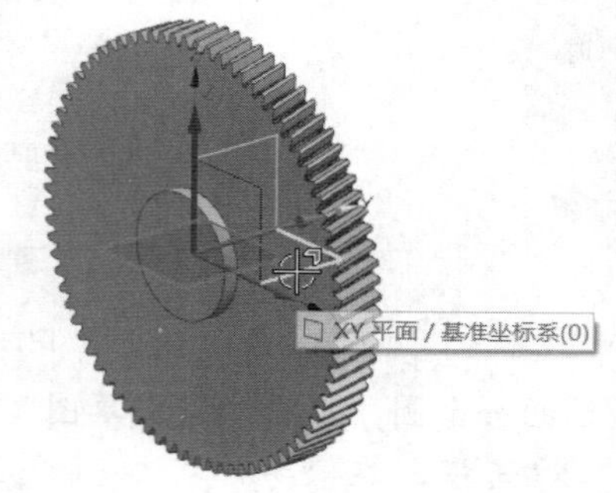

图11-88　指定草图平面

3 绘制图 11-89 所示的图形，其中绘制的一条构造线位于齿轮厚度的中间面上，单击“完成草图”按钮。

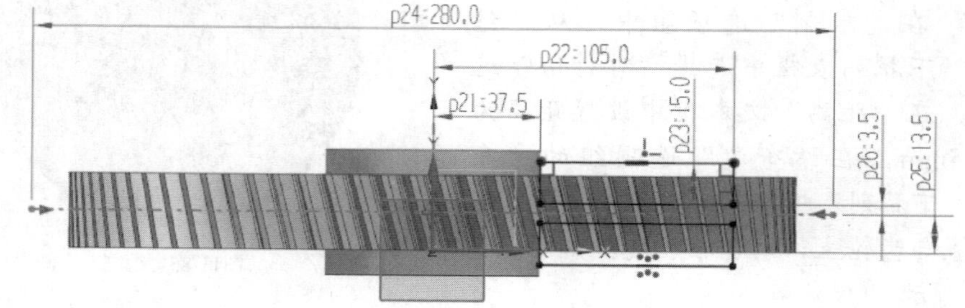

图11-89　绘制图形

4 返回到“旋转”对话框。在“轴”选项组的“指定矢量”下拉列表框中选择“YC 轴”图标选项，在“指定点”下拉列表框中选择“圆弧中心/椭圆中心/球心”图标选项，接着在图形窗口中单击图 11-90 所示的圆边以指定其圆心作为旋转轴上的一点。

5 在“限制”选项组中设置开始角度为 0deg，结束角度为 360deg；在“布尔”选项组的“布尔”下拉列表框中选择“减去”选项，在“偏置”选项组的“偏置”下拉列表框中选择“无”选项，在“设置”选项组的“体类型”下拉列表框中选择“实体”选项。

6 在“旋转”对话框中单击“确定”按钮，操作结果如图 11-91 所示。

图11-90 指定轴点位置

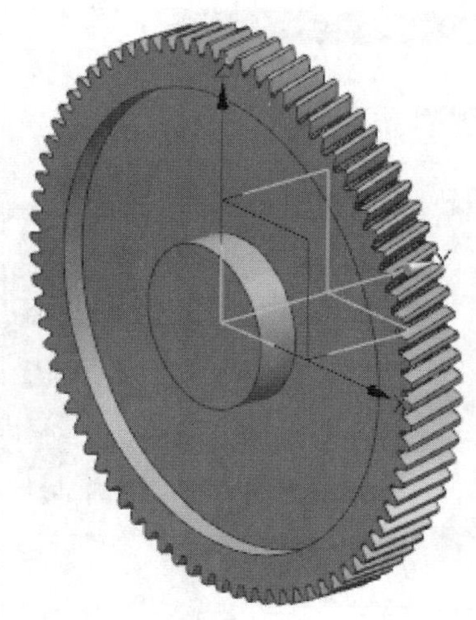

图11-91 旋转操作的结果

此时，可以在部件导航器中设置将“基准坐标系（0）”隐藏起来。

五、以“拉伸”的方式切除材料

1 在“特征”面板中单击“拉伸”按钮，弹出“拉伸”对话框。

2 在图 11-92 所示的平整实体端面单击，快速进入内部草图任务环境。绘制图 11-93 所示的截面，单击“完成草图”按钮。

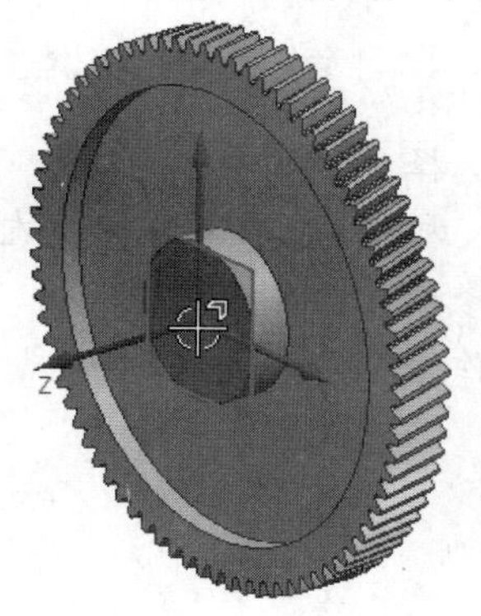

图11-92 在要绘制截面的实体面上单击

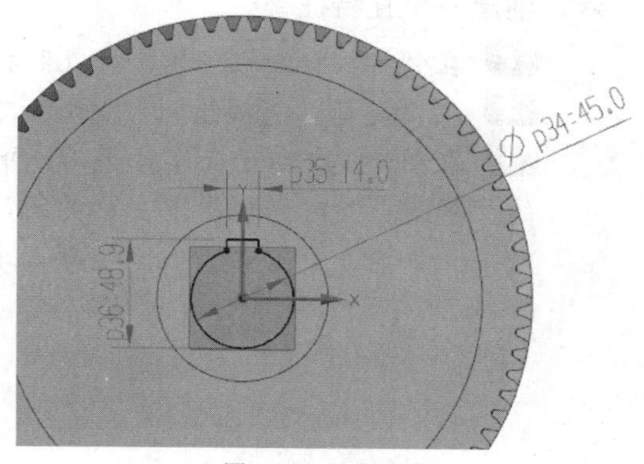

图11-93 绘制截面

3 返回到“拉伸”对话框，在“方向”选项组的“指定矢量”下拉列表框中选择“YC 轴”图标选项。

4 在“限制”选项组的“开始”下拉列表框中选择“值”选项，设置开始距离值为 0，在“结束”下拉列表框中选择“贯通”选项；在“布尔”选项组的“布尔”下拉列表框中选择“减去”选项，在“拔模”选项组的“拔模”下拉列表框中选择“无”选项，在“偏置”选项组的“偏置”下拉列表框中选择“无”选项，在“设置”选项组的“体类型”下拉列表框中选择“实体”选项，如图 11-94 所示。

5 在“拉伸”对话框中单击“确定”按钮，完成本步骤的模型效果如图 11-95 所示。

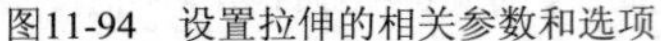
图11-94　设置拉伸的相关参数和选项

图11-95　拉伸求差的结果

六、创建一个孔特征

1 在“特征”面板中单击“孔”按钮，弹出“孔”对话框。

2 在“类型”选项组的“类型”下拉列表框中选择“常规孔”选项。

3 在图 11-96 所示的实体平面处单击，快速进入内部草图任务环境。在弹出的“草图点”对话框中单击“关闭”按钮，接着修改点的位置尺寸如图 11-97 所示，单击“完成草图”按钮。确保选中此点作为孔的放置位置点。

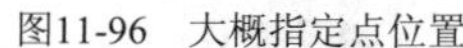

图11-96　大概指定点位置

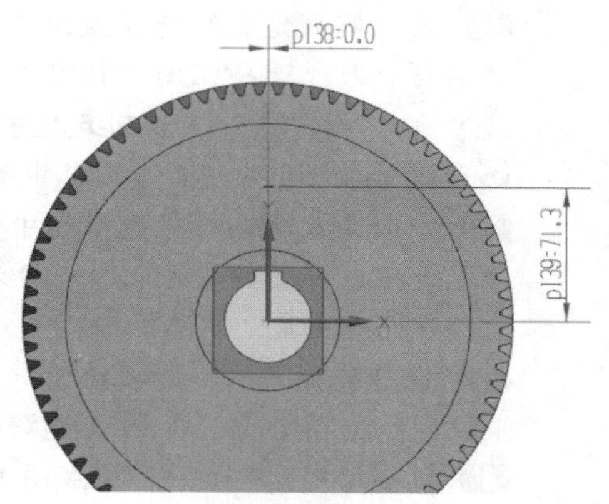

图11-97　修改点的位置尺寸

4 在“方向”选项组的“孔方向”下拉列表框中选择“垂直于面”选项，在“形状和尺寸”选项组的“形状”下拉列表框中选择“简单孔”选项，设置直径值为 30mm，深度限制为“贯通体”，在“布尔”选项组的“布尔”下拉列表框中默认选择“减去”选项，如图 11-98 所示。

5 在“孔”对话框中单击“确定”按钮，创建的第一个孔特征如图 11-99 所示。

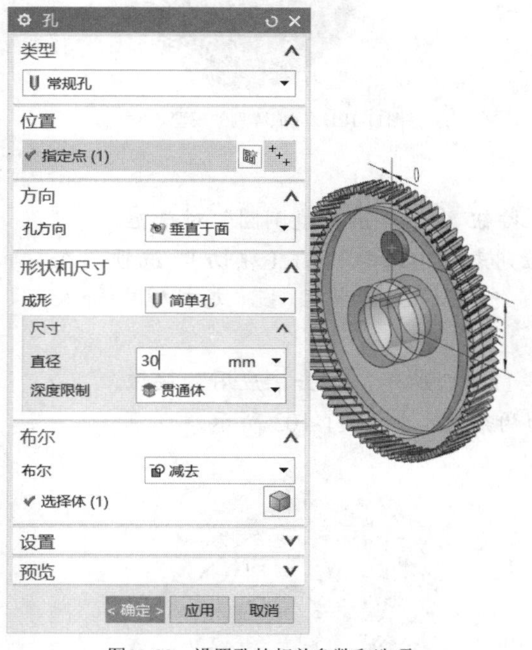

图11-98　设置孔的相关参数和选项

图11-99　第一个孔特征

七、阵列孔

1 在“特征”面板中单击“阵列特征”按钮，弹出“阵列特征”对话框。

2 选择上步骤创建的简单孔作为要阵列的特征（即作为要形成阵列的特征）。

3 在“阵列定义”选项组的“布局”下拉列表框中选择“圆形”选项，在“旋转轴”子选项组的“指定矢量”下拉列表框中选择“YC 轴”图标选项，在“指定点”下拉列表框中选择“圆弧中心/椭圆中心/球心”图标选项，接着在模型中选择要取其中心点的一个圆/圆弧，如图 11-100 所示。

4 在“角度方向”子选项组中，从“间距”下拉列表框中选择“数量和跨距”选项，设置数量为 6，跨角为 360deg。在“辐射”子选项组中取消选中“创建同心成员”复选框。

5 在“阵列方法”选项组的“方法”下拉列表框中选择“变化”选项，在“设置”选项组的“输出”下拉列表框中选择“阵列特征”选项。

6 单击“确定”按钮，完成图 11-101 所示的阵列效果。

图11-100　选择要取其中心点的圆/圆弧

图11-101　完成阵列的模型效果

八、创建边倒圆

1 在“特征”面板中单击“边倒圆”按钮，弹出“边倒圆”对话框。

2 在“边”选项组的“连续性”下拉列表框中选择“G1（相切）”选项，在“形状”下拉列表框中选择“圆形”选项，在“半径 1”文本框中输入 8mm。

3 为新集选择要倒圆的两条边，如图 11-102 所示，单击“应用”按钮。

4 翻转模型，在另一侧选择要倒圆的两条边，如图 11-103 所示。

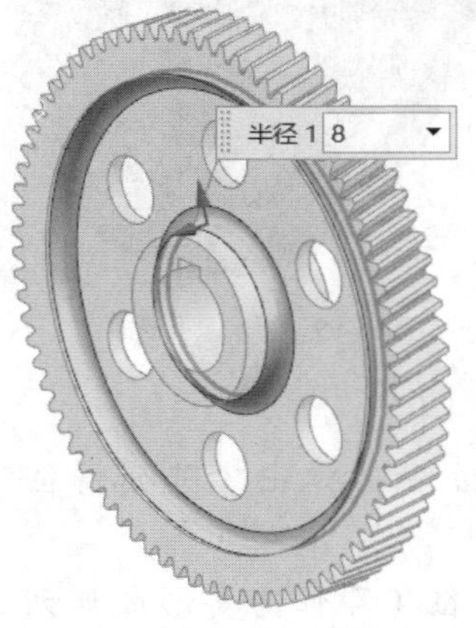

图11-102　选择要倒圆的两条边

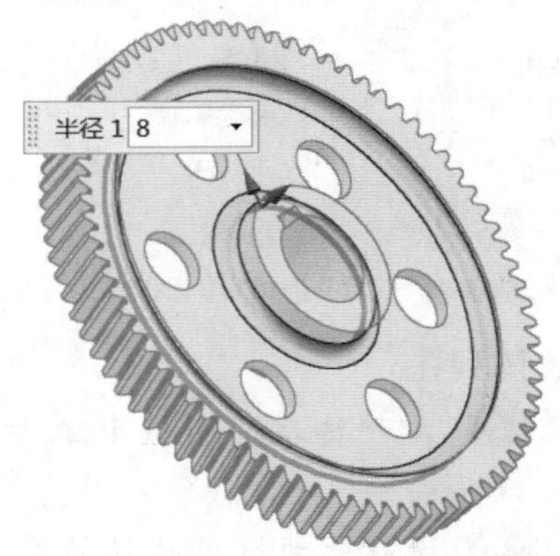

图11-103　选择要倒圆的另两条边

5 在“边倒圆”对话框中单击“确定”按钮。

九、创建倒斜角特征

1 在“特征”面板中单击“倒斜角”按钮，弹出“倒斜角”对话框。

2 在“偏置”选项组的“横截面”下拉列表框中选择“对称”选项，在“距离”文本框中设置距离值为 3mm，在“设置”选项组的“偏置方法”下拉列表框中选择“偏置面并修剪”选项，如图 11-104 所示。

3 选择要倒斜角的两条边，如图 11-105 所示。

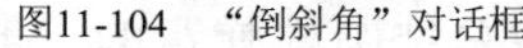
图11-104 “倒斜角”对话框

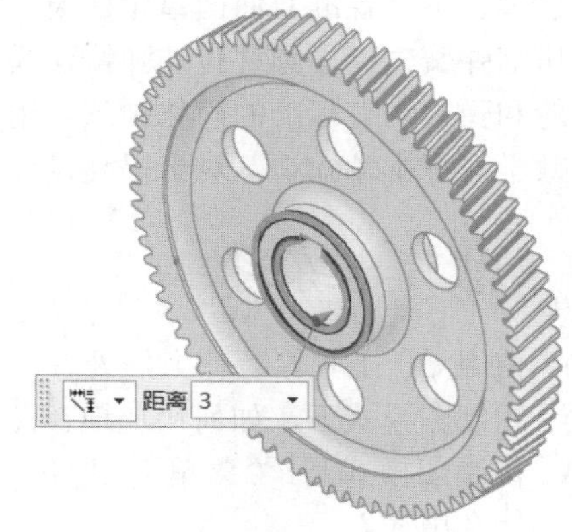

图11-105 选择要倒斜角的两条边

4 翻转模型，在齿轮的另一侧选择相应的另两条边也作为要倒斜角的边，如图 11-106 所示。

5 在“倒斜角”对话框中单击“确定”按钮，完成倒斜角操作。按“End”键以正等测视图显示模型，效果如图 11-107 所示。

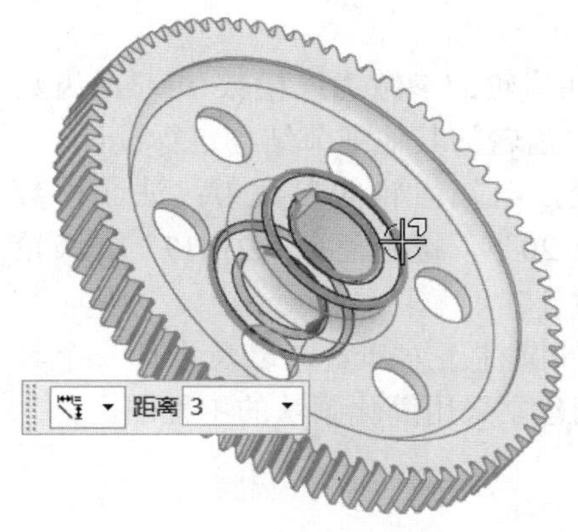

图11-106 选择要倒斜角的另两条边

图11-107 以正等测视图显示模型

十、保存模型

在“快速访问”工具栏中单击“保存”按钮，或者按“Ctrl+S”快捷键，保存该齿轮模型。

有兴趣的读者，可以自行使用本章介绍的齿轮出图方法为该范例的斜齿圆柱齿轮创建简

化工程图，以及练习通过 GC 工具箱的属性工具填写标题栏。

11.6 本章小结

NX 11 专门提供了基于 GB 要求而开发的 NX 中国工具箱，特别适合产品的标准化设计。本章重点介绍 NX 中国工具箱的基础与应用知识，包括 GB 标准定制的入门知识、GC 工具箱概述、齿轮建模、弹簧设计、齿轮出图和弹簧出图。

在齿轮建模部分，重点介绍了圆柱齿轮建模、锥齿轮建模、格林森锥齿轮建模、奥林康锥齿轮建模、格林森准双曲面齿轮建模、奥林康准双曲面齿轮建模。在弹簧设计部分，介绍了圆柱压缩弹簧建模、圆柱拉伸弹簧建模和蝶形弹簧建模。注意齿轮和弹簧的删除操作。

齿轮和弹簧均有标准的简化画法，用户应该掌握如何获得它们的简化视图。

有效学习好本章知识，对于提高设计效率大有裨益。

11.7 思考与练习

(1) 使用 GC 工具箱有什么好处？

(2) 在制图模式下，如何快速地在图纸页上插入技术要求注释？

(3) 在制图模式下，“菜单”/“GC 工具箱”/“制图工具”/“尺寸排序”命令有什么用途？

(4) 什么是圆柱压缩弹簧？什么是圆柱拉伸弹簧？请总结圆柱弹簧的一般创建步骤。

(5) 如何修改齿轮参数？

(6) 请总结删除弹簧的方法有哪些。各有什么样的特点？

(7) 如何为配合的齿轮设置齿轮啮合关系？以圆柱直齿齿轮为例进行上机操作说明。

(8) 上机操作：设计直齿渐开线圆柱齿轮，已知齿轮的参数为：模数 m=3，齿数 z=28，压力角为 20°，齿轮厚度 B=38mm，齿轮的其他细节结构自行设计。

(9) 上机操作：设计一个斜齿渐开线圆柱齿轮，已知齿轮的参数为：法面模数 m=2.5，齿数 z=72，法面（标准）压力角为 20°，螺旋角为 9.21417°，齿轮厚度 B=60mm，齿轮的其他细节结构自行设计。

(10) 上机操作：自行设计一个端部并紧不磨平的圆柱压缩弹簧，以及设计一个具有圆钩环的圆柱拉伸弹簧，最后分别为它们建立采用简化画法的工程图。

第12章 钣金件设计

本章导读

钣金件设计在现代产品设计中有着较为广泛的应用。NX 11 具有专门的钣金设计模块，用户可以灵活使用相应的钣金件设计工具来创建各类钣金件模型。

本章将结合范例，深入浅出地介绍钣金件设计的基础与实用知识，具体内容包括钣金件设计基础、钣金的相关草图工具、“突出块”钣金基体、钣金折弯、钣金拐角、钣金冲孔、钣金剪切、调整大小、钣金伸直、重新折弯、钣金转换、展平图样和 NX 高级钣金等。

12.1 钣金件设计基础

钣金通常是指专门针对金属薄板的一种综合冷加工工艺，包括剪、冲/切/复合、折、焊接、铆接、成形等。对金属板材进行上述冷加工操作得到的五金件便是钣金件。钣金件具有重量相对较轻、强度高、导电（能够用于电磁屏蔽）、成本低、大规模量产性能好等特点，目前在电子电器、通信、船舶工业、汽车工业、航天航空、化工、医疗器械等领域广泛应用，因此，钣金件的设计也是产品开发过程中很重要的一环。

NX 11 为用户提供专门的钣金件设计模块。在该设计模块中，钣金件模型是基于实体和特征的方法来定义的。

在深入介绍 NX 钣金工具的应用知识之前，先简要地介绍 NX 11 钣金件设计的基本操作流程、“NX 钣金”工具和钣金特征预设置等基础知识。

12.1.1 NX 11 钣金件设计的基本操作流程

NX 11 主要为用户提供了“NX 钣金”和“航空钣金”两个钣金应用模块，本书以“NX 钣金”模板为例。在“快速访问”工具栏中单击“新建”按钮，弹出“新建”对话框，在“模型”选项卡的“模板”列表中选择名称为“NX 钣金”的模板，其单位为毫米；设定名称和文件夹，单击“确定”按钮，即可创建一个使用“NX 钣金”公制模板的部件文件，然后在当前 NX 钣金模块中使用相关的钣金工具进行钣金件设计。

在 NX 钣金模块中，钣金件设计的基本操作流程如下。

1. 设置钣金首选项参数，即进行钣金参数的预设值设置，包括全局参数、定义标准和检查特征标准等。如果之前已经预设好默认的钣金参数，此步骤可以省略。

2. 绘制钣金基体草图。既可以通过草图命令绘制钣金基体草图，也可以利用现有的草图曲线来定义钣金基体草图。

3 创建钣金基体。NX 钣金基体可以是垫片，也可以是某些的轮廓弯边和放样弯边。

4 在钣金基体上添加钣金特征。

5 创建其他钣金特征等，例如根据需要进行取消折弯、添加钣金孔、裁剪钣金操作等。

当然，在钣金件设计的实际工作中，操作过程是较为灵活的，这需要用户平时多注意总结经验和技巧。

12.1.2　初识“NX 钣金”工具

“NX 钣金”模块的功能区“主页”选项卡提供了用于 NX 钣金件设计的常用工具组（面板），包括基准工具组、“直接草图”面板、“基本”面板、“折弯”面板、“拐角”面板、“凸模”面板、“特征”面板和“成形”面板等，如图 12-1 所示。另外，用户也可以在“NX 钣金”模块的“菜单”/“插入”菜单中选择所需的钣金命令。下面简要地介绍“NX 钣金”模块的功能区“主页”选项卡的各主要工具组（面板）。

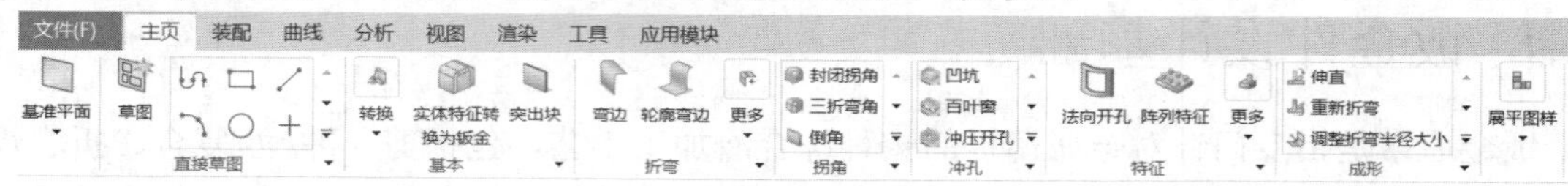

图12-1　“NX 钣金”模块的功能区“主页”选项卡

- 基准工具组：基准工具组提供一个“基准”下拉菜单，该下拉菜单中的基准工具包括“基准平面”按钮、“基准轴”按钮、“基准 CSYS”按钮、“点”按钮和“光栅图像”按钮，分别用于创建辅助构建其他特征的基准平面、基准轴、基准坐标系和基准点等。
- “直接草图”面板：提供直接草图的相关工具。
- “基本”面板：提供用于创建钣金基本体的最基本的钣金工具，包括“转换”下拉菜单、“突出块”按钮和“实体特征转换为钣金”按钮。其中，“转换”下拉菜单提供“转换为钣金向导”按钮、“撕边”按钮、“清理实用工具”按钮、“转换为钣金”按钮和“优化面”按钮；“突出块”按钮用于创建一个基本特征，方法是沿着矢量将草图拉伸一个厚度值，或添加材料到一个平的面上；“实体特征转换为钣金”按钮用于构建钣金模型，其形状取自一组平的面。
- “折弯”面板：提供用于折弯操作的各类工具命令，包括“弯边”按钮、“轮廓弯边”按钮、“放样弯边”按钮、“折边弯边”按钮、“折弯”按钮、“二次折弯”按钮和“桥接折弯”按钮，还包括一些高级折弯工具命令（“高级弯边”按钮、“钣金成形”按钮、“减轻开孔”按钮和“榫接”按钮）。大部分折弯工具位于“折弯”面板的“更多”列表中。
- “拐角”面板：提供用于在钣金件中构建拐角结构的工具命令，包括“封闭拐角”按钮、“三折弯角”按钮、“倒角”按钮、“倒斜角”按钮和“折弯拔锥”按钮。

- “冲孔（凸模）”面板：提供用于创建各类常见凸模、冲孔特征的工具命令，包括“凹坑”按钮、“百叶窗”按钮、“冲压除料（冲压开孔）”按钮、“筋”按钮、“实体冲压”按钮和“加固板”按钮。
- “特征”面板：提供用于钣金切削、特征设计、关联复制、组合和修剪操作的工具命令，如“法向除料”按钮、“拉伸”按钮、“孔”按钮和“特征阵列”按钮等。
- “成形”面板：提供用于钣金成形操作和调整相应对象大小的相关实用按钮，包括“伸直”按钮、“重新折弯”按钮、“调整折弯半径大小”按钮、“调整折弯角度大小”按钮和“调整中性因子大小”按钮。
- “展开图样”下拉菜单：提供用于钣金展开的工具按钮，包括“展平图样”按钮、“展平实体”按钮、“导出展平图样”按钮等。

12.1.3 钣金特征的首选项设置

在进行钣金件设计之前，用户可以根据设计需要来进行钣金特征的首选项设置，即预先自定义钣金特征的一些默认值和默认选项。

在“NX 钣金”应用模块中，选择“菜单”/“首选项”/“钣金”命令，或者在功能区的“文件”选项卡中选择“首选项”/“钣金”命令，系统弹出“钣金首选项”对话框。该对话框有“部件属性”选项卡、“展平图样处理”选项卡、“展平图样显示”选项卡、“钣金验证”选项卡、“标注配置”选项卡和“榫接”选项卡，分别如图 12-2、图 12-3、图 12-4、图 12-5、图 12-6 和图 12-7 所示，分别用于设置钣金部件属性（包括参数输入、全局参数和折弯定义方法）、展平图样处理（包括拐角处理选项和展平图样简化选项等）、展平图样显示、钣金验证和钣金标注配置这几个方面的首选项。其中，在“部件属性”选项卡中可以设置全局参数，所谓的全局参数是指设置所有部件的共同参数。全局参数主要包括材料厚度、折弯半径、让位槽深度和让位槽宽度等。例如，在“部件属性”选项卡的“全局参数”选项组中将材料厚度设置为 3mm，将折弯半径设置为 3mm 的默认值。

图12-2 “钣金首选项”对话框的“部件属性”选项卡

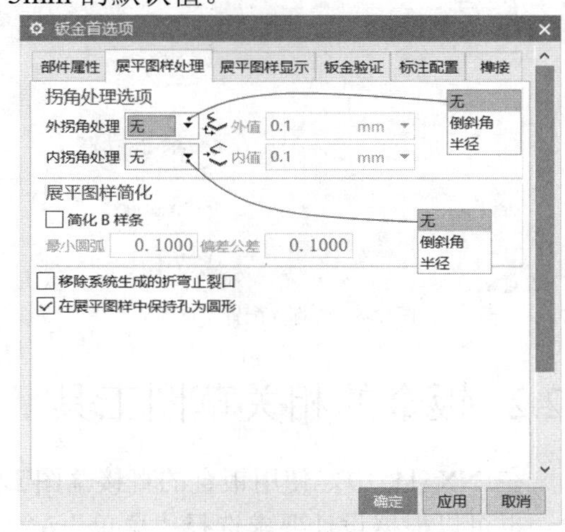

图12-3 “展开图样处理”选项卡

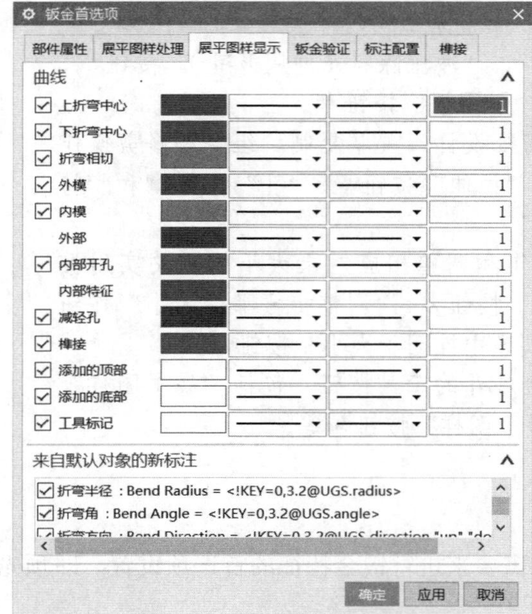

图12-4　“展平图样显示”选项卡

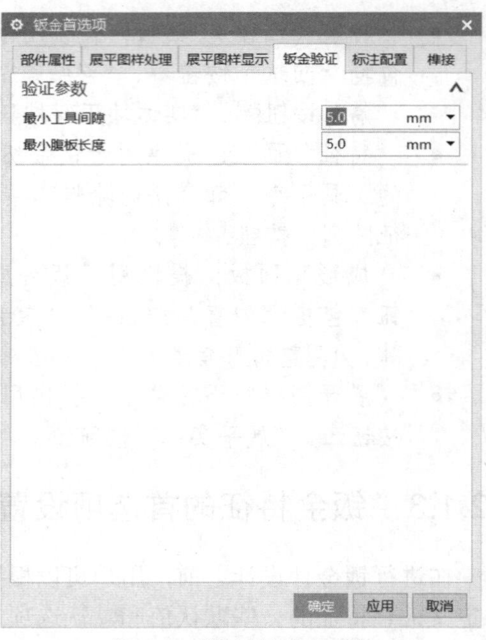

图12-5　“钣金验证”选项卡

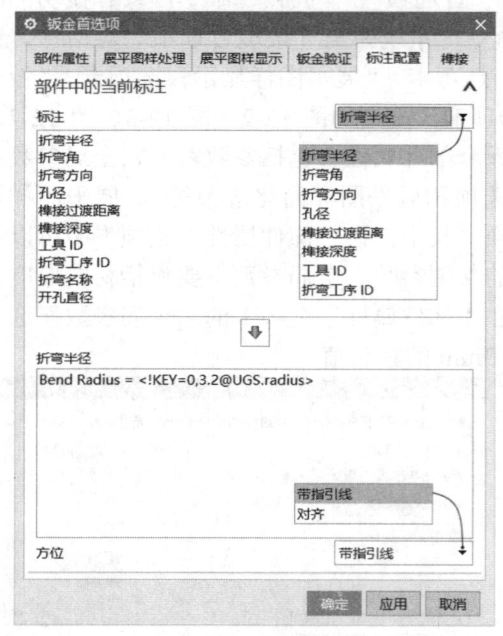

图12-6　“标注配置”选项卡

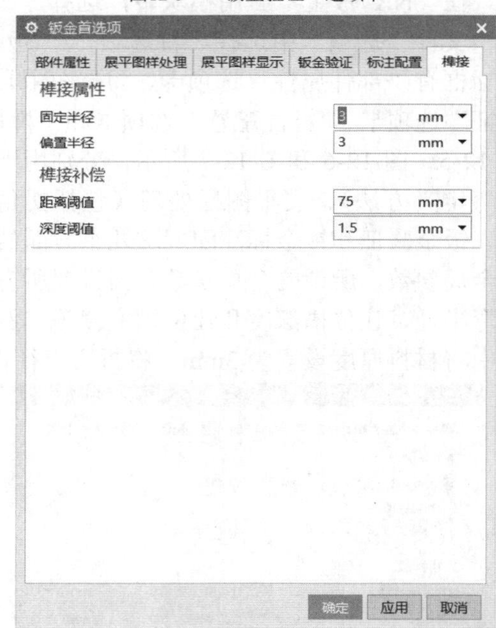

图12-7　“榫接”选项卡

12.2 钣金的相关草图工具

在 NX 11 中，使用钣金的直接草图工具，可以绘制二维曲线对象作为钣金件的截面曲线，也可以根据设计要求选择“菜单”/“插入”/“在任务环境中绘制草图”命令，指定草图平面并进入草图任务环境中绘制截面曲线。截面曲线在创建一些钣金件的过程中具有很重

要的作用，例如，在创建轮廓弯边和放样弯边等特征时都需要选择所需的截面曲线。

12.2.1 钣金件草图的生成方法

钣金件草图的生成方法主要分两种，一种是“外部生成法”，另一种是“内部生成法”。

外部生成法是指在创建钣金特征之前就已经生成截面曲线（可以将此类截面曲线形象地称为“外部截面曲线”），而在创建钣金特征的过程中只需直接在图形窗口中选择已有的截面曲线，不再需要重新绘制截面曲线。例如，用户可以先单击“草图”按钮等直接草图工具在当前应用模块中绘制草图截面曲线，也可以先选择“在任务环境中绘制草图”命令来创建草图截面曲线。

内部生成法是指在创建钣金特征的过程中，通过特征创建对话框中的“绘制截面”按钮、或进入内部草图环境来创建所需的截面曲线。

采用内部生成法绘制的草图截面曲线只能用于一个钣金特征，属于该钣金特征的子项；采用外部生成法绘制的草图截面曲线可以在创建其他钣金特征时选用，可同时用作多个钣金特征的截面曲线。

12.2.2 草图截面的转换

在 NX 11 中，可以将内部生成法绘制的草图截面曲线转换为外部截面曲线，这样，转换后的草图截面曲线便可以供多个钣金特征选用，而不再限制于单个钣金特征使用。

用户可以按照下面介绍的典型操作方法将内部生成法绘制的草图截面曲线转换为外部截面曲线。

1 在“部件导航器”中选择一个钣金特征（如“突出块”特征或“轮廓弯边特征”等），所选的钣金特征使用了内部生成法绘制草图截面曲线。

2 单击鼠标右键，打开其右键快捷菜单，如图 12-8（a）所示。

3 在右键快捷菜单中选择“将草图设为外部”命令，此时将内部生成法生成的该草图截面曲线转换为外部截面曲线，即在所选钣金特征之前生成了一个外部草图特征，如图 12-8（b）所示。此后，用户可以在创建其他钣金特征时选用此草图截面曲线。

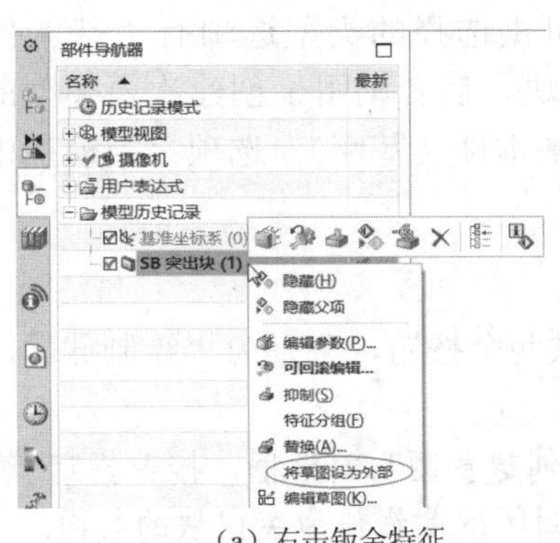

（a）右击钣金特征

（b）生成外部截面曲线

图12-8　将内部生成法绘制的草图截面曲线转换为外部截面曲线

12.3 “突出块”钣金基体

在 NX 11 中，通常使用“突出块”命令创建一个特征作为钣金基体特征。“突出块”命令的功能用途是沿矢量将草图拉伸一个厚度值来生成一个基体特征，或添加材料到一个平的面上。使用“突出块”命令创建钣金基体特征的典型示例如图 12-9 所示。

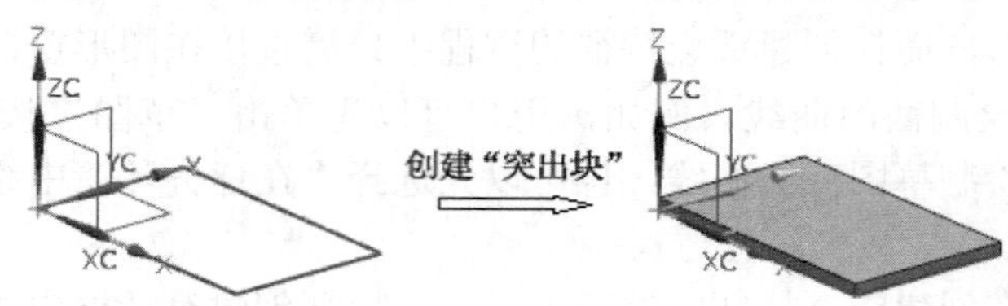

图12-9 使用“突出块”命令创建钣金基体特征的典型示例

在功能区的“主页”选项卡的“基本”面板中单击“突出块”按钮，或者选择“菜单”/“插入”/“突出块”命令，系统弹出图 12-10 所示的“突出块”对话框。如果在使用“突出块”命令之前没有存在钣金基体，那么“突出块”对话框的“类型”下拉列表框只提供“基本件（基座）”选项；如果在使用“突出块”命令之前就已经存在有钣金基体，那么在“突出块”对话框的“类型”下拉列表框中可以选择“次要”选项或“基本件（基座）”选项，如图 12-11 所示。下面介绍“突出块”对话框各选项组的功能含义。

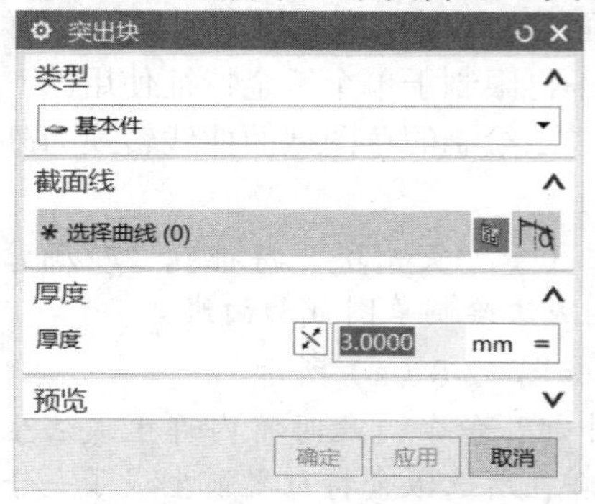

图12-10 “突出块”对话框（1）

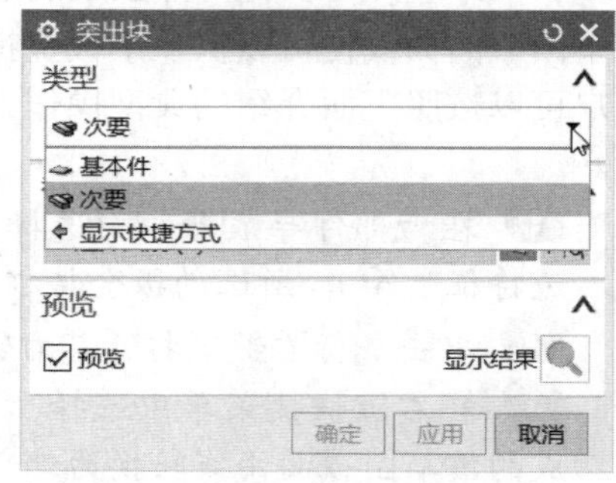

图12-11 “突出块”对话框（2）

一、“类型”选项组

“类型”选项组用于设置突出块的类型选项，可供选择的类型选项有“基本件（基座）”和“次要”，前者用于指定创建基本类型的突出块，后者则用于创建次要类型的突出块。当模型中没有钣金基体特征时，系统默认选择“基本件（基座）”选项；当模型中已经存在钣金基体特征时，系统默认选择“次要”选项。

二、“截面”选项组

“截面”选项组用于指定截面曲线，该选项组提供两个按钮，分别为“绘制截面”按钮和“曲线”按钮。

- “绘制截面”按钮：单击此按钮，将弹出“创建草图”对话框，接着指定草图平面等并进入内部草图任务环境中绘制一个封闭的曲线作为突出块的截面。

- “曲线”按钮：当用户界面中已经存在着突出块所需的截面曲线时，可通过此按钮去选择所需的截面曲线。

三、“厚度”选项组

在“厚度”选项组中的“厚度”文本框中如果显示了由全局参数控制的材料厚度值（在这里代表着突出块的厚度值），而用户要想更改该材料厚度值，那么可以在“厚度”文本框中单击“启用公式编辑器”按钮=并从其下拉菜单中选择“使用本地值”命令，接着在“厚度”文本框中修改厚度值即可。若单击“反向”按钮则反转突出块的厚度拉伸方向或材料的增加方向。

注意当从“类型”选项组的“类型”下拉列表框中选择“次要”选项时，“突出块”对话框不提供“厚度”选项组。

四、“预览”选项组

“预览”选项组用于设置是否启用“预览”模式（由“预览”复选框控制），以及单击其中的“显示结果”按钮，则会在图形窗口中显示突出块的真实效果。

12.4 钣金折弯

钣金折弯操作主要包括“弯边”“轮廓弯边”“放样弯边”“折边弯边”“折弯”和“二次折弯”等。

12.4.1 弯边

弯边是指在某一角度添加平的弯边到平的面，并在两者之间添加折弯。弯边示例如图12-12 所示。

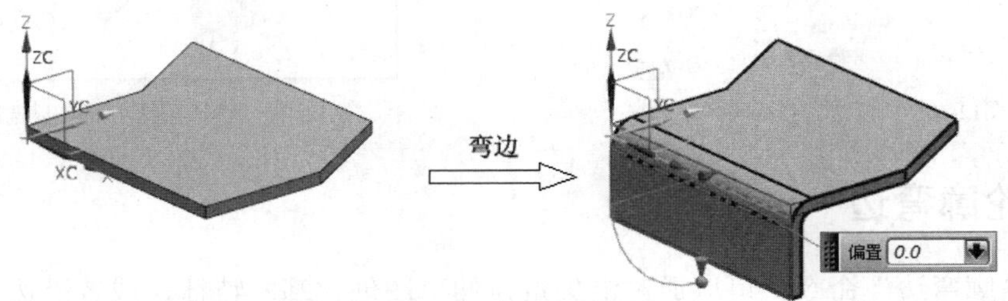

图12-12 弯边示例

要创建弯边特征，则在功能区的“主页”选项卡的“折弯”面板中单击“弯边”按钮，或者选择“菜单”/“插入”/“折弯”/“弯边”命令，系统弹出图 12-13 所示的“弯边”对话框。接着选择线性边，并分别指定截面曲线、宽度选项（可供选择的宽度选项有“完全”“在中心”“在端点”“始端”和“从两端”）、弯边属性（包括长度、方向、匹配面选项、角度、参考长度选项和内嵌方式等）、偏置选项、偏置方向、折弯参数（包括折弯半径和中性因子）和止裂口属性（包括折弯止裂口选项、深度、宽度和拐角止裂口选项等），然后单击“应用”按钮或“确定”按钮即可。

读者可以使用本书光盘配套素材文件“\DATA\CH12\bc_12_4_1.prt”来练习如何创建弯边特征，在练习过程中在“弯边”对话框的“宽度”选项组的“宽度选项”下拉列表框中尝

试选择不同的宽度选项，注意对比不同的弯边效果，例如，图 12-14 所示的不同宽度选项的弯边效果。另外，对于非完整宽度的弯边特征，用户应该注意设置合理的折弯止裂口（如折弯止裂口类型为“正方形”或“圆形”）和拐角止裂口。

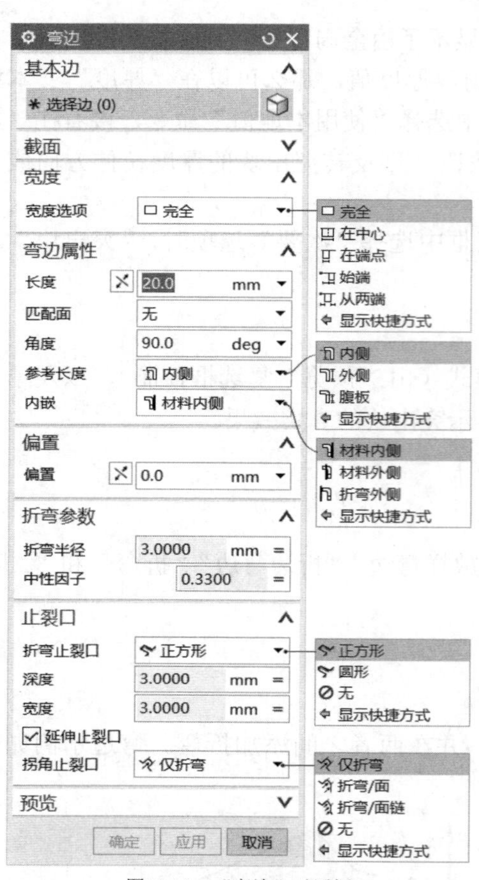

图12-13　“弯边”对话框

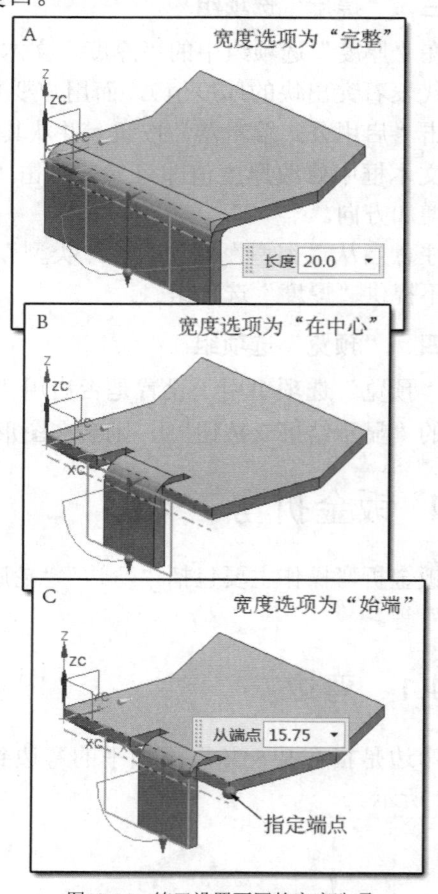

图12-14　练习设置不同的宽度选项

12.4.2　轮廓弯边

使用“轮廓弯边”命令，可以通过沿矢量拉伸草图创建基本特征，或者沿边缘或边缘链扫掠草图添加材料。轮廓弯边的类型也分“基本体”和“次要”两种，轮廓弯边典型示例如图 12-15 所示。该示例先是创建基本类型的轮廓弯边特征，再创建次要类型的轮廓弯边特征。

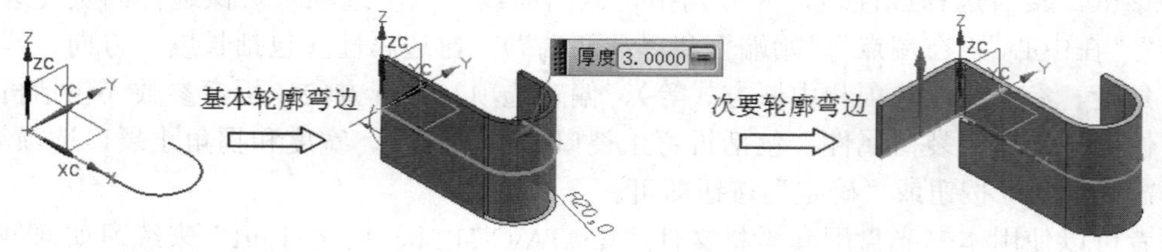

图12-15　轮廓弯边的典型示例

在“折弯”面板中单击“轮廓弯边”按钮，系统弹出图 12-16 所示的“轮廓弯边”对话框。下面简要介绍该对话框中各选项组的功能含义。

图12-16 “轮廓弯边”对话框

一、“类型”选项组

在“类型”选项组的“类型”下拉列表框中可选择“基本件”选项或“次要”选项。当模型中没有基本特征时，系统默认选择“基本件”选项以创建基本类型的轮廓弯边特征；当模型中已经存在基本特征时，系统默认选择“次要”选项以创建次要类型的轮廓弯边特征。

二、“截面”选项组

“截面”选项组用于指定截面曲线。该选项组提供两个按钮，分别为“绘制截面”按钮和“曲线”按钮，前者用于进入内部草图任务环境中绘制一条所需的截面曲线（属于用内部生成法绘制截面曲线），后者则用于选择一条现有的截面曲线。

三、“厚度”选项组

在“厚度”选项组中设置轮廓弯边特征的厚度值（默认使用全局参数中的材料厚度值，亦允许用户根据设计要求来自行设定本地厚度值），如果在该选项组中单击“反向”按钮，则可以反转默认的厚度生成方向。需要用户注意的是，当在“类型”选项组的“类型”下拉列表框中选择“次要”选项时，“轮廓弯边”对话框不提供“厚度”选项组，因为次要的轮廓弯边特征厚度与基本特征的厚度是一样的。

四、“宽度”选项组

在“宽度”选项组中设置宽度选项、宽度值和宽度方向。对于“基本件”类型的轮廓弯边特征，可供选择的宽度选项有“有限”和“对称”；对于“次要”类型的轮廓弯边特征，

可供选择的宽度选项有“有限”“对称”“末端（到端点）”和“链”。

五、“折弯参数”选项组

在“折弯参数”选项组中设置折弯半径和中性因子。默认时，折弯半径和中性因子由 NX 钣金的首选项来定义。

六、“止裂口”选项组

“止裂口”选项组用于设置折弯止裂口和拐角止裂口。其中，折弯止裂口的主要类型有“正方形”和“圆形”，这两种类型的止裂口如图 12-17 所示。

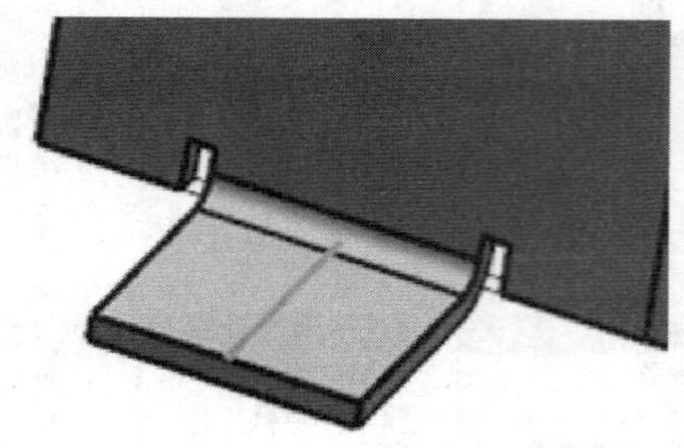

使用“正方形”折弯止裂口

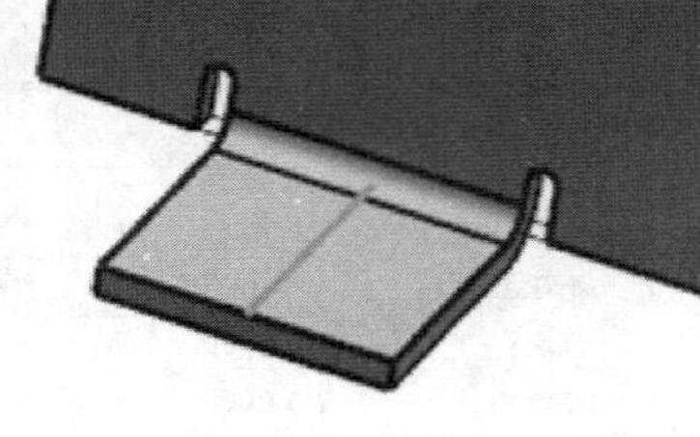

使用“圆形”折弯止裂口

图12-17　两种主要类型的止裂口

七、“斜接”选项组

“斜接”选项组提供“开始端”选项卡、“结束端”选项卡和一个“使用法向开孔法进行斜接”复选框。其中，“开始端”选项卡和“结束端”选项卡分别用于设置开始端和结束端的斜接角，斜接角的除料（开孔）类型分为“垂直于源面”和“垂直于厚度面”两种，用户可以更改斜接角的角度值。在图 12-18 所示的两个图解示例中，结束端均没有启用斜接角，而在起始端都启用了斜接角，且斜接角的角度均为-30deg，不同之处在于其中一个示例的斜接角的除料类型为“垂直于源面”，而另一个示例的斜接角的除料类型为“垂直于厚度面”。

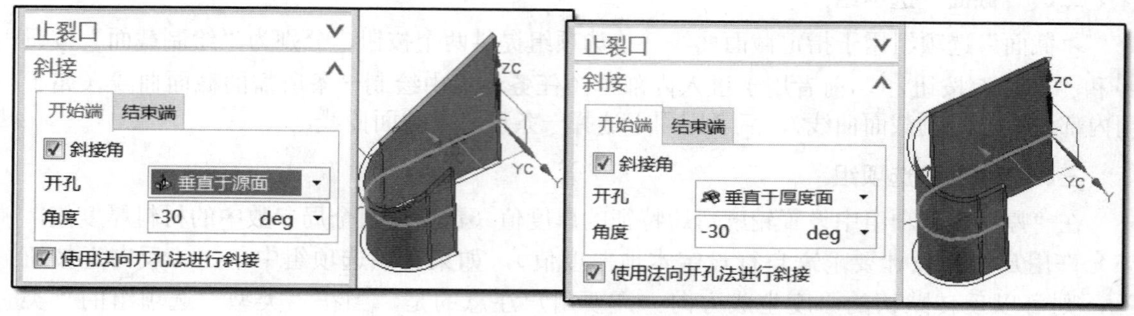

图12-18　两种斜接效果

八、“预览”选项组

“预览”选项组用于设置是否启用“预览”模式（由“预览”复选框控制），以及单击其中的“显示结果”按钮，则会在图形窗口中显示轮廓弯边的真实效果。

下面介绍一个创建基本轮廓弯边和次要轮廓弯边的操作范例。该操作范例具体的操作步骤如下。

一、创建基本轮廓弯边

1 在“快速访问”工具栏中单击“新建”按钮，弹出“新建”对话框。在“模型”选项卡的“模板”选项组的模板列表中选择名称为“NX 钣金”的公制模板，在“新文件名”选项组的“名称”文本框中输入新文件名称为“bc_12_4_2”，并自行指定新文件要保存到的文件夹，单击“确定”按钮。

2 在功能区的“主页”选项卡的“折弯”面板中单击“轮廓弯边”按钮，弹出“轮廓弯边”对话框。在“类型”选项组的“类型”下拉列表框中默认选择“基本件”选项。

3 在“截面”选项组中单击“绘制截面”按钮，系统弹出“创建草图”对话框。在“草图类型”选项组的“类型”下拉列表框中选择“在平面上”选项，从“草图 CSYS”选项组的“平面方法”下拉列表框中选择“自动判断”选项，如图 12-19 所示，然后单击“确定”按钮。

4 在内部草图任务环境中绘制图 12-20 所示的截面曲线，单击“完成草图”按钮。

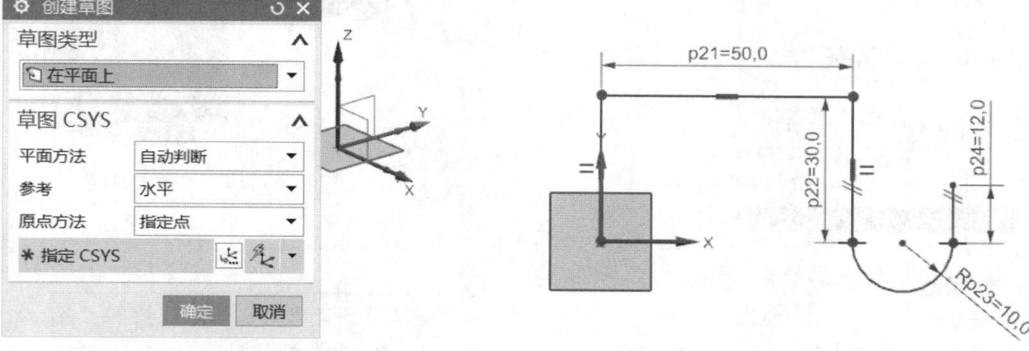

图12-19 “创建草图”对话框　　图12-20 绘制截面曲线

5 在“厚度”选项组中可以看到默认的厚度值为 3（该值由全局参数来控制），在“宽度”选项组的“宽度选项”下拉列表框中选择“对称”选项，在“宽度”文本框中设置宽度值为 50。

6 折弯参数、止裂口参数等可采用默认设置（但注意拐角止裂口为“无”），在开始端和结束端均不启用斜接角功能，也不使用封闭拐角，如图 12-21 所示。

7 单击“应用”按钮，创建的第一个轮廓弯边特征效果如图 12-22 所示。

二、创建次要轮廓弯边

1 此时，在“轮廓弯边”对话框的“类型”选项组中，其“类型”下拉列表框中的“次要”选项自动处于被选择的状态。在“截面”选项组中单击“绘制截面”按钮，弹出“创建草图”对话框。在图形窗口中单击所需的边线作为路径（为了便于选择所需的边线，可以在选择条中设置合适的曲线选择规则），如图 12-23 所示，并在“平面位置”选项组的“位置”下拉列表框中选择“弧长百分比”选项，将弧长百分比设置为“50”。在“平面方位”选项组的“方向”下拉列表框中选择“垂直于路径”选项，然后单击“确定”按钮。

2 绘制图 12-24 所示的一条截面线，单击“完成草图”按钮。

图12-21　绘制轮廓弯边的相关参数和选项

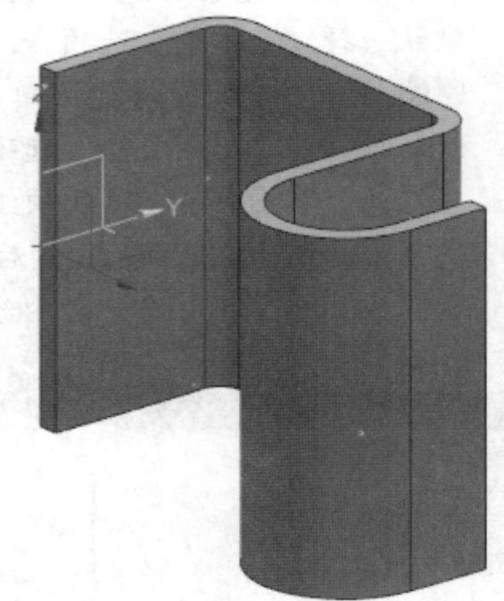

图12-22　创建的轮廓弯边特征

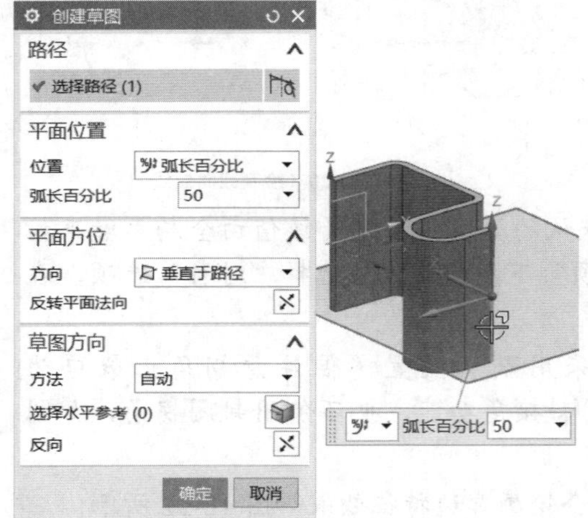

图12-23　选择路径

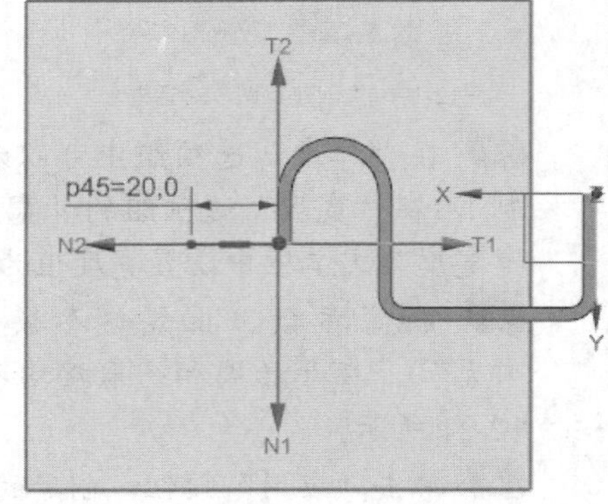

图12-24　绘制截面线

3 在“宽度”选项组的“宽度选项”下拉列表框中选择“对称”选项，设置宽度值为 25mm。

4 接受默认折弯参数，即折弯半径为 3mm，中性因子为 0.3300。

5 在“止裂口”选项组的“折弯止裂口”下拉列表框中选择“圆形”选项，折弯止裂口的深度和宽度值均默认为 3mm，而可以选中“延伸止裂口”

复选框并从“拐角止裂口”下拉列表框中选择“无”选项，如图 12-25 所示。

6 展开“斜接”选项组，在其“开始端”选项卡中确保取消选中“斜接角”复选框，在其“结束端”选项卡中也确保取消选中“斜接角”复选框。另外，取消选中“使用法向开孔法进行斜接”复选框。

7 单击“确定”按钮，完成创建该“次要”类型的轮廓弯边特征，效果如图 12-26 所示。

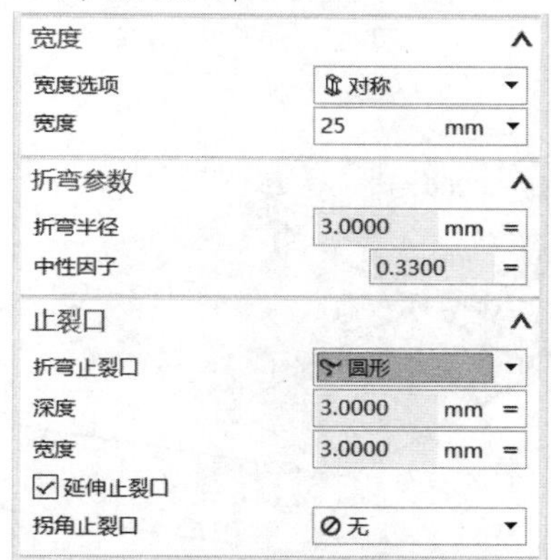

图12-25　设置折弯止裂口

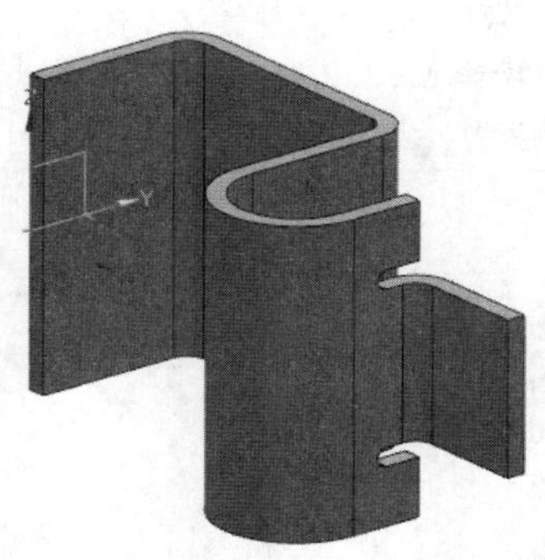

图12-26　创建“次要”轮廓弯边特征

12.4.3　放样弯边

使用“放样弯边”命令，可以在两个截面之间创建基本或次要特征，这两个截面之间的放样形状为线性过渡，如图 12-27 所示。和轮廓弯边特征相似，放样弯边特征也分为两种类型，一种类型为“基座（基本）”，另一种类型为“次要”。

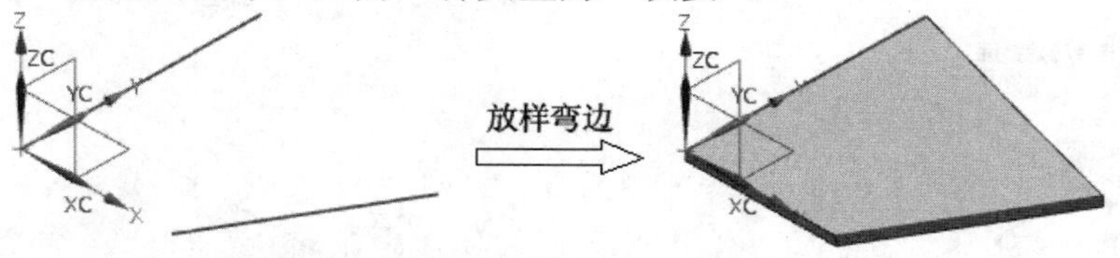

图12-27　创建放样弯边的典型示例

下面以一个简单范例来介绍如何创建放样弯边特征。

1 在“快速访问”工具栏中单击“打开”按钮，弹出“打开”对话框，选择本书配套的素材文件“\DATA\CH12\bc_12_4_3.prt”，单击“OK”按钮，该文件中已经存在着两条线。

2 在功能区的“主页”选项卡的“折弯”面板中单击位于“更多”库中的“放样弯边”按钮，或者选择“菜单”/“插入”/“折弯”/“放样弯边”命令，弹出图 12-28 所示的“放样弯边”对话框。

3 “类型”选项组的“类型”下拉列表框中的默认选项为“基本件”。从“厚度”选项组中可以看出默认的材料厚度为 3mm，并接受默认的折弯参数和止裂口参数。

4 在“起始截面”选项组中单击“曲线”按钮，在图形窗口中单击图 12-

29 所示的直线，以定义起始截面。

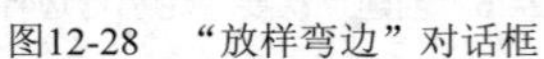
图12-28　“放样弯边”对话框

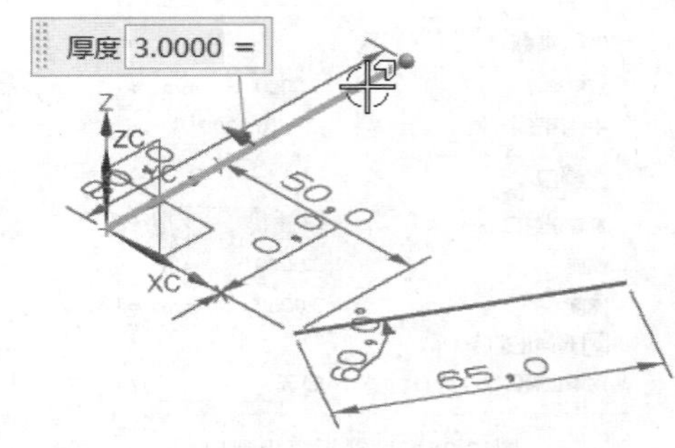

图12-29　指定起始截面

5 在“终止截面”选项组中单击“曲线”按钮，接着在图形窗口中选择另一条线定义终止截面，如图 12-30 所示。

6 展开“折弯段”选项组，确保不选中“使用多段折弯”复选框。

7 在“放样弯边”对话框中单击“确定”按钮，完成放样弯边的钣金件模型如图 12-31 所示。

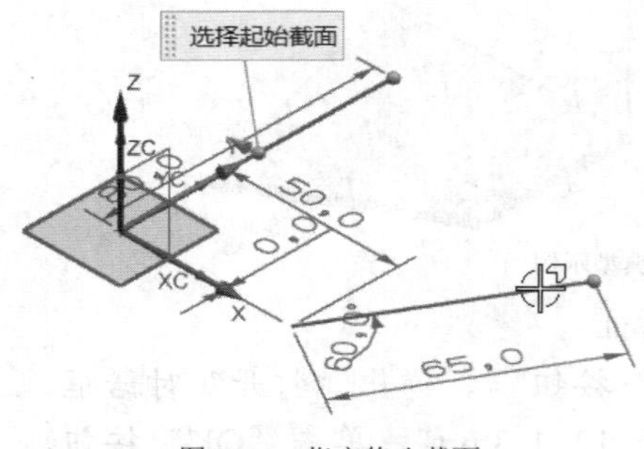

图12-30　指定终止截面

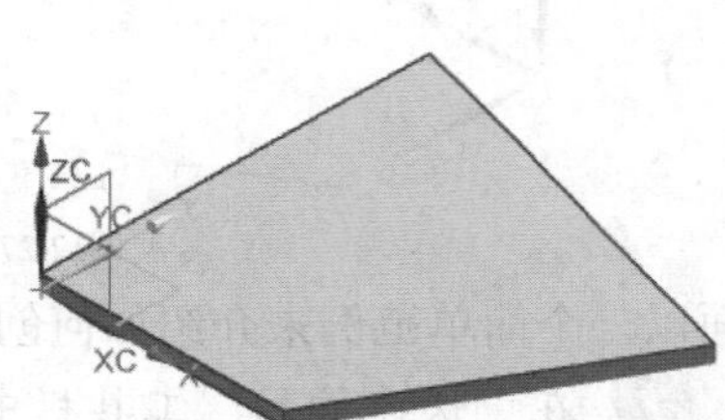

图12-31　完成放样弯边

12.4.4　折边弯边

使用“折边弯边”命令，可以通过将钣金弯边的边缘折叠到弯边上来修改模型，以便于安全操作或增加边缘刚度。

创建折边弯边特征的操作步骤如下。

1 在功能区的“主页”选项卡的“折弯”面板中单击“更多”/“折边弯边”按钮，或者选择“菜单”/“插入”/“折弯”/“折边弯边”命令，系统弹出图 12-32 所示的“折边”对话框。

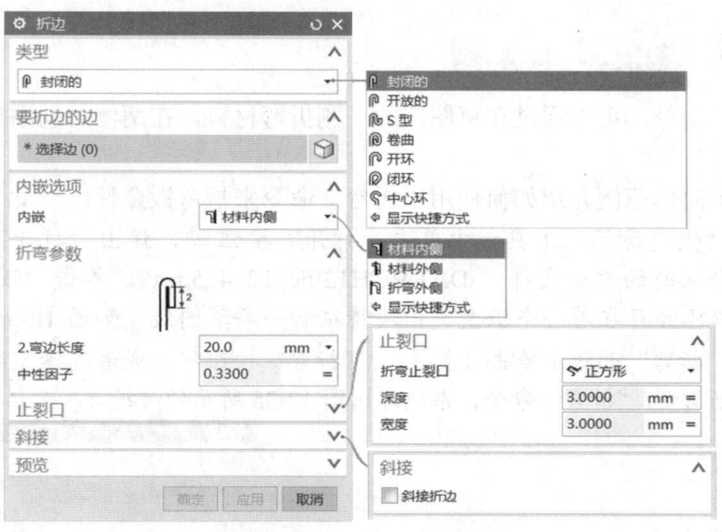

图12-32　“折边”对话框

2 在“类型”选项组的“类型”下拉列表框中选择折边类型，可供选择的折边类型选项包括“封闭的”“开放的”“S 型”“卷曲”“开环”“闭环”和“中心环”。

3 “要折边的边”选项组中的“放置边”按钮处于被选中的状态，在图形窗口中选择模型中要折边的边。

4 在“内嵌选项”选项组的“内嵌”下拉列表框中选择“材料内侧”“材料外侧”或“折弯外侧”选项。

5 在“折弯参数”选项组中设置相应的折弯参数。注意折边的类型不同，所设置的折弯参数也会有所不同。

6 需要时，可以在“止裂口”选项组中设置折弯止裂口选项及其尺寸参数，以及在“斜接”选项中设置启用“斜接折边”，设置启用“斜接折边”时需要指定斜接角度。此步骤为可选步骤。

7 在“折边”对话框中单击“确定”按钮或“应用”按钮，完成折边操作。

图 12-33 所示的是几种不同类型的折边弯边效果。

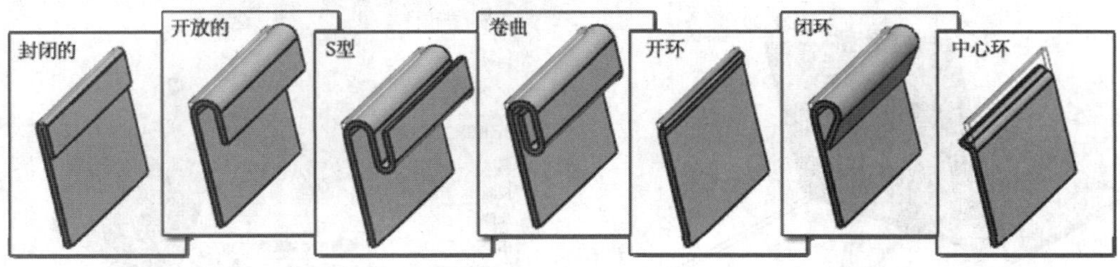

图12-33　不同类型的折边弯边

12.4.5　折弯

使用“折弯”命令，可以通过在草图线的一侧折弯材料，在两侧之间添加折弯来修改钣金件模型。

下面通过一个简单范例介绍如何使用“折弯”命令来折弯钣金件。

1 在“快速访问”工具栏中单击“打开”按钮，弹出“打开”对话框，选择本书配套的素材文件“\DATA\CH12\bc_12_4_5.prt”，单击“OK”按钮。该文件中已经存在着一个钣金突出块特征和一条草图线，如图 12-34 所示。

2 在“折弯”面板中单击“更多”/“折弯”按钮，或者选择“菜单”/“插入”/“折弯”/“折弯”命令，系统弹出图 12-35 所示的“折弯”对话框。

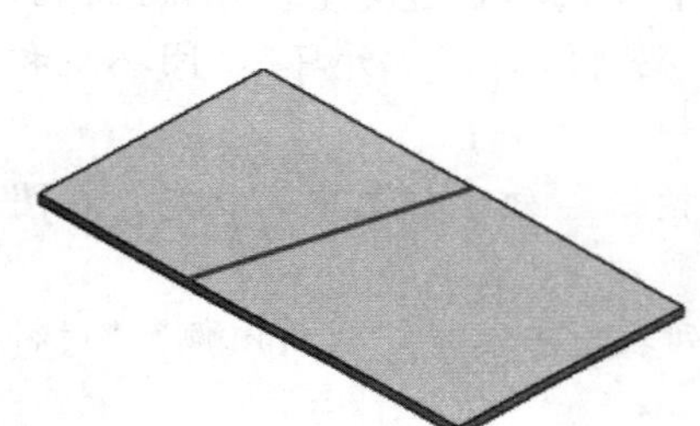

图12-34　存在着钣金突出块和草图线

图12-35　“折弯”对话框

3 “折弯线”选项组中的“曲线”按钮处于被选中的状态，此时系统在状态行中提示选择要草绘的平的面，或选择截面几何图形。在图形窗口中选择图 12-36 所示的一条直线（截面几何图形，即草图线）用作折弯线。

4 在“折弯属性”选项组中，设置角度为 90deg，单击“反向”按钮，并从“内嵌”下拉列表框中选择“折弯中心线轮廓”选项，如图 12-37 所示。

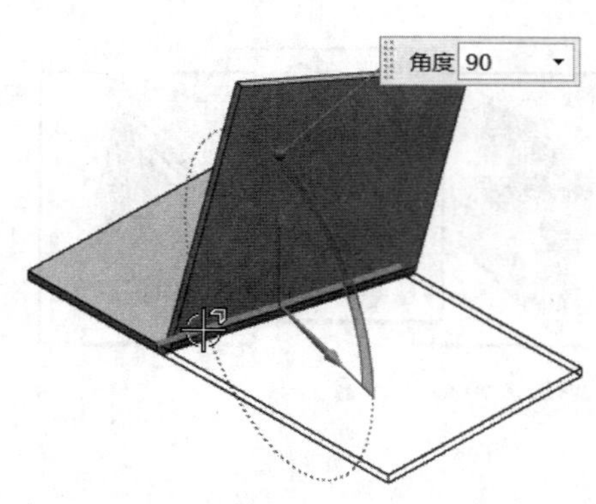

图12-36　选择草图线

图12-37　设置折弯属性

5 接受默认的折弯参数和止裂口设置，如图 12-38 所示。

6 在“折弯”对话框中单击“确定”按钮，折弯结果如图 12-39 所示。

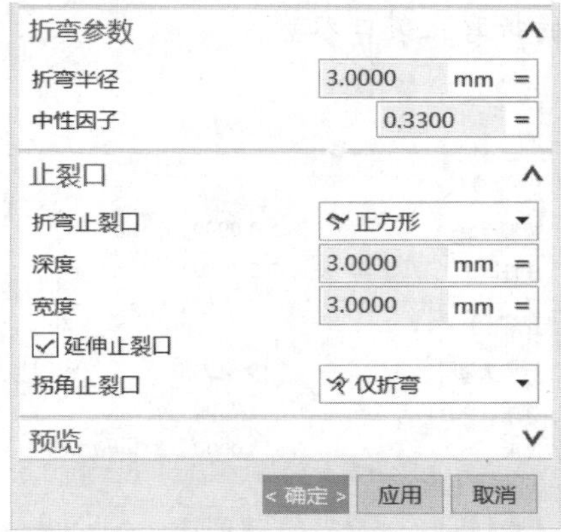

图12-38　接受默认的折弯参数和止裂口设置

图12-39　折弯结果

12.4.6　二次折弯

使用“二次折弯”命令，可以通过在草图线的一侧提升材料，在两侧之间添加折弯来修改钣金件模型，和“折弯”命令最大的区别在于“二次折弯”有提升材料的处理，如图 12-40 所示。

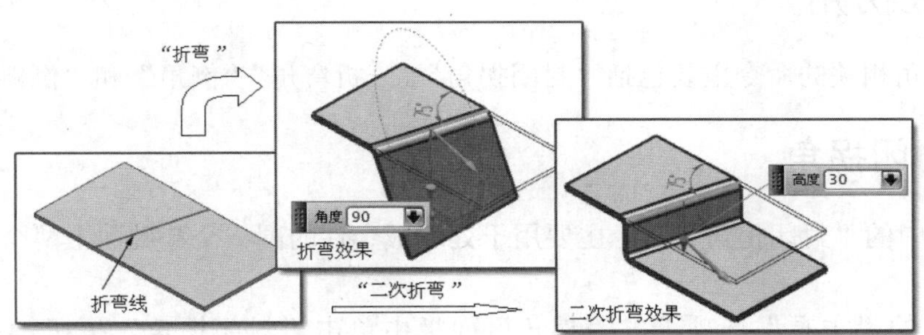

图12-40　“二次折弯”与“折弯”效果对比

进行二次折弯操作的一般方法步骤如下。

1 在功能区“主页”选项卡的“折弯”面板中单击“更多”/“二次折弯”按钮，系统弹出图 12-41 所示的“折线（二次折弯）”对话框。

2 “二次折弯线”选项组中的“曲线”按钮处于被选中的状态，此时系统在状态行中提示选择要草绘的平的面，或选择截面几何图形。在图形窗口中选择所需的截面几何图形作为二次折弯线。如果图形窗口中没有所需截面几何图形，那么可以在“二次折弯线”选项组中单击“绘制截面”按钮，以创建草图并绘制所需的截面几何图形来定义二次折弯线。

3 在“二次折弯属性”选项组中设置二次折弯属性，设置内容包括高度（指提升材料的高度）、参考高度选项、内嵌选项和相关方向等。参考高度选项包括“内部”和“外部”，而可供选择的内嵌选项有“材料内侧”“材料外侧”和“折弯外侧”。

4 如果需要，可以在“折弯参数”选项组和“止裂口”选项组中更改相关参数和选项，如图 12-42 所示。此步骤为可选步骤。需要用户注意的是，“钣金”首选项已经默认设定了折弯参数和相应的折弯止裂口参数。

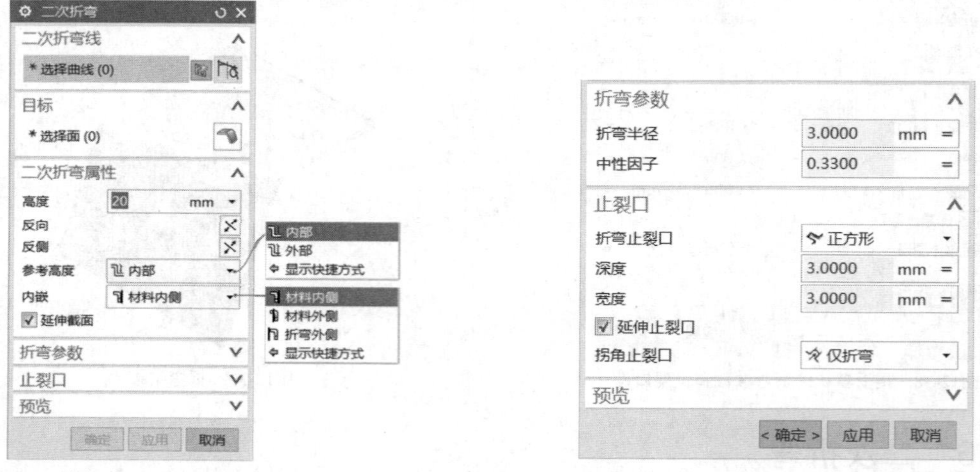

图12-41　“二次折弯”对话框　　图12-42　设置折弯参数和止裂口

5 单击“确定”按钮或“应用”按钮，完成二次折弯操作。

12.5 钣金拐角

与钣金拐角相关的命令主要包括“封闭拐角”“三折弯角”“倒角”和“倒斜角”。

12.5.1 封闭拐角

NX 钣金中的“封闭拐角”命令主要用于处理钣金件的同一个基础面上两个相邻折弯之间的拐角关系。

在功能区的“主页”选项卡的“拐角”面板中单击“封闭拐角”按钮，或者选择“菜单”/“插入”/“拐角”/“封闭拐角”命令，弹出图 12-43 所示的“封闭拐角”对话框。在介绍创建封闭拐角的具体操作步骤之前，先简要地介绍“封闭拐角”对话框各选项及参数的功能含义。

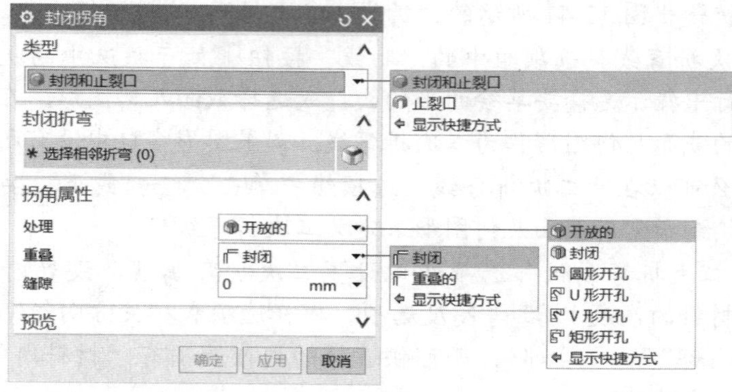

图12-43　“封闭拐角”对话框

一、“封闭拐角”对话框中各选项及参数的设置

“封闭拐角”对话框主要包含 4 个选项组，分别是“类型”选项组、“封闭折弯”选项组、“拐角属性”选项组和“预览”选项组。

(1) “类型”选项组。

“类型”选项组的“类型”下拉列表框提供了“封闭和止裂口”与“止裂口”两个选项，用户可以根据设计要求和钣金件的结构来选择要使用的封闭拐角类型。

(2) “封闭折弯”选项组。

在该选项组中单击“相邻折弯”按钮，接着选择拐角的相邻折弯面。封闭拐角需要指定拐角的两个相邻折弯面。

(3) “拐角属性”选项组。

当在“类型”选项组的“类型”下拉列表框中选择“封闭和止裂口”选项时，“拐角属性”选项组包含“处理”下拉列表框、“重叠”下拉列表框和“缝隙”文本框。此时，从“处理”下拉列表框中可以根据具体设计要求选择“开放的”“封闭的”“圆形开孔（圆形除料）”“U 形开孔（U 形除料）”“V 形开孔（V 形除料）”“矩形开孔（矩形除料）”这些处理选项之一。图 12-44 所示为几种不同处理类型的封闭拐角示例，注意有些处理类型的拐角需要结合图例来设置止裂口特征的原点选项和相对应的参数。从“重叠”下拉列表框中可以选择“封闭”或“重叠的”来指定封闭拐角的构造方式（图 12-45 所示的典型示例），而在“缝隙”文本框中设置形成拐角后拐角处缝隙的大小。当在“类型”选项组的“类型”下拉列表框中选择“止裂口”选项时，“拐角属性”选项组只包含“处理”下拉列表框，其中提供“圆形开孔”“U 形开孔”“V 形开孔”和“矩形开孔”处理选项供用户选择。

a）使用“开放的”处理选项

b）使用“封闭的”处理选项

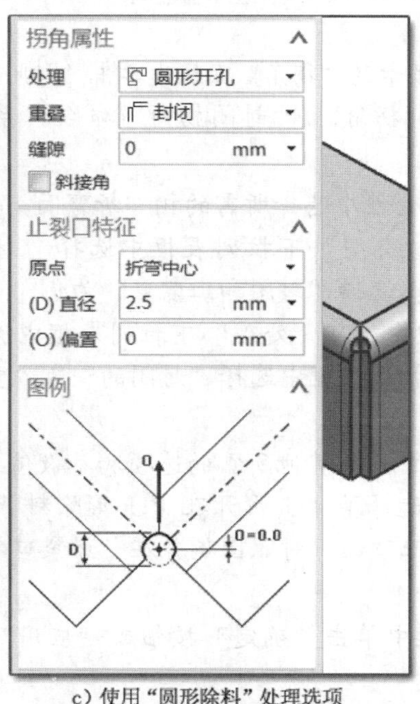

c）使用“圆形除料”处理选项

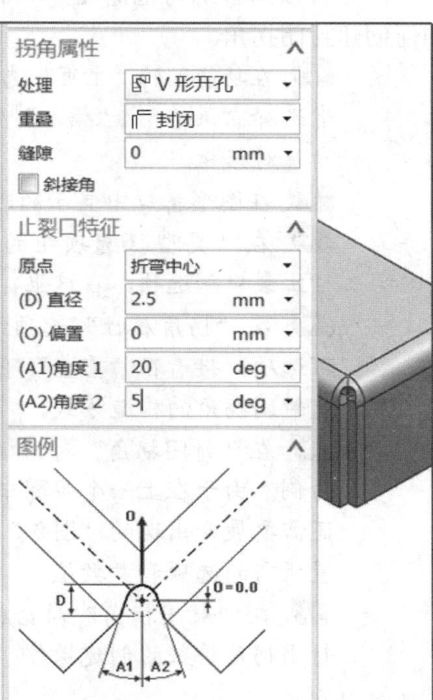

d）使用“V形除料”处理选项

图12-44 几种处理类型的封闭拐角

（a）重叠选项为“封闭的”

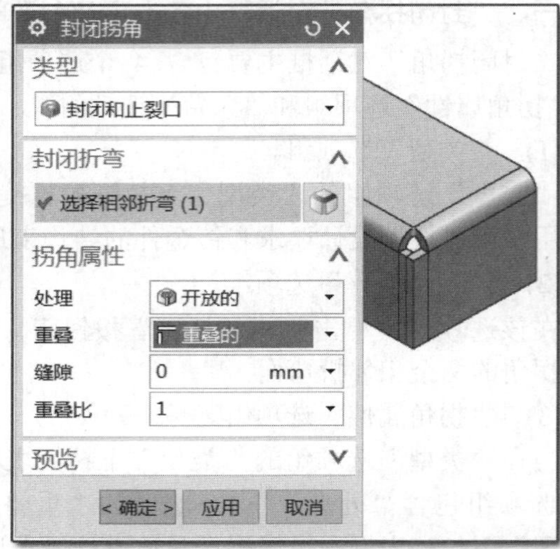

（b）重叠选项为“重叠的”

图12-45　指定封闭拐角构造方式的两种典型示例

(4)　“预览”选项组。

在“预览”选项组中设置是否启用“预览”模式（由“预览”复选框控制），另外，如果在该选项组中单击“显示结果”按钮，则会在图形窗口中显示封闭拐角的创建结果。

二、创建封闭拐角的一般步骤

读者可以结合练习范例文件“\DATA\CH12\bc_12_5_1.prt”并按照以下方法步骤来学习如何创建封闭拐角。

1. 在功能区的“主页”选项卡的“拐角”面板中单击“封闭拐角”按钮，或者选择“菜单”/“插入”/“拐角”/“封闭拐角”命令，系统弹出“封闭拐角”对话框。
2. 在图形窗口中显示的钣金件中选择所需的相邻折弯面，如图 12-46 所示。
3. 在“类型”选项组的“类型”下拉列表框中选择“封闭和止裂口”或“止裂口”选项，在这里，以选择“封闭和止裂口”为例。
4. 在“拐角属性”选项组中，从“处理”下拉列表框中选择所需的一种处理选项，接着在“重叠”下拉列表框中选择“封闭的”或“重叠的”选项以指定封闭拐角的构造方式。
5. 在“封闭拐角”对话框中设置其他所需的选项和参数值。以图 12-47 所示为例，由于在上一个步骤中选择了“U 形开孔（U 形除料）”处理选项，因此还需要展开出现的“图例”选项组，对照图例并在“止裂口特征”选项组中设置所需的选项和参数值。
6. 在“封闭拐角”对话框中单击“确定”按钮或“应用”按钮，从而完成封闭拐角特征的创建操作。

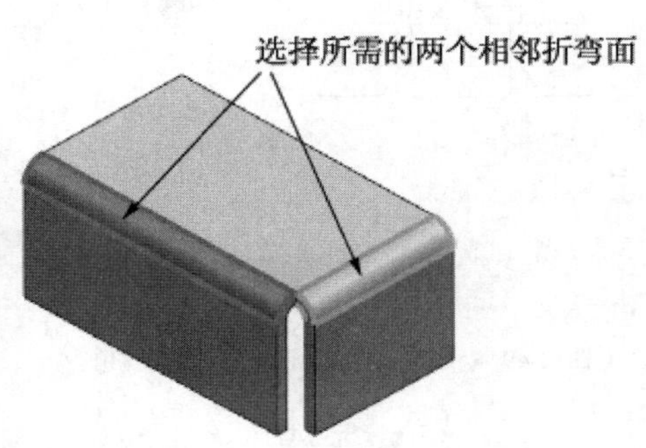

图12-46 选择相邻折弯面

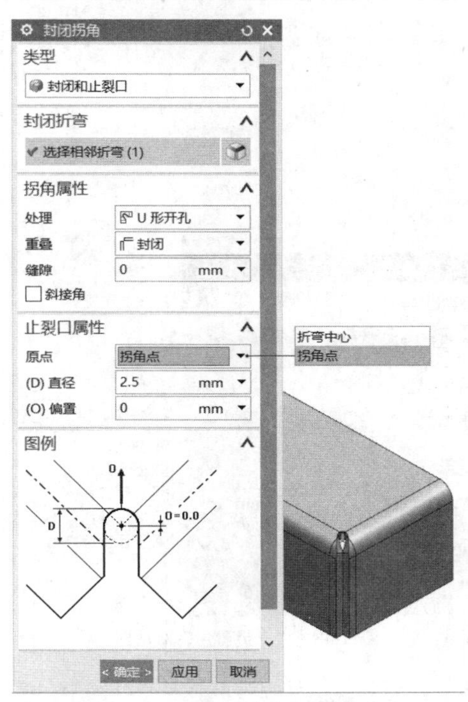

图12-47 设置其他所需的参数值

12.5.2 三折弯角

在“NX 钣金”应用模块中，使用“三折弯角”命令可以在通过延伸折弯和弯边使三个相邻弯边相连的地方封闭拐角。

在“拐角”面板中单击“三折弯角”按钮，或者选择“菜单”/“插入”/“拐角”/“三折弯角”命令，弹出如图 12-48 所示的“三折弯角”对话框。此时，“封闭折弯”选项组中的“封闭折弯”按钮处于活动状态，在图形窗口中选择拐角的有效相邻折弯面。选择好所需的相邻折弯面后，在“拐角属性”选项组的“处理”下拉列表框中选择其中一个处理选项，可供选择的处理选项有“开放的”“封闭”“圆形开孔”“U 形开孔”和“V 形开孔”。选择不同的处理选项，则后续设置的参数也将不同，对于“圆形开孔”“U 形开孔”和“V 形开孔”处理选项，后续还需要对照图例设置止裂口特征参数。以选择“圆形开孔”处理选项的三折弯角为例，此时还需要对照图例在出现的“止裂口特征”选项组中输入直径参数值来确定圆形开孔除料区域的大小，如图 12-49 所示。

下面介绍创建“三折弯角”特征的一个简单范例。

1. 在“快速访问”工具栏中单击“打开”按钮，弹出“打开”对话框，选择本书配套的素材文件“\DATA\CH12\bc_12_5_2.prt”，单击“OK”按钮，该文件中已有的钣金件模型如图 12-50 所示。
2. 在功能区的“主页”选项卡的“拐角”面板中单击“三折弯角”按钮，弹出“三折弯角”对话框。
3. 在钣金件模型上依次选择拐角的相邻折弯曲面，如图 12-51 所示。

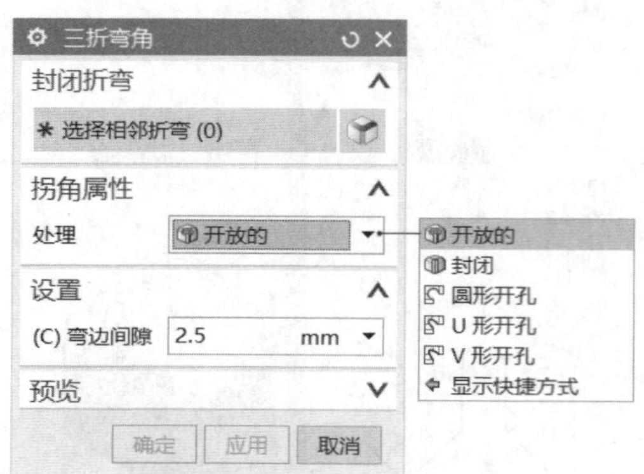

图12-48　“三折弯角”对话框

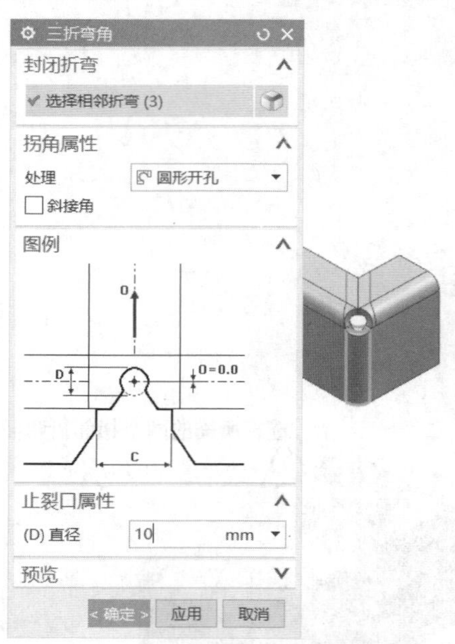

图12-49　示例：圆形开孔除料的三折弯角

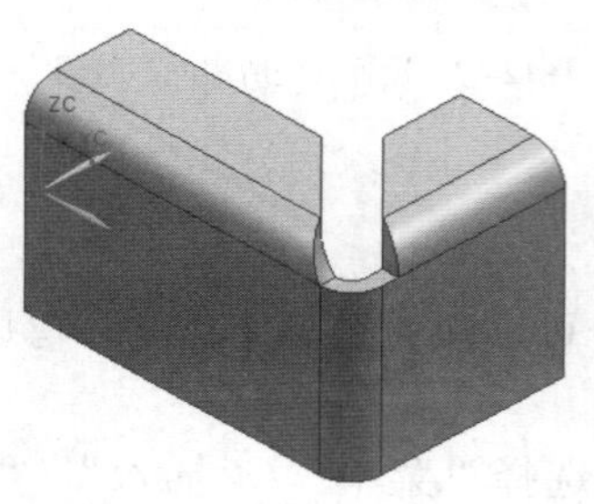

图12-50　已有的钣金件模型

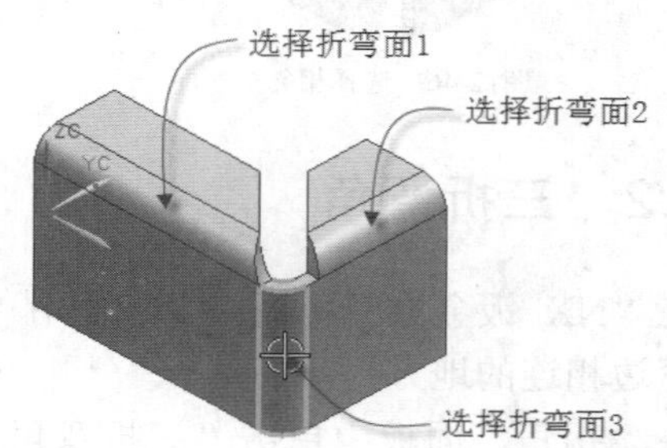

图12-51　选择相邻的折弯曲面

4 在“拐角属性”选项组的“处理”下拉列表框中选择“封闭”选项，取消选中“斜接角”复选框，如图12-52所示。

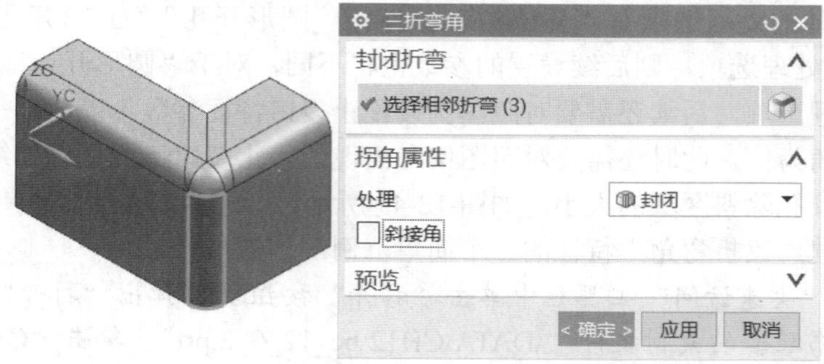

图12-52　指定拐角的处理类型

5 在“三折弯角”对话框中单击“确定”按钮，完成效果如图12-53所示。

在本例步骤 3 中，只选择折弯面 1 和折弯面 2 亦可。如果当前设置无法成功形成拐角处理结果，则 NX 会弹出“警报”对话框给予警示，如图 12-54 所示，此时可尝试更改处理选项，以及根据警告更改一些参数，或者重新选择拐角的有效相邻折弯面。

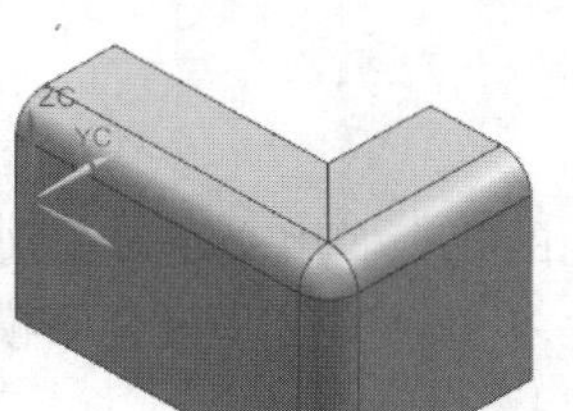

图12-53　完成“三折弯角”操作的效果

图12-54　“警报”对话框

12.5.3　倒角

在“NX 钣金”应用模块中，使用“倒角”命令（其对应的工具按钮为“倒角”按钮）可以对平板或弯边的尖角进行倒圆或倒斜角，如图 12-55 所示。

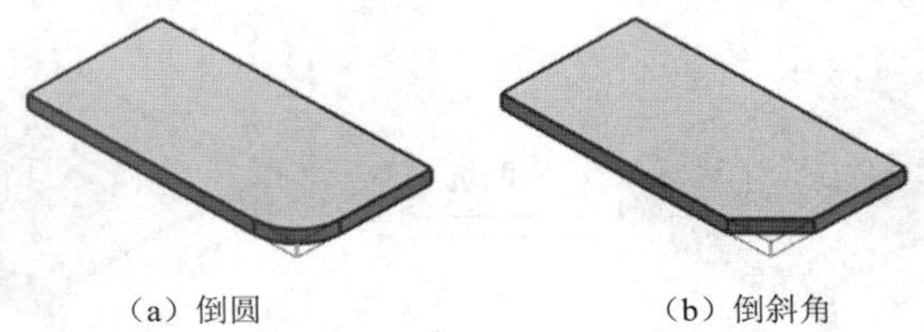

（a）倒圆　　（b）倒斜角

图12-55　钣金件倒角示例

如果要对平板或弯边的尖角进行倒圆或倒斜角，那么可以按照以下的方法步骤进行。

1 在功能区“主页”选项卡的“拐角”面板中单击“倒角”按钮，或者选择“菜单”/“插入”/“拐角”/“倒角”命令，弹出图 12-56 所示的“倒角”对话框。

图12-56　“倒角”对话框

2 在钣金件上选择要倒角的边。

3 在“倒角属性”选项组中，从“方法”下拉列表框中选择“圆角”选项或“倒斜角”选项。当从“方法”下拉列表框中选择“圆角”选项时，需要在“半径”文本框中输入数值确定圆角半径；当从“方法”下拉列表框中选择“倒斜角”选项时，需要在相应的“距离”文本框中输入数值确定倒斜角的大小。

4 单击“应用”按钮或“确定”按钮，完成钣金倒角的创建操作。

12.5.4　倒斜角

在“NX 钣金”应用模块中，使用“倒斜角”命令（其对应的工具按钮为“倒斜角”按钮）可以对面之间的锐边进行倒斜角。该命令操作和在建模环境中的“倒斜角”命令的操作是一样的，在此不再赘述。

12.6 钣金凸模/冲孔

在“NX 钣金”应用模块为用户提供了钣金凸模/冲孔的几个实用命令，分别为“凹坑”“百叶窗”“冲压除料”“筋”“实体冲压”和“加固板”。本节介绍这些钣金凸模/冲孔的实用知识。

12.6.1 凹坑

“凹坑”命令主要用于在仿真冲压工具的草图内提升模型的一个区域，提升动作可表现为在钣金件模型上凸起或下凹一个区域，如图 12-57 所示（该示例下凹一个区域）。凹坑实际上是一种浅成形特征。下面结合该示例（源文件为“\DATA\CH12\bc_12_6_1.prt”）介绍凹坑特征的一般创建方法和步骤。

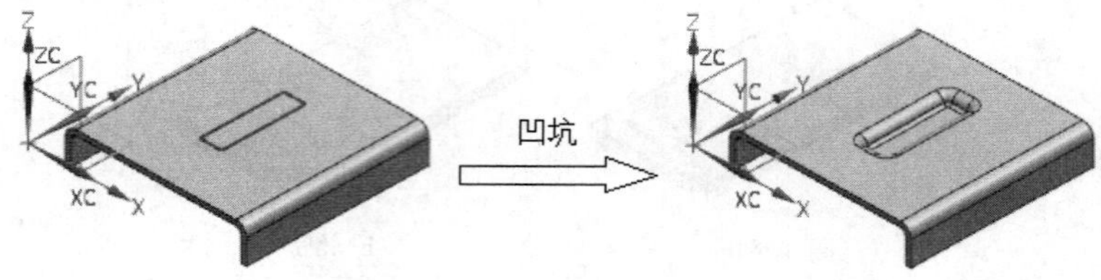

图12-57　凹坑示例

1 在功能区“主页”选项卡的“冲孔”面板中单击“凹坑”按钮，或者选择“菜单”/“插入”/“冲孔”/“凹坑”命令，弹出“凹坑”对话框，如图 12-58 所示。

2 “截面”选项组的“曲线”按钮处于被选中的活动状态，在图形窗口中选择截面几何图形，在本例中选择图 12-59 所示的相连曲线。如果没有所需的截面几何图形（草图），那么可以单击“绘制截面”按钮来绘制所需的截面几何图形。

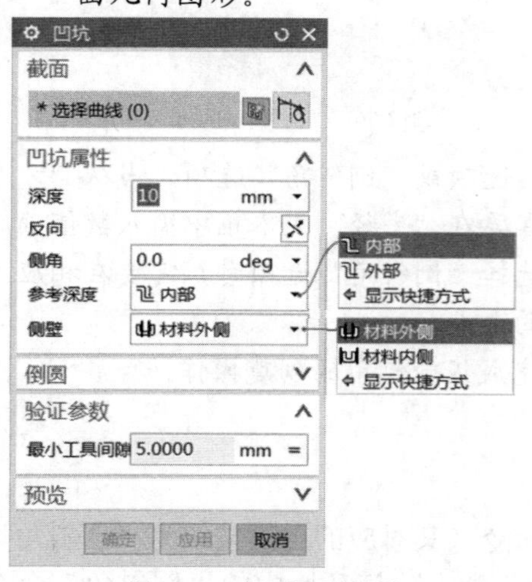

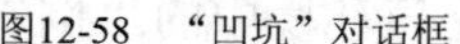

图12-58　“凹坑”对话框

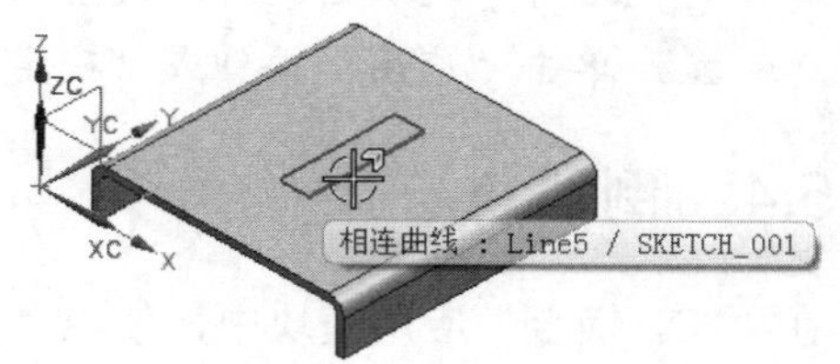

图12-59　选择所需的截面几何图形

3 在“凹坑属性”选项组中设置凹坑的深度、方向、侧角、参考深度选项和侧壁选项，其中参考深度选项可以为“内部”或“外部”，而侧壁选项可以为“材料外侧”或“材料内侧”。在本例中，深度值设置为 5，侧角为 0.0deg，参考深度选项为“内部”，侧壁选项为“材料外侧”，单击“反向”按钮，使凹坑生成方向如图 12-60 所示。

4 展开“倒圆”选项组，分别设置是否启用“凹坑边倒圆”和“截面拐角倒圆”。如果启用“凹坑边倒圆”，那么需要设置凸模冲压半径和冲模（凹模）半径；如果启用“截面拐角倒圆”，那么需要设置拐角半径。在本例中，选中“凹坑边倒圆”复选框来启用“凹坑边倒圆”，设置其凸模冲压半径为 2.0，冲模半径为 2.0，同时选中“截面拐角倒圆”复选框来启用“截面拐角倒圆”，设置其拐角半径为 2.0，如图 12-61 所示。

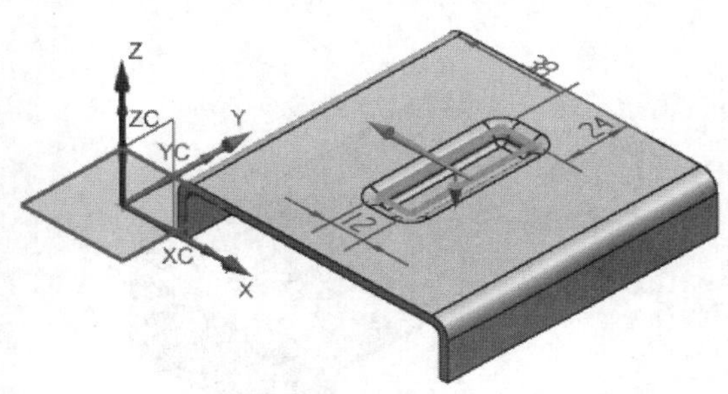

图12-60　定义凹坑属性后的预览效果

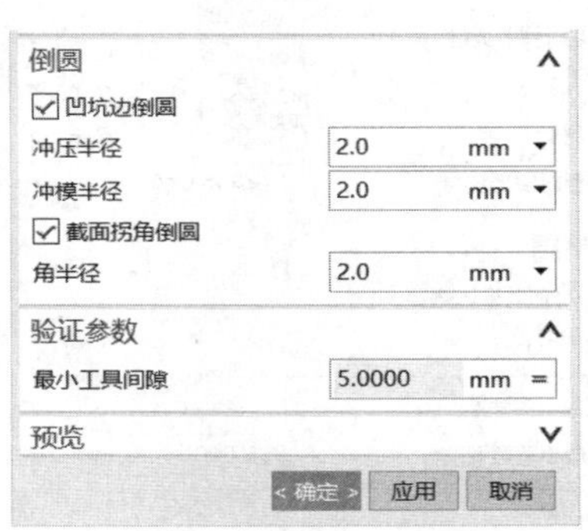

图12-61　凹坑倒圆设置

5 单击“应用”按钮或“确定”按钮，完成创建一个凹坑设计。

12.6.2　百叶窗

“百叶窗”用仿真冲压工具的草图线为模型冲裁。百叶窗设计效果如图 12-62 所示，该图中创建有 5 个百叶窗特征。需要用户注意的是，百叶窗的形状主要分为两种，一种是“成形的”，另一种则是“切口（冲裁的）”，两者的形状效果如图 12-63 所示。

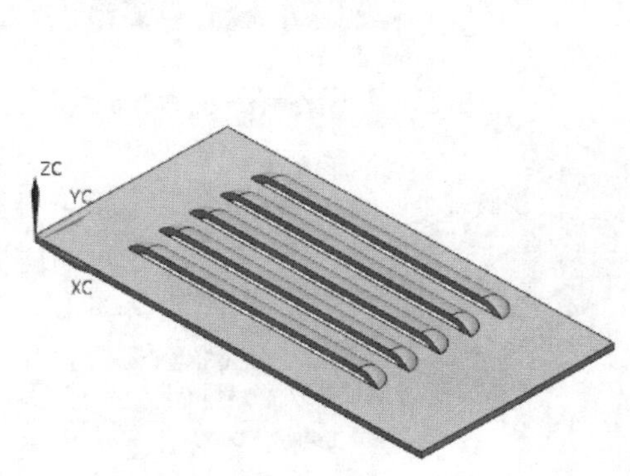

图12-62　百叶窗效果

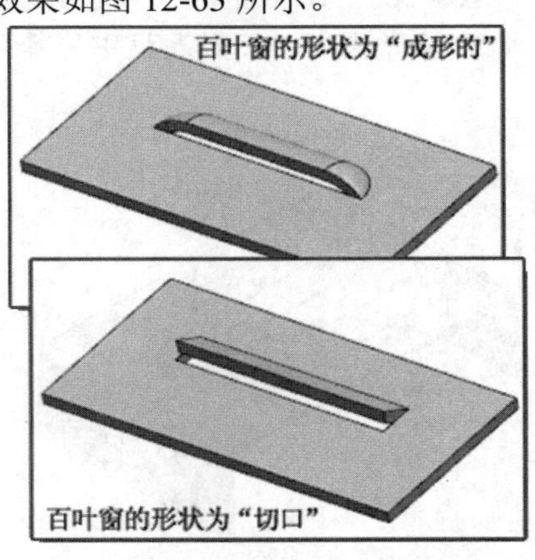

图12-63　百叶窗的两种典型形状

创建“百叶窗”的操作步骤和创建“凹坑”的操作步骤类似。在“冲孔”面板中单击“百叶窗”按钮，或者选择“菜单”/“插入”/“冲孔”/“百叶窗”命令，弹出“百叶

窗”对话框，如图 12-64 所示。接着指定切割线，设置百叶窗属性和倒圆等，其中百叶窗属性包括百叶窗深度、深度方向、宽度、宽度方向和百叶窗形状，然后单击“应用”按钮或“确定”按钮，即可完成“百叶窗”特征的创建。

下面介绍一个创建“百叶窗”的操作范例。

1. 在“快速访问”工具栏中单击“打开”按钮，弹出“打开”对话框，选择本书配套的素材文件“\DATA\CH12\bc_12_6_2.prt”，单击“OK”按钮，打开的文件存在着图 12-65 所示的钣金件和草图线。

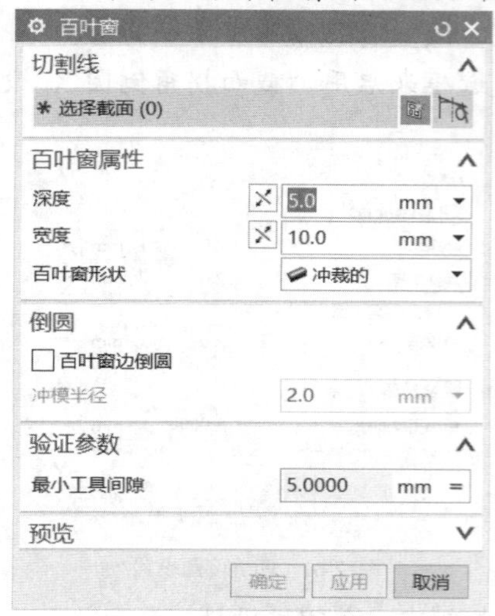

图12-64　“百叶窗”对话框

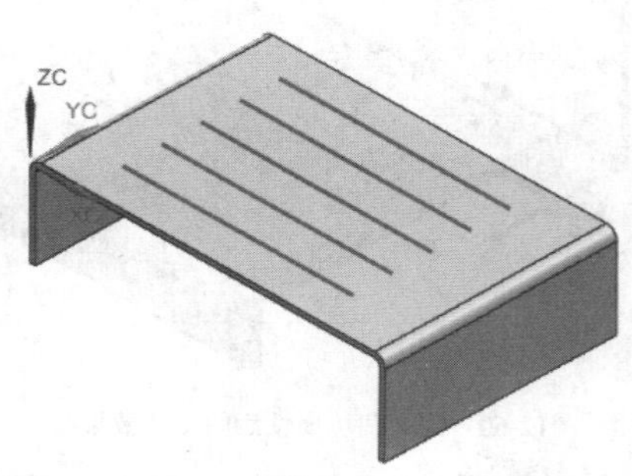

图12-65　已有钣金件和草图线

2. 在功能区“主页”选项卡的“冲孔（凸模）”面板中单击“百叶窗”按钮，或者选择“菜单”/“插入”/“冲孔”/“百叶窗”命令，弹出“百叶窗”对话框。

3. 在图形窗口中选择图 12-66 所示的一条直线作为切割线。

4. 在“百叶窗属性”选项组中，设置深度为 6mm，宽度为 12mm，从“百叶窗形状”下拉列表框中选择“成形的”选项，如图 12-67 所示。

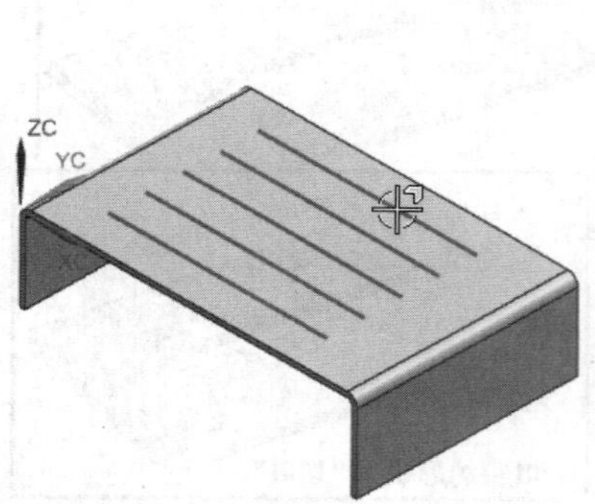

图12-66　选择一条直线作为切割线

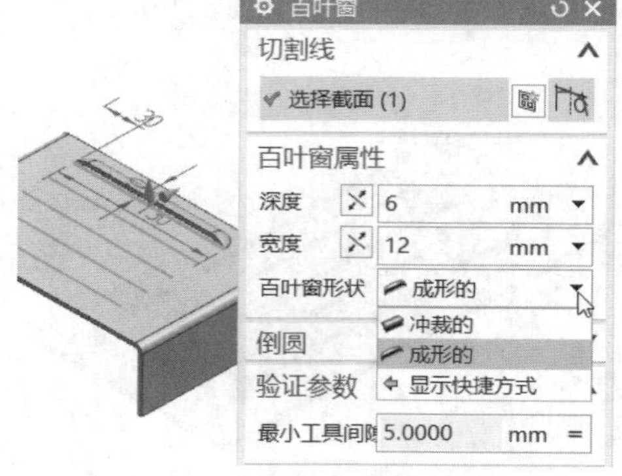

图12-67　设置百叶窗属性

读者可以尝试在“百叶窗属性”选项组中单击相应的“反向”按钮来观察百叶窗的深度或宽度生成效果。

5 在“倒圆”选项组中选中“圆形百叶窗边”复选框，在“冲模半径”文本框中设置冲模（凹模）半径为 5，如图 12-68 所示。

6 在“百叶窗”对话框中单击“应用”按钮，完成创建第一个百叶窗，如图 12-69 所示。

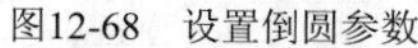
图12-68　设置倒圆参数

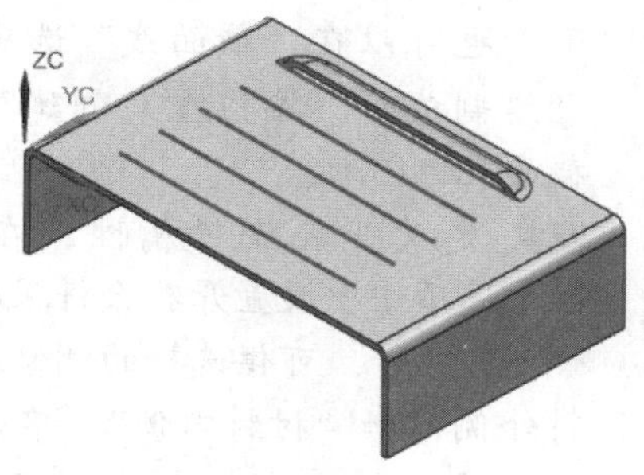

图12-69　完成创建第一个百叶窗

7 在图形窗口中选择图 12-70 所示的一条草图线作为新百叶窗的切割线，注意其宽度方位要与第一个百叶窗的宽度方位一致，然后单击“应用”按钮。

8 使用同样的方法指定新草图线来创建其他的新百叶窗，完成效果如图 12-71 所示。

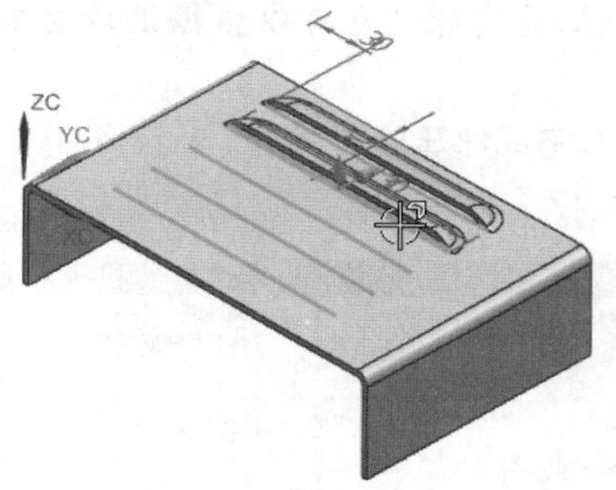

图12-70　选择草图线定义新切割线

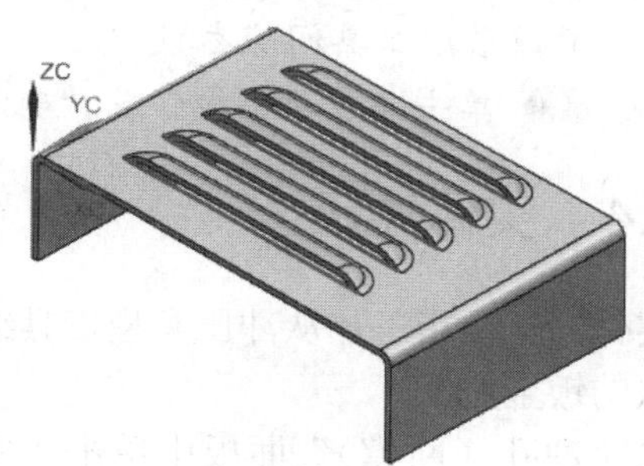

图12-71　完成 5 个百叶窗的效果

12.6.3　冲压开孔除料

冲压开孔除料（简称冲压除料）是指在仿真冲压工具的草图内切割该模型的一个区域，冲压除料要求的属性参数主要包括深度、深度方向、侧角和侧壁类型。冲压除料的一个典型示例如图 12-72 所示。

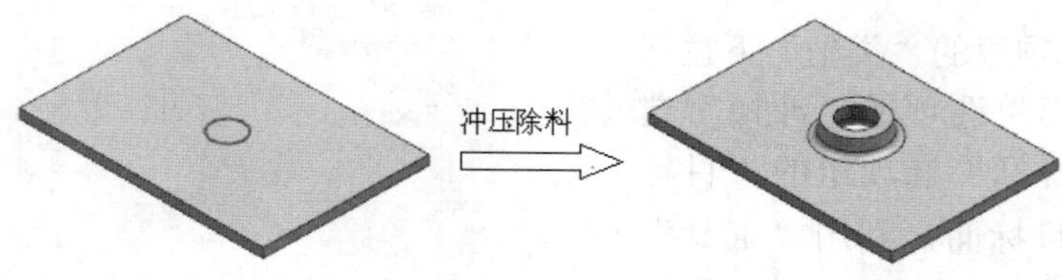

图12-72　冲压除料的典型示例

冲压除料的操作步骤如下。

1 在“冲孔（凸模）”面板中单击“冲压开孔”按钮，或者选择“菜单”/“插入”/“冲孔”/“冲压开孔”命令，弹出“冲压开孔”对话框，如图 12-73 所示。

2 选择所需的截面几何图形，或者选择要草绘的平面并绘制所需的截面几何图形。也可以在“截面线”选项组中单击“绘制截面”按钮来创建草图并绘制截面几何图形。

3 定义开孔除料属性。在“开孔属性”选项组中设置开孔除料深度、侧角和侧壁选项等。可供选择的侧壁选项有“材料外侧”和“材料内侧”。单击“反向”按钮，可以反转开孔除料深度方向。

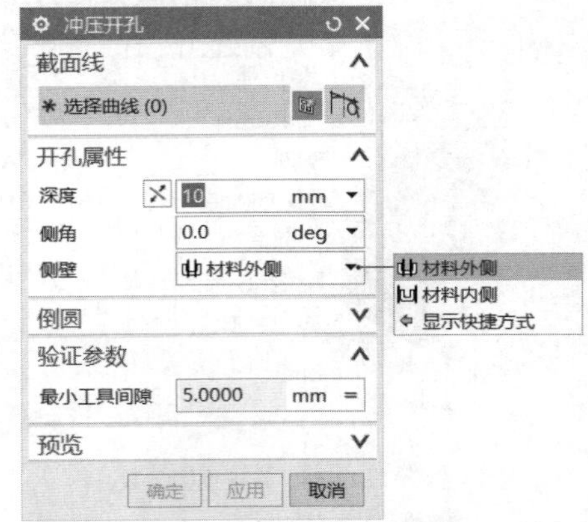

图12-73　“冲压开孔”对话框

4 根据实际设计情况，在“倒圆”选项组中设置“开孔边倒圆”复选框和“截面拐角倒圆”复选框的状态。若选中“开孔边倒圆”复选框时，则需要设定冲模（凹模）半径；若选中“截面拐角倒圆”复选框时，则需要指定拐角半径。

5 在“验证参数”选项组中可以查看最小工具间隙，也可以根据设计要求更改最小工具间隙参数。

6 单击“应用”按钮或“确定”按钮，从而完成冲压除料操作。

12.6.4 实体冲压

实体冲压是指添加从冲压类型工具继承形状的钣金特征。

在“冲孔（凸模）”面板中单击“实体冲压”按钮，或者选择“菜单”/“插入”/“冲压”/“实体冲压”命令，打开图 12-74 所示的“实体冲压”对话框。该对话框具有“类型”选项组、“目标”选项组、“工具”选项组、“位置”选项组、“设置”选项组和“预览”选项组。

在“类型”选项组的“类型”下拉列表框中选择“凸模”选项或“冲模”选项，接着利用“目标”选项组的“目标面”按钮选择目标面，利用“工具”选项组的“工具体”按钮选择工具体

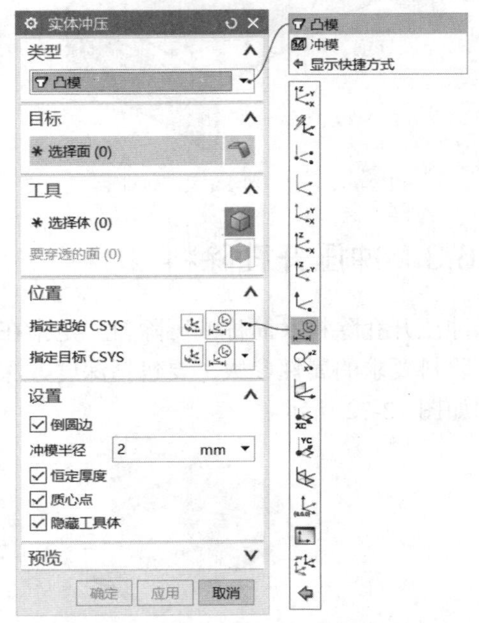

图12-74　“实体冲压”对话框

等，利用“位置”选项组来分别指定起始 CSYS 和目标 CSYS，并在“设置”选项组中设置实体冲压属性选项，包括是否启用倒圆角（如果启用倒圆角，那么需要设置冲模半径），是否启用恒定厚度、质心点和隐藏工具体，然后单击“应用”按钮或“确定”按钮，便可以完成实体冲压操作。

实体冲压的操作图解示例如图 12-75 所示，结果是用工具体在基本轮廓弯边特征上实现实体冲压。注意事先创建好（准备好）工具体。

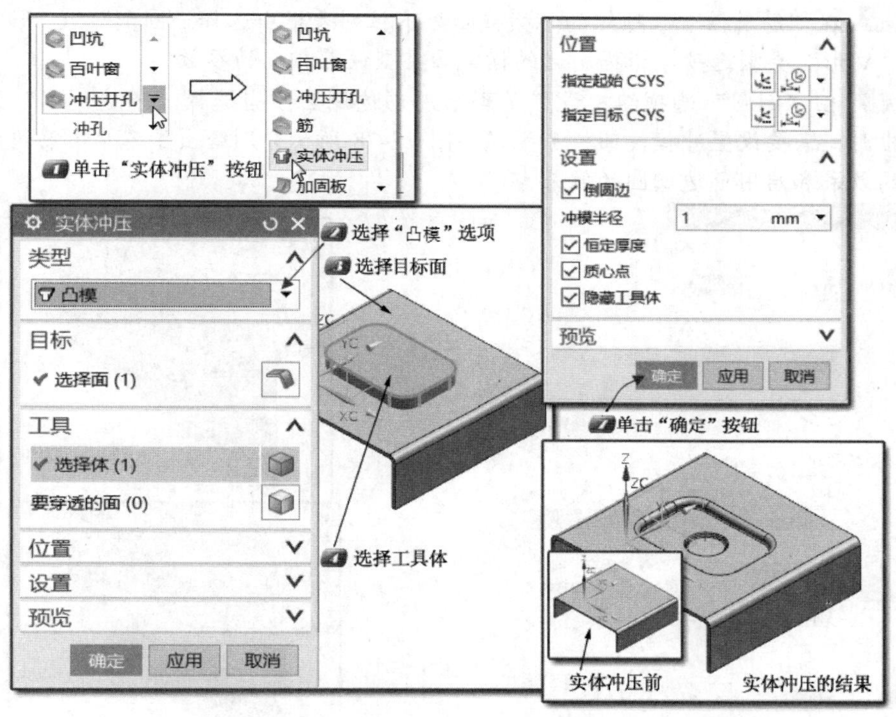

图12-75　实体冲压的操作图解示例

12.6.5　筋

使用“NX 钣金”应用模块中的“筋”命令，可以沿仿真冲压工具的草图轮廓提升材料，从而创建类似于“筋骨”的特征（本书将该特征形象地称之为“钣金筋”），其典型示例如图 12-76 所示。

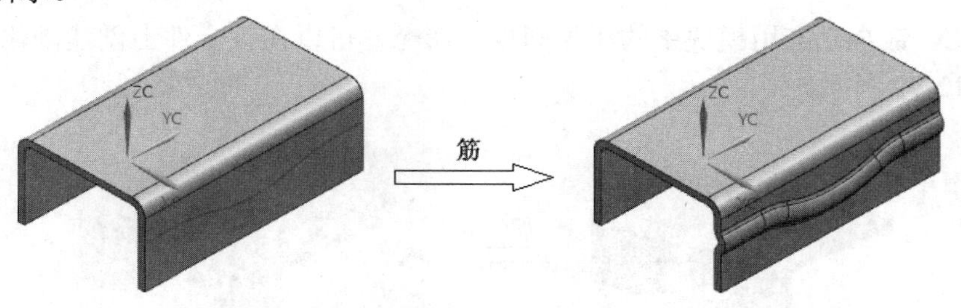

图12-76　钣金中的“筋”典型示例

创建钣金筋的典型操作方法如下。

1 在功能区的“主页”选项卡的“冲孔（凸模）”面板中单击“筋”按钮，或者选择“菜单”/“插入”/“冲孔”/“筋”命令，弹出“筋”对话框，如图 12-77 所示。

2 选择连续相切的截面几何图形，或者选择要草绘的平面并绘制所需的截面几何图形。也可以在“截面线”选项组中单击“绘制截面”按钮来创建草图并绘制截面几何图形。

3 在“筋属性”选项组的“横截面”下拉列表框中选择“圆形”“U 形”或“V 形”类型选项，根据所选的横截面类型设置相应的参数。

4 在“倒圆”选项组中设置是否启用筋边倒圆。当选择“筋边倒圆”复选框时，需要设置冲模（凹模）半径。图 12-78 所示分别给出了不启用筋边倒圆的效果和启用筋边倒圆的效果。

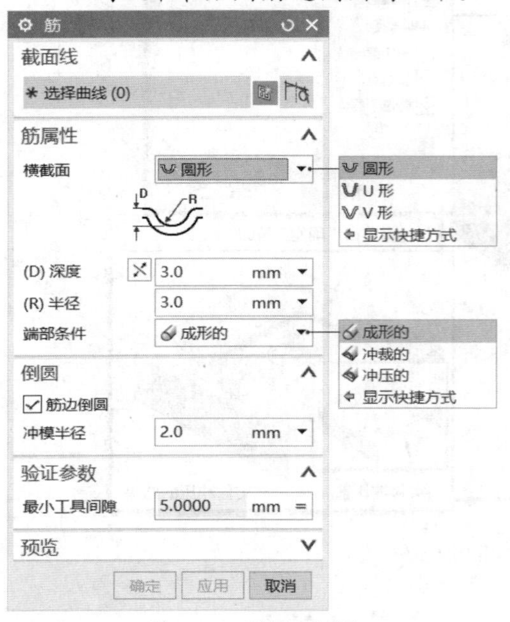

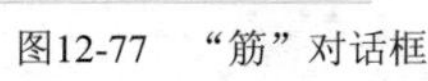

图12-77　“筋”对话框

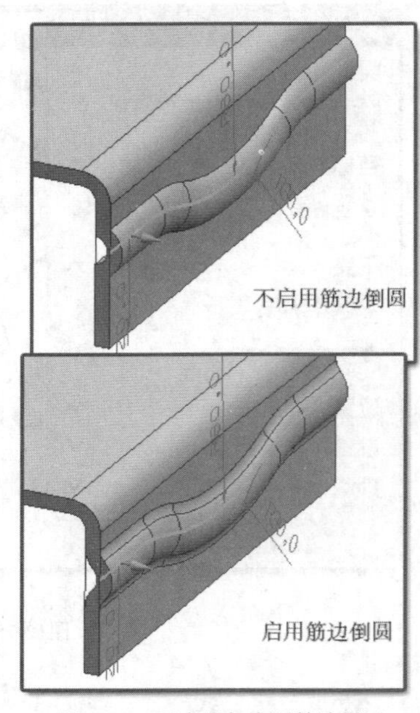

图12-78　不启用与启用筋边倒圆

5 接受或更改验证参数，然后单击“应用”按钮或“确定”按钮。

12.6.6　加固板

使用“NX 钣金”应用模块中的“加固板”命令，可以在钣金件上创建硬化加固板，典型示例如图 12-79 所示。

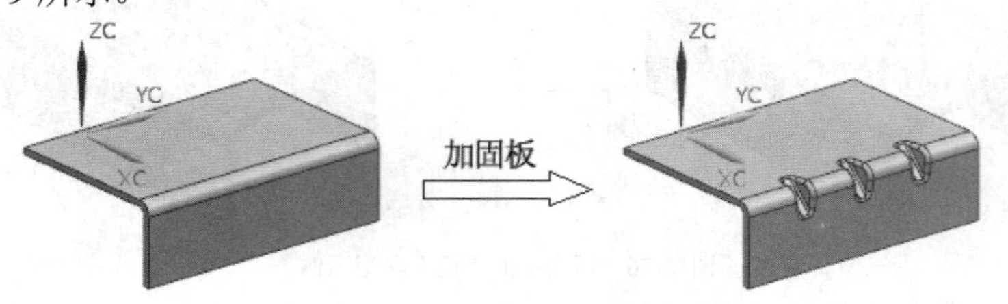

图12-79　加固板典型示例

在功能区的“主页”选项卡的“冲孔（凸模）”面板中单击“加固板”按钮，或者选择“菜单”/“插入”/“冲孔”/“加固板”命令，弹出“加固板”对话框。在“类型”选项组的“类型”下拉列表框中可以选择“自动生成轮廓”选项或“用户定义轮廓”选项，即加固板分“自动生成轮廓”和“用户定义轮廓”两种类型。

当在“类型”选项组的“类型”下拉列表框中选择“自动生成轮廓”选项时，需要分别定义加固板放置（包含折弯和位置）和形状参数，如图12-80所示。

当在“类型”选项组的“类型”下拉列表框中选择“用户定义轮廓”选项时，需要分别指定截面和形状参数，如图12-81所示。

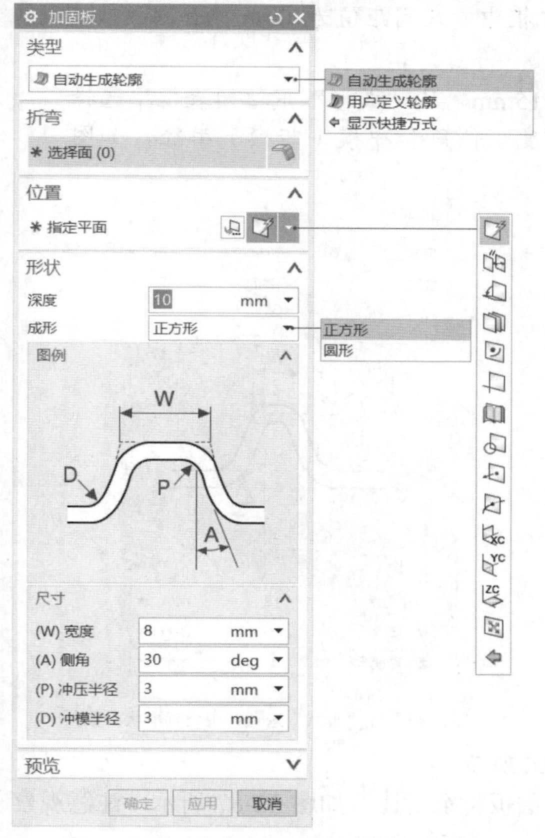

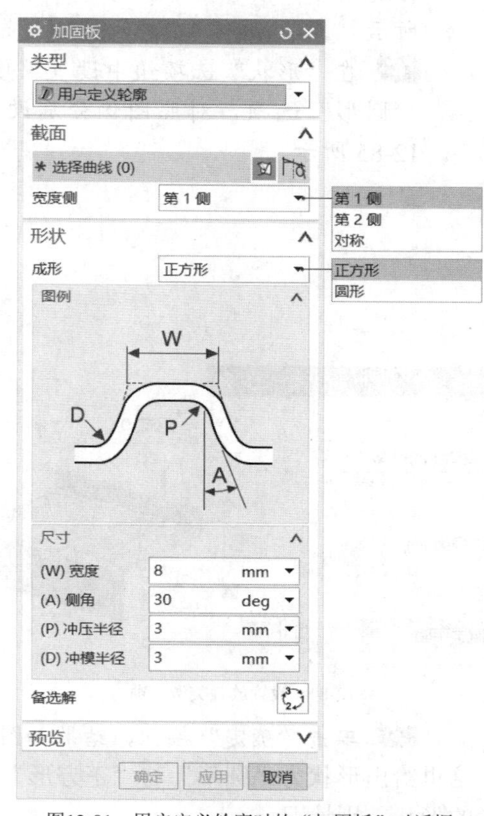

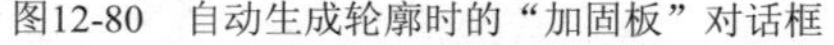

图12-80 自动生成轮廓时的“加固板”对话框

图12-81 用户定义轮廓时的“加固板”对话框

下面介绍一个创建加固板特征的典型范例。

1 在“快速访问”工具栏中单击“打开”按钮，弹出“打开”对话框，选择本书配套的素材文件“\DATA\CH12\bc_12_6_6.prt”，单击“OK”按钮，现有钣金件如图12-82所示。

2 在“冲孔（凸模）”面板中单击“加固板”按钮，弹出“加固板”对话框。

3 在“类型”选项组的“类型”下拉列表框中选择“自动生成轮廓”选项。

4 此时，“折弯”选项组中的“选择面”按钮处于活动状态，在图形窗口中选择图 12-83 所示的折弯面。

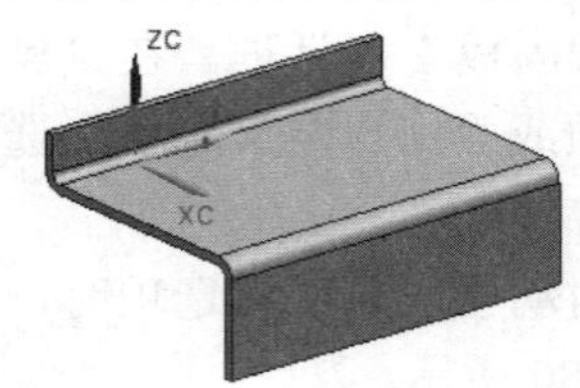

图12-82　现有钣金件

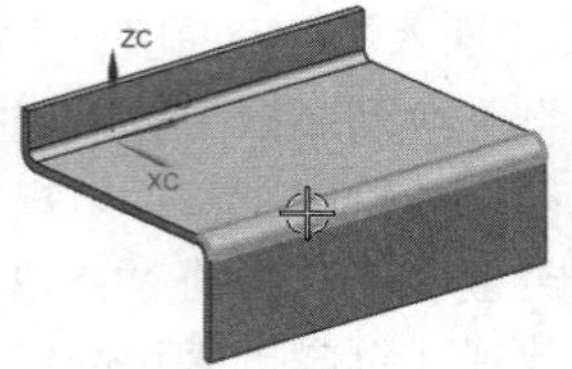

图12-83　选择折弯面

5 在“位置”选项组的“指定平面”下拉列表框中选择“XC-ZC 平面”图标选项，接着在屏显的“距离”文本框中输入间距值为 0mm，如图 12-84 所示。

6 在“形状”选项组中设置深度为 15mm，从“成形”下拉列表框中选择“圆形”选项，对照图例分别设置宽度、侧角和冲模（凹模）半径，如图 12-85 所示。

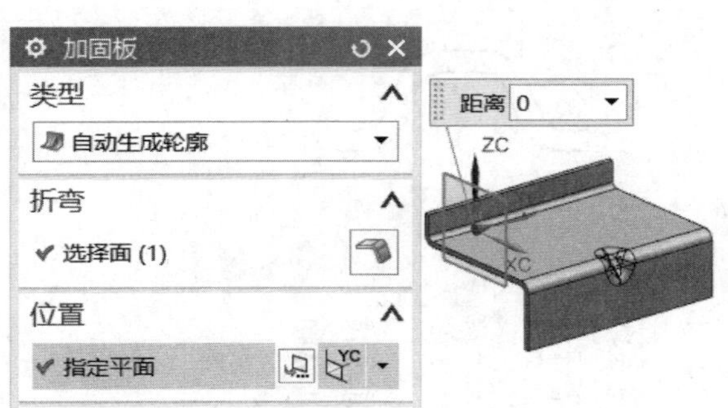

图12-84　设置放置类型选项

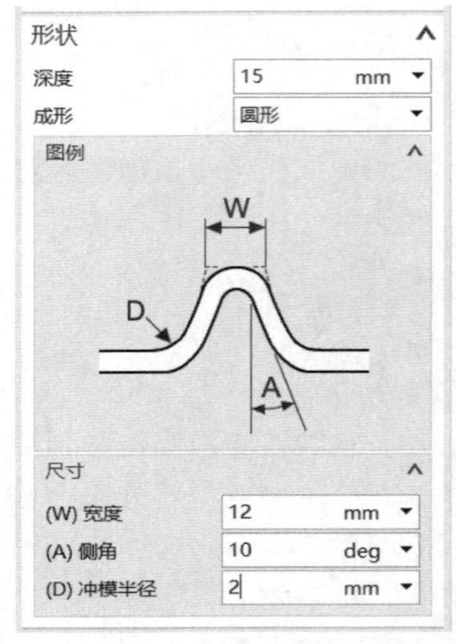

图12-85　在“形状”选项组中设置形状参数

7 单击“确定”按钮，结果如图 12-86 所示。

这里给出形状为“圆形”与“正方形”的加固板特征对比，如图 12-87 所示，注意观察两者的形状差别情况。

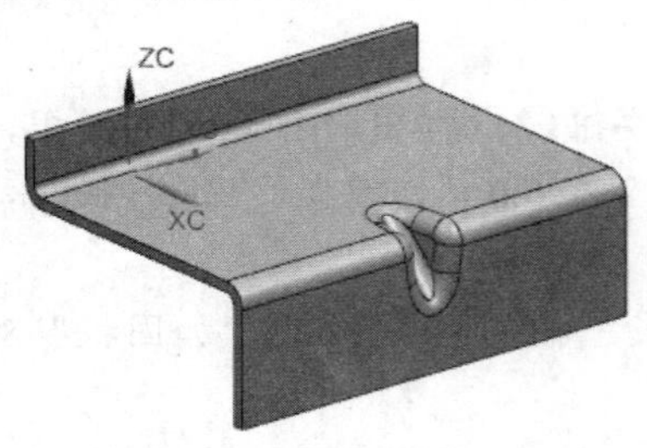

图12-86　完成加固板的效果

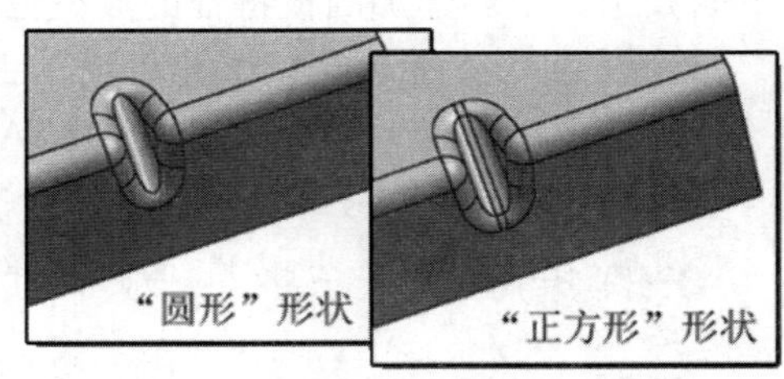

图12-87　加固板形状对比

12.7 钣金剪切

钣金剪切的命令主要包括“拉伸”“法向除料”和“折弯拔锥”。注意：亦可将“折弯拔锥”归纳到“拐角”范畴里。

12.7.1 拉伸剪切

在“NX 钣金”应用模块中也可以使用“拉伸”命令沿矢量拉伸一个截面来创建特征，如果在操作过程中设置“求差”选项便可实现拉伸剪切操作。

在功能区的“主页”选项卡的“特征”面板中单击“更多”/“拉伸”按钮，或者选择“菜单”/“插入”/“切削”/“拉伸”命令，弹出图 12-88 所示的“拉伸”对话框。关于“拉伸”对话框的组成和操作，由于在前面实体建模章节中已经详细介绍过，故在此不再赘述。

图12-88 “拉伸”对话框

12.7.2 法向开孔

“法向开孔”命令（也称“法向除料”）命令用于切割材料，将草图投影到模型上，然后在与投影相交的面的垂直方向上进行切割。法向开孔除料的典型示例如图 12-89 所示。

在功能区的“主页”选项卡的“特征”面板中单击“法向开孔”按钮，或者选择“菜单”/“插入”/“切削”/“法向开孔”命令，弹出“法向开孔”对话框。当在“类型”选项组的“类型”下拉列表框中选择“草图”选项时，需要指定截面线，定义开孔除料属性，如图 12-90 所示，其中开孔除料属性包括切割方法（可供选择的切割方法有“厚度”“中位面”和“最近的面”）和限制条件（包括“值”“所处范围”“直至下一个”和“贯通”）。当在“类型”选项组的“类型”下拉列表框中选择“3D 曲线”选项时，需要选择所需的 3D 曲线，如图 12-91 所示。选择有效的 3D 曲线后，单击“应用”按钮或“确定”按钮即可。

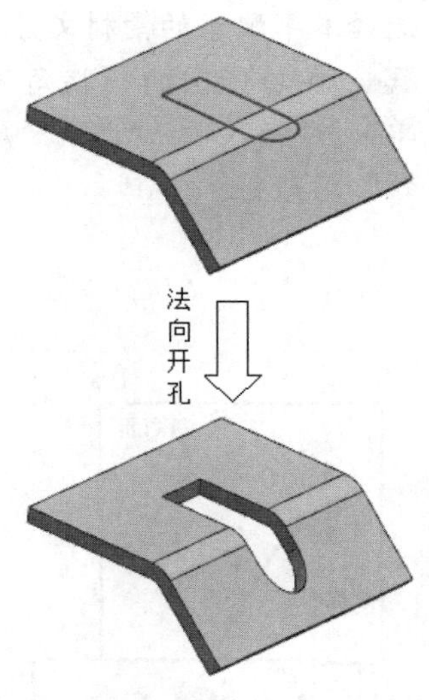

图12-89 法向开孔除料的典型示例

图12-90　“法向开孔”对话框（1）

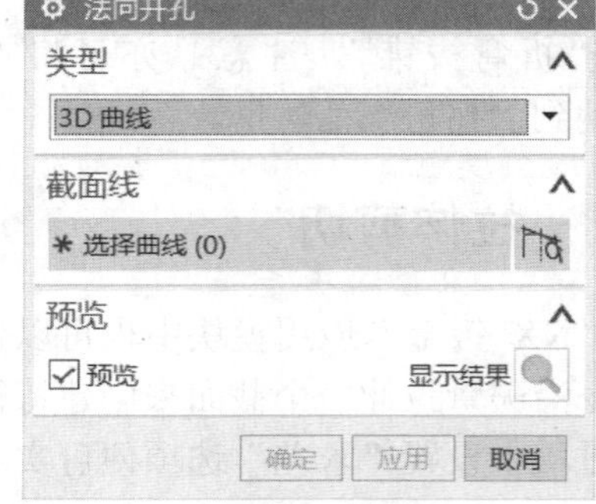

图12-91　“法向开孔”对话框（2）

读者可以使用本书配套光盘中提供的“\DATA\CH12\bc_12_7_2.prt”文件来练习法向除料操作，该例子（即图 12-89 所示的典型示例）的法向开孔除料类型为“草图”，切割方法选项为“厚度”，限制条件为“贯通”。

12.7.3　折弯拔锥

在“NX 钣金”应用模块中，可以在折弯面或腹板面的一侧或两侧创建折弯拔锥。折弯拔锥的典型示例如图 12-92 所示，下面结合该示例介绍折弯拔锥的创建方法及步骤。

1 在“快速访问”工具栏中单击“打开”按钮，弹出“打开”对话框，选择本书配套的素材文件“\DATA\CH12\bc_12_7_3.prt”，单击“OK”按钮。

2 在功能区的“拐角”面板中单击“折弯拔锥”按钮，或者选择“菜单”/“插入”/“切削”/“折弯拔锥”命令，弹出图 12-93 所示的“折弯拔锥”对话框。

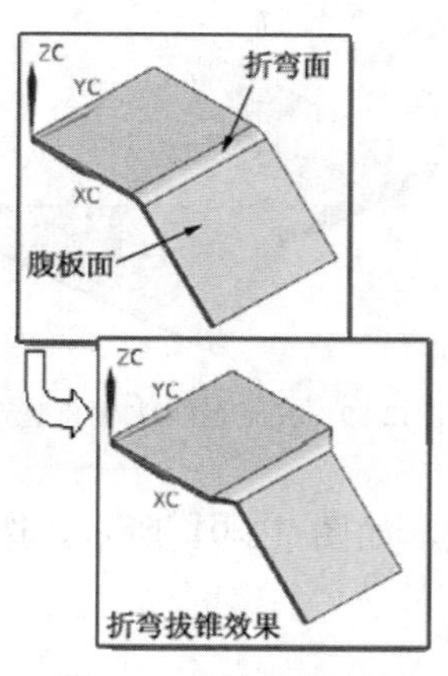

图12-92　折弯拔锥示例

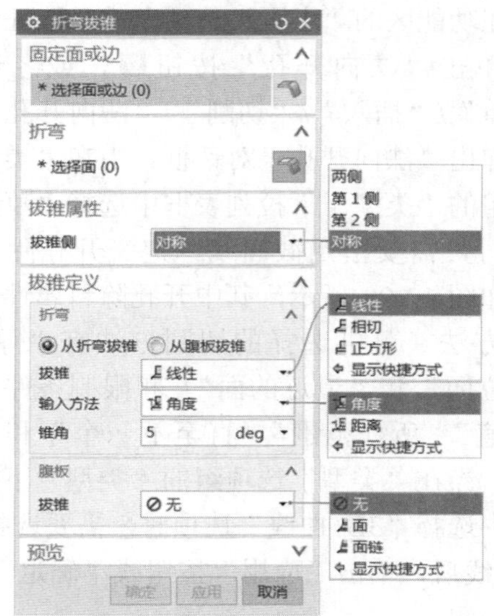

图12-93　“折弯拔锥”对话框

3 分别选择固定面和折弯面，如图 12-94 所示。

4 在“拔锥属性”选项组中设置“锥角侧”选项。在本例中，从“拔锥属性”选项组的“锥角侧”下拉列表框中选择“两侧”选项。

5 设置锥角参数等。在本例中，在“第 1 侧拔锥定义”选项组中，选择“从折弯拔锥”单选按钮，将拔锥选项设置为“线性”，输入方法为“角度”，该角度值设为 50deg，其腹板拔锥选项为“无”；在“第 2 侧拔锥定义”选项组中，同样选择“从折弯拔锥”单选按钮，并将该侧拔锥选项设置为“线性”，其输入方法为“角度”，该侧角度值设为 50deg，该侧腹板拔锥选项为“无”，如图 12-95 所示。

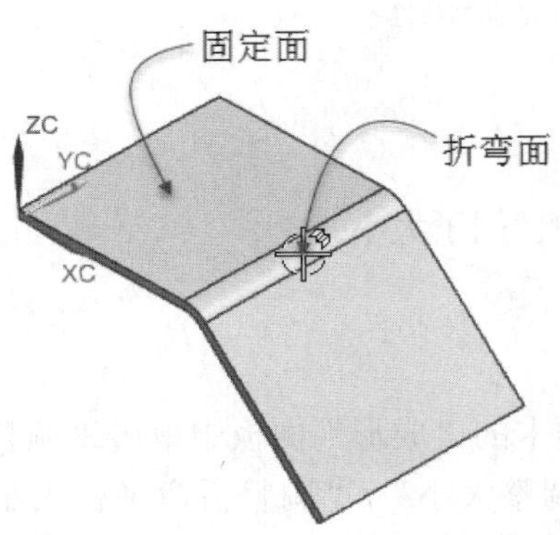

图12-94　选择折弯曲面

图12-95　相应侧的锥角定义

6 在“折弯拔锥”对话框的“预览”选项组中单击“预览”按钮查看预览结果。预览满意后单击“确定”按钮，完成本例操作，即完成在折弯面的两侧创建折弯拔锥。

在本例中，如果在“折弯拔锥”对话框的“拔锥属性”选项组中，从“锥角侧”下拉列表框中选择“对称”选项，接着在“拔锥定义”选项组中选择“从折弯拔锥”单选按钮，并分别设置折弯对应的锥角为 30deg，腹板对应的锥角为 10deg，最后单击“确定”按钮，则可完成在折弯面和腹板面的两侧均创建折弯拔锥，图解示例如图 12-96 所示。

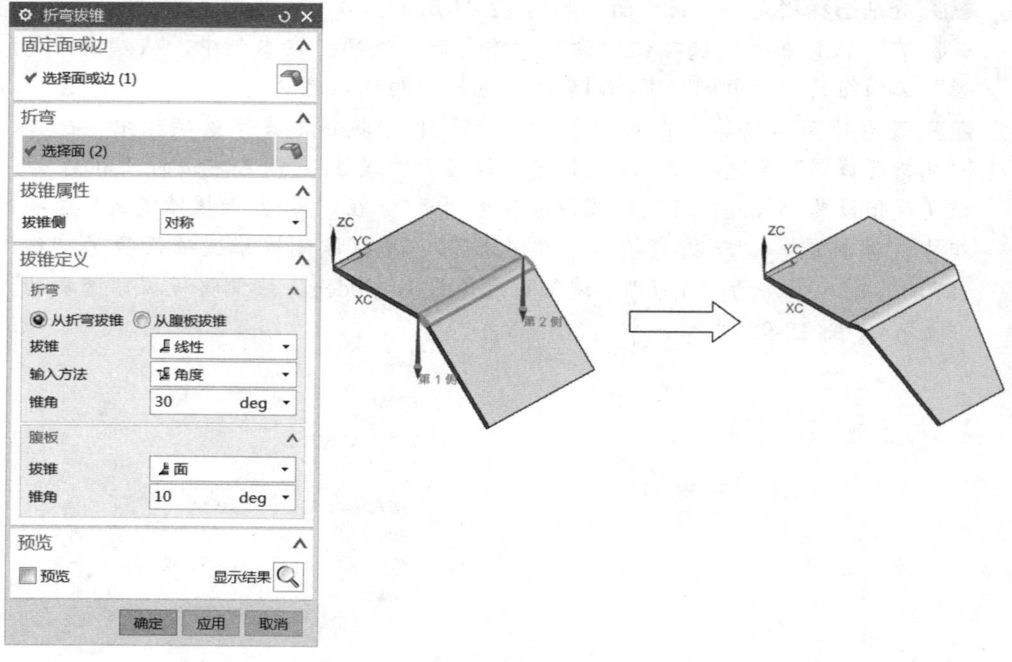

图12-96 在折弯面和腹板面的两侧均创建折弯拔锥

12.8 调整大小

本节介绍如何调整折弯半径大小、折弯角大小和中性因子大小。

12.8.1 调整折弯半径大小

要调整折弯半径大小，则在功能区的“主页”选项卡的“成形”面板中单击“调整折弯半径大小”按钮，或者选择“菜单”/“插入”/“调整大小”/“调整折弯半径大小”命令，弹出“调整折弯半径大小”对话框，从“类型”选项组的“类型”下拉列表框中选择类型选项，有两种选项供选择，分别为“固定展开长度”和“固定突出块/弯边位置”。

当从“类型”选项组的“类型”下拉列表框中选择“固定展开长度”类型选项时，则需要选择固定面/边，选择要调整大小的折弯，以及在“折弯参数”选项组中调整折弯半径值，必要时可以更改折弯止裂口选项和参数，如图 12-97 所示（图例中原折弯半径为 3mm，将该折弯半径调整为 5mm），然后单击“应用”按钮或“确定”按钮，即可完成调整折弯半径大小。

当从“类型”选项组的“类型”下拉列表框中选择“固定突出块/弯边位置”类型选项时，则需要选择要调整大小的折弯，以及在“折弯参数”选项组中调整折弯半径值，必要时可更改折弯止裂口选项和参数，如图 12-98 所示，然后单击“应用”按钮或“确定”按钮，即可完成调整折弯半径大小。

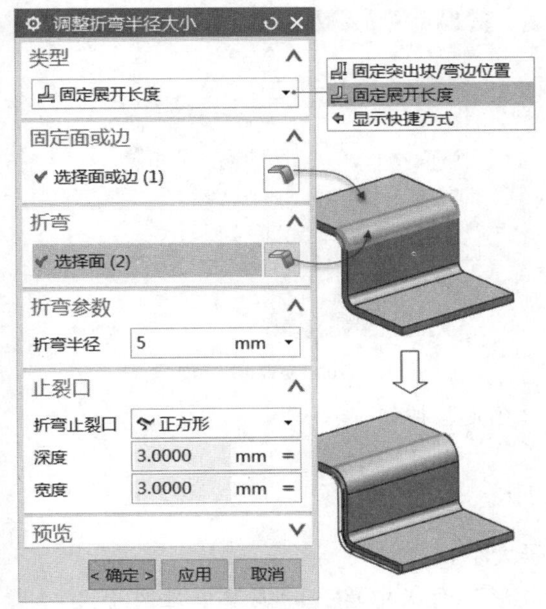

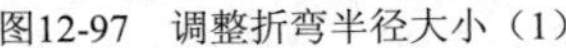
图12-97　调整折弯半径大小（1）

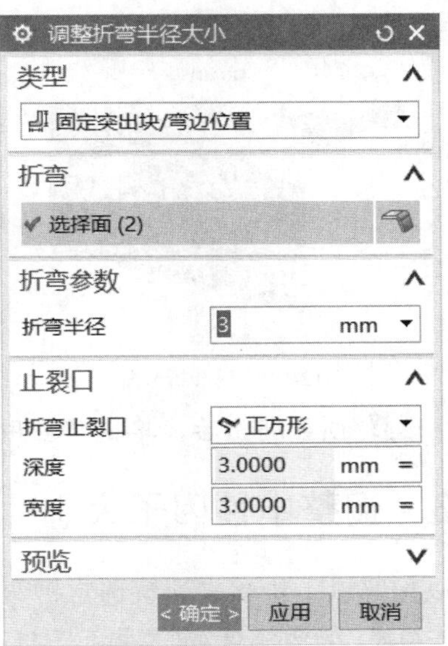

图12-98　调整折弯半径大小（2）

12.8.2　调整折弯角度大小

要调整折弯角度的大小，则可以按照以下方法步骤进行。

1 在功能区的“主页”选项卡的“成形”面板中单击“调整折弯角度大小”按钮，或者选择“菜单”/“插入”/“调整大小”/“调整折弯角大小”命令，弹出图 12-99 所示的“调整折弯角度大小”对话框。

2 在“固定面或边”选项组中单击“固定面或边”按钮，在图形窗口中选择要保持固定的面或线性边，如图 12-100 所示。

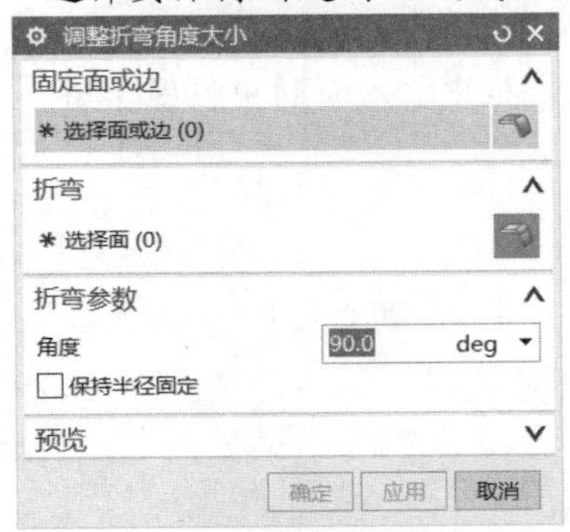

图12-99　“调整折弯角度大小”对话框

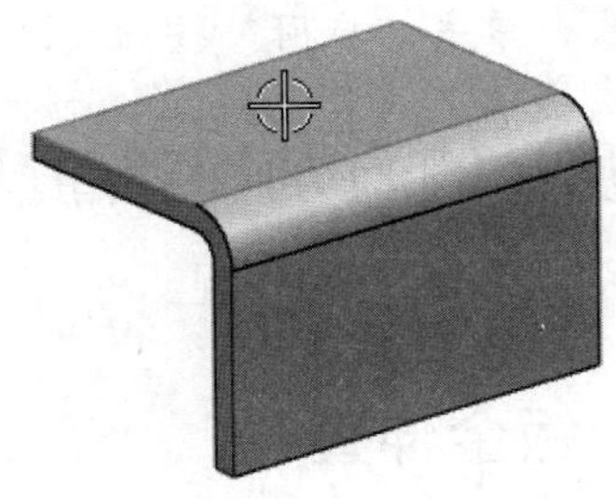

图12-100　指定固定面

3 确保在“折弯”选项组中选中“选择折弯面”按钮，在图形窗口中选择折弯面，如图 12-101 所示。

4 在“折弯参数”选项组的“角度”文本框中输入新的折弯角度，如图 12-102 所示。如果要保持折弯半径不变，则选中“保持半径固定”复选框。

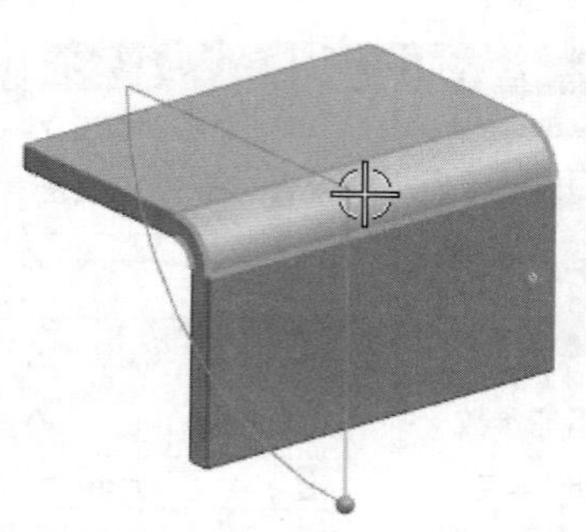

图12-101　选择折弯面

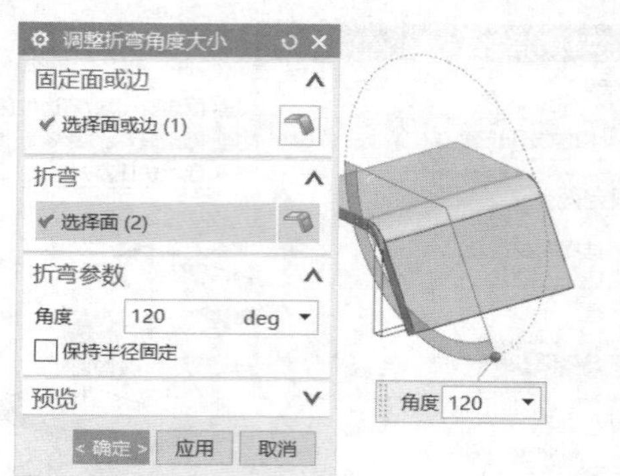

图12-102　更改折弯角度

5 预览满意后，单击“应用”按钮或“确定”按钮。

12.8.3　调整中性因子大小

可以按照以下步骤来调整选定折弯的中性因子大小。

1 在功能区的“主页”选项卡的“成形”面板中单击“调整中性因子大小”按钮，或者选择“菜单”/“插入”/“调整大小”/“调整中性因子大小”命令，弹出图 12-103 所示的“调整中性因子大小”对话框。

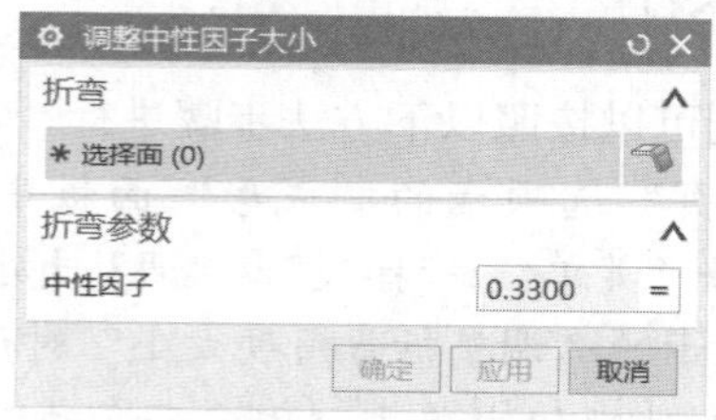

图12-103　“调整中性因子大小”对话框

2 选择一个或多个折弯面。

3 在“折弯参数”选项组的“中性因子”文本框中输入新的中性因子值。

4 单击“应用”按钮或“确定”按钮。

12.9　钣金伸直与重新折弯

本节介绍“钣金伸直”与“重新折弯”两个知识点。

12.9.1　钣金伸直

钣金伸直是指展平折弯及与折弯相邻的材料，其操作比较简单，即在“成形”面板中单击“伸直”按钮，或者选择“菜单”/“插入”/“成形”/“伸直”命令，弹出图 12-104 所示的“伸直”对话框。接着指定固定面/边，并选择折弯，必要时指定附加曲线或点及设置是否隐藏原先的曲线，然后单击“应用”按钮或“确定”按钮，即可创建一个伸直特征。

创建伸直特征的图解示例如图 12-105 所示，图中步骤1为单击“伸直”按钮，步骤2为指定固定面，步骤3为选择折弯面，步骤4为单击“确定”按钮。

图12-104　“伸直”对话框

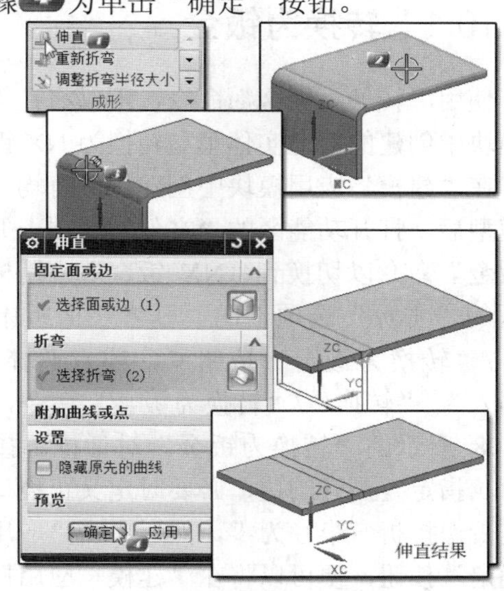

图12-105　钣金伸直的图解示例

12.9.2　重新折弯

重新折弯是指将某个伸直特征恢复到其先前的折弯状态，并恢复在伸直特征之后添加的任何特征。重新折弯的示例如图 12-106 所示。重新折弯操作较为简单，即在“成形”面板中单击“重新折弯”按钮，或者选择“菜单”/“插入”/“成形”/“重新折弯”命令，打开图 12-107 所示的“重新折弯”对话框。激活“折弯”选项组中的“折弯面”按钮并在图形窗口中选择伸直面中的原“折弯”，必要时可以在“固定面或边”选项组中单击“固定面或边”按钮并在图形窗口中指定固定面或边，最后单击“应用”按钮或“确定”按钮即可。

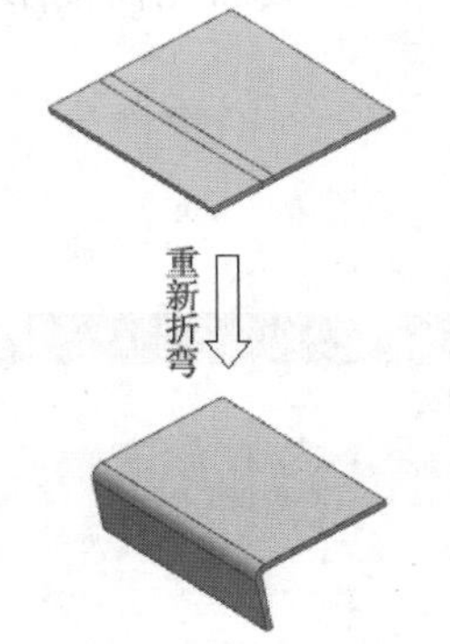

图12-106　重新折弯的示例

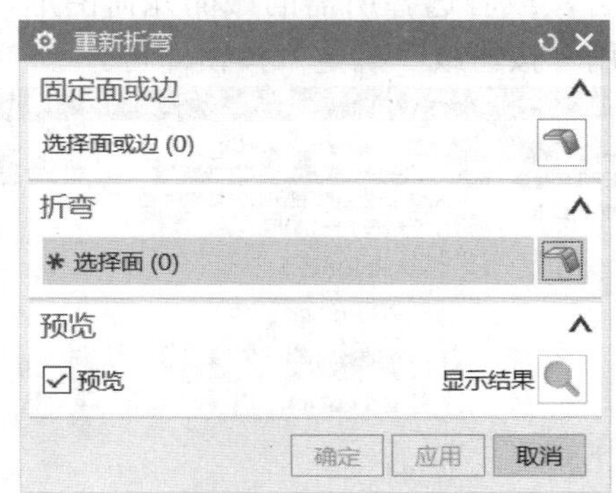

图12-107　“重新折弯”对话框

12.10　钣金转换

钣金转换命令主要有“转换为钣金”命令、“撕边”命令、“转换为钣金向导”命令和“实体特征转换为钣金”命令等。本节重点学习“转换为钣金”命令和“撕边”命令。

12.10.1　转换为钣金

使用“转换为钣金”命令，可以将在“建模”应用模块中创建的普通实体模型转换为 NX 钣金模型。

在“建模”应用模块中创建好具有均一厚度的实体模型后，打开功能区的“文件”选项卡并从中选择“钣金”命令以切换到“NX 钣金”应用模块。在功能区的“主页”选项卡的“基本”面板中单击“转换”/“转换为钣金”按钮，或者选择“菜单”/“插入”/“转换”/“转换为钣金”命令，则弹出图 12-108 所示的“转换为钣金”对话框。接着选择基本面，指定要撕开的边，必要时定义止裂口，以及设置是否保持折弯半径为零，然后单击“应用”按钮或“确定”按钮，便可以将在“建模”应用模块中创建的该实体模型转换为 NX 钣金模型。

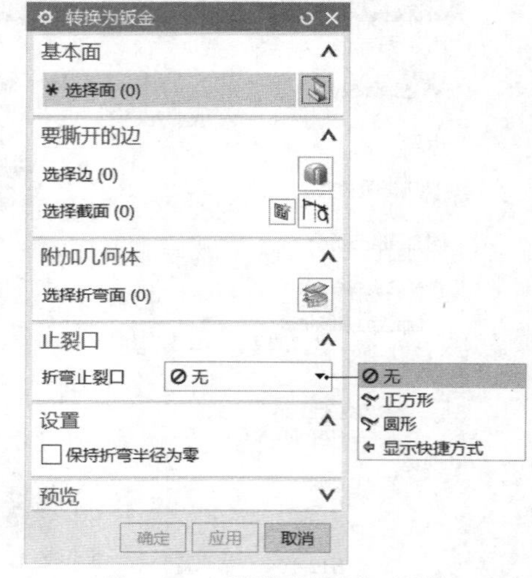

图12-108　“转换为钣金”对话框

另外，单击“转换为钣金向导”按钮，弹出图 12-109 所示的“转换为钣金向导”对话框，通过撕边、清理几何体并转换为钣金件，可以从一般实体创建钣金模型。

12.10.2　撕边

使用“撕边”命令，可以沿拐角边缘切边将实体模型转换为钣金部件。在功能区的“主页”选项卡的“基本”面板中单击“转换”/“撕边”按钮，或者选择“菜单”/“插入”/“转换”/“撕边”命令，系统弹出图 12-110 所示的“撕边”对话框。选择要撕裂的边或边的集合，或者选择所需的截面几何图形，或草图满足设计要求的截面几何图形，然后单击“应用”按钮或“确定”按钮即可。

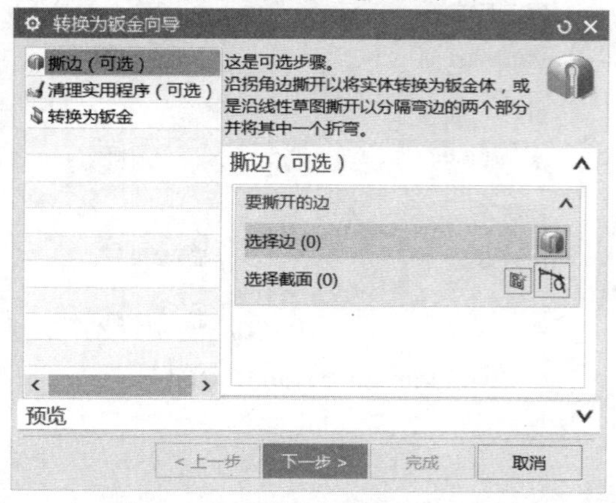

图12-109　“转换为钣金向导”对话框

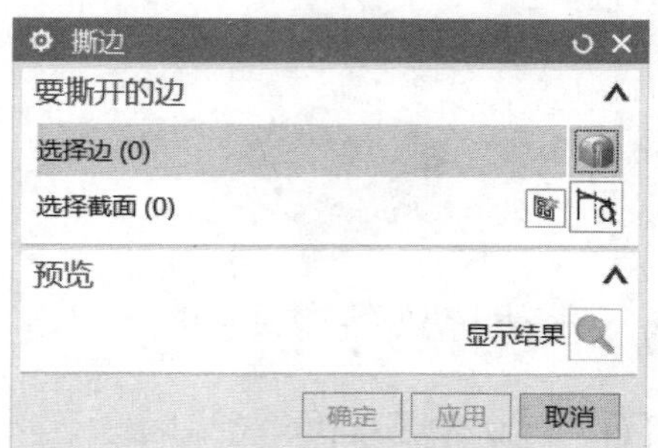

图12-110　“撕边”对话框

12.11 展平图样

在“NX 钣金”应用模块的“菜单”/“插入”/“展平图样”级联菜单中提供了以下 3 个实用命令。

- 展平实体：从成形的钣金部件创建展平实体特征。对应的工具按钮为“展平实体”按钮。选择此命令，弹出图 12-111 所示的“展平实体”对话框。
- 展平图样：从成形的钣金部件创建展平图样特征。对应的工具按钮为“展平图样”按钮。选择此命令，弹出图 12-112 所示的“展平图样”对话框。
- 导出展平图样：将展平图样导出至选定的文件格式。对应的工具按钮为“导出展平图样”按钮。选择此命令，系统弹出图 12-113 所示的“导出展平图样”对话框。从中分别设置类型、输出文件、展平图样、简化 B 样条、包含展平图样几何体类型和 DXF 版本等，然后单击“应用”按钮或“确定”按钮。

图12-111 “展平实体”对话框

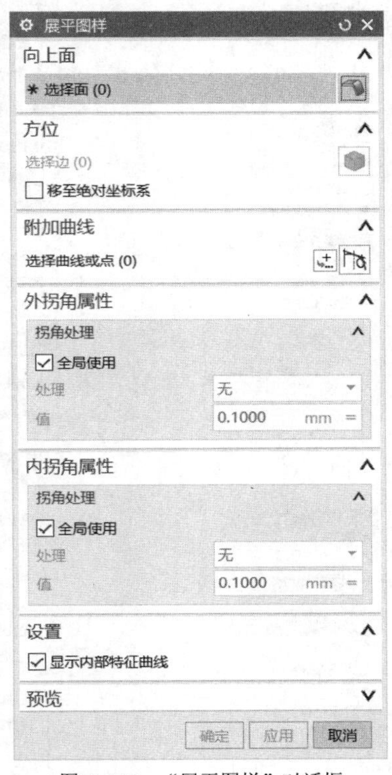

图12-112 “展平图样”对话框

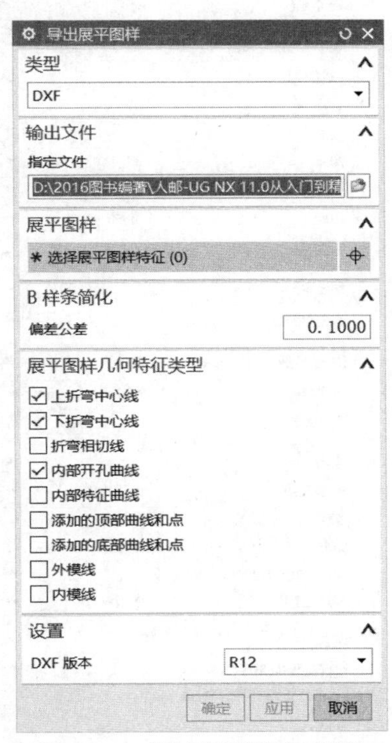

图12-113 “导出展平图样”对话框

12.12 NX 高级钣金

NX 11 还为用户提供了一些高级钣金命令，主要包括“高级弯边”“桥接折弯”“钣金成形”“钣金开孔”和“榫接”。本节重点介绍其中的“高级弯边”“桥接折弯”和“钣金开孔”。而“钣金成形”命令不常用，故本书不做详细介绍（“钣金成形”命令用于将复杂钣金几何体展开为备选形状）。

12.12.1 高级弯边

“高级弯边”命令使用折弯角或参考面沿一条边添加弯边，这条边与参考面可以弯曲。

在功能区的“主页”选项卡的“折弯”面板中单击“更多”/“高级弯边”按钮，或者选择“菜单”/“插入”/“高级钣金”/“高级弯边”命令，弹出“高级弯边”对话框。接着从“类型”选项组的“类型”下拉列表框中选择高级弯边的类型选项，高级弯边的类型选项有两个，分别为“按值”和“朝向参照物”。当选择“按值”类型选项时，需要选择基本边，设置弯边属性、终止限制条件、折弯参数、止裂口和其他设置参数，如图 12-114 所示；当选择“朝向参照物”类型选项时，需要分别选择基本边、参考面或参考几何体，并设置弯边属性、终止限制条件、折弯参数、止裂口和其他设置参数，如图 12-115 所示。

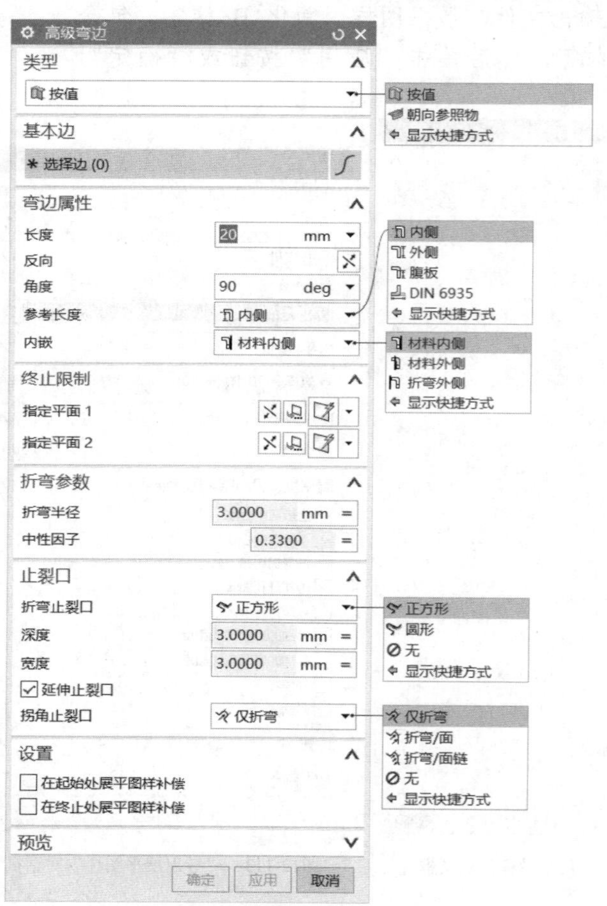

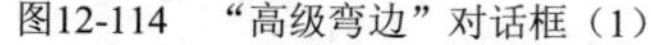
图12-114 “高级弯边”对话框（1）

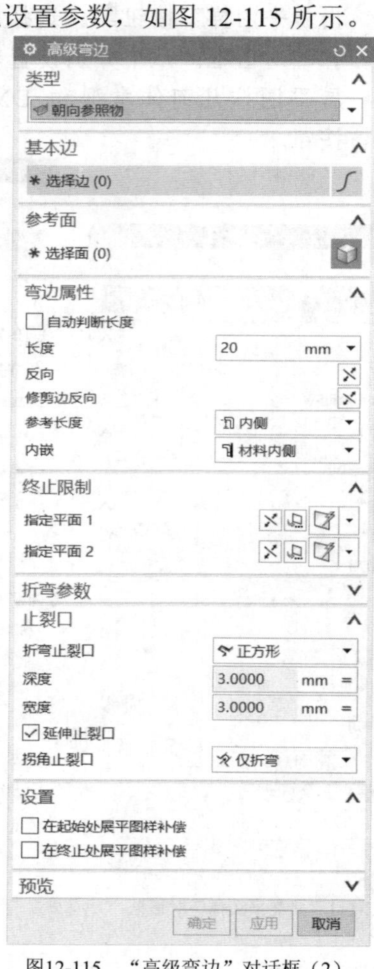

图12-115 “高级弯边”对话框（2）

下面介绍创建高级弯边特征的一个典型范例。

1 在“快速访问”工具栏中单击“打开”按钮，选择本书配套光盘中的钣金部件文件“\DATA\CH12\BC_12_12_1.prt”，单击“打开”对话框中的“OK”按钮。

2 在功能区的“主页”选项卡的“折弯”面板中单击“更多”/“高级弯

边”按钮，弹出“高级弯边”对话框。

3 在“类型”选项组的“类型”下拉列表框中选择“按值”选项。

4 确保激活“基本边”选项组中的“基本边”按钮，在“选择条”工具栏的“曲线规则”下拉列表框中选择“相切曲线”，在图形窗口中单击图 12-116 所示的边。

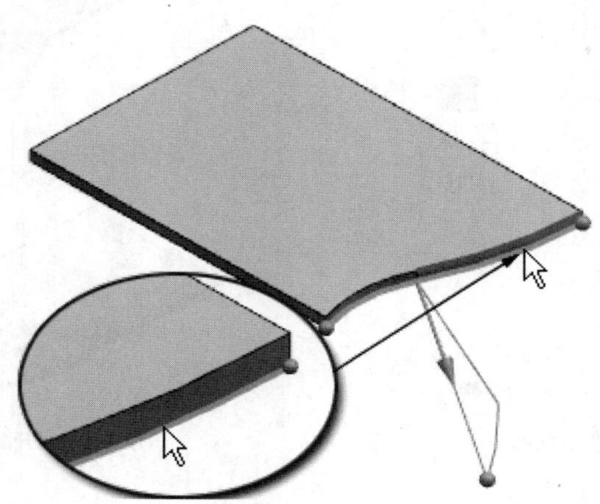

图12-116 指定基本边

5 接受默认的折弯参数和终止限制设置，并在“弯边属性”选项组和“止裂口”选项组中设置图 12-117 所示的参数和选项。注意动态预览效果。

6 在“高级弯边”对话框中单击“确定”按钮，完成创建高级弯边特征，结果如图 12-118 所示。

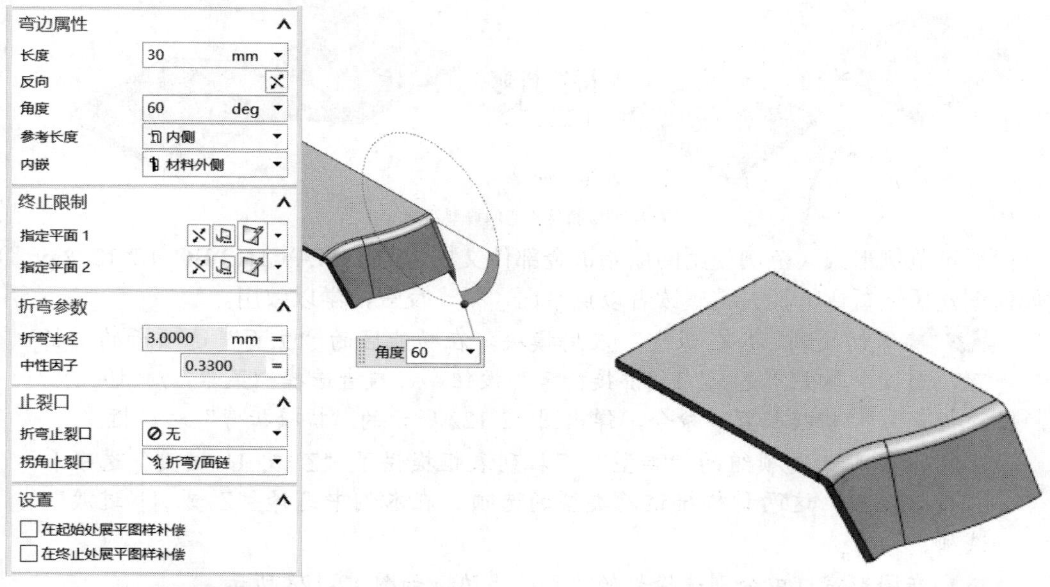

图12-117 设置折弯参数、止裂口和弯边属性等

图12-118 完成创建高级弯边特征

要想展开上述高级弯边特征，可以在“成形”面板中单击“伸直”按钮，弹出图 12-119 所示的“伸直”对话框，接着分别指定固定面和折弯面等，然后单击“确定”按钮即可。展开高级弯边特征的示意图例如图 12-120 所示。而要想重新折弯，则可以使用“成

形”面板中的“重新折弯”按钮。

图12-119　“伸直”对话框

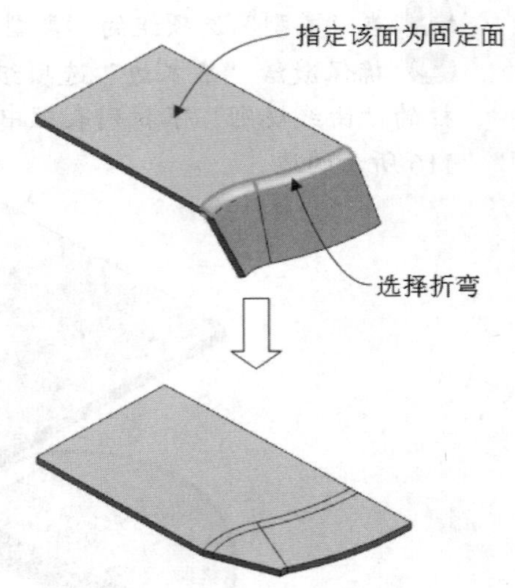

图12-120　展开高级弯边的典型示例

12.12.2　桥接折弯

在实际钣金件设计中，有时为了要连接钣金件上的两个特征，需要建立两个特征之间的过渡几何体（过渡薄板）。在 NX 11 中使用“桥接折弯”命令可以创建过渡几何体，其方法是连结不同体上的两条边并合并这两个体，如图 12-121 所示。

图12-121　桥接折弯的典型示例

下面通过范例形式（范例使用的原始钣金部件文档为“\DATA\CH12\BC_12_12_2.prt”）介绍如何创建桥接折弯特征。希望读者以点带面，举一反三，学以致用。

1 确保切换到“NX 钣金”应用模块，在功能区的“主页”选项卡的“折弯”面板中单击“更多”/“桥接折弯”按钮，或者选择“菜单”/“插入”/“折弯”/“桥接折弯”命令，弹出图 12-122 所示的“桥接折弯”对话框。

2 “类型”选项组的“类型”下拉列表框提供了“Z 或 U 过渡”选项和“折起过渡”这两种桥接过渡类型的选项。在本例中选择“Z 或 U 过渡”选项。

3 在图形窗口中分别选择起始边和终止边，如图 12-123 所示。

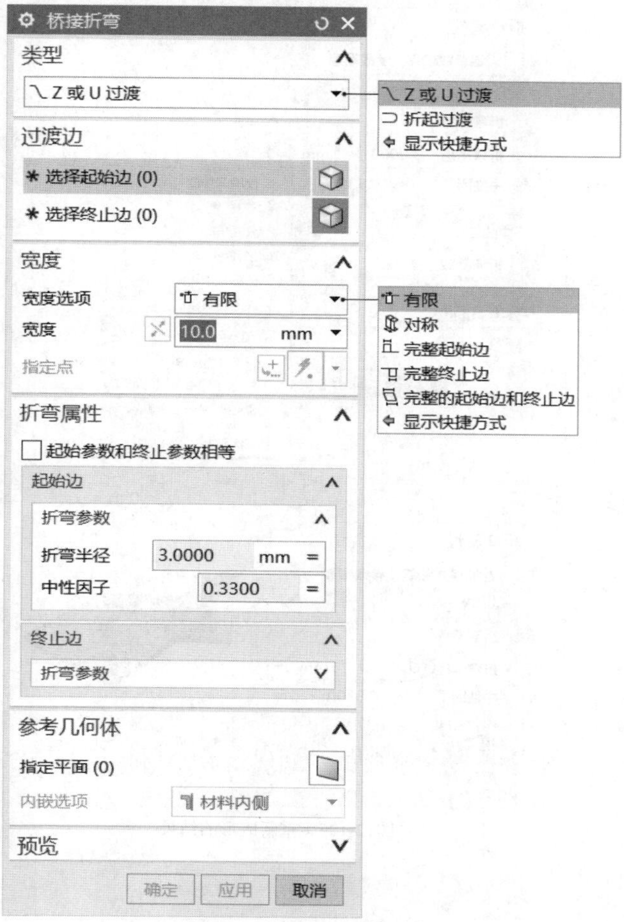

图12-122　“桥接折弯”对话框

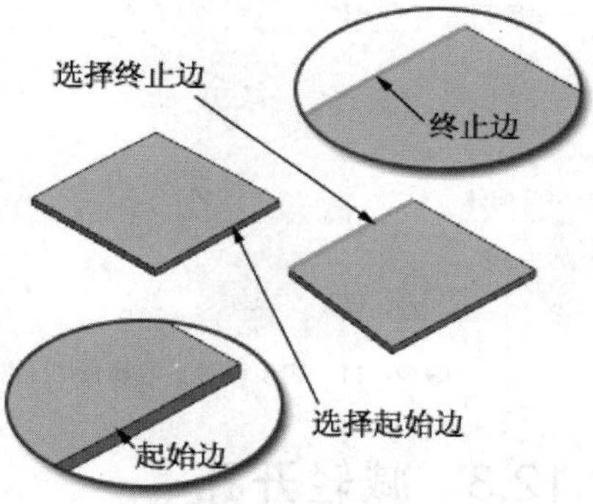

图12-123　指定起始边和终止边

4 “宽度”选项组的“宽度选项”下拉列表框中提供了“有限”“对称”“完整起始边”“完整终止边”和“完整的起始边和终止边”选项。在本例中从“宽度选项”下拉列表框中选择“完整的起始边和终止边”选项。

5 在“折弯属性”选项组中选中“起始参数和终止参数相等”复选框，展开“起始边”框中的“折弯参数”子选项组，则可以看到此时默认的折弯半径为 3mm（等于钣金件厚度），如图 12-124 所示。在本例中需要将折弯半径修改为 6mm，方法是在“折弯半径”框中单击“启用公式编辑器”按钮=，接着在打开的下拉菜单中选择“使用局部值”命令，然后便可在“折弯半径”文本框中将折弯半径修改为 6，如图 12-125 所示。

6 在“桥接折弯”对话框中单击“确定”按钮，从而完成桥接折弯特征的创建。

图12-124　初步设置折弯属性时

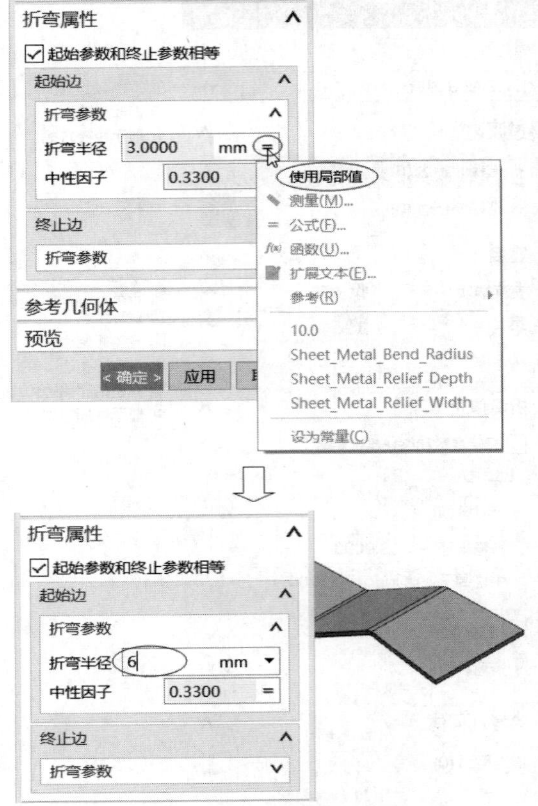

图12-125　重新成形的结果

12.12.3　减轻开孔

使用高级钣金的“减轻开孔”命令，可以在模拟冲压工具的草图内切割该模型的一个区域。减轻开孔的类型的有两种，即“孔”类型和“用户定义”类型。请看下面一个使用“减轻开孔”命令的简单范例，在该范例中涉及到减轻开孔的两种类型。

一、创建“用户定义”类型的“减轻开孔”特征

1 在“快速访问”工具栏中单击“打开”按钮，选择本书配套光盘中的钣金部件文件“\DATA\CH12\BC_12_12_3.prt”，单击“打开”对话框中的“OK”按钮，该文件中存在一张厚度为 3mm 的钣金板材。

2 在功能区“主页”选项卡的“折弯”面板中单击“更多”/“减轻开孔”按钮，或者选择“菜单”/“插入”/“高级钣金”/“减轻开孔”命令，弹出图 12-126 所示的“减轻开孔”对话框。

3 在“类型”下拉列表框中选择“用户定义”选项，接着在图形窗口中单击图 12-127 所示的钣金板材面，快速进入草图模式。

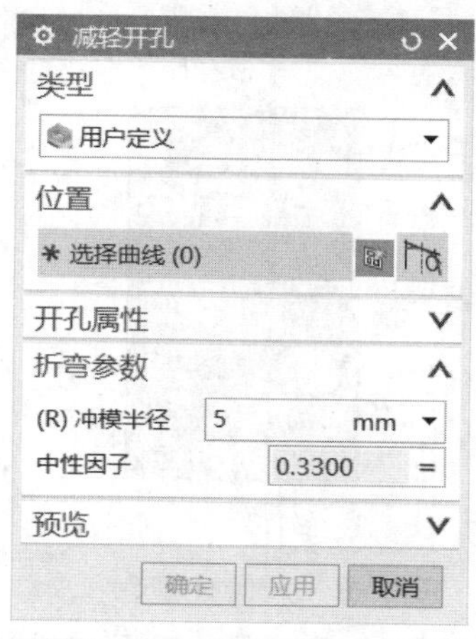

图12-126 “减轻开孔”对话框

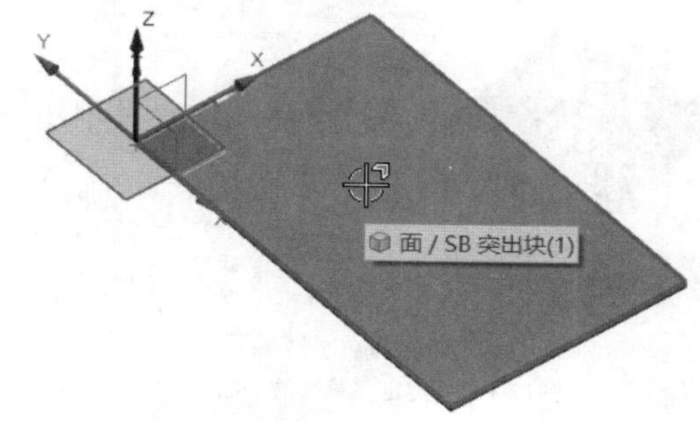

图12-127 指定草图平面

4 绘制图 12-128 所示的草图，单击“完成”按钮。

5 在“减轻开孔”对话框中对照图例设置开孔属性，如图 12-129 所示，然后单击“应用”按钮，完成一个用户定义的减轻开孔特征。

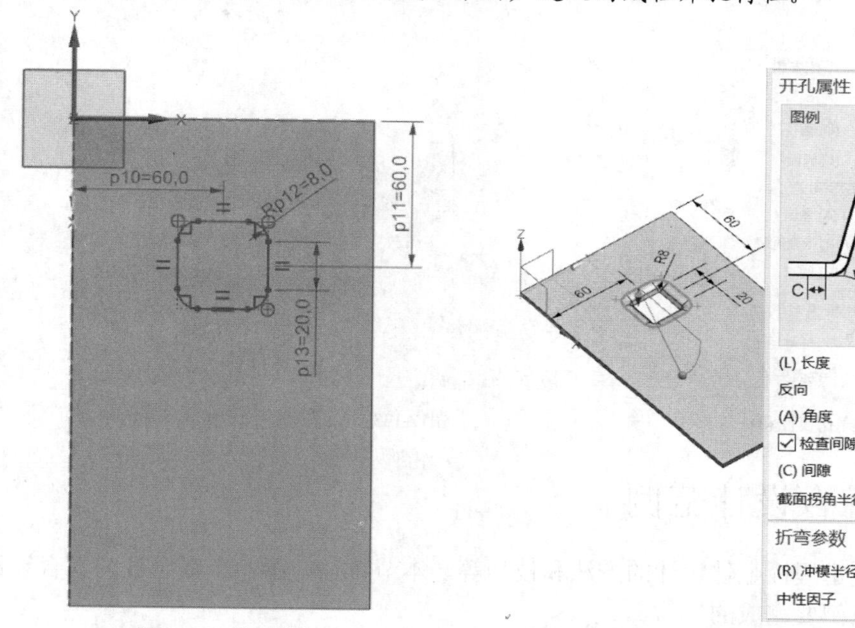

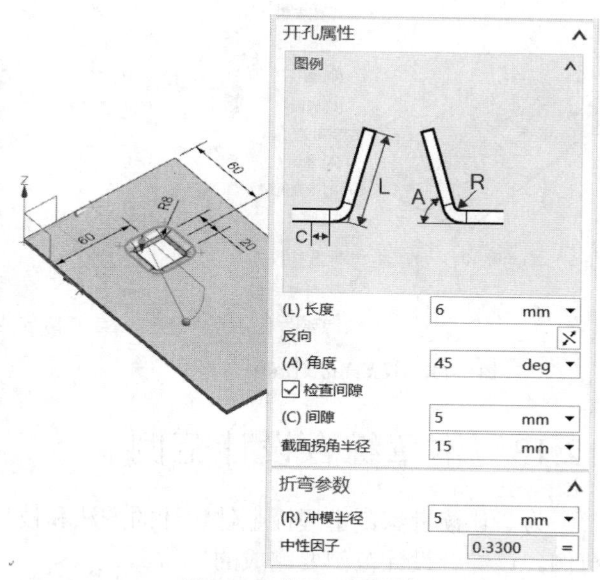

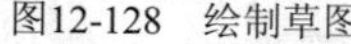

图12-128 绘制草图

图12-129 设置开孔属性等

二、创建“孔”类型的“减轻开孔”特征

1 在“减轻开孔”对话框的“类型”选项组中，从“类型”下拉列表框中选择“孔”选项。

2 此时系统提示选择要草绘的平的面或指定点，单击图 12-130 所示的实体面作为要草绘点的平面，快速进入草图平面。单击“草图点”对话框的“关闭”按钮，为一个点（草图中只能有一个点）修改尺寸，如图 12-131 所示，单击“完成”按钮。

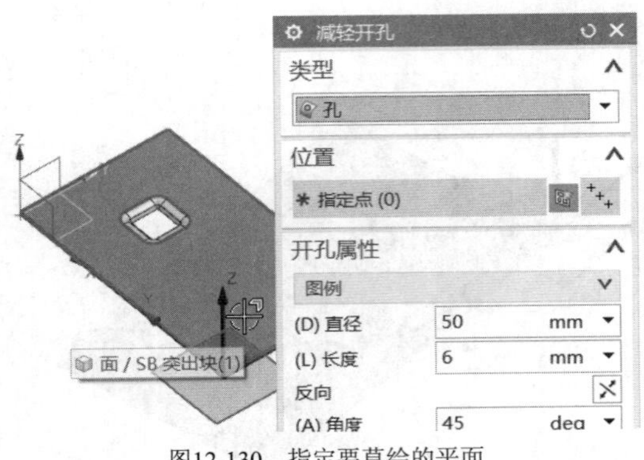

图12-130　指定要草绘的平面

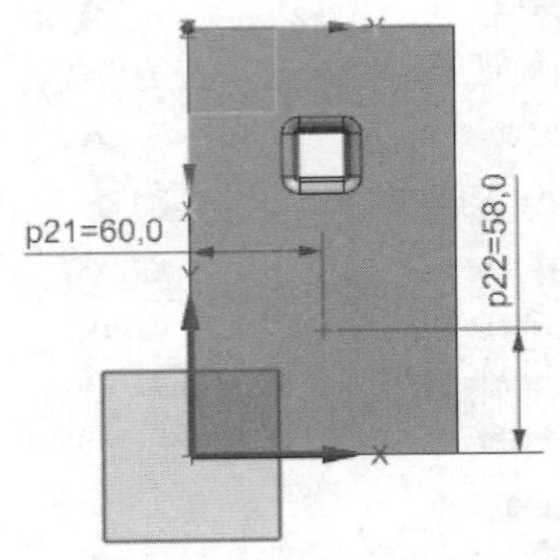

图12-131　修改点位置尺寸

3 返回到“减轻开孔”对话框，在“开孔属性”选项组中对照图例进行相关参数的设置，以及在“折弯参数”选项组中设置冲模半径，如图 12-132 所示。

4 在“减轻开孔”对话框中单击“确定”按钮，完成效果如图 12-133 所示。

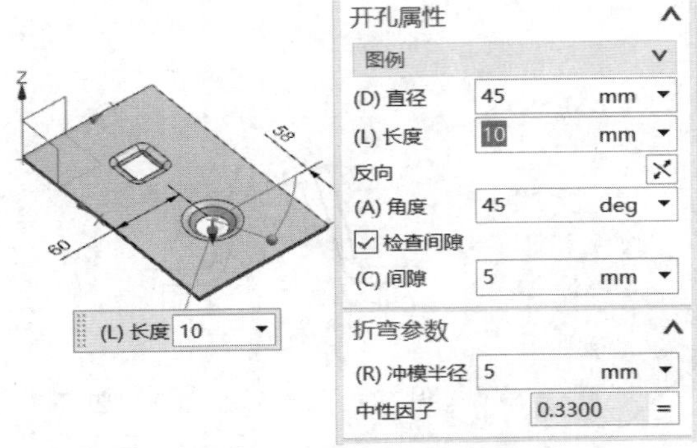

图12-132　设置开孔属性和折弯参数

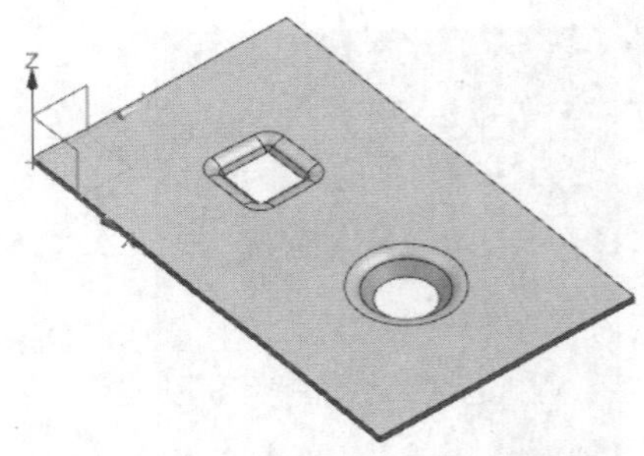

图12-133　一共完成两个“减轻开孔”特征

12.13　本章综合设计范例

为了让读者深刻掌握钣金件设计的方法和技巧等，本节特意介绍一个钣金件的综合设计范例。该综合设计范例要完成的钣金件模型为某产品的箱体壳板，完成效果图 12-134 所示。该综合设计范例主要应用到的知识点包括：NX 钣金首选项设置、“突出块”基体特征、弯边、二次弯边、伸直、法向开孔除料、重新折弯、折边弯边、百叶窗、凹坑（浅成形）和封闭拐角等。

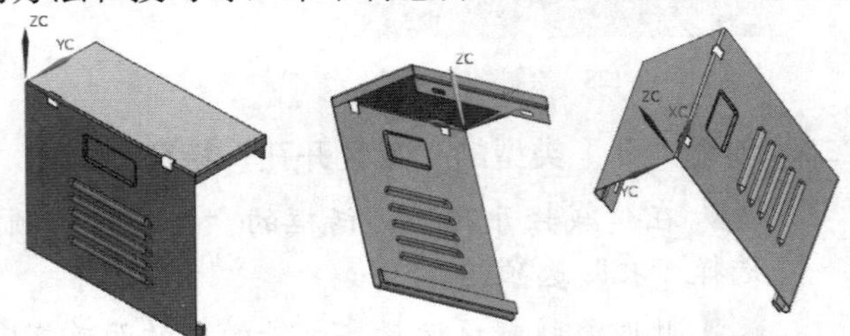

图12-134　某产品的箱体壳板

该综合设计范例具体的操作步骤如下。

一、新建一个钣金部件文件

1 按“Ctrl+N”快捷键，系统弹出“新建”对话框。

2 在“模型”选项卡的“模板”列表中选择名称为“NX 钣金”的公制模板，在“新文件名”选项组的“名称”文本框中输入“BC_12_13_FL.prt”，并指定要保存到的文件夹。

3 在“新建”对话框中单击“确定”按钮。

二、进行钣金首选项设置

1 单击“菜单”按钮 菜单(M) 并选择“首选项”/“钣金”命令，弹出“钣金首选项”对话框。

2 在“部件属性”选项卡的“参数输入”选项组中选择“材料选择”单选按钮，如图12-135所示。

3 单击位于“数值输入”单选按钮右侧的“选择材料”按钮，弹出“选择材料”对话框，从“可用材料”选项组的材料列表中选择“Aluminum_6061”，如图12-136所示，然后单击“确定”按钮，返回到“钣金首选项”对话框。

图12-135　设置“钣金首选项”对话框

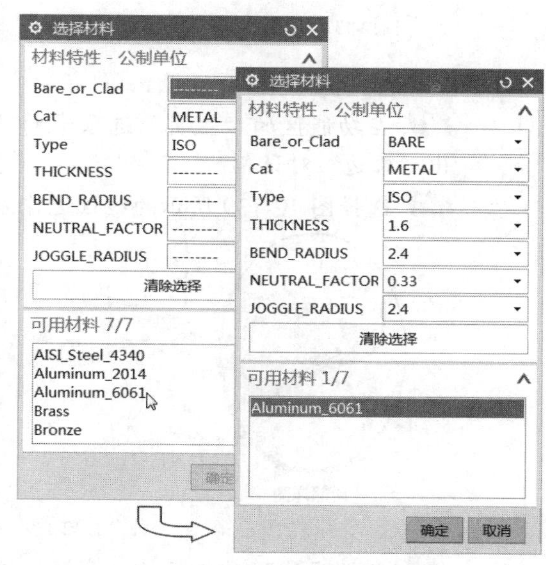

图12-136　选择材料

4 在“部件属性”选项卡的“全局参数”选项组中，可以看到材料厚度（材料默认为1.6mm）和折弯半径（折弯半径默认为2.4mm）不可更改，设置让位槽深度为3mm，让位槽宽度为3mm。

5 切换到“展平图样处理”选项卡，从“拐角处理选项”选项组的“外拐角处理”下拉列表框中选择“无”选项，从“内拐角处理”下拉列表框中选择“无”选项，确保选中“在展开图样中保持孔为圆形”复选框，以及取消选中

“移除系统生成的折弯止裂口”复选框。

6 切换到“钣金验证”选项卡，设置最小工具间隙为 2.5mm，最小腹板长度为 5mm。

7 在“钣金首选项”对话框中单击“确定”按钮。

三、创建“突出块”基体特征

1 在功能区的“主页”选项卡的“基本”面板中单击“突出块”按钮，弹出“突出块”对话框。

2 确保在图形窗口中显示有默认的基准坐标系，选择 *XY*（*XC-YC*）平面，进入内部草图任务环境中绘制图 12-137 所示的轮廓草图，单击“完成草图”按钮。

3 厚度使用指定材料的全局参数规定值，即厚度默认为 1.6mm。单击“确定”按钮，创建的“突出块”基体特征如图 12-138 所示。

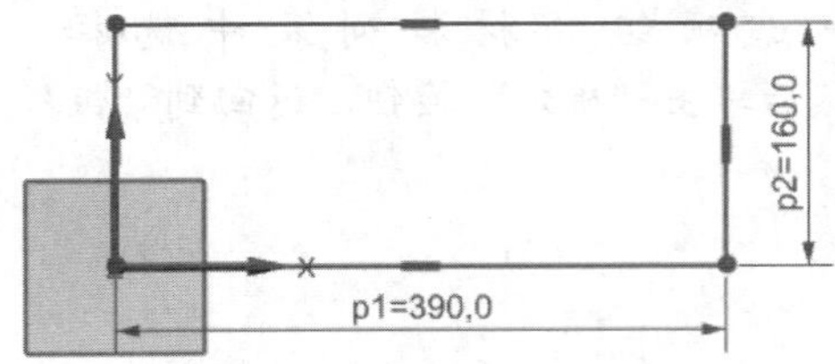

图12-137　绘制轮廓草图

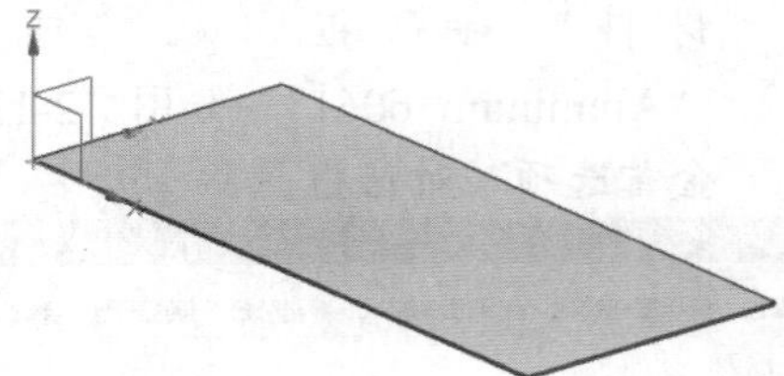

图12-138　创建“突出块”基体特征

四、创建一个弯边特征

1 在功能区的“主页”选项卡的“折弯”面板中单击“弯边”按钮，弹出“弯边”对话框。

2 选择图 12-139 所示的线性边作为弯边特征的基本边。

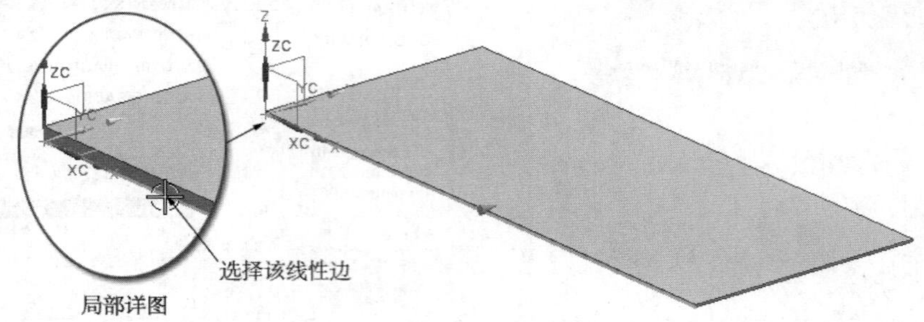

图12-139　指定基本边

3 在“弯边”对话框的“宽度”选项组中，从“宽度选项”下拉列表框中选择“完全”选项；在“弯边属性”选项组中，设置长度值为 350mm，从“匹配面”下拉列表框中选择“无”选项，设置角度值为 90deg；从“参考长度”下拉列表框中选择“内侧”选项，从“内嵌”下拉列表框中选择“折弯外侧”选项，如图 12-140 所示。

4 在其他选项组中接受或设置图 12-141 所示的参数和选项，注意观察预览效果。

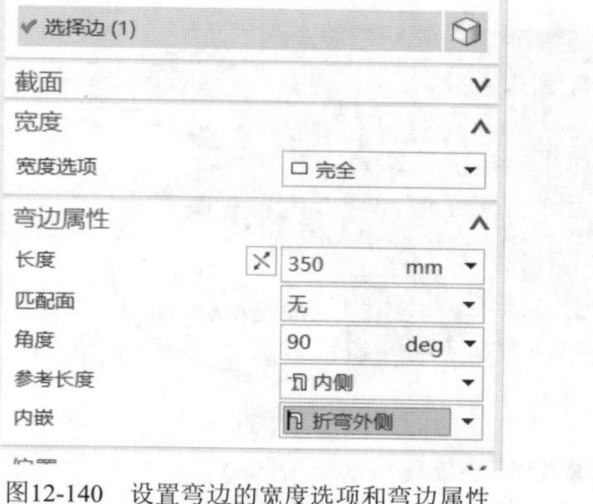

图12-140　设置弯边的宽度选项和弯边属性

图12-141　设置偏置、折弯参数、止裂口等

5 在“弯边”对话框中单击“确定”按钮，完成第一个弯边特征。

五、再创建两个弯边特征

1 在功能区的“主页”选项卡的“折弯”面板中单击“弯边”按钮，弹出“弯边”对话框。

2 选择图 12-142 所示的线性边作为弯边特征的基本边。

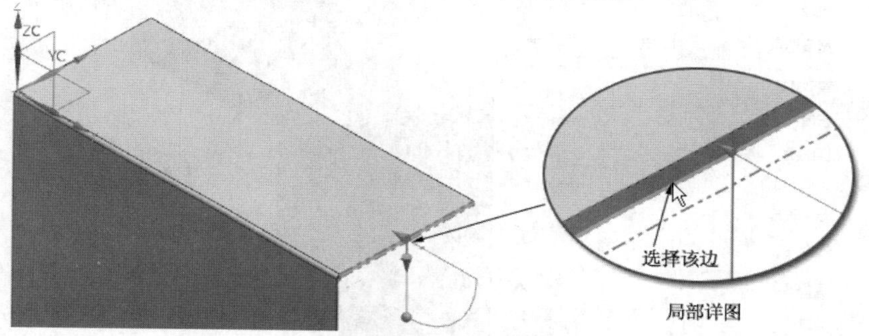

图12-142　指定新弯边特征的基本边

3 在“弯边”对话框相应选项组中设置宽度、弯边属性和偏置，如图 12-143 所示。

4 单击“应用”按钮，完成的第 2 个弯边特征如图 12-144 所示。

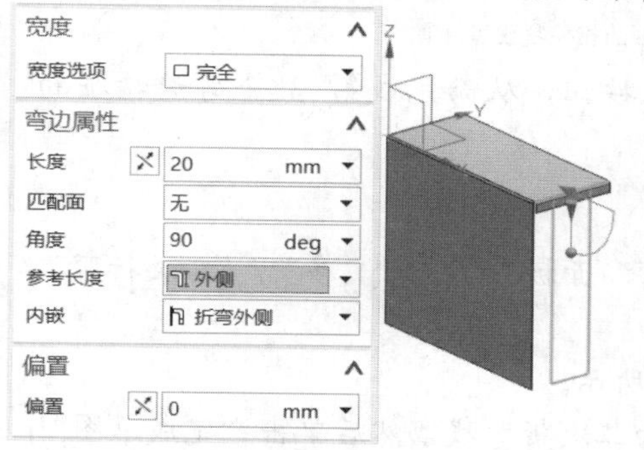

图12-143　设置宽度、弯边属性和偏置

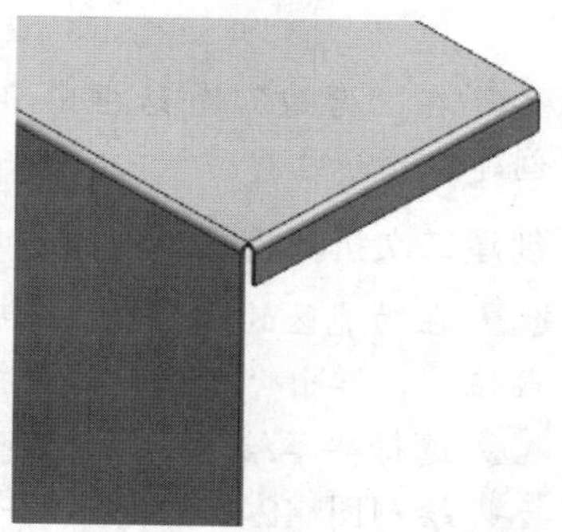

图12-144　完成第 2 个弯边特征

5 调整模型视图，选择图 12-145 所示的“突出块”基体特征的一条下边缘作为基本边。

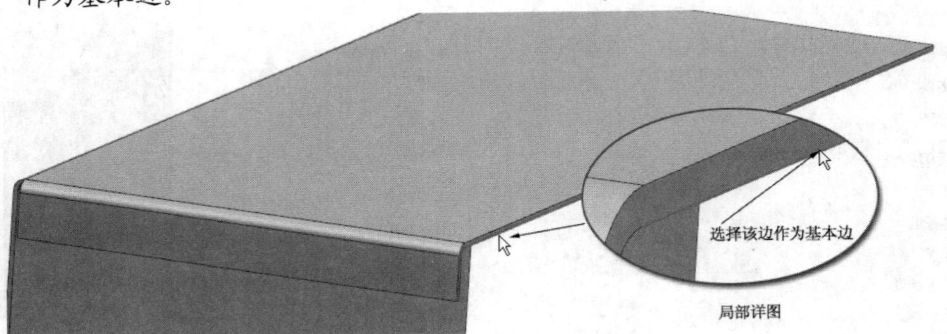

图12-145　选择新弯边特征的基本边

6 在“弯边”对话框的“宽度”选项组、“弯边属性”选项组和“偏置”选项组中设置图 12-146 所示的参数和选项，其他选项组采用默认设置。

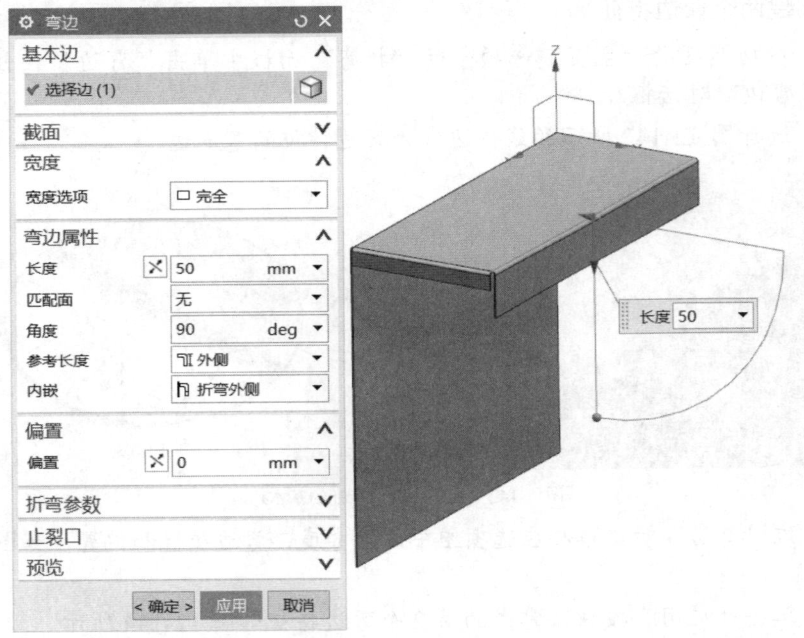

图12-146　设置第 3 个弯边特征的相关参数和选项

7 在“弯边”对话框中单击“确定”按钮，从而完成第 3 个弯边特征的创建。

六、创建二次折弯特征

1 在功能区的“主页”选项卡的“折弯”面板中单击“更多”/“二次折弯”按钮，弹出“折线”对话框。

2 选择要草绘的平的面，如图 12-147 所示。

3 绘制图 12-148 所示的一条直线作为二次折弯线，然后单击“完成草图”按钮。

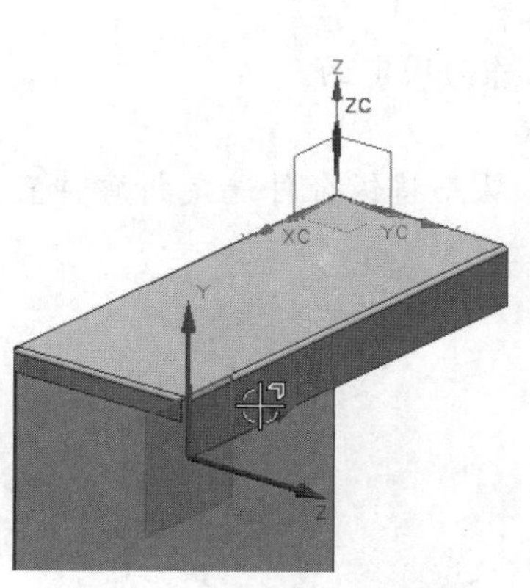

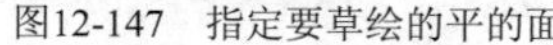

图12-147　指定要草绘的平的面

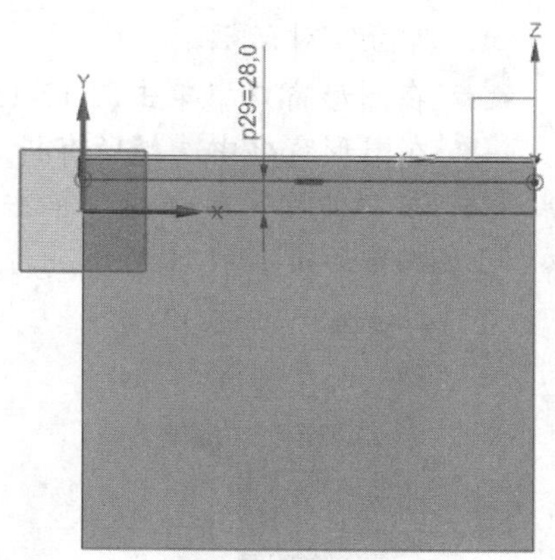

图12-148　绘制一条直线作为二次折弯线

4 在“折线”对话框的“二次折弯属性”选项组中，设置高度为 2，从“参考高度”下拉列表框中选择“内侧”选项，从“内嵌”下拉列表框中选择“材料内侧”选项；选中“延伸截面”复选框，并注意单击“反向”按钮获得所需的二次折弯方向，如图 12-149 所示。

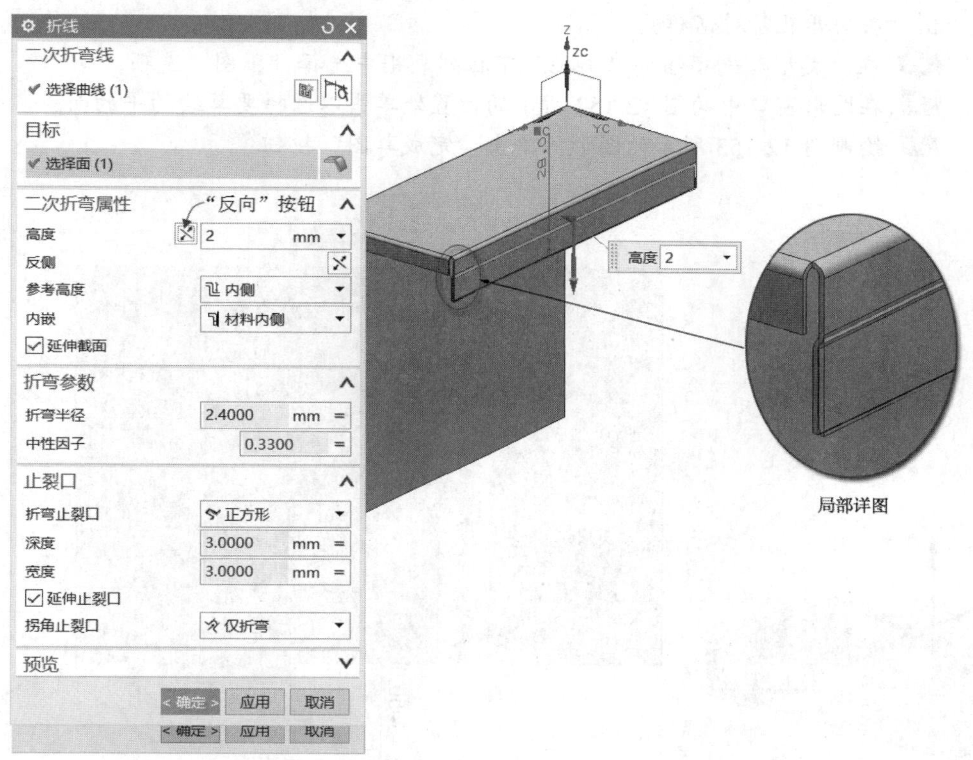

图12-149　设置二次折弯属性等

5 在“折线”对话框中单击“确定”按钮。

七、伸直钣金件

1 在功能区的“主页”选项卡的“成形”面板中单击“伸直”按钮，弹

出“伸直”对话框。

2 在图形窗口中单击图 12-150 所示的实体面作为固定面。

3 在图形窗口中选择所有折弯。

4 在“伸直”对话框中单击“确定”按钮，从而将钣金件选定折弯伸直，完成效果如图 12-151 所示。

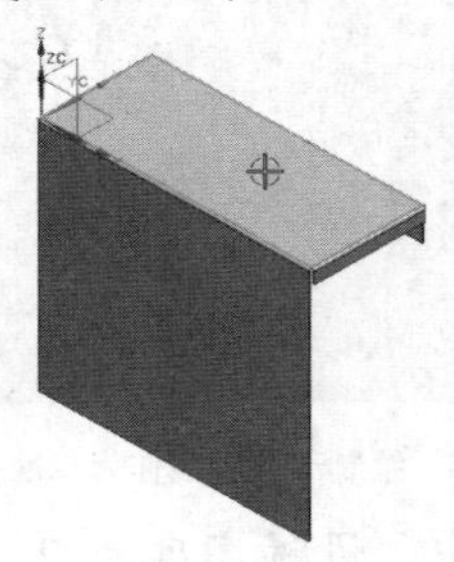

图12-150　指定固定面

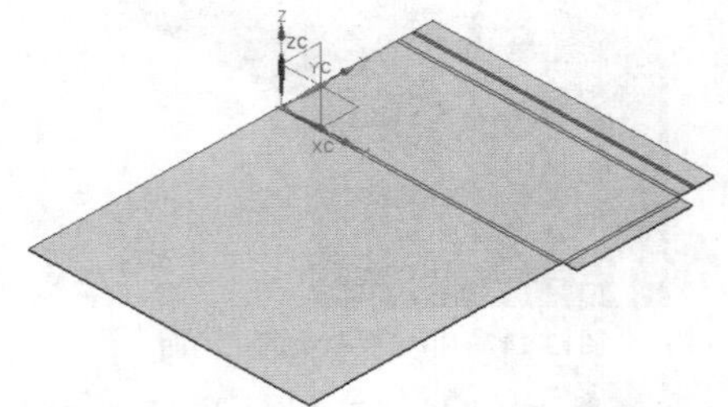

图12-151　完成钣金件伸直操作

八、法向开孔除料

1 在功能区的“主页”选项卡的“特征”面板中单击“法向开孔”按钮，弹出“法向开孔”对话框。

2 在“类型”选项组的“类型”下拉列表框中选择“草图”选项。

3 在图形窗口中的图 12-152 所示的位置处单击以选择要草绘的平的面。

4 绘制图 12-153 所示的图形，单击“完成草图”按钮。

图12-152　选择要草绘的平的面

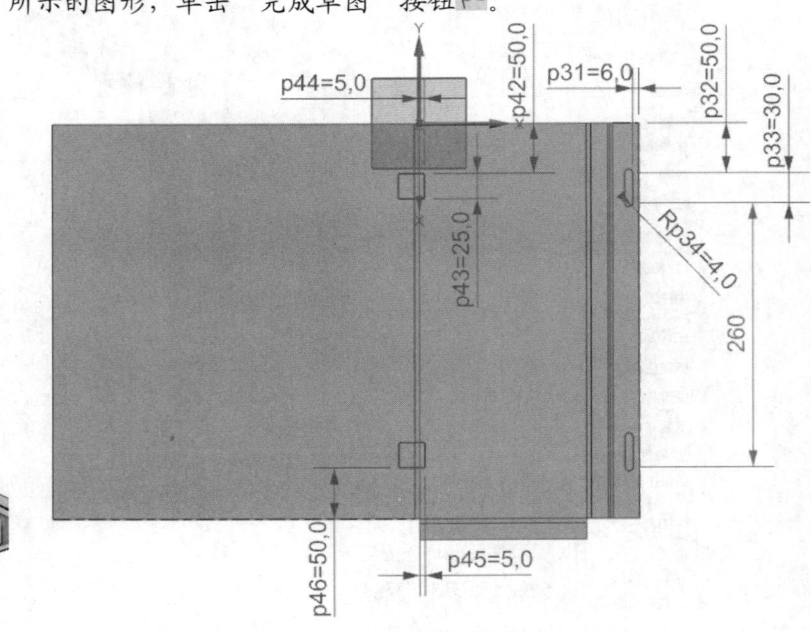

图12-153　绘制图形

5 在“法向开孔”对话框的“开孔属性”选项组中，从“切割方法”下拉列表框中选择“厚度”选项，从“限制”下拉列表框中选择“贯通”选项，注意切削方向，如图 12-154 所示。

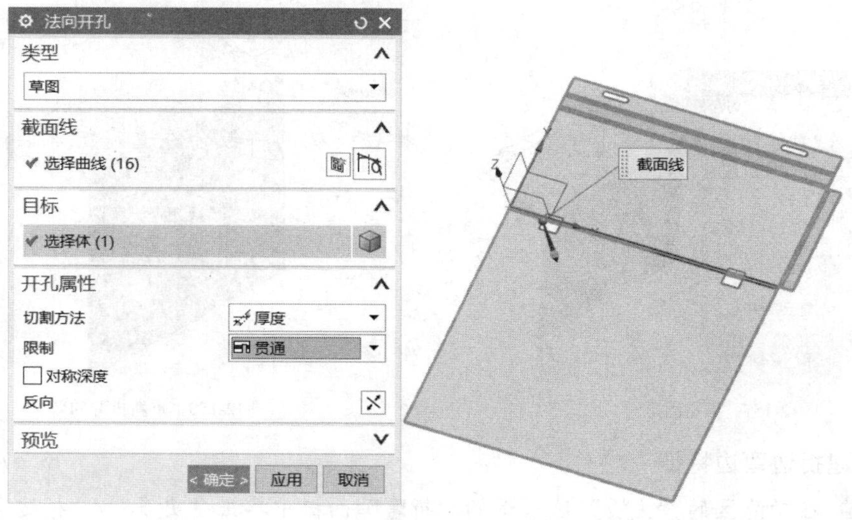

图12-154　设置除料属性

6 在“法向开孔”对话框中单击“确定”按钮，法向开孔除料的结果如图12-155 所示。

九、重新折弯

1 在功能区的“主页”选项卡的“成形”面板中单击“重新折弯”按钮，打开“重新折弯”对话框。

2 “折弯”选项组中的“折弯”按钮处于被选中的状态，在图形窗口中以窗口选择的方式框选整个模型，从而选择伸直后的所有原折弯，如图 12-156 所示。

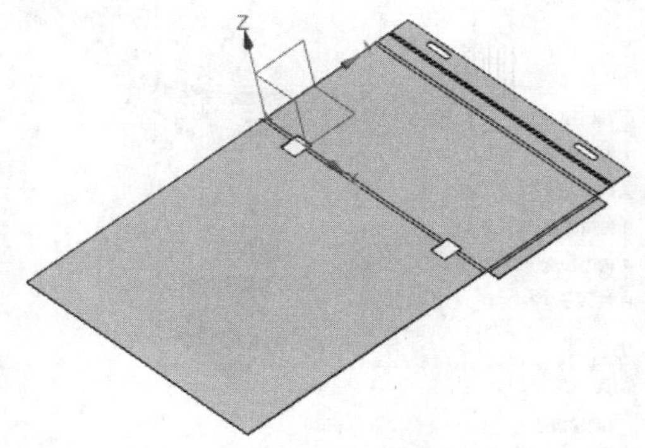

图12-155　法向开孔除料的结果

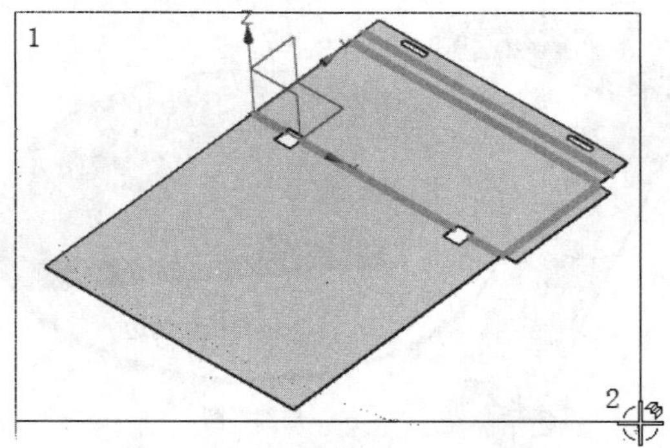

图12-156　选择伸直后的所有原折弯

3 在“固定面或边”选项组中单击“固定面或边”按钮，接着在图形窗口中单击图 12-157 所示的实体面作为固定面。

4 在“重新折弯”对话框中单击“确定”按钮，得到图 12-158 所示的效果。

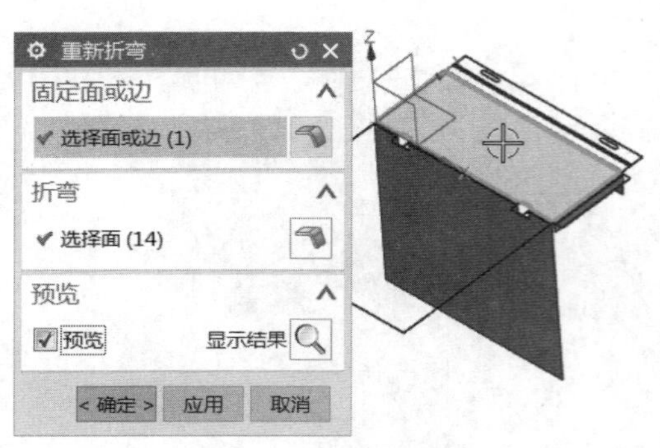

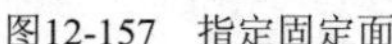
图12-157　指定固定面

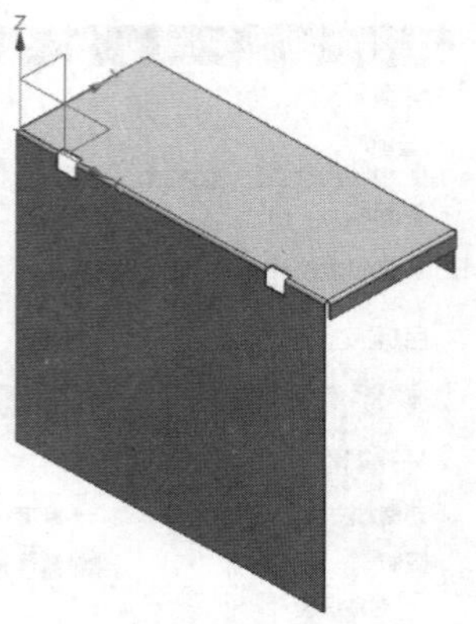

图12-158　重新折弯的效果

十、创建折边弯边特征

1 在功能区的“主页”选项卡的“折弯”面板中单击“更多”/“折边弯边”按钮，系统弹出“折边”对话框。

2 在“类型”选项组的“类型”下拉列表框中选择“S 型”。

3 选择要折边的边，如图 12-159 所示。

4 在“内嵌选项”选项组的“内嵌”下拉列表框中选择“材料内侧”选项，并在“折弯参数”选项组中设置相应的折弯参数，如图 12-160 所示。

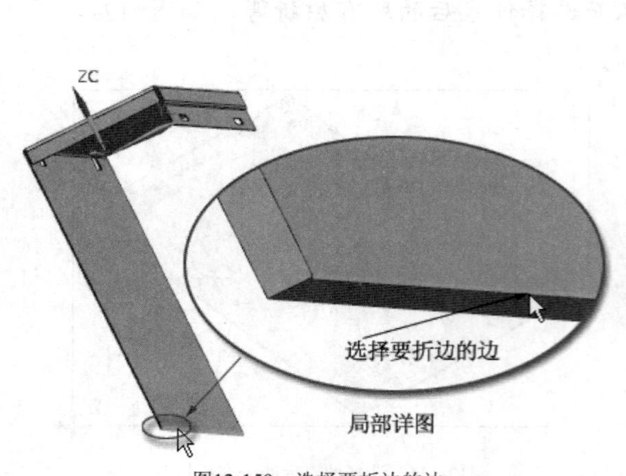

图12-159　选择要折边的边

图12-160　设置内嵌选项和折弯参数

5 在“折边”对话框中单击“确定”按钮。

十一、创建草图特征

1 在功能区的“主页”选项卡的“直接草图”面板中单击“草图”按钮，弹出“创建草图”对话框。

2 在“创建草图”对话框的“草图类型”选项组的“类型”下拉列表框中选择“在平面上”选项，从“草图 CSYS”选项组的“平面方法”下拉列表框

中选择“自动判断”选项，在图形窗口中单击图 12-161 所示的侧平面，接着单击“确定”按钮。

3 绘制图 12-162 所示的 5 条平行线，相邻直线之间的间距为 30mm。

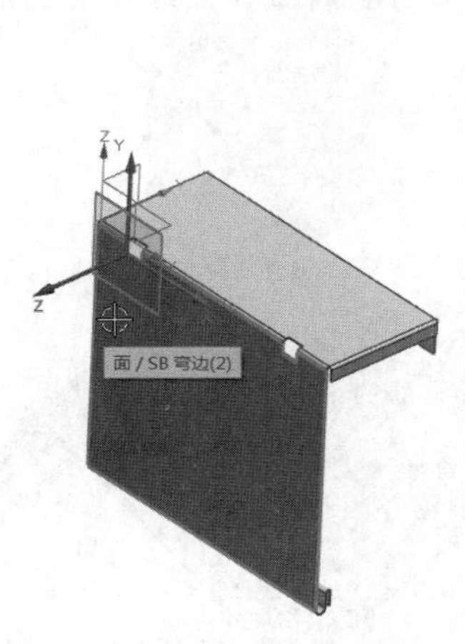

图12-161 指定草图平面

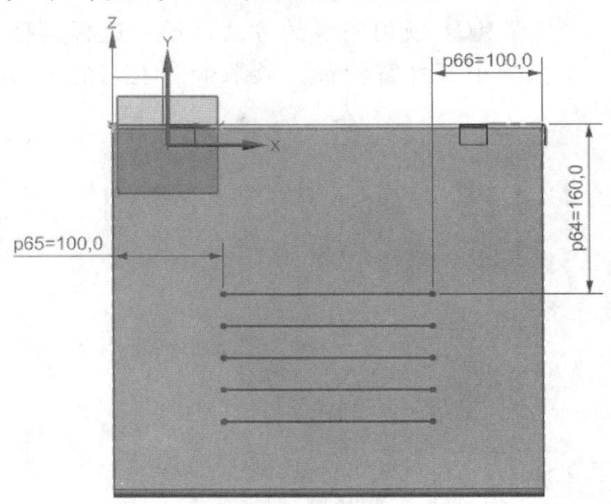

图12-162 绘制 5 条平行线

4 单击“完成草图”按钮。

十二、创建百叶窗特征

1 在功能区的“主页”选项卡的“冲孔（凸模）”面板中单击“百叶窗”按钮，弹出“百叶窗”对话框。

2 在图形窗口中选择其中一条直线作为百叶窗的切割线（注意单击选择位置），接着在“百叶窗”对话框中设置百叶窗属性和倒圆参数，即在“百叶窗属性”选项组中设置深度为 6mm，宽度为 12mm；从“百叶窗形状”下拉列表框中选择“成形的”选项，在“倒圆”选项组中选中“百叶窗边倒圆”复选框，设置冲模半径值为 6mm，如图 12-163 所示。

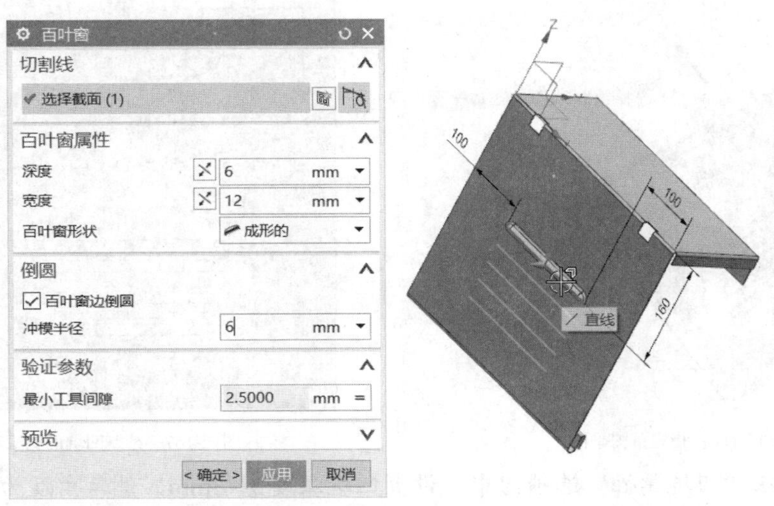

图12-163 指定切割线和百叶窗属性等

3 在“百叶窗”对话框中单击“应用”按钮。

4 选择另一条直线（注意选择位置）作为新百叶窗的切割线，如图 12-164 所示，单击“应用”按钮。

5 使用同样的方法，逐一选择其他直线来创建百叶窗特征，最终一共创建 5 个百叶窗特征，效果如图 12-165 所示。

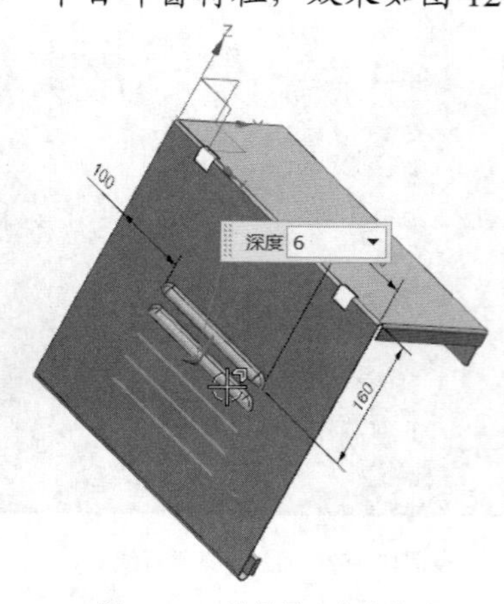

图12-164　选择另一条直线

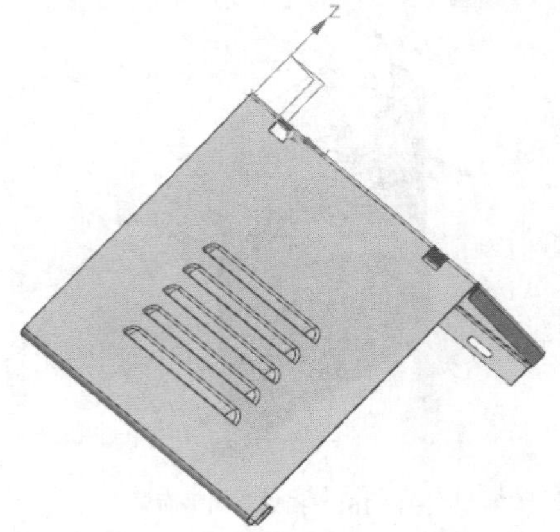

图12-165　创建全部百叶窗特征

十三、创建凹坑特征

1 在功能区“主页”选项卡的“冲孔（凸模）”面板中单击“凹坑”按钮，出“凹坑”对话框。

2 指定要绘制草图的实体平面，如图 12-166 所示。

3 绘制图 12-167 所示的草图，单击“完成草图”按钮，返回到“凹坑”对话框。

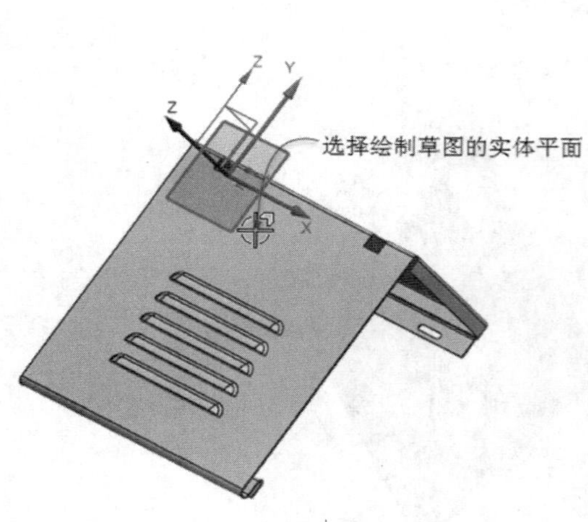

图12-166　指定草图平面

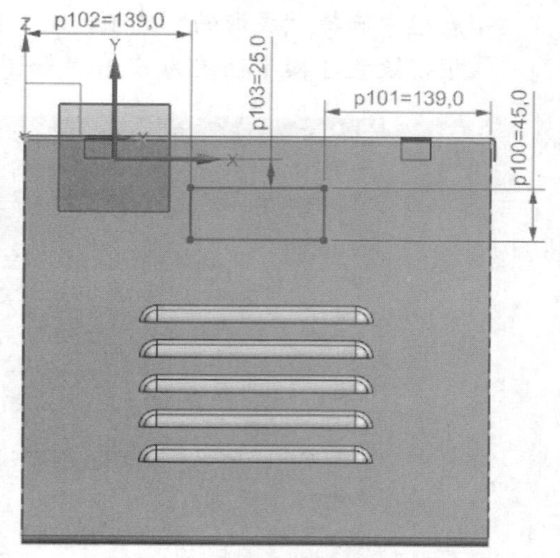

图12-167　绘制凹坑的轮廓草图

4 在“凹坑属性”选项组中，设置凹坑深度为 3mm，侧角角度为 60deg；从“参考深度”下拉列表框中选择“内侧”选项，从“侧壁”下拉列表框中选

择“材料外侧”选项，并注意单击“反向”按钮，使凹坑生成效果如图 12-168 所示。

5 在“倒圆”选项组中选中“凹坑边倒圆”复选框，设置凸模冲压半径和冲模（凹模）半径均为 3mm；选中“截面拐角倒圆”复选框，设置拐角半径为 3mm。

6 在“凹坑”对话框中单击“确定”按钮，完成凹坑特征后的模型效果如图 12-169 所示。

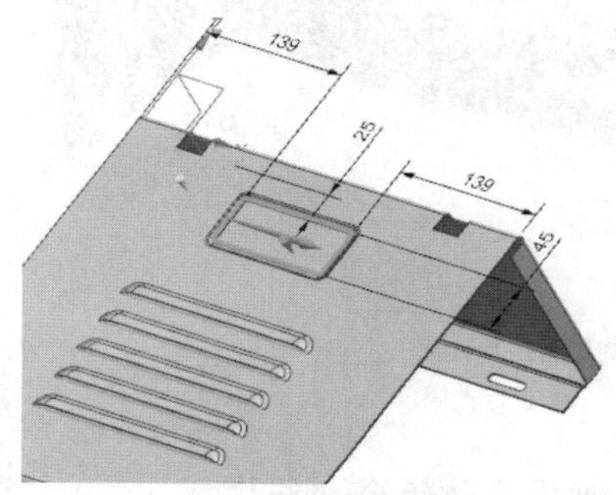

图12-168　注意凹坑生成效果

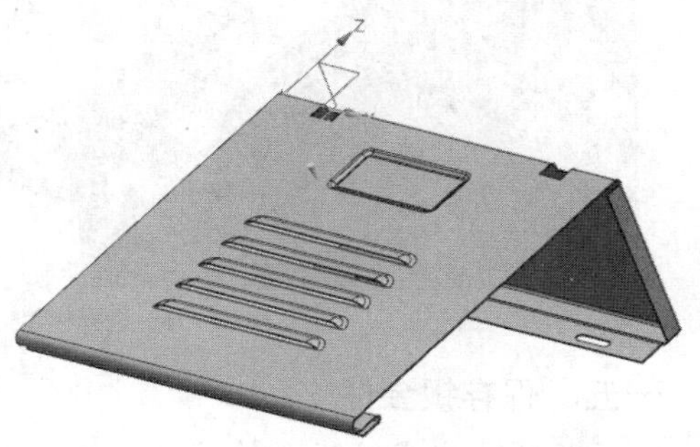

图12-169　完成凹坑特征

十四、创建封闭拐角特征

1 在功能区的“主页”选项卡的“拐角”面板中单击“封闭拐角”按钮，弹出“封闭拐角”对话框。

2 在“类型”选项组的“类型”下拉列表框中选择“封闭和止裂口”选项。

3 在图形窗口中选择一对相邻折弯，如图 12-170 所示，并在“封闭拐角”对话框的“拐角属性”选项组、“止裂口属性”选项组中进行相关内容的设置。注意结合“图例”选项组的图例标识来辅助设定止裂口特征的相关参数。

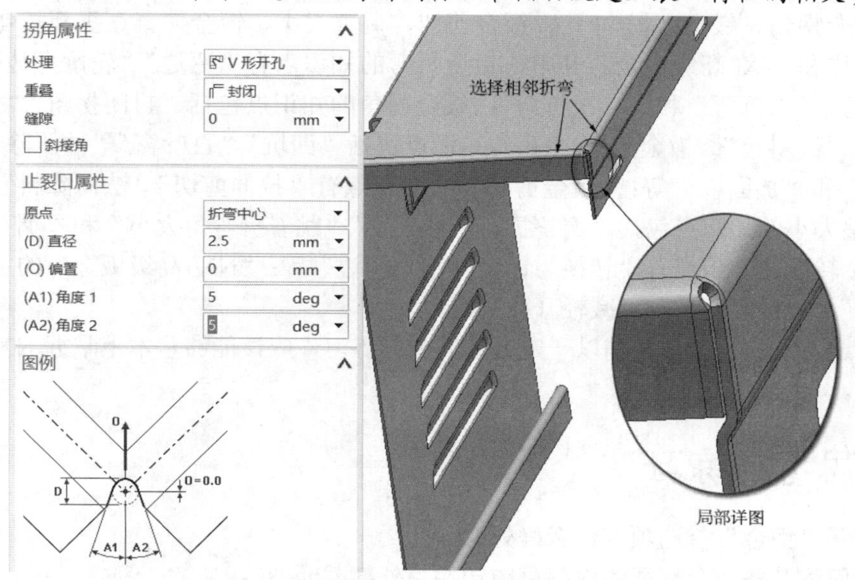

图12-170　选择相邻折弯以及设置拐角属性、止裂口特征等

4 在“封闭拐角”对话框中单击“应用”按钮，创建第一个封闭拐角特征。

5 选择另外的相邻折弯来创建另一个封闭拐角特征，如图 12-171 所示。选择好所需的相邻折弯后，在“封闭拐角”对话框中单击“确定”按钮。

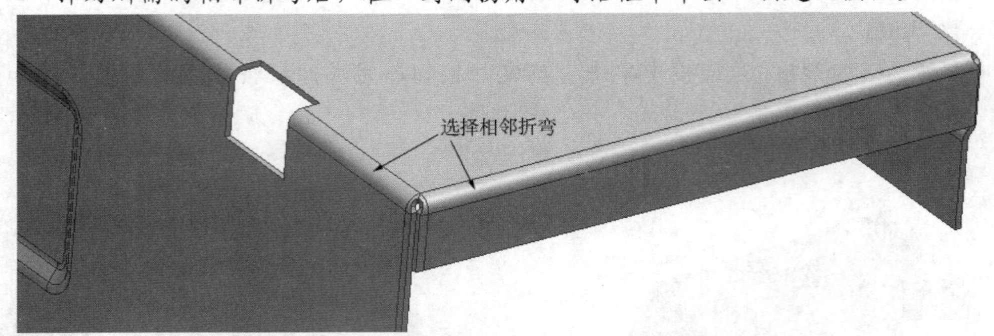

图12-171　选择相邻折弯来创建另一个封闭拐角特征

十五、保存钣金件

至此，完成该钣金件设计。按“Ctrl+S”快捷键保存该钣金部件模型。

12.14　本章小结

钣金件设计是产品设计中的一个重要方面，在很多产品设计中会应用到金属钣金件，例如某些电子产品外壳、电脑机箱、工控机箱、汽车车身外壳和机器设备外壳等。NX 11 专门提供了用于钣金设计的模块，即“NX 钣金”应用模块和“航空钣金”应用模块。本书以“NX 钣金”应用模块为例介绍 NX 钣金设计的实用知识。

本章首先介绍钣金件设计基础，如 NX 11 钣金件设计的基本操作流程、“NX 钣金”工具、钣金特征的首选项设置，接着重点介绍钣金的相关草图工具、“突出块”钣金基体、钣金折弯、钣金拐角、钣金凸模/冲孔、钣金剪切、调整大小、钣金伸直、重新折弯、钣金转换、展平图样和 NX 高级钣金。其中，钣金折弯的知识点有“弯边”“轮廓弯边”“放样弯边”“折边弯边”“折弯”和“二次折弯”；钣金拐角的知识点包括“封闭拐角”“三折弯角”“倒角”和“倒斜角”；钣金凸模/冲孔的知识点包括“凹坑”“百叶窗”“冲压除料”“实体冲压”“筋”和“加固板”等；“钣金剪切”的知识点有“拉伸剪切”“法向除料”和“折弯拔锥”；调整大小的知识点包括“调整折弯半径大小”“跳着折弯角大小”和“调整中性因子大小”；钣金转换的知识点有“转换为钣金”和“撕边”等；“NX 高级钣金”的主要命令有“高级弯边”“桥接折弯”和“减轻开孔”等。

读者通过本章的学习，并辅以一定数量的范例练习，应该能够基本上掌握 NX 钣金设计的实用知识。

12.15　思考与练习

(1) 设置“钣金”首选项有什么好处？

(2) 如何将某些钣金特征的内部草图转换为外部截面曲线？

(3) 在 NX 11 中，有哪些主要命令可以用来创建钣金的基本特征（基体特征）？

(4) 钣金折弯主要包括哪些？它们各具有什么样的应用特点？可以举例进行说明。

(5) 什么是冲压开孔除料？什么是法向开孔除料？

(6) 请简述钣金伸直与重新折弯的操作步骤。

(7) 在什么情况下可以使用“桥接折弯”命令？

(8) 请以简单例子来说明“封闭拐角”和“三折弯角”的操作方法。

(9) 上机练习：按照图 12-172 所示的钣金件效果，自行选择尺寸来进行建模练习。

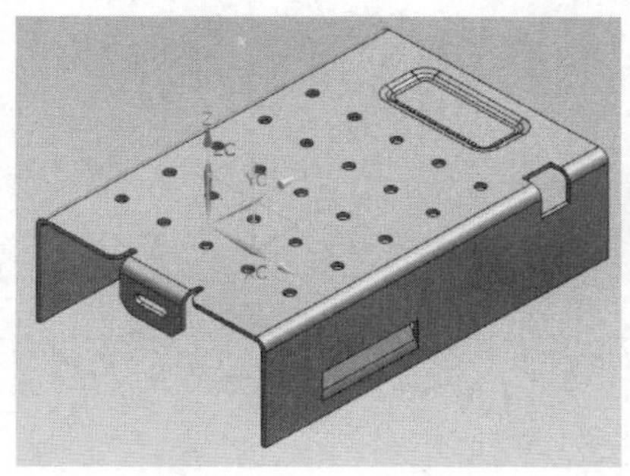
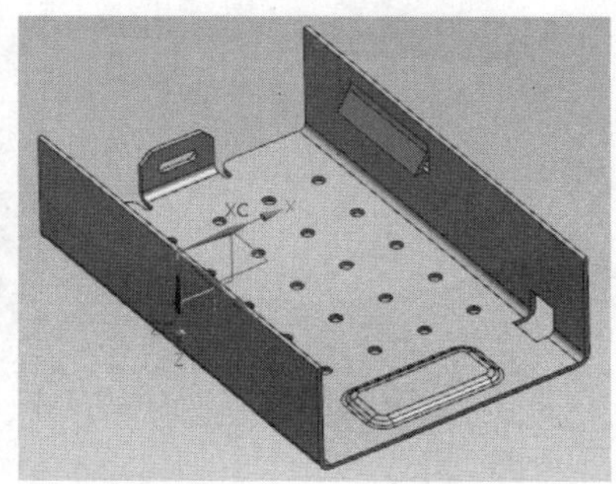

图12-172　要完成的钣金件效果

(10) 上机练习：请参照身边的电脑机箱，自行设计机箱的一个盖板或侧板，要求应用到本章所学的大部分知识点。

(11) 课外研习：请自行研习“实体特征转换为钣金”按钮的功能与应用。